JACOB STEINER'S

GESAMMELTE WERKE.

J. Steiner.

JACOB STEINER'S

GESAMMELTE WERKE.

HERAUSGEGEBEN AUF VERANLASSUNG DER KÖNIGLICH PREUSSISCHEN AKADEMIE DER WISSENSCHAFTEN.

ERSTER BAND.

MIT DEM BILDNISSE STEINER'S UND 44 FIGURENTAFELN.

HERAUSGEGEBEN

VON

K. WEIERSTRASS.

CHELSEA PUBLISHING COMPANY
BRONX, NEW YORK

SECOND EDITION

THE FIRST EDITION OF THE PRESENT WORK WAS PUBLISHED, IN TWO VOLUMES, IN 1881 AND 1882 AT BERLIN. THE PRESENT, SECOND EDITION IS AN UNABRIDGED EDITION IN WHICH VARIOUS CHANGES HAVE BEEN MADE. THE ERRATA NOTED HAVE BEEN CORRECTED AND REFERENCES TO THE EDITOR'S NOTES HAVE BEEN INSERTED IN THE TEXT. THE HALF-TITLE PAGES BEFORE EACH PAPER HAVE BEEN ELIMINATED, WITHOUT CHANGE IN PAGE NUMBERING. FOR EASE OF CONSULTATION, THE BACK OF EACH VOLUME CONTAINS NOT ONLY THE PLATES FOR THAT VOLUME, BUT THE PLATES FOR BOTH VOLUMES

PRINTED NEW YORK, N. Y., 1971 ON LONG-LIFE ALKALINE PAPER

LIBRARY OF CONGRESS CATALOGUE CARD NUMBER 76-113151
INTERNATIONAL STANDARD BOOK NUMBER 0-8284-0233-7

LIBRARY OF CONGRESS CLASSIFICATION NUMBER QA443
DEWEY DECIMAL CLASSIFICATION NUMBER 516'.008

PRINTED IN THE UNITED STATES OF AMERICA

Vorrede des Herausgebers.

Der vorliegende erste Band der gesammelten Werke *Jacob Steiner*'s, deren Herausgabe ich auf Veranlassung der Akademie der Wissenschaften übernommen habe *), enthält die in den Jahren 1826—1833 veröffentlichten Arbeiten des grossen Geometers in chronologischer Aufeinanderfolge; der zweite Band wird die später erschienenen bringen.

Jede einzelne Abhandlung ist vor dem Druck einer sorgfältigen Revision unterworfen und in den Fällen, wo das Manuscript noch vorhanden war, mit demselben verglichen worden. Die dabei bemerkten Unrichtigkeiten, mochten sie nun Druck- und Schreibfehler, oder grammatikalische und stylistische Verstösse, oder auch sachliche Irrthümer sein, sind überall, wo es ohne wesentliche Aenderung des Textes geschehen konnte, ohne Beifügung einer Bemerkung beseitigt worden; der Leser findet aber in den am Schlusse des Bandes befindlichen Anmerkungen alle Stellen angegeben, die einer sachlichen Berichtigung oder einer Erläuterung zu bedürfen schienen.

Die Revision der „Systematischen Entwickelung" und der „geometrischen Constructionen" hat Herr Professor *Schröter*,

*) Vgl. die Vorrede zu dem gleichzeitig erscheinenden ersten Bande von *Jacobi*'s Werken.

die der übrigen Abhandlungen dieses Bandes Herr Professor *Kiepert* besorgt. Beiden Herren fühle ich mich für die Bereitwilligkeit, mit der sie diese nicht leichte Arbeit übernommen, und für die ungemeine Sorgfalt, mit der sie dieselbe durchgeführt haben, zum grössten Danke verpflichtet, den ich ihnen auch für die wesentliche Hülfe schulde, welche sie mir bei der Correctur des Druckes und bei der Herstellung der grösstentheils neu gezeichneten Figurentafeln geleistet.

Berlin, 28. November 1880.

Weierstrass.

Inhaltsverzeichniss des ersten Bandes.

1

Einige geometrische Sätze.

1.

In den Annalen der Mathematik von Gergonne wird der folgende Satz bewiesen:

„Wenn die drei geraden Linien *Aa, Bb, Cc* (Fig. 1), welche die Ecken zweier in einerlei Ebene liegenden Dreiecke *ABC, abc* paarweise verbinden, sich in einem und demselben Punct *S* treffen, so liegen die drei Schneidepuncte $\alpha\beta$, $\alpha\gamma$, $\beta\gamma$, in welchen die entsprechenden Seiten *AB* und *ab*, *BC* und *bc*, *CA* und *ca* sich paarweise kreuzen, in einer geraden Linie.“ Und umgekehrt:

„Liegen die Schneidepuncte $\alpha\beta$, $\alpha\gamma$, $\beta\gamma$, in welchen die Seiten zweier in einerlei Ebene liegenden Dreiecke *ABC, abc* sich paarweise kreuzen, in einer geraden Linie: so treffen sich die drei geraden Linien *Aa, Bb, Cc,* welche die entsprechenden Eckpuncte der beiden Dreiecke paarweise verbinden, in einem und demselben Puncte *S*.“

2.

Es findet ein analoger Satz im Raume Statt, aus welchem sich verschiedene interessante Folgerungen ziehen lassen, nämlich folgender Satz:

„Treffen die vier geraden Linien *Aa, Bb, Cc, Dd* (Fig. 2), welche die Ecken zweier beliebigen viereckigen Körper *ABCD, abcd* paarweise verbinden, sich in einem und demselben Puncte *S*: so liegen die vier Linien, in welchen sich die entsprechenden Seitenflächen der beiden Körper paarweise schneiden, oder die sechs Puncte $\alpha\beta$, $\alpha\gamma$, $\alpha\delta$, $\beta\gamma$, $\beta\delta$, $\gamma\delta$, in welchen sich die entsprechenden Kanten (*AB* und *ab*, *AC* und *ac*, *AD* und *ad*, *BC* und *bc*, *BD* und *bd*, *CD* und *cd*) schneiden, in einer und derselben Ebene (*E*).“ Und umgekehrt:

„Liegen die vier geraden Linien, in welchen sich die Seitenflächen irgend zweier viereckigen Körper paarweise schneiden, zusammen in einerlei Ebene (*E*): so treffen sich die vier geraden Linien *Aa, Bb, Cc, Dd,* welche die entsprechenden (d. h. die den gepaarten Seitenflächen gegenüber stehenden) Ecken der Körper paarweise verbinden, in einem und demselben Puncte *S*.“

Denn im ersten Falle dieses Satzes folgt aus der Voraussetzung: dass die Ecken der beiden Körper paarweise mit dem Puncte *S* in geraden Linien liegen, unmittelbar, dass je zwei entsprechende Kanten der beiden gegebenen Körper mit dem Puncte *S* in einer Ebene liegen. So liegen z. B. die beiden Kanten *AB*, *ab* offenbar in der Ebene *ASB*. Daher treffen zwei solche Kanten sich in einem Puncte $\alpha\beta$, und mithin schneiden sich die entsprechenden Kanten der beiden Körper in den sechs Puncten $\alpha\beta$, $\alpha\gamma$, $\alpha\delta$, $\beta\gamma$, $\beta\delta$, $\gamma\delta$. In je zwei entsprechenden Seitenflächen (z. B. *ABC*, *abc*) liegen drei Paare entsprechender Kanten (*AB* und *ab*, *BC* und *bc*, *CA* und *ca*); daher liegen die drei Durchschnittspuncte ($\alpha\beta$, $\alpha\gamma$, $\beta\gamma$) dieser drei Kantenpaare nothwendig in der Durchschnittslinie der beiden Seitenflächen, mithin in einer geraden Linie. Da es aber vier Paare entsprechender Seitenflächen giebt, so liegen von den sechs Durchschnittspuncten der sechs Paare entsprechender Kanten, vier Mal drei in einer geraden Linie, woraus folgt, dass diese sechs Puncte zusammen in einer und derselben Ebene (*E*) liegen.

Der Beweis für den zweiten Fall des obigen Satzes ergiebt sich hieraus von selbst. Ferner wird man bemerken, dass der Beweis des Satzes No. 1 unmittelbar aus dem vorliegenden folgt, wenn man annimmt: die Seitenflächen *ABC* und *abc* der beiden Körper liegen in einerlei Ebene.

3.

Da die Ebene (*E*), in welcher die sechs Schneidepuncte der sechs Paare entsprechender Kanten, oder die vier Durchschnittslinien der vier Paare entsprechender Seitenflächen der beiden Körper liegen, durch die Durchschnittslinie ($\beta\gamma\delta$) der beiden Seitenflächen *BCD*, *bcd* und durch den Durchschnittspunct ($\alpha\beta$) der beiden Kanten *AB*, *ab* bestimmt ist, so behält sie, in Bezug auf die beiden Körper, dieselbe Eigenschaft, wenn auch die übrigen Eckpuncte *D*, *C*, *d*, *c*, ohne aus den zugehörigen Ebenen *BCD*, *bcd* herauszutreten, und ohne aufzuhören, paarweise mit dem Puncte *S* in geraden Linien (*SdD*, *ScC*) zu liegen, ihre Lage beliebig ändern. Daraus folgt Nachstehendes:

„Sind irgend zwei Ebenen *bcd*, *BCD* und drei beliebige Puncte *S*, *a*, *A*, die in einer geraden Linie liegen, gegeben, und man zieht aus einem der drei Puncte, z. B. aus *S*, eine willkürliche Linie *SdD*, welche die beiden Ebenen in den Puncten *d* und *D* schneidet, und verbindet diese beiden Punkte *d* und *D* mit den beiden übrigen gegebenen Puncten *a*, *A* durch die Linien *da*, *DA*: so ist der Ort des Durchschnittspunctes ($\alpha\delta$) dieser beiden Linien eine bestimmte Ebene (*E*), welche durch die Durchschnittslinie ($\beta\gamma\delta$) der beiden gegebenen Ebenen geht.“ Und umgekehrt:

„Sind drei beliebige Ebenen BCD, bcd und (E), die sich in einer geraden Linie $(\beta\gamma\delta)$ schneiden, nebst zwei beliebigen Puncten A, a gegeben, und man zieht aus einem willkürlichen Puncte $(\alpha\delta)$ der einen Ebene (E), durch die beiden gegebenen Puncte zwei Linien, welche die beiden übrigen Ebenen in den Puncten D, d schneiden: so liegen diese beiden Puncte D, d immer mit einem und demselben Puncte S in einer geraden Linie, und es liegt dieser Punct S zugleich mit den beiden gegebenen Puncten A, a in einer geraden Linie; oder:

„Nimmt man in der Ebene (E) eine willkürliche Linie $(\alpha\gamma\delta)$ an, legt durch dieselbe und durch die beiden gegebenen Puncte (A, a) zwei Ebenen, welche die beiden übrigen gegebenen Ebenen BCD, bcd, in den Linien DC, dc schneiden: so liegen diese beiden Durchschnittslinien in einer Ebene, und diese Ebene geht immer durch einen bestimmten Punct S, welcher mit den beiden gegebenen Puncten (A, a) in einer geraden Linie liegt.“

4.

Hieraus folgt weiter, dass der obige Satz No. 2 noch allgemeiner Statt findet, nämlich, dass er nicht blos für zwei viereckige Körper, sondern für je zwei vielseitige Pyramiden gilt; man schliesst hieraus folgenden Satz:

„Treffen die geraden Linien, welche die Eckpuncte irgend zweier n seitigen Pyramiden paarweise verbinden, in einem und demselben Puncte S zusammen, so liegen die Durchschnittslinien der entsprechenden Seitenflächen der beiden Körper, so wie auch die Durchschnittspuncte der entsprechenden Kanten, (diese Durchschnittspuncte liegen in jenen Durchschnittslinien) zusammen in einer und derselben Ebene.“ Und umgekehrt:

„Liegen die Durchschnittslinien, in welchen die Seitenflächen zweier n seitigen Pyramiden, paarweise genommen, einander schneiden, oder liegen die Durchschnittspuncte, in welchen die paarweise genommenen Kanten zweier n seitigen Pyramiden einander schneiden, zusammen in einer und derselben Ebene: so treffen sich die geraden Linien, welche die entsprechenden Ecken der beiden Körper paarweise verbinden, in einem und demselben Puncte S.“

5.

Man kann die obigen Sätze auch mit anderen Worten wie folgt ausdrücken:

„Sind A, a die Scheitel zweier beliebigen gegebenen Kegel (vom n^{ten} Grade), deren Grundflächen in den Ebenen BCD, bcd liegen, und liegen die beiden Grundflächen ausserdem in einem Kegel, dessen Scheitel S mit den Scheiteln A, a der gegebenen Kegel in einer geraden Linie liegt: so schneiden sich die beiden gegebenen Kegel (über ihre Grundflächen hinaus verlängert, wenn es erforderlich ist) in einer ebenen Curve, deren Ebene (E) durch die Durchschnittslinie $(\beta\gamma\delta)$ der Grundflächen der beiden gegebenen Kegel geht.“ Oder was dasselbe ist:

„Liegen die Scheitel S, a, A dreier Kegel (n^{ten} Grades) in einer geraden Linie SaA, und schneiden irgend zwei dieser Kegel den dritten in zwei ebenen Curven: so schneiden auch diese beiden Kegel einander in einer ebenen Curve, und die Ebenen dieser drei Durchschnitts-Curven schneiden sich zusammen in einer und derselben geraden Linie.“ Und umgekehrt:

„Schneiden sich die Mantelflächen irgend zweier gegebenen Kegel (n^{ten} Grades) in einer ebenen Curve, deren Ebene zugleich durch die Durchschnittslinie der beiden Grundflächen der Kegel geht: so liegen die beiden Grundflächen der gegebenen Kegel zusammen in einem dritten Kegel, dessen Scheitel mit den Scheiteln der beiden gegebenen Kegel in einer geraden Linie liegt.“ Oder was auf dasselbe hinauskommt:

„Schneiden irgend zwei gegebene Kegel (A, a) einander in einer ebenen Curve, und man nimmt in der Ebene (E) dieser Curve eine willkürliche Linie ($\beta\gamma\delta$) an, legt durch diese Linie zwei willkürliche Ebenen, welche die gegebenen Kegel respective in zwei ebenen Curven schneiden: so liegen diese beiden letzten Curven immer zusammen in einem Kegel, dessen Scheitel S stets in der geraden Linie (Aa) liegt, welche durch die Scheitel der beiden gegebenen Kegel geht“.

6.

Da man einen Cylinder als einen Kegel ansehen kann, dessen Scheitel in unendlicher Entfernung liegt, so gelten die obigen Sätze in gleichem Sinne auch für Cylinder und lauten in diesem speziellen Falle wie folgt:

„Sind die Kanten dreier gegebenen Cylinder (n^{ten} Grades) mit einer Ebene parallel, und schneidet jeder von zwei derselben den dritten in einer ebenen Curve: so schneiden sich auch diese beiden Cylinder in einer ebenen Curve, und es schneiden sich die Ebenen dieser drei genannten Curven in einer und derselben geraden Linie.“ Und umgekehrt:

„Schneiden zwei beliebige Cylinder (n^{ten} Grades) einander in einer ebenen Curve, und man nimmt in der Ebene (E) dieser Curve eine willkürliche Linie ($\beta\gamma\delta$) an, und legt durch diese Linie zwei willkürliche Ebenen, welche die gegebenen Cylinder respective in zwei ebenen Curven schneiden: so liegen diese beiden letztgenannten Curven zusammen in einem dritten Cylinder und die Kanten desselben, nebst den Kanten der beiden gegebenen Cylinder, sind stets mit einer und derselben Ebene parallel.“

7.

Ein anderer besonderer Fall ist derjenige, wo man die vorhin betrachteten Kegel auf den zweiten Grad beschränkt. In diesem Falle finden bei den obigen Betrachtungen noch verschiedene interessante Umstände Statt.

Zuerst kann nämlich bemerkt werden:

I. „Berührt von zwei Kegeln vom zweiten Grade jeder beide Flächen eines und desselben Flächenwinkels: so schneiden diese beiden Kegel einander in zwei ebenen Curven (zweiten Grades).“

Denn man stelle sich zwei Kegel A, a und zwei Ebenen E, e von denen jede jene beiden Kegel berührt, vor: so berührt z. B. die Ebene E jeden der beiden Kegel A, a in einer geraden Linie; und in dem Puncte P, in welchem diese beiden Linien sich schneiden, berührt sie beide Kegel zugleich: eben so berührt die andere Ebene e beide Kegel zugleich, in einem Puncte p. Man denke sich ferner durch diese beiden Puncte P, p und durch irgend einen Punct q, welcher im Durchschnitte der beiden Kegelflächen liegt, eine Ebene E_1 gelegt: so wird diese Ebene E_1 von den beiden Kegelflächen A, a in zwei Curven zweiten Grades C, c, und von den beiden Ebenen E, e in zwei geraden Linien L, l geschnitten, und es berührt nothwendig die Linie L beide Curven C, c zugleich, in dem Puncte P, so wie die Linie l dieselben zugleich in dem Punkte p berührt, und nothwendiger Weise gehen auch beide Curven C, c durch den Punct q. Da es aber bekanntlich unmöglich ist, dass zwei Curven vom zweiten Grade C, c, einander in zwei Puncten P, p berühren und ausserdem noch in einem Puncte q schneiden, so folgt, dass die beiden vorausgesetzten Curven C, c ein und dieselbe Curve sind, in welcher die beiden Kegelflächen A, a sich scheiden.

Da aber, wie sich aus der Anschauung ergiebt, der Durchschnitt der beiden Kegelflächen aus zwei Theilen besteht, so ist jeder derselben eine ebene Curve, und daher schneiden sich die beiden Kegel A, a unter den vorausgesetzten Bedingungen, in zwei ebenen Curven zweiten Grades.

Aus dem vorliegenden Satze folgt unmittelbar der nachstehende:

II. „Wenn irgend zwei Kegel vom zweiten Grade einander in einer ebenen Curve C schneiden, so schneiden sie einander, im Allgemeinen, noch in einer zweiten ebenen Curve.“

Denn wenn zwei Kegel vom zweiten Grade einander in einer ebenen Curve C schneiden, so kann man im Allgemeinen durch die Linie, welche die Scheitel der Kegel verbindet, immer zwei Ebenen legen, von denen jede die genannte ebene Durchschnitts-Curve C, und somit beide Kegel berührt, wodurch also die Wahrheit des gegenwärtigen Satzes unmittelbar aus dem vorigen Satze folgt. Geht aber die Linie, welche die Scheitel der Kegel verbindet, durch den von der genannten Curve C eingeschlossenen Raum, so dass keine Ebene beide Kegel zugleich berühren kann, so kann der vorliegende Satz dennoch auf ebenso einfache Weise, durch Hülfe der harmonischen Proportion, ganz allgemein bewiesen werden, welches wir im Zusammenhange mit andern ähnlichen Betrachtungen, an einem anderen Orte zeigen werden.

Hieraus folgt, dass wenn die in den Sätzen No. 5 vorkommenden drei Kegel vom zweiten Grade sind: so schneiden sie sich, unter den dortigen

Bedingungen, paarweise in sechs ebenen Curven. Um bei den weiteren Folgerungen aus diesen Sätzen der Einbildungskraft zu Hülfe zu kommen, nehme man an: Fig. 3 sei der Schnitt einer Ebene mit drei Kegeln vom zweiten Grade, deren Scheitel in einer geraden Linie liegen, und welche einander in sechs ebenen Curven schneiden: nämlich S, a, A seien die Scheitel, und die drei Winkel BSE, $\beta a\delta$, $\beta A\varepsilon$ seien die Durchschnitte der Ebene mit den drei Kegeln: so gehen die Ebenen der beiden Curven, in welchen die beiden Kegel S und a einander schneiden, durch die beiden Linien bc und de; eben so gehen die Ebenen der beiden Curven, in welchen sich die beiden Kegel S und A schneiden, durch die beiden Linien BC und DE; desgleichen gehen die Ebenen der beiden Curven, in welchen sich die Kegel a und A schneiden, durch die Linien $\beta\gamma$ und $\delta\varepsilon$.

Nun schneiden sich, zufolge des obigen Satzes (No. 5), die drei Ebenen bc, BC und $\beta\gamma$ (d. h. die oben genannten Ebenen, welche respective durch die in der Figur verzeichneten Linien bc, BC und $\beta\gamma$ gehen) in einer Linie L_1 (welche die Ebene der Figur in dem Puncte L_1 schneidet); nach demselben Satze schneiden ferner auch die drei Ebenen bc, DE und $\varepsilon\delta$ einander in einer Linie L_2, desgleichen die drei Ebenen de, BC und $\delta\varepsilon$ in einer geraden Linie L_3, und eben so schneiden die drei Ebenen ed, ED und $\beta\gamma$ einander in einer geraden Linie L_4.

Bemerkt man ferner, dass, wenn z. B. die beiden Linien L_1, L_2, welche in einerlei Ebene bc liegen, sich in einem Puncte P treffen, alsdann nothwendig die fünf Ebenen bc, BC, DE, $\beta\gamma$, $\delta\varepsilon$ durch diesen nämlichen Punct P gehen, und dass daher nothwendig auch die sechste Ebene de, so wie auch die beiden übrigen Linien L_3, L_4 durch denselben Punct P gehen: so schliesst man daraus, dass die sechs Ebenen bc, de, BC, DE, $\beta\gamma$, $\delta\varepsilon$, so wie auch die vier Linien L_1, L_2, L_3, L_4 im Allgemeinen immer in einem und demselben Puncte P zusammentreffen, und nur in dem besonderen Falle, wo dieser Punct sich ins Unendliche entfernt, mit einer und derselben geraden Linie parallel sind.

Aus allen diesem zusammengenommen zieht man folgenden Satz*):

III. „Liegen die Scheitel S, a, A dreier gegebenen Kegel BSE, $\beta a\delta$, $\beta A\varepsilon$ vom zweiten Grade, welche einander in ebenen Curven schneiden, in einer geraden Linie SaA: so schneiden sich von den sechs Ebenen (bc, de, BC, DE, $\beta\gamma$, $\delta\varepsilon$) der sechs Durchschnitts-Curven, vier Mal drei in einer geraden Linie (L_1, L_2, L_3, L_4), und alle sechs Ebenen, so wie

*) In Bezug auf die Durchschnittsfigur schliesst man daraus den folgenden Satz:
„Liegen die Scheitel S, a, A dreier geradliniger Winkel BSE, $\beta a\delta$, $\beta A\varepsilon$, welche in einerlei Ebene liegen, in einer geraden Linie SaA: so schneiden sich von den sechs Diagonalen bc, de, BC, DE, $\beta\gamma$, $\delta\varepsilon$ der drei Vierecke $bdce$, $BDCE$, $\beta\delta\gamma\varepsilon$, welche jene Winkel paarweise mit einander bilden, vier Mal drei in einem Puncte, nämlich in den vier Puncten L_1, L_2, L_3, L_4.“

auch diese vier Linien L_1, L_2, L_3, L_4, schneiden einander, zusammen in einem und demselben Puncte P (oder sind zusammen mit einer und derselben geraden Linie parallel)."

8.

Die in dem Vorliegenden (No. 7) enthaltenen Sätze über die Kegel vom zweiten Grade, sind nur spezielle Fälle von folgenden allgemeinern Sätzen über die Flächen vom zweiten Grade überhaupt, welche wir ohne Beweis hinzufügen, und welche an einem anderen Orte, durch eben so einfache geometrische Betrachtungen bewiesen werden sollen.

I. „Wenn zwei beliebige Flächen zweiten Grades einander in einer ebenen Curve schneiden: so schneiden sie sich im Allgemeinen noch in einer zweiten ebenen Curve." (II. Satz No. 7.)

II. „Zieht man aus einem Puncte S alle möglichen geraden Linien, welche eine gegebene Fläche vom zweiten Grade berühren, so liegen alle diese Linien in einer Kegelfläche zweiten Grades, und alle zusammen berühren die gegebene Fläche in einer ebenen Curve vom zweiten Grade."

Oder mit andern Worten:

„Legt man an eine gegebene Fläche zweiten Grades, aus einem ausserhalb derselben beliebig angenommenen Puncte S, einen Berührungskegel an dieselbe, so ist dieser Kegel vom zweiten Grade, und berührt die gegebene Fläche in einer ebenen Curve vom zweiten Grade."

III. „Berühren zwei beliebige Flächen vom zweiten Grade einander in mehr als zwei Puncten: so berühren sie einander in einer ebenen Curve vom zweiten Grade."

IV. „Berühren zwei beliebige Flächen vom zweiten Grade eine dritte solche Fläche in ebenen Curven: so schneiden sie sich in ebenen Curven."

Da zwei Ebenen zusammengenommen als eine Fläche vom zweiten Grade zu betrachten sind, so ist der erste Satz No. 7. ein spezieller Fall des gegenwärtigen. Ein anderer spezieller Fall ist folgender:

„Jede zwei Cylinder vom zweiten Grade, welche zugleich entweder zwischen oder ausserhalb von zwei parallelen Ebenen liegen, (also elliptische oder hyperbolische Cylinder sind) und diese Ebenen berühren, schneiden einander in zwei ebenen Curven vom zweiten Grade."

V. „Zwei beliebige ebene Curven, welche in einer und derselben Fläche zweiten Grades liegen, bestimmen zusammen zwei Kegel vom zweiten Grade, d. h., die beiden Curven liegen zugleich in zwei bestimmten Kegeln zweiten Grades." Oder mit anderen Worten: „Bewegt man eine Ebene, welche zwei ebene Curven berührt, die in einer und derselben Fläche zweiten Grades liegen, so dass sie die beiden Curven immerfort berührt: so geht diese Ebene immer durch einen bestimmten Punct S, und dieser Punct S ist der Scheitel eines Kegels (zweiten Grades), welcher durch die beiden genannten Curven geht, und welcher stets von der Ebene berührt wird." Da aber die

Ebene auf zwei verschiedene Arten an die beiden Curven gelegt werden kann, so liegen die beiden Curven zugleich in zwei bestimmten Kegeln.

Insbesondere folgt hieraus:

„Macht man in irgend einem gegebenen Kegel zweiten Grades zwei beliebige ebene Schnitte: so liegen die beiden Durchschnitts-Curven zugleich in einem anderen Kegel vom zweiten Grade."

Ferner kann aus dem obigen Satze der folgende abgeleitet werden:

„Legt man durch einen willkürlichen Punct P, in einer Fläche vom zweiten Grade eine Berührungsebene (E), und ferner aus demselben Punct P, durch beliebige ebene Curven, welche in der Fläche liegen, Kegel: so schneidet jede Ebene, welche mit der genannten Berührungsebene (E) parallel ist, alle diese Kegel (sammt der gegebenen Fläche) in ähnlichen Curven zweiten Grades." Oder mit andern Worten:

„Projizirt man aus einem willkürlichen Puncte P, der in einer gegebenen Fläche vom zweiten Grade liegt, beliebige ebene Curven, welche in derselben Fläche liegen, auf eine Ebene, welche mit der in dem Punct P an die Fläche gelegten Berührungsebene parallel ist: so sind die Projectionen sämmtlich ähnliche Curven vom zweiten Grade."

VI. „Wenn von drei beliebigen gegebenen Flächen zweiten Grades, je zwei einander in ebenen Curven schneiden: so schneiden sich von den sechs Ebenen dieser sechs Durchschnitts-Curven [je zwei Flächen schneiden einander in zwei ebenen Curven (I.)], vier Mal drei in einer geraden Linie, und alle sechs Ebenen, oder diese vier geraden Linien schneiden sich zusammen in einem und demselben Puncte P."

Der Beweis dieses Satzes folgt aus (V. und No. 7. III.).

Aus dem vorliegenden Satze kann leicht der folgende abgeleitet werden.

VII. „Wenn in einer Ebene irgend zwei beliebige Curven zweiten Grades gegeben sind, und man legt durch jede derselben eine willkürliche Fläche zweiten Grades, jedoch so, dass die beiden Flächen einander in zwei ebenen Curven schneiden: so schneiden die Ebenen dieser beiden Durchschnitts-Curven die gegebene Ebene in zwei constanten Linien L, l."

Diese beiden Linien L, l haben in Bezug auf die beiden gegebenen Curven eine der merkwürdigsten Eigenschaften zweier beliebigen Kegelschnitte in einerlei Ebene. Nimmt man nämlich in einer der beiden Linien L, l (z. B. Fig. 4.) einen willkürlichen Punct P an, legt aus diesem Punct an jede der beiden gegebenen Curven, zwei Tangenten, welche die Curven in den vier Puncten A, B und a, b berühren, verbindet ferner diese vier Puncte A, B, a, b paarweise durch sechs gerade Linien, von denen sich Aa und Bb in einem Puncte S, Ab und Ba in einem Puncte T, und AB und ab in einem Puncte Q schneiden: so bleiben die Puncte S und T constant, wie auch der angenommene Punct P unter der festgesetzten Bedingung seine Lage ändert; dagegen ist der Ort des Puncts Q, dieselbe gerade Linie L oder l, in welcher sich der Punct P befindet. Liegt der Punct P im Durchschnitt (D) der beiden Linien L, l: so liegen die vier Berührungspuncte A_1, B_1, a_1, b_1, der aus demselben an beide Curven gelegten Tangenten, in einer geraden Linie, welche durch die beiden Puncte S und T geht; diese Eigenschaft kommt nur diesem Punct D zu.

Ferner: Legt man die vier gemeinschaftlichen Tangenten an die beiden gegebenen Curven (d. h., diejenigen vier geraden Linien, von welchen jede beide Curven zugleich berührt): so schneiden sich zwei derselben in dem genannten Puncte S und die beiden übrigen in dem Puncte T. Demnach kann mit Hülfe der beiden Linien L, l die Aufgabe:

„An zwei gegebene, in einerlei Ebene liegende Kegelschnitte eine gemeinschaftliche Tangente zu legen," leicht gelöst werden, eine Aufgabe, welche meines Wissens bis jetzt noch nicht gelöst ist.

Endlich kann noch hinzugefügt werden, dass, im Fall die gegebenen Curven einander in vier Puncten A, B, C, D schneiden, drei Systeme von zwei solchen zusammengehörigen Linien L, l vorhanden sind. Nämlich jede zwei von den sechs gemeinschaftlichen Sehnen der beiden Curven, welche zusammen durch alle vier Schneidepuncte A, B, C, D gehen (also AB und CD, AC und BD, AD und BC) sind ein solches Linien-Paar L, l.

VIII.* „Der Ort des Scheitels eines geraden Kegels vom zweiten Grade, welcher eine der Grösse und Lage nach gegebene Fläche vom zweiten Grade in einer ebenen Curve berührt: ist eine ebene Curve vom zweiten Grade."

Ist z. B. die gegebene Fläche ein Ellipsoïd: so ist der Ort des Scheitels desjenigen geraden Kegels, welcher diese Fläche in einer ebenen Curve berührt, eine Hyperbel. Diese Hyperbel hat folgende merkwürdige Beziehungen zu dem Ellipsoïd:

α. Die Hyperbel liegt in der Ebene (AC) der kleinsten (C) und grössten Axe (A) des Ellipsoïds; ihre Hauptaxe liegt in der grössten Axe (A) des Ellipsoïds, und ihr Mittelpunct fällt mit dem Mittelpunct des Ellipsoïds zusammen.

β. Die Axen der Hyperbel sind der Grösse nach gleich den Excentricitäten derjenigen beiden Ellipsen, in welchen die beiden Ebenen der Axen (AB), (BC) das Ellipsoïd schneiden. Sind also a, b, c die halben Axen des Ellipsoïds, so ist die Gleichung der Hyperbel:

$$(a^2-b^2)z^2-(b^2-c^2)x^2 = -(a^2-b^2)(b^2-c^2),$$

wo die Coordinaten x, z respective mit den Axen A, C des Ellipsoïds parallel sind.

γ. Die Hyperbel schneidet die Oberfläche des Ellipsoïds in denjenigen vier Puncten, in welchen diese Fläche von vier Ebenen berührt wird, die mit Ebenen parallel sind, welche das Ellipsoïd in Kreisen schneiden.

Eine andere sehr merkwürdige Eigenschaft dieser vier Puncte, in welchen die Hyperbel die Oberfläche des Ellipsoïds schneidet, und welche

*Sieh S. 527.

Monge „*Ombilics*“ nennt, wird von ihm bewiesen (*Application de l'Analyse à la Géométrie* § XVI. *p.* 121).

Ein gegebenes Ellipsoïd kann also nur von zwei geraden Cylindern (zweiten Grades) in ebenen Curven berührt werden; die Axen dieser beiden Cylinder bilden die Asymptoten der genannten Hyperbel.

IX. Bekanntlich bestimmt jeder Kreis, in der Oberfläche einer Kugel, mit deren Mittelpunct zusammen, einen geraden Kegel; und umgekehrt: jeder gerade Kegel, dessen Scheitel im Mittelpuncte einer Kugel liegt, schneidet die Fläche der Kugel in zwei Kreisen. Dieser Satz findet aber nicht bei der Kugel allein, sondern allgemeiner, wie folgt, Statt.

„Dreht man irgend eine Curve vom zweiten Grade um ihre Hauptaxe (in welcher die Brennpuncte liegen), so beschreibt sie eine Fläche zweiten Grades, welche mit der beschreibenden Curve einerlei Brennpuncte hat, und jede beliebige ebene Curve, welche in dieser Fläche liegt, bestimmt mit jedem der beiden Brennpuncte einen geraden Kegel. Umgekehrt: jeder gerade Kegel, dessen Scheitel in einem der beiden Brennpuncte liegt, schneidet die genannte Fläche in zwei ebenen Curven.“

Ist die erzeugende Curve eine Parabel, so ist einer ihrer Brennpuncte unendlich weit entfernt. Jede ebene Curve also, welche man in diesem Falle in der genannten Fläche annimmt, liegt in einem geraden Cylinder (zweiten Grades), dessen Axe mit der Drehaxe parallel ist; und umgekehrt: jeder gerade Cylinder zweiten Grades, dessen Axe mit der Drehaxe parallel ist, schneidet die genannte Fläche in einer ebenen Curve.

X. „Sind zwei Ebenen der Lage nach, und ist in der einen eine Curve vom zweiten Grade der Lage und Grösse nach gegeben: so ist der Ort des Scheitels desjenigen Kegels k vom zweiten Grade, welcher durch diese Curve geht, und dessen Schnitt mit der andern Ebene ein Kreis ist, eine ebene Curve vom zweiten Grade.“

Ist z. B. die gegebene Curve eine Ellipse, so ist der Ort des Scheitels des genannten Kegels k eine Hyperbel; und umgekehrt: ist die gegebene Curve eine Hyperbel, so ist der Ort des Scheitels des Kegels k eine Ellipse; und ist endlich die gegebene Curve eine Parabel, so ist auch der Ort des Scheitels des Kegels k eine Parabel.

Ferner ist hierbei noch Folgendes zu bemerken:

„Die Mittelpuncte $m, M \dots$ der Kreise $m, M \dots$ (Fig. 5), in welchen der genannte Kegel k die zweite Ebene schneidet, liegen immer in einer geraden Linie AD, welche auf der Durchschnittslinie PD der beiden gegebenen Ebenen (ADP, EDP) senkrecht steht; und legt man aus irgend einem Puncte P der Durchschnittslinie PD, Tangenten Pn, PN an die Kreise $m, M \dots$, so sind alle diese Tangenten einander gleich, d. h.

$$Pn = PN = \dots \text{“}$$

„Legt man an die gegebene Curve (C) zwei Tangenten BB_1, bb_1, welche mit der Durchschnittslinie DP der beiden gegebenen Ebenen parallel sind: so bestimmen die beiden Berührungspuncte B, b dieser Tangenten einen Durchmesser Bb, welcher mit der vorhin genannten Linie AD, in dem Puncte D zusammentrifft. Die genannte Curve, welche der Ort des Scheitels des Kegels k ist, liegt immer in der Ebene ADE und hat mit der gegebenen Curve (C) den Durchmesser Bb gemein.

XI. „Sind zwei Ebenen der Lage nach, und ist in der einen eine beliebige Curve (C) vom zweiten Grade, der Lage und Grösse nach gegeben: so ist der Ort des Scheitels desjenigen Kegels (K), welcher durch diese Curve geht, und dessen Schnitt mit der anderen Ebene eine gleichseitige Hyperbel ist, eine Fläche (F) vom zweiten Grade.“ Nämlich:

a) Ist die gegebene Curve C eine Ellipse: so ist die Fläche F die Oberfläche eines Ellipsoïds, welches mit der gegebenen Ellipse einerlei Mittelpunct hat.

b) Ist (C) eine Hyperbel, so ist (F) eine hyperbolische Fläche zweiten Grades, und zwar:

α) Wenn die Durchschnittslinie (PD) der beiden gegebenen Ebenen nur einen (oder gar keinen) Zweig der gegebenen Hyperbel (C) schneidet: so ist die Fläche (F) eine zweitheilige hyperbolische Fläche zweiten Grades (*hyperboloïde à deux nappes*).

β) Wenn die genannte Durchschnittslinie (PD) beide Zweige der gegebenen Hyperbel schneidet: so ist die Fläche (F) eine einfache hyperbolische Fläche zweiten Grades (*hyperboloïde à une nappe*).

c) Ist (C) eine Parabel, so ist (F) eine elliptisch-parabolische Fläche zweiten Grades (*paraboloïde elliptique*).

d) Sind (C) zwei sich schneidende gerade Linien (welche zusammen als eine Hyperbel betrachtet werden können): so ist (F) eine Kegelfläche zweiten Grades.

e) Sind (C) zwei parallele gerade Linien: so ist F die Fläche eines elliptischen Cylinders.

In den beiden letzteren Fällen (*d* und *e*) treten aber an die Stelle der verlangten gleichseitigen Hyperbel zwei sich rechtwinklig schneidende gerade Linien, welche als eine gleichseitige Hyperbel betrachtet werden können.

Die so eben genannten Flächen zweiten Grades sind diejenigen, welche von einer Ebene in einem Kreise geschnitten werden können; und zwar wird in jedem der obigen Fälle die Fläche (F) von einer Ebene, welche mit der zweiten gegebenen Ebene (ADP) parallel ist, in einem Kreise geschnitten.

Es kann bei dieser Gelegenheit noch bemerkt werden, dass nicht jede Fläche zweiten Grades durch eine Ebene in einem Kreise geschnitten, oder wie man sagt, durch Bewegung eines (veränderlichen) Kreises erzeugt werden kann. Ausser dem hyperbolischen und parabolischen Cylinder und dem Systeme zweier Ebenen ist hiervon die hyperbolisch-parabolische Fläche zweiten Grades (*paraboloïde hyperbolique*) ausgenommen, ungeachtet Biot in seinem Werke „*Essai de Géométrie analytique*", S. 271 diese Fläche nicht ausschliesst und ungeachtet Monge in seinem Werke „*Application de l'Analyse à la Géométrie*" S. 45 ausdrücklich sagt, dass auch diese Fläche durch die Bewegung eines veränderlichen Kreises erzeugt werden könne. Unsere Behauptung lässt sich in Kürze, wie folgt, begründen.

Die Gleichung der genannten Fläche (für rechtwinklige Coordinaten) ist bekanntlich

$$\text{(A)} \qquad Pz^2 - py^2 = -pPx.$$

Wird die Fläche (A) von einer beliebigen Ebene, welche durch die Gleichung

$$\text{(B)} \qquad x = ay + bz + c$$

gegeben ist, geschnitten: so ist die Projection der Durchschnitts-Curve auf die Ebene der (yz)

$$\text{(C)} \qquad Pz^2 - py^2 = -pP(ay + bz + c),$$

welches, da z^2 und y^2 verschiedene Zeichen haben, die Gleichung der Hyperbel ist. Mithin ist auch die Durchschnitts-Curve selbst eine Hyperbel. Es ist klar, dass die Curve (C) und also auch die Durchschnitts-Curve immer eine Hyperbel ist, wenn man in der Gleichung (B) der schneidenden Ebene entweder y oder z oder y und z gleich 0 setzt, d. h. wenn die schneidende Ebene (B) entweder mit y, oder mit z, oder mit y und z parallel ist. Nimmt man dagegen an, die schneidende Ebene sei mit x parallel, so dass ihre Gleichung

$$\text{(D)} \qquad ay + bz + c = 0$$

ist, so hat man für die Projection der Durchschnitts-Curve auf die Ebene der (xz)

$$\text{(E)} \qquad Pz^2 - p\left(-\frac{bz + c}{a}\right)^2 = -pPx,$$

welches, wie man sieht, die Gleichung der Parabel ist; und mithin ist auch die Durchschnitts-Curve selbst eine Parabel.

Die Fläche (A) wird demnach von einer Ebene im Allgemeinen in einer Hyperbel (wozu auch zwei gerade Linien gehören) geschnitten, und nur in dem besondern Falle, wo die schneidende Ebene mit der Axe der x parallel ist, wird die Durchschnitts-Curve eine Parabel.

9.

Im vierzehnten Bande (S. 280, 286) der Annalen der Mathematik von Gergonne beweisen Querret und Sturm folgenden Satz:

„Wenn man aus irgend einem Puncte der Peripherie eines Kreises, welcher mit dem um ein gegebenes Dreieck beschriebenen Kreise concentrisch ist, auf die Seiten des Dreiecks Lothe fällt, so ist der Inhalt desjenigen Dreiecks, dessen Scheitel die Fusspuncte dieser Lothe sind, constant.“

Im funfzehnten Bande desselben Werks wird Seite 45 von einem Abonnenten und Seite 250 von Sturm der Satz bewiesen:

„Fällt man aus irgend einem Puncte der Peripherie eines Kreises, welcher mit einem gegebenen regelmässigen Polygon einerlei Mittelpunct hat, Lothe auf die Seiten dieses Polygons, so ist der Inhalt desjenigen Polygons, dessen Ecken in den Fusspuncten dieser Lothe liegen, constant“; ein Satz, welchen Lhuilier in der *Bibliothèque universelle* (mars 1824 p. 169) bekannt gemacht hat.

Diese beiden Sätze sind aber nur spezielle Fälle des folgenden allgemeineren Satzes:

„Fällt man aus irgend einem, in der Ebene eines beliebigen gegebenen Polygons $ABCDE$ (Fig. 6) liegenden Puncte P, Lothe PA_1, PB_1, PC_1 ... auf die Seiten des Polygons, verbindet die Fusspuncte dieser Lothe der Reihe nach durch gerade Linien, wodurch ein in das gegebene eingeschriebenes Polygon $A_1B_1C_1D_1E_1$ entsteht: so ist, im Fall der Inhalt dieses eingeschriebenen Polygons constant bleiben soll, der Ort des Punctes P die Peripherie eines Kreises. Der Mittelpunct dieses Kreises ist von dem Inhalte des eingeschriebenen Polygons und von der Lage des ursprünglich angenommenen Punctes P unabhängig. Er ist, wenn man Kräfte annimmt, die in parallelen Richtungen auf die Ecken des gegebenen Polygons wirken, und sich verhalten wie die Sinusse der respectiven doppelten Winkel des gegebenen Polygons, der Mittelpunct (Schwerpunct) dieser Kräfte.

Beweis.

Man verbinde den Punct P mit den Eckpuncten des gegebenen Vielecks durch die geraden Linien a, b, c, d, e, so ist z. B.

$$(1)\qquad \begin{cases} PA_1 = a.\sin\alpha \text{ und } PE_1 = a.\sin(A-\alpha) \\ AA_1 = a.\cos\alpha \text{ und } AE_1 = a.\cos(A-\alpha). \end{cases}$$

Bezeichnet man den Inhalt des Dreiecks A_1PE_1 durch $\triangle$ und den Inhalt des Vierecks AA_1PE_1 durch $\square$, so hat man

$$(2)\qquad 2\triangle = PA_1 \times PE_1 . \sin A_1PE_1.$$

$$(3)\qquad \square = \frac{AA_1 \times AE_1 . \sin A}{2} + \frac{PA_1 \times PE_1}{2} . \sin A_1PE_1.$$

Substituirt man in diese Gleichungen die Werthe von PA_1, PE_1, AA_1, AE_1 aus (1), und bemerkt, dass

$$\sin A = \sin A_1PE_1,$$

weil die Winkel A und A_1PE_1 zusammen zwei Rechte betragen, und zieht alsdann die Gleichungen (2) und (3) von einander ab, so findet man

$$(4)\quad \begin{cases} \square - 2\triangle = \dfrac{a^2.\sin A}{2}[\cos\alpha\cos(A-\alpha)-\sin\alpha\sin(A-\alpha)] \\ \qquad = \dfrac{a^2.\sin A\cos A}{2} = \dfrac{a^2.\sin 2A}{4}. \end{cases}$$

Eine ähnliche Gleichung findet zwischen dem Viereck BB_1PA_1 und dem Dreieck B_1PA_1, zwischen dem Viereck CC_1PB_1 und dem zugehörigen Dreieck C_1PB_1, u. s. w. Statt. Die Summe aller Vierecke ist aber gleich dem Inhalte des gegebenen Vielecks $ABCDE$, und die Summe aller Dreiecke ist gleich dem Inhalte des eingeschriebenen Vielecks $A_1B_1C_1D_1E_1$; bezeichnet man daher den Inhalt des gegebenen Vielecks durch J und den Inhalt des eingeschriebenen Vielecks durch J_1, so hat man vermöge der Gleichung (4):

$$(5)\quad J-2J_1 = \frac{a^2\sin 2A+b^2\sin 2B+c^2\sin 2C+d^2\sin 2D+e^2\sin 2E}{4}.$$

Soll nun der Inhalt J_1 des eingeschriebenen Vielecks constant sein, so ist $J-2J_1$ eine constante Grösse, welche K sein mag, so dass

$$(6)\quad a^2\sin 2A+b^2\sin 2B+c^2\sin 2C+d^2\sin 2D+e^2\sin 2E = 4K.$$

In dieser Gleichung sind alle Grössen constant, bis auf a, b, c, d, e, welche die Entfernungen des unbestimmten Puncts P von den gegebenen Puncten A, B, C, D, E ausdrücken. Es ist aber bekannt, dass

„wenn in einer Ebene beliebig viele Puncte $A, B, C, D, E, \ldots$ gegeben sind, und man nimmt in derselben Ebene einen willkürlichen Punct P an, zieht aus demselben gerade Linien $a, b, c, d, e, \ldots$ nach jenen gegebenen Puncten, multiplicirt die Quadrate dieser Linien mit beliebigen Grössen $\alpha, \beta, \gamma, \delta, \varepsilon, \ldots$, und setzt die Summe dieser Producte constant: dass dann der Ort des angenommenen Puncts P die Peripherie eines Kreises ist, dessen Mittelpunct in dem gemeinschaftlichen Schwerpunct liegt, wenn man die Grössen $\alpha, \beta, \gamma, \delta, \varepsilon, \ldots$ als in den gegebenen Puncten $A, B, C, D, E, \ldots$ parallel wirkende Kräfte betrachtet."

Daher folgt nunmehr unmittelbar der obige allgemeine Lehrsatz. Dass die beiden im Anfange angeführten Sätze spezielle Fälle des gegenwärtigen Satzes sind, ist leicht zu sehen.

Berlin, im November 1825.

Crelle's Journal Band I. S. 38—52.

2

Einige geometrische Betrachtungen.

Die in den nachstehenden Paragraphen angefangenen Betrachtungen enthalten die Grundlage der geometrischen Untersuchung über das Schneiden der Kreise. Es lassen sich daraus die Auflösungen fast aller Aufgaben über das Schneiden und Berühren der Kreise entwickeln, und zwar in den meisten Fällen sehr einfach; auch wird durch sie oft zwischen mehreren Aufgaben, welche auf den ersten Anblick keine Gemeinschaft zu haben scheinen, ein gewisser Zusammenhang sichtbar. Zwei andere, eben so erfolgreiche Gegenstände, besonders in Bezug auf die Curven und Flächen zweiten Grades, auf die sogenannten Porismen und die meisten Sätze, welche man gewöhnlich durch die Theorie der Transversalen zu beweisen pflegt, sind die harmonische Proportion und die perspectivische Projection.

Vor etwa drei Jahren sah sich der Verfasser dieser Abhandlung, zufälliger Weise, zur Beschäftigung mit der Aufgabe: 1) einen Kreis zu beschreiben, welcher drei andere, gegebene Kreise berührt; 2) mit der Malfatti'schen Aufgabe (No. 14); so wie 3) mit dem XV. Theorem im IV. Buch der *Collect. mathem.* von Pappus; und 4) mit verschiedenen Porismen und der rein geometrischen Betrachtung der Curven und Flächen zweiten Grades, angeregt. Den Pappischen Satz kannte er nur ohne Beweis; eben so die Malfatti'sche Aufgabe; von der ersten (1) jedoch die Vieta'sche geometrische Lösung.

Der Verfasser pflegt in der Regel nicht eher über eine Aufgabe oder über einen Gegenstand weiter nachzulesen, bevor er nicht selbst eine Auflösung oder Sätze darüber gefunden hat, um alsdann seine Resultate mit den schon vorhandenen zu vergleichen.

Dieses fand auch bei den eben genannten Gegenständen Statt; das Bestreben des Verfassers war, z. B. bei den Auflösungen der verschiedenen

Aufgaben über Berührung der Kreise, den ihnen zum Grunde liegenden gemeinschaftlichen Zusammenhang zu finden.

Den Satz (No. 3), „dass der Ort der gleichen Tangenten zweier gegebenen Kreise eine gerade Linie sei," hatte der Verfasser schon bei einer frühern geometrischen Untersuchung gefunden. Die Bedeutung der Aehnlichkeitspuncte (No. 7) und der gemeinschaftlichen Potenz (No. 11) zweier Kreise, wovon schon bei Pappus und Vieta sich Spuren finden, lernte er durch ihre, von ihm gefundene vielseitige Anwendbarkeit erkennen. Mittelst der Anwendung dieser drei Sätze offenbarte sich ihm nun der gesuchte Zusammenhang der verschiedenen Aufgaben über Berührung der Kreise, welche er sich vorgelegt hatte, nebst einer Menge damit in Verbindung stehender Sätze.

Als nun der Verfasser seinen Gegenstand einigermassen erschöpft zu haben glaubte, sah er sich auch nach Demjenigen um, was Andere gethan. Er sah, dass die Franzosen nicht nur einen grossen Theil der von ihm gelösten Sätze und Aufgaben schon besitzen, sondern auch bei den Beweisen und Auflösungen sich fast allenthalben derselben Mittel bedient haben, wie er. In Hinsicht der Anwendung der harmonischen Proportion und der perspectivischen Projection auf eine grosse Menge geometrischer Gegenstände (besonders auf die Curven und Flächen zweiten Grades, die Porismen u. s. w.) fand er besonders bei Poncelet (*Traité des propriétés projectives des figures**), sowohl viele seiner Sätze, als auch denselben Gang der Betrachtung.

Für die Versicherung, dass der Verfasser Dasjenige, was die Franzosen in dieser Hinsicht gethan, vorher nicht gekannt habe, hofft er, werden nicht allein diejenigen seiner Bekannten, welche, bei täglichem Umgange mit ihm, die Entstehung und Entwickelung seiner Arbeiten beobachteten, sondern dem Sachkenner wird auch schon die umfassendere, allgemeinere Entwickelungsweise in den Untersuchungen, aus welcher nicht nur alle jene Betrachtungen, sondern auch eine grosse Menge neuer Resultate von selbst hervorgehen, ein Zeugniss ablegen. So hat er z. B. die Untersuchungen über Kreise und Kugeln auf die Weise verallgemeinert, dass die Winkel, unter welchen dieselben sich schneiden, betrachtet werden, so dass die Berührung nur als ein spezieller Fall des Schneidens anzusehen ist, nämlich der, wo der Schneidungswinkel gleich 0 oder gleich 180° ist. Und zwar löst er durch Hülfe der in den nachstehenden Paragraphen (I. II. III) entwickelten Lehrsätze nicht allein alle die verschiedenen (Apollonischen) Aufgaben über Berührung der Kreise und der geraden Linien etc., sondern noch weit mehr Aufgaben über das Schneiden der Kreise; wie z. B. folgende:

---

*) Vergl. Crelle's Journal Band I. S. 96.

„Einen Kreis zu beschreiben, welcher drei der Grösse und Lage nach gegebene Kreise K_1, K_2, K_3 respective unter den gegebenen Winkeln α_1, α_2, α_3 schneidet.“

„Einen Kreis zu beschreiben, welcher vier, der Grösse und Lage nach gegebene Kreise unter einerlei Winkel schneidet.“ U. s. w.

Und zwar werden alle diese Aufgaben ebensowohl bei Kreisen, die in einerlei Ebene, als bei Kreisen, die in einerlei Kugelfläche liegen, gelöst. Ferner werden analoge Aufgaben bei Kugeln im Raume gelöst, als z. B.:

„Eine Kugel zu beschreiben, welche vier, der Grösse und Lage nach gegebene Kugeln K_1, K_2, K_3, K_4 respective unter den gegebenen Winkeln α_1, α_2, α_3, α_4 schneidet.“

„Eine Kugel zu beschreiben, welche fünf der Grösse und Lage nach gegebene Kugeln unter einerlei Winkel schneidet.“ U. s. w.

Nach dem frühern Plane des Verfassers sollten seine geometrischen Untersuchungen ein zusammenhängendes Werk ausmachen; allein bei der Ausarbeitung fand sich, dass es zu ausgedehnt werden würde; andererseits war es ihm bis jetzt noch nicht möglich, seinen Untersuchungen ein bestimmtes Ziel zu setzen, weil sich dieselben noch täglich erweitern und auf neue Gegenstände anwenden lassen, so dass bestimmte Schranken der freien Entwickelung des Gegenstandes nur nachtheilig sein würden. Der Verfasser wird daher erst einen Theil davon, welcher

> „Das Schneiden (mit Einschluss der Berührung) der Kreise in der Ebene, das Schneiden der Kugeln im Raume, und das Schneiden der Kreise auf der Kugelfläche“

enthalten soll, Untersuchungen, welche schon vor zwei Jahren beendet waren, und deren Ausarbeitung zum Drucke gegenwärtig beinahe vollendet ist, in einem Bande von etwa 25 bis 30 Bogen, herausgeben, und wenn dieser erste Theil einige Theilnahme findet, die übrigen Untersuchungen nachfolgen lassen.

---

§ I. Von der Potenz bei Kreisen, die in einerlei Ebene liegen.

1.

Wenn die geraden Linien Mm und PG (Fig. 1) auf einander senkrecht stehen: so ist für jeden beliebigen Punct P des Perpendikels PG, wenn man die Puncte m, M als gegeben betrachtet:

$$MP^2 - mP^2 = MG^2 - mG^2,$$

das heisst:

„Der Unterschied der Quadrate der Abstände aller Puncte P der Senkrechten PG von zwei gegebenen Puncten M, m ist eine unveränderliche

Grösse, nämlich gleich dem Unterschiede der Quadrate der Abstände MG, mG der Senkrechten PG von den gegebenen Puncten M, m." Hieraus folgt:

„Dass der geometrische Ort eines Puncts P, für welchen der Unterschied der Quadrate seiner Abstände von zwei gegebenen Puncten M, m gleich ist einer gegebenen Grösse u^2, eine gerade Linie PG ist, welche auf der die gegebenen Puncte verbindenden Geraden (Mm) senkrecht steht."

Bezeichnet man den Abstand der gegebenen Puncte Mm von einander durch a: so ist

$$MG + mG = a \quad \text{und} \quad MG^2 - mG^2 = u^2.$$

Daraus folgt:

$$MG = \frac{a^2 + u^2}{2a} \quad \text{und} \quad mG = \frac{a^2 - u^2}{2a}.$$

2.

In den Lehrbüchern der Geometrie findet man folgenden Satz bewiesen:

„Werden aus einem, in der Ebene eines Kreises M, (Fig. 2) willkürlich angenommenen Puncte P, gerade Linien PAB, $PCD\ldots$ gezogen, die den Kreis schneiden: so ist das Product (Rechteck) aus den Abständen des Puncts von den Durchschnittspuncten der schneidenden Linien eine beständige Grösse; d. h. es ist

$$PA \times PB = PC \times PD = \ldots\text{"}$$

Dieses Product, für einen bestimmten Punct, in Bezug auf einen gegebenen Kreis, soll

„Potenz des Puncts in Bezug auf den Kreis,"

oder auch umgekehrt:

„Potenz des Kreises in Bezug auf den Punct*)" heissen.

Ferner wollen wir sagen: Die Potenz eines Puncts, in Bezug auf einen Kreis, sei äusserlich oder innerlich, je nachdem der Punct ausserhalb oder innerhalb des Kreises liegt.

Liegt der Punct P ausserhalb des Kreises M, (Fig. 2): so ist seine Potenz gleich dem Quadrat der, aus ihm an den Kreis gelegten, Tangente PT. Die Potenz eines innerhalb des Kreises M liegenden Puncts Q (Fig. 3) ist gleich dem Quadrat der halben kleinsten Sehne QC, durch den gegebenen Punct. Bezeichnet man den Halbmesser MT, MC des Kreises M (Fig. 2, 3) durch R, so ist, vermöge der rechtwinkligen Dreiecke MTP,

*) Die Alten nannten den constanten Inhalt des zwischen der Hyperbel und ihren Asymptoten beschriebenen Parallelogramms, „Potenz der Hyperbel".

MQC, die Potenz des ausserhalb des Kreises liegenden Puncts P,

$$PT^2 = PM^2 - R^2,$$

und die Potenz des innerhalb des Kreises liegenden Puncts Q,

$$QC^2 = R^2 - MQ^2.$$

Hieraus folgt, dass Puncte, welche gleich weit vom Mittelpunct eines Kreises entfernt sind, in Bezug auf ihn gleiche Potenzen haben. Fällt ein Punct in die Peripherie eines Kreises, so ist seine Potenz gleich 0; und umgekehrt, jeder Punct, dessen Potenz in Bezug auf einen gegebenen Kreis gleich 0 ist, liegt in der Peripherie des Kreises.

3.

Wenn M, m (Fig. 1) die Mittelpuncte zweier Kreise M, m sind, deren Radien durch R, r bezeichnet werden mögen, und P ist ein Punct, welcher zu beiden Kreisen gleiche und gleichartige, d. h. in Bezug auf beide Kreise zugleich äusserliche oder zugleich innerliche, Potenzen hat, so ist entweder (No. 2):

(a) $$MP^2 - R^2 = mP^2 - r^2,$$

oder

(b) $$R^2 - MP^2 = r^2 - mP^2.$$

Aus Beidem folgt:

$$MP^2 - mP^2 = R^2 - r^2,$$

d. h.: „Der Unterschied der Quadrate der Abstände des Puncts P ist unter der vorausgesetzten Bedingung eine unveränderliche Grösse ($R^2 - r^2$), nämlich gleich dem Unterschied der Quadrate der Radien der gegebenen Kreise M, m.“

Hieraus folgt nach No. 1:

„Dass der Ort eines Puncts P, welcher zu zwei gegebenen Kreisen M, m gleichartige und gleiche Potenz hat, eine gerade Linie PG ist, welche auf der Axe Mm der Kreise senkrecht steht.“

Wegen dieser Eigenschaft der geraden Linie PG soll dieselbe fortan:

„Linie der gleichen Potenzen der Kreise M, m“ heissen.

Aus dem Obigen folgen noch die Zusätze, dass:

„Erstlich die gemeinschaftliche Sehne zweier Kreise, und

„Zweitens die Linie, welche zwei Kreise in einem und demselben Punct berührt, zugleich die Linie ihrer gleichen Potenzen ist.“

Da nach No. 2 die Potenz eines ausserhalb des Kreises liegenden Puncts gleich ist dem Quadrat der Tangente aus dem Puncte an den Kreis, so folgt ferner:

„Dass der geometrische Ort eines Puncts P, aus welchem die Tangenten an zwei gegebene Kreise M, m einander gleich sind, eine auf der Axe Mm der Kreise senkrecht stehende gerade Linie PG ist.“

Beschreibt man mit einer der vier Tangenten aus dem Punct P an die beiden gegebenen Kreise einen Kreis P, so schneidet derselbe die beiden gegebenen Kreise rechtwinklig, und es folgt ferner:

„Dass der geometrische Ort des Mittelpuncts P eines Kreises P, welcher zwei gegebene Kreise M, m rechtwinklig schneidet, eine gerade Linie PG ist, welche auf der Axe Mm der gegebenen Kreise senkrecht steht."

4.

Es seien M_1, M_2, M_3 (Fig. 4) die Mittelpuncte dreier, der Grösse und Lage nach gegebenen Kreise M_1, M_2, M_3. Zu je zwei der gegebenen Kreise gehört nach No. 3 eine Linie der gleichen Potenzen. Wir wollen diese drei Linien, mittelst der den Kreisen zukommenden Zahlen, und zwar durch $l(12)$, $l(13)$, $l(23)$ bezeichnen, d. h. $l(12)$ bezeichnet die Linie der gleichen Potenzen der beiden gegebenen Kreise M_1, M_2, u. s. w.

Derjenige Punct, in welchem sich z. B. die beiden Linien $l(12)$, $l(13)$ schneiden, und welchen wir durch $p(123)$ bezeichnen wollen, hat, vermöge der ersten Linie $l(12)$, zu den beiden Kreisen M_1, M_2, und vermöge der andern Linie $l(13)$, zu den beiden Kreisen M_1, M_3 gleiche Potenzen; mithin hat er zu allen drei gegebenen Kreisen M_1, M_2, M_3 gleiche Potenzen, und folglich geht auch die dritte Linie $l(23)$ durch den genannten Punct $p(123)$. Daraus folgt nachstehender Satz:

„Die drei Linien der gleichen Potenzen, welche zu drei gegebenen Kreisen, paarweise genommen, gehören, schneiden einander in einem und demselben Punct $p(123)$." Wir wollen diesen Punct $p(123)$ hinfort

„Punct der gleichen Potenzen der drei Kreise M_1, M_2, M_3"

nennen.

Liegt der Punct $p(123)$ ausserhalb der drei gegebenen Kreise M_1, M_2, M_3, so folgt aus No. 3, dass die aus ihm an die Kreise gelegten Tangenten einander gleich sind, und dass er in diesem Fall der Mittelpunct eines Kreises ist, welcher die drei gegebenen Kreise rechtwinklig schneidet.

Da nach No. 3 die gemeinschaftliche Sehne zweier Kreise zugleich die Linie der gleichen Potenzen derselben ist, so folgt ferner:

„Dass wenn drei beliebige Kreise M_1, M_2, M_3 (Fig. 5) einander schneiden, dass dann die drei Sehnen AB, CD, EF, welche dieselben paarweise mit einander gemein haben, sich in einem und demselben Puncte $p(123)$, nämlich im Puncte der gleichen Potenzen der drei Kreise schneiden." Und:

„dass wenn drei beliebige Kreise einander berühren, alsdann die, in den drei Berührungspuncten an die Kreise gelegten Tangenten, in einem und demselben Punct zusammentreffen."

Hieraus folgen ferner nachstehende Sätze:

„Werden zwei, der Grösse und Lage nach gegebene Kreise M_1, M_2 (Fig. 6) von irgend einem willkürlichen Kreise M_3 geschnitten, so ist der geometrische Ort des Durchschnittspuncts P der beiden Sehnen EF, CD, welche der letztere Kreis mit jenen beiden gemein hat, eine gerade Linie, welche auf der Axe M_1M_2 der gegebenen Kreise senkrecht steht.“

Nämlich der Ort des genannten Durchschnittspuncts P ist die Linie der gleichen Potenzen $l(12)$ der beiden gegebenen Kreise. Man sieht leicht, wie sich hieraus die Linie der gleichen Potenzen $l(12)$ zweier gegebenen Kreise M_1, M_2 finden lässt. Ferner:

„Werden zwei der Lage und Grösse nach gegebene Kreise M_1, M_2 (Fig. 7) von irgend einem willkürlichen Kreise M_3 berührt, und man legt in den beiden Berührungspuncten A, B Tangenten AP, BP an die Kreise: so ist der geometrische Ort des Durchschnittspuncts P der beiden Tangenten eine auf der Axe M_1M_2 der gegebenen Kreise senkrecht stehende gerade Linie PG, nämlich die Linie der gleichen Potenzen $l(12)$ der beiden gegebenen Kreise M_1, M_2.“

Durch Umkehrung dieses letzten Satzes folgen nachstehende Sätze:

„Legt man aus einem in der Linie der gleichen Potenzen (PG) zweier gegebenen Kreise M_1, M_2 (Fig. 7) willkürlich angenommenen Puncte P an jeden Kreis eine Tangente: so berühren diese Tangenten die Kreise in zwei Puncten, in welchen sie auch von einem bestimmten Kreise berührt werden können.“ Legt man also aus dem Puncte P die vier Tangenten PA, PB, PC, PD, welche die beiden gegebenen Kreise M_1, M_2 in den Puncten A, B, C, D berühren: so können die Kreise M_1, M_2 von einem bestimmten Kreise (M_3) in den Puncten A, B, von einem andern Kreise in den Puncten C, D, von einem dritten Kreise in den Puncten A, C, und endlich von einem vierten Kreise in den Puncten B, D berührt werden. Oder was dasselbe ist:

„Jeder Kreis P (z. B. $ABCD$), welcher zwei gegebene Kreise M_1, M_2 rechtwinklig schneidet, schneidet sie in vier solchen Puncten A, B, C, D, in welchen dieselben von vier bestimmten Kreisen berührt werden können; d. h. jeder der vier Kreise berührt die gegebenen in zwei der genannten vier Durchschnittspuncte.“

5.

Stellt man sich alle möglichen Kreise, P_1, P_2, P_3 ... vor, von denen jeder zwei gegebene Kreise M_1, M_2 (Fig. 8) rechtwinklig schneidet: so folgt nach No. 3, dass je zwei derselben die Axe M_1, M_2 der letztern zur Linie der gleichen Potenzen haben, und folglich haben alle Kreise P_1, P_2, P_3 ... zusammen die Axe M_1M_2 zur Linie der gleichen Potenzen. Das heisst (No. 3): der geometrische Ort des Mittelpunctes eines Kreises (M_1,

M_2, M_3 ...), welcher alle Kreise P_1, P_2, P_3 ... rechtwinklig schneidet, ist die Axe M_1M_2 der gegebenen Kreise M_1, M_2.

Die beiden Gruppen von Kreisen P_1, P_2, P_3 ... und M_1, M_2, M_3 ... stehen demnach in einer solchen gegenseitigen Beziehung, dass jeder Kreis der einen Schaar, jeden Kreis der andern Schaar rechtwinklig schneidet, und dass also die Kreise der einen Schaar die Axe der anderen zur Linie der gleichen Potenzen haben.

Da die Kreise P_1, P_2, P_3 ... die Axe M_1, M_2, M_3 ... zur Linie der gleichen Potenzen haben, so folgt, dass, wenn irgend zwei derselben einander schneiden, dann alle zusammen einander in denselben zwei Puncten A, B schneiden, und dass ihre gemeinschaftliche Sehne AB die genannte Axe M_1, M_2, M_3 ... ist. Wenn aber die Kreise der einen Schaar P_1, P_2, P_3 ... einander schneiden, so kann von den Kreisen der anderen Schaar M_1, M_2, M_3 ... keiner den anderen schneiden. Also:

„Alle Kreise P_1, P_2, P_3 ..., von denen jeder zwei gegebene ausser oder ineinander liegende Kreise M_1, M_2 oder M_1, M_3 rechtwinklig schneidet, schneiden sich in zwei bestimmten Puncten A, B.“ Und:

„Von allen Kreisen M_1, M_2, M_3 ..., welche zwei gegebene sich schneidende Kreise P_1, P_2 rechtwinklig schneiden, kann keiner den anderen schneiden.“

Da sich nach No. 4 die Sehnen, welche der Kreis M_1 mit irgend zwei Kreisen der Schaar P_1, P_2, P_3 ... gemein hat, mit der Axe M_1M_2 (als Linie der gleichen Potenzen der letzteren Kreise P_1, P_2 ...) in einem Punct schneiden: so folgt, dass sich alle Sehnen, DC, EF ..., welche der Kreis M_1 mit den Kreisen P_1, P_2, P_3 ... einzeln gemein hat, in einem bestimmten Punct M der Axe M_1M_2 schneiden. Aus gleichen Gründen folgt, dass sich alle Sehnen DC, HI, ..., welche der Kreis P_1 mit den Kreisen M_1, M_2, M_3 ..., einzeln genommen, gemein hat, in einem bestimmten Punct P der Axe P_1P_2 schneiden. Bemerkt man noch, dass, da die Kreise P_1, P_2, P_3 ... den Kreis M_1 rechtwinklig schneiden, die nach den Durchschnittspuncten gezogenen Radien P_1C, P_1D, P_2E, ... den Kreis M_1 berühren, und dass eben so die Radien M_1C, M_1D, M_2H, ... den Kreis P_1 berühren: so folgen aus dem Obigen nachstehende bekannte Sätze:

„Legt man aus beliebigen Puncten M_1, M_2 ... (Fig. 9) einer gegebenen geraden Linie M_1M_2, welche einen gegebenen Kreis P_1 schneidet, Tangenten an diesen Kreis: so gehen die Sehnen CD, HI ..., welche die Berührungspuncte der zusammengehörigen Tangenten verbinden, durch einen und denselben ausserhalb des Kreises liegenden Punct P.“ Und:

„Legt man aus beliebigen Puncten P_1, P_2 ... (Fig. 10) einer geraden Linie P_1P_2, aus jedem zwei Tangenten an einen gegebenen Kreis M_1, welcher die genannte Linie nicht schneidet: so gehen die Sehnen CD, EF..., welche die Berührungspuncte der zusammengehörigen Tangenten verbinden, durch einen bestimmten, innerhalb des Kreises liegenden Punct M."

Und umgekehrt:

„Zieht man aus einem in der Ebene eines gegebenen Kreises (P_1 Fig. 9 oder M_1 Fig. 10) beliebig angenommenen Punct P oder M eine willkürliche gerade Linie (PCD oder CMD), die den Kreis schneidet, und legt in den Durchschnittspuncten (C, D) Tangenten an den Kreis: so ist der geometrische Ort des Durchschnittspuncts (M_1 oder P_1) dieser beiden Tangenten, eine gerade Linie ($M_1M_2 \ldots$ oder $P_1P_2 \ldots$), welche auf dem, durch den angenommenen Punct (P oder M) gehenden Durchmesser (PP_1 oder MM_1) senkrecht steht."

Die gegenseitige Lage und Bestimmung des angenommenen Puncts P oder M und der Ortslinie M_1M_2 oder P_1P_2, in Bezug auf den gegebenen Kreis (P_1 oder M_1) ist leicht zu sehen. Nämlich die aus dem gegebenen Puncte P, (Fig. 9), an den gegebenen Kreis P_1 gelegten Tangenten PA, PB berühren den Kreis nothwendig in denjenigen Puncten A, B, in welchen er von der Ortslinie M_1M_2 geschnitten wird, u. s. w.

Bekanntlich finden diese Sätze auf ähnliche Weise bei jeder Curve zweiten Grades Statt. Auch finden analoge Sätze bei allen Flächen zweiten Grades Statt.

§ II. Von den Aehnlichkeitspuncten und Aehnlichkeitslinien bei Kreisen, die in einerlei Ebene liegen.

6.

Sind irgend drei Puncte M, m, A, (Fig. 11), die in einer geraden Linie liegen, gegeben, und man zieht durch den Punct A eine willkürliche gerade Linie AnN, und aus den Puncten M, m zwei beliebige Parallelen MN, mn nach jener Linie AnN, so ist:

$$MN : mn = MA : mA.$$

„Zieht man umgekehrt aus den Puncten M, m irgend zwei Parallelen MN_1, mn_1, von der Grösse, dass

$$MN_1 : mn_1 = MA : mA,$$

so liegen ihre Endpunkte N_1, n_1 mit dem Puncte A in einer geraden Linie."

Aehnliches findet Statt, wenn man statt des Puncts A einen Punct I nimmt, welcher zwischen den beiden Puncten M, m (Fig. 12) liegt; nur liegen dann die Parallelen MN, mn oder MN_1, mn_1 auf verschiedenen Seiten der gegebenen geraden Linie MIm.

7.

Beschreibt man um die gegebenen Puncte M, m (Fig. 11, 12), mit zwei bestimmten Halbmessern MN, mn zwei Kreise M, m: so folgen aus No. 6 unmittelbar nachstehende Sätze:

„In zwei beliebigen Kreisen $M, m,$ (Fig. 11), liegen die Endpuncte N, n zweier beliebigen parallelen Radien $MN, mn,$ die sich an einerlei Seite der Axe Mm befinden, mit einem und demselben bestimmten Punct A in einer geraden Linie.“ Und:

„In zwei beliebigen Kreisen M, m (Fig. 12), liegen die Endpuncte N, n zweier beliebigen parallelen Radien $MN, mn,$ welche sich auf entgegengesetzten Seiten der Axe befinden, mit einem und demselben bestimmten Punct I in gerader Linie.“ Ferner:

„Zieht man nach irgend einer geraden Linie An_1N_1 oder N_1In_1 (Fig. 13), welche durch einen jener bestimmten Puncte A oder I geht, aus den Mittelpuncten M, m zwei beliebige Parallelen MN_1, mn_1: so verhalten sich dieselben wie die Radien der Kreise, d. h.: es ist

$$MN_1 : mn_1 = MN : mn.“$$

Und umgekehrt:

„Zieht man aus den Mittelpuncten M, m der gegebenen Kreise zwei beliebige Parallelen MN_1, mn_1, welche sich verhalten wie die Radien der Kreise: so liegen die Endpuncte N_1, n_1 derselben entweder mit A oder mit I in gerader Linie, je nachdem die Parallelen auf einerlei oder auf verschiedenen Seiten der Axe Mm gezogen sind.“

Die beiden Puncte $A, I,$ welche zu zwei gegebenen Kreisen M, m gehören, wollen wir

„Aehnlichkeitspuncte der beiden Kreise M, m“ nennen,

und zwar A den äusseren und I den inneren Aehnlichkeitspunct. Ferner soll jede solche gerade Linie An_1N_1, n_1IN_1, welche durch einen der beiden Aehnlichkeitspuncte A oder I geht:

„Aehnlichkeitslinie der beiden Kreise $M, m,$“

und zwar ebenfalls äussere oder innere heissen, je nachdem sie durch den äusseren oder inneren Aehnlichkeitspunct geht.

Bezeichnet man die Radien MN, mn der Kreise M, m durch R, r: so hat man nach No. 6 für die Lage der beiden Aehnlichkeitspunkte A, I folgende Gleichungen:

$$R : r = MA : mA = MI : mI.$$

Hieraus folgt, dass, wenn z. B. R gleich MA, alsdann auch r gleich mA ist, und folglich die beiden Kreise einander in dem Punct A innerlich berühren; oder wenn R gleich MI ist, dass dann zugleich auch r gleich mI ist, und dass die gegebenen Kreise einander nothwendig in dem Punct I äusserlich berühren. Durch Umkehrung folgt:

„Wenn zwei beliebige Kreise M, m einander äusserlich berühren: so ist der Berührungspunct zugleich ihr innerer Aehnlichkeitspunkt (I).“ Und:

„Wenn zwei beliebige Kreise (M, m) einander innerlich berühren: so ist der Berührungspunct zugleich ihr äusserer Aehnlichkeitspunct (A).“

Da die Endpuncte paralleler Radien der beiden Kreise M, m mit einem der beiden Aehnlichkeitspunkte A oder I in gerader Linie liegen: so folgt ferner, durch Umkehrung, dass jede gerade Linie, welche durch einen der beiden Aehnlichkeitspuncte geht und den einen Kreis schneidet, nothwendiger Weise auch den andern Kreis schneidet, und dass die nach den Durchschnittspuncten gezogenen Radien der beiden Kreise paarweise parallel sind. Berührt demnach die genannte Linie den einen Kreis, so berührt sie zugleich auch den anderen. Daher folgt ferner:

„Liegen zwei gegebene Kreise M, m (Fig. 14) ausser einander: so schneiden sich die beiden äusseren gemeinschaftlichen Tangenten Bb und B_1b_1 in dem äusseren Aehnlichkeitspunct A, und die beiden inneren gemeinschaftlichen Tangenten Cc und C_1c_1 in dem inneren Aehnlichkeitspunct I.“

Hierdurch kann man leicht an zwei gegebene Kreise eine gemeinschaftliche Tangente ziehen.

Endlich ist zu bemerken, dass, wie aus der obigen Gleichung folgt, bei zwei in einander liegenden Kreisen, die Aehnlichkeitspuncte innerhalb beider Kreise liegen.

8.

Es seien M_1, M_2, M_3 (Fig. 15) die Mittelpuncte dreier beliebigen, der Grösse und Lage nach gegebenen Kreise M_1, M_2, M_3. Nach No. 7 gehören zu je zweien dieser drei Kreise zwei Aehnlichkeitspuncte. Es seien A_3 und I_3, A_2 und I_2, A_1 und I_1 die Aehnlichkeitspuncte der Kreispaare M_1M_2, M_1M_3, M_2M_3.

Da die gerade Linie A_3A_2, welche durch die Aehnlichkeitspuncte A_3 und A_2 geht, vermöge des ersteren, zu den Kreisen M_1, M_2, und vermöge des letzteren, zu den Kreisen M_1, M_3 eine äussere Aehnlichkeitslinie ist (No. 7): so ist sie folglich auch eine äussere Aehnlichkeitslinie zu den Kreisen M_2, M_3, und geht daher durch den äusseren Aehnlichkeitspunct A_1 derselben, d. h. die drei Aehnlichkeitspuncte A_3, A_2, A_1 liegen in einer geraden Linie. Auf ganz ähnliche Weise schliesst man, dass sowohl die drei Aehnlichkeitspunkte A_3, I_1, I_2, als auch A_2, I_1, I_3, so wie auch A_1, I_2, I_3 in geraden Linien liegen. Wir finden daher folgenden Satz:

„Von den sechs Aehnlichkeitspuncten, welche zu drei beliebigen gegebenen Kreisen, paarweise genommen, gehören, liegen viermal je drei in einer geraden Linie, nämlich es liegen die drei äusseren, und jeder äussere mit den beiden nicht zugehörigen inneren Aehnlichkeitspuncten in einer geraden Linie.“

Diese genannten vier geraden Linien, von welchen jede durch drei Aehnlichkeitspuncte der gegebenen Kreise geht, und mithin zu allen drei Kreisen ähnliche Lage hat, wollen wir

„Aehnlichkeitslinien der drei Kreise M_1, M_2, M_3,“ nennen, und zwar die Linie $A_3A_2A_1$ äussere, und die drei Linien $A_3I_1I_2$, $A_2I_1I_3$, $A_1I_2I_3$ innere Aehnlichkeitslinien.

Da die beiden äusseren gemeinschaftlichen Tangenten zweier ausser einander liegender Kreise, sich im äusseren, dagegen die beiden inneren gemeinschaftlichen Tangenten sich im inneren Aehnlichkeitspunct der Kreise schneiden (No. 7, Fig. 14): so folgt aus dem vorigen Satz unmittelbar der nachstehende:

„Legt man an je zwei von drei, der Grösse und Lage nach gegebenen, ausser einander liegenden Kreisen M_1, M_2, M_3 (Fig. 16), die beiden Paare gemeinschaftliche Tangenten (d. h. die beiden äusseren und die beiden inneren): so liegen sowohl die drei Durchschnittspuncte (A_3, A_2, A_1) der drei Paare äusserer Tangenten*), als auch der Durchschnittspunct jedes Paares äusserer Tangenten mit den zwei Durchschnittspuncten der beiden nicht zugehörigen Paare innerer Tangenten (d. i. $A_3I_1I_2$, $A_2I_1I_3$, $A_1I_2I_3$) in einer geraden Linie.“

Da nach No. 7 der Berührungspunct zweier Kreise zugleich ein Aehnlichkeitspunct derselben ist, so folgt daraus und aus dem obigen Satz ferner:

„Wenn irgend ein beliebiger Kreis M_3 zwei gegebene Kreise M_1, M_2 berührt, so liegen die beiden Berührungspuncte mit einem der beiden Aehnlichkeitspuncte der gegebenen Kreise in einer geraden Linie.“

Denn da die Puncte, in welchen der Kreis M_3 die beiden gegebenen Kreise M_1, M_2 berührt, zugleich zwei von den vier Aehnlichkeitspuncten A_1, I_1, A_2, I_2 sind, welche jener Kreis mit diesen beiden gemein hat: so sind die genannten Berührungspuncte zugleich entweder

1) die beiden Aehnlichkeitspuncte	A_1 und	A_2,
oder 2) - - -	I_1 -	I_2,
oder 3) - - -	A_1 -	I_2,
oder 4) - - -	I_1 -	A_2,

und liegen folglich in den beiden ersten Fällen (1, 2) mit dem äusseren A_3, und in den beiden letzten Fällen (3, 4) mit dem inneren Aehnlichkeitspunct I_3 der gegebenen Kreise M_1, M_2 in einer geraden Linie. Man kann daher den vorliegenden Satz auch bestimmter, wie folgt, aussprechen:

„Berührt irgend ein Kreis M_3 zwei der Grösse und Lage nach gegebene Kreise M_1, M_2 gleichartig (d. h. entweder beide innerlich (1) oder beide äusserlich (2)): so liegen die beiden Berührungspuncte mit dem äusseren A_3, berührt er aber dieselben ungleichartig (d. h. den einen äusserlich und den anderen innerlich (3, 4)): so liegen die beiden Berührungspuncte mit dem inneren Aehnlichkeitspunct (I_3) der gegebenen Kreise in einer geraden Linie.“

---

*) Diesen ersten Fall beweist M. Hirsch im zweiten Bande, Seite 368 seiner „Sammlung geometrischer Sätze etc.“

§ III. Von der gemeinschaftlichen Potenz bei Kreisen, die in einerlei Ebene liegen.

9.

Nach § I. No. 4 können zwei gegebene Kreise M_1, M_2 in denselben Puncten A, B, C, D, in welchen sie von irgend einem Kreise P rechtwinklig geschnitten werden, zugleich von vier bestimmten Kreisen berührt werden. Nämlich, schneidet z. B. der Kreis P (Fig. 17) die beiden gegebenen Kreise M_1, M_2 in den Puncten A, D, C, B rechtwinklig: so können dieselben von einem bestimmten Kreise in den Puncten A, B, und von einem zweiten Kreise in den Puncten D, C gleichartig, dagegen von einem dritten Kreise in den Puncten A, C, und endlich von einem vierten Kreise in den Puncten D, B ungleichartig berührt werden.

Nach § II. No. 8 liegen aber die beiden Berührungspuncte, in welchen irgend ein Kreis zwei gegebene Kreise M_1, M_2 gleichartig berührt, mit dem äusseren Aehnlichkeitspunct (A_3), dagegen die Berührungspuncte, in welchen irgend ein Kreis die gegebenen ungleichartig berührt, mit dem inneren Aehnlichkeitspunct (I_3) derselben in einer geraden Linie. Folglich liegen die vier genannten Puncte A, D, C, B, in welchen irgend ein Kreis P zwei gegebene Kreise M_1, M_2 rechtwinklig schneidet, sowohl paarweise mit dem äusseren (A_3) als auch mit dem inneren Aehnlichkeitspunct (I_3) der letzteren Kreise in geraden Linien. Das heisst: je drei Puncte A_3AB, A_3DC, AI_3C, DI_3B liegen in einer geraden Linie. Wir finden also den folgen den Satz:

„Schneidet irgend ein Kreis P zwei gegebene Kreise M_1, M_2 rechtwinklig: so liegen die vier Durchschnittspuncte A, D, C, B, paarweise, sowohl mit dem äusseren Aehnlichkeitspunct (A_3) als auch mit dem inneren Aehnlichkeitspunct (I_3) der gegebenen Kreise in geraden Linien.“ Oder, was dasselbe ist:

„Legt man aus irgend einem Punct P der Linie der gleichen Potenzen (PG) zweier gegebenen Kreise M_1, M_2, vier Tangenten PA, PD, PC, PB an die letzteren, verbindet die vier Berührungspuncte A, B, C, D derselben paarweise durch sechs gerade Linien: so schneiden sich zwei dieser Linien BA und CD in einem constanten Punct A_3 (dem äusseren Aehnlichkeitspunct), zwei andere AC und BD in einem constanten Punct I_3 (dem inneren Aehnlichkeitspunct), dagegen ist der Ort des Durchschnittspuncts P_1 des dritten Linienpaars DA und CB die genannte Linie PG selbst (§ I. No. 4), und endlich geht jede der beiden letzteren Linien DA, CB durch einen constanten Punct (Q_1, Q_2) (§ I. No. 5)“ *).

*) Dieser Satz ist ein spezieller Fall des allgemeinen Satzes Seite 10 No. VII in der vorhergehenden Abhandlung. Die gegenwärtige Linie PG entspricht der dortigen Linie L, und die dortige Linie l ist im gegenwärtigen Falle unendlich entfernt.

10.

Da alle möglichen Kreise P, welche zwei gegebene Kreise M_1, M_2 rechtwinklig schneiden, die Axe $A_3M_1I_3M_2$ der letzteren Kreise zusammen zur Linie der gleichen Potenzen haben (§ I. No. 5); und da ferner, wie so eben erwiesen (No. 9), die vier Puncte, in welchen ein solcher Kreis P die beiden gegebenen Kreise schneidet, paarweise, sowohl mit dem äusseren als mit dem inneren Aehnlichkeitspunct der letztern in geraden Linien liegen: so folgt, dass sowohl

$$A_3A \times A_3B = A_3D \times A_3C, \quad \text{als} \quad I_3A \times I_3C' = I_3D \times I_3B$$

constante Producte sind, wie auch der schneidende Kreis, unter der gegebenen Bedingung, seine Grösse und Lage ändern mag. Denn das erste Product ist gleich der Potenz des Puncts A_3 in Bezug auf den Kreis P, und das letztere Product ist gleich der Potenz des Puncts I_3 in Bezug auf denselben Kreis P; folglich sind beide Producte constant, weil, wie schon bemerkt, alle Kreise P die Linie A_3I_3 zur Linie der gleichen Potenzen haben.

Bezieht man diese Eigenschaft auf die beiden gegebenen Kreise M_1, M_2, so entspringt daraus folgender Satz:

„Zieht man aus einem Aehnlichkeitspunct A_3 oder I_3 zweier gegebenen Kreise M_1, M_2 irgend eine gerade Linie A_3AB oder AI_3C, welche die Kreise schneidet: so ist das Product $A_3A \times A_3B$ oder $AI_3 \times CI_3$ aus den Abständen des Aehnlichkeitspuncts von zwei Durchschnittspuncten A und B oder A und C der genannten Linie und der beiden Kreise, deren zugehörigen Radien M_1A und M_2B oder M_1A und M_2C nicht parallel sind, von constanter Grösse."

Dieses constante Product wollen wir

„gemeinschaftliche Potenz der beiden gegebenen Kreise M_1, M_2 in Bezug auf ihren Aehnlichkeitspunct A_3 oder I_3"

nennen.

11.

Es ist aber die Potenz des Puncts A_3 in Bezug auf den Kreis P, wenn die gegebenen Kreise M_1, M_2 ausser einander liegen, wie in Fig. 17, gleich dem Quadrat der aus dem Punct an den Kreis P gelegten Tangente A_3E, folglich ist diese Tangente, für jeden Kreis P von unveränderlicher Grösse. Beschreibt man also mit derselben um den Punct A_3 einen Kreis A_3, so schneidet derselbe jeden Kreis P rechtwinklig. Dagegen ist die Potenz des Puncts I_3, welcher innerhalb des Kreises P liegt, gleich dem Quadrat der halben durch denselben gehenden kleinsten Sehne des Kreises P (§ I. No. 2), und mithin hat diese halbe Sehne für jeden Kreis P einerlei Grösse, oder, ein mit derselben um den Punct I_3 beschriebener Kreis I_3, wird von jedem Kreise P im Durchmesser geschnitten, d. h. die Puncte, in welchen irgend ein Kreis P den Kreis I_3 schneidet, sind zugleich die Endpuncte eines Durchmessers des letzteren Kreises.

Diese beiden genannten, um die Aehnlichkeitspuncte A_3 und I_3 beschriebenen Kreise A_3, I_3, deren Radien in's Quadrat erhoben gleich sind den gemeinschaftlichen Potenzen der gegebenen Kreise M_1, M_2 in Bezug auf die Puncte A_3, I_3, sollen

„Potenzkreise der beiden gegebenen Kreise M_1, M_2“ heissen, und zwar der Kreis A_3 der äussere und der Kreis I_3 der innere Potenzkreis.

Es ist noch zu bemerken, dass im Fall die gegebenen Kreise in einander liegen (wie in Fig. 7), alsdann das Umgekehrte Statt findet, nämlich, dass in diesem Fall der innere Potenzkreis I_3 jeden Kreis P rechtwinklig schneidet, der äussere Potenzkreis A_3 aber von jedem Kreise P im Durchmesser geschnitten wird. Und wenn ferner die beiden gegebenen Kreise M_1, M_2 einander schneiden, so schneidet sowohl der äussere als der innere Potenzkreis jeden Kreis P rechtwinklig.

12.

Da die beiden Puncte A und B oder D und C, (Fig. 17), für welche nach No. 10 das Product $A_3A \times A_3B$ gleich $A_3D \times A_3C$ constant ist, oder welche in Bezug auf den Aehnlichkeitspunct A_3 die Potenz bestimmen, auf einerlei Seite des letzteren Puncts (A_3) liegen: so soll dieses heissen: „die dem Aehnlichkeitspunkt A_3 zugehörige Potenz sei äusserlich; und wenn die Puncte A und C oder D und B, welche in Bezug auf den Aehnlichkeitspunct I_3 die gemeinschaftliche Potenz der gegebenen Kreise M_1, M_2 bestimmen, auf verschiedenen Seiten des Puncts I_3 liegen, so wollen wir sagen: die zum Aehnlichkeitspunct I_3 gehörige gemeinschaftliche Potenz der gegebenen Kreise sei innerlich.“

Ueberhaupt wollen wir von irgend zwei Puncten X und Y, welche mit dem Punct A_3 in gerader Linie und auf einerlei Seite desselben liegen, und zwar in solchen Abständen von demselben, dass das Product $A_3X \times A_3Y$ gleich ist der zu A_3 zugehörigen gemeinschaftlichen Potenz der gegebenen Kreise, sagen: „sie seien potenzhaltend in Bezug auf den Aehnlichkeitspunct A_3“. Eben so sollen zwei beliebige Puncte X und Y, welche mit dem Punct I_3 in gerader Linie, aber auf entgegengesetzten Seiten desselben liegen, und zwar in solchen Abständen von demselben, dass das Product $I_3X \times I_3Y$ gleich ist der zugehörigen gemeinschaftlichen Potenz: „potenzhaltende Puncte in Bezug auf den Aehnlichkeitspunct I_3,“ heissen.

Endlich wollen wir von jedem beliebigen Kreise K, dessen Potenz in Bezug auf einen der beiden Aehnlichkeitspuncte A_3 oder I_3 gleichartig (äusserlich oder innerlich) und gleich ist der zu demselben Punct gehörigen gemeinschaftlichen Potenz der gegebenen Kreise M_1, M_2 sagen: „er sei potenzhaltend in Bezug auf den jedesmaligen Aehnlichkeitspunct."

Alsdann ist klar, dass jeder Kreis, welcher durch irgend zwei potenzhaltende Puncte geht, ebenfalls potenzhaltend ist; ferner: dass jeder Kreis K, welcher in Bezug auf den Aehnlichkeitspunct A_3 potenzhaltend ist, den Potenzkreis A_3 rechtwinklig, und dass jeder Kreis K, welcher in Bezug auf den Aehnlichkeitspunct I_3 potenzhaltend ist, den Potenzkreis I_3 im Durchmesser schneidet.

Da nun derjenige Kreis, welcher die beiden gegebenen Kreise in den Puncten A und B (oder D und C) gleichartig berührt (No. 9), vermöge dieser Puncte in Bezug auf den äusseren Aehnlichkeitspunct A_3 potenzhaltend ist; und da eben so derjenige Kreis, welcher die gegebenen Kreise in den Puncten A und C ungleichartig berührt, vermöge dieser Puncte in Bezug auf den inneren Aehnlichkeitspunct I_3 potenzhaltend ist, so folgt nachstehender Satz:

„Jeder Kreis K, welcher zwei gegebene ausser einander liegende Kreise M_1, M_2 gleichartig (d. i. entweder beide äusserlich oder beide einschliessend) berührt, ist in Bezug auf den äusseren Aehnlichkeitspunct A_3 derselben potenzhaltend und schneidet den äusseren Potenzkreis A_3 derselben rechtwinklig." Und:

„Jeder Kreis K, welcher zwei gegebene, ausser einander liegende Kreise M_1, M_2 ungleichartig berührt, ist in Bezug auf den inneren Aehnlichkeitspunct I_3 derselben potenzhaltend und schneidet den inneren Potenzkreis I_3 derselben im Durchmesser."

Aehnliches findet Statt, wenn die gegebenen Kreise, anstatt ausser einander, entweder in einander liegen oder einander schneiden.

13.

Da nach No. 12 jeder Kreis K, welcher zwei gegebene Kreise M_1, M_2 gleichartig berührt, in Bezug auf den äusseren Aehnlichkeitspunct A_3, und jeder Kreis K, welcher dieselben ungleichartig berührt, in Bezug auf den inneren Aehnlichkeitspunct I_3 derselben potenzhaltend ist, so folgen nachstehende Sätze:

„Alle Kreise, von denen jeder die beiden gegebenen Kreise M_1, M_2 gleichartig berührt, haben den äusseren Aehnlichkeitspunct A_3 der letzteren Kreise gemeinschaftlich zum Punct der gleichen Potenzen." Und:

„Alle Kreise, von denen jeder zwei gegebene Kreise M_1, M_2 ungleichartig berührt, haben den inneren Aehnlichkeitspunct der letzteren gemeinschaftlich zum Punct der gleichen Potenzen." Oder auch:

„Wenn von irgend zwei beliebigen Kreisen N_1, N_2 jeder zwei gegebene Kreise M_1, M_2 gleichartig berührt: so geht die Linie der gleichen Potenzen des ersteren Kreispaares durch den äusseren Aehnlichkeitspunct A_3 des letzteren." Und:

„Wenn von irgend zwei Kreisen, N_1, N_2, jeder zwei gegebene Kreise M_1, M_2 ungleichartig berührt: so geht die Linie der gleichen Potenzen des ersteren Kreispaars durch den inneren Aehnlichkeitspunct des letzteren." Es folgt ferner:

„Wenn jeder der beiden Kreise M_1, M_2 mehrere Kreise N_1, N_2, N_3 ... gleichartig berührt: so geht die Linie der gleichen Potenzen jener beiden Kreise durch den äusseren Aehnlichkeitspunct je zweier der letzteren, oder die Schaar Kreise N_1, N_2, N_3 ... haben die genannte Linie zur gemeinschaftlichen Aehnlichkeitslinie." Oder überhaupt:

„Alle Kreise N_1, N_2, N_3 ..., von denen jeder zwei gegebene Kreise M_1, M_2 gleichartig berührt, haben die Linie der gleichen Potenzen $l(12)$ der letzteren zur gemeinsamen Aehnlichkeitslinie." Und:

„Alle Kreise N_1, N_2, N_3 ..., von denen jeder zwei gegebene Kreise M_1, M_2 ungleichartig berührt, haben die Linie der gleichen Potenzen der letzteren zur gemeinsamen Aehnlichkeitslinie."

---

§ IV. Verallgemeinerung und geometrische Lösung der Malfatti'schen Aufgabe.

Um die Fruchtbarkeit der in den Paragraphen (I, II, III) aufgestellten Sätze an einem dazu geeigneten Beispiele zu zeigen, fügen wir die geometrische Lösung und zugleich die Verallgemeinerung der Malfatti'schen Aufgabe*), jedoch ohne Beweis, hinzu:

14.

Aufgabe.

„In ein gegebenes Dreieck ABC (Fig. 18), drei Kreise a, b, c zu beschreiben, die einander, und jeder zwei Seiten des Dreiecks berühren, d. h., so: dass der Kreis a die Seiten AB und AC, der Kreis b die Seiten BA und BC, und der Kreis c die Seiten CA und CB berührt."

Auflösung.

1) Man halbire die Winkel des gegebenen Dreiecks durch die drei Linien AM, BM, CM; so treffen sich diese drei Linien bekanntlich in einem und demselben Puncte M.

2) In das Dreieck AMB beschreibe man den Kreis c_1, welcher die Seite AB in dem Puncte C_1 berührt, und in das Dreieck BMC beschreibe man den Kreis a_1.

---

*) Man sehe „Sammlung mathematischer Aufsätze von Crelle, I. Band, S. 133". Lehmus, Lehrbuch der Geometrie, 2. Band, und Gergonne, *Annales de Mathématiques*, Tom I. II.

3) Aus dem Puncte C_1 lege man an den Kreis a_1 die Tangente C_1A_2, und beschreibe

4) in das Dreieck C_1A_2B den Kreis b, so ist dieser einer der verlangten drei Kreise.

Die beiden übrigen gesuchten Kreise a, c werden auf ganz ähnliche Weise gefunden. Nämlich die genannte Tangente $C_1B_2A_2$ berührt nicht allein den Kreis a_1, sondern zugleich auch den in das Dreieck AMC beschriebenen Kreis b_1, so dass also der in das Dreieck C_1B_2A beschriebene Kreis a ebenfalls einer der gesuchten drei Kreise ist. Auf gleiche Weise kann ferner aus dem Puncte B_1, in welchem der Kreis b_1 die Seite AC berührt, eine Linie gezogen werden, welche nicht allein die beiden Kreise a_1 und c_1, sondern auch die beiden gesuchten Kreise a und c berührt; und eben so geht eine Linie durch den Punct A_1, in welchem der Kreis a_1 die Seite BC berührt, welche jeden der vier Kreise b_1, c_1, b, c berührt.

Da die beiden Kreise a und b einander berühren, und jeder derselben die Linie $C_1B_2A_2$ berührt: so ist leicht zu sehen, dass sie dieselbe in einem und demselben Puncte berühren. Eben so berühren die beiden Kreise a und c die durch den Punct B_1 gehende genannte Linie in einem und demselben Puncte; und gleichermaassen berühren die beiden Kreise b und c die durch den Punct A_1 gehende genannte Linie in einem und demselben Puncte. Daher treffen die drei genannten geraden Linien, welche durch die Puncte C_1, B_1, A_1 gehen, in einem und demselben bestimmten Punct zusammen (§ I. No. 4).

Die Aufgabe lässt keinesweges blos eine Auflösung zu. Es können vielmehr die drei gesuchten Kreise auch ausserhalb des gegebenen Dreiecks liegen, und dessen verlängerte Seiten berühren, also z. B. über der Seite BC im Raume M_1, oder über der Seite CA im Raume M_2, oder über der Seite AB im Raume M_3. Halbirt man nämlich jeden der sechs Winkel (die inneren und die äusseren) des gegebenen Dreiecks, so schneiden sich von den Theilungslinien vier Mal drei in einem und demselben Puncte. Dieses sind die vier Puncte M, M_1, M_2, M_3. Jeder dieser vier Puncte, z. B. der Punct M bildet mit den Eckpuncten des gegebenen Dreiecks ABC die drei Dreiecke AMB, BMC, CMA. Die drei Seiten eines jeden dieser Dreiecke können von vier bestimmten Kreisen berührt werden, so dass also zu diesen drei Dreiecken zwölf bestimmte Kreise gehören, unter welchen die oben genannten drei Kreise a_1, b_1, c_1 mit inbegriffen sind. Es scheinen, mittelst der genannten zwölf Kreise, nach Art der vorstehenden Auflösung, wenigstens acht verschiedene Auflösungen möglich zu sein. Und da ein Gleiches in Bezug auf jeden der drei übrigen Puncte M_1, M_2, M_3 Statt findet: so lässt die Aufgabe wenigstens 32 verschiedene Auflösungen zu, welche alle der obigen Auflösung ähnlich sind.

Unter diesen 32 Auflösungen sind die speziellen Fälle, wo zwei der drei gesuchten Kreise eine Seite des gegebenen Dreiecks in einem und demselben Punct berühren, nicht mitgerechnet; sondern es giebt solcher spezieller Fälle ausserdem 48. So sind z. B. unter den 32 Auflösungen, welche im I. Bande S. 348 der Annalen der Mathematik von Gergonne, von der obigen Aufgabe aufgezählt werden, vier und zwanzig, welche zu den hier ausgeschlossenen 48 Fällen gehören.

Die vorliegende Aufgabe kann übrigens auch als ein spezieller Fall von der folgenden, allgemeineren Aufgabe angesehen werden.

15.

Aufgabe.

„Drei beliebige Kreise, die in einerlei Ebene liegen, sind der Grösse und Lage nach gegeben, man soll drei andere Kreise beschreiben, die einander berühren, und von denen jeder zwei der gegebenen Kreise berührt, jedoch so, dass auch jeder der drei gegebenen Kreise zwei von den zu suchenden Kreisen berührt."

Zum Beispiel: Wenn die drei Kreise M_1, M_2, M_3 (Fig. 19) gegeben sind, so soll man drei Kreise m_1, m_2, m_3 finden, welche einander in den Puncten b_1, b_2, b_3 berühren, und von welchen zugleich der Kreis m_1 die Kreise M_2 und M_3, der Kreis m_2 die Kreise M_1 und M_3, und der Kreis m_3 die Kreise M_1 und M_2 berührt.

Auflösung.

1) Man suche die drei äusseren Aehnlichkeitspuncte A_3, A_2, A_1, welche zu den drei gegebenen Kreisen M_1, M_2, M_3, paarweise genommen, gehören (§ II. No. 7), und construire die zu diesen Aehnlichkeitspuncten gehörigen Potenzkreise A_3, A_2, A_1 (§ III. No. 11), deren Radien respective A_3C_3, A_2C_2, A_1C_1 sind, und welche Kreise sich in einem bestimmten Punct D schneiden werden.

2) Hierauf beschreibe man die drei Kreise μ_1, μ_2, μ_3, von denen der erste die drei Kreise M_1, A_2, A_3, der zweite die drei Kreise M_2, A_3, A_1, und der dritte die drei Kreise M_3, A_2, A_1 berührt.

3) Ferner beschreibe man einen Kreis, dessen Peripherie $b_1B_1\beta_1$ durch den Berührungspunct B_1 der Kreise M_1 und μ_1 geht, und welcher die Kreise μ_2, μ_3 berührt, jedoch so, dass er den Kreis μ_3, welcher von dem kleineren (M_3) der beiden Kreise M_2, M_3 abhängig ist, einschliessend berührt:

4) So ist endlich derjenige Kreis m_2, welchen man so beschreibt, dass er die Kreise M_1, M_3 und den Kreis $(b_1B_1\beta_1)$ berührt, einer der drei gesuchten Kreise.

Die beiden übrigen gesuchten Kreise m_1, m_3 findet man auf ähnliche Weise. Z. B. der Kreis m_3 kann aus der vorstehenden Construction unmittelbar gefunden werden, wenn man statt des Kreises m_2 (4) einen Kreis m_3 beschreibt, welcher die Kreise M_1, M_2 und den Kreis $(b_1 B_1 \beta_1)$ berührt. Es ist zu bemerken, dass die beiden Kreise m_2 und m_3 den Hülfskreis $(b_1 B_1 \beta_1)$ in einem und demselben Punct b_1 berühren.

Die vielen verschiedenen Auflösungen, welche diese Aufgabe zulässt, sind in der Hauptsache der vorstehenden ähnlich; selbst wenn die gegebenen Kreise M_1, M_2, M_3, anstatt ausser einander zu liegen, wie in Fig. 19, einander schneiden oder in einander liegen, bleiben die Auflösungen sich völlig ähnlich.

Nimmt man an, die drei gegebenen Kreise M_1, M_2, M_3 schnitten einander, und zwar so, dass sie mehrere krummlinige Dreiecke bildeten, hält alsdann die Eckpuncte A, B, C eines solchen Dreiecks fest, und lässt die Kreise, durch unendliche Zunahme, in gerade Linien übergehen: so erhält man aus der vorliegenden Aufgabe und Auflösung die Aufgabe und Auflösung No. 14; nämlich die gegenwärtigen Potenzkreise A_1, A_2, A_3 gehen dann in die dortigen geraden Linien AM, BM, CM über, u. s, w., so dass in dieser Hinsicht die Aufgabe No. 14, wie oben gesagt, als ein spezieller Fall der gegenwärtigen Aufgabe angesehen werden kann.

Die vorstehende Aufgabe kann aber selbst wieder als ein spezieller Fall der folgenden angesehen werden.

16.

Aufgabe.

„Auf einer Kugelfläche sind drei beliebige Kreise M_1, M_2, M_3 der Grösse und Lage nach gegeben; man soll auf derselben Kugelfläche drei andere Kreise m_3, m_2, m_1 finden, welche einander berühren, und von welchen zugleich der Kreis m_3 die Kreise M_1 und M_2, der Kreis m_2 die Kreise M_1 und M_3, und der Kreis m_1 die Kreise M_2 und M_3 berührt.“ Oder was dasselbe ist:

„Wenn drei beliebige gerade Kegel, welche einerlei Scheitelpunct haben, der Grösse und Lage nach gegeben sind: so soll man aus dem nämlichen Scheitel drei andere gerade Kegel beschreiben, welche einander berühren, und von denen jeder zwei der gegebenen Kegel berührt.“

Die Auflösung dieser Aufgabe ist derjenigen in (15) völlig ähnlich. Nämlich die in den Paragraphen (I, II, III), entwickelten Lehrsätze von Kreisen, die in einerlei Ebene liegen, finden auf ähnliche Weise bei Kreisen, die in einerlei Kugelfläche liegen, Statt, welches an einem anderen Orte bewiesen werden soll. Wir erwähnen z. B. nur folgenden Satz: „So wie zu zwei Kreisen, die in einerlei Ebene liegen, zwei Aehnlichkeitspuncte gehören, von denen jeder der Mittelpunct eines Potenzkreises ist:

eben so gehören auch zu irgend zwei Kreisen, die in einerlei Kugelfläche liegen, zwei Aehnlichkeitspuncte (eigentlich vier, denn jeder ist doppelt vorhanden), von denen jeder der Pol eines bestimmten Kreises ist, welcher in gewisser Hinsicht die Stelle des Potenzkreises vertritt.“ Und, wie nun alle jene Hülfssätze von Kreisen, die in einerlei Ebene liegen, welche bei der Auflösung in No. 15 erforderlich waren, auf analoge Weise bei Kreisen, die in einerlei Kugelfläche liegen, Statt finden: so ist auch die Auflösung der vorliegenden Aufgabe derjenigen in No. 15 vollkommen ähnlich, so dass letztere in der gegenwärtigen enthalten ist.

Lässt man die Kugelfläche, durch unendliche Entfernung ihres Mittelpuncts, in eine Ebene übergehen, so geht zugleich die gegenwärtige Aufgabe in die Aufgabe No. 15 über, in welcher Hinsicht die letztere, wie in No. 15 gesagt, als ein spezieller Fall der ersteren angesehen werden kann.

Ein anderer spezieller Fall der vorliegenden Aufgabe ist derjenige, wo die drei gegebenen Kreise auf der Kugelfläche in grösste Kreise übergehen, d. h. nachstehende Aufgabe.

17.

Aufgabe.

„In ein gegebenes sphärisches Dreieck drei Kreise zu beschreiben, welche einander berühren, und von denen jeder zwei Seiten des Dreiecks berührt.“ Oder, was dasselbe ist:

„In einen gegebenen dreikantigen Körperwinkel drei gerade Kegel zu beschreiben, welche einander berühren, und von denen jeder zwei Seitenflächen des Körperwinkels berührt.“

Die Auflösung dieser speziellen Aufgabe ist derjenigen in No. 14 ähnlich. Statt der dortigen Hülfslinien AM, BM, CM, welche die Winkel des gegebenen Dreiecks halbiren, kommen Bogen grösster Kreise vor, welche die Winkel des gegebenen sphärischen Dreiecks halbiren, u. s. w.

Eine noch allgemeinere Aufgabe als No. 16 ist folgende, welche in gewisser Art alle bisherigen Aufgaben als spezielle Fälle in sich schliesst.

18.

Aufgabe.

„Wenn auf irgend einer Oberfläche vom zweiten Grade drei beliebige ebene Curven (zweiten Grades) der Grösse und Lage nach gegeben sind: so soll man auf derselben Oberfläche drei andere ebene Curven finden, welche einander berühren, und von denen jede zwei der gegebenen Curven berührt.“

Die Auflösung dieser Aufgabe ist der Form nach den Auflösungen der bisherigen Aufgaben, besonders No. 16 ganz ähnlich. Es finden nämlich die

Hülfsmittel für die bisherigen Auflösungen, auf ähnliche Weise auch bei ebenen Curven, die in einerlei Fläche zweiten Grades liegen, Statt, welches an einem anderen Orte nachgewiesen werden soll. Z. B. zu irgend zwei ebenen Curven, die in einer solchen Fläche liegen, gehören (wie zu zwei Kreisen, die in einer Kugelfläche liegen (No. 16)), zwei (eigentlich vier) Aehnlichkeitspuncte, und diese sind Pole zweier bestimmten ebenen Curven, (welche in derselben Fläche liegen und) welche in gewisser Art, in Bezug auf die beiden gegebenen Curven, die Stelle der Potenzkreise bei zwei Kreisen auf der Kugelfläche vertreten. Und so ist nun auch die Auflösung der vorliegenden Aufgabe derjenigen in No. 16 oder in No. 15 vollkommen ähnlich, so dass letztere in der gegenwärtigen enthalten ist.

19.

Endlich ist noch zu bemerken, dass die in den Annalen der Mathematik von Gergonne, im I. Bande S. 196 in der Note aufgestellte, dann im II. Bande S. 287 wiederholte, und endlich im X. Bande S. 298 in der Note wiederum in Erinnerung gebrachte Aufgabe:

„In einen gegebenen vierflächigen Körper vier Kugeln zu beschreiben, welche einander berühren, und von denen jede ausserdem drei Seitenflächen des gegebenen Körpers berührt,“ mehr als bestimmt ist, wie leicht zu sehen.

Statt dieser Aufgabe, deren Lösung nur in beschränkten speziellen Fällen möglich ist, kann man folgende Aufgabe aufstellen:

„In einen von vier ebenen Flächen begrenzten gegebenen Körper drei Kugeln zu beschreiben, welche einander berühren, und von denen jede ausserdem drei Seitenflächen des Körpers berührt.“

Diese Aufgabe ist gerade nur bestimmt. Sie zu lösen ist immer möglich.

§ V. Fortsetzung der Folgerungen aus der gemeinschaftlichen Potenz bei Kreisen, die in einerlei Ebene liegen.

20.

Wenn eine gerade Linie zwei, der Grösse und Lage nach gegebene Kreise schneidet, und durch einen der beiden Aehnlichkeitspuncte derselben geht: so sind nach No. 7 die nach den Durchschnittspuncten gehenden Radien der Kreise paarweise parallel, und nach No. 10 ist das Product aus den Abständen zweier solcher Durchschnittpuncte, deren zugehörige Radien nicht parallel sind, von dem genannten Aehnlichkeitspunct, eine beständige Grösse, welche wir die gemeinschaftliche Potenz der Kreise in Bezug auf den Aehnlichkeitspunct genannt haben. Zum Beispiel: Zieht man aus dem äusseren Aehnlichkeitspuncte A der beiden gegebenen Kreise

m, M (Fig. 20) die gerade Linie Ab_1bBB_1, welche die Kreise in den Puncten b_1, b, B, B_1 schneidet: so sind sowohl die Radien mb_1 und MB, als auch mb und MB_1 parallel; und andererseits sind sowohl die Puncte b und B, als auch b_1 und B_1, in Bezug auf den Aehnlichkeitspunct A potenzhaltend, d. h. das Product $Ab\times AB$ gleich $Ab_1\times AB_1$ ist eine beständige Grösse a^2, wie auch immerhin die schneidende Linie ihre Lage ändern mag.

Es ist klar, dass einem bestimmten Punct b oder b_1 nur ein einziger Punct B oder B_1 so entspricht, dass beide zusammen in Bezug auf den Aehnlichkeitspunct A potenzhaltend sind, d. h., dass beide Puncte auf einerlei Seite von A liegen (im gegenwärtigen Fall), und dass das Product $Ab\times AB$ oder $Ab_1\times AB_1$ einer gegebenen Grösse a^2 gleich ist: so dass also jeder Punct B, welcher mit irgend einem Punct b, der in der Peripherie des Kreises m liegt, in Bezug auf den Aehnlichkeitspunct A potenzhaltend ist, nothwendig in der Peripherie des Kreises M liegt. Daher folgt der nachstehende Satz:

„Ist in einer Ebene ein beliebiger Punct A und ein Kreis m der Lage und Grösse nach gegeben, und zieht man aus dem Punct eine gerade Linie, welche den Kreis in den Puncten b, b_1 schneidet, nimmt in dieser Linie die Puncte B, B_1 so an, dass sie mit jenen Puncten b, b_1 auf einerlei Seite von A liegen, und das Product $Ab\times AB$ gleich $Ab_1\times AB_1$ einer gegebenen Grösse a^2 gleich ist: so ist der geometrische Ort der Puncte B, B_1 die Peripherie eines bestimmten Kreises M, welcher mit dem gegebenen Kreise m den gegebenen Punct A zum Aehnlichkeitspunct, und in Bezug auf diesen die genannte Grösse a^2 zur gemeinschaftlichen Potenz hat.“

Aehnliches findet in Bezug auf den innern Aehnlichkeitspunct J (No. 7) zweier ausser einander liegender Kreise m, M, und bei zwei in einander liegenden, so wie auch bei zwei einander schneidenden Kreisen Statt.

21.

Haben die beiden Kreispaare m, M und m_1, M_1 (Fig. 21) denselben Punct A zum Aehnlichkeitspunct, und in Bezug auf denselben gleiche und gleichartige (No. 12) gemeinschaftliche Potenzen: so folgt, dass die Puncte, in welchen z. B. die Kreise M, M_1 einander schneiden, mit den Puncten, in welchen die Kreise m, m_1 einander schneiden, in Bezug auf den Aehnlichkeitspunct A potenzhaltend sind. Denn schneiden die Kreise M, M_1 einander in den Puncten B und C: so folgt (No. 20), dass z. B. derjenige Punct b, welcher mit dem Puncte B, in Bezug auf den Aehnlichkeitspunct A, potenzhaltend ist, vermöge der Voraussetzung und vermöge des Kreispaars m, M, in der Peripherie des Kreises m, und vermöge des Kreispaars m_1, M_1, in der Peripherie des Kreises m_1 liegt, folglich liegt er in beiden Kreisen m, m_1 zugleich, d. h. er ist einer ihrer Durchschnittspuncte. Daher folgt:

„Haben zwei Kreispaare m, M und m_1, M_1 einen und denselben Punct A zum Aehnlichkeitspunct, und in Bezug auf denselben gleiche und gleichartige gemeinschaftliche Potenzen: so liegen sowohl die Durchschnittspuncte der Kreise M, M_1 mit denjenigen der Kreise m, m_1, als auch die Durchschnittspuncte der Kreise M, m_1 mit denjenigen der Kreise m, M_1, paarweise mit dem Aehnlichkeitspunct A in geraden Linien, d. h. AbB, AcC, AdD, AeE sind gerade Linien."

Es ist klar, dass, wenn z. B. die Puncte B, C, in welchen die Kreise M, M_1 einander schneiden, zusammenfallen, dann nothwendig auch die beiden Durchschnittspuncte b, c der Kreise m, m_1 zusammenfallen; woraus, als spezieller Fall des vorliegenden Satzes, der nachstehende folgt:

„Haben zwei Kreispaare m, M und m_1, M_1 einen und denselben Punct A zum Aehnlichkeitspunct, und in Bezug auf denselben gleiche und gleichartige gemeinschaftliche Potenzen, und zwei von diesen Kreisen, die nicht ein Paar bilden (z. B. M, M_1), berühren einander: so berühren auch die beiden übrigen Kreise (m, m_1) einander, und die beiden Berührungspuncte liegen mit dem Aehnlichkeitspuncte A in gerader Linie und sind in Bezug auf denselben potenzhaltend."

Nimmt man an, die beiden Kreise m_1, M_1 fallen in einen einzigen Kreis M_1 zusammen, so folgt ferner:

„Ist die Potenz eines Kreises M_1, in Bezug auf den Aehnlichkeitspunct A zweier gegebenen Kreise m, M, gleich und gleichartig mit der gemeinschaftlichen Potenz der letzteren Kreise, in Bezug auf denselben Punct: so berührt der Kreis M_1, wenn er einen der beiden Kreise m, M berührt, auch zugleich den anderen, und es liegen die beiden Berührungspuncte mit dem Punct A in gerader Linie, und sind in Bezug auf denselben potenzhaltend."

22.

Aus dem Vorliegenden lassen sich unter andern nachstehende merkwürdige Folgerungen ziehen.

Es seien z. B. zwei beliebige, in einander liegende Kreise n, N (d. h. die Kreise $cdDC$ und $feEF$) (Fig. 22) gegeben, AG sei ihre Linie der gleichen Potenzen (No. 3), und von den beiden beliebigen Kreisen m, M berühre jeder die beiden gegebenen Kreise ungleichartig: so folgt (No. 13), dass der äussere Aehnlichkeitspunct A, der beiden Kreise m, M in der Linie GA liegt, und ferner folgt (No. 12), dass die Potenz jedes der beiden gegebenen Kreise n, N, in Bezug auf den Aehnlichkeitspunct A, gleich und gleichartig ist der gemeinschaftlichen Potenz der Kreise m, M, in Bezug auf denselben Punct. Daher folgt ferner, dass, wenn der Kreis m_1

die drei Kreise n, N, m berührt, alsdann auch derjenige Kreis M_1, — welcher mit dem Kreise m_1 den Punct A zum Aehnlichkeitspunct, und in Bezug auf denselben gleiche und gleichartige gemeinschaftliche Potenz hat, wie das Kreispaar m, M, — die drei Kreise n, N, M berührt (No. 21). Es ist klar, dass ein Gleiches von einem folgenden Kreispaare m_2, M_2, welches sich an das Kreispaar m_1, M_1 anschliesst, gilt; u. s. w. Man zieht daraus folgende Sätze:

„Beschreibt man irgend zwei beliebige Kreise m, M, von denen jeder zwei, der Grösse und Lage nach gegebene, in einander liegende Kreise n, N ungleichartig berührt: so liegt ihr äusserer Aehnlichkeitspunct A in der Linie der gleichen Potenzen (GA) der gegebenen Kreise; und beschreibt man ferner auf gleiche Weise die Kreispaare m_1, M_1; m_2, M_2; m_3, M_3; ..., welche sich an einander anschliessen, d. h., welche einander der Ordnung nach berühren: so hat jedes dieser Kreispaare denselben Punct A zum äusseren Aehnlichkeitspunct."

Denkt man sich die Reihe Kreise M, M_1, M_2, M_3, ..., von denen jeder die beiden gegebenen Kreise n, N ungleichartig berührt, und welche einander der Reihe nach berühren, fortgesetzt, bis man wieder nach dem ersten Kreis M zurückkommt, und so weiter im Ring herum, so sind folgende verschiedene Fälle möglich: entweder kehrt die Reihe in sich selbst zurück oder nicht, d. h. 1) entweder gelangt man schon, wenn man zum ersten Mal zu dem Kreis M zurückkehrt, zu einem Kreise M_x, welcher sich dem Kreise M anschliesst, so dass der darauf folgende Kreis M_{x+1} mit dem Kreise M zusammenfällt, oder man gelangt erst, wenn man zum zweiten, dritten, vierten ... Mal nach dem Anfangsgliede der Reihe zurückkehrt, zu einem solchen Kreise M_x, welcher sich gerade an den Kreis M anschliesst; oder 2) man gelangt nie, so lange man auch die Reihe fortsetzen mag, zu einem solchen Kreise, welcher sich dem Kreise M anschliesst, so dass der Raum, in welchem sich die Reihe befindet, für die letztere incommensurabel ist. Da nun nach dem vorstehenden Satze die Kreise m, m_1, m_2, ..., respective mit den Kreisen M, M_1, M_2, ..., den Punct A zum äusseren Aehnlichkeitspunct haben: so folgt, dass, wenn man in der letzteren Reihe von Kreisen nach einem oder nach mehreren Umläufen, zu einem solchen Kreise M_x gelangt, welcher sich dem Kreise M anschliesst (ihn berührt), dann auch in der ersteren Reihe, der ebensovielte Kreis m_x, sich dem Anfangsgliede (m) dieser Reihe anschliesst, und dass die Reihe m, m_1, m_2, ... m_x eben so viele Umläufe enthält, als die Reihe M, M_1, M_2, ... M_x. Daraus schliesst man folgenden merkwürdigen Satz:

„Ist der Zwischenraum zwischen zwei, der Grösse und Lage nach gegebenen, in einander liegenden Kreisen n, N, für eine bestimmte Reihe Kreise M, M_1, M_2, ... M_x, von denen jeder jene beiden ungleichartig berührt, und welche einander der Ordnung nach berühren, commensurabel, d. h., besteht die Reihe aus $x+1$ Gliedern, welche u Umläufe bilden, und berührt der letzte Kreis M_x wiederum den ersten M: so ist derselbe Zwischenraum für jede beliebige Reihe Kreise $m, m_1, m_2, \ldots m_x$, wo man auch das Anfangsglied m annehmen mag, commensurabel; und es besteht die letztere Reihe ebenfalls aus $x+1$ Gliedern, welche u Umläufe bilden, wie jene erstere Reihe."

Es folgt aus diesem Satze zugleich: „dass, wenn der genannte Zwischenraum für irgend eine bestimmte Reihe Kreise $M, M_1, M_2, \ldots$ incommensurabel ist, er alsdann für jede andere Reihe Kreise $m, m_1, m_2, \ldots$ ebenfalls incommensurabel ist."

Es ist noch zu bemerken, dass, im Fall die genannte Reihe in sich zurückkehrt, d. i. commensurabel ist, und u die Zahl der Umläufe derselben bezeichnet, dann die Zahl der Glieder der Reihe nicht kleiner sein kann als $2u+1$.

Aus dem Obigen folgt ferner: „dass, wenn z. B. der Kreis q die drei Kreise m, m_1, N berührt, dann auch derjenige Kreis Q, — welcher mit ihm den Punct A zum äusseren Aehnlichkeitspunct, und in Bezug auf diesen, gleiche und gleichartige gemeinschaftliche Potenz hat, wie die Kreispaare m, M und m_1, M_1, — die drei Kreise M, M_1, N berührt; oder dass also umgekehrt, die beiden Kreise q, Q, welche man in die beiden, einander entsprechenden, Arbelen (krummlinigen Dreiecke) bcd, BCD beschreibt, mit den Kreispaaren m, M und m_1, M_1 ein und denselben Punct A zum Aehnlichkeitspunct, und in Bezug auf diesen gleiche und gleichartige gemeinschaftliche Potenz haben. Eben so haben diejenigen beiden Kreise o, O, welche man in die Arbelen bef und BEF beschreibt, den nämlichen Punct A zum äusseren Aehnlichkeitspunct, und in Bezug auf diesen gleiche und gleichartige gemeinschaftliche Potenz, wie jedes der genannten Kreispaare. Und beschreibt man ferner in zwei neu entstandene, einander entsprechende Arbelen, wie z. B. in den Arbelos bhk, welcher zwischen den drei Kreisen m, m_1, q liegt, und in den entsprechenden Arbelos BHK, welcher zwischen den drei Kreisen M, M_1, Q liegt, zwei Kreise r, R: so haben auch diese den nämlichen Punct A zum äusseren Aehnlichkeitspunct, u. s. w., von Geschlecht zu Geschlecht, bis in's Unendliche."

Alle die vorstehenden Sätze finden auf ganz gleiche Weise Statt, wenn anstatt der beiden in einander liegenden Kreise n, N, zwei ausser einander liegende Kreise gegeben sind, wie man leicht einsehen wird.

Ferner finden bei Kreisen, die in einer und derselben Kugelfläche liegen, so wie überhaupt bei ebenen Curven, die in einer und derselben Fläche zweiten Grades liegen, ähnliche Sätze Statt. Endlich finden auch analoge Sätze bei Kugeln im Raume Statt; von welchen Allem, nebst Mehrerem, an einem anderen Ort ausführlicher gehandelt werden soll.

23.

Da die Berührungspuncte d, D, in welchen der gegebene Kreis N die beiden Kreise m, M berührt, mit dem äusseren Aehnlichkeitspunct A der letzteren Kreise in gerader Linie liegen (No. 8): so folgt, dass, wenn man in dem Puncte d an die beiden Kreise m, N (Fig. 23) die Tangente da legt, welche die Linie der gleichen Potenzen AG der gegebenen Kreise n, N in dem Puncte a schneidet, dann der Kreis m mit keinem anderen Kreise M oder μ, welcher die gegebenen Kreise n, N ungleichartig berührt, den Punct a zum Aehnlichkeitspunct haben kann; sondern dass vielmehr der äussere Aehnlichkeitspunct, welchen der Kreis m mit irgend einem jener Kreise gemein hat, entweder über oder unter dem Punct a (in der Linie AG) liegt, je nachdem sich der letztere Kreis (M oder μ) auf der einen oder auf der anderen Seite des Kreises m befindet. Z. B., der äussere Aehnlichkeitspunct A der Kreise m, M liegt oberhalb, und der äussere Aehnlichkeitspunct α der Kreise m, μ liegt unterhalb des Punctes a.

Da jede beliebige gerade Linie ApP, welche durch den äusseren Aehnlichkeitspunct A der beiden Kreise m, M geht, eine äussere Aehnlichkeitslinie dieser Kreise ist (No. 7), d. h., da die aus den Mittelpuncten m, M nach jener Linie gezogenen Parallelen mp, MP sich wie die Radien der Kreise m, M, oder, wenn man diese Radien durch r, R bezeichnet, wie r zu R verhalten, so ist

$$\frac{mp}{r} = \frac{MP}{R}.$$

Eben so hat man, wenn man nach der Linie $\alpha\pi p$, welche durch den äusseren Aehnlichkeitspunct α der Kreise m, μ geht, die Parallelen mp, $\mu\pi$ zieht und den Radius des Kreises μ durch ρ bezeichnet:

$$\frac{mp}{r} = \frac{\mu\pi}{\rho}.$$

Zieht man nun die gerade Linie $a\pi_1 pP_1$: so schneidet sie offenbar von den Linien $\mu\pi$, MP die Stücke $\pi\pi_1$, PP_1 ab, so dass folglich der Quotient $\frac{mp}{r}$ grösser ist, als jeder der beiden Quotienten $\frac{\mu\pi_1}{\rho}$ und $\frac{MP_1}{R}$. Daraus folgt, dass der Quotient des Kreises m (der dem Kreise m zugehörige Quotient) ein Grösstes (Maximum) ist. Das heisst:

„Zieht man aus irgend einem Punct a der Linie der gleichen Potenzen (AG) zweier gegebenen, in einander liegenden Kreise n, N, eine beliebige gerade Linie ap, und ferner aus den Mittelpuncten m, μ, M, ... beliebiger Kreise m, μ, M, ..., von denen jeder die gegebenen Kreise ungleichartig berührt, nach jener Linie ap, in irgend einer Richtung, die Parallelen mp, $\mu\pi_1$, MP_1, ... und dividirt diese durch die Radien r, ρ, R, ... der respectiven Kreise m, μ, M, ...: so ist der Quotient desjenigen Kreises m

(d. h. der Quotient, welcher zu diesem Kreise gehört), welcher mit dem Kreise N zusammen von der Tangente ad in einem und demselben Puncte d berührt wird, unter allen übrigen Quotienten der grösste."

Aus ganz gleichen Gründen ist auf der anderen Seite der Linie ap: „der Quotient desjenigen Kreises m_1, welcher mit dem Kreise N zusammen von der Tangente ad_1 in einem und demselben Puncte d_1 berührt wird, unter den Quotienten aller diesseits liegenden Kreise der grösste."

Nimmt man die zuerst betrachtete Seite der Linie ap als positiv, und die letztere als negativ an, so ist alsdann: „der Quotient des Kreises m, in Bezug auf die Linie ap, der grösste positive, und der Quotient des Kreises m_1 ist der grösste negative."

In Bezug auf eine andere Linie aber, welche die gegebenen Kreise n, N nicht, wie die Linie ap, schneidet, ist von den Quotienten der beiden Kreise m, m_1, der eine unter allen übrigen der grösste, und der andere der kleinste. Nämlich: in Bezug auf irgend eine Linie ap_1, welche den Winkel Aam theilt, ist der Quotient des Kreises m unter allen übrigen der kleinste, und der des Kreises m_1 unter allen der grösste; dagegen ist in Bezug auf irgend eine Linie ap_2, welche den Winkel Gam_1 theilt, der Quotient des Kreises m unter allen übrigen der grösste, und der des Kreises m_1 unter allen der kleinste.

Nach dem Bisherigen kann nun die nachstehende Aufgabe leicht und elegant gelöst werden.

Aufgabe.

„Wenn zwei beliebige, in einander liegende Kreise n, N, der Grösse und Lage nach, gegeben sind: so soll man unter allen Kreisen m, m_1, μ, M, ..., von denen jeder jene beiden ungleichartig berührt, denjenigen finden, dessen Quotient in Bezug auf eine gegebene gerade Linie (ap oder ap_1 oder ap_2) ein Maximum oder ein Minimum ist, d. h. dass, wenn man aus den Mittelpuncten m, m_1, μ, M, ... jener Kreise, nach der gegebenen geraden Linie, in irgend einer Richtung, Parallelen zieht, und diese durch die Radien der respectiven Kreise dividirt, dann von diesen Quotienten dem gesuchten Kreise der grösste oder der kleinste zugehöre."

Auflösung.

1) Man beschreibe einen willkürlichen Kreis K, welcher die gegebenen Kreise n, N in den Puncten b, b_1, B, B_1 schneidet, und ziehe die Sehnen bb_1, BB_1, welche derselbe mit den letzteren Kreisen gemein hat, und welche Sehnen einander in einem bestimmten Puncte C schneiden.

2) Aus dem Puncte C fälle man auf die Axe nN der gegebenen Kreise das Loth CGa, welches die gegebene gerade Linie (ap oder ap_1 oder ap_2) in dem Punct a schneidet, und welches Loth die Linie der gleichen Potenzen der beiden gegebenen Kreise n, N ist (No. 4).

3) Aus dem Punct a lege man die Tangenten ae, ae_1, ad, ad_1 an die gegebenen Kreise n, N, welche die letzteren in den Puncten e, e_1, d, d_1 berühren, und beschreibe

4) diejenigen beiden Kreise m, m_1, von denen der erstere die gegebenen Kreise n, N in den Puncten e, d, und der letztere in den Puncten e_1, d_1 berührt (§ 1 No. 4): so leisten diese, wie aus dem Obigen folgt, der vorgelegten Aufgabe Genüge.

Beschreibt man ferner diejenigen beiden Kreise ν, ν_1, von denen der erste die gegebenen Kreise n, N in den Puncten e_1, d, und der letztere in den Puncten e, d_1 berührt; so folgt aus ganz ähnlichen Gründen, dass diese Kreise der Aufgabe Genüge leisten, wenn unter allen Kreisen ν, $\nu_1 \ldots$, welche die gegebenen gleichartig (anstatt ungleichartig) berühren, diejenigen verlangt werden, deren Quotienten, in Bezug auf die gegebene gerade Linie, ein Maximum oder Minimum sein sollen.

Es ist noch zu bemerken, dass Alles, was in dem Vorliegenden (No. 23), in Bezug auf die beiden ineinander liegenden Kreise n, N gesagt wurde, auch auf ganz ähnliche Weise, in Bezug auf zwei aussereinander liegende Kreise Statt findet. Ferner finden analoge Sätze bei Kugeln im Raume Statt. Wären z. B. anstatt der Kreise n, N zwei Kugeln, und anstatt der geraden Linie ap (oder ap_1 oder ap_2) irgend eine Ebene gegeben, und man sollte unter allen Kugeln, welche die gegebenen beiden Kugeln berühren, diejenigen finden, deren Quotienten in Bezug auf die gegebene Ebene ein Maximum oder Minimum sind: so wäre die Auflösung der vorliegenden bei Kreisen ganz ähnlich. Nämlich die Ebenen bb_1 und BB_1 der Durchschnittskreise einer willkürlichen Kugel K und der gegebenen Kugeln n, N, schneiden einander in einer bestimmten geraden Linie C, die durch diese Linie C gehende und zur Axe NnG senkrecht stehende Ebene CGa schneidet die gegebene Ebene pa in einer bestimmten Linie a, und die durch diese Linie a an die gegebenen Kugeln gelegten Berührungsebenen, berühren dieselben in den nämlichen Puncten e, e_1, d, d_1, in welchen sie von den gesuchten Kugeln m, m_1, ν, ν_1 berührt werden.

§ VI. Verallgemeinerung eines von Pappus überlieferten (alten) Satzes.

24.

Pappus (*Collectiones mathematicae, libr.* IV. vom XII. bis zum XVIII. Theorem) beweist folgenden, wie er sagt, alten Satz*):

„Beschreibt man eine Reihe Kreise m_1, m_2, m_3, m_4, ... m_x (Fig. 24. 25), von denen jeder die beiden gegebenen, einander in B berührenden Kreise M_1, M_2 berührt, und welche einander der Reihe nach (äusserlich) berühren:

*) „*Circumfertur in quibusdam libris antiqua propositio huiusmodi.*“

so bilden die Quotienten, die entstehen, wenn man die aus den Mittelpuncten $m_1, m_2, m_3, \dots m_x$ auf die Axe M_1M_2 gefällten Lothe m_1P_1, m_2P_2, $m_3P_3, \dots m_xP_x$, durch die Radien $r_1, r_2, r_3, \dots r_x$ der respectiven Kreise $m_1, m_2, m_3, \dots m_x$ dividirt, folgende arithmetische Reihe:

a) Wenn der Mittelpunct m_1 des ersten Kreises m_1 der genannten Reihe in der Axe M_1M_2 der gegebenen Kreise liegt, so ist (Fig. 24)

$$\frac{m_1P_1}{r_1}, \quad \frac{m_2P_2}{r_2}, \quad \frac{m_3P_3}{r_3}, \quad \frac{m_4P_4}{r_4}, \quad \dots \quad \frac{m_xP_x}{r_x}$$

gleich $0, \quad 2, \quad 4, \quad 6, \quad \dots \quad (x-1).2.$

b) Wenn der erste Kreis m_1 der genannten Reihe die Axe M_1M_2 der gegebenen Kreise berührt, so ist (Fig. 25):

$$\frac{m_1P_1}{r_1}, \quad \frac{m_2P_2}{r_2}, \quad \frac{m_3P_3}{r_3}, \quad \frac{m_4P_4}{r_4}, \quad \dots \quad \frac{m_xP_x}{r_x}$$

gleich $1, \quad 3, \quad 5, \quad 7, \quad \dots \quad 2x-1.$“

Oder der eigentliche Satz, aus welchem diese beiden Fälle (a, b) blosse Folgerungen sind, ist der nachstehende (*Theorem* XV. *libr.* IV.):

c) „Wenn zwei Kreise M_1, M_2 (Fig. 26), die einander in B berühren, der Grösse und Lage nach gegeben sind, und man beschreibt irgend zwei beliebige Kreise m_1, m_2, welche einander in b (äusserlich) berühren, und von denen jeder jene beiden Kreise berührt, fallt sodann aus den Mittelpuncten m_1, m_2 auf die Axe M_1M_2 der gegebenen Kreise die Lothe m_1P_1, m_2P_2, und dividirt diese Lothe durch die Radien r_1, r_2 der respectiven Kreise m_1, m_2: so ist der dem letzteren Kreise (m_2) zugehörige Quotient um 2 grösser als der erstere, d. h. es ist

$$\frac{m_1P_1}{r_1} + 2 = \frac{m_2P_2}{r_2},$$

oder, wie sich Pappus ausdrückt: das Loth m_1P_1, plus dem Durchmesser des zugehörigen Kreises m_1, verhält sich zu diesem Durchmesser wie das Loth m_2P_2 zum Durchmesser des zugehörigen Kreises m_2, d. i.,

$$\frac{m_1P_1+2r_1}{2r_1} = \frac{m_2P_2}{2r_2}.“$$

Bedient man sich der Hülfsmittel und Kunstausdrücke, welche in den vorhergehenden Paragraphen (I, II, III) enthalten sind: so kann der Satz, wie folgt, bewiesen werden.

A. Die gerade Linie AB (Fig. 26), welche die beiden gegebenen Kreise M_1, M_2 in dem Puncte B berührt, ist zugleich die Linie der gleichen Potenzen derselben. (§ I. No. 3.)

B. Da jeder der beiden Kreise M_1, M_2 die beiden Kreise m_1, m_2 gleichartig berührt, so folgt:

α) dass die Linie BA (als Linie der gleichen Potenzen der Kreise M_1, M_2) durch den äusseren Aehnlichkeitspunct der Kreise m_1, m_2 geht (No. 13), und dass daher der Punct A, in welchem die Axe $m_1 m_2$ die Tangente BA schneidet, der äussere Aehnlichkeitspunct der Kreise m_1, m_2 ist;

β) dass ferner die aus den Mittelpuncten m_1, m_2 nach der Linie AB gezogenen Parallellinien sich verhalten wie die Radien r_1, r_2 der respectiven Kreise m_1, m_2 (No. 7), dass also z. B.

$$Am_2 : Am_1 = r_2 : r_1;$$

und, da AB, $m_2 P_2$, $m_1 P_1$ zu der Axe $BM_1 M_2$ senkrecht, mithin unter sich parallel sind, dass auch

$$BP_2 : BP_1 = r_2 : r_1;$$

γ) dass endlich jeder der beiden Kreise M_1, M_2 in Bezug auf den äusseren Aehnlichkeitspunct A der Kreise m_1, m_2 potenzhaltend ist, so dass das Quadrat der Tangente AB gleich ist der gemeinschaftlichen Potenz der Kreise m_1, m_2 in Bezug auf ihren äusseren Aehnlichkeitspunct A (No. 12).

C. Da ferner auch das Quadrat der Linie Ab gleich ist der gemeinschaftlichen Potenz der Kreise m_1, m_2, in Bezug auf den Punct A (weil in dem Berührungspunct b zwei potenzhaltende Puncte (No. 12) zusammen fallen): so folgt (γ), dass AB^2 gleich Ab^2, und mithin auch AB gleich Ab ist.

D. Nach der Voraussetzung sind die Radien $m_2 C$ und $m_1 D$ der Kreise m_1, m_2 parallel (senkrecht zur Axe $BM_1 M_2$), daher liegen die drei Puncte DbC in gerader Linie (No. 7); und da AB gleich Ab und $m_2 b$ gleich $m_2 C$ (als Radien des Kreises m_2) und auch AB und $m_2 C$ parallel sind: so liegen auch die drei Puncte BCb in gerader Linie, und mithin ist $BCbD$ eine gerade Linie.

E. Zieht man nun noch die gerade Linie $Bm_2 E$, so hat man:

$$ED : m_2 C = BP_1 : BP_2 = r_1 : r_2 \quad \text{(B, β)},$$

oder, wenn man bemerkt, dass $m_2 C$ gleich r_2,

$$ED : r_2 = r_1 : r_2$$

und folglich:

$$ED = r_1,$$

und da auch $m_1 D$ gleich r_1,

$$m_1 E = 2r_1.$$

Nun ist ferner

$$EP_1 : m_2 P_2 = BP_1 : BP_2 = r_1 : r_2 \quad \text{(B, β)},$$

oder da

$$EP_1 = m_1 P_1 + m_1 E = m_1 P_1 + 2r_1,$$

so ist:

$$m_1 P_1 + 2r_1 : m_2 P_2 = r_1 : r_2,$$

und folglich:

$$\frac{m_1 P_1}{r_1} + 2 = \frac{m_2 P_2}{r_2},$$

welches der obige Satz (c) ist.

[In dem Falle, wo die Kreise M_1, M_2 sich äusserlich berühren, kann einer der Kreise m_1, m_2, z. B. m_2, die drei anderen auch einschliessend berühren, und dann gilt die Gleichung:

$$2 - \frac{m_1 P_1}{r_1} = \frac{m_2 P_2}{r_2},$$

welche in ähnlicher Weise wie die vorstehende bewiesen wird.]

Denkt man sich nun eine Reihe Kreise m_1, m_2, m_3, m_4, ... m_x, von denen jeder die beiden gegebenen Kreise M_1, M_2 berührt, und welche einander der Reihe nach (äusserlich) berühren: so hat man nach dem vorliegenden Satze:

$$\frac{m_2 P_2}{r_2} = \frac{m_1 P_1}{r_1} + 2,$$

$$\frac{m_3 P_3}{r_3} = \frac{m_2 P_2}{r_2} + 2 = \frac{m_1 P_1}{r_1} + 4,$$

$$\frac{m_4 P_4}{r_4} = \frac{m_3 P_3}{r_3} + 2 = \frac{m_1 P_1}{r_1} + 6,$$

$$\cdots\cdots\cdots\cdots\cdots\cdots$$

$$\frac{m_x P_x}{r_x} = \ \cdot\ \cdot\ \cdot\ = \frac{m_1 P_1}{r_1} + 2(x-1).$$

Oder, wenn man zur Abkürzung $\frac{m_1 P_1}{r_1}$ gleich q, und

$$m_2 P_2 = p_2, \quad m_3 P_3 = p_3, \quad \ldots, \quad m_x P_x = p_x$$

setzt, so ist:

$$\frac{p_2}{r_2} = q + 2; \quad \frac{p_3}{r_3} = q + 4; \quad \frac{p_4}{r_4} = q + 6; \quad \ldots \quad \frac{p_x}{r_x} = q + 2(x-1).$$

Setzt man q gleich 0, d. h., nimmt man an, der Mittelpunct m_1 des ersten Kreises liege in der Axe $M_1 M_2$ der gegebenen Kreise (Fig. 24), so hat man:

$$\frac{p_2}{r_2} = 2; \quad \frac{p_3}{r_3} = 4; \quad \frac{p_4}{r_4} = 6; \quad \ldots \quad \frac{p_x}{r_x} = 2(x-1),$$

welches der obige spezielle Satz (a) ist.

Und setzt man q gleich 1, d. h., nimmt man an, der erste Kreis m_1 berühre die Axe $M_1 M_2$ der gegebenen Kreise (Fig. 25), so hat man:

$$\frac{p_1}{r_1} = 1; \quad \frac{p_2}{r_2} = 3; \quad \frac{p_3}{r_3} = 5; \quad \frac{p_4}{r_4} = 7; \quad \ldots \quad \frac{p_x}{r_x} = 2x - 1,$$

welches der obige spezielle Satz (b) ist.

Es ist klar, dass der Hauptsatz (c) unverändert wahr bleibt, wenn auch der Kreis M_2 sich immer mehr ausdehnt, bis er zuletzt in die gerade

Linie BA übergeht; und dass dieser Satz ferner auch dann noch Statt findet, wenn der Kreis M_2 durch die gerade Linie BA gegangen ist, und auf der anderen Seite derselben wieder als eigentlicher Kreis zum Vorschein kommt, so dass nun die beiden Kreise M_1 und M_2 einander äusserlich berühren. Wen diese Ableitungen nicht befriedigen, für den bemerken wir, dass der Beweis für die abgeleiteten Fälle dem vorstehenden ganz ähnlich ist. Pappus beweist jeden Fall besonders.*

25.

Wiewohl wir beim ersten Anblick des vorstehenden interessanten Satzes die Vermuthung hegten, dass derselbe einer grösseren Ausdehnung fähig sein müsse: so fanden wir doch nicht sogleich den Weg, auf welchem dieses Ziel leicht zu erreichen war. Das nachstehende Verfahren, durch welches wir unseren Endzweck zum Theil erreichten, ist ziemlich einfach, kann aber vielleicht, zumal da nun das Gesetz bekannt ist, noch auf einem anderen, kürzeren Wege bewiesen werden. Das Hauptresultat, welches wir gefunden haben und welches wir weiter unten beweisen werden, ist das bestimmte Gesetz zwischen den Quotienten, die entstehen, wenn man aus den Mittelpuncten m_1, m_2 der beiden Kreise m_1, m_2 (Fig. 26) auf irgend einen beliebigen Durchmesser eines der beiden gegebenen Kreise M_1, M_2 (anstatt auf die Axe BM_1M_2 (No. 24)) Lothe fällt, und diese durch die Radien r_1, r_2 der respectiven Kreise m_1, m_2 dividirt.

Wir bemerken hier beiläufig, dass nun noch die folgende allgemeinere Aufgabe zu lösen übrig bleibt:

„Ein Gesetz zwischen den beiden Quotienten zu finden, die dadurch entstehen, dass man aus den Mittelpuncten m_1, m_2 der beiden Kreise m_1, m_2 auf irgend eine gerade Linie L Lothe fällt, und dieselben durch die Radien r_1, r_2 der respectiven Kreise m_1, m_2 dividirt (No. 24c).“

26.

Berühren sich die beiden gegebenen Kreise M_1, M_2 (Fig. 27) in B, berührt ferner jeder der beiden Kreise m, M die beiden gegebenen, liegt der Mittelpunct M des letzteren, in der Axe M_1M_2, und bezeichnet man die Radien der vier Kreise M_1, M_2, M, m respective durch R_1, R_2, R, r, so ist:

$$AC = BC - BA \quad \text{oder} \quad 2R = 2R_2 - 2R_1,$$

oder

$$R = R_2 - R_1,$$

und andererseits ist auch

$$BM = R_2 + R_1.$$

Ferner ist:

$$BP : BM = r : R \quad \text{(No. 24, B, } \beta\text{)},$$

*Sieh S. 523.

oder

$$BP : R_2 + R_1 = r : R_2 - R_1,$$

und folglich:

$$(1) \qquad BP = \frac{R_2 + R_1}{R_2 - R_1} \cdot r.$$

Setzt man zur Abkürzung das aus dem Mittelpunct m auf die Axe $M_1 M_2 M$ gefällte Loth mP gleich p, und $M_1 P$ gleich U, $M_2 P$ gleich u, $M_1 m$ gleich L, $M_2 m$ gleich l, so findet man leicht folgende Gleichungen:

$$(2) \qquad L = R_1 + r; \quad R_2 = l + r; \quad BP = R_1 + U = R_2 + u.$$

Nun ist vermöge des rechtwinkligen Dreiecks $M_2 Pm$:

$$l^2 = p^2 + u^2,$$

oder wenn man u aus (2) und (1) substituirt,

$$\begin{aligned} l^2 &= p^2 + (BP - R_2)^2 \\ &= p^2 + \left(\frac{R_2 + R_1}{R_2 - R_1} \cdot r - (l + r) \right)^2 \\ &= p^2 + \left(\frac{2R_1}{R_2 - R_1} \cdot r - l \right)^2, \end{aligned}$$

woraus

$$l = \frac{\dfrac{p^2}{r^2} + \left(\dfrac{2R_1}{R_2 - R_1} \right)^2}{2 \cdot \dfrac{2R_1}{R_2 - R_1}} \cdot r,$$

oder, wenn man den Quotienten $\frac{p}{r}$ gleich q und $\frac{R_1}{R_2 - R_1}$ gleich π setzt,

$$(3) \qquad l = \frac{q^2 + 4\pi^2}{4\pi} \cdot r$$

folgt. Auf gleiche Weise findet man

$$(4) \qquad L = \frac{q^2 + 4(\pi + 1)^2}{4(\pi + 1)} \cdot r.$$

Aus der obigen Gleichung $l^2 = p^2 + u^2$ findet man ferner:

$$\begin{aligned} u^2 &= l^2 - p^2 = (l + p)(l - p) \\ &= \left(\frac{q^2 + 4\pi^2}{4\pi} \cdot r + qr \right) \left(\frac{q^2 + 4\pi^2}{4\pi} \cdot r - qr \right) \\ &= \left(\frac{q^2 - 4\pi^2}{4\pi} \right)^2 \cdot r^2, \end{aligned}$$

und folglich:

$$(5) \qquad u = \frac{q^2 - 4\pi^2}{4\pi} \cdot r,$$

und eben so:

$$(6) \qquad U = \frac{q^2 - 4(\pi + 1)^2}{4(\pi + 1)} \cdot r.$$

Endlich ergeben sich aus (2) und (3) unmittelbar folgende Werthe für die Radien der beiden gegebenen Kreise M_1, M_2:

$$(7)\qquad R_2 = \frac{q^2+4\pi(\pi+1)}{4\pi}\cdot r,$$

$$(8)\qquad R_1 = \frac{q^2+4(\pi+1)\pi}{4(\pi+1)}\cdot r.$$

Man sieht aus (3) und (5), dass die beiden Linien l und u immer zu dem Radius r commensurabel sind, sobald p zu r (d. i. q) und R_1 zu R_2-R_1 (d. i. π) commensurabel ist. Bevor wir unseren Hauptgegenstand weiter verfolgen, wollen wir zuerst einige Fälle, wo die genannten Grössen respective commensurabel sind, betrachten. Z. B.

a) Nimmt man π gleich 1, d. i. R_2 gleich $2R_1$ an, so hat man (Gl. (3) bis (6))

$$\frac{l}{r} = \frac{q^2+4}{4} \quad \text{und} \quad \frac{L}{r} = \frac{q^2+16}{8},$$

$$\frac{u}{r} = \frac{q^2-4}{4} \quad \text{und} \quad \frac{U}{r} = \frac{q^2-16}{8}.$$

Bezieht man diese Ausdrücke auf eine Reihe Kreise m_1, m_2, m_3, ... (Fig. 28), welche sich aneinander anschliessen, und wo der Mittelpunct m_1 des ersten derselben in der Axe M_1M_2 der gegebenen Kreise liegt, so hat q respective die Werthe (No. 24, a): 0, 2, 4, 6, 8, ... $2(n-1)$, und daher hat $\frac{l}{r}$ respective die Werthe: 1, 2, 5, 10, ... $(n-1)^2+1$; $\frac{L}{r}$ die Werthe: 2, $\frac{5}{2}$, 4, $\frac{13}{2}$, ... $\frac{(n-1)^2+4}{2}$; $\frac{u}{r}$ die Werthe: -1, 0, 3, 8, ... $(n-1)^2-1$; und endlich hat $\frac{U}{r}$ respective die Werthe: -2, $-\frac{3}{2}$, 0, $\frac{5}{2}$, ... $\frac{(n-1)^2-4}{2}$; welches folgende Tabelle giebt.

Kreise.	m_1	m_2	m_3	m_4	m_5	...	m_n
$p:r=q=$	0	2	4	6	8	...	$2(n-1)$
$l:r=$	1	2	5	10	17	...	$(n-1)^2+1$
$L:r=$	2	$\frac{5}{2}$	4	$\frac{13}{2}$	10	...	$\frac{(n-1)^2+4}{2}$
$u:r=$	-1	0	3	8	15	...	$(n-1)^2-1$
$U:r=$	-2	$-\frac{3}{2}$	0	$\frac{5}{2}$	6	...	$\frac{(n-1)^2-4}{2}$

Man sieht hieraus, dass die vier Mittelpuncte M_1, M_2, m_2, m_3 ein Rechteck bestimmen, dessen Seiten $M_2 m_2$ und $M_2 M_1$ sich verhalten wie 4:3.

b) Nimmt man R_2 gleich $3R_1$, so ist

$$\pi = \frac{R_1}{R_2 - R_1} = \tfrac{1}{2}$$

und

$$\frac{l}{r} = \frac{q^2+1}{2}, \quad \frac{L}{r} = \frac{q^2+9}{6},$$

$$\frac{u}{r} = \frac{q^2-1}{2}, \quad \frac{U}{r} = \frac{q^2-9}{6}.$$

Hiernach erhält man für eine Reihe Kreise m_1, m_2, m_3, ... (Fig. 29), welche sich der Ordnung nach berühren, und von denen der erste m_1 die Axe $M_1 M_2$ der gegebenen Kreise berührt, so dass also q respective die Werthe: 1, 3, 5, 7, ... $2n-1$ hat (No. 24, b), folgende Tabelle:

Kreise.	m_1	m_2	m_3	m_4	m_5	...	m_n
$p:r=q=$	1	3	5	7	9	...	$2n-1$
$l:r=$	1	5	13	25	41	...	$\frac{(2n-1)^2+1}{2}$
$L:r=$	$\frac{5}{3}$	$\frac{9}{3}$	$\frac{17}{3}$	$\frac{29}{3}$	$\frac{45}{3}$	...	$\frac{(2n-1)^2+9}{6}$
$u:r=$	0	4	12	24	40	...	$\frac{(2n-1)^2-1}{2}$
$U:r=$	$-\frac{4}{3}$	0	$\frac{8}{3}$	$\frac{20}{3}$	$\frac{36}{3}$	...	$\frac{(2n-1)^2-9}{6}$

c) Nimmt man an, der Kreis M_2 gehe, durch unendliche Vergrösserung, in die gerade Linie AB (Fig. 30) (Tangente des Kreises M_1) über, so ist R_2 gleich ∞, mithin π gleich $\frac{R_1}{\infty - R_1}$ gleich 0, und daher

$$\frac{l}{r} = \frac{q^2}{0} = \infty, \quad \frac{L}{r} = \frac{q^2+4}{4}$$

$$\frac{u}{r} = \frac{q^2}{0} = \infty, \quad \frac{U}{r} = \frac{q^2-4}{4}$$

$$\frac{R_2}{r} = \frac{q^2}{0} = \infty, \quad \frac{R_1}{r} = \frac{q^2}{4} \quad ((7) \text{ und } (8)).$$

Für eine Reihe Kreise m_1, m_2, m_3, m_4, ..., welche einander der Ordnung nach berühren, und von denen der erste m_1 die, zu der Axe BC

senkrecht stehende, gerade Linie CD ist, erhält man, da q respective die Werthe 0, 2, 4, 6, ... $2(n-1)$ hat (No. 24, a), folgende Tabelle:

Kreise.	m_1	m_2	m_3	m_4	m_5	m_6	...	m_n
$p:r=q=$	0	2	4	6	8	10	...	$2(n-1)$
$L:r=$	1	2	5	10	17	26	...	$(n-1)^2+1$
$U:r=$	-1	0	3	8	15	24	...	$(n-1)^2-1$
$R_1:r=$	0	1	4	9	16	25	...	$(n-1)^2$

Wie man sieht, ist hierbei die Reihe der Werthe von $\frac{R_1}{r}$ am auffallendsten.

27.

Es sei AC (Fig. 31) irgend ein beliebiger Durchmesser eines der beiden gegebenen Kreise M_1, M_2, welche sich in B berühren, z. B. des Kreises M_2. Den Winkel AM_2M_1, welchen derselbe mit der Axe M_1M_2 bildet, wollen wir durch α, und das aus dem Mittelpunct M_1 auf den Durchmesser AC gefällte Loth M_1H durch h bezeichnen.

Von den Kreisen m, m_1, von denen jeder die beiden gegebenen Kreise berührt, sei der letztere ganz beliebig, dagegen liege der Mittelpunct m des ersteren in dem genannten Durchmesser AC. Aus den Mittelpuncten m, m_1 fälle man die Lothe mP gleich p, m_1P_1 gleich p_1 auf die Axe M_1M_2, und ferner aus dem Mittelpunct m_1 das Loth m_1H_1 gleich h_1 auf den Durchmesser AC. Die Radien der Kreise M_1, M_2, m, m_1 bezeichnen wir, wie oben, durch R_1, R_2, r, r_1, und setzen zur Abkürzung:

$$\frac{M_1H}{R_1} \quad \text{oder} \quad \frac{h}{R_1}=Q, \quad \text{und} \quad \frac{R_1}{M_1M_2} \quad \text{oder} \quad \frac{R_1}{R_2-R_1}=\pi,$$

so ist

$$(1) \qquad \sin\alpha=\frac{M_1H}{M_1M_2}=\frac{h}{R_2-R_1}=\pi.Q.$$

Bezeichnet man ferner die Winkel $H_1M_2m_1$ und $P_1M_2m_1$ durch β und γ, so ist, wie bekannt:

$$\sin\beta=\sin(\alpha-\gamma)=\sin\alpha.\cos\gamma-\cos\alpha.\sin\gamma,$$

oder

$$\frac{h_1}{m_1M_2}=\frac{P_1M_2}{m_1M_2}\cdot\sin\alpha-\frac{m_1P_1}{m_1M_2}\cdot\cos\alpha,$$

und folglich:

$$(2) \qquad h_1=P_1M_2.\sin\alpha-m_1P_1.\cos\alpha.$$

Oder wenn man für P_1M_2 und m_1P_1 nach No. 26, woselbst sie durch u

und p bezeichnet sind, ihre Werthe $\frac{q_1^2-4\pi^2}{4\pi}\cdot r_1$ und $q_1 r_1$ setzt, so kommt

$$(3) \qquad h_1 = \frac{q_1^2-4\pi^2}{4\pi}\cdot r_1 . \sin\alpha - q_1 r_1 . \cos\alpha.$$

Diese Gleichung gilt für jeden beliebigen Kreis m_1, welcher die beiden gegebenen Kreise M_1, M_2 berührt. Für den Kreis m ist aber das Loth h gleich 0, daher hat man:

$$0 = \frac{q^2-4\pi^2}{4\pi}\cdot r . \sin\alpha - qr . \cos\alpha,$$

und mithin:

$$(4) \qquad \cos\alpha = \frac{q^2-4\pi^2}{4\pi q}\cdot\sin\alpha,$$

wo

$$q = \frac{mP}{r} = \frac{p}{r}.$$

Wird dieser Werth von $\cos\alpha$ in die Gleichung (3) substituirt, so kommt:

$$(5) \qquad \frac{h_1}{r_1} = \left(\frac{q_1^2-4\pi^2}{4\pi} - q_1\cdot\frac{q^2-4\pi^2}{4\pi q}\right)\sin\alpha.$$

Setzt man in dieser Gleichung $\pi . Q$ statt $\sin\alpha$ (1) und $q+2n$ statt q_1, wo n die Stelle anzeigt, welche der Kreis m_1 nach dem Kreise m einnimmt, so erhält man:

$$\frac{h_1}{r_1} = \left(\frac{(q+2n)^2-4\pi^2}{4\pi} - (q+2n)\frac{q^2-4\pi^2}{4\pi q}\right)\pi . Q$$
$$= Q . n^2 + Q\cdot\frac{q^2+4\pi^2}{4q}\cdot 2n.$$

Bemerkt man aber, dass nach No. 26 Gl. (3) die Linie

$$mM_2 = l = \frac{q^2+4\pi^2}{4\pi}\cdot r \quad \text{und} \quad mP = p = qr,$$

also

$$\sin\alpha = \frac{mP}{mM_2} = p : l = qr : \frac{q^2+4\pi^2}{4\pi}\cdot r = \frac{4q\pi}{q^2+4\pi^2},$$

und auch

$$\sin\alpha = \pi . Q$$

nach Gl. (1), folglich

$$\pi Q = \frac{4q\pi}{q^2+4\pi^2},$$

oder

$$Q\,\frac{q^2+4\pi^2}{4q} = 1,$$

so geht die vorliegende Gleichung in folgende über:

$$(6)\qquad \frac{h_1}{r_1} = Qn^2+2n,$$

das heisst:

„Man findet den Quotienten $(h_1:r_1)$ für irgend einen Kreis m_1, welcher die beiden gegebenen Kreise M_1, M_2 berührt, in Bezug auf den angenommenen Durchmesser AC, aus der Stellenzahl n dieses Kreises m_1, von dem Kreise m an gerechnet, und aus dem Quotienten $\frac{M_1H}{R_1}$ gleich Q des Kreises M_1, in Bezug auf denselben Durchmesser AC.“

Liegt der Kreis m_1 auf der anderen Seite des Kreises m, wie z. B. der Kreis μ_1: so ist n als negativ zu betrachten, und man hat für diesen Fall:

$$(7)\qquad \frac{h_1}{r_1} = Qn^2-2n.$$

Die beiden Formeln (6) und (7) gelten auf ganz gleiche Weise, wenn man anstatt des Durchmessers AC, irgend einen beliebigen Durchmesser des Kreises M_1 annimmt; nur würde sich im letzteren Falle der Quotient Q auf den Kreis M_2 beziehen.

Der obige alte Satz (No. 24, c) ist ein spezieller Fall des vorliegenden Satzes (Gl. (6) und (7)); man erhält jenen, wenn man bei diesem Q gleich 0 setzt, d. h. wenn der angenommene Durchmesser AC mit der Axe M_1M_2 zusammenfällt.

Bezeichnet man den Quotienten $\frac{h_1}{r_1}$ durch Q_1, und den Quotienten $h_x:r_x$ eines Kreises m_x, welcher die $(x-1)^{\text{te}}$ Stelle nach dem Kreise m_1 einnimmt, durch Q_x, so ist nach Gl. (6):

$$Q_1 = Qn^2+2n,$$

$$Q_x = Q(n+x-1)^2+2(n+x-1).$$

Wird aus diesen beiden Gleichungen n eliminirt, so findet man

$$(8)\qquad Q_x = Q(x-1)^2 \pm 2(x-1)\sqrt{1+Q.Q_1}+Q_1.$$

„Diese Gleichung lehrt, wie man aus dem gegebenen Quotienten Q_1 eines bestimmten Kreises m_1, aus dem Quotienten Q des gegebenen Kreises M_1, und aus der Zahl $x-1$, welche anzeigt, die wievielte Stelle irgend ein bestimmter Kreis m_x nach dem Kreise m_1 einnimmt, den Quotienten Q_x des Kreises m_x, in Bezug auf den nämlichen Durchmesser AC, finden kann.“

Setzt man x gleich 2, so hat man:

$$(9)\qquad Q_2 = Q \pm 2\sqrt{1+QQ_1}+Q_1.$$

„Diese Formel lehrt, wie man aus dem Quotienten Q des gegebenen Kreises M_1, in Bezug auf den Durchmesser AC, und aus dem Quotienten

Q_1 irgend eines bestimmten Kreises m_1, in Bezug auf denselben Durchmesser, den Quotienten Q_2 desjenigen Kreises m_2, in Bezug auf den nämlichen Durchmesser, findet, welcher sich dem Kreise m_1 anschliesst (d. h. ihn berührt)."

Es sei z. B.

$$Q = \frac{M_1 H}{M_1 B} = 12 \quad \text{und} \quad Q_1 = \frac{m_1 H_1}{r_1} = 24,$$

so ist:

$$\frac{m_2 H_2}{r_2} = Q_2 = 12 \pm 2\sqrt{1 + 12.24 + 24}$$
$$= 70 \quad \text{oder} \quad = 2.$$

Zur Erläuterung der Bedeutung der gefundenen Formeln (6), (7), (8), (9), wollen wir dieselben noch auf einige bestimmte Reihen Kreise anwenden. Z. B.

a) Nimmt man an, der gegebene Kreis M_1 (Fig. 32) berühre den genannten angenommenen Durchmesser AM_2C, so ist Q gleich 1, und daher erhält man für eine Reihe Kreise: ... μ_3, μ_2, μ_1, m, m_1, m_2, m_3, ..., d. h., für eine Reihe Kreise, welche sich zu beiden Seiten dem oben genannten Kreis m anschliessen, und welche einander der Ordnung nach berühren, folgende Quotienten (wenn man die aus den Mittelpuncten: ... μ_2, μ_1, m, m_1, m_2, ... auf den Durchmesser AC gefällten Lothe durch die Radien ... ρ_2, ρ_1, r, r_1, r_2, ... der respectiven Kreise ... μ_2, μ_1, m, m_1, m_2, ... dividirt):

Kreise.	μ_n	...	μ_3	μ_2	μ_1	m	m_1	m_2	m_3	...	m_n
$\frac{h}{r}$ =	n^2-2n	...	3	0	-1	0	3	8	15	...	n^2+2n

b) Setzt man Q gleich 2, so findet man für eine Reihe Kreise: ... μ_2, μ_1, m, m_1, m_2, ... (Fig. 33) folgende Quotienten:

Kreise.	μ_n	...	μ_4	μ_3	μ_2	μ_1	m	m_1	m_2	m_3	m_4	...	m_n
$\frac{h}{r}$ =	$2n^2-2n$	...	24	12	4	0	0	4	12	24	40	...	$2n^2+2n$

u. s. w.

Es kann noch bemerkt werden, dass die Sätze und Formeln, welche wir bisher in Bezug auf die beiden einander innerlich berührenden Kreise M_1, M_2 aufgestellt haben, auf ganz ähnliche Weise bei zwei sich äusserlich berührenden Kreisen Statt finden, und dass sie ferner auch dann noch

Statt finden, wenn der eine Kreis (M_2), durch unendliche Vergrösserung, in eine gerade Linie übergeht.

28.

Aus dem obigen alten Satze (No. 24, c) lassen sich unter anderen auch nachstehende interessante Folgerungen ziehen.

Liegen die Mittelpuncte dreier beliebigen Kreise M_1, M_2, m (Fig. 34), welche einander, paarweise genommen, in den drei Puncten B, A, C berühren, in einer geraden Linie: so ist, vermöge des alten Satzes, das aus dem Mittelpuncte m_1 desjenigen Kreises m_1, welcher jene drei Kreise berührt, auf die Axe M_1M_2m gefällte Loth m_1P gleich dem doppelten Radius m_1D des Kreises m_1. Demnach ist

$$PD = Dm_1.$$

Es ist klar, dass dasselbe Statt findet, wenn man sich, anstatt der genannten Kreise M_1, M_2, m, m_1, Kugeln denkt. Ferner ist leicht zu sehen, dass jede Kugel, welche die drei gegebenen Kugeln M_1, M_2, m berührt, wo sie sich auch befinden mag, gleich der Kugel m_1 ist; und dass ferner der Ort des Mittelpuncts einer solchen Kugel, welche die drei gegebenen Kugeln M_1, M_2, m berührt, ein Kreis ist, dessen Radius gleich Pm_1, und dass die Ebene dieses Kreises, welche wir durch E bezeichnen wollen, in dem Punct P zu der Axe M_1M_2m senkrecht steht. Denkt man sich nun eine Reihe Kugeln m_1, m_2, m_3, ..., welche einander der Ordnung nach berühren, und von denen jede die drei gegebenen Kugeln M_1, M_2, m berührt: so folgt offenbar, da PD gleich m_1D, dass die genannte Ebene E mit jenen Kugeln $(m_1, m_2, m_3, \ldots)$ eine Durchschnittsfigur bildet, welche der Fig. 35 gleich ist. Nun ist aber leicht zu sehen, dass man um einen bestimmten Kreis P (Fig. 35) gerade sechs Kreise m_1, m_2, m_3, m_4, m_5, m_6, von denen jeder dem Kreise P gleich ist (PD gleich Dm_1), so herumlegen kann, dass jeder den Kreis P berührt, und dass sie einander der Reihe nach berühren. Daraus folgt nachstehender Satz:

„Berühren irgend drei beliebige Kugeln M_1, M_2, m (Fig. 34), deren Mittelpuncte in einer geraden Linie liegen, einander, paarweise genommen, in den drei Puncten B, A, C: so können in dem Raume, welcher zwischen den drei Kugelflächen liegt, sechs gleiche Kugeln m_1, m_2, m_3, m_4, m_5, m_6 beschrieben werden, welche einander der Reihe nach berühren (die Kugel m_6 berührt die Kugel m_1), und von denen jede die drei gegebenen Kugeln M_1, M_2, m berührt.“

Mittelst eines bestimmten Satzes bei Kugeln, welcher einem Satze bei Kreisen (No. 22) analog ist, folgt aus dem Vorliegenden leicht nachstehender sehr merkwürdiger Satz:

„Wenn irgend drei beliebige Kugeln einander berühren und man beschreibt eine Reihe Kugeln m_1, m_2, m_3, ..., welche einander der Ordnung nach berühren, und von denen jede jene drei Kugeln berührt: so schliesst sich immer die sechste Kugel dieser Reihe, wo man auch immerhin die erste annehmen mag, gerade an die erste an. Und ferner liegen die Mittelpuncte dieser Reihe Kugeln immer in einer und derselben Ebene, und zwar in einer und derselben Curve zweiten Grades."

Zum Beispiel: „Wenn die drei gegebenen Kugeln M_1, M_2, μ (Fig. 34) einander, paarweise genommen, berühren: so kann in dem Raume, welcher zwischen diesen drei Kugelflächen liegt, eine Reihe von sechs Kugeln μ_1, μ_2, μ_3, μ_4, μ_5, μ_6, wo man auch die erste Kugel, oder das Anfangsglied dieser Reihe annehmen mag, so beschrieben werden, dass sie einander der Ordnung nach berühren, und dass jede die drei gegebenen Kugeln berührt; und die Mittelpuncte dieser sechs Kugeln liegen in einer bestimmten Ellipse."

Unter anderen hierher gehörigen speziellen Fällen erwähnen wir nur folgenden:

„Wenn drei gleiche Kugeln einander, paarweise genommen, (äusserlich) berühren: so giebt es zwei bestimmte, mit einander parallele Ebenen A, B, von denen jede die drei gegebenen Kugeln berührt. Und beschreibt man in dem Raum, welcher sich zwischen den drei Kugeln befindet, eine Reihe Kugeln, von denen die erste die Ebene A und die drei gegebenen Kugeln, und dann jede folgende die vorhergehende und die drei gegebenen Kugeln berührt: so wird die vierte Kugel dieser Reihe gerade die andere Ebene B berühren."

Nämlich die beiden Ebenen A, B sind als zwei unendlich grosse Kugeln zu betrachten, welche einander berühren (da sie parallel sind), und welche also, da sie ebenfalls die drei gegebenen Kugeln berühren, in der genannten Reihe Kugeln, die Stelle der fünften und sechsten Kugel vertreten.

29.*

Durch Hülfe des alten Satzes kann ferner auch der Radius desjenigen Kreises, welcher drei gegebene, einander berührende Kreise berührt, aus den Radien dieser Kreise leicht gefunden werden.

Es seien die drei Kreise M_1, M_2, M_3 (Fig. 36), welche einander berühren, gegeben. Der Kreis m berühre sie äusserlich und der Kreis M einschliessend. Die Radien der fünf Kreise M_1, M_2, M_3, M, m sollen respective durch R_1, R_2, R_3, R, r bezeichnet werden.

Fällt man aus den Mittelpuncten M_1, m auf die Axe M_2M_3 die Lothe M_1H_1 gleich h_1 und mn_1 gleich p_1, so ist nach (No. 24, c):

$$\frac{p_1}{r} = \frac{h_1}{R_1} + 2,$$

*Sieh S. 524.

woraus folgt:

$$\frac{p_1}{h_1} = \frac{r}{R_1} + \frac{2r}{h_1}.$$

Da man eine ähnliche Gleichung erhält, wenn man aus den Mittelpuncten M_2 und m auf die Axe M_1M_3, oder aus den Mittelpuncten M_3 und m auf die Axe M_1M_2 Lothe fällt, so hat man zusammengenommen folgende drei Gleichungen:

$$\frac{p_1}{h_1} = \frac{r}{R_1} + \frac{2r}{h_1},$$

$$\frac{p_2}{h_2} = \frac{r}{R_2} + \frac{2r}{h_2},$$

$$\frac{p_3}{h_3} = \frac{r}{R_3} + \frac{2r}{h_3},$$

welche addirt,

$$\frac{p_1}{h_1} + \frac{p_2}{h_2} + \frac{p_3}{h_3} = r\left(\frac{1}{R_1} + \frac{1}{R_2} + \frac{1}{R_3} + \frac{2}{h_1} + \frac{2}{h_2} + \frac{2}{h_3}\right)$$

geben. Der erste Theil dieser Gleichung ist aber nach einem bekannten Satze gleich 1; nämlich: „Wenn man die aus einem beliebigen Punct m auf die Seiten eines Dreiecks $M_1M_2M_3$ gefällten Lothe p_1, p_2, p_3, durch die correspondirenden Höhen h_1, h_2, h_3 des Dreiecks dividirt: so ist die Summe der drei Quotienten allemal gleich 1." Die vorliegende Gleichung geht demnach in folgende über:

$$\frac{1}{r} = \frac{1}{R_1} + \frac{1}{R_2} + \frac{1}{R_3} + \frac{2}{h_1} + \frac{2}{h_2} + \frac{2}{h_3}.$$

Bemerkt man ferner, dass die Höhe eines Dreiecks durch die Seiten desselben ausgedrückt werden kann, und dass die Seiten des Dreiecks $M_1M_2M_3$ ihrer Grösse nach R_1+R_2, R_2+R_3, R_3+R_1 sind: so hat man z. B.

$$h_1 = \frac{\sqrt{2(R_1+R_2+R_3).2R_1.2R_2.2R_3}}{2(R_2+R_3)}$$

$$= \frac{2\sqrt{R_1R_2R_3(R_1+R_2+R_3)}}{R_2+R_3}.$$

Werden diese Werthe für h_1, h_2, h_3 in die obige Gleichung substituirt, so erhält man nach gehöriger Reduction folgende Gleichung:

$$(1) \qquad \frac{1}{r} = \frac{1}{R_1} + \frac{1}{R_2} + \frac{1}{R_3} + 2\sqrt{\frac{R_1+R_2+R_3}{R_1R_2R_3}}.$$

Diese Gleichung lehrt, wie man den Radius r desjenigen Kreises m, welcher drei gegebene, einander äusserlich berührende Kreise M_1, M_2, M_3, äusserlich berührt, aus den Radien R_1, R_2, R_3 der letzteren Kreise findet.

Für den Kreis M, welcher die drei gegebenen Kreise einschliessend berührt, hat man auf ähnliche Weise, wenn man die aus dem Mittelpunct M desselben auf die Axen M_2M_3; M_3M_1; M_1M_2 gefällten Lothe MN_1, MN_2, MN_3 durch P_1, P_2, P_3 bezeichnet, folgende Gleichungen (Zus. z. No. 24, c):*

$$-\frac{P_1}{R}+2=\frac{h_1}{R_1};\quad -\frac{P_2}{R}+2=\frac{h_2}{R_2};\quad -\frac{P_3}{R}+2=\frac{h_3}{R_3},$$

oder:

$$\frac{P_1}{h_1}=\frac{2R}{h_1}-\frac{R}{R_1},$$
$$\frac{P_2}{h_2}=\frac{2R}{h_2}-\frac{R}{R_2},$$
$$\frac{P_3}{h_3}=\frac{2R}{h_3}-\frac{R}{R_3}.$$

Die Summe dieser drei Gleichungen ist:

$$\frac{P_1}{h_1}+\frac{P_2}{h_2}+\frac{P_3}{h_3}=R\left(\frac{2}{h_1}+\frac{2}{h_2}+\frac{2}{h_3}-\frac{1}{R_1}-\frac{1}{R_2}-\frac{1}{R_3}\right).$$

Bemerkt man, dass der erste Theil dieser Gleichung nach dem oben erwähnten Satze gleich 1 ist, und setzt statt der Grössen h_1, h_2, h_3 (Höhen des Dreiecks $M_1M_2M_3$) ihre oben angegebenen Werthe: so erhält man, nach gehöriger Reduction, folgende Gleichung:

$$(2)\qquad \frac{1}{R}=-\frac{1}{R_1}-\frac{1}{R_2}-\frac{1}{R_3}+2\sqrt{\frac{R_1+R_2+R_3}{R_1R_2R_3}},$$

welche lehrt, wie man den Radius R desjenigen Kreises M, welcher die drei gegebenen, sich berührenden Kreise M_1, M_2, M_3 einschliessend berührt, aus den Radien R_1, R_2, R_3 der letzteren Kreise findet.

Durch Verbindung der Gleichungen (1) und (2) erhält man z. B. folgende Gleichungen:

$$(\alpha)\qquad \frac{1}{r}+\frac{1}{R}=4\sqrt{\frac{R_1+R_2+R_3}{R_1R_2R_3}}=4\sqrt{\frac{1}{R_2R_3}+\frac{1}{R_1R_3}+\frac{1}{R_1R_2}}.$$

$$(\beta)\qquad \frac{1}{r}-\frac{1}{R}=\frac{2}{R_1}+\frac{2}{R_2}+\frac{2}{R_3},$$

$$(\gamma)\qquad \frac{1}{rR}=-\frac{1}{R_1^2}-\frac{1}{R_2^2}-\frac{1}{R_3^2}+2\frac{R_1+R_2+R_3}{R_1R_2R_3},\quad \text{u. s. w.}$$

Geht einer der gegebenen Kreise, z. B. der Kreis M_3, in eine gerade Linie über, so ist R_3 gleich ∞, und daher gehen die Gleichungen (1) und (2) in folgende über:

$$(3)\qquad \frac{1}{r}=\frac{1}{R_1}+\frac{1}{R_2}+2\sqrt{\frac{1}{R_1R_2}},$$

$$(4)\qquad \frac{1}{R}=-\frac{1}{R_1}-\frac{1}{R_2}+2\sqrt{\frac{1}{R_1R_2}}.$$

* Sieh S. 524.

„Diese Gleichungen lehren, wie der Radius (r oder R) eines Kreises (m oder M), welcher zwei sich äusserlich berührende Kreise M_1, M_2 und deren gemeinschaftliche Tangente berührt, aus den Radien der beiden letzteren Kreise gefunden wird."

Nimmt man an, die drei gegebenen Kreise M_1, M_2, M_3 seien einander gleich, so dass R_1 gleich R_2 gleich R_3, so gehen die Gleichungen (1) und (2) in folgende über:

$$(5)\qquad \frac{1}{r} = \frac{3+2\sqrt{3}}{R_1} \quad \text{oder} \quad r = \frac{1}{3+2\sqrt{3}} \cdot R_1,$$

$$(6)\qquad \frac{1}{R} = \frac{-3+2\sqrt{3}}{R_1} \quad \text{oder} \quad R = \frac{1}{-3+2\sqrt{3}} \cdot R_1,$$

woraus folgt:

$$(7)\qquad r.R = \tfrac{1}{3}R_1^2.$$

Ist ferner R_3 gleich ∞ und R_1 gleich R_2, so folgt aus (1):

$$\frac{1}{r} = \frac{4}{R_1} \quad \text{oder} \quad \frac{R_1}{r} = 4,$$

welches mit No. 26, c) übereinstimmt.

Um die Symmetrie zwischen den vier Grössen r, R_1, R_2, R_3, welche in der Gleichung (1) vorkommen, leichter übersehen zu können, setzen wir

$$\frac{1}{r} = q; \quad \frac{1}{R_1} = q_1; \quad \frac{1}{R_2} = q_2; \quad \frac{1}{R_3} = q_3,$$

so dass nach Gleichung (1):

$$q = q_1 + q_2 + q_3 + 2\sqrt{q_1 q_2 + q_1 q_3 + q_2 q_3}.$$

Daraus folgt:

$$(q - q_1 - q_2 - q_3)^2 = 4(q_1 q_2 + q_1 q_3 + q_2 q_3),$$

oder nach gehöriger Rechnung

$$(8)\qquad q^2 + q_1^2 + q_2^2 + q_3^2 - 2(qq_1 + qq_2 + qq_3 + q_1 q_2 + q_1 q_3 + q_2 q_3) = 0.$$

Setzt man ferner $\frac{1}{R}$ gleich Q, so findet man auf ähnliche Weise aus der Gleichung (2) die folgende:

$$(9)\qquad Q^2 + q_1^2 + q_2^2 + q_3^2 + 2(Qq_1 + Qq_2 + Qq_3 - q_1 q_2 - q_1 q_3 - q_2 q_3) = 0.$$

30.

Es lassen sich noch eine grosse Menge Betrachtungen an die obigen anschliessen. Wir wollen unter anderen noch folgende hinzufügen:

A. Sind drei beliebige Kreise M, M_1, M_2 (Fig. 37), die einander paarweise genommen in den Puncten B, C, A berühren, und deren Mittelpuncte in einer geraden Linie liegen, der Grösse und Lage nach gegeben:

so kann, wie aus dem alten Satze (No. 24) folgt, derjenige Kreis μ, welcher jene drei Kreise berührt, leicht gefunden werden, wie folgt:

„Man errichte aus den Mittelpuncten M, M_1 die beiden geraden Linien MG und M_1H senkrecht zu der Axe M_1M_2M, nehme MG gleich AC gleich $2R$, M_1H gleich BC gleich $2R_1$, und ziehe die geraden Linien BG und AH, so schneiden sich diese im Mittelpunct μ des gesuchten Kreises μ (No. 24, E).“

B. Jeder von den beliebigen Kreisen m, m_1, m_2 berühre die beiden gegebenen Kreise M_1, M_2; die geraden Linien MD, mP, m_1P_1, m_2P_2 seien zu der Axe M_1M_2 senkrecht, und ebenso die gerade Linie B_1B, welche die gegebenen Kreise M_1, M_2 in B berührt; endlich sollen die Radien der Kreise M, m, m_1, m_2 respective durch R, r, r_1, r_2 bezeichnet werden.

Da die Kreise M, m, m_1, m_2 die Linie der gleichen Potenzen BB_1 der beiden gegebenen Kreise M_3, M_2 gemeinschaftlich zur Aehnlichkeitslinie haben (No. 13), d. h., da die Parallelen aus den Mittelpuncten M, m, m_1, m_2 nach der Linie BB_1 sich wie die Radien der respectiven Kreise M, m, m_1, m_2 verhalten, so hat man (wie No. 24, B, β):

$$\text{(a)} \qquad \frac{BM}{R} = \frac{BP}{r} = \frac{BP_1}{r_1} = \frac{BP_2}{r_2}.$$

Zieht man aus B durch die Mittelpuncte m, m_1, m_2 die geraden Linien BmD, Bm_1D_1, Bm_2D_2, so folgt ferner, weil die geraden Linien MD_2, PE_2, P_1F_2, P_2m_2 parallel sind, dass:

$$\text{(b)} \qquad \frac{MD_2}{R} = \frac{PE_2}{r} = \frac{P_1F_2}{r_1} = \frac{P_2m_2}{r_2}.$$

Eben so ist:

$$\text{(c)} \qquad \frac{MN}{R} = \frac{Pn}{r} = \frac{P_1n_1}{r_1} = \frac{P_2n_2}{r_2},$$

und mithin, wenn MN gleich R, auch:

$$\text{(d)} \qquad Pn = r; \quad P_1n_1 = r_1; \quad P_2n_2 = r_2.$$

Ferner ist:

$$\text{(e)} \qquad \frac{D_1D_2}{R} = \frac{E_1E_2}{r} = \frac{m_1F_2}{r_1}.$$

Nimmt man an, dass die Kreise m_1, m_2 einander berühren, so ist m_1F_2 gleich $2r_1$ (No. 24, E.), folglich ist in diesem Fall:

$$\text{(f)} \qquad m_1F_2 = 2r_1; \quad E_1E_2 = 2r; \quad D_1D_2 = 2R.$$

Zieht man aus B durch den Berührungspunct b der beiden Kreise m_1, m_2 die gerade Linie $Bbf_2e_2d_2$, so ist ferner (No. 24, E.):

$$\text{(g)} \quad m_1f_2 = f_2F_2 = r_1; \quad E_1e_2 = e_2E_2 = r; \quad D_1d_2 = d_2D_2 = R.$$

Aus dem Vorliegenden folgt unter anderem Nachstehendes:

α) Wenn der Quotient*) eines unbekannten Kreises m_1 in Bezug auf die Axe M_1M_2 gegeben ist, so findet man nach (b) eine gerade Linie BE_1D_1, in welcher der Mittelpunct des unbekannten Kreises liegt. Ist nämlich der gegebene Quotient gleich q_1, so nehme man MD_1 gleich $q_1.R$ und ziehe die Linie BD_1, oder man nehme, wenn der Kreis m gegeben ist, PE_1 gleich $q_1.r$ und ziehe die Linie BE_1, so liegt in dieser Linie (BE_1D_1) der Mittelpunct m_1 des gesuchten Kreises m_1.

β) Nimmt man in der Linie Pm irgend zwei Puncte E_1, E_2 so an, dass E_1E_2 gleich $2r$ ist, und zieht die geraden Linien BE_1, BE_2, so liegen in diesen beiden Linien die Mittelpuncte m_1, m_2 zweier bestimmten Kreise m_1, m_2, die sich und die beiden gegebenen Kreise M_1, M_2 berühren, und zwar geht die gerade Linie Be_2, wenn e_2 die Mitte der Linie E_1E_2 ist (g), durch den Berührungspunct b jener beiden Kreise m_1, m_2. Ein Gleiches findet Statt, wenn man anstatt in der Linie Pm in der Linie MD zwei Puncte mit passendem Abstande von einander annimmt. Hiernach ist leicht eine Reihe Kreise m_1, m_2, m_3, m_4, ... zu beschreiben, welche einander der Ordnung nach berühren, und von denen jeder die beiden gegebenen Kreise M_1, M_2 berührt.

C. Legt man in den Endpuncten des Durchmessers AB eines gegebenen Kreises M (Fig. 38) die Tangenten AD und BC an den Kreis, zieht durch einen willkürlichen Peripheriepunct E die beiden geraden Linien AEC und BED, und legt in dem Punct E die Tangente FEG an den Kreis, so ist das Dreieck BEC bei E rechtwinklig, und die Tangenten GB und GE sind einander gleich; folglich ist auch

$$GE = GB = GC.$$

Eben so ist

$$FA = FD.$$

Das heisst:

„Legt man an einen gegebenen Kreis M zwei parallele Tangenten AD und BC, die den Kreis in A und B berühren, zieht z. B. aus dem Berührungspunct A eine beliebige gerade Linie AC, welche den Kreis in E schneidet, und legt in diesem Durchschnittspuncte eine Tangente FEG an den Kreis, so halbirt diese letztere Tangente die Tangente BC in G."

Da ferner die beiden rechtwinkligen Dreiecke ABC und DAB ähnlich sind, so ist

$$AD \times BC = AB \times AB,$$

das heisst:

---

*) Zur Abkürzung nehmen wir von nun an den Ausdruck: „Quotient eines Kreises in Bezug auf eine gerade Linie," in dem beschränkteren Sinne als „das aus dem Mittelpunct des Kreises auf die gerade Linie gefällte Loth, dividirt durch den Radius des Kreises."

„Legt man in den Endpuncten eines Durchmessers AB eines gegebenen Kreises M zwei Tangenten an den Kreis, und zieht aus denselben Puncten A, B durch einen beliebigen Peripheriepunct E des Kreises zwei gerade Linien AEC, BED, so ist das Rechteck aus den Stücken BC, AD, welche die letzteren beiden Linien von jenen Tangenten abschneiden, gleich dem Quadrate des Durchmessers AB des Kreises.“

Da aber, wie vorhin bemerkt worden, BG gleich GC und AF gleich FD ist, so ist, wenn man den Radius des Kreises durch R bezeichnet,

$$BG \times AF = \tfrac{1}{4} AB \times AB = R^2,$$

das heisst:

„Legt man an einen gegebenen Kreis M zwei parallele Tangenten BG, AF und eine beliebige Tangente GEF, so schneidet die letztere von den beiden ersteren zwei Stücke BG, AF ab, deren Rechteck dem Quadrate des Halbmessers des Kreises gleich ist*).“

---

*) Bei einer anderen Gelegenheit werden wir zeigen, dass die hier (C.) vom Kreise bewiesenen bekannten Sätze auf analoge Weise bei jeder anderen Curve zweiten Grades Statt finden, so dass folgende allgemeinere Sätze gelten:

1) „Legt man zwei beliebige parallele Tangenten AD und BC an irgend eine gegebene Curve zweiten Grades, welche diese Curve in den Puncten A und B berühren, zieht z. B. aus dem Punct A die gerade Linie AEC, welche die Curve in E schneidet und die Tangente BC in C begrenzt, und legt in dem Puncte E eine dritte Tangente GEF an die Curve, so halbirt diese letztere Tangente die Tangente BC in G.“

Hieraus ergiebt sich also, wie leicht einzusehen ist, ein sehr einfaches Verfahren, in einem gegebenen Puncte E an irgend eine Curve zweiten Grades eine Tangente zu legen, wenn nur eine der beiden Axen derselben gegeben ist. Z. B. es sei (Fig. 41) AB eine Axe irgend einer Curve zweiten Grades, und E sei irgend ein gegebener Peripheriepunct, in welchem eine Tangente an diese Curve gelegt werden soll, so errichte man im Endpuncte B die gerade Linie BC senkrecht zur Axe AB, ziehe die gerade AE, welche jenen Perpendikel in C trifft, und halbire den Abschnitt BC in G, so ist die gerade Linie GE die gesuchte Tangente.

2) „Legt man an irgend eine gegebene Curve zweiten Grades zwei beliebige parallele Tangente BG, AF und eine dritte willkürliche Tangente GEF, so schneidet die letztere von den beiden ersteren zwei Stücke BG und AF ab, deren Rechteck dem Quadrat desjenigen Halbmessers der Curve gleich ist, welcher mit den beiden ersteren Tangenten parallel ist.“

Aus (1) folgt ferner:

3) „Denkt man sich beliebig viele Curven zweiten Grades, von denen jede zwei gegebene Parallelen AD und BC in denselben Puncten A und B berührt, zieht aus A irgend eine Linie AC, welche die Curven respective in den Puncten E, E_1, E_2, ... schneidet, und legt in diesen Puncten E, E_1, E_2, ... Tangenten an die Curven, so schneiden alle diese Tangenten einander in der Mitte G der Tangente BC. Und umgekehrt: Legt man aus irgend einem Puncte G der Tangente BC an jene Curven Tangenten, so liegen die Berührungspuncte E, E_1, E_2, ... aller dieser Tangenten mit dem Punct A zusammen in einer geraden Linie.“

Aus diesem Satze (3) folgert man leicht den nachstehenden:

4) „Denkt man sich anstatt der Curve M (Fig. 38) irgend eine beliebige Fläche zweiten Grades, anstatt der Tangente BC eine Ebene, welche jene Fläche in B berührt,

D. Es seien die beiden Kreise M_1, M_2 (Fig. 39), die einander in B berühren, gegeben. Ein beliebiger Kreis m berühre die gegebenen in den Puncten d, c und der Kreis M, dessen Mittelpunct in der Axe M_1M_2 liegt, berühre dieselben in den Puncten D, C, und endlich berühre die gerade Linie AB dieselben in dem Puncte B. Aus dem Früheren folgt, dass die drei geraden Linien Mm, Dd, Cc einander in einem bestimmten Puncte A schneiden, welcher in der Linie BA (als Linie der gleichen Potenzen der gegebenen Kreise M_1, M_2) liegt, und welcher der äussere Aehnlichkeitspunct der beiden Kreise M, m ist (No. 8, No. 13). Ferner folgt, dass sowohl die Puncte D und d als auch C und c in Bezug auf den Aehnlichkeitspunct A potenzhaltend sind (No. 21), so dass also

$$Ad \times AD = Ac \times AC,$$

und dass folglich die vier Puncte D, C, c, d in der Peripherie eines bestimmten Kreises μ liegen.

Legt man an den Kreis M_2 in dem Puncte d die Tangente Gd, so halbirt diese Tangente AB in G (C.); und aus gleichen Gründen geht die Tangente Gc, welche man im Puncte c an den Kreis M_1 legt, durch die Mitte G der Tangente AB. Da die beiden Tangenten Gd und Gc zugleich den Kreis m berühren, so steht die gerade Linie Gm auf der Sehne dc senkrecht und halbirt sie, und da die Kreise m und μ diese Sehne gemein haben, so liegen die drei Puncte G, m, μ in einer geraden Linie.

Zieht man ferner noch die geraden Linien BmN und $M\mu N$, so folgt, da BG gleich GA, die beiden Linien $M\mu$ und BA parallel sind, und die drei Linien BN, $G\mu$, AM einander in einem und demselben Puncte m schneiden, dass

$$M\mu = \mu N$$

ist.

Bemerkt man, dass, wenn R, r die Radien der Kreise M, m bezeichnen, und mP mit NM parallel, mithin senkrecht zu der Axe M_1M_2 ist, dass dann (B, b):

$$\frac{NM}{R} = \frac{mP}{r} = q,$$

und anstatt des Punctes G irgend eine in der Ebene BC liegende gerade Linie, und zieht alsdann irgend eine gerade Linie GEH, welche die Linie G und den Durchmesser BA der Fläche schneidet und zugleich die Fläche in E berührt, so ist der Ort des Berührungspunctes E eine ebene Curve (zweiten Grades), und die Ebene (EA) dieser Curve geht durch den Punct A und schneidet die Ebene BC in einer bestimmten geraden Linie C, welche mit der Linie G parallel ist, und welche doppelt so weit von dem Puncte B entfernt ist als die Linie G.“ U. s. w.

Wir bemerken nur noch, dass man auf dieselbe einfache Weise in irgend einem gegebenen Puncte E an irgend eine beliebige Fläche zweiten Grades eine Berührungsebene legen kann, sobald irgend zwei von den drei Axen der Fläche gegeben sind, wie wir solches für den analogen Fall bei Curven zweiten Grades so eben gezeigt haben.

so ist

$$NM = q.R,$$

und folglich

$$M\mu = \tfrac{1}{2}MN = \tfrac{1}{2}q.R.$$

Hiernach kann also die folgende Aufgabe sehr leicht gelöst werden.

Aufgabe.

„Einen Kreis m zu beschreiben, welcher zwei gegebene, einander in B berührende Kreise M_1, M_2 berührt, und dessen Quotient in Bezug auf die Axe M_1M_2 (d. h. das Verhältniss des aus seinem Mittelpuncte m auf die Axe M_1M_2 gefällten Lothes mP zu seinem Radius) gegeben ist.“

Auflösung.

Es sei der gegebene Quotient $\frac{mP}{r}$ gleich q. Man errichte aus der Mitte M der Linie CD die zu der Axe M_1M_2CD senkrechte Linie $M\mu_1$, nehme $M\mu$ gleich $\frac{1}{2}q.MD$ gleich $\frac{1}{2}q.R$, und ziehe hierauf um den Punct μ einen Kreis μ, welcher durch die Puncte D, C geht, so schneidet derselbe die gegebenen Kreise M_1, M_2 ausserdem noch in denjenigen beiden Puncten c, d, in welchen sie von dem gesuchten Kreise m berührt werden, so dass also die geraden Linien M_2d und M_1c einander im Mittelpuncte m des gesuchten Kreises schneiden.

Ferner ergiebt sich aus dem Obigen ein sehr einfaches Verfahren, eine Reihe Kreise m, m_1, m_2, ... zu beschreiben, von denen jeder die beiden gegebenen Kreise M_1, M_2 berührt, und welche einander der Ordnung nach berühren. Denn da von den Quotienten q, q_1, q_2, ..., welche dieser Reihe Kreise in Bezug auf die Axe M_1M_2 respective zugehören, jeder folgende um zwei grösser ist als der vorhergehende (No. 24, c), so stehen die Mittelpuncte μ, μ_1, μ_2, ... der Kreise μ, μ_1, μ_2, ... um den Radius MD gleich R von einander ab, weil z. B.

$$M\mu = \tfrac{1}{2}q.R \quad \text{und} \quad M\mu_1 = \tfrac{1}{2}q_1.R = \tfrac{1}{2}(q+2).R,$$

mithin

$$M\mu_1 - M\mu = \mu\mu_1 = R.$$

„Um also die genannte Reihe Kreise zu construiren nehme man die Puncte μ, μ_1, μ_2, ... so an, dass

$$\mu\mu_1 = \mu_1\mu_2 = \cdots = R = MD,$$

und ziehe um diese Puncte Kreise μ, μ_1, μ_2, ..., von denen jeder durch die beiden Puncte D, C geht, so schneidet der erste dieser Kreise die gegebenen Kreise M_1, M_2 in den Puncten c, d, in welchen dieselben von dem Kreise m berührt werden; der zweite Kreis μ_1 schneidet die gegebenen in den Puncten c_1, d_1, in welchen dieselben von dem zweiten Kreise m_1 der genannten Reihe Kreise berührt werden; u. s. w."

E. Legt man in dem Puncte D die Tangente DF an den Kreis M_2, so ist leicht einzusehen, dass die Mittelpuncte M_2, μ der beiden Kreise M_2, μ, welche einander in den Puncten D, d schneiden, mit dem Punct F, in welchem die in den Puncten D, d an den Kreis M_2 gelegten Tangenten DF, dF einander schneiden, in einer geraden Linie $M_2\mu F$ liegen. Eben so liegen die drei Puncte M_2, μ_1, F_1, so wie auch M_2, μ_2, F_2, u. s. w., in geraden Linien $M_2\mu_1 F_1$, $M_2\mu_2 F_2$, ..., wenn nämlich der Kreis μ_1 den Kreis M_2 in demselben Puncte d_1 schneidet, in welchem derselbe von der Tangente $F_1 d_1$ berührt wird; u. s. w. Legt man ferner in den Puncten C und c, c_1, c_2, ..., in welchen der Kreis M_1 von den Kreisen μ, μ_1, μ_2, ... geschnitten wird, Tangenten CE, cE, c_1E_1, c_2E_2, ... an den Kreis M_1, so liegen aus gleichen Gründen sowohl die drei Puncte M_1, E, μ, als auch M_1, E_1, μ_1 u. s. w. in geraden Linien.

Nun sind die Abstände der Mittelpuncte μ, μ_1, μ_2, ..., wenn sie sich auf eine Reihe an einander sich anschliessender Kreise m, m_1, m_2, ... beziehen, einander gleich (D.), d. h., es ist

$$\mu\mu_1 = \mu_1\mu_2 = \cdots = R;$$

demnach ist auch, da die Linien $M\mu$, DF und CE parallel sind,

$$\text{(a)} \qquad EE_1 = E_1E_2 = E_2E_3 = \cdots$$

und

$$\text{(b)} \qquad FF_1 = F_1F_2 = F_2F_3 = \cdots.$$

Und ferner ist

$$M_2M : M_2D = \mu\mu_1 : FF_1,$$

oder wenn man die Radien der Kreise M_1, M_2 durch R_1, R_2 bezeichnet und bemerkt, dass

$$M_2D = R_2, \quad M_2M = R_1 \quad \text{und} \quad \mu\mu_1 = R = MD = R_2 - R_1,$$

so hat man

$$R_1 : R_2 = R_2 - R_1 : FF_1,$$

und folglich

$$\text{(c)} \qquad FF_1 = \frac{R_2}{R_1}(R_2 - R_1).$$

Aus ähnlichen Gründen ist

$$\text{(d)} \qquad EE_1 = \frac{R_1}{R_2}(R_2 - R_1).$$

Der Sinn der Sätze (a, b, c, d), in Worten ausgesprochen, ist folgender:

„Beschreibt man eine Reihe Kreise m, m_1, m_2, ..., von denen jeder zwei gegebene, einander in B berührende Kreise M_1, M_2 berührt, und welche einander der Ordnung nach berühren, und legt man in den Puncten d, d_1, d_2, ..., in welchen dieselben den Kreis M_2 berühren, Tangenten dF, d_1F_1, d_2F_2, ... an den letzteren, so schneiden diese Tangenten, die in dem Endpuncte D des Durchmessers BD an denselben Kreis M_2 gelegte Tangente DF so, dass die Abschnitte FF_1, F_1F_2, F_2F_3, ... alle einander gleich sind, und zwar ein jeder gleich der bestimmten Grösse $\frac{R_1}{R_2}(R_2-R_1)$. Und eben so theilen die in den Puncten c, c_1, c_2, ... an den Kreis M_1 gelegten Tangenten cE, c_1E_1, c_2E_2, ... die in dem Puncte C an denselben Kreis gelegte Tangente CE in Stücke EE_1, E_1E_2, E_2E_3, ..., von denen jedes der bestimmten Grösse $\frac{R_1}{R_2}(R_2-R_1)$ gleich ist, und wobei c, c_1, c_2, ... die Berührungspuncte der Kreise m, m_1, m_2, ... mit dem Kreise M_1 sind.“

Aus dem Vorliegenden ergiebt sich ferner ein Verfahren, die genannte Reihe an einander sich anschliessender Kreise m, m_1, m_2, ... zu construiren. Denn nimmt man in der Tangente DF die Puncte F, F_1, F_2, ... so an, dass

$$FF_1 = F_1F_2 = \cdots = \frac{R_2}{R_1}(R_2-R_1),$$

und zieht um dieselben respective mit den Radien FD, F_1D, F_2D, ... Kreise F, F_1, F_2, ..., welche den gegebenen Kreis M_2 zum zweiten Mal in den Puncten d, d_1, d_2, ... schneiden, so sind diese Puncte diejenigen, in welchen der Kreis M_2 von den gesuchten Kreisen m, m_1, m_2, ... berührt wird. U. s. w.

Da, wie oben gezeigt worden, $M_2\mu F$ und $M_2\mu_1F_1$ gerade Linien sind, so folgt ferner, dass

$$DF : DF_1 = M\mu : M\mu_1,$$

oder, da (D.) $M\mu$ gleich $\frac{1}{2}q.MD$ und $M\mu_1$ gleich $\frac{1}{2}q_1.MD$, so ist

$$\text{(e)} \qquad \frac{DF}{DF_1} = \frac{q}{q_1}.$$

F. Legt man in den Endpuncten des Durchmessers AB eines gegebenen Kreises M (Fig. 40) Tangenten AD, BC an den Kreis, und ferner aus einem beliebigen Puncte G der Tangente BC eine dritte Tangente GE_1, welche den Kreis in E_1 berührt, zieht aus demselben Puncte G eine beliebige Secante GE_2E, welche den Kreis in den Puncten E_2, E schneidet, und legt endlich in den letzteren Puncten E_2, E Tangenten E_2F_2, EF an den Kreis, so folgt, dass die letzteren beiden Tangenten einander in dem Puncte N auf der Linie BE_1 schneiden (No. 5). Geht ferner durch den Punct N die Linie ONP parallel mit AD und BC, so sind die Dreiecke BHE_2 und ONE_2 einander ähnlich, und da die Seiten HB und HE_2 als Tangenten des Kreises einander gleich sind, so ist auch

$$NE_2 = NO.$$

Eben so folgt aus der Aehnlichkeit der Dreiecke BCE und PNE und aus der Gleichheit der Seiten BC und CE, dass auch

$$NE = NP;$$

folglich, da NE und NE_2 als Tangenten des Kreises einander gleich sind, ist auch

$$NO = NP.$$

Wenn aber NO gleich NP ist, so folgt, da die Linien OP und AD parallel sind, wenn man die geraden Linien BED, BE_1D_1, BE_2D_2 zieht, welche die Tangente AD in den Puncten D, D_1, D_2 schneiden, dass auch

(a) $$DD_1 = D_1D_2.$$

Und da nach (C.)

$$AF = FD,\quad AF_1 = F_1D_1 \quad \text{und} \quad AF_2 = F_2D_2$$

ist, so folgt ferner, dass

(b) $$FF_1 = F_1F_2.$$

Aus diesen beiden Sätzen (a, b) ergeben sich unmittelbar folgende:

(c) $$2AD_1 = AD + AD_2,$$

(d) $$2AF_1 = AF + AF_2.$$

Diese vier Sätze (a, b, c, d) in Worten ausgesprochen, lauten wie folgt:

„Legt man zwei parallele Tangenten BC, AD an einen gegebenen Kreis M, nimmt in der ersten einen beliebigen Punct G an, legt aus demselben die Tangente GE_1F_1, welche den Kreis in E_1 berührt, und zieht aus dem nämlichen Puncte G eine willkürliche Secante GE_2E, welche den Kreis in den Puncten E_2, E schneidet; zieht ferner aus dem Berührungspuncte B die geraden Linien BED, BE_1D_1, BE_2D_2, welche die Tangente AD in den Puncten D, D_1, D_2 schneiden, so befindet sich immer der Punct D_1 in der Mitte zwischen den beiden Puncten D und D_2, wie auch immerhin die Secante GE_2E von dem Puncte G aus ihre Richtung ändern mag. Und legt man ferner in den Puncten E, E_2 die Tangenten EF, E_2F_2 an den Kreis, so liegt ebenfalls der Punct F_1 stets in der Mitte zwischen den Puncten F und F_2, welche Lage die durch den angenommenen Punct G gehende Secante GE_2E auch haben mag. Daraus folgt, dass sowohl die Summe der beiden Abschnitte AD und AD_2, als auch die Summe der beiden Abschnitte AF und AF_2 constant bleibt, so lange die Secante GE_2E durch denselben Punct G geht, sonst aber ihre Richtung beliebig ändert*)."

*) An einem anderen Orte werden wir nachweisen, dass alle diese Eigenschaften nicht nur dem Kreise allein, sondern auch den übrigen Kegelschnitten zukommen; dass nämlich folgende allgemeinere Sätze Statt finden: (Zur Erleichterung und um der Vor-

Es ist noch zu bemerken, dass die obigen beiden Sätze (c, d) immer Statt finden, selbst wenn der eine Durchschnittspunct E der Secante GE_2E in den anderen Halbkreis, unterhalb des Durchmessers AB fällt; nur sind in diesem Falle die betreffenden Abschnitte AD und AF negativ zu nehmen, so dass man hat

$$(\gamma) \qquad 2AD_1 = AD_2 - AD,$$
$$(\delta) \qquad 2AF_1 = AF_2 - AF.$$

G. Aus dem Vorhergehenden (E) und (F) kann unmittelbar noch Folgendes abgeleitet werden.

Angenommen, die beiden gegebenen, einander in B berührenden Kreise M_1, M_2 (Fig. 42) würden von irgend zwei beliebigen Kreisen m, m_2 be-

---

stellung zu Hülfe zu kommen, fasse man (Fig. 40) in's Auge, denke sich aber anstatt des Kreises M irgend eine Curve zweiten Grades, von welcher AB ein beliebiger Durchmesser ist.)

„Legt man in den Endpuncten eines beliebigen Durchmessers AB irgend einer Curve zweiten Grades zwei Tangenten BC und AD; ferner aus einem in der ersten Tangente (BC) willkürlich angenommenen Puncte G eine dritte Tangente GE_1F_1, welche die Curve in E_1 berührt, und die Tangente AD in F_1 schneidet, zieht aus dem nämlichen Puncte G eine willkürliche Secante GE_2E, welche die Curve in den Puncten E_2, E schneidet; zieht ferner aus dem Berührungspuncte B der ersten Tangente BC die geraden Linien BE, BE_1, BE_2, welche die zweite Tangente AD in den Puncten D, D_1, D_2 schneiden, so liegt immer der Punct D_1 in der Mitte zwischen den Puncten D und D_2, welche Lage auch die Secante GE_2E, von welcher die Puncte D_2 und D abhängig sind, haben mag. Und legt man ferner in den Puncten E, E_2 eine vierte und fünfte Tangente EF und E_2F_2 an die Curve, welche die zweite Tangente AD in den Puncten F, F_2 schneiden, so ist der Punct F_1 stets in der Mitte zwischen den beiden Puncten F und F_2, welche Lage die aus dem bestimmten Punct G gezogene Secante GE_2E auch haben mag. Daher folgt ferner: dass sowohl die Summe der beiden Abschnitte AD und AD_2, als auch die Summe der beiden Abschnitte AF und AF_2, constant bleibt, so lange dic Secante GE_2E durch den nämlichen Punct G geht."

Da nicht nur die Linie AD, sondern auch jede andere Linie (wie z. B. OP), welche mit der Tangente BG parallel ist, von den drei Linien BE, BE_1, BE_2 so geschnitten wird, dass, wenn d, d_1, d_2 die respectiven Durchschnittspuncte sind, dd_1 gleich d_1d_2 ist, so lassen sich mit Hülfe dieser Eigenschaft und mit Bezug auf einen Satz über die Projection einer ebenen Curve, die in einer Fläche zweiten Grades liegt, welchen wir in der ersten Abhandlung S. 9 und 10 (V) mitgetheilt haben, leicht folgende interessante allgemeine Sätze über die Flächen zweiten Grades ableiten:

Zum leichteren Verständniss denke man sich anstatt der Curve M (Fig. 40) irgend eine Fläche zweiten Grades; anstatt der Tangenten BG, AD, zwei Ebenen, welche die Fläche in den Endpuncten eines beliebigen Durchmessers AB berühren und demnach zu einander parallel sind; anstatt der willkürlichen dritten Tangenten GE_1 eine willkürliche Ebene, welche die Fläche in dem Puncte E_1 berührt, und die Ebene BG in einer bestimmten geraden Linie G schneidet; anstatt der Secante GE_2E eine Ebene, welche durch die Linie G geht und die Fläche in einer Curve EE_2 schneidet; anstatt der Tangenten NE, NE_2 alle möglichen Tangenten aus dem Puncte N an die Fläche

rührt, und die Linie BG berührte die gegebenen Kreise in B, d. h., sei ihre Linie der gleichen Potenzen, so liegt, wie oben schon öfter erwähnt, der äussere Aehnlichkeitspunct G der Kreise m, m_2 in der genannten Linie BG, und es liegen die Puncte E, E_2, in welchen der Kreis M_2 die Kreise m, m_2 berührt, mit dem Aehnlichkeitspuncte G in gerader Linie GE_2E. Nimmt man ferner an, der Kreis m_1 berühre die gegebenen Kreise so, dass z. B. die Tangente F_1E_1G, welche er im Berührungspunct E_1 mit dem Kreise M_2 gemein hat, ebenfalls durch den genannten Punct G geht; ferner berühre die gerade Linie AF den Kreis M_2 im Endpuncte A des Durchmessers BA, die geraden Linien EF, E_2F_2 berühren denselben in den genannten Puncten E, E_2; und endlich seien die Quotienten der Kreise m, m_1, m_2, in Bezug auf die Axe M_1M_2, d. h. die aus den Mittelpuncten m, m_1, m_2 auf die Axe M_1M_2 gefällten Lothe, dividirt durch die Radien

---

M, d. h. denjenigen Kegel N, welcher die Fläche in der Curve EE_2 berührt; und endlich anstatt der geraden Linien BE, BE_2 alle möglichen Linien aus B durch die Peripherie der Curve EE_2, d. h. einen Kegel, dessen Scheitel B ist, und welcher durch die Curve EE_2 geht und die Ebene AD in einer bestimmten Curve DD_2 schneidet, so lassen sich die gedachten Sätze, wie folgt, aussprechen:

„Legt man irgend zwei parallele Berührungsebenen BG, AD und eine dritte beliebige Berührungsebene GE_1 an irgend eine gegebene Fläche M zweiten Grades, welche die letztere respective in den Puncten B, A und E_1 berühren; ferner durch die Durchschnittslinie G der ersten (BG) und der dritten Berührungsebene (GE_1) eine willkürliche Ebene GE_2E, welche die Fläche in einer gewissen Curve EE_2 schneidet; lässt ferner aus dem Berührungspuncte B (als Scheitel) durch die Curve EE_2 einen Kegel gehen, welcher die Ebene AD in einer bestimmten Curve DD_2 schneidet; und lässt endlich durch die beiden Berührungspuncte B, E_1 die gerade Linie BE_1D_1 gehen, welche die Ebene AD in dem Puncte D_1 trifft, so ist immer der Punct D_1 der Mittelpunct der genannten Curve DD_2. Noch mehr: Lässt man in der Vorstellung die Ebene GE_2E ihre Lage so verändern, dass sie sich um die gerade Linie G bewegt, so sind die verschiedenen Curven DD_2, welche dadurch in der Ebene AD nach einander entstehen, alle einander ähnlich, ähnlichliegend und concentrisch, nämlich D_1 ist ihr gemeinschaftlicher Mittelpunct. Auch bewegt sich dabei, wie bekannt ist, der Scheitel N des Kegels N, welcher die Fläche M in der Curve EE_2 berührt, in der unveränderlichen geraden Linie BE_1N. Ferner folgt unmittelbar, dass also nicht allein die Ebene AD, sondern auch jede andere Ebene, welche mit der Ebene BG parallel ist, die genannten Kegel, aus dem Puncte B durch die nach einander entstehenden Curven EE_2, in ähnlichen und ähnlichliegenden concentrischen Curven schneidet, und dass immer die gerade Linie BE_1 durch den gemeinsamen Mittelpunct dieser Curven geht.“ Ferner kann man noch folgenden besonderen Satz herausheben:

„Projicirt man aus irgend einem Puncte B in irgend einer gegebenen Fläche M zweiten Grades eine beliebige ebene Curve EE_2, welche in derselben Fläche liegt, auf eine Ebene (z. B. DD_2), welche mit der in dem Puncte B an die Fläche gelegten Berührungsebene BG parallel ist, so geht immer diejenige Linie BN, welche den genannten Punct B mit dem Scheitel desjenigen Kegels N verbindet, welcher die Fläche in der genannten Curve EE_2 berührt, durch den Mittelpunct der Projection (d. h. durch den Mittelpunct der durch die Projection entstandenen Curve).“

der respectiven Kreise m, m_1, m_2, durch q, q_1, q_2 bezeichnet: so ist nach (E, e)

$$\frac{AF}{AF_1} = \frac{q}{q_1} \quad \text{und} \quad \frac{AF_2}{AF_1} = \frac{q_2}{q_1},$$

und folglich

$$\frac{AF + AF_2}{AF_1} = \frac{q+q_2}{q_1}.$$

Berücksichtigt man aber (F, d), wonach der erste Theil dieser Gleichung gleich 2 ist, so folgt dass

$$2 = \frac{q+q_2}{q_1},$$

oder

$$2q_1 = q + q_2.$$

Der Sinn dieser Gleichung oder dieses Satzes ist folgender:

„Nimmt man in der Linie der gleichen Potenzen BG zweier gegebenen Kreise M_1, M_2, welche einander in B berühren, einen beliebigen Punct G an, zieht aus diesem Puncte eine willkürliche Linie Gm_2m, und beschreibt diejenigen beiden Kreise m, m_2, deren Mittelpuncte in dieser Linie liegen, und von denen jeder die beiden gegebenen Kreise berührt, so ist die Summe der Quotienten (q, q_2) der beiden Kreise m, m_2 in Bezug auf die Axe M_1M_2 constant, so lange die Linie Gm_2m durch denselben Punct G geht, wie sie auch übrigens ihre Lage ändern mag. Und zwar ist die genannte Summe der Quotienten gleich dem doppelten Quotienten $2q_1$ desjenigen Kreises m_1, welcher z. B. den Kreis M_2 in demselben Puncte E_1 berührt, in welchem dieser nämliche Kreis von der aus dem angenommenen Puncte G an ihn gelegten Tangente GE_1 berührt wird."

Es ist noch zu erinnern, dass, wenn der Kreis m unterhalb der Axe BM_1M_2A fällt, alsdann sein Quotient als negativ anzusehen ist, so dass für diesen Fall

$$2q_1 = q_2 - q.$$

Endlich erwähnen wir noch des besonderen Falles, wenn die genannte Linie aus dem Puncte G durch die Mitte M der Linie CA geht. Nämlich in diesem Falle liegen in der Linie Gm_3M die Mittelpuncte M, m_3 zweier Kreise M, m_3, welche die gegebenen Kreise berühren, und deren Quotienten in Bezug auf die Axe M_1M_2 respective 0, $2q_1$ sind, so dass also der Quotient des Kreises m_3 gerade doppelt so gross ist als der des Kreises m_1.

31.

In dem Vorhergehenden sind unter anderen auch die Mittel zur leichten Lösung der folgenden Aufgabe enthalten.

Aufgabe.

„Wenn zwei beliebige Kreise M_1, M_2 (Fig. 43), die einander in B berühren, und irgend ein beliebiger Durchmesser eines dieser beiden Kreise, z. B. der Durchmesser DE des Kreises M_2 gegeben sind, so soll man einen Kreis m_1 beschreiben, welcher die beiden gegebenen Kreise M_1, M_2 berührt, und dessen Quotient in Bezug auf den gegebenen Durchmesser DE (d. h., das aus dem Mittelpuncte m_1 auf den Durchmesser DE gefällte Loth m_1P_1, dividirt durch den Radius des Kreises m_1) gegeben ist."

Auflösung.

Der Quotient des gegebenen Kreises M_1, in Bezug auf den gegebenen Durchmesser DE, ist als gegeben zu betrachten, er sei gleich Q; ferner sei der gegebene Quotient des gesuchten Kreises m_1 gleich q, so ist nach No. 27, Gl. (6)

$$q = Qx^2 + 2x, \,^*$$

wo nämlich x anzeigt, die wievielte Stelle der Kreis m_1 unter den Kreisen, welche die gegebenen Kreise berühren, nach demjenigen Kreise m, dessen Mittelpunct m in dem gegebenen Durchmesser DE liegt, einnimmt, d. h., wo der Quotient des Kreises m_1, in Bezug auf die Axe M_1M_2, um $2x$ grösser ist als der Quotient desjenigen Kreises m, welcher die beiden gegebenen Kreise M_1, M_2 berührt, und dessen Mittelpunct in dem gegebenen Durchmesser DE liegt, in Bezug auf die nämliche Axe M_1M_2. Man findet aus dieser Gleichung

$$x = -\frac{1}{Q} \pm \sqrt{\frac{q}{Q} + \frac{1}{Q^2}}.$$

Ist nun μ der Mittelpunct desjenigen Kreises μ, welcher durch die vier Puncte A, C, D, d geht, d. h., welcher durch die beiden Puncte A, C geht, in welchen die Axe M_1M_2 die Kreise M_2, M_1 schneidet, und durch die beiden Puncte D, d, in welchen der genannte Kreis m die gegebenen Kreise M_2, M_1 berührt; und ist ferner μ_1 der Mittelpunct desjenigen Kreises μ_1, welcher durch die nämlichen beiden Puncte A, C und durch diejenigen beiden Puncte D_1, d_1 geht, in welchen der gesuchte Kreis m_1 die beiden gegebenen Kreise M_2, M_1 berührt, so ist nach No. 30, D.

$$\mu\mu_1 = M\mu_1 - M\mu = x . MA = \left(-\frac{1}{Q} + \sqrt{\frac{q}{Q} + \frac{1}{Q^2}}\right) \times MA.$$

„Man beschreibe daher zuerst einen Kreis μ, welcher durch die drei gegebenen Puncte A, C und D geht, nehme hierauf in der zu der Axe M_1M_2 senkrechten Linie $M\mu\mu_1$ den Punct μ_1 so an, dass

$$\mu\mu_1 = \left(-\frac{1}{Q} + \sqrt{\frac{q}{Q} + \frac{1}{Q^2}}\right) \times MA,$$

*Sieh S. 524.

und ziehe um diesen Punct einen Kreis μ_1, welcher durch die Puncte A, C geht, so schneidet dieser Kreis μ_1 die beiden gegebenen Kreise M_1, M_2 ausserdem noch in den beiden Puncten d_1, D_1, in welchen dieselben von dem gesuchten Kreise m_1 berührt werden."

Zum Schlusse ist zu bemerken, dass alle die vorliegenden Betrachtungen und Sätze (No. 30, 31) auf gleiche Weise Statt finden, wenn man anstatt der denselben zu Grunde liegenden, einander innerlich berührenden Kreise M_1, M_2 zwei einander äusserlich berührende Kreise annimmt.

Berlin, im März 1826.

Crelle's Journal, Band I. S. 161—184 und S. 252—288.

3

Einige Gesetze über die Theilung der Ebene und des Raumes.

Durch die *Pestalozzi*sche Formenlehre angeregt haben zwar mehrere neuere geometrische Lehrbücher die Aufgabe gestellt: „zu bestimmen, wie viele Theile der Ebene, vermittelst einer gegebenen Anzahl gerader Linien und Kreise ganz begrenzt, zu Figuren abgeschlossen werden können.“ Sie haben dieselbe aber keineswegs so behandelt, dass durch ihre Lösung die ihrer Bestimmung zu Grunde liegenden allgemeinen Gesetze gehörig erörtert worden wären. Noch weniger ist es aber, soviel dem Verfasser dieser Abhandlung bekannt, bisher gelungen, nach Analogie jener Aufgabe, die Bildung der Körper mittelst beliebig gegebener Ebenen und Kugelflächen durch allgemein umfassende Gesetze zu bestimmen. Ohne diesem Gegenstande hier ein besonderes Interesse beilegen zu wollen, soll für jetzt nur darauf aufmerksam gemacht werden, dass die von jedem Geometer gestellte Frage: „wie viele ebene Flächen zur Bildung dieses oder jenes Körpers nöthig seien“: sich auch umkehren lasse, wonach die Frage so zu stellen ist: „wie viele Körper lassen sich durch eine bestimmte Anzahl von Ebenen auf einmal bilden.“ Nun drängt sich, z. B. bei der nicht zu vermeidenden Erklärung: „dass zur Bildung eines Körpers mindestens vier Ebenen nöthig sind“, die Betrachtung auf: „dass vier Ebenen in jeder beliebigen Zusammenstellung niemals mehr als einen Körper bilden können“, und es ist daher auffallend, dass man, von dieser Nothwendigkeit geleitet, nicht auf die Frage gekommen ist: „wie viele Körper können durch 4, 5, 6, 7, ... u. s. w. Ebenen auf einmal begrenzt werden?“

In dieser Abhandlung sollen daher, — nachdem zuvor die allgemeinen Gesetze über die Theilung der Ebene mittelst jeder beliebten Anzahl gerader Linien und Kreise ihrem Entstehen und Zusammenhange nach entwickelt worden — „die allgemeinen Gesetze zur Bestimmung der durch jede beliebte Zusammenstellung von Ebenen und Kugelflächen entstandenen Anzahl von Theilen des Raumes entwickelt werden“, wobei sich dann zunächst die Bestimmung für die Anzahl der ebenen, und im Nachfolgenden für die Anzahl der körperlichen, ganz begrenzten Theile von selbst ergeben wird.

Diese für sich verständlichen Sätze sind aus einem, vom Verfasser bereits entworfenen Lehrgebäude der Geometrie, in welchem die Stereometrie um ein Grosses erweitert, und nach einer von der bisherigen ganz abweichenden Methode abgehandelt wird, entnommen. Es versteht sich also von selbst, dass sie im Lehrgebäude durch die Menge ihrer Beziehungen in ihrem nothwendigen Zusammenhange erscheinen.

§ I.

Einige Gesetze über die Theilung der Ebene mittelst gerader Linien und Kreise.

1.

Es ist klar, dass eine gerade Linie*) durch n beliebige in ihr liegende Puncte in $n+1$ Theile**) getheilt wird, von denen $n-1$ Theile endlich oder begrenzt, die beiden übrigen aber unendlich oder unbegrenzt sind; und dass ferner die Kreislinie durch n beliebige in ihr liegende Puncte in n Theile getheilt wird.

2.

Die Ebene wird durch eine in ihr liegende gerade Linie in zwei Theile getheilt; durch eine zweite Gerade, welche die erste schneidet, wird die Zahl der Theile der Ebene um 2 vermehrt; durch eine dritte Gerade, welche die beiden ersten in zwei Puncten schneidet, um 3; durch eine vierte Gerade, welche die drei ersten in drei Puncten schneidet, um 4 u. s. w.: nämlich jede folgende Gerade vermehrt die Zahl der Theile der Ebene um eben so viel, als die Zahl der Theile beträgt, in welche sie durch die vorhandenen Geraden getheilt wird; daher wird die Ebene durch n beliebige, in ihr liegende Geraden, höchstens in:

$$(1)\quad 2+2+3+4+5+\cdots+(n-1)+n=1+\frac{n(n+1)}{2}=1+n+\frac{n(n-1)}{1.2}$$

Theile getheilt.

Will man nur die Zahl der ganz begrenzten Theile der Ebene wissen, so ist zu bemerken, dass erst durch die dritte Gerade ein solcher Theil entsteht, dass hierauf die vierte Gerade die Zahl solcher Theile um 2, die fünfte Gerade um 3, u. s. w. vermehrt: nämlich, dass jede folgende Gerade die Zahl der ganz begrenzten Theile der Ebene um eben so viel

*) Unter einer geraden Linie oder Ebene wird hier immer eine unendliche gerade Linie oder Ebene verstanden.

**) So wie hier werden auch in der Folge, wenn von Theilen der Ebene oder des Raumes die Rede ist, nur die einzelnen einfachen, nicht aber die zusammengesetzten Theile, welche aus zwei oder mehreren einzelnen Theilen bestehen, verstanden.

vermehrt, als durch die vorhergehenden Geraden in ihr begrenzte Theile (No. 1) gebildet werden, und dass demnach durch n beliebige Geraden höchstens

$$(2)\quad \begin{cases} 0+0+1+2+3+4+\cdots+(n-3)+(n-2) \\ =\dfrac{(n-1)(n-2)}{2}=1-n+\dfrac{n(n-1)}{1.2} \end{cases}$$

Theile der Ebene ganz begrenzt werden können.

Zieht man den Ausdruck (2) von (1) ab, so bleibt die Zahl der unbegrenzten Theile der Ebene, nämlich

$$(3)\qquad 2n$$

übrig. Oder sucht man umgekehrt zuerst die Zahl der unbegrenzten Theile, welche man dadurch findet, dass man bemerkt, dass jede Linie dieselbe um 2 vermehrt, mithin ihre Zahl nothwendig $2n$ ist, so findet man nachher die Zahl der ganz begrenzten Theile (2), wenn man $2n$ von (1) abzieht.

3.

Durch a gerade Parallelen wird die Ebene in $1+a$ Theile getheilt; durch eine zweite Abtheilung von b geraden Parallelen, welche jene schneiden, wird die Zahl der Theile der Ebene um $b(1+a)$ vermehrt; durch eine dritte Abtheilung von c geraden Parallelen, welche die beiden ersten Abtheilungen so schneiden, dass nirgend drei Linien in einem und demselben Puncte zusammentreffen, wird die Zahl der Theile der Ebene um $c(1+a+b)$ vergrössert. Verbindet man ferner mit den vorhandenen Linien unter ähnlichen Bedingungen eine vierte Abtheilung von d geraden Parallelen, so nimmt die Zahl der Theile um $d(1+a+b+c)$ zu, indem nämlich jede der d Linien von den vorhandenen a, b, c Linien in $1+a+b+c$ Theile getheilt wird (No. 1), und daher eben so viele Theile der Ebene theilt, mithin die Zahl derselben ebenfalls um $1+a+b+c$ vermehrt, u. s. w. Es folgt hieraus:

„Dass durch $a, b, c, d, \ldots y, z$ gerade Parallelen, von denen jede Abtheilung eine besondere Richtung hat, die Ebene höchstens in

$$(4)\quad \begin{cases} 1+a \\ \quad +b(1+a) \\ \quad +c(1+a+b) \\ \quad +d(1+a+b+c) \\ \quad \cdot\;\cdot\;\cdot\;\cdot\;\cdot\;\cdot\;\cdot\;\cdot \\ \quad +z(1+a+b+c+d+\cdots+y) \\ =1 \\ \quad +a+b+c+d+\cdots+y+z \\ \quad +ab+ac+\cdots+bc+bd+\cdots+yz \end{cases}$$

Theile getheilt werden könne.“ Bezeichnet man die Summe (Unionen) der Grössen $a, b, c, d, \ldots y, z$ durch U, und die Summe ihrer Producte zu zweien (Amben) durch A, so lässt sich die Formel (4) einfacher durch

$$(5) \qquad 1+U+A$$

darstellen.

Dass die Zahl der unbegrenzten Theile der Ebene im gegenwärtigen Falle ebenfalls doppelt so gross als die Anzahl aller vorhandenen Linien ist, ergiebt sich aus derselben Bemerkung wie vorhin (No. 2), wonach nämlich die Zahl solcher Theile durch jede Linie um 2 vermehrt wird. Oder denkt man sich einen Kreis, welcher alle vorhandenen Linien schneidet, und zwar dergestalt, dass die Durchschnittspuncte, welche die Linien unter einander bilden, alle innerhalb des Kreises fallen, so wird die Peripherie dieses Kreises in eben so viele Theile getheilt als die Ebene unbegrenzte Theile hat. Da nun der Kreis von jeder Linie in 2 Puncten geschnitten wird, so wird er in zweimal so viele Theile getheilt als Linien vorhanden sind (No. 1), also in $2U$ Theile, und folglich ist die Zahl der unbegrenzten Theile der Ebene gleich *

$$(6) \qquad 2U.$$

Nun erhält man die Zahl der. ganz begrenzten Theile der Ebene, indem man die Zahl der unbegrenzten (6) von der Zahl aller Theile (5) abzieht. Also werden durch die genannte Linien-Verbindung höchstens

$$(7) \qquad 1-U+A$$

Theile der Ebene ganz begrenzt. Dieser Ausdruck (7) kann auch auf gleiche Weise direct gefunden werden wie (5), oder wie (2) in No. 2.

4.

Nimmt man an, dass bei der Linien-Verbindung (No. 3) die a Linien der ersten Abtheilung anstatt parallel ungleichlaufend seien, so theilen sie die Ebene in

$$1+\frac{a(a+1)}{1.2} \qquad \text{(Gl. 1)},$$

statt in $1+a$ Theile, mithin in

$$\frac{a(a-1)}{1.2}$$

Theile mehr als wenn sie parallel sind; auf die übrigen Abtheilungen aber hat diese Veränderung keinen Einfluss. Also folgt:

„Dass die Ebene durch $b, c, d, \ldots y, z$ gerade Parallelen nach verschiedenen Richtungen und durch a ungleichlaufende Geraden höchstens in

$$(8) \qquad 1+U+A+\frac{a(a-1)}{1.2}$$

Theile getheilt wird, unter welchen sich

$$(9) \qquad 2U$$

* Sieh S. 525.

unbegrenzte, und mithin

$$(10) \qquad 1 - U + A + \frac{a(a-1)}{1.2}$$

ganz begrenzte Theile befinden, wo U und A, eben so wie in (No. 3), die Unionen und Amben der Grössen $a, b, c, d, \ldots y, z$ bedeuten."

5.

Ein Kreis theilt die Ebene in 2 Theile; ein zweiter Kreis, welcher den ersten schneidet, vermehrt die Zahl der Theile der Ebene um 2; ein dritter Kreis, welcher die beiden ersten in 4 Puncten schneidet, vermehrt diese Zahl um 4, u. s. w.; nämlich jeder folgende Kreis vermehrt die Zahl der Theile der Ebene um eben so viel, als er die vorhandenen Kreise in Puncten schneiden kann, also um zweimal die Zahl der vorhergehenden Kreise. Es folgt also:

„Dass $\mathfrak{n}$ beliebige Kreise die Ebene höchstens in

$$(11) \qquad 2+2+4+6+8+\cdots+2(\mathfrak{n}-1) = 2+\mathfrak{n}(\mathfrak{n}-1)$$

Theile theilen können, von welchen

$$(12) \qquad 1+\mathfrak{n}(\mathfrak{n}-1)$$

ganz begrenzt sind, und nur *ein* Theil unbegrenzt ist."

6.

Die Ebene wird durch irgend eine Zahl $\mathfrak{a}$ von Parallelkreisen in $1+\mathfrak{a}$ Theile getheilt; durch eine zweite Abtheilung von $\mathfrak{b}$ Parallelkreisen, welche jene schneiden, wird die Zahl der Theile der Ebene um $1-\mathfrak{a}+2\mathfrak{a}\mathfrak{b}$ (nämlich durch den ersten derselben um $1+\mathfrak{a}$ und durch jeden folgenden um $2\mathfrak{a}$) vermehrt; durch eine dritte Abtheilung von $\mathfrak{c}$ Parallelkreisen, welche die ersten schneiden, wird die genannte Zahl um $2\mathfrak{c}(\mathfrak{a}+\mathfrak{b})$, durch eine vierte Abtheilung von $\mathfrak{d}$ Parallelkreisen um $2\mathfrak{d}(\mathfrak{a}+\mathfrak{b}+\mathfrak{c})$ u. s. w. vermehrt; nämlich jeder Kreis einer neuen Abtheilung vermehrt die Zahl der Theile der Ebene gerade um eben so viel als die Anzahl der Theile angiebt, in welche er von den schon vorhandenen Kreisen getheilt wird. (Hiervon ist nur der erste Kreis der zweiten Abtheilung ausgenommen.)

„Demzufolge wird die Ebene durch $\mathfrak{a}, \mathfrak{b}, \mathfrak{c}, \mathfrak{d}, \ldots \mathfrak{y}, \mathfrak{z}$ Parallelkreise, von denen jede Abtheilung ihren besonderen Mittelpunct hat, höchstens in

$$(13) \qquad \left\{ \begin{aligned} & 1+\mathfrak{a} \\ & +1-\mathfrak{a}+2\mathfrak{a}\mathfrak{b} \\ & \qquad +2\mathfrak{c}(\mathfrak{a}+\mathfrak{b}) \\ & \qquad +2\mathfrak{d}(\mathfrak{a}+\mathfrak{b}+\mathfrak{c}) \\ & \qquad + \cdots\cdots\cdots \\ & \qquad +2\mathfrak{z}(\mathfrak{a}+\mathfrak{b}+\mathfrak{c}+\mathfrak{d}+\cdots+\mathfrak{y}) \\ & = 2+2\mathfrak{A} \end{aligned} \right.$$

Theile getheilt, von welchen

$$1+2\mathfrak{A} \tag{14}$$

ganz begrenzt sind, und nur einer unbegrenzt ist, und wo durch $\mathfrak{A}$ die Summe der Amben, d. h. die Summe aller Producte bezeichnet ist, die entstehen, wenn man je zwei von den Zahlen $\mathfrak{a}, \mathfrak{b}, \mathfrak{c}, \mathfrak{d}, \ldots \mathfrak{y}, \mathfrak{z}$ mit einander multiplicirt.

7.

Sind die $\mathfrak{a}$ Kreise der ersten Abtheilung nicht parallel, so wird die Zahl der Theile der Ebene dadurch höchstens um eben so viel vermehrt, als die Zahl der Durchschnitte dieser $\mathfrak{a}$ Kreise beträgt, also um $\mathfrak{a}(\mathfrak{a}-1)$, und folglich wird die Ebene durch $\mathfrak{b}, \mathfrak{c}, \mathfrak{d}, \ldots \mathfrak{y}, \mathfrak{z}$ Parallelkreise und durch $\mathfrak{a}$ beliebige Kreise höchstens in

$$2+2\mathfrak{A}+\mathfrak{a}(\mathfrak{a}-1) \tag{15}$$

Theile getheilt, wovon

$$1+2\mathfrak{A}+\mathfrak{a}(\mathfrak{a}-1) \tag{16}$$

Theile ganz begrenzt sind.

8.

Nach No. 3, (5) wird die Ebene durch $a, b, c, \ldots y, z$ gerade Parallelen in $1+U+A$ Theile getheilt. Werden nun alle diese Geraden von $\mathfrak{a}$ Parallelkreisen geschnitten, so nimmt die Zahl der Theile der Ebene um

$$2\mathfrak{a}(a+b+c+\cdots+z) = 2\mathfrak{a}U$$

zu, durch eine zweite Abtheilung von $\mathfrak{b}$ Parallelkreisen wächst diese Zahl um $2\mathfrak{b}(U+\mathfrak{a})$, durch eine dritte Abtheilung von $\mathfrak{c}$ Parallelkreisen um $2\mathfrak{c}(U+\mathfrak{a}+\mathfrak{b})$, u. s. w., nämlich jeder Kreis einer neuen Abtheilung vermehrt die Zahl der Theile der Ebene um eben so viel als die Zahl der Puncte beträgt, in welchen er alle vorhandenen Kreise und Geraden schneidet. Es folgt hieraus:

„Dass die Ebene durch $a, b, c, d, \ldots y, z$ gerade Parallelen und durch $\mathfrak{a}, \mathfrak{b}, \mathfrak{c}, \mathfrak{d}, \ldots \mathfrak{y}, \mathfrak{z}$ Parallelkreise höchstens in

$$\left\{\begin{aligned} & 1+U+A+2\mathfrak{a}U \\ & \qquad +2\mathfrak{b}(U+\mathfrak{a}) \\ & \qquad +2\mathfrak{c}(U+\mathfrak{a}+\mathfrak{b}) \\ & \qquad +2\mathfrak{d}(U+\mathfrak{a}+\mathfrak{b}+\mathfrak{c}) \\ & \qquad +\cdots\cdots\cdots \\ & \qquad +2\mathfrak{z}(U+\mathfrak{a}+\mathfrak{b}+\mathfrak{c}+\cdots+\mathfrak{y}) \\ & = 1+U+A+2U\mathfrak{U}+2\mathfrak{A} \end{aligned}\right. \tag{17}$$

Theile getheilt wird, wovon nach No. 3, (6)

$$2U \tag{18}$$

unbegrenzt, und folglich

$$(19) \qquad 1 - U + A + 2U\mathfrak{U} + 2\mathfrak{A}$$

ganz begrenzt sind, und wobei U und A die Unionen und Amben der Zahlen $a, b, c, \ldots z$, und $\mathfrak{U}$ und $\mathfrak{A}$ die Unionen und Amben der Zahlen $\mathfrak{a}, \mathfrak{b}, \mathfrak{c}, \ldots \mathfrak{y}, \mathfrak{z}$ bedeuten."

9.

Sind in der oben beschriebenen Verbindung von Geraden und Kreisen (No. 8) sowohl die a Geraden als die $\mathfrak{a}$ Kreise, jede unter sich, nicht parallel, so wird die Zahl der Theile der Ebene dadurch um eben so viel vergrössert als die Zahl der Durchschnittspuncte beträgt, in welchen sowohl die Linien a als die Kreise $\mathfrak{a}$ einander schneiden, also wird jene Zahl höchstens um $\frac{a(a-1)}{1.2} + \mathfrak{a}(\mathfrak{a}-1)$ vermehrt, und daher folgt:

„Dass $b, c, d, \ldots z$ gerade Parallelen und a beliebige Geraden, ferner $\mathfrak{b}, \mathfrak{c}, \mathfrak{d}, \ldots \mathfrak{y}, \mathfrak{z}$ Parallelkreise und $\mathfrak{a}$ beliebige Kreise zusammen die Ebene höchstens in

$$(20) \qquad 1 + U + A + 2U\mathfrak{U} + 2\mathfrak{A} + \frac{a(a-1)}{1.2} + \mathfrak{a}(\mathfrak{a}-1)$$

Theile theilen können, von welchen

$$(21) \qquad 2U$$

unvollkommen, und dagegen

$$(22) \qquad 1 - U + A + 2U\mathfrak{U} + 2\mathfrak{A} + \frac{a(a-1)}{1.2} + \mathfrak{a}(\mathfrak{a}-1)$$

ganz begrenzt sind."

10.

Setzt man in der vorliegenden Verbindung von Geraden und Kreisen, sowohl

$$b = c = d = \cdots = z = 0,$$

als auch

$$\mathfrak{b} = \mathfrak{c} = \mathfrak{d} = \cdots = \mathfrak{z} = 0,$$

so findet man:

„Dass durch a beliebige Geraden und $\mathfrak{a}$ beliebige Kreise die Ebene höchstens in

$$(23) \qquad 1 + a + 2a\mathfrak{a} + \frac{a(a-1)}{1.2} + \mathfrak{a}(\mathfrak{a}-1)$$

Theile getheilt wird, von welchen

$$(24) \qquad 2a$$

nur unvollkommen, dagegen

$$(25)\qquad 1-a+2a\mathfrak{a}+\frac{a(a-1)}{1.2}+\mathfrak{a}(\mathfrak{a}-1)$$

ganz begrenzt sind."

11.

Es ist leicht einzusehen, dass die Ausdrücke (11), (13) und (15) eben sowohl für die Kugelfläche, als für die Ebene gelten, nämlich:

„Dass die Kugelfläche durch $\mathfrak{n}$ beliebige in ihr liegende Kreise höchstens in

$$(26)\qquad 2+\mathfrak{n}(\mathfrak{n}-1)$$

Theile getheilt werden kann;" und ferner:

„Dass die Kugelfläche durch $\mathfrak{a}, \mathfrak{b}, \mathfrak{c}, \mathfrak{d}, \ldots \mathfrak{z}$ Parallelkreise höchstens in

$$(27)\qquad 2+2\mathfrak{A}$$

und durch $\mathfrak{b}, \mathfrak{c}, \mathfrak{d}, \ldots \mathfrak{z}$ Parallelkreise und $\mathfrak{a}$ beliebige Kreise höchstens in

$$(28)\qquad 2+2\mathfrak{A}+\mathfrak{a}(\mathfrak{a}-1)$$

Theile getheilt werden kann."

§ II.

Einige Gesetze über die Theilung des Raumes mittelst Ebenen und Kugelflächen.

12.

Der Raum wird durch a Parallelebenen in $1+a$ Theile getheilt; durch eine zweite Abtheilung von b Parallelebenen, welche die ersteren durchschneiden, nimmt die Zahl der Raumtheile um $b(1+a)$ zu, durch eine dritte Abtheilung von c Parallelebenen, welche die beiden ersten Abtheilungen schneiden, nimmt jene Zahl höchstens um $c(1+a+b+ab)$ zu, nämlich durch jede der c Ebenen wird die Zahl der Raumtheile gerade um eben so viel vergrössert als die Zahl der Theile beträgt, in welche diese Ebene durch die vorhandenen Ebenen getheilt wird. Nun wird jede der c Ebenen durch die a und b Ebenen nach No. 3, (5) in $1+a+b+ab$ Theile getheilt, und mithin wird durch sie die Zahl der Raumtheile um eben so viel vergrössert. Aus gleichen Gründen steigt die Zahl der Raumtheile durch eine vierte Abtheilung von d Parallelebenen, welche die vorhandenen Ebenen auf gehörige Weise schneiden, um $d(1+a+b+c+ab+ac+bc)$, u. s. w. Daraus folgt:

„Dass der Raum durch $a, b, c, d, \ldots y, z$ Parallelebenen, von denen jede Abtheilung eine eigenthümliche Richtung hat, höchstens in

$$(29)\quad \left\{\begin{array}{l} 1+a \\ \quad +b(1+a) \\ \quad +c(1+a+b+ab) \\ \quad +d(1+a+b+c+ab+ac+bc) \\ \quad +\cdot\cdot\cdot\cdot\cdot\cdot\cdot\cdot\cdot\cdot\cdot\cdot\cdot\cdot\cdot\cdot\cdot\cdot \\ \quad +z(1+a+b+\cdots+y+ab+ac+\cdots+ay+bc+\cdots+xy) \\ =1+U+A+T \end{array}\right.$$

Theile getheilt werden kann," wo durch U, A und T die Unionen, Amben und Ternen der Zahlen a, b, c, d, ... y, z, d. h. die Summe der Zahlen, die Summe aller Producte zu zweien, und die Summe aller Producte zu dreien, ohne Wiederholung, bedeuten.

Um nun zu finden, wie viele von diesen Theilen nur unvollkommen, und wie viele ganz begrenzt sind, stelle man sich eine Kugelfläche vor, welche alle ganz begrenzten Raumtheile einschliesst. Diese Kugelfläche wird durch die vorhandenen Ebenen gerade in eben so viele Theile getheilt als es unbegrenzte Raumtheile giebt; es theilen aber die Ebenen die Kugelfläche nach (27) in $2+2A$ Theile (wo A die Amben der Zahlen $a, b, c, d, \dots z$ vorstellt), also ist auch die Zahl der unvollkommen begrenzten Raumtheile gleich

$$(30)\qquad 2+2A,$$

und folglich die Zahl der ganz begrenzten, oder der Körper (indem man (30) von (29) abzieht) gleich

$$(31)\qquad -1+U-A+T.$$

Die beiden Ausdrücke (30) und (31) können übrigens auch auf ähnliche Weise gefunden werden wie die Formel (29).

13.

Nimmt man an, jede der genannten Abtheilungen (No. 12) bestehe nur aus einer Ebene, und die Anzahl der Abtheilungen sei gleich n, d. h., nimmt man an, es sei

$$a=b=c=\cdots=z=1,$$

und zugleich

$$a+b+c+\cdots+z=n,$$

so ist offenbar

$$U=n,\quad A=\frac{n(n-1)}{1.2}\quad \text{und}\quad T=\frac{n(n-1)(n-2)}{1.2.3}.$$

Also folgt (29):

„Dass n beliebige Ebenen den Raum höchstens in

$$(32)\qquad 1+n+\frac{n(n-1)}{1.2}+\frac{n(n-1)(n-2)}{1.2.3}$$

Theile theilen können, von welchen (30)

$$2+n(n-1) \tag{33}$$

unvollkommen und (31)

$$-1+n-\frac{n(n-1)}{1.2}+\frac{n(n-1)(n-2)}{1.2.3}=\frac{(n-1)(n-2)(n-3)}{1.2.3} \tag{34}$$

ganz begrenzt sind."

Wie man sieht, zeigt die letzte Formel (34) ganz richtig an, dass nicht weniger als 4 Ebenen einen Körper begrenzen, und dass dieselben nur einen Körper begrenzen können. Ferner lehrt sie uns, dass 5 Ebenen auf einmal 4, 6 Ebenen auf einmal 10, 7 Ebenen 20, und z. B. 100 Ebenen auf einmal 156849 Körper begrenzen können, und zwar findet solches allemal Statt, wenn von den Ebenen nicht drei mit einer und derselben Linie parallel sind, und auch nicht vier Ebenen durch einen und denselben Punct gehen.

14.

Nimmt man an, dass nur einige Abtheilungen eine einzige Ebene enthalten, z. B. dass

$$q=r=s=\cdots=z=1 \quad \text{und} \quad q+r+s+\cdots+z=m$$

sei, und bezeichnet die Unionen, Amben und Ternen der Zahlen $a, b, c, d, \ldots p$, welche die Anzahl Ebenen der übrigen Abtheilungen bezeichnen, durch U_1, A_1 und T_1, so ist

$$U=U_1+m; \quad A=A_1+mU_1+\frac{m(m-1)}{1.2};$$

$$T=T_1+mA_1+\frac{m(m-1)}{1.2}U_1+\frac{m(m-1)(m-2)}{1.2.3},$$

woraus folgt:

„Dass durch $a, b, c, \ldots$ Parallelebenen, von denen jede Abtheilung eine besondere Richtung hat, und durch m beliebige Ebenen der Raum höchstens in

$$\left\{\begin{aligned}&1+U_1+A_1+T_1+\frac{m(m+1)}{1.2}U_1+mA_1\\&+m+\frac{m(m-1)}{1.2}+\frac{m(m-1)(m-2)}{1.2.3}\end{aligned}\right. \tag{35}$$

Theile getheilt wird, von denen

$$2+2A_1+2mU_1+m(m-1) \tag{36}$$

nur zum Theil, dagegen aber

$$(37)\quad \begin{cases} -1+U_1-A_1+T_1+\dfrac{m(m-3)}{1.2}U_1+mA_1 \\ +m-\dfrac{m(m-1)}{1.2}+\dfrac{m(m-1)(m-2)}{1.2.3} \end{cases}$$

ganz begrenzt sind.“

15.

Werden die verschiedenen Abtheilungen von $a, b, c, \ldots z$ Parallelebenen (No. 12) von $\mathfrak{a}$ Parallelkugelflächen (concentrischen Kugelflächen) durchschnitten, so steigt dadurch die Anzahl der Raumtheile um $\mathfrak{a}(2+2A)$, nämlich durch jede Kugelfläche gerade um eben so viel als die Anzahl der Theile beträgt, in welche sie von den vorhandenen Ebenen getheilt wird, also durch jede um $2+2A$ (No. 12); durch eine zweite Abtheilung von $\mathfrak{b}$ Parallelkugelflächen, welche sowohl die vorhandenen Ebenen als auch die $\mathfrak{a}$ Kugelflächen durchschneiden, nimmt die Zahl der Raumtheile um $\mathfrak{b}(2+2A+2\mathfrak{a}U)$ zu, weil nämlich jede der $\mathfrak{b}$ Kugelflächen durch die vorhandenen Ebenen und Kugelflächen nach (27) in $2+2A+2\mathfrak{a}U$ Theile getheilt wird, und sie mithin die Zahl der Raumtheile um eben so viel vermehrt. Aus gleichen Gründen folgt, dass durch eine dritte Abtheilung von $\mathfrak{c}$ Parallelkugelflächen, welche alle vorhandenen Ebenen und Kugelflächen schneiden, die Zahl der Raumtheile höchstens um $\mathfrak{c}[2+2A+2(\mathfrak{a}+\mathfrak{b})U+2\mathfrak{a}\mathfrak{b}]$, desgleichen durch eine vierte Abtheilung von $\mathfrak{d}$ Parallelkugelflächen, um

$$\mathfrak{d}[2+2A+2(\mathfrak{a}+\mathfrak{b}+\mathfrak{c})U+2\mathfrak{a}\mathfrak{b}+2\mathfrak{a}\mathfrak{c}+2\mathfrak{b}\mathfrak{c}], \text{ u. s. w.}$$

vermehrt wird. Daraus folgt (No. 12):

„Dass der Raum durch $a, b, c, \ldots z$ Parallelebenen, verbunden mit $\mathfrak{a}, \mathfrak{b}, \mathfrak{c}, \ldots \mathfrak{z}$ Parallelkugelflächen, höchstens in

$$(38)\quad \begin{cases} 1+U+A+T \\ \quad +\mathfrak{a}(2+2A) \\ \quad +\mathfrak{b}(2+2A+2\mathfrak{a}U) \\ \quad +\mathfrak{c}[2+2A+2(\mathfrak{a}+\mathfrak{b})U+2\mathfrak{a}\mathfrak{b}] \\ \quad +\mathfrak{d}[2+2A+2(\mathfrak{a}+\mathfrak{b}+\mathfrak{c})U+2\mathfrak{a}\mathfrak{b}+2\mathfrak{a}\mathfrak{c}+2\mathfrak{b}\mathfrak{c}] \\ \quad +\ldots\ldots\ldots\ldots\ldots\ldots \\ \quad +\mathfrak{z}[2+2A+2(\mathfrak{a}+\mathfrak{b}+\cdots+\mathfrak{y})U+2\mathfrak{a}\mathfrak{b}+2\mathfrak{a}\mathfrak{c}+\cdots+2\mathfrak{x}\mathfrak{y}] \\ =1+U+A+T+2\mathfrak{U}A+2\mathfrak{A}U+2\mathfrak{U}+2\mathfrak{T} \end{cases}$$

Theile getheilt wird, von welchen (No. 12)

$$(39)\qquad 2+2A$$

nur zum Theil, dagegen die übrigen

$$(40)\qquad -1+U-A+T+2\mathfrak{U}A+2\mathfrak{A}U+2\mathfrak{U}+2\mathfrak{T}$$

ganz begrenzt sind.“ U, A, T bedeuten dabei die Unionen, Amben und Ternen der Zahlen $a, b, c, \ldots z$ und $\mathfrak{U}$, $\mathfrak{A}$, $\mathfrak{T}$ die Unionen, Amben und Ternen der Zahlen $\mathfrak{a}, \mathfrak{b}, \mathfrak{c}, \ldots \mathfrak{z}$.

16.

Aus den allgemeinen Ausdrücken (No. 15) lassen sich folgende specielle ableiten:

Setzt man

$$a=b=c=\cdots=z=1 \quad \text{und} \quad a+b+c+\cdots+z=n,$$

desgleichen

$$\mathfrak{a}=\mathfrak{b}=\mathfrak{c}=\cdots=\mathfrak{z}=1 \quad \text{und} \quad \mathfrak{a}+\mathfrak{b}+\mathfrak{c}+\cdots+\mathfrak{z}=\mathfrak{n},$$

so ist

$$U=n;\quad A=\frac{n(n-1)}{1.2};\quad T=\frac{n(n-1)(n-2)}{1.2.3},$$

$$\mathfrak{U}=\mathfrak{n};\quad \mathfrak{A}=\frac{\mathfrak{n}(\mathfrak{n}-1)}{1.2};\quad \mathfrak{T}=\frac{\mathfrak{n}(\mathfrak{n}-1)(\mathfrak{n}-2)}{1.2.3},$$

und es folgt (38):

„Dass n beliebige Ebenen, verbunden mit $\mathfrak{n}$ beliebigen Kugelflächen, den Raum höchstens in

$$(41)\qquad \begin{cases} 1+n+\dfrac{n(n-1)}{1.2}+\dfrac{n(n-1)(n-2)}{1.2.3} \\ \qquad +\mathfrak{n}n(n-1)+n\mathfrak{n}(\mathfrak{n}-1)+2\mathfrak{n}+2\dfrac{\mathfrak{n}(\mathfrak{n}-1)(\mathfrak{n}-2)}{1.2.3} \end{cases}$$

Theile theilen, von welchen

$$(42)\qquad 2+n(n-1)$$

nur zum Theil, und

$$(43)\qquad \begin{cases} -1+n-\dfrac{n(n-1)}{1.2}+\dfrac{n(n-1)(n-2)}{1.2.3} \\ \qquad +\mathfrak{n}n(n-1)+n\mathfrak{n}(\mathfrak{n}-1)+2\mathfrak{n}+2\dfrac{\mathfrak{n}(\mathfrak{n}-1)(\mathfrak{n}-2)}{1.2.3} \end{cases}$$

ganz begrenzt sind.“

17.

Reduciren sich die Ebenen und Kugelflächen nur von einigen Abtheilungen auf eine einzige Ebene oder Kugelfläche, z. B. so, dass

$$q=r=s=\cdots=z=1 \quad \text{und} \quad q+r+s+\cdots+z=m,$$

desgleichen

$$\mathfrak{q}=\mathfrak{r}=\mathfrak{s}=\cdots=\mathfrak{z}=1 \quad \text{und} \quad \mathfrak{q}+\mathfrak{r}+\mathfrak{s}+\cdots+\mathfrak{z}=\mathfrak{m},$$

so ist, wenn man die Unionen, Amben und Ternen der (übrigen) Zahlen $a, b, c, \ldots p$ durch U_1, A_1 und T_1, und der Zahlen $\mathfrak{a}, \mathfrak{b}, \mathfrak{c}, \ldots \mathfrak{p}$ durch $\mathfrak{U}_1$, $\mathfrak{A}_1$ und $\mathfrak{T}_1$ bezeichnet,

$$U=U_1+m; \quad A=A_1+mU_1+\frac{m(m-1)}{1.2};$$

$$T=T_1+mA_1+\frac{m(m-1)}{1.2}U_1+\frac{m(m-1)(m-2)}{1.2.3};$$

$$\mathfrak{U}=\mathfrak{U}_1+\mathfrak{m}; \quad \mathfrak{A}=\mathfrak{A}_1+\mathfrak{m}\mathfrak{U}_1+\frac{\mathfrak{m}(\mathfrak{m}-1)}{1.2};$$

$$\mathfrak{T}=\mathfrak{T}_1+\mathfrak{m}\mathfrak{A}_1+\frac{\mathfrak{m}(\mathfrak{m}-1)}{1.2}\mathfrak{U}_1+\frac{\mathfrak{m}(\mathfrak{m}-1)(\mathfrak{m}-2)}{1.2.3}.$$

Substituirt man diese Werthe in die Formeln (No. 15), so folgt:

„Dass der Raum durch $a, b, c, \ldots p$ Parallelebenen und m beliebige Ebenen, verbunden mit $\mathfrak{a}, \mathfrak{b}, \mathfrak{c}, \ldots \mathfrak{p}$ Parallelkugelflächen und $\mathfrak{m}$ beliebigen Kugelflächen, höchstens in

$$(44) \quad \begin{cases} 1+U_1+A_1+T_1+2\mathfrak{U}_1A_1+2\mathfrak{A}_1U_1+2\mathfrak{U}_1+2\mathfrak{T}_1 \\ \quad +\left(\frac{m(m+1)}{1.2}+\mathfrak{m}(\mathfrak{m}-1)+2m\mathfrak{m}\right)U_1+(m+2\mathfrak{m})A_1 \\ \quad +2(m+\mathfrak{m})\mathfrak{U}_1U_1+(m+\mathfrak{m})(m+\mathfrak{m}-1)\mathfrak{U}_1+2(m+\mathfrak{m})\mathfrak{A}_1 \\ \quad +m+\frac{m(m-1)}{1.2}+\frac{m(m-1)(m-2)}{1.2.3} \\ \quad +2\mathfrak{m}+m\mathfrak{m}(m+\mathfrak{m}-2)+2\frac{\mathfrak{m}(\mathfrak{m}-1)(\mathfrak{m}-2)}{1.2.3} \end{cases}$$

Theile getheilt werden kann, von welchen

$$(45) \qquad 2+2A_1+2mU_1+m(m-1)$$

nur zum Theil, und

$$(46) \quad \begin{cases} -1+U_1-A_1+T_1+2\mathfrak{U}_1A_1+2\mathfrak{A}_1U_1+2\mathfrak{U}_1+2\mathfrak{T}_1 \\ \quad +\left(\frac{m(m-3)}{1.2}+\mathfrak{m}(\mathfrak{m}-1)+2m\mathfrak{m}\right)U_1+(m+2\mathfrak{m})A_1 \\ \quad +2(m+\mathfrak{m})\mathfrak{U}_1U_1+(m+\mathfrak{m})(m+\mathfrak{m}-1)\mathfrak{U}_1+2(m+\mathfrak{m})\mathfrak{A}_1 \\ \quad +m-\frac{m(m-1)}{1.2}+\frac{m(m-1)(m-2)}{1.2.3} \\ \quad +m\mathfrak{m}(m+\mathfrak{m}-2)+2\mathfrak{m}+2\frac{\mathfrak{m}(\mathfrak{m}-1)(\mathfrak{m}-2)}{1.2.3} \end{cases}$$

ganz begrenzt sind.“

Oder bezeichnet man die Unionen, Amben und Ternen der Zahlen $a, b, c, \ldots p$ und der Zahl m durch U_2, A_2, T_2, desgleichen der Zahlen $\mathfrak{a}, \mathfrak{b}, \mathfrak{c}, \ldots \mathfrak{p}$ und der Zahl $\mathfrak{m}$ durch $\mathfrak{U}_2$, $\mathfrak{A}_2$, $\mathfrak{T}_2$, so ist

$$U=U_2;\ A=A_2+\frac{m(m-1)}{1.2};\ T=T_2+\frac{m(m-1)}{1.2}U_2-2\frac{(m-1)m(m+1)}{1.2.3};$$

$$\mathfrak{U}=\mathfrak{U}_2;\ \mathfrak{A}=\mathfrak{A}_2+\frac{\mathfrak{m}(\mathfrak{m}-1)}{1.2};\ \mathfrak{T}=\mathfrak{T}_2+\frac{\mathfrak{m}(\mathfrak{m}-1)}{1.2}\mathfrak{U}_2-2\frac{(\mathfrak{m}-1)\mathfrak{m}(\mathfrak{m}+1)}{1.2.3};$$

und es verwandeln sich also die Ausdrücke (44), (45) und (46) in folgende:

$$(47)\quad \begin{cases} 1+U_2+A_2+T_2+2\mathfrak{U}_2A_2+2\mathfrak{A}_2U_2+2\mathfrak{U}_2+2\mathfrak{T}_2 \\ \quad +\left(\frac{m(m-1)}{1.2}+\mathfrak{m}(\mathfrak{m}-1)\right)U_2+(m(m-1)+\mathfrak{m}(\mathfrak{m}-1))\mathfrak{U}_2 \\ \quad +\frac{m(m-1)}{1.2}-2\frac{(m-1)m(m+1)}{1.2.3}-4\frac{(\mathfrak{m}-1)\mathfrak{m}(\mathfrak{m}+1)}{1.2.3}; \end{cases}$$

$$(48)\qquad 2+2A_2+m(m-1);$$

$$(49)\quad \begin{cases} -1+U_2-A_2+T_2+2\mathfrak{U}_2A_2+2\mathfrak{A}_2U_2+2\mathfrak{U}_2+\mathfrak{T}_2 \\ \quad +\left(\frac{m(m-1)}{1.2}+\mathfrak{m}(\mathfrak{m}-1)\right)U_2+(m(m-1)+\mathfrak{m}(\mathfrak{m}-1))\mathfrak{U}_2 \\ \quad -\frac{m(m-1)}{1.2}-2\frac{(m-1)m(m+1)}{1.2.3}-4\frac{(\mathfrak{m}-1)\mathfrak{m}(\mathfrak{m}+1)}{1.2.3}. \end{cases}$$

18.

Lässt man bei der Verbindung von Ebenen und Kugelflächen (No. 15) nach und nach alle Ebenen bis auf eine einzige weg, so reducirt sich die Formel (38) auf

$$1+1+2\mathfrak{A}+2\mathfrak{U}+2\mathfrak{T}.$$

Da nun die zurückbehaltene Ebene durch die vorhandenen Kugelflächen in $2+2\mathfrak{A}$ Theile getheilt wird (13), so wird durch ihr Verschwinden die Zahl der Raumtheile ebenfalls um $2+2\mathfrak{A}$ verringert. Daraus folgt:

„Dass der Raum durch $\mathfrak{a}, \mathfrak{b}, \mathfrak{c}, \ldots \mathfrak{z}$ Parallelkugelflächen, von denen jede Abtheilung einen eigenthümlichen Mittelpunct hat, höchstens in

$$(50)\qquad 2\mathfrak{U}+2\mathfrak{T}$$

Theile getheilt wird, von welchen, wie sich unmittelbar aus der Anschauung ergiebt, nur *einer* unendlich, und mithin

$$(51)\qquad -1+2\mathfrak{U}+2\mathfrak{T}$$

Theile ganz begrenzt sind.“

19.

Setzt man

$$\mathfrak{a}=\mathfrak{b}=\mathfrak{c}=\cdots=\mathfrak{z}=1,$$

und zugleich

$$\mathfrak{a}+\mathfrak{b}+\mathfrak{c}+\cdots+\mathfrak{z}=\mathfrak{n},$$

so ist

$$\mathfrak{U}=\mathfrak{n} \quad \text{und} \quad \mathfrak{T}=\frac{\mathfrak{n}(\mathfrak{n}-1)(\mathfrak{n}-2)}{1.2.3},$$

und es folgt (No. 18):

„Dass $\mathfrak{n}$ beliebige Kugelflächen den Raum höchstens in

$$(52) \qquad 2\mathfrak{n}+2\frac{\mathfrak{n}(\mathfrak{n}-1)(\mathfrak{n}-2)}{1.2.3}$$

Theile theilen können, von welchen

$$(53) \qquad -1+2\mathfrak{n}+2\frac{\mathfrak{n}(\mathfrak{n}-1)(\mathfrak{n}-2)}{1.2.3}$$

ganz begrenzt sind."

20.

Reduciren sich nur einige Abtheilungen auf eine einzige Kugelfläche, z. B. so, dass

$$\mathfrak{q}=\mathfrak{r}=\mathfrak{s}=\cdots=\mathfrak{z}=1,$$

und zugleich

$$\mathfrak{q}+\mathfrak{r}+\mathfrak{s}+\cdots+\mathfrak{z}=\mathfrak{m},$$

so ist, wenn man die Unionen, Amben und Ternen der Zahlen $\mathfrak{a}, \mathfrak{b}, \mathfrak{c}, \ldots \mathfrak{p}$ durch $\mathfrak{U}_1$, $\mathfrak{A}_1$ und $\mathfrak{T}_1$ bezeichnet,

$$\mathfrak{U}=\mathfrak{U}_1+\mathfrak{m}; \quad \mathfrak{T}=\mathfrak{T}_1+\mathfrak{m}\mathfrak{A}_1+\frac{\mathfrak{m}(\mathfrak{m}-1)}{1.2}\mathfrak{U}_1+\frac{\mathfrak{m}(\mathfrak{m}-1)(\mathfrak{m}-2)}{1.2.3},$$

und daraus folgt (No. 18):

„Dass der Raum durch $\mathfrak{a}, \mathfrak{b}, \mathfrak{c}, \ldots \mathfrak{p}$ Parallelkugelflächen, verbunden mit $\mathfrak{m}$ beliebigen Kugelflächen, höchstens in

$$(54) \quad 2\mathfrak{U}_1+2\mathfrak{T}_1+\mathfrak{m}(\mathfrak{m}-1)\mathfrak{U}_1+2\mathfrak{m}\mathfrak{A}_1+2\mathfrak{m}+2\frac{\mathfrak{m}(\mathfrak{m}-1)(\mathfrak{m}-2)}{1.2.3}$$

Theile getheilt werden kann, von welchen

$$(55) \quad -1+2\mathfrak{U}_1+2\mathfrak{T}_1+\mathfrak{m}(\mathfrak{m}-1)\mathfrak{U}_1+2\mathfrak{m}\mathfrak{A}_1+2\mathfrak{m}+2\frac{\mathfrak{m}(\mathfrak{m}-1)(\mathfrak{m}-2)}{1.2.3}$$

ganz begrenzt sind."

Oder bezeichnet man die Unionen und Ternen der Zahlen $\mathfrak{a}$, $\mathfrak{b}$, $\mathfrak{c}$, ... $\mathfrak{p}$ und $\mathfrak{m}$ durch $\mathfrak{U}_2$ und $\mathfrak{T}_2$, so ist

$$\mathfrak{U} = \mathfrak{U}_2 \quad \text{und} \quad \mathfrak{T} = \mathfrak{T}_2 + \frac{\mathfrak{m}(\mathfrak{m}-1)}{1.2}\mathfrak{U}_2 - 2\frac{(\mathfrak{m}-1)\mathfrak{m}(\mathfrak{m}+1)}{1.2.3},$$

wodurch man, anstatt der Formeln (54) und (55), die beiden folgenden erhält:

$$(56) \qquad 2\mathfrak{U}_2 + 2\mathfrak{T}_2 + \mathfrak{m}(\mathfrak{m}-1)\mathfrak{U}_2 - 4\frac{(\mathfrak{m}-1)\mathfrak{m}(\mathfrak{m}+1)}{1.2.3},$$

$$(57) \qquad -1 + 2\mathfrak{U}_2 + 2\mathfrak{T}_2 + \mathfrak{m}(\mathfrak{m}-1)\mathfrak{U}_2 - 4\frac{(\mathfrak{m}-1)\mathfrak{m}(\mathfrak{m}+1)}{1.2.3}.$$

Crelle's Journal Band I. S. 349—364.

4

Leichter Beweis eines stereometrischen Satzes von Euler, nebst einem Zusatze zu Satz X. auf Seite 12.

Bekanntlich hat *Euler* zuerst den für die Theorie der Polyëder wichtigen und fruchtbaren Satz aufgestellt und bewiesen:

„Dass bei jedem von ebenen Flächen begrenzten Körper die Anzahl der Ecken E und die Anzahl der Seitenflächen F zusammen immer um 2 grösser sind als die Anzahl der Kanten K, also dass

$$E+F=K+2$$

ist."

Später hat *Legendre*, mit Hülfe des Satzes vom Inhalte sphärischer Vielecke, einen einfacheren Beweis des *Euler*schen Satzes gegeben, welchen auch z. B. *M. Hirsch* in seine Sammlung geometrischer Aufgaben aufgenommen hat. Dieser Beweis, obschon sehr sinnreich, befriedigte den Verfasser dieses Aufsatzes bei dem geometrischen Werke, an welchem er arbeitet, deshalb nicht, weil er ihn, seinen Zwecken gemäss, nicht unter die ersten Betrachtungen über die von ebenen Flächen begrenzten Körper aufnehmen konnte. Er vermuthete, dass ein so einfaches Gesetz sich auch durch eine einfachere Betrachtung müsse beweisen lassen, und seine Vermuthung bestätigte sich, da er nicht allein selbst einen befriedigenden Beweis fand, sondern auch später erfuhr*), dass schon *Cauchy* (*XVI. Cahier* des Journals der *École Polytechnique*) zwei höchst einfache und elementare Beweise desselben Satzes gegeben habe, desgleichen dass Professor *Rothe*, in dem *Kastner*schen Archiv der gesammten Naturlehre, Band IV, ebenfalls einen Beweis des nämlichen Satzes mitgetheilt habe, den er für neu hält, der es aber eigentlich nicht ist, sondern, der Hauptsache nach, auf denselben Gründen beruht wie der *Cauchy*sche, nur dass ihm die Kürze

*) Crelle's Journal, Bd. I. Seite 228.

und Einfachheit desselben mangelt. Endlich fand der Verfasser, dass *Gergonne* in einem Auszuge aus einer Abhandlung von *Lhuilier* einen eigenthümlichen Beweis des Satzes gegeben hat, der mit dem hier folgenden, vom Verfasser herrührenden, im Wesentlichen übereinkommt. Dieser Beweis wird hier mitgetheilt, weil er seiner Einfachheit wegen allgemein bekannt zu sein verdient.

Es sei im Raume irgend ein von ebenen Flächen begrenzter Körper gegeben. Aus irgend einem Puncte, der ausserhalb desselben, und mit keiner seiner Seitenflächen in einerlei Ebene liegt, projicire man die Oberfläche des Körpers auf irgend eine beliebige Ebene, so entsteht in dieser Ebene ein Netz, wie z. B. Fig. 1, welches eben so viele Vielecke derselben Gattung, eben so viele gerade Linien und eben so viele Puncte (A, B, C, ... a, b, c, ... α, β, γ, ...) hat, als der Körper respective Seitenflächen, Kanten und Ecken.

Bezeichnet man nun, wie oben, durch F, K und E respective die Seitenflächen, Kanten und Ecken des Körpers, so lässt sich die Summe der Winkel Σ aller Vielecke des Netzes zusammen auf folgende zwei Arten ausdrücken:

Erstlich. Wenn man erwägt, dass jede Linie der Figur Seite zweier Vielecke ist, und dass die Summe der Winkel jedes Vielecks so oft mal 2R (2 Rechte) beträgt als es Seiten hat, weniger 4R, mithin die Winkelsumme aller Vielecke zusammen so oft mal 4R ausmacht als in der Figur Linien vorhanden sind, weniger so oft mal 4R als Vielecke da sind, so folgt, dass

$$(1) \qquad \Sigma = K.4\mathrm{R} - F.4\mathrm{R}.$$

Zweitens. Wenn man erwägt, dass die Winkel an den Grenzpuncten A, B, C, D, ..., welche zusammen zwei mal die Winkel des Grenzvielecks $ABCD$... ausmachen, so oft mal 4R betragen als Grenzpuncte sind, weniger 8R, und dass ferner um jeden im Innern der Figur liegenden Punct a, b, c, d, ... α, β, γ, δ, ... die Winkelsumme gerade 4R beträgt, also alle zu summirenden Winkel zusammen so oft mal 4R betragen als Puncte A, B, C, ... a, b, c, ... α, β, γ, ... vorhanden sind, weniger 8R, so ist

$$(2) \qquad \Sigma = E.4\mathrm{R} - 8\mathrm{R}.$$

Aus (1) und (2) folgt, dass

$$K.4\mathrm{R} - F.4\mathrm{R} = E.4\mathrm{R} - 8\mathrm{R},$$

oder

$$K - F = E - 2,$$

oder

$$K + 2 = E + F,$$

welches der *Euler*sche Satz ist.

Da jedes einzelne Vieleck des Netzes von einer Seitenfläche des Körpers, die ein Vieleck derselben Gattung ist, herrührt, so ist die Winkelsumme aller Vielecke des Netzes gleich der Winkelsumme aller Seitenflächen des Körpers, und daher folgt auch aus (2):

„Dass die Winkelsumme aller Seitenflächen eines Körpers zusammengenommen so oft mal 4R beträgt als der Körper Ecken hat, weniger 8R."

Dieser Satz ist, wie man sieht, auf merkwürdige Weise mit dem über die Winkelsumme des Vielecks in der Ebene analog.

Eine grosse Menge merkwürdiger Folgerungen aus dem obigen Satze nebst anderen polyëdrischen Sätzen findet man in zwei Abhandlungen von *Euler*, in den *Novi Commentarii acad. scient. Petrop. Tom. IV. p.* 109 und 140; in den Elementen der Geometrie von *Legendre* (S. 380 und 409 der *Crelle*schen Uebersetzung); im zweiten Theil der Sammlung geometrischer Aufgaben von *M. Hirsch* (S. 89—100); in den *Annales de Mathématiques* von *Gergonne*, *Tom. III. p.* 169, *Tom. IX. p.* 321, und *Tom. XV. p.* 157. —

Ich schliesse diesen Aufsatz mit der nachträglichen Bemerkung, dass sich aus dem Satze X. auf Seite 12 leicht der folgende herleiten lasse:

„Wenn in einer Ebene eine Ellipse der Grösse und Lage nach gegeben ist, und die Glastafel in beliebiger veränderlicher Lage auf der Ebene senkrecht steht, so ist der Ort des Auges, von dem aus die Ellipse als Kreis auf der Glastafel erscheint, eine Fläche vierten Grades. Sind a, b die Halbaxen der Ellipse, und wählt man die gegebene Ebene nebst den beiden, auf ihr senkrecht stehenden und durch die Axen der Ellipse gehenden Ebenen zu Coordinaten-Ebenen, so ist die Gleichung dieser interessanten Fläche

$$(A)\quad a^2b^2z^2(a^2y^2+b^2x^2)-(a^4y^2+b^4x^2)(a^2y^2+b^2x^2)=-a^2b^2(a^4y^2+b^4x^2).\text{“}$$

Wird a gleich b gesetzt, d. h., ist anstatt der Ellipse ein Kreis, dessen Radius gleich a, gegeben, so reducirt sich die Fläche auf den zweiten Grad, nämlich auf

$$(B)\qquad z^2-y^2-x^2=-a^2,$$

d. h. auf diejenige Fläche zweiten Grades, die von einer gleichseitigen Hyperbel, welche sich um ihre zweite Axe herumbewegt, beschrieben wird.

Es folgt daher umgekehrt der nachstehende Satz:

„Wird eine gleichseitige Hyperbel um ihre zweite Axe herumbewegt, so beschreibt sie eine einfache hyperbolische Fläche zweiten Grades, und die Scheitel der ersten Axe beschreiben einen in dieser Fläche liegenden

Kreis. Jeder beliebige Kegel nun, dessen Scheitel in der Fläche liegt, und welcher durch den Kreis geht, ist so beschaffen, dass die Ebenen der diesem Kreise antiparallelen Kreisschnitte mit der genannten Drehaxe parallel sind, und dass also die Ebenen irgend zweier antiparallelen Kreisschnitte dieses Kegels zu einander senkrecht sind.“

Wenn oben statt der Ellipse eine Hyperbel, deren Halbaxen ebenfalls a, b sein sollen, gegeben ist, so erhält man anstatt der Fläche (A) die folgende:

$$\text{(C)} \quad a^2b^2z^2(b^2x^2-a^2y^2)+(b^4x^2+a^4y^2)(b^2x^2-a^2y^2)=a^2b^2(b^4x^2+a^4y^2).$$

Jede der beiden Flächen (A) und (C) hat die Eigenschaft, dass sie durch Bewegung einer veränderlichen Curve zweiten Grades erzeugt wird, nämlich jede Ebene, welche durch die z Axe geht, schneidet die Fläche in einer solchen Curve.

Crelle's Journal Band I. S. 364—367.

5

Verwandlung und Theilung sphärischer Figuren durch Construction.

1.

In den Elementen der Geometrie (Anmerk. X.) beweist *Legendre* den merkwürdigen Satz:

> „dass die Scheitel aller sphärischen Dreiecke über derselben Grundlinie und von gleichem Flächeninhalte in einem bestimmten kleinen Kreise liegen",

ein Satz, welchen *Lexell* zuerst gefunden hat (*Nova acta Petropolitana*, V. Band, I. Theil). *

Die künstlichen Ausdrücke, welche für den Radius des genannten Kreises und zur Bestimmung der Lage seines Mittelpunctes gefunden werden, sind nicht geeignet, die eigentliche Lage des Kreises leicht erkennen zu lassen, noch weniger, denselben danach leicht construiren zu können. Da aber auf diesen Satz mancherlei Untersuchungen gegründet werden können, wie z. B. die Verwandlung und Theilung der sphärischen Figuren, so war eine genauere Bestimmung desselben, so wie ein einfacherer Beweis, sehr wünschenswerth. In der That findet sich, dass der genannte Ortskreis, ohne dass man nöthig habe, irgend welche Rechnung zu Hülfe zu nehmen, unmittelbar construirt werden kann, und dass auch der Satz selbst durch eine ganz elementare Betrachtung sich beweisen lässt.

In dem Folgenden soll daher der *Lexell*sche Satz dahin vervollständigt werden:

> „dass der Ort der Scheitel aller sphärischen Dreiecke über derselben Grundlinie und von gleichem Flächeninhalt ein bestimmter kleiner Kreis ist, *welcher durch die beiden Gegenpuncte der Endpuncte der Grundlinie geht.*"

Hiernach ist alsdann der Ortskreis leicht zu construiren, und dadurch wird man in den Stand gesetzt, durch Hülfe dieses Satzes eine Reihe von Aufgaben über Verwandlung und Theilung der sphärischen Figuren zu

*Sieh S. 525.

lösen, welche denen bei geradlinigen Figuren in der Ebene analog sind, d. h., man kann alsdann durch blosse Construction jedes beliebige sphärische Polygon successive in ein Dreieck oder Zweieck, oder auch in ein sphärisches Quadrat verwandeln, desgleichen jedes gegebene sphärische Dreieck (oder Polygon) von einem gegebenen Puncte aus in zwei gleiche Theile, oder nach sonstigen Bedingungen, theilen.

2.

Jeder Kreis auf der Kugelfläche, dessen Ebene durch den Mittelpunct der Kugel geht, heisse ein Hauptkreis, jeder andere dagegen Sphärenkreis oder auch schlechthin Kreis. Der Bogen eines Hauptkreises aus dem Pol eines Sphärenkreises bis an irgend einen Punct der Peripherie des letzteren heisse sphärischer Radius desselben. Ein durch 2, 3, 4, ... Hauptkreis-Bogen begrenzter Theil der Kugelfläche heisse sphärisches Zweieck, Dreieck, Viereck, ..., wie gewöhnlich. Ein Hauptkreis, der einen anderen Kreis berührt, heisse sphärische Tangente an letzteren.

Die Sätze: „dass die sphärischen Tangenten eines Sphärenkreises auf dem zugehörigen sphärischen Radius senkrecht stehen;“ — „dass der Durchschnittspunct zweier sphärischen Tangenten, die denselben Kreis berühren, gleich weit von beiden Berührungspuncten entfernt ist;“ — „und dass im gleichschenkligen sphärischen Dreieck die Winkel an der Grundlinie einander gleich sind, und umgekehrt;“ sind leicht zu beweisen und aus der Elementargeometrie bekannt.

3.

In einen beliebigen Sphärenkreis, dessen Pol M ist (Fig. 1), sei ein sphärisches Viereck $ABCD$ eingeschrieben. Nach den Ecken des Vierecks ziehe man die sphärischen Radien MA, MB, MC, MD, welche, da sie einander gleich sind, mit den Seiten des Vierecks vier gleichschenklige Dreiecke AMB, BMC ... bilden, in denen die Winkel an den Grundlinien einander gleich sind (No. 2), so dass

$$\alpha=\beta;\quad \gamma_1=\beta_1;\quad \gamma=\delta;\quad \alpha_1=\delta_1;$$

und folglich

$$\alpha+\alpha_1+\gamma+\gamma_1 = \beta+\beta_1+\delta+\delta_1;$$

oder

$$A+C = B+D;$$

das heisst: „bei jedem sphärischen Viereck im Kreise sind die Summen der zwei Paare gegenüber liegender Winkel einander gleich“*).

*) Dieser Satz ist nur ein specieller Fall von dem allgemeineren Satze: „Bei jedem sphärischen $2n$Eck im Kreise ist, wenn man die Winkel der Ordnung nach numerirt, die Summe der Winkel mit geraden Nummern gleich

4.

Zieht man in dem sphärischen Viereck $ABCD$ (Fig. 2) im Kreise die sphärische Diagonale AC, so hat man zufolge des vorliegenden Satzes

$$a+c-B = D-\alpha-\gamma.$$

Ebenso hat man

$$a_1+c_1-B_1 = D-\alpha-\gamma,$$

und mithin

$$a+c-B = a_1+c_1-B_1;$$

das heisst: „Bei allen sphärischen Dreiecken ABC, AB_1C, ..., welche über der nämlichen sphärischen Sehne AC und auf der nämlichen Seite in einen Sphärenkreis beschrieben werden, ist der Unterschied zwischen dem Winkel $(B, B_1, \ldots)$ an der Spitze und der Summe der Winkel $(a+c, a_1+c_1, \ldots)$ an der Grundlinie constant.“ Und umgekehrt:

„Der Ort der Scheitel $(B, B_1, \ldots)$ aller sphärischen Dreiecke ABC, AB_1C, ... über der nämlichen Grundlinie AC, bei welchen der Unterschied zwischen dem Winkel an der Spitze und der Summe der Winkel an der Grundlinie gleich ist einer gegebenen Grösse, ist ein bestimmter Sphärenkreis, welcher durch die Endpuncte A, C der Grundlinie geht.“

Nimmt man an, die Grundlinie AC gehe durch den Pol M des Kreises, so folgt, vermöge der gleichschenkligen Dreiecke AMB und BMC, dass

$$B = a+c,$$

d. h.

„Bei jedem in einen Sphärenkreis beschriebenen sphärischen Dreiecke, das den sphärischen Durchmesser des Kreises zur Grundlinie hat, ist der Winkel an der Spitze gleich der Summe der Winkel an der Grundlinie;“ und umgekehrt: „der Ort der Scheitel aller sphärischen Dreiecke über der nämlichen Grundlinie, bei welchen der Winkel an der Spitze gleich ist der Summe der Winkel an der Grundlinie, ist die Peripherie des Sphärenkreises, welcher die Grundlinie zum sphärischen Durchmesser hat.“

5.

Es sei ABC (Fig. 3) ein beliebiges sphärisches Dreieck. A_1, B_1 sollen die Gegenpuncte von A, B, also die Bogen ACA_1, BCB_1 halbe Hauptkreise sein, so finden zwischen den Winkeln der beiden sphärischen Drei-

---

der Summe der übrigen,“ welcher sich auf gleiche Weise beweisen lässt. Es steht ihm ein anderer Satz: „Bei jedem sphärischen $2n$Eck um den Kreis ist die Summe der Seiten mit geraden Nummern gleich der Summe der übrigen,“ gegenüber, welcher eben so leicht zu beweisen ist.

ecke ACB und A_1CB_1 folgende Beziehungen Statt:

$$c = c_1; \quad \alpha = a_1; \quad \beta = b_1,$$

und da

$$a + \alpha = b + \beta = 2R \text{ (2 Rechte)},$$

so ist auch

$$a + a_1 = b + b_1 = 2R,$$

und folglich

$$a + b + c = c_1 - (a_1 + b_1) + 4R,$$

d. h. „bleibt die Summe $a+b+c$ constant, so bleibt auch der Unterschied $c_1-(a_1+b_1)$ constant.“

Nun folgt aus dem bekannten Satze, wonach der Flächeninhalt eines sphärischen Dreiecks aus der Summe seiner drei Winkel gefunden wird, dass für alle sphärischen Dreiecke ABC über derselben Grundlinie AB und von gleichem Flächeninhalt die Summe der drei Winkel $(a+b+c)$ constant bleibt. Daher bleibt auch in den zugehörigen Dreiecken A_1CB_1 der Unterschied $c_1-(a_1+b_1)$, d. h. der Unterschied zwischen dem Winkel (c_1) an der Spitze und der Summe (a_1+b_1) der Winkel an der Grundlinie, constant, folglich ist der Ort des Scheitels C die Peripherie eines Sphärenkreises, der durch die Puncte A_1, B_1 geht (No. 4). Daraus folgt der nachstehende merkwürdige und fruchtbare Satz:

„Der Ort der Scheitel aller sphärischen Dreiecke ABC über derselben Grundlinie AB und von gleichem Flächeninhalt ist die Peripherie eines bestimmten Sphärenkreises, der durch die Gegenpuncte A_1, B_1 der Endpuncte A, B der gemeinschaftlichen Grundlinie geht.“

6.

Bleibt also die Grundlinie AB des sphärischen Dreiecks ABC unverändert, bewegt sich aber sein Scheitel C in der Peripherie des Kreises A_1CB_1, so bleibt sein Flächeninhalt constant. Nähert sich der Scheitel C einem der beiden Puncte A_1, B_1, z. B. dem Puncte B_1, bis er endlich mit ihm zusammenfällt, so fällt der Bogen AC mit AB_1 zusammen, und da CB_1 gleich Null wird, so geht BC in den halben Hauptkreis BDB_1 über, welcher den Kreis A_1CB_1 in B_1 berührt. Daher folgt, dass der Flächeninhalt des Dreiecks ABC gleich ist dem Flächeninhalt des Zweiecks BAB_1DB oder ABA_1EA, dessen eine Seite BDB_1 oder AEA_1 den Ortskreis A_1CB_1 in B_1 oder A_1 berührt.

Es kann noch bemerkt werden, dass, wenn die Grundlinie AB und der Flächeninhalt des sphärischen Dreiecks ABC gegeben sind, dann eigentlich zwei Ortskreise für den Scheitel C Statt finden, indem man sich das Dreieck auf zwei verschiedenen Seiten der Grundlinie denken kann; beide Ortskreise sind aber nothwendiger Weise einander gleich, schneiden einander in den Puncten A_1, B_1, ihre Ebene bilden mit der Ebene des Hauptkreises ABA_1B_1 gleiche Winkel, und die Gerade, welche ihre Pole verbindet, steht auf der letzteren Ebene senkrecht. In dem besonderen Falle, wo die Summe der Winkel des Dreiecks gleich vier Rechten ist, d. h. wo

$$a+b+c = 4\mathrm{R},$$

ist c_1 gleich a_1+b_1 (No. 5), und daher ist A_1B_1 ein sphärischer Durchmesser für jeden der beiden genannten Ortskreise (No. 4); folglich fallen beide Ortskreise in einen einzigen zusammen, dessen Ebene zu der Ebene des Hauptkreises ABA_1B_1 senkrecht ist.

7.

Es sei P (Fig. 4) der Pol des Hauptkreises ABA_1B_1, und EPF derjenige Hauptkreis, welcher die Puncte B, B_1 zu Polen hat. Man ziehe aus B_1 durch den Pol M des Ortskreises A_1CB_1 den Quadranten B_1MG, und beschreibe mit ihm aus dem Pole G den Hauptkreis B_1DB, so hat, da dieser Hauptkreis den Kreis A_1CB_1 in B_1 berührt, weil GMB_1 zu DB_1 senkrecht ist (No. 2), das Zweieck BDB_1AB mit dem Dreieck ABC gleichen Flächeninhalt. Nun ist der Bogen DE das directe Maass für den Flächeninhalt des Zweiecks BAB_1DB, und da die Quadranten PE und GD einander gleich sind, also auch DE gleich PG ist, so ist auch der Bogen PG ein directes Maass für den Flächeninhalt des Zweiecks BAB_1DB oder des Dreiecks ABC; d. h. in demselben Verhältniss, in welchem sich der Flächeninhalt des Dreiecks ändert, ändert sich auch der ihm zugehörige Bogen, und umgekehrt, so dass also einem Dreieck von doppeltem Flächeninhalt ein zweimal so grosser Bogen entspricht. Stehen also z. B. über derselben Grundlinie AB zwei Dreiecke ABC und ABC_1, deren Flächeninhalte sich verhalten wie $n:m$, und entsprechen ihnen respective die Puncte G, G_1, so ist auch

$$PG : PG_1 = n : m,$$

und umgekehrt.

Kann man also den Bogen PG in G_1 so theilen, dass $PG{:}PG_1$ irgend einem gegebenen Verhältnisse $n{:}m$ gleich ist, so kann man auch ein Dreieck ABC_1 finden, welches mit dem gegebenen Dreieck ABC einerlei Grundlinie und in Hinsicht des Flächeninhalts das nämliche gegebene Verhältniss hat.

8.

Aus dem Bisherigen ergeben sich unter anderen zunächst die Lösungen folgender Aufgaben:

I. Aufgabe. „Ueber der Grundlinie AB eines gegebenen sphärischen Dreiecks ABC ein gleichschenkliges Dreieck zu errichten, welches mit jenem gleichen Flächeninhalt hat.“

Man lege durch den Scheitel C des gegebenen Dreiecks und durch die Gegenpuncte A_1, B_1 der Endpuncte seiner Grundlinie den Ortskreis A_1CB_1 und errichte aus der Mitte der Grundlinie zu dieser einen sphärischen Perpendikel, so ist der Durchschnittspunct dieses Perpendikels und jenes Ortskreises, zufolge des Obigen, der Scheitel des zu construirenden gleichschenkligen Dreiecks.

II. Aufgabe. „Ueber der Grundlinie AB eines gegebenen sphärischen Dreiecks ABC ein anderes Dreieck zu errichten, welches mit ihm gleichen Flächeninhalt und entweder (Fall 1) an der Grundlinie einen rechten oder irgend einen gegebenen Winkel α, oder (Fall 2) eine gegebene Seite hat.“

Auflösung und Beweis sind leicht zu finden. Für den Fall (2) ist die Auflösung nicht immer möglich.

III. Aufgabe. „Ein sphärisches Dreieck zu finden, welches mit einem gegebenen sphärischen Dreieck ABC dieselbe Grundlinie AB und gleichen Flächeninhalt hat, und dessen Spitze in einem gegebenen Hauptkreise K liegt.“

Man construire den Ortskreis A_1CB_1, so schneidet dieser den gegebenen Hauptkreis K in denjenigen zwei Puncten, in welchen allein die Spitze des zu construirenden Dreiecks liegen kann; schneidet er ihn nicht, so ist die Auflösung der Aufgabe unmöglich.

IV. Aufgabe. „Ein gegebenes sphärisches Dreieck ABC in ein Zweieck zu verwandeln, d. h., ein Zweieck zu finden, welches mit dem Dreieck gleichen Flächeninhalt hat.“

Man suche den Pol M des Ortskreises A_1CB_1 (Fig. 4), ziehe den sphärischen Radius MB_1 und errichte B_1DB senkrecht zu MB_1, so ist BDB_1AB das verlangte Zweieck (No. 7).

V. Aufgabe. „Ein sphärisches Dreieck zu construiren, dessen Grundlinie gegeben ist, und welches mit einem gegebenen sphärischen Dreieck ABC einen Winkel gemein und mit ihm gleichen Flächeninhalt hat.“

Es sei AD (Fig. 5) die gegebene Grundlinie des zu construirenden Dreiecks, und A sei der beiden Dreiecken angehörige Winkel. Man ziehe den Hauptkreis CD, und construire nach (III) das Dreieck CDE, welches mit dem gegebenen Dreieck CDB gleichen Flächeninhalt und die Grundlinie CD gemein hat, und dessen Scheitel E in dem gegebenen Hauptkreise AC liegt, so ist ADE das gesuchte Dreieck. Denn ist

$$\triangle CDB = \triangle CDE,$$

so ist auch

$$\triangle CFE = \triangle DFB,$$

und folglich auch

$$\triangle ABC = \triangle ADE.$$

VI. Aufgabe. „Ein sphärisches Dreieck zu construiren, welches mit einem gegebenen sphärischen Dreieck ABC gleichen Flächeninhalt hat, und von dessen Seiten zwei der Grösse nach gegeben sind.“

Diese Aufgabe lässt sich sowohl durch wiederholte Anwendung von (II, 2) lösen, als auch mittelst (V) auf (II, 2) zurückführen. Uebersteigt der genannte Flächeninhalt eine bestimmte Grenze, so ist die Lösung der Aufgabe unmöglich.

VII. Aufgabe. „Ein sphärisches Dreieck zu construiren, welches mit einem gegebenen sphärischen Dreieck ABC gleichen Flächeninhalt hat, und von welchem eine Seite und ein Winkel der Grösse nach gegeben sind.“

Diese Aufgabe lässt sich, wie die vorige, durch Hülfe von (II, 1) und (V) lösen.

VIII. Aufgabe. „Ein gegebenes sphärisches Viereck in ein sphärisches Dreieck zu verwandeln, d. h. ein Dreieck zu construiren, welches mit dem Viereck eine Seite und einen Winkel gemein, und mit ihm gleichen Flächeninhalt hat.“

Es sei $ABCD$ (Fig. 6) das gegebene Viereck. Man ziehe eine sphärische Diagonale DB und verlängere an dem einen Endpuncte derselben eine Seite des Vierecks, z. B. in B die Seite AB nach E hin, und construire sodann nach (III) das Dreieck DBE, welches mit dem Dreieck DBC über derselben Grundlinie DB steht und gleichen Flächeninhalt hat, und dessen Scheitel E in der Verlängerung der Seite AB liegt; so ist AED das gesuchte Dreieck, welches mit dem Viereck $ABCD$ gleichen Flächeninhalt, und den Winkel A und die Seite AD gemein hat.

IX. Aufgabe. „Irgend ein gegebenes sphärisches Vieleck in ein anderes zu verwandeln, welches eine Seite weniger hat.“

Diese Aufgabe wird auf ganz ähnliche Weise gelöst wie die vorige.

Hieraus folgt:

„Dass man durch blosse Construction jedes gegebene sphärische Vieleck in ein sphärisches Vieleck irgend einer Gattung mit einer kleineren Anzahl Seiten, folglich jedes gegebene sphärische Vieleck in ein Dreieck oder Zweieck verwandeln kann.“

9.

Ferner ergeben sich aus den obigen Betrachtungen die Lösungen folgender Aufgaben.

I. Aufgabe. „Ein gegebenes sphärisches Dreieck durch einen Hauptkreis aus einem seiner Winkel in zwei gleiche Theile zu theilen.“

Es sei ABC (Fig. 7) das gegebene Dreieck. Man construire den Ortskreis A_1CB_1, dessen Pol M ist. Aus dem Pol B ziehe man den Hauptkreis $EPGF$. Ferner ziehe man den Hauptkreis $DPMD_1$ so, dass er zu der Grundlinie AB senkrecht ist und sie in D halbirt; alsdann ist P der Pol des Hauptkreises ABA_1B_1. Endlich ziehe man den Quadranten B_1MG, halbire PG in G_1, ziehe den Quadranten $G_1M_1B_1$, welcher den Hauptkreis $DPMD_1$ in M_1 schneidet, und ziehe aus dem Pole M_1 mit dem sphärischen Radius M_1B_1 den Sphärenkreis B_1baA_1, so ist, zufolge (No. 7), sowohl das sphärische Dreieck ABa, als auch ABb, halb so gross als das gegebene Dreieck ABC, und folglich leistet jeder der beiden Hauptkreise Aa und Bb der vorgelegten Aufgabe Genüge.

Es sei Cc der dritte Hauptkreis, welcher das gegebene Dreieck ABC, der Aufgabe gemäss, halbirt, und C_1 sei der Gegenpunct des Scheitels C, so liegen also, vermöge der vorstehenden Auflösung, sowohl die vier Puncte A_1, B_1, b, a, als auch B_1, C_1, c, b, so wie auch C_1, A_1, a, c in einem Kreise. Da die Ebenen dieser drei Kreise einander im Allgemeinen in einem Puncte O schneiden, so treffen auch die drei Geraden A_1a, B_1b, C_1c, in welchen die nämlichen Ebenen einander schneiden, in demselben Puncte O zusammen, und folglich schneiden die Ebenen der drei Hauptkreise AaA_1, BbB_1, CcC_1 einander in einem und demselben Durchmesser SQO der Kugel, welcher durch den Punct O geht, so dass folglich die drei Hauptkreise Aa, Bb, Cc einander in einem und demselben Puncte Q schneiden. Daraus folgt der nachstehende merkwürdige Satz:

„Die drei Hauptkreise (Aa, Bb, Cc), von denen jeder durch einen Winkel eines gegebenen sphärischen Dreiecks (ABC) geht und die Fläche desselben halbirt, treffen einander in einem und demselben bestimmten Puncte Q.“

Durch irgend zwei der drei Hauptkreise ist demnach der dritte unmittelbar gegeben.

Der vorstehende Satz findet bekanntlich auf analoge Weise beim geradlinigen Dreieck statt, bei welchem der Punct (Q), in welchem die drei Halbirungslinien einander schneiden, zugleich die Eigenschaft hat, dass er der Schwerpunct der Fläche des Dreiecks ist.

II. Aufgabe. „Ein gegebenes sphärisches Dreieck von einem beliebigen Puncte aus, der in einer seiner Seiten liegt, durch einen Hauptkreis in zwei gleiche Theile zu theilen.“

Es sei ABC (Fig. 8) das gegebene Dreieck und D der gegebene Punct. Man theile das Dreieck aus einem Winkel, z. B. aus A, durch den Hauptkreis Aa in zwei gleiche Theile (I) und verwandle nach (No. 8, III) das sphärische Dreieck ADa in DaE, so theilt der Hauptkreis DE das gegebene Dreieck in zwei gleiche Theile.

III. Aufgabe. „Ein gegebenes sphärisches Viereck durch einen Hauptkreis aus einem seiner Winkel in zwei gleiche Theile zu theilen.“

Es sei $ABCD$ (Fig. 9) das gegebene Viereck. Dasselbe soll z. B. aus dem Winkel A durch einen Hauptkreis in zwei gleiche Theile getheilt werden. Man verlängere die Seite BC nach E hin, mache, nach (No. 8, III), das Dreieck ACE gleichflächig mit ACD und theile das Dreieck AEB durch den Hauptkreis AF in zwei gleiche Theile (I), so ist auch $\triangle AFB$ gleich Viereck $AFCD$, folglich leistet der Hauptkreis AF der Aufgabe Genüge. Hätte man statt der Seite BC die Seite DC nach E_1 hin verlängert, $\triangle ACE_1$ gleich $\triangle ACB$ gemacht und durch den Hauptkreis AF_1 das Dreieck ADE_1 halbirt, so müsste man alsdann noch das Dreieck ACF_1 in ACF verwandeln, um den Hauptkreis AF zu finden, welcher die Forderung der vorgelegten Aufgabe erfüllt.

Hat man erst einen Hauptkreis AF gefunden, so lassen sich daraus, mit Hülfe von (No. 8, III), die drei übrigen Hauptkreise, welche aus den drei übrigen Winkeln B, C, D das Viereck halbiren, leicht finden.

IV. Aufgabe. „Ein gegebenes sphärisches Viereck durch einen Hauptkreis, welcher durch einen in einer Seite desselben gegebenen Punct geht, in zwei gleiche Theile zu theilen."

Es sei $ABCD$ (Fig. 10) das gegebene Viereck und E der gegebene Punct. Man theile z. B. aus dem Winkel A durch den Hauptkreis AF das Viereck in zwei gleiche Theile (III) und verwandle hierauf das Dreieck EFA in EFG, so theilt der Hauptkreis EG das gegebene Viereck in zwei gleiche Theile.

V. Aufgabe. „Ein gegebenes sphärisches Vieleck durch einen Hauptkreis aus einem seiner Winkel in zwei gleiche Theile zu theilen."

Es sei z. B. das Fünfeck $ABCDE$ (Fig. 11) gegeben, welches aus dem Winkel A durch einen Hauptkreis AH in zwei gleiche Theile getheilt werden soll.

Man verwandle das gegebene Fünfeck in das Viereck $AFDE$, theile dieses Viereck durch den Hauptkreis AG in zwei gleiche Theile (III) und verwandle das Dreieck ADG in ADH (No. 8, III), so theilt der Hauptkreis AH das gegebene Fünfeck in zwei gleiche Theile.

Hat das gegebene Vieleck mehr als fünf Seiten, so verfährt man auf ähnliche Weise.

VI. Aufgabe. „Ein gegebenes sphärisches Vieleck aus einem Puncte, der in einer seiner Seiten gegeben ist, durch einen Hauptkreis in zwei gleiche Theile zu theilen."

Diese Aufgabe wird mit Hülfe von (V) gerade so wie die Aufgabe IV mit Hülfe von (III) gelöst.

VII. Aufgabe. „Ein gegebenes sphärisches Dreieck (Fall 1) von einem seiner Winkel aus, oder (Fall 2) von einem in einer seiner Seiten gegebenen Puncte aus durch Hauptkreise in 4, 8, 16, ... gleiche Theile zu theilen."

Der Fall (1) erfordert nur eine wiederholte Anwendung der Aufgabe (I). Der Fall (2) dagegen erfordert die Anwendung von (I) und (III). Soll z. B. das Dreieck ABC (Fig. 8) aus dem Puncte D in vier gleiche Theile getheilt werden, so theile man dasselbe zuerst durch den Hauptkreis DE in zwei gleiche Theile, und hierauf theile man sowohl das Dreieck DEC, als auch das Viereck $DEBA$ von D aus in zwei gleiche Theile (I und III), so hat man die Forderung der Aufgabe erfüllt.

Auf dieselbe Weise kann das Viereck u. s. w. getheilt werden.

Da man einen gegebenen Winkel oder einen gegebenen Kreisbogen durch Construction nicht in drei gleiche Theile theilen kann, so kann auch das sphärische Dreieck durch blosse Construction nicht in drei gleiche Theile getheilt werden (No. 7) und (I). Wohl aber kann umgekehrt ein gegebenes sphärisches Dreieck, nur durch Construction, beliebig vervielfacht werden (No. 7).

VIII. Aufgabe. „Von einem gegebenen sphärischen Dreieck ein Stück abzuschneiden, welches mit einem anderen gegebenen sphärischen Dreieck gleichen Flächeninhalt hat."

Es soll z. B. von dem Dreieck ABC (Fig. 12) ein Stück abgeschnitten werden, welches mit dem Dreieck ADE gleichen Flächeninhalt hat. Man verlängere AE nach F hin und verwandle das Dreieck BED in BEF (No. 8, III), desgleichen das Dreieck ABF in ABG, so ist dieses Dreieck ABG das verlangte abzuschneidende Stück (vergl. No. 8, VII).

Auf ähnliche Weise kann man von einem gegebenen sphärischen Vieleck ein Stück abschneiden, welches einen gegebenen Flächeninhalt hat.

10.

Um ein sphärisches Dreieck, oder überhaupt ein sphärisches Vieleck, von einem in der Kugelfläche beliebig liegenden Puncte aus in zwei gleiche Theile theilen zu können, sind einige Hülfssätze nothwendig, die wir an einem anderen Orte im Zusammenhange vortragen und beweisen werden, und die wir deshalb hier nur kurz andeuten wollen. Zum leichteren Verständnisse aber wollen wir erst die analogen Betrachtungen bei geradlinigen Figuren in der Ebene vorangehen lassen, weil zwischen beiden Betrachtungen eine auffallende Uebereinstimmung Statt findet.

11.

I. Haben zwei geradlinige Dreiecke ABC und ADE (Fig. 13) einen gemeinschaftlichen Winkel A und gleichen Flächeninhalt, so ist bekanntlich

$$AB.AC = AD.AE.$$

Ist das eine Dreieck gleichschenklig, z. B. ist AD gleich AE, so ist alsdann

$$AB.AC = AD^2 = AE^2.$$

Nimmt man AB_1 gleich AB und zieht irgend einen Kreis M, der durch die Puncte B_1 und C geht, so ist die Potenz dieses Kreises (vergl.

Seite 22), in Bezug auf den Punct A gleich $AB_1 \times AC$ gleich AD^2; dieselbe Potenz ist aber auch gleich dem Quadrate der aus A an den Kreis gelegten Tangente AT, d. i. gleich AT^2, folglich ist

$$AT = AD = AE.$$

II. Es ist ferner bekannt, dass die Grundlinien BC, DE, ... aller Dreiecke ABC, ADE, ..., welche einen gemeinschaftlichen Winkel A und gleichen Flächeninhalt haben, von einer bestimmten Hyperbel, welche die Schenkel AD, AC des Winkels A zu Asymptoten hat, berührt werden, und zwar wird jede Grundlinie in ihrer Mitte berührt. Die Hauptaxe der Hyperbel halbirt demnach den Winkel A, und der eine ihrer Scheitel liegt in der Mitte G der Grundlinie DE des gleichschenkligen Dreiecks ADE. Daher folgt ferner, dass der mit dem Radius AD gleich AE gleich AT aus dem Mittelpunct A beschriebene Kreis $DFET$ die Axe AG im Brennpuncte F der Hyperbel schneidet. Wenn also das Dreieck ABC gegeben ist, so kann man durch Hülfe des Kreises M leicht den Scheitel G und den Brennpunct F derjenigen Hyperbel finden, welche die Grundlinie BC berührt und die Seiten AB, AC zu Asymptoten hat.

12.

Auf die angegebenen Eigenschaften (No. 11) gründen sich unter anderen die Auflösungen folgender Aufgaben.

I. Aufgabe. „Ein gleichschenkliges Dreieck zu construiren, welches mit einem gegebenen Dreieck gleichen Flächeninhalt und den Winkel an der Spitze gemein hat.“

Die Auflösung dieser Aufgabe ergiebt sich sehr leicht aus (No. 11, I).

II. Aufgabe. „Ein Dreieck zu construiren, welches mit einem gegebenen Dreieck gleichen Flächeninhalt und den Winkel an der Spitze gemein hat, und dessen Grundlinie durch einen gegebenen Punct geht.“ Oder, was dasselbe ist:

„Aus einem gegebenen Puncte eine Gerade so zu ziehen, dass sie mit zwei gegebenen Geraden, welche mit dem Puncte in einer Ebene liegen, ein Dreieck bilde, dessen Flächeninhalt gegeben ist.“

Es sei ABC (Fig. 14) das gegebene Dreieck und P der gegebene Punct.

Nach (No. 11, II) folgt, dass die Aufgabe einerlei ist mit folgender:

„Aus einem gegebenen Puncte P an eine Hyperbel, deren Asymptoten AC, AB nebst einer Tangente BC gegeben sind, eine Tangente zu legen.“

Die Aufgabe wird demnach, wie folgt, gelöst.

Man mache AB_1 gleich AB, lege durch die Puncte B_1, C einen beliebigen Kreis B_1TC, an diesen aus A die Tangente AT und beschreibe mit dieser aus A den Kreis $TEFDF_1$, welcher die Hauptaxe F_1F der Hyperbel in ihren Brennpuncten F, F_1 schneidet, und dessen Sehne DE derselben Axe in ihrem Scheitel G begegnet. Mit der Hauptaxe G_1G gleich $2AG$ beschreibe man aus F_1 den Kreis QQ_1Q_2, und aus P den Kreis FQQ_1, verbinde den Durchschnitt Q beider Kreise mit dem Brennpuncte F und fälle auf diese Gerade QF aus P das Perpendikel PO, so ist dieses Perpendikel die gesuchte Tangente und leistet folglich der obigen Aufgabe Genüge, d. h., sie schneidet ein Dreieck HIA ab, welches mit dem gegebenen Dreieck ABC gleichen Flächeninhalt hat. Ebenso ist das aus P auf die Gerade FQ_1 gefällte Perpendikel $PO_1H_1I_1$ eine Tangente an die Hyperbel und schneidet ein Dreieck AH_1I_1 ab, welches mit dem gegebenen Dreieck ABC gleichen Flächeninhalt hat.

III. Aufgabe. „Wenn in einer Ebene ein Dreieck und irgend ein Punct gegeben sind, so soll man aus diesem Puncte eine Gerade so ziehen, dass sie die Fläche des Dreiecks in zwei gleiche Theile theilt.“

Man ziehe aus den Winkeln nach den Mitten der gegenüber liegenden Seiten des gegebenen Dreiecks ABC (Fig. 15) die Geraden AA_1, BB_1, CC_1, von denen bekanntlich jede das Dreieck halbirt, und die einander in einem und demselben Puncte S schneiden und die Ebene in 6 unendliche Winkelräume theilen. Befindet sich nun der gegebene Punct z. B. in dem Winkelraum ASC_1, wie P, so ziehe man die Gerade PDE so, dass das Dreieck DEB mit dem Dreieck BCC_1 gleichen Flächeninhalt hat (II), so hat man der vorgelegten Aufgabe Genüge gethan.

Liegt der gegebene Punct P ausserhalb des gegebenen Dreiecks, so lässt die Aufgabe nur eine Auflösung zu; liegt er aber innerhalb desselben, so sind eine, zwei und höchstens drei Auflösungen möglich. Denn aus (No. 11, II) folgt, dass von allen möglichen Geraden, welche das Dreieck halbiren, jede eine von drei bestimmten Hyperbeln berührt, welche die Seiten des Dreiecks zu Asymptoten haben.

IV. Aufgabe. „Aus einem in der Ebene eines gegebenen Dreiecks willkürlich angenommenen Puncte eine Gerade so zu ziehen, dass sie die Fläche des Dreiecks nach einem gegebenen Verhältnisse theilt.“

Diese Aufgabe wird auf ähnliche Weise wie die vorige auf (II) zurückgeführt.

V. Aufgabe. „Wenn in einer Ebene ein Viereck und irgend ein Punct gegeben sind, so soll man aus dem Puncte eine Gerade so ziehen, dass sie das Viereck (Fall 1) halbirt, oder (Fall 2) nach irgend einem gegebenen Verhältnisse theilt, oder (Fall 3) von demselben ein Stück von gegebener Grösse abschneidet.“

Es sei $ABCD$ (Fig. 16) das gegebene Viereck und P der gegebene Punct. Für den Fall (1) halbire man das Viereck durch die Gerade CC_1 aus dessen Winkel C und ziehe hierauf die Gerade PFG so, dass das Dreieck FGE mit dem Dreieck C_1CE gleichen Flächeninhalt hat (II), so genügt sie der Aufgabe. Hätte man das Viereck durch die Gerade AA_1 (statt CC_1) in zwei gleiche Theile getheilt, so müsste man zuerst durch die Gerade PIH ein Dreieck IDH abschneiden, welches mit ADA_1 gleichen Flächeninhalt hätte, und dann noch das Dreieck PCH in das Dreieck PCG verwandeln, wozu man HG mit PC parallel ziehen müsste.*

Es ist demnach nicht gleich bequem, von welchem Winkel aus man das Viereck zuerst theilt. Um dieser Schwierigkeit auszuweichen, und um zum voraus entscheiden zu können, welchen zwei Seiten des Vierecks die zu ziehende Theilungslinie (PG) begegnen werde, ziehe man zuerst aus den Winkeln des Vierecks die vier Geraden AA_1, BB_1, CC_1, DD_1, von denen jede dasselbe in zwei gleiche Theile theilt, so lässt sich alsdann auf ähnliche Weise wie bei Aufgabe III erkennen, welche der vier Theilungen man zu wählen habe, und welchen zwei Seiten die Theilungslinie PG begegnen werde.

Bei den Fällen (2) und (3) verfährt man auf ähnliche Weise.

Diese Art von Aufgaben lässt sich auch auf die Vielecke ausdehnen, wobei sich die Lösung auf ähnliche Weise ergiebt.

13.

Die Betrachtungen (No. 11 und 12) über geradlinige Figuren in der Ebene finden nun, wie schon oben (No. 10) bemerkt worden, auf analoge Weise bei den sphärischen Figuren statt, nämlich wie folgt:

I. Haben zwei sphärische Dreiecke ABC, ADE gleichen Flächeninhalt und einen Winkel A gemein, so ist bekanntlich (*Legendre, élémens de géom.* Note X)

$$\mathrm{tg}\tfrac{1}{2}AB.\mathrm{tg}\tfrac{1}{2}AC = \mathrm{tg}\tfrac{1}{2}AD.\mathrm{tg}\tfrac{1}{2}AE.$$

Ist das eine Dreieck gleichschenklig, z. B. ist AD gleich AE, so ist

$$\mathrm{tg}\tfrac{1}{2}AB.\mathrm{tg}\tfrac{1}{2}AC = (\mathrm{tg}\tfrac{1}{2}AD)^2 = (\mathrm{tg}\tfrac{1}{2}AE)^2.$$

Nimmt man AB_1 gleich AB (Fig. 13, wo man sich unter jeder Geraden einen Hauptkreis der Kugel denken muss), legt durch die Puncte B und C irgend einen Sphärenkreis M und an diesen aus A die Tangente AT, so ist — da der Satz von der Potenz bei Kreisen in der

*Sieh S. 525.

Ebene (No. 11, I) auf ähnliche Weise bei Kreisen auf der Kugelfläche gilt, nämlich, dass für alle, aus demselben Puncte A durch den Kreis M gezogenen sphärischen Secanten AB_1C, das Product $\operatorname{tg}\frac{1}{2}AB_1 . \operatorname{tg}\frac{1}{2}AC$ constant bleibt*), welches wir an einem anderen Orte beweisen werden, und was übrigens leicht zu beweisen ist —

$$\operatorname{tg}\tfrac{1}{2}AB_1 . \operatorname{tg}\tfrac{1}{2}AC = (\operatorname{tg}\tfrac{1}{2}AT)^2 = (\operatorname{tg}\tfrac{1}{2}AD)^2,$$

und folglich

$$AT = AD = AE,$$

das heisst: „die sphärische Tangente AT aus dem Winkel A an den Kreis M ist gleich der Seite AD oder AE des gleichschenkligen Dreiecks ADE, welches mit dem Dreieck ABC gleichen Flächeninhalt hat."

II. Ferner werden wir an einem anderen Orte beweisen, dass die Grundlinien BC, DE, ... (Fig. 17) aller sphärischen Dreiecke ABC, ADE, ..., welche gleichen Flächeninhalt und einen Winkel A gemein haben, von einem sphärischen Kegelschnitt (der Durchschnittscurve der Kugelfläche mit der Fläche eines Kegels zweiten Grades, dessen Scheitel im Mittelpuncte der Kugel liegt) berührt werden, und zwar, dass jede Grundlinie in ihrer Mitte berührt wird; dass ferner die Hauptaxe AG des sphärischen Kegelschnitts den gemeinschaftlichen Winkel A halbirt, und einer der Scheitel in der Mitte G der Grundlinie DE des gleichschenkligen Dreiecks ADE liegt; dass der mit der Seite AD dieses Dreiecks aus A beschriebene Sphärenkreis $DFEF_1$ der Axe in den Brennpuncten F, F_1 des Kegelschnitts begegnet; dass, wenn f der Gegenpunct von F_1, mithin A_1f gleich AF ist, der Kegelschnitt in Bezug auf die beiden Brennpuncte F, F_1 hyperbolische, dagegen in Bezug auf die beiden Brennpuncte F, f elliptische Eigenschaften hat, d. h., dass für jeden Peripheriepunct I des Kegelschnitts sowohl der Unterschied der beiden Bogen $IF_1 - IF$, als auch die Summe der beiden Bogen $IF + If$ constant ist, nämlich ersterer gleich $2AG$ gleich GG_1, und letztere gleich Gg; dass endlich die Tangente BIC den Winkel FIF_1 der Leitstrahlen halbirt, und dass überhaupt das Verfahren, an einen sphärischen Kegelschnitt eine Tangente zu legen, demjenigen bei den ebenen Kegelschnitten ganz und gar analog ist.

Die beiden Hauptkreise ACA_1 und ABA_1 kann man wegen der Uebereinstimmung ihrer hier angegebenen, auf den sphärischen Kegelschnitt sich beziehenden Eigenschaft mit der analogen Eigenschaft, welche die

*) Ebenso findet die Eigenschaft zweier Kreise in der Ebene, welche wir ihre gemeinschaftliche Potenz genannt haben (Seite 32), auf analoge Weise bei zwei Kreisen auf der Kugel statt.

Asymptoten einer Hyperbel besitzen (No. 11, II), **sphärische Asymptoten des sphärischen Kegelschnitts** nennen*).

---

*) Wir fügen hier kurz noch folgende Resultate hinzu, die mit den obigen Sätzen im Zusammenhange sind, aber ausser dem Zwecke dieser Abhandlung liegen.

I. „Die Polarfigur eines sphärischen Kegelschnitts ist ebenfalls ein sphärischer Kegelschnitt, d. h., zieht man in einem Peripheriepunct I des gegebenen sphärischen Kegelschnitts die sphärische Normale IK und nimmt IK gleich einem Quadranten, so ist der Ort des Punctes K ebenfalls die Peripherie eines bestimmten Kegelschnitts, und zwar ist IK zugleich auch die sphärische Normale auf denselben im Puncte K. Ferner haben die beiden sphärischen Kegelschnitte folgende Beziehungen zu einander: Wenn sie beide als sphärische Ellipsen angesehen werden, so haben sie denselben Mittelpunct S, ihre sphärischen Axen liegen in denselben Hauptkreisen ASA_1, LSL_1, und zwar liegt die kleine Axe der einen sphärischen Ellipse mit der grossen Axe der anderen im gleichen Hauptkreise, und die Summe zweier solcher zusammen gehöriger Axen ist einem halben Hauptkreise gleich; und endlich sind die Brennpuncte des einen sphärischen Kegelschnitts die Pole der Asymptoten des anderen.“

Aus diesem Satze folgt, mit anderen Worten ausgesprochen, der folgende:

II. „Fällt man aus einem beliebigen Puncte K_1 Lothe auf die Ebenen, welche einen gegebenen Kegel K zweiten Grades berühren, so liegen alle Lothe zusammen in einer anderen Kegelfläche K_1 desselben Grades. Sind $2a$ und $2b$ der grösste und kleinste Winkel am Scheitel des Kegels K (die Axen-Winkel), und $2a_1$, $2b_1$ dasselbe für den Kegel K_1, so ist

$$2a+2b_1=2a_1+2b=2\mathrm{R},$$

und sowohl die beiden Axen-Winkel $2a$, $2b_1$ als $2b$, $2a_1$ liegen in einer und derselben Ebene. Werden diese beiden Axen-Ebenen zu Coordinaten-Ebenen genommen, so ist die Gleichung des Kegels K, wenn dessen Scheitel K der Anfangspunct ist,

$$y^2\operatorname{tg}^2 a+x^2\operatorname{tg}^2 b=z^2\operatorname{tg}^2 a\operatorname{tg}^2 b,$$

und die Gleichung des Kegels K_1, wenn dessen Scheitel K_1 zum Anfangspunct genommen wird, ist

$$\frac{y^2}{\operatorname{tg}^2 a}+\frac{x^2}{\operatorname{tg}^2 b}=\frac{z^2}{\operatorname{tg}^2 a\operatorname{tg}^2 b}.\text{“}$$

Aus dem bekannten Satze (*Correspondance sur l'école polytechnique Tom. I. p.* 179): „dass der Ort der Durchschnittslinie zweier Ebenen, die zu einander senkrecht sind und die durch die Schenkel eines fixen Winkels gehen, eine Kegelfläche zweiten Grades ist, die den fixen Winkel zum kleinen Axen-Winkel hat;“ oder mit anderen Worten: „dass der Ort der Scheitel aller sphärischen Dreiecke über derselben Grundlinie, deren Winkel am Scheitel rechte sind, ein sphärischer Kegelschnitt ist, welcher die Grundlinie zur kleinen elliptischen Axe hat“, folgt nach (I) folgender Satz:

III. „Dass alle Quadranten, wie z. B. BC (Fig. 17), die man zwischen zwei gegebenen und fixen halben Hauptkreisen ABA_1, ACA_1 ziehen kann, zusammen von einem bestimmten sphärischen Kegelschnitt $GIhgH$ berührt werden;“ oder mit anderen Worten: „dass alle mögliche Ebenen, von denen jede durch einen gegebenen Punct K in der Durchschnittslinie zweier gegebenen fixen Ebenen geht und diese so schneidet, dass die beiden Durchschnittslinien einen rechten Winkel bilden, zusammen einen bestimmten Kegel K zweiten Grades berühren, dessen Scheitel in dem genannten Puncte K liegt, und welcher zugleich auch die beiden fixen Ebenen berührt.“

14.

Aus diesen angedeuteten Sätzen und Eigenschaften (No. 13) ergeben sich die Auflösungen vieler sphärischen Aufgaben, z. B. der folgenden:

I. Aufgabe. „Ein gegebenes sphärisches Dreieck in ein gleichschenkliges zu verwandeln, welches mit ihm den Winkel an der Spitze gemein hat.“

Die Auflösung ergiebt sich aus (No. 13, I).

II. Aufgabe. „Ein gegebenes sphärisches Dreieck in ein anderes zu verwandeln, welches mit ihm den Winkel an der Spitze gemein hat, und dessen Grundlinie durch einen gegebenen Punct geht.“

Die Auflösung dieser Aufgabe gründet sich auf (No. 13, II) und ist ganz und gar analog mit derjenigen in (No. 12, II), so dass letztere für die gegenwärtige Aufgabe wörtlich übertragen werden kann.

III. Aufgabe. „Ein gegebenes sphärisches Dreieck durch einen Hauptkreis, der von einem auf der Kugel gegebenen Puncte ausgeht, in zwei gleiche Theile zu theilen.“

Die Auflösung dieser Aufgabe ist ganz und gar analog mit derjenigen in (No. 12, III), nur dass beim sphärischen Dreieck die Hauptkreise, welche dasselbe von seinen Winkeln aus halbiren, nicht durch die Mitten der gegenüberliegenden Seiten gehen wie beim geradlinigen Dreieck, sondern nach (No. 9, I) construirt werden müssen.

IV. Aufgabe. „Von einem gegebenen sphärischen Dreieck durch einen Hauptkreis, der durch einen gegebenen Punct geht, ein Stück abzuschneiden, welches mit einem anderen gegebenen sphärischen Dreieck gleichen Flächeninhalt hat.“

Diese Aufgabe lässt sich vermöge (No. 8, VII) auf (II) zurückführen.

V. Aufgabe. „Ein gegebenes sphärisches Viereck durch einen Hauptkreis, der durch einen gegebenen Punct geht, in zwei gleiche Theile zu theilen.“

Die Auflösung dieser Aufgabe ist ganz und gar analog mit derjenigen in (No. 12, V).

U. s. w.

15.

Es mögen hier noch folgende zwei Aufgaben nebst einigen Bemerkungen, die mit (No. 13) in Beziehung stehen, ihren Platz finden.

„Wenn auf der Kugel zwei Hauptkreise ABA_1, ACA_1 (Fig. 17) und irgend ein Punct I gegeben sind, so soll man denjenigen

Bogen BIC finden, erstens, für welchen IB gleich IC, oder zweitens, für welchen das sphärische Dreieck ABC ein Minimum oder das sphärische Dreieck A_1BC ein Maximum ist.“

Ein und derselbe Bogen erfüllt zugleich die Forderungen beider Aufgaben. Angenommen, es sei Bogen $AI < A_1I$. Man nehme IN gleich IA, mache Winkel INC gleich IAB und ziehe aus dem Durchschnitt C der Bogen NC und AC den Bogen CIB, so genügt dieser beiden Aufgaben zugleich. Denn die beiden sphärischen Dreiecke AIB und NIC sind vermöge der gleichen Seiten AI und NI und der daran liegenden gleichen Winkel congruent, und daher ist IB gleich IC. Dass ferner jedes andere Dreieck, wie z. B. AB_1C_1, grösser ist als das sphärische Dreieck ABC, folgt eben so leicht. Denn die beiden sphärischen Dreiecke IBB_1 und ICC_2 sind vermöge der gleichen Seiten IB und IC und der daran liegenden gleichen Winkel congruent. Nun aber ist offenbar das sphärische Dreieck $ICC_1 > ICC_2$, also auch das sphärische Dreieck $ICC_1 > IBB_1$, und folglich auch das sphärische $\triangle AB_1C_1 > \triangle ABC$.

Bemerkt man ferner, dass der gefundene Bogen BC nach (No. 13, II) in seiner Mitte I von einem bestimmten sphärischen Kegelschnitt berührt wird, welcher die gegebenen Hauptkreise ABA_1 und ACA_1 zu Asymptoten hat, so folgt: „Dass die vorliegende Auflösung zugleich lehrt, wie man durch Construction in einem gegebenen Puncte I an einen sphärischen Kegelschnitt eine Tangente BC legen kann, wenn nur die beiden Asymptoten desselben gegeben sind.“ „Dass sofort ferner auch die den Kegelschnitt im Scheitel G berührende Tangente DE, mithin auch dieser Scheitel selbst, so wie endlich auch die Brennpuncte F, F_1 oder f durch blosse Construction zu finden sind (No. 13).“ U. s. w. Dieses alles findet bekanntlich auf analoge Weise bei der Hyperbel in Hinsicht ihrer Asymptoten statt.

Zum Schlusse kann noch bemerkt werden, dass sich aus dem Obigen der nachstehende bekannte Satz (*Legendre*, VII. Buch, 26. Satz):

> „dass nämlich von allen sphärischen Dreiecken mit zwei gegebenen Seiten dasjenige das grösste sei, in welchem der Winkel zwischen den gegebenen Seiten so gross ist als die Summe der beiden übrigen Winkel,“

sehr leicht beweisen lasse. Denn es seien AB und AC (Fig. 3) die gegebenen Seiten. Man nehme AB als fixe Grundlinie an, beschreibe mit AC aus A einen Kreis A und denke sich ferner durch die Gegenpuncte A_1, B_1 der Endpuncte der Grundlinie den Kreis M gelegt, der den Kreis A in C berührt, so ist, wie aus dem Obigen leicht folgt, das Dreieck ABC das grösstmögliche mit den gegebenen Seiten AB und AC. Da ferner der Berührungspunct C mit den Polen der beiden genannten Kreise A, M in einem Hauptkreise liegt, so fällt also im gegenwärtigen Falle der Pol

M in den Hauptkreis ACA_1, und daher hat man (No. 4)

$$b_1 = a_1 + c_1 = a_1 + c,$$

und da

$$a + a_1 = b + b_1,$$

so folgt

$$a = b + c,$$

w. z. b. w.

Berlin, im März 1827.

Crelle's Journal Band II. S. 45—63.

6

Auflösung einer geometrischen Aufgabe aus Gergonne's Annales de Mathém. t. XVII. p. 284.

Aufgabe. „Quelle est l'ellipse la plus approchante du cercle que l'on puisse circonscrire à un quadrilatère donné?"

Auflösung. 1. Durch vier in einer Ebene liegende Puncte können nur dann Ellipsen gelegt werden, wenn jeder derselben ausserhalb des Dreiecks liegt, welches durch die drei übrigen bestimmt wird.

2. Alle Kegelschnitte, welche durch die nämlichen vier Puncte gehen, haben zusammen ein System conjugirter Durchmesser, welche mit einander parallel sind.

3. Von allen Paaren conjugirter Durchmesser einer Ellipse bilden die beiden gleichen unter sich den kleinsten Winkel, und

4. Die Ellipse kommt dem Kreise um so näher, je mehr sich das Verhältniss ihrer Axen der Einheit, oder je mehr sich der Winkel ihrer gleichen conjugirten Durchmesser dem rechten Winkel nähert, weil nämlich, wenn α der von den genannten Durchmessern eingeschlossene Winkel und a, b die Axen der Ellipse sind,

$$\frac{b}{a} = \operatorname{tg}\tfrac{1}{2}\alpha.$$

5. Daraus folgt, „dass die gesuchte Ellipse diejenige ist, deren gleiche conjugirte Durchmesser zu dem System der parallelen Durchmesser (2) gehören." Denn bei jeder anderen Ellipse, bei welcher die beiden conjugirten Durchmesser, die zu dem Parallelsystem gehören, nicht gleich sind, bilden die beiden gleichen conjugirten Durchmesser einen kleineren Winkel als jene (3), und folglich weicht die Ellipse mehr vom Kreise ab (4) als die genannte.

Wir fügen bei dieser Gelegenheit zu dem hier angeführten bekannten Satze über die parallelen conjugirten Durchmesser noch folgende Zusätze hinzu:

Alle Kegelschnitte, welche durch vier gegebene Puncte gehen, haben ein System conjugirter Durchmesser, die parallel sind, und ihre Mittelpuncte liegen in der Peripherie eines anderen bestimmten Kegelschnitts *K*. Dieses ist bekannt.

Da nun, wenn die vier Puncte die in (1) angegebene Lage haben, unter der Schaar Kegelschnitte, welche durch dieselben gehen, sich immer zwei Parabeln befinden, und da ferner bei der Parabel von irgend zwei conjugirten Durchmessern immer der eine mit der Axe parallel ist, so folgt, dass die Axen der beiden genannten Parabeln mit den, zu dem Parallelsystem gehörigen conjugirten Durchmessern parallel sind; und da der Mittelpunct der Parabel unendlich weit entfernt ist, so folgt ferner, dass der genannte Kegelschnitt *K* nothwendig eine Hyperbel ist, deren Asymptoten mit den Axen der beiden Parabeln parallel sein müssen. Daher folgt:

„Dass alle Kegelschnitte, die durch vier gegebene Puncte gehen, welche die in (1) angegebene Lage haben, ein System conjugirter Durchmesser haben, die parallel sind, und dass ihre Mittelpuncte in einer bestimmten Hyperbel liegen, deren Asymptoten ebenfalls mit jenen conjugirten Durchmessern parallel sind.“

Berlin, im Mai 1827.

Crelle's Journal Band II. S. 64—65.

7

Aufgaben und Lehrsätze,

erstere aufzulösen, letztere zu beweisen.

1. Aufgabe. Wenn in einer Ebene drei beliebige Kreise einander in einem Puncte schneiden, so soll man durch denselben eine Gerade so ziehen, dass, wenn A, B, C ihre übrigen Durchschnitte mit den Kreisen sind, die Abschnitte AB, BC der Geraden ein gegebenes Verhältniss zu einander haben.

2. Aufgabe. Wenn im Raume vier beliebige Kugeln einander in einem Puncte schneiden, so soll man durch denselben eine Gerade so ziehen, dass, wenn A, B, C, D die Puncte sind, in welchen sie den Kugelflächen ausserdem begegnet, ihre Abschnitte AB, BC, CD gegebene Verhältnisse zu einander haben.

3. Aufgabe. Wenn ein gegebenes (irreguläres) Vieleck (n Eck) so beschaffen ist, dass sowohl in als um dasselbe ein Kreis beschrieben werden kann, so soll man zwischen den Radien (r, R) der beiden Kreise und dem Abstande (a) ihrer Mittelpuncte von einander eine Gleichung finden. Für das Dreieck ist diese zuerst von *Euler* gefundene Gleichung bekanntlich

$$a^2 = R^2 - 2rR.$$

4. Aufgabe. Wenn in einer Ebene zwei beliebige in einander liegende Kreise solche Lage zu einander haben, dass man zwischen denselben eine Reihe von n Kreisen so beschreiben kann, dass jeder jene beiden Kreise, und dass sie einander der Reihe nach berühren, so soll man zwischen den Radien jener beiden Kreise und dem Abstande ihrer Mittelpuncte von einander eine Gleichung finden. (Man sehe S. 43.)

5. Aufgabe. Jeder beliebige Punct in der Ebene eines gegebenen geradlinigen Dreiecks kann einer der Brennpuncte eines Kegelschnitts sein, der alle drei Seiten des Dreiecks berührt. Man soll nun untersuchen, welche Lage der Punct in Beziehung auf das Dreieck haben müsse, damit der Kegelschnitt entweder Parabel, oder Ellipse, oder Hyperbel sei?

6. Aufgabe. Fällt man aus irgend einem Puncte P der Peripherie des um ein gegebenes Dreieck beschriebenen Kreises Lothe auf die Seiten des Dreiecks, so liegen bekanntlich die Fusspuncte dieser drei Lothe allemal in irgend einer Geraden G. Man soll nun denjenigen Punct P finden, für welchen die ihm zugehörige Gerade G mit einer gegebenen Geraden parallel ist.

7. Lehrsatz. Halbirt man in einem Viereck im Kreise sowohl die Winkel zwischen den Diagonalen als auch die Winkel, welche die gegenüberliegenden Seiten einschliessen, so sind von den 6 Geraden, welche diese Winkel halbiren, drei und drei parallel.

8. Lehrsatz. Vier beliebige Geraden in einer Ebene bilden, zu drei und drei genommen, vier Dreiecke. In jedem dieser Dreiecke schneiden die drei Lothe aus den Spitzen auf die gegenüberliegenden Seiten einander in einem Puncte, und diese vier Puncte liegen allemal in einer Geraden.

9. Lehrsatz. Vier beliebige Puncte in der Peripherie eines gegebenen Kreises bestimmen, zu dreien genommen, vier Dreiecke. Die vier Puncte, in welchen die Lothe aus den Spitzen dieser vier Dreiecke auf die gegenüberliegenden Seiten einander schneiden, liegen allemal in der Peripherie eines Kreises, welcher dem gegebenen Kreise gleich ist.

10. Lehrsatz.* Fällt man aus den Ecken eines beliebigen (irregulären) Tetraëders auf die gegenüberliegenden Seitenebenen Lothe, so schneiden diese vier Lothe einander im Allgemeinen nicht. Schneiden sich aber, in einem besonderen Falle, irgend zwei derselben, so schneiden alle vier einander in einem und demselben Puncte. Im Allgemeinen aber haben die genannten vier Lothe die merkwürdige Eigenschaft, dass jede Gerade, welche durch irgend drei derselben geht, auch das vierte schneidet, d. h., dass durch jeden beliebigen Punct, den man in einem der vier Lothe annimmt, allemal eine Gerade so gelegt werden kann, dass sie die drei übrigen Lothe schneidet.

11. Lehrsatz. Vier der Grösse und Lage nach gegebene Kugeln können im Allgemeinen von 16 bestimmten Kugeln berührt werden; gehen sie aber durch unendliche Vergrösserung in vier Ebenen über, die

*Sieh S. 525.

ein Tetraëder (beliebige dreiseitige Pyramide) bilden, so bleiben von jenen 16 Kugeln, im Allgemeinen, nur noch 8 übrig, d. h., es giebt im Allgemeinen 8 Kugeln, von denen jede die vier Seitenflächen eines gegebenen Tetraëders berührt. Von diesen 8 Kugeln ist *a*) eine dem Tetraëder eingeschrieben; *b*) von vier anderen berührt jede die Aussenseite einer Seitenfläche und die Verlängerungen der drei übrigen; und *c*) jede der drei übrigen Kugeln berührt alle Seitenflächen in ihrer Verlängerung und zwar zwei Seitenflächen auf ihrer Aussenseite.

Bezeichnet man nun den Radius der Kugel (*a*) durch R, die Radien der Kugeln (*b*), nach der Ordnung ihrer Grösse, durch R_1, R_2, R_3, R_4, wo nämlich der letzte der grösste ist, und die Radien der Kugeln (*c*), nach der Ordnung ihrer Grösse, durch R_5, R_6, R_7, so hat man zwischen diesen Radien unter anderen folgende merkwürdige Relationen:

$$\text{(I)}\qquad \frac{1}{R}=\frac{1}{R_4}+\frac{1}{R_3}+\frac{1}{R_5}=\frac{1}{R_4}+\frac{1}{R_2}+\frac{1}{R_6}=\frac{1}{R_4}+\frac{1}{R_1}\pm\frac{1}{R_7},$$

$$\text{(II)}\qquad \frac{1}{R}-\frac{1}{R_1}-\frac{1}{R_2}-\frac{1}{R_3}+\frac{1}{R_4}+\frac{1}{R_5}+\frac{1}{R_6}\pm\frac{1}{R_7}=0,$$

$$\text{(III)}\qquad \frac{1}{R_1^2}+\frac{1}{R_2^2}+\frac{1}{R_3^2}+\frac{1}{R_4^2}=\frac{1}{R^2}+\frac{1}{R_5^2}+\frac{1}{R_6^2}+\frac{1}{R_7^2},\quad \text{u. s. w.}$$

Sind von den Seitenflächen des Tetraëders drei zu einander senkrecht, so hat man z. B. auch noch folgende Gleichungen:

$$\text{(IV)}\qquad \frac{1}{R_4-R}=\frac{1}{R_1+R_7}+\frac{1}{R_2+R_6}+\frac{1}{R_3+R_5},$$

$$\text{(V)}\qquad \frac{1}{RR_4}=\frac{1}{R_1R_7}+\frac{1}{R_2R_6}+\frac{1}{R_3R_5}.$$

12. Lehrsatz. Beschreibt man in einen beliebigen dreikantigen Körperwinkel eine Reihe Kugeln, von denen jede die drei Seitenflächen desselben berührt, und die einander der Ordnung nach berühren, so bilden die Radien dieser Kugeln, ihrer Grösse nach, eine geometrische Progression. Sind z. B. a, b, c die Winkel, welche die Kanten des Körperwinkels mit einander bilden, und setzt man die Radien zweier nach einander folgender Kugeln R_1 und R_2, und zur Abkürzung

$$a+b+c=2s,$$

so ist der Exponent der genannten Progression

$$\text{(I)}\qquad \frac{R_2}{R_1}=\left\{\begin{matrix}\sqrt{\dfrac{\sin(s-a)\sin(s-b)(s-c)}{\sin s}}\\ +\sqrt{1+\dfrac{\sin(s-a)(s-b)(s-c)}{\sin s}}\end{matrix}\right\}^2.$$

Oder sind A, B, C die drei Flächenwinkel des Körperwinkels, und setzt man zur Abkürzung

$$A+B+C = 2S,$$

so ist

$$\text{(II)}\quad \frac{R_2}{R_1} = \left\{\begin{array}{l} \sqrt{\dfrac{-\cos S\cos(S-A)\cos(S-B)(S-C)}{4\cos^2\frac{1}{2}A\cos^2\frac{1}{2}B\cos^2\frac{1}{2}C}} \\ +\sqrt{1+\dfrac{-\cos S\cos(S-A)\cos(S-B)\cos(S-C)}{4\cos^2\frac{1}{2}A\cos^2\frac{1}{2}B\cos^2\frac{1}{2}C}} \end{array}\right\}^2.$$

Crelle's Journal Band II. S. 96—98.

8

Geometrische Lehrsätze.

1. Lehrsatz. Wenn auf einer Kugelfläche drei beliebige Kreise gegeben sind, so giebt es im Allgemeinen 8 Puncte von der Art, dass aus jedem von ihnen die stereographischen Projectionen der drei Kreise einander gleich sind.

2. Lehrsatz. Wenn in einer Ebene vier beliebige Kreise gegeben sind, so kann im Allgemeinen eine Kugel so gelegt werden, dass, wenn man die vier Kreise nach der stereographischen Projection auf dieselbe projicirt, alle Projectionen einander gleich sind.

3. Lehrsatz. Des *Pappus* „alter" Satz (S. 47) findet auf analoge Weise auf der Kugelfläche Statt, nämlich, wenn M, M_1 (Fig. 1) zwei beliebige Sphärenkreise sind, die einander in B berühren, und man beschreibt irgend zwei andere Kreise m, m_1, von denen jeder jene beiden berührt, und die einander berühren, so ist, wenn man aus den Polen m, m_1 auf den Hauptkreis BMM_1, der durch die Pole M, M_1 geht, sphärische Lothe p, p_1 fällt und die sphärischen Radien der Kreise m, m_1 durch r, r_1 bezeichnet, allemal

$$\frac{\sin p_1}{\sin r_1} = \frac{\sin p}{\sin r} + 2.$$

4. Lehrsatz. Wenn irgend ein sphärisches Dreieck ABC (Fig. 2) gegeben ist, und man zieht aus seinen Winkeln durch irgend einen Punct P Hauptkreise (grösste Kreise) APA_1, BPB_1, CPC_1, welche die gegenüberliegenden Seiten in den Puncten A_1, B_1, C_1 treffen, so hat man, wenn M der Pol und R der Radius des um das gegebene Dreieck beschriebenen Kreises ist,

$$\frac{\sin PA_1}{\sin AA_1} + \frac{\sin PB_1}{\sin BB_1} + \frac{\sin PC_1}{\sin CC_1} = \frac{\cos MP}{\cos R}.$$

Soll daher die Summe der drei Quotienten zur Linken constant bleiben, so ist der Ort des Punctes P die Peripherie eines Kreises, der mit dem genannten umschriebenen Kreise parallel ist.

5. Lehrsatz. Die Leitlinien aller Parabeln, von denen jede die drei Seiten eines Dreiecks berührt, schneiden einander in einem und demselben Puncte, und zwar in dem nämlichen Puncte, in welchem die aus den Winkeln des Dreiecks auf die gegenüber liegenden Seiten gefällten Lothe einander schneiden.

6. Lehrsatz. Berührt irgend eine Parabel die drei Seiten eines gleichseitigen Dreiecks, so treffen die drei Geraden aus den Ecken des Dreiecks nach den Berührungspuncten der gegenüber liegenden Seiten einander im Brennpuncte der Parabel.

7. Lehrsatz. Berührt von zwei beliebigen Kegelschnitten jeder die drei Seiten eines gegebenen Dreiecks, so liegen die sechs Berührungspuncte immer in irgend einem dritten Kegelschnitt.

8. Lehrsatz. *a*) Berührt irgend eine Fläche zweiten Grades die sechs Kanten einer dreiseitigen Pyramide, oder ihre Verlängerungen, so schneiden die drei Geraden, welche durch die Berührungspuncte der gegenüberliegenden Kanten gehen, einander allemal in einem Puncte; und umgekehrt.

b) Berührt von zwei beliebigen Flächen zweiten Grades jede die sechs Kanten einer dreiseitigen Pyramide, oder ihre Verlängerungen, so liegen die zwölf Berührungspuncte allemal in irgend einer dritten Fläche desselben Grades.

9. Lehrsatz. Jeder beliebige Punct in der Ebene eines gegebenen Dreiecks ABC (Fig. 3) kann einer der Brennpuncte eines Kegelschnitts sein, welcher die drei Seiten des Dreiecks, oder ihre Verlängerungen, berührt, und zwar ist der Kegelschnitt entweder *a*) eine Parabel, oder *b*) eine Ellipse, oder *c*) eine Hyperbel, je nachdem der genannte Punct entweder *a*) in der Peripherie des um das Dreieck beschriebenen Kreises, oder *b*) in einem der vier Räume E, E_1, E_2, E_3, oder *c*) in einem der sechs Räume H_1, H_2, H_3, h_1, h_2, h_3 liegt. (Siehe S. 128, Aufg. 5.)

Wenn im Falle (*c*) der gegebene Brennpunct z. B. in dem Raume h_1 liegt, so liegt der andere Brennpunct in dem entsprechenden Raume H_1; u. s. w.

10. Lehrsatz. 1) Wenn in einer Ebene zwei gerade Linien G (Fig. 4) einander schneiden, so giebt es zwei andere Geraden G_1, die ihre Winkel halbiren.

2) Sind drei Geraden G (Fig. 5) gegeben, so wird jede derselben von den zwei Geraden G_1, welche (nach 1) zu den beiden übrigen gehören, in zwei Puncten geschnitten. Zusammen giebt es also sechs solcher Durchschnittspuncte, und von diesen sechs Puncten liegen vier Mal drei in einer Geraden G_2.

3) Sind vier Geraden G gegeben, so wird jede derselben von den vier Geraden G_2, welche zu den drei übrigen gehören (2), in vier Puncten geschnitten. Solcher Puncte hat man also zusammen sechzehn, und von diesen sechzehn Puncten liegen acht Mal vier in einer Geraden G_3.

4) Sind fünf Geraden G gegeben, so wird jede derselben von den acht Geraden G_3, welche zu den vier übrigen gehören (3), in acht Puncten geschnitten; das sind zusammen vierzig Puncte, und von diesen vierzig Puncten liegen sechzehn Mal fünf in einer Geraden; u. s. w. Ueberhaupt bei n gegebenen Geraden G wird jede von den 2^{n-2} Geraden G_{n-2}, welche zu den $n-1$ übrigen gehören, in 2^{n-2} Puncten geschnitten, welches zusammen $n.2^{n-2}$ Puncte ausmacht, und von diesen Puncten liegen 2^{n-1} Mal n in einer Geraden G_{n-1}.

Dieser Satz ist nur ein specieller Fall von einem weit allgemeineren Satze.

11. Lehrsatz. Wenn in einer Ebene zwei beliebige Kreise K, K_1 (Fig. 6) gegeben sind, so giebt es eine Schaar unzählig vieler anderer Kreise m, m_1, m_2, m_3, ..., von denen jeder jene beiden auf die nämliche Art berührt, und die Mittelpuncte dieser Schaar Kreise liegen in irgend einem Kegelschnitt. Dreht man jeden Kreis der genannten Schaar um einen seiner Durchmesser, so erhält man eine Schaar Kugeln m, m_1, m_2, m_3, ..., und dann giebt es eine zweite Kugelschaar M, M_1, M_2, M_3, ..., von denen jede alle Kugeln der ersten Schaar berührt, und deren Mittelpuncte ebenfalls in einem Kegelschnitte liegen; und zwar steht die Ebene des letzteren Kegelschnitts auf der gegebenen Ebene senkrecht, und schneidet sie in der Geraden KK_1; auch haben die beiden Kegelschnitte solche Beziehung zu einander, dass die Brennpuncte eines jeden derselben mit den Hauptscheiteln des anderen zusammenfallen, dass daher nothwendig entweder beide Kegelschnitte congruente Parabeln sind, oder dass der eine eine Ellipse und der andere eine Hyperbel ist.

Nimmt man nun unter der ersten Kugelschaar eine Reihe Kugeln m, m_1, m_2, m_3, ... an, welche einander der Ordnung nach berühren, so findet, wie auf S. 43 bewiesen wurde, wenn die Reihe commensurabel ist, d. h., nach einem oder nach mehreren Umläufen in sich zurückkehrt, dasselbe allemal Statt, an welcher beliebigen Stelle man auch das erste Glied m der Reihe annehmen mag.

Es findet nun das merkwürdige Gesetz Statt: „dass, wenn in der ersten Kugelschaar eine commensurable Reihe m, m_1, m_2, m_3, ... möglich ist, allemal auch in der zweiten Kugelschaar eine commensurable Reihe M, M_1, M_2, M_3, ... vorhanden ist", und zwar sind beide Reihen dem folgenden höchst sonderbaren gemeinschaftlichen Gesetz unterworfen:

„Bezeichnet man die Zahl der Umläufe der ersten Reihe durch u und die Zahl ihrer Glieder (Kugeln) durch n, ferner die Zahl der Umläufe und Glieder der zweiten Reihe durch U und N, so ist allemal

$$\frac{u}{n} + \frac{U}{N} = \tfrac{1}{2}.\text{“}$$

Dies ist einer der merkwürdigsten geometrischen Sätze.

Ein specieller Fall dieses Satzes steht auf S. 59, wo nämlich

$$u = 1,\ n = 3,\ U = 1 \quad \text{und} \quad N = 6$$

ist.

Crelle's Journal Band II. S. 190—193.

9

Zwei polygonometrische Sätze.

I. Lehrsatz. „Zieht man aus einem in der Ebene eines gegebenen Vielecks beliebig angenommenen Puncte P nach den Seiten des Vielecks Gerade, die respective mit gegebenen Geraden parallel sind, so ist, wenn der Flächeninhalt desjenigen Vielecks, dessen Scheitel in den Fusspuncten jener Geraden liegen, (und welches somit dem gegebenen Vieleck eingeschrieben ist), constant bleiben soll, der Ort des Punctes P die Peripherie eines bestimmten Kegelschnitts. Die Form dieses Kegelschnitts und die Lage seines Mittelpunctes bleiben unverändert, wenn auch der Inhalt des eingeschriebenen Vielecks kleiner oder grösser angenommen wird, d. h. durch Veränderung dieses Inhalts entstehen ähnliche, ähnlichliegende und concentrische Kegelschnitte."

Beweis. Es sei z. B. das Vieleck $ABCDE$ (Fig. 1) gegeben. Aus einem beliebigen Puncte P ziehe man in den gegebenen Richtungen nach den Seiten des Vielecks die Geraden PA_1, PB_1, PC_1, ... oder a_1, b_1, c_1, ..., deren Fusspuncte ein dem gegebenen eingeschriebenes Vieleck $A_1B_1C_1D_1E_1$ bestimmen.

Da z. B. der Inhalt des Dreiecks C_1PD_1 gleich $\frac{1}{2}c_1d_1\sin\alpha$, so hat man, wenn man den Inhalt des Vielecks $A_1B_1C_1D_1E_1$ durch I_1 bezeichnet,

$$(1)\quad 2I_1 = c_1d_1\sin\alpha + d_1e_1\sin\beta + e_1a_1\sin\gamma + a_1b_1\sin\delta + b_1c_1\sin\varepsilon.$$

Es seien nun ferner x, y die Coordinaten des Punctes P, in Bezug auf beliebige, zu einander senkrechte Coordinaten-Axen OY, OX, und α_1, β_1, γ_1, δ_1, ε_1 seien die Winkel, welche die Geraden a_1, b_1, ... mit den respectiven Seiten des gegebenen Vielecks einschliessen, so wie α_2, β_2, γ_2, ... die Winkel, welche die Abscissen-Axe OX mit den nämlichen Seiten bildet, und endlich seien a, b, c, d, e die aus dem Anfangspuncte O auf die nämlichen Seiten gefällten Lothe, so hat man bekanntlich

$$(2)\qquad\begin{cases} a_1 = \dfrac{\cos\alpha_2}{\sin\alpha_1}\cdot y - \dfrac{\sin\alpha_2}{\sin\alpha_1}\cdot x + \dfrac{a}{\sin\alpha_1}, \\ b_1 = \dfrac{\cos\beta_2}{\sin\beta_1}\cdot y - \dfrac{\sin\beta_2}{\sin\beta_1}\cdot x + \dfrac{b}{\sin\beta_1}, \\ c_1 = \dfrac{\cos\gamma_2}{\sin\gamma_1}\cdot y - \dfrac{\sin\gamma_2}{\sin\gamma_1}\cdot x + \dfrac{c}{\sin\gamma_1}, \\ \dots\dots\dots\dots\dots \end{cases}$$

Werden diese Werthe in (1) substituirt, so kommt

$$(3)\qquad\begin{cases} 2I_1 = y^2\left(\dfrac{\cos\gamma_2\cos\delta_2}{\sin\gamma_1\sin\delta_1}\cdot\sin\alpha + \dfrac{\cos\delta_2\cos\varepsilon_2}{\sin\delta_1\sin\varepsilon_1}\cdot\sin\beta + \cdots + \dfrac{\cos\beta_2\cos\gamma_2}{\sin\beta_1\sin\gamma_1}\cdot\sin\varepsilon\right) \\ \quad + x^2\left(\dfrac{\sin\gamma_2\sin\delta_2}{\sin\gamma_1\sin\delta_1}\cdot\sin\alpha + \dfrac{\sin\delta_2\sin\varepsilon_2}{\sin\delta_1\sin\varepsilon_1}\cdot\sin\beta + \cdots + \dfrac{\sin\beta_2\sin\gamma_2}{\sin\beta_1\sin\gamma_1}\cdot\sin\varepsilon\right) \\ \quad - xy\left(\dfrac{\sin(\gamma_2+\delta_2)}{\sin\gamma_1\sin\delta_1}\cdot\sin\alpha + \dfrac{\sin(\delta_2+\varepsilon_2)}{\sin\delta_1\sin\varepsilon_1}\cdot\sin\beta + \cdots + \dfrac{\sin(\beta_2+\gamma_2)}{\sin\beta_1\sin\gamma_1}\cdot\sin\varepsilon\right) \\ \quad + y\left(\dfrac{d\cos\gamma_2 + c\cos\delta_2}{\sin\gamma_1\sin\delta_1}\cdot\sin\alpha + \cdots + \dfrac{c\cos\beta_2 + b\cos\gamma_2}{\sin\beta_1\sin\gamma_1}\cdot\sin\varepsilon\right) \\ \quad - x\left(\dfrac{d\sin\gamma_2 + c\sin\delta_2}{\sin\gamma_1\sin\delta_1}\cdot\sin\alpha + \cdots + \dfrac{c\sin\beta_2 + b\sin\gamma_2}{\sin\beta_1\sin\gamma_1}\cdot\sin\varepsilon\right) \\ \quad + \dfrac{cd\sin\alpha}{\sin\gamma_1\sin\delta_1} + \dfrac{de\sin\beta}{\sin\delta_1\sin\varepsilon_1} + \dfrac{ea\sin\gamma}{\sin\varepsilon_1\sin\alpha_1} + \dfrac{ab\sin\delta}{\sin\alpha_1\sin\beta_1} + \dfrac{bc\sin\varepsilon}{\sin\beta_1\sin\gamma_1}, \end{cases}$$

oder in einfacheren Zeichen

$$(4)\qquad Ay^2 + Bx^2 + Cxy + Dy + Ex + F = 0.$$

Diese Gleichung giebt den Ort des Punctes P, wenn man I_1 als constant annimmt. Sie enthält, wie man sieht, eine Curve der zweiten Ordnung, wie im Lehrsatze behauptet wird.

Da die Form dieser Curve (d. i. das Verhältniss ihrer Axen) und die Lage ihres Mittelpunctes durch die Coefficienten A, B, C, D, E allein bestimmt werden, und von dem constanten Gliede F unabhängig sind, und da dieses Glied allein die Grösse I_1 enthält, so folgt, dass die verschiedenen Curven, die entstehen, wenn man der Grösse I_1 nach und nach verschiedene Werthe giebt, alle einander ähnlich, ähnlichliegend und concentrisch sind.

Soll die Curve ein Kreis sein, so müssen sowohl die Coefficienten A und B einander gleich, als auch der Coefficient C gleich Null sein. Daher folgt: Wenn die Richtungen, nach welchen die genannten Geraden a_1, b_1, c_1, ... aus dem Puncte P gezogen werden, alle bis auf zwei gegeben sind, so können diese beiden Richtungen immer so angenommen werden, dass alsdann die Ortscurve ein Kreis wird.“ Denn diese beiden Richtungen werden durch die beiden Gleichungen

$$A = B \quad \text{und} \quad C = 0$$

gerade bestimmt.

Sind die Geraden a_1, b_1, c_1, ... alle zu den respectiven Seiten des gegebenen Vielecks senkrecht, so ist die Curve allemal ein Kreis, was den folgenden speciellen Lehrsatz giebt.

II. Lehrsatz. „Fällt man aus einem in der Ebene eines gegebenen Vielecks beliebig angenommenen Puncte P Lothe auf die Seiten desselben, so ist, wenn der Flächeninhalt des Vielecks, dessen Scheitel in den Fusspuncten der Lothe liegen, constant bleiben soll, der Ort des Punctes P die Peripherie eines bestimmten Kreises. Der Mittelpunct dieses Kreises ist ein bestimmter fixer Punct, d. h. er bleibt derselbe, wenn auch der Inhalt des eingeschriebenen Vielecks kleiner oder grösser angenommen wird; er ist nämlich der Mittelpunct (Schwerpunct) von Kräften, die in parallelen Richtungen auf die Ecken des gegebenen Vielecks wirken, und sich verhalten wie die Sinus der respectiven doppelten Winkel des Vielecks.“

Erster Beweis. Vermöge der neuen Bedingung sind z. B. in dem Viereck AC_1PD_1 die Winkel bei C_1 und D_1 rechte, daher ist auch $A+\alpha$ gleich zwei Rechten, und daher folgt, dass

$$(5) \qquad \begin{cases} \sin\alpha = \sin A, \\ \sin\beta = \sin B, \\ \sin\gamma = \sin C, \\ \dots\dots \end{cases}$$

Und ferner ist vermöge der neuen Bedingung

$$(6) \qquad \sin\alpha_1 = \sin\beta_1 = \sin\gamma_1 = \cdots = 1.$$

Durch die Gleichungen (5) und (6) reducirt sich die obige Gleichung (3) auf folgende:

$$(7) \qquad \begin{cases} 2I_1 = y^2(\cos\gamma_2\cos\delta_2\sin A + \cos\delta_2\cos\varepsilon_2\sin B + \cdots + \cos\beta_2\cos\gamma_2\sin E) \\ \quad + x^2(\sin\gamma_2\sin\delta_2\sin A + \sin\delta_2\sin\varepsilon_2\sin B + \cdots + \sin\beta_2\sin\gamma_2\sin E) \\ \quad - xy[\sin(\gamma_2+\delta_2)\sin A + \sin(\delta_2+\varepsilon_2)\sin B + \cdots + \sin(\beta_2+\gamma_2)\sin E] \\ \quad + y[(d\cos\gamma_2 + c\cos\delta_2)\sin A + \cdots + (c\cos\beta_2 + b\cos\gamma_2)\sin E] \\ \quad - x[(d\sin\gamma_2 + c\sin\delta_2)\sin A + \cdots + (c\sin\beta_2 + b\sin\gamma_2)\sin E] \\ \quad + cd\sin A + de\sin B + ea\sin C + ab\sin D + bc\sin E, \end{cases}$$

oder

$$(8) \qquad A_1y^2 + B_1x^2 + C_1xy + D_1y + E_1x + F_1 = 0.$$

Nun ist nach dem, was oben bemerkt worden, darzuthun, dass sowohl die Coefficienten A_1 und B_1 einander gleich sind, als auch dass der Coefficient C_1 gleich Null, also dass sowohl

$$\cos\gamma_2\cos\delta_2\sin A+\cos\delta_2\cos\varepsilon_2\sin B+\cdots+\cos\beta_2\cos\gamma_2\sin E$$
$$=\sin\gamma_2\sin\delta_2\sin A+\sin\delta_2\sin\varepsilon_2\sin B+\cdots+\sin\beta_2\sin\gamma_2\sin E,$$

oder

$$\text{(I)}\quad \cos(\gamma_2+\delta_2)\sin A+\cos(\delta_2+\varepsilon_2)\sin B+\cdots+\cos(\beta_2+\gamma_2)\sin E=0,$$

als auch

$$\text{(II)}\quad \sin(\gamma_2+\delta_2)\sin A+\sin(\delta_2+\varepsilon_2)\sin B+\cdots+\sin(\beta_2+\gamma_2)\sin E=0$$

ist.

Diese beiden Bedingungsgleichungen finden aber auch in der That statt. Denn, wenn man bemerkt, dass z. B., da $\alpha_3=\gamma_2-\delta_2$,

$$\sin A=\sin\alpha_3=\sin(\gamma_2-\delta_2),$$

so gehen die Ausdrücke (I) und (II) in folgende über:

$$\cos(\gamma_2+\delta_2)\sin(\gamma_2-\delta_2)+\cos(\delta_2+\varepsilon_2)\sin(\delta_2-\varepsilon_2)+\cdots+\cos(\beta_2+\gamma_2)\sin(\beta_2-\gamma_2),$$
$$\sin(\gamma_2+\delta_2)\sin(\gamma_2-\delta_2)+\sin(\delta_2+\varepsilon_2)\sin(\delta_2-\varepsilon_2)+\cdots+\sin(\beta_2+\gamma_2)\sin(\beta_2-\gamma_2).$$

Und wird ferner bemerkt, dass nach bekannten trigonometrischen Formeln

$$\cos(m+n)\sin(m-n)=\tfrac{1}{2}\sin 2m-\tfrac{1}{2}\sin 2n$$

und

$$\sin(m+n)\sin(m-n)=\sin^2 m-\sin^2 n,$$

so verwandeln sich die vorstehenden Ausdrücke in folgende:

$$\tfrac{1}{2}(\sin 2\gamma_2-\sin 2\delta_2)+\tfrac{1}{2}(\sin 2\delta_2-\sin 2\varepsilon_2)+\cdots+\tfrac{1}{2}(\sin 2\beta_2-\sin 2\gamma_2),$$
$$(\sin^2\gamma_2-\sin^2\delta_2)+(\sin^2\delta_2-\sin^2\varepsilon_2)+\cdots+(\sin^2\beta_2-\sin^2\gamma_2),$$

von denen, wie in die Augen fällt, jeder gleich Null ist, indem alle Glieder derselben einander aufheben. Folglich ist, wie im Lehrsatze behauptet wird, der Ort des Punctes P die Peripherie eines Kreises, wenn I_1 constant gesetzt wird.

Dass der Mittelpunct dieses Kreises der im Lehrsatze angegebene Schwerpunct sei, soll durch den folgenden Beweis dargethan werden.

Zweiter Beweis. Bezeichnet man den Flächeninhalt der Dreiecke A_1DB_1 und A_1PB_1 durch $\triangle$ und $\triangle_1$, so hat man

$$\triangle=\tfrac{1}{2}DA_1.DB_1.\sin D \quad\text{und}\quad \triangle_1=\tfrac{1}{2}a_1b_1\sin D,$$

oder wenn man bemerkt, dass

$$DA_1=PD.\cos\nu \quad\text{und}\quad DB_1=PD.\cos\mu,$$
$$a_1=PD.\sin\nu \quad\text{und}\quad b_1=PD.\sin\mu,$$

so hat man

$$\triangle=\tfrac{1}{2}PD^2.\cos\nu\cos\mu\sin D, \quad\text{und}\quad \triangle_1=\tfrac{1}{2}PD^2.\sin\nu\sin\mu\sin D,$$

und daher

$$\triangle - \triangle_1 = \tfrac{1}{2}PD^2(\cos\nu\cos\mu - \sin\nu\sin\mu)\sin D$$
$$= \tfrac{1}{2}PD^2.\cos D\sin D = \tfrac{1}{4}PD^2.\sin 2D.$$

Da man auf gleiche Weise eine ähnliche Gleichung zwischen den Flächeninhalten der zusammengehörigen Dreiecke B_1EC_1 und B_1PC_1, desgleichen zwischen den Dreiecken C_1AD_1 und C_1PD_1, u. s. w. findet, so hat man, wenn die Flächeninhalte der Vielecke $ABCDE$ und $A_1B_1C_1D_1E_1$ durch I und I_1 bezeichnet werden,

$$I - 2I_1 = \tfrac{1}{4}(PA^2.\sin 2A + PB^2.\sin 2B + PC^2.\sin 2C + PD^2.\sin 2D + PE^2.\sin 2E).$$

Soll nun der Flächeninhalt (I_1) des eingeschriebenen Vielecks constant bleiben, so ist auch $I - 2I_1$ constant, so dass also in diesem Falle die Summe der Producte, die entstehen, wenn man die Quadrate der Abstände des Punctes P von den Ecken des gegebenen Vielecks $ABCDE$ mit den Sinus der respectiven doppelten Winkel dieses Vielecks multiplicirt, gleich einer constanten Grösse, nämlich gleich $4(I - 2I_1)$ ist, woher denn, nach einem bekannten Satze (*M. Hirsch,* Sammlung geom. Aufg. Bd. II. S. 339) unmittelbar die Richtigkeit des obigen Lehrsatzes folgt.

Der letztere Beweis ist, einige Abkürzungen ausgenommen, derselbe, welchen wir zuerst S. 15 und 16 mitgetheilt haben.

Crelle's Journal Band II. S. 263—267.

10

Auflösung einer Aufgabe aus den Annalen der Mathematik von Herrn Gergonne.

I.

Im XVII. Bande der *Annales de Mathématiques* von Herrn *Gergonne* befindet sich S. 83 folgende Aufgabe:

> „Construire rigoureusement la droite qui coupe à la fois quatre droites données dans l'espace, non comprises deux à deux dans un même plan.“

Die nachfolgende Auflösung dieser Aufgabe erfordert einige Hülfssätze und Betrachtungen, die hier theils entwickelt, theils nur angedeutet werden sollen.

II.

Folgende Sätze sind leicht einzusehen:

1) Durch jeden gegebenen Punct ist eine einzige Gerade möglich, welche mit einer der Lage nach gegebenen Geraden parallel ist.

2) Alle Geraden, welche eine gegebene Gerade A schneiden und mit einer anderen gegebenen Geraden B parallel sind, liegen zusammen in einer Ebene, welche mit der letzteren Geraden parallel ist; oder durch eine gegebene Gerade A ist allemal eine einzige Ebene möglich, welche mit einer anderen gegebenen Geraden B parallel ist, vorausgesetzt, dass die beiden Geraden A, B nicht parallel sind.

3) Sind im Raume irgend zwei Gerade A, B gegeben, so ist durch jede derselben eine Ebene möglich, welche mit der anderen parallel ist (2), und beide Ebenen sind daher mit einander parallel.

4) Sind im Raume irgend zwei Gerade und ein Punct gegeben, so ist durch den Punct allemal eine und nur eine Ebene möglich, welche mit jeder der beiden Geraden parallel ist.

III.

„Sind im Raume irgend zwei Gerade A, B und irgend ein Punct P gegeben, so kann durch den Punct allemal eine einzige dritte Gerade gelegt werden, welche entweder 1) jene beiden Geraden schneidet, oder, bei einer besonderen Lage des Punctes P, 2) die eine schneidet und mit der anderen parallel ist.“ Denn man denke sich durch den Punct P und durch jede der beiden Geraden insbesondere eine Ebene gelegt, so muss jede dritte Gerade, welche durch den Punct gehen und beide gegebene Geraden schneiden soll, in diesen beiden Ebenen zugleich liegen, daher giebt es nur eine einzige solche Gerade, nämlich die Durchschnittslinie beider Ebenen. Liegt der gegebene Punct P entweder in derjenigen Ebene, welche durch A geht und mit B parallel ist, oder in derjenigen, welche durch B geht und mit A parallel ist (II, 3), so findet der Fall (2) des Satzes Statt, d. h. die dritte Gerade schneidet nur die eine gegebene Gerade und ist mit der anderen parallel.

IV.

„Sind im Raume irgend drei Gerade A, B, C gegeben, so giebt es allemal eine und nur eine vierte Gerade C_1, welche zwei derselben, z. B. A, B, schneidet und mit der dritten C parallel ist.“ Denn man denke sich durch A eine Ebene, welche mit C parallel ist, und ebenso durch B eine Ebene, welche mit C parallel ist, so ist die Durchschnittslinie beider Ebenen die einzig mögliche Gerade C_1, welche die Geraden A, B schneidet und mit der Geraden C parallel ist (II, 2). Man erhält daher die Gerade C_1, wenn man z. B. durch A eine Ebene legt, welche mit C parallel ist, und alsdann durch den Punct b, in welchem sie B schneidet, eine Gerade C_1 mit C parallel zieht.

V.

„Sind im Raume irgend drei Gerade A, B, C gegeben, (von denen keine zwei in einer Ebene liegen), so kann eine vierte Gerade A_1 so bewegt werden, dass sie stets alle drei schneidet, und dass sie nach und nach durch jeden beliebigen Punct geht, welchen man in einer derselben annimmt.“ Denn durch jeden beliebigen Punct c, welchen man z. B. in der Geraden C annimmt, kann nach (III) eine Gerade A_1 gelegt werden, welche die Geraden A, B, und mithin alle drei Geraden A, B, C schneidet. Und lässt man nun in der Vorstellung den Punct c in der Geraden C sich fortbewegen, so wird auch die Gerade A_1 sich bewegen, so dass sie nach und nach längs der ganzen Geraden C fortgleitet.

Oder um irgend eine Gerade A_1 zu erhalten, welche die drei gegebenen Geraden A, B, C schneidet, lege man z. B. durch C eine beliebige

Ebene, so wird diese die Geraden A, B in irgend zwei Puncten a, b schneiden, und die Gerade ab wird alsdann der Forderung genügen, d. h. sie hat die Eigenschaft der verlangten Geraden A_1, indem sie nothwendiger Weise auch die Gerade C schneiden wird, weil sie mit ihr in der genannten Ebene liegt. „Lässt man daher in der Vorstellung diese Ebene sich um die Gerade C herumbewegen, so wird die Gerade ab oder A_1 sich so bewegen, dass sie fortwährend alle drei gegebene Geraden A, B, C schneidet, und dass die Durchschnittspuncte a, b, c, in welchen sie die letzteren schneidet, längs diesen sich continuirlich fortbewegen.“

VI.

Mit anderen Worten folgt daher: „dass die drei gegebenen Geraden A, B, C von einer unzähligen Schaar anderer Geraden A_1, B_1, C_1, D_1, ... geschnitten werden können, und dass von dieser Schaar keine zwei, so nahe sie auch immerhin auf einander folgen mögen, einander schneiden können, weil sie sonst, und folglich auch jene 3 Geraden mit ihnen, in einer Ebene liegen müssten.“

Fixirt man irgend drei Gerade aus der genannten Schaar, z. B. die drei Geraden A_1, B_1, C_1, und nimmt sie als drei gegebene Geraden an, so folgt also, dass dieselben nicht allein von den drei Geraden A, B, C, sondern vielmehr von einer zweiten Schaar unzähliger Geraden A, B, C, D, ... geschnitten werden können.

Es liegen aber bekanntlich die beiden Schaaren von Geraden zusammen in einer Fläche der zweiten Ordnung, nämlich im einfachen Hyperboloïd*); und ferner schneiden nicht nur die drei Geraden A, B, C alle Geraden der Schaar A_1, B_1, C_1, D_1, ..., sondern jede Gerade der einen Schaar schneidet jede Gerade der anderen Schaar, so dass also auch z. B. die Gerade D nothwendig die Gerade D_1 schneidet oder mit ihr parallel ist**). Das heisst:

„Wenn im Raume drei beliebige Geraden A, B, C von irgend drei anderen Geraden A_1, B_1, C_1 geschnitten werden, so beschreibt diejenige Gerade, welche sich durch die drei ersteren fortbewegt (V), die nämliche Fläche zweiter Ordnung als diejenige Gerade, welche sich durch die drei letzteren bewegt, und diese Fläche ist das einfache Hyperboloïd.“ Und ferner: „Von den beiden Schaaren Gerader, die in einer solchen Fläche liegen, können von denen, welche zu der nämlichen Schaar gehören, keine zwei einander schneiden; dagegen aber schneidet jede Gerade der einen Schaar jede Gerade der anderen Schaar, ausgenommen eine einzige, mit welcher sie parallel ist.“

---

*) Band I. Seite 340 von *Crelle*'s Journal.

**) Seite 342 ebendaselbst.

VII.

Bewegt sich nämlich die Gerade A_1 durch die drei Geraden A, B, C, so wird sie irgend einmal eine solche Lage haben, dass sie mit A parallel ist, nämlich in demjenigen besonderen Falle, wo ihr Durchschnittspunct mit A unendlich weit entfernt ist, eine Lage von A_1, welche nach (IV) gefunden wird. Daher folgt:

„Dass mit jeder Geraden aus einer der beiden genannten Schaaren eine Gerade aus der anderen Schaar parallel ist.“

Es seien die Geraden A und A_1 parallel, so schneidet alsdann A_1 jede der übrigen Geraden B, C, D, ... der ersten Schaar (VI), und die Ebenen durch A_1 und B, A_1 und C, A_1 und D u. s. w. sind alsdann sämmtlich mit A parallel. Da aber durch jede der Geraden B, C, D, ... insbesondere nur eine mit A parallele Ebene möglich ist (II, 2), so folgt also umgekehrt:

„Dass alle Ebenen, welche man durch beliebige Geraden B, C, D, ..., die in einem einfachen Hyperboloïd liegen, und die zu der nämlichen Schaar gehören, mit einer Geraden A, die zu derselben Schaar gehört, parallel legt, einander in einer Geraden A_1 schneiden, welche zu der zweiten Schaar gehört, und welche mit jener abgesonderten Geraden A der ersten Schaar parallel ist.“

Ueberhaupt geht jede Ebene, welche durch irgend eine Gerade aus einer der beiden Schaaren geht, nothwendiger Weise auch durch eine Gerade der anderen Schaar. Denn geht z. B. eine Ebene durch A, so wird sie die Geraden B, C in irgend zwei Puncten b, c schneiden; alsdann schneidet die Gerade bc alle drei Geraden A, B, C (V), gehört also zu der zweiten Schaar und liegt in der genannten Ebene. Also: „Jede Ebene, welche das einfache Hyperboloïd in einer Geraden schneidet, schneidet dasselbe noch in einer zweiten Geraden, und beide Geraden gehören nothwendiger Weise verschiedenen Schaaren an*).“

---

*) Wir fügen hier beiläufig folgende Bemerkungen hinzu:

1. Legt man durch A eine Ebene parallel mit B, durch B eine Ebene parallel mit C und durch C eine Ebene parallel mit A, und nimmt diese drei Ebenen als Coordinaten-Ebenen an, so ist die Gleichung des genannten Hyperboloïds H

$$(x-a)(y-b)(z-c) = xyz,$$

welche, wenn

$$a = 2\alpha, \quad b = 2\beta, \quad c = 2\gamma$$

gesetzt wird, auf die Form

$$(x-\alpha)(y-\beta)(z-\gamma) = (x+\alpha)(y+\beta)(z+\gamma)$$

gebracht werden kann, in welcher Gestalt sie die Gleichung der genannten Fläche ist, wenn ihr Mittelpunct der Anfangspunct der Coordinaten ist, und diese letzteren mit irgend drei Geraden A, B, C, welche in der Fläche liegen und der nämlichen Schaar Geraden angehören, parallel sind. Aus dieser Gleichung leitet man leicht die von Binet gegebene Gleichung ab (Crelle's Journal Band I. S. 347).

VIII.

Durch irgend drei im Raume gegebene Gerade $A, B, C,$ welche nicht mit einer Ebene parallel sind, ist demnach allemal ein einfaches Hyperboloïd bestimmt, d. h. es giebt allemal eine und nur eine solche Fläche, in welcher die drei Geraden liegen. Der Mittelpunct dieser Fläche wird,

---

2. Wählt man die Axen des Hyperboloïds zu Coordinaten-Axen, so ist seine Gleichung bekanntlich

$$(\alpha) \qquad b^2c^2x^2 - a^2c^2y^2 - a^2b^2z^2 = -a^2b^2c^2.$$

Bezieht sich folgende Gleichung

$$(\beta) \qquad b^2c^2x^2 - a^2c^2y^2 - a^2b^2z^2 = 0$$

auf das nämliche Coordinaten-System, so ist letztere die Gleichung eines Kegels (zweiter Ordnung), welcher mit jener Fläche (α) einerlei Mittelpunct hat und ihr Asymptoten-Kegel ist.

Legt man nun eine Ebene so, dass sie den Kegel (β) in irgend einer Kante, welche K heissen mag, berührt, so findet man, dass diese Ebene allemal die Fläche (α) in irgend zwei Geraden, z. B. in A, A_1 schneidet, welche unter sich und mit der genannten Kante K parallel sind, und dass letztere in der Mitte zwischen jenen beiden Geraden liegt. Folglich ist jede Gerade, welche sich in der Fläche (α) befindet, mit irgend einer Kante des Kegels (β) parallel, und umgekehrt. Demnach folgen nachstehende Sätze:

I. „Alle Geraden, welche in der Fläche eines einfachen Hyperboloïds liegen, sind mit den Kanten eines bestimmten Kegels zweiter Ordnung parallel, d. h. zieht man durch einen beliebigen Punct P mit jeder Geraden, welche in der Fläche eines gegebenen einfachen Hyperboloïds liegt, eine Parallele, so liegen alle diese Parallelen zusammen in einer bestimmten Kegelfläche zweiter Ordnung.“ Oder:

II. „Sind im Raume irgend drei Gerade A, B, C gegeben, und eine vierte Gerade A_1, welche dieselben schneidet, bewegt sich auf jede mögliche Weise, ohne jedoch einen Augenblick aufzuhören, jene drei zu schneiden, so ist sie stets mit irgend einer Kante eines bestimmten Kegels parallel; oder bewegt sich eine andere Gerade a_1, welche fortwährend durch irgend einen fixen Punct P geht, so, dass sie stets mit der Geraden A_1 parallel ist, so beschreibt sie eine bestimmte Kegelfläche zweiter Ordnung, welche den Punct P zum Mittelpuncte (Scheitel) hat.“

III. „Sind im Raume irgend zwei Gerade A, B nebst einem beliebigen Kegel P zweiter Ordnung gegeben, so liegen alle möglichen Geraden A_1, B_1, $C_1, \ldots$, von denen jede jene beiden Geraden schneidet, und mit irgend einer Kante des Kegels P parallel ist, zusammen in einem bestimmten einfachen Hyperboloïd; oder bewegt sich eine Gerade A_1 so, dass sie stets mit irgend einer Kante des Kegels P parallel ist, und fortwährend die beiden Geraden A, B schneidet, so beschreibt sie ein einfaches Hyperboloïd.“

IV. „Sind irgend zwei Kegelschnitte A, B, welche in irgend einer Fläche zweiter Ordnung liegen, nebst einem beliebigen Kegel P derselben Ordnung gegeben, und bewegt sich eine Gerade A_1 so, dass sie stets mit irgend einer Kante des Kegels P parallel ist und fortwährend durch die Peripherien der beiden Kegelschnitte A, B geht, so beschreibt sie ein einfaches Hyperboloïd.“

Ist der genannte Kegel ein gerader Kegel, so ist das Hyperboloïd dasjenige, welches durch Umdrehung erzeugt werden kann; und tritt an die Stelle des Kegels eine oder zwei Ebenen, so wird das genannte einfache Hyperboloïd durch das hyperbolische Paraboloïd vertreten.

wie sich leicht beweisen lässt, und wie z. B. *Hachette* im ersten Bande von *Crelle*'s Journal bewiesen hat, auf folgende Weise gefunden:

1) „Man suche diejenigen drei Geraden A_1, B_1, C_1, welche respective mit den gegebenen Geraden A, B, C parallel sind und respective die beiden übrigen B und C, A und C, A und B schneiden (IV), und lege alsdann durch je zwei Parallelen, also durch A und A_1, B und B_1, C und C_1 eine Ebene, so ist der Durchschnittspunct dieser drei Ebenen der gesuchte Mittelpunct."

Oder man erhält daher diesen Mittelpunct am einfachsten, wie folgt:

2) „Durch eine der drei gegebenen Geraden, z. B. durch A, lege man eine Ebene parallel mit B, welche die C in irgend einem Puncte c schneiden wird; ferner lege man durch A eine Ebene parallel mit C, welche die B in irgend einem Puncte b schneiden wird, so ist alsdann die Mitte M derjenigen Geraden bc, welche die beiden genannten Puncte verbindet, der verlangte Mittelpunct."

IX.

Nach diesen vorläufigen Betrachtungen wollen wir uns nun zu der obigen Aufgabe (I) wenden. Sie verlangt nämlich:

„Diejenige Gerade in aller Strenge zu construiren, welche vier gegebene Geraden, von denen keine zwei in einer Ebene liegen, sämmtlich schneidet."

Die vier gegebenen Geraden sollen A, B, C, D heissen.

Werden zunächst nur die drei Geraden A, B, C berücksichtigt, so liegen diese in einem bestimmten einfachen Hyperboloïd (VIII), welches H heissen mag, und es giebt eine Schaar von Geraden A_1, B_1, C_1, $D_1, \ldots$, von welchen jede jene drei Geraden schneidet und in der Fläche H liegt (VI). Die gesuchte Gerade befindet sich daher nothwendiger Weise in dieser Schaar, nämlich sie ist diejenige, welche durch einen derjenigen Puncte geht, in welchen die vierte gegebene Gerade D das Hyperboloïd H schneidet. Kennt man demnach einen solchen Durchschnittspunct, so ist auch die gesuchte Gerade als gefunden zu betrachten, weil durch irgend einen Punct der Fläche H nur eine einzige zu der Schaar A_1, B_1, C_1, $D_1, \ldots$ gehörige Gerade möglich ist. Daher giebt es so viele Geraden, welche der Aufgabe Genüge leisten, als es Puncte giebt, in welchen die Gerade D und das Hyperboloïd H einander schneiden, mithin im Allgemeinen zwei.

X.

Die Durchschnittspuncte der Geraden D mit der Fläche H und hernach die gesuchte Gerade findet man nunmehr auf folgende Weise:

1) Man suche nach (VIII) den Mittelpunct des genannten Hyperboloïds H, in welchem nämlich die drei Geraden A, B, C liegen; er heisse M (Fig. 1).

2) Durch die Gerade A lege man eine Ebene E parallel mit D, welche die Geraden B, C in irgend zwei Puncten b, c und das Hyperboloïd in den beiden Geraden A und bc schneiden wird (VII). Der Durchschnittspunct der beiden Geraden A, bc heisse a.

3) Durch die Gerade D lege man eine Ebene E_1 parallel mit A, welche nämlich die Ebene der Figur ist, so sind die zwei Ebenen E, E_1 mit einander parallel (II, 3); sie schneiden folglich das Hyperboloïd H in ähnlichen und ähnlich liegenden Kegelschnitten, deren Mittelpuncte a, m mit dem Mittelpuncte M dieser Fläche in einer Geraden liegen. Nun besteht der Schnitt der Ebene E aus den beiden Geraden A, bc, welche als eine Hyperbel anzusehen sind, deren Mittelpunct a ist. Daher wird auch der Schnitt der anderen Ebene E_1 eine Hyperbel h sein, deren Asymptoten md, md_1 mit den Geraden A, bc parallel sind, und deren Mittelpunct m mit den Puncten a, M in einer Geraden liegt.

4) Legt man daher durch den Punct M zwei Ebenen, die eine durch die Gerade A und die andere durch die Gerade bc, so schneiden dieselben die Ebene E_1 in den Asymptoten md, md_1 der genannten Hyperbel h. Sind ferner b_1, c_1 die Durchschnittspuncte der Ebene E_1 und der Geraden B, C, so liegen dieselben nothwendiger Weise in der Peripherie der genannten Hyperbel h. Demnach kennt man die Asymptoten md, md_1 und zwei Puncte b_1, c_1 der genannten Hyperbel h, und es handelt sich nunmehr darum, diejenigen beiden Puncte α, β zu finden, in welchen dieselbe von der Geraden D geschnitten wird.

5) Zieht man zu diesem Endzweck, z. B. durch den Punct b_1 die Gerade pq parallel mit D, d. i. mit dd_1, so ist nach einer bekannten Eigenschaft der Hyperbel

$$pb_1.b_1q = d\alpha.\alpha d_1 = d\beta.\beta d_1.$$

Um hiernach die gesuchten Puncte α, β zu finden, beschreibe man um dd_1 als Durchmesser den Kreis μ, d. i. $dp_1q_1d_1$, trage in diesen die Sehne p_1q_1 gleich pq ein und nehme p_1b_2 gleich pb_1, so ist vermöge der Potenz des Kreises

$$p_1b_2.b_2q_1 = \delta b_2.b_2\delta_1.$$

Man nehme daher ferner

$$\mu\alpha = \mu\beta = \mu b_2,$$

so sind α, β die beiden gesuchten Puncte, in welchen die Gerade D die Hyperbel h und folglich auch das Hyperboloïd H schneidet.

6) Legt man nun endlich durch jeden der beiden Puncte α, β eine Gerade A_1, B_1, welche z. B. die beiden Geraden A, B schneidet (III), so wird jede derselben nothwendiger Weise auch die Gerade C schneiden, und somit der vorgelegten Aufgabe Genüge thun.

Wäre die Gerade dd_1 kleiner als pq, so müsste man in (5) um den Durchmesser pq, anstatt dd_1, einen Kreis beschreiben, und alsdann fände man durch eine ähnliche Construction die beiden gesuchten Puncte α, β.

Crelle's Journal Band II. S. 268—275.

11

Vorgelegte Lehrsätze.

1. Lehrsatz. „Sind irgend zwei in einer Ebene liegende Dreiecke so beschaffen, dass, wenn aus den Ecken des einen auf die Seiten des anderen, in irgend einer Ordnung genommen, Lothe gefällt werden, diese drei Lothe einander in irgend einem Puncte treffen, so treffen auch diejenigen drei Lothe, welche in entsprechender Ordnung aus den Ecken des zweiten Dreiecks auf die Seiten des ersteren gefällt werden, einander allemal in irgend einem Puncte.“ Oder:

I) „Fällt man aus einem willkürlichen Puncte D (Fig. 1) in der Ebene eines Dreiecks ABC auf die Seiten des letzteren Lothe Da, Db, Dc, nimmt in diesen Lothen drei beliebige Puncte a, b, c als Ecken eines anderen Dreiecks abc an, und fällt auf dessen Seiten aus den Ecken des gegebenen Dreiecks, in gehöriger Ordnung genommen, Lothe Ad, Bd, Cd, so treffen diese einander allemal in irgend einem Puncte d.“ Und ferner:

II) „Nimmt man ähnlicherweise ein drittes Dreieck $a_1b_1c_1$ an, dessen Ecken in den nämlichen drei ersteren Lothen liegen, so wird demselben auf gleiche Weise ein Punct d_1 entsprechen (I), und es liegen alsdann die drei Durchschnittspuncte der drei Paare entsprechender Seiten des zweiten und dritten Dreiecks, d. h. die Durchschnittspuncte α, β, γ der Seitenpaare bc und b_1c_1, ca und c_1a_1, ab und a_1b_1, allemal in irgend einer Geraden $\alpha\beta\gamma$; und

III) diese Gerade $\alpha\beta\gamma$ ist allemal zu derjenigen Geraden dd_1, welche durch die beiden genannten Puncte d, d_1 geht, senkrecht.“

2. Lehrsatz. „Haben irgend zwei sphärische Dreiecke, die in einerlei Kugelfläche liegen, solche gegenseitige Lage, dass,

wenn man aus den Ecken des einen auf die Seiten des anderen, in irgend einer Ordnung genommen, Lothe fällt, diese Lothe einander in einem Puncte treffen, so treffen allemal auch diejenigen drei Lothe, welche man in entsprechender Ordnung aus den Ecken des zweiten Dreiecks auf die Seiten des ersteren fällt, einander in irgend einem Puncte.“ Oder:

I) „Fällt man aus einem willkürlichen Puncte D der Kugelfläche auf die Seiten BC, CA, AB eines gegebenen sphärischen Dreiecks ABC sphärische Lothe Da, Db, Dc, nimmt in diesen Lothen drei beliebige Puncte a, b, c als Ecken eines zweiten sphärischen Dreiecks abc an und fällt auf dessen Seiten bc, ca, ab aus den Ecken des ersteren Dreiecks, in gehöriger Ordnung genommen, sphärische Lothe Ad, Bd, Cd, so treffen diese einander allemal in irgend einem Puncte d.“ Und ferner:

II) „Einem dritten sphärischen Dreieck $a_1b_1c_1$, dessen Ecken in den nämlichen drei ersteren Lothen Daa_1, Dbb_1, Dcc_1 angenommen werden, wird ähnlicherweise ein Punct d_1 entsprechen, und die drei Durchschnittspuncte α, β, γ der drei einander entsprechenden Seiten-Paare, nämlich der Seiten-Paare bc und b_1c_1, ca und c_1a_1, ab und a_1b_1 des zweiten und dritten Dreiecks liegen alsdann allemal in irgend einem Hauptkreise $\alpha\beta\gamma$; und

III) dieser Hauptkreis $\alpha\beta\gamma$ steht allemal auf demjenigen Hauptkreise dd_1, welcher durch die beiden genannten Puncte d, d_1 geht, senkrecht.“

3. Lehrsatz. „Haben irgend zwei (irreguläre) Tetraëder solche gegenseitige Lage, dass, wenn aus den Ecken des einen auf die Seitenebenen des anderen, in irgend einer Ordnung genommen, Lothe gefällt werden, diese vier Lothe einander in einem Puncte treffen, so treffen allemal auch diejenigen vier Lothe, welche man in entsprechender Ordnung aus den Ecken des zweiten Tetraëders auf die Seitenebenen des ersteren fällt, einander in irgend einem Puncte.“ Oder:

I) „Fällt man aus einem willkürlich angenommenen Puncte E auf die Seitenebenen BCD, CDA, DAB, ABC eines gegebenen Tetraëders $ABCD$ Lothe Ea, Eb, Ec, Ed, nimmt in diesen Lothen vier beliebige Puncte a, b, c, d als Ecken eines zweiten Tetraëders $abcd$ an, und fällt auf dessen Seitenebenen bcd, cda, dab, abc aus den Ecken A, B, C, D des ersteren Tetraëders Lothe Ae, Be, Ce, De, so treffen diese einander allemal in irgend einem Puncte e.“ Und ferner:

II) „Nimmt man in den vier ersteren Lothen ähnlicherweise vier andere Puncte a_1, b_1, c_1, d_1 als Ecken eines dritten Tetraëders an, so wird diesem in gleicher Beziehung ein Punct e_1 entsprechen; und es liegen alsdann die vier Durchschnittslinien α, β, γ, δ der vier Paare einander entsprechender Seitenebenen des zweiten und dritten Tetraëders, nämlich die Durchschnittslinien der vier Paare Seitenebenen bcd und $b_1c_1d_1$, cda und $c_1d_1a_1$, dab und $d_1a_1b_1$, abc und $a_1b_1c_1$, allemal in irgend einer Ebene $\alpha\beta\gamma\delta$ *); und

III) diese Ebene $\alpha\beta\gamma\delta$ steht allemal auf derjenigen Geraden ee_1, welche durch die beiden genannten Puncte e, e_1 geht, senkrecht."

4. Lehrsatz. „Es sei irgend ein unregelmässiges Vieleck so beschaffen, dass sowohl ein Kreis in, als ein anderer Kreis um dasselbe beschrieben werden kann. Werden die Radien der Kreise durch r, R und der Abstand ihrer Mittelpuncte von einander durch a bezeichnet, so hat man

I) für ein Dreieck (siehe 3. Aufgabe, S. 127),

$$R^2-a^2 = 2rR,$$

II) für ein Viereck

$$(1)\qquad (R^2-a^2)^2 = 2r^2(R^2+a^2),$$

oder

$$(2)\qquad (R+r+a)(R+r-a)(R-r+a)(R-r-a) = r^4,$$

III) für ein Fünfeck

$$r(R-a) = (R+a)\sqrt{(R-r+a)(R-r-a)}+(R+a)\sqrt{(R-r-a)2R},$$

IV) für ein Sechseck

$$3(R^2-a^2)^4 = 4r^2(R^2+a^2)(R^2-a^2)^2+16r^4a^2R^2,$$

V) für ein Achteck

$$8r^2[(R^2-a^2)^2-r^2(R^2+a^2)]\{(R^2+a^2)[(R^2-a^2)^4+4r^4a^2R^2]-8r^2a^2R^2(R^2-a^2)^2\}$$
$$= [(R^2-a^2)^4-4r^4a^2R^2]^2."$$

5. Lehrsatz. Wenn irgend ein sphärisches Viereck so beschaffen ist, dass sowohl ein Kreis in, als ein anderer Kreis um dasselbe beschrieben werden kann, so hat man, wenn die sphärischen Radien der beiden Kreise durch r, R und der sphärische Abstand ihrer Pole von einander durch a bezeichnet werden, folgende Gleichung:

$$(1)\qquad [\cos^2(r+a)-\cos^2R][\cos^2(r-a)-\cos^2R] = \sin^4r\cos^4R,$$

oder

$$(2)\quad \sin(R+r+a)\sin(R+r-a)\sin(R-r+a)\sin(R-r-a)=\sin^4r\cos^4R.$$

---

*) Siehe S. 3, No. 2.

6. Lehrsatz. Man stelle sich im Raume eine Ebene AB (Fig. 2) und irgend eine Kugel m vor. Der Radius dieser Kugel soll durch r und das Loth mA aus ihrem Mittelpuncte auf die Ebene durch h bezeichnet werden. Ferner sei m_1 irgend eine Kugel, welche die Ebene und jene Kugel äusserlich berührt, so sind alsdann unendlich viele Kugeln denkbar, welche die Ebene und die beiden Kugeln m, m_1 zugleich berühren, wie z. B. die Kugeln μ, μ_1. Man denke sich nun eine Reihe solcher Kugeln $\mu_1, \mu_2, \mu_3 \ldots \mu_x$, welche einander der Ordnung nach berühren, und deren Anfangsglied μ_1 an beliebiger Stelle angenommen ist, so ist es möglich, dass, wenn diese Reihe im Ring herum fortgesetzt wird, bis man zu dem Anfangsgliede μ_1 zurückkommt, die letzte Kugel nicht nur die vorletzte, sondern zugleich auch die erste μ_1 berührt; und zwar hängt dieses Eintreffen lediglich von dem Verhältniss der beiden Grössen r, h zu einander und durchaus nicht von der Grösse und Lage der Kugel m_1 noch von der Lage des Anfangsgliedes μ_1 der Reihe ab. Nämlich die erste Kugel μ_1 der genannten Reihe wird allemal von

I)	der dritten	μ_3	berührt,	wenn	$h = 5r$,
II)	- vierten	μ_4	-	-	$h = 3r$,
III)	- fünften	μ_5	-	-	$h^2 - 4hr - 16r^2 = 0$,
IV)	- sechsten	μ_6	-	-	$h = r$,
V)	- achten	μ_8	-	-	$h^2 - 6hr + r^2 = 0$,

u. s. w.

7. Lehrsatz. „Wenn von irgend vier Kugeln je zwei einander äusserlich berühren, so giebt es allemal zwei bestimmte andere Kugeln m, M, von denen jede jene vier berührt, und zwar berührt entweder α) jede dieselben äusserlich, oder β) die eine berührt dieselben äusserlich und die andere einschliessend. Werden die Radien dieser beiden Kugeln m, M durch r, R, und der Abstand ihrer Mittelpuncte von einander durch a bezeichnet, so hat man allemal

$$(\alpha) \qquad a^2 = R^2 + r^2 + 10rR,$$

oder

$$(\beta) \qquad a^2 = R^2 + r^2 - 10rR.\text{“}$$

8. Lehrsatz. „Sind r, R die Radien und a der Abstand der Mittelpuncte zweier in einander liegender Kugeln m, M, und findet zwischen jenen drei Grössen die Gleichung

$$a^2 = R^2 + r^2 - 6rR$$

Statt, so lassen sich in dem Raume zwischen den beiden Kugelflächen auf willkürliche Weise 6 andere Kugeln so beschreiben, dass jede 4 der übrigen und zugleich jene beiden Kugeln m, M berührt: d. h. denkt man sich an irgend einer Stelle in dem genannten Zwischenraum eine Kugel μ_1, welche die Kugeln m, M berührt, so lassen sich um dieselbe herum auf willkürliche Weise vier andere Kugeln μ_2, μ_3, μ_4, μ_5 legen, die einander der Ordnung nach berühren, und von denen jede die drei ersteren Kugeln m, M, μ_1 berührt, und alsdann ist allemal noch eine andere Kugel μ_6 möglich, welche die sechs Kugeln m, M, μ_2, μ_3, μ_4, μ_5 berührt.“

9. Lehrsatz. „Ist auf einer Kugelfläche eine beliebige Anzahl willkürlich liegender Puncte $A, B, C, \dots$ gegeben, und soll auf derselben ein anderer Punct P so bestimmt werden, dass, wenn man die Cosinus der Hauptkreisbogen AP, BP, CP, ..., welche diesen Punct mit jenen Puncten verbinden, respective mit gegebenen Zahlen $a, b, c, \dots$ multiplicirt, die Summe dieser Producte einer gegebenen Grösse K gleich sei, also dass

$$a\cos AP + b\cos BP + c\cos CP + \cdots = K$$

sei, so ist der Ort des Punctes P allemal die Peripherie irgend eines Kreises. Wird die Grösse K kleiner oder grösser angenommen, während die Puncte $A, B, C, \dots$ fix und die Zahlen $a, b, c, \dots$ constant bleiben, so bleibt auch der Pol des Ortskreises unveränderlich, d. h. die verschiedenen Ortskreise, die dadurch entstehen, sind alsdann alle mit einander parallel.“

10. Lehrsatz. „Ist im Raume irgend eine Anzahl n beliebiger Puncte gegeben, und ordnet man dieselben auf willkürliche Weise, zieht sodann aus dem ersten nach dem zweiten die Gerade A; aus der Mitte der Geraden A nach dem dritten Puncte die Gerade B; aus dem Puncte, welcher von der Geraden B, von ihrem Anfange an gerechnet, das erste Drittel abschneidet, nach dem vierten Puncte die Gerade C; aus dem Puncte, welcher von C das erste Viertel abschneidet, nach dem fünften Puncte die Gerade D; aus dem Puncte, welcher von D das erste Fünftel abschneidet, nach dem sechsten Puncte die Gerade E u. s. w.; multiplicirt hierauf die Quadrate der genannten Geraden nach der Ordnung mit den Brüchen

$$\frac{1}{2}, \quad \frac{2}{3}, \quad \frac{3}{4}, \quad \frac{4}{5}, \quad \frac{5}{6}, \quad \dots \quad \frac{n-1}{n},$$

so hat die Summe aller dieser Producte, nämlich die Summe

$$\tfrac{1}{2}A^2 + \tfrac{2}{3}B^2 + \tfrac{3}{4}C^2 + \tfrac{4}{5}D^2 + \tfrac{5}{6}E^2 + \cdots + \frac{n-1}{n}Z^2$$

allemal einerlei Grösse, in welcher beliebigen Ordnung man auch die gegebenen Puncte auf einander folgen lässt.“

11. Lehrsatz. „Sind a, b, c, d die Seiten und e, f die Diagonalen eines sphärischen Vierecks, und ist g derjenige Hauptkreisbogen, welcher die Mitten der beiden Diagonalen verbindet, so ist allemal

$$\cos a + \cos b + \cos c + \cos d = 4\cos\tfrac{1}{2}e\cos\tfrac{1}{2}f\cos g.“$$

(Beim geradlinigen Viereck hat man bekanntlich die entsprechende Gleichung

$$a^2+b^2+c^2+d^2 = e^2+f^2+4g^2.)$$

12. Lehrsatz. „Sind im Raume irgend zwei fixe Gerade gegeben, und lässt man zwei Ebenen, welche zu einander senkrecht sind, sich so bewegen, dass jede fortwährend durch eine jener Geraden geht, so beschreibt die Durchschnittslinie der beiden Ebenen ein einfaches Hyperboloïd, in welchem zugleich auch jene beiden Geraden liegen, und welches von jeder Ebene, die zu einer dieser Geraden senkrecht ist, in einem Kreise geschnitten wird.“

Crelle's Journal Band II. S. 287—292.

12

Bemerkungen zu einer Aufgabe in Crelle's Journal Band III. S. 197—198.

Herr *Clausen* behandelt in *Crelle*'s Journal Band III. S. 197—198 folgende Aufgabe:

1) „In einem Dreieck ABC (Fig. 1) sei

$$AF = k.AB, \quad BD = k.BC, \quad CE = k.CA,$$

man soll den Inhalt der verschiedenen, durch die Durchschnitte der Linien AD, BE, CF entstandenen Dreiecke (und Vierecke) finden".

Diese Aufgabe gehört zu einer Abtheilung von Elementar-Aufgaben, welche die *Pestalozzi*'sche Schule wegen mancherlei pädagogischer Vorzüge sehr in Betracht zog, und die besonders der Director der Gewerbschule zu Berlin, Herr *Kloeden*, sehr ausgebildet hat und bei seinem Unterricht mit dem besten Erfolg ausübt. Nach dieser Elementarübung wird die obige Aufgabe ohne Hülfe trigonometrischer Functionen gelöst; auch kann sie allgemeiner gestellt werden, so dass die obige nur als ein einzelner Fall erscheint, nämlich wie folgt:

2) „Es seien die Seiten des gegebenen Dreiecks ABC (Fig. 1) auf irgend eine Weise getheilt, z. B. so, dass

$$AF = \alpha.AB; \quad BD = \beta.BC; \quad CE = \gamma.CA,$$

man soll den Flächeninhalt eines jeden der sieben Stücke angeben, in welche das Dreieck durch die drei Geraden AD, BE, CF getheilt wird."

Ist die Gerade EG mit AB parallel, so ist

$$CE : CA = EG : AF,$$

also

$$EG = \gamma.AF = \gamma\frac{\alpha}{1-\alpha}BF,$$

und da aus denselben Gründen

$$EG : BF = EH : HB,$$

so ist eben so

$$EH = \gamma\frac{\alpha}{1-\alpha}HB,$$

und daher

$$EB = EH + HB = \left(1+\gamma\frac{\alpha}{1-\alpha}\right) HB = \frac{1-\alpha+\alpha\gamma}{1-\alpha} HB,$$

folglich

$$\frac{EH}{EB} = \frac{\alpha\gamma}{1-\alpha+\alpha\gamma},$$

und da die Dreiecke c und CEB sich wie ihre Grundlinien EH, EB verhalten, so ist

$$c = \frac{\alpha\gamma}{1-\alpha+\alpha\gamma} CEB.$$

Wird nun der Inhalt des gegebenen Dreiecks durch $\triangle$ dargestellt, so ist

$$CEB = \gamma \, \triangle,$$

daher wird

$$\text{(1)} \qquad c = \frac{\alpha\gamma^2}{1-\alpha+\alpha\gamma} \triangle,$$

und vermöge der Analogie hat man eben so

$$\text{(2)} \qquad b = \frac{\gamma\beta^2}{1-\gamma+\gamma\beta} \triangle,$$

$$\text{(3)} \qquad a = \frac{\beta\alpha^2}{1-\beta+\beta\alpha} \triangle.$$

Da z. B. das Viereck

$$d = AFC - c - a,$$

so hat man ferner, (weil AFC gleich $\alpha\triangle$),

$$\text{(4)} \qquad d = \alpha\left(1 - \frac{\gamma^2}{1-\alpha+\alpha\gamma} - \frac{\beta\alpha}{1-\beta+\beta\alpha}\right)\triangle,$$

desgleichen

$$\text{(5)} \qquad e = \beta\left(1 - \frac{\alpha^2}{1-\beta+\beta\alpha} - \frac{\gamma\beta}{1-\gamma+\gamma\beta}\right)\triangle,$$

$$\text{(6)} \qquad f = \gamma\left(1 - \frac{\beta^2}{1-\gamma+\gamma\beta} - \frac{\alpha\gamma}{1-\alpha+\alpha\gamma}\right)\triangle.$$

Endlich ist das Dreieck

$$g = \triangle - AFC - BDA - CEB + a + b + c,$$

daher wird

$$\text{(7)} \qquad \begin{cases} g = \left(1-\alpha-\beta-\gamma+\dfrac{\beta\alpha^2}{1-\beta+\beta\alpha}+\dfrac{\gamma\beta^2}{1-\gamma+\gamma\beta}+\dfrac{\alpha\gamma^2}{1-\alpha+\alpha\gamma}\right)\triangle \\ \quad = \left(1-\dfrac{(1-\alpha)\gamma}{1-\alpha+\alpha\gamma}-\dfrac{(1-\beta)\alpha}{1-\beta+\alpha\beta}-\dfrac{(1-\gamma)\beta}{1-\gamma+\beta\gamma}\right)\triangle. \end{cases}$$

Schneiden die drei Geraden AD, BE, CF einander in einem Puncte, so ist $g = 0$, und für diesen Fall hat man also die Bedingungsgleichung

$$\text{(8)} \qquad \frac{(1-\alpha)\gamma}{1-\alpha+\alpha\gamma} + \frac{(1-\beta)\alpha}{1-\beta+\alpha\beta} + \frac{(1-\gamma)\beta}{1-\gamma+\beta\gamma} = 1,$$

oder auch

$$(9) \qquad \alpha\beta\gamma = (1-\alpha)(1-\beta)(1-\gamma).$$

3) Der angeführte Satz entspringt aus dem vorstehenden, wenn man

$$\alpha = \beta = \gamma$$

setzt. Für diesen besonderen Fall hat man

$$(10) \qquad a = b = c = \frac{\alpha^3}{1-\alpha+\alpha^2}\triangle \qquad ((1), (2), (3)),$$

$$(11) \qquad d = e = f = \frac{\alpha(1-\alpha-\alpha^2)}{1-\alpha+\alpha^2}\triangle \qquad ((4), (5), (6)),$$

$$(12) \qquad \begin{cases} g = \left(1-3\alpha+3\cdot\dfrac{\alpha^3}{1-\alpha+\alpha^2}\right)\triangle & (7) \\ \quad = \dfrac{1-4\alpha+4\alpha^2}{1-\alpha+\alpha^2}\triangle. \end{cases}$$

---

4) Neulich wurden im XVIII. Bande der *Annales de Mathématiques* des Herrn *Gergonne* einige Aufgaben untersucht, welche den vorstehenden ähnlich sind, sich eben so leicht lösen lassen, und aus denen ich die vorzüglichsten Resultate hierher setzen will.

Wenn man nämlich im Innern eines Dreiecks mit dessen Seiten drei Geraden parallel zieht*), so dass die Fläche desselben in sieben Stücke getheilt wird, nämlich in ein dem gegebenen ähnliches und ähnlich liegendes Dreieck $\triangle$, in drei Parallelogramme a, b, c und in drei, diesen respective gegenüberliegende Paralleltrapeze α, β, γ, so findet Herr *Vallès* folgende Gleichungen:

$$(1) \qquad \begin{cases} a = 2(\sqrt{\triangle+\beta}-\sqrt{\triangle})(\sqrt{\triangle+\gamma}-\sqrt{\triangle}), \\ b = 2(\sqrt{\triangle+\gamma}-\sqrt{\triangle})(\sqrt{\triangle+\alpha}-\sqrt{\triangle}), \\ c = 2(\sqrt{\triangle+\alpha}-\sqrt{\triangle})(\sqrt{\triangle+\beta}-\sqrt{\triangle}), \end{cases}$$

$$(2) \qquad \begin{cases} 2a\alpha = bc+2\sqrt{2abc\triangle}, \\ 2b\beta = ca+2\sqrt{2abc\triangle}, \\ 2c\gamma = ab+2\sqrt{2abc\triangle}, \end{cases}$$

$$(3) \qquad 4(\sqrt{\triangle+\alpha}-\sqrt{\triangle})(\sqrt{\triangle+\beta}-\sqrt{\triangle})(\sqrt{\triangle+\gamma}-\sqrt{\triangle}) = \sqrt{2abc},$$

$$(4) \qquad a(\sqrt{\triangle+\alpha}-\sqrt{\triangle}) = b(\sqrt{\triangle+\beta}-\sqrt{\triangle}) = c(\sqrt{\triangle+\gamma}-\sqrt{\triangle},$$

$$(5) \qquad 2a\alpha-bc = 2b\beta-ca = 2c\gamma-ab.$$

---

*) Zöge man drei Geraden, statt parallel mit den Seiten, so, dass sie die Seiten in irgend gegebenen Verhältnissen schnitten, so würde dieser Fall den gegenwärtigen und den obigen als besondere Fälle in sich enthalten und nach Art des letzteren leicht gelöst werden können.

Setzt man $\triangle$ gleich 0, d. h. nimmt man an, die drei Geraden schneiden einander in einem Puncte, so hat man z. B.

$$(6)\qquad a^2 = 4\beta\gamma;\quad b^2 = 4\gamma\alpha;\quad c^2 = 4\alpha\beta,$$

$$(7)\qquad abc = 8\alpha\beta\gamma.$$

Wenn man ähnlicher Weise im Innern einer dreiseitigen Pyramide mit deren Seitenflächen vier Ebenen parallel legt, so dass die Pyramide in 14 Theile getheilt wird, nämlich 1) in eine der gegebenen ähnliche und ähnlich liegende Pyramide p; 2) in vier Parallelepipeden a, b, c, d; 3) in vier den letzteren respective gegenüberliegende, mit ihren Grundflächen parallel abgestumpfte dreiseitige Pyramiden α, β, γ, δ; und endlich 4) in sechs abgestumpfte Parallelepipeden, welche rücksichtlich ihrer Lage zwischen den Parallelepipeden (2) durch $[ab]$, $[ac]$, $[ad]$, $[bc]$, $[bd]$, $[cd]$ bezeichnet werden sollen; so hat man

$$(\text{I})\qquad \begin{cases} a = 6(\sqrt[3]{p+\beta}-\sqrt[3]{p})(\sqrt[3]{p+\gamma}-\sqrt[3]{p})(\sqrt[3]{p+\delta}-\sqrt[3]{p}), \\ \text{für } b,\ c,\ d \text{ analog.} \end{cases}$$

$$(\text{II})\qquad \begin{cases} [ab] = 3(\sqrt[3]{p+\gamma}-\sqrt[3]{p})(\sqrt[3]{p+\delta}-\sqrt[3]{p})(\sqrt[3]{p+\gamma}+\sqrt[3]{p+\delta}), \\ \text{für } [ac],\ [ad],\ \ldots \text{ analog.} \end{cases}$$

$$(\text{III})\qquad \begin{cases} 12a^2\alpha = 2bcd+6\sqrt[3]{6a^2b^2c^2d^2p}+6a\sqrt[3]{36abcdp^2}, \\ \text{für } \beta,\ \gamma,\ \delta \text{ analog. Danach findet man } \alpha,\ \beta,\ \gamma,\ \delta. \end{cases}$$

$$(\text{IV})\qquad \begin{cases} 2ab[cd] = cd(a+b)+2\sqrt[3]{6a^2b^2c^2d^2p}, \\ \text{für } [ab],\ [ac],\ \ldots \text{ analog.} \end{cases}$$

$$(\text{V})\qquad \begin{cases} 36(\sqrt[3]{p+\alpha}-\sqrt[3]{p})(\sqrt[3]{p+\beta}-\sqrt[3]{p})(\sqrt[3]{p+\gamma}-\sqrt[3]{p})(\sqrt[3]{p+\delta}-\sqrt[3]{p}) \\ \qquad = \sqrt[3]{36abcd}. \end{cases}$$

$$(\text{VI})\qquad \begin{cases} a(\sqrt[3]{p+\alpha}-\sqrt[3]{p}) = b(\sqrt[3]{p+\beta}-\sqrt[3]{p}) = c(\sqrt[3]{p+\gamma}-\sqrt[3]{p}) \\ \qquad = d(\sqrt[3]{p+\delta}-\sqrt[3]{p}). \end{cases}$$

$$(\text{VII})\qquad ab[cd]+cd[ab] = ac[bd]+bd[ac] = ad[bc]+bc[ad].$$

Setzt man p gleich 0, d. h. nimmt man an, die vier genannten Ebenen schneiden einander in einem Puncte, wodurch sich α, β, γ, δ in Pyramiden verwandeln, die der gegebenen ähnlich sind, so hat man z. B.

$$(\text{VIII})\qquad a^3 = 216\beta\gamma\delta;\quad b^3 = 216\alpha\gamma\delta;\quad c^3 = 216\alpha\beta\delta;\quad d^3 = 216\alpha\beta\gamma.$$

$$(\text{IX})\qquad [ab] = 3(\sqrt[3]{\gamma}+\sqrt[3]{\delta})\sqrt[3]{\gamma\delta}, \quad \text{für die übrigen analog.}$$

$$(\text{X})\qquad abcd = 1296\alpha\beta\gamma\delta.$$

$$(\text{XI})\qquad 6a^2\alpha = bcd;\quad 6b^2\beta = acd;\quad \text{etc.}$$

$$(\text{XII})\qquad a^3\alpha = b^3\beta = c^3\gamma = d^3\delta.$$

Crelle's Journal Band III. S. 201—204.

13

Bemerkungen zu einem Aufsatze in Crelle's Journal Band III. S. 199—200.

Ein Ungenannter hat in *Crelle*'s Journal Band III. S. 199—200 folgenden Satz bewiesen:

„Alle Flächen der zweiten Ordnung, welche durch sieben Eckpuncte eines von sechs Ebenen begrenzten achteckigen Körpers (*Hexaëdre-Octogone*) gehen, gehen auch durch den achten Eckpunct dieses Körpers."

Aus diesem Satze schliesst man folgenden analogen Satz, nämlich:

„Dass jede Fläche zweiter Ordnung, welche sieben Seitenflächen eines von acht Ebenen begrenzten sechseckigen Körpers berührt, auch zugleich die achte Seitenfläche berühre."

Denn nach einer gewissen Regel, welche die französischen Geometer „*théorie des polaires réciproques*" nennen, (von der ich an einem anderen Orte handeln werde), und nach welcher die Dualität solcher Sätze erschlossen wird, folgt auch dieser Satz unmittelbar aus jenem. Der gegenwärtige kann aber auch ausserdem, wie folgt, aus jenem hergeleitet werden.

In jeder Ecke des genannten Körpers stossen vier Seitenflächen zusammen. Die in irgend einer Ecke zusammenstossenden Seitenflächen sollen der Ordnung nach durch A_1, A_2, A_3, A_4, und die ihnen gegenüberliegenden Seitenflächen durch A_5, A_6, A_7, A_8 bezeichnet werden. Die Ecken des Körpers lassen sich dadurch, mit Rücksicht auf die Seitenflächen, die darin zusammenstossen, durch $E(1234)$, $E(1278)$, $E(2358)$, $E(3465)$, $E(4176)$, $E(5678)$ bezeichnen. Endlich sollen die Puncte, in welchen irgend eine Fläche F zweiter Ordnung z. B. die sieben Seitenflächen A_1, A_2, A_3, A_4, A_5, A_6, A_7 berührt, p_1, p_2, p_3, p_4, p_5, p_6, p_7 heissen.

Man weiss, dass die Berührungspuncte aller Ebenen, welche durch einen und denselben Punct gehen und eine Fläche zweiter Ordnung berühren, auf die Peripherie eines Kegelschnitts beschränkt sind, und dass umgekehrt alle Ebenen, deren Berührungspuncte mit einer Fläche zweiter Ordnung auf einen Kegelschnitt beschränkt sind, einander in einem und demselben Puncte schneiden.

Daher folgt also, dass vermöge der Ecken $E(1234)$, $E(3465)$, $E(4176)$, sowohl die vier Puncte p_1, p_2, p_3, p_4, als p_3, p_4, p_6, p_5, als p_4, p_1, p_7, p_6 in einer Ebene (in einem ebenen Schnitt der Fläche F) liegen; und daher giebt es nach dem oben erwähnten Satze noch einen bestimmten achten Punct p_8, welcher ebenfalls in der Fläche F liegt, und zwar so, dass er sowohl mit den drei Puncten p_1, p_2, p_7, als p_2, p_3, p_5, als p_5, p_6, p_7 in einem ebenen Schnitt der Fläche liegt. Aus dem Letzteren folgt ferner nach dem vorstehenden Hülfssatze, dass die in p_8 an die Fläche F gelegte Berührungsebene sowohl durch den Durchschnittspunct der drei Ebenen A_1, A_2, A_7, als A_2, A_3, A_5, als A_5, A_6, A_7 gehen muss, d. h. dass sie durch die Ecken $E(1278)$, $E(2358)$, $E(5678)$ gehen muss, folglich fällt sie mit der Seitenfläche A_8 zusammen, und folglich wird auch diese Seitenfläche A_8 von der Fläche F berührt, w. z. b. w.

Ich erwähne bei dieser Gelegenheit noch folgender zwei interessanten Sätze, welche Herr *Bobillier* im XVII. Bande der mathematischen Annalen des Herrn *Gergonne* durch eine sehr einfache und geschickt geführte Rechnung bewiesen hat, nämlich:

I. „Die Mittelpuncte aller Flächen zweiter Ordnung, welche sieben gegebene Ebenen berühren, liegen in einer bestimmten Ebene.“

II. „Die Mittelpuncte aller Flächen zweiter Ordnung, welche acht gegebene Ebenen berühren, liegen in einer bestimmten Geraden.“

In einer späteren Abhandlung desselben Verfassers (Bd. XVIII. S. 253) fliessen diese Sätze als sehr specielle Fälle aus allgemeineren Sätzen über algebraische Flächen aller Ordnungen. Den Untersuchungen des Herrn *Bobillier* geht ein Mémoire von Herrn *Gergonne,* betitelt: *„Recherches sur quelques lois générales qui régissent les lignes et surfaces algébriques de tous les ordres“* voran (Bd. XVII. S. 214 und 229). Diese Arbeiten sind ihrer Allgemeinheit und Einfachheit wegen in Beziehung auf geschickte analytische Behandlung geometrischer Gegenstände von grossem Interesse, und verdienen deshalb besondere Berücksichtigung.

Crelle's Journal Band III. S. 205—206.

14

Vorgelegte Aufgaben und Lehrsätze.

1. Lehrsatz. Setzt man zur Abkürzung

$$z(z+1)(z+2)\dots(z+r-1) = z^{r|1},$$

so hat man für die Summe gleich hoher Potenzen der natürlichen Zahlen folgende Ausdrücke*):

$$(\mathrm{I})\left\{\begin{aligned}
&1^{2n+1}+2^{2n+1}+3^{2n+1}+\dots+x^{2n+1} = {}^1\Sigma x^{2n+1}\\
&=\frac{1}{2n+2}(x-n)^{2n+2|1}+\frac{1}{2n}[1^2+2^2+3^2+\dots+n^2](x-n+1)^{2n|1}\\
&+\frac{1}{2n-2}[1^2.1^2+1^2.2^2+1^2.3^2+\dots+(n-1)^2(n-1)^2](x-n+2)^{2n-2|1}\\
&+\frac{1}{2n-4}[1^2.1^2.1^2+1^2.1^2.2^2+\dots+(n-2)^2(n-2)^2(n-2)^2](x-n+3)^{2n-4|1}\\
&+\;\cdot\;\cdot\;\cdot\;\cdot\;\cdot\;\cdot\;\cdot\;\cdot\;\cdot\;\cdot\;\cdot\;\cdot\;\cdot\;\cdot\;\cdot\;\cdot\;\cdot\;\cdot\\
&+\frac{1}{4}[(1^2)^{n-1}+(1^2)^{n-2}.(2^2)^1+(1^2)^{n-3}(2^2)^2+\dots+(2^2)^{n-1}](x-1)^{4|1}+\frac{1}{2}(1^2)^n x^{2|1};
\end{aligned}\right.$$

und

$$(\mathrm{II})\left\{\begin{aligned}
&1^{2n+2}+2^{2n+2}+3^{2n+2}+\dots+x^{2n+2} = {}^1\Sigma x^{2n+2}\\
&=\frac{2x+1}{2}\Big\{\frac{1}{2n+3}(x-n)^{2n+2|1}+\frac{1}{2n+1}[1^2+2^2+3^2+\dots+n^2](x-n+1)^{2n|1}\\
&\qquad+\frac{1}{2n-1}[1^2.1^2+1^2.2^2+1^2.3^2+\dots+(n-1)^2(n-1)^2](x-n+2)^{2n-2|1}\\
&\qquad+\;\cdot\;\cdot\;\cdot\;\cdot\;\cdot\;\cdot\;\cdot\;\cdot\;\cdot\;\cdot\;\cdot\;\cdot\;\cdot\;\cdot\;\cdot\;\cdot\\
&\qquad+\frac{1}{5}[(1^2)^{n-1}+(1^2)^{n-2}(2^2)^1+(1^2)^{n-3}(2^2)^2+\dots+(2^2)^{n-1}](x-1)^{4|1}\\
&\qquad+\frac{1}{3}(1^2)^n(x)^{2|1}\Big\}.
\end{aligned}\right.$$

---

*) Der Herr Professor *Schweins* giebt in seiner Analysis elf verschiedene Summirungsweisen dieser Reihe; auch die vorliegende Summirungsweise gewinnt man nach der daselbst von dem genialen Verfasser angewandten sehr allgemeinen Summirungsmethode.

Leitet man von den gegebenen Reihen (I) und (II) neue Summenreihen ab, so hat man für die Summe der r^{ten} abgeleiteten Reihe:

$$
(\mathrm{III})\quad \left\{\begin{aligned}
&{}^{r}\textstyle\sum x^{2n+1}\\
&=\frac{1}{(2n+2)^{r|1}}(x-n)^{2n+r+1|1}+\frac{1}{(2n)^{r|1}}[1^2+2^2+3^2+\dots+n^2](x-n+1)^{2n+r-1|1}\\
&+\frac{1}{(2n-2)^{r|1}}[1^2.1^2+1^2.2^2+1^2.3^2+\dots+(n-1)^2(n-1)^2](x-n+2)^{2n+r-3|1}\\
&+\;.\;.\;.\;.\;.\;.\;.\;.\;.\;.\;.\;.\;.\;.\;.\;.\;.\;.\;.\\
&+\frac{1}{(4)^{r|1}}[(1^2)^{n-1}+(1^2)^{n-2}.(2^2)^1+\dots+(2^2)^{n-1}](x-1)^{r+3|1}+\frac{1}{(2)^{r|1}}(1^2)^n x^{r+1|1};
\end{aligned}\right.
$$

und

$$
(\mathrm{IV})\quad \left\{\begin{aligned}
&{}^{r}\textstyle\sum x^{2n+2}\\
&=\frac{2x+r}{2}\left\{\frac{1}{(2n+3)^{r|1}}(x-n)^{2n+r+1|1}+\frac{1}{(2n+1)^{r|1}}[1^2+2^2+3^2+\dots+n^2](x-n+1)^{2n+r-1|1}\right.\\
&+\frac{1}{(2n-1)^{r|1}}[1^2.1^2+1^2.2^2+1^2.3^2+\dots+(n-1)^2(n-1)^2](x-n+2)^{2n+r-3|1}\\
&+\;.\;.\;.\;.\;.\;.\;.\;.\;.\;.\;.\;.\;.\;.\;.\;.\;.\;.\;.\\
&\left.+\frac{1}{(5)^{r|1}}[(1^2)^{n-1}+(1^2)^{n-2}.(2^2)^1+\dots+(2^2)^{n-1}](x-1)^{r+3|1}+\frac{1}{(3)^{r|1}}(1^2)^n x^{r+1|1}\right\}.
\end{aligned}\right.
$$

Die Grössen n, r sind als ganze positive Zahlen vorausgesetzt.

2. Lehrsatz. „Zieht man in einem gegebenen Kreise Sehnen, die sämmtlich parallel sind, beschreibt über jeder, als Durchmesser genommen, einen Kreis, so wird jeder von diesen Kreisen, (wozu auch der gegebene gehört), von einer bestimmten Ellipse eingeschlossen und in zwei Puncten berührt. Die Ellipse hat den mit den genannten Sehnen parallelen Durchmesser AB des gegebenen Kreises zur kleinen Axe, deren Quadrat gerade die Hälfte des Quadrats der grossen Axe ist. Diejenigen Kreise jedoch, deren Durchmesser kleiner sind als $AB\sqrt{\tfrac{1}{2}}$, liegen innerhalb der Ellipse, ohne von ihr berührt zu werden."

3. Lehrsatz. „Zieht man irgend eine Gerade AB, welche ein Paar gegenüber liegender Kanten einer gegebenen dreiseitigen Pyramide schneidet, und legt durch irgend einen Punct P dieser Geraden AB zwei andere Geraden CD, EF, welche respective die beiden übrigen gegenüber stehenden Kantenpaare schneiden, so geht die Ebene der letzteren Geraden CD, EF beständig durch eine bestimmte Gerade A_1B_1, welche ebenfalls das erste Kantenpaar schneidet, der Punct P mag sich in der fixen Geraden AB bewegen, wie man will"; und ferner: „Legt man durch AB irgend eine Ebene, deren Durchschnittspuncte mit dem zweiten und dritten Kantenpaar C_1, D_1 und E_1, F_1 heissen mögen, so fällt der Durchschnittspunct der Geraden C_1D_1, E_1F_1 beständig in die Gerade A_1B_1, die Ebene mag sich um die fixe Gerade AB drehen, wie man will."

4. Lehrsatz. „Nimmt man in der Peripherie eines Kegelschnitts irgend sechs beliebige Puncte A, B, C, D, E, F (Fig. 1) an, so können sie auf drei Arten als drei und drei einander gegenüberliegend betrachtet werden, nämlich A, B, C und F, E, D; B, C, D und A, F, E; C, D, E und B, A, F. In jedem Falle bestimmen sie, paarweise genommen, wie sie einander gegenüber liegen, drei Vierecke, z. B. im ersten Falle $ABEF$, $ACDF$, $BCDE$. Die Durchschnittspuncte (G, H, I) der Diagonalen dieser drei Vierecke liegen in einer Geraden (GHI), und die auf diese Weise entstehenden drei Geraden GHI, KLM, NOP schneiden einander in einem einzigen Puncte Q.“

Dieser Satz ist nur ein Theil eines umfassenderen Satzes.

5. Lehrsatz. Zieht man in einem convexen Vieleck alle möglichen Diagonalen und verlängert alle Seiten, so dass alle diese Geraden wo möglich einander paarweise schneiden, so entstehen im Allgemeinen innerhalb des Vielecks gerade halb so viele Durchschnittspuncte als ausserhalb. Z. B. beim 20Eck innerhalb 4845 und ausserhalb 9690.

6. Lehrsatz. Bekanntlich können die Seiten eines Dreiecks oder ihre Verlängerungen von vier Kreisen berührt werden. Ist das Dreieck ein rechtwinkliges, so ist der Radius des Kreises über der Hypotenuse so gross als die Summe der Radien der drei übrigen Kreise; und ferner: bei dem bekannten Pythagoräischen Dreieck, dessen Seiten, durch irgend eine Längeneinheit gemessen, 3, 4, 5 sind, sind die Radien jener Kreise, durch die nämliche Einheit gemessen, 1, 2, 3, 6.

7. Lehrsatz. Sind A, B, C diejenigen drei Kreise, von denen jeder eine Seite eines gegebenen Dreiecks und die Verlängerungen der beiden übrigen (Seiten) berührt, und beschreibt man drei andere Kreise a, b, c so, dass jeder zwei der drei ersteren äusserlich und den dritten innerlich (einschliessend) berührt, so schneiden die drei letzteren einander in einem bestimmten Puncte P, und die Geraden, welche diesen Punct mit den Mittelpuncten der drei ersteren Kreise verbinden, sind respective zu den Seiten des Dreiecks senkrecht.

8. Lehrsatz. Sind A, B, C, D diejenigen vier Kugeln, von denen jede eine Seitenfläche einer gegebenen dreiseitigen Pyramide und die Verlängerungen der drei übrigen berührt, und beschreibt man vier andere Kugeln a, b, c, d so, dass jede drei der vier ersteren äusserlich und die vierte innerlich berührt, so schneiden die vier letzteren einander in einem bestimmten Puncte P, und die Geraden, welche diesen Punct mit den Mittelpuncten der vier ersteren Kugeln (A, B, C, D) verbinden, sind respective zu den Seitenflächen der Pyramide senkrecht.

Dieser und der vorige Satz sind nur Theile von umfassenderen Sätzen.

9. Lehrsatz. Es seien M_2, M_1 (Fig. 2) irgend zwei Kreise mit den Durchmessern AB, CD; EF sei ihre Linie der gleichen Potenzen (siehe S. 23), und M sei die Mitte ihrer grössten Entfernung AD von einander; beschreibt man irgend einen Kreis M, d. h. GHI oder $G_1H_1I_1$ und hierauf zwei andere Kreise m_2, m_1 so, dass beide zugleich innerhalb oder ausserhalb des Kreises M liegen und ihn berühren, und dass sie überdies die Gerade EF und respective die gegebenen Kreise M_2, M_1 berühren, so sind die zwei Kreise m_2, m_1 allemal einander gleich*).

10. Lehrsatz. Drei unendliche Geraden, die ein Dreieck ABC einschliessen, theilen die Ebene, in der sie liegen, in sieben Theile, nämlich in die Fläche E des Dreiecks, in drei Winkelräume E_1, E_2, E_3, und in drei über den Seiten des Dreiecks liegende Räume H_1, H_2, H_3. Zieht man aus den Ecken des Dreiecks durch irgend einen Punct P drei Gerade APA_2, BPB_2, CPC_2, die den gegenüber liegenden Seiten in A_2, B_2, C_2 begegnen, so liegen diese drei Puncte A_2, B_2, C_2 mit den Mitten A_1, B_1, C_1 der Seiten allemal in irgend einem Kegelschnitt, und zwar in einer Ellipse, Hyperbel, oder Parabel, je nachdem der Punct P in einem der vier Räume E, E_1, E_2, E_3, in einem der drei Räume H_1, H_2, H_3, oder unendlich entfernt liegt. In diesem letzteren Falle sind die Geraden AA_2, BB_2, CC_2 parallel.

Dieser Satz ist ein besonderer Fall eines allgemeineren Satzes. Auch giebt es einen diesem entgegengesetzten Satz.

11. Lehrsatz. Berühren die Seiten irgend eines Dreiecks eine gegebene Parabel, so schneiden die drei Geraden, welche die Berührungspuncte mit den gegenüberliegenden Ecken verbinden, einander in irgend einem Puncte P. Die Schwerpuncte aller Dreiecke, denen ein und derselbe Punct P in dieser Beziehung zugehört, liegen in einer bestimmten Geraden, und die um die Dreiecke beschriebenen Ellipsen, welche die respectiven Schwerpuncte zu Mittelpuncten haben, sind ähnlich, ähnlich liegend und schneiden einander im Puncte P."

12. Lehrsatz. Beschreibt man um ein gegebenes Dreieck ABC (Fig. 4) irgend einen Kegelschnitt, zieht aus den Ecken des ersteren durch

*) *Archimedes* hat denjenigen besonderen Fall dieses Satzes bewiesen, wo die gegebenen Kreise M_2, M_1 einander in (B, C) berühren, und wo AD als Durchmesser des Kreises M angenommen wird. Ein arabischer Scholiast *Alkauhi* hat den Archimedischen Satz so weit verallgemeinert, dass er die erste Einschränkung aufhob (siehe *Archimedes* Werke, übersetzt von *Nizze*, S. 256, Wahlsatz 5). In dem letzteren Falle findet folgende besondere Eigenschaft statt: „Ist K (Fig. 3) der äussere Aehnlichkeitspunct der gegebenen Kreise M_2, M_1, so berührt sowohl der Kreis m, dessen Durchmesser MK ist, als derjenige Kreis $M(G_1H_1I_1)$, welcher die äussere gemeinschaftliche Tangente KN_1N_2 der gegebenen Kreise berührt, die beiden Kreise m_2, m_1."

irgend einen Peripheriepunct D des letzteren die Geraden ADA_1, BDB_1, CDC_1, die den gegenüber liegenden Seiten in A_1, B_1, C_1 begegnen, so liegen die drei Puncte α, β, γ, in welchen die entsprechenden Seiten der beiden Dreiecke ABC, $A_1B_1C_1$ einander schneiden, allemal in irgend einer Geraden, und diese Gerade $\alpha\beta\gamma$ geht beständig durch einen bestimmten fixen Punct Q; zieht man ferner aus den Ecken des gegebenen Dreiecks ABC durch die Mitten a, b, c der Seiten des Dreiecks $A_1B_1C_1$ die Geraden Aa, Bb, Cc, so treffen diese einander allemal in irgend einem Puncte P, und der Ort dieses Punctes ist eine bestimmte Gerade.

13. Lehrsatz. Beschreibt man irgend einen Kegelschnitt DEF (Fig. 5), welcher die Seiten eines gegebenen Dreiecks berührt, legt an denselben irgend eine Tangente $A_1B_1C_1$, welche die Seiten des Dreiecks in A_1, B_1, C_1 schneidet, und zieht die Geraden AA_1, BB_1, CC_1, wodurch das Dreieck $\alpha\beta\gamma$ entsteht, so schneiden die drei Geraden $A\alpha$, $B\beta$, $C\gamma$ einander allemal in irgend einem Puncte Q, und der Ort dieses Puncts ist eine bestimmte Gerade; zieht man ferner aus den Ecken des Dreiecks $\alpha\beta\gamma$ durch die Mitten a, b, c der Seiten des gegebenen Dreiecks ABC die Geraden αa, βb, γc, so treffen diese einander in irgend einem Puncte P, und der Ort dieses Punctes ist ein bestimmter Kegelschnitt, welcher durch die drei Berührungspuncte D, E, F geht.

14. Lehrsatz. Schneidet man die drei Diagonalen AB, CD, EF eines gegebenen vollständigen Vierecks, gebildet durch die vier Geraden AE, AF, ED, CF (Fig. 6), mit irgend einer Geraden ace (oder bdf) in den Puncten a, c, e (oder b, d, f), und bestimmt hierauf in jeder Diagonale den entsprechenden harmonischen Punct b, d, f (oder a, c, e), d. h. so, dass z. B.

$$Aa:aB = Ab:Bb,$$

so liegen diese drei neuen Puncte allemal in irgend einer Geraden bdf (oder ace). Dreht sich die schneidende Gerade ace um irgend einen Punct P, so bewegt sich die zugehörige (harmonische) Gerade bdf so, dass sie beständig irgend einen bestimmten Kegelschnitt berührt, der zugleich von den drei Diagonalen AB, CD, EF berührt wird; und auch umgekehrt.

15. Lehrsatz. Ein vollständiges Viereck von vier Puncten A, B, C, D (Fig. 7) hat drei Paare einander gegenüber liegender Seiten (oder Diagonalen) AB und CD, AC und DB, AD und CB, die einander respective in den Puncten a, b, c schneiden. Zieht man aus irgend einem Puncte p nach jenen Puncten a, b, c die Geraden pa, pb, pc und bestimmt hierauf bei jedem Puncte (a, b, c) die entsprechende vierte harmonische Gerade aq, bq, cq, d. h. eine solche Gerade, dass die durch denselben Punct gehenden vier Geraden (z. B. aA, ap, aD, aq) ein har-

monisches System bilden, (dass sie jede Gerade, welche sie schneiden, harmonisch theilen), so treffen diese drei Geraden aq, bq, cq einander allemal in irgend einem Puncte q. Bewegt sich der Punct p in irgend einer Geraden, so beschreibt der Punct q irgend einen Kegelschnitt, der allemal durch die drei Puncte a, b, c geht; und auch umgekehrt.

16. Aufgabe. Zwischen den Radien von fünf Kugeln, von denen je zwei einander berühren, eine Relation zu finden. (Siehe S. 61, 62.)

17. Aufgabe. Wenn vier gegebene Puncte in einer Ebene so liegen, dass alle Kegelschnitte, welche durch diese vier Puncte hindurch gehen, Hyperbeln sind, [wie z. B. die Puncte A, E, F, B (Fig. 6)], so soll unter allen diesen Hyperbeln diejenige gefunden werden, welche am meisten von der gleichseitigen abweicht.

Crelle's Journal Band III. S. 207—212.

15

Démonstration de quelques théorèmes de géométrie.

§ 1.

1. Il est généralement connu que, si par un quelconque P des points du plan d'un triangle ABC et par ses sommets on mène trois droites AP, BP, CP, rencontrant respectivement en A', B', C' les directions des côtés BC, CA, AB de ce triangle, on aura l'équation

$$AB'.BC'.CA' = BA'.CB'.AC';$$

et que, réciproquement, si trois points A', B', C' sont tellement situés sur les directions des côtés d'un triangle ABC, que cette équation ait lieu, les droites AA', BB', CC' concourront en un même point P, pourvu toutefois (Annales, tom. XVII, pag. 144) que ceux de ces points qui seront situés sur les côtés même du triangle, et non sur leurs prolongemens, soient en nombre impair. On sait que dans le cas contraire les trois points A', B', C' appartiendraient à une même droite.

2. Par les trois points A', B', C' soit décrit un cercle coupant de nouveau en A'', B'', C'' les directions des côtés BC, CA, AB; par la propriété des cordes ou des sécantes, issues d'un même point, on aura

$$AB'.AB'' = AC'.AC'',$$
$$BC'.BC'' = BA'.BA'',$$
$$CA'.CA'' = CB'.CB'',$$

équations qui, multipliées membre à membre, donneront, en réduisant au moyen de la précédente (1),

$$AB''.BC''.CA'' = BA''.CB''.AC'';$$

ce qui prouve (1), que les droites AA'', BB'', CC'' concourent aussi en un même point P'.

3. Parce que cette propriété est de nature projective, elle aura lieu également, lorsqu'on substituera au cercle une ligne quelconque du second

ordre. En invoquant ensuite la théorie des polaires réciproques, on obtiendra les deux théorèmes que voici:

Théorème. Les trois sommets d'un triangle étant A, B, C, et P étant un point quelconque de son plan, si A', B', C' sont les points où les directions des côtés BC, CA, AB sont respectivement rencontrées par les droites AP, BP, CP, et que par ces trois points A', B', C' on fasse passer une ligne du second ordre, coupant de nouveau les mêmes côtés respectivement en A'', B'', C'', les droites AA'', BB'', CC'' concourront aussi toutes trois en un même point P' *).

Et réciproquement, deux points P, P' étant pris arbitrairement sur le plan d'un triangle dont les sommets sont A, B, C, si l'on mène les droites AP et AP', BP et BP', CP et CP', rencontrant respectivement les directions des côtés BC, CA, AB en A' et A'', B' et B'', C' et C'', ces six points appartiendront à une même ligne du second ordre.

Théorème. Les trois côtés d'un triangle étant A, B, C, et P étant une droite tracée arbitrairement sur son plan, si A', B', C' sont les droites qui joignent respectivement les sommets BC, CA, AB aux points AP, BP, CP, et qu'on décrive une ligne quelconque du second ordre, touchant les trois droites A', B', C'; en menant à cette courbe, par les mêmes sommets, les tangentes A'', B'', C'', les points AA'', BB'', CC'' appartiendront aussi tous trois à une même droite P'.

Et réciproquement, deux droites P, P' étant tracées arbitrairement sur le plan d'un triangle dont les côtés sont A, B, C, si l'on joint respectivement les points AP et AP', BP et BP', CP et CP' aux sommets BC, CA, AB par les droites A' et A'', B' et B'', C' et C'', ces six droites seront tangentes à une même ligne du second ordre.

4. On sait que, lorsqu'une ligne du second ordre touche les trois côtés d'un triangle, les droites qui joignent les points de contact aux sommets respectivement opposés se coupent toutes trois au même point; et que, réciproquement, trois droites menées par les sommets d'un triangle, de manière à se couper au même point, rencontrent les côtés respectivement opposés en des points où ils peuvent être touchés par une même ligne du second ordre. De là (3) et par la théorie des polaires réciproques on pourra conclure ces deux théorèmes:

Théorème. Les six points de contact des trois côtés d'un triangle avec deux lignes quelconques du

Théorème. Les six tangentes menées par les trois sommets d'un triangle à deux lignes quelconques

*) En remplaçant la ligne du second ordre par le système de deux droites, on obtiendrait quelques porismes déjà connus.

second ordre qui lui sont inscrites, appartiennent à une troisième ligne du second ordre.

du second ordre qui lui sont circonscrites touchent une troisième ligne du second ordre.

§ 2.

5. Des précédens théorèmes on en déduit aisément d'autres analogues, relatifs aux surfaces du second ordre comparées au tétraèdre.

Soit $ABCD$ un tétraèdre quelconque. Par un point quelconque P de l'espace et par chacune de ses arêtes concevons des plans coupant les arêtes respectivement opposées. Soient a, b, c les points où les arêtes BC, CA, AB sont respectivement coupées par les plans APD, BPD, CPD, et soient α, β, γ les points où les arêtes opposées AD, BD, CD sont respectivement coupées par les plans BPC, CPA, APB, nos six plans se couperont deux à deux suivant les trois droites $a\alpha$, $b\beta$, $c\gamma$; il est visible, en outre,

$$\text{que les droites } \left\{\begin{matrix} B\gamma, & C\beta, & Da \\ C\alpha, & A\gamma, & Db \\ A\beta, & B\alpha, & Dc \\ Aa, & Bb, & Cc \end{matrix}\right\} \text{ se couperont en un même point } \left\{\begin{matrix} A' \\ B' \\ C' \\ D' \end{matrix}\right\};$$

et que les droites AA', BB', CC', DD' se couperont toutes quatre au point P.

Il est aisé de voir que, réciproquement, six points a, b, c, α, β, γ étant pris respectivement sur les arêtes BC, CA, AB, AD, BD, CD d'un tétraèdre $ABCD$, de telle sorte

$$\text{que les droites } \left\{\begin{matrix} B\gamma, & C\beta, & Da \\ C\alpha, & A\gamma, & Db \\ A\beta, & B\alpha, & Dc \\ Aa, & Bb, & Cc \end{matrix}\right\} \text{ se coupent en un même point } \left\{\begin{matrix} A' \\ B' \\ C' \\ D' \end{matrix}\right\},$$

les droites AA', BB', CC', DD' se couperont aussi toutes quatre en un même point P, par lequel passeront aussi les trois droites $a\alpha$, $b\beta$, $c\gamma$.

Ainsi, lorsque six points sont tellement situés sur les directions des arêtes d'un tétraèdre, que les droites menées dans chaque face par les points qui y sont situés et par les sommets de cette face qui leur sont respectivement opposés se coupent toutes trois en un même point, les droites qui joignent deux à deux les points situés sur les directions des arêtes respectivement opposées se coupent aussi toutes trois en un même point et réciproquement.

Il est à remarquer que les six points a, b, c, α, β, γ sont tellement liés entre eux, que trois quelconques de ces six points, choisis de manière à ne pas appartenir à une même face, déterminent le point P et par suite les trois autres, ainsi que les droites $a\alpha$, $b\beta$, $c\gamma$.

6. Par les six points a, b, c, α, β, γ concevons une surface quelconque du second ordre, coupant de nouveau les mêmes arêtes du tétraèdre en a', b', c', α', β', γ'; les intersections de cette surface avec les plans des faces du tétraèdre seront des lignes du second ordre coupant les côtés de ces faces en trois points, tels que les droites qui les joindront aux sommets respectivement opposés se couperont en un même point; donc (2) les droites qui joindront dans la même face les trois autres intersections aux mêmes sommets se couperont aussi en un même point; et par conséquent (5) les points a', b', c', α', β', γ' jouiront des propriétés que nous venons de voir appartenir aux points a, b, c, α, β, γ; de sorte que les droites $a'\alpha'$, $b'\beta'$, $c'\gamma'$ concourront toutes trois en un même point P'; de là et par la théorie des polaires réciproques on conclura ces deux théorèmes:

Théorème. Si une surface quelconque du second ordre est tellement située par rapport à un tétraèdre, qu'elle coupe ses arêtes en six points a, b, c, α, β, γ, tels que les droites $a\alpha$, $b\beta$, $c\gamma$ qui joignent les points d'intersection qui répondent aux arêtes respectivement opposées concourent toutes trois en un même point P, elle coupera de nouveau ces mêmes arêtes en six autres points a', b', c', α', β', γ', tels que les droites $a'\alpha'$, $b'\beta'$, $c'\gamma'$ qui joindront les points d'intersection situés sur les arêtes respectivement opposées concourront aussi toutes trois en un même point P' *).

Et réciproquement, un point P étant situé d'une manière quelconque dans l'espace, si l'on conduit par ce point et par les arêtes

Théorème. Si une surface quelconque du second ordre est tellement située par rapport à un tétraèdre, que six plans tangens a, b, c, α, β, γ à cette surface, conduits par les arêtes du tétraèdre, soient tels que les intersections $a\alpha$, $b\beta$, $c\gamma$ des plans tangens, issus des arêtes respectivement opposées, soient toutes trois dans un même plan P, les six autres plans tangens a', b', c', α', β', γ', menés à cette surface par ces mêmes arêtes, seront tels que les intersections $a'\alpha'$, $b'\beta'$, $c'\gamma'$ des plans tangens, issus des arêtes respectivement opposées, seront aussi toutes trois situées dans un même plan P'.

Et réciproquement, un plan P étant situé d'une manière quelconque dans l'espace, si par chacune des arêtes d'un tétraèdre et par le point

*) En remplaçant la surface du second ordre par le système de deux plans, on obtiendra des porismes analogues à ceux que nous avons signalés dans la précédente note.

d'un tétraèdre des plans, coupant respectivement leurs opposées, on obtiendra ainsi sur ces arêtes six points a, b, c, α, β, γ, tels que les droites $a\alpha$, $b\beta$, $c\gamma$ qui joindront les points, situés sur les arêtes opposées, concourront toutes trois au point P; et si pour un autre point P', également quelconque, on détermine sur les mêmes arêtes six nouveaux points a', b', c', α', β', γ', tels que les droites $a'\alpha'$, $b'\beta'$, $c'\gamma'$ qui joindront les points situés sur les arêtes opposées concourent aussi toutes trois en ce même point P', les douze points a, b, c, α, β, γ, a', b', c', α', β', γ' seront tous situés sur une même surface du second ordre.

où ce plan P coupe son opposée, on conduit un plan, on obtiendra ainsi six plans a, b, c, α, β, γ, tels que les droites $a\alpha$, $b\beta$, $c\gamma$, suivant lesquelles se couperont ceux qui passeront par les arêtes opposées, seront toutes trois situées dans le plan P; et si pour un autre plan P', également quelconque, on conduit par les mêmes arêtes six nouveaux plans a', b', c', α', β', γ', tels que les droites $a'\alpha'$, $b'\beta'$, $c'\gamma'$, suivant lesquelles se couperont ceux qui seront issus des arêtes opposées, soient aussi situées toutes trois dans ce même plan P', les douze plans a, b, c, α, β, γ, a', b', c', α', β', γ' seront tous tangens à une même surface du second ordre.

7. Si l'on conçoit une surface quelconque du second ordre qui touche les six arêtes d'un tétraèdre donné, ses intersections avec les plans des faces de ce tétraèdre seront des lignes du second ordre touchant les trois côtés de ces faces; et si dans ces mêmes faces on mène des droites des trois sommets aux points de contact des côtés respectivement opposés, ces droites (4) se couperont en un même point; d'où il suit (5) que les droites qui joindront deux à deux les points de contact, situés sur les arêtes opposées, se couperont toutes trois en un même point.

Il est aisé de voir que, réciproquement, six points étant pris respectivement sur les arêtes d'un tétraèdre, de telle sorte que les droites qui joindront deux à deux ceux qui seront situés sur les arêtes opposées concourent toutes trois en un même point, on pourra toujours concevoir une surface du second ordre qui touche les arêtes du tétraèdre en ces six points.

De là et ensuite par la théorie des polaires réciproques on pourra conclure (5) et (6) les deux théorèmes suivans:

Théorème. Si deux surfaces du second ordre touchent l'une et l'autre les six arêtes d'un tétraèdre, les douze points de contact, situés deux à deux sur ces arêtes, appar-

Théorème. Si deux surfaces du second ordre touchent l'une et l'autre les six arêtes d'un tétraèdre, les douze plans tangens à ces surfaces, conduits deux à deux par

tiendront à une troisième surface du second ordre *).

ces arêtes, toucheront une troisième surface du second ordre *).

---

*) Voici deux autres théorèmes qui, s'ils sont vrais, comme ils paraissent l'être, formeront un complément fort naturel de cette théorie; nous en abandonnons l'examen à la sagacité de M. *Steiner.*

Théorème. Si trois surfaces du second ordre sont inscrites dans un même tétraèdre, les douze points où elles toucheront ses faces appartiendront à une quatrième surface du second ordre.

Théorème. Si trois surfaces du second ordre sont circonscrites dans un même tétraèdre, leurs douze plans tangens par ses sommets toucheront une quatrième surface du second ordre.

Ces sortes de théorèmes présentent beaucoup d'intérêt, comme pouvant acheminer à découvrir, soit la relation entre dix points d'une surface du second ordre, soit la relation entre dix plans tangens à une telle surface; problème dont la solution ne pourrait que faire beaucoup d'honneur au géomètre à qui la science en serait redevable.

J. D. Gergonne.

Gergonne, Annales de Mathématiques, tome XIX, p. 1—8.

16

Développement d'une série de théorèmes relatifs aux sections coniques.

1.

Si d'un point quelconque P du plan d'un triangle ABC (fig. 1) on abaisse sur les directions de ses côtés BC, CA, AB, respectivement, les perpendiculaires PA', PB', PC', et qu'on joigne le même point à ses sommets par des droites, on aura

$$\overline{BA'}^2 - \overline{CA'}^2 = \overline{BP}^2 - \overline{CP}^2,$$
$$\overline{CB'}^2 - \overline{AB'}^2 = \overline{CP}^2 - \overline{AP}^2,$$
$$\overline{AC'}^2 - \overline{BC'}^2 = \overline{AP}^2 - \overline{BP}^2;$$

d'où, en ajoutant, réduisant et transposant,

$$\overline{AB'}^2 + \overline{BC'}^2 + \overline{CA'}^2 = \overline{BA'}^2 + \overline{CB'}^2 + \overline{AC'}^2; \text{*)}$$

telle est donc la condition nécessaire et suffisante, pour que des perpendiculaires, élevées aux trois côtés BC, CA, AB d'un triangle ABC respectivement en A', B', C', concourent toutes trois en un même point P.

Il en résulte immédiatement 1°. que les perpendiculaires, élevées aux côtés d'un triangle par leurs milieux, concourent toutes trois en un même point; 2°. que les perpendiculaires, abaissées sur les directions de ces mêmes côtés des sommets respectivement opposés, concourent aussi toutes trois en un même point.

2.

Par les pieds A', B', C' des trois perpendiculaires concevons un cercle dont O soit le centre, lequel coupera de nouveau les mêmes côtés

---

*) Pour un triangle sphérique on aurait

$$\cos AB' . \cos BC' . \cos CA' = \cos BA' . \cos CB' . \cos AC';$$

d'où on déduirait des conséquences analogues.

du triangle aux points A'', B'', C''. Par les points P et O soit conduite une droite, et soit prolongée cette droite au-delà du point O d'une quantité OP' égal à OP. Parce que les perpendiculaires qu'on abaisserait du point O sur les directions des trois côtés du triangle tomberaient sur les milieux des cordes interceptées $A'A''$, $B'B''$, $C'C''$, il s'ensuit que les perpendiculaires élevées, à ces mêmes côtés par les points A'', B'', C'' doivent concourir toutes trois au point P'. On a donc ce théorème:

Si d'un point quelconque P du plan d'un triangle ABC on abaisse sur les directions des côtés BA, CA, AB de ce triangle les perpendiculaires PA', PB', PC', et si par les pieds A', B', C' de ces perpendiculaires on fait passer une circonférence dont O soit le centre et qui coupe de nouveau les directions de ces mêmes côtés en A'', B'', C'', les perpendiculaires, élevées respectivement à ces mêmes côtés par ces trois derniers points, se couperont toutes trois en un même point P', tel que le point O sera le milieu de la droite PP'.

3.

Soient menées les droites $B'C'$, $C'A'$, $A'B'$ ainsi que $B''C''$. Les angles $AB'C'$ et $AC''B''$ qui, ayant leurs sommets à la circonférence, s'appuient sur le même arc $B''C'$ sont égaux; mais à cause des quadrilatères $B'PC'A$, $C''P'B''A$ inscriptibles au cercle, ces angles sont respectivement égaux aux angles APC', $AP'B''$; donc ces derniers sont aussi égaux entre eux. D'un autre côté, les angles $B'PC'$, $B''P'C''$, supplémens d'un même angle A, sont égaux entre eux; donc par soustraction, les angles APB' et $AP'C''$ sont aussi égaux; et il en doit être de même de leur complémens PAB' et $P'AC''$; mais à cause du quadrilatère inscriptible au cercle, à PAB' on peut substituer son égal $PC'B'$; donc ce dernier est égal à $P'AC''$; puis donc que lès côtés $C'P$ et AC'' de ces deux angles sont perpendiculaires l'un à l'autre, leurs côtés $C'B'$ et AP' seront aussi perpendiculaires l'un à l'autre, et il devra en être de même des droites $C'A'$, $A'B'$, comparées respectivement aux droites $P'B$, $P'C$.

Soit a le milieu de la corde $B'C'$, la droite Oa devra être perpendiculaire à $B'C'$, et, par suite, parallèle à $P'A$. Pour les mêmes raisons, si b et c sont les milieux respectifs de $C'A'$ et $A'B'$, les droites Ob et Oc seront respectivement perpendiculaires à celles-là. On a donc ce théorème:

Si d'un point quelconque P du plan d'un triangle ABC on abaisse sur les directions de ses côtés BC, CA, AB les perpendiculaires PA', PB', PC', et si des sommets du triangle on abaisse, respectivement sur les directions des côtés $B'C'$, $C'A'$, $A'B'$ du triangle $A'B'C'$, d'autres perpendiculaires, ces trois dernières concourront en un même point P' *). En outre, si l'on abaisse de ce dernier point sur les directions des mêmes côtés du triangle ABC des perpendiculaires $P'A''$, $P'B''$, $P'C''$, les six points A', B', C', A'', B'', C'' appartiendront à une même circonférence ayant son centre O au milieu de la droite PP'.

De là on déduira facilement la solution de ce problème:

Des droites PA, PB, PC étant menées d'un point quelconque P du plan d'un triangle ABC à ses trois sommets, inscrire à ce triangle un autre triangle $A'B'C'$ dont les trois côtés $B'C'$, $C'A'$, $A'B'$ soient respectivement perpendiculaires à ces droites?

4.

Nous venons de faire voir que les angles PAC et $P'AB$ sont égaux; or, comme les circonstances sont les mêmes relativement aux trois sommets du triangle ABC, on doit avoir

$$\text{ang}\,PAC = \text{ang}\,P'AB,$$
$$\text{ang}\,PBA = \text{ang}\,P'BC,$$
$$\text{ang}\,PCB = \text{ang}\,P'CA,$$

d'où résulte ce théorème:

Par un point quelconque P du plan d'un triangle ABC soient menées à ses sommets des droites PA, PB, PC; si par les mêmes sommets on mène trois nouvelles droites, faisant respectivement, avec les côtés AB, BC, CA des angles égaux aux angles PAC, PBA, PCB, ces trois dernières droites concourront en un même point P'; et si des points P, P' on abaisse sur les directions des côtés BC, CA, AB du triangle les perpendiculaires PA', PB', PC', $P'A''$, $P'B''$, $P'C''$, leurs pieds A', B', C', A'', B'', C'' appartiendront tous six à une même circonférence, ayant son centre O au milieu de la droite PP'.

5.

Soit prolongée la perpendiculaire PA' au-delà de A' d'une quantité $A'Q$ égale à $A'P$, et soient menées QP', coupant BC en M, OA' qui sera parallèle à $P'Q$ et d'une longueur moitié moindre, et enfin PM; d'après cette construction on aura

$$MP = MQ,$$

et, par suite,

$$MP + MP' = P'Q = 2\,OA';$$

*) Ce théorème n'est qu'un cas particulier d'un autre que nous avons proposé de démontrer, sous le n° 1 (pag. 157), où on trouvera aussi ses analogues sous les n°s 2 et 3.

en outre les angles $P'MB$, PMC, tous deux égaux à l'angle QMC, seront conséquemment égaux entre eux. Il résulte de tout cela que les points P, P' sont les deux foyers d'une ellipse tangente en M au côté BC, laquelle a son centre en O et son grand axe égal au diamètre du cercle dont le point O est le centre; d'où il résulte qu'elle touche ce cercle aux deux extrémités de son grand axe; et, comme ce que nous venons de prouver, relativement au côté BC du triangle, se prouverait également des deux autres, on a les théorèmes suivants:

1°. Chacun des points de l'intérieur d'un triangle peut être considéré comme l'un des foyers d'une ellipse inscrite dans ce triangle;

2°. Les pieds des perpendiculaires, abaissées des deux foyers d'une ellipse sur ses tangentes, sont tous situés sur une même circonférence, ayant le grand axe de cette ellipse pour diamètre;

3°. Un angle étant arbitrairement circonscrit à une ellipse, les droites, menées de ses deux foyers au sommet de cet angle, font des angles respectivement égaux avec ses deux côtés.

En conséquence de cette dernière propriété et de l'égalité des angles $B'PC'$, $B''P'C''$, les triangles rectangles $P'C''A$, $P'B''A$ sont respectivement semblables aux triangles rectangles $PB'A$, $PC'A$, ce qui donne

$$P'B'' : PC' = AP' : AP$$
$$PB' : P'C'' = AP : AP'$$

et, par suite,

$$PB'.P'B'' = PC'.P'C'',$$

c'est-à-dire,

4°. Le rectangle des perpendiculaires, abaissées des deux foyers d'une ellipse sur une quelconque de ses tangentes est constant, et conséquemment égal au carré du demi-petit axe de l'ellipse.

6.

Entre divers cas particuliers nous signalerons seulement le suivant:

Supposons que le point P (fig. 2) soit le centre du cercle circonscrit au triangle ABC, les pieds A', B', C' des perpendiculaires PA', PB', PC', abaissées de ce point sur les directions des côtés BC, CA, AB, en seront respectivement les milieux, et par conséquent, les droites $B'C'$, $C'A'$, $A'B'$ seront respectivement parallèles aux côtés BC, CA, AB; et comme, par exemple, la droite AP' est (3) perpendiculaire à $B'C'$, elle sera aussi perpendiculaire à BC, et, par conséquent, le point P' sera le point de concours des perpendiculaires, abaissées des sommets du triangle ABC sur les directions des côtés respectivement opposés. On a donc ce théorème:

Les milieux A', B', C' des côtés d'un triangle ABC et les pieds A'', B'', C'' des perpendiculaires, abaissées de ses sommets sur les directions de ces mêmes côtés, sont six points, situés sur la circonférence d'un même cercle dont le centre O est au milieu de la droite PP' qui joint le centre P du cercle, circonscrit au triangle ABC, avec le point P' de concours des perpendiculaires, abaissées de ses sommets sur les directions des côtés opposés. Ces deux points P, P' sont les foyers d'une ellipse, inscrite dans le triangle ABC, laquelle est concentrique avec le cercle circonscrit au triangle $A'B'C'$ et a son grand axe égal au diamètre de ce cercle, ou, ce qui revient au même (puisque les côtés du triangle $A'B'C'$ sont moitié de ceux du triangle ABC), égal au rayon du cercle circonscrit au triangle ABC. En outre, les trois rayons PA, PB, PC seront respectivement perpendiculaires aux côtés $B''C''$, $C''A''$, $A''B''$ du triangle $A''B''C''$; enfin ces rayons seront tellement dirigés que les angles PAB, PBC, PCA sont respectivement égaux aux angles $P'AC$, $P'BA$, $P'CB$, ou $A''AC$, $B''BA$, $C''CB$.

Sur la droite PP' il existe un quatrième point G (*Carnot*), intersection des droites AA', BB', CC' qui joignent les sommets du triangle ABC aux milieux des côtés respectivement opposés, et les quatre points P, G, O, P' sont situés harmoniquement, c'est-à-dire, de telle sorte qu'on a

$$GO:GP = P'O:P'P,$$

ce qui revient à

$$1:2 = 3:6.$$

En outre les points P', G sont les centres de similitude des deux cercles qui ont leurs centres en O et P; donc le cercle qui a son centre en O passe par les milieux des droites $P'A$, $P'B$, $P'C$; et les points A'', B'', C'' sont les milieux respectifs des droites $P'A'''$, $P'B'''$, $P'C'''$, prolongemens des droites $P'A''$, $P'B''$, $P'C''$ jusqu'à la rencontre de la circonférence qui a son centre en P*).

*) De là, en particulier, on conclura facilement ce théorème:

Si sur la circonférence du cercle qui a son centre en P on prend arbitrairement quatre points A, B, C, D, ces quatre points seront, trois à trois, les sommets de quatre triangles inscrits, auxquels correspondront quatre points P', quatre points O et quatre points G. Or, les quatre points de chaque sorte appartiendront à une même circonférence dont le rayon sera pour les quatre points P' égal à celui du cercle donné, moitié de ce rayon pour les quatre points O et son tiers seulement pour les quatre points G. En outre, les centres de ces trois nouveaux cercles seront avec le point P harmoniquement situés sur une même droite, comme le sont les quatre points P', O, G, P; de sorte que le centre P sera le centre de similitude commun de ces trois nouveaux cercles.

Le cercle qui a son centre en O jouit, en particulier, de cette propriété bien digne de remarque: il touche chacun des quatre cercles, inscrits et ex-inscrits au triangle ABC; c'est-à-dire, chacun des quatre cercles qui peuvent toucher à la fois les trois côtés de ce triangle.

7.

Comme les propriétés de l'ellipse démontrées ci-dessus (5) ont lieu d'une manière analogue pour toutes les autres coniques, ce qui se prouve par des considérations semblables, on peut établir ce théorème plus général:

Chaque point, pris à volonté dans le plan d'un triangle donné, est le foyer d'une conique inscrite ou ex-inscrite à ce triangle, conique, de laquelle on peut par une construction facile déterminer l'autre foyer, le centre et le premier axe.

Proposons nous d'abord de découvrir, quelle relation il peut y avoir entre la nature de la conique et la situation, par rapport au triangle, du point, pris arbitrairement pour foyer.

8.

Soit ABC (fig. 3) le triangle donné, et soit P un point pris arbitrairement dans son plan pour foyer d'une conique, touchant à la fois les trois côtés de ce triangle.

De ce point P soient menées les droites PA, PB aux deux sommets A, B de ce triangle. Pour déterminer l'autre foyer P' de la courbe, il faudra (5) conduire par les points A, B deux droites AP', BP', formant respectivement avec CA, CB ou leurs prolongemens des angles égaux à PAB, PBA, et le point P' de concours de ces deux droites sera le second foyer cherché. Afin donc que la courbe soit une parabole, il faudra que ce second foyer soit infiniment distant du premier, ou, ce qui revient au même, il faudra que les deux droites AP', BP' soient parallèles; et réciproquemment, toutes les fois que ces deux droites seront parallèles, la courbe sera une parabole.

Si alors on conçoit par le sommet C une parallèle à ces deux droites, cette parallèle divisera l'angle ACB en deux parties respectivement égales aux angles que forment AP et BP avec les prolongemens de CA et CB; donc la somme de ces deux derniers angles est égale à l'angle C; donc aussi la somme des deux angles PAB et PBA, respectivement égaux à ces deux-là, doit aussi être égale à l'angle ACB; mais l'angle APB est supplément de la somme des deux angles PAB et PBA; donc il doit être aussi supplément de l'angle ACB; d'où il suit que les quatre points A, B, C, P appartiennent à une même circonférence; on a donc ce théorème:

Toutes les paraboles, touchant à la fois les trois côtés d'un même triangle, ont leurs foyers sur la circonférence du cercle circonscrit, et réciproquement, tout point de la circonférence du cercle circonscrit à un triangle est le foyer d'une parabole, touchée à la fois par les trois côtés de ce triangle.

D'après ce qui a été démontré ci-dessus (5, 2°.), les pieds des perpendiculaires abaissées du foyer d'une parabole sur ses tangentes sont tous situés sur la tangente au sommet de la courbe, et conséquemment en ligne droite; en combinant donc cette proposition avec celle qui vient d'être démontrée, on parviendra à ce théorème connu*):

Les pieds des perpendiculaires, abaissées sur les directions des trois côtés d'un triangle de l'un quelconque des points de la circonférence du cercle circonscrit, appartiennent tous trois à une même droite.

Il ne sera pas difficile de parvenir par les mêmes considérations à ce théorème plus général:

Si de l'un quelconque des points de la circonférence du cercle circonscrit à un triangle on conduit sur les directions de ses côtés des obliques, faisant, dans le même sens, avec ces mêmes côtés des angles égaux quelconques, les pieds de ces obliques appartiendront tous trois à une même droite. En outre, toutes les droites qu'on obtiendra, en variant l'angle des obliques, envelopperont une parabole qui aura pour foyer le point de départ de ces obliques.

9.

Revenons au problème que nous nous étions proposé (7). Observons d'abord que le plan de la figure se trouve partagé tant par les trois côtés du triangle ABC, considérés comme des droites indéfinies, que par la circonférence du cercle, en dix régions dont quatre finies et six indéfinies. Les quatre finies sont le triangle lui-même que nous désignerons par T, et les trois segmens que nous désignerons respectivement par S_a, S_b, S_c. Les six indéfinies sont les régions opposées aux sommets des trois angles du triangle que nous désignerons respectivement par A', B', C', et trois autres terminées chacune par un arc de cercle et par les prolongemens de deux côtés du triangle. Nous désignerons ces dernières par T_a, T_b, T_c.

En supposant les deux droites AP', BP' parallèles, nous avions l'angle ACB égal à la somme des deux angles PAB et PBA; mais, si la somme de ces deux angles croît de manière à devenir plus grande que l'angle ACB, les droites AP', BP' convergeront en un point P', situé dans la

*) Voy. Annales, tom. IV, pag. 251. *J. D. Gergonne.*

région T_c, et le point P passera aussi dans cette même région; de sorte que la conique ne pourra être qu'une ellipse.

Si au contraire la somme des angles PAB et PBA diminue, le point P passera dans la région ou segment S_c, tandis que le point P' passera dans la région C'; d'où il est aisé de conclure que la conique ne pourra être qu'une hyperbole.

Donc (8) on a le théorème suivant:

Tout point P, pris arbitrairement dans le plan d'un triangle ABC, est le foyer d'une conique, touchant à la fois les trois côtés de ce triangle; or,

1°. cette conique sera une *parabole*, si le point P est sur la circonférence du cercle circonscrit au triangle;

2°. ce sera une *ellipse*, si le point P est intérieur au triangle, ou bien si, étant extérieur au cercle, il se trouve situé dans l'espace terminé par un quelconque des côtés de ce triangle et les prolongemens des deux autres;

3°. enfin la courbe sera une *hyperbole*, si le point P est à la fois intérieur au cercle et extérieur au triangle, ou bien s'il se trouve situé dans la région opposée au sommet de l'un des angles triangle *).

Et réciproquement,

Une conique touchant à la fois les trois côtés d'un triangle ABC,

1°. si cette conique est une *parabole*, son foyer sera situé sur la circonférence du cercle circonscrit;

2°. si cette conique est une *ellipse*, ou bien elle aura ses deux foyers intérieurs au triangle, ou bien ils seront tous deux extérieurs au cercle et situés dans l'espace, circonscrit par l'un des côtés de ce triangle et les prolongemens des deux autres;

3°. enfin, si cette conique est une *hyperbole*, un de ses foyers sera compris dans l'un des trois segmens du cercle circonscrit extérieur au triangle, tandis que l'autre se trouvera situé dans l'opposé au sommet de l'angle respectivement opposé de ce triangle.

Ce que nous avons dit ci-dessus (5, 3°.) permet de préciser mieux encore la situation relative des deux foyers dans le cas de l'ellipse et dans celui de l'hyperbole; il en résulte, en effet, que deux tangentes, étant menées d'un même point à la courbe, et étant menées les deux droites qui divisent en deux parties égales les quatre angles, formés par ces deux tangentes, les deux foyers se trouveront toujours situés d'un même côté de l'une de ces droites et de différens côtés de l'autre.

*) C'est le théorème 9 que nous avions proposé à démontrer à la pag. 134.

10.

Nous avons déjà remarqué (p. 184) que, si par un point P, pris arbitrairement dans le plan d'un triangle ABC, et par chacun de ses sommets on mène trois droites AP, BP, CP, rencontrant les directions des côtés respectivement opposés en A', B', C', il existe toujours une conique qui touche les trois côtés du triangle en ces trois points. Examinons présentement, quelle doit être la situation du point P sur le plan du triangle, pour que la courbe soit une parabole, une ellipse ou une hyperbole. Commençons par le cas de la parabole dont la discussion n'offre aucune difficulté.

Soit P (fig. 4) le foyer d'une parabole, et soit AB une tangente quelconque à la courbe dont le point de contact soit en C'. Sur la droite PC' soit pris un point C quelconque par lequel soit menée la droite CDP', parallèle à l'axe de la parabole, coupant la tangente AB en D; alors les droites $CC'P$ et CDP' couperont la tangente AB sous le même angle; de telle sorte que le triangle DCC' sera isocèle.

Par le point C soient menées à la courbe deux nouvelles tangentes CA, CB, lesquelles (8) formeront respectivement des angles égaux avec les droites CP, CP', d'où on conclura que le triangle ACB est isocèle. Donc:

Si une parabole touche les trois côtés d'un triangle isocèle, la droite menée par le sommet de ce triangle et par le point de contact de sa base passera constamment par le foyer de la courbe.

De ce théorème on conclut, sur-le-champ, le suivant:

Si une parabole touche les trois côtés d'un triangle équilatéral, les droites qui joindront les points de contact des côtés du triangle avec les sommets respectivement opposés concourront toutes trois au foyer de la courbe; et, par conséquent (8):

Si une parabole touche les trois côtés d'un triangle équilatéral, les droites menées par les sommets et par les points de contact des côtés respectivement opposés se coupent toutes trois en un même point, et le lieu de ce point est la circonférence du cercle circonscrit.

Soit donc ABC (fig. 4) un triangle équilatéral, et soient menées par ses sommets et par un point quelconque P de la circonférence du cercle circonscrit les droites AP, BP, CP, rencontrant en A', B', C' les directions des côtés respectivement opposés, la conique qui touchera les trois côtés du triangle en A', B', C' sera donc une parabole dont le point P sera le foyer, et les droites AA'', BB'', CC'', menées par les sommets du triangle et par les milieux A'', B'', C'' des cordes de contact $B'C'$, $C'A'$, $A'B'$, que l'on sait être parallèles à l'axe, seront ainsi parallèles entre elles.

Supposons présentement que le point P se déplace sur la droite CP, et que, par exemple, il passe en p dans l'intérieur du cercle; les points de contact A', B' passeront respectivement en a', b', les cordes de contact $C'A'$, $C'B'$ deviendront $C'a'$, $C'b'$ dont les milieux seront en b'' et a'', et les droites Aa'', Bb'' se rencontreront nécessairement dans l'angle $A'CB'$, ce qui s'aperçoit aisément, si l'on considère le parallélisme de AA'' et BB'', de $A''a''$ et $B'b'$ et de $B''b''$ et $A'a'$; le point de concours k de ces deux droites sera le centre de la conique, d'où il est aisé de voir que cette courbe ne saurait être alors qu'une ellipse. Si, au contraire, on suppose que le point P sort du cercle, les deux mêmes droites Aa'', Bb'' iront concourir dans l'espace opposé au sommet de l'angle $A'CB'$; d'où on conclura qu'alors la courbe ne saurait être qu'une hyperbole. Donc:

Si par un point quelconque P du plan d'un triangle équilatéral ABC et par ses sommets on mène les droites AP, BP, CP, rencontrant les directions des côtés respectivement opposés en A', B', C', la conique, touchant les côtés du triangle en ces trois points, sera une ellipse, une hyperbole ou une parabole, suivant que le point P sera intérieur au cercle circonscrit, extérieur à ce cercle ou sur la circonférence, et *vice versa*.

Ce théorème est susceptible de généralisation et d'applications diverses qui vont présentement nous occuper.

11.

Par une projection parallèle sur un plan quelconque, la figure dont les propriétés viennent de nous occuper se modifie comme il suit:

1°. Le triangle équilatéral ABC devient un triangle d'espèce quelconque;

2°. Le cercle circonscrit devient la plus petite ellipse circonscrite au nouveau triangle, c'est-à-dire, celle dont le centre coïncide avec son centre de gravité, point de concours des droites qui joignent ses sommets aux milieux des côtés respectivement opposés.

3°. Les coniques, touchant les trois côtés du triangle, changent de forme, mais conservent leur caractère, c'est-à-dire, qu'elles demeurent ellipses, hyperboles ou paraboles, comme dans la figure projetée.

Réciproquement, tout triangle donné quelconque peut être considéré comme une projection parallèle d'un certain triangle équilatéral. En conséquence le théorème démontré (10) pourra être généralisé comme il suit:

Si par un point quelconque P du plan d'un triangle quelconque ABC et par ses sommets on mène des droites AP, BP, CP, rencontrant les directions des côtés respectivement opposés en A', B', C', la conique qui touchera les trois côtés du triangle en ces trois points sera une ellipse, une hyperbole ou une parabole, suivant que le point P sera intérieur à la plus petite ellipse circonscrite au triangle ABC, extérieur à cette ellipse ou sur son périmètre même, et *vice versa.*

12.

De ce théorème on en déduit un autre encore plus général:

Par une projection centrale ou perspective sur un plan quelconque la figure dont il vient d'être question se modifie comme il suit:

1°. Le triangle donné devient un triangle quelconque ABC (fig. 5); la plus petite ellipse circonscrite devient une conique quelconque S, circonscrite au nouveau triangle; les tangentes à l'ellipse par les sommets du triangle, lesquelles sont parallèles aux côtés respectivement opposés, deviennent des tangentes à la conique S par les sommets du nouveau triangle, lesquelles rencontrent les directions des côtés respectivement opposés de ce triangle en trois points A', B', C', appartenant à une même droite, laquelle forme avec les côtés du triangle ABC un quadrilatère complet dont ces trois tangentes sont les diagonales.

2°. Toutes les paraboles, touchant les trois côtés du triangle donné, deviennent des coniques inscrites à ce quadrilatère complet;

3°. Les droites Aa, Bb, Cc, joignant les sommets A, B, C du triangle inscrit aux sommets respectivement opposés a, b, c du triangle circonscrit, formé par les tangentes aux sommets du premier, diagonales du quadrilatère complet, se coupent toutes trois en un même point S, pôle de la droite $A'B'C'$ relativement à la conique circonscrite au triangle ABC; enfin les polaires de ce point S, relatives aux coniques inscrites au quadrilatère complet, enveloppent cette même conique circonscrite au triangle ABC. Donc:

1°. Etant donné un quadrilatère complet, ses côtés pris trois à trois forment quatre triangles, et on peut inscrire dans ce quadrilatère un infinité de coniques différentes;

2°. les droites $A\alpha$, $B\beta$, $C\gamma$, menées par les points de contact de l'une de ces coniques avec les côtés de l'un ABC de ces quatre triangles et par les sommets respectivement opposés, se coupent toutes trois en un même point D, et le lieu de ce point D est une certaine conique circonscrite à ce triangle ACB, et en même temps inscrite dans le triangle abc, formé par les trois diagonales du quadrilatère complet, de telle sorte qu'elle touche les côtés de ce dernier triangle aux sommets du premier ABC;

3°. les droites Aa, Bb, Cc qui joignent les sommets respectivement opposés de ces deux triangles se coupent toutes trois en un même point S, pôle du quatrième côté $A'B'C'$ du quadrilatère complet, et les polaires de ce point, relatives aux coniques inscrites dans le quadrilatère complet, enveloppent la conique circonscrite au triangle ABC; en outre, les trois points α', β', γ', où se coupent les côtés correspondans des deux triangles ABC, $\alpha\beta\gamma$, appartiennent à une même droite, laquelle passe constamment par le point S;

4°. enfin les coniques, à la fois circonscrites aux quatre triangles formés par les côtés du quadrilatère complet, pris trois à trois, et inscrites dans le triangle formé par ses diagonales, se touchent deux à deux aux six sommets A, B, C, A', B', C' de ce quadrilatère complet, et elles sont touchées en ces mêmes points de contact par ses trois diagonales.

13.

Et réciproquement,

Si à un triangle donné quelconque ABC on circonscrit une conique quelconque, et qu'ensuite par un point D, pris arbitrairement sur le périmètre de cette conique, et par chacun des sommets du triangle on mène trois droites AD, BD, CD, rencontrant les côtés respectivement opposés en trois point α, β, γ où ces côtés sont touchés par une deuxième conique, cette conique et toutes les autres, déterminées par une semblable construction, seront touchées par une même droite $A'B'C'$, déterminée par les intersections respectives des directions des côtés du triangle ABC avec les tangentes menées à la première conique par ses sommets respectivement opposés.

14.

Supposons que le triangle ABC, le point D et la conique inscrite, touchant ses côtés en α, β, γ restant fixe, la conique passant par les quatre points A, B, C, D varie de toutes les manières possibles, la droite $A'B'C'$ roulera alors (13) sur la conique invariable, d'où résulte le théorème suivant:

1°. Etant donné un quadrilatère quelconque $ABCD$, on peut lui circonscrire une infinité de coniques différentes, lesquelles seront aussi circonscrites à chacun des quatre triangles, formés par les sommets du quadrilatère, pris trois à trois;

2°. les tangentes AA', BB', CC', menées à une quelconque de ces coniques par les sommets de l'un quelconque ABC des quatre triangles, ont leurs intersections A', B', C' avec les directions des côtés respectivement opposés de ce même triangle situées sur une même droite, et l'enveloppe de cette droite est une certaine conique passant par les trois points α, β, γ d'intersection des trois systèmes de deux droites, joignant deux à deux les quatre sommets du quadrilatère $ABCD$ et touchant en ces trois points les côtés du triangle ABC;

3°. les points α', β', γ' d'intersection des côtés correspondans des deux triangles ABC, $\alpha\beta\gamma$ appartiennent tous trois à une même droite $\alpha'\beta'\gamma'$, polaire du quatrième sommet D, relativement à la conique passant par les trois points α, β, γ; en outre, les pôles de cette droite, relativement à toutes les coniques qui peuvent être circonscrites à ce même quadrilatère, sont sur le périmètre de la conique enveloppe de la droite $A'B'C'$;

4°. enfin, les coniques, à la fois inscrites dans les quatre triangles, formés par les sommets du quadrilatère $ABCD$, pris trois à trois, et circonscrites au triangle $\alpha\beta\gamma$, se touchent deux à deux aux trois points α, β, γ, de telle sorte que chacun de ces points est le point de contact de deux différentes paires de coniques, et en même temps ces coniqes sont touchées deux à deux à leur point de contact par les six droites qui joignent deux à deux les quatre sommets du quadrilatère donné $ABCD$.

Par la théorie des polaires réciproques on aurait pu déduire ce théorème de celui que nous avons précédemment démontré (12).

15.

Du théorème précédemment démontré (6) on peut par la considération des projections en déduire un grand nombre d'autres. En remarquant, par exemple, que les perpendiculaires, abaissées d'un point quelconque de la circonférence du cercle circonscrit au triangle ABC (fig. 2) sur les directions des côtés de ce triangle, sont respectivement parallèles aux trois hauteurs AA'', BB'', CC'', ainsi qu'aux trois perpendiculaires PA', PB', PC', abaissées du centre de ce cercle sur ces mêmes côtés, on en conclura les théorèmes suivans:

I. Une conique quelconque étant circonscrite à un triangle donné ABC, et étant menées par son centre P et par les milieux A', B', C' des côtés du triangle les droites PA', PB', PC', les droites AA'', BB'', CC'', menées par les sommets du même triangle parallèlement à celles-là, se couperont toutes trois en un même point P'; les six points A', B', C'; A'', B'', C'' appartiendront à une seconde conique semblable à la première et semblablement située (homothétique); le point P', les deux centres P, O et le centre de gravité G du triangle donné appartiendront à une même droite et seront situés harmoniquement, de telle sorte qu'on aura

$$OG:GP:OP':PP' = 1:2:3:6;$$

en outre (8), si de l'un quelconque D des points de la conique circonscrite au triangle ABC on abaisse sur les directions de ses côtés des obliques respectivement parallèles aux droites PA', PB', PC' leurs pieds seront situés sur une même droite.

Et réciproquement,

II. Si par l'un quelconque P' des points du plan d'un triangle donné ABC et par ses sommets on mène des droites AP', BP', CP', il y aura une infinité de points D, tels qu'en menant de l'un de ces points sur les côtés du triangle des obliques respectivement parallèles à ces droites, leurs pieds appartiendront tous trois à une même droite; et tous ces points D seront situés sur une même conique, circonscrite au triangle donné; le centre P de cette conique sera le point de concours des droites conduites par les milieux A', B', C' des côtés du triangle, parallèlement aux droites AP', BP', CP'; etc.

Comme le point P' de concours des trois hauteurs du triangle ABC peut être situé ou dans l'intérieur de ce triangle, ou dans l'une des trois régions α, β, γ, il s'ensuit que

III. Les deux coniques semblables et semblablement situées dont les centres sont P et O sont 1° des ellipses, si le point P' est situé dans l'intérieur du triangle ABC, ou dans l'une des trois régions α, β, γ; 2° des hyperboles, si ce point P' est situé dans l'une des trois régions α', β', γ'; 3° des paraboles, si ce point est infiniment distant du triangle ABC. En outre, les points P et P' sont des points homologues des deux triangles ABC et $A'B'C'$.

Dans le cas de la parabole où le point P' est à l'infini, les droites AA'', BB'', CC'' sont parallèles, d'où il suit que

IV. Si par les sommets d'un triangle donné ABC on mène dans une direction arbitraire trois parallèles AA'', BB'', CC'' rencontrant les directions des côtés opposés en A'', B'', C'', ces points et les milieux A', B', C' des mêmes côtés appartiendront tous à une même parabole. Et réciproquement, si par les milieux A', B', C' des côtés d'un triangle donné ABC on fait passer une parabole quelconque, coupant de nouveau ces mêmes côtés en A'', B'', C'', les droites AA'', BB'', CC'' seront nécessairement parallèles.

16.

A l'aide de la projection centrale des précédens théorèmes (15) on déduira les suivans:

I. Une conique quelconque étant circonscrite à un triangle donné ABC (fig. 6), et étant menées par un point G quelconque et par les sommets du triangle des droites AG, BG, CG, coupant les directions des côtés opposés en A', B', C', et étant menées de plus les droites $B'C'\alpha$, $C'A'\beta$, $A'B'\gamma$, coupant les directions des côtés correspondans du triangle donné en α, β, γ, situés sur une même droite $\alpha\beta\gamma$; enfin P étant le pôle de cette droite, et étant menées les droites $PA'\alpha'$, $PB'\beta'$, $PC'\gamma'$, coupant respectivement la droite $\alpha\beta\gamma$ en α', β', γ'; les droites $AA''\alpha'$, $BB''\beta'$, $CC''\gamma'$, coupant les côtés du triangle donné en A'', B'', C'', concourront toutes trois en un même point P'; les six points A', B', C', A'', B'', C'' appartiendront à une seconde conique; la droite $\alpha\beta\gamma$ sera une sécante commune à cette seconde conique et à la première; les pôles P, O de cette droite par rapport aux deux coniques et les deux points G et P' appartiendront à une même droite $PGOP'$, sur laquelle ils seront harmoniquement situés; en outre, si par l'un quelconque D des points du périmètre de la conique, circonscrite au triangle donné, et par chacun des points α', β', γ' on mène des droites, leurs points d'intersection avec les côtés correspondans du triangle donné appartiendront tous trois à une même droite.

Et réciproquement,

II. Par un point quelconque G du plan d'un triangle donné ABC et par chacun de ses sommets soient menées les droites AGA', BGB', CGC', coupant respectivement en A', B', C' les directions des côtés opposés; et soient ensuite menées les droites $B'C'\alpha$, $C'A'\beta$, $A'B'\gamma$, coupant les directions de ces mêmes côtés en α, β, γ, points qui appartiendront tous trois à une même droite $\alpha\beta\gamma$; si par un autre point quelconque P on mène les droites $PA'\alpha'$, $PB'\beta'$, $PC'\gamma'$, lesquelles coupent la droite $\alpha\beta\gamma$ en α', β', γ', les droites $A\alpha'$, $B\beta'$, $C\gamma'$ concourront en un même point P'. Or, si des points α', β', γ' on abaisse des obliques sur les directions des côtés opposés du triangle donné, de manière qu'elles se coupent en un même point D, et que leurs pieds appartiennent à une même droite, le lieu de ce point D sera une certaine conique, circonscrite au triangle donné; le point P sera le pôle de la droite $\alpha\beta\gamma$ relativement à cette conique, etc.

Ou, en d'autres termes:

Si par un point quelconque P' du plan d'un triangle donné ABC et par ses sommets on mène des droites AP', BP', CP', et qu'ensuite on mène arbitrairement une droite $\alpha'\beta'\gamma'$, coupant respectivement celles-là en α', β', γ', il aura alors une infinité de points D, tels que les droites $D\alpha'$, $D\beta'$, $D\gamma'$ coupent les côtés correspondans du triangle donné en trois points, appartenant à une même droite, et le lieu de ces points D sera une certaine conique circonscrite au triangle donné etc.

III. Les deux points P, P' (1) sont des points homologues par rapport aux triangles ABC, $A'B'C'$; quand l'un d'eux tombe sur la droite $\alpha\beta\gamma$, l'autre coïncide avec lui, et alors la conique qui passe par les six points A', B', C', A'', B'', C'' touche cette droite $\alpha\beta\gamma$ en ce point P ou P'.

Et réciproquement,

si une conique passe par trois points donnés A', B', C' et touche une droite donnée $\alpha\beta\gamma$ en un certain point Q, elle coupera les directions des côtés du triangle ABC, déterminé par les droites $A'\alpha$, $B'\beta$, $C'\gamma$, en trois points A'', B'', C'', lesquels seront situés sur les droites AQ, BQ, CQ, et *vice versa*, etc.

C'est là une propriété commune à toutes les coniques qui passent par les trois mêmes points donnés A', B', C' et touchent la même droite $\alpha\beta\gamma$.

17.

Les précédens théorèmes ont leurs polaires réciproques; tel est, par exemple, le suivant:

Soit menée une droite quelconque, coupant les côtés d'un triangle donné ABC en α, β, γ; et par un points quelconque D du plan de ce triangle soient menées les droites $D\alpha$, $D\beta$, $D\gamma$, alors on peut abaisser des sommets du triangle donné sur les droites respectivement opposées des obliques $A\alpha'$, $B\beta'$, $C\gamma'$, telles qu'elles se coupent en un même point E, et que leurs pieds α', β', γ', appartiennent à une même droite; cette droite enveloppera une certaine conique inscrite dans le triangle donné; etc.

18.

Soit circonscrite une conique quelconque à un triangle donné ABC (fig. 7). Par les sommets de ce triangle et par un point quelconque P' de son plan soient menées les droites $AP'A''\alpha$, $BP'B''\beta$, $CP'C''\gamma$, coupant respectivement les directions des côtés opposés du triangle en A'', B'', C'' et la courbe en α, β, γ. Si par un point quelconque D du périmètre de cette conique on mène les droites $D\alpha$, $D\beta$, $D\gamma$, coupant les côtés opposés du triangle donné en α', β', γ', ces trois points seront toujours situés sur une même droite $\alpha'\beta'\gamma'$, passant par le point P'; car, à cause de l'hexagone inscrit $D\beta BCA\alpha D$, par exemple, les trois points α', β', P' appartiendront à une même droite (*Pascal*).

Lorsque le point D se meut sur le périmètre de la courbe, la droite $\alpha'\beta'\gamma'$ tourne sur son point P', et *vice versa*.

19.

Supposons que la conique soit un cercle, et que les droites $A\alpha$, $B\beta$, $C\gamma$ soient respectivement perpendiculaires aux côtés du triangle donné, alors le point D sera le foyer d'une parabole inscrite à ce triangle, et l'on aura (6)

$$P'A'' = A''\alpha, \quad P'B'' = B''\beta, \quad P'C'' = C''\gamma.$$

Soit menée la droite DE, parallèle à $\gamma P'$; elle sera perpendiculaire à la tangente AB; et, en supposant qu'elle coupe $\alpha'\beta'\gamma'$ en E et AB en F, on aura

$$DF = FE, \quad \text{car} \quad \gamma C'' = C''P';$$

d'où il suit que le point E est situé sur la directrice de la parabole, et que par conséquent la droite $\alpha'\beta'\gamma'$ est elle-même cette directrice; donc:

Les directrices de toutes les paraboles inscrites dans un même triangle donné ABC se coupent toutes en un même point P', intersection des trois hauteurs de ce triangle; et

Les intersections des trois hauteurs de tous les triangles circonscrits à une même parabole sont toutes situées sur la directrice de cette courbe*).

En remarquant que quatre droites données sur un plan peuvent être touchées par une même parabole, on conclura de là la démonstration du théorème suivant:

Dans les quatre triangles que forment trois à trois quatre droites tracées sur un même plan les points de concours de trois hauteurs appartiennent tous quatre à une même droite**).

20.

En observant que les pieds $F, \ldots$ des perpendiculaires abaissées du foyer D sur les directions des côtés du triangle ABC appartiennent à une même droite, parallèle à la directrice $\alpha'\beta'\gamma'$, cette circonstance fournit un moyen très-simple de résoudre par projection le problème suivant:

Une conique quelconque étant circonscrite à un triangle donné ABC, si d'un point quelconque D du périmètre de la courbe on abaisse sur les côtés du triangle des obliques respectivement parallèles aux diamètres qui passent par les milieux de ces côtés, leurs pieds $F, \ldots$ appartiendront à une même droite. Cela posé, quelle doit être la situation du point D sur la courbe, pour que cette droite soit parallèle à une droite donnée?

Si, en effet, on mène les droites $A\alpha$, $B\beta$, $C\gamma$ respectivement parallèles aux diamètres dont il s'agit, et qu'ensuite par le point de concours P' de ces trois droites on mène la droite $\alpha'\beta'\gamma'$, parallèle à la droite donnée, les droites $\alpha\alpha'$, $\beta\beta'$, $\gamma\gamma'$ se couperont au point cherché D.

21.

De ce qui précède il suit encore, comme cas particulier, que

Les centres de tous les triangles équilatéraux, circonscrits à une même parabole, sont situés sur la directrice de cette parabole, et

---

*) C'est le théorème 5, proposé à démontrer à la pag. 134.

**) C'est le théorème 8 à la pag. 128.

Les directrices de toutes les paraboles, inscrites dans un même triangle équilatéral donné, passent toutes par le centre de ce triangle.

De là on conclura (5 et 11) par la projection parallèle que

Un triangle quelconque ABC étant circonscrit à une parabole donnée, et Q étant le point de concours des droites qui joignent ses sommets aux points de contact des côtés respectivement opposés; si l'on imagine tous les triangles, pour lesquels ce point Q est le même, les centres de gravité de tous ces triangles appartiendront à une même droite, polaire du point Q; les plus petites ellipses circonscrites à ces mêmes triangles seront semblables et semblablement situées, et se couperont toutes en ce même point Q.

Et réciproquement,

A chaque parabole, inscrite dans un même triangle donné ABC, correspond un point Q de concours des droites, menées des sommets aux points de contact des côtés opposés; et les polaires de tous les points Q, relatives aux paraboles correspondantes se coupent toutes en un même point G, centre de gravité de ce triangle.

22.

Si par les points A'', B'', C'', milieux respectifs des droites $P'\alpha$, $P'\beta$, $P'\gamma$ (fig. 7), on mène des droites respectivement parallèles à $D\alpha$, $D\beta$, $D\gamma$, elles passeront par les milieux respectifs des droites $P'\alpha'$, $P'\beta'$, $P'\gamma'$, et concourront en un même point D', situé sur la conique qui passerait par les six points A', B', C', A'', B'', C'' (6); de sorte que les trois points D, D', P' seront en ligne droite. De là résulte ce théorème, dû à M. *Lamé:*

Quatre points A, B, C, P', donnés sur un même plan, déterminent trois systèmes de deux droites AP' et BC, BP' et CA, CP' et AB, qui se coupent respectivement en A'', B'', C''. Si l'on coupe ces systèmes par une droite quelconque $\alpha'\beta'\gamma'P'$, conduite par P', et si par les points A'', B'', C'' et par les milieux des segmens de cette droite on mène les droites $A''D'$, $B''D'$, $C''D'$, ces droites concourront en un même point D', et le lieu de ce point sera une conique, passant par les points A'', B'', C'' et par les milieux des droites BC, CA, AB, AP', BP', CP', etc.

23.

Revenons de nouveau au cas où la conique circonscrite au triangle donné ABC est un cercle. Dans ce cas le point D est le foyer et la droite $\alpha'\beta'\gamma'P'$ la directrice d'une parabole inscrite au triangle; et conséquemment la polaire du point P', relative à la parabole, passe par le point D, et est perpendiculaire à la droite $P'D$; cette polaire enveloppera donc une certaine conique dont P' sera le foyer, et dont l'axe principal coïncidera (5) avec le diamètre PP' du cercle circonscrit au triangle. Donc:

Les polaires du point de concours P' des trois hauteurs d'un triangle donné ABC, relatives à toutes les paraboles inscrites à ce triangle, enveloppent une certaine conique dont le point P' est le foyer, dont l'axe principal passe par le centre du cercle circonscrit au triangle donné, et qui est inscrite dans le triangle formé par les parallèles, menées aux côtés du triangle donné par les sommets de ce triangle.

Ou plus généralement par les projections:

Les polaires d'un point quelconque P' du plan d'un triangle donné ABC, relatives à toutes les paraboles inscrites dans ce triangle, enveloppent une conique inscrite dans le triangle, formé par des parallèles aux trois côtés du triangle donné, conduites par les sommets de ce triangle.

24.

Il résulte encore de là par la projection centrale (12):

Les polaires d'un point quelconque du plan d'un quadrilatère complet, relatives à toutes les coniques inscrites dans ce quadrilatère, enveloppent une nouvelle conique, touchant les trois diagonales du même quadrilatère.

25.

Lorsque le point P' passe à l'infini, ses polaires deviennent des diamètres dont les conjugués, concourant en ce point P', sont alors parallèles, et, comme les premiers sont tangens à une certaine conique (24), ils seront parallèles deux à deux; d'où l'on conclut que

Entre les coniques inscrites dans un même quadrilatère donné on n'en saurait trouver trois ayant un système de diamètres conjugués parallèles; mais si l'on trace arbitrairement pour l'une de ces coniques un système de diamètres conjugués, il existera une autre conique inscrite dont deux diamètres conjugués seront parallèles à ceux-là. Donc:

Si l'on propose d'inscrire à un quadrilatère une conique dont deux diamètres conjugués soient parallèles à deux droites données, le problème n'aura que deux solutions au plus.

26.

On sait que les centres de toutes les coniques C, C', C'', ..., inscrites dans un même quadrilatère complet donné, sont situés sur la droite D qui joint les milieux de ses trois diagonales. Les conjugués Δ, Δ', Δ'', ... de ce diamètre commun D touchent une certaine conique S (25), d'où il suit qu'en général entre les diamètres Δ, Δ', Δ'', ... il doit y en avoir deux parallèles à une droite arbitraire L. Et réciproquement, entre les conjugués des diamètres, parallèles à une droite donnée L, il s'en trouve généralement deux qui coïncident avec la droite D; d'où l'on conclut que cette droite touche la conique S. Donc:

Dans les coniques, inscrites dans un même quadrilatère donné, les conjugués des diamètres, parallèles à une même droite enveloppent une même conique, et *toutes les coniques enveloppées qui résultent des diverses directions de cette droite, sont inscrites dans le quadrilatère complet, formé par le lieu des centres des coniques de la première série et par les trois diagonales du quadrilatère complet donné.*

27.

Les diamètres parallèles se coupent en un même point à l'infini, et lorsqu'on varie leur direction commune, tous les points de concours appartiennent à une même droite également à l'infini. Les pôles de cette droite par rapport aux mêmes coniques en sont les centres, situés sur la droite qui joint les milieux des trois diagonales du quadrilatère complet donné. De là, par les projections centrales, on conclura les théorèmes suivans:

1°. Les pôles d'une droite quelconque, relatifs à toutes les coniques inscrites dans un même quadrilatère complet donné, sont situés sur une même droite; 2°. les polaires de l'un quelconque des points de cette droite enveloppent une certaine conique, et *toutes les coniques enveloppées qu'on obtient, en variant la situation de ce point sur cette droite, sont inscrites dans le quadrilatère dont les côtés seront cette même droite et les trois diagonales du quadrilatère complet donné;* 3°. si la polaire tourne sur l'un des points de sa direction, la droite des pôles enveloppera une nouvelle conique, etc.

28.

Ces divers théorèmes ont leurs polaires réciproques; tels est, par exemple, le suivant:

1°. Les polaires d'un point quelconque, relatives à toutes les coniques circonscrites à un même quadrilatère donné, concourent toutes en un même point; 2°. les pôles d'une droite quelconque, passant par ce point, sont situés sur une certaine conique, et *toutes les coniques de cette sorte que l'on obtient, en variant la direction de la droite conduite par ce point, sont circonscrites au quadrilatère dont les sommets sont ce même point, et les trois points où concourent les systèmes de droites qui joignent deux à deux les quatre sommets du quadrilatère donné;* 3°. si le pôle décrit une droite, le point de concours des polaires décrira une nouvelle conique, etc.

Gergonne, Annales de Mathématiques, tome XIX, p. 37–64.

17

Recherche des relations entre les rayons des cercles qui touchent trois droites données sur un plan et entre les rayons des sphères qui touchent quatre plans donnés dans l'espace.

1. Soient a, b, c les trois côtés d'un triangle; ces côtés, considérés comme des droites indéfinies, divisent le plan du triangle en sept régions dont une seule finie qui est le triangle lui-même. Trois des six autres sont terminées chacune par un côté du triangle et les prolongemens des deux autres au-delà des extrémités de celui là. Quant aux trois dernières ce sont des angles respectivement opposés à ceux du triangle.

Comme trois conditions sont nécessaires pour déterminer un cercle, ce n'est que dans les quatre premières régions que l'on peut se proposer d'inscrire des cercles. L'un de ces cercles sera intérieur au triangle; c'est proprement le cercle inscrit dont nous désignerons le rayon par r; les trois autres seront ce que M. *Lhuilier* a appelé les cercles ex-inscrits, nous désignerons respectivement leurs rayons par α, β, γ, suivant les côtés du triangle, sur lesquels il s'appuyeront. On démontre aisément que ces quatre cercles sont touchés à la fois par celui que l'on fait passer par les milieux des côtés du triangle.

Soit T l'aire du triangle; en considérant les triangles qui ayant pour bases les trois côtés a, b, c du triangle donné et pour sommets les centres des quatre cercles, on a

$$(1)\qquad \begin{cases} 2\,T = r(a+b+c), \\ 2\,T = \alpha(b+c-a), \\ 2\,T = \beta(c+a-b), \\ 2\,T = \gamma(a+b-c). \end{cases}$$

En prenant la somme des produits respectifs de ces équations par $-\alpha\beta\gamma$, $+\beta\gamma r$, $+\gamma\alpha r$, $+\alpha\beta r$, il vient, en divisant par $2\,T$,

$$\alpha\beta\gamma = r(\beta\gamma+\gamma\alpha+\alpha\beta),$$

ou bien

$$(2) \qquad \frac{1}{r} = \frac{1}{\alpha} + \frac{1}{\beta} + \frac{1}{\gamma};$$

c'est-à-dire, l'inverse du rayon du cercle inscrit à un triangle est égal à la somme des inverses des rayons des trois cercles ex-inscrits au même triangle*).

Ou, en d'autres termes, le parallélipipède rectangle, construit sur les rayons des trois cercles ex-inscrits, est équivalent à la somme des trois parallélipipèdes rectangles, construits sur ses mêmes rayons, pris deux à deux, et sur le rayon du cercle inscrit.

Au moyen de la relation (2) le rayon de chacun des quatre cercles se trouve déterminé par les rayons des trois autres.

Si le triangle est équilatéral, on a

$$\alpha = \beta = \gamma = 3r = h,$$

h étant la hauteur du triangle.

II. En observant que

$$16T^2 = (a+b+c)(b+c-a)(c+a-b)(a+b-c),$$

le produit des équations (1) donne, en réduisant

$$(3) \qquad T^2 = \alpha\beta\gamma r,$$

d'où

$$T = \sqrt{\alpha\beta\gamma r};$$

c'est-à-dire, l'aire d'un triangle est égal à la racine carrée du produit des rayons des quatre cercles qui touchent à la fois ses trois côtés. Théorème, publié pour la première fois par *Mahieu*, et postérieurement par M. *Lhuilier*. (Annales, tom. I, pag. 150)**).

Pour le triangle sphérique on aurait

$$\sin\tfrac{1}{2}T = \frac{\sqrt{\operatorname{tang}\alpha \operatorname{tang}\beta \operatorname{tang}\gamma \operatorname{tang} r}}{2\cos\frac{1}{2}a\cos\frac{1}{2}b\cos\frac{1}{2}c}.$$

Si de l'équation (3) on élimine tour à tour les quatre rayons au moyen de la relation (2) on trouvera

$$(4) \qquad \begin{cases} T^2 = \dfrac{\alpha^2\beta^2\gamma^2}{\beta\gamma+\gamma\alpha+\alpha\beta} = r^2\dfrac{\beta^2\gamma^2}{\beta\gamma-r(\beta+\gamma)} \\ \quad = r^2\dfrac{\gamma^2\alpha^2}{\gamma\alpha-r(\gamma+\alpha)} = r^2\dfrac{\alpha^2\beta^2}{\alpha\beta-r(\alpha+\beta)}. \end{cases}$$

---

*) Il y a plusieurs mois que ce théorème nous a été adressé avec plusieurs autres par M. *Bobillier* dans une note que le défaut d'espace nous a empêché jusqu'ici de publier.
J. D. Gergonne.

**) Ce théorème fait aussi partie de la note de M. *Bobillier*.
J. D. Gergonne.

Des équations (1) on tire (3)

$$(5)\qquad \begin{cases} a=\dfrac{\alpha-r}{\alpha r}T=(\alpha-r)\sqrt{\dfrac{\beta\gamma}{\alpha r}}, \\ b=\dfrac{\beta-r}{\beta r}T=(\beta-r)\sqrt{\dfrac{\gamma\alpha}{\beta r}}, \\ c=\dfrac{\gamma-r}{\gamma r}T=(\gamma-r)\sqrt{\dfrac{\alpha\beta}{\gamma r}}; \end{cases}$$

d'où

$$(6)\qquad \frac{a\alpha}{\alpha-r}=\frac{b\beta}{\beta-r}=\frac{c\gamma}{\gamma-r}=\frac{T}{r};$$

et par suite (3)

$$(7)\qquad abc=\frac{(\alpha-r)(\beta-r)(\gamma-r)}{r^2}T.$$

Soit R le rayon du cercle circonscrit; on sait que

$$R=\frac{abc}{4T};$$

donc (7)

$$(8)\qquad R=\frac{(\alpha-r)(\beta-r)(\gamma-r)}{4r^2}.$$

En éliminant r de cette valeur au moyen de la relation (2) on trouvera

$$(9)\qquad R=\frac{(\beta+\gamma)(\gamma+\alpha)(\alpha+\beta)}{4(\beta\gamma+\gamma\alpha+\alpha\beta)}\ ^{*)}.$$

---

*) D'après les équations (5) on peut écrire

$$abc=T^3\left(\frac{1}{r}-\frac{1}{\alpha}\right)\left(\frac{1}{r}-\frac{1}{\beta}\right)\left(\frac{1}{r}-\frac{1}{\gamma}\right),$$

ou bien, en développant et ordonnant,

$$abc=T^3\left\{\frac{1}{r^3}-\left(\frac{1}{\alpha}+\frac{1}{\beta}+\frac{1}{\gamma}\right)\frac{1}{r^2}+\left(\frac{1}{\beta\gamma}+\frac{1}{\gamma\alpha}+\frac{1}{\alpha\beta}\right)\frac{1}{r}-\frac{1}{\alpha\beta\gamma}\right\}.$$

Au moyen de la relation (2) les deux premiers termes de ce développement disparaissent, et l'on a simplement

$$abc=T\left(\frac{T^2}{\beta\gamma r}+\frac{T^2}{\gamma\alpha r}+\frac{T^2}{\alpha\beta r}-\frac{T^2}{\alpha\beta\gamma}\right),$$

ou bien (3)

$$abc=T(\alpha+\beta+\gamma-r),$$

d'où enfin

$$R=\tfrac{1}{4}(\alpha+\beta+\gamma-r);$$

c'est-à-dire, le rayon du cercle circonscrit à un triangle est le quart de l'excès de la somme des rayons des trois cercles ex-inscrits à ce triangle sur le rayon du cercle inscrit. Cet élégant théorème appartient à M. *Bobillier.*

J. D. Gergonne.

Si de la même valeur on élimine successivement α, β, γ au moyen de la même relation, on trouvera

$$(10)\quad \begin{cases} R = \dfrac{(\beta-r)(\gamma-r)(\beta+\gamma)}{4(\beta\gamma-\beta r-\gamma r)} \\[2ex] \quad = \dfrac{(\gamma-r)(\alpha-r)(\gamma+\alpha)}{4(\gamma\alpha-\gamma r-\alpha r)} \\[2ex] \quad = \dfrac{(\alpha-r)(\beta-r)(\alpha+\beta)}{4(\alpha\beta-\alpha r-\beta r)}. \end{cases}$$

III. Si le triangle est supposé rectangle, en désignant par c l'hypoténuse, on aura

$$2T = ab,$$

au moyen de quoi les équations (1) deviendront

$$(11)\quad \begin{cases} \alpha = \dfrac{ab}{b+c-a}, \\[2ex] \beta = \dfrac{ab}{c+a-b}, \\[2ex] \gamma = \dfrac{ab}{a+b-c}, \\[2ex] r = \dfrac{ab}{a+b+c}. \end{cases}$$

En divisant chacune des trois premières par la dernière, il viendra, en chassant les dénominateurs,

$$r(a+b+c) = \alpha(b+c-a) = \beta(c+a-b) = \gamma(a+b-c),$$

d'où on tirera aisément

$$(12)\quad \frac{\beta(\alpha-r)}{a} = \frac{\alpha(\beta-r)}{b} = \frac{r(\alpha+\beta)}{c}.$$

Ainsi (11), si les trois côtés du triangle rectangle sont commensurables, les rayons des quatre cercles le seront aussi, et réciproquement (12).

Si, par exemple, il s'agit du triangle de *Pythagore*, pour lequel on a

$$a = 3,\quad b = 4,\quad c = 5,$$

on aura

$$\alpha = 2,\quad \beta = 3,\quad \gamma = 6,\quad r = 1.$$

L'équation

$$a^2+b^2 = c^2$$

donne

$$2ab = (a+b)^2-c^2,$$

ou bien

$$2ab = (a+b+c)(a+b-c);$$

mais les deux dernières équations (11) donnent

$$\gamma r = \frac{a^2b^2}{(a+b+c)(a+b-c)};$$

donc

$$\gamma r = \frac{ab}{2} = T;$$

équation qui, comparée à l'équation (3), donne

$$(13) \qquad \alpha\beta = \gamma r = T;$$

c'est-à-dire, dans tout triangle rectangle le rectangle des rayons des cercles ex-inscrits qui répondent aux deux côtés de l'angle droit est équivalent au rectangle des rayons du cercle inscrit et du cercle ex-inscrit qui répond à l'hypoténuse, et l'un et l'autre sont équivalens à l'aire du triangle.

IV. Soient a, b, c, d les quatre faces d'un tétraèdre dans leur ordre de grandeur, de la plus grande à la plus petite; ces faces, considérées comme des plans indéfinis, diviseront l'espace en quinze régions dont une seule finie qui sera le tétraèdre lui-même. Quatre des quatorze restantes seront terminées chacune par une des faces du tétraèdre et par les prolongemens des plans des trois autres au delà de celle-là. Il y en aura six dont chacune sera terminée par les prolongemens des plans des quatre faces au-delà d'une même arête. Enfin, les quatre dernières seront des angles trièdres, opposés à ceux du tétraèdre.

Comme quatre conditions sont nécessaires pour déterminer une sphère, ce n'est que dans les onze premières régions qu'on peut se proposer d'inscrire des sphères. Mais il est aisé de voir qu'il ne saurait y en exister à la fois dans les six régions sur les arêtes, opposées deux à deux, et que l'existence d'une sphère, dans l'une d'elles, entraîne l'impossibilité d'en inscrire une dans la région qui lui est opposée. Il ne saurait donc y avoir plus de huit sphères, une inscrite et sept ex-inscrites qui touchent à la fois les quatre faces d'un tétraèdre, considérées comme des plans indéfinis; et ces dernières se divisent en deux classes, savoir: quatre sphères ex-inscrites aux faces, et les trois autres ex-inscrites aux arêtes.

Soit r le rayon de la sphère inscrite; soient α, β, γ, δ les rayons des quatre sphères respectivement ex-inscrites sur les faces a, b, c, d; soient α', β', γ' les rayons des sphères ex-inscrites respectivement sur les arêtes ad ou bc, bd ou ca, cd ou ab; soit enfin T le volume du tétraèdre.

En considérant les tétraèdres, ayant leur sommet commun aux centres de ces différentes sphères et pour bases les faces du tétraèdre T, on trouvera aisément

$$(1) \qquad 3T = r(a+b+c+d),$$

$$(2) \qquad 3T = \alpha(b+c+d-a),$$

$$(3) \qquad 3T = \beta(c+d+a-b),$$

$$(4) \qquad 3T = \gamma(d+a+b-c),$$

$$(5)\qquad 3T = \delta(a+b+c-d),$$
$$(6)\qquad 3T = \pm\alpha'(b+c-a-d),$$
$$(7)^{*}\qquad 3T = \pm\beta'(c+a-b-d),$$
$$(8)^{*}\qquad 3T = \pm\gamma'(a+b-c-d);$$

les signes des seconds membres des trois dernières équations devant être pris de manière que ces seconds membres soient positifs.

Des équations (2), (3), (4), (5) on tire aisément

$$(9)\qquad \begin{cases} a = \dfrac{3T}{4}\left(\dfrac{1}{\beta}+\dfrac{1}{\gamma}+\dfrac{1}{\delta}-\dfrac{1}{\alpha}\right), \\ b = \dfrac{3T}{4}\left(\dfrac{1}{\gamma}+\dfrac{1}{\delta}+\dfrac{1}{\alpha}-\dfrac{1}{\beta}\right), \\ c = \dfrac{3T}{4}\left(\dfrac{1}{\delta}+\dfrac{1}{\alpha}+\dfrac{1}{\beta}-\dfrac{1}{\gamma}\right), \\ d = \dfrac{3T}{4}\left(\dfrac{1}{\alpha}+\dfrac{1}{\beta}+\dfrac{1}{\gamma}-\dfrac{1}{\delta}\right). \end{cases}$$

En substituant ces valeurs dans l'équation (1), il viendra

$$(10)\qquad \frac{2}{r} = \frac{1}{\alpha}+\frac{1}{\beta}+\frac{1}{\gamma}+\frac{1}{\delta};$$

c'est-à-dire, la somme des inverses des rayons des sphères ex-inscrites sur les faces d'un tétraèdre est double de l'inverse du rayon de la sphère qui lui est inscrite.

Les mêmes valeurs (9), substituées dans les équations (6), (7), (8), donnent

$$(11)\qquad \begin{cases} \pm\dfrac{2}{\alpha'} = \dfrac{1}{\alpha}+\dfrac{1}{\delta}-\dfrac{1}{\beta}-\dfrac{1}{\gamma}, \\ \pm\dfrac{2}{\beta'} = \dfrac{1}{\beta}+\dfrac{1}{\delta}-\dfrac{1}{\gamma}-\dfrac{1}{\alpha}, \\ \pm\dfrac{2}{\gamma'} = \dfrac{1}{\gamma}+\dfrac{1}{\delta}-\dfrac{1}{\alpha}-\dfrac{1}{\beta}; \end{cases}$$

c'est-à-dire, la somme des inverses des rayons des sphères ex-inscrites sur deux des faces d'un tétraèdre, moins la somme des inverses des rayons des sphères ex-inscrites sur ses deux autres faces, est double de l'inverse du rayon de la sphère ex-inscrite sur l'arête des deux premières ou sur l'arête des deux dernières faces.

On voit donc que les rayons de nos huit sphères sont liés les uns aux autres par quatre relations, au moyen desquelles quatre d'entre eux sont déterminés par les quatre autres.

*Sieh S. 525.

En ajoutant tour à tour chacune des équations (11) à l'équations (10), et en les en retranchant, on aura

$$(12)\quad \begin{cases} \dfrac{1}{\alpha}+\dfrac{1}{\delta}=\dfrac{1}{r}\pm\dfrac{1}{\alpha'}, \\ \dfrac{1}{\beta}+\dfrac{1}{\delta}=\dfrac{1}{r}\pm\dfrac{1}{\beta'}, \\ \dfrac{1}{\gamma}+\dfrac{1}{\delta}=\dfrac{1}{r}\pm\dfrac{1}{\gamma'}; \end{cases}$$

$$(13)\quad \begin{cases} \dfrac{1}{\beta}+\dfrac{1}{\gamma}=\dfrac{1}{r}\mp\dfrac{1}{\alpha'}, \\ \dfrac{1}{\gamma}+\dfrac{1}{\alpha}=\dfrac{1}{r}\mp\dfrac{1}{\beta'}, \\ \dfrac{1}{\alpha}+\dfrac{1}{\beta}=\dfrac{1}{r}\mp\dfrac{1}{\gamma'}, \end{cases}$$

c'est-à-dire, *la somme des inverses des rayons des sphères ex-inscrites sur deux faces d'un tétraèdre, est égal à la somme ou à la différence des inverses des rayons de la sphère inscrite et de la sphère ex-inscrite sur l'arête de ces deux faces ou sur son opposée.*

Si le tétraèdre est régulier, on a

$$\alpha=\beta=\gamma=\delta=2r,$$
$$\alpha'=\beta'=\gamma'=\infty;$$

d'où résulte ce théorème:

Si dans un angle trièdre régulier dont les trois angles plans sont les deux tiers d'un angle droit on inscrit une suite de sphères, de manière que chacune d'elles touche celle qui la précède immédiatement, les rayons de ces sphères formeront une progression géométrique dont la raison sera deux.

Gergonne, Annales de Mathématiques, tome XIX, p. 85—96.

18

Théorèmes à démontrer et problèmes à résoudre.

Théorèmes sur le quadrilatère complet.

Quatre droites A, B, C, D se coupant deux à deux en six points, et se trouvant conséquemment comprises dans un même plan.

1°. Ces quatre droites, prises trois à trois, forment quatre triangles, tels que les cercles circonscrits passent tous quatre par un même point P.

2°. Les centres α, β, γ, δ de ces quatre cercles se trouvent avec le point P sur la circonférence d'un cinquième cercle.

3°. Les pieds des perpendiculaires abaissées, du point P sur les directions de A, B, C, D, appartiennent tous quatre à une même droite R, et cette propriété appartient exclusivement au point P.

4°. Les points de concours des perpendiculaires abaissées, des sommets sur les directions des côtés opposés dans les quatre triangles (1°.), appartiennent à une même droite R'.

5°. Les droites R et R' sont parallèles, et la droite R passe par le milieu de la perpendiculaire, abaissée du point P sur R'.

6°. Les milieux des diagonales du quadrilatère complet, formé par les quatre droites A, B, C, D, appartiennent tous trois à une même droite R'' (*Newton*).

7°. La droite R'' est perpendiculaire commune aux deux droites R, R'.

8°. Pour chacun des quatre triangles (1°.) il y a un cercle inscrit et trois cercles ex-inscrits, ce qui fait en tout seize cercles, dont les centres sont quatre à quatre sur une circonférence, de manière à donner naissance à huit nouveaux cercles.

9°. Ces huit nouveaux cercles se partagent en deux groupes tels que chacun des quatre cercles de l'un de ces groupes coupe orthogonalement tous les cercles de l'autre groupe; on en conclut que les centres des cercles des deux groupes sont sur deux droites perpendiculaires l'une à l'autre.

10°. Enfin ces deux dernières droites se coupent au point P, mentionné ci-dessus.

Autres théorèmes de géométrie.

1°. Si l'on décrit trois cercles A, B, C, de manière que chacun d'eux touche un des côtés d'un triangle et les prolongemens des deux autres, et si l'on décrit ensuite trois autres cercles A', B', C', de manière que chacun d'eux touche deux des trois premiers extérieurement et le troisième intérieurement, ces trois derniers se couperont en un même point P, et les droites qui joindront ce point P aux centres des trois premiers seront respectivement perpendiculaires aux trois côtés du triangle.

2°. Si l'on décrit quatre sphères A, B, C, D, de manière que chacune d'elles touche une des faces d'un tétraèdre et les prolongemens des trois autres, et si l'on décrit ensuite quatre autres sphères A', B', C', D', de manière que chacune d'elles touche trois des quatre premières extérieurement et la quatrième intérieurement, ces quatre dernières se couperont en un même point P, et les droites qui joindront ce point P aux centres des quatre premières seront respectivement perpendiculaires aux quatre faces du tétraèdre.

Théorèmes sur l'Hexagrammum mysticum.*

Six points, pris arbitrairement sur le périmètre d'une conique quelconque, sont les sommets de soixante hexagones inscrits et les points de contact de soixante hexagones circonscrits (*Carnot*, Géométrie de position), lesquels jouissent des propriétés suivantes:

1°. Dans chacun des hexagones inscrits les points de concours des directions des côtés opposés appartiennent tous trois à une même droite D (*Pascal*), de sorte qu'on obtient ainsi soixante droites D;

2°. Ces soixante droites D concourent, trois à trois, en un même point p, de sorte qu'on obtient ainsi vingt points p;

1°. Dans chacun des hexagones circonscrits, les droites qui joignent les sommets opposés concourent toutes trois en un même point P (*Brianchon*), de sorte qu'on obtient ainsi soixante points P.

2°. Ces soixante points P appartiennent, trois à trois, à une même droite d, de sorte qu'on obtient ainsi vingt droites d;

*Sieh S. 526.

3°. Ces vingt points p appartiennent, quatre à quatre, à une même droite δ, de sorte qu'on obtient ainsi cinq droites δ;

4°. Ces cinq droites δ concourent en un même point ϖ';

3°. Ces vingt droites d concourent, quatre à quatre, en un même point ϖ, de sorte qu'on obtient ainsi cinq points ϖ;

4°. Ces cinq points ϖ appartiennent à une même droite δ';

5°. Les soixante points P sont les pôles respectifs des soixante droites D;

6°. Les vingt points p sont les pôles respectifs des vingt droites d;

7°. Les cinq points ϖ sont les pôles respectifs des cinq droites δ;

8°. Enfin, le point ϖ' est le pôle de la droite δ'.

Théorèmes de géométrie.*

I. Soient deux cercles C, c, non concentriques, donnés sur un même plan, et que, pour fixer les idées, nous supposons d'abord intérieurs l'un à l'autre.

Soient tracés une suite de cercles O_1, O_2, O_3, O_4, ..., le premier assujetti seulement à être inscrit dans l'espace que laissent entre eux les deux cercles C, c et chacun des autres assujetti non seulement à être inscrit dans cet espace, mais encore à toucher celui qui le précède immédiatement dans la série.

En poursuivant la construction de cette série de cercles, ou bien elle se prolongera indéfiniment, en donnant sans cesse des cercles différens de ceux qui auront déjà été tracés, ou bien au contraire, après avoir fait n fois le tour de l'espace compris entre les deux cercles donnés C, c, on parviendra à un dernier cercle O_m qui se trouvera tangent au premier O_1, de sorte que la série se terminera à ce dernier cercle.

On propose d'abord de démontrer que cette circonstance est indépendante de la situation du premier cercle O_1 de la série, et qu'elle ne dépend uniquement que des grandeur et situation respectives des deux cercles donnés C, c; c'est-à-dire, que suivant les grandeur et situation de ces deux cercles, la série sera finie ou illimitée, quel que soit le cercle O_1.

On propose en outre de démontrer que, quand la série est limitée, en représentant respectivement par R, r les rayons des deux cercles C, c, et par d la distance entre leurs centres, on doit avoir cette équation remarquable

$$(R-r)^2-4rR\tang^2\frac{n}{m}\pi = d^2.$$

*Sieh S. 526.

Si les deux cercles donnés sont hors l'un de l'autre, l'équation sera

$$(R+r)^2+4rR\tang^2\frac{n}{m}\pi = d^2{}^{*}).$$

Les mêmes choses ont lieu pour des cercles tracés sur la surface d'une sphère; l'équation est alors

$$\cos(R\mp r)\pm 2\sin r\sin R\tang^2\frac{n}{m}\pi = \cos d.$$

II. Soient deux sphères S, s, non concentriques, que, pour fixer les idées, nous supposons d'abord intérieures l'une à l'autre; et soit inscrite arbitrairement une troisième sphère Σ dans l'intervalle qui les sépare.

Soit ensuite décrite une suite de sphères O_1, O_2, O_3, O_4, ... dont la première O_1 soit simplement assujettie à toucher à la fois les trois sphères S, s, Σ; tandis que chacune des autres sera assujettie non seulement à toucher ces trois mêmes sphères, mais encore à toucher celle qui la précède immédiatement dans la série.

Ou bien la série de ces sphères se prolongera indéfiniment, ou bien, après n révolutions autour de la sphère s, on rencontrera une dernière sphère O_m, touchant la première O_1, et il s'agirait d'abord de prouver que ces circonstances ne dépendent aucunement ni de la situation arbitraire de la sphère Σ, ni de la situation également arbitraire de la première sphère O_1 de la série; mais uniquement des rayons R, r des deux sphères données S et s, et de la distance d entre leurs centres.

---

*) Voici un théorème beaucoup plus simple qui doit également être vrai. Soient deux cercles C, c, non concentriques, tracés dans un même plan et que, pour fixer les idées, nous supposons intérieurs l'un à l'autre.

Soient A_1, A_2, A_3, A_4, ... une suite de cordes de C tangentes à c, la première étant arbitraire et chacune des suivantes étant assujettie à avoir une extrémité commune avec celle qui la précède immédiatement.

Ou bien le nombre de ces cordes sera illimité, ou bien, après avoir fait n fois le tour de l'espace, compris entre les deux cercles C, c, on parviendra à une dernière corde A_m qui se terminera au point de départ de la première A_1, de sorte que les m cordes formeront un polygone étoilé, inscrit dans C et circonscrit à c.

Il s'agirait d'abord de prouver que ces circonstances ne dépendent aucunement de la situation de la première corde A_1, mais uniquement des rayons R, r des deux cercles et de la distance d entre leurs centres. Il s'agirait en outre d'assigner dans le dernier cas le rapport qui doit exister entre les grandeurs m, n, R, r, d.

Il a déjà été établi (Annales, tom. I, pag. 149, tom. III, pag. 346 et tom. XIV, pag. 54) que, dans le cas de $m = 3$ et $n = 1$, cette relation est

$$R^2 \mp 2rR = d^2.$$

On peut aussi se proposer le même théorème pour deux cercles tracés sur la surface d'une sphère, et il a été démontré (Annales, tom. XIV, pag. 59) que, dans le cas de $m = 3$ et $n = 1$, on doit avoir

$$\{\sin(R+r)+\sin(R-r)\}\{3\sin(R\mp r)-\sin(R\pm r)\} = 4\sin^2 d.$$

J. D. Gergonne.

Il s'agirait de prouver, en outre, qu'on aura, dans le dernier cas,

$$(R \pm r)^2 \mp 16 r \sin^2 \frac{n}{m}\pi = d^2;$$

les signes inférieurs répondant au cas où les sphères données S, s sont extérieures l'une à l'autre.

Problème de situation.

Le nombre des faces d'un polyèdre étant donné, on peut demander, de quelle nature peuvent être ces faces. On trouve pour les cas les plus simples les résultats que voici:

		Nombre des cas.	Nombre des Faces. Triangul.	Quadrang.	Pentag.
Corps	Tétraèdre	1	4	—	—
	Pentaèdres	1	4	1	—
		2	2	3	—
	Hexaèdres	1	6	—	—
		2	5	—	1
		3	4	2	—
		4	3	2	1
		5	2	4	—
		6	2	2	2
		7	—	6	—

Quelle est la loi générale?

Problème de géométrie.

Si dans un angle trièdre donné quelconque on inscrit une suite de sphères, de telle sorte que chacune d'elles touche celle qui la précède immédiatement, quelle loi suivront les rayons des sphères ainsi inscrites?

Théorèmes de géométrie.

Soient sur un même plan six points dont trois sur une droite et trois sur une autre. Si l'on joint, deux à deux, les points d'une série à ceux de l'autre série par neuf droites, ces droites se couperont, deux à deux en dix-huit nouveaux points, distribués, trois à trois, sur six droites qui concourront elles-mêmes, trois à trois, en deux nouveaux points.

Soient sur un même plan six droites dont trois concourant en un point et trois en un autre. Les droites d'une série auront avec celles de l'autre série neuf points d'intersection; ces points détermineront, deux à deux, dix-huit nouvelles droites, concourant, trois à trois, en six points qui seront eux-mêmes, trois à trois, sur deux nouvelles droites.

Gergonne, Annales de Mathématiques, tome XVIII, p. 302—304, 339—340, 378—380 et tome XIX, p. 36, 96, 128.

19

Systematische Entwickelung

der

Abhängigkeit

geometrischer Gestalten

von einander,

mit Berücksichtigung der Arbeiten alter und neuer Geometer
über Porismen, Projections-Methoden, Geometrie der Lage,
Transversalen, Dualität und Reciprocität, etc.

„En observant ce que les résultats particuliers
„avaient de commun entre eux, on est succes-
„sivement parvenu à des résultats fort étendus,
„et les sciences mathématiques sont à la fois
„devenues plus générales et plus simples."
Laplace, Leçons à l'Ecole normale.

Erster Theil.

Hierzu Taf. XXVI—XXXVII Fig. 1—57.

Dieses (unvollendet gebliebene) Werk ist i. J. 1832 (zu Berlin bei Fincke) erschienen.

Seiner Excellenz

dem

Herrn Geheimen Staatsminister

Freiherrn von Humboldt

widmet diese Schrift

als ein Zeichen

seiner innigsten

Verehrung und Dankbarkeit

der Verfasser.

Vorrede.*

Das vorliegende Werk enthält die Endresultate mehrjähriger Forschungen nach solchen räumlichen Fundamentaleigenschaften, die den Keim aller Sätze, Porismen und Aufgaben der Geometrie, womit uns die ältere und neuere Zeit so freigebig beschenkt hat, in sich enthalten. Für dieses Heer von auseinander gerissenen Eigenthümlichkeiten musste sich ein leitender Faden und eine gemeinsame Wurzel auffinden lassen, von wo aus eine umfassende und klare Uebersicht der Sätze gewonnen, ein freierer Blick in das Besondere eines jeden und seiner Stellung zu den übrigen geworfen werden kann. Wenn Jemand alle bis jetzt bekannt gewordenen Sätze und Aufgaben nach den bisher üblichen Vorschriften zu beweisen und zu lösen sich vornehmen wollte, so wäre dazu viel Zeit und Mühe erforderlich, und am Ende hätte man doch nur eine Sammlung von auseinander liegenden, wenn auch sehr scharfsinnigen, Kunststücken, aber kein organisch zusammenhängendes Ganze zu Stande gebracht. Gegenwärtige Schrift hat es versucht, den Organismus aufzudecken, durch welchen die verschiedenartigsten Erscheinungen in der Raumwelt mit einander verbunden sind. Es giebt eine geringe Zahl von ganz einfachen Fundamentalbeziehungen, worin sich der Schematismus ausspricht, nach welchem sich die übrige Masse von Sätzen folgerecht und ohne alle Schwierigkeit entwickelt. Durch gehörige Aneignung der wenigen Grundbeziehungen macht man sich zum Herrn des ganzen Gegenstandes; es tritt Ordnung in das Chaos ein, und man sieht, wie alle Theile naturgemäss in einander greifen, in schönster Ordnung sich in Reihen stellen, und verwandte zu wohlbegrenzten Gruppen sich vereinigen. Man gelangt auf diese Weise gleichsam in den Besitz der Elemente, von welchen die Natur ausgeht, um mit möglichster Sparsamkeit und auf die einfachste Weise den Figuren unzählig viele Eigenschaften verleihen zu können. Hierbei macht weder die synthetische noch die analytische Methode den Kern der Sache aus, der darin besteht, dass die Abhängigkeit der Gestalten von einander und

*Sieh S. 526.

die Art und Weise aufgedeckt wird, wie ihre Eigenschaften von den einfacheren Figuren zu den zusammengesetzteren sich fortpflanzen. Dieser Zusammenhang und Uebergang ist die eigentliche Quelle aller übrigen vereinzelten Aussagen der Geometrie. Eigenschaften der Figuren (wie z. B. die conjugirten Durchmesser der Kegelschnitte, sechs Puncte oder Strahlen, welche Involution bilden, das mystische Sechseck und Sechsseit, u. s. w.), von deren Vorhandensein man sich sonst durch künstliche Beweise überzeugen musste, und die, wenn sie gefunden waren, als etwas Wunderbares dastanden, zeigen sich nun als nothwendige Folgen der unscheinbarsten Eigenschaften der aufgefundenen Grundelemente, und jene sind a priori durch diese gesetzt.

Wenn nun wirklich in diesem Werke gleichsam der Gang, den die Natur befolgt, aufgedeckt wird, so werden alle hier synthetisch entwickelten Resultate sich natürlicher Weise auch durch analytische Hülfsmittel auffinden lassen, was meines Erachtens durchaus nichts Ueberraschendes in sich tragen kann. Der Analyst, der dieses ausführt, hat nicht mehr als seine Pflicht gethan, wenn er jeden Fortschritt der Wissenschaft benutzt und sich denselben so zur Lehre dienen lässt, dass seine Methode darnach vervollständigt wird. Auch ist es recht eigentlich seine Sache, jene Resultate zu verallgemeinern, und ich sollte meinen, dass seine Arbeit nicht an ihrem Werthe verlieren würde, wenn er es unterliesse, gegen seinen Wegweiser sich vornehm zu geberden.

Der Streit, welcher sich vor nicht langer Zeit zwischen den zwei, in Rücksicht auf die Geometrie verdienstvollsten, französischen Mathematikern über den Vorzug des Princips der Dualität und der *Théorie des polaires réciproques* entspann*), wird, wie ich glaube, durch die vorliegende Entwickelung unzweideutig entschieden, so dass ich es nicht für nöthig halte, hier darauf weiter einzugehen. Die Dualität tritt mit den Grundgebilden zugleich hervor, jene Theorie hingegen kommt erst später als Resultat bestimmter Verbindungen der Grundgebilde zum Vorschein. Wenn aber auch das *Gergonne*'sche Princip sich in dieser Hinsicht als das primitivere, der Quelle näher liegende, bewährt, so hat doch *Poncelet* ein gleich grosses Verdienst, so viel zur Entwickelung und Förderung der synthetischen Geometrie beigetragen zu haben, dass diese fortan nicht mehr mit jener Geringschätzung behandelt werden darf, welche man ihr in neuerer Zeit gar zu oft und gar zu leichtfertig zu Theil werden liess. Uebrigens tritt die genannte Theorie durch die gegenwärtige Entwickelung in vollständigerer und allgemeinerer Gestalt hervor, als es in ihrer früheren Darstellungsweise geschehen konnte, wobei indessen nicht zu übersehen ist,

---

*) *Bulletin universel,* août 1827, pag. 109, und *Annales de Mathématiques,* tom. XVIII, pag. 125.

dass der scharfsinnige *Moebius* zuerst eine freiere Auffassung dieser Theorie ans Licht gefördert hat (Barycentrischer Calcül).

Das ganze Werk wird seiner äusseren Eintheilung nach aus fünf Theilen und zugleich aus fünf Abschnitten bestehen, von denen der erste „projectivische Gerade, ebene Strahlbüschel und Ebenenbüschel;" der zweite „projectivische Ebenen und Strahlbüschel (im Raume);" der dritte „projectivische Räume;" der vierte „Correlations-Systeme und Netze (mit Einschluss der Involutions-Systeme und Netze);" und der fünfte „ausführliche und umfassende Behandlung der Curven und Flächen zweiten Grades, durch Construction und gestützt auf projectivische Eigenschaften," enthält. Ausserdem werden noch zwei Theile mit diesem Werke in Verbindung gebracht, wovon der eine „über Puncte und Axen der mittleren Entfernung (mit Einschluss der mittleren harmonischen Entfernung), über Transversalen, etc." handeln wird, und worauf vorhergegangene projectivische Eigenschaften angewandt werden, der andere Theil hingegen der Elementargeometrie gewidmet ist, und der Hauptsache nach „eine systematische Entwickelung der Aufgaben und Sätze über das Schneiden und Berühren der Kreise in der Ebene und auf der Kugelfläche, und der Kugeln" enthalten wird. Dieser letztere Theil sollte schon früher im Druck erscheinen und war bereits im J. 1826 bis auf einen Anhang, welcher verschiedene Anwendungen der stereographischen Projection enthalten sollte, ausgearbeitet, was auch schon anderweitig angegeben worden (Journal f. Mathem. Bd. I, S. 163)*); allein da mehrere darin enthaltene Betrachtungen nur besondere Fälle von solchen sind, welche in den erstgenannten fünf Theilen vorkommen, und wiederum einige über Kreise und Kugeln selbstständig entwickelte Sätze sich unmittelbar auf bestimmte Systeme von Curven und Flächen zweiten Grades übertragen lassen, wie solches in jenen fünf Theilen nachgewiesen wird, so ist es zweckmässiger, ihn erst nach diesen folgen zu lassen.

Die Hauptresultate, welche in diesem Werk entwickelt werden, habe ich schon vor mehreren Jahren gefunden (und zwar die letzten vor der Mitte des Jahres 1828), in einer Epoche, wo mir als Privatlehrer mehr Zeit und Musse zu Gebote stand als seither, wo nicht selten drückende Amtsgeschäfte die Ausarbeitung verzögerten. Dass mittlerweile Einiges davon ins Publicum gekommen ist (wie z. B. namentlich ein Theil der Resultate in § 59 dieses Bandes), ist leicht erklärlich, da ich kein Geheimniss daraus machte. Diese Theilnahme war mir ein Beweis, dass meine Untersuchungen Beifall finden, sie erregt jetzt in mir die Hoffnung, dass nun auch die vollständige Mittheilung derselben nicht unberücksichtigt

*) S. 21 dieser Ausgabe.

bleiben werde, denn es ist nicht unwahrscheinlich, dass durch gehörige Verschmelzung von Resultaten und Ideen des Einen mit Methoden des Anderen noch mehr als eine neue Entdeckung sich machen lassen werde.

Da frühere Arbeiten von mir, welche ich in einzelnen Abhandlungen im Journal für Mathematik und in den *Annales de Mathématiques* bekannt gemacht habe, den Beifall von unparteiischen Sachkennern sich erworben haben *), so glaube ich wohl mit einiger Zuversicht die Hoffnung hegen zu dürfen, dass nun auch der gegenwärtigen Arbeit, welche nach derselben Methode, aber in einer allgemeineren, umfassenderen Anlage begonnen ist, eine nicht minder günstige Aufnahme zu Theil werden wird. Hierzu füge ich den Wunsch, dass der geneigte Beurtheiler die von mir unterlassene Auseinandersetzung des Verhältnisses meiner Arbeit zu den älteren und neueren Arbeiten Anderer über denselben Gegenstand ergänzen möge. Alle wichtigeren, schon von Anderen aufgestellten Sätze habe ich, so weit mein Wissen reichte, ihren Urhebern einzeln zugeschrieben.

Berlin, im September 1832.

Steiner.

---

*) Siehe *Annales de Mathém.* tom. XVII, (No. 7, 10), XVIII u. XIX; *Bulletin des sciences mathématiques*, tom. VII, VIII, IX, X u. XI, 1827—1829; Allgemeine Literatur-Zeitung, 1831; — Mathemat. Wörterb. Thl. 5 u. 6; u. s. w. Auch sind viele Resultate daraus schon in Lehrbücher und andere Werke aufgenommen worden, so wie auch eine Abhandlung und mehrere einzelne meiner Sätze von *Gergonne*, dem Herausgeber der genannten Annalen, ins Französische übersetzt worden sind.

Einleitende Begriffe.*

1. Die in der Geometrie erforderlichen Grundvorstellungen sind: der Raum, die Ebene, die Gerade (gerade Linie) und der Punct. Zum Behufe der in dem vorliegenden Werke durchzuführenden Betrachtungen ist es erforderlich, einerseits diese Elemente in Ansehung der Art und Weise, wie sie einander untergeordnet sind, d. h., wie die einen die anderen in sich enthalten, und andererseits bestimmte Zusammenstellungen derselben auf folgende Weise scharf aufzufassen und als Grundgebilde festzuhalten:

I. Die Gerade. In der Geraden ist eine unzählige Menge unmittelbar auf einander folgender Puncte denkbar, die sich, von irgend einem derselben ausgehend, nach zwei entgegengesetzten Seiten hin ins Unendliche erstrecken.

II. Der ebene Strahlbüschel. Durch jeden Punct in einer Ebene sind unzählige Gerade möglich; die Gesammtheit aller solcher Geraden soll „ebener Strahlbüschel", oder „Strahlbüschel in der Ebene" heissen, nämlich die Geraden sollen, in Ansehung dieser Zusammenstellung, „Strahlen" heissen, und der Punct, in welchem sich die Strahlen schneiden, soll „Mittelpunct" des Strahlbüschels genannt werden.

III. Der Ebenenbüschel. Durch jede Gerade sind unendlich viele Ebenen denkbar; alle solche Ebenen zusammengefasst sollen „Ebenenbüschel", und die Gerade, in welcher sich die Ebenen schneiden, soll „Axe" des Ebenenbüschels heissen.

IV. Die Ebene. In der Ebene sind zahllose Gerade und Puncte, oder ebene Strahlbüschel enthalten. (Jeder Punct der Ebene ist Mittelpunct eines in ihr liegenden Strahlbüschels.)

V. Der Strahlbüschel im Raume. Durch jeden Punct im Raume sind nach allen möglichen Richtungen unzählige Gerade oder Strahlen denkbar; alle solche Strahlen insgesammt sollen „Strahlbüschel im Raume", oder schlechthin „Strahlbüschel", und der Punct, in welchem

*Sieh S. 526.

sich die Strahlen schneiden, soll „Mittelpunct“ des Strahlbüschels heissen. Ein solcher Strahlbüschel enthält nicht nur unendlich viele Strahlen, sondern er umfasst auch zahllose ebene Strahlbüschel (II.) und Ebenenbüschel (III.) als untergeordnete Gebilde oder Elemente; denn es giebt endlos viele Ebenen, die durch dessen Mittelpunct gehen, und alle Strahlen, die in eine solche Ebene fallen, bilden einen ebenen Strahlbüschel, und alle solche Ebenen, die durch einen und denselben Strahl gehen, bilden einen Ebenenbüschel; von solchen ebenen Strahlbüscheln und Ebenenbüscheln soll aber gesagt werden, sie liegen im Strahlbüschel im Raume.

Die Betrachtung der vorstehenden fünf Raumgebilde, nämlich das Beziehen derselben aufeinander bei verschiedenartigen Verbindungen und Zusammenstellungen, macht den Gegenstand der ersten fünf Theile des vorliegenden Werkes aus. Das Ergebniss wird zeigen, dass diese Gebilde in der That die eigentliche Grundlage der synthetischen Geometrie sind.

Die Fundamentalbeziehungen, auf welchen alle Untersuchungen beruhen, sind folgende.

Es werden aufeinander bezogen:

a) Gerade und ebene Strahlbüschel. Zuerst werden eine Gerade und ein ebener Strahlbüschel so aufeinander bezogen, dass ihre Elemente gepaart sind, d. h., dass jedem Punct der Geraden ein bestimmter Strahl des Strahlbüschels entspricht. Sodann werden sowohl Gerade unter sich, als ebene Strahlbüschel unter sich ähnlicherweise aufeinander bezogen.

b) Ebenenbüschel und sowohl Gerade als ebene Strahlbüschel. Ein Ebenenbüschel und eine Gerade oder ein ebener Strahlbüschel werden so aufeinander bezogen, dass ihre Elemente gepaart sind, d. h., dass jeder Ebene des Ebenenbüschels ein bestimmter Punct der Geraden, oder ein bestimmter Strahl des Strahlbüschels entspricht. Aehnlicherweise werden Ebenenbüschel unter sich aufeinander bezogen.

c) Ebenen und Strahlbüschel (im Raume). Zuerst werden eine Ebene und ein Strahlbüschel so aufeinander bezogen, dass ihre Elemente sich wie, folgt, entsprechen:

jedem Punct in der Ebene ... ein Strahl im Strahlbüschel,
jeder Geraden in der Ebene ... eine Ebene im Strahlbüschel.

Sodann geschieht die Beziehung auch so, dass ihre Elemente einander in anderer Ordnung entsprechen. Aehnlicherweise werden sowohl Ebenen unter sich, als Strahlbüschel unter sich aufeinander bezogen.

d) Räume unter sich. Zuerst werden zwei Räume (d. h. der ganze oder absolute Raum doppelt gedacht, so dass beide Räume einander durchdringen) so auf einander bezogen, dass jedem Element des einen Raumes ein bestimmtes, gleichartiges Element des anderen Raumes entspricht; und weiter werden sie so auf einander bezogen, dass auch ungleichartige Elemente einander entsprechen.

So wie die Grundgebilde ihrer Natur nach einander entgegengesetzt sind, nämlich:

α) die Gerade . . . . dem ebenen Strahlbüschel,
β) die Gerade . . . . dem Ebenenbüschel,
γ) der ebene Strahlbüschel . . . dem Ebenenbüschel,
δ) die Ebene . . . . dem Strahlbüschel

und sich solchergestalt auf einander beziehen lassen, dass ihre Elemente einander paarweise entsprechen, ebenso stehen auch im Allgemeinen ihre Eigenschaften, ihre Verbindungen (zu Figuren) und die aus diesen hervorgehenden Sätze einander auf bestimmte Weise entgegen, d. h., kommen der einen Art von Gebilden gewisse Eigenschaften oder Sätze zu, so finden bei der jedesmaligen entgegengesetzten Art von Gebilden ebenfalls bestimmte, jenen entsprechende, aber ihnen entgegengesetzte Eigenschaften und Sätze statt. Das Wesen dieser Dualität von Eigenschaften und Sätzen ist also durch die Grundgebilde selbst, d. h. durch die umfassende Vorstellung der Raumelemente, nothwendig bedingt. Damit die Begründung dieser Dualität auf naturgemässe, klare Weise hervortrete und sich als wahr bewähren möge, soll die Betrachtung, so viel es sich thun lässt, so geführt werden, dass die einander entgegenstehenden Gebilde immer zugleich untersucht, ihre entsprechenden Eigenschaften und Sätze zugleich entwickelt und neben einander gestellt werden.

Der Hauptinhalt, oder das Wesentliche der gesammten Resultate, die durch dieses Werk erzielt und erreicht werden, besteht, wie es sich schon aus der vorstehenden Uebersicht ohngefähr entnehmen lässt: „In Untersuchungen über die Abhängigkeit der Gestalten (Figuren) von einander.“

Erster Abschnitt.

Betrachtung der Geraden, der ebenen Strahlbüschel und der Ebenenbüschel in Hinsicht ihrer projectivischen Beziehungen unter einander.

Erstes Kapitel.

Von projectivischen Geraden und ebenen Strahlbüscheln in der Ebene.

Eine Gerade und ein ebener Strahlbüschel.

2. Befinden sich ein ebener Strahlbüschel 𝔅 (Fig. 1) und irgend eine Gerade A, die nicht durch dessen Mittelpunct geht, in einer Ebene, so haben sie folgende Beziehung zu einander:

Durch jeden Punct 𝔞, 𝔟, 𝔠, 𝔡, ... der Geraden geht ein Strahl a, b, c, d, ... des Strahlbüschels, und umgekehrt, jeder Strahl des letzteren begegnet der Geraden in irgend einem Puncte. Um die Aufeinanderfolge der Strahlen sowohl als der Puncte richtig aufzufassen, lasse man in der Vorstellung einen Strahl sich bewegen, so dass er nach und nach in die Lage eines jeden der übrigen gelangt, so wird der ihm zugehörige Punct gleichzeitig die Gerade durchlaufen und nach und nach die Stelle eines jeden der übrigen Puncte einnehmen. Man lasse z. B. den Strahl p, vom Mittelpuncte 𝔅 aus betrachtet, sich rechts herum bewegen, so dass er nach einander in die Lage von d, a, f, q, h, c, b kommt, so wird der Punct 𝔭 die Gerade so durchlaufen, dass er nacheinander in die Stellen 𝔡, 𝔞, 𝔣, 𝔮, 𝔥, 𝔠, 𝔟 gelangt und folglich sich stets nach einer und derselben Richtung hin bewegt. Nur in der einzigen besonderen Lage des Strahles, wo er nämlich mit der Geraden A parallel ist, welches etwa bei q der Fall sein mag, findet kein wirkliches Schneiden desselben mit der Geraden statt; da aber sowohl vor als nach dieser Lage stets ein wirkliches Schneiden stattfindet, und zwar, da der unmittelbar vorhergehende Durchschnitt in der grösstmöglichen Ferne auf der Seite über 𝔥 hinaus, und der unmittelbar nachfolgende

Durchschnitt in der grösstmöglichen Ferne auf der anderen Seite über $\mathfrak{f}$ hinaus liegt, so soll in der Folge der Uebereinstimmung wegen gesagt werden, der Strahl q sei nach dem unendlich entfernten Puncte der Geraden A gerichtet, und es soll dieser unendlich entfernte Punct, wenngleich derselbe in der Figur nicht wirklich anzutreffen ist, durch $\mathfrak{q}$ bezeichnet werden. Demnach hätte die Gerade A nur einen unendlich entfernten Punct $\mathfrak{q}$, und man kann sich denselben sowohl nach der einen Seite (über $\mathfrak{h}$ hinaus) als nach der anderen (über $\mathfrak{f}$ hinaus) hin liegend vorstellen*). Auch folgt hiernach, dass umgekehrt ein Strahl, der nach dem unendlich entfernten Puncte der Geraden A gerichtet ist, nothwendiger Weise mit ihr parallel sein muss.

Von den Puncten in der Geraden A zeichnet sich demnach einer vor allen übrigen auf eine eigenthümliche und bestimmte Weise aus, nämlich der unendlich entfernte Punct $\mathfrak{q}$. Die besondere Eigenschaft dieses Punctes gewährt in der Folge öfter grosse Vortheile, wenn man ihn anstatt irgend eines der übrigen Puncte zu Hülfe nimmt. Der ihm zugehörige Strahl q, der nämlich mit der Geraden A parallel ist, soll von nun an „Parallelstrahl“ heissen. Dieser Strahl gewährt ähnliche Vortheile, wie jener Punct, nach welchem er gerichtet ist.

Hat man auf obige Weise einen ebenen Strahlbüschel $\mathfrak{B}$ und eine Gerade A dergestalt auf einander bezogen, dass ihre Elemente paarweise zusammengehören, nämlich dass die Puncte $\mathfrak{a}$, $\mathfrak{b}$, $\mathfrak{c}$, $\mathfrak{d}$, ... in der Geraden A den Strahlen a, b, c, d, ... im Strahlbüschel $\mathfrak{B}$ entsprechen, so kann man diese Beziehung festhalten, während man die Gebilde (A, $\mathfrak{B}$) selbst auf irgend eine Weise ihre ursprüngliche Lage ändern lässt, d. h., man kann dieselben in eine solche Lage gebracht denken, wie etwa in (Fig. 2), wo zwar nicht mehr die Strahlen des Strahlbüschels durch die ihnen entsprechenden Puncte der Geraden gehen, aber wo sowohl jene Strahlen für sich, als diese Puncte für sich ihre gegenseitige Lage nicht geändert haben. Jede solche veränderte Lage der Gebilde, wo nämlich die Strahlen des Strahlbüschels $\mathfrak{B}$ nicht mehr durch die ihnen ursprünglich zugehörigen Puncte der Geraden A gehen, soll fortan „schiefe Lage“ heissen, wogegen die ursprüngliche Lage „perspectivisch“ genannt werden soll. Ferner sollen

*) Dass in einer Geraden nur ein einziger unendlich entfernter Punct gedacht werden darf, wird in der Folge durch viele unbestreitbare Thatsachen bestätiget werden. Dahin gehören z. B. die Asymptoten der Hyperbel. Eine Gerade kann bekanntlich die Hyperbel nur in einem Puncte berühren. Nun wird aber allgemein die Asymptote als Tangente angesehen, deren Berührungspunct unendlich entfernt ist; da aber zwei Arme der Hyperbel nach entgegengesetzten Seiten hin sich der Asymptote in's Unendliche fort gleichmässig nähern, so muss folglich ihr Berührungspunct sowohl nach der einen als nach der anderen Seite hin unendlich entfernt liegen, und folglich ist in der Asymptote nur ein einziger unendlich entfernter Punct anzunehmen.

die Gebilde A, $\mathfrak{B}$, wenn sie auf die angegebene Weise aufeinander bezogen sind, dass nämlich ihre Elemente (Puncte und Strahlen) nach der Ordnung, in der sie einander paarweise entsprechen, bestimmt und festgehalten sind, „projectivisch" heissen. Wenn übrigens in der Folge gesagt wird, zwei Gebilde A, $\mathfrak{B}$ seien perspectivisch, so will dies so viel sagen, als die Gebilde seien projectivisch und befinden sich in perspectivischer Lage.

Die soeben festgestellten Benennungen, die leicht unpassend scheinen dürften, werden durch ihre Uebereinstimmung mit anderen Benennungen, welche ganz sachgemäss sind, und weiter unten festgesetzt werden, gerechtfertigt.

3. Befinden sich ein ebener Strahlbüschel $\mathfrak{B}$ und eine Gerade A, die projectivisch sind, in perspectivischer Lage, so ist mit jedem Strahl des Strahlbüschels der ihm entsprechende Punct in der Geraden, und umgekehrt mit dem letzteren der erstere unmittelbar gegeben. Anders verhält es sich, wenn sich die Gebilde in schiefer Lage befinden. Hier wird man nur, wenn mehrere entsprechende Elementenpaare gegeben sind, durch dieselben mittelst bestimmter Gesetze (Relationen) zu jedem anderen Element des einen Gebildes das entsprechende Element des anderen Gebildes finden, oder die Gebilde in ihre ursprüngliche perspectivische Lage zurückbringen können. Diese Gesetze sollen nun zunächst gesucht werden.

Die Puncte in der Geraden A sind unter sich durch ihre Abstände von einander, und die Strahlen des Strahlbüschels $\mathfrak{B}$ sind unter sich durch die zwischen ihnen liegenden Winkel bestimmt. Daher müssen sich die genannten Gesetze auf diese Abstände und Winkel beziehen. Die einfachste Bestimmung eines Winkels besteht aber darin, dass man zwischen seinen Schenkeln ein rechtwinkliges Dreieck annimmt und das Verhältniss zweier Seiten desselben festhält. Dieses führt daher zu folgenden Betrachtungen:

Es sei p (Fig. 1) derjenige Strahl, der auf der Geraden A senkrecht ist. Aus einem beliebigen Puncte α des Strahles a und aus $\mathfrak{a}$ seien auf den Strahl d die Lothe $\alpha\delta$, $\mathfrak{a}\mathfrak{d}_1$ herabgelassen, dann sind einerseits die rechtwinkligen Dreiecke $\mathfrak{B}\mathfrak{p}\mathfrak{d}$ und $\mathfrak{a}\mathfrak{d}_1\mathfrak{d}$, und andererseits die rechtwinkligen Dreiecke $\mathfrak{B}\mathfrak{a}\mathfrak{d}_1$ und $\mathfrak{B}\alpha\delta$ ähnlich, so dass

$$\frac{\mathfrak{B}\mathfrak{p}}{\mathfrak{B}\mathfrak{d}} = \frac{\mathfrak{a}\mathfrak{d}_1}{\mathfrak{a}\mathfrak{d}} \quad \text{und} \quad \frac{\mathfrak{a}\mathfrak{d}_1}{\mathfrak{B}\mathfrak{a}} = \frac{\alpha\delta}{\mathfrak{B}\alpha},$$

woraus durch Verbindung folgt:

$$\mathfrak{B}\mathfrak{p}.\mathfrak{a}\mathfrak{d} = \mathfrak{B}\mathfrak{a}.\mathfrak{B}\mathfrak{d}\cdot\frac{\alpha\delta}{\mathfrak{B}\alpha}\cdot \tag{1}$$

Durch das Verhältniss $\alpha\delta:\mathfrak{B}\alpha$ wird der Winkel zwischen den Strahlen a, d bestimmt oder gemessen, und zwar ist dieses Verhältniss von der Lage des angenommenen Punctes α unabhängig, d. h., es bleibt unverändert, wo man auch diesen Punct in dem Strahle a annehmen mag. Ein solches winkelmessendes Verhältniss nennt man gewöhnlich Sinus, so dass, wenn man den genannten Winkel durch (ad) bezeichnet, das in Rede stehende Verhältniss durch sin(ad) vorgestellt wird. Diese Bezeichnung kann hier beibehalten werden, ohne dass dadurch die Art der Betrachtung (die Methode) aufhört synthetisch zu sein, weil durch dieselbe nur ein gewisses, durch zwei Gerade ($\alpha\delta$, $\alpha\mathfrak{B}$) darstellbares, den gedachten Winkel bestimmendes Verhältniss angedeutet wird. Die Gleichung (1) verwandelt sich dadurch in folgende:

$$\mathfrak{B}\mathfrak{p}.\mathfrak{a}\mathfrak{d} = \mathfrak{B}\mathfrak{a}.\mathfrak{B}\mathfrak{d}.\sin(ad), \tag{2}$$

oder

$$\frac{\mathfrak{a}\mathfrak{d}}{\sin(ad)} = \frac{\mathfrak{B}\mathfrak{a}.\mathfrak{B}\mathfrak{d}}{\mathfrak{B}\mathfrak{p}}. \tag{3}$$

„Dieser Ausdruck (3) zeigt die Beziehung, die zwischen einem Winkel (ad) des Strahlbüschels $\mathfrak{B}$ und dem ihm entsprechenden Abschnitt $\mathfrak{a}\mathfrak{d}$ der Geraden A stattfindet."

Dieselbe Beziehung lässt sich, wie es der Gegensatz erfordert, andererseits auf entsprechende Weise durch

$$\frac{\mathfrak{a}\mathfrak{d}}{\sin(ad)} = \frac{\mathfrak{B}\mathfrak{p}}{\sin(Aa).\sin(Ad)} \tag{4}$$

ausdrücken, wovon man sich leicht überzeugen wird*).

4. Da man auf gleiche Weise zwischen jedem Winkel des Strahlbüschels $\mathfrak{B}$ und dem ihm entsprechenden Abschnitte der Geraden A einen ähnlichen Ausdruck findet wie der eben gefundene (§ 3, 3), so hat man für vier beliebige Elementenpaare, etwa für a, b, c, d und $\mathfrak{a}$, $\mathfrak{b}$, $\mathfrak{c}$, $\mathfrak{d}$ nachstehende sechs Ausdrücke:

$$\frac{\mathfrak{a}\mathfrak{d}}{\sin(ad)} = \frac{\mathfrak{B}\mathfrak{a}.\mathfrak{B}\mathfrak{d}}{\mathfrak{B}\mathfrak{p}}, \tag{1}$$

$$\frac{\mathfrak{a}\mathfrak{c}}{\sin(ac)} = \frac{\mathfrak{B}\mathfrak{a}.\mathfrak{B}\mathfrak{c}}{\mathfrak{B}\mathfrak{p}}, \tag{2}$$

$$\frac{\mathfrak{a}\mathfrak{b}}{\sin(ab)} = \frac{\mathfrak{B}\mathfrak{a}.\mathfrak{B}\mathfrak{b}}{\mathfrak{B}\mathfrak{p}}, \tag{3}$$

$$\frac{\mathfrak{b}\mathfrak{c}}{\sin(bc)} = \frac{\mathfrak{B}\mathfrak{b}.\mathfrak{B}\mathfrak{c}}{\mathfrak{B}\mathfrak{p}}, \tag{4}$$

$$\frac{\mathfrak{b}\mathfrak{d}}{\sin(bd)} = \frac{\mathfrak{B}\mathfrak{b}.\mathfrak{B}\mathfrak{d}}{\mathfrak{B}\mathfrak{p}}, \tag{5}$$

$$\frac{\mathfrak{c}\mathfrak{d}}{\sin(cd)} = \frac{\mathfrak{B}\mathfrak{c}.\mathfrak{B}\mathfrak{d}}{\mathfrak{B}\mathfrak{p}}. \tag{6}$$

Vier von diesen Ausdrücken, nämlich (1), (2), (4), (5), lassen sich, wie leicht zu sehen, so verbinden, dass man hat:

$$\frac{\mathfrak{a}\mathfrak{d}}{\sin(ad)} : \frac{\mathfrak{b}\mathfrak{d}}{\sin(bd)} = \frac{\mathfrak{a}\mathfrak{c}}{\sin(ac)} : \frac{\mathfrak{b}\mathfrak{c}}{\sin(bc)}, \tag{7}$$

---

*) Diese Beziehung (3, 4) wird sich in der Folge noch öfter als sehr fruchtbar bewähren.

oder

$$\text{(I)}\qquad \frac{\mathfrak{a}\mathfrak{d}}{\mathfrak{b}\mathfrak{d}}:\frac{\mathfrak{a}\mathfrak{c}}{\mathfrak{b}\mathfrak{c}}=\frac{\sin(ad)}{\sin(bd)}:\frac{\sin(ac)}{\sin(bc)}.$$

Dieser Ausdruck ist, wie man sieht, nicht mehr von der Lage der Gebilde $\mathfrak{B}$, A abhängig, da in ihm nicht mehr die begrenzten Theile $\mathfrak{B}\mathfrak{a}$, $\mathfrak{B}\mathfrak{b}$, ... der Strahlen vorkommen, er gilt demnach sowohl für die *schiefe* als *perspectivische* Lage der Gebilde, und folglich enthält er das oben (§ 3) verlangte Gesetz. Nämlich er zeigt:

„*Dass bei irgend vier entsprechenden Elementenpaaren* a, b, c, d und $\mathfrak{a}$, $\mathfrak{b}$, $\mathfrak{c}$, $\mathfrak{d}$ *ein gewisses Doppelverhältniss* $\left[\frac{\mathfrak{a}\mathfrak{d}}{\mathfrak{b}\mathfrak{d}}:\frac{\mathfrak{a}\mathfrak{c}}{\mathfrak{b}\mathfrak{c}}\right]$, *gebildet aus vier Abschnitten der Geraden A, gleich ist dem Doppelverhältniss* $\left[\frac{\sin(ad)}{\sin(bd)}:\frac{\sin(ac)}{\sin(bc)}\right]$, *welches auf entsprechende Weise aus den Sinus derjenigen Winkel des Strahlbüschels* $\mathfrak{B}$, *die jenen Abschnitten entsprechen, gebildet ist.*“

Die Art, wie die Doppelverhältnisse zusammengesetzt sind, ist leicht zu sehen. Nämlich das Doppelverhältniss links ist aus den vier Abständen zweier Puncte ($\mathfrak{a}$, $\mathfrak{b}$) von den beiden übrigen ($\mathfrak{c}$, $\mathfrak{d}$) gebildet, und zwar so, dass das Verhältniss $\left(\frac{\mathfrak{a}\mathfrak{d}}{\mathfrak{b}\mathfrak{d}}\right)$ der Abstände der zwei ersteren Puncte von einem der letzteren ($\mathfrak{d}$) durch das Verhältniss $\left(\frac{\mathfrak{a}\mathfrak{c}}{\mathfrak{b}\mathfrak{c}}\right)$ ihrer Abstände von dem anderen ($\mathfrak{c}$), in gleicher Ordnung genommen, gemessen wird. Das Doppelverhältniss rechts ist auf entsprechende Weise zusammengesetzt.

Es ist gleichgültig, welches der beiden Punctepaare oder Strahlenpaare man als das erste annimmt, denn die Glieder des obigen Ausdrucks (I) lassen sich, ohne dass dadurch die Gleichung gestört wird, wie folgt, umstellen:

$$\frac{\mathfrak{a}\mathfrak{d}}{\mathfrak{a}\mathfrak{c}}:\frac{\mathfrak{b}\mathfrak{d}}{\mathfrak{b}\mathfrak{c}}=\frac{\sin(ad)}{\sin(ac)}:\frac{\sin(bd)}{\sin(bc)},$$

wo nun, im Vergleich mit vorhin, $\mathfrak{c}$ und $\mathfrak{d}$ das erste und $\mathfrak{a}$ und $\mathfrak{b}$ das zweite Punctepaar ist, und wo Aehnliches von den beiden Strahlenpaaren gilt.

Die vier Puncte, so wie die vier Strahlen aber lassen sich auf drei wesentlich verschiedene Arten einander paarweise entgegenstellen, nämlich:

α) die Puncte $\mathfrak{a}$, $\mathfrak{b}$ den Puncten $\mathfrak{c}$, $\mathfrak{d}$; α) die Strahlen a, b den Strahlen c, d;
β) - - $\mathfrak{a}$, $\mathfrak{c}$ - - $\mathfrak{b}$, $\mathfrak{d}$; β) - - a, c - - b, d;
γ) - - $\mathfrak{a}$, $\mathfrak{d}$ - - $\mathfrak{b}$, $\mathfrak{c}$; γ) - - a, d - - b, c.

Da man für jede dieser drei Zusammenstellungen auf gleiche Weise einen ähnlichen Ausdruck findet wie den obigen (I), so hat man statt des letzteren zugleich folgende drei Ausdrücke:

$$\text{(II)}\quad\left\{\begin{array}{ll}(8) & \frac{\mathfrak{ac}}{\mathfrak{bc}}:\frac{\mathfrak{ad}}{\mathfrak{bd}}=\frac{\sin(ac)}{\sin(bc)}:\frac{\sin(ad)}{\sin(bd)},\\ (9) & \frac{\mathfrak{ab}}{\mathfrak{cb}}:\frac{\mathfrak{ad}}{\mathfrak{cd}}=\frac{\sin(ab)}{\sin(cb)}:\frac{\sin(ad)}{\sin(cd)},\\ (10) & \frac{\mathfrak{ab}}{\mathfrak{db}}:\frac{\mathfrak{ac}}{\mathfrak{dc}}=\frac{\sin(ab)}{\sin(db)}:\frac{\sin(ac)}{\sin(dc)}.\end{array}\right.$$

Je zwei Puncte oder Strahlen, die bei einer von diesen drei Zusammenstellungen als ein Paar zusammengefasst werden, sollen fortan „zugeordnete“ Puncte oder Strahlen heissen.

In Hinsicht der gegenseitigen Lage der zwei zugeordneten Punctepaare oder Strahlenpaare sind zwei merklich verschiedene Fälle zu unterscheiden, nämlich:

a) entweder folgen die Puncte oder Strahlen jedes Paares unmittelbar nach einander, wie z. B. in den beiden Zusammenordnungen (β) und (γ); oder

b) die Puncte oder Strahlen der beiden Paare folgen abwechselnd aufeinander, wie z. B. in der Zusammenordnung (α).

Diese Fälle sind immer für die vier Puncte und für die ihnen entsprechenden vier Strahlen übereinstimmend, d. h., befinden sich erstere im Falle (a), so sind es auch letztere, und befinden sich erstere im Falle (b), so sind es auch die letzteren; und auch umgekehrt.

5. Aus dem allgemeinen Gesetze (§ 4) über vier beliebige Elementenpaare der projectivischen Gebilde A, $\mathfrak{B}$ lassen sich unmittelbar nachstehende Folgerungen ziehen:

Hält man bei der perspectivischen Lage der Gebilde (Fig. 1) die vier Puncte $\mathfrak{a}$, $\mathfrak{d}$, $\mathfrak{b}$, $\mathfrak{c}$ in der Geraden A fest, während man den Mittelpunct $\mathfrak{B}$ des Strahlbüschels $\mathfrak{B}$ sich beliebig in der Ebene herum bewegen lässt, sowohl auf der einen als auf der anderen Seite der Geraden A, so ändern sich zwar die Winkel, welche die vier Strahlen a, d, b, c mit einander einschliessen, in jedem Augenblicke, aber die aus den Sinus dieser Winkel zusammengesetzten Doppelverhältnisse in den obigen Ausdrücken (§ 4, II) behalten unveränderliche Werthe, nämlich diese Werthe sind stets den Werthen der entsprechenden Doppelverhältnisse (links) gleich, welche aus den Abständen der vier festen Puncte $\mathfrak{a}$, $\mathfrak{d}$, $\mathfrak{b}$, $\mathfrak{c}$ von einander zusammengesetzt sind. — Werden umgekehrt die vier Strahlen a, d, b, c des Strahlbüschels $\mathfrak{B}$ in bestimmter Lage festgehalten, während die Gerade A ihre Lage auf alle mögliche Weise ändert, so ändern sich zwar mit der Lage der Geraden auch zugleich ihre Abschnitte zwischen den jedesmaligen vier Durchschnittspuncten $\mathfrak{a}$, $\mathfrak{d}$, $\mathfrak{b}$, $\mathfrak{c}$, aber die aus diesen Abschnitten zusammengesetzten Doppelverhältnisse (§ 4, II) behalten stets dieselben Werthe, weil sie nämlich stets den Werthen der entsprechenden Doppelverhältnisse rechts gleich sind. Es folgt daraus der nachstehende Doppelsatz:

„Bei allen Strahlbüscheln, von welchen vier Strahlen durch die nämlichen vier bestimmten Puncte (𝔞, 𝔡, 𝔟, 𝔠) einer Geraden A gehen, haben die drei Doppelverhältnisse, die sich aus den Sinus der von den jedesmaligen vier Strahlen eingeschlossenen Winkel zusammensetzen lassen, einerlei Werthe;“ nämlich diese Werthe sind jedesmal den Werthen der drei Doppelverhältnisse gleich, welche aus den Abständen der vier festen Puncte von einander zusammengesetzt sind.

„Bei allen Geraden, welche die nämlichen vier bestimmten Strahlen (a, d, b, c) eines Strahlbüschels 𝔅 schneiden, haben die drei Doppelverhältnisse, die sich aus den Abständen der jedesmaligen vier Durchschnittspuncte (𝔞, 𝔡, 𝔟, 𝔠) von einander zusammensetzen lassen, einerlei Werthe;“ nämlich diese Werthe sind jedesmal den Werthen der drei Doppelverhältnisse gleich, welche aus den Sinus der von den vier festen Strahlen eingeschlossenen Winkel zusammengesetzt sind.

Den Satz rechts hat ein französischer Mathematiker, *Brianchon,* zuerst bekannt gemacht, in einer schätzbaren Abhandlung über die Linien der zweiten Ordnung (*Mémoire sur les lignes du second ordre,* p. 7, Paris 1817).

6. Ferner folgt aus dem obigen Gesetz (§ 4) unmittelbar:

α) „Dass das ganze System der einander entsprechenden Elementenpaare zweier projectivischen Gebilde A, 𝔅 bestimmt sei, sobald irgend drei Paare gegeben sind, d. h., wenn irgend drei Elementenpaare gegeben sind, so kann mittelst derselben zu jedem gegebenen vierten Element des einen Gebildes das entsprechende Element des anderen Gebildes gefunden werden, und die Gebilde lassen sich dadurch, wenn sie sich in schiefer Lage befinden, in die ursprüngliche oder perspectivische Lage zurückbringen.“

Diese Behauptung mag, wie folgt, noch näher erörtert werden.

I. Es seien z. B. die drei Elementenpaare 𝔞, 𝔟, 𝔠 und a, b, c (Fig. 2) gegeben, so kann daraus zu jedem beliebig gegebenen vierten Strahl d des Strahlbüschels 𝔅 der entsprechende Punct 𝔡 in der Geraden A, oder umgekehrt, zu diesem, wenn er gegeben ist, kann jener gefunden werden. Denn vermöge eines jeden der drei Ausdrücke (§ 4, II), z. B. vermöge des Ausdruckes

$$\frac{\mathfrak{ac}}{\mathfrak{bc}}:\frac{\mathfrak{ad}}{\mathfrak{bd}}=\frac{\sin(ac)}{\sin(bc)}:\frac{\sin(ad)}{\sin(bd)}$$

ist im ersten Falle der Werth des Verhältnisses $\frac{\mathfrak{ad}}{\mathfrak{bd}}$, und im anderen

Falle der Werth des Verhältnisses $\frac{\sin(ad)}{\sin(bd)}$ durch die jedesmaligen übrigen drei Verhältnisse gegeben.

Nun kann, wenn das Verhältniss $\mathfrak{ad}:\mathfrak{bd}$ gegeben ist und die Puncte $\mathfrak{a}$, $\mathfrak{b}$ fest sind, der gesuchte Punct $\mathfrak{d}$ offenbar nur an zwei Stellen dieser Bedingung genügen, und zwar sind diese in Bezug auf die zwei festen Puncte $\mathfrak{a}$, $\mathfrak{b}$ dadurch unterschieden, dass der Punct $\mathfrak{d}$ das eine Mal zwischen denselben und das andere Mal jenseits derselben liegt. Von diesen zwei Lagen kann aber dem Puncte $\mathfrak{d}$ jedesmal nur eine zukommen, und zwar wird durch die gegenseitige Lage der vier gegebenen Strahlen entschieden, welche von beiden es sei, denn je nachdem die einander zugeordneten Strahlenpaare a und b, c und d nacheinander oder abwechselnd sich folgen, findet auch bei den Punctepaaren $\mathfrak{a}$ und $\mathfrak{b}$, $\mathfrak{c}$ und $\mathfrak{d}$ Folge oder Abwechslung statt (§ 4), wodurch dann jedesmal entschieden werden kann, welche der zwei genannten Lagen dem Puncte $\mathfrak{d}$ zukomme.

Ebenso kann, wenn der Punct $\mathfrak{d}$ gegeben und dagegen der Strahl d gesucht wird, der letztere dem gegebenen Verhältnisse $\sin(ad):\sin(bd)$ nur in zwei verschiedenen Lagen genügen, und durch die gegenseitige Lage der vier gegebenen Puncte $\mathfrak{a}$, $\mathfrak{b}$, $\mathfrak{c}$, $\mathfrak{d}$ wird entschieden, in welcher von beiden Lagen allein er dem gegebenen Puncte $\mathfrak{d}$ entsprechen kann.

Späterhin werden sich sehr bequeme Mittel darbieten (§ 24, IV), um das jedesmalige gesuchte Element schnell und sicher zu finden*).

II. Ferner wird die obige Behauptung (α) durch folgende Betrachtung erwiesen, die zugleich Anleitung giebt, die Gebilde A, $\mathfrak{B}$ aus der schiefen (Fig. 2) in die perspectivische Lage (Fig. 1) zurückzubringen.

Sind nämlich $\mathfrak{a}$, $\mathfrak{b}$, $\mathfrak{c}$ (Fig. 5) die drei gegebenen Puncte in der Geraden A, und betrachtet man von den drei gegebenen Strahlen a, b, c vorerst nur zwei, etwa a, b, so ist, wenn diese durch die festen Puncte $\mathfrak{a}$, $\mathfrak{b}$ gehen und einen bestimmten Winkel (ab) einschliessen sollen, der Ort des Scheitels $\mathfrak{B}$ dieses Winkels auf zwei bestimmte gleiche Kreislinien $\mathfrak{aBb}$, $\mathfrak{aB}_1\mathfrak{b}$ beschränkt, die beide durch die zwei festen Puncte $\mathfrak{a}$, $\mathfrak{b}$ gehen. Eben so ist, wenn man die zwei Strahlen a, c allein unter der Bedingung betrachtet, dass sie durch die festen Puncte $\mathfrak{a}$, $\mathfrak{c}$ gehen und einen gegebenen Winkel (ac) einschliessen sollen, der Ort des Scheitels $\mathfrak{B}$ dieses Winkels

*) Sollte über die zwiefache Lage des jedesmaligen gesuchten Elementes bloss aus den in Zahlen gegebenen Werthen der Verhältnisse $\frac{\mathfrak{ad}}{\mathfrak{bd}}$, $\frac{\sin(ad)}{\sin(bd)}$ entschieden werden, ohne Ansicht der Figur, so müsste man bei der Zusammensetzung der Verhältnisse in dem obigen Ausdrucke die Verschiedenheit der Lage der Elemente gegen einander durch die Zeichen + und — bemerklich machen; so würde alsdann das Vorzeichen der Verhältnisse $\frac{\mathfrak{ad}}{\mathfrak{bd}}$, $\frac{\sin(ad)}{\sin(bd)}$ über das Zweifelhafte der Lage des gesuchten Elementes entscheiden.

auf zwei bestimmte gleiche Kreislinien $\mathfrak{a}\mathfrak{B}\mathfrak{c}$, $\mathfrak{a}\mathfrak{B}_1\mathfrak{c}$ beschränkt, die durch die Puncte $\mathfrak{a}$, $\mathfrak{c}$ gehen. Daher lassen sich die Scheitel der beiden gegebenen Winkel (ab), (ac), wenn ihre Schenkel a, b, c durch die festen Puncte $\mathfrak{a}$, $\mathfrak{b}$, $\mathfrak{c}$ gehen sollen, nur in denjenigen beiden Puncten $\mathfrak{B}$, $\mathfrak{B}_1$ vereinigen, in welchen sich die auf einerlei Seite der Geraden A liegenden Ortskreise einander (ausser in $\mathfrak{a}$) zum zweiten Male schneiden.

Dadurch ist offenbar die Richtigkeit der obigen Behauptung (α) dargethan. Denn befänden sich die beiden Gebilde $\mathfrak{B}$, A in beliebiger schiefer Lage, wie etwa in (Fig. 2), so folgt aus dieser Betrachtung, dass sie, sobald drei entsprechende Elementepaare $\mathfrak{a}$, $\mathfrak{b}$, $\mathfrak{c}$ und a, b, c gegeben sind, nicht auf wesentlich verschiedene Arten in perspectivische Lage gebracht werden können, d. h. in solche Lage gebracht werden können, wo die drei gegebenen Strahlen durch die ihnen entsprechenden drei Puncte gehen. Nämlich wird z. B. die Lage der Geraden A als fest angenommen, etwa in (Fig. 5), so kann wohl der Strahlbüschel auf beiden Seiten derselben entweder in die Lage von $\mathfrak{B}$ oder in die Lage von $\mathfrak{B}_1$ gebracht werden, aber offenbar wird in beiden Fällen jeder beliebige vierte Strahl d des Strahlbüschels mit dem nämlichen Puncte $\mathfrak{d}$ der Geraden A zusammentreffen. Oder wird der Strahlbüschel $\mathfrak{B}$ in irgend einer Lage als fest angenommen, etwa in (Fig. 6), so kann wohl die Gerade entweder in die Lage von A oder in die Lage von A_1 gebracht werden, und zwar so, dass A und A_1 parallel sind, und wo der Mittelpunct $\mathfrak{B}$ des Strahlbüschels in der Mitte zwischen ihnen liegt, aber offenbar wird in beiden Fällen jeder beliebige vierte Punct $\mathfrak{d}$ der Geraden mit dem nämlichen Strahl d des Strahlbüschels $\mathfrak{B}$ zusammentreffen.

Aus der vorstehenden Betrachtung, so wie auch aus der obigen (I), folgt ferner zugleich:

β) „Dass man bei zwei beliebig liegenden Gebilden $\mathfrak{B}$, A ganz nach Willkür drei Paar Elemente a und $\mathfrak{a}$, b und $\mathfrak{b}$, c und $\mathfrak{c}$ auswählen und sodann festsetzen könne, die Gebilde sollen projectivisch und diese Elementenpaare sollen entsprechende Elementenpaare sein.“

Endlich folgt noch durch Umkehrung der nachstehende Satz:

γ) „Sind die Elemente a, b, c, d, ... und $\mathfrak{a}$, $\mathfrak{b}$, $\mathfrak{c}$, $\mathfrak{d}$, ... zweier Gebilde $\mathfrak{B}$ und A der Reihe nach solchergestalt gepaart, dass je vier Elementenpaare dem obigen Gesetze (§ 4, II) genügen, wobei nothwendiger Weise die jedesmaligen vier Elemente des einen Gebildes mit denen des anderen Gebildes übereinstimmende gegenseitige Lage haben müssen, so sind die Gebilde in Beziehung auf alle jene Elementenpaare projectivisch.“

7. In Ansehung der obigen Ausdrücke (§ 4, II), die das Gesetz darstellen, welchem bei zwei projectivischen Gebilden A, $\mathfrak{B}$ im Allgemeinen

je vier entsprechende Elementenpaare $\mathfrak{a}$, $\mathfrak{b}$, $\mathfrak{c}$, $\mathfrak{d}$ und a, b, c, d unterworfen sind, können verschiedene besondere Fälle eintreten, die nämlich von eigenthümlicher Lage der jedesmaligen vier Elemente herrühren, von denen einige interessant genug sind, um hier näher erörtert zu werden.

Es können nämlich erstens solche Fälle eintreten, wo die in den genannten Ausdrücken enthaltenen Doppelverhältnisse vereinfacht werden, und zwar dadurch, dass in einem solchen Doppelverhältniss zwei Glieder gleich werden und gegen einander gehoben werden können, oder dass das Doppelverhältniss (wenn es sich auf die vier Strahlen a, b, c, d bezieht), auf sonstige Art auf ein einfaches Verhältniss gebracht wird. Dahin gehören z. B. folgende Fälle:

Wenn von den vier Puncten in der Geraden A entweder a) einer in der Mitte zwischen zwei anderen liegt, oder b) wenn einer der unendlich entfernte Punct der Geraden ist.

Wenn von den vier Strahlen des Strahlbüschels $\mathfrak{B}$ entweder α) einer mit zwei anderen gleiche Winkel einschliesst, oder β) wenn zwei Strahlen zu einander rechtwinklig sind.

I. Denn wenn a) etwa der Punct $\mathfrak{d}$ (Fig. 1) in der Mitte zwischen $\mathfrak{a}$ und $\mathfrak{b}$ liegt, so ist das Verhältniss $\frac{\mathfrak{a}\mathfrak{d}}{\mathfrak{b}\mathfrak{d}} = 1$, und daher vereinfacht sich in diesem Falle in dem obigen Ausdrucke (§ 4, II, 8) das Doppelverhältniss links wie folgt:

$$\mathfrak{a}\mathfrak{c} : \mathfrak{b}\mathfrak{c} = \frac{\sin(\mathrm{ac})}{\sin(\mathrm{bc})} : \frac{\sin(\mathrm{ad})}{\sin(\mathrm{bd})}. \tag{1}$$

Wenn ferner b) unter den vier Puncten sich der unendlich entfernte Punct $\mathfrak{q}$ (§ 2) der Geraden A befindet, wenn etwa die vier Puncte $\mathfrak{a}$, $\mathfrak{b}$, $\mathfrak{c}$, $\mathfrak{q}$ gegeben sind, dann sind offenbar die Abstände des letzteren von den drei übrigen, nämlich $\mathfrak{a}\mathfrak{q}$, $\mathfrak{b}\mathfrak{q}$, $\mathfrak{c}\mathfrak{q}$, als einander gleich zu achten, da sie sämmtlich unendlich gross, und nur durch die Abschnitte $\mathfrak{a}\mathfrak{b}$, $\mathfrak{a}\mathfrak{c}$, $\mathfrak{b}\mathfrak{c}$ von einander unterschieden sind, so dass also jedes der drei Verhältnisse $\frac{\mathfrak{a}\mathfrak{q}}{\mathfrak{b}\mathfrak{q}}$, $\frac{\mathfrak{a}\mathfrak{q}}{\mathfrak{c}\mathfrak{q}}$, $\frac{\mathfrak{b}\mathfrak{q}}{\mathfrak{c}\mathfrak{q}}$ schlechthin $= 1$ ist, und dass folglich in diesem Falle die genannten Doppelverhältnisse (§ 4, II), wenn man darin $\mathfrak{q}$ an die Stelle von $\mathfrak{d}$ setzt, sich, wie, folgt vereinfachen:

$$\begin{cases} \mathfrak{a}\mathfrak{c} : \mathfrak{b}\mathfrak{c} = \dfrac{\sin(\mathrm{ac})}{\sin(\mathrm{bc})} : \dfrac{\sin(\mathrm{aq})}{\sin(\mathrm{bq})}, \\ \mathfrak{a}\mathfrak{b} : \mathfrak{c}\mathfrak{b} = \dfrac{\sin(\mathrm{ab})}{\sin(\mathrm{cb})} : \dfrac{\sin(\mathrm{aq})}{\sin(\mathrm{cq})}, \\ \mathfrak{a}\mathfrak{b} : \mathfrak{a}\mathfrak{c} = \dfrac{\sin(\mathrm{ab})}{\sin(\mathrm{qb})} : \dfrac{\sin(\mathrm{ac})}{\sin(\mathrm{qc})}. \end{cases} \tag{2}$$

Durch jeden dieser letzteren drei Ausdrücke wird, wie man sieht, der Parallelstrahl q bestimmt, sobald irgend drei entsprechende Elementenpaare $\mathfrak{a}$, $\mathfrak{b}$, $\mathfrak{c}$ und a, b, c gegeben sind.

Wenn andererseits α) etwa der Strahl d in der Mitte zwischen a und b liegt, so ist das Verhältniss $\frac{\sin(ad)}{\sin(bd)} = 1$, und daher hat man für den Fall, wo c und d zugeordnete Strahlen sind (§ 4, 8),

$$\frac{\mathfrak{ac}}{\mathfrak{bc}} : \frac{\mathfrak{ad}}{\mathfrak{bd}} = \sin(ac) : \sin(bc). \tag{3}$$

Wenn ferner (β) zwei Strahlen, etwa a und b, zu einander senkrecht sind, so ist

$$\sin(bc) = \cos(ac), \quad \text{und} \quad \sin(bd) = \cos(ad),$$

oder

$$\sin(ac) = \cos(bc), \quad \text{und} \quad \sin(ad) = \cos(bd),$$

und daher hat man, wenn a und b als zugeordnet angenommen werden (§ 4, 8):

$$(4) \qquad \left\{ \begin{aligned} &\frac{\mathfrak{ac}}{\mathfrak{bc}} : \frac{\mathfrak{ad}}{\mathfrak{bd}} = \operatorname{tg}(ac) : \operatorname{tg}(ad), \\ \text{oder} \quad & \\ &\frac{\mathfrak{ac}}{\mathfrak{bc}} : \frac{\mathfrak{ad}}{\mathfrak{bd}} = \operatorname{tg}(bd) : \operatorname{tg}(bc). \end{aligned} \right.$$

II. Die vorstehenden Fälle geben, wie man bemerken wird, ein bequemes Mittel an die Hand, um den Werth eines gegebenen Doppelverhältnisses, sei dasselbe von vier Puncten $\mathfrak{a}$, $\mathfrak{b}$, $\mathfrak{c}$, $\mathfrak{d}$, oder von vier Strahlen a, b, c, d abhängig, durch ein einfaches Verhältniss darzustellen; oder auch umgekehrt, um beliebige Systeme von vier Puncten oder von vier Strahlen zu finden, denen ein Doppelverhältniss zukommt, dessen Werth durch ein einfaches Verhältniss gegeben ist.

Denn soll z. B. der Werth eines von den vier Puncten $\mathfrak{a}$, $\mathfrak{b}$, $\mathfrak{c}$, $\mathfrak{d}$, oder von den vier Strahlen a, b, c, d (Fig. 3) abhängigen Doppelverhältnisses durch ein einfaches Verhältniss dargestellt werden, so kann dies, zufolge des Doppelsatzes in (§ 5), wie folgt, geschehen. Da nämlich einerseits die genannten vier Strahlen alle Geraden unter einerlei Doppelverhältniss schneiden, so ist also nur nöthig eine Gerade A_1 so zu ziehen, dass sie entweder

a) die vier Strahlen so schneidet, dass von den vier Durchschnittspuncten irgend einer in der Mitte zwischen zwei anderen liegt (I, a); dieser Bedingung kann die Gerade A_1 offenbar in 12 verschiedenen Richtungen genügen, weil nämlich der Durchschnitt jedes Strahls in der Mitte zwischen je zwei der drei übrigen Durchschnitte liegen kann, mithin giebt es 12 Systeme von parallelen Geraden, welche alle jene Bedingung erfüllen; oder

b) mit irgend einem der vier Strahlen parallel ist (I, b); dieser Bedingung kann also die Gerade A_1 in vier verschiedenen Richtungen genügen, oder es giebt vier Systeme von parallelen Geraden, welche alle diese Bedingung erfüllen; z. B. es sei die Gerade A_1 etwa mit dem Strahle c parallel, so werden also die Verhältnisse

$$\frac{\mathfrak{b}_1\mathfrak{d}_1}{\mathfrak{a}_1\mathfrak{d}_1}, \quad \frac{\mathfrak{a}_1\mathfrak{b}_1}{\mathfrak{a}_1\mathfrak{d}_1}, \quad \frac{\mathfrak{a}_1\mathfrak{b}_1}{\mathfrak{d}_1\mathfrak{b}_1}$$

nach der Reihe mit den Doppelverhältnissen in den obigen Ausdrücken (§ 4, II) gleiche Werthe haben.

Und da andererseits jeden vier Strahlen eines Strahlbüschels, welche durch die vier festen Puncte $\mathfrak{a}$, $\mathfrak{b}$, $\mathfrak{c}$, $\mathfrak{d}$ gehen, Doppelverhältnisse von einerlei Werthe zugehören, so ist, um der obigen Forderung zu genügen, nur nöthig, den Mittelpunct eines Strahlbüschels $\mathfrak{B}_1$ so anzunehmen, dass entweder

α) von den vier Strahlen a_1, b_1, c_1, d_1, welche durch jene festen Puncte gehen, irgend einer in der Mitte zwischen zwei anderen liegt (I, α); unter dieser Bedingung ist der Ort des Mittelpuncts $\mathfrak{B}_1$ im Ganzen auf 12 bestimmte Kreise beschränkt, deren Mittelpuncte sämmtlich in der festen Geraden A liegen, was nachher (§ 8, III) bewiesen wird; oder

β) dass von den vier Strahlen a_1, b_1, c_1, d_1 irgend zwei zu einander senkrecht sind (I, β); vermöge dieser Bedingung ist der Ort des Mittelpuncts $\mathfrak{B}_1$ offenbar auf diejenigen 6 Kreise beschränkt, welche die Abstände der vier festen Puncte $\mathfrak{a}$, $\mathfrak{b}$, $\mathfrak{c}$, $\mathfrak{d}$ von einander, also die Strecken $\mathfrak{ab}$, $\mathfrak{ac}$, $\mathfrak{ad}$, $\mathfrak{bc}$, $\mathfrak{bd}$ und $\mathfrak{cd}$, zu Durchmessern haben.

Harmonische Elemente.*

8. Es kann **zweitens** der besondere Fall eintreten, wo in den vorhin erwähnten Ausdrücken (§ 7) der Werth eines Doppelverhältnisses $=1$ wird.

I. Von den drei Ausdrücken (§ 4, II) gestattet jedesmal nur einer die Annahme, dass der Werth der darin enthaltenen Doppelverhältnisse $=1$ werden könne, z. B. wenn sie sich auf (Fig. 1) beziehen, so gestattet nur der Ausdruck (§ 4, 8), in welchem die abwechselnden Puncte, so wie die abwechselnden Strahlen einander zugeordnet sind (§ 4, b), diese Annahme; dass die beiden übrigen Ausdrücke diese Annahme nicht erlauben, fällt beim blossen Anblick der Figur in die Augen. Wird in der That bei jenem ersteren Ausdrucke eines der beiden Doppelverhältnisse $=1$ angenommen, so ist nothwendiger Weise auch das andere $=1$, so dass man hat:

$$(1) \qquad \frac{\mathfrak{ac}}{\mathfrak{bc}} : \frac{\mathfrak{ad}}{\mathfrak{bd}} = \frac{\sin(ac)}{\sin(bc)} : \frac{\sin(ad)}{\sin(bd)} = 1,$$

und daher zugleich

$$(2) \quad \frac{\mathfrak{ac}}{\mathfrak{bc}} = \frac{\mathfrak{ad}}{\mathfrak{bd}}, \qquad\qquad (2) \quad \frac{\sin(ac)}{\sin(bc)} = \frac{\sin(ad)}{\sin(bd)},$$

*Sieh S. 526.

oder

(3) $\frac{\mathfrak{ca}}{\mathfrak{da}} = \frac{\mathfrak{cb}}{\mathfrak{db}}$, (3) $\frac{\sin(ca)}{\sin(da)} = \frac{\sin(cb)}{\sin(db)}$,

woraus man sieht, wie die gegenseitige Lage der beiderseitigen vier Elemente in diesem Falle beschaffen ist, nämlich:

„In diesem Falle liegen die vier Puncte $\mathfrak{a}$, $\mathfrak{d}$, $\mathfrak{b}$, $\mathfrak{c}$ so, dass die Abstände zweier zugeordneten ($\mathfrak{a}$, $\mathfrak{b}$, oder $\mathfrak{d}$, $\mathfrak{c}$) von den zwei anderen gleiches Verhältniss zu einander haben (proportional sind), d. h., dass das Verhältniss der Abstände eines Punctes von zwei zugeordneten Puncten gleich ist dem in ähnlicher Beziehung genommenen Verhältniss der Abstände des ihm zugeordneten (vierten) Punctes von jenen zwei Puncten.“

„In diesem Falle liegen die vier Strahlen a, d, b, c so, dass die Sinus der Winkel, welche zwei zugeordnete (a, b, oder d, c) mit den zwei anderen einschliessen, gleiches Verhältniss zu einander haben, d. h., dass das Verhältniss der Sinus der Winkel, welche ein Strahl mit zwei zugeordneten Strahlen einschliesst, gleich ist dem in ähnlicher Beziehung genommenen Verhältniss der Sinus der Winkel, welche der vierte Strahl mit jenen zweien einschliesst.“

Unter diesen Bedingungen heissen die vier Puncte $\mathfrak{a}$, $\mathfrak{d}$, $\mathfrak{b}$, $\mathfrak{c}$ „vier harmonische Puncte“, und die vier Strahlen a, d, b, c „vier harmonische Strahlen“.*) Ferner sollen in diesem Falle je zwei zugeordnete Puncte ($\mathfrak{a}$ und $\mathfrak{b}$, $\mathfrak{c}$ und $\mathfrak{d}$) oder Strahlen (a und b, c und d) fortan „zugeordnete harmonische Puncte oder Strahlen“ genannt werden.

Dass die neben einander stehenden Gleichungen (2) zugleich statt finden, kann hiernach mit Worten, wie folgt, ausgesprochen werden:

α) „Wenn bei zwei projectivischen Gebilden A, $\mathfrak{B}$ irgend vier Elemente des einen Gebildes harmonisch sind, so sind auch die ihnen entsprechenden vier Elemente des anderen Gebildes harmonisch.“

Dieser Satz lässt nicht nur eine einfache Umkehrung zu, sondern es findet in dieser Hinsicht Folgendes statt:

Da nämlich die Lage von vier harmonischen Elementen so beschaffen ist, dass durch je drei derselben, wofern angegeben ist, welche zwei davon einander zugeordnet sein sollen, offenbar das vierte unzweideutig bestimmt ist, z. B. wenn $\mathfrak{a}$, $\mathfrak{b}$, $\mathfrak{c}$ oder a, b, c gegeben, und zwar $\mathfrak{a}$ und $\mathfrak{b}$, oder a und b einander zugeordnet sind, so ist $\mathfrak{d}$ oder d genau bestimmt (§ 6, I); und da ferner die projectivische Beziehung zweier Gebilde A, $\mathfrak{B}$ durch irgend drei entsprechende Elementenpaare, die nach Willkür angenommen

*) *Lahire* nennt in seinem *Traité des sections coniques* vier solche Strahlen „*harmonicales*“, und *Brianchon* nennt sie in seiner oben erwähnten Schrift „*faisceau harmonique*“.

werden dürfen, bestimmt ist (§ 6, β), so werden also die Gebilde A, 𝔅 in Ansehung der beiderseitigen harmonischen Elemente 𝔞, 𝔡, 𝔟, 𝔠 und a, d, b, c nicht nur auf eine Art, wenn etwa die gleichnamigen Elemente einander entsprechen, projectivisch sein können, sondern vielmehr in allen Fällen, wo irgend zwei zugeordnete harmonische Elemente des einen Gebildes irgend zwei zugeordneten harmonischen Elementen des anderen Gebildes entsprechend angenommen werden, also in 8 Fällen, weil nämlich unter dieser Bedingung die vier Strahlen den vier Puncten 𝔞, 𝔡, 𝔟, 𝔠 in folgenden 8 verschiedenen Rangordnungen entsprechen können:

adbc bdac dacb cadb
acbd bcad dbca cbda.

Demnach hat man den nachstehenden Satz:

β) „Sind in jedem von zwei Gebilden A, 𝔅 irgend vier harmonische Elemente gegeben, und man lässt diese Elemente, nach irgend einer Ordnung genommen, einander paarweise entsprechen, jedoch so, dass irgend zwei zugeordneten harmonischen Elementen des einen Gebildes auch zwei zugeordnete harmonische Elemente des anderen Gebildes entsprechen, welches auf acht verschiedene Arten stattfinden kann, so sind die Gebilde in Ansehung der jedesmaligen vier Elementenpaare projectivisch."

II. Statt der obigen allgemeinen Sätze in (§ 5) hat man im gegenwärtigen Falle, wo die jedesmaligen vier Elemente harmonisch sind, folgende Sätze (I, α):

„Jede vier Strahlen, die von irgend einem Mittelpunct aus durch vier feste harmonische Puncte 𝔞, 𝔡, 𝔟, 𝔠 gehen, sind harmonisch." Oder:

„Vier harmonische Puncte bestimmen mit jedem anderen Puncte vier harmonische Strahlen"*).

„Jede vier Puncte, in welchen irgend eine Gerade von vier festen harmonischen Strahlen a, d, b, c geschnitten wird, sind harmonisch." Oder:

„Vier harmonische Strahlen schneiden jede Gerade in vier harmonischen Puncten"*).

III. In Betracht der gegenseitigen Lage, welche vier harmonische Elemente unter sich haben können, finden folgende Umstände statt:

Wenn vier harmonische Puncte 𝔞, 𝔡, 𝔟, 𝔠, von denen 𝔞 und 𝔟, 𝔠 und 𝔡 einander zugeordnet sind, nach der Ordnung, wie (Fig. 3) sie vorstellt, auf einander folgen, muss nothwendig 𝔡 näher bei 𝔟 als bei 𝔞 liegen (I, 2),

---

*) Das Wesentliche der obigen Sätze hat *Carnot* in seinem *Essai sur la théorie des transversales* zuerst gegeben. Einen Theil davon haben schon die Griechen gekannt (*Pappus*, Collect. Mathem. libr. VII. Propos. CXLV).

weil dies offenbar für $\mathfrak{c}$ der Fall ist; und umgekehrt, wenn $\mathfrak{d}$ näher bei $\mathfrak{b}$ als bei $\mathfrak{a}$ ist, so muss $\mathfrak{c}$ nothwendig allemal jenseits $\mathfrak{b}$ liegen; oder wäre $\mathfrak{d}$ näher bei $\mathfrak{a}$ als bei $\mathfrak{b}$, so müsste nothwendiger Weise $\mathfrak{c}$ diesseits $\mathfrak{a}$ liegen. Ebenso ist für die gegenwärtige Aufeinanderfolge der Puncte erforderlich, dass $\mathfrak{b}$ näher bei $\mathfrak{d}$ als bei $\mathfrak{c}$ liegt. Da das Verhältniss

$$\frac{\mathfrak{ac}}{\mathfrak{bc}} = \frac{\mathfrak{ab}+\mathfrak{bc}}{\mathfrak{bc}}$$

$$= 1+\frac{\mathfrak{ab}}{\mathfrak{bc}},$$

so sieht man, dass, wenn man die zugeordneten harmonischen Puncte $\mathfrak{a}$, $\mathfrak{b}$ festhält, während man in Gedanken $\mathfrak{c}$ von $\mathfrak{b}$ fortrücken lässt, der Werth dieses Verhältnisses alsdann immer mehr der 1 sich nähert, je weiter $\mathfrak{c}$ sich von $\mathfrak{b}$ entfernt, und dass daher $\mathfrak{d}$ sich gleichzeitig immermehr der Mitte $\mathfrak{m}$ des festen Abstandes $\mathfrak{ab}$ nähert, weil das Verhältniss $\frac{\mathfrak{ad}}{\mathfrak{bd}}$ stets jenem Verhältniss gleich sein muss. Lässt man endlich den unendlich entfernten Punct $\mathfrak{q}$ der Geraden A an die Stelle von $\mathfrak{c}$ treten, so wird das genannte Verhältniss $1+\frac{\mathfrak{ab}}{\mathfrak{bq}}$, da $\mathfrak{bq}$ unendlich gross ist, schlechthin $=1$, und dann muss nothwendiger Weise $\mathfrak{d}$ sich in der genannten Mitte $\mathfrak{m}$ befinden. Denkt man sich ferner die Puncte $\mathfrak{a}$, $\mathfrak{b}$ fest und lässt jetzt $\mathfrak{c}$ mehr und mehr dem Puncte $\mathfrak{b}$ sich nähern, so nähert sich offenbar auch $\mathfrak{d}$ dem Puncte $\mathfrak{b}$, und wenn endlich $\mathfrak{c}$ sich mit $\mathfrak{b}$ vereïnigt, so vereinigt sich zugleich $\mathfrak{d}$ mit ihnen beiden. Gleicherweise können sich $\mathfrak{c}$ und $\mathfrak{d}$ immer mehr dem anderen festen Puncte $\mathfrak{a}$ nähern, bis sie sich endlich gleichzeitig mit ihm vereinigen.

Andererseits folgt, dass, wenn der Strahl d mit den zugeordneten harmonischen Strahlen a, b gleiche Winkel einschliesst, so dass das Verhältniss

$$\frac{\sin(ad)}{\sin(bd)} = 1,$$

dann auch

$$\frac{\sin(ac)}{\sin(bc)} = 1$$

ist, (I, 2), und daher auch c mit a und b gleiche Winkel einschliessen muss, und dass dann folglich d und c in diesem Falle zu einander rechtwinklig sind (weil sie die Winkel zwischen a und b hälften). Ferner folgt hier ähnlicherweise wie vorhin bei den vier harmonischen Puncten, dass, wenn a und b fest sind, während c sich dem Strahl b nähert, bis er endlich mit ihm zusammenfällt, dann gleichzeitig auch d sich mit ihnen beiden vereinigt, und dass ebenso c und d sich gleichzeitig mit dem anderen festen Strahle a vereinigen können.

Aus dieser Betrachtung fliessen folgende Sätze:

α) „Zu irgend zwei festen Puncten 𝔞, 𝔟 einer Geraden A giebt es unzählige Paare zugeordneter harmonischer Puncte 𝔡, 𝔠, und namentlich bilden der in der Mitte zwischen 𝔞 und 𝔟 liegende Punct 𝔪 und der unendlich entfernte Punct 𝔮 der Geraden A ein solches Paar; und ferner ist in jedem der beiden Puncte 𝔞, 𝔟 selbst ein solches Paar vereinigt."

β) „Zu irgend einem festen Punct 𝔪 einer Geraden A und zu dem unendlich entfernten Puncte 𝔮 derselben giebt es unzählige zugeordnete harmonische Punctepaare, wie etwa 𝔞, 𝔟, und zwar sind je zwei solche Puncte gleich weit von jenem festen Puncte 𝔪 entfernt, und umgekehrt, je zwei Puncte, welche gleich weit von jenem festen Puncte entfernt sind, sind ein solches Paar."

γ) „Liegt von vier harmonischen Puncten einer in der Mitte zwischen zwei einander zugeordneten, so ist sein zugeordneter unendlich entfernt, und umgekehrt, ist von den vier Puncten einer unendlich entfernt, so liegt sein zugeordneter in der Mitte zwischen den zwei übrigen Puncten."

α) „Zu irgend zwei festen Strahlen a, b eines Strahlbüschels 𝔅 giebt es unzählige Paare zugeordneter harmonischer Strahlen d, c, und namentlich sind die zwei Strahlen, welche die von jenen Stralen eingeschlossenen Winkel hälften, mithin zu einander senkrecht sind, ein solches Paar; und ferner ist mit jedem der Strahlen a, b ein solches Paar vereinigt."

β) „Zu irgend zwei zu einander senkrechten und festen Strahlen, etwa c, d, eines ebenen Strahlbüschels 𝔅 giebt es unzählige zugeordnete harmonische Strahlenpaare, wie etwa a, b, und zwar sind je zwei solche Strahlen gleich weit von jedem der zwei festen Strahlen entfernt, und umgekehrt, je zwei Strahlen, deren Winkel von jenen zwei festen Strahlen gehälftet werden, sind ein solches Paar."

γ) „Schliesst von vier harmonischen Strahlen einer mit zwei einander zugeordneten gleiche Winkel ein, so thut sein zugeordneter ein Gleiches, und umgekehrt, sind zwei zugeordnete Strahlen zu einander senkrecht, so hälften sie die von den beiden anderen Strahlen eingeschlossenen Winkel."

Die letzten Sätze (γ), welche eigentlich schon in (α) und (β) enthalten sind, sind deshalb nochmals deutlicher ausgesprochen worden, weil sie sich auf die einfachsten Fälle von vier harmonischen Elementen beziehen; Fälle, die öfter vorkommen und unter gewissen Umständen, wie leicht zu erachten, Bequemlichkeit und Vortheile gewähren. Solche einfache Fälle lassen sich, wenn beliebige vier harmonische Elemente gegeben sind, zufolge der obigen Sätze (II), wie folgt, darstellen (vergl. § 7, II).

Sind irgend vier feste harmonische Puncte $\mathfrak{a}$, $\mathfrak{d}$, $\mathfrak{b}$, $\mathfrak{c}$ gegeben, und sollen vier Strahlen a_1, d_1, b_1, c_1 eines Strahlbüschels $\mathfrak{B}_1$ durch dieselben gelegt werden, welche sich in dem genannten einfachen Falle befinden, d. h., von welchen zwei zugeordnete zu einander senkrecht sind, oder was auf dasselbe hinausläuft (γ), von denen einer mit zwei zugeordneten gleiche Winkel einschliesst, so ist unter diesen Bedingungen offenbar der Ort des Mittelpuncts $\mathfrak{B}_1$ des Strahlbüschels auf zwei bestimmte Kreise beschränkt, deren Durchmesser die Abstände $\mathfrak{ab}$, $\mathfrak{cd}$ der zugeordneten festen harmonischen Puncte sind, und zwar ist der Mittelpunct $\mathfrak{B}_1$ auf den ersten oder auf den letzten Kreis beschränkt, je nachdem die Strahlen a_1 und b_1, oder c_1 und d_1 zu einander senkrecht sind, oder mit den jedesmaligen anderen Strahlen gleiche Winkel einschliessen. —

Sind andererseits irgend vier feste harmonische Strahlen a, d, b, c gegeben, und soll man sie durch eine Gerade A_1 in vier Puncten schneiden, welche den genannten einfachen Fall darstellen, so kann die Gerade A_1 dieser Bedingung offenbar in vier verschiedenen Richtungen genügen; denn ist sie mit einem der vier festen Strahlen parallel, also einer ihrer Durchschnitte unendlich entfernt, so liegt dessen zugeordneter in der Mitte zwischen den zwei übrigen; und umgekehrt, liegt ein Durchschnitt in der Mitte zwischen zwei einander zugeordneten, so ist sein zugeordneter unendlich entfernt (γ) und mithin die Gerade A_1 dem entsprechenden Strahle parallel. Aus dieser Betrachtung zieht man folgende Sätze:

δ) „Wenn durch beliebige vier feste harmonische Puncte $\mathfrak{a}$, $\mathfrak{d}$, $\mathfrak{b}$, $\mathfrak{c}$ vier solche Strahlen eines Strahlbüschels $\mathfrak{B}_1$ gehen sollen, von denen das eine Paar zugeordneter die von dem anderen Paar eingeschlossenen Winkel hälften (γ), so ist der Ort des Mittelpunctes $\mathfrak{B}_1$ des Strahlbüschels auf zwei bestimmte Kreise beschränkt, welche die Abstände $\mathfrak{ab}$, $\mathfrak{cd}$ der sich zugeordneten festen Puncte von einander zu Durchmessern haben"*).

δ) „Wenn von beliebigen vier festen harmonischen Strahlen a, d, b, c, eine Gerade A_1 in vier solchen Puncten geschnitten werden soll, dass von zwei zugeordneten Puncten der eine unendlich entfernt und der andere in der Mitte zwischen den zwei übrigen Puncten liegt, so muss die Gerade A_1 mit irgend einem der vier festen Strahlen parallel sein, und umgekehrt, ist sie mit einem der letzteren parallel, so finden allemal jene Bedingungen statt."

---

*) Aus diesem Satze lassen sich unmittelbar noch eine Reihe anderer Sätze herleiten, als z. B. nachfolgende:

Durch den letzteren Satz links ist die Richtigkeit der obigen Behauptung (§ 7, II, α) dargethan.

Wenn man also durch die Spitze eines beliebigen Dreiecks zwei Strahlen zieht, wovon der eine durch die Mitte der Grundlinie geht, und der andere mit der Grundlinie parallel ist, so sind dieselben zugeordnete harmonische Strahlen zu den zwei (anderen) Seiten des Dreiecks.

IV. Das gemeinschaftliche Gesetz, dem alle Punctepaare ($\mathfrak{d}$, $\mathfrak{c}$) oder Strahlenpaare (d, c) unterworfen sind, welche in Bezug auf zwei feste Puncte

---

„Wenn die Endpuncte $\mathfrak{a}$, $\mathfrak{b}$ der Grundlinie eines Dreiecks $\mathfrak{a}\mathfrak{B}\mathfrak{b}$ (Fig. 4) fest sind, und wenn die Gerade d oder c, welche den Winkel an der Spitze oder dessen Nebenwinkel hälftet, stets durch einen dritten festen Punct $\mathfrak{d}$ oder $\mathfrak{c}$ der Grundlinie geht, so ist der Ort der Spitze $\mathfrak{B}$ des Dreiecks ein bestimmter Kreis, welcher den Abstand $\mathfrak{d}\mathfrak{c}$ des dritten festen Punctes $\mathfrak{d}$ oder $\mathfrak{c}$ von demjenigen Puncte $\mathfrak{c}$ oder $\mathfrak{d}$, der in Bezug auf die zwei genannten Endpuncte $\mathfrak{a}$, $\mathfrak{b}$ sein zugeordneter harmonischer Punct ist, zum Durchmesser hat.“

In diesem Falle, wo die Strahlen d, c die von den Strahlen a, b eingeschlossenen Winkel hälften, hat man bekanntlich

$$\frac{\mathfrak{B}\mathfrak{a}}{\mathfrak{B}\mathfrak{b}} = \frac{\mathfrak{a}\mathfrak{d}}{\mathfrak{b}\mathfrak{d}} = \frac{\mathfrak{a}\mathfrak{c}}{\mathfrak{b}\mathfrak{c}},$$

und umgekehrt, wenn diese Verhältnisse gleich sind, so findet jene Voraussetzung statt. Daher folgt ferner der nachstehende bekannte Satz:

„Wenn die Endpuncte $\mathfrak{a}$, $\mathfrak{b}$ der Grundlinie eines Dreiecks $\mathfrak{a}\mathfrak{B}\mathfrak{b}$ fest sind, und wenn das Verhältniss $\mathfrak{B}\mathfrak{a}:\mathfrak{B}\mathfrak{b}$ der beiden übrigen Seiten gegeben ist, so ist der Ort der Spitze $\mathfrak{B}$ des Dreiecks ein Kreis, dessen Mittelpunct in der genannten Grundlinie liegt, und zwar sind die Endpuncte dieser Grundlinie zu den Endpuncten ($\mathfrak{d}$, $\mathfrak{c}$) des in ihr liegenden Durchmessers des Kreises zugeordnete harmonische Puncte; und ferner: die zwei Geraden (d, c), welche die Winkel an der Spitze des Dreiecks hälften, gehen stets durch zwei feste Puncte, nämlich durch die Endpuncte ($\mathfrak{d}$, $\mathfrak{c}$) des genannten Durchmessers.“ Und umgekehrt:

„Nimmt man in einem Durchmesser $\mathfrak{c}\mathfrak{d}$ eines Kreises irgend zwei Puncte $\mathfrak{a}$, $\mathfrak{b}$ an, die in Bezug auf dessen Endpuncte $\mathfrak{c}$, $\mathfrak{d}$ zugeordnete harmonische Puncte sind, so haben je zwei Gerade $\mathfrak{a}\mathfrak{B}$, $\mathfrak{b}\mathfrak{B}$, welche dieselben mit irgend einem Puncte $\mathfrak{B}$ des Kreises verbinden, einerlei Verhältniss, und zwar verhalten sie sich allemal wie die Abstände der angenommenen Puncte von dem einen oder dem anderen Endpuncte des Durchmessers, also wie $\mathfrak{a}\mathfrak{d}:\mathfrak{b}\mathfrak{d}$, oder wie $\mathfrak{a}\mathfrak{c}:\mathfrak{b}\mathfrak{c}$; und ferner: die zwei Geraden $\mathfrak{B}\mathfrak{d}$, $\mathfrak{B}\mathfrak{c}$, welche den jedesmaligen Punct $\mathfrak{B}$ im Kreise mit den Endpuncten des genannten Durchmessers verbinden, hälften die von jenen ersten zwei Geraden eingeschlossenen Winkel.“

Es liessen sich hier leicht noch mancherlei Folgerungen über harmonische Puncte und harmonische Gerade in Beziehung auf den Kreis anschliessen, allein da sich dieselben Eigenschaften in der Folge für alle Kegelschnitte zugleich beweisen lassen, so ist es zweckmässig, sie bis dahin zu verschieben.

$\mathfrak{a}$, $\mathfrak{b}$ oder Strahlen a, b (Fig. 1)* zugeordnete harmonische Puncte oder Strahlen sind, lässt sich folgendermassen genauer bestimmen:

Aus den obigen Ausdrücken (I, 2)

$$\frac{\mathfrak{a}\mathfrak{d}}{\mathfrak{b}\mathfrak{d}}=\frac{\mathfrak{a}\mathfrak{c}}{\mathfrak{b}\mathfrak{c}};\quad \frac{\sin(ad)}{\sin(bd)}=\frac{\sin(ac)}{\sin(bc)},$$

durch welche die harmonische Lage der jedesmaligen vier Elemente bedingt wird, folgt unmittelbar, wenn nämlich der Punct $\mathfrak{m}$ in der Mitte zwischen $\mathfrak{a}$ und $\mathfrak{b}$, und der Strahl h in der Mitte zwischen a und b liegt:

$$\frac{\mathfrak{a}\mathfrak{m}+\mathfrak{m}\mathfrak{d}}{\mathfrak{b}\mathfrak{m}-\mathfrak{m}\mathfrak{d}}=\frac{\mathfrak{a}\mathfrak{m}+\mathfrak{m}\mathfrak{c}}{\mathfrak{m}\mathfrak{c}-\mathfrak{b}\mathfrak{m}},$$

$$\frac{\sin(ah+hd)}{\sin(bh-hd)}=\frac{\sin(ah+hc)}{\sin(ch-bh)},$$

und daraus folgt ferner durch bekannte Veränderungen:

$$\mathfrak{m}\mathfrak{d}.\mathfrak{m}\mathfrak{c}=\mathfrak{m}\mathfrak{a}^2=\mathfrak{m}\mathfrak{b}^2,$$

$$tg(hd).tg(hc)=tg^2(ah)=tg^2(bh),$$

das heisst:

„Bei irgend vier harmonischen Puncten $\mathfrak{a}$, $\mathfrak{d}$, $\mathfrak{b}$, $\mathfrak{c}$ ist das Rechteck ($\mathfrak{m}\mathfrak{d}.\mathfrak{m}\mathfrak{c}$) unter den Abständen zweier zugeordneten Puncte ($\mathfrak{d}$, $\mathfrak{c}$) von demjenigen Puncte ($\mathfrak{m}$), welcher in der Mitte zwischen den zwei übrigen Puncten ($\mathfrak{a}$, $\mathfrak{b}$) liegt, gleich dem Quadrat des halben Abstandes ($\mathfrak{m}\mathfrak{a}$, $\mathfrak{m}\mathfrak{b}$) der letzteren Puncte von einander.“

„Bei vier harmonischen Strahlen a, d, b, c ist das Product tg(hd).tg(hc) der Tangenten der Winkel, welche zwei zugeordnete Strahlen (d, c) mit dem Strahle (h) einschliessen, der in der Mitte zwischen den zwei übrigen Strahlen (a, b) liegt, gleich der zweiten Potenz der Tangente des halben Winkels ((ha), (hb)), welchen die letzten Strahlen einschliessen.“

Oder:

„Für alle Punctepaare, die in Bezug auf zwei feste Puncte ($\mathfrak{a}$, $\mathfrak{b}$) zugeordnete harmonische Puncte sind, ist 1) das Rechteck unter ihren Abständen von demjenigen Puncte $\mathfrak{m}$, welcher in der Mitte zwischen den festen Puncten liegt, von beständiger Grösse, und zwar gleich dem Quadrat des halben Abstandes

„Für alle Strahlenpaare, die in Bezug auf zwei feste Strahlen (a, b) zugeordnete harmonische Strahlen sind, ist 1) das Product der Tangenten der Winkel, die sie mit dem Strahle h einschliessen, der in der Mitte zwischen den festen Strahlen liegt, von beständiger Grösse, und zwar gleich der zweiten

*Sieh S. 526.

der festen Puncte von einander; und 2) je zwei solche Puncte liegen jedesmal auf einerlei Seite des genannten Punctes $\mathfrak{m}$; und umgekehrt: jede zwei Puncte, welche diesen beiden Bedingungen zugleich genügen, sind zugeordnete harmonische Puncte in Bezug auf die genannten zwei festen Puncte."

Potenz der Tangente des halben Winkels, welchen die festen Strahlen einschliessen; und 2) beide Strahlen liegen jedesmal auf einerlei Seite des genannten Strahles h; und umgekehrt: jede zwei Strahlen, welche diesen beiden Bedingungen zugleich genügen, sind zugeordnete harmonische Strahlen in Bezug auf die genannten zwei festen Strahlen."

Zwei und mehrere Gerade, und zwei und mehrere ebene Strahlbüschel.

9. Der Gegenstand der bisherigen Betrachtung betraf bloss die zwei Gebilde $\mathfrak{B}$, A, nämlich einen ebenen Strahlbüschel $\mathfrak{B}$ und eine Gerade A, die sich in solcher Beziehung entgegengesetzt waren, dass ihre Elemente einander auf bestimmte Weise entsprachen und dadurch einem bestimmten Gesetze unterworfen waren, wobei die Gebilde projectivisch genannt wurden. Die weitere Betrachtung wird sich nun auf die Untersuchung der gegenseitigen Beziehung ausdehnen, welche einerseits zwischen zwei Geraden, die mit demselben Strahlbüschel projectivisch sind, und andererseits zwischen zwei Strahlbüscheln, die mit derselben Geraden projectivisch sind, und welche ferner zwischen mehreren Gebilden, Geraden und Strahlbüscheln, die unter einander projectivisch sind, stattfinden.

I. Sind zwei Gerade A, A_1 (Fig. 8) mit einem und demselben Strahlbüschel $\mathfrak{B}$ projectivisch, so dass also bestimmte Puncte $\mathfrak{a}, \mathfrak{b}, \mathfrak{c}, \mathfrak{d}, \ldots$ in der Geraden A und bestimmte Puncte $\mathfrak{a}_1, \mathfrak{b}_1, \mathfrak{c}_1, \mathfrak{d}_1, \ldots$ in der Geraden A_1 auf bestimmte Weise (§ 2) unter einem bestimmten Gesetze (§ 4) den Strahlen a, b, c, d, ... des Strahlbüschels $\mathfrak{B}$ entsprechen, so sollen je zwei Puncte $\mathfrak{a}$ und $\mathfrak{a}_1$, $\mathfrak{b}$ und $\mathfrak{b}_1$, $\mathfrak{c}$ und $\mathfrak{c}_1$ u. s. w. der Geraden, welche demselben Strahl des Strahlbüschels entsprechen, ebenfalls „entsprechende Puncte" heissen, und die Geraden sollen in Bezug auf das ganze System ihrer entsprechenden Punctepaare fortan „projectivisch" genannt werden. Und wenn die projectivischen Geraden A, A_1 solche besondere Lage haben, dass beide zugleich mit dem Strahlbüschel $\mathfrak{B}$ perspectivisch sind (§ 2), dass nämlich jeder Strahl des Strahlbüschels durch die ihm entsprechenden Puncte beider Geraden geht, (wie etwa in Fig. 7), dann sollen die Geraden ebenfalls „perspectivisch" genannt werden, und dann heisst der Punct $\mathfrak{B}$ „Projectionspunct". Jede andere Lage der Geraden, die nicht perspectivisch ist, soll „schiefe Lage" heissen. Ferner sollen sowohl bei der schiefen, als bei der perspectivischen Lage der Geraden A, A_1 die Strahlen a, b, c, ... oder diejenigen Geraden $\mathfrak{a}\mathfrak{a}_1$, $\mathfrak{b}\mathfrak{b}_1$, $\mathfrak{c}\mathfrak{c}_1$, ..., die durch entsprechende Puncte gehen, „Projectionsstrahlen" genannt werden. Bei der perspectivischen Lage der Geraden A, A_1 (Fig. 7) gehen also alle Projectionsstrahlen durch einen bestimmten Punct, durch den Projectionspunct $\mathfrak{B}$, und bilden den genannten Strahlbüschel $\mathfrak{B}$, bei der schiefen Lage dagegen (Fig. 9) treffen sie nicht in einem Puncte zusammen, sondern sie sind einem anderen sehr merkwürdigen Gesetze unterworfen, welches im dritten Kapitel näher untersucht werden wird.

Bei zwei projectivischen Geraden A, A_1 ist ferner die Eigenthümlichkeit der Parallelstrahlen in Erwähnung zu bringen. Befinden sich z. B. die Geraden mit dem Strahlbüschel $\mathfrak{B}$, und also auch unter sich, in perspectivischer Lage (Fig. 7), und sind q, r diejenigen Strahlen, die mit den Geraden parallel sind, also die Parallelstrahlen (§ 2), so entspricht mithin der Punct $\mathfrak{q}_1$ in der Geraden A_1 dem unendlich entfernten Puncte $\mathfrak{q}$ der Geraden A, und es entspricht der Punct $\mathfrak{r}$ in der Geraden A dem unendlich entfernten Puncte $\mathfrak{r}_1$ der Geraden A_1. Die zwei Puncte $\mathfrak{q}_1$, $\mathfrak{r}$ sollen fortan „die Durchschnitte der Parallelstrahlen" genannt werden. Es ist klar, dass, wenn auch die Geraden A, A_1 in schiefe Lage gebracht werden (Fig. 9), dann die Projectionsstrahlen q, r oder $\mathfrak{q}_1\mathfrak{q}$, $\mathfrak{r}\mathfrak{r}_1$ immerhin mit ihnen parallel bleiben (§ 2), weshalb letztere alsdann immer noch Parallelstrahlen heissen sollen.

Endlich ist noch zu bemerken, dass, wenn die Geraden A, A_1 perspectivisch sind (Fig. 7), dann in ihrem Durchschnittspuncte ($\mathfrak{e}\mathfrak{e}_1$) zwei entsprechende Puncte $\mathfrak{e}$, $\mathfrak{e}_1$ vereinigt sind, indem nämlich der Projectionsstrahl e offenbar beide Geraden zugleich in jenem Puncte schneidet.

II. Sind zwei Strahlbüschel $\mathfrak{B}$, $\mathfrak{B}_1$ (Fig. 11) mit einer und derselben Geraden A projectivisch, so dass also bestimmte Strahlen a, b, c, d, ... des Strahlbüschels $\mathfrak{B}$, und bestimmte Strahlen a_1, b_1, c_1, d_1, ... des Strahlbüschels $\mathfrak{B}_1$ der Reihe nach bestimmten Puncten $\mathfrak{a}$, $\mathfrak{b}$, $\mathfrak{c}$, $\mathfrak{d}$, ... der Geraden A auf die oben (§ 2) festgesetzte Weise entsprechen, so sollen die Strahlenpaare a und a_1, b und b_1, c und c_1, u. s. w. der Strahlbüschel, welche demselben Puncte der Geraden A entsprechen, ebenfalls „entsprechende Strahlen" heissen, und die Strahlbüschel selbst sollen in Beziehung auf das ganze System ihrer entsprechenden Strahlenpaare fortan „projectivisch" genannt werden. Und wenn zwei projectivische Strahlbüschel $\mathfrak{B}$, $\mathfrak{B}_1$ solche besondere Lage haben, dass beide zugleich mit der Geraden A perspectivisch sind, dass nämlich in jedem Punct der Geraden die zwei ihm entsprechenden Strahlen einander schneiden, (wie etwa in Fig. 10 oder auch in Fig. 5), dann sollen die Strahlbüschel ebenfalls „perspectivisch“ heissen, und dann soll die Gerade A ihr „perspectivischer Durchschnitt“ genannt werden. Jede andere Lage der Strahlbüschel $\mathfrak{B}$, $\mathfrak{B}_1$, in der diese nicht perspectivisch sind, soll „schiefe Lage“ heissen.

Bei zwei projectivischen Strahlbüscheln $\mathfrak{B}$, $\mathfrak{B}_1$ giebt es im Allgemeinen unter der unzähligen Menge entsprechender Strahlenpaare zwei bestimmte Paare, die sich vor allen übrigen auf eigenthümliche Weise auszeichnen, nämlich dadurch, dass sowohl die zwei Strahlen des einen als die des anderen Strahlbüschels zu einander rechtwinklig sind. Befinden sich z. B. die Strahlbüschel in perspectivischer Lage (Fig. 10), so ist im Allgemeinen nur ein einziger Kreis unter den Bedingungen möglich, dass er durch die Mittelpuncte $\mathfrak{B}$, $\mathfrak{B}_1$ beider Strahlbüschel gehe, und dass sein Mittelpunct $\mathfrak{m}$ in dem perspectivischen Durchschnitt A liege. Sind $\mathfrak{s}$, $\mathfrak{t}$ die Durchschnitte dieses Kreises $\mathfrak{m}$ und der Geraden A, so besitzen offenbar die zwei Strahlenpaare s und s_1, t und t_1, die jenen zwei Puncten entsprechen, die vorerwähnte Eigenthümlichkeit, da nämlich sowohl s und t, als s_1 und t_1 rechte Winkel ($\mathfrak{s}\mathfrak{B}\mathfrak{t}$, $\mathfrak{s}\mathfrak{B}_1\mathfrak{t}$, Winkel im Halbkreise) einschliessen, und es folgt ferner, dass diesen zwei Strahlenpaaren nur allein die genannte Eigenthümlichkeit zukomme. Da diese Eigenschaft nicht von der Lage der Strahlbüschel abhängig ist, so findet das Nämliche statt, wenn sich die letzteren in schiefer Lage befinden (Fig. 11). Die zwei Strahlenpaare s, t und s_1, t_1, sollen fortan „die Schenkel der entsprechenden rechten Winkel“ heissen.

Noch mag bemerkt werden, dass, wenn zwei Strahlbüschel $\mathfrak{B}$, $\mathfrak{B}_1$ perspectivisch sind (Fig. 10), dann allemal zwei entsprechende Strahlen e, e_1 aufeinander fallen, nämlich dieser vereinigte oder gemeinschaftliche Strahl (ee_1) ist derjenige, welcher durch die Mittelpuncte $\mathfrak{B}$, $\mathfrak{B}_1$ der Strahlbüschel geht.

10. Bei projectivischen Geraden und bei projectivischen Strahlbüscheln kann zunächst nach den Gesetzen gefragt werden, welchen ihre entsprechenden Elementenpaare unterworfen sind.

Da zwei projectivische Gerade A, A_1, zufolge der obigen Erklärung (§ 9, I), mit einem und demselben Strahlbüschel $\mathfrak{B}$ projectivisch sind, so folgt (vermöge § 4 oder § 6) sogleich, dass zwischen irgend vier entsprechenden Punctepaaren beider Geraden ein bestimmtes Gesetz stattfinden müsse. Denn sind a, b, c, d irgend vier Strahlen des Strahlbüschels $\mathfrak{B}$, und sind $\mathfrak{a}$, $\mathfrak{b}$, $\mathfrak{c}$, $\mathfrak{d}$ und $\mathfrak{a}_1$, $\mathfrak{b}_1$, $\mathfrak{c}_1$, $\mathfrak{d}_1$ die ihnen entsprechenden Puncte in den Geraden A und A_1, so sind gewisse, von jenen Strahlen abhängige Doppelverhältnisse sowohl gleich bestimmten Doppelverhältnissen, die von den vier ersteren Puncten, als auch gleich bestimmten Doppelverhältnissen, die von den vier letzteren Puncten abhängen, folglich müssen auch die letzteren Doppelverhältnisse gleich jenen sein, die sich auf die vier ersteren

Puncte beziehen, und folglich hat man (§ 4, II):

$$
\text{(I)}\quad
\begin{cases}
(1)\quad \dfrac{\mathfrak{ac}}{\mathfrak{bc}}:\dfrac{\mathfrak{ad}}{\mathfrak{bd}} = \dfrac{\mathfrak{a}_1\mathfrak{c}_1}{\mathfrak{b}_1\mathfrak{c}_1}:\dfrac{\mathfrak{a}_1\mathfrak{d}_1}{\mathfrak{b}_1\mathfrak{d}_1}, \\[2ex]
(2)\quad \dfrac{\mathfrak{ab}}{\mathfrak{cb}}:\dfrac{\mathfrak{ad}}{\mathfrak{cd}} = \dfrac{\mathfrak{a}_1\mathfrak{b}_1}{\mathfrak{c}_1\mathfrak{b}_1}:\dfrac{\mathfrak{a}_1\mathfrak{d}_1}{\mathfrak{c}_1\mathfrak{d}_1}, \\[2ex]
(3)\quad \dfrac{\mathfrak{ab}}{\mathfrak{db}}:\dfrac{\mathfrak{ac}}{\mathfrak{dc}} = \dfrac{\mathfrak{a}_1\mathfrak{b}_1}{\mathfrak{d}_1\mathfrak{b}_1}:\dfrac{\mathfrak{a}_1\mathfrak{c}_1}{\mathfrak{d}_1\mathfrak{c}_1}.
\end{cases}
$$

Da andererseits zwei projectivische Strahlbüschel $\mathfrak{B}$, $\mathfrak{B}_1$ mit einer und derselben Geraden A projectivisch sind, so folgt ähnlicher Weise wie vorhin, dass zwischen je vier entsprechenden Strahlenpaaren a, b, c, d und a_1, b_1, c_1, d_1 beider Strahlbüschel ein bestimmtes Gesetz statt finden müsse, nämlich dass folgende von diesen Strahlen abhängige Doppelverhältnisse gleich sind (§ 4, II):

$$
\text{(II)}\quad
\begin{cases}
(4)\quad \dfrac{\sin(ac)}{\sin(bc)}:\dfrac{\sin(ad)}{\sin(bd)} = \dfrac{\sin(a_1c_1)}{\sin(b_1c_1)}:\dfrac{\sin(a_1d_1)}{\sin(b_1d_1)}, \\[2ex]
(5)\quad \dfrac{\sin(ab)}{\sin(cb)}:\dfrac{\sin(ad)}{\sin(cd)} = \dfrac{\sin(a_1b_1)}{\sin(c_1b_1)}:\dfrac{\sin(a_1d_1)}{\sin(c_1d_1)}, \\[2ex]
(6)\quad \dfrac{\sin(ab)}{\sin(db)}:\dfrac{\sin(ac)}{\sin(dc)} = \dfrac{\sin(a_1b_1)}{\sin(d_1b_1)}:\dfrac{\sin(a_1c_1)}{\sin(d_1c_1)}.
\end{cases}
$$

Diese Gesetze (I, II) lassen sich, wie folgt, mit Worten aussprechen:

α) „Bei zwei projectivischen Geraden A, A_1 haben jede vier entsprechende Punctepaare $\mathfrak{a}$ und $\mathfrak{a}_1$, $\mathfrak{b}$ und $\mathfrak{b}_1$, $\mathfrak{c}$ und $\mathfrak{c}_1$, $\mathfrak{d}$ und $\mathfrak{d}_1$ solche gemeinschaftliche Beziehung zu einander, dass die drei Doppelverhältnisse, die aus den gegenseitigen Abständen der vier Puncte in der einen Geraden zusammengesetzt sind, gleich sind den drei Doppelverhältnissen, die sich aus den gegenseitigen Abständen der vier Puncte in der anderen Geraden zusammensetzen lassen."

α) „Bei zwei projectivischen Strahlbüscheln $\mathfrak{B}$, $\mathfrak{B}_1$ haben jede vier entsprechende Strahlenpaare a und a_1, b und b_1, c und c_1, d und d_1 solche gemeinschaftliche Beziehung zu einander, dass die drei Doppelverhältnisse, die aus den Sinussen der Winkel zwischen den vier Strahlen des einen Strahlbüschels zusammengesetzt sind, gleich sind den drei Doppelverhältnissen, die sich aus den Sinussen der Winkel zwischen den vier Strahlen des anderen Strahlbüschels zusammensetzen lassen."

Es ist wesentlich, zu bemerken, dass bei den drei Ausdrücken (I) die vier Puncte in der einen Geraden auf entsprechende Weise einander zugeordnet sind (§ 4) wie die vier Puncte in der anderen Geraden, und dass ferner die gegenseitige Lage der einander zugeordneten Punctepaare ebenfalls in beiden Geraden übereinstimmend ist, nämlich in dem Ausdrucke (1) (bezogen auf Fig. 7 oder 8) folgen die zugeordneten Punctepaare ($\mathfrak{a}$ und $\mathfrak{b}$, $\mathfrak{c}$ und $\mathfrak{d}$; $\mathfrak{a}_1$ und $\mathfrak{b}_1$, $\mathfrak{c}_1$ und $\mathfrak{d}_1$) sowohl in der einen als in der anderen Geraden abwechselnd auf einander (§ 4, 6), und in den Ausdrücken (2, 3) folgen die zugeordneten Punctepaare ($\mathfrak{a}$ und $\mathfrak{c}$, $\mathfrak{b}$ und $\mathfrak{d}$; $\mathfrak{a}_1$ und $\mathfrak{c}_1$, $\mathfrak{b}_1$ und $\mathfrak{d}_1$; oder $\mathfrak{a}$ und $\mathfrak{d}$, $\mathfrak{b}$ und $\mathfrak{c}$; $\mathfrak{a}_1$ und $\mathfrak{d}_1$, $\mathfrak{b}_1$ und $\mathfrak{c}_1$) sowohl in der einen als in der anderen Geraden nach einander (§ 4, a). Dass diese Uebereinstimmung der gegenseitigen Lage der zugeordneten Punctepaare in beiden Geraden immer stattfinde, folgt daraus, dass zwischen jeder Geraden und dem Strahlbüschel $\mathfrak{B}$, mit welchem beide projectivisch sind, eine ähnliche Uebereinstimmung obwaltet (Ende § 4), wodurch denn jene nothwendiger Weise bedingt wird.

Ganz ebenso wird man andererseits in den Ausdrücken (II), in Hinsicht der Zusammenordnung und der gegenseitigen Lage der zugeordneten Strahlenpaare in den zwei Strahlbüscheln $\mathfrak{B}$, $\mathfrak{B}_1$, eine gleiche Uebereinstimmung wahrnehmen.

Vermöge dieser Uebereinstimmung und vermöge der obigen Ausdrücke (I, II) selbst folgt also, dass, wenn von den 8 Elementen, auf die sich einer dieser Ausdrücke bezieht, irgend 7 gegeben sind, dann das achte Element dadurch ganz unzweideutig bestimmt sei. Denn sind z. B. die 7 Puncte $\mathfrak{a}$, $\mathfrak{b}$, $\mathfrak{c}$, $\mathfrak{d}$; $\mathfrak{a}_1$, $\mathfrak{b}_1$, $\mathfrak{c}_1$ gegeben, so ist der Werth des Verhältnisses $\mathfrak{a}_1\mathfrak{d}_1 : \mathfrak{b}_1\mathfrak{d}_1$ durch die drei übrigen Verhältnisse eines der drei Ausdrücke (I) gegeben, nun könnte aber der gesuchte Punct $\mathfrak{d}_1$ diesem Werthe in zwei verschiedenen Lagen genügen, und zwar so, dass er das eine Mal zwischen und das andere Mal jenseits der festen Puncte $\mathfrak{a}_1$, $\mathfrak{b}_1$ läge, allein da die gegenseitige Lage der vier Puncte $\mathfrak{a}_1$, $\mathfrak{b}_1$, $\mathfrak{c}_1$, $\mathfrak{d}_1$ mit der der vier Puncte $\mathfrak{a}$, $\mathfrak{b}$, $\mathfrak{c}$, $\mathfrak{d}$ übereinstimmend sein muss, so wird dadurch entschieden, welche von den zwei Lagen dem Puncte $\mathfrak{d}_1$ nur allein zukommen könne. Auf ganz ähnliche Weise folgt, dass wenn andererseits von den 8 Strahlen, auf welche sich die Ausdrücke (II) beziehen, irgend 7 gegeben sind, dann der achte genau bestimmt sei (vergl. § 6). Also folgen nachstehende Sätze:

β) „Das ganze System der entsprechenden Punctepaare in zwei projectivischen Geraden A, A_1 ist bestimmt, wenn irgend drei Paare gegeben sind, d. h., sobald drei solche Paare gegeben sind, etwa $\mathfrak{a}$, $\mathfrak{b}$, $\mathfrak{c}$ und $\mathfrak{a}_1$, $\mathfrak{b}_1$, $\mathfrak{c}_1$, so ist zu jedem beliebigen vierten Punct ($\mathfrak{d}$) in der einen Geraden (A) der ihm

β) „Das ganze System der entsprechenden Strahlenpaare in zwei projectivischen Strahlbüscheln $\mathfrak{B}$, $\mathfrak{B}_1$ ist bestimmt, wenn irgend drei Paare gegeben sind, d. h., sobald drei solche Paare gegeben sind, etwa a, b, c und a_1, b_1, c_1, so ist zu jedem beliebigen vierten Strahl (d) des einen Strahlbüschels ($\mathfrak{B}$)

entsprechende Punct ($\mathfrak{d}_1$) in der anderen Geraden vermöge der Ausdrücke (I) genau bestimmt."

der ihm entsprechende Strahl (d_1) des anderen Strahlbüschels vermöge der Ausdrücke (II) genau bestimmt."

Und zwar folgt (vergl. § 6, β):

γ) „Dass man in zwei Geraden A, A_1 ganz nach Willkür drei Punctepaare, etwa $\mathfrak{a}$ und $\mathfrak{a}_1$, $\mathfrak{b}$ und $\mathfrak{b}_1$, $\mathfrak{c}$ und $\mathfrak{c}_1$ auswählen und sodann festsetzen könne, die Geraden sollen projectivisch und diese drei Punctepaare sollen entsprechende Punctepaare sein."

γ) „Dass man in zwei Strahlbüscheln $\mathfrak{B}$, $\mathfrak{B}_1$ ganz nach Willkür drei Strahlenpaare, etwa a und a_1, b und b_1, c und c_1, auswählen und sodann festsetzen könne, die Strahlbüschel sollen projectivisch und diese drei Strahlenpaare sollen entsprechende Strahlenpaare sein."

Und ferner folgt durch Umkehrung:

δ) „Sind die Puncte $\mathfrak{a}$, $\mathfrak{b}$, $\mathfrak{c}$, $\mathfrak{d}$, ... und $\mathfrak{a}_1$, $\mathfrak{b}_1$, $\mathfrak{c}_1$, $\mathfrak{d}_1$, ... in zwei Geraden A und A_1 der Reihe nach dergestalt gepaart, dass zwischen je vier Punctepaaren die obigen Bedingungen stattfinden, nämlich dass sie dem Gesetze (I) genügen, und dass die gegenseitige Lage der vier Puncte in der einen Geraden mit der der vier Puncte in der anderen Geraden übereinstimmend ist, so sind die Geraden in Beziehung auf alle jene Punctepaare projectivisch."

δ) „Sind die Strahlen a, b, c, d, ... und a_1, b_1, c_1, d_1, ... zweier Strahlbüschel $\mathfrak{B}$ und $\mathfrak{B}_1$ der Reihe nach dergestalt gepaart, dass zwischen je vier Strahlenpaaren die obigen Bedingungen statt finden, nämlich dass sie dem Gesetze (II) genügen, und dass die gegenseitige Lage der vier Strahlen des einen Strahlbüschels mit der der vier Strahlen des anderen Strahlbüschels übereinstimmend ist, so sind die Geraden in Beziehung auf alle jene Strahlenpaare projectivisch."

11. Bevor die besonderen Fälle der so eben aufgestellten Sätze (§ 10) untersucht werden, sollen diese nebst einigen früheren Sätzen erst kurz wiederholt, und noch einige erweiternde Folgerungen daraus gezogen werden, die sodann zusammen die Fundamentalsätze über projectivische Gerade und ebene Strahlbüschel ausmachen und deshalb bei späteren Betrachtungen häufig Anwendung finden.

I. Die Sätze (§ 4 und § 6) und die vorhin aus ihnen gefolgerten Sätze (§ 10) lassen sich, wie folgt, kurz zusammenfassen:

α) „Bei zwei projectivischen Gebilden — seien es eine Gerade und ein ebener Strahlbüschel, oder zwei Gerade, oder zwei ebene Strahlbüschel — sind die Doppelverhältnisse, welche durch irgend vier Elemente des einen Gebildes bestimmt werden, gleich den Doppelverhältnissen, welche durch die vier entsprechenden Elemente des anderen Gebildes bestimmt werden; ferner ist die gegenseitige Lage der vier Elemente des einen Gebildes übereinstimmend mit der der vier Elemente des anderen Gebildes."

β) „Daher ist das ganze System der entsprechenden Elementenpaare zweier projectivischen Gebilde bestimmt, wenn irgend drei solcher Paare gegeben sind."

γ) „Und zwar können solche drei Paare ganz nach Willkür angenommen werden." Und umgekehrt (α):

δ) „Sind die Elemente zweier Gebilde dergestalt gepaart, dass die durch irgend vier Elemente des einen Gebildes bestimmten Doppelverhältnisse gleich sind den durch die vier entsprechenden Elemente des anderen Gebildes bestimmten Doppelverhältnissen, wobei nothwendiger Weise die jedesmaligen beiderseitigen vier Elemente übereinstimmende gegenseitige Lage haben müssen, so sind die Gebilde in Beziehung auf alle jene Elementenpaare projectivisch."

II. Aus den vorstehenden Sätzen folgt unmittelbar der nachstehende umfassende Satz:

α) „Sind zwei Gebilde — Gerade oder ebene Strahlbüschel — mit einem dritten projectivisch, so sind sie es auch unter sich."

Dieser Satz umfasst nämlich nachstehende sechs Fälle, wovon die zwei ersten schon oben (§ 9) als Erklärung projectivischer Geraden und projectivischer Strahlbüschel gegeben wurden:

β) „Sind zwei Gerade A, A_1 mit einem und demselben Strahlbüschel $\mathfrak{B}$ projectivisch, so sind sie es auch unter sich."

γ) „Sind eine Gerade A und ein Strahlbüschel $\mathfrak{B}$ mit einer und derselben Geraden A_1 projectivisch, so sind sie es auch unter sich."

δ) „Sind zwei Gerade A, A_1 mit einer dritten Geraden A_2 projectivisch, so sind sie es auch unter sich."

β) „Sind zwei Strahlbüschel $\mathfrak{B}$, $\mathfrak{B}_1$ mit einer und derselben Geraden A projectivisch, so sind sie es auch unter sich."

γ) „Sind ein Strahlbüschel $\mathfrak{B}$ und eine Gerade A mit einem und demselben Strahlbüschel $\mathfrak{B}_1$ projectivisch, so sind sie es auch unter sich."

δ) „Sind zwei Strahlbüschel $\mathfrak{B}$, $\mathfrak{B}_1$ mit einem dritten Strahlbüschel $\mathfrak{B}_2$ projectivisch, so sind sie es auch unter sich."

III. Durch Wiederholung und Zusammensetzung der vorstehenden Sätze (II) gelangt man unmittelbar zu dem nachfolgenden ausgedehnteren Satze:

„Ist bei irgend einer Anzahl von n Gebilden — Gerade und ebene Strahlbüschel — in irgend einer bestimmten Ordnung genommen, der Reihe nach jedes Gebilde mit dem darauf folgenden projectivisch, so ist jedes mit jedem, also namentlich auch das erste mit dem letzten, projectivisch.“

12. Was nun die vorhin erwähnten besonderen Fälle anbetrifft (§ 11), so sind davon zwei Arten zu unterscheiden, nämlich entweder sind bei beliebigen Gebilden solche Elementenpaare zu betrachten, für welche die Ausdrücke (§ 10, I, II) wesentlich vereinfacht werden, oder es sind solche Gebilde zu betrachten, bei denen für je vier entsprechende Elementenpaare jene Ausdrücke vereinfacht werden.

Die besonderen Fälle der ersten Art entstehen dadurch, dass durch die Eigenthümlichkeit der Elementenpaare entweder einzelne Verhältnisse in den genannten Ausdrücken gleich 1, oder dass der Werth eines Doppelverhältnisses gleich 1 wird. Die wichtigsten Fälle der Art sind folgende:

I. Nimmt man bei zwei projectivischen Geraden A, A_1 anstatt der Punctepaare $\mathfrak{c}$ und $\mathfrak{c}_1$, $\mathfrak{d}$ und $\mathfrak{d}_1$ die zwei Punctepaare $\mathfrak{q}$ und $\mathfrak{q}_1$, $\mathfrak{r}$ und $\mathfrak{r}_1$, die den Parallelstrahlen zugehören, wo nämlich $\mathfrak{q}$, $\mathfrak{r}_1$ die unendlich entfernten Puncte der Geraden A, A_1, und wo $\mathfrak{q}_1$, $\mathfrak{r}$ die sogenannten Durchschnitte der Parallelstrahlen sind (§ 9, I), so werden die Ausdrücke (§ 10, I) (zufolge § 7, I), wie folgt, vereinfacht:

$$1 : \frac{\mathfrak{ar}}{\mathfrak{br}} = \frac{\mathfrak{a}_1\mathfrak{q}_1}{\mathfrak{b}_1\mathfrak{q}_1} : 1 \tag{1}$$

$$\mathfrak{ab} : \mathfrak{ar} = \frac{\mathfrak{a}_1\mathfrak{b}_1}{\mathfrak{q}_1\mathfrak{b}_1} : 1 \tag{2}$$

$$\frac{\mathfrak{ab}}{\mathfrak{rb}} : 1 = \mathfrak{a}_1\mathfrak{b}_1 : \mathfrak{a}_1\mathfrak{q}_1 . \tag{3}$$

Aus dem ersteren Ausdrucke (1), der bei späteren Betrachtungen durch zweckmässige Anwendung zu merkwürdigen Folgerungen führt, folgt:

$$\mathfrak{br} : \mathfrak{ar} = \mathfrak{a}_1\mathfrak{q}_1 : \mathfrak{b}_1\mathfrak{q}_1 , \tag{α}$$

oder

$$\mathfrak{ar} . \mathfrak{a}_1\mathfrak{q}_1 = \mathfrak{br} . \mathfrak{b}_1\mathfrak{q}_1 . \tag{β}$$

Nimmt man andererseits bei zwei projectivischen Strahlbüscheln $\mathfrak{B}$, $\mathfrak{B}_1$ anstatt der Strahlenpaare c und c_1, d und d_1 die zwei rechtwinkligen entsprechenden Strahlenpaare s und s_1, t und t_1, d. h. die Schenkel der entsprechenden rechten Winkel, wo nämlich sowohl s und t, als s_1 und t_1 zu einander rechtwinklig sind (§ 9, II), so werden die Ausdrücke (§ 10, II) ebenfalls vereinfacht, und namentlich wird aus dem ersteren derselben (welcher wichtiger ist, als die beiden übrigen), wenn man bemerkt, dass $\sin(90^0 \pm x) = \cos x$, also z. B. $\sin(at) = \cos(as)$

$$(4) \qquad \frac{\sin(as)}{\sin(bs)} : \frac{\cos(as)}{\cos(bs)} = \frac{\cos(a_1 t_1)}{\cos(b_1 t_1)} : \frac{\sin(a_1 t_1)}{\sin(b_1 t_1)},$$

oder

$$(\gamma) \qquad \operatorname{tg}(as) : \operatorname{tg}(bs) = \operatorname{tg}(b_1 t_1) : \operatorname{tg}(a_1 t_1)$$

und

$$(\delta) \qquad \operatorname{tg}(as) . \operatorname{tg}(a_1 t_1) = \operatorname{tg}(bs) . \operatorname{tg}(b_1 t_1).$$

Eben so hat man

$$(\gamma_1) \qquad \operatorname{tg}(at) : \operatorname{tg}(bt) = \operatorname{tg}(b_1 s_1) : \operatorname{tg}(a_1 s_1),$$

und

$$(\delta_1) \qquad \operatorname{tg}(at) . \operatorname{tg}(a_1 s_1) = \operatorname{tg}(bt) . \operatorname{tg}(b_1 s_1).$$

Die Ausdrücke $(\beta, \delta, \delta_1)$ enthalten, mit Worten ausgesprochen, nachfolgende merkwürdigen Sätze:

„Bei zwei projectivischen Geraden A, A_1 ist das Rechteck $(\mathfrak{ar} . \mathfrak{a}_1 \mathfrak{q}_1)$ unter den Abständen irgend zweier entsprechenden Puncte ($\mathfrak{a}$, $\mathfrak{a}_1$; oder $\mathfrak{b}$, $\mathfrak{b}_1$, ...) von den Durchschnitten ($\mathfrak{r}$, $\mathfrak{q}_1$) der Parallelstrahlen unveränderlich, d. h., für alle Punctepaare hat dieses Rechteck einerlei Inhalt.“

„Bei zwei projectivischen Strahlbüscheln $\mathfrak{B}$, $\mathfrak{B}_1$ ist das Product aus den Tangenten der Winkel, welche irgend zwei entsprechende Strahlen mit den ungleichnamigen Schenkeln (s, t_1, oder s_1, t) der entsprechenden rechten Winkel einschliessen, von unveränderlichem Werthe.“

Wenn also bei zwei projectivischen Geraden A, A_1 die Durchschnitte ($\mathfrak{r}$, $\mathfrak{q}_1$) der Parallelstrahlen und ausserdem irgend ein Paar entsprechender Puncte $\mathfrak{a}$, $\mathfrak{a}_1$ gegeben sind, so sind die Ausdrücke (α, β), durch welche zu irgend einem Puncte der einen Geraden, etwa zu dem Puncte $\mathfrak{b}$ in der Geraden A, der entsprechende Punct $\mathfrak{b}_1$ in der anderen Geraden A_1 bestimmt wird, sehr einfach und bequem. Nebstdem nämlich, dass durch die genannten Ausdrücke über die Grösse des Abstandes $(\mathfrak{b}_1 \mathfrak{q}_1)$ des Punctes $\mathfrak{b}_1$ von dem Durchschnitte $\mathfrak{q}_1$ des Parallelstrahles entschieden wird, wird durch die Uebereinstimmung der gegenseitigen Lage der Puncte in beiden Geraden die Lage des Punctes $\mathfrak{b}_1$ genau bestimmt, denn je nachdem die Puncte $\mathfrak{a}$, $\mathfrak{b}$ auf einerlei oder auf verschiedenen Seiten des Punctes $\mathfrak{r}$ liegen, befinden sich übereinstimmend die Puncte $\mathfrak{a}_1$, $\mathfrak{b}_1$ auf einerlei oder auf entgegengesetzten Seiten des Punctes $\mathfrak{q}_1$ (§ 10). Wie leicht zu sehen, findet andererseits bei den zwei Strahlbüscheln $\mathfrak{B}$, $\mathfrak{B}_1$ in Rücksicht der Ausdrücke (γ, δ) Aehnliches statt.

Es ist ferner leicht zu sehen, dass umgekehrt, wenn in zwei projectivischen Geraden A, A_1 irgend drei entsprechende Punctepaare $\mathfrak{a}$, $\mathfrak{b}$, $\mathfrak{c}$ und $\mathfrak{a}_1$, $\mathfrak{b}_1$, $\mathfrak{c}_1$ gegeben sind, dann durch dieselben die Durchschnitte $\mathfrak{r}$, $\mathfrak{q}_1$ der Parallelstrahlen bestimmt und mittelst der Ausdrücke (1, 2, 3) oder (§ 10, I) zu finden sind; und dass eben so, wenn in zwei projectivischen Strahlbüscheln $\mathfrak{B}$, $\mathfrak{B}_1$ irgend drei entsprechende Strahlenpaare a, b, c und a_1, b_1, c_1 gegeben sind, dann die Schenkel (s, t, s_1, t_1) der entsprechenden rechten Winkel (st), (s_1t_1) vermöge der Ausdrücke (§ 10, II) bestimmt und zu finden sind.

II. Von den Ausdrücken (I, II, § 10), (auf Fig. 7, 8 und 10, 11 bezogen), gestatten vermöge der gegenseitigen Lage der Elemente nur zwei, nämlich nur die Ausdrücke (1, 4, § 10) den besonderen Fall, dass der Werth der darin enthaltenen Doppelverhältnisse gleich 1 wird, und da alsdann die beiderseitigen vier Elemente, auf die sich der jedesmalige Ausdruck bezieht, zugleich harmonisch sind (§ 8, I, α), so folgt also (was zum Theil schon in § 8, II ausgesprochen):

„Dass bei zwei projectivischen Geraden A, A_1 irgend vier harmonischen Puncten in der einen Geraden auch vier harmonische Puncte in der anderen Geraden entsprechen.“

„Dass bei zwei projectivischen Strahlbüscheln $\mathfrak{B}$, $\mathfrak{B}_1$ irgend vier harmonischen Strahlen in dem einen Büschel auch vier harmonische Strahlen in dem anderen Büschel entsprechen.“

Und umgekehrt (§ 8, I, β):

„Sind in jeder von zwei Geraden A, A_1 irgend vier harmonische Puncte $\mathfrak{a}$, $\mathfrak{d}$, $\mathfrak{b}$, $\mathfrak{c}$ und $\mathfrak{a}_1$, $\mathfrak{d}_1$, $\mathfrak{b}_1$, $\mathfrak{c}_1$ gegeben, so kann man auf acht verschiedene Arten festsetzen, die Geraden sollen projectivisch und jene Puncte sollen entsprechende Punctepaare sein, und zwar ist dazu nur erforderlich, dass in jedem Falle irgend zwei zugeordnete harmonische Puncte der einen Geraden auch zwei zugeordneten harmonischen Puncten der anderen Geraden entsprechen.“

„Sind in jedem von zwei Strahlbüscheln $\mathfrak{B}$, $\mathfrak{B}_1$ irgend vier harmonische Strahlen a, d, b, c und a_1, d_1, b_1, c_1 gegeben, so kann man auf acht verschiedene Arten festsetzen, die Strahlbüschel sollen projectivisch und jene Strahlen sollen entsprechende Strahlenpaare sein, und zwar ist dazu nur erforderlich, dass in jedem Falle irgend zwei zugeordnete harmonische Strahlen des einen Strahlbüschels auch zwei zugeordneten harmonischen Strahlen des anderen Strahlbüschels entsprechen.“

13. Die besonderen Fälle der zweiten Art (§ 12) bestehen darin, dass bei den projectivischen Geraden A, A_1 entweder je zwei entsprechende Abschnitte gleiches Verhältniss zu einander haben, oder einander gleich sind, und dass bei den projectivischen Strahlbüscheln $\mathfrak{B}$, $\mathfrak{B}_1$ je zwei entsprechende Winkel einander gleich sind. Von der Möglichkeit dieser Fälle kann man sich leicht überzeugen, wenn man die Gebilde in perspectivischer Lage betrachtet, nämlich wie folgt.

I. a) Bei zwei perspectivischen Geraden A, A_1 können die besonderen Umstände eintreten, dass entweder α) der Projectionspunct $\mathfrak{B}$ (§. 9) unendlich entfernt liegt, so dass die Projectionsstrahlen a, b, c, ... sämmtlich parallel sind (wie z. B. in Fig. 12), oder β) die Geraden A, A_1 können parallel sein, und der Projectionspunct $\mathfrak{B}$ entweder 1) zwischen denselben (wie in Fig. 6), oder 2) jenseits derselben liegen (wie in Fig. 13). In jedem dieser Fälle findet offenbar die besondere Eigenschaft statt: „Dass je zwei entsprechende Abschnitte der Geraden A, A_1 einerlei Verhältniss haben,“ so dass man also, statt des obigen Gesetzes (§ 10, I) in diesem Falle z. B. hat:

$$(1) \qquad \frac{\mathfrak{ab}}{\mathfrak{a}_1\mathfrak{b}_1} = \frac{\mathfrak{ac}}{\mathfrak{a}_1\mathfrak{c}_1} = \frac{\mathfrak{ad}}{\mathfrak{a}_1\mathfrak{d}_1} = \frac{\mathfrak{bc}}{\mathfrak{b}_1\mathfrak{c}_1} = \text{u. s. w.}$$

Zwei Gerade, denen diese besondere Eigenschaft zukommt, sollen fortan projectivisch „ähnlich“ heissen.

Aus dem Vorstehenden folgt unmittelbar:

„Dass das ganze System der entsprechenden Punctepaare zweier projectivisch ähnlicher Geraden A, A_1 bestimmt sei, wenn irgend zwei solche Paare gegeben sind.“ Und

„Dass man nach Willkür zwei solche Paare annehmen und sodann festsetzen könne, die Geraden sollen projectivisch ähnlich und jene Paare sollen entsprechende Punctepaare sein.“

Ferner folgt mit Rücksicht auf das Gesetz (§ 10, I):

„Dass zwei projectivische Gerade A, A_1 allemal ähnlich sind, sobald irgend drei Paar entsprechende Abschnitte, welche durch drei Paar entsprechende Puncte, etwa $\mathfrak{a}$, $\mathfrak{b}$, $\mathfrak{c}$ und $\mathfrak{a}_1$, $\mathfrak{b}_1$, $\mathfrak{c}_1$, bestimmt werden, gleiches Verhältniss haben, d. h., wenn

$$\mathfrak{ab} : \mathfrak{a}_1\mathfrak{b}_1 = \mathfrak{ac} : \mathfrak{a}_1\mathfrak{c}_1 = \mathfrak{bc} : \mathfrak{b}_1\mathfrak{c}_1$$

ist.“ Und:

„Dass zwei projectivische Gerade ähnlich sind und perspectivisch liegen, sobald irgend drei Projectionsstrahlen, etwa a, b, c parallel sind.“

Noch bleibt ein Umstand zu bemerken, der bei späteren Betrachtungen interessante Folgen nach sich zieht, nämlich dass bei projectivisch ähnlichen Geraden A, A_1 jedem endlich entfernten Puncte der einen Geraden ein eben solcher Punct in der anderen Geraden entspricht. Denn in Fig. 12

findet offenbar gar kein Parallelstrahl q statt (§ 9, I), und in Fig. 6 und 13 haben beide Geraden einen gemeinschaftlichen Parallelstrahl q. Daher folgt also nothwendiger Weise:

„Dass bei zwei projectivisch ähnlichen Geraden ihre zwei unendlich entfernten Puncte ($\mathfrak{q}$, $\mathfrak{q}_1$) entsprechende Puncte sind.“ Und umgekehrt:

„Wenn bei zwei projectivischen Geraden ihre unendlich entfernten Puncte entsprechende Puncte sind, so sind die Geraden ähnlich.“

b) Wenn ferner bei zwei projectivischen Geraden A, A_1 entweder α) die Projectionsstrahlen a, b, c ... parallel (Fig. 12) und beide Gerade mit ihnen gleiche Winkel einschliessen (so dass $\mathfrak{d}\mathfrak{a}\mathfrak{a}_1 = \mathfrak{d}_1\mathfrak{a}_1\mathfrak{a}$), oder β) wenn die Geraden parallel und der Projectionspunct $\mathfrak{B}$ in der Mitte zwischen ihnen liegt (Fig. 6), oder endlich γ) wenn sowohl die Geraden als die Projectionsstrahlen unter sich parallel sind (Fig. 14), dann findet offenbar die besondere Eigenschaft statt: „Dass je zwei entsprechende Abschnitte der Geraden A, A_1 einander gleich sind,“ so dass man statt des vorigen Gesetzes (a, 1) in diesem Falle hat:

(2) $$\mathfrak{a}\mathfrak{b} = \mathfrak{a}_1\mathfrak{b}_1, \quad \mathfrak{a}\mathfrak{c} = \mathfrak{a}_1\mathfrak{c}_1, \quad \mathfrak{b}\mathfrak{c} = \mathfrak{b}_1\mathfrak{c}_1 \quad \text{u. s. w.}$$

In dem gegenwärtigen Falle sollen deshalb die Geraden A, A_1 projectivisch „gleich“ (congruent) heissen.

Dieser Betrachtung zufolge ist also „bei zwei projectivisch gleichen Geraden das ganze System der entsprechenden Puncte-paare bestimmt, sobald ein einziges Paar gegeben ist.“

Auch folgt, wie leicht zu sehen, „dass zwei projectivische Gerade A, A_1 allemal gleich sind, sobald irgend drei Paar entsprechende Abschnitte derselben, welche durch drei entsprechende Puncte-paare, etwa $\mathfrak{a}$, $\mathfrak{b}$, $\mathfrak{c}$ und $\mathfrak{a}_1$, $\mathfrak{b}_1$, $\mathfrak{c}_1$ bestimmt werden, einander gleich sind, d. h., wenn

$$\mathfrak{a}\mathfrak{b} = \mathfrak{a}_1\mathfrak{b}_1, \quad \mathfrak{a}\mathfrak{c} = \mathfrak{a}_1\mathfrak{c}_1, \quad \text{und} \quad \mathfrak{b}\mathfrak{c} = \mathfrak{b}_1\mathfrak{c}_1$$

ist.“

Endlich folgt (a): „Dass bei zwei projectivisch gleichen Geraden ihre unendlich entfernten Puncte entsprechende Puncte sind.“

II. Zwei perspectivische Strahlbüschel $\mathfrak{B}$, $\mathfrak{B}_1$ können insbesondere so sein, dass entweder α) ihr perspectivischer Durchschnitt A (§ 9, II) zu ihrem gemeinschaftlichen Strahle (ee_1) rechtwinklig und von den Mittelpuncten $\mathfrak{B}$, $\mathfrak{B}_1$ der Strahlbüschel gleich weit entfernt ist (wie etwa Fig. 5), so dass je zwei entsprechende Strahlen gleiche Stücke von einander abschneiden, nämlich $\mathfrak{B}\mathfrak{a} = \mathfrak{B}_1\mathfrak{a}$, $\mathfrak{B}\mathfrak{b} = \mathfrak{B}_1\mathfrak{b}$; u. s. w., oder β) dass je zwei entsprechende Strahlen parallel sind, welches nämlich dann eintreten würde, wenn man in Gedanken die Figur 10 sich so verändern liesse, dass, während die Mittelpuncte $\mathfrak{B}$, $\mathfrak{B}_1$ der Strahlbüschel fest blieben, deren perspectivischer Durchschnitt A sich ins Unendliche entfernte, wodurch Fig. 15 entstände. In jedem dieser zwei Fälle findet offenbar die besondere Eigenthümlichkeit statt:

„Dass je zwei entsprechende Winkel der beiden Strahlbüschel $\mathfrak{B}$, $\mathfrak{B}_1$ einander gleich sind;“ so dass man also statt des obigen Gesetzes (§ 10, II) nur die einfache Beziehung hat:

(3) $(ab) = (a_1b_1)$, $(ac) = (a_1c_1)$, $(bc) = b_1c_1)$ u. s. w.

Zwei Strahlbüschel, denen diese besondere Eigenschaft zukommt, sollen projectivisch „gleich“ heissen.

Es folgt aus dieser Eigenschaft unmittelbar: „Dass das ganze System der entsprechenden Strahlenpaare zweier projectivisch gleicher Strahlbüschel bestimmt sei, sobald ein einziges solches Paar, etwa a, a_1, gegeben ist.“ Jedoch sind dabei in Hinsicht der Aufeinanderfolge der Strahlen oder der Lage der Strahlbüschel zwei Fälle zu unterscheiden. Nämlich man kann die Strahlen der Reihe nach in beiden Strahlbüscheln entweder in gleicher oder in umgekehrter Ordnung aufeinanderfolgend annehmen; d. h., man kann annehmen, die Strahlen a, d, b, c, ... und a_1, d_1, b_1, c_1, ... folgen sich, von den Mittelpuncten der Strahlbüschel aus betrachtet, entweder 1) in beiden Strahlbüscheln rechtsherum, oder in beiden linksherum (wie z. B. Fig. 15) oder 2) in dem einen Strahlbüschel rechtsherum und in dem anderen linksherum (wie z. B. Fig. 5). Das Gesagte findet statt, die Strahlbüschel mögen sich in perspectivischer oder schiefer Lage befinden. Im Falle (1) sollen die Strahlbüschel „gleichliegend“ und im Falle (2) sollen sie „ungleichliegend“ heissen. Wird der eine Strahlbüschel in Gedanken umgewandt, und wiederum zu dem anderen in dieselbe Ebene gelegt, so wird die Ordnungsfolge seiner Strahlen offenbar entgegengesetzt, so dass, wenn die Strahlbüschel vorher gleichliegend waren, sie jetzt ungleichliegend sind, und auch umgekehrt. Dieser Unterschied der Lage zweier projectivisch gleicher Strahlbüschel giebt sich weiter unten bei der Erzeugung der Kegelschnitte auf sehr auffallende Weise kund.

Es folgt ferner: „Dass zwei projectivische Strahlbüschel $\mathfrak{B}$, $\mathfrak{B}_1$ allemal gleich sind, sobald irgend drei Paar entsprechende Winkel derselben, welche durch drei entsprechende Strahlenpaare bestimmt werden, gleich sind.“ Und:

„Dass daher zwei projectivische Strahlbüschel gleich sind und perspectivisch liegen, sobald irgend drei entsprechende Strahlenpaare parallel sind.“

Endlich mag noch bemerkt werden, dass es bei zwei projectivisch gleichen Strahlbüscheln nicht nur ein Paar entsprechender rechter Winkel giebt (§ 9, II), sondern dass vielmehr jedem rechten Winkel des einen Strahlbüschels auch ein eben solcher im anderen entspricht.

Von der gegenseitigen Lage der Gebilde und den durch sie bedingten Sätzen und Aufgaben.

14. Nachdem die allgemeinen und besonderen Gesetze, die zwischen den entsprechenden Elementenpaaren zweier projectivischer Geraden A, A_1 und zweier projectivischer Strahlbüschel 𝔅, $𝔅_1$ stattfinden, untersucht worden, sind nunmehr die Eigenschaften, welche von der gegenseitigen Lage der Gebilde herrühren, genau zu betrachten, und zwar sollen zunächst die Merkmale aufgesucht werden, woran man erkennt, ob zwei solche Gebilde sich in perspectivischer oder in schiefer Lage befinden.

Da bei zwei projectivischen Geraden A, A_1, wenn sie perspectivisch liegen, zwei entsprechende Puncte (𝔢, $𝔢_1$) in ihrem Durchschnitte vereinigt sind (§ 9, I), und da das ganze System ihrer entsprechenden Punctepaare bestimmt ist, sobald irgend drei Paare gegeben sind (§ 10, β), so folgt nothwendiger Weise, dass sie sich allemal in perspectivischer Lage befinden werden, wenn entweder irgend zwei entsprechende Puncte in ihrem Durchschnitte vereinigt sind, oder wenn irgend drei Projectionsstrahlen in einem Puncte zusammentreffen.

Sind z. B. die Geraden A, A_1 (Fig. 8) in Ansehung der Puncte 𝔞, 𝔟, 𝔠, ... und $𝔞_1$, $𝔟_1$, $𝔠_1$, ... projectivisch, und man denkt sich dieselben in solche Lage gebracht, dass irgend zwei entsprechende Puncte, etwa 𝔢 und $𝔢_1$, zusammenfallen (Fig. 7), so müssen alle Projectionsstrahlen $𝔞𝔞_1$, $𝔟𝔟_1$, $𝔠𝔠_1$, ... durch einen und denselben Punct gehen. Denn fände dieses nicht statt, so könnte man den Punct 𝔅, in welchem irgend zwei Strahlen, etwa $𝔞𝔞_1$, $𝔟𝔟_1$, sich begegnen, als Mittelpunct eines Strahlbüschels 𝔅 annehmen, und dann würde letzterer die Geraden A, A_1 projectivisch schneiden (§ 9, I), und zwar wären 𝔞 und $𝔞_1$, 𝔟 und $𝔟_1$, 𝔢 und $𝔢_1$ drei entsprechende Punctepaare; da aber durch drei Paar entsprechender Puncte das ganze System der entsprechenden Punctepaare bestimmt ist (§ 10, β), so muss das neue System von entsprechenden Punctepaaren mit dem gegebenen völlig übereinstimmen, und folglich muss jeder Strahl c, d, ... des Strahlbüschels 𝔅 durch zwei gegebene entsprechende Puncte 𝔠 und $𝔠_1$, 𝔡 und $𝔡_1$, ... oder umgekehrt, jeder Strahl $𝔠𝔠_1$, $𝔡𝔡_1$, ..., der ein Paar gegebene entsprechende Puncte 𝔠 und $𝔠_1$, 𝔡 und $𝔡_1$, ... verbindet, muss durch den Punct 𝔅 gehen. Denkt man sich ferner die gegebenen Geraden A, A_1 (Fig. 8) in solche Lage gebracht, dass irgend drei Projectionsstrahlen, etwa $𝔞𝔞_1$, $𝔟𝔟_1$, $𝔠𝔠_1$, einander in einem Puncte 𝔅 treffen (Fig. 7), so müssen alle übrigen Projectionsstrahlen $𝔡𝔡_1$, ... durch diesen nämlichen Punct gehen. Denn nimmt man in der That den Punct 𝔅 als Mittelpunct eines Strahlbüschels an, so schneidet derselbe die Geraden A, A_1 projectivisch, und zwar so, dass 𝔞 und $𝔞_1$, 𝔟 und $𝔟_1$, 𝔠 und $𝔠_1$ drei entsprechende Punctepaare sind, allein da diese Punctepaare auch zu dem gegebenen System von entsprechenden Punctepaaren gehören, so sind die Geraden in beiden Fällen für die nämlichen Punctepaare projectivisch, und folglich geht jeder Strahl d, ... des Strahlbüschels 𝔅 durch zwei gegebene entsprechende Puncte 𝔡 und $𝔡_1$, ... der Geraden A, A_1, oder umgekehrt, jeder Projectionsstrahl der Geraden geht durch jenen Punct 𝔅, und folglich liegen die Geraden perspectivisch.

Da andererseits bei zwei projectivischen Strahlbüscheln 𝔅, $𝔅_1$, wenn sie perspectivisch liegen, zwei entsprechende Strahlen (e, e_1) zusammenfallen (§ 9, II), und da das ganze System ihrer entsprechenden Strahlenpaare bestimmt ist, sobald irgend drei Paare gegeben sind (§ 10, β), so ist klar, dass sie sich allemal in perspectivischer Lage befinden werden, wenn entweder irgend zwei entsprechende Strahlen auf einander fallen, oder wenn die Durchschnitte von irgend drei entsprechenden Strahlenpaaren in einer und derselben Geraden liegen. Sind z. B. die Strahlbüschel 𝔅, $𝔅_1$ (Fig. 11) in Ansehung des Systems von entsprechenden Strahlen a, b, c, ... und a_1, b_1, c_1, ... projectivisch, und man denkt sich dieselben in solche Lage versetzt, dass irgend zwei entsprechende Strahlen, etwa e und e_1, auf einander fallen (Fig. 10), so müssen jede zwei entsprechende Strahlen a und a_1, b und b_1, c und c_1, ... sich auf einer und derselben Geraden A schneiden. Denn legt man durch zwei solche Durchschnitte, etwa durch die Durchschnitte 𝔞, 𝔟 der Strahlenpaare a und a_1, b und b_1 eine Gerade A, so würden, wenn man für einen Augenblick um die Mittelpuncte 𝔅, $𝔅_1$ statt der gegebenen Strahlbüschel sich andere denken wollte, welche die Gerade A zum perspectivischen Durchschnitt (§ 9, II) hätten, dieselben von den gegebenen nicht verschieden sein können, weil sie mit ihnen die drei entsprechenden Strahlenpaare a und a_1, b und b_1, e und e_1, wodurch das ganze System der entsprechenden Strahlenpaare bestimmt wird, gemein hätten, folglich schneiden sich je zwei entsprechende Strahlenpaare c und c_1, d und d_1, ... der gegebenen Strahlbüschel auf der nämlichen Geraden A, und folglich liegen die Strahlbüschel perspectivisch. Wird ferner angenommen, die gegebenen Strahlbüschel 𝔅, $𝔅_1$ (Fig. 11) seien in solche Lage versetzt, dass irgend drei entsprechende Strahlenpaare, etwa a und a_1, b und b_1, c und c_1, sich auf einer Geraden A schneiden (Fig. 10), so würden, eben so wie vorhin, wenn man sich um die Mittelpuncte 𝔅, $𝔅_1$ ausser den gegebenen Strahlbüscheln noch andere denken wollte, welche die Gerade A zum perspectivischen Durchschnitt hätten, dieselben nicht von den gegebenen verschieden sein können, weil sie mit ihnen die genannten drei entsprechenden Strahlenpaare gemein hätten, folglich müssen die gegebenen Strahlbüschel perspectivisch liegen und die Gerade A zum perspectivischen Durchschnitt haben.

Demnach hat man nachstehende Sätze:

„Zwei projectivische Gerade A, A_1 befinden sich allemal in perspectivischer Lage, wenn entweder α) irgend zwei entsprechende Puncte in ihrem Durchschnitte vereinigt sind; oder β) wenn irgend drei Projectionsstrahlen in einem Puncte zusammentreffen.“ Und umgekehrt: „Wenn von diesen zwei Umständen (α oder β) der eine oder der andere entschieden nicht stattfindet, so befinden sich die Geraden allemal in schiefer Lage.“

„Zwei projectivische Strahlbüschel $\mathfrak{B}$, $\mathfrak{B}_1$ befinden sich allemal in perspectivischer Lage, wenn entweder α) irgend zwei entsprechende Strahlen aufeinander fallen, oder β) wenn irgend drei entsprechende Strahlenpaare sich auf einer Geraden schneiden.“ Und umgekehrt: „Wenn von diesen zwei Umständen (α oder β) der eine oder der andere entschieden nicht stattfindet, so befinden sich die Strahlbüschel allemal in schiefer Lage.“

Demnach können zwei projectivische Gerade, oder zwei projectivische Strahlbüschel auf unzählig viele verschiedene Arten in perspectivische Lage gebracht werden, indem man jede zwei entsprechende Puncte $\mathfrak{a}$ und $\mathfrak{a}_1$, $\mathfrak{b}$ und $\mathfrak{b}_1$, $\mathfrak{c}$ und $\mathfrak{c}_1$, ... oder Strahlen a und a_1, b und b_1, c und c_1, ... vereinigen kann.

Insbesondere ist hierüber Folgendes zu bemerken.

I. Für projectivisch ähnliche (oder gleiche) Gerade folgen aus dem obigen Satze nachstehende besondere Sätze:

„Zwei projectivisch ähnliche Gerade A, A_1 liegen allemal perspectivisch, wenn irgend zwei entsprechende Puncte ($\mathfrak{a}$ und $\mathfrak{a}_1$, oder $\mathfrak{b}$ und $\mathfrak{b}_1$, ..., oder $\mathfrak{q}$ und $\mathfrak{q}_1$) in ihrem gegenseitigen Durchschnitte vereinigt sind, und zwar: a) wenn zwei endlich entfernte entsprechende Puncte vereinigt sind, wie z. B. $\mathfrak{e}$ und $\mathfrak{e}_1$ (Fig. 12), so sind die Projectionsstrahlen a, b, c, ... sämmtlich parallel, so dass der Projectionspunct $\mathfrak{B}$ unendlich entfernt liegt; und b) wenn die unendlich entfernten, einander entsprechenden (§ 13, I) Puncte $\mathfrak{q}$, $\mathfrak{q}_1$ der Geraden vereinigt sind, d. h., wenn die Geraden parallel sind, dann treffen alle Projectionsstrahlen in einem endlich entfernten Puncte $\mathfrak{B}$ zusammen, der entweder zwischen (Fig. 6), oder jenseits (Fig. 13) der Geraden liegt. (Sind die Geraden gleich, so liegt der Projectionspunct $\mathfrak{B}$ im ersten Falle in der Mitte zwischen ihnen (Fig. 6), und im anderen Falle liegt er unendlich entfernt (Fig. 14).)“

Und ferner folgt:

„Findet sich, dass bei zwei projectivischen Geraden irgend drei Projectionsstrahlen parallel sind, so schliesst man daraus, dass die Geraden ähnlich (oder gleich) sind, und dass sie perspectivisch liegen (§ 13, I, a)."

II. Für Strahlbüschel folgt insbesondere:

„Dass zwei projectivisch gleiche Strahlbüschel $\mathfrak{B}$, $\mathfrak{B}_1$ allemal perspectivisch liegen, wenn irgend zwei entsprechende Strahlen (a und a_1, b und b_1, ...) auf einander fallen, und zwar dass, a) wenn sie gleichliegend sind (§ 13, II), je zwei entsprechende Strahlen unter sich parallel, mithin ihr perspectivischer Durchschnitt A unendlich entfernt ist; oder b) wenn sie ungleichliegend sind, ihr perspectivischer Durchschnitt A auf ihrem gemeinschaftlichen Strahle $\mathfrak{B}\mathfrak{B}_1$ rechtwinklig steht und ihn hälftet (Fig. 5)."

Und ferner:

„Findet sich, dass bei zwei projectivischen Strahlbüscheln irgend drei Paare entsprechender Strahlen parallel sind, so folgt daraus, dass die Strahlbüschel gleich, gleichliegend und perspectivisch sind (§ 13, II)."

15. Ueber die perspectivische Lage zweier projectivischen Geraden oder zweier projectivischen Strahlbüschel ist noch Folgendes zu bemerken:

Da sich zwei projectivische Gerade A, A_1 allemal in perspectivischer Lage befinden, sobald in ihrem Durchschnitte irgend zwei entsprechende Puncte vereinigt sind (§ 14), so hat der von ihnen eingeschlossene Winkel auf diese Eigenschaft keinen Einfluss. Hält man die eine Gerade, etwa A (Fig. 7), fest, während man die andere A_1 um ihren gemeinschaftlichen Durchschnitt $(\mathfrak{e}\mathfrak{e}_1)$ herumbewegt, so jedoch, dass die nämlichen zwei entsprechenden Puncte $\mathfrak{e}$ und $\mathfrak{e}_1$ stets vereinigt bleiben, so werden also die Geraden keinen Augenblick aufhören perspectivisch zu sein, allein ihr Projectionspunct $\mathfrak{B}$ wird offenbar gleichzeitig mit A_1 seinen Ort ändern, und es entsteht daher die Frage, in welcher Linie er sich bewegen werde?

Vermöge der Parallelstrahlen q, r ist diese Frage leicht zu beantworten. Denn da dieselben stets den Geraden A, A_1 parallel bleiben, und da ihre Durchschnitte $\mathfrak{q}_1$, $\mathfrak{r}$, der Voraussetzung gemäss, ihre Abstände von dem Durchschnitte $(\mathfrak{e}\mathfrak{e}_1)$ der Geraden nicht ändern, so dass die Abschnitte $\mathfrak{q}_1\mathfrak{e}_1$, $\mathfrak{r}\mathfrak{e}$ der Grösse nach unveränderlich sind, so bleiben auch die beiden übrigen Seiten $\mathfrak{r}\mathfrak{B}$, $\mathfrak{q}_1\mathfrak{B}$ des Parallelogramms $\mathfrak{B}\mathfrak{r}(\mathfrak{e}\mathfrak{e}_1)\mathfrak{q}_1$ der Grösse nach unveränderlich, und da endlich der Punct $\mathfrak{r}$, als in A liegend, fest bleibt, so muss sich der Projectionspunct $\mathfrak{B}$ in derjenigen Kreislinie bewegen, welche $\mathfrak{r}\mathfrak{B}$ zum Halbmesser und $\mathfrak{r}$ zum Mittelpunct hat.

Da zwei projectivische Strahlbüschel $\mathfrak{B}$, $\mathfrak{B}_1$ in einer Ebene sich allemal in perspectivischer Lage befinden, sobald irgend zwei entsprechende Strahlen auf einander fallen (§ 14), so hat der Abstand $(\mathfrak{B}\mathfrak{B}_1)$ ihrer Mittelpuncte von einander auf diese Eigenschaft keinen Einfluss. Hält man den einen Strahlbüschel, etwa $\mathfrak{B}$ (Fig. 10), fest, während man den anderen $\mathfrak{B}_1$ ihm näher oder ferner rücken lässt, so jedoch, dass stets die nämlichen zwei entsprechenden Strahlen e und e_1 vereinigt bleiben, so werden also die Strahlbüschel fortwährend perspectivisch sein, allein ihr perspectivischer Durchschnitt A muss offenbar gleichzeitig mit dem Strahlbüschel $\mathfrak{B}_1$ seinen Ort ändern, und es entsteht daher die Frage, was das Eigenthümliche seiner Bewegung sei?

Diese Frage ist mittelst der Parallelstrahlen q, q_1 leicht zu beantworten. Denn da der Strahlbüschel $\mathfrak{B}_1$, der Voraussetzung gemäss, sich ohne Drehung bewegt, so bewegt sich jeder Strahl desselben sich selbst parallel, folglich bleiben die entsprechenden Strahlen q, q_1 stets parallel, sie sind folglich beständig die Parallelstrahlen, und folglich muss sich auch der perspectivische Durchschnitt A sich selbst parallel bewegen, nämlich er muss stets dem festen Strahle q parallel sein.

Demnach hat man nachstehende Sätze:

„Wenn von zwei perspectivischen Geraden A, A_1 die eine fest bleibt, während die andere sich um ihren gemeinschaftlichen Durchschnitt dreht, ohne zu gleiten, so dass stets dieselben zwei entsprechenden Puncte vereinigt bleiben, so bewegt sich der Projectionspunct $\mathfrak{B}$ in einer bestimmten Kreislinie, welche einen der beiden Durchschnitte (q_1r) der Parallelstrahlen, nämlich denjenigen der in der festen Geraden liegt, zum Mittelpunct hat."

„Wenn von zwei perspectivischen Strahlbüscheln $\mathfrak{B}$, $\mathfrak{B}_1$ der eine fest bleibt, während der andere sich so bewegt, dass stets dieselben zwei entsprechenden Strahlen vereinigt bleiben, also ohne sich zu drehen, so bewegt sich der perspectivische Durchschnitt A sich selbst parallel, und zwar durch die ganze Ebene fort, d. h. er gelangt nach und nach in die Lage von jeder Geraden, welche mit der anfänglichen Geraden A parallel ist."

Es ist hierbei noch Folgendes zu bemerken:

I. Bringt man, während die Gerade A immerhin fest bleibt, die Gerade A_1 in andere Lage, so dass nach einander immer andere entsprechende Puncte in dem Durchschnitte der Geraden vereinigt werden, so erhält man andere Ortskreise, aber alle diese Ortskreise haben den Punct r zum gemeinschaftlichen Mittelpunct.

Ist der Projectionspunct $\mathfrak{B}$ in irgend einer bestimmten Lage gegeben, so kann die Gerade A_1 nur zwei verschiedene Lagen haben (§ 6, II), wie z. B. in Fig. 16, wo A_1' die zweite Lage vorstellt. Die entsprechenden

Punctepaare $\mathfrak{e}$ und $\mathfrak{e}_1$, $\mathfrak{f}$ und $\mathfrak{f}_1$, die in beiden Fällen in dem Durchschnitte der Geraden vereinigt werden, sind so, dass $\mathfrak{r}\mathfrak{e} = \mathfrak{r}\mathfrak{f}$ und (in A_1) $\mathfrak{q}_1\mathfrak{e}_1 = \mathfrak{q}_1\mathfrak{f}_1$, weil nämlich $\mathfrak{B}$ in der Mitte zwischen A_1 und A'_1 liegt (§ 6, II). Daher folgt ferner: „Dass jeder aus dem Mittelpunct $\mathfrak{r}$ beschriebene Kreis $\mathfrak{l}\mathfrak{B}\mathfrak{k}$ als Ortskreis angenommen werden könne, und dass für denselben zwei verschiedene entsprechende Punctepaare ($\mathfrak{e}$ und $\mathfrak{e}_1$, oder $\mathfrak{f}$ und $\mathfrak{f}_1$) in dem Durchschnitte der Geraden sich vereinigen lassen, und zwar sind diese Puncte jedesmal so, dass die Durchschnitte ($\mathfrak{r}$, $\mathfrak{q}_1$) der Parallelstrahlen in der Mitte zwischen denselben liegen.“

Noch sind zwei entsprechende Punctepaare zu erwähnen, die sich von allen übrigen auf eigenthümliche Weise unterscheiden. Nach (§ 12, I) ist nämlich das Rechteck unter den Abständen irgend zweier entsprechenden Puncte von den Durchschnitten der Parallelstrahlen constant. Nun giebt es zwei solche Punctepaare, bei welchen das genannte Rechteck ein Quadrat wird. Denn man denke sich ein Quadrat, dessen Inhalt dem constanten Inhalte aller Rechtecke gleich ist, und dessen Seite auf der Geraden A durch jeden der zwei Abschnitte $\mathfrak{r}\mathfrak{g}$, $\mathfrak{r}\mathfrak{h}$ dargestellt sei, so müssen nothwendiger Weise auch $\mathfrak{q}_1\mathfrak{g}_1$, $\mathfrak{q}_1\mathfrak{h}_1$ Seiten desselben Quadrates, und also

$$\mathfrak{r}\mathfrak{g} = \mathfrak{q}_1\mathfrak{g}_1 = \mathfrak{r}\mathfrak{h} = \mathfrak{q}_1\mathfrak{h}_1$$

sein. Werden die Geraden A, A_1 so gelegt, dass eins dieser Punctepaare $\mathfrak{g}$ und $\mathfrak{g}_1$, $\mathfrak{h}$ und $\mathfrak{h}_1$ sich in ihrem Durchschnitte befindet, wenn z. B. die Puncte $\mathfrak{e}$ und $\mathfrak{e}_1$ (Fig. 7) eines dieser Paare vertreten, so ist das Parallelogramm $\mathfrak{B}\mathfrak{r}(\mathfrak{e}\mathfrak{e}_1)\mathfrak{q}_1$ eine Raute, und der Strahl e hälftet den von den Geraden eingeschlossenen Winkel. Und auch umgekehrt.

II. Bringt man, während der Strahlbüschel $\mathfrak{B}$ fest bleibt, den Strahlbüschel $\mathfrak{B}_1$ so in andere Lage, dass nach einander immer andere entsprechende Strahlen auf einander fallen, so erhält der perspectivische Durchschnitt A offenbar andere Richtung, und zwar wird er jede mögliche Richtung in der Ebene erhalten können. Denn wird der perspectivische Durchschnitt A in irgend einer bestimmten Lage angenommen (wie etwa in Fig. 10), so kann der Strahlbüschel $\mathfrak{B}_1$ zufolge (§ 6, II) auf zwei verschiedene Arten so gelegt werden, dass er mit ihm und mit dem festen Strahlbüschel $\mathfrak{B}$ perspectivisch ist, und zwar werden das eine Mal zwei entsprechende Strahlen e, e_1, wie in der Figur, und das andere Mal irgend zwei andere entsprechende Strahlen, etwa f, f_1, auf einander fallen. Stellt $\mathfrak{B}'_1$ die zweite Lage des Mittelpunctes $\mathfrak{B}_1$ dar, so steht A auf dem Abschnitte $\mathfrak{B}_1\mathfrak{B}'_1$ rechtwinklig und hälftet ihn (§ 14, II), daher liegt $\mathfrak{B}'_1$ ebenfalls in der Kreislinie $\mathfrak{t}\mathfrak{B}\mathfrak{B}_1\mathfrak{s}$, die $\mathfrak{m}$ zum Mittelpuncte hat, und daher werden die von den Strahlen e und f eingeschlossenen Winkel durch die Strahlen s und t gehälftet; und eben so werden im Strahlbüschel $\mathfrak{B}_1$ die von den Strahlen e_1 und f_1 eingeschlossenen Winkel durch die Strahlen s_1

und t_1 gehälftet. Daher folgt: „**Dass es für jede gegebene Richtung des perspectivischen Durchschnittes (A) zwei entsprechende Strahlenpaare (e und e_1, oder f und f_1) giebt, wovon das eine oder das andere auf einander fallen kann; und zwar liegen diese Strahlen so, dass die von ihnen eingeschlossenen Winkel durch die Schenkel (s, t, s_1, t_1) der entsprechenden rechten Winkel gehälftet werden.**“

Aehnlicherweise, wie vorhin (I), sind hier noch zwei entsprechende Strahlenpaare zu erwähnen, denen ein eigenthümliches Merkmal zukommt. Da nämlich das Product aus den Tangenten der Winkel, welche irgend zwei entsprechende Strahlen mit den ungleichnamigen Schenkeln der entsprechenden rechten Winkel einschliessen, für alle Strahlenpaare einerlei Werth hat (§ 12, I), so wird, wenn die eine Tangente die Quadratwurzel aus diesem Werthe ist, nothwendiger Weise die andere Tangente ihr gleich sein, und alsdann werden auch die zugehörigen Winkel einander gleich sein. Es sei z. B. (gt) (Fig. 17) ein solcher Winkel, so wird er dem Winkel $(g_1 s_1)$ gleich sein, und wenn er auf der anderen Seite an t liegt, d. h., wenn $(ht) = (gt)$, so ist auch $(h_1 s_1) = (ht)$, mithin

$$(gt) = (g_1 s_1) = (ht) = (h_1 s_1).$$

Dann ist auch zugleich

$$(gs) = (g_1 t_1) = (hs) = (h_1 t_1).$$

Vermöge dieser Eigenschaft der entsprechenden Strahlenpaare g und g_1, h und h_1 folgt, dass, wenn die Strahlbüschel $\mathfrak{B}$, $\mathfrak{B}_1$ so gelegt werden, dass die zwei Strahlen eines dieser zwei Strahlenpaare auf einander fallen, der perspectivische Durchschnitt A mit den vereinigten Strahlen (also mit $\mathfrak{B}\mathfrak{B}_1$) parallel wird. Und auch umgekehrt.

16. Bevor die Eigenschaften, die von der schiefen Lage projectivischer Geraden und projectivischer Strahlbüschel herrühren, untersucht werden, sollen erst besondere Fälle, wobei weder das Merkmal der **perspectivischen** noch der **schiefen** Lage klar hervortritt, betrachtet werden, nämlich diejenigen Fälle, wo zwei projectivische Gerade auf einander gelegt, und wo die Mittelpuncte zweier projectivischen Strahlbüschel vereinigt werden. Diese Fälle sind von grosser Wichtigkeit und werden in einem späteren Hefte (im vierten) einer Reihe der interessantesten Resultate zur Grundlage dienen. In dem Vorhergehenden (§ 15) ist der ganze Spielraum in Hinsicht der **perspectivischen** Lage zweier Geraden und zweier Strahlbüschel gezeigt worden, nur die genannten Grenzfälle sind dabei unberücksichtigt geblieben.

Zunächst entsteht die Frage:

„**Ob bei zwei beliebig auf einander gelegten projectivi-**

„**Ob bei zwei beliebig auf einander gelegten projectivi-**

schen Geraden A, A_1 entsprechende Puncte zusammenfallen, und wieviel Paare zusammenfallen?“

schen Strahlbüscheln $\mathfrak{B}$, $\mathfrak{B}_1$ entsprechende Strahlen zusammenfallen, und wieviel Paare zusammenfallen?“

Es lässt sich zum Voraus behaupten, dass weder bei den Geraden A, A_1, noch bei den Strahlbüscheln $\mathfrak{B}$, $\mathfrak{B}_1$ drei Paar entsprechende Elemente zusammenfallen können, weil durch drei solche Paare alle übrigen bestimmt sind (§ 11, β), und folglich die Gebilde nothwendiger Weise gleich sein müssten (§ 13, I, b), so dass alsdann je zwei entsprechende Elemente zusammenfielen. Also können im Allgemeinen nicht mehr als zwei Paar entsprechende Elemente zusammenfallen. Diese Behauptung bestätigt sich auf folgende Weise, wenn man von der perspectivischen Lage der Gebilde ausgeht und sie in die hier zu untersuchenden Grenzfälle übergehen lässt.

I. Wird die Gerade A_1 (Fig. 16) unter den oben angegebenen Bedingungen (§ 15) so lange um den Durchschnitt ($\mathfrak{e}\mathfrak{e}_1$) bewegt, bis sie auf die feste Gerade A fällt, welches, wie man sieht, auf zwei Arten geschehen kann, entweder so, dass $\mathfrak{e}_1\mathfrak{k}_1$ auf $\mathfrak{e}\mathfrak{k}$, oder dass $\mathfrak{e}_1\mathfrak{l}_1$ auf $\mathfrak{e}\mathfrak{l}$ fällt, so werden ausser den schon vereinigten entsprechenden Puncten $\mathfrak{e}$, $\mathfrak{e}_1$ in jedem Falle nur ein einziges Paar entsprechende Puncte zusammen fallen, und zwar, wenn $\mathfrak{k}$ und $\mathfrak{l}$ die Puncte sind, in welchen der Ortskreis von $\mathfrak{B}$ die Gerade A schneidet, so werden im ersten Falle nur die entsprechenden Puncte $\mathfrak{k}$, $\mathfrak{k}_1$ und im anderen Falle nur die entsprechenden Puncte $\mathfrak{l}$, $\mathfrak{l}_1$ zusammenfallen, weil offenbar nur je einer von den zwei Strahlen k, l mit den Geraden A, A_1 ein gleichschenkliges Dreieck, dessen gleiche Seiten in diesen Geraden liegen, bilden kann. Der Projectionspunct $\mathfrak{B}$ fällt also das eine Mal mit $\mathfrak{k}$ und $\mathfrak{k}_1$, das andere Mal mit $\mathfrak{l}$ und $\mathfrak{l}_1$ zusammen. Daher folgt:

„Wenn zwei projectivische Gerade A, A_1 auf einander liegen, und zwei Paar entsprechende Puncte ($\mathfrak{e}$ und $\mathfrak{e}_1$, $\mathfrak{k}$ und $\mathfrak{k}_1$, oder $\mathfrak{l}$ und $\mathfrak{l}_1$) vereinigt sind, so sind sie als perspectivisch anzusehen, und zwar ist das eine Punctepaar (welches man will) als Durchschnitt der Geraden und das andere als Projectionspunct ($\mathfrak{B}$) anzusehen.“

Wird andererseits der Strahlbüschel $\mathfrak{B}_1$ unter den oben angegebenen Bedingungen (§ 15) so lange bewegt, bis sein Mittelpunct mit dem Mittelpuncte des festen Strahlbüschels $\mathfrak{B}$ sich vereinigt, so wird ausser den schon anfänglich vereinigten entsprechenden Strahlen e, e_1 nur ein einziges Paar entsprechender Strahlen auf einander fallen, nämlich, wie leicht zu sehen, nur die Parallelstrahlen q, q_1, und zwar vereinigt sich gleichzeitig auch der perspectivische Durchschnitt A mit diesem Strahlenpaare. Daher folgt:

„Wenn die Mittelpuncte zweier projectivischen Strahlbüschel 𝔅, $𝔅_1$ vereinigt sind, und zwei Paar entsprechende Strahlen (e und e_1, q und q_1) auf einander liegen, so sind sie als perspectivisch anzusehen, und zwar ist das eine Strahlenpaar (gleichviel welches) als der perspectivische Durchschnitt (A) zu betrachten.“

II. Um die vorgelegte Aufgabe nach ihrem ganzen Umfange zu lösen, mag folgende Betrachtung dienen, die alle Umstände klar vor Augen stellt.

Bei zwei projectivischen Geraden A, A_1 findet in Hinsicht der Aufeinanderfolge ihrer entsprechenden Puncte folgende Beziehung statt:

Befinden sich die Geraden in perspectivischer Lage (wie etwa in Fig. 16), und lässt man in der Vorstellung einen Projectionsstrahl sich um den Projectionspunct 𝔅 bewegen, fängt man z. B. mit der Lage von h an und bewegt ihn linksherum, so dass er nach einander in die Lage von k, q, l, g, r, f, h gelangt, so sieht man, dass von den zugehörigen entsprechenden Puncten 𝔥, $𝔥_1$ der eine in der Geraden A sich von 𝔥 über 𝔨 hinaus nach dem unendlich entfernten Puncte 𝔮 bewegt, von da auf der entgegengesetzten Seite über 𝔩, 𝔤, 𝔢 bis 𝔯 rückt und von da über 𝔣 endlich nach 𝔥 zurückkehrt — während der andere in der Geraden A_1 sich von $𝔥_1$ über $𝔨_1$ bis $𝔮_1$ bewegt, von da über $𝔩_1$, $𝔤_1$, $𝔢_1$ hinaus nach dem unendlich entfernten Puncte $𝔯_1$ fortrückt und von da auf der entgegengesetzten Seite über $𝔣_1$ endlich nach $𝔥_1$ zurückkehrt. Sowohl der eine als der andere Punct bewegt sich demnach stets nach der nämlichen Richtung hin; würde sich der erstere nach der umgekehrten Richtung bewegen, so würde der andere ein Gleiches thun.

Werden nun die Geraden beliebig auf einander gelegt, so können dabei nur folgende zwei wesentlich verschiedene Fälle stattfinden, nämlich die Geraden sind in Hinsicht der Aufeinanderfolge der entsprechenden Puncte, oder in Hinsicht der Richtungen, nach welchen sich, wie man eben gesehen hat, die Puncte bewegen, entweder:

a) gleichliegend, d. h. ihre entsprechenden Puncte folgen einander nach einerlei Richtung hin, so dass, wenn ein Punct in der Geraden A sich von rechts nach links bewegt, dann sein entsprechender in der Geraden A_1 sich ebenfalls von rechts nach links bewegt, (wie z. B. in Fig. 19), oder:

b) ungleichliegend, d. h. ihre entsprechenden Puncte folgen einander nach entgegengesetzten Richtungen hin, so dass, wenn ein Punct in A sich von rechts nach links bewegt, dann sein entsprechender in A_1 sich von links nach rechts bewegt, (wie z. B. in Fig. 18).

Da jede von den Geraden durch die Puncte 𝔯, $𝔮_1$ (Durchschnitte der Parallelstrahlen (§ 9, I)), deren entsprechende $𝔯_1$, 𝔮 unendlich entfernt sind, in zwei unendliche Theile getheilt wird, welche einander paarweise entsprechen (nämlich sowohl die Theile $\mathfrak{r}\mathfrak{h}\mathfrak{k}\ldots\mathfrak{q}$ und $\mathfrak{q}_1\mathfrak{k}_1\mathfrak{h}_1\ldots\mathfrak{r}_1$, als $\mathfrak{r}\mathfrak{g}\mathfrak{l}\ldots\mathfrak{q}$ und $\mathfrak{q}_1\mathfrak{l}_1\mathfrak{g}_1\ldots\mathfrak{r}_1$ entsprechen einander und enthalten entsprechende Puncte, so dass jedem Punct in dem einen Theile ein Punct im anderen Theile entspricht), so ist klar, dass im Falle (b) längs der Strecke $\mathfrak{r}\mathfrak{q}_1$ keine entsprechenden Puncte zusammentreffen können, weil, wenn die mit $\mathfrak{r}$, $\mathfrak{q}_1$ vereinigten Puncte etwa $\mathfrak{n}_1$, $\mathfrak{m}$ heissen, offenbar die den Puncten von $\mathfrak{r}$ bis $\mathfrak{m}$ entsprechenden Puncte jenseits $\mathfrak{m}_1$ liegen, und eben so die den Puncten von $\mathfrak{q}_1$ bis $\mathfrak{n}_1$ entsprechenden Puncte sämmtlich jenseits $\mathfrak{n}$ liegen. Daher können nur in den Strecken von $\mathfrak{r}$ bis $\mathfrak{n}$ und von $\mathfrak{q}_1$ bis $\mathfrak{m}_1$ entsprechende Puncte zusammenfallen. Dass in der That in jeder dieser Strecken allemal e i n, und n u r e i n Paar entsprechender Puncte sich trifft, ist leicht zu sehen, denn, während z. B. ein Punct in A von $\mathfrak{r}$ über $\mathfrak{h}$, $\mathfrak{k}\ldots$ hinaus bis ins Unendliche fortrückt, kommt sein entsprechender in A_1 von da her über $\mathfrak{h}_1$, $\mathfrak{k}_1\ldots$ nach $\mathfrak{q}_1$, so dass nothwendiger Weise beide Puncte irgendwo, etwa in $(\mathfrak{k}\mathfrak{k}_1)$, sich begegnen müssen. Oder dasselbe ist auch eine leichte Folge des obigen Ausdruckes (§ 12, I, β), wonach das Rechteck unter den Abständen zweier entsprechenden Puncte von den Puncten $\mathfrak{r}$, $\mathfrak{q}_1$ einen beständigen Inhalt hat. Denn bestimmt man in beiden Strecken zwei Puncte, etwa $\mathfrak{e}$, $\mathfrak{k}$, so, dass die Rechtecke $\mathfrak{r}\mathfrak{e}.\mathfrak{q}_1\mathfrak{e}$ und $\mathfrak{r}\mathfrak{k}.\mathfrak{q}_1\mathfrak{k}$ den genannten constanten Inhalt haben, welches allemal, aber nur auf eine Art, möglich ist, so sind nothwendiger Weise $\mathfrak{e}$ und $\mathfrak{k}$ diejenigen beiden Puncte, welche allein sich mit ihren entsprechenden $\mathfrak{e}_1$ und $\mathfrak{k}_1$ vereinigen.

Im anderen Falle (a) sieht man, dass weder in dem Theile $\mathfrak{r}\mathfrak{h}\mathfrak{k}\ldots\mathfrak{q}$ noch in dem Theile $\mathfrak{q}_1\mathfrak{k}_1\mathfrak{h}_1\ldots\mathfrak{r}_1$ entsprechende Puncte sich vereinigen können, weil eben diese zwei Theile entsprechend sind und entsprechende Puncte enthalten. Dagegen sind $\mathfrak{r}\mathfrak{m}$ und $\mathfrak{q}_1\mathfrak{n}_1$ Abschnitte entsprechender Theile, so dass also von $\mathfrak{r}$ bis $\mathfrak{q}_1$ möglicher Weise entsprechende Puncte sich treffen können. Diese Möglichkeit hängt davon ab, ob die Strecke $\mathfrak{r}\mathfrak{q}_1$ so getheilt werden kann, dass das Rechteck unter den Abschnitten einen bestimmten gegebenen Inhalt habe, nämlich wenn $\mathfrak{g}$ und $\mathfrak{g}_1$, $\mathfrak{h}$ und $\mathfrak{h}_1$ die ihnen oben (§ 15, I) beigelegte Eigenschaft haben, wonach $\mathfrak{r}\mathfrak{g}=\mathfrak{q}_1\mathfrak{g}_1=\mathfrak{r}\mathfrak{h}=\mathfrak{q}_1\mathfrak{h}_1$, so ist der genannte Inhalt $=\mathfrak{r}\mathfrak{g}^2=\mathfrak{q}_1\mathfrak{g}_1^2$ u. s. w. Wenn demnach die Strecke $\mathfrak{r}\mathfrak{q}_1$ grösser ist als $\mathfrak{r}\mathfrak{g}+\mathfrak{q}_1\mathfrak{g}_1$, oder $\mathfrak{r}\mathfrak{h}+\mathfrak{q}_1\mathfrak{h}_1$, so treffen a l l e m a l z w e i Paar entsprechender Puncte zusammen, wie vorhin; ist die Strecke $\mathfrak{r}\mathfrak{q}_1$ gerade gleich $\mathfrak{r}\mathfrak{g}+\mathfrak{q}_1\mathfrak{g}_1$, oder gleich $\mathfrak{r}\mathfrak{h}+\mathfrak{q}_1\mathfrak{h}_1$, so trifft n u r e i n Paar entsprechender Puncte zusammen, und zwar entweder die entsprechenden Puncte $\mathfrak{g}$ und $\mathfrak{g}_1$, oder $\mathfrak{h}$ und $\mathfrak{h}_1$; und wenn endlich die Strecke $\mathfrak{r}\mathfrak{q}_1$ kleiner ist als $\mathfrak{r}\mathfrak{g}+\mathfrak{q}_1\mathfrak{g}_1$, oder $2\mathfrak{r}\mathfrak{g}$, welches z. B. in Fig. 18 der Fall ist, so ist gar kein Zusammentreffen von entsprechenden Puncten möglich. Also kann, wenn die Gerade A fest bleibt, die Gerade A_1 um eine Strecke $=4\mathfrak{r}\mathfrak{g}$ hin und her bewegt werden, ohne dass entsprechende Puncte zusammentreffen, nämlich die Grenzen dieses Spielraums gestatten, dass sie sich nach links bewegen darf, bis $\mathfrak{g}$ und $\mathfrak{g}_1$, und nach rechts, bis $\mathfrak{h}$ und $\mathfrak{h}_1$ zusammentreffen; in jeder dieser Grenzen trifft ein einziges Paar entsprechender Puncte zusammen, nämlich die eben genannten; werden aber diese Grenzen überschritten, so treffen immer zwei Paare zusammen.

Andererseits findet man bei zwei projectivischen Strahlbüscheln $\mathfrak{B}$, $\mathfrak{B}_1$ durch eine ähnliche Betrachtung ganz entsprechende Resultate. Werden die Strahlbüschel concentrisch gelegt, so können in Hinsicht der Aufeinanderfolge der entsprechenden Strahlen folgende zwei wesentlich verschiedene Fälle stattfinden, nämlich die Strahlbüschel sind entweder:

α) gleichliegend, d. h., ihre entsprechenden Strahlen folgen einander nach einerlei Ordnung, so dass, wenn man einen Strahl h des Strahlbüschels $\mathfrak{B}$ sich rechtsherum bewegen lässt (vom Mittelpunct $\mathfrak{B}$ aus betrachtet), dann sein entsprechender h_1 im Strahlbüschel $\mathfrak{B}_1$ sich ebenfalls rechtsherum bewegt (§ 13, II), (wie z. B. in Fig. 20); oder:

β) ungleichliegend, d. h., ihre entsprechenden Strahlen folgen in ungleicher oder verkehrter Ordnung auf einander, so dass, wenn Strahlen in dem einen Strahlbüschel rechtsherum sich folgen, dann ihre entsprechenden im anderen Strahlbüschel linksherum nach einander folgen, (wie z. B. in Fig. 21)*).

Vermöge der entsprechenden rechten Winkel (st), $(s_1 t_1)$ (§ 9, II), und durch Hülfe der obigen Ausdrücke (§ 12, γ, δ) und mit Rücksicht auf die besondere Eigenschaft der Strahlen g, g_1, h, h_1 (§ 15, II) kann man auf ähnliche Art, wie vorhin bei den Geraden A, A_1, auch für die gegenwärtigen Fälle finden, dass im Falle (α) entweder 1) zwei, oder 2) ein, oder 3) gar kein Paar entsprechender Strahlen auf einander fallen, und dass dagegen im Falle (β) allemal zwei Paar entsprechender Strahlen auf einander fallen. Oder diese Resultate können auch aus den vorigen, wie folgt, hergeleitet werden. Schneidet man die concentrischen Strahlbüschel (Fig. 20 oder Fig. 21) mit irgend einer Geraden, so kann man diese als zwei vereinigte Gerade (AA_1) ansehen, wovon jede einen der beiden Strahlbüschel schneidet, und die also in Ansehung der Punctepaare, in welchen sie von entsprechenden Strahlen geschnitten werden, zufolge des Satzes (§ 11, III) projectivisch sind, und zwar ist die Lage der Geraden und der Strahlbüschel allemal übereinstimmend, d. h., die Geraden (AA_1) sind bei Fig. 20 gleichliegend und bei Fig. 21 ungleichliegend, und da nun, wenn in den Geraden entsprechende Puncte zusammentreffen, nothwendiger Weise auch die zugehörigen Strahlen der

*) Befinden sich die Strahlbüschel in perspectivischer Lage, so sind sie gleichliegend oder ungleichliegend, je nachdem ihre Mittelpuncte auf einerlei (Fig. 17) oder auf entgegengesetzten (Fig. 5) Seiten des perspectivischen Durchschnittes A liegen; und auch umgekehrt.

Strahlbüschel auf einander fallen, und auch umgekehrt, so folgen also daraus, wie gesagt, die genannten Resultate.

Also folgen aus dieser Betrachtung zusammengenommen nachstehende Sätze:

„Werden zwei projectivische Gerade A, A_1 beliebig auf einander gelegt, so vereinigen sich im Allgemeinen zwei Paar entsprechender Puncte, nämlich: a) Wenn die Geraden gleichliegend sind, so giebt es einen bestimmten Spielraum, innerhalb dessen keine entsprechenden Puncte sich treffen, an beiden Grenzen dieses Raumes vereinigt sich nur ein Paar ($\mathfrak{g}$ und $\mathfrak{g}_1$ oder $\mathfrak{h}$ und $\mathfrak{h}_1$), und über diese Grenzen hinaus vereinigen sich allemal zwei Paar entsprechender Puncte; und b) wenn die Geraden ungleichliegend sind, so treffen allemal zwei Paar entsprechender Puncte zusammen.“

„Wenn zwei projectivische Strahlbüschel $\mathfrak{B}$, $\mathfrak{B}_1$ beliebig concentrisch gelegt werden, so fallen im Allgemeinen zwei Paar entsprechender Strahlen auf einander, nämlich: a) Wenn die Strahlbüschel gleichliegend sind, so giebt es einen bestimmten Spielraum, innerhalb dessen keine entsprechenden Strahlen sich treffen, an beiden Grenzen dieses Raumes vereinigt sich nur ein Paar (g und g_1, oder h und h_1), und über diese Grenzen hinaus vereinigen sich allemal zwei Paar entsprechender Strahlen; und b) wenn die Strahlbüschel ungleichliegend sind, so fallen allemal zwei Paar entsprechender Strahlen auf einander.“

III. Für ähnliche oder gleiche projectivische Gerade, und für gleiche projectivische Strahlbüschel werden die vorstehenden Sätze (II) insbesondere wie folgt beschränkt:

„Werden zwei projectivisch ähnliche Gerade A, A_1 beliebig auf einander gelegt, gleichliegend oder ungleichliegend, so vereinigen sich allemal zwei Paar entsprechender Puncte, wovon das eine Paar natürlich die unendlich entfernten Puncte sind (§ 13, I, a).“

„Werden zwei projectivisch gleiche Gerade gleichliegend auf einander gelegt, so trifft sich entweder nur ein Paar entsprechende Puncte, nämlich die unendlich entfernten, oder es treffen sich je zwei entsprechende Puncte.“

„Werden zwei projectivisch gleiche Strahlbüschel $\mathfrak{B}$, $\mathfrak{B}_1$ gleichliegend concentrisch gelegt, so fallen entweder gar keine entsprechenden Strahlen auf einander, oder es fallen je zwei entsprechende Strahlen auf einander.“

„Werden zwei projectivisch gleiche Gerade ungleichliegend auf einander gelegt, so treffen sich allemal zwei Paar entsprechender Puncte, wovon das eine Paar natürlich die unendlich entfernten Puncte sind (§ 13, I, b).“

„Werden zwei projectivisch gleiche Strahlbüschel ungleichliegend auf einander gelegt, so fallen allemal zwei Paar entsprechender Strahlen auf einander, nämlich die Schenkel zweier entsprechenden rechten Winkel (§ 13, II).“

IV. Aus den obigen Sätzen (II) folgert man leicht den nachstehenden Satz:

„Wenn zwei projectivische Gebilde A, $\mathfrak{B}$, d. h. eine Gerade und ein ebener Strahlbüschel, sich in schiefer Lage befinden (Fig. 2), so treffen im Allgemeinen zwei Paar entsprechender Elemente zusammen, d. h. es gehen zwei Strahlen des Strahlbüschels durch die ihnen entsprechenden Puncte der Geraden; nämlich wenn die Gebilde ungleichliegend sind, so findet dieses allemal statt; wenn sie dagegen gleichliegend sind, so treffen entweder 1) zwei, oder 2) nur ein, oder 3) gar kein Paar entsprechender Elemente zusammen.“

17. An die vorhin gefundenen Resultate (§ 16) schliessen sich nachstehende Aufgaben an, für welche eine zweckmässige Lösung um so wünschenswerther ist, da in der Folge verschiedene andere Aufgaben sich auf dieselben zurückbringen lassen.

„Bei zwei auf einander liegenden projectivischen Geraden A, A_1 die vereinigten entsprechenden Puncte zu finden.“

„Bei zwei concentrischen projectivischen Strahlbüscheln $\mathfrak{B}$, $\mathfrak{B}_1$ die vereinigten entsprechenden Strahlen zu finden.“

Auflösung. I. Die bisher entwickelten Eigenschaften geben zur Lösung der Aufgaben folgende Mittel an die Hand:

a) Damit die projectivische Beziehung der Geraden A, A_1 bestimmt sei, müssen wenigstens drei entsprechende Punctepaare gegeben sein (§ 10, β). Es seien etwa $\mathfrak{a}$, $\mathfrak{b}$, $\mathfrak{c}$ und $\mathfrak{a}_1$, $\mathfrak{b}_1$, $\mathfrak{c}_1$ (Fig. 22) gegeben. Man suche zuvörderst die Durchschnitte $\mathfrak{r}$, $\mathfrak{q}_1$ der Parallelstrahlen, und zwar dadurch, dass man die Geraden perspectivisch legt, nämlich sie so legt, dass sie einander schneiden, und dass eins der drei entsprechenden Punctepaare, etwa $\mathfrak{c}$ und $\mathfrak{c}_1$, in ihrem Durchschnitte vereinigt sind; d. h., man zieht durch $\mathfrak{c}$ eine beliebige dritte Gerade A^1, nimmt darin, ausser dem mit $\mathfrak{c}$ vereinigten Puncte $\mathfrak{c}^1$, die Puncte $\mathfrak{a}^1$, $\mathfrak{b}^1$ so, dass $\mathfrak{a}^1\mathfrak{c}^1 = \mathfrak{a}_1\mathfrak{c}_1$, $\mathfrak{b}^1\mathfrak{c}^1 = \mathfrak{b}_1\mathfrak{c}_1$, $\mathfrak{a}^1\mathfrak{b}^1 = \mathfrak{a}_1\mathfrak{b}_1$, und zieht ferner die Strahlen $\mathfrak{a}\mathfrak{a}^1$, $\mathfrak{b}\mathfrak{b}^1$, die sich in $\mathfrak{B}$ begegnen, und durch diesen Punct $\mathfrak{B}$ zieht man endlich die Parallelstrahlen r, q, so ist $\mathfrak{r}$ der eine, und wenn $\mathfrak{q}_1\mathfrak{a}_1 = \mathfrak{q}^1\mathfrak{a}^1$, und zwar gleichliegend, genommen wird, so ist $\mathfrak{q}_1$ der andere gesuchte Punct. Sind die Puncte $\mathfrak{r}$, $\mathfrak{q}_1$ gefunden, so ist zur Lösung der Aufgabe nur noch nöthig, in den vereinigten Geraden (AA_1) zwei Puncte $\mathfrak{e}$, $\mathfrak{f}$ zu finden, für welche die Rechtecke $\mathfrak{er}.\mathfrak{eq}_1$ und $\mathfrak{fr}.\mathfrak{fq}_1$ gegebenen Inhalt, nämlich mit dem gegebenen Rechteck $\mathfrak{ar}.\mathfrak{a}_1\mathfrak{q}_1$ gleichen Inhalt haben, welches eine bekannte elementare Aufgabe ist; denn alsdann sind $\mathfrak{e}$, $\mathfrak{f}$ diejenigen Puncte, die sich mit ihren entsprechenden $\mathfrak{e}_1$, $\mathfrak{f}_1$ vereinigen. Nur hat man in Hinsicht der Lage der Puncte $\mathfrak{e}$, $\mathfrak{f}$ ausserdem die oben (§ 16, II) auseinandergesetzten Umstände genau zu berücksichtigen.

b) Auf ganz ähnliche Weise kann man bei den Strahlbüscheln $\mathfrak{B}$, $\mathfrak{B}_1$ verfahren. Nämlich durch Hülfe eines Strahlbüschels $\mathfrak{B}^1$, welches $\mathfrak{B}_1$ gleich ist und mit $\mathfrak{B}$ perspectivisch liegt, sucht man zuerst die entsprechenden rechten Winkel (st), (s_1t_1), u. s. w. Oder man kann diese Aufgabe auf die erste (a) bringen, und zwar dadurch, dass man die vereinigten Strahlbüschel $(\mathfrak{B}\mathfrak{B}_1)$ durch irgend eine Gerade schneidet, und diese als zwei vereinigte Gerade (AA_1) betrachtet, eben so, wie schon vorhin (§ 16, II) geschehen ist.

II. Eine andere, viel einfachere Auflösung, deren Richtigkeit jedoch erst später (§ 46, III) bewiesen wird, ist folgende:

a) Man ziehe irgend eine Kreislinie $\alpha\varkappa\mathfrak{B}$ (Fig. 23) und ziehe aus einem beliebigen Puncte $\mathfrak{B}$ derselben durch die drei in den vereinigten Geraden (AA_1) gegebenen Punctepaare $\mathfrak{a}$, $\mathfrak{b}$, $\mathfrak{c}$ und $\mathfrak{a}_1$, $\mathfrak{b}_1$, $\mathfrak{c}_1$ die Geraden $\mathfrak{B}\mathfrak{a}$, $\mathfrak{B}\mathfrak{b}$, ..., welche die Kreislinie zum zweiten Male in den Puncten α, β, γ und α_1, β_1, γ_1 schneiden, verbinde von diesen Puncten das eine Paar gleichnamige, etwa α, α_1, wechselseitig mit den beiden anderen Paaren, nämlich so: man ziehe die Geraden $\alpha\beta_1$, $\alpha_1\beta$, die sich in β_2, und die Geraden $\alpha\gamma_1$, $\alpha_1\gamma$, die sich in γ_2 schneiden; ziehe sofort die Gerade $\beta_2\gamma_2$, welche die Kreislinie in den Puncten ε, $\varkappa$ schneidet, und durch diese Puncte ziehe man endlich aus $\mathfrak{B}$ die Geraden $\mathfrak{B}\varepsilon$, $\mathfrak{B}\varkappa$, so werden diese der Geraden (AA_1) in den gesuchten vereinigten entsprechenden Punctepaaren $\mathfrak{e}$ und $\mathfrak{e}_1$, $\mathfrak{f}$ und $\mathfrak{f}_1$ begegnen. Sind die Geraden A, A_1 gleichliegend, so wird die Gerade $\beta_2\gamma_2$ den Kreis entweder 1) schneiden, oder 2) berühren, oder 3) gar nicht treffen, je nachdem 1) zwei, oder 2) ein, oder 3) gar kein Paar entsprechender Puncte zusammentreffen (§ 16).

Sobald also irgend ein Kreis (oder überhaupt ein Kegelschnitt), der mit den auf einander gelegten Geraden (AA_1) in einer Ebene liegt, gegeben ist, so kann die Aufgabe mittelst des Lineals allein gelöst werden. Diese Auflösung wurde hier nicht nur deshalb mitgetheilt, weil sie an und für sich sehr bemerkenswerth ist, sondern weil sie in der Folge noch bei vielen anderen Aufgaben Anwendung findet, und zwar so, dass man dadurch zu Auflösungen gelangt, die vor den bisher bekannten grossen Vorzug verdienen.

b) Auch die andere Aufgabe kann auf ganz entsprechende Weise gelöst werden, d. h., statt eines Punctes 𝔅 in der Kreislinie wird irgend eine Tangente an derselben angenommen u. s. w. Das Ausführlichere dieser Auflösung wird hier übergangen. Uebrigens ist es einfacher, die Aufgabe eben so, wie vorhin (I), auf die erste zu bringen und nach vorstehender Vorschrift (a) zu lösen. Oder wenn der Hülfskreis nicht in bestimmter Lage gegeben ist, sondern wenn es gestattet ist, ihn beliebig zu ziehen, so kann man ihn so ziehen, dass er durch den gemeinschaftlichen Mittelpunct der Strahlbüschel geht, wie etwa, wenn in dem vorerwähnten Puncte 𝔅 beide Mittelpuncte 𝔅, $𝔅_1$ vereinigt wären, so würde man alsdann mittelst der entsprechenden Strahlen a, b, c und a_1, b_1, c_1 die vereinigten entsprechenden Strahlen e und e_1, k und k_1 durch das vorige Verfahren (a) finden können, wie leicht zu sehen.

18. Die wichtigsten Eigenschaften, welche bei der schiefen Lage zweier projectivischen Geraden A, A_1 und zweier projectivischen Strahlbüschel 𝔅, $𝔅_1$ statthaben, nämlich das Gesetz, welchem bei den Geraden die Projectionsstrahlen und bei den Strahlbüscheln die Durchschnitte der entsprechenden Strahlen unterworfen sind, können hier noch nicht in ihrem ganzen Umfange erforscht werden; sie sind daher zum Theil dem dritten Kapitel vorbehalten.

Vorläufig sollen nur folgende Sätze und Aufgaben, die sich leicht auf vorangegangene Sätze und Aufgaben bringen lassen, aufgestellt werden:

„Wenn zwei projectivische Gerade A, A_1 sich in schiefer Lage befinden, so gehen durch irgend einen Punct 𝔅 im Allgemeinen und höchstens nur zwei Projectionsstrahlen; also können auch nur höchstens zwei und zwei Projectionsstrahlen parallel sein."

Denn denkt man sich um den genannten Punct 𝔅 zwei Strahlbüschel 𝔅, $𝔅_1$, die mit den gegebenen Geraden perspectivisch sind, so müssen dieselben unter sich projectivisch sein (§ 11), und ihre zwei Paar vereinigte entsprechende Strahlen (§ 16, II) müssen offenbar die

„Wenn zwei projectivische Strahlbüschel 𝔅, $𝔅_1$ sich in schiefer Lage befinden, so liegen auf irgend einer Geraden A im Allgemeinen und höchstens nur zwei Durchschnitte entsprechender Strahlen; also können auch nur höchstens zwei Paar entsprechender Strahlen parallel sein."

Denn denkt man sich zwei Gerade A, A_1, die in der genannten Geraden A auf einander liegen, und die mit den gegebenen Strahlbüscheln perspectivisch sind, so müssen dieselben unter sich projectivisch sein (§ 11), und ihre zwei Paar vereinigte entsprechende Puncte

zwei genannten Projectionsstrahlen der Geraden A, A_1 sein.

(§ 16, II), müssen offenbar Durchschnitte entsprechender Strahlen der Strahlbüschel $\mathfrak{B}$, $\mathfrak{B}_1$ sein.

Werden nun die Aufgaben gestellt:

„Bei zwei schiefliegenden projectivischen Geraden A, A_1 die (zwei) Projectionsstrahlen zu finden, die durch irgend einen gegebenen Punct $\mathfrak{B}$ gehen;"

„Bei zwei schiefliegenden projectivischen Strahlbüscheln $\mathfrak{B}$, $\mathfrak{B}_1$ diejenigen Durchschnitte entsprechender Strahlen zu finden, die in einer gegebenen Geraden A liegen;"

so ist zufolge des vorstehenden Satzes klar, wie sie nach (§ 17) leicht zu lösen sind.

Welchen Spielraum der Punct $\mathfrak{B}$ hat, wenn die Geraden A, A_1 gegeben sind, damit entweder zwei, oder ein, oder gar kein Projectionsstrahl durch denselben geht, und welchen Spielraum die Gerade A hat, wenn die Strahlbüschel $\mathfrak{B}$, $\mathfrak{B}_1$ gegeben sind, damit entweder zwei, oder ein, oder gar kein Durchschnitt von entsprechenden Strahlen in ihr liegt, wird, wie schon erwähnt, durch weitere Entwickelungen im dritten Kapitel klar hervortreten.

Durch eine bald folgende Betrachtung wird gezeigt werden, wie bei der schiefen Lage der beiden Paar Gebilde A und A_1, $\mathfrak{B}$ und $\mathfrak{B}_1$, durch ein sehr einfaches Verfahren, nämlich mittelst des Lineals allein, schief projicirt werden kann, d. h., wie beliebige entsprechende Elemente gefunden werden können.

Sätze und Porismen, die aus Zusammenstellung der Gebilde entspringen.

19. Nachdem die Eigenschaften und die Fundamentalsätze über projectivische Gerade und Strahlbüschel aufgefunden sind, dürfte es wohl für Viele wünschenswerth sein, an einigen Beispielen zu sehen, wie sehr umfassend diese Sätze sind, d. h., wie sie die eigentliche Grundlage vieler anderen Sätze sind, die unmittelbar aus ihnen hervorgehen, wie durch sie manche anscheinend schwere Aufgaben leicht zu lösen sind, und wie endlich durch sie besonders die eigentliche Bedeutung verschiedener Porismen verständlich hervortritt.

Zu diesem Endzweck sollen zur Erleichterung folgende Erklärungen festgestellt werden:

Seit *Carnot* zuerst auf die Vollständigkeit oder auf das Umfassende der Figuren aufmerksam gemacht, braucht man häufig den Ausdruck „vollständiges Viereck" (*quadrilatère complet*). Man hat aber dabei zwei wesentlich verschiedene Figuren gar nicht von einander unterschieden, was doch bei genauer und vollständiger Betrachtung durchaus nicht ausser Acht gelassen werden darf und kann. Nämlich man hat genau zu unterscheiden a) „vollständiges Vierseit“ und b) „vollständiges Viereck“, und zwar unterscheiden sie sich wie folgt:

„Vollständiges Vierseit“ heissen jede vier Gerade A, B, C, D (Fig. 24) zusammengefasst; die sechs Durchschnitte $\mathfrak{a}$, $\mathfrak{b}$, $\mathfrak{c}$, $\mathfrak{d}$, $\mathfrak{e}$, $\mathfrak{f}$ der Seiten heissen Ecken desselben; es hat also drei Paar einander gegenüberliegender Ecken, nämlich $\mathfrak{a}$ und $\mathfrak{f}$, $\mathfrak{b}$ und $\mathfrak{e}$, $\mathfrak{c}$ und $\mathfrak{d}$, und somit hat es drei Diagonalen $\mathfrak{af}$, $\mathfrak{be}$, $\mathfrak{cd}$; und endlich umfasst es drei einfache Vierseite nämlich $\mathfrak{abfea}$, $\mathfrak{acfda}$, $\mathfrak{bcedb}$.

„Vollständiges Viereck“ heissen jede vier Puncte $\mathfrak{a}$, $\mathfrak{b}$, $\mathfrak{c}$, $\mathfrak{d}$ (Fig. 25) zusammengefasst; die sechs Geraden, welche durch die Puncte bestimmt werden, heissen Seiten desselben; es hat also drei Paar einander gegenüberliegende Seiten, nämlich $\mathfrak{ab}$ und $\mathfrak{cd}$, $\mathfrak{ac}$ und $\mathfrak{bd}$, $\mathfrak{ad}$ und $\mathfrak{bc}$, und somit drei Durchschnitte $\mathfrak{e}$, $\mathfrak{f}$, $\mathfrak{g}$ gegenüberliegender Seiten; und endlich umfasst es drei einfache Vierecke, nämlich $\mathfrak{abcda}$, $\mathfrak{acdba}$, $\mathfrak{acdba}$.

Ein einfaches Viereck ist auch zugleich ein einfaches Vierseit, so dass also derselben Figur der eine oder der andere von diesen zwei Namen beigelegt werden kann. Dasselbe gilt vom einfachen Fünfeck und Fünfseit, u. s. w. Ein vollständiges Fünfeck aber, so wie ein vollständiges Fünfseit besteht aus 12 einfachen Fünfecken oder Fünfseiten; und sowohl das vollständige Sechseck, als Sechsseit besteht, wie ich schon bei einer anderen Gelegenheit (*Annales de mathem.* p. M. *J. D. Gergonne* Tom. XVIII)*) angegeben habe, aus 60 einfachen Sechsecken oder Sechsseiten. Nämlich, wenn man die obigen Erklärungen weiter ausdehnt, so lauten sie im Allgemeinen, und wie *Carnot* zum Theil schon angegeben hat, wie folgt:

„Vollständiges n-Seit heissen jede n Gerade in einer Ebene zusammengefasst; die $\frac{n(n-1)}{2}$ Durchschnitte der Seiten (Geraden) heissen Ecken desselben; es besteht aus

$$\frac{1.2.3.4\ldots(n-1)}{2}$$

einfachen n-Seiten oder n-Ecken.“

„Vollständiges n-Eck heissen jede n Puncte in einer Ebene zusammengefasst; die $\frac{n(n-1)}{2}$ Geraden, die durch die Ecken (Puncte) bestimmt werden, heissen Seiten desselben; es besteht aus

$$\frac{1.2.3.4\ldots(n-1)}{2}$$

einfachen n-Ecken oder n-Seiten.“

Ein einfaches n-Eck entsteht nämlich, wenn man n Puncte, nach irgend einer Ordnung genommen, in einem Zuge durch n-maliges Absetzen ver-

*) Seite 224 dieser Ausgabe.

bindet, so jedoch, dass man bei jedem Puncte einmal anhält und zuletzt wieder in den Anfangspunct zurückkehrt. Danach wird man sich leicht von der Richtigkeit der in den vorstehenden Erklärungen angegebenen Zahlen überzeugen können (s. § 25, Note).

20. Es sei a, b, a_1, b_1 (Fig. 26) ein beliebiges vollständiges Vierseit, dessen drei Diagonalen $\mathfrak{AB}$, $\mathfrak{a}\mathfrak{b}_1$, $\mathfrak{a}_1\mathfrak{b}$ (§ 19) sich in $\mathfrak{C}$, $\mathfrak{D}$, $\mathfrak{E}$ schneiden. Man denke sich zu den drei Strahlen a, b, c den vierten, dem c zugeordneten, harmonischen Strahl d und eben so zu den drei Strahlen a_1, b_1, c_1 den dem c_1 zugeordneten, vierten harmonischen Strahl d_1, so müssen, zufolge früherer Sätze, beide Strahlen d und d_1 die Gerade $\mathfrak{a}\mathfrak{b}_1\mathfrak{E}$ in demjenigen Puncte $\mathfrak{D}$ schneiden, der zu den drei Durchschnitten $\mathfrak{a}$, $\mathfrak{b}_1$, $\mathfrak{E}$ der vierte, dem $\mathfrak{E}$ zugeordnete harmonische Punct ist; und ebenso müssen beide Strahlen d, d_1 durch denjenigen Punct $\mathfrak{D}$ der Geraden $\mathfrak{a}_1\mathfrak{b}\mathfrak{E}$ gehen, der zu den drei Puncten $\mathfrak{a}_1$, $\mathfrak{b}$, $\mathfrak{E}$ der vierte, und zwar dem $\mathfrak{E}$ zugeordnete, harmonische Punct ist; da aber beide Strahlen d, d_1 nur einen einzigen Punct $\mathfrak{D}$ gemein haben können, so muss dieser zugleich der Durchschnitt der beiden Geraden $\mathfrak{a}\mathfrak{b}_1\mathfrak{E}$, $\mathfrak{a}_1\mathfrak{b}\mathfrak{E}$ sein, und folglich schneiden die Diagonalen einander so, dass die zwei Durchschnitte $\mathfrak{D}$, $\mathfrak{E}$ und $\mathfrak{D}$, $\mathfrak{E}$ in den Diagonalen $\mathfrak{a}\mathfrak{b}_1$ und $\mathfrak{a}_1\mathfrak{b}$ zu den zugehörigen Ecken $\mathfrak{a}$, $\mathfrak{b}_1$ und $\mathfrak{a}_1$, $\mathfrak{b}$ zugeordnete harmonische Puncte sind. Auf gleiche Weise folgt, dass auch $\mathfrak{C}$, $\mathfrak{E}$ zu den Ecken $\mathfrak{A}$, $\mathfrak{B}$ zugeordnete harmonische Puncte sind; oder dieses folgt auch daraus, dass vermöge der harmonischen Strahlen a, d, b, c die Puncte $\mathfrak{a}_1$, $\mathfrak{d}_1$, $\mathfrak{b}_1$, $\mathfrak{B}$, und vermöge dieser die Strahlen $\mathfrak{D}\mathfrak{a}_1$, $\mathfrak{D}\mathfrak{d}_1$, $\mathfrak{D}\mathfrak{b}_1$, $\mathfrak{D}\mathfrak{B}$, und vermöge dieser endlich die Puncte $\mathfrak{E}$, $\mathfrak{B}$, $\mathfrak{C}$, $\mathfrak{A}$ harmonisch sind.

Da die vier Puncte $\mathfrak{a}$, $\mathfrak{b}$, $\mathfrak{a}_1$, $\mathfrak{b}_1$ ein beliebiges vollständiges Viereck darstellen, dessen gegenüberliegende Seitenpaare sich in $\mathfrak{A}$, $\mathfrak{B}$, $\mathfrak{D}$ schneiden, und wo diese Durchschnitte durch die Strahlen c (oder c_1), d, d_1 verbunden sind, so ist durch die vorstehende Betrachtung auch zugleich dargethan, dass bei einem solchen Viereck die Strahlen, welche die Durchschnitte der gegenüberliegenden Seiten verbinden, zu den letzteren zugeordnete harmonische Strahlen sind, dass nämlich die Strahlen d, c zu den Seiten a, b (oder $\mathfrak{a}\mathfrak{a}_1$, $\mathfrak{b}\mathfrak{b}_1$), die Strahlen c_1, d_1 zu den Seiten a_1, b_1, und die Strahlen d, d_1 zu den Seiten $\mathfrak{a}\mathfrak{b}_1$, $\mathfrak{a}_1\mathfrak{b}$ zugeordnete harmonische Strahlen sind.

Aus dieser Betrachtung folgt nachstehende Reihe von Sätzen und Aufgaben:

I. „Im vollständigen Vierseit sind die Puncte, in welchen die drei Diagonalen einander schneiden, zu den zugehörigen Ecken zugeordnete harmonische Puncte."

I. „Im vollständigen Viereck sind die Strahlen, welche die Durchschnitte der gegenüberliegenden Seitenpaare verbinden, zu den letzteren zugeordnete harmonische Strahlen."

Der Satz links wurde vornehmlich durch *Carnot* allgemeiner bekannt, ungeachtet man denselben schon in *Pappus Collect. Mathem. lib.* VII findet.

II. „Zu drei gegebenen Puncten den vierten harmonischen Punct zu finden, jedoch nur mittelst des Lineals allein.“

Sind etwa $\mathfrak{a}$, $\mathfrak{b}_1$, $\mathfrak{C}$ gegeben und man will den dem $\mathfrak{C}$ zugeordneten, vierten harmonischen Punct $\mathfrak{D}$ finden, so ziehe man durch $\mathfrak{C}$ irgend eine Gerade $\mathfrak{A}\mathfrak{B}$, nehme darin zwei willkürliche Puncte $\mathfrak{A}$, $\mathfrak{B}$, verbinde diese mit den zwei übrigen gegebenen Puncten durch Gerade $\mathfrak{A}\mathfrak{a}$, $\mathfrak{A}\mathfrak{b}_1$, $\mathfrak{B}\mathfrak{a}$, $\mathfrak{B}\mathfrak{b}_1$, die sich in $\mathfrak{a}_1$, $\mathfrak{b}$ schneiden, so wird die Gerade $\mathfrak{a}_1\mathfrak{b}$ durch den gesuchten Punct $\mathfrak{D}$ gehen.

II. „Zu drei gegebenen Strahlen den vierten harmonischen Strahl zu finden, jedoch nur mittelst des Lineals allein.“

Sind etwa a, b, c gegeben und man will den dem c zugeordneten, vierten harmonischen Strahl d finden, so nehme man in c irgend einen Punct $\mathfrak{B}$, ziehe durch diesen willkürlich zwei Gerade $\mathfrak{B}\mathfrak{a}$, $\mathfrak{B}\mathfrak{a}_1$, die den Strahlen a, b in den Puncten $\mathfrak{a}$, $\mathfrak{a}_1$, $\mathfrak{b}$, $\mathfrak{b}_1$ begegnen, verbinde diese durch die Geraden $\mathfrak{a}\mathfrak{b}_1$, $\mathfrak{b}\mathfrak{a}_1$, die sich in dem Puncte $\mathfrak{D}$ schneiden, so wird die Gerade $\mathfrak{A}\mathfrak{D}$ der verlangte Strahl sein.

Die Aufgabe links wurde zuerst von *De Lahire* (*Sectiones conicae* 1685) auf diese nämliche Art gelöst.

III. „Wenn drei Gerade und ein Punct gegeben sind, so soll, mittelst des Lineals allein, durch den Punct eine Gerade so gezogen werden, dass er und die drei Durchschnitte, welche sie mit den drei Geraden macht, vier harmonische Puncte sind.“

Sind etwa a_1, b_1, b und $\mathfrak{D}$ gegeben, so ziehe man z. B. die Gerade $\mathfrak{D}\mathfrak{B}$ oder d_1, suche zu den drei Strahlen a_1, b_1, d_1 den vierten, dem d_1 zugeordneten, harmonischen Strahl c_1 (II), der der dritten Geraden b in $\mathfrak{A}$ begegnet, so wird die Gerade $\mathfrak{A}\mathfrak{D}$ der Aufgabe genügen, d. h., die vier Puncte $\mathfrak{d}$, $\mathfrak{D}$, $\mathfrak{d}_1$, $\mathfrak{A}$ sind harmonisch. Zwei andere Gerade, welche ebenfalls der Aufgabe genügen, findet man auf ähnliche Weise.

III. „Wenn drei Puncte und eine Gerade gegeben sind, so soll, mittelst des Lineals allein, in der Geraden ein Punct gefunden werden, dass sie und die drei Geraden, welche er mit den drei Puncten bestimmt, vier harmonische Strahlen sind.“

Sind etwa $\mathfrak{a}$, $\mathfrak{D}$, $\mathfrak{B}$ und b gegeben, so ziehe man z. B. die Gerade $\mathfrak{a}\mathfrak{B}$, suche zu den drei Puncten $\mathfrak{a}$, $\mathfrak{b}$, $\mathfrak{B}$ den vierten, dem $\mathfrak{B}$ zugeordneten, harmonischen Punct $\mathfrak{d}$ (II), ziehe die Gerade $\mathfrak{d}\mathfrak{D}$, so wird diese der gegebenen Geraden b in einem Puncte $\mathfrak{A}$ begegnen, welcher der Aufgabe genügt, so dass a, d, b, c harmonisch sind. Zwei andere Puncte, die auch der Aufgabe genügen, findet man auf ähnliche Weise.

Wird $\mathfrak{A}$ als Projectionspunct der Geraden a_1, b_1 angesehen, so dass $\mathfrak{a}, \mathfrak{d}, \mathfrak{b}, \mathfrak{c}, \ldots$ und $\mathfrak{a}_1, \mathfrak{d}_1, \mathfrak{b}_1, \mathfrak{c}_1, \ldots$ entsprechende Puncte sind, und wird $\mathfrak{E}\mathfrak{D}$ als perspectivischer Durchschnitt der Strahlbüschel $\mathfrak{A}$, $\mathfrak{B}$ angenommen, so dass $a, d, b, c, \ldots$ und $a_1, d_1, b_1, c_1, \ldots$ entsprechende Strahlen sind, so folgt ferner:

IV. „Wenn man bei zwei perspectivischen Geraden a_1, b_1 je zwei entsprechende Punctepaare wechselseitig ($\mathfrak{a}, \mathfrak{a}_1$ mit $\mathfrak{b}, \mathfrak{b}_1$ oder mit $\mathfrak{d}, \mathfrak{d}_1$, u. s. w.) durch Gerade ($\mathfrak{a}\mathfrak{b}_1$ und $\mathfrak{b}\mathfrak{a}_1$, $\mathfrak{a}\mathfrak{d}_1$ und $\mathfrak{d}\mathfrak{a}_1, \ldots$) verbindet, so liegen die Durchschnitte $\mathfrak{D}, \mathfrak{D}_1, \ldots$ aller dieser Paare von Geraden in einer bestimmten Geraden d_1, die nämlich zu den perspectivischen Geraden a_1, b_1 und zu dem durch ihren Durchschnitt $\mathfrak{B}$ gehenden Projectionsstrahle c oder c_1 der vierte, dem c_1 zugeordnete, harmonische Strahl ist."

IV. „Wenn man bei zwei perspectivischen Strahlbüscheln $\mathfrak{A}$, $\mathfrak{B}$ je zwei entsprechende Strahlenpaare sich wechselseitig schneiden lässt (a, a_1 mit b, b_1 oder mit d, d_1, u. s. w.), und die Durchschnitte ($\mathfrak{a}_1$ und $\mathfrak{b}$, $\mathfrak{e}$ und $\mathfrak{d}, \ldots$) durch Gerade ($\mathfrak{a}_1\mathfrak{b}$, $\mathfrak{e}\mathfrak{d}, \ldots$) verbindet, so gehen diese alle durch einen bestimmten Punct $\mathfrak{E}$, der nämlich zu den Mittelpuncten $\mathfrak{A}$, $\mathfrak{B}$ der Strahlbüschel und zu demjenigen Puncte $\mathfrak{C}$, in welchem ihr gemeinschaftlicher Strahl (cc_1) vom perspectivischen Durchschnitte $\mathfrak{D}\mathfrak{E}$ getroffen wird, der vierte, dem $\mathfrak{C}$ zugeordnete, harmonische Punct ist."

Der Satz links ist (mit anderen Worten ausgesprochen) allgemein bekannt. Es ist leicht zu sehen, wie vermöge dieser Sätze die folgenden Aufgaben:

V. „Durch einen gegebenen Punct $\mathfrak{D}$ eine Gerade $\mathfrak{D}\mathfrak{D}_1$ zu ziehen, welche durch den Durchschnitt $\mathfrak{B}$ zweier gegebenen Geraden $\mathfrak{a}\mathfrak{b}$, $\mathfrak{a}_1\mathfrak{b}_1$ geht, im Falle dieser Durchschnitt unzugänglich ist."

V. „In einer gegebenen Geraden $\mathfrak{D}\mathfrak{E}$ denjenigen Punct $\mathfrak{E}$ zu finden, welcher mit zwei gegebenen Puncten $\mathfrak{A}$, $\mathfrak{B}$ in einer Geraden liegt, im Falle diese Gerade nicht gezogen werden kann."

wovon die eine, links, ebenfalls allgemein bekannt ist, mittelst des Lineals allein zu lösen sind.

Weiter unten wird man finden, dass die Sätze (IV) nur besondere Fälle von allgemeineren Sätzen sind, die nämlich stattfinden, wenn die projectivischen Gebilde a_1, b_1 und $\mathfrak{A}$, $\mathfrak{B}$ sich in schiefer Lage befinden.

Es liessen sich hier noch eine Menge Folgerungen ziehen, die namentlich das Dreieck, die Theorie der Transversalen, u. s. w. betreffen, bei denen ich mich aber nicht aufhalten kann.

21. Sind drei Gerade A, A_1, A_2 (Fig. 27) unter einander projectivisch, nämlich in Ansehung der Puncte $\mathfrak{a}, \mathfrak{b}, \mathfrak{c}, \ldots; \mathfrak{a}_1, \mathfrak{b}_1, \mathfrak{c}_1, \ldots; \mathfrak{a}_2, \mathfrak{b}_2, \mathfrak{c}_2, \ldots$, und liegen sie so, dass sie einander in einem Puncte schneiden, und dass in demselben drei entsprechende Puncte $\mathfrak{e}$, $\mathfrak{e}_1$, $\mathfrak{e}_2$ vereinigt sind, und dass mithin je zwei Gerade perspectivisch liegen, so müssen nothwendiger Weise die drei Projectionspuncte $\mathfrak{B}$, $\mathfrak{B}_1$, $\mathfrak{B}_2$ in einer Geraden liegen. Denn sind $\mathfrak{B}$, $\mathfrak{B}_1$ die Projectionspuncte der Geraden A und A_1, A und A_2, so ist die Gerade $\mathfrak{B}\mathfrak{B}_1$ ein Projectionsstrahl sowohl von A und A_1, als von A und A_2, so dass also der Punct $\mathfrak{d}$, in welchem sie A begegnet, den Puncten $\mathfrak{d}_1$, $\mathfrak{d}_2$, in welchen sie A_1, A_2 schneidet, entspricht, und dass sie folglich auch ein Projectionsstrahl von A_1 und A_2 ist und durch ihren Projectionspunct $\mathfrak{B}_2$ geht.

Wird umgekehrt angenommen, drei Strahlbüschel $\mathfrak{B}$, $\mathfrak{B}_1$, $\mathfrak{B}_2$ seien unter einander projectivisch und so gelegen, dass drei entsprechende Strahlen d, d_1, d_2 vereinigt sind, dass mithin je zwei Strahlbüschel perspectivisch liegen, so folgt auf ähnliche Weise, wie vorhin, dass die drei perspectivischen Durchschnitte A, A_1, A_2 einander in einem Puncte ($\mathfrak{e}\mathfrak{e}_1\mathfrak{e}_2$) treffen. Also hat man folgende Sätze:

I. „Sind drei Gerade A, A_1, A_2 unter einander projectivisch und liegen sie so, dass sie sich in einem Puncte schneiden, und dass in demselben drei entsprechende Puncte vereinigt, und mithin je zwei Gerade perspectivisch sind, so liegen die drei Projectionspuncte $\mathfrak{B}$, $\mathfrak{B}_1$, $\mathfrak{B}_2$ in einer Geraden.“

I. „Sind drei Strahlbüschel $\mathfrak{B}$, $\mathfrak{B}_1$, $\mathfrak{B}_2$ unter einander projectivisch und liegen sie so, dass drei entsprechende Strahlen auf einander fallen, also ihre Mittelpuncte in einer Geraden liegen, und mithin je zwei Strahlbüschel perspectivisch sind, so treffen sich die drei perspectivischen Durchschnitte A, A_1, A_2 in einem Punct.“

Aus diesen Sätzen folgen unmittelbar nachstehende bekannte Sätze:

II. „Treffen die drei Geraden A, A_1, A_2, welche die Ecken irgend zweier Dreiecke $\mathfrak{a}\mathfrak{a}_1\mathfrak{a}_2$, $\mathfrak{b}\mathfrak{b}_1\mathfrak{b}_2$, in bestimmter Ordnung genommen, paarweise verbinden, in einem Puncte zusammen, so liegen die drei Puncte

II. „Liegen die drei Puncte $\mathfrak{B}$, $\mathfrak{B}_1$, $\mathfrak{B}_2$, in welchen die Seiten irgend zweier Dreiecke $\mathfrak{a}\mathfrak{a}_1\mathfrak{a}_2$, $\mathfrak{b}\mathfrak{b}_1\mathfrak{b}_2$, in bestimmter Ordnung paarweise genommen, sich schneiden, in einer Geraden, so treffen die drei Geraden A,

$\mathfrak{B}$, $\mathfrak{B}_1$, $\mathfrak{B}_2$, in welchen die gegenüberliegenden Seiten, in gleicher Ordnung paarweise genommen, einander schneiden, in einer Geraden." Denn man kann festsetzen, die Geraden A, A_1 und A_2 sollen in Ansehung der gleichnamigen Puncte $\mathfrak{a}$, $\mathfrak{b}$, $\mathfrak{e}$ und $\mathfrak{a}_1$, $\mathfrak{b}_1$, $\mathfrak{e}_1$ und $\mathfrak{a}_2$, $\mathfrak{b}_2$, $\mathfrak{e}_2$ projectivisch sein (§ 10, γ).

A_1, A_2, welche die gegenüberliegenden Ecken, in gleicher Ordnung paarweise genommen, verbinden, allemal in einem Puncte zusammen." Denn man kann festsetzen, die Strahlbüschel $\mathfrak{B}$, $\mathfrak{B}_1$ und $\mathfrak{B}_2$ sollen in Ansehung der gleichnamigen Strahlen a, b, d und a_1, b_1, d_1 und a_2, b_2, d_2 projectivisch sein (§ 10, γ).

Es folgt ferner:

III. „Bewegen sich die Ecken eines veränderlichen Dreiecks $\mathfrak{a}\mathfrak{a}_1\mathfrak{a}_2$ in drei festen Geraden A, A_1, A_2, die durch einen Punct $\mathfrak{e}$ gehen, und drehen sich zwei Seiten desselben, etwa $\mathfrak{a}\mathfrak{a}_1$, $\mathfrak{a}\mathfrak{a}_2$, um feste Puncte $\mathfrak{B}$, $\mathfrak{B}_1$, so geht auch die dritte Seite $\mathfrak{a}_1\mathfrak{a}_2$ beständig durch einen dritten festen Punct $\mathfrak{B}_2$, der mit jenen beiden in einer Geraden liegt."

III. „Drehen sich die Seiten eines veränderlichen Dreiecks $\mathfrak{a}\mathfrak{a}_1\mathfrak{a}_2$ um drei feste Puncte $\mathfrak{B}$, $\mathfrak{B}_1$, $\mathfrak{B}_2$, die in einer Geraden d liegen, und bewegen sich zwei Ecken desselben, etwa $\mathfrak{a}$, $\mathfrak{a}_1$, in festen Geraden A, A_1, so bewegt sich auch die dritte Ecke $\mathfrak{a}_2$ in einer dritten festen Geraden A_2, die sich mit jenen beiden in einem Puncte schneidet."

Bei den obigen Sätzen (I) ist der besondere Fall möglich, dass einerseits (links) die drei Projectionspuncte $\mathfrak{B}$, $\mathfrak{B}_1$, $\mathfrak{B}_2$, und andererseits die drei perspectivischen Durchschnitte A, A_1, A_2 zusammenfallen; dieses leitet daher auf nachstehende Aufgaben:

IV. „Drei gegebene Gerade A, A_1, A_2, die unter einander projectivisch sind, so in perspectivische Lage zu bringen, dass sie sich in einem Puncte $\mathfrak{e}$ schneiden und einen gemeinschaftlichen Projectionspunct $\mathfrak{B}$ haben."

IV. „Drei gegebene Strahlbüschel $\mathfrak{B}$, $\mathfrak{B}_1$, $\mathfrak{B}_2$, die unter einander projectivisch sind, so in perspectivische Lage zu bringen, dass ihre Mittelpuncte in einer Geraden liegen, und dass sie einen gemeinschaftlichen perspectivischen Durchschnitt A haben."

Die Auflösungen dieser Aufgaben sollen den Liebhabern vorläufig zur Uebung überlassen bleiben: sie lassen sich leicht auf frühere Sätze gründen (§ 15); später sollen sie mitgetheilt werden. Ich will hier nur angeben, dass die erste Aufgabe (links) im Allgemeinen unendlich viele Auflösungen zulässt, wobei sich verschiedene drei entsprechende Puncte der Geraden in deren gemeinschaftlichem Durchschnitte vereinigen lassen.

Giebt es auch entsprechende Puncte, bei deren Vereinigung keine Auflösung stattfindet? und welchen Spielraum haben sie? — Was findet insbesondere statt, wenn die Geraden ähnlich sind? — Die andere Aufgabe dagegen lässt im Allgemeinen der Hauptsache nach nur zwei Auflösungen zu.

22. Durch Wiederholung oder Zusammensetzung eines obigen Satzes (§ 21) gelangt man unmittelbar zu einem berühmten Porisma, welches *Pappus* in der Vorrede zum VII. Buch der *Collectiones Mathematicae* mittheilt, und welches wegen seines Scheins von Allgemeinheit leicht für schwerer und umfassender gehalten wird, als es in der That ist, nämlich zu dem folgenden Porisma:

I. „Wenn in einer Ebene n beliebig gezogene gerade Linien einander irgendwie durchschneiden, und man hält die n—1 Durchschnittspuncte fest, die einer von ihnen, gleichviel welcher, angehören, während man alle übrigen beziehlich um diese Puncte bewegt, und während n—2 von ihren gegenseitigen Durchschnitten, wovon keine drei denselben drei Geraden, keine vier denselben vier Geraden, u. s. w. angehören, gezwungen sind, auf einer gleichen Anzahl gegebener Geraden, als Leitlinien genommen, zu bleiben, so werden alle übrigen Durchschnitte der bewegten Geraden, deren Anzahl eine Triangularzahl ist, einzeln andere Gerade beschreiben, die mit jenen Leitlinien zugleich der Lage nach gegeben sein werden.“

In neuerer Zeit hat *Robert Simson* zuerst diesen Satz bewiesen. Mittelst der oben festgesetzten Erklärungen (§ 19) kann der vorstehende Satz nebst seinem entsprechenden Satze, wie folgt, ausgesprochen werden:

II. „Bewegen sich die Ecken eines veränderlichen vollständigen n-Ecks in n festen Geraden, die durch einen Punct gehen, und drehen sich n—1 Seiten desselben, die irgend einem der einfachen n-Ecke angehören, aus welchen das vollständige besteht, um ebenso viele feste Puncte, so drehen sich auch die übrigen Seiten, an Zahl

$$\frac{(n-1)(n-2)}{1.2},$$

um andere feste Puncte, die also mit jenen festen Puncten zugleich gegeben sind.“

II. „Drehen sich die Seiten eines vollständigen veränderlichen n-Seits um n feste Puncte, die in einer Geraden liegen, und bewegen sich n—1 Ecken desselben, die irgend einem der einfachen n-Seite angehören, aus denen das vollständige besteht, in ebenso vielen festen Geraden, so bewegen sich auch die übrigen Ecken, an Zahl

$$\frac{(n-1)(n-2)}{1.2},$$

in anderen festen Geraden, die also mit jenen festen Geraden zugleich gegeben sind.“

In der That sind diese zwei Sätze, wie schon erwähnt worden, nichts anderes als eine zusammenhängende Wiederholung der obigen einfachen Sätze (§ 21, I). Oder noch leichter können sie aus folgenden Sätzen, deren Richtigkeit von selbst erhellt, zusammengesetzt werden. Nämlich:

III. „Wenn bei drei Geraden A, A_1, A_2, die einander in einem Puncte schneiden, zwei mit der dritten projectivisch sind und mit ihr perspectivisch liegen, so sind sie auch unter sich projectivisch und liegen perspectivisch."

III. „Wenn von drei Strahlbüscheln $\mathfrak{B}, \mathfrak{B}_1, \mathfrak{B}_2$, deren Mittelpuncte in einer Geraden liegen, zwei mit dem dritten projectivisch sind und mit ihm perspectivisch liegen, so sind sie auch unter sich projectivisch und liegen perspectivisch."

Daraus folgt durch Zusammensetzung unmittelbar:

IV. „Wenn von n Geraden $A, A_1, A_2, \ldots A_{n-1}$, die durch einen und denselben Punct gehen, der Reihe nach jede mit der darauf folgenden projectivisch ist und mit ihr perspectivisch liegt, dann sind alle unter einander projectivisch und liegen perspectivisch."

IV. „Wenn von n Strahlbüscheln $\mathfrak{B}, \mathfrak{B}_1, \mathfrak{B}_2, \ldots \mathfrak{B}_{n-1}$, deren Mittelpuncte in einer Geraden liegen, der Reihe nach jeder mit dem darauf folgenden projectivisch ist und mit ihm perspectivisch liegt, dann sind alle unter einander projectivisch und liegen perspectivisch."

In diesen Sätzen sind die obigen (II) enthalten. Denn wenn z. B., nach dem Satze II links, die Ecken eines vollständigen Vierecks $\mathfrak{a}, \mathfrak{a}_1, \mathfrak{a}_2, \mathfrak{a}_3$ (Fig. 28) sich in den festen Geraden A, A_1, A_2, A_3 bewegen, während sich etwa die drei Seiten $\mathfrak{a}\mathfrak{a}_1, \mathfrak{a}_1\mathfrak{a}_2, \mathfrak{a}_2\mathfrak{a}_3$ des einfachen Vierecks $\mathfrak{a}\mathfrak{a}_1\mathfrak{a}_2\mathfrak{a}_3\mathfrak{a}$ um die drei festen Puncte $\mathfrak{B}, \mathfrak{B}_1, \mathfrak{B}_2$ drehen, so sind offenbar A und A_1, A_1 und A_2, A_2 und A_3, in Ansehung der Puncte $\mathfrak{a}$ und $\mathfrak{a}_1$, $\mathfrak{a}_1$ und $\mathfrak{a}_2$, $\mathfrak{a}_2$ und $\mathfrak{a}_3$, projectivisch und liegen perspectivisch, nämlich $\mathfrak{B}, \mathfrak{B}_1, \mathfrak{B}_2$ sind ihre Projectionspuncte; daher sind zufolge vorstehenden Satzes auch A und A_2, A_1 und A_3, A und A_3, in Ansehung der Puncte $\mathfrak{a}$ und $\mathfrak{a}_2$, $\mathfrak{a}_1$ und $\mathfrak{a}_3$, $\mathfrak{a}$ und $\mathfrak{a}_3$, projectivisch und liegen perspectivisch, so dass folglich auch die drei übrigen Seiten $\mathfrak{a}\mathfrak{a}_2, \mathfrak{a}_1\mathfrak{a}_3, \mathfrak{a}\mathfrak{a}_3$ des vollständigen Vierecks sich um feste Puncte $\mathfrak{B}_4, \mathfrak{B}_5, \mathfrak{B}_3$ drehen, nämlich um die Projectionspuncte der letztgenannten Paare von Geraden. Ueberdies folgt auch noch (§ 21, I), dass von den sechs Puncten $\mathfrak{B}, \mathfrak{B}_1, \mathfrak{B}_2, \mathfrak{B}_3, \mathfrak{B}_4, \mathfrak{B}_5$ viermal drei in einer Geraden liegen, dass sie also die Ecken eines vollständigen Vierseits sind.

Wenn andererseits z. B. die Seiten eines vollständigen Vierseits a, a_1, a_2, a_3 (Fig. 29) sich um feste Puncte $\mathfrak{B}$, $\mathfrak{B}_1$, $\mathfrak{B}_2$, $\mathfrak{B}_3$ drehen, die in einer Geraden liegen, während sich etwa die drei Ecken $\mathfrak{a}$, $\mathfrak{a}_1$, $\mathfrak{a}_2$ des Vierecks $\mathfrak{a}\mathfrak{a}_1\mathfrak{a}_2\mathfrak{a}_3\mathfrak{a}$ in den drei festen Geraden A, A_1, A_2 bewegen, so sind offenbar die Strahlbüschel $\mathfrak{B}$ und $\mathfrak{B}_1$, $\mathfrak{B}_1$ und $\mathfrak{B}_2$, $\mathfrak{B}_2$ und $\mathfrak{B}_3$, in Ansehung der entsprechenden Strahlen a und a_1, a_1 und a_2, a_2 und a_3, projectivisch und liegen perspectivisch, nämlich A, A_1, A_2 sind ihre perspectivischen Durchschnitte; daher sind auch die Strahlbüschel $\mathfrak{B}$ und $\mathfrak{B}_2$, $\mathfrak{B}_1$ und $\mathfrak{B}_3$, $\mathfrak{B}$ und $\mathfrak{B}_3$, in Ansehung der Strahlen a und a_2, a_1 und a_3, a und a_3, projectivisch und liegen perspectivisch (IV), so dass folglich auch die drei übrigen Ecken $\mathfrak{a}_4$, $\mathfrak{a}_5$, $\mathfrak{a}_3$ des vollständigen Vierseits sich in bestimmten festen Geraden A_4, A_5, A_3 bewegen, nämlich in den perspectivischen Durchschnitten der letztgenannten Strahlbüschelpaare. Ueberdies folgt noch (§ 21, I), dass die 6 Geraden A, A_1, ... A_5 die 6 Seiten eines vollständigen Vierecks α, β, γ, δ sind.

Ganz ebenso, wie bei diesen Beispielen, lassen sich die Sätze bei jeder anderen Figur nachweisen. Verschiedene besondere Fälle der obigen Sätze (II oder IV) — die einerseits (links) dadurch entstehen, dass von den festen Geraden einige auf einander fallen, oder dass die festen Puncte in einer Geraden liegen, und dass diese durch den gemeinschaftlichen Durchschnitt der festen Geraden geht, u. s. w. und andererseits dadurch, dass die festen Puncte theilweise vereinigt werden, oder dass die festen Geraden durch einen Punct gehen, und dass dieser mit den festen Puncten in einer Geraden liegt, u. s. w. — werden hier übergangen. Uebrigens sind die obigen Sätze selbst nur besondere Fälle von allgemeineren und umfassenderen Sätzen, die in den zwei nächstfolgenden Kapiteln bewiesen werden.

23. Schneiden sich drei Gerade A, A_1, A_2 (Fig. 30), die unter einander projectivisch sind, in drei Puncten, und liegen je zwei derselben perspectivisch, so dass also in jedem Durchschnitte zwei entsprechende Puncte vereinigt sind, nämlich $\mathfrak{e}$ und $\mathfrak{e}_1$, $\mathfrak{k}$ und $\mathfrak{k}_2$, $\mathfrak{l}_1$ und $\mathfrak{l}_2$, und sind $\mathfrak{e}_2$, $\mathfrak{k}_1$, $\mathfrak{l}$ die den vereinigten Puncten entsprechenden dritten Puncte, so sind in jedem der drei Strahlen $\mathfrak{e}\mathfrak{e}_1\mathfrak{e}_2$, $\mathfrak{k}\mathfrak{k}_2\mathfrak{k}_1$, $\mathfrak{l}_1\mathfrak{l}_2\mathfrak{l}$ zwei Projectionsstrahlen vereinigt, nämlich $\mathfrak{e}\mathfrak{e}_2$ und $\mathfrak{e}_1\mathfrak{e}_2$, $\mathfrak{k}\mathfrak{k}_1$ und $\mathfrak{k}_2\mathfrak{k}_1$, $\mathfrak{l}_1\mathfrak{l}$ und $\mathfrak{l}_2\mathfrak{l}$, und daher müssen ihre gegenseitigen Durchschnitte $\mathfrak{B}$, $\mathfrak{B}_1$, $\mathfrak{B}_2$ die Projectionspuncte der Geradenpaare A und A_1, A und A_2, A_1 und A_2 sein. Da auf ähnliche Weise, wenn man, statt von den Geraden A, A_1, A_2, von den Strahlbüscheln $\mathfrak{B}$, $\mathfrak{B}_1$, $\mathfrak{B}_2$ ausgeht, auch das Umgekehrte sich darthun lässt, so folgen also nachstehende Sätze.

I. „Wenn die Seiten A, A_1 A_2 eines Dreiecks $\mathfrak{e}\mathfrak{k}\mathfrak{l}_1$ unter einander projectivisch sind,

I. „Wenn die Ecken eines Dreiecks $\mathfrak{B}\mathfrak{B}_1\mathfrak{B}_2$ die Mittelpuncte projectivischer Strahl-

und wenn je zwei perspectivisch liegen, so sind ihre Projectionspuncte $\mathfrak{B}$, $\mathfrak{B}_1$, $\mathfrak{B}_2$ die Ecken eines anderen jenem umschriebenen Dreiecks.“

büschel sind, wovon je zwei perspectivisch liegen, so bilden ihre perspectivischen Durchschnitte A, A_1, A_2 ein Dreieck $\mathfrak{e}\mathfrak{k}\mathfrak{l}_1$, welches jenem eingeschrieben ist.“

Sind $\mathfrak{a}$, $\mathfrak{a}_1$, $\mathfrak{a}_2$ irgend drei entsprechende Puncte, so ist das Dreieck $\mathfrak{a}\mathfrak{a}_1\mathfrak{a}_2$ dem Dreiseit AA_1A_2 eingeschrieben und zugleich dem Dreiecke $\mathfrak{B}\mathfrak{B}_1\mathfrak{B}_2$ umschrieben; und da zur Bestimmung der projectivischen Beziehung der drei Geraden A, A_1, A_2 oder der drei Strahlbüschel $\mathfrak{B}$, $\mathfrak{B}_1$, $\mathfrak{B}_2$ dreimal drei entsprechende Puncte $\mathfrak{e}$, $\mathfrak{e}_1$, $\mathfrak{e}_2$; $\mathfrak{k}$, $\mathfrak{k}_1$, $\mathfrak{k}_2$; $\mathfrak{l}$, $\mathfrak{l}_1$, $\mathfrak{l}_2$ oder Strahlen e, e_1, e_2; k, k_1, k_2; l, l_1, l_2 willkürlich angenommen werden können, so folgen ferner unmittelbar nachstehende Sätze:

II. „Wenn einem beliebigen Dreieck A, A_1, A_2 irgend ein zweites $\mathfrak{B}\mathfrak{B}_1\mathfrak{B}_2$ umschrieben ist, so giebt es unzählig viele andere Dreiecke $\mathfrak{a}\mathfrak{a}_1\mathfrak{a}_2$, ($\mathfrak{b}\mathfrak{b}_1\mathfrak{b}_2$, $\mathfrak{c}\mathfrak{c}_1\mathfrak{c}_2$, ...), von denen jedes dem ersten eingeschrieben und zugleich dem zweiten umschrieben ist.“ Nämlich:

„Beschreibt man irgend ein Dreieck $\mathfrak{a}\mathfrak{a}_1\mathfrak{a}_2$, dessen Ecken, in bestimmter Ordnung genommen, in den Seiten jenes ersten Dreiecks liegen, und von dessen Seiten zwei durch zwei Ecken des zweiten gehen, so geht allemal auch die dritte Seite desselben durch die dritte Ecke des zweiten.“

„Beschreibt man irgend ein Dreieck $\mathfrak{a}\mathfrak{a}_1\mathfrak{a}_2$, dessen Seiten, in bestimmter Ordnung genommen, durch die Ecken jenes zweiten Dreiecks gehen, und von dessen Ecken zwei in zwei Seiten des ersten liegen, so liegt allemal auch die dritte Ecke desselben in der dritten Seite des ersten.“

Oder mit anderen Worten:

„Ist einem Dreieck A, A_1, A_2 ein zweites $\mathfrak{B}\mathfrak{B}_1\mathfrak{B}_2$ umschrieben, und bewegen sich die Ecken eines dritten Dreiecks $\mathfrak{a}\mathfrak{a}_1\mathfrak{a}_2$ in den Seiten des ersten, während zwei Seiten, in bestimmter Ordnung genommen, sich um zwei Ecken des zweiten drehen, so dreht sich auch die dritte Seite desselben um die dritte Ecke des zweiten.“

„Ist einem Dreieck $\mathfrak{B}\mathfrak{B}_1\mathfrak{B}_2$ ein zweites A, A_1, A_2 eingeschrieben, und drehen sich die Seiten eines dritten Dreiecks $\mathfrak{a}\mathfrak{a}_1\mathfrak{a}_2$ um die Ecken des ersten, während zwei Ecken, in bestimmter Ordnung genommen, sich in zwei Seiten des zweiten bewegen, so bewegt sich auch die dritte Ecke desselben in der dritten Seite des zweiten.“

III. „Wenn von den Ecken eines Sechsecks $\mathfrak{B}_1\mathfrak{B}\mathfrak{B}_2\mathfrak{a}_1\mathfrak{e}\mathfrak{a}\mathfrak{B}_1$

III. „Wenn von den Seiten eines Sechsecks $\mathfrak{B}_1\mathfrak{B}\mathfrak{a}_1\mathfrak{e}\mathfrak{k}\mathfrak{a}_2\mathfrak{B}_1$

zweimal drei, die nicht auf einander folgen, in einer Geraden liegen, wie etwa $\mathfrak{a}$, $\mathfrak{B}$, $\mathfrak{a}_1$ und $\mathfrak{B}_1$, $\mathfrak{e}$, $\mathfrak{B}_2$ in $\mathfrak{a}\mathfrak{a}_1$ und $\mathfrak{B}_1\mathfrak{B}_2$, so liegen auch die drei Durchschnitte $\mathfrak{l}_1$, $\mathfrak{k}$, $\mathfrak{a}_2$ der einander gegenüberliegenden Seiten in einer Geraden."

zweimal drei, die nicht auf einander folgen, durch einen Punct gehen, wie etwa $\mathfrak{B}_1\mathfrak{B}$, $\mathfrak{a}_1\mathfrak{e}$, $\mathfrak{k}\mathfrak{a}_2$ und $\mathfrak{B}\mathfrak{a}_1$, $\mathfrak{e}\mathfrak{k}$, $\mathfrak{a}_2\mathfrak{B}_1$ durch $\mathfrak{l}_1$ und $\mathfrak{a}$, so treffen sich auch die drei Geraden $\mathfrak{B}_1\mathfrak{e}$, $\mathfrak{B}\mathfrak{k}$, $\mathfrak{a}_1\mathfrak{a}_2$ durch die gegenüberliegenden Ecken einander in einem Puncte $\mathfrak{B}_2$."

Von diesen zwei bekannten Sätzen (III) ist der eine (links) das XIII. Lemma zu den Porismen des *Euklides,* welche *Pappus* im VII. Buche mittheilt. Im Anhange sollen diese Sätze umfassender gegeben werden.

Die obigen Verbindungen von drei projectivischen Geraden oder Strahlbüscheln, nebst weiteren Verbindungen der Art, würden leicht zu vielen anderen Sätzen führen, wenn der Raum gestattete, sie hier weiter zu verfolgen.

24. Es sollen hier noch drei projectivische Gerade und drei projectivische Strahlbüschel so verbunden werden, dass von den jedesmaligen drei Gebilden zwei unter sich schief, aber jedes mit dem dritten perspectivisch liegt.

Befinden sich von den drei beliebigen Geraden A, A_1, A_2 (Fig. 31), die unter einander projectivisch sind, zwei, etwa A, A_1, in schiefer, dagegen jede derselben mit der dritten A_2 in perspectivischer Lage, so dass also im Durchschnitte der ersteren irgend zwei, einander nicht entsprechende Puncte, etwa $\mathfrak{e}$, $\mathfrak{d}_1$, dagegen in den Durchschnitten, die sie mit der letzteren A_2 bilden, zwei entsprechende Punctepaare, etwa $\mathfrak{k}$ und $\mathfrak{k}_2$, $\mathfrak{l}_1$ und $\mathfrak{l}_2$, vereinigt sind, und sind ferner $\mathfrak{B}_1$, $\mathfrak{B}_2$ die Projectionspuncte von A und A_2, A_1 und A_2, so werden offenbar in der Geraden $\mathfrak{B}_1\mathfrak{B}_2$ irgend drei entsprechende Projectionsstrahlen, etwa b, b_1, b_2, auf einander fallen, und in jeder der zwei Geraden $\mathfrak{B}_1\mathfrak{l}_1\mathfrak{l}_2$, $\mathfrak{B}_2\mathfrak{k}\mathfrak{k}_2$ werden zwei entsprechende Strahlen, nämlich $\mathfrak{k}_2\mathfrak{k}_1$ und $\mathfrak{k}\mathfrak{k}_1$, $\mathfrak{l}_2\mathfrak{l}$ und $\mathfrak{l}_1\mathfrak{l}$, vereinigt sein.

a) Werden umgekehrt in irgend einem Projectionsstrahl, etwa in b, zweier gegebenen projectivischen Geraden A, A_1, die in schiefer Lage sich befinden, zwei beliebige Puncte $\mathfrak{B}_1$, $\mathfrak{B}_2$ als Mittelpuncte zweier Strahlbüschel angenommen, wovon der erstere auf A und der andere auf A_1 bezogen wird, und die mithin in Ansehung der Strahlen a_1, b_1, c_1, d_1, ... und a_2, b_2, c_2, d_2, ... projectivisch sind (§ 11, III), so werden sie, da in dem Strahle b zwei entsprechende Strahlen b_1, b_2 vereinigt sind, perspectivisch liegen (§ 14), und ihr perspectivischer Durchschnitt A_2 wird offenbar mit jeder der zwei gegebenen Geraden A, A_1 projectivisch sein und perspectivisch liegen, nämlich A und A_2, A_1 und A_2 werden $\mathfrak{B}_1$, $\mathfrak{B}_2$ zum Projectionspunct haben.

b) Werden die Puncte $\mathfrak{B}_1$, $\mathfrak{B}_2$ insbesondere in zwei entsprechenden Puncten $\mathfrak{b}_1$, $\mathfrak{b}$ der gegebenen Geraden A_1, A angenommen, nämlich $\mathfrak{B}_1$ in

$\mathfrak{b}_1$ und $\mathfrak{B}_2$ in $\mathfrak{b}$, wie in Fig. 33, so fallen die Strahlen e_1, d_2 mit den Geraden A_1, A zusammen, so dass also die Durchschnitte $\mathfrak{e}_2$, $\mathfrak{d}_1$ der entsprechenden Strahlen e_1 und e_2, d_1 und d_2 in $\mathfrak{e}_1$, $\mathfrak{d}$ liegen, und dass folglich in diesem Falle der perspectivische Durchschnitt A_2 der Strahlbüschel die gegebenen Geraden A_1, A in denjenigen Puncten schneidet, die den in ihrem Durchschnitte vereinigten Puncten $\mathfrak{e}$, $\mathfrak{d}_1$ entsprechen. Da die Gerade A_2 durch die zwei Puncte $\mathfrak{e}_1$, $\mathfrak{d}$ oder $\mathfrak{e}_2$, $\mathfrak{d}_2$ bestimmt ist, so bleibt also der perspectivische Durchschnitt (A_2) derselbe, man mag die Mittelpuncte $\mathfrak{B}_1$, $\mathfrak{B}_2$ der Strahlbüschel in irgend zwei entsprechenden Puncten der gegebenen Geraden A_1, A, also in $\mathfrak{b}_1$ und $\mathfrak{b}$, oder in $\mathfrak{a}_1$ und $\mathfrak{a}$, oder in $\mathfrak{c}_1$ und $\mathfrak{c}$, u. s. w., annehmen, wie man will; so dass also die Durchschnitte $\mathfrak{a}_2$, $\mathfrak{c}_2$, $\mathfrak{f}_2$, ... der Geradenpaare $\mathfrak{a}\mathfrak{b}_1$ und $\mathfrak{a}_1\mathfrak{b}$, $\mathfrak{b}\mathfrak{c}_1$ und $\mathfrak{b}_1\mathfrak{c}$, $\mathfrak{a}\mathfrak{c}_1$ und $\mathfrak{a}_1\mathfrak{c}$, ..., die bei zwei schief liegenden projectivischen Geraden A, A_1 je zwei Paar entsprechender Puncte wechselseitig verbinden, in einer und derselben Geraden A_2 liegen.

Wenn andererseits von drei beliebigen Strahlbüscheln $\mathfrak{B}$, $\mathfrak{B}_1$, $\mathfrak{B}_2$ (Fig. 32), die unter einander projectivisch sind, sich zwei, etwa $\mathfrak{B}$, $\mathfrak{B}_1$, in schiefer, dagegen jeder derselben mit dem dritten $\mathfrak{B}_2$ in perspectivischer Lage befinden, so dass also in der Axe $\mathfrak{B}\mathfrak{B}_1$ der ersteren zwei einander nicht entsprechende Strahlen, etwa e, d_1, dagegen in jeder der zwei Axen $\mathfrak{B}\mathfrak{B}_2$, $\mathfrak{B}_1\mathfrak{B}_2$ zwei entsprechende Strahlen, etwa k und k_2, l_1 und l_2 vereinigt sind, und sind ferner A_1, A_2 die perspectivischen Durchschnitte der Strahlbüschel $\mathfrak{B}$ und $\mathfrak{B}_2$, $\mathfrak{B}_1$ und $\mathfrak{B}_2$, so müssen offenbar im Durchschnitte der Geraden A_1, A_2 die Durchschnitte von irgend drei entsprechenden Strahlen, etwa die Durchschnitte $\mathfrak{b}$, $\mathfrak{b}_1$, $\mathfrak{b}_2$ der Strahlen b, b_1, b_2, und ferner müssen in jedem der beiden Puncte, wo die zwei Paar vereinigten entsprechenden Strahlen kk_2, l_1l_2 ihrem entsprechenden dritten Strahl k_1, l begegnen, zwei entsprechende Puncte $\mathfrak{k}$ und $\mathfrak{k}_2$, $\mathfrak{l}$ und $\mathfrak{l}_1$ vereinigt sein. Und umgekehrt:

α) Sind irgend zwei projectivische Strahlbüschel $\mathfrak{B}$, $\mathfrak{B}_1$ in schiefer Lage gegeben, und man zieht durch den Durchschnitt irgend zweier entsprechenden Strahlen, z. B. durch den Durchschnitt $\mathfrak{b}$ der Strahlen b, b_1, zwei beliebige Gerade A_1, A_2, so werden letztere in Ansehung der Puncte $\mathfrak{a}_1$, $\mathfrak{b}_1$, $\mathfrak{c}_1$, $\mathfrak{d}_1$, ... und $\mathfrak{a}_2$, $\mathfrak{b}_2$, $\mathfrak{c}_2$, $\mathfrak{d}_2$, ..., in welchen sie die Strahlbüschel $\mathfrak{B}$, $\mathfrak{B}_1$ schneiden, projectivisch sein (§ 11, III), und, da in dem Puncte $\mathfrak{b}$ zwei entsprechende Puncte $\mathfrak{b}_1$, $\mathfrak{b}_2$ derselben vereinigt sind, so werden sie perspectivisch liegen (§ 14), und ferner wird offenbar der Strahlbüschel $\mathfrak{B}_2$, welcher durch ihre Projectionsstrahlen a_2, b_2, c_2, d_2, ... gebildet wird, mit jedem der zwei gegebenen Strahlbüschel $\mathfrak{B}$, $\mathfrak{B}_1$ projectivisch sein und perspectivisch liegen, nämlich $\mathfrak{B}$ und $\mathfrak{B}_2$, $\mathfrak{B}_1$ und $\mathfrak{B}_2$ werden die Geraden A_1, A_2 zum perspectivischen Durchschnitt haben.

β) Werden die Geraden A_1, A_2 insbesondere so gelegt, dass sie mit den Strahlen b_1, b zusammenfallen, wie in Fig. 34, so vereinigen sich, wie man sieht, die Puncte $\mathfrak{e}_1$, $\mathfrak{d}_2$ mit den Mittelpuncten $\mathfrak{B}$, $\mathfrak{B}_1$ der gegebenen Strahlbüschel, so dass also in diesem Falle statt der entsprechenden Strahlen k und k_2, l_1 und l_2 die entsprechenden Strahlen d und d_2, e_1 und e_2 auf einander fallen, und dass folglich in diesem Falle der Projectionspunct $\mathfrak{B}_2$ der Geraden A_1, A_2 der Durchschnitt derjenigen zwei Strahlen d, e_1 ist, deren entsprechende d_1, e in der Axe $\mathfrak{B}\mathfrak{B}_1$ der gegebenen Strahlbüschel $\mathfrak{B}$, $\mathfrak{B}_1$ vereinigt sind. Da der Punct $\mathfrak{B}_2$ vermöge der Strahlen d, e_1 bestimmt ist, so bleibt also der Projectionspunct der Geraden A_1, A_2 der nämliche, man mag diese mit irgend zwei entsprechenden Strahlen der gegebenen Strahlbüschel $\mathfrak{B}$, $\mathfrak{B}_1$ zusammenfallen lassen, wie man will, also mit b und b_1, oder mit a und a_1, oder mit c und c_1, u. s. w., so dass folglich die Geraden a_2, c_2, f_2, ..., die durch die Punctepaare $\mathfrak{a}_1$ und $\mathfrak{a}_2$, $\mathfrak{c}_1$ und $\mathfrak{c}_2$, $\mathfrak{f}_1$ und $\mathfrak{f}_2$, ... gehen, in welchen bei zwei schief liegenden projectivischen Strahlbüscheln $\mathfrak{B}$, $\mathfrak{B}_1$ je zwei entsprechende Strahlenpaare einander wechselseitig schneiden, in einem und demselben Puncte $\mathfrak{B}_2$ zusammentreffen.

In den vorstehenden Betrachtungen sind die Beweise und Auflösungen der nachfolgenden Sätze und Aufgaben enthalten:

I. „Bei jedem Sechseck $\mathfrak{B}_1\mathfrak{B}_2\mathfrak{k}\mathfrak{a}\mathfrak{a}_1\mathfrak{l}_1\mathfrak{B}_1$ (Fig. 31), welches zwei schief liegende projectivische Gerade A, A_1 und irgend vier Projectionsstrahlen a, b, l, k derselben zu Seiten hat (a), treffen die drei Diagonalen $\mathfrak{B}_1\mathfrak{a}$, $\mathfrak{B}_2\mathfrak{a}_1$, $\mathfrak{k}\mathfrak{l}_1$, welche die gegenüberliegenden Ecken verbinden, in irgend einem Puncte $\mathfrak{a}_2$ zusammen."

II. „Bei zwei schief liegenden projectivischen Geraden A, A_1 (Fig. 33) liegen die Durchschnitte $\mathfrak{a}_2$, $\mathfrak{c}_2$, $\mathfrak{f}_2$, ... der verschiedenen Paare von Geraden ($\mathfrak{a}\mathfrak{b}_1$ und $\mathfrak{b}\mathfrak{a}_1$, $\mathfrak{b}\mathfrak{c}_1$ und $\mathfrak{c}\mathfrak{b}_1$, $\mathfrak{a}\mathfrak{c}_1$ und $\mathfrak{c}\mathfrak{a}_1$, ...), welche je zwei Paar entsprechender Puncte wechselseitig verbinden, in einer bestimmten Geraden A_2, die nämlich den gegebenen Geraden

I. „Bei jedem Sechseck $\mathfrak{B}\mathfrak{a}\mathfrak{B}_1\mathfrak{l}\mathfrak{b}\mathfrak{k}\mathfrak{B}$ (Fig. 32), welches die Mittelpuncte $\mathfrak{B}$, $\mathfrak{B}_1$ zweier schief liegenden Strahlbüschel und irgend vier Durchschnitte $\mathfrak{a}$, $\mathfrak{b}$, $\mathfrak{l}$, $\mathfrak{k}$ entsprechender Strahlen zu Ecken hat (α), liegen die drei Durchschnitte $\mathfrak{a}_1$, $\mathfrak{B}_2$, $\mathfrak{a}_2$ der drei Paar gegenüberliegenden Seiten in irgend einer Geraden a_2."

II. „Bei zwei schief liegenden projectivischen Strahlbüscheln $\mathfrak{B}$, $\mathfrak{B}_1$ (Fig. 34) treffen die Geraden a_2, c_2, f_2, ... durch die verschiedenen Punctepaare ($\mathfrak{a}_1$ und $\mathfrak{a}_2$, $\mathfrak{c}_1$ und $\mathfrak{c}_2$, $\mathfrak{f}_1$ und $\mathfrak{f}_2$, ...), in welchen je zwei Paar entsprechender Strahlen sich wechselseitig schneiden, in einem bestimmten Puncte $\mathfrak{B}_2$ zusammen, der nämlich mit den Mit-

A, A_1 in denjenigen zwei Puncten $\mathfrak{d}$, $\mathfrak{e}_1$ begegnet, deren entsprechende $\mathfrak{d}_1$, $\mathfrak{e}$ in ihrem Durchschnitte vereinigt sind (b)."

telpuncten $\mathfrak{B}$, $\mathfrak{B}_1$ der Strahlbüschel durch diejenigen zwei Strahlen d, e_1 verbunden ist, deren entsprechende d_1, e in ihrer Axe vereinigt sind (β)."

Die Sätze (I) lassen sich auch umkehren. Die Sätze (II) enthalten die obigen Sätze (§ 20, IV) als besondere Fälle und, wie leicht zu sehen, den obigen Satz des *Pappus* nebst dessen entsprechenden (§ 23, III) als Theile in sich.

III. „Zwei der Lage nach und projectivisch gegebene Gerade mittelst des Lineals allein schief auf einander zu projiciren;" d. h.: a) „Wenn bei zwei in schiefer Lage gegebenen projectivischen Geraden A, A_1 eine zur Bestimmung ihrer projectivischen Beziehung hinreichende Zahl entsprechender Punctepaare, also drei Paare, gegeben sind, so sollen mittelst des Lineals allein andere entsprechende Punctepaare gefunden werden, oder so soll zu jedem beliebigen Punct in der einen Geraden der entsprechende in der anderen Geraden, und namentlich sollen b) diejenigen zwei Puncte ($\mathfrak{d}$, $\mathfrak{e}_1$), deren entsprechende im Durchschnitte der Geraden vereinigt sind, c) die Durchschnitte der Parallelstrahlen, und endlich d) derjenige Projectionsstrahl, welcher einem der drei gegebenen Projectionsstrahlen in irgend einem gegebenen Puncte begegnet, gefunden werden."

III. „Zwei der Lage nach und projectivisch gegebene Strahlbüschel mittelst des Lineals allein schief auf einander zu projiciren;" d. h.: α) „Wenn bei zwei in schiefer Lage gegebenen projectivischen Strahlbüscheln $\mathfrak{B}$, $\mathfrak{B}_1$ eine zur Bestimmung ihrer projectivischen Beziehung hinreichende Zahl entsprechender Strahlenpaare, also drei Paare, gegeben sind, so sollen mittelst des Lineals allein andere entsprechende Strahlenpaare gefunden werden, oder so soll zu jedem beliebigen Strahl des einen Strahlbüschels der entsprechende im anderen Strahlbüschel, und namentlich sollen β) diejenigen zwei Strahlen (d, e_1), deren entsprechende in der Axe $\mathfrak{B}\mathfrak{B}_1$ der Strahlbüschel vereinigt sind, und ferner γ) derjenige Durchschnitt irgend zweier entsprechenden Strahlen, welcher in irgend einer Geraden liegt, die durch den Durchschnitt eines der drei gegebenen entsprechenden Strahlenpaare geht, gefunden werden."

Auflösung. 1) Sind A, A_1 (Fig. 31) die gegebenen Geraden, und sind $\mathfrak{a}$ und $\mathfrak{a}_1$, $\mathfrak{b}$ und $\mathfrak{b}_1$, $\mathfrak{c}$ und $\mathfrak{c}_1$ die drei Paar gegebenen entsprechenden Puncte, so nehme man in einem der drei Projectionsstrahlen a, b, c, etwa in b, zwei beliebige Puncte $\mathfrak{B}_1$, $\mathfrak{B}_2$, ziehe aus ihnen die Strahlenpaare $\mathfrak{B}_1\mathfrak{a}$ und $\mathfrak{B}_2\mathfrak{a}_1$, $\mathfrak{B}_1\mathfrak{c}$ und $\mathfrak{B}_2\mathfrak{c}_1$, die sich in den Puncten $\mathfrak{a}_2$, $\mathfrak{c}_2$ schneiden, und ziehe durch diese Puncte die Gerade A_2. Soll nun a) zu irgend einem Puncte $\mathfrak{x}$ in der Geraden A der entsprechende Punct $\mathfrak{x}_1$ in der Geraden A_1 gefunden werden, so ziehe man den Strahl $\mathfrak{B}_1\mathfrak{x}$, der die Gerade A_2 in einem Puncte $\mathfrak{x}_2$ schneiden wird, und ziehe sodann aus $\mathfrak{B}_2$ durch $\mathfrak{x}_2$ einen Strahl $\mathfrak{B}_2\mathfrak{x}_2\mathfrak{x}_1$, so wird dieser der Geraden A_1 in dem gesuchten Puncte $\mathfrak{x}_1$ begegnen. b) Zieht man also die Strahlen $\mathfrak{B}_1\mathfrak{e}$, $\mathfrak{B}_2\mathfrak{d}_1$, und sodann durch die Puncte $\mathfrak{e}_2$, $\mathfrak{d}_2$, in welchen sie die Gerade A_2 schneiden, die Strahlen $\mathfrak{B}_2\mathfrak{e}_2\mathfrak{e}_1$, $\mathfrak{B}_1\mathfrak{d}_2\mathfrak{d}$, so müssen diese den gegebenen Geraden A_1, A in denjenigen Puncten $\mathfrak{e}_1$, $\mathfrak{d}$ begegnen, welche den in ihrem Durchschnitte vereinigten Puncten $\mathfrak{e}$, $\mathfrak{d}_1$ entsprechen. c) Und zieht man ferner durch $\mathfrak{B}_1$, $\mathfrak{B}_2$ die Strahlen q, r den Geraden A, A_1 parallel, und sodann durch die Puncte $\mathfrak{q}_2$, $\mathfrak{r}_2$ die Strahlen $\mathfrak{B}_2\mathfrak{q}_2\mathfrak{q}_1$, $\mathfrak{B}_1\mathfrak{r}_2\mathfrak{r}$, so werden diese den Geraden A_1, A in den Durchschnitten $\mathfrak{q}_1$, $\mathfrak{r}$ der Parallelstrahlen, d. h. in denjenigen Puncten begegnen, deren entsprechende $\mathfrak{q}$, $\mathfrak{r}_1$ unendlich entfernt sind. d) Zieht man endlich durch die Puncte $\mathfrak{k}$, $\mathfrak{l}_1$, in welchen die gegebenen Geraden A, A_1 von der Geraden A_2 geschnitten werden, die Strahlen $\mathfrak{B}_2\mathfrak{k}$, $\mathfrak{B}_1\mathfrak{l}_1$, so sind diese diejenigen Projectionsstrahlen k, l (der gegebenen Geraden A, A_1), welche dem gegebenen Projectionsstrahle b in den beliebig angenommenen Puncten $\mathfrak{B}_2$, $\mathfrak{B}_1$ begegnen. 2) Nimmt man die Puncte $\mathfrak{B}_2$, $\mathfrak{B}_1$ in den entsprechenden Puncten $\mathfrak{b}$, $\mathfrak{b}_1$ an, (wie in Fig. 33), so wird, wie man sieht, die Auflösung für die Forderung (b) sehr vereinfacht, indem alsdann die Gerade A_2 selbst durch die gesuchten Puncte $\mathfrak{e}_1$, $\mathfrak{d}$ geht.

1) Sind andererseits $\mathfrak{B}$, $\mathfrak{B}_1$ (Fig. 32) die gegebenen Strahlbüschel, und a, b, c und a_1, b_1, c_1 die drei gegebenen entsprechenden Strahlenpaare, so ziehe man durch den Durchschnitt des einen Paares, etwa durch $\mathfrak{b}$, zwei beliebige Gerade A_1, A_2, die den übrigen gegebenen Strahlen in den Puncten $\mathfrak{a}_1$, $\mathfrak{c}_1$; $\mathfrak{a}_2$, $\mathfrak{c}_2$ begegnen, und verbinde diese Puncte paarweise durch die Strahlen a_2, c_2, die sich in irgend einem Puncte $\mathfrak{B}_2$ schneiden werden. Soll nun α) zu irgend einem Strahl x des Strahlbüschels $\mathfrak{B}$ der entsprechende Strahl x_1 im anderen Strahlbüschel $\mathfrak{B}_1$ gefunden werden, so verbinde man den Punct $\mathfrak{x}_1$, in welchem x der Geraden A_1 begegnet, mit dem Puncte $\mathfrak{B}_2$ durch einen Strahl x_2, der die Gerade A_2 in einem Puncte $\mathfrak{x}_2$ schneiden wird, so wird alsdann $\mathfrak{B}_1\mathfrak{x}_2$ der gesuchte Strahl x_1 sein. β) Zieht man also die Axe $\mathfrak{B}\mathfrak{B}_1$, verbindet die Durchschnitte $\mathfrak{e}_1$, $\mathfrak{d}_2$ mit $\mathfrak{B}_2$ durch die Strahlen e_2, d_2, die den Geraden A_2, A_1 in $\mathfrak{e}_2$, $\mathfrak{d}_1$ begegnen, und zieht sodann die Strahlen $\mathfrak{B}_1\mathfrak{e}_2$, $\mathfrak{B}\mathfrak{d}_1$, oder e_1, d, so sind diese diejenigen Strahlen, deren entsprechende e, d_1 in der Axe $\mathfrak{B}\mathfrak{B}_1$ vereinigt

sind. γ) Zieht man endlich aus $\mathfrak{B}$, $\mathfrak{B}_1$ durch $\mathfrak{B}_2$ die Strahlen k, l_1, die den Geraden A_2, A_1 in den Puncten $\mathfrak{k}$, $\mathfrak{l}$ begegnen, so sind diese diejenigen Durchschnitte entsprechender Strahlen (k und k_1, l und l_1 der gegebenen Strahlbüschel $\mathfrak{B}$, $\mathfrak{B}_1$), welche in den durch den Durchschnitt $\mathfrak{b}$ des gegebenen Strahlenpaares b, b_1 beliebig gezogenen Geraden A_2, A_1 liegen. 2) Für die Forderung (β) wird die Auflösung vereinfacht, wenn man die entsprechenden Strahlen b, b_1 selbst statt der Geraden A_2, A_1 nimmt, (wie in Fig. 34), indem alsdann die gesuchten Strahlen d, e_1 durch den Punct $\mathfrak{B}_2$ gehen.

IV. „Wenn bei zwei schiefliegenden projectivischen Gebilden $\mathfrak{B}$, A (d. h. einem Strahlbüschel $\mathfrak{B}$ und einer Geraden A, siehe § 6, I) drei entsprechende Elementenpaare gegeben sind, so soll man mittelst des Lineals allein zu irgend einem Element des einen Gebildes das entsprechende Element des anderen Gebildes finden.“

Diese Aufgabe kann leicht auf eine der vorigen Aufgaben (III) gebracht werden. Denn schneidet man den Strahlbüschel $\mathfrak{B}$ durch irgend eine Gerade A_1, so ist diese mit der gegebenen Geraden A projectivisch, und die Aufgabe ist alsdann auf die obige (III links) gebracht. Oder man beziehe irgend einen Strahlbüschel $\mathfrak{B}_1$ auf die gegebene Gerade A, so wird derselbe mit dem Strahlbüschel $\mathfrak{B}$ projectivisch sein, und die Aufgabe ist alsdann auf die obige (III rechts) gebracht.

25. Aus den vorigen Betrachtungen (§ 24) sind nur diejenigen Sätze und Aufgaben herausgehoben worden, die für spätere Untersuchungen unumgänglich erforderlich sind. Es hätten noch mehr Sätze und Aufgaben an dieselben angeschlossen werden können. Ferner würden andere Verbindungen der betrachteten projectivischen Gebilde noch viele interessante Resultate liefern, wenn nicht dieses Kapitel schon eine zu grosse Ausdehnung erlangt hätte.

Zum Schlusse dieses Kapitels soll nur noch die folgende bekannte Aufgabe gelöst werden.

„Wenn in einer Ebene zwei beliebige gleichnamige Vielecke gegeben sind, ein drittes zu beschreiben, welches dem einen umschrieben und dem anderen eingeschrieben ist.“ Oder: „Ein Vieleck zu beschreiben, dessen Seiten der Reihe nach durch gegebene Puncte gehen, und dessen Ecken der Reihe nach in gegebenen Geraden liegen.“

Auflösung. Diese anscheinend schwere Aufgabe wird leicht auf die obige (§ 17) gebracht, so dass sie, sobald in der Ebene irgend ein Kreis gegeben ist, sofort mittelst des Lineals gelöst werden kann; nämlich wie folgt:

Es seien z. B. irgend vier Gerade A, A_1, A_2, A_3 (Fig. 35) und irgend vier Puncte $\mathfrak{B}$, $\mathfrak{B}_1$, $\mathfrak{B}_2$, $\mathfrak{B}_3$ gegeben, so soll also ein Viereck beschrieben werden, dessen Ecken, in bestimmter Ordnung genommen, in jenen Geraden liegen, und dessen Seiten, nach bestimmter Ordnung, durch jene Puncte gehen.

Werden die Puncte $\mathfrak{B}$, $\mathfrak{B}_1$, $\mathfrak{B}_2$, $\mathfrak{B}_3$ nach der Reihe als Projectionspuncte der Geradenpaare A und A_1, A_1 und A_2, A_2 und A_3, A_3 und A_4 angenommen, wo nämlich A_4 eine mit A vereinigte fünfte Gerade ist, so sind alsdann alle Geraden unter einander projectivisch, also auch A und A_4 (§ 11, III), und zwar so, dass zu irgend einem Puncte $\mathfrak{a}$ in der ersten Geraden A bloss durch Ziehen der Strahlen a, a_1, a_2, a_3 die entsprechenden Puncte $\mathfrak{a}_1$, $\mathfrak{a}_2$, $\mathfrak{a}_3$, $\mathfrak{a}_4$ in den übrigen Geraden nach der Reihe gefunden werden. Nun verlangt die Aufgabe offenbar nichts anderes, als man solle den ersten Punct $\mathfrak{a}$ so annehmen, dass der letzte $\mathfrak{a}_4$ mit ihm zusammentreffe. Es fallen aber bei zwei auf einander gelegten projectivischen Geraden A, A_4 im Allgemeinen nur höchstens zwei Paar entsprechende Puncte aufeinander (§ 16, II), folglich sind im Allgemeinen auch nur zwei Vierecke möglich, die der Aufgabe genügen. Somit ist also die Aufgabe auf die obige (§ 17) gebracht, weil hiernach die genannten Vierecke gefunden sind, sobald man die vereinigten entsprechenden Punctepaare ($\mathfrak{e}$ und $\mathfrak{e}_4$, $\mathfrak{f}$ und $\mathfrak{f}_4$) der Geraden A, A_4 kennt. Um diese Punctepaare finden zu können, ist aber nur nöthig, zu irgend drei beliebigen Puncten $\mathfrak{a}$, $\mathfrak{b}$, $\mathfrak{c}$ in der Geraden A die entsprechenden Puncte $\mathfrak{a}_4$, $\mathfrak{b}_4$, $\mathfrak{c}_4$ in der Geraden A_4 nach der vorhin angegebenen Art zu suchen.

Man könnte die Aufgabe auch so lösen, dass man statt der fünften Geraden A_4 ein fünftes, etwa mit $\mathfrak{B}$ concentrisches, Strahlbüschel $\mathfrak{B}_4$ zu Hülfe nähme; indessen wäre die Auflösung nicht so bequem, wie die vorstehende.

Es ist klar, dass die Auflösung sich ganz ähnlich bleibt, das zu beschreibende Vieleck mag so viele Seiten haben, als man will, und dass die Aufgabe im Allgemeinen nur zwei Auflösungen zulässt. Wenn aber die Rangordnung der gegebenen Puncte ($\mathfrak{B}$, $\mathfrak{B}_1$, $\mathfrak{B}_2$, ...) und Geraden (A, A_1, A_2, ...) nicht festgesetzt ist, dann ist die Zahl der Auflösungen viel grösser, und vermehrt sich mit der Seitenzahl des Vielecks; so z. B. würden bei dem vorhin betrachteten Fall, wo die zu beschreibende Figur nur ein Viereck war, 144 Auflösungen stattfinden*).

*) Es wurde schon oben (§ 19) erwähnt, dass durch n Puncte in einer Ebene $3.4.5\ldots(n-1)$ verschiedene einfache n-Ecke bestimmt werden. Man überzeugt sich davon, wie folgt: Die Puncte lassen sich offenbar so oft in anderer Ordnung verbinden, als n Elemente sich versetzen lassen, also $1.2.3\ldots n$ Mal. Allein je zwei Verbindungen, die einander gerade entgegengesetzt sind, d. h., wo die Rangordnung der Puncte gerade umgekehrt ist, sind offenbar nicht *zwei verschiedene*, sondern nur ein und dasselbe n-Eck (z. B. bei fünf Puncten ist ABCDE und EDCBA ein und dasselbe Fünfeck); daher ist auch die Zahl der verschiedenen n-Ecke nur halb so gross als die Zahl

Die Aufgabe umfasst eine grosse Menge besonderer Fälle, deren Besonderheit z. B. darin besteht, dass die gegebenen Puncte theilweise in Geraden liegen, oder die gegebenen Geraden theilweise durch dieselben Puncte gehen, oder dass die gegebenen Puncte oder Geraden theilweise auf einander fallen; u. s. w. Die Auflösung aller dieser Fälle ist leicht aus der vorstehenden Auflösung zu entnehmen.

Die obige Aufgabe wurde zuerst von den Mathematikern *Servois, Gergonne* und *L'huilier* im II. Bande der *Annales de Mathématiques* gelöst. Die vorstehende Auflösung ist vermöge des Umstandes: „dass sie nur im Ziehen gerader Linien zwischen gegebenen Punctepaaren besteht, sobald in der Ebene irgend ein Kreis gegeben ist," unter allen mir bekannten Auflösungen die einfachste und leichteste.

Zweites Kapitel.

Von projectivischen Geraden, ebenen Strahlbüscheln und Ebenenbüscheln im Raume.

Ein Ebenenbüschel, verbunden mit Geraden und ebenen Strahlbüscheln.

26. In dem vorhergehenden Kapitel war der Ort der Gebilde, die betrachtet wurden, ausdrücklich auf eine Ebene beschränkt. Es bleibt demnach noch übrig, diese Gebilde, nämlich projectivische Gerade und

---

der genannten Versetzungen. Ausserdem kann ein einfaches n-Eck bei jeder seiner Ecken beginnen (z. B. bei fünf Puncten sind ABCDE und BCDEA und CDEAB u. s. w. immer ein und dasselbe Fünfeck), daher ist die Zahl der wirklich von einander verschiedenen n-Ecke nur:

$$\frac{1.2.3\ldots n}{2.n} = 3.4.5\ldots(n-1).$$

Wenn nun, in Beziehung auf die oben stehende Aufgabe, die Seiten eines (einfachen) n-Ecks durch n gegebene Puncte $B, B_1, B_2, \ldots B_{n-1}$ gehen sollen, so sind dabei offenbar ebenfalls $3.4.5\ldots(n-1)$ verschiedene Rangordnungen möglich. Nun bleibt bei jedem von diesen $3.4.5\ldots(n-1)$ verschiedenen n-Ecken noch die Rangordnung frei, nach welcher die Ecken desselben in den gegebenen Geraden $A, A_1, A_2, \ldots A_{n-1}$ liegen. Die Zahl dieser Ordnungen ist aber offenbar der Versetzungszahl für n Elemente (etwa für n Personen $\mathfrak{a}, \mathfrak{a}_1 \ldots$ auf n Plätzen $A, A_1, \ldots$) gleich, also $= 1.2.3\ldots n$. Da endlich, zufolge der oben stehenden Auflösung, für eine bestimmte Rangordnung der Puncte $B, B_1, B_2, \ldots$ und der Geraden $A, A_1, A_2, \ldots$ im Allgemeinen zwei Auflösungen stattfinden, so ist folglich, wenn die Rangordnung weder der gegebenen Puncte $B, B_1, \ldots B_{n-1}$, noch der gegebenen Geraden $A, A_1, \ldots A_{n-1}$ festgesetzt ist, die Zahl aller Auflösungen im Allgemeinen:

$$3.4.5\ldots n-1 \times 1.2.3.4\ldots n \times 2 = 1^2.2^2.3^2.4^2\ldots(n-1)^2.n.$$

ebene Strahlbüschel, in solcher Lage zu untersuchen, wo sie nicht mehr in einer und derselben Ebene liegen. Zu diesem Ende ist es zweckmässig und, wie sich zeigen wird, der Natur der Sache angemessen, das dritte Gebilde, nämlich den Ebenenbüschel (§ 1, III), mit jenen zugleich zu betrachten.

Bei den folgenden Betrachtungen lassen sich die Gebilde und ihre verschiedenen Verbindungen, weil sie nicht mehr in einer Ebene liegen, nicht leicht durch Zeichnungen (Figuren) vorstellig machen; dieses ist aber auch nicht nöthig, weil durch zweckmässige Benennungen das Festhalten der Zusammenstellungen der zu betrachtenden Gebilde erleichtert wird. Ueberhaupt sind stereometrische Betrachtungen, meiner Meinung nach, nur dann richtig aufgefasst, wenn sie rein, ohne alle Versinnlichungsmittel, nur durch die innere Vorstellungskraft angeschaut werden. Wenigstens ist dieses für die synthetische Betrachtungsweise erforderlich, und vorzugsweise für denjenigen, der darin erfinderisch zu Werke gehen will; denn nur auf diesem Wege kann er seinen Gegenstand selbst gewähren lassen, kann er den ganzen Umfang der Eigenschaften einer Figuren-Verbindung in allen ihren einzelnen Fällen und nach allen ihren Grenzen hin leicht und richtig durchschauen, und alle diese Fälle zusammen als ein in einander fliessendes oder aus sich selber heraustretendes Ganzes erkennen. Wenn auch im Anfange diese freie Vorstellung einige Mühe macht, so wird man doch bald eine gewisse Fertigkeit darin erlangen und sich dann für die überstandene Anstrengung hinlänglich entschädigt finden. Wer bemüht wäre, durch andere Mittel diese Anstrengung zu umgehen, der dürfte nicht wohl thun, indem er das Vorstellungsvermögen, statt gesund, kräftig und lebensthätig zu machen, dasselbe vielmehr in dunkler, schwerfälliger Auffassung erhalten würde.

Da die folgenden Betrachtungen mit denen im vorigen Kapitel grosse Uebereinstimmung haben, ja da sie grossentheils durch die letzteren vorbereitet sind, oder sich auf dieselben stützen, so werde ich mich dabei kürzer fassen dürfen und nur nöthig haben, die Entwickelung so weit zu verfolgen, bis sie auf frühere Betrachtungen gebracht, oder bis die weitere Untersuchung durch ein mit dem früheren ganz übereinstimmendes Verfahren zu Ende geführt werden kann.

27. Nach der oben (§ 1, III) gegebenen Erklärung besteht ein Ebenenbüschel aus der unzähligen Menge von Ebenen, welche durch eine und dieselbe Gerade, Axe genannt, gehen. Die Axe eines solchen beliebigen Ebenenbüschels soll durch $\mathfrak{A}$ bezeichnet werden, und wenn von den Ebenen desselben einzelne namhaft gemacht werden sollen, so mögen sie α, β, γ, δ, ... heissen.

I. Denkt man sich im Raume irgend einen Ebenenbüschel $\mathfrak{A}$ und irgend eine Gerade A und bezieht beide auf einander, so findet man:

1) Dass im Allgemeinen durch jeden Punct der Geraden A eine Ebene des Ebenenbüschels 𝔄 geht. Jeder Punct und die durch ihn gehende Ebene sollen entsprechend heissen, und zwar sollen die den Puncten 𝔞, 𝔟, 𝔠, 𝔡, ... entsprechenden Ebenen nach der Reihe durch α, β, γ, δ, ... bezeichnet werden. Nur eine Ebene ist mit der Geraden A parallel, oder geht nach ihrem unendlich entfernten Puncte; sie heisse die Parallelebene (§ 2).

2) Insbesondere kann die Gerade A in eine solche Lage übergehen, dass sie die Axe 𝔄 des Ebenenbüschels schneidet, dann liegt sie in einer Ebene des letzteren und schneidet alle übrigen Ebenen in einem und demselben Puncte, der nämlich der Durchschnitt der Geraden A und 𝔄 ist. Darunter ist auch der besondere Fall mitbegriffen, wo die Gerade A der Axe 𝔄 parallel, d. h. nach ihrem unendlich entfernten Puncte gerichtet ist.

II. Denkt man sich mit dem Ebenenbüschel 𝔄 zugleich irgend eine andere Ebene B, so finden zwischen ihnen folgende Beziehungen statt:

1) Ihr gegenseitiger Durchschnitt ist ein ebener Strahlbüschel, d. h. die Durchschnittslinien, in welchen alle Ebenen des Ebenenbüschels 𝔄 die besondere Ebene B schneiden, bilden zusammen einen Strahlbüschel 𝔅 in dieser Ebene, dessen Mittelpunct 𝔅 der Durchschnitt der Ebene B und der Axe 𝔄 ist. Die Strahlen, oder die Durchschnittslinien, durch welche die einzelnen Ebenen α, β, γ, δ, ... gehen, sollen nach der Reihe durch a, b, c, d, ... bezeichnet werden, und jeder Strahl und die durch ihn gehende Ebene sollen entsprechend heissen.

2) Die Ebene B kann insbesondere ihre Lage so verändern, dass sie der Axe 𝔄 parallel wird; dann entfernt sich der Mittelpunct des ebenen Strahlbüschels 𝔅 ins Unendliche, und alle Strahlen desselben werden parallel, nämlich der Axe 𝔄 parallel. Nähert sich in diesem Falle ferner die Ebene B der ihr parallelen Axe 𝔄, bis sie endlich diese in sich aufnimmt, so wird sie mit irgend einer Ebene des Ebenenbüschels 𝔄 zusammenfallen und mit allen übrigen Ebenen die Axe 𝔄 zum gemeinschaftlichen Dnrchschnitt haben, so dass also der Strahlbüschel 𝔅 sich auf diese Axe reducirt.

3) Endlich kann die Ebene B auch eine solche besondere Lage haben, dass sie zu der Axe 𝔄 senkrecht ist; dann werden durch die Winkel im Strahlbüschel 𝔅 die Flächenwinkel im Ebenenbüschel 𝔄 dargestellt, d. h. der Winkel, welchen irgend zwei Strahlen des ersteren einschliessen, ist dem Flächenwinkel der ihnen entsprechenden Ebenen gleich, so dass also z. B. Winkel

$$(ab) = (\alpha\beta), \quad (ac) = (\alpha\gamma), \quad (bc) = (\beta\gamma), \quad \ldots,$$

wenn nämlich der Winkel, den zwei Ebenen, etwa α, β einschliessen, durch $(\alpha\beta)$ bezeichnet wird.

III. Hat man auf die vorstehende Art eine Gerade A (I) oder einen ebenen Strahlbüschel 𝔅 (II) auf einen Ebenenbüschel 𝔄 bezogen, so sollen die jedesmaligen zwei Gebilde A und 𝔄, oder 𝔅 und 𝔄 „projectivisch“ heissen, nämlich in Ansehung der entsprechenden Elementenpaare 𝔞 und α, 𝔟 und β, 𝔠 und γ, ..., oder a und α, b und β, c und γ, ... Befinden sich die Gebilde in solcher Lage, dass die Puncte 𝔞, 𝔟, 𝔠, ... oder die Strahlen a, b, c, ... in den ihnen entsprechenden Ebenen α, β, γ, ... liegen, wie bei vorstehenden Betrachtungen, so soll gesagt werden, sie seien oder sie liegen „perspectivisch“, und wenn dieses nicht der Fall ist, so soll ihre Lage „schief“ heissen.

IV. Der Ebenenbüschel 𝔄 kann sich insbesondere so verändern, dass seine Axe 𝔄 sich ins Unendliche entfernt, so dass alle Ebenen α, β, γ, ... desselben unter sich parallel werden. Daher kann man umgekehrt irgend ein System von Parallelebenen als einen Ebenenbüschel betrachten, dessen Axe unendlich entfernt ist. Bei einem solchen Ebenenbüschel wird irgend eine schneidende Ebene B einen ebenen Strahlbüschel hervorbringen (II), dessen Strahlen ebenfalls parallel sind.

28. Die Geraden und die ebenen Strahlbüschel, welche mit einem und demselben Ebenenbüschel 𝔄 perspectivisch sind (§ 27), haben unter einander folgende Beziehungen:

Je zwei ebene Strahlbüschel 𝔅, $𝔅_1$, die in demselben Ebenenbüschel 𝔄 liegen, d. h., die entstehen, wenn letzterer von irgend zwei Ebenen B, B_1 geschnitten wird, sind in Betracht der Strahlenpaare a und a_1, b und b_1, c und c_1, ..., die beziehlich in den Ebenen α, β, γ, ... des Ebenenbüschels 𝔄 liegen, projectivisch, und zwar kann man sagen, sie liegen perspectivisch. Denn wird die Durchschnittslinie der beiden Ebenen B, B_1 durch A bezeichnet, so werden, wie sich aus der Anschauung ergiebt, alle Strahlenpaare a und a_1, b und b_1, c und c_1, ... der Strahlbüschel 𝔅 und $𝔅_1$ sich auf der Geraden A schneiden, und heissen diese Durchschnittspuncte, wie gehörig, 𝔞, 𝔟, 𝔠, ..., so sind einerseits 𝔅 und A in Ansehung der Elemente a, b, c, ... und 𝔞, 𝔟, 𝔠, ..., und andererseits $𝔅_1$ und A in Ansehung der Elemente a_1, b_1, c_1, ... und 𝔞, 𝔟, 𝔠, ... projectivisch (§ 2), folglich sind auch 𝔅 und $𝔅_1$ in Hinsicht der Elemente a, b, c, ... und a_1, b_1, c_1, ... projectivisch, und zwar, da die Durchschnitte der entsprechenden Strahlen auf einer Geraden, nämlich auf A, liegen, so soll ihre Lage, obgleich sie sich nicht in einer Ebene befinden, perspectivisch heissen, und jene Gerade A soll ihr perspectivischer Durchschnitt und die Axe 𝔄 des Ebenenbüschels ihre Projectionsaxe genannt werden. Wird also von zwei projectivischen ebenen Strahlbüscheln, die in einer Ebene perspectivisch liegen, (wie etwa 𝔅, $𝔅_1$ Fig. 10) der eine um den perspectivischen Durchschnitt A herumbewegt, so bleiben die Strahlbüschel fortwährend perspectivisch, und liegen, sobald sie sich nicht mehr in einer Ebene befinden, in einem Ebenenbüschel $\mathfrak{A}$, welcher durch sie bestimmt wird.

Wenn insbesondere die Ebenen B, B_1 der Axe $\mathfrak{A}$ des Ebenenbüschels in einem und demselben Puncte begegnen, so dass also die ebenen Strahlbüschel $\mathfrak{B}$, $\mathfrak{B}_1$ concentrisch sind, so geht auch der perspectivische Durchschnitt A durch ihren gemeinschaftlichen Mittelpunct, und zwar sind in ihm (in A) zwei entsprechende Strahlen vereinigt. Und also auch umgekehrt: Werden zwei projectivische ebene Strahlbüschel $\mathfrak{B}$, $\mathfrak{B}_1$ beliebig concentrisch gelegt, ohne dass sie in einer Ebene liegen, aber so, dass zwei entsprechende Strahlen zusammenfallen, so sind sie perspectivisch, nämlich sie liegen in einem und demselben Ebenenbüschel $\mathfrak{A}$, der durch sie bestimmt wird, und der gemeinschaftliche Strahl ist als ihr perspectivischer Durchschnitt anzusehen.

Nun folgt ferner, dass irgend ein ebener Strahlbüschel $\mathfrak{B}$ und irgend eine Gerade A (die nicht in der Ebene B liegt), die in demselben Ebenenbüschel $\mathfrak{A}$ liegen, in Ansehung der Elemente a, b, c, d, ... und $\mathfrak{a}$, $\mathfrak{b}$, $\mathfrak{c}$, $\mathfrak{d}$, ... projectivisch sind. Denn denkt man sich irgend eine Ebene B_1 durch A, so bringt sie (im Ebenenbüschel $\mathfrak{A}$) einen ebenen Strahlbüschel $\mathfrak{B}_1$ hervor, der, wie man sieht, mit A in Ansehung der Elemente a_1, b_1, c_1, ... und $\mathfrak{a}$, $\mathfrak{b}$, $\mathfrak{c}$, ... projectivisch ist, und da er, zufolge vorstehender Betrachtung, auch mit $\mathfrak{B}$ projectivisch ist, so sind folglich auch $\mathfrak{B}$ und A projectivisch (§ 11, II), wie behauptet worden.

Daher sind ferner je zwei Gerade A, A_1, die in demselben Ebenenbüschel $\mathfrak{A}$ liegen, in Ansehung der entsprechenden Puncte $\mathfrak{a}$, $\mathfrak{b}$, $\mathfrak{c}$, ... und $\mathfrak{a}_1$, $\mathfrak{b}_1$, $\mathfrak{c}_1$, ... projectivisch. Denn sie sind beide mit dem ebenen Strahlbüschel $\mathfrak{B}$, mithin auch unter sich projectivisch. Schneiden die Geraden A, A_1 einander, so sind sie perspectivisch, nämlich ihr Projectionspunct liegt in der Axe des Ebenenbüschels $\mathfrak{A}$, er ist der Durchschnitt dieser Axe und der Ebene, in welcher alsdann die Geraden liegen.

Das Ergebniss der vorstehenden Betrachtungen besteht also in folgenden Eigenschaften:

I. „Je zwei ebene Strahlbüschel $\mathfrak{B}$, $\mathfrak{B}_1$, die in einem und demselben Ebenenbüschel $\mathfrak{A}$ liegen, sind perspectivisch, und zwar ist der Durchschnitt ihrer Ebenen ihr perspectivischer Durchschnitt.“ Und umgekehrt: „Haben zwei projectivische ebene Strahlbüschel $\mathfrak{B}$, $\mathfrak{B}_1$ einen perspectivischen Durchschnitt A, d. h., sind sie perspectivisch, so liegen sie in einem Ebenenbüschel $\mathfrak{A}$, der durch sie bestimmt wird, oder insbesondere in einer Ebene; wird nämlich der eine um A herumbewegt, so bleiben sie stets in irgend einem Ebenenbüschel, und fallen endlich die Ebenen beider Strahlbüschel auf einander, so vereinigen sich alle Ebenen des Ebenenbüschels mit ihnen.“ „Liegen die Strahlbüschel $\mathfrak{B}$, $\mathfrak{B}_1$ im Ebenenbüschel $\mathfrak{A}$ insbesondere concentrisch, so sind im perspectivischen Durchschnitt A, der dann durch den gemeinschaftlichen Mittelpunct geht, zwei entsprechende Strahlen vereinigt, und umgekehrt, sind bei zwei projectivischen ebenen Strahlbüscheln $\mathfrak{B}$, $\mathfrak{B}_1$, die nicht in einerlei Ebene liegen, die Mittelpuncte und zwei entsprechende Strahlen vereinigt, so liegen sie in einem Ebenenbüschel $\mathfrak{A}$, dessen Axe $\mathfrak{A}$ natürlicherweise durch den gemeinsamen Mittelpunct geht, und der gemeinschaftliche Strahl ist als perspectivischer Durchschnitt der Strahlbüschel anzusehen.“

II. „Jede Gerade A und jeder ebene Strahlbüschel $\mathfrak{B}$, die in einem und demselben Ebenenbüschel $\mathfrak{A}$ liegen, sind projectivisch.“

III. „Je zwei Gerade A, A_1, die in einem und demselben Ebenenbüschel $\mathfrak{A}$ liegen, sind projectivisch, und wenn sie sich schneiden, so sind sie perspectivisch, und ihr Projectionspunct liegt in der Axe $\mathfrak{A}$ des Ebenenbüschels.“

In Hinsicht ähnlicher Geraden und in Hinsicht gleicher ebener Strahlbüschel finden insbesondere folgende Eigenschaften statt:

IV. „Alle Geraden, die in demselben Ebenenbüschel $\mathfrak{A}$ liegen und mit einer und derselben Ebene desselben parallel gehen, sind projectivisch ähnlich.“ Und umgekehrt: „Alle Geraden, die in demselben Ebenenbüschel liegen und ähnlich sind, sind mit einer und derselben Ebene desselben parallel.“ Denn da jede Ebene des Ebenenbüschels durch entsprechende Puncte der Geraden geht, so werden, da die Geraden mit derselben Ebene parallel sind, ihre unendlich entfernten Puncte sich entsprechen (§ 27, I), und daher folgt ihre Aehnlichkeit (§ 13, I, a). Wenn insbesondere der Ebenenbüschel $\mathfrak{A}$ aus Parallelebenen besteht, wenn seine Axe unendlich entfernt ist (§ 27, IV), so sind alle Geraden, die in einem solchen Ebenenbüschel liegen, projectivisch ähnlich, und diejenigen Geraden, die unter gleichen Winkeln zu den Ebenen geneigt sind, sind projectivisch gleich.

V. „Ebene Strahlbüschel, die in demselben Ebenenbüschel liegen, sind projectivisch gleich, wenn entweder

1) ihre Ebenen parallel sind, oder
2) wenn diejenige Ebene, welche den durch die Ebenen der Strahlbüschel gebildeten Flächenwinkel hälftet, zu der Axe $\mathfrak{A}$ des Ebenenbüschels senkrecht ist;

und auch umgekehrt.“ Die Wahrheit dieses Satzes ist leicht zu erweisen, nämlich im ersten Falle (1) sind offenbar je zwei entsprechende

Strahlen der Strahlbüschel parallel, und folglich je zwei entsprechende Winkel gleich, u. s. w.

29. Da die Flächenwinkel des Ebenenbüschels $\mathfrak{A}$ durch irgend einen ebenen Strahlbüschel $\mathfrak{B}_1$, dessen Ebene zu der Axe $\mathfrak{A}$ desselben senkrecht ist, dargestellt werden (§ 27, II, 3), und da dieser Strahlbüschel $\mathfrak{B}_1$ mit jedem anderen Strahlbüschel $\mathfrak{B}$, oder mit jeder Geraden A, die in dem Ebenenbüschel $\mathfrak{A}$ liegt, projectivisch ist (§ 28), so hat man zwischen irgend viermal drei entsprechenden Elementen der drei projectivischen Gebilde $\mathfrak{A}$, $\mathfrak{B}$, A, etwa zwischen α, β, γ, δ; a, b, c, d; $\mathfrak{a}$, $\mathfrak{b}$, $\mathfrak{c}$, $\mathfrak{d}$ folgende Bedingungen (§ 4 und § 10):

$$\text{I.} \quad \begin{cases} \dfrac{\sin(\alpha\gamma)}{\sin(\beta\gamma)} : \dfrac{\sin(\alpha\delta)}{\sin(\beta\delta)} = \dfrac{\sin(ac)}{\sin(bc)} : \dfrac{\sin(ad)}{\sin(bd)} = \dfrac{\mathfrak{ac}}{\mathfrak{bc}} : \dfrac{\mathfrak{ad}}{\mathfrak{bd}}, \\[2ex] \dfrac{\sin(\alpha\beta)}{\sin(\gamma\beta)} : \dfrac{\sin(\alpha\delta)}{\sin(\gamma\delta)} = \dfrac{\sin(ab)}{\sin(cb)} : \dfrac{\sin(ad)}{\sin(cd)} = \dfrac{\mathfrak{ab}}{\mathfrak{cb}} : \dfrac{\mathfrak{ad}}{\mathfrak{cd}}, \\[2ex] \dfrac{\sin(\alpha\beta)}{\sin(\delta\beta)} : \dfrac{\sin(\alpha\gamma)}{\sin(\delta\gamma)} = \dfrac{\sin(ab)}{\sin(db)} : \dfrac{\sin(ac)}{\sin(dc)} = \dfrac{\mathfrak{ab}}{\mathfrak{db}} : \dfrac{\mathfrak{ac}}{\mathfrak{dc}}. \end{cases}$$

Und umgekehrt:

II. „Sind die Elemente zweier Gebilde $\mathfrak{A}$ und $\mathfrak{B}$, oder $\mathfrak{A}$ und A, so einander entsprechend angenommen, dass zwischen je vier Elementenpaaren (bei gleicher Aufeinanderfolge der Elemente in den jedesmaligen zwei Gebilden (§ 6, γ oder § 10) gleiche Doppelverhältnisse stattfinden, wie die vorstehenden, so sind die Gebilde projectivisch."

Daher folgt ferner:

III. „Das ganze System der entsprechenden Elementenpaare zweier projectivischen Gebilde $\mathfrak{A}$ und $\mathfrak{B}$, oder $\mathfrak{A}$ und A ist bestimmt, sobald drei Paare gegeben sind (§ 6, α); und, um eine projectivische Beziehung zwischen den Gebilden zu bestimmen, dürfen drei entsprechende Elementenpaare beliebig gewählt werden (§ 6, β)."

Sollen, wenn bei $\mathfrak{A}$ und $\mathfrak{B}$, oder bei $\mathfrak{A}$ und A drei Paar entsprechender Elemente gegeben sind, andere entsprechende Elemente gefunden werden, so ist die Aufgabe leicht auf die obige (§ 6 oder § 24, III) zurückzuführen. Denn welche gegenseitige Lage die Gebilde auch haben mögen, so darf man nur einen ebenen Strahlbüschel $\mathfrak{B}_1$ oder eine Gerade A_1 annehmen, die mit dem Ebenenbüschel $\mathfrak{A}$ perspectivisch sind, und kann sofort zwischen $\mathfrak{B}_1$ oder A_1 und den gegebenen Gebilden $\mathfrak{B}$ oder A die entsprechende Aufgabe lösen.

IV. „Liegen zwei projectivische Gebilde $\mathfrak{A}$ und $\mathfrak{B}$, oder $\mathfrak{A}$ und A so, dass irgend drei Paar entsprechender Elemente zusammentreffen, d. h., dass drei Strahlen von $\mathfrak{B}$, oder drei Puncte von A in den ihnen entsprechenden drei Ebenen von $\mathfrak{A}$ liegen, so liegen die jedesmaligen zwei Gebilde perspectivisch (§ 27), so dass je zwei entsprechende Elemente zusammentreffen.“

V. „Befinden sich zwei projectivische Gebilde $\mathfrak{A}$ und A in beliebiger schiefer Lage, so treffen entweder zwei, oder ein, oder kein Paar entsprechender Elemente derselben zusammen, nämlich gerade so, wie bei den Gebilden $\mathfrak{B}$ und A (§ 16, IV), oder wie bei zwei auf einander gelegten projectivischen Geraden A, A_1 (§ 16, II).“ Denn denkt man sich mit der gegebenen Geraden A eine andere Gerade A_1 vereinigt, die mit dem Ebenenbüschel $\mathfrak{A}$ perspectivisch ist, so sind A und A_1 projectivisch, woraus sofort die Richtigkeit der Aussage folgt. Die vereinigten entsprechenden Elementenpaare der Gebilde $\mathfrak{A}$, A werden demzufolge nach § 17 gefunden.

V. „Befinden sich zwei projectivische Gebilde $\mathfrak{A}$ und $\mathfrak{B}$ in schiefer Lage, und liegt der Mittelpunct $\mathfrak{B}$ in der Axe $\mathfrak{A}$, so fallen entweder zwei, oder ein, oder kein Paar entsprechender Elemente derselben auf einander, nämlich gerade so, wie bei zwei projectivischen ebenen Strahlbüscheln $\mathfrak{B}$, $\mathfrak{B}_1$, die in einer Ebene concentrisch liegen (§ 16, II).“ Denn denkt man sich in der Ebene des gegebenen Strahlbüschels $\mathfrak{B}$ einen anderen $\mathfrak{B}_1$, welcher mit ihm concentrisch und mit $\mathfrak{A}$ perspectivisch ist, so sind $\mathfrak{B}$ und $\mathfrak{B}_1$ projectivisch, woraus sofort die genannten Eigenschaften folgen. Die vereinigten entsprechenden Elementenpaare der Gebilde $\mathfrak{A}$, $\mathfrak{B}$ werden demzufolge nach § 17 gefunden.

Mit Rücksicht auf § 8 und § 12, II folgt insbesondere ferner (§ 28, I, II, III):

VI. „Schneiden irgend vier Ebenen des Ebenenbüschels $\mathfrak{A}$, etwa die Ebenen α, β, γ, δ, entweder irgend eine Gerade A in vier harmonischen Puncten $\mathfrak{a}$, $\mathfrak{b}$, $\mathfrak{c}$, $\mathfrak{d}$, oder irgend eine Ebene B in vier harmonischen Strahlen a, b, c, d, so schneiden sie auch jede andere Gerade A_1 in vier harmonischen Puncten $\mathfrak{a}_1$, $\mathfrak{b}_1$, $\mathfrak{c}_1$, $\mathfrak{d}_1$, und jede andere Ebene B_1 in vier harmonischen Strahlen a_1, b_1, c_1, d_1.“

Unter diesen Umständen sollen die vier Ebenen α, β, γ, δ „harmonische Ebenen“ heissen, und zwar sollen auf dieselbe Weise, wie bei harmonischen Puncten und harmonischen Strahlen (§ 8, I), je zwei nicht nach einander folgende Ebenen „zugeordnete harmonische Ebenen“ heissen. Alsdann lassen sich fast alle Eigenschaften, die daselbst (§ 8) von vier harmonischen Strahlen entwickelt wurden, wörtlich auf vier harmonische Ebenen α, β, γ, δ übertragen. Ferner sind die letzten Sätze in § 12, II zu übertragen, nämlich wie folgt:

VII. „Sind in einem Ebenenbüschel $\mathfrak{A}$ vier harmonische Ebenen, und in einer Geraden A vier harmonische Puncte, oder in einem ebenen Strahlbüschel $\mathfrak{B}$ vier harmonische Strahlen gegegeben, so sind die Gebilde $\mathfrak{A}$ und A, oder $\mathfrak{A}$ und $\mathfrak{B}$ in Ansehung der gegebenen Elemente auf acht verschiedene Arten projectivisch, nämlich man kann jedes Paar zugeordneter harmonischer Elemente des einen Gebildes, sowohl dem einen als dem anderen Paar zugeordneter harmonischer Elemente des anderen Gebildes entsprechend annehmen.“

Es folgt weiter:

VIII. „Werden drei Ebenen (α, β, γ) eines Ebenenbüschels $\mathfrak{A}$ durch irgend eine Gerade A oder durch irgend eine Ebene B geschnitten, so ist der Ort desjenigen Punctes $\mathfrak{d}$ oder Strahles d, der zu den drei Durchschnittspuncten ($\mathfrak{a}$, $\mathfrak{b}$, $\mathfrak{c}$) oder Durchschnittsstrahlen (a, b, c) der vierte harmonische Punct oder Strahl ist, eine bestimmte vierte Ebene δ des Ebenenbüschels $\mathfrak{A}$, nämlich die vierte harmonische Ebene zu den drei gegebenen Ebenen.“

VIII. „Gehen durch drei gegebene Puncte $\mathfrak{a}$, $\mathfrak{b}$, $\mathfrak{c}$ einer Geraden A drei Ebenen (α, β, γ) eines Ebenenbüschels $\mathfrak{A}$ oder drei Strahlen (a, b, c) eines ebenen Strahlbüschels $\mathfrak{B}$, so geht die zu den drei Ebenen gehörige vierte harmonische Ebene δ, oder der zu den drei Strahlen gehörige vierte harmonische Strahl d durch einen bestimmten vierten Punct $\mathfrak{d}$ der Geraden A, nämlich durch den vierten harmonischen Punct zu den drei gegebenen Puncten.“

Aus diesen letzteren Sätzen, verbunden mit § 20, IV, folgt ferner:

IX. „Sind α, β, γ irgend drei Ebenen eines Ebenenbüschels $\mathfrak{A}$, und nimmt man in der einen, etwa in β, irgend einen Punct $\mathfrak{b}$ an, zieht aus ihm zwei beliebige Gerade A, A_1, die den zwei übrigen Ebenen α, γ in den Punctepaaren $\mathfrak{a}$ und $\mathfrak{c}$, $\mathfrak{a}_1$ und $\mathfrak{c}_1$ begegnen werden, und verbindet diese Punctepaare wechselseitig durch Gerade ($\mathfrak{a}\mathfrak{c}_1$, $\mathfrak{c}\mathfrak{a}_1$), so ist der Ort des Durchschnitts $\mathfrak{d}$ der letzteren eine bestimmte

IX. „Sind $\mathfrak{a}$, $\mathfrak{b}$, $\mathfrak{c}$ irgend drei Puncte einer Geraden A, und legt man durch den einen, etwa durch $\mathfrak{b}$, irgend eine Ebene β, nimmt in dieser zwei beliebige Gerade $\mathfrak{A}$, $\mathfrak{A}_1$ an, die mit den zwei übrigen Puncten $\mathfrak{a}$, $\mathfrak{c}$ die Ebenenpaare α und γ, α_1 und γ_1 bestimmen, und legt durch die zwei Durchschnittslinien, in denen diese Ebenenpaare sich wechselseitig ($\alpha\gamma_1$, $\gamma\alpha_1$) schneiden, eine Ebene, so geht diese stets durch einen

vierte Ebene δ des Ebenenbüschels, die nämlich zu jenen drei Ebenen die vierte, und zwar der β zugeordnete, harmonische Ebene ist.“

bestimmten vierten Punct $\mathfrak{d}$ der Geraden A, der zu $\mathfrak{a}$, $\mathfrak{b}$, $\mathfrak{c}$ der vierte, und zwar dem $\mathfrak{b}$ zugeordnete, harmonische Punct ist.“

Aus diesen Sätzen folgert man nach *Carnot* weiter:

X. „Haben irgend zwei dreiseitige Pyramiden $\mathfrak{b}\mathfrak{a}\mathfrak{a}_1\mathfrak{a}_2$, $\mathfrak{b}\mathfrak{c}\mathfrak{c}_1\mathfrak{c}_2$, einen gemeinschaftlichen Körperwinkel $\mathfrak{b}$, so finden zwischen ihren übrigen Elementen folgende Umstände statt: heissen die Ebenen, in denen die Grundflächen $\mathfrak{a}\mathfrak{a}_1\mathfrak{a}_2$, $\mathfrak{c}\mathfrak{c}_1\mathfrak{c}_2$ liegen, α, γ, heisst der durch diese bestimmte Ebenenbüschel $\mathfrak{A}$, und die durch die Spitze $\mathfrak{b}$ gehende Ebene des letzteren β, so werden die Durchschnittspuncte der Diagonalen der drei Vierecke $\mathfrak{a}\mathfrak{a}_1\mathfrak{c}\mathfrak{c}_1$, $\mathfrak{a}\mathfrak{a}_2\mathfrak{c}\mathfrak{c}_2$, $\mathfrak{a}_1\mathfrak{a}_2\mathfrak{c}_1\mathfrak{c}_2$, die sich in den Seitenebenen des Körperwinkels $\mathfrak{b}$ befinden, in einer vierten Ebene δ des Ebenenbüschels $\mathfrak{A}$ liegen, und zwar sind α, β, γ, δ vier harmonische Ebenen, und es sind α und γ, β und δ einander zugeordnet.“

X. „Haben irgend zwei dreiseitige Pyramiden $\beta\alpha\alpha_1\alpha_2$, $\beta\gamma\gamma_1\gamma_2$ eine gemeinschaftliche Grundfläche β, so finden zwischen ihren übrigen Elementen folgende Umstände statt: heissen die Spitzen der Pyramiden $\mathfrak{a}$, $\mathfrak{c}$, heisst die durch diese Spitzen gehende Gerade A, und der Punct, in welchem diese der Ebene der Grundfläche β begegnet $\mathfrak{b}$, so gehen die drei Ebenen, welche in den drei vierflächigen Körperwinkeln $\alpha\alpha_1\gamma\gamma_1$, $\alpha\alpha_2\gamma\gamma_2$, $\alpha_1\alpha_2\gamma_1\gamma_2$ durch diejenigen gegenüberstehenden Kanten gelegt werden, in denen die ungleichnamigen Ebenen (α, γ_1, und α_1, γ; α, γ_2 und α_2, γ; α_1, γ_2 und α_2, γ_1) sich schneiden, durch einen vierten Punct $\mathfrak{d}$ der Geraden A, und zwar sind $\mathfrak{a}$, $\mathfrak{b}$, $\mathfrak{c}$, $\mathfrak{d}$ vier harmonische Puncte.“

Weitere Folgerungen, deren hier noch viele möglich sind, werden gegenwärtig übergangen; im zweiten Hefte werden einige davon, bei Gelegenheit zweckmässiger Anwendung, nachgeholt werden.

Ebenenbüschel unter sich.

30. Bisher befand sich unter den Gebilden, die betrachtet wurden, nur ein einziger Ebenenbüschel, nun aber sollen mehrere zugleich berücksichtigt werden, und zwar sollen sie, auf ähnliche Weise, wie früher die anderen Gebilde, auf einander bezogen und die aus dieser Beziehung entspringenden Eigenschaften untersucht werden.

Zwei Ebenenbüschel $\mathfrak{A}$, $\mathfrak{A}_1$, die entweder mit einer und derselben Geraden A, oder mit einem und demselben ebenen Strahlbüschel $\mathfrak{B}$ projectivisch sind (§ 27, III), sollen auch unter sich „projectivisch" heissen.

Zufolge dieser Erklärung, mit Bezug auf die obigen Sätze (§ 29), finden zwischen den entsprechenden Elementen projectivischer Ebenenbüschel nachstehende Gesetze statt:

I. Je vier entsprechende Elementenpaare zweier projectivischer Ebenenbüschel $\mathfrak{A}$, $\mathfrak{A}_1$, etwa die Ebenen α, β, γ, δ und α_1, β_1, γ_1, δ_1, erfüllen folgende Bedingungen (§ 29, I):

$$\frac{\sin(\alpha\gamma)}{\sin(\beta\gamma)}:\frac{\sin(\alpha\delta)}{\sin(\beta\delta)}=\frac{\sin(\alpha_1\gamma_1)}{\sin(\beta_1\gamma_1)}:\frac{\sin(\alpha_1\delta_1)}{\sin(\beta_1\delta_1)},$$

$$\frac{\sin(\alpha\beta)}{\sin(\gamma\beta)}:\frac{\sin(\alpha\delta)}{\sin(\gamma\delta)}=\frac{\sin(\alpha_1\beta_1)}{\sin(\gamma_1\beta_1)}:\frac{\sin(\alpha_1\delta_1)}{\sin(\gamma_1\delta_1)},$$

$$\frac{\sin(\alpha\beta)}{\sin(\delta\beta)}:\frac{\sin(\alpha\gamma)}{\sin(\delta\gamma)}=\frac{\sin(\alpha_1\beta_1)}{\sin(\delta_1\beta_1)}:\frac{\sin(\alpha_1\gamma_1)}{\sin(\delta_1\gamma_1)}.$$

II. Und umgekehrt:

„Sind die Ebenen zweier Ebenenbüschel $\mathfrak{A}$, $\mathfrak{A}_1$ so einander entsprechend angenommen, dass zwischen je vier Paaren gleiche Doppelverhältnisse stattfinden, wie die vorstehenden, wobei die Aufeinanderfolge der Ebenen in beiden Ebenenbüscheln nothwendiger Weise übereinstimmend sein muss (§ 10), so sind die Ebenenbüschel projectivisch."

III. Ferner folgt:

„Das ganze System der entsprechenden Ebenenpaare zweier projectivischer Ebenenbüschel ist bestimmt, wenn irgend drei Paare gegeben sind (§ 29, III); und will man zwei Ebenenbüschel auf einander projectivisch beziehen, so können drei Paar entsprechender Ebenen beliebig angenommen werden."

IV. „Bei zwei projectivischen Ebenenbüscheln $\mathfrak{A}$, $\mathfrak{A}_1$ entsprechen vier harmonischen Ebenen des einen auch vier harmonische Ebenen des anderen Ebenenbüschels (§ 29, IV)."

V. Es folgt weiter (§ 11, II):

„Wenn von mehreren Gebilden — Gerade, ebene Strahlbüschel und Ebenenbüschel —, in irgend einer Ordnung genommen, der Reihe nach jedes mit dem darauf folgenden projectivisch ist, so ist jedes mit jedem projectivisch."

VI. Da man die Flächenwinkel zweier projectivischen Ebenenbüschel $\mathfrak{A}$, $\mathfrak{A}_1$ durch zwei ebene Strahlbüschel $\mathfrak{B}$, $\mathfrak{B}_1$ darstellen kann (§ 27, II, 3), und da letztere unter sich projectivisch (V) sind, weil sie es mit jenen, und jene unter sich es sind, so folgt ferner (§ 9, II):

„In zwei projectivischen Ebenenbüscheln $\mathfrak{A}$, $\mathfrak{A}_1$ befinden sich im Allgemeinen nur zwei entsprechende rechte Flächenwinkel $(\sigma\tau)$, $(\sigma_1\tau_1)$."

Diese Ebenenpaare σ und σ_1, τ und τ_1 haben ferner die nachstehende Eigenthümlichkeit (§ 12, I):

$$\operatorname{tg}(\alpha\sigma).\operatorname{tg}(\alpha_1\tau_1) = \operatorname{tg}(\beta\sigma).\operatorname{tg}(\beta_1\tau_1)$$

und

$$\operatorname{tg}(\alpha\tau).\operatorname{tg}(\alpha_1\sigma_1) = \operatorname{tg}(\beta\tau).\operatorname{tg}(\beta_1\sigma_1);$$

das heisst: „Bei zwei projectivischen Ebenenbüscheln $\mathfrak{A}$, $\mathfrak{A}_1$ ist das Product aus den Tangenten der Winkel, welche irgend zwei entsprechende Ebenen (α und α_1, oder β und β_1) mit den ungleichnamigen Seitenflächen (mit σ und τ_1, oder σ_1 und τ) der entsprechenden rechten Flächenwinkel einschliessen, von unveränderlichem Werth."

31. In Hinsicht der gegenseitigen Lage zweier projectivischen Ebenenbüschel finden ähnliche Fälle und Umstände statt, wie bei den früher betrachteten Gebilden, nämlich folgende:

I. Zwei projectivische Ebenenbüschel sollen, oder ihre Lage soll „perspectivisch" heissen, wenn die Durchschnittslinien der entsprechenden Ebenenpaare einen ebenen Strahlbüschel bilden. Um sich von der Möglichkeit dieser Lage zu überzeugen, denke man sich einen beliebigen ebenen Strahlbüschel $\mathfrak{B}$, lege durch dessen Mittelpunct $\mathfrak{B}$ irgend zwei Gerade $\mathfrak{A}$, $\mathfrak{A}_1$ (die nicht in der Ebene $\mathfrak{B}$ liegen), so sind die Ebenenbüschel $\mathfrak{A}$, $\mathfrak{A}_1$, in Ansehung der Ebenenpaare, welche durch denselben Strahl des Strahlbüschels $\mathfrak{B}$ gehen, projectivisch (§ 30), und der Erklärung gemäss liegen sie perspectivisch.

Ferner soll der Strahlbüschel $\mathfrak{B}$, oder dessen Ebene B, der „perspectivische Durchschnitt" der Ebenenbüschel $\mathfrak{A}$, $\mathfrak{A}_1$ heissen. Insbesondere kann der Strahlbüschel $\mathfrak{B}$ aus einem System von Parallelstrahlen bestehen, und dann sind auch die Axen $\mathfrak{A}$, $\mathfrak{A}_1$ denselben, also auch der Ebene B, parallel.

Als ein wesentlicher Umstand bei der perspectivischen Lage ist noch der zu bemerken, dass offenbar zwei entsprechende Ebenen, etwa ε, ε_1, auf einander fallen (§ 9, II), nämlich in derjenigen Ebene, in welcher die beiden Axen $\mathfrak{A}$, $\mathfrak{A}_1$ der Ebenenbüschel liegen. Dieser Umstand dient umgekehrt als Merkmal oder als Bedingung für die perspectivische Lage der beiden Ebenenbüschel; nämlich man erkennt diese Lage vornehmlich an folgenden zwei Merkmalen:

„Zwei projectivische Ebenenbüschel $\mathfrak{A}$, $\mathfrak{A}_1$ liegen allemal perspectivisch, wenn entweder:

1) irgend zwei entsprechende Ebenen ε, ε_1 auf einander fallen, oder wenn

2) die drei Durchschnittslinien von irgend drei entsprechenden Ebenenpaaren in einer und derselben Ebene liegen."

Die Richtigkeit dieser Aussagen ist durch Hülfe früherer Sätze leicht zu erweisen. Denn im ersten Falle (1) liegen die Axen $\mathfrak{A}$, $\mathfrak{A}_1$ in der den Ebenenbüscheln gemeinschaftlichen Ebene $\varepsilon\varepsilon_1$, und müssen folglich einander in irgend einem Puncte $\mathfrak{B}$ schneiden, oder insbesondere parallel sein. Daher muss ferner der Durchschnitt je zweier entsprechenden Ebenen durch den Punct $\mathfrak{B}$ gehen, weil offenbar beide Ebenen durch denselben gehen. Legt man nun durch zwei solche Durchschnitte, etwa durch a, b, d. h. durch die Durchschnitte der entsprechenden Ebenenpaare α und α_1, β und β_1, eine Ebene B, so wird diese der Ebene $\varepsilon\varepsilon_1$ in einem bestimmten Strahl ee_1 begegnen und die Ebenenbüschel $\mathfrak{A}$, $\mathfrak{A}_1$ in zwei Strahlbüscheln $\mathfrak{B}$, $\mathfrak{B}_1$ schneiden, welche projectivisch sind, und zwar, da sie die drei Strahlen a, b, ee_1, als sich selbst entsprechende Strahlen, gemein haben, projectivisch gleich sind und sich decken, so dass folglich alle übrigen Durchschnitte entsprechender Ebenenpaare in der genannten Ebene B liegen. Sind insbesondere die Axen $\mathfrak{A}$, $\mathfrak{A}_1$ parallel, so ist auch die Ebene B mit ihnen parallel. Im anderen Falle (2) muss die Ebene, in welcher die drei Durchschnittslinien liegen, die Ebenenbüschel $\mathfrak{A}$, $\mathfrak{A}_1$ in zwei ebenen Strahlbüscheln $\mathfrak{B}$, $\mathfrak{B}_1$ schneiden, die projectivisch gleich sind und sich decken, weil sie die drei genannten Strahlen gemein haben und durch dieselben bestimmt werden, woraus denn folgt, dass die Durchschnittslinie von je zwei entsprechenden Ebenen in jene Ebene BB_1 fallen muss.

Sind insbesondere die Ebenenbüschel $\mathfrak{A}$, $\mathfrak{A}_1$ gleich, d. h., sind je zwei entsprechende Flächenwinkel derselben einander gleich, so giebt sich diese Eigenschaft bei der perspectivischen Lage der Gebilde durch folgende Umstände kund, nämlich entweder:

a) hälftet der perspectivische Durchschnitt B den von den Axen $\mathfrak{A}$, $\mathfrak{A}_1$ eingeschlossenen Winkel und steht auf dessen Ebene senkrecht, oder

b) ist der perspectivische Durchschnitt B unendlich weit entfernt, so dass je zwei entsprechende Ebenen der Ebenenbüschel parallel sind,

und umgekehrt, durch jeden dieser Umstände ist die Gleichheit der Ebenenbüschel bedingt. Sind im ersten Falle (a) insbesondere die Axen $\mathfrak{A}$, $\mathfrak{A}_1$ parallel, so liegen sie auf entgegengesetzten Seiten des perspectivischen Durchschnitts B und sind gleich weit von ihm entfernt.

II. Ist die Lage der Ebenenbüschel $\mathfrak{A}$, $\mathfrak{A}_1$ nicht perspectivisch (I), so soll sie „schief" heissen. Zwei projectivische Ebenenbüschel $\mathfrak{A}$, $\mathfrak{A}_1$ befinden sich allemal in schiefer Lage, wenn entweder (I):

1) ihre Axen $\mathfrak{A}$, $\mathfrak{A}_1$ nicht in einer Ebene liegen, oder

2) wenn drei Durchschnittslinien von irgend drei entsprechenden Ebenenpaaren nicht in einer Ebene liegen, oder

3) wenn ihre Axen in einer Ebene liegen, in der aber nicht zwei entsprechende Ebenen (ε, ε_1) vereinigt sind.

Im Allgemeinen sind bei der schiefen Lage zweier projectivischen Ebenenbüschel $\mathfrak{A}$, $\mathfrak{A}_1$ folgende zwei Hauptfälle zu unterscheiden, nämlich entweder liegen ihre Axen $\mathfrak{A}$, $\mathfrak{A}_1$

a) in einer Ebene, oder

b) nicht in einer Ebene.

Im Falle (a) müssen nothwendiger Weise die Axen sich in einem Puncte schneiden, der $\mathfrak{D}$ heissen mag, und da jede Ebene durch denselben geht, so geht folglich auch die Durchschnittslinie von je zwei entsprechenden Ebenen durch denselben. Insbesondere können die Axen sammt den genannten Durchschnittslinien parallel sein.

Im Falle (b) gehen die Durchschnittslinien der entsprechenden Ebenenpaare nicht mehr durch einen und denselben Punct, wohl aber schneidet jede die beiden Axen $\mathfrak{A}$, $\mathfrak{A}_1$, und alle sind einem gemeinsamen Gesetze unterworfen, welches im dritten Kapitel näher untersucht werden soll.

Die Aufgabe: „Wenn bei zwei schiefliegenden projectivischen Ebenenbüscheln drei Paar entsprechender Ebenen gegeben sind, andere entsprechende Ebenenpaare zu finden, oder mit anderen Worten, die Ebenenbüschel schief auf einander zu projiciren,“ ist in beiden Fällen (a, b) leicht zu lösen, nämlich dadurch, dass man Gerade oder ebene Strahlbüschel zu Hülfe nimmt und sofort auf ähnliche Weise verfährt, wie in § 24, III. Im Falle (b) bedarf man nur einer einzigen Geraden als Hülfslinie, die nämlich drei Durchschnittslinien von irgend drei entsprechenden Ebenenpaaren schneidet (§ 51).

Ferner ist die Aufgabe: „Zwei schiefliegende projectivische Ebenenbüschel in perspectivische Lage zu bringen;“ zufolge der mit der perspectivischen Lage verbundenen Umstände (I) leicht zu lösen.

III. Zwei projectivische Ebenenbüschel können endlich auch so liegen, dass man ihre Lage sowohl für perspectivisch als schief halten kann, wenn nämlich ihre Axen zusammenfallen (vergl. § 16). In diesem Falle finden ganz ähnliche Umstände statt, wie bei zwei auf einander gelegten projectivischen Geraden, oder bei zwei in einer Ebene liegenden concentrischen projectivischen ebenen Strahlbüscheln (§ 16, III); denn schneidet man z. B. die gegebenen Ebenenbüschel $\mathfrak{A}$, $\mathfrak{A}_1$ mit irgend einer Ebene, so entstehen zwei ebene Strahlbüschel $\mathfrak{B}$, $\mathfrak{B}_1$, welche die angegebenen Bedingungen erfüllen. Daher werden bei den Ebenenbüscheln $\mathfrak{A}$, $\mathfrak{A}_1$ im Allgemeinen zwei Paar entsprechende Ebenen auf einander fallen, u. s. w. Und daher wird man diese vereinigten entsprechenden Ebenenpaare nach § 17 leicht finden.

Sätze und Porismen durch Zusammenstellung projectivischer Gebilde.

32. Durch die bisherigen Betrachtungen sind die Fundamentalsätze über projectivische Gerade, ebene Strahlbüschel und Ebenenbüschel im Raume entwickelt worden. Die weitere Betrachtung könnte sich nun mit verschiedenen Verbindungen und Zusammenstellungen der genannten Gebilde beschäftigen, wobei die gefundenen Sätze durch Wiederholung und Verbindung zu zusammengesetzteren Sätzen führen würden, auf ähnliche Weise, wie im ersten Kapitel von § 19 bis zu Ende. Allein ich werde mich hier nur auf einige wenige Verbindungen beschränken und am Schlusse in zwei Anmerkungen zwei Reihen von leicht auszuführenden Betrachtungen kurz andeuten.

Den obigen, in § 22 aufgestellten Sätzen entsprechen hier folgende, von deren Richtigkeit man sich mittelst vorhergehender erwiesener Eigenschaften leicht überzeugen wird.

I. „Wenn von n Geraden $A, A_1, A_2, \ldots A_{n-1}$, die durch denselben Punct gehen (aber sonst beliebig liegen), der Reihe nach jede mit der darauf folgenden projectivisch ist und mit ihr perspectivisch liegt, so sind je zwei projectivisch und liegen perspectivisch."

I. „Wenn von n Ebenenbüscheln $\mathfrak{A}, \mathfrak{A}_1, \mathfrak{A}_2, \ldots \mathfrak{A}_{n-1}$, deren Axen in derselben Ebene liegen, der Reihe nach jeder mit dem darauf folgenden projectivisch ist und mit ihm perspectivisch liegt, so sind je zwei projectivisch und liegen perspectivisch."

II. „Wenn drei projectivische Gerade A, A_1, A_2 durch denselben Punct gehen, und wenn darin drei entsprechende Puncte $(\mathfrak{e}, \mathfrak{e}_1, \mathfrak{e}_2)$ vereinigt sind, so dass je zwei Gerade perspectivisch liegen, so liegen die drei Projectionspuncte $(\mathfrak{B}, \mathfrak{B}_1, \mathfrak{B}_2)$, die ihnen, paarweise genommen, zugehören, in einer Geraden $\mathfrak{A}$, oder so sind sie mit einem bestimmten Ebenenbüschel $\mathfrak{A}$ perspectivisch (§ 27, III), d. h. die Ebenen $\alpha, \beta, \ldots$, welche durch je drei entsprechende Puncte $\mathfrak{a}, \mathfrak{a}_1, \mathfrak{a}_2$; $\mathfrak{b}, \mathfrak{b}_1, \mathfrak{b}_2$; ... der Geraden bestimmt

II. „Wenn die Axen dreier projectivischen Ebenenbüschel $\mathfrak{A}, \mathfrak{A}_1, \mathfrak{A}_2$ in einer Ebene liegen, und wenn in dieser drei entsprechende Ebenen $(\varepsilon, \varepsilon_1, \varepsilon_2)$ vereinigt sind, so dass je zwei Ebenenbüschel perspectivisch liegen, so schneiden sich die drei perspectivischen Durchschnitte (B, B_1, B_2), die ihnen zugehören, in einer Geraden A, oder so sind sie zugleich mit einer bestimmten Geraden A perspectivisch (§ 27, III), d. h. die Puncte $\mathfrak{a}, \mathfrak{b}, \ldots$, in welchen je drei entsprechende Ebenen $\alpha, \alpha_1, \alpha_2$; β, β_1, β_2; ... der Ebenen-

werden, bilden einen Ebenenbüschel $\mathfrak{A}$."

III. „Wenn vier projectivische Gerade A, A_1, A_2, A_3 sich in einem Puncte schneiden, und wenn alle unter einander perspectivisch sind, so liegen von den ihnen zugehörigen sechs Projectionspuncten viermal drei in einer Geraden, und folglich liegen alle sechs in einer Ebene, und folglich liegen vier entsprechende Puncte, etwa $\mathfrak{b}, \mathfrak{b}_1, \mathfrak{b}_2, \mathfrak{b}_3$, in dieser Ebene."

IV. „Bewegen sich n Puncte $\mathfrak{a}, \mathfrak{a}_1, \mathfrak{a}_2, \ldots \mathfrak{a}_{n-1}$ nach der Reihe in n beliebigen festen Geraden $A, A_1, A_2, \ldots A_{n-1}$, die durch denselben Punct gehen, und drehen sich die n—1 Geraden $(a, a_1, a_2 \ldots a_{n-2})$, welche durch die Punctepaare $\mathfrak{a}\mathfrak{a}_1$, $\mathfrak{a}_1\mathfrak{a}_2, \ldots \mathfrak{a}_{n-2}\mathfrak{a}_{n-1}$ gehen, nach der Reihe um n—1 feste Puncte $(\mathfrak{B}, \mathfrak{B}_1, \mathfrak{B}_2, \ldots \mathfrak{B}_{n-2})$, so dreht sich die Gerade durch je zwei jener Puncte $(\mathfrak{a}, \mathfrak{a}_1, \mathfrak{a}_2 \ldots)$ um einen festen Punct."

büschel sich schneiden, liegen in einer Geraden A."

III. „Wenn vier projectivische Ebenenbüschel $\mathfrak{A}$, $\mathfrak{A}_1$, $\mathfrak{A}_2$, $\mathfrak{A}_3$, deren Axen in einer Ebene liegen, unter einander perspectivisch sind, so schneiden sich von den ihnen zugehörigen sechs perspectivischen Durchschnitten viermal drei in einer Geraden, und folglich schneiden sich alle sechs in einem Puncte, und folglich schneiden sich vier entsprechende Ebenen, etwa β, β_1, β_2, β_3, in diesem Puncte."

IV. „Drehen sich n Ebenen $\alpha, \alpha_1, \alpha_2, \ldots \alpha_{n-1}$ nach der Reihe um n beliebige feste Gerade $\mathfrak{A}, \mathfrak{A}_1, \mathfrak{A}_2, \ldots \mathfrak{A}_{n-1}$, die in einer Ebene liegen, und bewegen sich die n—1 Durchschnittslinien $(a, a_1, a_2, \ldots a_{n-2})$ der Ebenenpaare α und α_1, α_1 und α_2, ... α_{n-2} und α_{n-1}, nach der Reihe in n—1 festen Ebenen $(B, B_1, B_2, \ldots B_{n-2})$, so bewegt sich die Durchschnittslinie von je zwei jener Ebenen $(\alpha, \alpha_1, \alpha_2, \ldots)$ in einer festen Ebene."

Das obige Porisma des *Pappus* (§ 22) ist als besonderer Fall in dem vorstehenden Satze (IV links) enthalten, nämlich es enthält die Einschränkung, dass die gegebenen Geraden $A, A_1, \ldots A_{n-1}$ in einer Ebene liegen.

Es möge hier als Beispiel noch folgende Aufgabe Platz finden, welche die obige (§ 25) als besonderen Fall in sich schliesst:

V. „Wenn im Raume irgend n Gerade $A, A_1, A_2, \ldots A_{n-1}$ gegeben sind, die ein schiefes n-Eck (oder n-Seit) bilden (d. h. jede schneidet die darauf folgende und die letzte die erste), und wenn in jeder Ebene, die durch zwei auf einander folgende Gerade bestimmt wird, irgend ein Punct gegeben ist, also im Ganzen n Puncte $(\mathfrak{B}, \mathfrak{B}_1, \mathfrak{B}_2, \ldots \mathfrak{B}_{n-1})$, so soll ein anderes (schiefes) n-Eck beschrieben werden, dessen Seiten nach der Reihe durch diese

Puncte gehen, und dessen Ecken nach der Reihe in jenen Geraden liegen.

Die Auflösung dieser Aufgabe ist der obigen (§ 25) ähnlich, so dass jeder sie ohne Schwierigkeit wird ausführen können. Ich will nur bemerken, dass die gegenwärtige Aufgabe im Allgemeinen zwei Auflösungen zulässt, weil die Rangordnung der gegebenen Elemente nicht verwechselt werden kann. Diese Beschränkung der Zahl der Auflösungen wird aufgehoben, wenn die Aufgabe in folgender Gestalt gegeben wird:

„Sind n beliebige Ebenen β, β_1, β_2, ... β_{n-1} und in jeder irgend ein Punct, also n Puncte $\mathfrak{B}$, $\mathfrak{B}_1$, $\mathfrak{B}_2$, ... $\mathfrak{B}_{n-1}$, gegeben, so sollen n andere Ebenen α, α_1, α_2, ... α_{n-1} so gelegt werden, dass sie nach der Reihe durch die Seiten des durch jene Puncte bestimmten n-Ecks gehen, und dass die n Durchschnittslinien der aufeinander folgenden Ebenen in jenen gegebenen Ebenen liegen.“

Erste Anmerkung.

Von projectivischen Gebilden, die in einem Strahlbüschel im Raume liegen.

33. Zum Schlusse dieses Kapitels ist noch eine besondere Zusammenstellung von projectivischen Gebilden, und zwar von ebenen Strahlbüscheln und Ebenenbüscheln näher ins Auge zu fassen, nämlich diejenige Zusammenstellung, bei welcher die genannten Gebilde sämmtlich zu einem Strahlbüschel im Raume gehören (§ 1, V), d. h., bei dieser Zusammenstellung haben alle ebenen Strahlbüschel einen und denselben Mittelpunct und die Axen aller Ebenenbüschel gehen durch diesen nämlichen Punct, welcher Mittelpunct des Strahlbüschels im Raume heisst und durch $\mathfrak{D}$ bezeichnet werden soll.

Unter diesen Umständen finden offenbar zwischen projectivischen ebenen Strahlbüscheln und Ebenenbüscheln, die in demselben Strahlbüschel $\mathfrak{D}$ liegen, durchweg ähnliche Beziehungen statt, wie zwischen projectivischen Geraden und ebenen Strahlbüscheln, die in derselben Ebene liegen und von denen das erste Kapitel handelt. Denn wird der Strahlbüschel $\mathfrak{D}$ durch irgend eine Ebene, die E heissen mag, geschnitten, so wird jeder Ebenenbüschel in einem ebenen Strahlbüschel, jeder ebene Strahlbüschel in einer Geraden, und jeder Strahl in einem Punct geschnitten; nun können alle diese durch den Durchschnitt erzeugten Gebilde in der Ebene E als perspectivisch mit den ihnen zugehörigen Gebilden im Strahlbüschel $\mathfrak{D}$ angesehen werden (§ 27, III), und alsdann werden, wenn irgend zwei Gebilde in der Ebene E projectivisch sind, auch die ihnen entsprechenden Gebilde im Strahlbüschel $\mathfrak{D}$ projectivisch sein (§ 30, IV), und auch umgekehrt;

daher werden fast alle Gesetze, Eigenschaften, Lehrsätze, Porismen, Aufgaben u. s. w., die bei projectivischen Gebilden in der Ebene E stattfinden, auch auf ähnliche Weise bei den ihnen entsprechenden Gebilden im Strahlbüschel $\mathfrak{D}$ statthaben, so dass nur einzelne besondere Eigenschaften und Umstände hierbei eine Ausnahme machen.

Demnach würden alle Untersuchungen, die im ersten Kapitel über Gebilde in der Ebene E durchgeführt worden, auf entsprechende Weise bei den Gebilden im Strahlbüschel $\mathfrak{D}$ auszuführen sein; da aber diese Untersuchung im Grunde genommen nichts wesentlich Neues enthielte, weil sie, wie wir eben gesehen, unmittelbar aus der Untersuchung in der Ebene E abgeleitet, oder auf dieselbe zurückgeführt werden kann, so werde ich mich hier nicht länger damit aufhalten, indem es durchaus nicht schwierig ist, bei jedem vorkommenden Falle nach den bereits gegebenen Andeutungen sich zurecht zu finden. Ich will nur noch erinnern, dass die Figuren in der Ebene E mit den ihnen entsprechenden Figuren im Strahlbüschel $\mathfrak{D}$ auf gewisse Weise übereinstimmen, d. h., einem Vieleck in E entspricht ein gleichnamiger Körperwinkel in $\mathfrak{D}$, z. B. dem Dreieck entspricht ein dreikantiger oder dreiflächiger Körperwinkel, dem Viereck entspricht ein vierkantiger Körperwinkel, u. s. w., und dem Kreise entspricht ein Kegel (zweiten Grades).

Als ein zweckmässiges Beispiel zur Erläuterung des Gesagten mag folgende Aufgabe dienen:

„Wenn zwei projectivische ebene Strahlbüschel $\mathfrak{B}_1$, $\mathfrak{B}_2$ in einem Strahlbüschel $\mathfrak{D}$ perspectivisch liegen, so dass zwei entsprechende Strahlen e_1, e_2 vereinigt sind (§ 28), und man denkt sich den einen Strahlbüschel fest, während der andere sich um den gemeinschaftlichen Strahl herumbewegt, so ist die Frage, welche Fläche durch die Projectionsaxe $\mathfrak{A}$ (d. h. Axe des Ebenenbüschels, in welchem beide Strahlbüschel $\mathfrak{B}_1$, $\mathfrak{B}_2$ liegen (§ 28)) beschrieben werde."

Man denke sich eine Ebene E, welche zu dem gemeinschaftlichen Strahle $e_1 e_2$ senkrecht ist, so wird sie die ebenen Strahlbüschel $\mathfrak{B}_1$, $\mathfrak{B}_2$ in zwei Geraden A_1, A_2 schneiden, die unter sich perspectivisch sind, (wie etwa Fig. 7 sie darstellt, wenn man in derselben A_1, A_2 statt A, A_1 schreibt) und der Punct $\mathfrak{B}$, in welchem sie die Projectionsaxe $\mathfrak{A}$ schneidet, ist der Projectionspunct der Geraden A_1, A_2. Wird nun der eine Strahlbüschel, etwa $\mathfrak{B}_2$, auf die angegebene Art bewegt, so wird sich die zugehörige Gerade A_2 in der Ebene E um den gemeinschaftlichen Durchschnittspunct $\mathfrak{e}_1\mathfrak{e}_2$ der Geraden drehen, und der Projectionspunct $\mathfrak{B}$ wird sich in einer bestimmten Kreislinie bewegen, deren Mittelpunct $\mathfrak{r}$ ist (§ 15); daher wird die Projectionsaxe $\mathfrak{A}$ eine Kegelfläche $\mathfrak{D}$ zweiten Grades beschreiben, die durch jenen Kreis geht, und zwar ist dieser Kegel ein schiefer, weil das aus dem Scheitel 𝔇 auf die Ebene E des Kreises gefällte Loth e_1e_2 nicht den Mittelpunct (𝔯) des Kreises trifft. „Also beschreibt die Projectionsaxe 𝔄 eine schiefe Kegelfläche die von jeder Ebene, welche zu dem gemeinschaftlichen Strahle e_1e_2 der Strahlbüschel $𝔅_1$, $𝔅_2$ senkrecht ist, in einem Kreise geschnitten wird.“

Zweite Anmerkung.

Von projectivischen Gebilden auf der Kugelfläche.

34. Denkt man sich eine Kugelfläche K, die den Mittelpunct 𝔇 des vorhin zu Grunde gelegten Strahlbüschels im Raume (§ 33) zum Mittelpunct hat, so wird dieselbe von den Gebilden, die im Strahlbüschel 𝔇 liegen, wie folgt, geschnitten: von jedem Strahl (a, b, ...) in einem Punct (𝔞, 𝔟, ...); von jedem ebenen Strahlbüschel 𝔅 in einem Hauptkreise (grössten Kreise) H, dessen Puncte den Strahlen, und dessen Abschnitte (Bogen) den Winkeln des Strahlbüschels entsprechen; von einem Ebenenbüschel 𝔄 in einem sphärischen Strahlbüschel 𝔅, d. h. in einer unzähligen Menge von Hauptkreisen, die den Ebenen des Ebenenbüschels, und deren Winkel den Winkeln der letzteren entsprechen, und die alle durch denselben Punct 𝔅 (Durchschnittspunct der Axe 𝔄) gehen, welcher Mittelpunct des sphärischen Strahlbüschels heissen soll. Werden nun irgend zwei Gebilde (H und 𝔅, oder H und H_1, oder 𝔅 und $𝔅_1$) auf der Kugelfläche K, wenn ihre entsprechenden Gebilde (𝔅 und 𝔄, oder 𝔅 und $𝔅_1$, oder 𝔄 und $𝔄_1$) im Strahlbüschel 𝔇 projectivisch sind, ebenfalls projectivisch genannt, so folgt mit dieser Erklärung zugleich, dass die wesentlichsten projectivischen Beziehungen, welche zwischen den Gebilden im Strahlbüschel 𝔇 (oder zwischen den Gebilden in der Ebene E (§ 33)) stattfinden, auch zwischen den Gebilden auf der Kugelfläche K statthaben müssen.

Wie man hieraus sieht, sind also die Betrachtungen auf der Kugelfläche K durchaus nichts eigenthümlich Neues, sondern sie sind nur als eine besondere Beschränkung der Betrachtungen im Strahlbüschel 𝔇 anzusehen. Ueberhaupt haben Untersuchungen auf der Kugelfläche selten die Wichtigkeit, die man ihnen, vermöge einer oberflächlichen Ansicht, beizulegen geneigt ist. Denn oft lassen sich dieselben aus entsprechenden Untersuchungen im Strahlbüschel 𝔇 oder in der Ebene E ableiten, und viele derselben liessen sich dann auch auf ähnliche Weise auf andere krumme Flächen übertragen. Ueber die Art und Weise, wie im Allgemeinen Operationen (Constructionen) auf der Kugelfläche ausgeführt werden können, werde ich später handeln. Man kann nämlich die Kugelfläche allein als Operationsfeld annehmen, oder man kann die entsprechenden Operationen im Strahlbüschel 𝔇, oder in irgend einer Ebene E ausführen, und sodann auf die Kugelfläche K übertragen. Finge man mit der Construction auf der Kugelfläche K an, so liessen sich umgekehrt die gefundenen Resultate auf den Strahlbüschel 𝔇 oder auf die Ebene E übertragen, welches aber nicht der zweckmässigste Gang sein möchte.

Ueber die Betrachtung projectivischer Gebilde auf der Kugelfläche will ich nur noch bemerken, dass nur wenige von den Eigenschaften, die im ersten Kapitel an projectivischen Gebilden in der Ebene nachgewiesen worden, nicht auch auf entsprechende Weise bei jenen sich vorfinden; zu solcher Ausnahme gehören z. B. der Parallelismus der Geraden, und ihre unendlich entfernten Puncte. Dagegen sind die Eigenschaften, welche auf die projectivische Beziehung gegründet sind, auf ähnliche Weise vorhanden, wie in der Ebene E oder wie im Strahlbüschel 𝔇. Denn da offenbar die Abschnitte (Bogen) eines Hauptkreises H gerade das Maass der ihnen entsprechenden (gegenüber stehenden) Winkel des zugehörigen ebenen Strahlbüschels 𝔅 sind, und da die Winkel, welche die Strahlen eines sphärischen Strahlbüschels 𝔅 mit einander bilden, offenbar die nämlichen sind, welche die ihnen entsprechenden Ebenen im zugehörigen Ebenenbüschel 𝔄 einschliessen, so muss folglich auch bei projectivischen Gebilden auf der Kugelfläche Gleichheit der Verhältnisse stattfinden, wenn dazu bei Hauptkreisen die Sinus der Bogen, und bei Strahlbüscheln (𝔅) die Sinus der von den Strahlen eingeschlossenen Winkel genommen werden. Daher folgt z. B.: „dass es 1) bei zwei projectivischen Hauptkreisen H, H_1 zwei entsprechende Abschnitte (Bogen) giebt, die Quadranten sind; 2) dass es bei zwei projectivischen sphärischen Strahlbüscheln 𝔅, $𝔅_1$ zwei entsprechende rechte Winkel giebt; und 3) dass es bei einem Hauptkreise H und einem Strahlbüschel 𝔅, die projectivisch sind, einen Quadranten und einen rechten Winkel giebt, die sich entsprechen; und dass in Bezug auf diese eigenthümlichen Elemente dasselbe Gesetz stattfindet, wie bei projectivischen Strahlbüscheln 𝔅, $𝔅_1$ in der Ebene (§ 12, I, δ, δ_1), oder wie bei projectivischen Ebenenbüscheln 𝔄, $𝔄_1$ (§ 30, V)“. Ferner ist bei projectivischen sphärischen Gebilden perspectivische und schiefe Lage zu unterscheiden; bei der ersteren haben zwei Hauptkreise einen Projectionspunct, und zwei Strahlbüschel haben einen perspectivischen Durchschnitt. Aus dem obigen Beispiel (§ 33) folgt hier der nachstehende Satz: „Wenn zwei projectivische Hauptkreise H, H_1 perspectivisch liegen, und wenn der eine fest bleibt, während der andere sich um ihren gemeinschaftlichen Durchschnittspunct herumbewegt, so bewegt sich der Projectionspunct in einem sphärischen Kegelschnitt (d. i. der Durchschnitt eines Kegels zweiten Grades, dessen Scheitel im Mittelpunct der Kugel liegt, mit der Kugelfläche).“ — Werden zwei gleichartige projectivische sphärische Gebilde (H und H_1, oder 𝔅 und $𝔅_1$) auf einander gelegt, so finden dabei ähnliche Umstände statt, wie bei den entsprechenden Betrachtungen in § 16 und § 31, III; ferner kann dabei eine entsprechende Aufgabe gestellt und auf ähnliche einfache Weise (mittelst eines Kreises oder irgend eines sphärischen Kegelschnittes) gelöst werden, wie in § 17, welche sodann eine eben so fruchtbare Anwendung findet, wie die letztere bei den ihr nachfolgenden Betrachtungen u. s. w.

Drittes Kapitel.

Erzeugung der Linien und der geradlinigen Flächen zweiter Ordnung durch projectivische Gebilde.

35. Bei der obigen Untersuchung projectivischer Gebilde wurde bei der schiefen Lage derselben die nähere Erforschung der Gesetze, welchen bei zwei Geraden A, A_1 die Projectionsstrahlen (§ 9, I), bei zwei ebenen Strahlbüscheln $\mathfrak{B}$, $\mathfrak{B}_1$ die Durchschnitte der entsprechenden Strahlenpaare, oder die durch entsprechende Strahlenpaare bestimmten Ebenen (wenn $\mathfrak{B}$, $\mathfrak{B}_1$ im Strahlbüschel $\mathfrak{D}$ liegen (§ 33)), und bei zwei Ebenenbüscheln $\mathfrak{A}$, $\mathfrak{A}_1$ die Durchschnittslinien der entsprechenden Ebenenpaare (§ 31) unterworfen sind, absichtlich vermieden. Diese Untersuchung soll jetzt nachgeholt werden. Sie führt, wie man sehen wird, zu den interessantesten und fruchtbarsten Eigenschaften der Linien zweiter Ordnung, oder der sogenannten Kegelschnitte, aus denen sich fast alle anderen Eigenschaften der letzteren in einem umfassenden Zusammenhange auf eine überraschend einfache und anschauliche Weise entwickeln lassen; nämlich sie zeigt die nothwendige Entstehung der Kegelschnitte aus den geometrischen Grundgebilden, und zwar zeigt sie dadurch zugleich eine sehr merkwürdige doppelte Erzeugung derselben durch projectivische Gebilde. Ebenso zeigt sie eine doppelte Erzeugung der geradlinigen Flächen zweiten Gerades, d. h. aller derjenigen Flächen zweiten Gerades, in welchen gerade Linien liegen (d. i. Kegel, Cylinder, einfaches Hyperboloid, hyperbolisches Paraboloid, Ebenenpaar).

Wenn man bedenkt, mit welchem Scharfsinne die Mathematiker in älterer und neuerer Zeit die Kegelschnitte erforscht, und welche fast zahllose Menge von Eigenschaften sie an denselben entdeckt haben, so ist es in der That auffallend, dass die vorgenannten Eigenschaften so lange verborgen bleiben konnten, da doch aus ihnen, wie sich zeigen wird, fast alle bekannten Eigenschaften (nebst vielen neuen), wie aus einem Gusse hervorgehen, ja da sie gleichsam die innere Natur der Kegelschnitte vor unseren Augen aufschliessen. Denn, wenn auch Eigenschaften bekannt sind, die den genannten nahe liegen, so finden sich doch meines Wissens letztere nirgends bestimmt ausgesprochen, in keinem Falle aber wurde ihre Wichtigkeit erkannt, die sie durch die gegenwärtige Entwickelung, wo sie zu Fundamentalsätzen erhoben werden, erhalten; übrigens bin ich auch nicht einmal durch jene auf diese geführt worden.

Da der hier vorgesteckte Zweck die Betrachtung projectivischer Gebilde ist, so dürfen die Kegelschnitte hier noch nicht so ausführlich untersucht werden, als es mittelst der erwähnten Eigenschaften leicht geschehen könnte; sondern ich werde mich bloss auf einige wenige Entwickelungen beschränken, die entweder aus dem Gange der Betrachtung jener Gebilde nothwendig hervorgehen, oder die zur Erforschung derselben in der Folge dienlich sind. Später, nach vollendeter Durchführung der Untersuchung projectivischer Gebilde sollen alsdann die Kegelschnitte einer umfassenden Untersuchung unterworfen werden, die sich auf ihre vorerwähnte Erzeugung durch projectivische Gebilde gründen wird, wobei letztere sodann nur als untergeordnete Hülfsmittel dienen, und wodurch die vorstehenden Behauptungen sollen gerechtfertigt werden.

Gegenseitiger Durchschnitt der Ebene und der Kegelfläche.

36. Zunächst soll hier eine kurze Betrachtung der eigentlichen Kegelschnitte, wie sich dieselben beim Kegel der unmittelbaren Anschauung darbieten, vorangeschickt und dabei vornehmlich auf einige Umstände, die für die synthetische Untersuchung derselben sehr wesentlich sind, aufmerksam gemacht werden. Nur muss ich bemerken, dass diese Betrachtung, genau genommen, dem zweiten Abschnitte (folgendes Heft) angehört, woselbst sie in einem umfassenderen Zusammenhange ausgeführt werden wird.

Denkt man alle diejenigen Strahlen a, a_1, a_2, ... eines Strahlbüschels $\mathfrak{D}$, welche durch irgend eine Kreislinie K gehen, wie etwa in Fig. 36, wo das Papier die Ebene E des Kreises vorstellen und der Punct $\mathfrak{D}$ über derselben liegen soll (§ 34), so heisst die Fläche, welche von diesen Strahlen erfüllt wird, Kegelfläche, und zwar heisst sie, weil sie, so wie der Kreis, von irgend einer Geraden höchstens nur in zwei Puncten geschnitten werden kann, zufolge dieses Umstandes, Kegelfläche vom zweiten Grade. Wenn man sich die Strahlen (oder Kanten) nicht durch den Kreis K und durch den Punct $\mathfrak{D}$ begrenzt, sondern vielmehr unbegrenzt vorstellt, so sieht man, dass die Kegelfläche aus zwei gleichen Theilen M, M_1 besteht, die mit ihren Spitzen in dem Puncte $\mathfrak{D}$ zusammenstossen, so dass dieser „Mittelpunct“ des Kegels oder der Kegelfläche genannt wird (*Biot*). Ferner nennt man jede Ebene, welche durch den Mittelpunct $\mathfrak{D}$ und durch irgend eine Tangente A des Kreises geht, Berührungsebene (berührende Ebene), weil nämlich nur ein einziger Strahl der Kegelfläche in ihr liegt, nämlich nur derjenige, welcher durch den Berührungspunct 𝔅 der genannten Tangente geht. Nun nennt man ferner die Durchschnittsfigur, welche irgend eine Ebene mit der Kegelfläche bildet, d. h. die Gesammtheit aller Puncte, die sie mit ihr gemein hat, Kegelschnitt. Das Gemeinschaftliche und das Besondere oder Eigenthümliche der gesammten Schnitte eines Kegels lässt sich bequem auffassen und übersehen, wenn vorerst die Schnitte derjenigen Ebenen, welche durch den Mittelpunct 𝔇 gehen, untersucht werden. Eine solche Ebene kann sich auf drei wesentlich verschiedene Arten zum Kegel verhalten, nämlich wie folgt:

a) kein Strahl der Kegelfläche liegt in der Ebene, sondern alle werden von ihr im Puncte 𝔇 geschnitten; dahin gehört also jede Ebene, die den Kreis K weder schneidet noch berührt. In Bezug auf jede solche Ebene liegen die beiden Theile M, M_1 des Kegels auf entgegengesetzten Seiten.

b) ein Strahl der Kegelfläche liegt in der Ebene und alle übrigen schneidet sie im Puncte 𝔇; dahin gehören alle sogenannten Berührungsebenen des Kegels d. h. jede Ebene, welche durch eine Tangente des Kreises K gelegt wird. In Bezug auf jede solche Ebene liegen die Theile M, M_1 des Kegels auf abwechselnden Seiten.

c) zwei Strahlen der Kegelfläche liegen in der Ebene und alle übrigen werden von ihr im Puncte 𝔇 geschnitten; dahin gehört jede Ebene, die den Kreis K schneidet. Jede solche Ebene spaltet jeden Theil M, M_1 des Kegels in zwei Abschnitte, so dass auf jeder Seite der Ebene zwei Abschnitte liegen, in denen zusammen alle Strahlen vorkommen, die von der Ebene geschnitten werden.

Da nun jede andere Ebene im Raume, die nicht durch den Mittelpunct 𝔇 geht, nothwendiger Weise mit irgend einer unter den vorstehenden drei Abtheilungen begriffenen Ebene parallel ist, so wird sie, ebenso wie die letztere, die Strahlen der Kegelfläche entweder alle schneiden, oder nur einen, oder nur zwei derselben nicht in der That schneiden, sondern nach ihren unendlich entfernten Puncten gerichtet sein, d. h. mit ihnen parallel sein; diese besonderen Strahlen sind nämlich diejenigen, welche in jener durch den Mittelpunct 𝔇 gehenden Parallelebene liegen. Daher giebt es folgende drei Klassen von Kegelschnitten:

I. Jede Ebene, welche mit irgend einer unter der obigen Abtheilung (a) begriffenen Ebene parallel ist, schneidet alle Strahlen der Kegelfläche in endlicher Entfernung, und zwar schneidet sie nur einen der beiden Theile M, M_1 der Kegelfläche, so dass also der Durchschnitt, wie er sich der unmittelbaren Anschauung darstellt, eine geschlossene krumme Linie ist (durch die ein Theil der Ebene ganz begrenzt wird). Ein solcher Schnitt, oder eine solche

Linie heisst Ellipse. Die Geraden, in welchen die schneidende Ebene die Berührungsebenen des Kegels schneidet, sind sämmtlich Tangenten der Ellipse, so dass also letztere in jedem ihrer Puncte von einer bestimmten Geraden berührt wird. Unter dieser Klasse von Kegelschnitten befinden sich insbesondere auch Kreise, wie z. B. der Kreis K, von welchem die Betrachtung ausging; ferner gehören dahin, als Grenzfälle, die Schnitte der Ebenen (a), wobei nämlich die Ellipsen sich auf den einzigen Punct $\mathfrak{D}$ reduciren.

II. Jede Ebene, die mit irgend einer unter (b) begriffenen Ebene parallel ist, schneidet nur einen der beiden Theile M, M_1 der Kegelfläche, und zwar trifft sie alle Strahlen in endlicher Entfernung bis auf denjenigen, in welchem ihre Parallelebene den Kegel berührt, und nach dessen unendlich entferntem Puncte sie gerichtet ist, so dass also der Schnitt, wie man in der Vorstellung sieht, eine gebogene krumme Linie ist, deren beide Arme sich nach derselben Seite hin ins Unendliche erstrecken, nämlich nach demselben unendlich entfernten Puncte hinstreben, nach welchem jener besondere Strahl gerichtet ist. Ein solcher Schnitt heisst Parabel. Die Durchschnittslinien der schneidenden Ebene und der Berührungsebenen des Kegels sind Tangenten der Parabel, so dass also letztere in jedem ihrer Puncte von einer bestimmten Geraden berührt wird; jene Berührungsebene aber, welche der schneidenden parallel ist, ist nach einer unendlich entfernten Tangente gerichtet, die nämlich dem unendlich entfernten Puncte der Parabel zugehört.

Die Schnitte der unter (b) begriffenen Ebenen gehören als Grenzfälle hierher, nämlich bei ihnen reduciren sich die Parabeln auf die einzelnen Strahlen der Kegelfläche.

III. Jede Ebene, welche mit irgend einer unter der Abtheilung (c) begriffenen Ebene parallel ist, schneidet die mit ihr auf einerlei Seite liegenden zwei Abschnitte der Kegelfläche, und zwar schneidet sie alle Strahlen der letzteren in endlicher Entfernung, ausgenommen diejenigen zwei, welche in der Parallelebene liegen, und nach deren unendlich entfernten Puncten sie gerichtet ist, so dass also der Schnitt, wie man sieht, aus zwei gebogenen Linien besteht, wovon beide Arme einer jeden sich ins Unendliche erstrecken, und zwar so, dass die jedesmaligen zwei einander schief gegenüber liegenden Arme beider Linien nach entgegengesetzten Richtungen aber nach demselben unendlich entfernten Puncte hinstreben, nach welchem nämlich einer von jenen zwei besonderen Strahlen gerichtet ist; beide Linien hängen demnach durch diese unendlich entfernten Puncte zusammen, so dass sie nur eine einzige Linie ausmachen. Eine solche Linie heisst Hyperbel. Jede Berührungsebene des Kegels erzeugt eine Tangente der Hyperbel, so dass also die letztere in jedem ihrer Puncte von einer bestimmten Geraden berührt wird; diejenigen zwei Ebenen, welche den Kegel in den genannten zwei besonderen Strahlen berühren, erzeugen diejenigen Tangenten, die den unendlich entfernten Puncten der Hyperbel zugehören, diese Tangenten selbst befinden sich in endlicher Entfernung, vermöge ihrer besonderen Eigenschaft heissen sie Asymptoten der Hyperbel.

Die Schnitte der unter (c) enthaltenen Ebenen gehören als Grenzfälle hierher, nämlich die Hyperbel reducirt sich dabei auf zwei Gerade, auf zwei Strahlen der Kegelfläche.

Dieses (I, II, III) sind die drei Arten von Kegelschnitten; für die synthetische Betrachtung derselben sind die Umstände: „dass die Ellipse keinen, die Parabel einen und die Hyperbel zwei unendlich entfernte Puncte, und dass nur die Parabel eine unendlich entfernte Tangente hat,“ als einfache unterscheidende Merkmale wohl zu berücksichtigen.

Nach der obigen Anmerkung (§ 33) folgt nun, dass, wenn Eigenschaften irgend eines Kegelschnittes aus projectivischen Gebilden entspringen, dieselben alsdann auch auf entsprechende Weise bei der Kegelfläche und also auch bei jedem anderen Kegelschnitt statthaben müssen, so dass, wenn z. B. ein Kegelschnitt durch projectivische Gebilde erzeugt werden kann, dann auch die Kegelfläche und jeder andere Kegelschnitt aus projectivischen Gebilden entspringen muss, und auch umgekehrt. Daher kann man zur Erforschung solcher Eigenschaften in vielen Fällen sich nur an den Kreis, den bekanntesten und einfachsten Kegelschnitt (ausser den erwähnten Grenzfällen) halten, welcher leicht zu behandeln ist, wie z. B. in der folgenden Betrachtung geschehen soll.

Erzeugung der Kegelschnitte und der Kegelfläche durch projectivische Gebilde.

37. Aus der Elementargeometrie bekannte Eigenschaften des Kreises zeigen fast unmittelbar die Erzeugung desselben durch projectivische Gebilde, nämlich wie folgt:

Werden aus irgend zwei Puncten $\mathfrak{B}$, $\mathfrak{B}_1$ einer Kreislinie $\mathfrak{M}$ (Fig. 37) nach allen übrigen Puncten $\mathfrak{a}$, $\mathfrak{b}$, $\mathfrak{c}$, ... derselben Strahlen a, b, c, ...; a_1, b_1, c_1, ... gezogen, so bilden diese unter sich gleiche Winkel, die paarweise über denselben Bogen stehen, nämlich es ist Winkel

$$(ab) = (a_1b_1),\quad (ac) = (a_1c_1),\quad (bc) = (b_1c_1),\ \ldots,$$

folglich sind die dadurch entstehenden Strahlbüschel $\mathfrak{B}$, $\mathfrak{B}_1$, in Ansehung der Strahlenpaare a und a_1, b und b_1, c und c_1, ..., projectivisch gleich (§ 13, II). Denkt man sich etwa den Punct $\mathfrak{a}$ beweglich und lässt ihn dem Puncte $\mathfrak{B}$ näher rücken, bis er endlich mit ihm zusammentrifft, wie $\mathfrak{e}$, so wird nothwendiger Weise der eine zugehörige Strahl e den Kreis berühren; eben so wird für den Punct $\mathfrak{d}$, der mit $\mathfrak{B}_1$ zusammenfällt, der eine zugehörige Strahl d_1 den Kreis berühren, so dass also die den vereinigten Strahlen e_1, d entsprechenden Strahlen e, d_1 den Kreis in $\mathfrak{B}$, $\mathfrak{B}_1$ berühren*). Die Strahlbüschel $\mathfrak{B}$, $\mathfrak{B}_1$ befinden sich demnach in schiefer Lage (§ 14) und zwar sind sie, wie man sieht, gleichliegend**) (§ 13, II).

Sind andererseits A, A_1 (Fig. 38) irgend zwei Tangenten eines Kreises $\mathfrak{M}$, und sind q, r die ihnen parallelen Tangenten desselben, von denen sie wechselseitig in den Puncten $\mathfrak{r}$, $\mathfrak{q}_1$ getroffen werden, so wird, wie leicht zu sehen, die Gerade $\mathfrak{r}\mathfrak{q}_1$ durch den Mittelpunct $\mathfrak{M}$ des Kreises gehälftet, so dass $\mathfrak{M}\mathfrak{r} = \mathfrak{M}\mathfrak{q}_1$ ist, und es ist der Abschnitt $\mathfrak{r}\mathfrak{d} = \mathfrak{d}\mathfrak{q}_1$ und der Winkel $\alpha = \alpha_1$. Ist ferner a eine beliebige andere Tangente, die jene ersteren A, A_1 in den Puncten $\mathfrak{a}$, $\mathfrak{a}_1$ schneidet, so bleibt, wenn man diese mit dem Mittelpunct $\mathfrak{M}$ des Kreises durch die Geraden $\mathfrak{M}\mathfrak{a}$, $\mathfrak{M}\mathfrak{a}_1$ verbindet, der Winkel $\mathfrak{a}\mathfrak{M}\mathfrak{a}_1$ von unveränderlicher Grösse, wie auch die Tangente a ihre Lage ändern mag, nämlich er (oder sein Nebenwinkel bei solchen Tangenten wie b) ist beständig $= \alpha = \alpha_1$***), und ausserdem sind die Winkel $\beta = \beta$ und $\gamma = \gamma$, daher sind die Dreiecke $\mathfrak{a}\mathfrak{M}\mathfrak{a}_1$, $\mathfrak{a}\mathfrak{r}\mathfrak{M}$, $\mathfrak{M}\mathfrak{q}_1\mathfrak{a}_1$, wegen der Gleichheit ihrer Winkel, ähnlich, so dass man vermöge der zwei letzteren hat

$$\mathfrak{a}\mathfrak{r} : \mathfrak{r}\mathfrak{M} = \mathfrak{M}\mathfrak{q}_1 : \mathfrak{q}_1\mathfrak{a}_1,$$

oder

$$\mathfrak{a}\mathfrak{r} . \mathfrak{a}_1\mathfrak{q}_1 = \mathfrak{M}\mathfrak{r} . \mathfrak{M}\mathfrak{q}_1 = \mathfrak{M}\mathfrak{r}^2 = \mathfrak{M}\mathfrak{q}_1^2,$$

das heisst: das Rechteck $\mathfrak{a}\mathfrak{r} . \mathfrak{a}_1\mathfrak{q}_1$ unter den Abständen der Puncte $\mathfrak{a}$, $\mathfrak{a}_1$, in welchen irgend eine Tangente a die beiden festen Tangenten A, A_1 schneidet, von den Durchschnitten $\mathfrak{r}$, $\mathfrak{q}_1$ der parallelen Tangenten r, q hat eine beständige Grösse†), nämlich gleich dem Quadrate über $\mathfrak{M}\mathfrak{r}$ oder $\mathfrak{M}\mathfrak{q}_1$. Daraus erkennt man die projectivische Beziehung der Tangenten

*) Dieses stimmt auch damit überein, dass die Winkel, welche die entsprechenden Strahlenpaare a und a_1, b und b_1, ... an den Puncten $\mathfrak{a}$, $\mathfrak{b}$, ... unter sich bilden, alle gleich sind, und zwar gleich den Winkeln, welche die Sehne $\mathfrak{e}\mathfrak{d}$ mit den Tangenten in ihren Endpuncten bildet.

**) Dieser Umstand ist wesentlich, denn wenn die nämlichen Strahlbüschel sich in schiefer Lage befinden und ungleichliegend sind, so erzeugen sie statt des Kreises, wie oben, die gleichseitige Hyperbel, wie man zu seiner Zeit sehen wird.

***) Denn vermöge des Dreiecks $\mathfrak{a}\mathfrak{M}\mathfrak{a}_1$ ist $\beta + \gamma + \alpha_2 = 2R$, und vermöge des Vierecks $\mathfrak{a}\mathfrak{r}\mathfrak{q}_1\mathfrak{a}_1$ ist $2\beta + 2\gamma + \alpha + \alpha_1 = 4R$, folglich ist $2\alpha_2 = \alpha + \alpha_1$, und da $\alpha = \alpha_1$, so ist $\alpha_2 = \alpha = \alpha_1$.

†) *Brianchon* hat diesen Satz für alle Kegelschnitte bewiesen (*Memoire sur les lignes du second ordre*, XXVIII. p. 27); späterhin (§ 40, I) folgt derselbe unmittelbar.

A, A_1, in Ansehung der Punctepaare $\mathfrak{a}$ und $\mathfrak{a}_1$, $\mathfrak{b}$ und $\mathfrak{b}_1$, ..., in welchen sie von den übrigen Tangenten a, b, ... geschnitten werden (§ 12, I), so dass also die letzteren die Projectionsstrahlen sind, und dass insbesondere r, q, was schon durch ihre Bezeichnung angedeutet ist (§ 9, I), die Parallelstrahlen sind. Lässt man in der Vorstellung die Tangente a sich so bewegen, dass der Punct $\mathfrak{a}$ sich dem Durchschnittspuncte $\mathfrak{d}$ der festen Tangenten A, A_1 nähert, so wird gleichzeitig sein entsprechender Punct $\mathfrak{a}_1$ dem Berührungspuncte $\mathfrak{d}_1$ der Tangente A_1 näher rücken, und zwar dergestalt, dass, wenn sich $\mathfrak{a}$ mit $\mathfrak{d}$ vereinigt, dann auch $\mathfrak{a}_1$ mit $\mathfrak{d}_1$ zusammenfällt. Ebenso folgt, dass der dem Berührungspuncte $\mathfrak{e}$ der Tangente A entsprechende Punct $\mathfrak{e}_1$ im gegenseitigen Durchschnitte der Tangenten A, A_1 liegt*).

Aus den beiden vorstehenden Untersuchungen folgen also nachstehende Sätze:

„Irgend zwei Tangenten (A, A_1) eines Kreises sind in Ansehung der entsprechenden Punctepaare, in welchen sie von den übrigen Tangenten geschnitten werden, projectivisch, und zwar entsprechen den in ihrem Durchschnitte vereinigten Puncten $\mathfrak{d}$, $\mathfrak{e}_1$ ihre wechselseitigen Berührungspuncte $\mathfrak{d}_1$, $\mathfrak{e}$."

„Irgend zwei Puncte $\mathfrak{B}$, $\mathfrak{B}_1$ eines Kreises sind die Mittelpuncte zweier projectivischen Strahlbüschel, deren entsprechende Strahlen sich in den übrigen Puncten der Kreislinie schneiden, und zwar entsprechen den vereinigten Strahlen d, e_1 die wechselseitigen Tangenten d_1, e in jenen Puncten $\mathfrak{B}$, $\mathfrak{B}_1$."

38. Wie bereits oben bemerkt worden (§ 36, Ende), folgen nun aus den eben aufgestellten Sätzen vom Kreise (§ 37) unmittelbar entsprechende Sätze vom Kegel zweiten Grades und dessen übrigen Schnitten. Denn, wenn die Tangenten des Kreises K (Fig. 36) projectivisch sind, so sind auch die ihnen zugehörigen ebenen Strahlbüschel im Strahlbüschel $\mathfrak{D}$, deren Ebenen den dem Kreise zugehörigen Kegel $\mathfrak{D}$ berühren, unter sich projectivisch (§ 33), und wenn die Strahlbüschel im Kreise projectivisch sind, so sind auch die ihnen zugehörigen Ebenenbüschel im Kegel unter sich projectivisch, so dass also unmittelbar nachstehende Sätze folgen:

I. „In irgend zwei Berührungsebenen eines Kegels zweiten Grades befinden sich zwei

I. „Irgend zwei Strahlen einer Kegelfläche zweiten Grades sind die Axen zweier pro-

*) Dieser Umstand kann auch daraus bewiesen werden, dass man, wenn man sich die Gerade $\mathfrak{M}\mathfrak{d}$ denkt, dann vermöge der rechtwinkligen, einander ähnlichen Dreiecke $\mathfrak{r}\mathfrak{M}\mathfrak{d}$, $\mathfrak{r}\mathfrak{e}\mathfrak{M}$ hat $\mathfrak{r}\mathfrak{e}.\mathfrak{r}\mathfrak{d} = \mathfrak{r}\mathfrak{M}.\mathfrak{r}\mathfrak{M}$, und da $\mathfrak{r}\mathfrak{d} = \mathfrak{q}_1\mathfrak{e}_1$, also auch $\mathfrak{r}\mathfrak{e}.\mathfrak{q}_1\mathfrak{e}_1 = \mathfrak{r}\mathfrak{M}.\mathfrak{r}\mathfrak{M}$, woraus man sieht, dass $\mathfrak{e}$, $\mathfrak{e}_1$ die obige Bedingung zweier entsprechenden Puncte erfüllen.

projectivische ebene Strahlbüschel, deren entsprechende Strahlenpaare nämlich in den übrigen Berührungsebenen liegen, und insbesondere entsprechen den im Durchschnitte jener Ebenen vereinigten Strahlen (d, e_1) diejenigen Strahlen (d_1, e), in welchen dieselben den Kegel berühren."

jectivischen Ebenenbüschel, deren entsprechende Ebenenpaare sich in den übrigen Strahlen schneiden, und insbesondere entsprechen den in der Ebene jener Strahlen vereinigten Ebenen (δ, ε_1) diejenigen Ebenen (δ_1, ε), welche den Kegel in denselben berühren."

Und umgekehrt:

II. „Jede zwei schiefliegende projectivische ebene Strahlbüschel $\mathfrak{B}$, $\mathfrak{B}_1$, die sich in demselben Strahlbüschel $\mathfrak{D}$ befinden, erzeugen einen Kegel zweiten Grades, der ihre Ebenen berührt, d. h., die durch die entsprechenden Strahlenpaare bestimmten Ebenen, nebst den Ebenen der Strahlbüschel, sind die gesammten Berührungsebenen eines bestimmten Kegels zweiten Grades, und zwar berührt er die Ebenen der Strahlbüschel in denjenigen Strahlen (d_1, e), deren entsprechende (d, e_1) im Durchschnitte derselben vereinigt sind."

II. „Jede zwei schiefliegende projectivische Ebenenbüschel $\mathfrak{A}$, $\mathfrak{A}_1$, die sich in demselben Strahlbüschel $\mathfrak{D}$ befinden, erzeugen einen Kegel zweiten Grades, der durch ihre Axen geht, d. h., die Durchschnittslinien der entsprechenden Ebenenpaare, nebst den Axen der Ebenenbüschel, sind die gesammten Strahlen eines bestimmten Kegels zweiten Grades, und zwar wird er in jenen Axen ($\mathfrak{A}$, $\mathfrak{A}_1$) von denjenigen Ebenen (δ_1, ε) berührt, deren entsprechende in der durch dieselben bestimmten Ebene vereinigt sind."

Da nun zwei projectivische ebene Strahlbüschel $\mathfrak{B}$, $\mathfrak{B}_1$, die in irgend zwei Berührungsebenen des Kegels liegen, von einer beliebigen Ebene E in zwei projectivischen Geraden A, A_1 geschnitten werden, und da zwei im Kegel liegende projectivische Ebenenbüschel $\mathfrak{A}$, $\mathfrak{A}_1$ von jener Ebene E in zwei projectivischen ebenen Strahlbüscheln $\mathfrak{B}$, $\mathfrak{B}_1$ geschnitten werden (§ 33), so folgen also weiter, wie oben erwähnt worden, für alle Kegelschnitte nachstehende merkwürdige Sätze:

III. „Jede zwei Tangenten A, A_1 eines Kegelschnittes sind in Ansehung der Punctepaare, in welchen sie von den übrigen

III „Jede zwei Puncte $\mathfrak{B}$, $\mathfrak{B}_1$ eines Kegelschnittes sind die Mittelpuncte zweier projectivischen ebenen Strahl-

Tangenten geschnitten werden, projectivisch, und zwar entsprechen den in ihrem Durchschnitte vereinigten Puncten ($\mathfrak{d}$, $\mathfrak{e}_1$) ihre wechselseitigen Berührungspuncte ($\mathfrak{d}_1$, $\mathfrak{e}$).“

büschel, deren entsprechende Strahlen sich in den übrigen Puncten desselben schneiden, und zwar entsprechen den vereinigten Strahlen (d, e_1) die Tangenten (d_1, e) in den gegenseitigen Mittelpuncten ($\mathfrak{B}_1$, $\mathfrak{B}$).“

Und umgekehrt:

IV. „Jede zwei in einer Ebene schiefliegende projectivische Gerade A, A_1 erzeugen einen Kegelschnitt, der sie beberührt, d. h., sie und alle ihre Projectionsstrahlen sind die gesammten Tangenten eines bestimmten Kegelschnittes, und zwar berührt dieser die Geraden in denjenigen Puncten ($\mathfrak{e}$, $\mathfrak{d}_1$), deren entsprechende ($\mathfrak{e}_1$, $\mathfrak{d}$) in ihrem Durchschnitte vereinigt sind.“

IV. „Jede zwei in einer Ebene schiefliegende projectivische (ebene) Strahlbüschel $\mathfrak{B}$, $\mathfrak{B}_1$ erzeugen einen Kegelschnitt, der durch ihre Mittelpuncte geht, d. h., diese und die Durchschnitte der entsprechenden Strahlenpaare sind die gesammten Puncte eines bestimmten Kegelschnittes, und zwar wird dieser in jenen Mittelpuncten von denjenigen Strahlen (e, d_1) berührt, deren entsprechende (e_1, d) vereinigt sind.“

Es darf kaum erwähnt werden, dass zufolge der obigen zweiten Anmerkung (§ 34), bei projectivischen Gebilden auf der Kugelfläche entsprechende Sätze stattfinden.

39. Die soeben aufgestellten neuen Sätze über den Kegel zweiten Grades und dessen Schnitte (§ 38) sind für die Untersuchung dieser Figuren wichtiger als alle bisher bekannten Sätze über dieselben, denn sie sind die eigentlichen wahren Fundamentalsätze, weil sie nämlich so umfassend sind, dass fast alle übrigen Eigenschaften jener Figuren auf die leichteste und klarste Weise aus ihnen folgen, und weil auch die Methode, nach der sie daraus hergeleitet werden, jede bisherige Betrachtungsweise an Einfachheit und Bequemlichkeit übertrifft. Wiewohl ich mir vorbehalte, die genannten Figuren erst späterhin ausführlich zu untersuchen, so kann ich doch nicht umhin, hier schon einige der nächsten Folgerungen aus jener Hauptquelle zu ziehen, die zur Bestätigung der eben ausgesprochenen Behauptung als eine kleine Probe dienen mögen.

Was nämlich den weiteren Fortgang der gegenwärtigen Betrachtung betrifft, so soll nun zunächst noch auf einige besondere Umstände und Grenzfälle der erwähnten Sätze aufmerksam gemacht werden; und sodann sollen einige wesentliche Eigenschaften der Kegelschnitte (sowie des Kegels), die zum Behufe späterer Untersuchungen über projectivische Gebilde dienen, sowie auch einige Porismen aus denselben in kurzen Andeutungen entwickelt werden. Nachgehends soll zum eigentlichen Hauptgegenstande zurückgekehrt, und zwar die Erzeugnisse projectivischer Gebilde, die im Raume beliebig liegen, untersucht werden.

Besondere Fälle.

40. Bei den obigen Sätzen (§ 38, II und IV) ist zuvörderst noch anzugeben, welche verschiedene Gestalten die erzeugten Figuren haben können; woran zu erkennen, zu welcher Klasse (§ 36) der durch zwei projectivische Gebilde erzeugte Kegelschnitt gehöre, und ob durch dieselben zwei Gebilde, je nachdem sie anders liegen, ein Kegelschnitt anderer Art erzeugt werde? Für einige Fälle folgt die Antwort auf diese Fragen unmittelbar aus vorangegangenen Sätzen, für die übrigen wird sie später folgen. Folgendes lässt sich nämlich in Beziehung auf diese Fragen unmittelbar angeben.

I. Da zwei projectivisch ähnliche Gerade A, A_1 einen unendlich entfernten Projectionsstrahl haben, und umgekehrt dieselben ähnlich sind, wenn ihre unendlich entfernten Puncte sich entsprechen, oder wenn sie einen unendlich entfernten Projectionsstrahl haben (§ 13, I), und da von den Kegelschnitten nur die Parabel eine unendlich entfernte Tangente hat (§ 36, II), so folgt also (§ 38, IV):

„Dass zwei in einer Ebene schiefliegende projectivisch ähnliche Gerade A, A_1 eine Parabel erzeugen.“ Und umgekehrt:

„Dass je zwei Tangenten einer Parabel von allen übrigen Tangenten derselben projectivisch ähnlich geschnitten werden.“

Der letztere Satz ist, mit anderen Worten ausgesprochen, allgemein bekannt. Da bei zwei projectivisch ähnlichen Geraden keine Parallelstrahlen stattfinden (§ 13, I), so folgt ferner: „Dass von den nicht unendlich entfernten Tangenten einer Parabel keine zwei parallel sein können.“ (Die unendlich entfernte Tangente kann als mit jeder anderen parallel angesehen werden.)

Zwei beliebige projectivische Geraden A, A_1, die nicht ähnlich sind, können also nie eine Parabel erzeugen, wohl aber können die nämlichen zwei Geraden sowohl Ellipsen als Hyperbeln erzeugen, je nachdem die in ihrem Durchschnitte vereinigten Puncte ($\mathfrak{d}$, $\mathfrak{e}_1$) beschaffen sind, welcher Umstand später in Erwägung gezogen werden soll. Der Winkel, den die Geraden unter sich bilden, hat demnach auf die Art des Kegelschnittes keinen Einfluss, sondern nur auf dessen besondere Gestalt, so z. B. giebt es ein System von Punctepaaren, die so beschaffen sind, dass, wenn eins derselben im Durchschnitte der Geraden vereinigt ist, alsdann die letzteren unter einem bestimmten Winkel einen Kreis erzeugen. Werden insbesondere die Durchschnitte $\mathfrak{r}$, $\mathfrak{q}_1$ der Parallelstrahlen, d. h. die Puncte, deren entsprechende $\mathfrak{r}_1$, $\mathfrak{q}$ unendlich entfernt sind, im Durchschnitte der Geraden vereinigt, so ist der Kegelschnitt offenbar eine Hyperbel und die Geraden sind die Asymptoten derselben (§ 36, III und § 38, IV); daher folgen unmittelbar die bekannten Eigenschaften der Hyperbel: „Dass das Rechteck unter den Abschnitten $\mathfrak{r}\mathfrak{a}$, $\mathfrak{q}_1\mathfrak{a}_1$, oder $\mathfrak{r}\mathfrak{b}$, $\mathfrak{q}_1\mathfrak{b}_1$, ..., welche eine beliebige Tangente a, oder b, ... von den Asymptoten (A, A_1) abschneidet, eine beständige Grösse hat (§ 12);" „dass daher auch der Inhalt des Dreiecks $\mathfrak{r}\mathfrak{a}\mathfrak{a}_1$, welches die Tangente mit den Asymptoten einschliesst, constant ist," und andere Eigenschaften mehr, die später vollständig aufgezählt werden sollen.

Da die Geraden A, A_1 im gegenwärtigen Falle (wo sie nicht ähnlich sind) Parallelstrahlen r, q haben, so folgt also:

„Dass sowohl bei der Ellipse als bei der Hyperbel die Tangenten paarweise parallel sind"*).

Hierbei folgt auch unmittelbar der oben (§ 37) in der Note erwähnte Satz von *Brianchon*, in Bezug auf die Durchschnitte $\mathfrak{r}$, $\mathfrak{q}_1$ der Parallelstrahlen, wie leicht zu sehen.

Beobachtet man die Geraden A, A_1, während sie allmälig aus der schiefen in die perspectivische Lage übergehen, so sieht man, dass der Kegelschnitt zuletzt in diejenige Gerade (ee_1) übergeht, welche den entstehenden Projectionspunct $\mathfrak{B}$ mit dem Durchschnitte ($\mathfrak{e}\mathfrak{e}_1$) der Geraden verbindet, und zwar geht die Ellipse in das durch die Puncte ($\mathfrak{e}\mathfrak{e}_1$), $\mathfrak{B}$ begrenzte Stück, die Hyperbel in die beiden übrigen (unendlichen) Stücke, und die Parabel, bei welcher der Projectionspunct $\mathfrak{B}$ sich ins Unendliche entfernt (§ 13, I), in die eine Hälfte der durch den Punct ($\mathfrak{e}\mathfrak{e}_1$) getheilten Geraden ($ee_1$) über.

II. So wie bei zwei projectivischen ebenen Strahlbüscheln $\mathfrak{B}$, $\mathfrak{B}_1$, die in einer Ebene concentrisch liegen, entweder zwei, oder nur ein, oder gar kein Paar entsprechende Strahlen sich vereinigen (§ 16, II), gleichermassen werden, wenn die Strahlbüschel beliebig liegen, entweder zwei, oder nur ein, oder gar kein Paar entsprechende Strahlen parallel sein; denn lässt man, von jener Lage ausgehend, den einen Strahlbüschel sich so bewegen, dass sich jeder Strahl sich selbst parallel bewegt, so hat man die letztere Lage, und die zuvor vereinigten entsprechenden Strahlenpaare werden sodann parallel sein. Sind aber zwei entsprechende Strahlen parallel, so zeigt dies an, dass der erzeugte Kegelschnitt einen unendlich

*) Diese Eigenschaft folgt auch leicht aus der obigen Betrachtung des Kegels (§ 36), wie man im zweiten Abschnitte sehen wird.

entfernten Punct habe, nach welchem sie gerichtet sind, daher können dieselben zwei Strahlbüschel im Allgemeinen Kegelschnitte von allen drei Arten erzeugen, je nachdem sie gegen einander gerichtet sind (§ 36 und § 16, II), und zwar, wie folgt:

a) „Zwei gleichliegende projectivische ebene Strahlbüschel $\mathfrak{B}$, $\mathfrak{B}_1$ können Ellipsen, Parabeln, oder Hyperbeln erzeugen, je nachdem sie gegen einander gerichtet sind, nämlich innerhalb eines bestimmten Spielraumes erzeugen sie nur Ellipsen, an den beiden Grenzen desselben, also in zwei bestimmten Richtungen, wo die Strahlen g, g_1, oder h, h_1 parallel sind (§ 16, II), erzeugen sie Parabeln, und jenseits dieser Grenzen erzeugen sie nur Hyperbeln.“ Und

b) „Sind die Strahlbüschel ungleichliegend, so erzeugen sie nur Hyperbeln.“

Da, im Falle die Strahlbüschel eine Hyperbel erzeugen, die zwei Paar paralleler entsprechender Strahlen nothwendiger Weise den Asymptoten parallel sein müssen, weil sie mit diesen nach denselben unendlich entfernten Puncten gerichtet sind, und da die Hyperbel gleichseitig heisst, wenn die Asymptoten zu einander rechtwinklig sind, so folgt also: „Dass die Strahlbüschel in beiden vorstehenden Fällen (a, b) eine gleichseitige Hyperbel erzeugen, wenn man sie so gegen einander richtet, dass die Schenkel (s und s_1, t und t_1) der entsprechenden rechten Winkel (§ 9, II) parallel sind.“

Sind insbesondere die Strahlbüschel $\mathfrak{B}$, $\mathfrak{B}_1$ gleich, so erzeugen sie im Falle (a) einen Kreis (§ 37) und im Falle (b) eine gleichseitige Hyperbel.

Lässt man die beliebigen Strahlbüschel $\mathfrak{B}$, $\mathfrak{B}_1$ allmälig in perspectivische Lage übergehen, nämlich dadurch, dass zwei parallele entsprechende Strahlen auf einander fallen, welches also nur von der hyperbolischen und parabolischen Lage aus geschehen kann, so sieht man, dass der Kegelschnitt zuletzt in zwei bestimmte Gerade übergeht, wovon die eine der entstehende perspectivische Durchschnitt A, und die andere der gemeinschaftliche (durch beide Mittelpuncte $\mathfrak{B}$, $\mathfrak{B}_1$ gehende) Strahl $\mathfrak{B}\mathfrak{B}_1$ ist. Bei der parabolischen Lage werden diese zwei Geraden parallel.

Lässt man die Strahlbüschel $\mathfrak{B}$, $\mathfrak{B}_1$ in concentrische Lage übergehen, so geht die Hyperbel in zwei und die Parabel in eine Gerade über, nämlich in diejenigen Geraden, in welchen entsprechende Strahlen zusammenfallen, dagegen zieht sich die Ellipse in den gemeinschaftlichen Mittelpunct ($\mathfrak{B}\mathfrak{B}_1$) der Strahlbüschel zusammen.

III. Beim Kegel im Allgemeinen finden keine so wesentlich verschiedene Klassen statt, wie bei seinen Schnitten (§ 36), wohl aber bei einem besonderen Falle desselben, er kann nämlich, wie folgt, in Grenzfälle übergehen und besondere Gestalt erhalten.

Der von zwei projectivischen Ebenenbüscheln $\mathfrak{A}$, $\mathfrak{A}_1$ oder ebenen Strahlbüscheln $\mathfrak{B}$, $\mathfrak{B}_1$ erzeugte Kegel (§ 38, II) ändert nothwendiger Weise seine Gestalt, je nachdem die Gebilde so oder anders gegen einander gerichtet sind, er kann runder oder platter werden, und wenn insbesondere die Gebilde in perspectivische Lage kommen, so geht der Kegel in folgende Grenzfälle über: bei den Ebenenbüscheln $\mathfrak{A}$, $\mathfrak{A}_1$ in zwei Ebenen, wovon die eine der perspectivische Durchschnitt $\mathfrak{B}$ (§ 31) derselben und die andere die durch beide Axen $\mathfrak{A}$, $\mathfrak{A}_1$ gehende Ebene ($\varepsilon\varepsilon_1$) ist (in welcher letzteren zwei entsprechende Elemente ε, ε_1 vereinigt sind), und bei den Strahlbüscheln $\mathfrak{B}$, $\mathfrak{B}_1$ in diejenige Ebene, welche durch die Projectionsaxe A derselben und durch die Durchschnittslinie (ee_1) der Ebenen $\mathfrak{B}$, $\mathfrak{B}_1$ geht.

Lässt man die nämlichen zwei Ebenenbüschel $\mathfrak{A}$, $\mathfrak{A}_1$ ihre Lage allmälig so ändern, bis ihre Axen $\mathfrak{A}$, $\mathfrak{A}_1$ parallel sind, so müssen nothwendiger Weise alle Strahlen des Kegels mit denselben parallel werden, so dass sich sein Mittelpunct $\mathfrak{D}$ ins Unendliche entfernt. In diesem besonderen Falle heisst die erzeugte Figur nicht mehr Kegel, sondern „Cylinder", und zwar Cylinder zweiten Grades. Bei dieser besonderen Lage der Ebenenbüschel $\mathfrak{A}$, $\mathfrak{A}_1$ können, ebenso wie bei zwei projectivischen ebenen Strahlbüscheln $\mathfrak{B}$, $\mathfrak{B}_1$ in einer Ebene (II), entweder zwei oder nur ein oder gar kein Paar entsprechende Ebenen parallel sein (§ 31, III), und daher kann die Cylinderfläche entweder zwei oder nur einen oder gar keinen unendlich entfernten Strahl haben, wodurch sich drei Klassen von Cylindern von einander unterscheiden, die nach der Reihe hyperbolische, parabolische und elliptische Cylinder heissen. Die Bedingungen, unter welchen die Ebenenbüschel den einen oder den anderen dieser drei Cylinder erzeugen, sind den obigen, unter welchen die ebenen Strahlbüschel $\mathfrak{B}$, $\mathfrak{B}_1$ den einen oder anderen der drei Kegelschnitte erzeugen (II), ganz ähnlich. Dies gilt auch von dem besonderen Falle, wenn die Ebenenbüschel $\mathfrak{A}$, $\mathfrak{A}_1$ gleich sind, in welchem Falle sie nämlich entweder den sogenannten geraden, oder den gleichseitig hyperbolischen Cylinder erzeugen.

Wird der Cylinder von irgend einer Ebene E geschnitten, so werden die ihn erzeugenden Ebenenbüschel $\mathfrak{A}$, $\mathfrak{A}_1$ in zwei ebenen Strahlbüscheln $\mathfrak{B}$, $\mathfrak{B}_1$ geschnitten, die sich nothwendiger Weise in Hinsicht paralleler entsprechender Strahlen in gleichem Falle befinden, als die Ebenenbüschel $\mathfrak{A}$, $\mathfrak{A}_1$ in Hinsicht paralleler entsprechender Ebenen (weil parallele Ebenen von jeder anderen Ebene in parallelen Geraden geschnitten werden), daher kann die Ebene E den ersten Cylinder nur in einer Hyperbel, den zweiten nur in einer Parabel und den dritten nur in einer Ellipse schneiden (II). Wird die schneidende Ebene E den Strahlen der Cylinderfläche oder den Axen $\mathfrak{A}$, $\mathfrak{A}_1$ parallel, so geht der Schnitt in zwei solche Strahlen über, daher folgt: „dass zwei parallele Gerade als Grenzfall sowohl von der Hyperbel, als auch von der Parabel, oder von der Ellipse anzusehen sind.“

Andererseits kann der Cylinder nur durch solche besondere ebene Strahlbüschel $\mathfrak{B}$, $\mathfrak{B}_1$ erzeugt werden, die aus parallelen Strahlen bestehen. Es findet bei ihnen Aehnliches statt, wie oben bei den Geraden A, A_1 (I).

Der von zwei projectivischen Ebenenbüscheln $\mathfrak{A}$, $\mathfrak{A}_1$, oder von zwei projectivischen ebenen Strahlbüscheln $\mathfrak{B}$, $\mathfrak{B}_1$ (deren Strahlen parallel sind) erzeugte Cylinder geht, wenn die Gebilde in perspectivische Lage gelangen, im ersten Falle in zwei und im anderen Falle in eine Ebene über, auf dieselbe Weise wie oben der Kegel.

Einige Eigenschaften der Kegelschnitte.

41. Wie bereits oben erwähnt (§ 39), sollen nun einige bemerkenswerthe Sätze über die Kegelschnitte aus den obigen Fundamentalsätzen (§ 38, III, IV) in gedrängter Kürze entwickelt werden.

I. Da die projectivische Beziehung zweier Geraden A, A_1 bestimmt ist, sobald irgend drei Paar entsprechende Puncte oder irgend drei Projectionsstrahlen a, b, c gegeben sind, und da ebenso die projectivische Beziehung zweier Strahlbüschel $\mathfrak{B}$, $\mathfrak{B}_1$ durch drei entsprechende Strahlenpaare a und a_1, b und b_1, c und c_1, oder durch deren Durchschnitte $\mathfrak{a}$, $\mathfrak{b}$, $\mathfrak{c}$, bestimmt ist (§ 10, β), so folgen unmittelbar nachstehende Sätze (§ 38, IV):

„Durch irgend fünf Tangenten (A, A_1, a, b, c) ist ein Kegelschnitt bestimmt, d. h. fünf beliebige Gerade in einer Ebene können allemal von einem, aber nur von einem einzigen Kegelschnitt berührt werden.“

„Durch irgend fünf Puncte ($\mathfrak{B}$, $\mathfrak{B}_1$, $\mathfrak{a}$, $\mathfrak{b}$, $\mathfrak{c}$) in einer Ebene ist ein Kegelschnitt bestimmt, d. h. fünf beliebige Puncte in einer Ebene liegen allemal in einem, aber nur in einem einzigen Kegelschnitt.“

Diese Sätze finden immer statt, die gegebenen fünf Elemente mögen eine gegenseitige Lage haben, welche man will, wenn nämlich auch die Grenzfälle, in welche der Kegelschnitt übergehen kann (§ 40, I, II), gestattet werden; nur in dem einzigen Falle, wo von den fünf gegebenen Geraden sich vier in einem Puncte schneiden, oder von den fünf gegebenen Puncten vier in einer Geraden liegen, ist der Kegelschnitt nicht vollkommen bestimmt. Wie bei jedem vorgelegten Falle die Gestalt oder Art des Kegelschnittes leicht zu erforschen ist, wird später gezeigt.

II. Aus § 24, III sieht man, wie, wenn irgend fünf Tangenten oder irgend fünf Puncte eines Kegelschnittes gegeben sind, alsdann beliebige andere Tangenten oder beliebige andere Puncte desselben mittelst des Lineals allein zu finden sind.

III. Nach § 18 folgt:

1. „dass durch irgend einen Punct in der Ebene eines Kegelschnittes im Allgemeinen und höchstens nur zwei Tangenten des letzteren gehen. Nämlich es gehen zwei oder nur eine oder gar keine Tangente durch den genannten Punct, je nachdem derselbe ausserhalb, oder in oder innerhalb des Kegelschnittes liegt."

1. „dass irgend eine Gerade in der Ebene eines Kegelschnittes den letzteren im Allgemeinen und höchstens nur in zwei Puncten schneidet. Nämlich die genannte Gerade kann den Kegelschnitt entweder in zwei Puncten schneiden oder nur in einem Punct treffen, d. h. ihn berühren, oder ihm gar nicht begegnen."

Diese Eigenschaft der Kegelschnitte bewirkt, dass dieselben „Linien der zweiten Klasse"*) und „Linien der zweiten Ordnung" genannt werden. Dieselben Eigenschaften lassen sich auch, mittelst des Kegels (§ 36), vom Kreise herleiten.

Es folgt ferner (§ 18):

2. „dass und wie man, wenn fünf Tangenten eines Kegelschnittes gegeben sind, ohne dass er selbst gezeichnet vorliegt, die durch irgend einen Punct gehenden Tangenten desselben bloss durch Hülfe des Lineals ziehen könne, sobald in derselben Ebene irgend ein Kreis (oder sonstiger Kegelschnitt) gegeben ist."

2. dass und wie man, wenn fünf Puncte eines Kegelschnittes gegeben sind, ohne dass er selbst gezeichnet vorliegt, die in irgend einer Geraden liegenden Puncte desselben bloss durch Hülfe des Lineals finden könne, sobald in derselben Ebene irgend ein Kreis (oder sonstiger Kegelschnitt) gegeben ist."

42. I. Da durch fünf Elemente ein Kegelschnitt bestimmt ist (§ 41, I), so müssen zwischen sechs Elementen desselben nothwendiger Weise bestimmte Beziehungen stattfinden; diese Beziehungen sind zum Theil in § 24, I enthalten und lassen sich hier, wie folgt, übertragen (§ 38, IV):

1. „Bei jedem einem Kegelschnitte umschriebenen Sechsseit (d. h. dessen Seiten Tangenten des Kegelschnittes sind) treffen die drei Haupt-

1. „Bei jedem einem Kegelschnitte eingeschriebenen Sechseck (d. h. dessen Ecken im Kegelschnitte liegen) liegen die drei Durchschnittspuncte

*) *Gergonne* nennt eine Curve, an welche von irgend einem Puncte aus höchstens n Tangenten gehen, eine Curve der n^{ten} Klasse.

diagonalen, welche nämlich die gegenüberstehenden Ecken verbinden, in irgend einem Puncte zusammen."

der einander gegenüberstehenden Seitenpaare allemal in irgend einer Geraden."

Und umgekehrt:

2. „Treffen die drei Hauptdiagonalen eines Sechsseits in irgend einem Puncte zusammen, so werden seine Seiten von irgend einem bestimmten Kegelschnitte berührt."

2. „Liegen die drei Durchschnitte der gegenüberstehenden Seitenpaare eines Sechsecks in irgend einer Geraden, so liegen seine Ecken in irgend einem Kegelschnitte."

Den Satz rechts (1) hat *Pascal**) und den links *Brianchon***) zuerst bekannt gemacht. *Pascal* nannte das betreffende Sechseck „*Hexagrammum mysticum.*" In einer Abhandlung, die verloren gegangen ist, soll er eine vollständige Behandlung der Kegelschnitte auf seinen Satz gegründet haben. Später wurde der *Pascal*sche Satz vornehmlich von *Mac-Laurin, Robert Simson* und *Carnot* bewiesen, und auch *Schwab* theilt denselben, im Anhange zu *Euklides Data,* insbesondere vom Kreise mit. Seit *Brianchon* seinen Satz entdeckt hat, erkannte man besonders die Wichtigkeit der beiden Sätze für die Betrachtung der Kegelschnitte, und deshalb wurden sie in neuerer Zeit so häufig und verschiedenartig bewiesen, wie nur selten geometrischen Sätzen gleiche Aufmerksamkeit zu Theil ward. Namentlich haben sich damit die französischen Mathematiker *Gergonne, Poncelet, Chasles, Sturm, Bobillier* u. a. m., der belgische *Dandelin* und die deutschen *Moebius* und *Plücker* beschäftigt. Die gegenwärtige Ableitung der Sätze beleuchtet sie von einer neuen Seite, sie zeigt, dass dieselben nicht die eigentliche Grundlage für die Untersuchung der Kegelschnitte sind, sondern dass sie vielmehr, mit vielen anderen Eigenschaften zugleich, aus einer umfassenderen Quelle, nämlich aus der Beziehung projectivischer Gebilde, sehr leicht und klar hervorgehen. Eine wesentliche Vervollständigung der beiden Sätze habe ich zuerst bekannt gemacht im XVIII. Bande der *Annales de Mathématiques****); dieselbe soll auch hier weiter unten (im Anhange) wiederum zum Beweise vorgelegt werden.

Die früheren Sätze (§ 23, III) sind als Grenzfälle der vorstehenden anzusehen, wie man leicht bemerken wird (§ 40).

Die oben stehenden Sätze (1, 2) können auch auf eine andere Art aufgefasst und ausgesprochen werden, und zwar so, dass statt des jedesmaligen Sechsecks zwei Dreiecke betrachtet werden, welche durch die-

*) In seinem *Essai sur les Coniques.*

**) Im XIII. Heft des *Journal de l'Ecole Polytechnique.*

***) Cf. S. 224 dieser Ausgabe.

selben sechs Elemente bestimmt sind, nämlich statt des umschriebenen Sechsecks diejenigen zwei Dreiecke, wovon das eine die erste, dritte und fünfte, und das andere die zweite, vierte und sechste Ecke des Sechsecks zu Ecken hat, und statt des eingeschriebenen Sechsecks diejenigen zwei Dreiecke, von denen das eine die erste, dritte und fünfte, und das andere die zweite, vierte und sechste Seite desselben zu Seiten hat. In dieser Hinsicht lauten die Sätze, wie folgt:

3. „Treffen die drei Geraden, welche die Ecken zweier in einer Ebene liegenden Dreiecke, in irgend einer Ordnung paarweise genommen, verbinden, in irgend einem Puncte zusammen, so werden die übrigen sechs Geraden, welche die Ecken des einen Dreiecks mit denen des anderen verbinden, allemal von irgend einem Kegelschnitte berührt.“ Und auch umgekehrt.

3. „Liegen die drei Puncte, in welchen die Seiten zweier in einer Ebene liegenden Dreiseite, in irgend einer Ordnung paarweise genommen, sich schneiden, in irgend einer Geraden, so liegen die übrigen sechs Puncte, in welchen die Seiten des einen Dreiseits die des anderen schneiden, allemal in irgend einem Kegelschnitte.“ Und auch umgekehrt.

II. Vermöge der Schlussbemerkungen in den Sätzen (§ 38, IV) folgt, dass, wie bei der obigen Aufgabe (§ 24, III, b, β) bei zwei schiefliegenden projectivischen Gebilden (A, A_1 oder $\mathfrak{B}$, $\mathfrak{B}_1$) die den vereinigten Elementen ($\mathfrak{d}$, $\mathfrak{e}_1$ oder d, e_1) entsprechenden Elemente ($\mathfrak{d}_1$, $\mathfrak{e}$ oder d_1, e) gefunden worden, durch dasselbe Verfahren auch:

„wenn fünf beliebige Tangenten eines Kegelschnittes gegeben sind, die Berührungspuncte derselben nur mit Hülfe des Lineals gefunden werden können.“

„wenn fünf beliebige Puncte eines Kegelschnittes gegeben sind, die Tangenten in denselben nur mit Hülfe des Lineals gefunden werden können.“

Es sind darin zugleich die nachstehenden bekannten Sätze enthalten:

„Bei jedem einem Kegelschnitte umschriebenen Fünfeck treffen die Diagonalen, welche irgend zwei Eckenpaare verbinden, und die Gerade, welche die jedesmalige fünfte Ecke mit dem Berührungspuncte der gegenüberstehenden Seite verbindet,

„Bei jedem einem Kegelschnitte eingeschriebenen Fünfecke liegen die Durchschnittspuncte irgend zweier Seitenpaare und der Durchschnittspunct, welchen die jedesmalige fünfte Seite mit der Tangente in der gegenüberstehenden Ecke bildet,

einander in irgend einem Puncte."

allemal in irgend einer Geraden."

III. Die Sätze in § 24, II lassen sich hier, mit anderen Worten, wie folgt, wiederholen (§ 38, IV):

1. „Bei allen einem Kegelschnitte umschriebenen Vierseiten, bei welchen ein Paar gegenüberstehende Seiten in irgend zwei festen Tangenten desselben sich befinden, liegt der Durchschnittspunct der Geraden, welche durch die gegenüberstehenden Ecken gehen (Diagonalen), in einer und derselben bestimmten Geraden, die nämlich durch die Berührungspuncte jener zwei festen Tangenten geht."

1. „Bei allen einem Kegelschnitte eingeschriebenen Vierecken, bei welchen das eine Paar gegenüberstehende Ecken in irgend zwei festen Puncten desselben sich befinden, geht die Gerade, welche die Durchschnittspuncte der gegenüberstehenden Seiten verbindet, durch einen und denselben bestimmten Punct, der nämlich in den zu jenen festen Puncten gehörigen Tangenten liegt (ihr Durchschnittspunct ist)."

Diese allgemein bekannten Sätze werden kürzer, wie folgt, ausgesprochen:

2. „Bei jedem einem Kegelschnitte umschriebenen Vierseit gehen die beiden Diagonalen und die Gerade, welche die Berührungspuncte zweier gegenüberstehender Seiten verbindet, durch einen und denselben Punct."

2. „Bei jedem einem Kegelschnitte eingeschriebenen Vierecke liegen die Durchschnittspuncte der gegenüberstehenden Seiten und der Durchschnitt der Tangenten in zwei gegenüberstehenden Ecken in einer Geraden."

Oder für das vollständige Vierseit, welches durch irgend vier Tangenten eines Kegelschnittes gebildet wird, und für das vollständige Viereck, welches durch irgend vier Puncte eines Kegelschnittes bestimmt wird, da jedes drei einfache Vierecke (oder Vierseite) enthält (§ 19), folgen daraus unmittelbar nachstehende Eigenschaften:

3. „Werden irgend vier Tangenten eines Kegelschnittes als ein vollständiges Vierseit und ihre vier Berührungspuncte als ein vollständiges Viereck angesehen, sind etwa A, A_1, A_2, A_3 (Fig. 39) die vier Tangenten und $\mathfrak{a}$, $\mathfrak{a}_1$, $\mathfrak{a}_2$, $\mathfrak{a}_3$ die vier Berührungspuncte, so findet zwischen denselben folgende Beziehung statt:

Die drei Diagonalen $\mathfrak{bg}$, $\mathfrak{cf}$, $\mathfrak{de}$ des vollständigen Vierseits

Die drei Durchschnitte $\mathfrak{x}$, $\mathfrak{y}$, $\mathfrak{z}$ der gegenüberstehenden Sei-

fallen mit den drei Geraden $\mathfrak{xy}$, $\mathfrak{xz}$, $\mathfrak{yz}$, welche die Durchschnitte $\mathfrak{x}$, $\mathfrak{y}$, $\mathfrak{z}$ der gegenüberstehenden Seiten des vollständigen Vierecks verbinden, zusammen.“

ten des vollständigen Vierecks fallen mit den drei Durchschnitten $\mathfrak{x}$, $\mathfrak{y}$, $\mathfrak{z}$ der Diagonalen des vollständigen Vierseits zusammen.“

Zufolge dieses Satzes kann man also, wie man sieht, sehr leicht mittelst des Lineals:

4. „wenn irgend vier Tangenten A, A_1, A_2, A_3 eines Kegelschnittes und der Berührungspunct einer derselben, etwa $\mathfrak{a}$, gegeben sind, die Berührungspuncte $\mathfrak{a}_1$, $\mathfrak{a}_2$, $\mathfrak{a}_3$ der drei übrigen Tangenten finden.“ Denn durch die vier Tangenten sind die Puncte $\mathfrak{x}$, $\mathfrak{y}$, $\mathfrak{z}$ gegeben, durch diese und durch $\mathfrak{a}$ werden die Strahlen d, c, b bestimmt, welche durch die gesuchten Puncte $\mathfrak{a}_3$, $\mathfrak{a}_2$, $\mathfrak{a}_1$ gehen.

4. „wenn irgend vier Puncte $\mathfrak{a}$, $\mathfrak{a}_1$, $\mathfrak{a}_2$, $\mathfrak{a}_3$ eines Kegelschnittes und die Tangente in einem derselben, etwa A, gegeben sind, die Tangenten A_1, A_2, A_3 in den drei übrigen Puncten finden.“ Denn durch die vier Puncte sind die Geraden $\mathfrak{xy}$, $\mathfrak{xz}$, $\mathfrak{yz}$ bestimmt, durch diese und durch A sind die Puncte $\mathfrak{d}$, $\mathfrak{c}$, $\mathfrak{b}$ gegeben, welche in den gesuchten Tangenten A_3, A_2, A_1 liegen.

IV. Die Sätze in II und III, nebst vielen anderen Sätzen, kann man, wie es einige französische Mathematiker gethan haben, dadurch aus den Sätzen in I ableiten, dass man von den jedesmaligen sechs Elementen des Kegelschnittes allmälig ein oder zwei Paar u. s. w. sich vereinigen lässt. Auf diese Weise folgen z. B., wenn man in I, 3 die beiden Dreiecke (sowohl links als rechts) sich allmälig so verändern lässt, dass die Seiten des einen zuletzt den Kegelschnitt berühren, wobei dann nothwendiger Weise die Ecken des anderen in die Berührungspuncte der Seiten des ersteren zu liegen kommen, unmittelbar nachstehende bekannte Sätze:

1. „Bei jedem einem Kegelschnitte umschriebenen Dreiseit treffen die drei Geraden, welche die Ecken mit den Berührungspuncten der gegenüberstehenden Seiten verbinden, in irgend einem Puncte zusammen.“

1. „Bei jedem einem Kegelschnitte eingeschriebenen Dreiecke liegen die drei Puncte, in welchen die Seiten von den Tangenten in den gegenüberstehenden Ecken geschnitten werden, in irgend einer Geraden.“

Und umgekehrt:

2. „Zieht man aus den Ecken eines Dreiecks durch irgend einen Punct drei Ge-

2. „Schneidet man die Seiten eines Dreiecks durch irgend eine Gerade, so sind

rade, so begegnen diese den gegenüberstehenden Seiten in drei solchen Puncten, in welchen sie von irgend einem bestimmten Kegelschnitte berührt werden.“

die drei Geraden, welche die Durchschnitte mit den gegenüberstehenden Ecken verbinden, Tangenten irgend eines bestimmten, dem Dreiecke umschriebenen Kegelschnittes.“

Man sieht, wie man vermöge dieser Sätze sehr leicht:

3. „wenn irgend drei Tangenten eines Kegelschnittes und die Berührungspuncte zweier derselben gegeben sind, den Berührungspunct der dritten finden kann.“

3. „wenn irgend drei Puncte eines Kegelschnittes und die Tangenten in zweien derselben gegeben sind, die Tangente im dritten finden kann.“

Die vorstehenden Sätze sind vieler Folgerungen fähig, die aber gegenwärtig nicht ausgeführt werden dürfen; später soll ein Theil davon entwickelt werden. Eine grosse Reihe von Sätzen, mit denen sie in Beziehung stehen, habe ich im ersten und zweiten Hefte des XIX. Bandes der *Annales de Mathématiques* bekannt gemacht*).

43. I. Andere Beziehungen zwischen sechs gleichnamigen Elementen eines Kegelschnittes (§ 42, I) gründen sich auf die Gleichheit der Doppelverhältnisse bei projectivischen Gebilden und lauten, wie folgt (§ 10, α und § 38, III):

1. „Bei irgend sechs Tangenten eines Kegelschnittes werden je zwei von den jedesmaligen vier übrigen so geschnitten, dass die Doppelverhältnisse aus den Abschnitten gleich sind.“ Oder

„Irgend vier feste Tangenten eines Kegelschnittes schneiden alle übrigen Tangenten desselben nach einem und demselben Doppelverhältnisse.“

1. „Bei irgend sechs Puncten eines Kegelschnittes bestimmen je zwei mit den vier übrigen solche Strahlen, dass die Doppelverhältnisse der Sinusse der dazwischen liegenden Winkel gleich sind.“ Oder

„Irgend vier feste Puncte eines Kegelschnittes bestimmen mit jedem anderen Puncte desselben vier Strahlen, denen ein und dasselbe Doppelverhältniss zukommt.“

Und umgekehrt:

2. „Alle möglichen Geraden, welche von irgend vier festen Geraden nach einem und demselben Doppelverhält-

2. „Alle möglichen Puncte, welche mit irgend vier festen Puncten vier solche Strahlen bestimmen, denen ein gege-

*) Cf. S. 189—210 dieser Ausgabe.

niss geschnitten werden, sind, sammt den vier festen Geraden, Tangenten irgend eines bestimmten Kegelschnittes"

benes Doppelverhältniss zukommt, liegen in irgend einem, durch die vier festen Puncte gehenden Kegelschnitt."

Die Sätze links sind, unter anderer Form abgefasst, bekannt.

Die vielen Folgerungen, die sich aus den vorstehenden Sätzen ziehen lassen, müssen hier übergangen werden; nur der nachstehende besondere Fall soll gegenwärtig in Betracht gezogen werden.

II. Wenn bei den vorigen Sätzen die erwähnten Doppelverhältnisse den besonderen Werth $=1$ haben, so dass also die jedesmaligen betreffenden vier Elemente harmonisch sind (§ 12, II), so lauten die Sätze insbesondere, wie folgt:

1. „Schneiden vier Tangenten eines Kegelschnittes irgend eine fünfte harmonisch, so schneiden sie auch jede andere Tangente desselben ebenso."

1. „Bestimmen vier Puncte eines Kegelschnittes mit irgend einem fünften harmonische Strahlen, so thun sie mit jedem anderen Puncte desselben ein Gleiches."

Und umgekehrt:

2. „Alle Geraden, welche von irgend vier festen Geraden harmonisch geschnitten werden, berühren einen bestimmten Kegelschnitt, welcher auch von jenen festen Geraden berührt wird."

2. „Alle Puncte, welche mit irgend vier festen Puncten vier harmonische Strahlen bestimmen, liegen in einem bestimmten Kegelschnitt, der durch jene festen Puncte geht."

Die vier festen Tangenten sollen in Bezug auf den betreffenden Kegelschnitt „vier harmonische Tangenten", und umgekehrt soll der Kegelschnitt in Bezug auf das durch jene gebildete Vierseit „der eingeschriebene harmonische Kegelschnitt" genannt werden. Eben so sollen andererseits die vier festen Puncte in Bezug auf den zugehörigen Kegelschnitt „vier harmonische Puncte," und umgekehrt der Kegelschnitt in Bezug auf das durch die Puncte bestimmte Viereck „der umschriebene harmonische Kegelschnitt" heissen. Um diese Eigenschaften vollständig aufzuklären, müssen hier noch folgende Betrachtungen hinzugefügt werden.

Sind A, A_1, A_2, A_3 (Fig. 40) irgend vier harmonische Tangenten eines Kegelschnittes, und ist A_4 eine beliebige fünfte Tangente desselben, so sind also die vier Puncte $\mathfrak{h}$, $\mathfrak{i}$, $\mathfrak{k}$, $\mathfrak{l}$, in welchen sie von jenen geschnitten wird, harmonisch. Nun sind z. B. A und A_4 in Ansehung der Puncte, in welchen sie von den übrigen Tangenten geschnitten werden, projectivisch, und zwar entspricht dem Puncte $\mathfrak{h}$ in A_4 der Berührungspunct $\mathfrak{a}$ in A (§ 38, III), so dass also den vier Puncten $\mathfrak{h}$, $\mathfrak{i}$, $\mathfrak{k}$, $\mathfrak{l}$ in A_4 die vier Puncte $\mathfrak{a}$, $\mathfrak{b}$, $\mathfrak{c}$, $\mathfrak{d}$ in A entsprechen; folglich sind auch die vier letzteren Puncte harmonisch. Gleiches folgt für die drei übrigen Tangenten A_1, A_2, A_3. Wenn aber sowohl $\mathfrak{c}$, $\mathfrak{b}$, $\mathfrak{a}$, $\mathfrak{d}$ als $\mathfrak{c}$, $\mathfrak{e}$, $\mathfrak{a}_2$, $\mathfrak{g}$ harmonisch sind, so müssen die drei Geraden $\mathfrak{b}\mathfrak{e}$, $\mathfrak{a}\mathfrak{a}_2$, $\mathfrak{d}\mathfrak{g}$ einander in einem und demselben Puncte $\mathfrak{f}$ treffen (§ 12 und § 14). Aus gleichen Gründen liegen die Berührungspuncte $\mathfrak{a}_1$, $\mathfrak{a}_3$ der sich zugeordneten harmonischen Tangenten A_1, A_3 mit dem Durchschnitte $\mathfrak{c}$ der beiden übrigen A, A_2 in einer Geraden $\mathfrak{c}\mathfrak{a}_1\mathfrak{a}_3$.

Sind andererseits $\mathfrak{B}$, $\mathfrak{B}_1$, $\mathfrak{B}_2$, $\mathfrak{B}_3$ (Fig. 41) irgend vier harmonische Puncte in einem Kegelschnitte, und ist $\mathfrak{B}_4$ ein beliebiger fünfter Punct desselben, so sind also die vier Strahlen h, i, k, l harmonisch, und da die Strahlbüschel $\mathfrak{B}_4$ und $\mathfrak{B}$ in Ansehung der Strahlen h, i, k, l und a, b, c, d, wo nämlich a die Tangente im Mittelpuncte $\mathfrak{B}$ ist, projectivisch sind (§ 38, III), so sind folglich auch die vier Strahlen a, b, c, d harmonisch. Gleiches findet für die drei übrigen Puncte $\mathfrak{B}_1$, $\mathfrak{B}_2$, $\mathfrak{B}_3$ statt. Wenn aber sowohl c, b, a, d als c, e, a_2, g harmonisch sind, so müssen die drei Puncte $\mathfrak{B}_1$, $\mathfrak{c}$, $\mathfrak{B}_3$ in einer Geraden liegen (§ 12 und 14). Aus ähnlichen Gründen müssen die Tangenten a_1, a_3 in den zwei sich zugeordneten harmonischen Puncten $\mathfrak{B}_1$, $\mathfrak{B}_3$ mit der durch die zwei übrigen (zugeordneten) Puncte $\mathfrak{B}$, $\mathfrak{B}_2$ bestimmten Geraden c in einem Puncte $\mathfrak{f}$ zusammentreffen.

Aus dieser Betrachtung fliesst Folgendes:

3. „Irgend vier harmonische Tangenten eines Kegelschnittes haben solche Beziehung zu einander, dass α) der Berührungspunct einer jeden zu den drei Puncten, in welchen sie von den drei übrigen geschnitten wird, der vierte harmonische Punct ist, und zwar demjenigen zugeordnet, in welchem die jedesmalige Tangente von der ihr zugeordneten geschnitten wird; und dass β) die Berührungspuncte je zweier zugeordneten Tangenten und der Durchschnitt der zwei übrigen Tangenten in einer Geraden liegen." Und umgekehrt: γ) „Erfüllen vier

3. „Irgend vier harmonische Puncte eines Kegelschnittes haben solche Beziehung zu einander, dass α) die Tangente in jedem zu den drei Strahlen, welche er mit den drei übrigen bestimmt, der vierte harmonische Strahl ist, und zwar demjenigen zugeordnet, welcher durch den, dem jedesmaligen Puncte zugeordneten Punct geht; und dass β) die Tangenten in je zwei zugeordneten Puncten und die Gerade, welche die zwei übrigen Puncte verbindet, durch einen Punct gehen." Und umgekehrt: γ) „Erfüllen vier Puncte eines Kegelschnittes

Tangenten eines Kegelschnittes eine der zwei Bedingungen (α), (β), so sind sie harmonisch.“ Daher folgt weiter (γ rechts): δ) „dass vier harmonische Tangenten eines Kegelschnittes diesen in vier harmonischen Puncten berühren.“

eine der zwei Bedingungen (α), (β), so sind sie harmonisch.“ Daher folgt weiter (γ links): δ) „dass vier Tangenten eines Kegelschnittes, die ihn in vier harmonischen Puncten berühren, ebenfalls harmonisch sind.“

Mittelst dieser Eigenschaften lassen sich nachstehende Aufgaben sehr leicht lösen:

4. „Die einem gegebenen Vierseit eingeschriebenen drei harmonischen Kegelschnitte zu finden, d. h. die Puncte anzugeben, in welchen sie die gegebenen Geraden berühren.“

4. „Die einem gegebenen Viereck umschriebenen drei harmonischen Kegelschnitte zu finden, d. h. die Tangenten anzugeben, von welchen sie in den gegebenen Puncten berührt werden.“

Da nämlich die Seiten des gegebenen Vierseits, etwa A, A_1, A_2, A_3 (Fig. 42), auf drei verschiedene Arten einander zugeordnet werden können (§ 4), nämlich entweder a) A und A_1, A_2 und A_3, oder b) A und A_2, A_1 und A_3, oder c) A und A_3, A_1 und A_2, so giebt es auch drei eingeschriebene harmonische Kegelschnitte, deren Berührungspuncte unmittelbar, wie folgt, gefunden werden. Sind $\mathfrak{x}$, $\mathfrak{y}$, $\mathfrak{z}$ die Durchschnitte der drei Diagonalen des Vierseits, so müssen, im Falle (a) die Berührungspuncte $\mathfrak{i}$, $\mathfrak{i}_1$ einerseits mit $\mathfrak{g}$ (3, β), und andererseits mit $\mathfrak{z}$ (§ 42, III) in einer Geraden liegen, folglich müssen sie in der Geraden $\mathfrak{g}\mathfrak{z}$ liegen. Ebenso sind die zwei übrigen Berührungspuncte $\mathfrak{i}_2$, $\mathfrak{i}_3$ durch die Gerade $\mathfrak{b}\mathfrak{z}$ gegeben. Aus gleichen Gründen sind im Falle (b) die beiden Paar Berührungspuncte $\mathfrak{a}$ und $\mathfrak{a}_2$, $\mathfrak{a}_1$ und $\mathfrak{a}_3$ mittelst der Geraden $\mathfrak{f}\mathfrak{y}$, $\mathfrak{c}\mathfrak{y}$ gegeben; und ebenso werden im Falle (c) die gesuchten zwei Paar Berührungspuncte $\mathfrak{h}$ und $\mathfrak{h}_3$, $\mathfrak{h}_1$ und $\mathfrak{h}_2$ bloss durch Ziehen der Geraden $\mathfrak{e}\mathfrak{z}$, $\mathfrak{d}\mathfrak{z}$ gefunden. — Andererseits, d. h. bei der Aufgabe rechts, werden die gesuchten Tangenten durch ein entsprechendes Verfahren gefunden, was Jeder leicht wird ausführen können.

5. „Zu irgend drei gegebenen Tangenten eines Kegelschnittes die vierte harmonische zu finden.“

5. „Zu irgend drei gegebenen Puncten eines Kegelschnittes den vierten harmonischen zu finden.“

Es darf kaum erinnert werden, dass die Auflösung dieser Aufgaben unmittelbar aus (3, β) folgt. Jeder Aufgabe kommen, vermöge der verschiedenen Zuordnungen, drei Auflösungen zu.

So wie zu zwei festen Puncten $\mathfrak{h}$, $\mathfrak{k}$ in einer Geraden A_4 (Fig. 40) unzählige Paare von zugeordneten harmonischen Puncten $\mathfrak{i}$, $\mathfrak{l}$ möglich sind (§ 8, III), ebenso sind also auch zu irgend zwei festen Tangenten A, A_2 eines Kegelschnittes unzählige Paare von zugeordneten harmonischen Tangenten A_1, A_3 möglich, und es muss (zufolge 3, β) der Durchschnitt $\mathfrak{f}$ eines jeden der letzteren Paare in der Geraden $\mathfrak{a}\mathfrak{a}_2$ liegen, welche durch die Berührungspuncte jenes festen Tangentenpaares geht, und die verschiedenen Paare Berührungspuncte derselben müssen in Geraden $\mathfrak{a}_1\mathfrak{a}_3, \ldots$ liegen, welche sämmtlich durch den Durchschnitt $\mathfrak{c}$ der festen Tangenten gehen. Andererseits folgt Entsprechendes. Daher folgen weiter nachstehende Sätze:

6. „In Bezug auf irgend zwei Tangenten A, A_2 eines Kegelschnittes giebt es unzählige zugeordnete harmonische Tangentenpaare, nämlich jede zwei Tangenten (A_1, A_3), deren Durchschnitt ($\mathfrak{f}$) in derjenigen Geraden $\mathfrak{a}\mathfrak{a}_2$ liegt, welche durch die Berührungspuncte jener zwei geht, sind ein solches Paar.“

6. „In Bezug auf irgend zwei Puncte $\mathfrak{B}$, $\mathfrak{B}_2$ eines Kegelschnittes giebt es unzählige zugeordnete harmonische Punctepaare, nämlich jede zwei Puncte ($\mathfrak{B}_1$, $\mathfrak{B}_3$), die in einer Geraden (f) liegen, welche durch den Durchschnitt der Tangenten in jenen Puncten geht, sind ein solches Paar.“

Diese Sätze gestatten verschiedene Umkehrungen, wovon einige, als Theile umfassenderer Sätze, im nächsten Paragraph folgen*).

Harmonische Pole und Gerade in Bezug auf einen Kegelschnitt.

44. Aus vorhergehenden Sätzen folgt leicht eine merkwürdige Eigenschaft der Kegelschnitte, die für mancherlei Untersuchungen sehr fruchtbar und in neuerer Zeit, seit *Monge* sie in Anregung gebracht, mit gutem Erfolge benutzt worden ist. Das Wesentlichste davon soll hier kurz angedeutet werden.

Es seien A, A_1, A_2, A_3 (Fig. 43) irgend vier Tangenten eines Kegelschnittes und $\mathfrak{a}$, $\mathfrak{a}_1$, $\mathfrak{a}_2$, $\mathfrak{a}_3$ ihre Berührungspuncte, so kommen dem Vierseit $AA_1A_2A_3$ und dem Viereck $\mathfrak{a}\mathfrak{a}_1\mathfrak{a}_2\mathfrak{a}_3$, ausser den in § 42, III, 3 angegebenen Beziehungen, auch noch die in § 20, I ausgesprochenen Eigenschaften zu, wonach unter anderen z. B. die vier Strahlen $\mathfrak{z}\mathfrak{a}$, $\mathfrak{z}\mathfrak{y}$, $\mathfrak{z}\mathfrak{a}_3$, $\mathfrak{z}\mathfrak{x}$ harmonisch sind. Diese Strahlen werden also jede Gerade harmonisch

*) Auch enthalten sie besondere Fälle, die später, bei Untersuchung der conjugirten Durchmesser der Kegelschnitte, in Betracht kommen, nämlich man wird finden, dass die Scheitel irgend zweier conjugirten Durchmesser eines Kegelschnittes vier harmonische Puncte, und die ihnen zugehörigen Tangenten vier harmonische Tangenten desselben sind.

schneiden (§ 8, II), so dass sowohl die vier Puncte $\mathfrak{a}$, $\mathfrak{r}$, $\mathfrak{a}_3$, $\mathfrak{x}$, als $\mathfrak{a}$, $\mathfrak{y}$, $\mathfrak{c}_2$, $\mathfrak{u}$, als $\mathfrak{a}_1$, $\mathfrak{y}$, $\mathfrak{a}_3$, $\mathfrak{v}$, als $\mathfrak{a}_1$, $\mathfrak{s}$, $\mathfrak{a}_2$, $\mathfrak{x}$ harmonisch sind. Vermöge dieser Puncte sind ferner sowohl die vier Strahlen $\mathfrak{f}\mathfrak{a}_1$, $\mathfrak{f}\mathfrak{y}$, $\mathfrak{f}\mathfrak{a}_3$, $\mathfrak{f}\mathfrak{v}$, als $\mathfrak{e}\mathfrak{a}_1$, $\mathfrak{e}\mathfrak{s}$, $\mathfrak{e}\mathfrak{a}_2$, $\mathfrak{e}\mathfrak{x}$ harmonisch. Da zu den drei Puncten $\mathfrak{a}$, $\mathfrak{a}_2$, $\mathfrak{u}$ nur ein einziger, dem $\mathfrak{u}$ zugeordneter, vierter harmonischer Punct $\mathfrak{y}$ möglich ist, so muss also, wenn der Kegelschnitt nebst den Tangenten A, A_2 und der Geraden $\mathfrak{c}\mathfrak{u}$ fest bleiben, die Berührungssehne $\mathfrak{a}_1\mathfrak{a}_3$ der Tangenten A_1, A_3 stets durch denselben festen Punct $\mathfrak{y}$ gehen, wo man auch den Durchschnitt $\mathfrak{f}$ der Tangenten auf der festen Geraden $\mathfrak{c}\mathfrak{u}$ annehmen mag; aus ähnlichen Gründen muss, wenn der Kegelschnitt nebst den Tangenten A, A_3 und der Geraden $\mathfrak{d}\mathfrak{r}$ fest bleiben, die Gerade $\mathfrak{a}_1\mathfrak{a}_2$, welche die Berührungspuncte der Tangenten A_1, A_2 verbindet, immerhin durch den festen Punct $\mathfrak{x}$ gehen, wo man auch den Durchschnitt $\mathfrak{e}$ dieser Tangenten längs der festen Geraden $\mathfrak{d}\mathfrak{r}$ hinrücken mag. Wird noch bemerkt, dass (zufolge § 43, II, 3, β) die Gerade $\mathfrak{d}\mathfrak{e}$ durch die Berührungspuncte $\mathfrak{p}$, $\mathfrak{q}$ der sich in $\mathfrak{x}$ schneidenden Tangenten $\mathfrak{x}\mathfrak{p}$, $\mathfrak{x}\mathfrak{q}$ geht (dies würde auch folgen, wenn man die drei Puncte $\mathfrak{e}$, $\mathfrak{a}_1$, $\mathfrak{a}_2$ allmälig mit $\mathfrak{p}$ oder $\mathfrak{q}$ zusammenfallen liesse), so folgen zusammengenommen nachstehende Sätze:

I. „Dreht sich eine Gerade ($\mathfrak{a}_1\mathfrak{a}_3$ oder $\mathfrak{a}_1\mathfrak{a}_2$), die einen Kegelschnitt schneidet, um irgend einen (in ihr liegenden) festen Punct ($\mathfrak{y}$ oder $\mathfrak{x}$), α) so ist der Ort desjenigen Punctes ($\mathfrak{v}$ oder $\mathfrak{s}$), welcher zu den zwei Durchschnittspuncten ($\mathfrak{a}_1$, $\mathfrak{a}_3$ oder $\mathfrak{a}_1$, $\mathfrak{a}_2$) und dem festen Puncte der vierte, und zwar dem letzteren zugeordnete, harmonische Punct ist, eine bestimmte Gerade (y oder x); und β) in dieser Geraden bewegt sich zugleich der Durchschnitt ($\mathfrak{f}$ oder $\mathfrak{e}$) derjenigen zwei Tangenten (A_1, A_3 oder A_1, A_2), durch deren Berührungspuncte jene bewegliche schneidende Gerade geht."

I. „Bewegt sich ein Punct ($\mathfrak{f}$ oder $\mathfrak{e}$) in einer festen Geraden (y oder x) in der Ebene eines Kegelschnittes, α) so geht diejenige Gerade (v oder s), welche zu den zwei durch den Punct gehenden Tangenten (A_1, A_3 oder A_1, A_2) und der festen Geraden die vierte, der letzteren zugeordnete, harmonische Gerade (Strahl) ist, durch einen bestimmten Punct ($\mathfrak{y}$ oder $\mathfrak{x}$); und β) um diesen Punct dreht sich zugleich diejenige Gerade ($\mathfrak{a}_1\mathfrak{a}_3$ oder $\mathfrak{a}_1\mathfrak{a}_2$), welche durch die Berührungspuncte ($\mathfrak{a}_1$, $\mathfrak{a}_3$ oder $\mathfrak{a}_1$, $\mathfrak{a}_2$) der jedesmaligen zwei Tangenten geht."

Vermöge dieser merkwürdigen gegenseitigen Beziehung des Punctes $\mathfrak{y}$ oder $\mathfrak{x}$ und der Geraden y oder x im Verhältniss zum Kegelschnitt (α) soll in der Folge die Gerade „die Harmonische des Punctes", und der Punct „der harmonische Pol der Geraden“ in Bezug auf den Kegelschnitt heissen*). Man sieht, dass, je nachdem der Punct innerhalb, wie $\mathfrak{y}$, oder ausserhalb, wie $\mathfrak{x}$, des Kegelschnittes liegt, seine Harmonische dem Kegelschnitt gar nicht begegnet, wie y, oder ihn schneidet, wie x, und zwar ihn in den Berührungspuncten $\mathfrak{p}$, $\mathfrak{q}$ der durch den Punct $\mathfrak{x}$ gehenden Tangenten schneidet, wie bereits oben bemerkt worden; so dass also „der Durchschnitt irgend zweier Tangenten eines Kegelschnittes der harmonische Pol der durch die Berührungspuncte gehenden Geraden ist;“ dass also z. B. e die Harmonische des Punctes $\mathfrak{e}$, f die Harmonische des Punctes $\mathfrak{f}$, c die Harmonische des Punctes $\mathfrak{c}$, u. s. w. ist. Demnach geht die Harmonische jedes Punctes ($\mathfrak{f}$, $\mathfrak{c}$, $\mathfrak{x}$, ...) der Geraden y durch den harmonischen Pol der letzteren. Gleiches findet auch bei der Geraden x statt, nämlich nicht nur die Harmonischen der ausserhalb des Kegelschnittes liegenden Puncte $\mathfrak{e}$, $\mathfrak{d}$, ..., sondern auch die der innerhalb liegenden, wie etwa $\mathfrak{s}$, gehen durch den Pol $\mathfrak{x}$, denn da die vier Puncte $\mathfrak{a}_1$, $\mathfrak{s}$, $\mathfrak{a}_2$, $\mathfrak{x}$ harmonisch sind, so liegt $\mathfrak{x}$ in der Harmonischen s des Punctes $\mathfrak{s}$. Daher folgt (was zum Theil, mit anderen Worten ausgesprochen, im vorstehenden Satze (I, β) enthalten ist):

II. „Die harmonischen Pole aller Geraden, die durch irgend einen Punct ($\mathfrak{y}$ oder $\mathfrak{x}$) gehen, in Bezug auf einen Kegelschnitt, liegen in einer bestimmten Geraden (y oder x), nämlich in der Harmonischen jenes Punctes.“

II. „Die Harmonischen aller Puncte, die in irgend einer Geraden (y oder x) liegen, in Bezug auf einen Kegelschnitt, gehen durch einen bestimmten Punct ($\mathfrak{y}$ oder $\mathfrak{x}$), nämlich durch den harmonischen Pol jener Geraden.“

Oder kürzer:

„Geht eine Gerade durch irgend einen Punct, so geht die Harmonische des letzteren durch ihren harmonischen Pol.“

„Liegt ein Punct in irgend einer Geraden, so liegt der Pol der letzteren in seiner Harmonischen.“

Man wird bemerken, dass Beides im Grunde nur ein und derselbe Satz ist. In der Folge sollen irgend zwei solche Gerade, von denen jede durch den harmonischen Pol der anderen geht, „zwei zugeordnete harmonische Gerade“ oder schlechthin „zwei zugeordnete Harmonische,“ und ähnlicher Weise sollen ihre Pole „zwei zugeordnete harmonische Pole“ heissen. Es sind also sowohl y und x, als x und z, als z und y, u. s. w. zwei zugeordnete Harmonische, und sowohl $\mathfrak{x}$ und $\mathfrak{y}$,

*) Die französischen Mathematiker nennen sie gewöhnlich schlechthin Polaire und Pôle.

$\mathfrak{x}$ und $\mathfrak{z}$, $\mathfrak{y}$ und $\mathfrak{z}$, u. s. w. zwei zugeordnete harmonische Pole. Ferner sollen je drei Gerade, von denen jede durch die harmonischen Pole der zwei übrigen geht, wie z. B. x, y, z oder x, e, s, „drei zugeordnete Harmonische“, und ebenso je drei Puncte, von denen jeder der Durchschnitt der Harmonischen der zwei übrigen ist, wie z. B. $\mathfrak{x}$, $\mathfrak{y}$, $\mathfrak{z}$ oder $\mathfrak{x}$, $\mathfrak{e}$, $\mathfrak{s}$, „drei zugeordnete harmonische Pole“ genannt werden. Die Durchschnitte dreier zugeordneten Harmonischen sind, wie man sieht, zugleich drei zugeordnete harmonische Pole, und auch umgekehrt.

Da die drei Geraden x, y, z, sowie die drei Puncte $\mathfrak{x}$, $\mathfrak{y}$, $\mathfrak{z}$ sowohl durch das vollständige Vierseit $AA_1A_2A_3$, als durch das vollständige Viereck $\mathfrak{a}\mathfrak{a}_1\mathfrak{a}_2\mathfrak{a}_3$ bestimmt werden, so folgen unmittelbar nachstehende Sätze:

III. „Alle einem vollständigen Vierseit $AA_1A_2A_3$ eingeschriebenen Kegelschnitte haben gemeinschaftlich drei zugeordnete Harmonische und drei zugeordnete harmonische Pole, nämlich die drei Diagonalen x, y, z des Vierseits und ihre Durchschnitte $\mathfrak{x}$, $\mathfrak{y}$, $\mathfrak{z}$.

III. „Alle einem (vollständigen) Viereck $\mathfrak{a}\mathfrak{a}_1\mathfrak{a}_2\mathfrak{a}_3$ umschriebenen Kegelschnitte haben gemeinschaftlich drei zugeordnete harmonische Pole und drei zugeordnete Harmonische, nämlich die drei Durchschnitte der gegenüberstehenden Seiten und die durch sie bestimmten Geraden.“

Nach dem festgestellten Plane darf diese fruchtbare Betrachtung gegenwärtig nicht weiter entwickelt werden; nur folgende Aufgaben, die mittelst des Lineals sehr leicht zu lösen sind, mögen hier noch Platz finden:

IV. „Die Harmonische irgend eines gegebenen Punctes in Bezug auf einen gegebenen Kegelschnitt zu finden.“

IV. „Den harmonischen Pol einer gegebenen Geraden in Bezug auf einen gegebenen Kegelschnitt zu finden.“

Es sei etwa $\mathfrak{x}$ oder $\mathfrak{y}$ der gegebene Punct (links). Man ziehe durch denselben irgend zwei den Kegelschnitt schneidende Geraden d, e oder c, f, verbinde die jedesmaligen vier Durchschnitte $\mathfrak{a}$, $\mathfrak{a}_1$, $\mathfrak{a}_2$, $\mathfrak{a}_3$ paarweise durch zwei Paar Geraden b und g, c und f, oder b und g, d und e, so liegen die Durchschnitte $\mathfrak{z}$, $\mathfrak{y}$ oder $\mathfrak{z}$, $\mathfrak{x}$ dieser Geradenpaare, zufolge der oben angegebenen Beziehungen, in der gesuchten Harmonischen x oder y, welche also gefunden ist. Auf diese Weise suche man, um die Aufgabe rechts zu lösen, zu irgend zwei Puncten der gegebenen Geraden die Harmonischen, so ist der Durchschnitt der letzteren der verlangte Pol (II).

V. „An einen (gezeichnet vorliegenden) Kegelschnitt mittelst des Lineals Tangenten zu ziehen, die durch einen, ausserhalb desselben liegenden, gegebenen Punct $\mathfrak{x}$ gehen.

Man suche, nach (IV) links, die Harmonische x des gegebenen Punctes $\mathfrak{x}$ und verbinde die Puncte $\mathfrak{p}$, $\mathfrak{q}$, in welchen sie dem Kegelschnitte begegnet, mit dem gegebenen Puncte durch Gerade, so sind diese die verlangten Tangenten (zufolge der oben stehenden Betrachtung).

45. Die vorhin (§ 44) entwickelten Sätze über harmonische Gerade und Pole sind die Fundamentalsätze von einer sehr fruchtbaren geometrischen Untersuchung, die in der neuesten Zeit von französischen Mathematikern mit grossem Erfolge angewandt und ausgebildet worden. Ich muss mir vorbehalten, später auf diesen Gegenstand zurückzukommen (im vierten Abschnitte), wo alsdann nicht allein grosse Reihen von Sätzen und merkwürdigen Eigenschaften entwickelt werden, sondern auch das eigentliche Wesen des Gegenstandes gründlicher und umfassender enthüllt werden wird. Denn in der That wird sich zeigen, dass weder das Vorstehende (was hier nur beiläufig entwickelt wurde), noch die Art und Weise, wie der Gegenstand bisher von Anderen behandelt worden, über die innere Natur und die eigentliche Bedeutung dieser Eigenschaften gehörige Auskunft giebt, sondern dass vielmehr dieser Gegenstand, wie er bisher aufgefasst und erkannt worden, nur ein Theil eines umfassenderen Ganzen ist, wovon der andere Theil, der mit jenem in sehr naher Beziehung steht, unter anderer Gestalt längst allgemein bekannt war, und dass endlich die gemeinschaftliche Urquelle beider Theile aus einer eigenthümlichen Verbindung projectivischer Gebilde entspringt*). (Sieh S. 527.)

Um hier nur an einem Beispiele die fruchtbare Anwendung der im Vorhergehenden aufgestellten Eigenschaften der harmonischen Geraden und Pole zu zeigen, soll ein von *Brianchon* gefundener merkwürdiger Satz über Kegelschnitte**) durch dieselben bewiesen werden. Der Satz wird durch folgende Aufgabe herbeigeführt:

„Wenn in einer Ebene sich irgend zwei Kegelschnitte K, K_1 befinden, welchem Gesetz sind dann die den Tangenten des einen K_1, in Beziehung auf den anderen K, entsprechenden harmonischen Pole unterworfen?“ ***)

„Wenn in einer Ebene sich irgend zwei Kegelschnitte K, K_1 befinden, welchem Gesetz sind dann die den Puncten des einen K_1, in Beziehung auf den anderen K, entsprechenden Harmonischen unterworfen?“ ***)

*) Dadurch wird unter anderen auch die merkwürdige Eigenschaft von sechs Puncten in einer Geraden, die von *Désargues* „Involution“ genannt wurde, und mit der sich nach ihm verschiedene Mathematiker beschäftigt haben, auf eine sehr einfache und befriedigende Weise aufgeklärt werden.

**) *Cahier* X. *du Journal de l'Ecole Polytechnique.*

***) Wenn in der Ebene eines Kegelschnittes mehrere Gerade oder Puncte angenommen werden, die in Ansehung ihrer gegenseitigen Lage irgend einem bestimmten

Es seien a, b, c, d, e, f irgend sechs Tangenten des Kegelschnittes K_1, und $\mathfrak{a}$, $\mathfrak{b}$, $\mathfrak{c}$, $\mathfrak{d}$, $\mathfrak{e}$, $\mathfrak{f}$ die ihnen entsprechenden harmonischen Pole. Das Sechsseit abcdef hat die Eigenschaft, dass die drei Diagonalen, welche die gegenüberstehenden Ecken verbinden, einander in irgend einem Puncte treffen (§ 42, I, 1), daher müssen die drei Durchschnitte der gegenüberstehenden Seiten des Sechsecks $\mathfrak{abcdef}$ in einer Geraden liegen, weil sie die harmonischen Pole jener Diagonalen sind (§ 44, II); folglich muss das Sechseck $\mathfrak{abcdef}$ irgend einem Kegelschnitte K_2 eingeschrieben sein (§ 42, I, 2); und da dieser Kegelschnitt durch irgend fünf Puncte, etwa durch $\mathfrak{a}$, $\mathfrak{b}$, $\mathfrak{c}$, $\mathfrak{d}$, $\mathfrak{e}$, bestimmt ist (§ 41, I), so ist er folglich der Ort der harmonischen Pole der Tangenten des Kegelschnittes K_1, weil jede beliebige andere Tangente statt jener sechsten f genommen werden kann. Lässt man die bewegliche Tangente f allmälig mit einer der festen, etwa mit a, zusammenfallen, so wird sich der Durchschnitt beider Tangenten mit dem Berührungspuncte $\mathfrak{a}_1$ der festen Tangente a vereinigen, und dann müssen auch ihre Pole $\mathfrak{f}$, $\mathfrak{a}$ sich vereinigen, und also die Secante $\mathfrak{af}$ des Kegelschnittes K_2 in die Tangente a_1 im Puncte $\mathfrak{a}$ übergehen, und zwar muss diese Tangente a_1 die Harmonische jenes Berührungspunctes $\mathfrak{a}_1$ sein. Also folgen nachstehende Sätze:

„Wenn in einer Ebene sich irgend zwei Kegelschnitte K, K_1 befinden, so liegen die den Tangenten a, b, c, ... des zweiten K_1, in Beziehung auf den ersten K, entsprechenden harmonischen Pole $\mathfrak{a}$, $\mathfrak{b}$, $\mathfrak{c}$, ... in irgend einem bestimmten dritten Kegelschnitt K_2, und es berühren die den Puncten $\mathfrak{a}_1$, $\mathfrak{b}_1$, $\mathfrak{c}_1$, ... des zweiten K_1 entsprechenden Harmonischen a_1, b_1, c_1, ... einen und denselben dritten Kegelschnitt K_2, und zwar dergestalt, dass jeder Tangente a und ihrem Berührungspuncte $\mathfrak{a}_1$ des zweiten Kegelschnittes K_1 ein bestimmter Punct $\mathfrak{a}$ und dessen zugehörige Tangente a_1 im dritten Kegelschnitt K_2 entspricht.“

Wofern der zweite Kegelschnitt K_1 nicht (oder wenigstens nicht ganz) von dem ersten K eingeschlossen wird, folgt aus diesem Satze vermöge § 44, unmittelbar der anfangs erwähnte Satz des *Brianchon*, nämlich:

„Bewegen sich zwei veränderliche Tangenten eines Kegelschnittes K so:

Gesetze unterworfen sind, so kann gefragt werden, welchem Gesetze die ihnen in Bezug auf den Kegelschnitt entsprechenden harmonischen Pole oder Geraden unterworfen seien. Und eine ähnliche Frage kann aufgeworfen werden, in Bezug auf eine Fläche zweiten Grades im Raume. Die aus diesen Fragen entspringende Untersuchung haben die französischen Mathematiker „*Théorie des polaires réciproques*“ genannt. Das allgemeine Gesetz, welches dieser Untersuchung zu Grunde liegt, hat auch *Moebius* (Barycentrischer Calcül, § 287) auf sehr geschickte Weise bewiesen.

dass die Gerade durch ihre Berührungspuncte stets irgend einen zweiten Kegelschnitt K_1 berührt, so durchläuft ihr Durchschnitt irgend einen dritten Kegelschnitt K_2" *).

dass ihr Durchschnitt irgend einen zweiten Kegelschnitt K_1 durchläuft, so berührt die Gerade durch ihre Berührungspuncte stets irgend einen dritten Kegelschnitt K_2" *).

Zusammengesetztere Sätze und Porismen.

46. Durch Zusammenstellung oder Verbindung projectivischer Gebilde (Gerade und ebene Strahlbüschel) gelangt man, mit Berücksichtigung der Erzeugung der Kegelschnitte durch sie (§ 38, III, IV), zu zahlreichen merkwürdigen Sätzen und Porismen, wovon, gemäss der obigen Feststellung (§ 39), beispielsweise hier einige entwickelt werden sollen.

I. Sind in einer Ebene irgend zwei Gerade A, A_1 (Fig. 45) perspectivisch, und ist $\mathfrak{B}_2$ ihr Projectionspunct, und sind sie ferner mit irgend zwei Strahlbüscheln $\mathfrak{B}$, $\mathfrak{B}_1$ perspectivisch, nämlich A mit $\mathfrak{B}$, und A_1 mit $\mathfrak{B}_1$, so sind diese Strahlbüschel $\mathfrak{B}$, $\mathfrak{B}_1$ unter sich projectivisch (§ 11, III), und erzeugen folglich (§ 38, IV) einen Kegelschnitt, d. h. die Durchschnitte $\mathfrak{a}_2$, $\mathfrak{b}_2$, ... ihrer entsprechenden Strahlen, also insbesondere auch der Durchschnitt $\mathfrak{e}\mathfrak{e}_1$ der Geraden A, A_1, weil in ihm zwei entsprechende Strahlen e, e_1 sich treffen, liegen in irgend einem Kegelschnitt, der fortan durch $[\mathfrak{B}\mathfrak{B}_1]$ bezeichnet werden soll. — Sind andererseits $\mathfrak{B}$, $\mathfrak{B}_1$ (Fig. 44) irgend zwei perspectivische Strahlbüschel; ist A_2 ihr perspectivischer Durchschnitt, und sind sie ferner mit irgend zwei Geraden A, A_1 perspectivisch, so sind diese unter sich projectivisch und erzeugen also irgend einen Kegelschnitt $[AA_1]$. Hieraus gehen unmittelbar folgende bekannte Sätze hervor:

„Bewegen sich die Ecken $\mathfrak{a}$, $\mathfrak{a}_1$, $\mathfrak{a}_2$ eines veränderlichen Dreiecks $\mathfrak{a}\mathfrak{a}_1\mathfrak{a}_2$ (Fig. 44) in drei beliebigen festen Geraden A, A_1, A_2, und gehen zwei Seiten a, a_1 desselben stets durch irgend zwei feste Puncte $\mathfrak{B}$, $\mathfrak{B}_1$, so berührt die dritte Seite a_2 beständig irgend einen be-

„Drehen sich die Seiten a, a_1, a_2 eines veränderlichen Dreiecks $\mathfrak{a}\mathfrak{a}_1\mathfrak{a}_2$ (Fig. 45) um drei beliebige feste Puncte $\mathfrak{B}$, $\mathfrak{B}_1$, $\mathfrak{B}_2$, und bewegen sich zwei Ecken $\mathfrak{a}$, $\mathfrak{a}_1$ desselben in irgend zwei festen Geraden A, A_1, so durchläuft die dritte Ecke $\mathfrak{a}_2$ irgend einen bestimmten Ke-

*) Mittelst dieser Sätze kann von folgenden zwei Aufgaben:

„Die gemeinschaftlichen Tangenten zweier gegebenen Kegelschnitte zu finden"

„Die gemeinschaftlichen Puncte zweier gegebenen Kegelschnitte zu finden"

jede auf die andere zurückgeführt werden.

stimmten Kegelschnitt $[AA_1]$, der nämlich auch die beiden ersteren Geraden A, A_1 nebst der Geraden ee_1 durch die festen Puncte $\mathfrak{B}$, $\mathfrak{B}_1$ zu Tangenten hat."

gelschnitt $[\mathfrak{B}\mathfrak{B}_1]$, in welchem nämlich auch die beiden ersten Puncte $\mathfrak{B}$, $\mathfrak{B}_1$ nebst dem Durchschnitte $\mathfrak{e}\mathfrak{e}_1$ der festen Geraden A, A_1 liegen."

Und umgekehrt:

„Bewegt sich eine Seite a_2 eines veränderlichen Dreiecks $\mathfrak{a}\mathfrak{a}_1\mathfrak{a}_2$ als Tangente eines festen Kegelschnittes $[AA_1]$, und drehen sich die zwei übrigen Seiten a, a_1 um irgend zwei feste Puncte $\mathfrak{B}$, $\mathfrak{B}_1$ in einer Tangente desselben, und bewegen sich die diesen Seiten gegenüberliegenden Ecken $\mathfrak{a}$, $\mathfrak{a}_1$ des Dreiecks in irgend zwei anderen festen Tangenten A, A_1 des Kegelschnittes, so durchläuft die dritte Ecke $\mathfrak{a}_2$ irgend eine bestimmte Gerade A_2." Ebenso kann jede der zwei Geraden A, A_1, sowie jeder der zwei Puncte $\mathfrak{B}$, $\mathfrak{B}_1$ als Folge der jedesmaligen fünf übrigen Gebilde gesetzt werden.

„Bewegt sich eine Ecke $\mathfrak{a}_2$ eines veränderlichen Dreiecks $\mathfrak{a}\mathfrak{a}_1\mathfrak{a}_2$ in irgend einem festen Kegelschnitte $[\mathfrak{B}\mathfrak{B}_1]$, während die zwei übrigen Ecken $\mathfrak{a}$, $\mathfrak{a}_1$ irgend zwei feste Geraden A, A_1, deren Durchschnitt $\mathfrak{e}\mathfrak{e}_1$ im Kegelschnitt liegt, durchlaufen, und drehen sich die diesen Ecken gegenüberliegenden Seiten a, a_1 um irgend zwei feste Puncte $\mathfrak{B}$, $\mathfrak{B}_1$ des Kegelschnittes, so geht die dritte Seite a_2 stets durch irgend einen bestimmten Punct $\mathfrak{B}_2$." Ebenso kann jeder der zwei Puncte $\mathfrak{B}$, $\mathfrak{B}_1$, sowie jede der zwei Geraden A, A_1 als Folge der jedesmaligen fünf übrigen Gebilde gesetzt werden.

II. Sind irgend vier Gebilde A, A_1, $\mathfrak{B}$, $\mathfrak{B}_1$ (Fig. 46) unter einander projectivisch, und zwar liegen sowohl A und $\mathfrak{B}$, als A_1 und $\mathfrak{B}_1$ perspectivisch, dagegen sowohl A und A_1, als $\mathfrak{B}$ und $\mathfrak{B}_1$ schief, so dass also die zwei letzteren Paare irgend zwei Kegelschnitte $[AA_1]$, $[\mathfrak{B}\mathfrak{B}_1]$ erzeugen, so folgen in Ansehung der entsprechenden Elemente, wie etwa $\mathfrak{a}$, $\mathfrak{a}_1$; a, a_1 und der durch diese erzeugten a_2, $\mathfrak{a}_2$, unmittelbar nachstehende Sätze:

1. „Drehen sich zwei Seiten a, a_1 eines veränderlichen Dreiecks $\mathfrak{a}\mathfrak{a}_1\mathfrak{a}_2$ um irgend zwei feste Puncte $\mathfrak{B}$, $\mathfrak{B}_1$ eines festen Kegelschnittes $[\mathfrak{B}\mathfrak{B}_1]$, während die ihnen gegenüberliegenden Ecken $\mathfrak{a}_1$, $\mathfrak{a}$ in irgend zwei festen Geraden A_1, A sich be-

1. „Bewegen sich zwei Ecken $\mathfrak{a}$, $\mathfrak{a}_1$ eines veränderlichen Dreiecks $\mathfrak{a}\mathfrak{a}_1\mathfrak{a}_2$ in irgend zwei festen Tangenten A, A_1 eines festen Kegelschnittes $[AA_1]$, während die ihnen gegenüberliegenden Seiten a_1, a sich um irgend zwei feste Puncte $\mathfrak{B}_1$, $\mathfrak{B}$ dre-

wegen und die dritte Ecke $\mathfrak{a}_2$ den Kegelschnitt durchläuft, so bewegt sich die dritte Seite a_2 als Tangente irgend eines bestimmten Kegelschnittes $[AA_1]$, der nämlich auch jene zwei festen Geraden berührt."

hen und die dritte Seite a_2 stets den Kegelschnitt berührt, so durchläuft die dritte Ecke $\mathfrak{a}_2$ irgend einen anderen bestimmten Kegelschnitt $[\mathfrak{B}\mathfrak{B}_1]$, der nämlich allemal durch jene zwei festen Puncte geht."

Die Abfassung der übrigen Sätze, wo nämlich, statt wie hier auf die Kegelschnitte $[\mathfrak{B}\mathfrak{B}_1]$, $[AA_1]$, umgekehrt auf eins der Gebilde A, A_1, $\mathfrak{B}$, $\mathfrak{B}_1$ geschlossen wird, überlasse ich dem Leser.

Die beiden Kegelschnitte $[AA_1]$, $[\mathfrak{B}\mathfrak{B}_1]$ haben eine eigenthümliche Beziehung zu einander, die sich, so lange $[AA_1]$ ganz oder zum Theil innerhalb $[\mathfrak{B}\mathfrak{B}_1]$ liegt, durch folgende merkwürdige Eigenschaft kundgiebt. Gelangt nämlich der bewegte Punct $\mathfrak{a}_2$ in die Durchschnitte $\mathfrak{b}_2$, $\mathfrak{c}_2$, $\mathfrak{d}_2$, $\mathfrak{e}_2$ der Geraden A, A_1 und des Kegelschnittes $[\mathfrak{B}\mathfrak{B}_1]$, so vereinigen sich offenbar sowohl die Strahlen b_1 und b_2, als c_1 und c_2, als d und d_1, als e und e_1, so dass also jedes der zwei Dreiecke $\mathfrak{b}_2\mathfrak{c}_2\mathfrak{B}_1$, $\mathfrak{d}_2\mathfrak{e}_2\mathfrak{B}$ dem Kegelschnitte $[\mathfrak{B}\mathfrak{B}_1]$ eingeschrieben und dem Kegelschnitte $[AA_1]$ umschrieben ist. Da durch diese zwei Dreiecke und durch den einen oder den anderen der beiden Kegelschnitte die oben angegebenen projectivischen Beziehungen der Gebilde A, A_1, $\mathfrak{B}$, $\mathfrak{B}_1$ bestimmt sind, wie man leicht bemerken wird, so folgen also nachstehende bekannte Sätze:

2. „Sind zwei Dreiecke $\mathfrak{b}_2\mathfrak{c}_2\mathfrak{B}_1$, $\mathfrak{d}_2\mathfrak{e}_2\mathfrak{B}$ einem Kegelschnitte $[\mathfrak{B}\mathfrak{B}_1]$ eingeschrieben, so sind sie zugleich irgend einem anderen Kegelschnitte $[AA_1]$ umschrieben."

2. „Sind zwei Dreiecke $\mathfrak{b}_2\mathfrak{c}_2\mathfrak{B}_1$, $\mathfrak{d}_2\mathfrak{e}_2\mathfrak{B}$ einem Kegelschnitte $[AA_1]$ umschrieben, so sind sie zugleich irgend einem anderen Kegelschnitte $[\mathfrak{B}\mathfrak{B}_1]$ eingeschrieben."

Und ferner folgt:

3. „Haben zwei Kegelschnitte $[AA_1]$, $[\mathfrak{B}\mathfrak{B}_1]$ solche Lage, dass irgend ein Dreieck dem einen umschrieben und zugleich dem anderen eingeschrieben werden kann, so lassen sich unzählige andere Dreiecke unter denselben Bedingungen beschreiben (nämlich jeder Punct des Kegelschnittes $[\mathfrak{B}\mathfrak{B}_1]$, der nicht innerhalb des Kegelschnittes $[AA_1]$ liegt, kann Ecke eines solchen Dreiecks sein)."

III. Beweis der Auflösung in § 17, II. Das bei dieser Auflösung, die sich auf eine der fruchtbarsten Aufgaben bezieht, angewandte sehr bequeme Verfahren, gründet sich auf folgende Verbindung. Haben nämlich die vier Gebilde A, A_1, $\mathfrak{B}$, $\mathfrak{B}_1$, ausser den vorhin angegebenen projectivischen Beziehungen, noch solche besondere Lage zu einander, dass A und A_1 auf einander und 𝔅 und $𝔅_1$ concentrisch liegen, wie in Fig. 23, und geht irgend ein Kegelschnitt durch den gemeinschaftlichen Mittelpunct ($𝔅𝔅_1$) der Strahlbüschel, welcher die Strahlen der letzteren in α, β, γ, ...; α_1, β_1, γ_1, ... schneidet, so werden, wenn man etwa α und α_1 als Mittelpuncte zweier Strahlbüschel α, α_1 annimmt, sowohl die Strahlbüschel α und $𝔅_1$ in Ansehung der Strahlen a_2, b_2, c_2, ... und a_1, b_1, c_1, ..., als die Strahlbüschel α_1 und 𝔅 in Ansehung der Strahlen a_3, b_3, c_3, ... und a, b, c, ... projectivisch sein (§ 38, III), daher sind auch die Strahlbüschel α und α_1 in Ansehung der Strahlen a_2, b_2, c_2, ... und a_3, b_3, c_3, ... projectivisch (§ 11, III), und zwar, da zwei entsprechende Strahlen a_2, a_3 vereinigt sind, liegen sie perspectivisch, so dass also die Gerade $\beta_2\gamma_2$ oder A_2 ihr perspectivischer Durchschnitt ist. Durch jeden Punct der Geraden A_2 sind demnach irgend zwei entsprechende Strahlen der Strahlbüschel α, α_1 bestimmt, wie z. B. durch β_2 die Strahlen b_2, b_3, und durch die Puncte β_1, β, in welchen diese Strahlen dem Kegelschnitte begegnen, sind wiederum zwei entsprechende Strahlen b_1, b der Strahlbüschel $𝔅_1$, 𝔅 bestimmt; daher ist klar, dass die auf diese Art von den Puncten ε, $\varkappa$, in welchen die Gerade A_2 vom Kegelschnitte getroffen wird, abhängigen entsprechenden Strahlenpaare e und e_1, k und k_1 der Strahlbüschel 𝔅 und $𝔅_1$ nothwendiger Weise auf einander fallen müssen, und dass daher auch in den Puncten, in welchen diese Strahlen den auf einander liegenden Geraden A, A_1 begegnen, entsprechende Punctepaare 𝔢 und $𝔢_1$, 𝔨 und $𝔨_1$ der letzteren vereinigt sind, was bei der obigen Auflösung angenommen wurde.

Wenn man anstatt des Kegelschnittes, der durch den gemeinschaftlichen Mittelpunct ($𝔅𝔅_1$) der Strahlbüschel 𝔅, $𝔅_1$ geht, einen anderen Kegelschnitt zu Hülfe nähme, der die auf einander liegenden Geraden A, A_1 berührte, so würde man den Beweis für die entgegengesetzte Auflösung erhalten, welcher oben (§ 17, II, b) Erwähnung geschah. Die Ausführung wird dem Leser überlassen.

IV. Wird ausser den oben (II) vorausgesetzten Beziehungen der vier Gebilde A, A_1, 𝔅, $𝔅_1$, dass sie nämlich unter einander projectivisch seien, und sowohl A und 𝔅, als A_1 und $𝔅_1$ perspectivisch liegen, nun noch angenommen, es sollen entweder die Geraden A, A_1 gleich sein, auf einander liegen und gleichliegend sein, wie etwa in Fig. 48, oder es sollen die Strahlbüschel 𝔅, $𝔅_1$ gleich sein, concentrisch liegen und gleichliegend sein, wie etwa in Fig. 47, so folgen unmittelbar nachstehende bekannte Sätze:

„Bleibt der Winkel (aa_1) an der Spitze eines veränderlichen Dreiseits aa_1a_2 (Fig. 47)

„Bleibt die Grundlinie $𝔞𝔞_1$ eines veränderlichen Dreiecks $𝔞𝔞_1𝔞_2$ (Fig. 48) der Grösse nach

der Grösse nach beständig, aber dreht er sich um seinen festen Scheitelpunct ($\mathfrak{B}\mathfrak{B}_1$), während die zwei übrigen Ecken $\mathfrak{a}$, $\mathfrak{a}_1$ des Dreiecks irgend zwei feste Geraden A, A_1 durchlaufen, so bewegt sich die Grundlinie a_2 als Tangente irgend eines bestimmten Kegelschnittes [AA_1], der auch die zwei festen Geraden berührt." Ist sowohl der Winkel (dd_1) als (ee_1) dem beständigen Winkel (aa_1) gleich, so sind $\mathfrak{d}$, $\mathfrak{e}_1$ diejenigen Puncte, in welchen die Geraden A, A_1 vom Kegelschnitte berührt werden (§ 38, IV). Später wird sich zeigen, dass der Punct ($\mathfrak{B}\mathfrak{B}_1$) allemal Brennpunct des Kegelschnittes ist*).

beständig, aber bewegt sie sich in irgend einer festen Geraden (AA_1), während die zwei übrigen Seiten a, a_1 sich um zwei feste Puncte $\mathfrak{B}$, $\mathfrak{B}_1$ drehen, so durchläuft die Spitze $\mathfrak{a}_2$ des Dreiecks einen bestimmten Kegelschnitt [$\mathfrak{B}\mathfrak{B}_1$], der namentlich durch die zwei festen Puncte geht." Ist sowohl $\mathfrak{d}\mathfrak{d}_1$ als $\mathfrak{e}\mathfrak{e}_1$ gleich der beständigen Grundlinie $\mathfrak{a}\mathfrak{a}_1$, so sind d, e_1 die den Puncten $\mathfrak{B}$, $\mathfrak{B}_1$ zugehörigen Tangenten des Kegelschnittes (§ 38, IV). Da die unendlich entfernten Puncte der Geraden A, A_1 einander entsprechen (§ 16, III), so muss nothwendig (AA_1) Asymptote des Kegelschnittes, und folglich muss dieser eine Hyperbel sein; u. s. w.

V. Sind vier Gerade A, A_1, A_2, A_3 unter einander projectivisch, und sind sowohl A und A_2, als A_1 und A_3 gleich, und liegen sowohl die ersteren, als die letzteren auf einander und sind gleichliegend (wie etwa in Fig. 49), und befinden sich A und A_1 in perspectivischer, dagegen sowohl A und A_3, als A_1 und A_2, als A_2 und A_3 in schiefer Lage, wonach also jene einen Projectionspunct $\mathfrak{B}$ haben und die letzteren drei Kegelschnitte [AA_3], [A_1A_2], [A_2A_3] erzeugen; — und sind andererseits von vier projectivischen Strahlbüscheln $\mathfrak{B}$, $\mathfrak{B}_1$, $\mathfrak{B}_2$, $\mathfrak{B}_3$ (Fig. 50) sowohl $\mathfrak{B}$ und $\mathfrak{B}_2$, als $\mathfrak{B}_1$ und $\mathfrak{B}_3$ gleich, concentrisch und gleichliegend, und befin-

*) Lässt man die eine Gerade, etwa A_1, sich entfernen, bis sie zuletzt in unendlicher Ferne gedacht wird, so sieht man, dass alsdann die Strahlen a_1, a_2 parallel werden, und mithin der Winkel (aa_2) auch beständig wird, wenn (aa_1) es ist; da aber in diesem Falle der Kegelschnitt [AA_1], vermöge der unendlich entfernten Tangente A_1, eine Parabel sein muss (§ 36), so fliesst daraus der folgende bekannte Satz: „Bewegt sich der Scheitel $\mathfrak{a}$ eines beständigen Winkels (aa_2) in einer festen Geraden A, während der eine seiner Schenkel a sich um einen festen Punct ($\mathfrak{B}\mathfrak{B}_1$) dreht, so bewegt sich der andere Schenkel a_2 als Tangente einer bestimmten Parabel, welche auch jene feste Gerade berührt (und den festen Punct zum Brennpunct hat)." — Andererseits (rechts) entsteht ebenfalls ein eigenthümlicher besonderer Fall, wenn man den einen Punct, etwa $\mathfrak{B}_1$, sich in's Unendliche entfernen lässt. Auch können hier die Geraden A, A_1 ähnlich angenommen werden, wodurch der obige Satz wesentlich verändert wird.

den sich $\mathfrak{B}$ und $\mathfrak{B}_1$ in perspectivischer, dagegen sowohl $\mathfrak{B}$ und $\mathfrak{B}_3$, als $\mathfrak{B}_1$ und $\mathfrak{B}_2$, als $\mathfrak{B}_2$ und $\mathfrak{B}_3$ in schiefer Lage, wonach also jene einen perspectivischen Durchschnitt A haben, und die letzteren drei Kegelschnitte erzeugen müssen, so ergeben sich aus dieser Zusammenstellung unmittelbar folgende zum Theil bekannte Sätze:

„Bleiben zwei gegenüberstehende Seiten $\mathfrak{a}\mathfrak{a}_2$, $\mathfrak{a}_1\mathfrak{a}_3$ eines veränderlichen vollständigen Vierecks $\mathfrak{a}\mathfrak{a}_1\mathfrak{a}_2\mathfrak{a}_3$ (Fig. 49) der Grösse nach beständig, aber bewegen sie sich in irgend zwei festen Geraden (AA_2), (A_1A_3), während eine dritte Seite $\mathfrak{a}\mathfrak{a}_1$ sich um irgend einen festen Punct $\mathfrak{B}$ dreht, so bewegen sich die drei übrigen Seiten $\mathfrak{a}\mathfrak{a}_3$, $\mathfrak{a}_1\mathfrak{a}_2$, $\mathfrak{a}_2\mathfrak{a}_3$ als Tangenten dreier Kegelschnitte $[AA_3]$, $[A_1A_2]$, $[A_2A_3]$, wovon jeder jene zwei festen Geraden berührt.“ *)

„Bleiben zwei gegenüberstehende Winkel (aa_2), (a_1a_3) eines veränderlichen vollständigen Vierseits $aa_1a_2a_3$ (Fig. 50) der Grösse nach beständig, aber drehen sie sich um ihre festen Scheitelpuncte $(\mathfrak{B}\mathfrak{B}_2)$, $(\mathfrak{B}_1\mathfrak{B}_3)$, während eine dritte Ecke (aa_1) sich in irgend einer festen Geraden A bewegt, so durchlaufen die drei übrigen Ecken (aa_3), (a_1a_2), (a_2a_3) irgend drei Kegelschnitte $[\mathfrak{B}\mathfrak{B}_3]$, $[\mathfrak{B}_1\mathfrak{B}_2]$, $[\mathfrak{B}_2\mathfrak{B}_3]$, wovon jeder durch jene zwei festen Puncte geht.“ *)

47. Von der grossen Menge von Verbindungen projectivischer Geraden und ebener Strahlbüschel soll hier nur noch folgende Verbindung Platz finden, welche zu solchen zusammengesetzten Sätzen (oder Porismen) und Aufgaben führt, die nach der Art, wie man dergleichen Sätze und Aufgaben bei der bisher gewöhnlichen Darstellungsweise zu würdigen pflegt, leicht für bedeutender und schwieriger gehalten werden dürften, als sie es nach Maassgabe der gegenwärtigen Entwickelung in der That sind.

Es seien in einer Ebene n beliebige projectivische Gerade A, A_1, A_2, ... A_{n-1} gegeben, wovon je zwei sich in schiefer Lage befinden (mithin je zwei einen Kegelschnitt erzeugen), so erzeugen sie im Ganzen $\frac{1}{2}n(n-1)$ Kegelschnitte, und zwar wird durch je eine Reihe entsprechender Puncte, wie etwa durch $\mathfrak{a}$, $\mathfrak{a}_1$, $\mathfrak{a}_2$, ... $\mathfrak{a}_{n-1}$, ein vollständiges n-Eck bestimmt, von dessen $\frac{1}{2}n(n-1)$ Seiten (§ 19) jede einen von jenen Kegel-

*) Den Satz rechts (wenn nämlich nur der Kegelschnitt $[\mathfrak{B}_2\mathfrak{B}_3]$ berücksichtigt wird) hat *Newton* zur Erzeugung oder Beschreibung der Kegelschnitte angewandt (*Princip. phil. nat. math.*), und *Mac-Laurin* benutzte ihn in seiner organischen Geometrie.

Die obigen Sätze sind übrigens, wie man bemerken wird, nur besondere Fälle von denjenigen Sätzen, die stattfinden, wenn einerseits A und A_1, und andererseits $\mathfrak{B}$ und $\mathfrak{B}_1$ nicht perspectivisch, sondern schief liegen, wo alsdann die Seite $\mathfrak{a}\mathfrak{a}_1$ sich als Tangente eines die Geraden A, A_1 berührenden Kegelschnittes bewegen, und anderseits die Ecke (aa_1) einen durch die Puncte $\mathfrak{B}$, $\mathfrak{B}_1$ gehenden Kegelschnitt durchlaufen muss.

schnitten berührt. Durch n—1 der genannten Kegelschnitte, die zusammen von allen Geraden abhängen, etwa durch die Kegelschnitte $[AA_1]$, $[A_1A_2]$, $[A_2A_3]$, ... $[A_{n-2}A_{n-1}]$, d. h. durch die n—1 Kegelschnitte, welche, wenn man die Geraden in eine Reihe geordnet hat, von den unmittelbar auf einander folgenden Geraden abhängen, ist offenbar umgekehrt die projectivische Beziehung der Geraden, und sind somit auch alle übrigen Kegelschnitte bestimmt. — Da andererseits Entsprechendes stattfindet, so folgen also nachstehende umfassende Sätze:

I. „Wenn in einer Ebene sich n beliebige feste Gerade A, A_1, A_2, ... A_{n-1} befinden, von denen, der Reihe nach genommen, je zwei unmittelbar auf einander folgende von irgend einem beliebigen festen Kegelschnitte berührt werden, so dass also im Ganzen n—1 Kegelschnitte $[AA_1]$, $[A_1A_2]$, ... $[A_{n-2}A_{n-1}]$ vorhanden sind, und wenn ein veränderliches vollständiges n-Eck $\mathfrak{a}\mathfrak{a}_1\mathfrak{a}_2...\mathfrak{a}_{n-1}$ sich so bewegt, dass seine Ecken $\mathfrak{a}$, $\mathfrak{a}_1$, $\mathfrak{a}_2$, ... $\mathfrak{a}_{n-1}$ der Reihe nach jene festen Geraden durchlaufen, während diejenigen n—1 Seiten desselben, welche die nach der Ordnung unmittelbar auf einander folgenden Ecken verbinden, also die Seiten $\mathfrak{a}\mathfrak{a}_1$, $\mathfrak{a}_1\mathfrak{a}_2$, $\mathfrak{a}_2\mathfrak{a}_3$, ... $\mathfrak{a}_{n-2}\mathfrak{a}_{n-1}$ sich beziehlich als Tangenten um jene festen Kegelschnitte herumbewegen, so bewegen sich die $\frac{1}{2}(n-1)(n-2)$ übrigen Seiten als Tangenten um eben so viele Kegelschnitte, von denen jeder insbesondere diejenigen zwei festen Geraden berührt, welche von den Endpuncten der zugehörigen Seite durchlaufen werden."

I. „Wenn in einer Ebene sich n beliebige feste Puncte $\mathfrak{B}$, $\mathfrak{B}_1$, $\mathfrak{B}_2$, ... $\mathfrak{B}_{n-1}$ befinden, von denen, der Reihe nach genommen, je zwei unmittelbar auf einander folgende in irgend einem beliebigen festen Kegelschnitte liegen, so dass also im Ganzen n—1 Kegelschnitte $[\mathfrak{B}\mathfrak{B}_1]$, $[\mathfrak{B}_1\mathfrak{B}_2]$, ... $[\mathfrak{B}_{n-2}\mathfrak{B}_{n-1}]$ vorhanden sind, und wenn ein veränderliches vollständiges n-Seit aa_1a_2, ... a_{n-1} sich so bewegt, dass seine Seiten a, a_1, a_2, ... a_{n-1} der Reihe nach sich um jene festen Puncte drehen, während diejenigen n—1 Ecken desselben, in welchen sich die nach der Ordnung unmittelbar auf einander folgenden Seiten schneiden, also die Ecken aa_1, a_1a_2, a_2a_3, ... $a_{n-2}a_{n-1}$ nach der Ordnung beziehlich jene festen Kegelschnitte durchlaufen, so durchlaufen die $\frac{1}{2}(n-1)(n-2)$ übrigen Ecken des n-Seits eben so viele verschiedene Kegelschnitte, von welchen jeder insbesondere durch diejenigen zwei festen Puncte geht, um welche sich die zwei Seiten, die sich in der zugehörigen Ecke schneiden, drehen."

Zu der grossen Menge besonderer Fälle, welche in den vorstehenden Sätzen enthalten sind, und die namentlich dadurch entstehen, dass man den Gebilden A, A_1, A_2, ... oder $\mathfrak{B}$, $\mathfrak{B}_1$, $\mathfrak{B}_2$, ... eigenthümliche Lage zukommen lässt, oder sie als gleich, oder die ersteren als ähnlich annimmt, u. s. w., gehören z. B. auch folgende, wo nämlich angenommen wird, von den Gebilden A, A_1, ... A_{n-1}, oder $\mathfrak{B}$, $\mathfrak{B}_1$, ... $\mathfrak{B}_{n-1}$ befinden sich, nach der Reihe, je zwei unmittelbar auf einander folgende in perspectivischer Lage. In diesem Falle vereinfachen sich die obigen Sätze auf folgende bekannte Sätze:

II. „Durchlaufen die Ecken $\mathfrak{a}$, $\mathfrak{a}_1$, $\mathfrak{a}_2$, ... $\mathfrak{a}_{n-1}$ eines veränderlichen vollständigen n-Ecks nach der Reihe n beliebige feste Gerade A_1, A_2, ... A_{n-1}, die in einer Ebene liegen, während n—1 Seiten desselben, die irgend einem einfachen n-Eck angehören, aus welchen das vollständige besteht, etwa die Seiten $\mathfrak{a}\mathfrak{a}_1$, $\mathfrak{a}_1\mathfrak{a}_2$, ... $\mathfrak{a}_{n-2}\mathfrak{a}_{n-1}$, sich um eben so viele beliebige feste Puncte $\mathfrak{B}$, $\mathfrak{B}_1$, ... $\mathfrak{B}_{n-1}$ drehen, so bewegen sich die $\frac{1}{2}$(n—1)(n—2) übrigen Seiten, einzeln genommen, als Tangenten um eben so viele Kegelschnitte, von denen jeder diejenigen zwei festen Geraden berührt, welche die zwei Ecken, die in der zugehörigen Seite liegen, durchlaufen.“ Auf die genannten n—1 Seiten $\mathfrak{a}\mathfrak{a}_1$, $\mathfrak{a}\mathfrak{a}_2$, ... $\mathfrak{a}_{n-2}\mathfrak{a}_{n-1}$ könnte man ferner den nebenstehenden Satz anwenden, wodurch der diesseitige Satz noch ausgedehnter würde.

II. „Drehen sich die Seiten a, a_1, a_2, ... a_{n-1} eines veränderlichen vollständigen n-Seits nach der Reihe um n beliebige feste Puncte $\mathfrak{B}$, $\mathfrak{B}_1$, $\mathfrak{B}_2$, ... $\mathfrak{B}_{n-1}$, die in einer Ebene liegen, während n—1 Ecken desselben, die irgend einem einfachen n-Eck angehören, aus welchen das vollständige besteht, etwa die Ecken aa_1, a_1a_2, ... $a_{n-2}a_{n-1}$, eben so viele beliebige feste Gerade A, A_1, ... A_{n-2} durchlaufen, so durchlaufen die $\frac{1}{2}$(n—1)(n—2) übrigen Ecken, einzeln genommen, eine gleiche Anzahl bestimmter Kegelschnitte, von denen nämlich jeder durch diejenigen zwei festen Puncte geht, um welche sich die zwei Seiten, die sich in der zugehörigen Ecke schneiden, drehen.“ Auf die genannten n—1 Ecken aa_1, a_1a_2, ... $a_{n-2}a_{n-1}$ könnte man ferner den nebenstehenden Satz anwenden, wodurch der diesseitige Satz noch vollständiger würde.

Der Satz links wurde zuerst von *Braikenridge* bewiesen*); um die Erfindung eines Theiles dieses Satzes stritt er sich mit *Mac-Laurin* (Phil. Trans.).

*) Exercitatio geometrica de descriptione linearum curvarum.

Dass und inwiefern die obigen Sätze (§ 22, II) wiederum besondere Fälle der vorstehenden Sätze sind, wird man leicht wahrnehmen.

Die folgenden zwei Aufgaben sind auf ähnliche Weise umfassend, wie die oben stehenden Sätze (I).:

III. „Werden von den Seiten $A, A_1, \ldots A_{n-1}$ eines beliebigen n-Ecks je zwei unmittelbar auf einander folgende von irgend einem Kegelschnitte berührt, welches im Ganzen n Kegelschnitte $[AA_1], [A_1A_2], \ldots [A_{n-1}A]$ sind, so soll ein anderes n-Eck beschrieben werden, dessen Ecken $\mathfrak{a}, \mathfrak{a}_1, \ldots \mathfrak{a}_{n-1}$, nach der Reihe, in den Seiten jenes n-Ecks liegen, und dessen Seiten $\mathfrak{a}\mathfrak{a}_1, \mathfrak{a}_1\mathfrak{a}_2, \ldots \mathfrak{a}_{n-1}\mathfrak{a}$, nach der Reihe, jene Kegelschnitte berühren."

III. „Liegen von den Ecken $\mathfrak{B}, \mathfrak{B}_1, \ldots \mathfrak{B}_{n-1}$ eines beliebigen n-Ecks je zwei unmittelbar auf einander folgende in irgend einem Kegeschnitte, welches im Ganzen n Kegelschnitte $[\mathfrak{B}\mathfrak{B}_1], [\mathfrak{B}_1\mathfrak{B}_2], \ldots [\mathfrak{B}_{n-1}\mathfrak{B}]$ sind, so soll ein anderes n-Eck beschrieben werden, dessen Seiten $a, a_1, \ldots a_{n-1}$, nach der Reihe, durch die Ecken jenes n-Ecks gehen, und dessen Ecken $aa_1, a_1a_2, \ldots a_{n-1}a$, nach der Reihe, in jenen Kegelschnitten liegen."

Die Mittel, durch welche die vorliegenden Aufgaben leicht gelöst werden, sind in dem Bisherigen enthalten und bereits mehrfach angewandt, so dass ich die Auflösung dem Leser zur Selbstübung überlassen darf. Die frühere Aufgabe in § 25 ist übrigens ein besonderer Fall von jeder der zwei vorstehenden Aufgaben.

Anmerkung.

48. Es ist fast überflüssig, nochmals zu erinnern, dass die von § 41 an bis hierher durchgeführten Betrachtungen, denen projectivische Gebilde (Gerade und ebene Strahlbüschel) in der Ebene zur Grundlage dienten, auf entsprechende Weise bei projectivischen Gebilden (ebene Strahlbüschel und Ebenenbüschel) im Strahlbüschel im Raume statthaben, ja dass die Resultate jener Betrachtungen, sogleich auf die letzteren Gebilde übertragen werden können, wenn man nämlich, wie bereits oben angegeben worden (§ 33 und Ende § 36), überall: Strahl, ebener Strahlbüschel, Ebenenbüschel, n-kantiger Körperwinkel, n-seitiger Körperwinkel, Kegel (zweiten Grades) beziehlich statt: Punct, Gerade, ebener Strahlbüschel, n-Eck, n-Seit, Kegelschnitt setzt. — Ebenso finden die Betrachtungen auf entsprechende Weise auf der Kugelfläche statt, und es lassen sich die genannten Resultate ähnlicherweise auf dieselbe übertragen (§ 34 und § 38).

Erzeugnisse projectivischer Gebilde im Raume.

49. Es ist nun noch zu untersuchen (§ 39), was für Figuren durch die entsprechenden Elementenpaare irgend zweier projectivischen Gebilde, die sich weder in derselben Ebene, noch in demselben Strahlbüschel, sondern beliebig im Raume befinden, erzeugt werden. Die drei Arten von Gebilden, Gerade, ebene Strahlbüschel und Ebenenbüschel, geben in dieser Hinsicht, wenn sie paarweise genommen werden, folgende sechs Fälle:

1) eine Gerade A und ein Ebenenbüschel $\mathfrak{A}$,
2) zwei ebene Strahlbüschel $\mathfrak{B}$, $\mathfrak{B}_1$,
3) ein Ebenenbüschel $\mathfrak{A}$ und ein ebener Strahlbüschel $\mathfrak{B}$,
4) ein ebener Strahlbüschel $\mathfrak{B}$ und eine Gerade A,
5) zwei Gerade A, A_1 und
6) zwei Ebenenbüschel $\mathfrak{A}$, $\mathfrak{A}_1$.

Von diesen sechs Fällen sind der fünfte und sechste ungleich wichtiger und folgenreicher, als die vier übrigen; letztere sollen daher zuerst beseitigt werden.

I. Liegen zwei projectivische Gebilde, eine Gerade A und ein Ebenenbüschel $\mathfrak{A}$, beliebig im Raume, d. h. befinden sie sich in schiefer Lage, so findet kein unmittelbares Erzeugniss durch ihre entsprechenden Elementenpaare statt. Ein mittelbares Erzeugniss wird unten im Anhange gegeben (§ 60, 26).

II. Liegen zwei projectivische ebene Strahlbüschel $\mathfrak{B}$, $\mathfrak{B}_1$ beliebig im Raume, so geben sie ebenfalls kein unmittelbares Erzeugniss, wohl aber findet bei ihnen der folgende Umstand statt:

„Legt man von irgend einem beliebig angenommenen Puncte $\mathfrak{D}$ aus Gerade, welche die entsprechenden Strahlenpaare a und a_1, b und b_1, c und c_1, ..., der Strahlbüschel $\mathfrak{B}$, $\mathfrak{B}_1$ schneiden, so liegen alle diese Geraden in einer Kegelfläche $\mathfrak{D}^{(2)}$ zweiten Grades.“

Dieser Satz gründet sich auf den früheren (§ 38, II, rechts). Denn denkt man sich zwei Ebenenbüschel $\mathfrak{A}$, $\mathfrak{A}_1$, deren Axen durch den Punct $\mathfrak{D}$ gehen, und welche mit den gegebenen ebenen Strahlbüscheln $\mathfrak{B}$, $\mathfrak{B}_1$ perspectivisch sind, so werden dieselben unter sich projectivisch sein, und mithin werden die Durchschnitte der entsprechenden Ebenenpaare α und α_1, β und β_1, γ und γ_1, ..., zufolge des angeführten Satzes, in einer Kegelfläche $\mathfrak{D}^{(2)}$ liegen, und da diese Durchschnitte offenbar die genannten, durch den Punct $\mathfrak{D}$ gelegten Geraden sind, so folgt daraus die Richtigkeit des vorstehenden Satzes.

III. Liegen zwei projectivische Gebilde $\mathfrak{A}$, $\mathfrak{B}$ — ein Ebenenbüschel und ein ebener Strahlbüschel — beliebig im Raume, „so liegen offenbar die Puncte, in welchen die entsprechenden Elementenpaare α und a, β und b, γ und c, ... sich schneiden, in irgend einem

Kegelschnitt.“ Denn die Ebene des Strahlbüschels 𝔅 schneidet den Ebenenbüschel 𝔄 in einem ebenen Strahlbüschel $\mathfrak{B}_1$, welcher mit dem Strahlbüschel 𝔅 projectivisch ist und mit ihm den genannten Kegelschnitt erzeugt.

IV. Liegen zwei projectivische Gebilde A, 𝔅 — eine Gerade und ein ebener Strahlbüschel — beliebig im Raume, so wird durch je zwei entsprechende Elemente derselben eine Ebene bestimmt, d. h. durch jeden Punct 𝔞, 𝔟, 𝔠, ... der Geraden A und durch den ihm entsprechenden Strahl a, b, c, ... des Strahlbüschels 𝔅 geht eine bestimmte Ebene, und es frägt sich, welchem Gesetz diese Ebenen insgesammt unterworfen seien? Diese Frage kann leicht durch frühere Sätze beantwortet werden, z. B. wie folgt.

Denkt man sich einen Strahlbüschel $\mathfrak{B}_1$, welcher mit dem gegebenen 𝔅 concentrisch und mit der Geraden A perspectivisch ist, so wird also derselbe mit 𝔅 projectivisch sein, und die Ebenen, welche durch die entsprechenden Strahlenpaare der beiden Strahlbüschel 𝔅, $\mathfrak{B}_1$ gehen, werden offenbar die vorgenannten, zu untersuchenden Ebenen sein. Nun werden alle diese Ebenen, zufolge § 38, II, von einem Kegel zweiten Grades berührt, und zwar findet dabei der besondere Umstand statt, dass die Ebenen der Strahlbüschel 𝔅, $\mathfrak{B}_1$ vom Kegel in denjenigen zwei Strahlen berührt werden, deren entsprechende in ihrem Durchschnitte vereinigt sind. Daher werden auch die Gebilde A, 𝔅 vom Kegel in denjenigen Elementen berührt, deren entsprechende in ihrem gegenseitigen Durchschnitte zusammentreffen, d. h. trifft die Gerade A den Strahl d des Strahlbüschels 𝔅, und wird sie von demselben im Puncte 𝔢 getroffen, so wird sie vom Kegel im Puncte 𝔡 und die Ebene des Strahlbüschels wird von demselben im Strahle e berührt. Demgemäss folgt der nachstehende Satz:

„Befinden sich eine Gerade A und ein ebener Strahlbüschel 𝔅, die projectivisch sind, im Raume in beliebiger Lage, so berühren die Ebenen, welche durch ihre entsprechenden Elementenpaare bestimmt werden, irgend eine Kegelfläche zweiten Grades, deren Mittelpunct (Scheitel) mit dem Mittelpunct 𝔅 des Strahlbüschels zusammenfällt, und welche die Gerade A und die Ebene des Strahlbüschels 𝔅 in denjenigen Elementen 𝔡, e berührt, deren entsprechende d, 𝔢 (im gegenseitigen Durchschnitte der Gebilde) sich treffen.“

Bei diesem Satze können folgende zwei besondere Fälle eintreten. 1) Die Gerade A kann den Mittelpunct des Strahlbüschels 𝔅 treffen, dann reducirt sich der genannte Kegel auf die Gerade A, d. h. in diesem Falle bilden die genannten berührenden Ebenen ein Ebenenbüschel, dessen Axe A ist. 2) Der Strahlbüschel 𝔅 kann aus einem System paralleler Strahlen bestehen; dann tritt an die Stelle des Kegels ein Cylinder.

50. Von den obigen sechs Fällen sind nun noch die zwei wichtigsten zu untersuchen (§ 49, 5, 6), nämlich es ist noch zu untersuchen, welchen Gesetzen bei zwei projectivischen Geraden A, A_1, die im Raume beliebig liegen, die sämmtlichen Projectionsstrahlen, und bei zwei projectivischen, im Raume beliebig liegenden Ebenenbüscheln 𝔄, $𝔄_1$ die Durchschnittslinien der entsprechenden Ebenenpaare unterworfen sind, d. h. welche Figuren durch sie erzeugt werden, und welche bemerkenswerthe Umstände dabei stattfinden. Nach der Art, wie vorhin die vier übrigen Fälle betrachtet wurden, lassen sich über die gegenwärtigen Fälle vorläufig folgende Eigenschaften angeben.

Befinden sich zwei projectivische Gerade A, A_1 in beliebiger Lage im Raume, so wird jeder beliebige Punct 𝔇 mit allen ihren Projectionsstrahlen ein System von Ebenen bestimmen, welche die gesammten Berührungsebenen eines Kegels $𝔇^{(2)}$ zweiten Grades sind. Denn denkt man sich zwei ebene Strahlbüschel 𝔅, $𝔅_1$, deren Mittelpuncte in 𝔇 liegen, und welche mit den gegebenen Geraden A, A_1 perspectivisch sind, so sind dieselben unter sich projectivisch (§ 11, III) und erzeugen (zufolge § 38, II) den genannten Kegel, weil offenbar die Ebenen, welche durch die entsprechenden Strahlenpaare der Strahlbüschel 𝔅, $𝔅_1$ gehen, dieselben sind, wie diejenigen, welche durch den Punct 𝔇 und durch die entsprechenden Punctepaare (oder die Projectionsstrahlen) der Geraden A, A_1 bestimmt werden, woher denn die Richtigkeit der eben ausgesprochenen Behauptung erhellt.

Befinden sich andererseits zwei projectivische Ebenenbüschel 𝔄, $𝔄_1$ in beliebiger schiefer Lage im Raume, so wird irgend eine Ebene E die gesammten Durchschnittslinien ihrer entsprechenden Ebenenpaare in einem Kegelschnitte schneiden, d. h. die Puncte, in welchen die Ebene allen jenen Durchschnittslinien begegnet, bilden irgend einen Kegelschnitt. Denn die Ebene E schneidet die gegebenen Ebenenbüschel 𝔄, $𝔄_1$ in zwei ebenen Strahlbüscheln 𝔅, $𝔅_1$, welche projectivisch sind (weil 𝔄 und $𝔄_1$ es sind), und welche also (zufolge § 38, IV) einen Kegelschnitt erzeugen, der offenbar der vorgenannte Kegelschnitt ist.

Demnach folgt also zuvörderst:

„Wenn zwei projectivische Gerade A, A_1 im Raume beliebig liegen, so sind die Ebenen, welche irgend ein beliebig angenommener Punct 𝔇 mit allen ihren Projectionsstrahlen bestimmt, die gesammten Berührungsebenen eines Kegels zweiten Grades, welcher jenen Punct zum Mittelpunct hat.“

„Wenn zwei projectivische Ebenenbüschel 𝔄, $𝔄_1$ im Raume beliebig liegen, so wird die Figur (Fläche), welche durch die gesammten Durchschnittslinien ihrer entsprechenden Ebenenpaare bestimmt wird, von jeder beliebigen Ebene E in irgend einem Kegelschnitte geschnitten.“

51. Um die begonnene Untersuchung (§ 50) nach ihrem ganzen Umfange durchzuführen, diene folgende Betrachtung, durch welche der Gegenstand vollständig und klar dargestellt wird.

I. Sind zwei Gerade A, A_1 mit einem und demselben Ebenenbüschel A_2 (welcher zur Zweckmässigkeit für die gegenwärtige Betrachtung durch A_2, statt durch $\mathfrak{A}_2$, wie bisher, bezeichnet werden soll) perspectivisch (§ 28, III), so sind sie unter sich projectivisch, und wenn sie einander nicht schneiden, so wird man ihre Lage als eine beliebige schiefe Lage im Raume ansehen können. Da die entsprechenden Punctepaare $\mathfrak{a}$ und $\mathfrak{a}_1$, $\mathfrak{b}$ und $\mathfrak{b}_1$, $\mathfrak{c}$ und $\mathfrak{c}_1$ u. s. w. der Geraden A, A_1 in den Ebenen α_2, β_2, γ_2 u. s. w. des Ebenenbüschels A_2 liegen, so müssen auch ihre Projectionsstrahlen $\mathfrak{a}\mathfrak{a}_1$, $\mathfrak{b}\mathfrak{b}_1$, $\mathfrak{c}\mathfrak{c}_1$ u. s. w., oder a, b, c, ... in diesen Ebenen liegen; daher schneiden alle Projectionsstrahlen a, b, c, ... die Axe A_2, so dass also dieselben ein System von Geraden bilden, wovon jede die drei Geraden A, A_1, A_2 schneidet. — Sind andererseits zwei Ebenenbüschel A, A_1 mit einer und derselben Geraden A_2 perspectivisch, also unter sich projectivisch, und liegen ihre Axen A, A_1 nicht in einer Ebene, so dass also ihre Lage als beliebig schief angesehen werden kann, so begegnen die Durchschnittslinien je zweier entsprechender Ebenen derselben, d. h. die Durchschnittslinien der Ebenenpaare α und α_1, β und β_1, γ und γ_1, u. s. w. offenbar jeder der drei Geraden A, A_1, A_2.

II. Geht man umgekehrt von der Forderung aus, es sollen, wenn im Raume irgend drei Gerade A, A_1, A_2, wovon keine zwei in einer Ebene liegen, gegeben sind, andere Gerade a, b, c, d, ... gefunden werden, welche jene drei schneiden, so wird man nach dem, was man soeben (I) gesehen hat, auf folgende zwei Arten der Aufgabe ihrem ganzen Umfange nach genügen:

a) Durch eine der drei gegebenen Geraden, etwa durch A_2, denke man sich eine beliebige Ebene α_2, so wird diese die zwei übrigen Geraden A, A_1 in zwei Puncten $\mathfrak{a}$, $\mathfrak{a}_1$ schneiden, durch welche eine Gerade $\mathfrak{a}\mathfrak{a}_1$ oder a bestimmt wird, die offenbar der Forderung genügt. Lässt man nun in der Vorstellung die Ebene α_2 sich um A_2 herumbewegen, so sieht man die Gerade a längs der drei Geraden A, A_1, A_2 fortgleiten, und zwar so, dass sie nothwendiger Weise nach und nach in die Lage jeder anderen Geraden b, c, d, ... gelangt, die der Aufgabe genügt. Zugleich folgt daraus, dass durch jeden Punct jeder der zwei Geraden A, A_1 e i n e, aber n u r e i n e e i n z i g e schneidende Gerade geht. Denn da die Ebene α_2 durch ihre Bewegung ein Ebenenbüschel A_2 beschreibt, so sind die Geraden A, A_1, in Ansehung der entsprechenden Punctepaare $\mathfrak{a}$ und $\mathfrak{a}_1$, $\mathfrak{b}$ und $\mathfrak{b}_1$, u. s. w., in welchen sie nach einander von jener bewegten Ebene geschnitten werden, projectivisch (§ 28, III), d. h. sie werden von den gesammten Geraden a, b, c, d, ..., welche die drei Geraden A, A_1, A_2

schneiden, projectivisch geschnitten, so dass diese Schaar Gerader ihre Projectionsstrahlen sind. Diejenigen zwei schneidenden Geraden oder Projectionsstrahlen q, r, welche nach den unendlich entfernten Puncten $\mathfrak{q}$, $\mathfrak{r}_1$ der Geraden A, A_1 gerichtet sind, also die Parallelstrahlen (§ 9), erhält man, wenn die bewegte Ebene α_2 in die Lage kommt, wo sie mit A oder A_1 parallel ist; ist sie nämlich mit A parallel, so wird sie die andere Gerade A_1 im Puncte $\mathfrak{q}_1$ schneiden, und ist sie mit A_1 parallel, so wird sie der A im Puncte $\mathfrak{r}$ begegnen, und alsdann sind die Strahlen, welche man durch diese Puncte $\mathfrak{q}_1$, $\mathfrak{r}$ den Geraden A, A_1 parallel zieht, die genannten Parallelstrahlen q, r. Hierdurch ist auch zugleich die Aufgabe gelöst: „Diejenige Gerade (q oder r) zu finden, welche irgend zwei (im Raume) gegebene Gerade (A_2 und A_1, oder A_2 und A) schneidet und mit irgend einer gegebenen dritten Geraden (A oder A_1) parallel ist.“

Gleich wie die zwei Geraden A, A_1 von der Schaar Gerader a, b, c, d, ... projectivisch geschnitten werden, eben so werden auch die zwei Geraden A, A_2, oder A_1, A_2, und also alle drei Geraden A, A_1, A_2 von denselben projectivisch geschnitten.

b) In einer der drei gegebenen Geraden, etwa in A_2, nehme man einen beliebigen Punct $\mathfrak{a}_2$ an, und denke sich durch diesen und durch die zwei übrigen Geraden A, A_1 zwei Ebenen α, α_1, so wird die Durchschnittslinie a der letzteren offenbar der obigen Forderung genügen, d. h. sie wird die drei Geraden A, A_1, A_2 schneiden. Lässt man nun in der Vorstellung den Punct $\mathfrak{a}_2$ sich in der Geraden A_2 fortbewegen, so wird die genannte Durchschnittslinie a längs der drei festen Geraden A, A_1, A_2 fortgleiten, und zwar so, dass sie nach und nach in die Lage jeder anderen Geraden b, c, d, ... gelangt, die der Aufgabe genügt. Durch jeden Punct der Geraden A_2 geht demnach eine, und nur eine Gerade, welche die drei festen Geraden A, A_1, A_2 schneidet. Während der Punct $\mathfrak{a}_2$ die Gerade A_2 durchläuft, drehen sich die genannten Ebenen α, α_1 um die Axen A, A_1 und beschreiben also zwei Ebenenbüschel A, A_1, die unter sich projectivisch sind, weil beide mit der Geraden A_2 perspectivisch sind, und deren entsprechenden Ebenen α und α_1, β und β_1, γ und γ_1, u. s. w. jene Schaar Gerader a, b, c, ... zu Durchschnittslinien haben. Im Falle, wo der unendlich entfernte Punct der Geraden A_2 an die Stelle des bewegten Punctes $\mathfrak{a}_2$ tritt, werden offenbar die zugehörigen Ebenen (α, α_1) der Geraden A_2 parallel, und folglich wird auch ihre Durchschnittslinie dieser Geraden parallel, so dass man also daraus ein zweites Verfahren entnehmen kann, um die vorhin (a) angeführte besondere Aufgabe: „eine Gerade zu finden, welche irgend zwei gegebene Gerade A, A_1 schneidet und mit irgend einer gegebenen dritten Geraden A_2 parallel ist,“ zu lösen; legt man nämlich durch A, A_1 diejenigen zwei

Ebenen, welche der A_2 parallel sind, so ist ihre Durchschnittslinie die verlangte Gerade.

Ebenso wie die genannte Schaar schneidender Geraden a, b, c, d, ... die Durchschnittslinien der entsprechenden Ebenenpaare α und α_1, β und β_1, u. s. w. zweier projectivischen Ebenenbüschel A, A_1 sind, sind sie es auch sowohl von zwei projectivischen Ebenenbüscheln A, A_2, als A_1, A_2 und mithin von drei projectivischen Ebenenbüscheln A, A_1, A_2.

III. Irgend drei beliebige Gerade A, A_1, A_2 im Raume, wovon keine zwei in einer Ebene liegen, können also (II) von einer unzähligen Schaar anderer Geraden a, b, c, d, ... geschnitten werden, und zwar finden dabei die Umstände statt, dass je zwei von jenen drei Geraden durch die Schaar Gerader projectivisch geschnitten werden, und dass sie andererseits die Axen zweier projectivischen Ebenenbüschel sind, deren entsprechende Ebenen die Schaar von Geraden zu Durchschnittslinien haben. Da die Lage von zwei solchen projectivischen Geraden oder Ebenenbüscheln, wie etwa A und A_1, als eine beliebige schiefe Lage angesehen werden kann, so ist zu vermuthen, dass auch umgekehrt die Projectionsstrahlen a, b, c, d, ... irgend zweier schiefliegender projectivischer Geraden A, A_1, oder die Durchschnittslinien a, b, c, d, ... der entsprechenden Ebenenpaare irgend zweier schiefliegenden projectivischen Ebenenbüschel A, A_1 allemal von vielen anderen Geraden, wie etwa A_2, geschnitten werden können. Diese Vermuthung wird, wie folgt, als wahr erwiesen:

a) Befinden sich zwei projectivische Gerade A, A_1 in beliebiger schiefer Lage im Raume, und man legt irgend eine Gerade A_2 so, dass sie irgend drei Projectionsstrahlen derselben schneidet, etwa die Projectionsstrahlen a, b, c (II), so werden, wenn man sich für einen Augenblick die Schaar Gerader denkt, welche die drei Geraden A, A_1, A_2 schneiden, die beiden gegebenen Geraden A, A_1 von denselben projectivisch geschnitten (II), da nun die drei Geraden a, b, c sowohl zu dem einen als zu dem anderen System von Projectionsstrahlen der Geraden A, A_1 gehören, und da die projectivische Beziehung der letzteren durch drei Projectionsstrahlen bestimmt ist, so sind folglich die ursprünglichen Projectionsstrahlen a, b, c, d, e, ... der Geraden A, A_1 und die genannte Schaar Gerader, welche die drei Geraden A, A_1, A_2 schneiden, eine und dieselbe Schaar von Geraden, und folglich schneidet jede Gerade A_2, welche irgend drei Projectionsstrahlen a, b, c der gegebenen Geraden A, A_1 begegnet, auch alle übrigen Projectionsstrahlen d, e, ... derselben.

b) Befinden sich zwei projectivische Ebenenbüschel A, A_1 in beliebiger schiefer Lage, und legt man irgend eine Gerade A_2, welche irgend drei Durchschnittslinien von entsprechenden Ebenenpaaren schneidet, etwa die Durchschnittslinien a, b, c der Ebenenpaare α und α_1, β und β_1, γ und γ_1, so wird dieselbe nothwendiger Weise auch allen übrigen Durchschnittslinien entsprechender Ebenen begegnen; denn wollte man sich um die nämlichen Axen A, A_1 zwei andere Ebenenbüschel denken, die unter sich projectivisch und zwar beide zugleich mit jener Geraden A_2 perspectivisch wären, so dass je zwei entsprechende Ebenen derselben durch den nämlichen Punct der Geraden A_2 gingen, so würden dieselben nicht von den gegebenen Ebenenbüscheln A, A_1 verschieden sein können, weil sie mit diesen die genannten drei entsprechenden Ebenenpaare gemein hätten, durch welche eben die projectivische Beziehung bestimmt ist.

Aus beiden vorstehenden Betrachtungen (a, b) folgt also:

1) „Die Projectionsstrahlen a, b, c, d, ... zweier projectivischen Geraden A, A_1, die sich in beliebiger schiefer Lage im Raume befinden, können von unzähligen Geraden A_2, A_3, A_4, ... geschnitten werden, und zwar schneidet jede der letzteren alle jene Projectionsstrahlen, sobald sie irgend drei derselben begegnet."

1) „Die Durchschnittslinien a, b, c, d, ... der entsprechenden Ebenen zweier schiefliegenden projectivischen Ebenenbüschel A, A_1 können von unzähligen Geraden A_2, A_3, A_4, ... geschnitten werden, und zwar schneidet jede der letzteren alle jene Durchschnittslinien, sobald sie irgend drei derselben begegnet."

2) „Demnach haben die Projectionsstrahlen zweier schiefliegenden projectivischen Geraden A, A_1 im Raume und die Durchschnittslinien der entsprechenden Ebenen zweier schiefliegenden projectivischen Ebenenbüschel A, A_1 gleiche Eigenschaft, nämlich sie sind eine Schaar von Geraden a, b, c, d, e, ..., welche von einer anderen Schaar von unzähligen Geraden A, A_1, A_2, A_3, A_4, ... geschnitten werden, und zwar sind (zufolge II):

je zwei Gerade, die zu der einen oder zu der anderen Schaar gehören, unter sich projectivisch, und die jedesmalige andere Schaar Gerader sind ihre Projectionsstrahlen."

je zwei Gerade, die zu der einen oder zu der anderen Schaar gehören, die Axen projectivischer Ebenenbüschel, deren entsprechende Ebenen die andere Schaar zu Durchschnittslinien haben."

Oder (II):

3) „Wenn im Raume irgend drei Gerade A, A_1, A_2, wovon keine zwei in einer Ebene liegen, gegeben sind, so giebt es in denselben unzählige Mal drei solche Puncte, die in einer

3) „Wenn im Raume irgend drei Ebenenbüschel A, A_1, A_2, von deren Axen keine zwei in einer Ebene liegen, gegeben sind, so giebt es in denselben unzählige Mal drei solche Ebe-

Geraden liegen, so dass also dieselben von einer unzähligen Schaar Gerader a, b, c, d, ... geschnitten werden können, und diese letzteren können hinwieder von einer anderen Schaar Gerader geschnitten werden, zu welchen auch jene drei Geraden gehören; oder:

nen, die sich in einer Geraden schneiden, welche den drei Axen begegnet, so dass also diese von einer Schaar Gerader geschnitten werden, welche ebenfalls von einer anderen Schaar Gerader geschnitten werden, zu welcher jene drei Axen gehören; oder:

„Wenn im Raume irgend drei Gerade A, A_1, A_2 irgend drei andere Gerade a, b, c schneiden, so schneiden alle Geraden d, e, ..., welche den drei ersten begegnen, alle Geraden A_3, A_4, ..., welche den drei letzten begegnen*); und es haben die zwei Schaaren Gerader A, A_1, A_2, A_3, A_4, ... a, b, c, d, e, ... solche Beziehung zu einander:

dass je zwei Gerade, die der nämlichen Schaar angehören, unter sich projectivisch sind und zwar die andere Schaar Gerader zu Projectionsstrahlen haben."

dass je zwei Gerade aus einer Schaar die Axen projectivischer Ebenenbüschel sind, deren entsprechende Ebenen die andere Schaar zu Durchschnittslinien haben."

IV. Zwei solche zusammengehörige Schaaren von Geraden, die einander gegenseitig schneiden, erfüllen eine windschiefe, krumme Fläche zweiter Ordnung, nämlich das „einfache Hyperboloïd" (*hyperboloïde à une nappe*). Man kann daher, den vorstehenden Sätzen gemäss, auch sagen:

1) „Irgend zwei im Raume beliebig schiefliegende projectivische Gerade A, A_1 erzeugen ein einfaches Hyperboloïd, d. h. sie und alle ihre Projectionsstrahlen, nebst der Schaar Gerader, welche die letzteren schneiden, liegen in einem einfachen Hyperboloïd."

1) „Irgend zwei im Raume beliebig schiefliegende projectivische Ebenenbüschel A, A_1 erzeugen ein einfaches Hyperboloïd, d. h. die Durchschnittslinien ihrer entsprechenden Ebenen, nebst der Schaar Gerader, welche dieselben schneiden, liegen in einem einfachen Hyperboloïd."

Wenn in der Folge das einfache Hyperboloïd als durch zwei projectivische Gerade oder Ebenenbüschel A, A_1 erzeugt angesehen werden soll, so mag es durch $[AA_1]$ bezeichnet werden.

---

*) Diese Eigenschaft wird hier mittelst der projectivischen Beziehungen unstreitig viel einfacher bewiesen, als es z. B. bei dem Beweise der Fall ist, welchen *Hachette* im Journal für Mathematik, Bd. I. S. 342 mittheilt.

Aus dem Obigen folgen ferner unmittelbar nachstehende Eigenschaften des einfachen Hyperboloïds:

2) „Das einfache Hyperboloïd kann auf zwei Arten durch Bewegung einer Geraden a oder A, welche sich längs drei festen Geraden A, A_1, A_2 oder a, b, c fortbewegt, erzeugt werden (III, 3); oder es enthält zwei Schaaren von Geraden (oder zwei Systeme von Strahlen), welche einander schneiden, und welche die vorhin (III, 3) angegebene Beziehung zu einander haben, nämlich:

dass die Geraden jeder Schaar unter sich projectivisch sind, und zwar die andere Schaar Gerader zu Projectionsstrahlen haben.“

dass die Geraden jeder Schaar Axen projectivischer Ebenenbüschel sind, deren entsprechende Ebenen die andere Schaar Gerader zu Durchschnittslinien haben.“

Da hiernach jede Gerade aus der einen oder aus der anderen Schaar Axe eines Ebenenbüschels ist, dessen Ebenen durch die jedesmalige andere Schaar Gerader gehen, so folgt also von selbst die bekannte Eigenschaft:

3) „Jede Ebene, welche das einfache Hyperboloïd in irgend einer Geraden schneidet, schneidet dasselbe allemal noch in irgend einer anderen Geraden, und diese zwei Geraden gehören nicht zu einerlei Schaar.“

Jede solche Ebene, in der zwei Strahlen des Hyperboloïds liegen, heisst „Berührungsebene“ des Hyperboloïds, und der Punct, in welchem sich die zwei in ihr liegenden Strahlen schneiden, heisst ihr „Berührungspunct.“ Mit Rücksicht auf diese Bemerkung lassen sich jetzt die obigen Sätze (§ 50), wie folgt, aussprechen:

4) „Alle Berührungsebenen eines Hyperboloïds, die durch irgend einen bestimmten Punct 𝔇 gehen, umhüllen einen Kegel zweiten Grades.“

4) „Der gegenseitige Durchschnitt eines einfachen Hyperboloïds und irgend einer beliebigen Ebene E ist irgend ein Kegelschnitt.“

Da je zwei Gerade aus einer Schaar projectivisch sind und die andere Schaar zu Projectionsstrahlen haben (2), und da sie im Allgemeinen, wenn sie nämlich nicht ähnlich sind, Parallelstrahlen haben (§ 9, I), so müssen also irgend zwei Gerade aus der anderen Schaar mit ihnen parallel sein, und daher folgt weiter:

5) „Die zwei Schaaren Gerader eines einfachen Hyperboloïds sind paarweise parallel, d. h. mit jeder beliebigen Geraden aus der einen Schaar ist eine bestimmte Gerade aus der anderen Schaar parallel.“

Später, im dritten Band, wird durch weitere Entwickelung zu dem letzten Satze noch folgende Eigenschaft hinzugefügt werden:

6) „Alle Ebenen, welche sich durch die verschiedenen Paare paralleler Geraden (5) eines einfachen Hyperboloïds legen lassen, schneiden einander in einem und demselben Puncte, nämlich im Mittelpuncte des Hyperboloïds, und alle berühren einen bestimmten Kegel zweiten Grades, welcher Asymptoten-Kegel des Hyperboloïds genannt wird.“

Angenommen es seien etwa a und A zwei parallele Gerade, so werden, wenn man sich den Ebenenbüschel A denkt, dessen Ebenen β, γ, δ, ... sämmtlich der Geraden a parallel sein, und da dieselben durch die Schaar Gerader b, c, d, ... gehen, zu welcher auch a gehört (3), so folgt also durch Umkehrung der nachstehende Satz:

7) „Legt man durch eine Schaar Gerader eines einfachen Hyperboloïds Ebenen, welche sämmtlich mit irgend einer zu dieser Schaar gehörigen Geraden (a) parallel sind, so schneiden sich alle diese Ebenen in einer und derselben Geraden (A), welche der anderen Schaar angehört, und welche jener besonderen Geraden (a) parallel ist.“

Von den Geraden, die in einem einfachen Hyperboloïd liegen, ist noch folgende merkwürdige Eigenschaft, die sich auf ihre Richtung bezieht, anzugeben. Betrachtet man das Hyperboloïd als durch zwei Ebenenbüschel, etwa durch die Ebenenbüschel A, A_1 erzeugt, und denkt sich einen dritten Ebenenbüschel $\mathfrak{A}$, der dem A gleich ist, und der so liegt, dass die entsprechenden Ebenen (und also auch die Axen) der Ebenenbüschel A, $\mathfrak{A}$ parallel sind, und dass sich die Axen der Ebenenbüschel $\mathfrak{A}$, A_1 schneiden, so werden also auch die zwei letzten Ebenenbüschel projectivisch sein und einen Kegel $[\mathfrak{A}A_1]$ zweiten Grades erzeugen (§ 38, II). Da die entsprechenden Ebenen der Ebenenbüschel A, $\mathfrak{A}$ parallel sind, und mithin von den entsprechenden Ebenen des Ebenenbüschels A_1 in parallelen Geraden geschnitten werden, so folgt also, dass die Strahlen des Hyperboloïds $[AA_1]$ mit den Strahlen des Kegels $[\mathfrak{A}A_1]$ parallel sind, d. h. es folgt daraus der nachstehende interessante Satz:

8) „Alle Strahlen (Geraden) eines einfachen Hyperboloïds sind mit den Strahlen irgend eines bestimmten Kegels zweiten Grades parallel, so dass, wenn man durch irgend einen beliebigen Punct Strahlen sich denkt, welche den Strahlen des Hyperboloïds parallel sind, dieselben eine bestimmte Kegelfläche zweiten Grades erfüllen“ *).

*) Die Strahlen des Hyperboloïds sind namentlich mit denen seines Asymptoten-Kegels (6) parallel, und zwar liegt jeder Strahl des letzteren in der Mitte zwischen denjenigen beiden Strahlen des Hyperboloïds, mit welchen er parallel ist und mit denen er in einer Ebene liegt. Diese Eigenschaft nebst den obigen (3, 5, 6, 7, 8 und 9, b) habe ich schon bei einer früheren Gelegenheit, im Journ. f. Mathem. Bd. II. S. 268, mitgetheilt. (Cf. S. 145 dieser Ausgabe.)

Aus dem letzten Satze und aus den obigen Sätzen (2, 4 rechts) folgt weiter:

9) „Das einfache Hyperboloïd wird, ausser den obigen Fällen (1, 2), unter anderen auch durch folgende Angaben bestimmt und auf die dabei bemerkte Art erzeugt; nämlich:

a) „wenn irgend zwei Gerade, die zu einer Schaar gehören, und irgend ein ebener Schnitt (4 rechts) desselben gegeben sind, d. h. wenn im Raume irgend ein Kegelschnitt K und irgend zwei ihn schneidende Gerade, etwa A, A_1, wovon aber keine in seiner Ebene liegt, und die auch nicht zusammen in einer Ebene liegen, gegeben sind; denn wird alsdann eine dritte Gerade a so bewegt, dass sie stets die drei gegebenen festen Elemente K, A, A_1 schneidet, so beschreibt sie die genannte Fläche; oder wird alsdann durch jeden Punct des Kegelschnittes K eine Gerade gelegt, welche die zwei gegebenen Geraden A, A_1 schneidet (II), so sind alle jene Geraden die eine Schaar, und die zwei gegebenen Geraden gehören zu der anderen Schaar Gerader der genannten Fläche;"

b) „wenn irgend zwei Gerade, die zu einer Schaar gehören, und irgend ein Kegel, mit dessen Strahlen beide Schaaren Gerader parallel sind, gegeben sind; d. h. wenn irgend ein Kegel K zweiten Grades und irgend zwei Gerade A, A_1, welche mit zwei Strahlen des Kegels parallel sind, aber nicht in einer Ebene liegen, gegeben sind; denn alsdann beschreibt eine dritte Gerade, die sich so bewegt, dass sie stets die zwei gegebenen festen Geraden schneidet und beständig irgend einem Strahl des Kegels parallel läuft, die genannte Fläche; oder wird alsdann mit jedem Strahl des Kegels eine Gerade parallel gelegt, welche die zwei gegebenen Geraden schneidet (II), so sind alle solche Geraden die eine Schaar, und die zwei gegebenen Geraden gehören zu der anderen Schaar Gerader der genannten Fläche;"

c) „wenn irgend zwei zu derselben Schaar gehörige Gerade A, A_1 und die Richtungen irgend dreier anderen Geraden gegeben sind; denn da diese Richtungen dreien Geraden sowohl von der einen als der anderen Schaar angehören (5), so sind also (zufolge II) diejenigen drei Geraden zu finden, welche die gegebenen zwei Geraden A, A_1 schneiden, d. h. welche nicht mit diesen aus gleicher Schaar sind, wo sodann der obige Fall (2) eintritt; (auch kann der gegenwärtige Fall auf den vorhergehenden (b) zurückgeführt werden)."

Endlich folgt noch, wie leicht zu sehen:

10) „Das einfache Hyperboloïd ist der Form oder Gattung nach bestimmt, sobald irgend fünf Strahlen desselben der Rich-

tung nach gegeben sind, d. h. es sind alsdann die Richtungen aller übrigen Strahlen, also der Asymptotenkegel, genau bestimmt.“

52. In besonderen Fällen, wo die betrachteten projectivischen Gebilde entweder ähnlich sind, oder eigenthümliche Lage zu einander haben, erhält auch die durch sie erzeugte Fläche, welche vorhin im Allgemeinen das einfache Hyperboloïd war (§ 51, IV), besondere Gestalt, oder geht in Grenzfälle über, die zu verschiedenen, theils bekannten, interessanten Sätzen führen.

I. Angenommen es seien irgend zwei Gerade, die einander nicht schneiden, aus einer der zwei Schaaren von Geraden $A, A_1, A_2, A_3, \ldots$ und $a, b, c, d, \ldots$ (§ 51, IV), etwa die zwei Geraden A, A_1, projectivisch ähnlich, so müssen ihre unendlich entfernten Puncte einander entsprechen (§ 13, I), und also muss einer ihrer Projectionsstrahlen, d. h. eine Gerade der anderen Schaar $(a, b, c, \ldots)$, unendlich entfernt sein, und daher folgt weiter, dass nicht nur jene zwei Geraden, sondern dass je zwei Gerade der ersten Schaar $A, A_1, A_2, \ldots$ projectivisch ähnlich sind, weil sie denselben unendlich entfernten Projectionsstrahl haben. Denkt man sich den Ebenenbüschel, welcher irgend eine Gerade der ersten Schaar, etwa die Gerade A_2, zur Axe hat, so werden dessen Ebenen $\alpha_2, \beta_2, \gamma_2, \ldots$ durch die zweite Schaar Gerader $a, b, c, \ldots$ gehen (§ 51, IV), und es wird diejenige Ebene, welche nach der vorerwähnten unendlich entfernten Geraden gerichtet ist, nothwendiger Weise den Geraden A, A_1 parallel sein, weil sie nach ihren unendlich entfernten Puncten gerichtet ist, und folglich vereinigt diese Ebene die Richtungen der drei Geraden A, A_1, A_2 in sich; da ein Gleiches stattfindet, wenn anstatt der Geraden A_2 irgend eine der übrigen Geraden $A_3, A_4, \ldots$ angenommen wird, und da durch die Richtungen der zwei ersten Geraden A, A_1 alle Richtungen einer Ebene bestimmt sind, so müssen folglich die Richtungen aller Geraden $A, A_1, A_2, A_3, A_4, \ldots$ einer einzigen Ebene angehören, d. h. die Geraden dieser Schaar müssen sämmtlich einer Ebene parallel sein, und zwar kann durch jede Gerade eine solche Ebene gelegt werden, mit welcher alle parallel sind, und welche also alle Richtungen der Geraden enthält; alle solche Ebenen sind folglich unter sich parallel, sie bilden einen Ebenenbüschel, der aus einem System Parallelebenen besteht und dessen Axe die genannte unendlich entfernte Gerade der zweiten Schaar ist. Zur leichteren Festhaltung mag diese unendlich entfernte Gerade durch e bezeichnet werden, dann heissen die Parallelebenen, nach der Reihe, in der sie durch die Geraden $A, A_1, A_2, A_3, \ldots$ gehen, $\varepsilon, \varepsilon_1, \varepsilon_2, \varepsilon_3, \ldots$. Diese Parallelebenen werden, da sie durch die erste Schaar Gerader $A, A_1, A_2, A_3, \ldots$ gehen, die andere Schaar längs derselben schneiden, und zwar werden sie dieselben projectivisch ähnlich schneiden, weil Parallelebenen alle Geraden, denen sie begegnen, in gleichem Verhältniss theilen, und folglich wird auch die zweite Schaar Gerader a, b, c, d, ... von der ersten projectivisch ähnlich geschnitten, daher müssen ihr auch dieselben Eigenschaften zukommen, wie der ersten, nämlich es muss einer ihrer Projectionsstrahlen, d. h. eine Gerade der ersten Schaar, die A_n heissen mag, unendlich entfernt sein, ferner müssen ihre Geraden sämmtlich einer Ebene parallel sein, so dass durch jede von ihnen eine Ebene geht, mit welcher sie alle parallel sind, und dass alle diese Ebenen, die nach der Reihe α_n, β_n, γ_n, δ_n, ... heissen, unter sich parallel sind, und einen Ebenenbüschel bilden, dessen Axe die genannte unendlich entfernte Gerade A_n der ersten Schaar ist.

Man stelle sich nun wiederum den vorhin erwähnten Ebenenbüschel A_2, dessen Ebenen α_2, β_2, γ_2, ... durch die zweite Schaar Gerader a, b, c, ... gehen, vor, und achte auf den ebenen Strahlbüschel, in welchem er von einer der Parallelebenen α_n, β_n, γ_n, ..., etwa von der Ebene α_n, geschnitten wird, ein Strahlbüschel, welcher ebenfalls α_n heissen soll, so werden offenbar die Strahlen a_n, b_n, c_n, ... dieses Strahlbüschels den Geraden a, b, c, ... der zweiten Schaar parallel sein (weil, wenn z. B. eine Gerade a einer Ebene α_n parallel ist, dann jede durch a gehende Ebene α_2 die Ebene α_n in einem Strahl a_n schneidet, der mit a parallel ist), woraus also folgt, dass diese Schaar Gerader genau alle Richtungen eines ebenen Strahlbüschels α_n, oder genau alle Richtungen einer Ebene α_n, enthält. Aus gleichen Gründen muss auch die erste Schaar Gerader A, A_1, A_2, A_3, ... alle Richtungen eines ebenen Strahlbüschels, oder einer Ebene, nämlich der durch sie gehenden Parallelebenen ε, ε_1, ε_2, ..., umfassen. Da der Ebenenbüschel A_2 einerseits mit dem ebenen Strahlbüschel α_n in Ansehung der Elemente α_2, β_2, γ_2, ... und a_n, b_n, c_n, ..., und andererseits mit der Geraden A in Ansehung der Elemente α_2, β_2, γ_2, ... und $\mathfrak{a}$, $\mathfrak{b}$, $\mathfrak{c}$, ... (wo nämlich $\mathfrak{a}$, $\mathfrak{b}$, $\mathfrak{c}$, ... die Puncte sind, in welchen die Gerade A zugleich von der zweiten Schaar Gerader a, b, c, ... geschnitten wird) perspectivisch ist, so sind folglich der ebene Strahlbüschel α_n und die Gerade A in Ansehung der Elemente a_n, b_n, c_n, ... und $\mathfrak{a}$, $\mathfrak{b}$, $\mathfrak{c}$, ... projectivisch, und da ferner die Gerade A mit allen übrigen Geraden der ersten Schaar A_1, A_2, A_3, ... projectivisch ist, so folgt also, dass die zweite Schaar Gerader a, b, c, ... den Strahlen a_n, b_n, c_n, ... eines ebenen Strahlbüschels α_n parallel ist, welcher mit den Geraden der ersten Schaar A, A_1, A_2, A_3, ... projectivisch ist. Desgleichen ist die erste Schaar Gerader A, A_1, A_2, A_3, ... den Strahlen eines ebenen Strahlbüschels parallel, welcher mit der zweiten Schaar Gerader a, b, c, ... projectivisch ist, und welcher, z. B. in der Ebene ε dargestellt, ε heissen soll. Da, wie vorhin bemerkt worden, die zwei Schaaren Gerader A, A_1, A_2, A_3, ..., a, b, c, d, ... mit zwei Ebenen ε, α_n (oder vielmehr mit zwei Systemen Parallelebenen ε, ε_1, ε_2, ..., α_n, β_n, γ_n, ..) parallel sind, und zwar genau alle Richtungen derselben erschöpfen, wogegen sie früher beim allgemeinen Falle mit den Strahlen eines Kegels zweiten Grades (des Asymptotenkegels) parallel waren (§ 51, IV, 8), so folgt also, dass dieser Kegel im gegenwärtigen Falle sich in jene zwei Ebenen aufgelöst hat und somit in einen Grenzfall übergegangen ist. Jene Ebenen haben ferner die Eigenschaft, dass, da jede durch eine endlich entfernte und durch eine unendlich entfernte Gerade geht, und da der Durchschnitt zweier solchen Geraden nothwendiger Weise unendlich entfernt sein muss, ihre Berührungspuncte (§ 51, IV) mit der krummen Fläche (welche durch die zwei Schaaren Gerader erfüllt wird) unendlich entfernt sind, woher denn jede solche Ebene „Asymptotenebene“ genannt werden kann, so dass also im gegenwärtigen Falle der Fläche zwei Systeme Asymptotenebenen ε, ε_1, ε_2, ..., α_n, β_n, γ_n, ... zukommen.

Die Geraden A, A_1, A_2, A_3, ... der einen Schaar sind projectivisch ähnlich, und zwar in Ansehung der Puncte, in welchen sie von den Asymptotenebenen α_n, β_n, γ_n, ... geschnitten werden (weil diese Ebenen durch die zweite Schaar Gerader a, b, c, ... gehen), daher werden je zwei derselben, welche unter gleichen Winkeln zu diesen Ebenen geneigt sind, offenbar projectivisch gleich sein, und dass sie in der That paarweise projectivisch gleich sind, und dass ein Gleiches bei der zweiten Schaar Gerader a, b, c, d, ... stattfindet, kann leicht gezeigt werden. Denn man denke sich zwei Asymptotenebenen, etwa ε und α_n, nenne ihre Durchschnittslinie X, und denke sich in der letzten Ebene α_n den ebenen Strahlbüschel α_n, dessen Strahlen a_n, b_n, c_n, ... den Geraden a, b, c, ... parallel sind, so wird irgend ein bestimmter Strahl zu der Durchschnittslinie X senkrecht sein, und sodann werden von den übrigen Strahlen immer zwei und zwei sowohl mit jenem Strahl, als mit der Durchschnittslinie X gleiche Winkel bilden, und daher nothwendiger Weise zu der ersten Ebene ε unter gleichen Winkeln geneigt sein, woraus dann weiter folgt, dass auch die ihnen parallelen Geraden a, b, c, ... paarweise mit der Ebene ε gleiche Neigungswinkel bilden, und folglich paarweise projectivisch gleich sind. Diejenige Gerade aber, welche dem besonderen Strahle, der zu der Durchschnittslinie X senkrecht ist, parallel ist, kann mit keiner anderen projectivisch gleich sein; angenommen es sei dies die Gerade a, durch welche die Asymptotenebene α_n geht, so wird also a auf X senkrecht stehen; aus gleichen Gründen muss unter den Geraden A, A_1, A_2, A_3, ... der ersten Schaar sich eine bestimmte befinden, die mit keiner anderen projectivisch gleich ist; angenommen es sei die Gerade A, durch welche die Asymptotenebene ε geht, so wird also auch A zu X senkrecht sein; demnach muss denn auch die durch die zwei Geraden a, A gehende Berührungsebene (aA) auf der Durchschnittslinie X, und folglich auf beiden Systemen Asymptotenebenen ε, ε_1, ε_2, ..., α_n, β_n, γ_n, ... zugleich senkrecht stehen; unter diesen Umständen wird X „Axe“, und der Durchschnittspunct der Geraden a, A, oder der Berührungspunct der Ebene (aA), welcher 𝔄 heissen mag, wird „Scheitel“ der krummen Fläche genannt.

Wird die krumme Fläche von irgend einer beliebigen Ebene E geschnitten, so muss der Schnitt offenbar im Allgemeinen eine Hyperbel sein, denn da die Fläche zwei unendlich entfernte Gerade hat, muss er zwei unendlich entfernte Puncte haben, nach denen nämlich die zwei Durchschnittslinien, in welchen die Asymptotenebenen ε, α_n von der Ebene E geschnitten werden, gerichtet sind, er muss folglich eine Hyperbel sein, deren Asymptoten diesen Durchschnittslinien parallel sind; in dem besonderen Falle aber, wo diese Durchschnittslinien der Axe X parallel sind (wo nämlich die schneidende Ebene E der Axe X, oder der Durchschnittslinie irgend zweier Asymptotenebenen parallel ist), und wo sie also nach einem einzigen unendlich entfernten Puncte gerichtet sind, geht die genannte Hyperbel in eine Parabel über; den Asymptoten der genannten Hyperbel sind ferner auch irgend zwei Gerade aus den zwei Schaaren Gerader A, A_1, A_2, A_3, ..., a, b, c, d, ... parallel, nämlich jedesmal diejenigen zwei, welche jenen Durchschnittslinien parallel sind, in welchen die Asymptotenebenen ε, α_n von der Ebene E geschnitten werden.

Je zwei Gerade aus einer der zwei Schaaren A, A_1, A_2, ..., a, b, c, ..., wie z. B. die Geraden A, A_1, sind Axen zweier projectivischen Ebenenbüschel, deren entsprechende Ebenen die jedesmalige andere Schaar zu Durchschnittslinien haben (§ 51, III), diejenigen zwei entsprechenden Ebenen aber, welche die unendlich entfernte Gerade e der anderen Schaar zur Durchschnittslinie haben, also die Ebenen ε, ε_1, müssen nothwendiger Weise parallel sein, und da dies die einzige Eigenthümlichkeit ist, wodurch sich in diesem Falle die zwei Ebenenbüschel auszeichnen, so ist klar, dass umgekehrt, wenn irgend zwei projectivische Ebenenbüschel A, A_1 sich in solcher schiefen Lage befinden, wo irgend zwei entsprechende Ebenen parallel sind, alsdann alle oben angegebenen Umstände und Eigenschaften stattfinden müssen.

Unter diesen besonderen Umständen heisst die krumme Fläche nicht mehr einfaches Hyperboloïd, sondern „hyperbolisches Paraboloïd“. Aus der obigen Betrachtung folgen nachstehende Eigenschaften und Erzeugungsarten des hyperbolischen Paraboloïds:

1) „Das hyperbolische Paraboloïd hat unter anderen folgende wesentliche Eigenschaften: a) es enthält zwei Schaaren Gerader A, A_1, A_2, A_3, ..., a, b, c, d, ..., die einander projectivisch ähnlich schneiden; auch sind die Geraden jeder Schaar paarweise projectivisch gleich, so dass jede Gerade einer bestimmten anderen Geraden projectivisch gleich ist; zwei Gerade

A, a, aus jeder Schaar eine, machen hierin eine Ausnahme, d. h. sie haben nicht ihres Gleichen; b) zwei andere Gerade A_n, e, aus jeder Schaar eine, sind unendlich entfernt; c) durch jede Schaar von Geraden geht ein System Parallelebenen, welche nach der unendlich entfernten Geraden der anderen Schaar gerichtet, und welche daher Asymptotenebenen sind, so dass es also zwei Systeme paralleler Asymptotenebenen $\varepsilon, \varepsilon_1, \varepsilon_2, \ldots, \alpha_n, \beta_n, \gamma_n, \ldots$ hat; d) die Geraden jeder Schaar sind den Asymptotenebenen, welche durch die andere Schaar gehen, parallel, und sie umfassen genau alle Richtungen dieser Ebenen, so dass die Strahlen eines Strahlbüschels in einer dieser Ebenen genau die Richtungen aller jener Geraden darstellen, d. h. jeder Strahl ist einer bestimmten Geraden parallel, und auch umgekehrt; e) jeder solche Strahlbüschel, dessen Strahlen mit den Geraden der einen Schaar parallel sind, ist mit den Geraden der anderen Schaar projectivisch (wobei nämlich jeder Punct, in welchem eine dieser Geraden von einer von jenen Geraden geschnitten wird, demjenigen Strahl des Strahlbüschels entspricht, welcher der letzteren Geraden parallel ist); f) je zwei projectivisch gleiche Gerade (a) aus der einen Schaar sind zu den Asymptotenebenen, welche durch die andere Schaar gehen, unter gleichen Winkeln geneigt, und auch umgekehrt; g) jene zwei besonderen Geraden A, a, die mit keiner anderen projectivisch gleich sind, sind der Richtung nach zu den Durchschnittslinien der zwei Systeme Asymptotenebenen rechtwinklig, so dass also ihre Ebene (aA) zu allen Asymptotenebenen und zu deren Durchschnittslinien rechtwinklig ist; ihr Durchschnittspunct $\mathfrak{A}$ heisst Scheitel, und die Durchschnittslinie X der durch sie gehenden Asymptotenebenen ε, α_n heisst Axe, ihre Ebene (aA), die Berührungsebene im Scheitel, ist die einzige Berührungsebene, die auf der Axe X rechtwinklig steht; h) endlich wird das Paraboloïd von einer beliebigen Ebene E im Allgemeinen in einer Hyperbel geschnitten, deren Asymptoten den Durchschnittslinien, in welchen dieselbe die zwei Systeme Asymptotenebenen schneidet, und daher auch irgend zwei Geraden, die zu den zwei Schaaren Gerader (a) gehören, parallel sind, und nur in dem besonderen Falle, wo die schneidende Ebene E der Axe X parallel ist, wird es in einer Parabel geschnitten" *).

*) Das sogenannte schiefe Viereck, welches *M. Hirsch* im zweiten Bande S. 238 seiner Sammlung geometrischer Aufgaben betrachtet, ist, wie man bemerken wird, ein begrenzter Theil eines hyperbolischen Paraboloïds, und die daselbst bewiesenen Eigenschaften folgen unmittelbar aus den hier oben stehenden.

2) „Das hyperbolische Paraboloïd ist unter anderen in folgenden Fällen bestimmt und wird auf die dabei bemerkten Arten erzeugt:

a) durch irgend zwei projectivisch ähnliche oder gleiche Gerade A, A_1, die im Raume beliebig schief liegen; nämlich die Geraden gehören zu der einen Schaar, und ihre Projectionsstrahlen sind die sämmtlichen Geraden der anderen Schaar;

b) durch zwei beliebige projectivische Ebenenbüschel A, A_1, die im Raume schief liegen, aber so, dass irgend zwei entsprechende Ebenen parallel sind; nämlich die Axen der Ebenenbüschel gehören zu der einen Schaar, und die Durchschnittslinien ihrer entsprechenden Ebenen sind die Geraden der anderen Schaar;

c) durch zwei projectivische Ebenenbüschel, wovon der eine aus einem System Parallelebenen besteht, also eine unendlich entfernte Axe (A_n oder e) hat, während die Axe des anderen jene Ebenen schneidet; nämlich ihre Axen gehören zu der einen Schaar, und die Durchschnittslinien ihrer entsprechenden Ebenen sind die Geraden der anderen Schaar, und die Parallelebenen sind das eine System Asymptotenebenen;

d) durch irgend drei Gerade A, A_1, A_2, die mit irgend einer Ebene ε parallel sind, aber wovon keine zwei in einer Ebene liegen; nämlich die Ebene ε ist eine Asymptotenebene, und die Geraden gehören zu der einen Schaar, und alle sie schneidenden Geraden sind die Geraden der anderen Schaar, oder eine Gerade a, die sich so bewegt, dass sie stets jene drei schneidet, beschreibt die andere Schaar Gerader und somit die vorgenannte Fläche;

e) durch irgend zwei beliebige Gerade A, A_1 im Raume und durch eine beliebige sie schneidende Ebene α_n, welche als Asymptotenebene angenommen wird; nämlich die Geraden gehören zu der einen Schaar, und alle Geraden, welche dieselben schneiden und mit der Ebene α_n parallel sind, sind die Geraden der anderen Schaar, oder eine Gerade a, die sich so bewegt, dass sie stets jene zwei schneidet und beständig mit der Ebene parallel ist, beschreibt die genannte Fläche;

f) durch irgend eine Gerade A und irgend einen ebenen Strahlbüschel α_n, die projectivisch sind und so liegen, dass jene nicht mit der Ebene des letzteren parallel ist;

nämlich die Ebene des Strahlbüschels ist eine Asymptotenebene, und die Gerade gehört zu der einen Schaar, und diejenigen Geraden, die sie schneiden, und wovon jede demjenigen Strahl des Strahlbüschels parallel ist, welcher ihrem Durchschnittspuncte entspricht, sind die Geraden der anderen Schaar, oder eine Gerade a, die sich so bewegt, dass sie stets jene Gerade A schneidet, und in jedem Augenblick dem ihrem Durchschnittspunct entsprechenden Strahl des Strahlbüschels parallel ist, beschreibt die genannte Fläche" *).

Die Zahl dieser Fälle lässt sich leicht vermehren, z. B. dadurch, dass auch die Hyperbel und Parabel (1, h) als bestimmende Elemente angenommen werden **).

II. Vom hyperbolischen Paraboloïd findet ein besonderer Fall statt, der sich zum allgemeinen Falle ähnlich verhält, wie die gleichseitige Hyperbel zur beliebigen, nämlich derjenige Fall, wo die zwei Systeme Asymptotenebenen zu einander rechtwinklig sind. Haben A, a die ihnen bei der obigen Betrachtung (I) beigelegte Eigenschaft, dass sie zu der Durchschnittslinie X der Asymptotenebenen ε, α_n rechtwinklig sind, so wird also im erwähnten besonderen Falle sowohl A zu der Ebene α_n, als a zu der Ebene ε senkrecht sein, und daher wird A zu allen Geraden a, b, c, d, ..., und a zu allen Geraden A, A_1, A_2, A_3, ... senkrecht sein, weil diese Schaaren Gerader jenen Ebenen α_n, ε parallel sind. Wird die krumme Fläche unter diesen Umständen „gleichseitiges hyperbolisches Paraboloïd" genannt, so folgen also für sie nachstehende besondere Eigenschaften und Erzeugungsarten (I, 1):

1) „Beim gleichseitigen hyperbolischen Paraboloïd sind a) die zwei Systeme Asymptotenebenen zu einander rechtwinklig; b) eine bestimmte Gerade aus jeder Schaar Gerader ist zu allen Geraden der anderen Schaar (und zu den durch

*) Bei dem Grenzfalle, wo die gegebene Gerade A der Ebene des Strahlbüschels α_n parallel wird (sie in einem unendlich entfernten Puncte schneidet), tritt an die Stelle der genannten krummen Fläche die Parabel, d. h. die auf die angegebene Art bestimmten Geraden (zweite Schaar Gerader), nebst der gegebenen Geraden A, sind die gesammten Tangenten einer Parabel, deren Ebene mit der Ebene des Strahlbüschels parallel ist.

**) Das synthetische Hauptmerkmal, wodurch sich die gegenwärtige Fläche vom einfachen Hyperboloïd unterscheidet, besteht nämlich darin, dass sie zwei unendlich entfernte Gerade enthält; sobald daher aus irgend welchen Gründen folgt, dass die erzeugte krumme Fläche eine (oder zwei) unendlich entfernte Gerade hat, so ist daraus zu schliessen, dass sie nicht mehr das allgemeine einfache Hyperboloïd, sondern die oben genannte Fläche ist.

diese gehenden Asymptotenebenen) rechtwinklig.“ Und umgekehrt:

2) „Wenn bei einem hyperbolischen Paraboloïd eine Gerade aus der einen Schaar zu irgend zwei Geraden der anderen Schaar, oder zu einer Asymptotenebene, rechtwinklig ist, so ist es ein gleichseitiges.“

3) „Das gleichseitige hyperbolische Paraboloïd wird bestimmt und erzeugt:

a) durch irgend zwei projectivisch ähnliche Gerade, sobald sie im Raume in solche schiefe Lage gebracht werden, dass beide zu irgend einem und demselben Projectionsstrahl rechtwinklig sind;

b) durch irgend zwei projectivische Ebenenbüschel, sobald sie in solche schiefe Lage gebracht werden, dass von den zwei entsprechenden Ebenenpaaren, welche die entsprechenden rechten Winkel einschliessen (§ 30, VI), das eine oder andere Paar parallel ist; nämlich die Durchschnittslinie des anderen Paares ist alsdann eine der genannten Geraden A, a;

c) durch zwei projectivische Ebenenbüschel, wovon der eine aus Parallelebenen besteht, auf welchen die Axe des anderen senkrecht steht; nämlich diese Axe ist alsdann eine der genannten Geraden A, a;

d) 1) durch irgend drei Gerade A_1, A_2, A_3, wovon keine zwei in einer Ebene liegen, aber die irgend eine vierte Gerade a rechtwinklig schneiden; oder: 2) durch irgend zwei Gerade, die nicht in einer Ebene liegen, wenn sie als Gerade derselben Schaar angesehen werden, und zwar die eine als eine der genannten besonderen Geraden A, a; nämlich eine dritte Gerade, die sich so bewegt, dass sie stets jene zwei gegebenen festen Geraden schneidet, und zwar zu der einen stets rechtwinklig ist, beschreibt die genannte Fläche;

e) durch irgend zwei Gerade, die nicht in einer Ebene liegen, und irgend eine Ebene, welche durch eine solche dritte Gerade geht, die der Richtung nach zu jenen zwei Geraden rechtwinklig ist (sie kann diese auch schneiden), wenn jene zwei Geraden als einer Schaar angehörend und die Ebene als Asymptotenebene angesehen wird; nämlich alsdann wird eine Gerade, die sich so bewegt, dass sie stets jene zwei festen Geraden schneidet und beständig jener festen Ebene parallel bleibt, die genannte Fläche beschreiben (die Asymptotenebene kann übrigens auch unter folgenden Bedingungen gegeben werden: als Ebene, welche auf irgend einer anderen, die den beiden Geraden parallel ist, rechtwinklig steht; oder welche solche Lage hat, dass die Ebenen der Neigungswinkel, welche die zwei Geraden mit ihr bilden, parallel sind);

f) durch eine Gerade (A) und einen ebenen Strahlbüschel (α_n), die projectivisch sind, wovon erstere auf der Ebene des letzteren senkrecht steht, und wenn die Gerade als der einen Schaar Gerader angehörend und die Strahlen des Strahlbüschels als der anderen Schaar Gerader parallel angenommen werden; nämlich alsdann wird eine Gerade, die sich so bewegt, dass sie stets die gegebene feste Gerade schneidet und in jedem Augenblick demjenigen Strahl des Strahlbüschels parallel ist, welcher ihrem Durchschnittspunct (in Ansehung der projectivischen Beziehung) entspricht, die oben genannte Fläche beschreiben."

53. Andere besondere Fälle (§ 52), wobei in Hinsicht der Erzeugungsart, der Gestalt und der Eigenschaften der durch projectivische Gebilde erzeugten krummen Flächen eigenthümliche Umstände stattfinden, sind folgende:

I. Zunächst mögen einige Eigenschaften, deren Richtigkeit sich aus den ersten Elementen der Geometrie ergiebt, vorangeschickt werden. Wenn man nämlich in einer Ebene zwei beliebige Strahlbüschel $\mathfrak{B}$, $\mathfrak{B}_1$ betrachtet, so findet man, dass auf jedem Strahl des einen ein bestimmter Strahl des anderen rechtwinklig steht; angenommen es seien die Strahlen a, b, c, d, ... des Strahlbüschels $\mathfrak{B}$ nach der Reihe zu den Strahlen a_1, b_1, c_1, d_1, ... des Strahlbüschels $\mathfrak{B}_1$ rechtwinklig. Die Durchschnittspuncte der zu einander rechtwinkligen Strahlenpaare liegen in einer Kreislinie, welche die Gerade $\mathfrak{B}\mathfrak{B}_1$, die die Mittelpuncte der Strahlbüschel verbindet, zum Durchmesser hat. Daher sind die Strahlbüschel in Ansehung der zu einander rechtwinkligen Strahlenpaare projectivisch (§ 38, III). Also:

„Irgend zwei ebene Strahlbüschel $\mathfrak{B}$, $\mathfrak{B}_1$, die in einer Ebene liegen, sind in Ansehung der zu einander rechtwinkligen Strahlen a, b, c, d, ... und a_1, b_1, c_1, d_1, ... projectivisch, und erzeugen einen Kreis, in welchem ihre Mittelpuncte die Endpuncte eines Durchmessers sind"*).

---

*) Die bekannte Umkehrung dieses Satzes heisst:

„Bewegt sich ein rechter Winkel (aa_1) in einer Ebene so, dass seine Schenkel a, a_1 stets durch irgend zwei feste Puncte $\mathfrak{B}$, $\mathfrak{B}_1$ gehen, so

Mittelst dieses einfachen Satzes lässt sich nun leicht zeigen, dass bei zwei ebenen Strahlbüscheln $\mathfrak{B}$, $\mathfrak{B}_1$, die in einem Strahlbüschel $\mathfrak{D}$ liegen, und bei zwei Ebenenbüscheln A, A_1, die im Raume oder in einem Strahlbüschel $\mathfrak{D}$ beliebig liegen, ähnliche Sätze stattfinden, aus denen sich mehrere merkwürdige Folgerungen ziehen lassen.

II. Man denke sich zwei Ebenenbüschel A, A_1, deren Axen beliebige gegenseitige Lage haben (nur nicht der Richtung nach zu einander rechtwinklig sind), so wird auf jeder Ebene des einen Ebenenbüschels irgend eine bestimmte Ebene des anderen rechtwinklig sein, so dass also ihre Ebenen paarweise zu einander rechtwinklig sind. Angenommen es seien die Ebenen α, β, γ, δ, ... des Ebenenbüschels A nach der Reihe zu den Ebenen α_1, β_1, γ_1, δ_1, ... des Ebenenbüschels A_1 rechtwinklig, und die Durchschnittslinien der zu einander rechtwinkligen Ebenenpaare heissen nach der Reihe a_2, b_2, c_2, d_2, ... Man denke sich ferner irgend eine Ebene E, welche zu der Axe des einen Ebenenbüschels, etwa zu A, rechtwinklig ist, so wird dieselbe die Ebenenbüschel A, A_1 in zwei ebenen Strahlbüscheln $\mathfrak{B}$, $\mathfrak{B}_1$ schneiden, deren Mittelpuncte $\mathfrak{B}$, $\mathfrak{B}_1$ nämlich in den Axen A, A_1, und deren Strahlen a, b, c, ..., a_1, b_1, c_1, ... in den Ebenen α, β, γ, ..., α_1, β_1, γ_1, ... liegen (§ 27, II), und es wird die Ebene E zu allen Ebenen α, β, γ, ... rechtwinklig sein, weil sie es zu der Axe A ist. Sodann ist klar, dass, da z. B. die Ebenen E, α_1 beide zu der Ebene α rechtwinklig sind, auch ihre Durchschnittslinie a_1 zu derselben rechtwinklig ist, und dass diese somit auch zu der Geraden a senkrecht ist, weil letztere in der Ebene α liegt; und da aus gleichen Gründen folgt, dass je zwei gleichnamige Strahlen der Strahlbüschel $\mathfrak{B}$, $\mathfrak{B}_1$, also b und b_1, c und c_1, d und d_1, u. s. w. zu einander rechtwinklig sind, so geht also daraus hervor: a) dass die Durchschnittspuncte aller dieser Strahlenpaare in einer Kreislinie liegen, welche die Gerade $\mathfrak{B}\mathfrak{B}_1$, die die Mittelpuncte der Strahlbüschel $\mathfrak{B}$, $\mathfrak{B}_1$ verbindet, zum Durchmesser hat (I); woraus denn weiter folgt: b) dass die Strahlbüschel $\mathfrak{B}$, $\mathfrak{B}_1$, in Ansehung jener Strahlenpaare, projectivisch sind, und c) dass also auch die Ebenenbüschel A, A_1 in Ansehung ihrer zu einander rechtwinkligen Ebenenpaare α und α_1, β und β_1, γ und γ_1, u. s. w. projectivisch sind (weil sie mit jenen Strahlbüscheln $\mathfrak{B}$, $\mathfrak{B}_1$ perspectivisch sind), und dass sie daher d) im Allgemeinen ein besonderes, einfaches Hyperboloïd (§ 51, IV, 1), oder e) wenn ihre Axen einander schneiden, einen besonderen Kegel zweiten Grades (§ 38, II) erzeugen, welches oder welcher von der Ebene E in dem ge-

---

durchläuft sein Scheitel (aa_1) eine Kreislinie, welche den Abstand der festen Puncte von einander zum Durchmesser hat."

Dieser und der obige Satz sind übrigens nur besondere Fälle von denjenigen Sätzen, die man unter den gleichen Bedingungen erhält, wenn, anstatt des rechten Winkels, irgend ein anderer bestimmter Winkel angenommen wird.

nannten Kreise (a) geschnitten wird, dessen Durchmesser $\mathfrak{B}\mathfrak{B}_1$ zu der Axe A senkrecht ist (weil diese zu E es ist), so dass also f) dieser Durchmesser $\mathfrak{B}\mathfrak{B}_1$ ein gleichseitiges hyperbolisches Paraboloïd beschreibt (§ 52, II, 3, d, 2), wenn die Ebene E sich selbst parallel fortbewegt wird. Endlich folgt noch, g) dass der Ebenenbüschel A und der ebene Strahlbüschel $\mathfrak{B}_1$ in Ansehung ihrer zu einander senkrechten Elementenpaare α und a_1, β und b_1, γ und c_1, u. s. w. projectivisch sind, weil beide es mit dem ebenen Strahlbüschel $\mathfrak{B}$ sind; oder man kann offenbar umgekehrt behaupten, dass, wenn man aus irgend einem Punct $\mathfrak{B}_1$ Lothe a_1, b_1, c_1, ... auf die Ebenen α, β, γ, ... eines beliebigen Ebenenbüschels A fällt, alsdann alle Lothe einen ebenen Strahlbüschel $\mathfrak{B}_1$ bilden, dessen Ebene E (oder $\mathfrak{B}_1$) zu der Axe A des Ebenenbüschels senkrecht ist, und der mit diesem Ebenenbüschel, in Ansehung ihrer zu einander rechtwinkligen Elementenpaare, projectivisch ist, und zwar dergestalt, dass je zwei entsprechende Winkel, wie etwa (ab) und ($\alpha\beta$), d. h. der Winkel irgend zweier Strahlen a, b und der Winkel ihrer entsprechenden Ebenen α, β, gleich sind oder zusammen zwei Rechte betragen.

Es ist ferner Folgendes zu bemerken:

h) Fällt man aus einem beliebigen Puncte $\mathfrak{D}$ Lothe a, b, c, ...; a_1, b_1, c_1, ... auf die Ebenen α, β, γ, ...; α_1, β_1, γ_1, ... der Ebenenbüschel A, A_1, so bilden dieselben zwei ebene Strahlbüschel $\mathfrak{B}$, $\mathfrak{B}_1$, die beziehlich mit den Ebenenbüscheln A, A_1 projectivisch sind (g), sie sind folglich auch unter sich projectivisch, und zwar dergestalt, dass je zwei entsprechende Strahlen, wie etwa a und a_1, zu einander rechtwinklig sind, weil diese nämlich Lothe auf Ebenen α und α_1 sind, welche auf einander senkrecht stehen (g); also werden die Strahlbüschel $\mathfrak{B}$, $\mathfrak{B}_1$ im Allgemeinen einen Kegel zweiten Grades erzeugen. (Dasselbe folgt auch dadurch, dass, im Falle die Axen A, A_1 sich schneiden (e), man annimmt, die oben genannte Ebene E gehe durch ihren Durchschnittspunct, welcher $\mathfrak{D}$ heissen mag, stehe auf der Axe A senkrecht und schneide den anderen Ebenenbüschel A_1 in einem Strahlbüschel $\mathfrak{B}_1$, so dass also die Strahlen a_1, b_1, c_1, ... des letzteren immerhin, wie bei der obigen Betrachtung, zu den Ebenen α, β, γ, ... des Ebenenbüschels A senkrecht sind, und dass man sich ferner durch den Punct $\mathfrak{D}$ eine beliebige andere Ebene denkt, die den Ebenenbüschel A in einem ebenen Strahlbüschel $\mathfrak{B}$ schneidet, so werden alsdann die Strahlen a, b, c, ... des letzteren zu den Strahlen a_1, b_1, c_1, ... des Strahlbüschels $\mathfrak{B}_1$ rechtwinklig sein, und es werden beide Strahlbüschel $\mathfrak{B}$, $\mathfrak{B}_1$, in Ansehung ihrer zu einander rechtwinkligen Strahlenpaare, projectivisch sein, weil sie es mit den Ebenenbüscheln A, A_1 sind (§ 30, V), und folglich werden sie einen Kegel zweiten Grades erzeugen.) i) Werden die Strahlbüschel $\mathfrak{B}$, $\mathfrak{B}_1$ (h) durch zwei beliebige Gerade A, A_1 geschnitten, so werden diese, in Ansehung der Puncte $\mathfrak{a}$,

$\mathfrak{b}, \mathfrak{c}, \ldots; \mathfrak{a}_1, \mathfrak{b}_1, \mathfrak{c}_1, \ldots$, in welchen sie von den Strahlen a, b, c, ...; a_1, b_1, c_1, ... der Strahlbüschel getroffen werden, projectivisch sein (weil letztere unter sich es sind), so dass also je zwei entsprechende Puncte derselben, wie etwa $\mathfrak{a}$ und $\mathfrak{a}_1$, von dem Puncte $\mathfrak{D}$ aus unter einem rechten Winkel (aa_1) gesehen werden, und so dass, im Falle die Geraden nicht in einer Ebenen liegen, sie ein einfaches Hyperboloïd (§ 51, IV, 1), und im Falle, wo sie in einer Ebene liegen, einen Kegelschnitt erzeugen.

Aus dieser Betrachtung fliesst nachstehende Reihe von Sätzen:

1) „Zwei Ebenenbüschel A, A_1, deren Axen nicht in einer Ebene liegen, sind in Ansehung ihrer zu einander rechtwinkligen Ebenenpaare α und α_1, β und β_1, γ und γ_1, u. s. w. projectivisch (c) und erzeugen also ein besonderes einfaches Hyperboloïd, welches von jeder Ebene, die zu der Axe des einen oder anderen Ebenenbüschels senkrecht ist, in einem Kreise geschnitten wird, von welchem die Endpuncte eines Durchmessers in jenen Axen liegen, und wo alle solche Durchmesser, bei dem einen oder anderen System von Kreisen, in einem gleichseitigen hyperbolischen Paraboloïd liegen.“ Oder:

2) „Drehen sich die Seitenflächen α, α_1 eines rechten Flächenwinkels ($\alpha\alpha_1$) um irgend zwei feste Gerade (Axen) A, A_1, die nicht in einer Ebene liegen, so beschreibt die Kante a_2 desselben ein besonderes einfaches Hyperboloïd, welches durch die zwei festen Geraden geht und ausserdem die Eigenschaft hat, dass es von jeder Ebene E, die zu der einen oder anderen Geraden senkrecht ist, in einem Kreise geschnitten wird, dass die Endpuncte eines Durchmessers dieses Kreises in jenen Geraden liegen, und dass alle solche Durchmesser des einen oder anderen Systems von Kreisen, für sich genommen, in einem gleichseitigen hyperbolischen Paraboloïd liegen“*).

3) „Zwei ebene Strahlbüschel $\mathfrak{B}$, $\mathfrak{B}_1$, die in einem Strahlbüschel $\mathfrak{D}$ liegen (h), sind in Ansehung ihrer zu einander rechtwinkligen Strahlenpaare projectivisch, und erzeugen also einen besonderen Kegel zweiten Grades, dessen Mittel-

3) „Zwei Ebenenbüschel A, A_1, die in einem Strahlbüschel $\mathfrak{D}$ liegen, sind in Ansehung ihrer zu einander rechtwinkligen Ebenenpaare projectivisch, und erzeugen also einen besonderen Kegel zweiten Grades, dessen Mittelpunct in $\mathfrak{D}$

*) Den ersten Theil dieses Satzes hat *Binet* zuerst bewiesen, im zweiten Bande S. 71 der *Correspondance sur l'Ecole impériale Polytechnique.* Als ich im Journal für Mathematik II. Bd. den Satz zum beweisen vorlegte, sind durch ein Versehen einige Eigenschaften weggelassen worden. (Cf. S. 162 dieser Ausgabe.)

punct in $\mathfrak{D}$ liegt, und der die Ebenen der Strahlbüschel $\mathfrak{B}$, $\mathfrak{B}_1$ in denjenigen Strahlen berührt, welche zu ihrer Durchschnittslinie senkrecht sind, in der offenbar die ihnen entsprechenden Strahlen vereinigt sein müssen (§ 38, II).“

liegt, und welcher von jeder Ebene E, die zu der Axe des einen oder anderen Ebenenbüschels senkrecht ist, in einem Kreise geschnitten wird, von welchem die Endpuncte eines Durchmessers jedesmal in jenen zwei Axen liegen.“

Oder:

4) „Dreht sich ein rechter Winkel (aa_1) so um seinen festen Scheitelpunct $\mathfrak{D}$, der in der Durchschnittslinie irgend zweier festen Ebenen B, B_1 liegt, dass sich seine Schenkel a, a_1 stets in diesen Ebenen befinden, so berührt seine Ebene beständig einen bestimmten besonderen Kegel zweiten Grades, dessen Mittelpunct jener feste Scheitel $\mathfrak{D}$ ist, und welcher die zwei festen Ebenen in denjenigen Geraden berührt, die zu ihrer gegenseitigen Durchschnittslinie senkrecht sind.“

4) „Bewegt sich ein rechter Flächenwinkel ($\alpha\alpha_1$) so, dass seine Ebenen α, α_1 stets durch irgend zwei feste, sich in einem Puncte $\mathfrak{D}$ schneidende Gerade A, A_1 gehen, so beschreibt seine Kante einen bestimmten besonderen Kegel zweiten Grades, dessen Mittelpunct jener Durchschnittspunct $\mathfrak{D}$ ist, und welcher von jeder Ebene E, die zu der einen oder anderen jener festen Geraden senkrecht ist, in einem Kreise geschnitten wird, von welchem die Endpuncte eines Durchmessers in diesen Geraden liegen“ *).

Oder die letzteren Sätze (3) und (4) lassen sich, zufolge § 34 und § 48, wie folgt, in sphärische Sätze übertragen:

5) „Irgend zwei Hauptkreise H, H_1 einer Kugelfläche sind in Ansehung ihrer Punctepaare, die um einen Quadranten von einander entfernt sind, projectivisch, und erzeugen also einen besonderen sphärischen Kegelschnitt, der jene Hauptkreise in denjenigen Puncten berührt, welche um einen Quadranten von ihren

5) „Irgend zwei Strahlbüschel $\mathfrak{B}$, $\mathfrak{B}_1$ auf einer Kugelfläche sind in Ansehung ihrer zu einander rechtwinkligen Strahlenpaare projectivisch, und erzeugen also einen besonderen sphärischen Kegelschnitt, der durch die Mittelpuncte $\mathfrak{B}$, $\mathfrak{B}_1$ der Strahlbüschel geht, und dessen Tangenten in diesen Puncten zu dem

*) Diesen Satz scheint *Hachette* zuerst bewiesen zu haben, *Correspondance sur l'Ecole Polytechnique* tom. I, p. 179.

gegenseitigen Durchschnitts-puncten abstehen.“

durch diese gehenden Haupt-kreise $\mathfrak{B}\mathfrak{B}_1$ rechtwinklig sind.“

Oder:

6) „Bewegt sich ein Quadrant $\mathfrak{a}\mathfrak{a}_1$ auf einer Kugelfläche so, dass seine Endpuncte $\mathfrak{a}$, $\mathfrak{a}_1$ stets in irgend zwei festen Hauptkreisen H, H_1 liegen, so berührt er beständig einen bestimmten sphärischen Kegelschnitt, der auch die festen Hauptkreise berührt, und zwar in denjenigen Puncten, welche in der Mitte zwischen ihren gegenseitigen Durchschnitts-puncten liegen.“ Oder: „Ist der Winkel an der Spitze eines sphärischen Dreiecks der Grösse und Lage nach gegeben, und ist die Grundlinie desselben ein Quadrant, so berührt diese in allen ihren verschiedenen Lagen stets einen bestimmten sphärischen Kegelschnitt, der die Schenkel des festen Winkels in denjenigen Puncten berührt, welche vom Scheitel des Winkels um den Quadranten entfernt sind.“

6) „Bewegt sich ein sphärischer rechter Winkel (aa_1) so, dass seine Schenkel a, a_1 stets durch irgend zwei feste Puncte $\mathfrak{B}$, $\mathfrak{B}_1$ gehen, so durchläuft sein Scheitelpunct (aa_1) einen bestimmten sphärischen Kegelschnitt, der durch die festen Puncte geht, und dessen Tangenten in diesen Puncten auf dem durch dieselben gehenden Hauptkreise senkrecht sind.“ Oder: „Ist die Grundlinie eines sphärischen Dreiecks der Grösse und Lage nach gegeben, und ist der Winkel an der Spitze desselben ein rechter, so ist der Ort dieser Spitze ein bestimmter sphärischer Kegelschnitt, welcher durch die Endpuncte der festen Grundlinie geht, und dessen Tangenten in diesen Puncten zu der Grundlinie senkrecht sind.“

Es folgt weiter (i):

7) „Irgend zwei Gerade A, A_1 im Raume sind in Ansehung ihrer Punctepaare, welche von irgend einem beliebigen Puncte $\mathfrak{D}$ aus unter rechten Winkeln gesehen werden, d. h. nach welchen von diesem Puncte aus Strahlenpaare gehen, die zu einander rechtwinklig sind, projectivisch, so dass die Schaar Gerader, welche jene Punctepaare verbinden, in einem einfachen Hyperboloïd liegen, und dass die Ebenen aller jener rechten Winkel einen Kegel zweiten Grades berühren, dessen Mittelpunct in dem genannten Puncte $\mathfrak{D}$ liegt (§ 50).“ Oder:

8) „Bewegt sich ein rechter Winkel (aa_1) so um seinen Scheitel, der in irgend einem festen Puncte $\mathfrak{D}$ liegt, dass seine

Schenkel a, a_1 stets irgend zwei feste Gerade A, A_1, die nicht in einer Ebene liegen, schneiden, so beschreibt die Gerade, welche durch die jedesmaligen beiden Durchschnittspuncte geht, ein einfaches Hyperboloïd, in welchem auch die zwei festen Geraden liegen, und so berührt die Ebene des bewegten Winkels stets einen bestimmten Kegel zweiten Grades, dessen Mittelpunct jener feste Punct 𝔇 ist, und welcher auch von den zwei festen Geraden A, A_1 berührt wird"*).

9) „Wenn bei den beiden letzten Sätzen (7 und 8) alle Bedingungen dieselben bleiben, nur dass die gegebenen festen Geraden A, A_1 in einer Ebene E liegen sollen, so bleiben auch die Folgerungen die nämlichen, ausser dass alsdann an die Stelle des einfachen Hyperboloïds irgend ein Kegelschnitt tritt, der durch die Geraden erzeugt wird, also in ihrer Ebene liegt, und durch welchen der genannte Kegel 𝔇 geht." „Und wenn ferner insbesondere der feste Punct 𝔇 so liegt, dass der Strahl, welcher ihn mit dem Durchschnittspuncte der festen Geraden A, A_1 verbindet, zu den beiden letzteren senkrecht ist, so ist alsdann der genannte Kegelschnitt eine Hyperbel, welche die Geraden A, A_1 zu Asymptoten hat." Die Richtigkeit des letzten Falles folgt, wie man leicht bemerken wird, daraus, dass die unendlich

*) *Poncelet* hat diesen Satz zuerst bekannt gemacht, in einem Memoire, welches er der Akademie der Wissenschaften zu Paris vorlegte. Er folgerte ihn aus dem obigen Satze von *Binet* (2). Die Sätze 7) und 8) sind nämlich, auch zufolge der gegenwärtigen Entwickelung, als Gegensätze der Sätze 1) und 2) anzusehen, und hätten als solche neben diese gestellt werden können. So liessen sich z. B. die Sätze 2) und 8), einander entgegengesetzt, wie folgt, aussprechen:

„Bewegt sich ein rechtwinkliger dreiflächiger Körperwinkel* $\alpha\alpha_1 E$ so, dass die Hypotenusen-Fläche E stets in einer festen Ebene E bleibt, während die zwei übrigen Seitenflächen α, α_1 sich um irgend zwei feste Gerade A, A_1 drehen, so beschreibt die Kante a_2 des rechten Winkels ($\alpha\alpha_1$) ein einfaches Hyperboloïd, in welchem auch die zwei festen Geraden A, A_1 liegen, und so durchläuft der Scheitel des Körperwinkels einen bestimmten Kegelschnitt, nämlich den gegenseitigen Durchschnitt der festen Ebene E und des Hyperboloïds."

*Sieh S. 527.

„Bewegt sich ein veränderliches rechtwinkliges Dreieck $\mathfrak{a}\mathfrak{a}_1$𝔇 so, dass der Scheitel 𝔇 des rechten Winkels stets in einem festen Puncte 𝔇 bleibt, während die zwei übrigen Ecken $\mathfrak{a}$, $\mathfrak{a}_1$ sich längs irgend zwei festen Geraden A, A_1 fortbewegen, so beschreibt die Hypotenuse $\mathfrak{a}\mathfrak{a}_1$ ein einfaches Hyperboloïd, in welchem auch die zwei festen Geraden A, A_1 liegen, und so bewegt sich die Ebene des Dreiecks als Berührungsebene eines bestimmten Kegels zweiten Grades, nämlich des Berührungskegels aus dem Puncte 𝔇 an das Hyperboloïd."

entfernten Puncte der Geraden A, A_1 offenbar den in ihrem gegenseitigen Durchschnitte vereinigten Puncten entsprechen (§ 40, I). Auch kann dieser Fall dadurch aus dem obigen Satze (4, links) gefolgert werden, dass man die dort genannten Ebenen *B*, B_1 durch eine solche dritte Ebene E schneidet, welche zu ihrer Durchschnittslinie senkrecht ist, und welche mithin mit denjenigen beiden Strahlen, in welchen jene Ebenen von dem daselbst genannten Kegel 𝔇 berührt werden, parallel ist (§ 36, III).

10) „Steht die Axe eines Ebenenbüschels A auf der Ebene eines ebenen Strahlbüschels $\mathfrak{B}_1$ senkrecht, so sind beide Gebilde in Ansehung ihrer zu einander rechtwinkligen Elementenpaare projectivisch (g) und erzeugen einen Kreis, welcher in der Ebene des Strahlbüschels liegt und den Abstand des Punctes 𝔅, in welchem jene Axe A diese Ebene trifft, vom Mittelpuncte $\mathfrak{B}_1$ des Strahlbüschels zum Durchmesser hat."

Da durch drei Paar entsprechende Elemente die projectivische Beziehung zweier Gebilde bestimmt ist, so folgen aus den obigen Sätzen (1, 3, 5, 7 und 10), durch Umkehrung, die nachstehenden:

11) a) „Sobald bei zwei projectivischen Gebilden — seien es 1) zwei Ebenenbüschel A, A_1, deren Axen in einer Ebene liegen mögen (3) oder nicht (1); oder 2) zwei ebene Strahlbüschel 𝔅, $\mathfrak{B}_1$, die in einer Ebene E (I) oder in einem Strahlbüschel 𝔇 (3) liegen; oder 3) zwei sphärische Hauptkreise H, H_1 (5); oder 4) zwei sphärische Strahlbüschel 𝔅, $\mathfrak{B}_1$ (5); oder endlich 5) ein Ebenenbüschel A und ein ebener Strahlbüschel $\mathfrak{B}_1$ (10) — irgend drei entsprechende Elementenpaare zu einander rechtwinklig sind, so sind je zwei der übrigen entsprechenden Elemente ebenfalls zu einander rechtwinklig;" und: b) „Sobald bei zwei projectivischen Geraden A, A_1 (7) irgend drei Paar entsprechende Puncte von irgend einem Puncte 𝔇 aus unter rechten Winkeln gesehen werden, so findet für jedes der übrigen Paare entsprechender Puncte ein Gleiches statt."

Und daraus folgt weiter:

12) a) „Bei zwei beliebig liegenden projectivischen Gebilden — von der Art, wie sie so eben genannt worden (11, a), ausgenommen der fünfte Fall — sind im Allgemeinen und höchstens nur zwei Paar entsprechende Elemente zu einander rechtwinklig, nämlich es sind entweder zwei, oder nur ein, oder gar kein Paar zu einander rechtwinklig, eben so, wie bei zwei projectivischen Gebilden, wenn sie in oder auf einander liegen, entsprechende Elementenpaare zusammenfallen;" und: b) „Bei zwei beliebig liegenden projectivischen Geraden A, A_1 werden von irgend einem beliebigen Puncte aus gleicherweise entwe-

der zwei oder nur ein, oder gar kein Paar entsprechende Puncte unter rechten Winkeln gesehen.“ Und zwar sind die erwähnten Elementenpaare, wie folgt, leicht zu finden. Sind z. B. zwei beliebig liegende projectivische Ebenenbüschel A, A_1 gegeben, so denke man sich einen solchen dritten Ebenenbüschel A_2, der mit A_1 einerlei Axe hat, und der mit A in Ansehung ihrer zu einander rechtwinkligen Ebenenpaare projectivisch ist (1), so sind alsdann auch A_1 und A_2 projectivisch, und so viele entsprechende Elementenpaare der letzteren zusammenfallen, eben so viele entsprechende Elementenpaare von A, A_1 müssen offenbar zu einander rechtwinklig sein; die vereinigten entsprechenden Elementenpaare von A_1, A_2 werden aber nach § 31, III gefunden. Bei den übrigen Paaren von Gebilden ist die Lösung ähnlich.

Die obigen Sätze (2, 4 und 6) können unter anderen in folgende Grenzfälle übergehen:

13) „Wenn nämlich in (2) und in (4) die gegebenen festen Geraden A, A_1 zu einander rechtwinklig sind (bei (2) der Richtung nach), so treten offenbar an die Stelle sowohl des einfachen Hyperboloïds (2), als des Kegels (4) zwei Ebenen, wovon jede durch eine der beiden festen Geraden geht und zu der jedesmaligen anderen senkrecht ist, und die daher auch zu einander senkrecht sind; d. h. sollen die Seitenflächen α, α_1 eines rechten Flächenwinkels $(\alpha\alpha_1)$ durch jene zwei zu einander rechtwinkligen festen Geraden A, A_1 gehen, so ist der Ort seiner Kante a_2 auf die zwei genannten Ebenen beschränkt. Und wenn (in 4 links) die gegebenen festen Ebenen $\boldsymbol{B}$, $\boldsymbol{B}_1$ zu einander rechtwinklig sind, so reducirt sich der daselbst genannte Kegel auf diejenigen Geraden, in welchen er zuvor jene Ebenen berührte, oder vielmehr geht die Kegelfläche in die Fläche des durch diese Geraden eingeschlossenen Winkels über; denn alsdann ist jede von diesen zwei genannten Geraden zu allen Geraden in der anderen Ebene senkrecht. Aehnliches folgt für die sphärischen Sätze (6).“

14) „Zwei gegebene projectivische Gebilde, nämlich entweder α) zwei Ebenenbüschel A, A_1, oder β) zwei ebene Strahlbüschel $\mathfrak{B}$, $\mathfrak{B}_1$, so zu legen, dass ihre entsprechenden Elementenpaare zu einander rechtwinklig sind; und ferner: γ) wenn zwei projectivische Gerade A, A_1 in beliebiger schiefer Lage im Raume gegeben sind, denjenigen Punct $\mathfrak{D}$ zu finden, von welchem aus ihre entsprechenden Punctepaare unter rechten Winkeln gesehen werden.“

Auflösung. α) Man halte den einen Ebenenbüschel, etwa A, in seiner gegebenen Lage fest und fälle aus einem beliebigen Puncte $\mathfrak{B}_1$

Lothe auf seine Ebenen, so dass ein ebener Strahlbüschel $\mathfrak{B}_1$ entsteht, welcher mit dem Ebenenbüschel A (10), und mithin auch mit dem Ebenenbüschel A_1, projectivisch ist. Sodann kommt es nur darauf an, den Ebenenbüschel A_1 so zu legen, dass er mit dem festen Strahlbüschel $\mathfrak{B}_1$ perspectivisch ist. Man suche zu diesem Endzweck die Schenkel s_1, t_1 und Seitenflächen σ_1, τ_1 der entsprechenden rechten Winkel der beiden Gebilde $\mathfrak{B}_1$, A_1 (§ 30, VI). Da die Strahlen s_1, t_1, der Voraussetzung gemäss, fest sind, so ist der Ort der Kante A_1 des rechten Flächenwinkels $(\sigma_1\tau_1)$, wenn seine Flächen durch jene Strahlen gehen sollen, auf diejenigen zwei Ebenen S, T beschränkt, welche durch s_1, t_1 gehen und beziehlich zu t_1, s_1 senkrecht sind (13). Sind ferner α_1, β_1 irgend zwei andere zu einander rechtwinklige Ebenen des Ebenenbüschels A_1, und sind a_1, b_1 die ihnen entsprechenden Strahlen im Strahlbüschel $\mathfrak{B}_1$, so ist der Ort der Kante A_1 des rechten Flächenwinkels $(\alpha_1\beta_1)$, wenn seine Flächen durch jene Strahlen gehen sollen, auf eine besondere Kegelfläche K zweiten Grades beschränkt (4), welche durch die Strahlen a_1, b_1 geht, und die daher nothwendiger Weise von der einen oder anderen der vorigen Ortsebenen S, T in irgend zwei Strahlen A_1', A_1'' geschnitten wird, in denen allein die Kanten der zwei genannten Flächenwinkel $(\sigma_1\tau_1)$, $(\alpha_1\beta_1)$ zusammentreffen können, und in denen folglich allein die Axe A_1 liegen kann, um der Aufgabe zu genügen, d. h. damit der Ebenenbüschel A_1 mit dem festen Strahlbüschel $\mathfrak{B}_1$ perspectivisch sei. Um die genannten Strahlen A_1', A_1'' in der That zu finden, kann man danach z. B., wie folgt, verfahren. Es stelle (Fig. 51) das Papier die Ebene des Strahlbüschels $\mathfrak{B}_1$ vor, wo man sich also die Ebenen S, T durch die Strahlen s_1, t_1 und senkrecht auf jener Ebene zu denken hat. Da die genannten zwei rechtwinkligen Ebenenpaare σ_1 und τ_1, α_1 und β_1 des Ebenenbüschels A_1 nothwendiger Weise abwechselnd auf einander folgen, etwa in der Ordnung σ_1, α_1, τ_1, β_1, so müssen auch die ihnen entsprechenden Strahlenpaare s_1 und t_1, a_1 und b_1 im Strahlbüschel $\mathfrak{B}_1$ abwechselnd auf einander folgen, und zwar nach der Ordnung s_1, a_1, t_1, b_1 (§ 29, II). Da ferner der genannte Kegel K von jeder Ebene E, welche zu einem der zwei Strahlen a_1, b_1 senkrecht ist, in einem Kreise geschnitten wird, wovon die Endpuncte eines Durchmessers in diesen Strahlen liegen (4 rechts), so ist also jede Gerade $\mathfrak{a}\mathfrak{b}$, die man zwischen diesen Strahlen und z. B. auf a_1 senkrecht zieht, ein solcher Durchmesser, der nothwendiger Weise jedesmal einen der zwei anderen Strahlen s_1, t_1, hier t_1, schneiden muss; über diesem Durchmesser beschreibe man sofort in der zugehörigen Ebene E, welche die Ebene T in einer Geraden $\mathfrak{a}_1'\mathfrak{a}_1''$ schneidet, den genannten Kreis, so wird dieser jener Geraden $\mathfrak{a}_1'\mathfrak{a}_1''$ in zwei Puncten $\mathfrak{a}_1'$, $\mathfrak{a}_1''$ begegnen, durch welche die verlangten Strahlen A_1', A_1'' gehen. (Man könnte übrigens auch über demselben Durchmesser in der Ebene der Figur einen Kreis beschreiben, und hier die Länge der Abschnitte $\mathfrak{a}'_1 t$, $\mathfrak{a}''_1 t$, so wie die Winkel, welche die Strahlen A'_1, A''_1 mit dem Strahle t_1 einschliessen, oder mit einem Wort, die Dreiecke $\mathfrak{a}'_1 t \mathfrak{B}_1$, $\mathfrak{a}''_1 t \mathfrak{B}_1$ finden, wie leicht zu sehen ist). Hat man auf vorstehende Weise zwei bestimmte Lagen A'_1, A''_1 für die Axe A_1 gefunden, so kennt man zugleich alle möglichen Lagen derselben, indem sie aus jenen dadurch, und nur dadurch, in andere, ihr zukommende, Lagen übergehen kann, dass sie mit sich selbst parallel fortbewegt wird. Es ist daher, wenn die Lage der Axe A irgendwo fest angenommen wird, die Lage, oder der Ort der Axe A_1 nicht beschränkt, sondern nur ihre Richtung, und zwar ist diese auf nur zwei bestimmte Richtungen A'_1, A''_1 beschränkt. Die Axe A_1 kann daher auch in solche Lage gebracht werden, wo sie jene andere Axe schneidet, und wo alsdann die Strahlbüschel A, A_1 den mehrerwähnten besonderen Kegel erzeugen. — Wenn insbesondere die gegebenen Ebenenbüschel A, A_1 gleich sind, so fallen, wie leicht zu sehen, die zwei Strahlen A'_1, A''_1 in einen einzigen zusammen, welcher zu der Ebene des Strahlbüschels $\mathfrak{B}_1$ senkrecht ist, so dass alsdann die Axen A, A_1 der Ebenenbüschel parallel werden, und wo alsdann letztere den sogenannten geraden Cylinder erzeugen.

β) Aus den obigen Sätzen (3 und 4, links) folgt zuvörderst, dass, um die gegebenen Strahlbüschel $\mathfrak{B}$, $\mathfrak{B}_1$ in die verlangte Lage zu bringen, von den Schenkeln ihrer entsprechenden rechten Winkel (st), $(s_1 t_1)$ (§ 9, II) zwei ungleichnamige, also entweder s und t_1, oder t und s_1, vereinigt werden müssen. Ist dieses geschehen, und zwar so, dass zugleich die Mittelpuncte der Strahlbüschel zusammenfallen (in $\mathfrak{D}$), so ist sofort nur noch nöthig, den letzteren solche Lage zu geben, d. h. ihre Ebenen so gegen einander zu neigen, dass irgend ein Paar andere entsprechende Strahlen derselben, etwa a und a_1, zu einander rechtwinklig sind, denn alsdann sind drei Paar entsprechende Strahlen s und s_1, t und t_1, a und a_1 zu einander rechtwinklig, und folglich die Aufgabe gelöst (11). Allein bei genauer Untersuchung dieses Verfahrens gewahrt man bald, dass von jenen ungleichnamigen Strahlenpaaren nicht *jedes*, sondern nur *eins* von beiden, vereinigt werden darf, und zwar verhält es sich damit, wie folgt:

Von den zwei Winkelsummen $(as)+(a_1 t_1)$ und $(at)+(a_1 s_1)$ ist nämlich im Allgemeinen die eine *grösser* und die andere *kleiner* als ein rechter Winkel, weil beide Summen zusammen zwei Rechte betragen; diejenige Summe nun, welche grösser ist, enthält jedesmal die zwei Strahlen, welche allein vereinigt werden dürfen. Durch die wirkliche Auflösung wird dies, wie folgt, klar dargethan. Es sei z. B. die Summe $(at)+(a_1 s_1)>R$, so lege man die Strahlbüschel so, dass sowohl ihre Mittelpuncte $\mathfrak{B}$, $\mathfrak{B}_1$, als auch die Strahlen t und s_1 vereinigt sind. Wird sodann die Lage des einen Strahlbüschels, etwa die des $\mathfrak{B}$, als fest angenommen (Fig. 52), so kann der andere $\mathfrak{B}_1$ seine Lage nur noch dadurch ändern, dass er sich um den gemeinschaftlichen festen Strahl $t(s_1)$ herumbewegt, wobei der Strahl a_1 offenbar einen (geraden) Kegel zweiten Grades beschreibt; es soll aber diejenige Lage dieses Strahles gefunden werden, wo er zu seinem entsprechenden Strahle a rechtwinklig ist, für diesen Fall muss er also auch in der Ebene E liegen, welche im Puncte $\mathfrak{B}$ auf dem Strahle a senkrecht steht, und die also durch den zu a rechtwinkligen Strahl e geht, folglich können nur diejenigen zwei Strahlen a'_1, a''_1, in welchen diese Ebene E jenen Kegel schneidet, die gesuchte Lage des Strahles a_1 darstellen, wodurch sofort auch die Lage des Strahlbüschels $\mathfrak{B}_1$, in der dieser allein der Aufgabe genügt, bestimmt ist. Wie die Strahlen a'_1, a''_1 in der That zu construiren sind, ist nach diesen Angaben leicht zu sehen. Auch sieht man jetzt, warum die Auflösung unmöglich wird, wenn $(at)+(a_1s_1)<R$ ist, weil nämlich alsdann Winkel $(a_1s_1)<(et)$, so dass folglich die Ebene E den durch a_1 beschriebenen Kegel nicht in zwei Strahlen schneiden kann. — Wenn insbesondere die Strahlbüschel $\mathfrak{B}$, $\mathfrak{B}_1$ gleich sind, so berührt die Ebene E den genannten Kegel, weil dann Winkel $(et)=(a_1s_1)$, so dass beide Strahlen a'_1, a''_1 mit e zusammenfallen, und alsdann auch die Ebenen der Strahlbüschel auf einander fallen. In diesem Falle können aber die Strahlbüschel auch in solcher Lage der Aufgabe genügen, in der sie anfangs oben (I) betrachtet worden, wo sie alsdann einen Kreis erzeugen. — Käme es darauf an, die Strahlbüschel so zu legen, dass ihre entsprechenden Strahlen bloss der Richtung nach zu einander rechtwinklig wären, wenn z. B. ihre Mittelpuncte in fester Lage gegeben wären u. s. w., so dürfte man nur ebenso verfahren, wie vorhin, und sodann den Strahlbüschel $\mathfrak{B}_1$ so legen, dass er mit sich selbst parallel wäre und ausserdem jenen übrigen gegebenen Bedingungen genügte.

γ) Man beschreibe über irgend drei Projectionsstrahlen der gegebenen Geraden A, A_1, etwa über $\mathfrak{a}\mathfrak{a}_1$, $\mathfrak{b}\mathfrak{b}_1$, $\mathfrak{c}\mathfrak{c}_1$, als Durchmesser genommen, Kugelflächen, welche sich im Allgemeinen in irgend zwei Puncten $\mathfrak{D}$, $\mathfrak{D}_1$ schneiden werden, von denen offenbar jeder der Aufgabe genügt (11, b). Wenn sich die drei Kugelflächen nicht in zwei Puncten schneiden oder wenigstens in einem Puncte berühren, so ist die Lösung der Aufgabe für die gegebene Lage der Geraden A, A_1 unmöglich, sie kann aber, wofern eine Aenderung dieser Lage gestattet wird, leicht möglich gemacht werden.

Es ist hierbei noch zu bemerken, dass jede der zwei obigen Auflösungen (α), (β) auch auf die andere zurückgeführt werden kann (h), und dass ferner auch die ihnen entsprechenden sphärischen Aufgaben sich auf ähnliche Weise lösen lassen.

Durch die erste Auflösung (α) ist auch zugleich die folgende (zu § 30 nachträgliche) Aufgabe gelöst:

15) „Zwei projectivische Gebilde A_1, $\mathfrak{B}_1$, nämlich einen Ebenenbüschel und einen ebenen Strahlbüschel, die in beliebig schiefer Lage gegeben sind, in perspectivische Lage zu bringen."

Wie die genannte Auflösung zeigt, kommen dieser Aufgabe im Allgemeinen zwei Auflösungen zu, d. h. wird die Lage des einen Gebildes als fest angenommen, so kann das andere in zwei verschiedenen Lagen der Aufgabe genügen.

In Bezug auf die oben betrachteten besonderen Erzeugnisse projectivischer Gebilde, deren entsprechende Elemente zu einander rechtwinklig sind, ist endlich noch zu bemerken, dass sie bei gewissen Untersuchungen (im Raume und auf der Kugelfläche) ähnliche Hülfe leisten, wie man sie vom Kreise, vermöge seiner (in I) angegebenen Eigenschaft, allgemein zu benutzen gewohnt ist, was z. B. schon bei der vorstehenden Auflösung (β) zu sehen ist. Deshalb mag in Hinsicht des besonderen, einfachen Hyperboloïds (1, 2) und des besonderen Kegels zweiten Grades (3, 4, rechts) hier noch insbesondere erinnert werden: „dass diese Figuren, vor den übrigen ihrer Art, daran zu erkennen sind, dass jeder Kreisschnitt in ihnen zu einem ihrer Strahlen senkrecht ist, und dass sie daher unter anderem, wie folgt, bestimmt und erzeugt werden (§ 51, IV, 9):

16) „Das genannte besondere, einfache Hyperboloïd wird bestimmt und erzeugt:

a) wenn irgend ein Kreis K und zwei ihn schneidende Gerade A, A_1, wovon die eine A senkrecht und die andere A_1 beliebig schief auf seiner Ebene steht, und welche Geraden sich nicht schneiden, gegeben sind; nämlich bewegt sich alsdann eine dritte Gerade a so, dass sie stets die drei gegebenen festen Elemente K, A, A_1 schneidet, so beschreibt sie die genannte Fläche; oder:

b) wenn irgend zwei feste Gerade A, A_1, die nicht in einer Ebene liegen, gegeben sind, und ein veränderlicher Kreis K sich so bewegt, dass seine Ebene stets zu der einen Geraden senkrecht ist, und dass stets die Endpuncte eines Durchmessers desselben in den zwei festen Geraden liegen, so beschreibt er die genannte Fläche." Und:

17. „Wenn irgend ein Kreis K und irgend eine ihn schneidende und auf seiner Ebene senkrecht stehende Gerade A gegeben sind, so wird durch jeden Punct $\mathfrak{D}$ in der Geraden und durch den Kreis der genannte besondere Kegel erzeugt, d. h. so ist der Kegel, welcher durch den Kreis geht und jenen Punct $\mathfrak{D}$ zum Mittelpunct hat, ein solcher besonderer Kegel."

III. An die vorstehende Reihe von Sätzen hätten fast unmittelbar noch mehrere andere Sätze angeschlossen werden können, wovon ich einige im Anhange aufstellen werde. Hier soll nur noch ein eigenthümlicher Fall (I), der mit einer Einschränkung schon in der vorigen Betrachtung (II, h) vorkam, Platz finden.

Fällt man nämlich aus einem beliebigen Puncte $\mathfrak{D}$ Lothe auf die Ebenen $\alpha, \beta, \gamma, \ldots, \alpha_1, \beta_1, \gamma_1, \ldots$ irgend zweier beliebig schief liegenden projectivischen Ebenenbüschel A, A_1, so bilden dieselben zwei ebene Strahlbüschel $\mathfrak{B}$, $\mathfrak{B}_1$, welche beziehlich mit den Ebenenbüscheln A, A_1 (II, g), und folglich auch unter sich, projectivisch sind, und welche somit im Allgemeinen einen Kegel zweiten Grades erzeugen, dessen Mittelpunct $\mathfrak{D}$ ist. Ferner folgt, dass die Ebene irgend zweier entsprechenden Strahlen (Lothe) der Strahlbüschel $\mathfrak{B}$, $\mathfrak{B}_1$, wie z. B. die Ebene (aa_1) der Strahlen a, a_1, zu der Durchschnittslinie a_2 der diesen Strahlen entsprechenden Ebenen α, α_1 der Ebenenbüschel A, A_1 senkrecht ist. Wird endlich noch erinnert, dass die Ebenenbüschel A, A_1, da sie sich in schiefer Lage befinden, im Allgemeinen entweder ein einfaches Hyperboloïd oder einen Kegel zweiten Grades erzeugen, so folgen also nachstehende Sätze:

1) „Alle Ebenen (aa_1), welche durch einen beliebigen festen Punct $\mathfrak{D}$ gehen, und wovon jede zu irgend einem Strahle (a_2) eines einfachen Hyperboloïds [AA_1] senkrecht ist, umhüllen irgend einen Kegel $\mathfrak{D}^{(2)}$ zweiten Grades.“

2) „Fällt man aus irgend einem Puncte $\mathfrak{D}_1$ (Durchschnitt der Axen A, A_1) Lothe auf die Berührungsebenen eines gegebenen Kegels $\mathfrak{D}^{(2)}$ zweiten Grades, so liegen sie in einer anderen Kegelfläche [AA_1] von demselben Grade“ *).

2) „Legt man durch irgend einen Punct $\mathfrak{D}$ Ebenen, welche auf den Strahlen eines gegebenen Kegels [AA_1] zweiten Grades rechtwinklig stehen, so umhüllen und berühren sie irgend einen anderen Kegel $\mathfrak{D}^{(2)}$ von demselben Grade“ *).

Zusammengesetztere Sätze und Aufgaben.

54. Die in den vorhergehenden Paragraphen (§ 50—53) entwickelten Eigenschaften beliebig schief liegender projectivischer Gebilde und deren Erzeugnisse führen, durch Wiederholung und Verbindung, zu zusammengesetzteren Sätzen, und zwar sind sie sehr dazu geeignet, eine Menge von Aufgaben leicht zu lösen, viele Sätze einfach zu beweisen, den inneren Zusammenhang von Porismen klar darzustellen, so wie endlich auch die

*) Diesen Satz, nebst einigen mit ihm zusammenhängenden Eigenschaften, habe ich zuerst bei einer Gelegenheit im Journ. f. Mathem. Bd. II. Heft III. ausgesprochen. (Cf. S. 145 dieser Ausgabe.)

Abhängigkeit gewisser Systeme ungleichartiger Figuren von einander zu begründen, und die Gesetze für die Uebertragung der Eigenschaften des einen Systems auf das andere nachzuweisen. Einige passende Beispiele werden hinreichend sein, um dieses alles in's Klare zu setzen. Ich muss jedoch bemerken, dass man hier auf ähnliche Weise wie früher (§ 19—25), (§ 41—43) und (§ 46) zu Werke gehen könnte, nämlich durch stufenweise Verbindung der Gebilde und mit genauer Oeconomie, alle verschiedenen Reihenfolgen von Sätzen und Aufgaben zu entwickeln. Mehrere hierhin gehörige Sätze und Aufgaben werde ich im Anhange zur Selbstübung aufstellen.

55. Zum Behufe einiger nachfolgenden Sätze und Aufgaben, sowie zur Erleichterung für alle späteren ähnlichen Betrachtungen, sollen hier vorerst einige Erklärungen festgestellt werden, welche als Ergänzung oder als Erweiterung sich an die obigen Erklärungen (§ 19) anschliessen, und welche eigentlich schon früher (§ 32 oder § 33) ihre Stelle hätten finden können. Aehnlicherweise nämlich, wie in § 19 die Figuren in der Ebene erklärt und in ihrer Vollständigkeit aufgefasst worden sind, sollen hier Figuren im Allgemeinen, mögen sie in einer Ebene E, oder in einem Strahlbüschel $\mathfrak{D}$, oder im Raume überhaupt liegen, erklärt und aufgefasst werden, und zwar wie folgt:

Irgend n Ebenen, die als zusammengehörend in's Auge gefasst werden, sollen fortan „vollständiges n-Flach“ heissen, nämlich die Ebenen sollen seine Flächen und die Geraden, in denen sie sich paarweise schneiden, sollen seine Kanten genannt werden; es hat also im Ganzen $\frac{1}{2}n(n-1)$ Kanten. Ferner sollen die n Ebenen, wenn sie in irgend einer bestimmten Aufeinanderfolge aufgefasst werden, wobei nämlich die erste als auf die letzte (n^{te}) folgend angesehen wird, „einfaches n-Flach“ heissen, und zwar sollen nur allein die Geraden, in denen sich die unmittelbar auf einander folgenden Ebenen schneiden, Kanten desselben genannt werden; das vollständige n-Flach umfasst also $3.4.5\ldots(n-1)$ einfache n-Flache

Irgend n Puncte, die als zusammengehörend in's Auge gefasst werden, sollen fortan „vollständiges n-Eck“ heissen, nämlich die Puncte sollen seine Ecken und die Geraden, in denen sie paarweise liegen, sollen seine Seiten genannt werden; es hat also im Ganzen $\frac{1}{2}n(n-1)$ Seiten. Ferner sollen die n Puncte, wenn sie in irgend einer bestimmten Aufeinanderfolge aufgefasst werden, wobei nämlich der erste als auf den letzten (n^{ten}) folgend angesehen wird, „einfaches n-Eck“ heissen, und zwar sollen nur allein die Geraden, in denen die unmittelbar auf einander folgenden Puncte paarweise liegen, Seiten desselben genannt werden; das vollständige n-Eck umfasst also $3.4.5\ldots(n-1)$ einfache n-Ecke (§ 25, Note). Endlich soll das vollständige

(§25, Note). Endlich soll das vollständige n-Flach, sowie jedes einfache n-Flach, „im Strahlbüschel“ oder „im Raume“ heissen, je nachdem seine n Flächen sämmtlich durch einen und denselben Punct $\mathfrak{D}$ gehen oder nicht. Wenn übrigens in der Folge die unvollständigen Benennungen: „n-Flach“, „n-Flach im Raume“ gebraucht werden, so soll darunter beziehlich: „einfaches n-Flach im Strahlbüschel“, „einfaches n-Flach im Raume“ verstanden werden.

n-Eck, sowie jedes einfache n-Eck „in der Ebene“ oder „im Raume“ heissen, je nachdem seine n Ecken sämmtlich in einer und derselben Ebene E liegen oder nicht. Wenn übrigens in der Folge die unvollständigen Benennungen: „n-Eck“, „n-Eck im Raume“ gebraucht werden, so soll darunter beziehlich: „einfaches n-Eck in der Ebene“, „einfaches n-Eck im Raume“ verstanden werden.

Auch ist zu bemerken, dass ein „einfaches n-Flach im Raume“ zugleich als „einfaches n-Eck im Raume“ oder als „einfaches n-Kant oder n-Seit im Raume“ aufgefasst werden kann, so dass also derselben Figur jeder von diesen vier Namen beigelegt werden kann, je nachdem es den Umständen angemessen ist; und zwar sind diese Namen einander dergestalt paarweise zugeordnet, dass man z. B., wie oben geschehen, sagt: das einfache n-Flach im Raume habe n Kanten, und das einfache n-Eck im Raume habe n Seiten, und auch umgekehrt; d. h. es sind die Namen Fläche und Kante, so wie Ecke und Seite einander zugeordnet.

Ferner ist über n-Seit und n-Kant noch Folgendes zu bemerken:

Irgend n Gerade in einer Ebene E, zusammengefasst, heissen „vollständiges n-Seit in der Ebene“ (§ 19).

Irgend n Strahlen in einem Strahlbüschel $\mathfrak{D}$, zusammengefasst, sollen „vollständiges n-Kant im Strahlbüschel“ heissen.

Das vollständige n-Kant steht also dem vollständigen n-Flach im Strahlbüschel $\mathfrak{D}$ ähnlicherweise entgegen, wie das vollständige n-Eck dem vollständigen n-Seit in der Ebene E (§ 19); denn wird der Strahlbüschel $\mathfrak{D}$ der Ebene E entgegengestellt, so entspricht das genannte n-Kant dem n-Eck und das n-Flach dem n-Seit (§ 33).

Es giebt nur einfache n-Seite und n-Kante im Raume, aber keine vollständigen, es sei denn, dass man irgend n Gerade im Raume (wovon keine zwei in einer Ebene liegen) so nennen wolle; allein da zwischen solchen Geraden keine unmittelbare Verbindung stattfindet, so möchte diese Benennung unpassend sein.

56. Zu den oben erwähnten Beispielen (§ 54) gehören nun zunächst die folgenden ausgedehnten Sätze (Porismen) und Aufgaben:

1) „Wenn im Raume n beliebige Gerade $\mathfrak{A}, \mathfrak{A}_1, \mathfrak{A}_2, \ldots \mathfrak{A}_{n-1}$ (wo n irgend eine ganze Zahl bedeutet) und desgleichen n—1 andere beliebige Gerade $A, A_1, A_2, \ldots A_{n-2}$ gegeben sind, wovon weder bei jenen, noch bei diesen zwei in einer Ebene liegen, und wenn n Ebenen $\alpha, \alpha_1, \alpha_2, \ldots \alpha_{n-1}$, die der Reihe nach durch jene ersten n Geraden gehen, sich so bewegen, dass die Durchschnittslinien der nach der Reihe unmittelbar auf einander folgenden Ebenenpaare, also die n—1 Durchschnittslinien $\alpha\alpha_1, \alpha_1\alpha_2, \alpha_2\alpha_3, \ldots \alpha_{n-2}\alpha_{n-1}$, nach der Ordnung beziehlich jene anderen n—1 festen Geraden schneiden, so beschreibt nicht allein jede dieser Durchschnittslinien, sondern so beschreibt jede der $\frac{1}{2}n(n-1)$ Durchschnittslinien, in welchen die n Ebenen im Ganzen einander paarweise schneiden, ein einfaches Hyperboloïd, in welchem auch die zwei festen Geraden liegen, um die sich die jedesmaligen zwei Ebenen drehen."

1) „Wenn im Raume n beliebige Gerade $\mathfrak{A}, \mathfrak{A}_1, \mathfrak{A}_2, \ldots \mathfrak{A}_{n-1}$ (wo n irgend eine ganze Zahl bedeutet) und desgleichen n—1 andere beliebige Gerade $A, A_1, A_2, \ldots A_{n-2}$ gegeben sind, wovon weder bei jenen, noch bei diesen, zwei in einer Ebene liegen, und wenn n Puncte $\mathfrak{a}, \mathfrak{a}_1, \mathfrak{a}_2, \ldots \mathfrak{a}_{n-1}$, die der Reihe nach in jenen ersten n Geraden liegen, sich so bewegen, dass die Geraden, welche durch die unmittelbar auf einander folgenden Punctepaare gehen, also die n—1 Geraden $\mathfrak{a}\mathfrak{a}_1, \mathfrak{a}_1\mathfrak{a}_2, \mathfrak{a}_2\mathfrak{a}_3, \ldots \mathfrak{a}_{n-2}\mathfrak{a}_{n-1}$, nach der Ordnung beziehlich jene n—1 anderen festen Geraden schneiden, so beschreibt nicht allein jede dieser schneidenden Geraden, sondern so beschreibt jede der $\frac{1}{2}n(n-1)$ Geraden, in welchen die n Puncte, paarweise genommen, liegen, ein einfaches Hyperboloïd, welches auch durch diejenigen zwei festen Geraden geht, in welchen sich die jedesmaligen zwei Puncte bewegen."

Die Richtigkeit dieser Sätze folgt ohne Schwierigkeit aus den obigen Fundamentalsätzen (§ 51, IV). Auch ist leicht zu sehen, dass und wie diese Sätze in gewissem Sinne die früheren Sätze (§ 47, I und II) als besondere Fälle umfassen, und dass ihr Beweis dem der letzteren ähnlich ist. Ausserdem umfassen sie sehr viele andere besondere Fälle, als z. B. die nachstehenden:

2) „Wenn im Raume ein beliebiges n-Kant $\mathfrak{A}\mathfrak{A}_1\mathfrak{A}_2\ldots\mathfrak{A}_{n-1}$ und irgend n—1 Kegelflächen

2) „Wenn im Raume ein beliebiges n-Seit $AA_1A_2\ldots A_{n-1}$ und irgend n—1 Kegelschnitte

2ten Grades $[\mathfrak{A}\mathfrak{A}_1]$, $[\mathfrak{A}_1\mathfrak{A}_2]$, ... $[\mathfrak{A}_{n-2}\mathfrak{A}_{n-1}]$, welche nach der Reihe den n—1 ersten Kantenwinkeln $(\mathfrak{A}\mathfrak{A}_1)$, $(\mathfrak{A}_1\mathfrak{A}_2)$, ... $(\mathfrak{A}_{n-2}\mathfrak{A}_{n-1})$ des n-Kants umschrieben sind*), gegeben sind, und wenn ein veränderliches einfaches n-Flach $\alpha\alpha_1\alpha_2\ldots\alpha_{n-1}$ sich so bewegt, dass seine Flächen α, α_1, ... α_{n-1} nach der Reihe sich um die Kanten $\mathfrak{A}$, $\mathfrak{A}_1$, ... $\mathfrak{A}_{n-1}$ jenes n-Kants drehen, während seine n—1 ersten Kanten $\alpha\alpha_1$, $\alpha_1\alpha_2$, ... $\alpha_{n-2}\alpha_{n-1}$ nach der Ordnung sich als Strahlen in jenen Kegelflächen bewegen, so bewegt sich auch seine n^{te} Kante $\alpha_{n-1}\alpha$ in einer bestimmten n^{ten} Kegelfläche 2ten Grades $[\mathfrak{A}_{n-1}\mathfrak{A}]$, welche dem n^{ten} Kantenwinkel $(\mathfrak{A}_{n-1}\mathfrak{A})$ des gegebenen n-Kants umschrieben ist, und so beschreibt jede der übrigen $\frac{1}{2}n(n-3)$ Kanten des durch das genannte einfache n-Flach $\alpha\alpha_1\ldots\alpha_{n-1}$ bestimmten vollständigen n-Flachs ein einfaches Hyperboloïd, welches durch diejenigen zwei Kanten des gegebenen n-Kants geht, um welche sich die zwei Flächen, denen die jedesmalige beschreibende Kante angehört, drehen.“

3) „Wenn im Raume ein beliebiges n-Kant $\mathfrak{A}\mathfrak{A}_1\ldots\mathfrak{A}_{n-1}$ und irgend n—1 Ebenen $\mathfrak{B}$,

*) d. h. die Kegelfläche geht durch die jedesmaligen zwei Kanten, und ihr Mittelpunct liegt also in ihrem Durchschnittspunct.

$[AA_1]$, $[A_1A_2]$, ... $[A_{n-2}A_{n-1}]$, welche nach der Reihe den n—1 ersten Winkeln (AA_1), (A_1A_2), ... $(A_{n-2}A_{n-1})$ des n-Seits eingeschrieben sind*), gegeben sind, und wenn ein veränderliches einfaches n-Eck $\mathfrak{a}\mathfrak{a}_1\mathfrak{a}_2\ldots\mathfrak{a}_{n-1}$ sich so bewegt, dass seine Ecken $\mathfrak{a}$, $\mathfrak{a}_1$, ... $\mathfrak{a}_{n-1}$ nach der Reihe die Seiten A, A_1, ... A_{n-1} jenes n-Seits durchlaufen, während seine n—1 ersten Seiten $\mathfrak{a}\mathfrak{a}_1$, $\mathfrak{a}_1\mathfrak{a}_2$, ... $\mathfrak{a}_{n-2}\mathfrak{a}_{n-1}$ nach der Ordnung sich als Tangenten um jene Kegelschnitte herumbewegen, so bewegt sich auch seine n^{te} Seite $\mathfrak{a}_{n-1}\mathfrak{a}$ als Tangente um einen bestimmten n^{ten} Kegelschnitt $[A_{n-1}A]$, welcher dem n^{ten} Winkel $(A_{n-1}A)$ des gegebenen n-Seits eingeschrieben ist, und so beschreibt jede der $\frac{1}{2}n(n-3)$ übrigen Seiten des vollständigen n-Ecks, welches durch das genannte einfache n-Eck $\mathfrak{a}\mathfrak{a}_1\ldots\mathfrak{a}_{n-1}$ bestimmt wird, ein einfaches Hyperboloïd, in welchem auch diejenigen zwei Seiten des gegebenen n-Seits liegen, längs denen sich die zwei Ecken, welche die jedesmalige beschreibende Seite bestimmen, bewegen.“

3) „Wenn im Raume ein beliebiges n-Seit $AA_1\ldots A_{n-1}$ und irgend n—1 Puncte B,

*) d. h. der Kegelschnitt berührt die zwei Schenkel des Winkels und liegt also mit ihnen in einer und derselben Ebene.

$\mathfrak{B}_1, \dots \mathfrak{B}_{n-2}$, welche durch die n—1 ersten Ecken $\mathfrak{A}\mathfrak{A}_1, \mathfrak{A}_1\mathfrak{A}_2, \dots \mathfrak{A}_{n-2}\mathfrak{A}_{n-1}$ des n-Kants gehen, gegeben sind, und wenn ein veränderliches einfaches n-Flach $\alpha\alpha_1 \dots \alpha_{n-1}$ sich so bewegt, dass seine Flächen nach der Reihe sich um die Kanten jenes n-Kants drehen, während seine n—1 ersten Kanten nach der Ordnung sich in jenen festen Ebenen bewegen, so beschreibt seine letzte Kante eine bestimmte Kegelfläche zweiten Grades, welche dem letzten Winkel des gegebenen n-Kants umschrieben ist, und so beschreibt jede der übrigen $\frac{1}{2}n(n-3)$ Kanten des durch das genannte einfache n-Flach bestimmten vollständigen n-Flachs $\alpha\alpha_1 \dots \alpha_{n-1}$ ein einfaches Hyperboloïd, welches durch diejenigen zwei Kanten des gegebenen n-Kants geht, längs denen sich die jedesmalige beschreibende Kante bewegt."

4) „Wenn im Raume n beliebige Gerade $\mathfrak{A}, \mathfrak{A}_1, \dots \mathfrak{A}_{n-1}$, und eben so viele andere beliebige Gerade $A, A_1, \dots A_{n-1}$, wobei weder von diesen noch von jenen zwei in einer Ebene liegen, gegeben sind, so soll ein n-Flach (im Raume) so beschrieben werden, dass seine Ebenen der Reihe nach durch die ersten n Geraden gehen, und seine Kanten der Ordnung nach die letzten n Geraden schneiden."

$B_1, \dots B_{n-2}$, welche in den n—1 ersten Flächen (Winkel-Ebenen) $AA_1, A_1A_2, \dots A_{n-2}A_{n-1}$ des n-Seits liegen, gegeben sind, und wenn ein veränderliches einfaches n-Eck $\mathfrak{a}\mathfrak{a}_1 \dots \mathfrak{a}_{n-1}$ sich so bewegt, dass seine Ecken nach der Reihe die Seiten jenes n-Seits durchlaufen, während seine n — 1 ersten Seiten nach der Ordnung sich um jene festen Puncte drehen, so bewegt sich seine letzte Seite als Tangente um einen bestimmten Kegelschnitt, welcher dem letzten Winkel des gegebenen n-Seits eingeschrieben ist, und so beschreibt jede der übrigen $\frac{1}{2}n(n-3)$ Seiten des durch das genannte einfache n-Eck bestimmten vollständigen n-Ecks $\mathfrak{a}\mathfrak{a}_1 \dots \mathfrak{a}_{n-1}$ ein einfaches Hyperboloïd, welches durch diejenigen zwei Seiten des gegebenen n-Seits geht, längs denen sich die jedesmalige beschreibende Seite bewegt."

4) „Wenn im Raume n beliebige Gerade $\mathfrak{A}, \mathfrak{A}_1, \dots \mathfrak{A}_{n-1}$, und eben so viele andere beliebige Gerade $A, A_1, \dots A_{n-1}$, wobei weder von diesen noch von jenen zwei in einer Ebene liegen, gegeben sind, so soll ein n-Eck (im Raume) so beschrieben werden, dass seine Ecken der Reihe nach in den ersten n Geraden liegen, und seine Seiten der Ordnung nach die anderen n Geraden schneiden."

Aehnlicherweise, wie die obigen Sätze (I) andere Sätze, umfassen auch die vorliegenden Aufgaben (4) in gewisser Hinsicht die früheren Aufgaben (§ 25 und § 47, III) als besondere Fälle in sich, und ihre Lösung ergiebt sich aus denselben projectivischen Eigenschaften, auf welchen die Lösung der letzteren beruht. Nimmt man nämlich, um z. B. die Aufgabe 4, rechts zu lösen, in der ersten Geraden $\mathfrak{A}$ irgend einen Punct $\mathfrak{a}$ an, legt durch diesen einen Strahl a, welcher die zwei Geraden A, $\mathfrak{A}_1$ schneidet (§ 51, II), so erhält man in der letzteren einen bestimmten Punct $\mathfrak{a}_1$ (den Durchschnittspunct); durch diesen wird weiter ein Strahl a_1 gelegt, welcher die zwei folgenden Geraden A_1, $\mathfrak{A}_2$ schneidet, wodurch man in der letzteren $\mathfrak{A}_2$ einen Punct $\mathfrak{a}_2$ findet, und so fährt man fort, bis man endlich durch einen bestimmten Punct $\mathfrak{a}_{n-1}$ in der Geraden $\mathfrak{A}_{n-1}$ einen Strahl a_{n-1} legt, welcher die zwei Geraden A_{n-1}, $\mathfrak{A}$ schneidet, wodurch man in der letzteren $\mathfrak{A}$ einen zweiten Punct erhält, welcher $\mathfrak{a}_n$ heissen und als schiefe (oder gebrochene) Projection des ersten $\mathfrak{a}$ angesehen werden mag. Ebenso sucht man zu irgend zwei anderen beliebigen Puncten $\mathfrak{b}$, $\mathfrak{c}$ der Geraden $\mathfrak{A}$ zwei ihnen entsprechende Puncte $\mathfrak{b}_n$, $\mathfrak{c}_n$ in derselben, sieht sodann die Puncte $\mathfrak{a}$, $\mathfrak{b}$, $\mathfrak{c}$ und $\mathfrak{a}_n$, $\mathfrak{b}_n$, $\mathfrak{c}_n$ als entsprechende Puncte zweier auf einander liegenden projectivischen Geraden $\mathfrak{A}$, $\mathfrak{A}_n$ an und sucht (§ 17) die vereinigten entsprechenden Punctepaare der letzteren, wodurch sofort die vorgelegte Aufgabe als gelöst zu betrachten ist. Die andere Aufgabe (links) ist dadurch offenbar zugleich gelöst. Wenn die Rangordnung der gegebenen Geraden, jede Abtheilung für sich genommen, nach Belieben gewählt werden darf, so ist die Zahl der Auflösungen, welche jede der vorgelegten Aufgaben im Allgemeinen zulässt, offenbar dieselbe, wie bei der obigen Aufgabe (§ 25, Note).

Den obigen Sätzen (2) und (3) entsprechen nachstehende Aufgaben:

5) „Wenn im Raume ein beliebiges n-Kant und irgend n Kegelflächen zweiten Grades, welche den n Winkeln desselben umschrieben sind, gegeben sind, so soll ein n-Flach so beschrieben werden, dass seine Flächen nach der Reihe durch die Kanten jenes n-Kants gehen, und seine Kanten nach der Ordnung in jenen Kegelflächen liegen.“

5) „Wenn im Raume ein beliebiges n-Seit und irgend n Kegelschnitte, welche den Winkeln desselben eingeschrieben sind, gegeben sind, so soll ein n-Eck so beschrieben werden, dass seine Ecken nach der Reihe in den Seiten jenes n-Seits liegen, und seine Seiten nach der Ordnung jene Kegelschnitte berühren.“

6) „Wenn im Raume ein beliebiges n-Kant und irgend n Ebenen, welche nach der

6) „Wenn im Raume ein beliebiges n-Seit und irgend n Puncte, welche nach der Reihe

Reihe durch seine n Ecken gehen, gegeben sind, so soll ein n-Flach so beschrieben werden, dass seine Flächen nach der Reihe durch die Kanten jenes n-Kants gehen, und seine Kanten nach der Ordnung in jenen Ebenen liegen."

in seinen Winkel-Ebenen liegen, gegeben sind, so soll ein n-Eck so beschrieben werden, dass seine Ecken nach der Reihe in den Seiten jenes n-Seits liegen, und seine Seiten nach der Ordnung durch jene Puncte gehen."

Die Lösung dieser Aufgaben (5 und 6) beruht auf denselben Eigenschaften, wie die der obigen Aufgabe (4), von welcher sie in gewissem Sinne besondere Fälle sind. Die zwei letzten Aufgaben (6) sind im Grunde genommen eine und dieselbe, auch wurde die eine davon schon früher (§ 32, Ende) mit anderen Worten ausgesprochen.

57. Ein sehr specieller Fall der vorhergehenden Hauptaufgabe (§ 56, 4) ist in neuerer Zeit in einigen mathematischen Zeitschriften unter verschiedenen Gesichtspuncten aufgefasst und gelöst worden; dieser Fall kann hier unter allen seinen verschiedenen Aussagen nebst einigen Folgerungen mittelst projectivischer Eigenschaften auffallend leicht gelöst und klar dargestellt werden. Die erste Aussage dieses Falles, wenn man ihn nämlich aus der obigen Aufgabe ableitet, und zwar dadurch, dass daselbst die Zahl der gegebenen festen Geraden bei jeder Abtheilung auf nur zwei beschränkt wird, lautet, wie folgt:

1) „In irgend vier gegebenen Geraden $\mathfrak{A}$, $\mathfrak{A}_1$, A, A_1, wovon keine zwei in einer Ebene liegen, vier Puncte zu finden, in jeder einen, welche in einer Geraden liegen."

1) „Durch irgend vier gegebene Gerade $\mathfrak{A}$, $\mathfrak{A}_1$, A, A_1, wovon keine zwei in einer Ebene liegen, vier Ebenen zu legen, durch jede eine, welche sich in einer Geraden schneiden."

Oder diese beiden Aufgaben lassen sich in folgende bekannte Aufgabe zusammenfassen:

2) „Diejenigen Geraden zu finden, welche irgend vier gegebene Gerade A, A_1, A_2, A_3, wovon keine zwei in einer Ebene liegen, schneiden."

Auflösung. Die obige Auflösung (§ 56, 4) vereinfacht sich für den gegenwärtigen Fall, wie folgt: Durch eine der gegebenen vier Geraden, etwa durch A, lege man irgend drei Ebenen α, β, γ, welche die drei übrigen Geraden A_1, A_2, A_3 beziehlich in den Puncten $\mathfrak{a}_1$, $\mathfrak{a}_2$, $\mathfrak{a}_3$; $\mathfrak{b}_1$, $\mathfrak{b}_2$, $\mathfrak{b}_3$; $\mathfrak{c}_1$, $\mathfrak{c}_2$, $\mathfrak{c}_3$ schneiden, wobei das Bild (Fig. 53) der Vorstellung behülflich sein mag, ziehe sodann die Strahlenpaare $\mathfrak{a}_1\mathfrak{a}_2$ und $\mathfrak{a}_2\mathfrak{a}_3$, $\mathfrak{b}_1\mathfrak{b}_2$ und $\mathfrak{b}_2\mathfrak{b}_3$, $\mathfrak{c}_1\mathfrak{c}_2$ und $\mathfrak{c}_2\mathfrak{c}_3$, welche der Geraden A in den Punctepaaren $\mathfrak{a}$ und $\mathfrak{a}_4$, $\mathfrak{b}$ und $\mathfrak{b}_4$, $\mathfrak{c}$ und $\mathfrak{c}_4$ begegnen, sehe diese als entsprechende Punctepaare zweier auf einander liegenden projectivischen Geraden A und A_4 an, und suche sofort deren vereinigte entsprechende Puncte (§ 17), so kann endlich durch jeden dieser Puncte (und nur durch diese) eine Gerade gelegt werden, die der Aufgabe genügt, nämlich die Gerade, welche alsdann durch den einen oder anderen dieser Puncte so gelegt wird, dass sie irgend zwei der drei Geraden A_1, A_2, A_3 schneidet, trifft auch die jedesmalige dritte und schneidet somit alle vier gegebenen Geraden. Es giebt demnach im Allgemeinen zwei Gerade, die der Aufgabe genügen; es kann aber auch nur eine, oder gar keine geben (§ 16, II).

Die Richtigkeit dieser Auflösung fällt in die Augen. Nämlich vermöge der Strahlen $\mathfrak{a}\mathfrak{a}_2$, $\mathfrak{b}\mathfrak{b}_2$, $\mathfrak{c}\mathfrak{c}_2, \ldots$, welche durch die Ebenen $\alpha, \beta, \gamma, \ldots$ des Ebenenbüschels A bestimmt werden, und welche die drei Geraden A, A_1, A_2 schneiden, sind die Geraden A und A_2 in Ansehung der Puncte $\mathfrak{a}, \mathfrak{b}, \mathfrak{c}, \ldots$ und $\mathfrak{a}_2, \mathfrak{b}_2, \mathfrak{c}_2, \ldots$ projectivisch, und aus gleichen Gründen sind die Geraden A_2 und A_4 in Ansehung der Puncte $\mathfrak{a}_2, \mathfrak{b}_2, \mathfrak{c}_2, \ldots$ und $\mathfrak{a}_4, \mathfrak{b}_4, \mathfrak{c}_4, \ldots$ projectivisch, folglich sind auch die Geraden A und A_4 in Ansehung der Puncte $\mathfrak{a}, \mathfrak{b}, \mathfrak{c}, \ldots$ und $\mathfrak{a}_4, \mathfrak{b}_4, \mathfrak{c}_4, \ldots$ projectivisch, und es müssen bei ihren vereinigten entsprechenden Puncten nothwendigerweise auch die zugehörigen Strahlen auf einander fallen, die sodann jene Geraden sind, welche der Aufgabe genügen.

Die vorstehende Aufgabe (2) wurde von *Gergonne* im XVII. Bd. S. 83 seiner *Annales de Mathématiques* zur Lösung aufgestellt, und zwar mit der Forderung, dass die gesuchten Geraden in aller Strenge construirt werden sollen (construire rigoureusement la droite qui etc.), weil er vermuthlich die Constructionen bei den damals bekannten Auflösungen, welche mittelst Coordinaten oder durch Projection (Géométrie descriptive) ausgeführt waren, ungenügend fand. Ich habe darauf im Bd. II. S. 268 des Journals für Mathematik*) eine Auflösung dieser Aufgabe bekannt gemacht, und fast gleichzeitig erschien auch in den genannten *Annales* Bd. XVIII. S. 182 eine Auflösung derselben von *Bobilier* und *Garbinsky*. Diese zwei Auflösungen stimmen jedoch in Einigem mit denen überein, welche *Petit* und *Brianchon* schon früher (im Bd. I. S. 434 der *Corresp. sur l'Ecole Polyt.*) gegeben hatten, die mir aber erst später zu Gesichte kamen. Im erwähnten Journal Bd. V. S. 174 erschien ferner eine dritte Auflösung, die indessen vor den früheren wenig Vorzüge zu haben scheint, nur dass sie durch Hülfe der Coordinaten geführt ist. Die vorstehende Auflösung ist unstreitig unter allen hier genannten bei weitem die einfachste und bequemste und dürfte als solche wohl der *Gergonne*'schen Forderung Genüge leisten.

Eine andere Aussage der obigen Aufgabe, unter welcher sie von *Brianchon* und *Petit* a. a. O. gelöst worden, ist folgende:

*) Cf. S. 145 dieser Ausgabe.

3) „Die gegenseitigen Durchschnittspuncte eines gegebenen einfachen Hyperboloïds und einer gegebenen Geraden zu finden.“

Werden irgend drei Gerade des Hyperboloïds, die zu einer Schaar gehören, als die vorgenannten (2) drei Geraden A_1, A_2, A_3, und wird die gegebene Gerade, als die vorige Gerade A angesehen, so sind alsdann die vereinigten entsprechenden Puncte der Geraden A, A_4 die hier zu findenden Durchschnittspuncte.

Dieselbe Aufgabe kann ferner auch in nachstehende Aussage eingekleidet werden:

4) „Wenn irgend zwei einfache Hyperboloïde H, H_1 und irgend zwei Gerade A_2, A_3, die in beiden Hyperboloïden, aber nicht in einer Ebene liegen, gegeben sind, so sollen die übrigen Geraden gefunden werden, welche die Hyperboloïde gemein haben.“

Da die zwei gegebenen Geraden A_2, A_3 nicht in einer Ebene liegen, so gehören sie in jedem Hyperboloïd zu einer Schaar Gerader (§ 51, IV); wird aus jeder dieser zwei Schaaren irgend eine dritte Gerade angenommen, und werden diese zwei neuen Geraden als die obigen (2) Geraden A, A_1 angesehen, so werden offenbar diejenigen Geraden, welche die vier Geraden A, A_1, A_2, A_3 schneiden, der gegenwärtigen Aufgabe genügen, so dass also die Hyperboloïde, ausser den gegebenen Geraden A_2, A_3, im Allgemeinen noch zwei andere Gerade, etwa e, k (§ 17), gemein haben, welche die ersten zwei schneiden, und also nicht mit ihnen aus einer Schaar sind. Dass die Hyperboloïde H, H_1 nicht mehr als zwei Gerade von jeder Schaar gemein haben können, ist einleuchtend, weil jedes von ihnen durch drei zu einer Schaar gehörige Gerade bestimmt wird (§ 51, IV). Hierdurch ist also zugleich der nachstehende Satz erwiesen.

5) „Wenn zwei einfache Hyperboloïde irgend zwei Gerade A_2, A_3, die nicht in einer Ebene liegen, gemein haben, so schneiden sie einander ausserdem im Allgemeinen in noch zwei anderen Geraden e, k, welche mit jenen zweien, in Bezug auf jedes Hyperboloïd, nicht aus einer Schaar sind; sie können aber auch einander ausserdem entweder α) in (längs) einer anderen Geraden (ek), die mit jenen zweien nicht aus einer Schaar ist, berühren, oder β) gar nicht treffen (2, Auflösung).“

Im letzten Falle (β) kann man sagen, die Hyperboloïde schneiden einander ausserdem in zwei imaginären Geraden. Der zweite Fall (α) giebt durch Umkehrung den folgenden besonderen Satz.

6) „Wenn zwei einfache Hyperboloïde einander in einer Geraden (ek) berühren, so schneiden sie einander nebstdem im Allgemeinen in zwei Geraden A_2, A_3, welche in jedem Hyperboloïd zu einer Schaar gehören; oder sie können sich auch in

einer zweiten Geraden (A_2A_3), die mit jener (ek) in jedem Hyperboloïd nicht zu einer Schaar gehört, berühren, oder sich gar nicht weiter begegnen.“

58. Der erfinderische *Moebius* hat zuerst den Satz bekannt gemacht und bewiesen*):

> „Dass es nämlich solche Paare (irregulärer) Tetraëder geben könne, wovon jedes dem anderen (um- oder) eingeschrieben ist, d. h. wovon die Ecken eines jeden in den Flächen des anderen, oder in deren Ebenen, liegen.“

Die vorhergehenden Untersuchungen gewähren nicht nur eine anschauliche leichte Darstellung der Richtigkeit dieses Satzes, sondern sie gestatten auch eine deutliche Einsicht in den Spielraum seiner Möglichkeit unter gewissen gegebenen Bedingungen. Zu diesem Endzweck möge folgende Aufgabe aufgestellt und mit einigen Andeutungen über ihre Lösung begleitet werden.

„Wenn ein beliebiges Tetraëder T gegeben ist, ein anderes τ zu beschreiben, dessen Ecken in den Flächen des ersten, oder in deren Ebenen, liegen, und dessen Flächen, oder deren Ebenen, durch die Ecken des ersten gehen, und zwar wenn zwei Ecken des zweiten Tetraëders τ gegeben sind.“

Ueber diese Aufgabe kann zuvörderst Folgendes bemerkt werden:

Es seien A, B, C, D die Ecken des ersten Tetraëders T, und α, β, γ, δ die des zweiten τ. Man nehme an, die Ecken des zweiten sollen nach folgender Ordnung in den Flächen des ersten, oder in deren Ebenen, liegen:

I. αBCD, βACD, γABD, δABC,

wo z. B. αBCD heisst: die Ecke α liege in der Ebene der Fläche BCD. Nach dieser Annahme bleibt nun noch die Rangordnung frei, nach welcher die Flächenebenen des zweiten Tetraëders τ durch die Ecken des ersten T gehen sollen; diese gestattet, nach der blossen Combination der Buchstaben, 24 verschiedene Fälle (§ 25, Note). Diese 24 Fälle sind in Hinsicht der Zahl der Auflösungen, die sie zulassen, wesentlich von einander unterschieden, und zerfallen in dieser Beziehung in drei Abtheilungen, wovon z. B. zur ersten Abtheilung folgende vier Fälle gehören:

$$\text{II.}\quad \begin{cases} 1. & A\beta\gamma\delta, & B\alpha\gamma\delta, & C\alpha\beta\delta, & D\alpha\beta\gamma & \text{(a)} \\ 2. & A\alpha\beta\gamma, & B\alpha\beta\delta, & C\alpha\gamma\delta, & D\beta\gamma\delta & \\ 3. & A\alpha\beta\delta, & B\alpha\beta\gamma, & C\beta\gamma\delta, & D\alpha\gamma\delta & \text{(b)} \\ 4. & A\alpha\gamma\delta, & B\beta\gamma\delta, & C\alpha\beta\gamma, & D\alpha\beta\delta & \end{cases}$$

welche, wie durch die Unterabtheilungen (a), (b) angedeutet wird, im

*) Im Journal für Mathematik Bd. III. S. 273.

Wesentlichen nur zweierlei Art sind. In jedem dieser vier Fälle kommen der vorgelegten Aufgabe unendlich viele Auflösungen zu (dagegen scheint bei den übrigen Fällen theils nur eine einzige, theils gar keine Auflösung möglich zu sein).

Als Beispiel soll nun der vorstehende Fall (1) hier näher betrachtet werden.

Es sei ABCD (Fig. 54) das gegebene Tetraëder T, und etwa α, γ die zwei gegebenen Ecken des zweiten, zu beschreibenden Tetraëders τ. Da durch die drei gegebenen Puncte B, α, γ die Ebene Bαγδ bestimmt ist, in welcher die Ecke δ liegt (II, 1), und da letztere auch in der Flächenebene ABC liegen muss (I), so ist ihr Ort auf die Durchschnittslinie B𝔟 dieser zwei Ebenen beschränkt. Ebenso muss die andere, zu suchende Ecke β einerseits in der Ebene Dαγ und andererseits in der Ebene ACD liegen, so dass ihr Ort auf die Durchschnittslinie D𝔡 dieser zwei Ebenen beschränkt ist. Da nun ferner von den zu findenden zwei Flächenebenen Aβγδ, Cαβδ (II, 1) jede durch die zwei Ecken β, δ geht, so dass die Kante βδ in ihrer Durchschnittslinie liegt, so kommt es folglich nur darauf an, durch die zwei gegebenen Geraden Aγ, Cα zwei Ebenen so zu legen, dass ihre Durchschnittslinie die zwei gegebenen Geraden B𝔟, D𝔡 schneidet, oder, was eben so viel ist, eine Gerade zu finden, welche die vier Geraden Aγ𝔞, B𝔟, Cα𝔠, D𝔡 schneidet. Wird aber bemerkt, dass diese vier Geraden bereits von den drei Geraden AC, BD, αγ geschnitten werden, so folgt, dass es von unendlich vielen Geraden geschehen kann, zu welchen diese drei gehören (§ 51), und zwar folgt, dass jede Gerade, welche irgend drei derselben schneidet, auch jedesmal der vierten begegnet. Daher sind auch unzählige Tetraëder τ möglich, welche der vorgelegten Aufgabe genügen, und zwar dergestalt, dass z. B. jeder Punct in der Geraden B𝔟 als die zu suchende Ecke δ angenommen werden kann, wodurch sodann die andere Ecke β bestimmt und (nach § 51, II) leicht zu finden ist (und zwar bei der hier zu Grunde gelegten Figur „bloss durch Ziehen dreier Geraden zwischen gegebenen Puncten“ gefunden wird). Oder es folgt daher, dass der Kante βδ des zu beschreibenden Tetraëders, für alle ihre verschiedenen Lagen, in welchen sie der Aufgabe genügen kann, ein Spielraum frei steht, in welchem sie ein einfaches Hyperboloïd beschreibt (§ 51, IV), und dass dabei die zwei Ecken β, δ die ihnen zukommenden Ortslinien D𝔡, B𝔟 projectivisch theilen.

Aus dieser Auflösung ergiebt sich somit zugleich der folgende Satz.

„Wenn ein beliebiges Tetraëder T und irgend zwei Puncte α, γ, welche in zwei Flächenebenen desselben liegen, gegeben sind, so giebt es unzählige andere Tetraëder τ, welche jenem nach der obigen Art (II, 1) zugleich um- und eingeschrieben sind, und wovon jedes jene zwei Puncte zu Eckpuncten hat:

der Ort ihrer übrigen Eckpuncte β, δ ist auf zwei bestimmte Gerade D𝔡, B𝔟 beschränkt, und zwar dergestalt, dass diese Geraden in Ansehung der zusammengehörigen Punctepaare projectivisch sind, und dass folglich der Ort der diese Eckpuncte verbindenden Kante βδ ein einfaches Hyperboloïd ist."

Es mag noch bemerkt werden, dass bei den drei übrigen Fällen (II, b) ähnliche Auflösungen stattfinden, wie die vorstehende, und dass aus ihnen gleiche Resultate folgen*).

Allgemeine Anmerkung.

Ueber Abhängigkeit einiger Systeme verschiedenartiger Figuren von einander.

59. Das einfache Hyperboloïd giebt, vermöge der ihm zukommenden Eigenschaften und namentlich vermöge seiner doppelten Erzeugung durch projectivische Gebilde, ein Mittel an die Hand, die gegenseitige Abhängigkeit gewisser Systeme verschiedenartiger Figuren von einander klar darzuthun, die Uebertragung der Eigenschaften jedes Systems auf alle übrigen leicht zu bewerkstelligen, und zugleich auch jedes System in jedes andere zu verwandeln. Dieser Gegenstand gehört eigentlich dem zweiten Abschnitte an (weil dieser das Aufeinanderbeziehen der Ebenen und der Strahlbüschel im Raume enthalten wird), wo er (so wie im vierten und fünften Abschnitte)

---

*) Es wäre wohl zu wünschen, dass sich Jemand die Mühe gäbe, die obige Aufgabe vollständig zu erörtern, d. h. das Eigenthümliche aller möglichen Fälle derselben in's Klare brächte und die dabei stattfindenden Umstände erforschte. Die vorstehende Auflösung zeigt, wie diesem Gegenstande durch projectivische Eigenschaften beizukommen sei. Bei meiner flüchtigen Untersuchung fand ich unter anderen noch: „Dass, wenn zwei Tetraëder T, τ nach einer der obigen drei Arten (II, b) einander umschrieben sind, sie alsdann ausserdem solche gegenseitige Beziehung haben, dass jedes Paar gegenüberliegender Kanten des einen Tetraëders mit einem bestimmten Paar gegenüberliegender Kanten des anderen in einem einfachen Hyperboloïd liegt" u. s. w. Bei der Lösung der übrigen 20 Fälle der obigen Aufgabe (die ausser den 4 erwähnten (II) anscheinend stattfinden können) dürfte die frühere Aufgabe (§ 57, 2) behülflich sein. Werden solche Auflösungen, wo das zu beschreibende Tetraëder τ in einen Grenzfall, d. i. in eine Gerade übergeht, mit gezählt, so möchten wohl bei jedem der 20 Fälle zwei Auflösungen stattfinden; so vertrat z. B. beim oben betrachteten Falle (II, 1) jede der drei Geraden AC, BD, αγ einen solchen Grenzfall.

Bei der obigen Aufgabe könnten ferner auch anstatt der zwei Eckpuncte α, γ entweder zwei Flächenebenen oder eine Flächenebene und eine Ecke des zu beschreibenden Tetraëders als gegeben angenommen werden. Uebrigens sind alle diese Aufgaben nur die einfachsten Fälle von anderen ausgedehnteren Aufgaben, die sich ähnlicherweise durch projectivische Eigenschaften lösen lassen, wie jene in § 56.

seine vollständige Erörterung finden wird; wegen seiner nahen Verwandtschaft mit dem eben Abgehandelten glaubte ich jedoch, ihn schon hier kurz berühren zu müssen.

I. Bei den vorhergehenden Untersuchungen wurde eine Gerade A im Raume auf doppelte Weise, d. h. in Hinsicht zweier Gebilde betrachtet, nämlich entweder als eigentliche Gerade A (d. i. als eine unendliche Menge Puncte enthaltend), oder als Ebenenbüschel A (d. i. als Axe des Ebenenbüschels). In dieser doppelten Hinsicht steht daher eine Gerade A mit allen Puncten und allen Ebenen im Raume in folgender Beziehung:

Als Ebenenbüschel A	Als Gerade A
„Jeder Punct liegt in irgend einer seiner Ebenen;“	„Jede Ebene geht durch irgend einen ihrer Puncte;“

Oder:

„Sie (die Axe A) bestimmt mit jedem Punct (der nicht in ihr liegt) eine Ebene.“	„Sie bestimmt mit jeder Ebene (in der sie nicht liegt) einen Punct.“

Werden nach dieser zweifachen Hinsicht zwei Gerade A, A_1 im Raume zugleich betrachtet, und zwar mit Beziehung aufeinander, so sind dabei folgende wesentliche Umstände zu bemerken:

„Jede Ebene des einen Ebenenbüschels schneidet den anderen Ebenenbüschel in einem ebenen Strahlbüschel; die gesammten Strahlen aller dieser Strahlbüschel, oder die gesammten Strahlen, in welchen die Ebenen beider Ebenenbüschel einander paarweise schneiden, erfüllen einfach den ganzen Raum, d. h. durch jeden Punct des Raumes (der nicht in einer der zwei Axen liegt) geht irgend einer von diesen Strahlen, aber nur ein einziger; so dass also jede beliebige Ebene sich mit irgend zwei Ebenen der zwei Ebenenbüschel in einem solchen Strahle schneidet.“	„Jeder Punct der einen Geraden bestimmt mit den Puncten der anderen Geraden einen ebenen Strahlbüschel; die gesammten Strahlen aller dieser Strahlbüschel, oder die gesammten Strahlen, welche die Puncte beider Geraden, paarweise genommen, mit einander bestimmen, erfüllen einfach den ganzen Raum, und zwar liegt in jeder Ebene (die durch keine der zwei Geraden geht) irgend einer von diesen Strahlen, aber nur ein einziger; so dass also jeder beliebige Punct mit irgend zwei Puncten der zwei Geraden in einem solchen Strahle liegt.“

Von diesen Strahlen, welche auf die eben angegebene Weise durch zwei Ebenenbüschel oder durch zwei Gerade A, A_1 im Raume bestimmt werden, weiss man nun aus früheren Untersuchungen (§ 51), dass jedesmal die Schaar derjenigen unter ihnen, die irgend einer beliebigen dritten Geraden A_2 begegnen, einem einfachen Hyperboloïd angehört, und dass einerseits die Ebenenbüschel A, A_1 in Ansehung der Ebenenpaare, welche die Strahlen dieser Schaar zu Durchschnittslinien haben, und andererseits die Geraden A, A_1 in Ansehung der Punctepaare, in welchen sie von den Strahlen dieser Schaar getroffen werden, projectivisch sind, u. s. w. Mit Rücksicht auf alle diese Umstände lassen sich nachstehende interessante Betrachtungen leicht bewerkstelligen.

II. Bringt man mit den zwei Doppelgebilden A, A_1 irgend zwei Ebenen ε, ε_1 in Verbindung, so können die letzteren, mittelst der durch die ersteren bestimmten Strahlen (I), auf eigenthümliche Weise auf einander bezogen werden. Um bei dieser Untersuchung der Vorstellung zu Hülfe zu kommen, stelle (etwa in Fig. 55) das Papier die Ebene ε dar, wo nämlich alle nicht punctirten Linien in dieser Ebene liegen. Es sei die Gerade ee_1 die Durchschnittslinie der Ebenen ε, ε_1, und $\mathfrak{r}$ und $\mathfrak{s}$, $\mathfrak{z}_1$ und $\mathfrak{y}_1$ seien die Puncte, in welchen die Geraden oder Axen A, A_1 von den Ebenen ε, ε_1 getroffen werden, so dass also

$$\mathfrak{r}\mathfrak{s} = x \quad \text{und} \quad \mathfrak{z}_1\mathfrak{y}_1 = t_1$$

diejenigen zwei Strahlen des genannten, durch die Axen A, A_1 bestimmten Strahlsystems (I) sind, welche in den Ebenen ε, ε_1 liegen. Ferner seien $\mathfrak{t}$, $\mathfrak{x}_1$ die Puncte, in welchen die Strahlen t_1, x den Ebenen ε, ε_1 begegnen, und welche mit den vorgenannten Puncten die Geraden

$$\mathfrak{t}\mathfrak{r} = y, \qquad \mathfrak{x}_1\mathfrak{z}_1 = s_1$$
$$\mathfrak{t}\mathfrak{s} = z, \qquad \mathfrak{x}_1\mathfrak{y}_1 = r_1$$

bestimmen. Hat man alle diese Elemente genau fixirt, so lassen sich weiter folgende Eigenschaften angeben:

1) Die zwei Ebenen ε, ε_1 werden mittelst des genannten Strahlsystems dergestalt auf einander bezogen, dass im Allgemeinen jedem Punct der einen Ebene ein bestimmter Punct in der anderen Ebene entspricht, d. h. durch jeden beliebigen Punct $\mathfrak{a}$ in ε geht ein einziger bestimmter Strahl a, der die Axen A, A_1 schneidet in $\mathfrak{B}$, $\mathfrak{B}_1$, und der die ε_1 in irgend einem bestimmten Puncte $\mathfrak{a}_1$ trifft, welcher der „entsprechende" jenes Punctes, oder dessen „schiefe Projection", heissen soll. Von dieser bestimmten Beziehung machen nur folgende Puncte eine wesentliche Ausnahme.

Da nämlich allen Puncten $\mathfrak{r}$, $\mathfrak{s}$, $\mathfrak{x}$, ... der Ebene ε, welche in dem vorhin erwähnten Strahle x liegen, offenbar dieser Strahl gemeinschaftlich zugehört, so wird folglich der einzige Punct $\mathfrak{x}_1$, in welchem derselbe die Ebene ε_1 trifft, allen jenen Puncten zugleich entsprechen. Und da ferner alle Strahlen, welche von dem Puncte $\mathfrak{y}_1$ der Ebene ε_1 ausgehen, in der Ebene

$\mathfrak{y}_1 A$ liegen und in dieser einen ebenen Strahlbüschel $\mathfrak{y}_1$ bilden (I), so werden sie nothwendiger Weise die Ebene ε längs der Geraden y, d. h. längs der Durchschnittslinie der Ebenen $\mathfrak{y}_1 A$ und ε, treffen, so dass folglich allen Puncten $\mathfrak{r}$, $\mathfrak{t}$, $\mathfrak{y}$, ... dieser Geraden y in ε der einzige Punct $\mathfrak{y}_1$ in ε_1 entspricht. Ebenso haben alle Puncte $\mathfrak{s}$, $\mathfrak{t}$, $\mathfrak{z}$, ... der Geraden z in ε den Punct $\mathfrak{z}_1$ zu ihrem gemeinschaftlich entsprechenden Puncte in ε_1. Aus gleichen Gründen entsprechen ähnlicherweise den sämmtlichen Puncten der drei Geraden r_1, s_1, t_1 in der Ebene ε_1 die drei einzelnen Puncte $\mathfrak{r}$, $\mathfrak{s}$, $\mathfrak{t}$ in der Ebene ε. Diese besondere Eigenschaft der Puncte $\mathfrak{r}$, $\mathfrak{s}$, $\mathfrak{t}$ und $\mathfrak{z}_1$, $\mathfrak{y}_1$, $\mathfrak{x}_1$ hat auf die nachfolgenden Resultate grossen Einfluss, so dass die meisten sich mehr oder weniger auf dieselben beziehen, daher mögen die Dreiecke $\mathfrak{rst}$, $\mathfrak{z}_1\mathfrak{y}_1\mathfrak{x}_1$ unter dem Namen „Hauptdreiecke" der Ebenen ε, ε_1 festgehalten werden. Die Hauptdreiecke haben nach den eben bemerkten Eigenschaften solche gegenseitige Beziehung, dass die sämmtlichen Puncte der Seiten (x, y, z oder r_1, s_1, t_1) eines jeden den einzelnen Eckpuncten ($\mathfrak{x}_1$, $\mathfrak{y}_1$, $\mathfrak{z}_1$ oder $\mathfrak{r}$, $\mathfrak{s}$, $\mathfrak{t}$) des anderen entsprechen.

Endlich mag auch noch bemerkt werden, dass jeder Punct in der Durchschnittslinie ee_1 der Ebenen ε, ε_1 sich selbst entspricht, oder mit seinem entsprechenden vereinigt ist, weil offenbar der einem solchen Puncte zugehörige Projectionsstrahl beide Ebenen in demselben zugleich trifft.

Wie zu irgend einem gegebenen Punct in der einen Ebene der entsprechende in der anderen Ebene gefunden wird, ist leicht zu sehen, nämlich, wenn etwa $\mathfrak{a}$ in ε der gegebene Punct ist, so wird der zugehörige Projectionsstrahl a offenbar dadurch gefunden, dass man die Ebenen $\mathfrak{a}A$, $\mathfrak{a}A_1$ legt, deren Durchschnittslinie er sein muss (I), und sodann wird dieser Strahl a der Ebene ε_1 in dem gesuchten entsprechenden Puncte $\mathfrak{a}_1$ begegnen. Der Punct $\mathfrak{a}_1$ kann daher auch bloss durch Ziehen zweier Paar Gerader in den Ebenen ε, ε_1 gefunden werden; denn zieht man aus dem gegebenen Punct $\mathfrak{a}$ durch den Punct $\mathfrak{r}$ die Gerade $\mathfrak{arp}$, welche die Durchschnittslinie ee_1 in dem Puncte $\mathfrak{p}\mathfrak{p}_1$ trifft, und zieht sodann in ε_1 die Gerade $\mathfrak{z}_1\mathfrak{p}_1$, so muss in dieser der gesuchte Punct $\mathfrak{a}_1$ liegen; und da ähnlicherweise durch die Gerade $\mathfrak{asq}$ in ε eine Gerade $\mathfrak{y}_1\mathfrak{q}_1$ in ε_1 bestimmt wird, in welcher ebenfalls der Punct $\mathfrak{a}_1$ liegen muss, so ist der letztere der Durchschnittspunct der zwei Geraden $\mathfrak{z}_1\mathfrak{p}_1$, $\mathfrak{y}_1\mathfrak{q}_1$.

2) Es ist nun weiter anzugeben, welche Beziehung irgend zwei entsprechende Figuren in den Ebenen ε, ε_1 zu einander haben, und nach welchen Gesetzen ihre Eigenschaften von einander abhängen; und zwar entsteht zunächst die Frage, welche Figur einer Geraden, und sodann, welche Figur irgend einer bestimmten krummen Linie entspreche? Die Antworten hierauf ergeben sich aus dem Vorhergehenden fast unmittelbar, nämlich wie folgt:

a) Einer beliebigen Geraden in einer der zwei Ebenen ε, ε_1, z. B. der Geraden l in ε, entspricht offenbar in der anderen Ebene ε_1 irgend ein Kegelschnitt [l_1]; denn alle Projectionsstrahlen, welche jene Gerade treffen oder ihre sämmtlichen Puncte auf die Ebene ε_1 projiciren, liegen in einem einfachen Hyperboloïd (I), welches die Ebene ε_1 in dem genannten Kegelschnitte schneidet (§ 51, IV, 4). Da die Gerade l die Seiten x, y, z des Hauptdreiecks in den Puncten $\mathfrak{x}$, $\mathfrak{y}$, $\mathfrak{z}$ schneidet, so geht folglich, vermöge dieser Puncte, der Kegelschnitt [l_1] durch die drei Puncte $\mathfrak{x}_1$, $\mathfrak{y}_1$, $\mathfrak{z}_1$ (1), so dass er also dem Hauptdreieck $\mathfrak{x}_1\mathfrak{y}_1\mathfrak{z}_1$ umschrieben ist. Ferner geht der Kegelschnitt auch durch den nämlichen Punct $\mathfrak{e}\mathfrak{e}_1$, in welchem die Gerade l der Durchschnittslinie $e e_1$ begegnet (1). Natürlicherweise muss auch umgekehrt jedem beliebigen, dem Hauptdreieck $\mathfrak{x}_1\mathfrak{y}_1\mathfrak{z}_1$ umschriebenen Kegelschnitt [l_1] irgend eine Gerade l in ε entsprechen; dieses folgt auch in der That daraus, dass alle Projectionsstrahlen eines solchen Kegelschnitts (d. h. alle Strahlen, die durch seine sämmtlichen Puncte gehen), (zufolge § 51, IV, 9, a), ebenfalls in einem einfachen Hyperboloïd liegen, und da dasselbe von der Ebene ε offenbar in dem Strahle x (der dem Puncte $\mathfrak{x}_1$ zugehört) geschnitten wird, so muss es von ihr noch in irgend einer anderen Geraden l geschnitten werden (§ 51, IV, 3), welche dem gegebenen Kegelschnitte [l_1] entspricht.

Es ist klar, dass alles, was hier von der Ebene ε_1 gesagt worden, auch umgekehrt in entsprechendem Sinne von der Ebene ε gilt.

In dem, was über die Geradė l gesagt worden, findet nur dann eine wesentliche Ausnahme oder ein besonderer Fall statt, wenn diese Gerade durch einen der drei Hauptpuncte $\mathfrak{r}$, $\mathfrak{s}$, $\mathfrak{t}$ geht; nämlich alsdann entspricht ihr in der Ebene ε_1 ebenfalls eine Gerade l_1, welche beziehlich durch einen der drei Puncte $\mathfrak{z}_1$, $\mathfrak{y}_1$, $\mathfrak{x}_1$ geht. Denn geht z. B. die Gerade l durch den Punct $\mathfrak{r}$, wie etwa $\mathfrak{a}\mathfrak{r}\mathfrak{p}$, so liegen offenbar alle ihr (oder ihren sämmtlichen Puncten) zugehörigen Projectionsstrahlen in der Ebene lA oder $\mathfrak{p}$A, und daher muss ihr nothwendigerweise diejenige Gerade l_1 entsprechen, in welcher jene Ebene die Ebene ε_1 schneidet, und welche also durch den Punct $\mathfrak{z}_1$ geht (also die Gerade $\mathfrak{p}_1\mathfrak{a}_1\mathfrak{z}_1$); und zwar müssen die Geraden l, l_1 perspectivisch sein, und namentlich den Punct, in welchem die Axe A_1 von jener Ebene lA getroffen wird, zum Projectionspunct haben (I) und einander in der Durchschnittslinie $e e_1$ schneiden (im Puncte $\mathfrak{p}\mathfrak{p}_1$). Aehnliches findet statt, wenn die Gerade l durch den Punct $\mathfrak{s}$ geht. Geht sie aber durch den Punct $\mathfrak{t}$, so liegt sie zwar nicht mehr mit der Geraden l_1, die dann durch den Punct $\mathfrak{x}_1$ geht, in einer Ebene, sondern in diesem Falle liegen sie in einem einfachen Hyperboloïd, welches die Ebene ε in den Geraden l und x, und die Ebene ε_1 in den Geraden l_1 und t_1 schneidet; denn da die Gerade l durch den Punct $\mathfrak{t}$ geht, so ist allemal t_1 ein Projectionsstrahl derselben, und dann muss die Ebene ε_1 das genannte Hyperboloïd noch in einer anderen Geraden l_1 schneiden, welche nothwendigerweise durch den Punct $\mathfrak{x}_1$ geht, weil x jedesmal Projectionsstrahl der Geraden l ist*).

Es giebt demnach in den zwei Ebenen ε, ε_1 drei Paar Strahlbüschel, nämlich $\mathfrak{r}$ und $\mathfrak{z}_1$, $\mathfrak{s}$ und $\mathfrak{y}_1$, $\mathfrak{t}$ und $\mathfrak{x}_1$, deren Strahlen, als Gerade l und l_1 betrachtet, einander paarweise entsprechen, und welche, wie leicht zu sehen, in Ansehung dieser Strahlenpaare projectivisch sind, und zwar liegen sowohl $\mathfrak{r}$ und $\mathfrak{z}_1$, als $\mathfrak{s}$ und $\mathfrak{y}_1$ perspectivisch, weil sie die Durchschnitte der Ebenen ε, ε_1 und der Ebenenbüschel A, A_1 sind, oder weil ihre entsprechenden Strahlen (wie $\mathfrak{r}\mathfrak{p}$, $\mathfrak{z}_1\mathfrak{p}_1$) sich in der Geraden ee_1 schneiden.

Demnach hat man fürs erste das folgende Gesetz:

„Den gesammten Geraden in einer der zwei Ebenen ε, ε_1, ausgenommen die Strahlen der drei Strahlbüschel ($\mathfrak{r}$, $\mathfrak{s}$, $\mathfrak{t}$) oder ($\mathfrak{z}_1$, $\mathfrak{y}_1$, $\mathfrak{x}_1$), deren Mittelpuncte die Spitzen des Hauptdreiecks sind, entsprechen in der anderen Ebene die gesammten Kegelschnitte, welche dem Hauptdreieck umschrieben werden können, und auch umgekehrt.“ Und ferner: „Die Geraden, welche Strahlen der genannten Strahlbüschel sind, entsprechen einander paarweise, nämlich es entsprechen sich die Strahlen der Strahlbüschel $\mathfrak{r}$ und $\mathfrak{z}_1$, $\mathfrak{s}$ und $\mathfrak{y}_1$, $\mathfrak{t}$ und $\mathfrak{x}_1$, und es sind diese Strahlbüschel in Ansehung ihrer entsprechenden Strahlenpaare projectivisch, und zwar sind die zwei ersten Strahlbüschelpaare perspectivisch, so dass jedes Paar die Durchschnittslinie ee_1 zum perspectivischen Durchschnitt hat, wogegen vom dritten Paar ($\mathfrak{t}$ und $\mathfrak{x}_1$) zwei entsprechende Strahlen in dieser Linie vereinigt sind; auch sind ferner je zwei entsprechende Strahlen von $\mathfrak{r}$ und $\mathfrak{z}_1$ oder $\mathfrak{s}$ und $\mathfrak{y}_1$ perspectivisch, und ihr Projectionspunct liegt in der Axe A_1 oder A; dagegen erzeugen je zwei entsprechende Strahlen von $\mathfrak{t}$ und $\mathfrak{x}_1$, ein einfaches Hyperboloïd, und die Hyperboloïde dieser Schaar haben die vier Geraden A, A_1, x, t_1 gemein.“

b) Ein eigenthümlicher Fall, der zwar, wie man sehen wird, schon in dem vorstehenden Gesetz mit inbegriffen ist, verdient wegen seines Einflusses auf spätere Resultate hier noch näher erörtert zu werden. Es kann nämlich gefragt werden, welches in jeder der zwei Ebenen ε, ε_1 der Ort derjenigen Puncte sei, deren entsprechende in der anderen Ebene unendlich entfernt liegen? Diese Frage lässt sich folgendermassen leicht beantworten:

Alle Projectionsstrahlen, welche nach den unendlich entfernten Puncten einer der zwei Ebenen, z. B. der Ebene ε, gerichtet sind, sind nothwendigerweise mit ihr parallel, und liegen folglich in einem hyperbolischen

*) Gehen die Geraden l, l_1 durch die Puncte $\mathfrak{r}$ und $\mathfrak{z}_1$, oder $\mathfrak{s}$ und $\mathfrak{y}_1$, so sind sie in zwei bestimmten Lagen projectivisch ähnlich, gehen sie aber durch die Puncte $\mathfrak{t}$ und $\mathfrak{x}_1$, so findet dieses nur in einer Lage statt.

Paraboloïd (§ 52, I, 2, e), welches von der Ebene ε_1 in einem Kegelschnitt, und zwar im Allgemeinen in einer Hyperbel geschnitten wird. Dieser Kegelschnitt, der durch $[Q_1]$ bezeichnet werden mag, geht offenbar durch die drei Puncte $\mathfrak{z}_1$, $\mathfrak{y}_1$, $\mathfrak{x}_1$, weil durch jeden dieser Puncte ein der Ebene ε paralleler Projectionsstrahl geht (denn auch der Strahl x, welcher durch den Punct $\mathfrak{x}_1$ geht, ist als dieser Ebene parallel anzusehen). Auch folgt, dass eine Asymptote des Kegelschnitts $[Q_1]$, oder im Fall er eine Parabel ist, dass seine Axe der Durchschnittslinie ee_1 parallel sei, weil nämlich ε eine Asymptotenebene des Paraboloïds ist (§ 52). (Aus gleichen Gründen folgt, dass die andere Asymptotenebene derjenigen Geraden parallel ist, in welcher die Ebene ε_1 von derjenigen Ebene geschnitten wird, die durch A oder A_1 geht und mit A_1 oder A parallel ist.)

Da nun aber jedem, dem Hauptdreieck $\mathfrak{z}_1\mathfrak{y}_1\mathfrak{x}_1$ in ε_1 umschriebenen Kegelschnitt irgend eine Gerade in ε entspricht (a), so sind demnach alle unendlich entfernten Puncte der Ebene ε als in einer Geraden Q liegend anzusehen*), welcher nämlich jener Kegelschnitt $[Q_1]$ entspricht. Aehnlicherweise muss den unendlich entfernten Puncten der Ebene ε_1, oder ihrer unendlich entfernten Geraden, welche R_1 heissen mag, ein bestimmter Kegelschnitt [R] in ε entsprechen, welcher dem Hauptdreieck $\mathfrak{r}\mathfrak{s}\mathfrak{t}$ umschrieben ist, u. s. w. Wenn insbesondere einer der zwei Kegelschnitte [R], $[Q_1]$ eine Parabel ist, so ist es der andere ebenfalls, was leicht nachzuweisen ist; u. s. w.

Also folgt:

„Den unendlich entfernten Puncten jeder der beiden Ebenen ε, ε_1 entspricht ein bestimmter Kegelschnitt $[Q_1]$ oder [R] in der anderen Ebene, welcher dem Hauptdreieck umschrieben ist, so dass also jene Puncte als in einer Geraden Q oder R_1 liegend angesehen werden müssen; von jedem der zwei Kegelschnitte, die im Allgemeinen Hyperbeln sind**), ist eine Asymptote der Durchschnittslinie ee_1 parallel; ist einer derselben eine Parabel, so ist es auch der andere, und dann sind ihre Axen der Linie ee_1 parallel.“

c) Ueber die vorstehenden Resultate (a, b) sind noch folgende nähere Umstände anzugeben: Wenn nämlich der Geraden l, wie sie in Fig. 55 gezeichnet vorliegt, der Kegelschnitt $[l_1]$ entspricht, so wird jedem Kegelschnitt der sie berührt und zugleich dem Hauptdreieck $\mathfrak{r}\mathfrak{s}\mathfrak{t}$ umschrieben ist, z. B. dem Kegelschnitt, der sie in $\mathfrak{a}$ berührt und der durch [T] bezeichnet werden mag, eine solche Gerade T_1 in ε_1 entsprechen, welche den Kegelschnitt $[l_1]$ in demjenigen Puncte $\mathfrak{a}_1$ berührt, der jenem erst-

*) Dieses ist in der Perspectivlehre ein bekannter alter Satz; im zweiten Abschnitt wird er einfacher und klarer dargestellt werden.

**) Die unendlich entfernten Puncte dieser Hyperbeln entsprechen einander.

genannten Puncte $\mathfrak{a}$ entspricht; denn da l und [T] nur den einzigen Punct $\mathfrak{a}$ gemein haben, und da jedem Punct in ε im Allgemeinen nur ein einziger Punct in ε_1 entspricht, so können folglich auch $[l_1]$ und T_1 nicht mehr als einen Punct gemein haben.

Da ferner die Strahlen $\mathfrak{r}\mathfrak{a}$ und $\mathfrak{z}_1\mathfrak{a}_1$ einander entsprechen, und da den Puncten der Geraden $\mathfrak{t}\mathfrak{s} = z$ einer und derselbe Punct $\mathfrak{z}_1$ entspricht, so sieht man, dass, wenn der Strahl $\mathfrak{r}\mathfrak{a}$ sich um $\mathfrak{r}$ dreht, bis $\mathfrak{a}$ in den Strahl $\mathfrak{t}\mathfrak{s}$ gelangt, dann der Punct $\mathfrak{a}_1$ sich nach $\mathfrak{z}_1$ bewegen wird, bis er sich zuletzt mit ihm vereinigt, so dass alsdann dieser Strahl den Kegelschnitt $[l_1]$ in $\mathfrak{z}_1$ berührt. Ebenso wird die Tangente, welche den Kegelschnitt $[l_1]$ in $\mathfrak{y}_1$ berührt, durch den Strahl bestimmt und gefunden, welcher von $\mathfrak{s}$ nach dem Schnittpunct der Geraden l und $\mathfrak{r}\mathfrak{t}$ hingeht. Und ebenso ist die Tangente im Puncte $\mathfrak{x}_1$ derjenige Strahl, welcher dem Strahle $\mathfrak{t}\mathfrak{x}$ entspricht. Also:

„Wenn in den zwei Ebenen ε, ε_1 irgend eine Gerade und der ihr entsprechende Kegelschnitt, z. B. die Gerade l in ε und der Kegelschnitt $[l_1]$ in ε_1, gegeben sind, so entspricht jeder beliebigen Tangente T_1 des Kegelschnitts ein bestimmter Kegelschnitt [T] in der anderen Ebene, welcher jene Gerade l berührt, und zwar in demjenigen Puncte $\mathfrak{a}$, der dem Berührungspunct $\mathfrak{a}_1$ jener Tangente entspricht; denjenigen Tangenten aber, welche den gegebenen Kegelschnitt in den Hauptpuncten $\mathfrak{x}_1$, $\mathfrak{y}_1$, $\mathfrak{z}_1$ berühren, entsprechen die Geraden durch $\mathfrak{r}$, $\mathfrak{s}$, $\mathfrak{t}$, die in der anderen Ebene die Ecken des Hauptdreiecks mit denjenigen Puncten verbinden, in welchen die gegenüber liegenden Seiten x, y, z von der gegebenen Geraden l geschnitten werden.“

Für den vorerwähnten (b) Kegelschnitt $[Q_1]$ findet man hiernach seine Tangente im Puncte $\mathfrak{y}_1$, wenn man den Strahl durch $\mathfrak{s}$ der Seite y parallel zieht, weil nämlich in diesem Falle die ihm entsprechende Gerade l (oder Q), und mithin auch der Punct in y, unendlich entfernt ist. Ebenso wird dessen Tangente am Puncte $\mathfrak{z}_1$ und ähnlicherweise wird dessen Tangente am Puncte $\mathfrak{x}_1$ gefunden; oder die letztere kann auch mittelst der zwei erstern gefunden werden (§ 42, IV, 1). Gleiches folgt für den Kegelschnitt [R].

Zufolge des vorstehenden Satzes und mit Rücksicht auf § 36, Ende und (b) kann man nun auch leicht erkennen, von welcher Art der Kegelschnitt sei, welcher irgend einer Geraden in einer der zwei Ebenen ε, ε_1 entspricht, nämlich:

„Der Kegelschnitt, welcher z. B. der Geraden l entspricht, ist eine Hyperbel, oder eine Parabel, oder eine Ellipse, je nachdem die Gerade l den Kegelschnitt [R] schneidet, oder berührt, oder gar nicht trifft.“

d) Mittelst der bisherigen Resultate lassen sich nun weiter leicht die Haupteigenschaften derjenigen Figur angeben, welche irgend einer gegebenen krummen Linie entspricht. Denn angenommen es sei C eine beliebige Curve n^{ten} Grades in der Ebene $\mathfrak{e}$, und C_1 sei die ihr entsprechende in der Ebene $\mathfrak{e}_1$, so wird, da C von jedem dem Hauptdreieck $\mathfrak{r}\mathfrak{s}\mathfrak{t}$ umschriebenen Kegelschnitt $[\mathfrak{r}\mathfrak{s}\mathfrak{t}]$ im Allgemeinen und höchstens in 2n Puncten geschnitten werden kann, und da allen diesen Kegelschnitten die gesammten Geraden in der Ebene $\mathfrak{e}_1$ entsprechen (a), die Curve C_1 von jeder dieser Geraden im Allgemeinen und höchstens ebenfalls in 2n Puncten geschnitten, und folglich wird diese Curve im Allgemeinen vom Grade 2n sein.

Da ferner die Curve C jede der drei Seiten x, y, z des Hauptdreiecks im Allgemeinen in n Puncten schneidet, so muss die Curve C_1 die drei Hauptpuncte $\mathfrak{x}_1$, $\mathfrak{y}_1$, $\mathfrak{z}_1$ zu sogenannten singulären Puncten haben, nämlich jeder derselben ist in Bezug auf sie ein n-facher Punct (1). Die n Tangenten der Curve C_1 in jedem der drei Puncten $\mathfrak{x}_1$, $\mathfrak{y}_1$, $\mathfrak{z}_1$ sind vermöge der Durchschnittspuncte, in welchen die Seiten x, y, z von der Curve C geschnitten werden, sehr leicht zu finden, denn ist etwa $\mathfrak{y}$ ein solcher Durchschnittspunct, so ist der dem Strahle $\mathfrak{s}\mathfrak{y}\mathfrak{b}$ entsprechende Strahl $\mathfrak{y}_1\mathfrak{b}_1$ eine Tangente der Curve C_1 im Puncte $\mathfrak{y}_1$ (c). Berührt die Curve C eine der drei Geraden x, y, z, so entspricht dem Berührungspunct ein Rückkehrpunct in der Curve C_1, und zwar, so oft eine jener Geraden von C berührt wird, so viele Rückkehrpuncte der C_1 sind in dem der jedesmaligen Geraden entsprechenden Puncte $\mathfrak{x}_1$, $\mathfrak{y}_1$, $\mathfrak{z}_1$ vereinigt. Die einem Rückkehrpunct zugehörige Tangente ist, ebenso wie vorhin, leicht zu finden, sobald nämlich der ihm entsprechende Berührungspunct gegeben ist. (Sind unter den genannten Rückkehrpuncten auch die Wendungs- oder Beugungspuncte mit inbegriffen?)

Der Grad der Curve C_1 wird nothwendigerweise um 1 oder 2 oder 3 Einheiten erniedrigt, wenn die ihr entsprechende gegebene Curve C durch 1 oder 2 oder alle 3 Hauptpuncte $\mathfrak{r}$, $\mathfrak{s}$, $\mathfrak{t}$ geht (d. h. durch jeden nur einmal geht), weil nämlich unter diesen Umständen jeder der genannten Kegelschnitte $[\mathfrak{r}\mathfrak{s}\mathfrak{t}]$ die Curve C, ausser jenen Puncten, nur in 2n—1, oder 2n—2, oder 2n—3 Puncten schneiden kann.

Wenn insbesondere die gegebene Curve C nur vom zweiten Grad, also ein Kegelschnitt ist, so ist demnach die ihr entsprechende Curve C_1 im Allgemeinen vom vierten Grad und hat die drei Hauptpuncte $\mathfrak{x}_1$, $\mathfrak{y}_1$, $\mathfrak{z}_1$ zu Doppelpuncten*). Oder wenn man die besonderen Fälle mit zusammenfasst,

*) Berührt der gegebene Kegelschnitt C alle drei Seiten x, y, z des Hauptdreiecks $\mathfrak{r}\mathfrak{s}\mathfrak{t}$, so ist C_1, zufolge des Obigen, eine solche Curve vierten Grades, welche die drei Hauptpuncte $\mathfrak{x}_1$, $\mathfrak{y}_1$, $\mathfrak{z}_1$ zu Rückkehrpuncten hat; und weiter folgt (mit Rücksicht auf

so kann man sagen: „es sei C_1 entweder vom vierten, oder dritten, oder zweiten, oder ersten Grade, je nachdem der gegebene Kegelschnitt C entweder durch keinen der Hauptpuncte $\mathfrak{r}$, $\mathfrak{s}$, $\mathfrak{t}$, oder durch einen, oder durch zwei, oder durch alle drei geht.“ Der dritte Fall, wo nämlich C_1 vom zweiten Grade, und also auch ein Kegelschnitt ist, folgt auch aus § 51, IV, 9, wonach, wenn z. B. der gegebene Kegelschnitt C durch die Puncte $\mathfrak{r}$, $\mathfrak{s}$ geht, dann seine sämmtlichen Projectionsstrahlen in einem einfachen Hyperboloïd liegen, welches von der anderen Ebene ε_1 in einem Kegelschnitt C_1 geschnitten wird, der nothwendigerweise durch die Puncte $\mathfrak{z}_1$, $\mathfrak{y}_1$ geht. Dasselbe folgt übrigens auch aus der Eigenschaft, dass die Strahlbüschel $\mathfrak{r}$ und $\mathfrak{z}_1$, $\mathfrak{s}$ und $\mathfrak{y}_1$, $\mathfrak{t}$ und $\mathfrak{x}_1$ projectivisch sind (a). Denn geht der Kegelschnitt C etwa durch die Puncte $\mathfrak{s}$, $\mathfrak{t}$, so erhalten die Strahlbüschel $\mathfrak{s}$, $\mathfrak{t}$ durch ihn eine projectivische Beziehung (§ 38, III), da sie aber, wie schon bemerkt worden, beziehlich mit den Strahlbüscheln $\mathfrak{y}_1$, $\mathfrak{x}_1$ projectivisch sind, so sind folglich auch die letzteren unter sich projectivisch und erzeugen einen Kegelschnitt C_1, welcher durch ihre Mittelpuncte $\mathfrak{y}_1$, $\mathfrak{x}_1$ geht, und welcher offenbar dem Kegelschnitt C entspricht. Also:

„Jedem Kegelschnitt C in der Ebene ε, welcher durch irgend zwei der drei Hauptpuncte $\mathfrak{r}$, $\mathfrak{s}$, $\mathfrak{t}$ geht (aber nur durch zwei), entspricht in der anderen Ebene ε_1 ebenfalls ein Kegelschnitt C_1, welcher durch die jedesmaligen zwei entsprechenden Hauptpuncte $\mathfrak{z}_1$, $\mathfrak{y}_1$, $\mathfrak{x}_1$ geht; und auch umgekehrt.“

3) Die vorstehenden Resultate (2) sind die Fundamentalsätze über die Abhängigkeit der Figuren in den zwei Ebenen ε, ε_1 von einander. Es lassen sich aus ihnen unmittelbar eine grosse Reihe weiterer Folgerungen entwickeln, die zu einigen interessanten Sätzen führen. Nach der Art, wie die Figuren in den zwei Ebenen von einander abhängen, ist nämlich klar, dass gewisse Eigenschaften und Sätze, welche Figuren oder Gebilden in der einen Ebene zukommen, also die meisten Eigenschaften, Sätze, Aufgaben etc., die im ersten und gegenwärtigen dritten Kapitel über projectivische Gebilde und sonstige Figuren in der Ebene aufgestellt oder betrachtet worden sind, auch auf irgend eine analoge Weise in der anderen Ebene (wenn auch bei ganz verschiedenartigen Figuren) stattfinden müssen. Einige Beispiele werden hinreichen, dies zu erläutern.

Den Figuren und Gebilden, ihren Eigenschaften und den ihnen zukommenden Sätzen und Aufgaben in der Ebene ε entsprechen folgender

---

42, IV, 1, links), dass die drei Tangenten in den drei Rückkehrpuncten der Curve C_1 einander allemal in irgend einem Puncte treffen. — Findet dieses letztere bei jeder beliebigen Curve vierten Grades, welche drei Rückkehrpuncte hat, statt? Oder: entsprechen den gesammten Kegelschnitten, welche dem Hauptdreiseit xyz eingeschrieben werden können, auch die gesammten Curven vierten Grades, welche die drei Puncte $\mathfrak{x}_1$, $\mathfrak{y}_1$, $\mathfrak{z}_1$ zu Rückkehrpuncten haben?

Gestalt die Figuren und Gebilde, deren Eigenschaften, Sätze und Aufgaben in der Ebene ε_1:

In der Ebene ε . . .	entsprechen . . . in der Ebene ε_1
A.	
1) Einem bestimmten Puncte $\mathfrak{a}$:	1) Ein bestimmter Punct $\mathfrak{a}_1$.
2) Den einzelnen Eckpuncten $\mathfrak{r}$, $\mathfrak{s}$, $\mathfrak{t}$ des Hauptdreiecks:	2) Sämmtliche Puncte der Seiten r_1, s_1, t_1 des Hauptdreiecks.
3) Den drei Strahlbüscheln $\mathfrak{r}$, $\mathfrak{s}$, $\mathfrak{t}$:	3) Die drei Strahlbüschel $\mathfrak{z}_1$, $\mathfrak{y}_1$, $\mathfrak{x}_1$.
4) Einer Geraden l, welche durch keinen der drei Hauptpuncte $\mathfrak{r}$, $\mathfrak{s}$, $\mathfrak{t}$ geht:	4) Ein Kegelschnitt $[l_1]$, der durch die drei Hauptpuncte $\mathfrak{z}_1$, $\mathfrak{y}_1$, $\mathfrak{x}_1$ geht.
5) Vier harmonischen Puncten der Geraden l (vermöge 3):	5) Vier harmonische Puncte des Kegelschnittes $[l_1]$ (§ 43, II).
6) Irgend zwei Puncten $\mathfrak{a}$, $\mathfrak{c}$; der durch dieselben bestimmten Geraden l; und dem durch dieselben und durch die Hauptpuncte $\mathfrak{r}$, $\mathfrak{s}$, $\mathfrak{t}$ bestimmten Kegelschnitt [T]:	6) Zwei bestimmte Puncte $\mathfrak{a}_1$, $\mathfrak{c}_1$; der durch sie und durch die Hauptpuncte $\mathfrak{z}_1$, $\mathfrak{y}_1$, $\mathfrak{x}_1$ gehende Kegelschnitt $[l_1]$; und die durch $\mathfrak{a}_1\mathfrak{c}_1$ bestimmte Gerade T_1.
7) Irgend einem Strahlbüschel $\mathfrak{B}$, d. h. der Schaar Gerader die durch irgend einen Punct $\mathfrak{B}$ gehen:	7) Eine Schaar Kegelschnitte $[\mathfrak{B}_1]$, die durch die Hauptpuncte $\mathfrak{z}_1$, $\mathfrak{y}_1$, $\mathfrak{x}_1$ und durch einen bestimmten vierten Punct $\mathfrak{B}_1$ gehen.
8) Da sich unter den Strahlen dieses Strahlbüschels $\mathfrak{B}$ im Allgemeinen und höchstens zwei befinden, welche den oben (2, c) genannten Kegelschnitt [R] berühren:	8) So befinden sich unter der Schaar Kegelschnitte $[\mathfrak{B}_1]$, welche durch vier gegebene Puncte $\mathfrak{z}_1$, $\mathfrak{y}_1$, $\mathfrak{x}_1$, $\mathfrak{B}_1$ gehen, im Allgemeinen und höchstens zwei Parabeln.
9) Irgend vier harmonischen Strahlen des Strahlbüschels $\mathfrak{B}$, also vier harmonischen Geraden a, b, c, d:	9) Vier harmonische Kegelschnitte $[a_1]$, $[b_1]$, $[c_1]$, $[d_1]$ der Schaar Kegelschnitte $[\mathfrak{B}_1]$.
Diese vier Geraden schneiden jede andere Gerade l in vier harmonischen Puncten (§ 8, II):	Diese vier Kegelschnitte schneiden jeden Kegelschnitt $[l_1]$ in vier harmonischen Puncten;

Und jeden Kegelschnitt [T], der durch ihren Mittelpunct $\mathfrak{B}$ geht, ebenfalls in vier harmonischen Puncten:

10) Liegt der Mittelpunct $\mathfrak{B}$ des Strahlbüschels insbesondere in einer der drei Seiten x, y, z des Hauptdreiecks, etwa in $\mathfrak{y}$ in der Seite y:

11) Den projectivischen Beziehungen der Geraden und Strahlbüschel, den Eigenschaften des vollständigen Vierecks und Vierseits und überhaupt den meisten Sätzen, Aufgaben und Porismen, welche im ersten Kapitel untersucht worden:

U. s. w.

Und jede Gerade T, die durch ihren vierten Durchschnittspunct $\mathfrak{B}_1$ geht, auch in vier harmonischen Puncten.

10) So vereinigt sich der vierte Punct $\mathfrak{B}_1$ mit dem Hauptpunct $\mathfrak{y}_1$ und die Schaar Kegelschnitte $[\mathfrak{B}_1]$ hat im Puncte $\mathfrak{y}_1$ eine gemeinschaftliche Tangente $\mathfrak{y}_1\mathfrak{B}_1$.

11) Analoge Beziehungen, Eigenschaften, Sätze, Aufgaben und Porismen bei Kegelschnitten $[\mathfrak{z}_1\mathfrak{y}_1\mathfrak{x}_1]$, d. h. bei Kegelschnitten, welche durch die drei Hauptpuncte $\mathfrak{z}_1$, $\mathfrak{y}_1$, $\mathfrak{x}_1$ gehen.

U. s. w.

B.

1) Einem Kegelschnitt [T]; der Schaar Gerader g, die ihn berühren, und ihren Berührungspuncten:

2) Da sich unter dieser Schaar Gerader g im Allgemeinen und höchstens vier befinden, welche den Kegelschnitt [R] berühren, d. h. gemeinschaftliche Tangenten der Kegelschnitte [T], [R] sind:

3) Irgend vier von diesen berührenden Geraden g, die harmonisch sind (§ 43, II):

Sie schneiden jede der übrigen zur Schaar g gehörige Gerade in vier harmonischen Puncten:

Und ihre Berührungspuncte sind vier harmonische Puncte des Kegelschnittes [T]:

1) Eine Gerade T_1; die Schaar Kegelschnitte $[g_1]$, die sie berühren, und ihre Berührungspuncte.

2) So befinden sich unter der Schaar Kegelschnitte $[g_1]$, die durch drei Puncte $\mathfrak{z}_1$, $\mathfrak{y}_1$, $\mathfrak{x}_1$ gehen und eine Gerade T berühren, im Allgemeinen und höchstens vier Parabeln.

3) Vier von diesen berührenden Kegelschnitten $[g_1]$, die harmonisch sind;

Sie schneiden jeden der übrigen zur Schaar $[g_1]$ gehörigen Kegelschnitte in vier harmonischen Puncten;

Und ihre Berührungspuncte sind vier harmonische Puncte der Geraden T (1).

4) Da irgend zwei Kegelschnitte [M], [N] von vier bestimmten Geraden a, b, c, d berührt werden:

5) Den zahlreichen Sätzen und Aufgaben, die oben von § 42 bis § 48 aufgestellt sind, und welche sich auf einen Kegelschnitt [T] und auf dessen Secanten und Tangenten sowie auf beliebige andere Gerade beziehen, z. B. den Sätzen über die dem Kegelschnitt [T] um- und eingeschriebenen Sechsecke, Fünfecke, Vierecke und Dreiecke, über harmonische Pole und Polaren, u. s. w.:

4) So giebt es vier Kegelschnitte $[a_1]$, $[b_1]$, $[c_1]$, $[d_1]$, wovon jeder irgend zwei gegebene Gerade M, N berührt.

5) Analoge Sätze und Aufgaben, die sich sämmtlich auf die Gerade T und auf die sie schneidenden und berührenden Kegelschnitte $[\mathfrak{z}_1\mathfrak{y}_1\mathfrak{x}_1]$, sowie auf andere bestimmte Kegelschnitte $[\mathfrak{z}_1\mathfrak{y}_1\mathfrak{x}_1]$ beziehen.

C.

1) Einem Kegelschnitt der durch irgend zwei der drei Hauptpuncte $\mathfrak{r}$, $\mathfrak{s}$, $\mathfrak{t}$ geht, etwa einem Kegelschnitt $[\mathfrak{r}\mathfrak{s}]$, der durch $\mathfrak{r}$, $\mathfrak{s}$ geht; den sämmtlichen Geraden g die ihn beberühren, und ihren Berührungspuncten:

Da von der Schaar Gerader g im Allgemeinen und höchstens vier den Kegelschnitt [R] berühren:

2) Den vorerwähnten Sätzen und Aufgaben (B, 3 und 5).

3) Der Schaar Kegelschnitte, welche durch die vier Puncte $\mathfrak{r}$, $\mathfrak{s}$, $\mathfrak{z}$, $\mathfrak{y}$ (Fig. 55) gehen:

4) Der Schaar Kegelschnitte, die durch zwei Hauptpuncte $\mathfrak{r}$, $\mathfrak{s}$ und durch einen beliebigen Punct $\mathfrak{p}$ gehen und irgend eine Gerade l berühren:

1) Ein Kegelschnitt der durch die entsprechenden zwei Hauptpuncte geht, also ein Kegelschnitt $[\mathfrak{z}_1\mathfrak{y}_1]$; die sämmtlichen Kegelschnitte $[g_1]$ die ihn berühren, und ihre Berührungspuncte.

So befinden sich unter der Schaar Kegelschnitte $[g_1]$ im Allgemeinen und höchstens vier Parabeln.

2) Analoge Sätze und Aufgaben.

3) Die Schaar Kegelschnitte, welche in den Puncten $\mathfrak{z}_1$, $\mathfrak{y}_1$ zwei gemeinschaftliche Tangenten haben.

4) Die Schaar Kegelschnitte, welche durch die drei entsprechenden Puncte $\mathfrak{z}_1$, $\mathfrak{y}_1$, $\mathfrak{p}_1$ gehen und einen bestimmten Kegelschnitt $[l_1]$ berühren.

Oder der Schaar Kegelschnitte, welche durch $\mathfrak{r}$, $\mathfrak{s}$ gehen und die Gerade l in einem gegebenen Puncte $\mathfrak{a}$ berühren:

Die Schaar Kegelschnitte, welche durch $\mathfrak{z}_1$, $\mathfrak{y}_1$ gehen und einen Kegelschnitt $[l_1]$ in einem Puncte $\mathfrak{a}_1$ berühren.

Oder der Schaar Kegelschnitte, welche durch $\mathfrak{r}$, $\mathfrak{s}$ gehen und irgend zwei gegebene Gerade M, N berühren:

Die Schaar Kegelschnitte, welche durch $\mathfrak{z}_1$, $\mathfrak{y}_1$ gehen und zwei bestimmte Kegelschnitte $[M_1]$, $[N_1]$ berühren.

Oder der Schaar Kegelschnitte, welche durch $\mathfrak{r}$, $\mathfrak{s}$ gehen und den Kegelschnitt [R] in irgend einem Punct $\mathfrak{q}$ berühren:

Eine Schaar Parabeln, welche durch $\mathfrak{z}_1$, $\mathfrak{y}_1$ gehen, und deren Axen parallel nach einem unendlich entfernten Punct $\mathfrak{q}_1$ gerichtet sind.

U. s. w.

5) Da irgend zwei Kegelschnitte $[\mathfrak{r}\mathfrak{s}]$ im Allgemeinen von vier bestimmten Geraden a, b, c, d berührt werden:

5) So werden irgend zwei Kegelschnitte $[\mathfrak{z}_1\mathfrak{y}_1]$ von vier bestimmten Kegelschnitten $[a_1]$, $[b_1]$, $[c_1]$, $[d_1]$ berührt.

U. s. w.

D.

1) Einem beliebigen Kegelschnitt C; den ihn berührenden Geraden g; ihren Berührungspuncten:

1) Eine bestimmte Curve vierten Grades; die sie berührenden Kegelschnitte $[g_1]$; ihre Berührungspuncte.

2) Den Sätzen und Aufgaben von § 42 bis § 48, namentlich den Porismen in § 47:

2) Analoge Sätze, Aufgaben und Porismen.

Hiernach sieht man, dass, wie schon erwähnt, die meisten Resultate, welche bei früheren Betrachtungen entwickelt worden, und welche sich auf Figuren in der Ebene beziehen, und zwar vorzugsweise das Netzgewebeartige derselben betreffen, sich nach den vorstehenden Schematen auf mehrfache Weise travestiren lassen; nämlich diejenigen Sätze, Aufgaben etc., wobei bloss Puncte und Gerade (Vielecke, Vielseite, projectivische Gerade und ebene Strahlbüschel etc.) vorkommen, nach (A); kommt ausser diesen Elementen noch ein einzelner Kegelschnitt oder eine gewisse Schaar Kegelschnitte vor, nach (B, C und D); und kommen in den Sätzen etc., ausser jenen Elementen, beliebige Kegelschnitte vor, nach (D). Auch lassen sich die neuen Resultate wiederum auf dieselbe Weise umwandeln u. s. w. Wollte man jedoch diese Umwandlungen weiter wiederholen, so würden sie in's Langweilige führen, sie würden nichts wesentlich Neues enthalten, mithin weniger wichtig sein, als die einfachen Elementarsätze, von welchen sie hergeleitet, und von welchen sie im Grunde nur als Carricaturen erschienen.

Die obigen Sätze (rechts), welche meist nur angedeutet sind, wird man leicht vollständig aussprechen können*). Uebrigens führt der Gang der Betrachtung projectivischer Ebenen und Strahlbüschel noch von einer anderen Seite nothwendigerweise auf dieselben zurück, wo sie alsdann theils umfassender; theils mehr in's Einzelne und Besondere eingehend dargestellt werden sollen.

III. Der vorhergehenden Betrachtung (II) steht, wie es der in diesem Werk überall beobachtete Gegensatz erheischt, die folgende Betrachtung zur Seite, von welcher ich aber nur sehr kurz einige wesentliche Hauptmomente andeuten werde.

1) Bringt man nämlich mit den Doppelgebilden A, A_1 (I) irgend zwei Strahlbüschel $\mathfrak{D}$, $\mathfrak{D}_1$ in Verbindung, so lassen sich diese, mittelst des den ersteren zugehörigen Strahlsystems entsprechenderweise auf einander beziehen, wie vorhin die Ebenen ε, ε_1. Denn durch jeden Strahl des Strahlsystems $[AA_1]$ geht im Allgemeinen eine Ebene sowohl des einen als des anderen Strahlbüschels $\mathfrak{D}$, $\mathfrak{D}_1$, z. B. durch einen bestimmten Strahl a wird eine bestimmte Ebene α in $\mathfrak{D}$ und eine bestimmte Ebene α_1 in $\mathfrak{D}_1$ gehen; je zwei solche Ebenen sollen „entsprechende Ebenen“ (oder jede soll die „schiefe Projection“ der anderen) heissen. Jeder Ebene in einem der zwei Strahlbüschel $\mathfrak{D}$, $\mathfrak{D}_1$ entspricht demnach irgend eine bestimmte Ebene im anderen Strahlbüschel, und von diesem allgemeinen Gesetz finden, wie man sogleich sehen wird, nur wenige Ausnahmen statt.

Zuvörderst mögen für gewisse Elemente besondere Bezeichnungen und Benennungen festgesetzt werden. Nämlich es sollen die zwei Ebenen in $\mathfrak{D}$, welche durch die Axen A, A_1 gehen, durch ρ, σ und ihre Durchschnittslinie durch x, und andererseits sollen die zwei Ebenen in $\mathfrak{D}_1$, welche durch A, A_1 gehen, durch ζ_1, η_1 und ihre Durchschnittslinie durch t_1 bezeichnet werden; x und t_1 sind also diejenigen Strahlen der Strahlbüschel $\mathfrak{D}$, $\mathfrak{D}_1$, welche beide Axen A, A_1 schneiden, und folglich zugleich dem Strahlsystem $[AA_1]$ angehören. Ferner soll diejenige Ebene in $\mathfrak{D}$, welche durch den Strahl t_1 in $\mathfrak{D}_1$ geht, durch τ, und die Durchschnittslinien, welche sie mit den Ebenen ρ, σ bildet, sollen durch y, z, und andererseits soll diejenige Ebene in $\mathfrak{D}_1$, welche durch den Strahl x in $\mathfrak{D}$ geht, durch ξ_1 und ihre Durch-

*) Es bedeutet nämlich bei den obigen Sätzen (was übrigens auch schon aus dem ganzen Zusammenhang zu schliessen ist), z. B. das Zeichen $[\mathfrak{z}_1\mathfrak{y}_1\mathfrak{x}_1]$: ein oder mehrere Kegelschnitte, welche durch die drei Hauptpuncte $\mathfrak{z}_1$, $\mathfrak{y}_1$, $\mathfrak{x}_1$ gehen; $[\mathfrak{z}_1\mathfrak{y}_1]$: ein oder mehrere Kegelschnitte, welche durch die zwei Hauptpuncte $\mathfrak{z}_1$, $\mathfrak{y}_1$ gehen; $[N_1]$ oder $[a_1]$ oder $[g_1]$: ein Kegelschnitt, welcher durch die drei Hauptpuncte $\mathfrak{z}_1$, $\mathfrak{y}_1$, $\mathfrak{x}_1$ geht und einer bestimmten Geraden N oder a oder g in ε entspricht; u. s. w. Aehnliches gilt von ε_1.

schnittslinien mit den Ebenen ζ_1, η_1 sollen durch s_1, r_1 bezeichnet werden. Die Ebenen ρ, σ, τ und ζ_1, η_1, ξ_1 sollen fortan die „Hauptebenen“, die Strahlen z, y, x und r_1, s_1, t_1 die „Hauptstrahlen“, oder die Dreiflache $\rho\sigma\tau$ und $\zeta_1\eta_1\xi_1$ sollen die „Hauptdreiflache“ der Strahlbüschel $\mathfrak{D}$ und $\mathfrak{D}_1$ heissen. Auch mögen die Ebenenpaare ρ und ζ_1, σ und η_1, τ und ξ_1 entsprechende Hauptebenen, und die Strahlenpaare z und r_1, y und s_1, x und t_1 entsprechende Hauptstrahlen genannt werden. Endlich soll derjenige Strahl, welchen beide Strahlbüschel $\mathfrak{D}$, $\mathfrak{D}_1$ gemein haben (die Gerade durch ihre Mittelpuncte $\mathfrak{D}$, $\mathfrak{D}_1$), durch ee_1 bezeichnet werden. Sodann lassen sich die vorgenannten Ausnahmen folgender Gestalt angeben (vergl. II, 1):

„Die sämmtlichen Ebenen der Ebenenbüschel z, y, x und r_1, s_1, t_1 haben beziehlich die einzelnen Hauptebenen ζ_1, η_1, ξ_1 und ρ, σ, τ zu entsprechenden Ebenen; und ferner: jede Ebene des Ebenenbüschels ee_1 entspricht sich selbst, oder es sind in ihr zwei entsprechende Ebenen vereinigt.“

Mittelst der Hauptebenen ρ, σ, τ und ζ_1, η_1, ξ_1 lässt sich zu jeder gegebenen Ebene des einen oder anderen Strahlbüschels $\mathfrak{D}$, $\mathfrak{D}_1$ die ihr entsprechende Ebene finden (ähnlicherweise wie oben entsprechende Puncte (II, 1)).

2) Es entsteht nun weiter die Frage, wenn in einem der zwei Strahlbüschel $\mathfrak{D}$, $\mathfrak{D}_1$ irgend ein bestimmtes System von Ebenen gegeben ist, welchem Gesetz dann die ihnen entsprechenden Ebenen im anderen Strahlbüschel unterworfen seien? Die Antwort hierauf ergiebt sich sehr leicht:

a) Man denke sich zunächst irgend einen Ebenenbüschel l im Strahlbüschel $\mathfrak{D}$, so werden dessen Ebenen α, β, γ, ... durch solche Strahlen a, b, c, ... des Strahlsystems $[AA_1]$ gehen, welche in einem einfachen Hyperboloïd liegen ((I) oder (§ 51)), und daher werden die ihnen entsprechenden Ebenen α_1, β_1, γ_1, ... in $\mathfrak{D}_1$ irgend eine bestimmte Kegelfläche zweiten Grades $[l_1]$ umhüllen (§ 51, IV, 4), welche nothwendigerweise dem Hauptdreiflach $\zeta_1\eta_1\xi_1$ eingeschrieben ist, weil durch jeden der drei Hauptstrahlen z, y, x (in $\mathfrak{D}$) eine Ebene des Ebenenbüschels l geht, und weil diesen Ebenen jene Ebenen ζ_1, η_1, ξ_1 entsprechen (1); (auch berührt die Kegelfläche $[l_1]$ diejenige Ebene $l(ee_1)$, welche durch die Axe l und durch den Strahl ee_1 geht, weil dieselbe sich selbst entspricht (1)). Also:

„Den gesammten Ebenen irgend eines Ebenenbüschels in einem der zwei Strahlbüschel $\mathfrak{D}$, $\mathfrak{D}_1$, wie etwa den Ebenen des Ebenenbüschels l in $\mathfrak{D}$, entsprechen im anderen Strahlbüschel $\mathfrak{D}_1$ die gesammten Berührungsebenen irgend einer bestimmten Kegelfläche zweiten Grades $[l_1]$, und zwar befinden sich unter den letzteren allemal die drei Hauptebenen ζ_1, η_1, ξ_1.“ Oder: „Jedem Strahl in einem der zwei Strahlbüschel $\mathfrak{D}$, $\mathfrak{D}_1$, wie etwa dem Strahl l in $\mathfrak{D}$, entspricht im anderen Strahlbüschel $\mathfrak{D}_1$ irgend eine bestimmte Kegelfläche zweiten Grades $[l_1]$, welche dem Hauptdreiflach $\zeta_1\eta_1\xi_1$ eingeschrieben ist, und auch umgekehrt; so dass also den gesammten Strahlen des einen Strahlbüschels, die gesammten Kegelflächen zweiten Grades entsprechen, welche im anderen Strahlbüschel dem Hauptdreiflach eingeschrieben sind."

Bei diesem allgemeinen Gesetz finden folgende Ausnahmen statt: Liegt die Axe des genannten Ebenenbüschels l in einer der drei Hauptebenen ρ, σ, τ, so entspricht ihm in $\mathfrak{D}_1$ ebenfalls ein Ebenenbüschel l_1, dessen Axe beziehlich in einer der drei Hauptebenen ζ_1, η_1, ξ_1 liegt; (die Ebenenbüschel l, l_1 sind projectivisch, liegen ihre Axen in ρ und ζ_1, oder in σ und η_1, so sind sie perspectivisch, liegen dieselben aber in τ und ξ_1, so erzeugen jene ein einfaches Hyperboloïd, welches allemal durch die vier Geraden A, A_1, x, t_1 geht; alle möglichen zusammengehörigen Axen l und l_1 erzeugen drei Paar projectivische ebene Strahlbüschel ρ und ζ_1, σ und η_1, τ und ξ_1 (in $\mathfrak{D}$ und $\mathfrak{D}_1$), wovon die zwei ersten Paare perspectivisch sind, nämlich sie haben A, A_1 zu perspectivischen Durchschnitten und jedes hat den Strahl ee_1 zur Projectionsaxe u. s. w.).

b) Denkt man sich nun weiter ein System von Ebenen in $\mathfrak{D}$, welche irgend eine Kegelfläche K vom n^{ten} Grade umhüllen, und frägt, was für eine Kegelfläche K_1 die ihnen entsprechenden Ebenen in $\mathfrak{D}_1$ berühren, so ergiebt sich die Antwort ebenfalls sehr leicht. Denn da irgend eine Kegelfläche zweiten Grades [T], welche dem Hauptdreiflach $\rho\sigma\tau$ eingeschrieben ist, mit der gegebenen Kegelfläche in K im Allgemeinen und höchstens $2n(n-1)$ gemeinschaftliche Berührungsebenen hat, so gehen durch einen bestimmten Strahl T_1 (der jener Kegelfläche [T] entspricht (a)), in $\mathfrak{D}_1$ eben so viele Ebenen, welche die Kegelfläche K_1 berühren, und folglich ist die letztere im Allgemeinen von der $2n(n-1)^{ten}$ Classe (§ 41, III, Note). Da ferner durch jeden der drei Hauptstrahlen z, y, x in $\mathfrak{D}$ im Allgemeinen $n(n-1)$ Ebenen gehen, welche die gegebene Kegelfläche K berühren, so muss die Kegelfläche K_1 jede der drei Hauptebenen ζ_1, η_1, ξ_1 im Allgemeinen $n(n-1)$ mal berühren; u. s. w. *)

Ist die gegebene Kegelfläche K insbesondere nur vom zweiten Grade, so ist die ihr entsprechende Kegelfläche K_1 im Allgemeinen von der vierten Classe und berührt jede der drei Hauptebenen ζ_1, η_1, ξ_1 doppelt; oder es ist in diesem Falle die Fläche K_1 entweder von der vierten, dritten,

*) Ist z. B. die gegebene Kegelfläche K vom zweiten Grade, und geht sie durch die drei Hauptstrahlen z, y, x, so ist die ihr entsprechende Kegelfläche K_1 von der vierten Classe und hat drei Wendungsstrahlen, in welchen sie von den drei Hauptebenen ζ_1, η_1, ξ_1 berührt wird, und welche in einer Ebene liegen; u. s. w. (vgl. oben II, 2, d, Note).

zweiten oder ersten Classe, je nachdem jene Fläche K entweder keine, eine, zwei oder alle drei Hauptebenen ρ, σ, τ berührt. Also:

„Jeder Kegelfläche zweiten Grades K in $\mathfrak{D}$, welche irgend zwei der drei Hauptebenen ρ, σ, τ berührt, entspricht in $\mathfrak{D}_1$ ebenfalls eine Kegelfläche zweiten Grades K_1, welche die zwei entsprechenden (1) Hauptebenen ζ_1, η_1, ξ_1 berührt; und auch umgekehrt.“

3) Mittelst der vorstehenden Fundamentalsätze (1 und 2) über die gegenseitige Beziehung der zwei Strahlbüschel $\mathfrak{D}$, $\mathfrak{D}_1$ lassen sich nun ähnlicherweise, wie oben (II, 3) bei den Ebenen ε, ε_1, die daselbst angezeigten Reihen von Eigenschaften, Sätzen, Aufgaben, u. s. w. [wenn diese zuerst, (vermöge § 33 und § 48) auf einen der zwei Strahlbüschel übertragen werden], auf eine neue Art travestiren; ich begnüge mich aber damit, hier darauf aufmerksam gemacht zu haben; im Nächstfolgenden (IV) sollen einige dahin gehörige Beispiele wenn auch unter abgeänderter Gestalt herausgehoben werden.

IV. Die Resultate, welche durch die zwei vorhergehenden Betrachtungen über die zwei Paar Gebilde ε und ε_1, $\mathfrak{D}$ und $\mathfrak{D}_1$ entwickelt worden, lassen sich (zufolge § 33) unmittelbar von jedem Paar dieser Gebilde auf das andere übertragen, d. h. die von den Ebenen ε, ε_1 aufgefundenen Eigenschaften (II) lassen sich auf die Strahlbüschel $\mathfrak{D}$, $\mathfrak{D}_1$, und die von diesen angedeuteten Eigenschaften (III) lassen sich unmittelbar auf jene übersetzen.

1) Nämlich werden z. B. die Strahlbüschel $\mathfrak{D}$, $\mathfrak{D}_1$, nachdem sie nach obiger Art (III) mittelst des Strahlsystems $[AA_1]$ auf einander bezogen, durch zwei beliebige neue Ebenen ε, ε_1 geschnitten, so müssen in diesen entsprechende Hauptelemente entstehen, wie sie jenen zukommen, d. h. es entstehen in den Ebenen ε und ε_1 zwei Hauptdreiseite rst und $z_1 y_1 x_1$, deren Seiten r, s, t und z_1, y_1, x_1 Hauptgerade, und deren Eckpuncte (nach der Ordnung, in der sie den Seiten gegenüber stehen) $\mathfrak{z}$, $\mathfrak{y}$, $\mathfrak{x}$ und $\mathfrak{r}_1$, $\mathfrak{s}_1$, $\mathfrak{t}_1$ Hauptpuncte sind, und diese Hauptelemente werden beziehlich durch die Hauptdreiflache $\rho\sigma\tau$ und $\zeta_1\eta_1\xi_1$, Hauptebenen ρ, σ, τ und ζ_1, η_1, ξ_1, und Hauptstrahlen z, y, x und r_1, s_1, t_1 der Strahlbüschel $\mathfrak{D}$ und $\mathfrak{D}_1$ (III, 1) bewirkt; ferner wird z. B. eine Kegelfläche zweiten Grades, welche einem der zwei Hauptdreiflache eingeschrieben ist, in der zugehörigen Ebene einen Kegelschnitt erzeugen, welcher dem Hauptdreiseit eingeschrieben ist, u. s. w., so dass also zwischen den zwei schneidenden Ebenen ε, ε_1 folgende Beziehung stattfindet:

Den Elementen und Gebilden

in der Ebene ε . . . entsprechen . . . in der Ebene ε_1:

A.

1) Irgend einem Strahl a (Gerade):	1) Ein bestimmter Strahl a_1.

2) Dem unendlich entfernten Strahl Q (II, 2, b):

2) Ein bestimmter endlich entfernter Strahl Q_1.

3) Einem gewissen besonderen Strahl R:

3) Der unendlich entfernte Strahl R_1.

4) Den einzelnen Seiten r, s, t des Hauptdreiseits (als Strahlen angesehen):

4) Die gesammten Strahlen der Strahlbüschel $\mathfrak{r}_1$, $\mathfrak{s}_1$, $\mathfrak{t}_1$.

5) Den gesammten Strahlen der Strahlbüschel $\mathfrak{z}$, $\mathfrak{y}$, $\mathfrak{x}$:

5) Die einzelnen (Haupt-) Strahlen z_1, y_1, x_1.

6) Den drei Hauptgeraden r, s, t (als Gebilde angesehen):

6) Die drei Hauptgeraden z_1, y_1, x_1.

7) Irgend einem Strahlbüschel $\mathfrak{B}$, d. h. irgend einem Puncte $\mathfrak{B}$ und den gesammten durch ihn gehenden Strahlen:

7) Ein bestimmter Kegelschnitt $[\mathfrak{B}_1]$, der dem Hauptdreiseit z_1, y_1, x_1 eingeschrieben ist, und dessen sämmtliche Tangenten (III, 2, a);

oder schlechthin:

Irgend einem Puncte $\mathfrak{B}$, welcher nicht in einer der drei Hauptgeraden r, s, t liegt:

Ein bestimmter Kegelschnitt $[\mathfrak{B}_1]$, welcher dem Hauptdreiseit $z_1 y_1 x_1$ eingeschrieben ist;

und also:

Den gesammten Puncten, welche nicht in den drei Hauptgeraden r, s, t liegen:

Die gesammten Kegelschnitte $[z_1 y_1 x_1]$, welche dem Hauptdreiseit $z_1 y_1 x_1$ eingeschrieben sind;

Den Puncten in den drei Hauptgeraden r, s, t*):

Die Puncte in den drei Hauptgeraden z_1, y_1, x_1*).

8) Irgend einer Geraden g, d. h. der Schaar Puncte, die in irgend einer Geraden g liegen:

8) Eine Schaar Kegelschnitte $[g_1]$, d. h. alle Kegelschnitte, welche die drei Hauptgeraden z_1, y_1, x_1 und eine bestimmte vierte Gerade g_1 berühren.

9) Jener besonderen (3) Geraden R:

9) Die Schaar Parabeln $[R_1]$, d. h. alle Parabeln, welche dem Hauptdreiseit $z_1 y_1 x_1$ eingeschrieben werden können.

10) Da die Gerade g (8) der besonderen Geraden R nur

10) So befindet sich unter der Schaar Kegelschnitte $[g_1]$,

*) Und zwar sind die Geraden r und z_1, s und y_1, t und x_1, in Ansehung der entsprechenden Punctepaare, projectivisch.

in einem einzigen Punct begegnet:

11) Geht die Gerade g durch einen der drei Hauptpuncte $\mathfrak{z}$, $\mathfrak{y}$, $\mathfrak{x}$ (5):

U. s. w.

(welche vier Gerade z_1, y_1, x_1, g_1 berühren) nur eine einzige Parabel.

11) So vereinigt sich die Gerade g_1 mit einer der drei Hauptgeraden z_1, y_1, x_1, die dann von der Schaar Kegelschnitte $[g_1]$ in einem bestimmten Punct berührt wird. U. s. w.

B.

1) Irgend zwei Strahlen a, b;

dem durch sie bestimmten Punct $\mathfrak{B}$, d. h. ihrem Durchschnittspunct;

und dem durch sie und durch die Hauptgeraden r, s, t bestimmten Kegelschnitt $[\mathfrak{T}]$:

2) Irgend einem Kegelschnitt $[\mathfrak{T}]$ (der dem Hauptdreiseit rst eingeschrieben ist);

irgend einem Punct $\mathfrak{P}$ in dessen Umfang:

und dem ihn in diesem Puncte berührenden Strahl a:

3) Irgend einem Kegelschnitt $[\mathfrak{T}]$;

der Schaar Puncte $\mathfrak{P}$, die in seinem Umfange liegen:

und den gesammten Strahlen, die ihn berühren:

4) Da von der Schaar Puncte $\mathfrak{P}$, die in dem Kegelschnitte $[\mathfrak{T}]$ liegen (3), im Allgemeinen und höchstens zwei in die besondere Gerade $\mathfrak{R}$ fallen:

1) Zwei bestimmte Strahlen a_1, b_1;

der durch sie und durch die Hauptgeraden z_1, y_1, x_1 bestimmte Kegelschnitt $[\mathfrak{B}_1]$;

der durch sie bestimmte Punct, d. h. ihr Durchschnittspunct $\mathfrak{T}_1$.

2) Ein bestimmter Punct $\mathfrak{T}_1$;

ein bestimmter Kegelschnitt $[\mathfrak{P}_1]$, der durch ihn geht (und dem Hauptdreiseit $z_1 y_1 x_1$ eingeschrieben ist);

der in ihm von diesem Kegelschnitte berührte Strahl a_1.

3) Ein bestimmter Punct $\mathfrak{T}_1$;

die Schaar Kegelschnitte $[\mathfrak{P}_1]$, die durch ihn gehen;

die gesammten Strahlen des Strahlbüschels $\mathfrak{T}_1$.

4) So sind unter der Schaar Kegelschnitte $[\mathfrak{P}_1]$, (welche drei Gerade z_1, y_1, x_1 berühren und durch einen Punct $\mathfrak{T}_1$ gehen), im Allgemeinen und höchstens zwei Parabeln.

5) Da irgend zwei Kegelschnitte [𝔐], [𝔑] (die dem Dreiseit rst eingeschrieben sind) einander im Allgemeinen und höchstens in vier Puncten 𝔞, 𝔟, 𝔠, 𝔡 schneiden:

U. s. w.

5) So giebt es im Allgemeinen und höchstens vier Kegelschnitte [$𝔞_1$], [$𝔟_1$], [$𝔠_1$], [$𝔡_1$], welche durch zwei bestimmte Puncte $𝔐_1$, $𝔑_1$ gehen (und drei Gerade z_1, y_1, x_1 berühren).

U. s. w.

C.

1) Irgend einem Kegelschnitt, der irgend zwei der drei Hauptgeraden r, s, t berührt, z. B. irgend einem Kegelschnitt [rs], der r, s berührt; der Schaar Puncte 𝔓, die in seinem Umfange liegen; (und der Schaar Strahlen a, die ihn berühren):

1) Ein bestimmter Kegelschnitt, der die entsprechenden zwei Hauptgeraden (z_1, y_1, x_1) berührt, also z. B. ein bestimmter Kegelschnitt [z_1y_1]; die Schaar Kegelschnitte [$𝔓_1$], die ihn berühren; (und die Schaar Strahlen a_1, die ihn (und diese Kegelschnitte) berühren).

2) Da von der Schaar Puncte 𝔓 (1) des Kegelschnittes [rs] im Allgemeinen und höchstens zwei in der besonderen Geraden R liegen:

2) So sind unter der Schaar Kegelschnitte [$𝔓_1$], (die einen Kegelschnitt [z_1y_1], zwei Tangenten z_1, y_1 desselben und eine dritte Gerade x_1 berühren), im Allgemeinen zwei Parabeln.

3) Da irgend zwei Kegelschnitte [rs] einander im Allgemeinen in vier Puncten 𝔞, 𝔟, 𝔠, 𝔡 schneiden:

U. s. w.

3) So können irgend zwei Kegelschnitte [z_1y_1] im Allgemeinen von vier bestimmten Kegelschnitten [$𝔞_1$], [$𝔟_1$], [$𝔠_1$], [$𝔡_1$] berührt werden. U. s. w.

D.

1) Irgend einer beliebigen Curve C des n^{ten} Grades:

Da durch jeden der drei Hauptpuncte 𝔷, 𝔶, 𝔵 im Allgemeinen n(n—1) Strahlen gehen, welche die gegebene Curve C berühren:

1) Eine bestimmte Curve C_1 der $2n(n-1)^{ten}$ Classe (III, 2, b).

So muss jede der drei Hauptgeraden z_1, y_1, x_1 im Allgemeinen n(n—1) mal von der genannten Curve C_1 berührt werden.

U. s. w.

2) Irgend einem beliebigen Kegelschnitt C, der keine der drei Hauptgeraden r, s, t berührt,

der Schaar Puncte 𝔓, die in seinem Umfange liegen, und der Schaar Strahlen a, die ihn in diesen Puncten berühren:

3) Irgend einem beliebigen Kegelschnitt C, welcher durch jeden der drei Hauptpuncte 𝔷, 𝔶, 𝔵 geht:

U. s. w.

2) Eine bestimmte Curve C_1 vierter Classe, die jede der drei Hauptgeraden z_1, y_1, x_1 doppelt berührt;

die Schaar Kegelschnitte [$𝔓_1$], die sie berühren, und die Schaar Tangenten a_1, die sie mit diesen (in den Berührungspuncten) gemein hat.

3) Eine solche Curve C_1 vierter Classe, die drei singuläre Puncte hat, in denen sie von den drei Hauptgeraden z_1, y_1, x_1 berührt wird, und die in einer Geraden liegen.

U. s. w.

Hiernach sieht man, wie die gegenseitige Beziehung der Ebenen ε, ε_1, (oder der Strahlbüschel 𝔇, $𝔇_1$), mit der gegenseitigen Beziehung der neuen Ebenen ε, ε_1 (II) einerseits übereinstimmt, und andererseits sich von dieser unterscheidet; nämlich sie stimmt dem Umfange nach ganz mit der letzteren überein, so dass alle jene Eigenschaften, Sätze, Aufgaben etc., von welchen oben (II, 3) Erwähnung geschah, sich eben so vielfältig durch sie umwandeln lassen, und dass überhaupt alle daselbst gemachten Bemerkungen auch auf sie Anwendung finden; dagegen aber unterscheidet sie sich von der anderen durch die Art der entsprechenden Elemente, und zwar dergestalt, dass wenn z. B. irgend ein Satz über Figuren in den Ebenen ε, ε_1 gegeben ist, dann der entsprechende Satz in den neuen Ebenen ε, ε_1 (oder in den Strahlbüscheln 𝔇, $𝔇_1$) unmittelbar daraus abgeleitet werden kann, wenn man hier überall: Gerade, Punct, Hauptdreiseit, eingeschriebener Kegelschnitt, u. s. w. (oder bei 𝔇, $𝔇_1$: Ebene, Strahl, Hauptdreiflach, eingeschriebene Kegelfläche etc.) setzt, wo dort, respective: Punct, Gerade, Hauptdreieck, umschriebener Kegelschnitt, u. s. w. steht; und auch umgekehrt. Das Zugleichstattfinden der einander entsprechenden Eigenschaften und Sätze in den verschiedenartigen und verschiedenartig auf einander bezogenen Gebilde-Paaren ε und ε_1, 𝔇 und $𝔇_1$, ist eine nothwendige und natürliche Folge davon, dass die beiderseitigen Beziehungen durch das Strahlsystem [AA_1] bewirkt worden. Aus denselben Gründen findet übrigens auch sogar eine Abhängigkeit zwischen den Eigenschaften irgend zweier ungleichartigen Gebilde statt, was, wie folgt, gezeigt werden kann.

2) Man kann nämlich auch zwei ungleichartige Gebilde, z. B. die Ebene ε und den Strahlbüschel $𝔇_1$, mittelst des Strahlsystems [AA_1] auf

einander beziehen. Werden zu diesem Endzweck die Puncte, in welchen ε von den Axen A, A_1 getroffen wird, wie oben (II), durch $\mathfrak{r}$, $\mathfrak{s}$, der durch sie gehende Strahl durch x, und werden andererseits die Ebenen in $\mathfrak{D}_1$, welche durch die Axen A, A_1 gehen, wie oben (III) durch ζ_1, η_1, ihre Durchschnittslinie durch t_1, wird ferner der Punct, in welchem ε vom Strahle t_1 getroffen wird, durch $\mathfrak{t}$, und werden die Geraden, in welchen sie von den Ebenen ζ_1, η_1 geschnitten wird, durch z, y; und wird endlich diejenige Ebene in $\mathfrak{D}_1$, welche durch den Strahl x geht, durch ξ_1, und werden die Strahlen, in welchen sie die Ebenen ζ_1, η_1 schneidet (oder welche durch jene Puncte $\mathfrak{r}$, $\mathfrak{s}$ gehen), durch r_1, s_1 bezeichnet: so kann, in ähnlichem Sinne, wie oben (II und III), das Dreieck $\mathfrak{r}\mathfrak{s}\mathfrak{t}$ Hauptdreieck der Ebene ε, und das Dreiflach $\zeta_1\eta_1\xi_1$ Hauptdreiflach des Strahlbüschels $\mathfrak{D}_1$, und ferner können z. B. derjenige Punct $\mathfrak{a}$ in ε und diejenige Ebene α_1 in $\mathfrak{D}_1$, welche beide durch irgend einen und denselben Strahl a des Strahlsystems $[AA_1]$ bestimmt werden, entsprechende Elemente der Gebilde ε, $\mathfrak{D}_1$ genannt werden, u. s. w., so dass sich alsdann zwischen diesen zwei Gebilden eine analoge Beziehungstabelle aufstellen lässt, wie oben zwischen gleichartigen Gebilde-Paaren; was etwa durch folgende einzelne Beispiele erläutert werden mag:

α) Den Elementen und Gebilden

in der Ebene ε ... entsprechen ...	im Strahlbüschel $\mathfrak{D}_1$:
1) Irgend einem Puncte $\mathfrak{a}$ (im Allgemeinen):	1) Eine bestimmte Ebene α_1.
2) Irgend einer Geraden l, d. h. den gesammten Puncten, die in irgend einer Geraden l liegen, welche durch keinen der drei Hauptpuncte $\mathfrak{r}$, $\mathfrak{s}$, $\mathfrak{t}$ geht:	2) Eine bestimmte Kegelfläche $[l_1]$, d. h. die gesammten Berührungsebenen einer Kegelfläche zweiten Grades, welche dem Hauptdreiflach $\zeta_1\eta_1\xi_1$ eingeschrieben ist.
3) Irgend einem Strahlbüschel $\mathfrak{B}$, d. h. den gesammten Geraden, die durch irgend einen Punct $\mathfrak{B}$ gehen, welcher in keiner der drei Hauptgeraden z, y, x liegt:	3) Eine bestimmte Schaar Kegelflächen $[\mathfrak{B}_1]$ zweiten Grades, welche ausser den drei Hauptebenen ζ_1, η_1, ξ_1 eine bestimmte vierte Ebene $\mathfrak{B}_1$ berühren.
4) Irgend einem dem Hauptdreieck $\mathfrak{r}\mathfrak{s}\mathfrak{t}$ umschriebenen Kegelschnitt [l]:	4) Ein bestimmter Strahl l_1 (oder Ebenenbüschel l_1), der in keiner der 3 Hauptebenen ζ_1, η_1, ξ_1 liegt.
5) Irgend einem Kegelschnitt, welcher durch irgend	5) Eine Kegelfläche zweiten Grades, welche die entspre-

zwei Hauptpuncte geht, etwa einem Kegelschnitt [$\mathfrak{r}\mathfrak{s}$]:	chenden zwei Hauptebenen berührt, also eine Kegelfläche [$\zeta_1\eta_1$].

Oder denkt man sich nun eine neue Ebene E_1, welche den Strahlbüschel $\mathfrak{D}_1$ schneidet, und behält die oben (1) für die Hauptelemente derselben festgesetzten Bezeichnungen und Benennungen bei, so hat man zwischen den Ebenen ε, E_1 folgende gegenseitige Beziehung:

β) Den Elementen und Gebilden
in der Ebene ε ... entsprechen ... in der Ebene E_1:

1) Irgend einem Punct $\mathfrak{a}$ im Allgemeinen:	1) Irgend eine bestimmte Gerade a_1.
2) Den gesammten Puncten, welche in einer der drei Hauptgeraden x, y, z liegen:	2) Eine und dieselbe Gerade, nämlich eine der drei Hauptgeraden x_1, y_1, z_1.
3) Den einzelnen Hauptpuncten $\mathfrak{r}$, $\mathfrak{s}$, $\mathfrak{t}$:	3) Die sämmtlichen Strahlen der Hauptstrahlbüschel $\mathfrak{r}_1$, $\mathfrak{s}_1$, $\mathfrak{t}_1$.
4) Einem gewissen besonderen Punct $\mathfrak{R}$:	4) Die unendlich entfernte Gerade R_1.
5) Irgend einer Geraden g, welche durch keinen der drei Hauptpuncte $\mathfrak{r}$, $\mathfrak{s}$, $\mathfrak{t}$ geht; der Schaar Puncte, die in ihr liegen:	5) Ein bestimmter Kegelschnitt [g_1], welcher dem Hauptdreiseit $z_1y_1x_1$ eingeschrieben ist; die Schaar Gerader, die ihn berühren.

Daher:

Den gesammten Geraden (in der Ebene):	Die gesammten Kegelschnitte [$z_1y_1x_1$].
6) Der unendlich entfernten Geraden Q:	6) Ein bestimmter besonderer Kegelschnitt [Q_1].
7) Irgend einer Geraden, welche durch einen der drei Hauptpuncte $\mathfrak{r}$, $\mathfrak{s}$, $\mathfrak{t}$ geht; der Schaar Puncte, die in ihr liegen:	7) Ein bestimmter Punct, der in einer der drei Hauptgeraden z_1, y_1, x_1 liegt; die Schaar Gerader, die durch ihn gehen.

Oder:

Irgend einer Geraden, welche durch einen der drei Hauptpuncte $\mathfrak{r}$, $\mathfrak{s}$, $\mathfrak{t}$ geht:	Ein bestimmter Strahlbüschel, dessen Mittelpunct in einer der drei Hauptgeraden z_1, y_1, x_1 liegt.

Und also:

Den gesammten Strahlen eines der drei Strahlbüschel $\mathfrak{r}$, $\mathfrak{s}$, $\mathfrak{t}$:

Die gesammten Puncte der entsprechenden Hauptgeraden z_1, y_1, x_1.

8) Irgend einem Strahlbüschel $\mathfrak{B}$, d. h. den gesammten Geraden, welche durch irgend einen Punct $\mathfrak{B}$ gehen, (der in keiner der drei Hauptgeraden z, y, x liegt):

8) Eine Schaar Kegelschnitte $[B_1]$, d. h. alle Kegelschnitte, welche ausser den drei Hauptgeraden z_1, y_1, x_1 noch eine bestimmte vierte Gerade B_1 berühren.

9) Dem besonderen Strahlbüschel $\mathfrak{R}$ (4):

9) Die Schaar Parabeln $[R_1]$, (welche dem Hauptdreiseit $z_1 y_1 x_1$ eingeschrieben werden können).

10) Da von den Strahlen des Strahlbüschels $\mathfrak{B}$ (8) nur ein einziger durch den besonderen Punct $\mathfrak{R}$ geht:

10) So befindet sich unter der Schaar Kegelschnitte $[B_1]$, welche irgend vier Gerade z_1, y_1, x_1, B_1 berühren, nur eine einzige Parabel (9).

11) Irgend einem Kegelschnitt [T], welcher dem Hauptdreieck $\mathfrak{r}\mathfrak{s}\mathfrak{t}$ umschrieben ist; der Schaar Puncte, welche in ihm liegen; und der Schaar Gerader, welche ihn berühren:

11) Ein bestimmter Punct $\mathfrak{T}_1$; die Schaar Gerader, die durch ihn gehen (d. i. der Strahlbüschel $\mathfrak{T}_1$); und die Schaar Kegelschnitte $[\mathfrak{T}_1]$, die durch ihn gehen (und dem Hauptdreiseit $z_1 y_1 x_1$ eingeschrieben sind).

Daher:

Den gesammten Kegelschnitten $[\mathfrak{r}\mathfrak{s}\mathfrak{t}]$:

Die gesammten Puncte.

12) Da der Kegelschnitt [T] (11) im Allgemeinen und höchstens von zwei Strahlen des Strahlbüschels $\mathfrak{R}$ (9) berührt wird:

12) So sind unter der Schaar Kegelschnitte $[\mathfrak{T}_1]$, welche durch einen Punct $\mathfrak{T}_1$ gehen und drei Gerade z_1, y_1, x_1 berühren im Allgemeinen zwei Parabeln $[R_1]$.

13) Der Schaar Kegelschnitte [P], welche durch irgend einen Punct $\mathfrak{P}$ gehen, (und dem Hauptdreieck $\mathfrak{r}\mathfrak{s}\mathfrak{t}$ umschrieben sind):

13) Die Schaar Puncte $\mathfrak{P}_1$, welche in irgend einer Geraden P_1 liegen, (die durch keinen der drei Hauptpuncte $\mathfrak{r}_1$, $\mathfrak{s}_1$, $\mathfrak{t}_1$ geht).

14) Der Schaar Kegelschnitte [G], welche irgend eine Gerade G berühren (und dem Hauptdreieck $r\mathfrak{s}t$ umschrieben sind):

15) Der Schaar Parabeln [Q], die dem Hauptdreieck $r\mathfrak{s}t$ umschrieben werden können:

16) Unter der Schaar Kegelschnitte [P], welche durch vier gegebene Puncte r, $\mathfrak{s}$, t, $\mathfrak{P}$ gehen (13), befinden sich im Allgemeinen zwei Parabeln;

17) Da irgend zwei Kegelschnitte [M], [N], (welche dem Hauptdreieck $r\mathfrak{s}t$ umschrieben sind), im Allgemeinen und höchstens von vier Geraden a, b, c, d berührt werden:

18) Durch drei gegebene Puncte r, $\mathfrak{s}$, t gehen im Allgemeinen und höchstens vier Kegelschnitte [a], [b], [c], [d], wovon jeder irgend zwei gegebene Gerade M, N berührt:

U. s. w.

14) Die Schaar Puncte $\mathfrak{G}_1$, welche in einem bestimmten Kegelschnitt $[\mathfrak{G}_1]$ liegen, (der dem Hauptdreiseit $z_1y_1x_1$ eingeschrieben ist).

15) Die Schaar Puncte $\mathfrak{Q}_1$ des besonderen (dem Hauptdreiseit $z_1y_1x_1$ eingeschriebenen) Kegelschnittes $[\mathfrak{Q}_1]$.

16) Weil die Gerade P_1 mit dem Kegelschnitt $[\mathfrak{Q}_1]$ im Allgemeinen und höchstens zwei Puncte gemein hat.

17) So giebt es im Allgemeinen und höchstens vier Kegelschnitte $[\mathfrak{a}_1]$, $[\mathfrak{b}_1]$, $[\mathfrak{c}_1]$, $[\mathfrak{d}_1]$, welche drei gegebene Gerade z_1, y_1, x_1 berühren und durch zwei gegebene Puncte $\mathfrak{M}_1$, $\mathfrak{N}_1$ gehen.

18) Weil irgend zwei Kegelschnitte $[\mathfrak{M}_1]$, $[\mathfrak{N}_1]$, welche dem Hauptdreiseit $z_1y_1x_1$ eingeschrieben sind, einander im Allgemeinen und höchstens in irgend vier Puncten $\mathfrak{a}_1$, $\mathfrak{b}_1$, $\mathfrak{c}_1$, $\mathfrak{d}_1$ schneiden. U. s. w.

Wenn insbesondere die Ebene E_1 mit der Ebene ε zusammenfällt, dann decken sich das Hauptdreiseit $z_1y_1x_1$ und das Hauptdreieck $r\mathfrak{s}t$, und es finden sodann einige merkwürdige Umstände statt, welche später berücksichtigt werden mögen. Ebenso giebt es eine besondere gegenseitige Lage für die Ebene ε und für den Strahlbüschel $\mathfrak{D}_1$, durch welche eigenthümliche interessante Umstände verursacht werden, und welche gehörigen Orts (im zweiten Abschnitte) ausführlich entwickelt werden sollen.

3) Es kann nun ferner noch erinnert werden, dass, da alles, was soeben über die zwei Ebenen ε, E_1 bemerkt worden, ähnlicherweise von zwei Strahlbüscheln $\mathfrak{D}$, D_1, oder da überhaupt alles, was in den vorstehenden Betrachtungen über die Ebenenpaare ε und ε_1 (II), E und E_1 (1), ε und E_1 (2) gesagt und angedeutet worden, ähnlicherweise von Strahlbüschelpaaren $\mathfrak{D}$ und $\mathfrak{D}_1$ (III), D und D_1, $\mathfrak{D}$ und D_1 gilt, dass also, sage ich,

die gesammten Resultate, welche in den vorstehenden Betrachtungen (von II bis hierher), theils entwickelt, theils bloss angedeutet worden, sich mittelst der Strahlbüschelpaare $\mathfrak{D}$ und $\mathfrak{D}_1$, D und D_1, $\mathfrak{D}$ und D_1 auf die Kugelfläche übertragen lassen (siehe Anmerk. § 34 und § 48).

V. Bei den vorstehenden Betrachtungen sind, ähnlicherweise wie bei vielen früheren Betrachtungen, verschiedene besondere Fälle möglich, die nämlich dadurch entstehen, dass man den Axen A, A_1 und den Gebilden ε und ε_1, $\mathfrak{D}$ und $\mathfrak{D}_1$, u. s. w. eigenthümliche Lage zukommen lässt, dass man z. B. die eine oder andere Axe, oder das eine oder andere Gebilde in unendliche Ferne versetzt, u. s. w.; dadurch erhalten dann auch die Resultate eigenthümliche Aussagen, wodurch sie oft mehr Interesse erregen, als die allgemeinen Resultate. In der Folge wird sich Gelegenheit darbieten, alle diese Fälle zu erörtern, wo alsdann nach vorangegangener Entwickelung der Eigenschaften projectivischer Ebenen und Strahlbüschel die Masse der Resultate etwas ausgedehnter und umfassender sein wird. Hier mag zum Schlusse mit den betrachteten Figuren noch folgendes Manöver vorgenommen werden, wodurch einige Eigenschaften, die vorhin mit Stillschweigen übergangen worden, klarer und bestimmter hervortreten, und wodurch man eines Theils eine freiere Uebersicht über die vorhergehenden Betrachtungen, über deren Zusammenhang und über die daraus entsprungenen Resultate gewinnt.

Das den obigen Betrachtungen zu Grunde liegende Strahlsystem $[AA_1]$, welches einerseits durch zwei Gerade A, A_1, und andererseits durch zwei Ebenenbüschel A, A_1 erzeugt wird, indem nämlich jeder Strahl desselben sowohl durch irgend zwei Puncte dieser Geraden, als durch irgend zwei Ebenen dieser Ebenenbüschel bestimmt wird, kann durch Veränderung der Lage dieser Gebilde in folgende besondere Fälle übergehen. Man kann nämlich einerseits die Geraden, für sich betrachtet, so legen, dass sie einander schneiden, mithin in irgend einer Ebene liegen, die durch ε_2 bezeichnet werden mag, wodurch dann offenbar alle Strahlen in diese Ebene hineingezogen werden, und zwar dergestalt, dass sie genau die gesammten Strahlen (Geraden) dieser Ebene sind; und andererseits kann man die Ebenenbüschel, für sich betrachtet, so legen, dass ihre Axen sich schneiden, dass sie mithin in irgend einem Strahlbüschel liegen, der durch $\mathfrak{D}_2$ bezeichnet werden mag, wodurch dann offenbar alle jene Strahlen in diesen Strahlbüschel zusammengedrängt werden, und zwar dergestalt, dass sie genau, oder einfach, die gesammten Strahlen dieses Strahlbüschels sind. Denkt man sich nun nebst diesen zwei besonderen Strahlsystemen ε_2 und $\mathfrak{D}_2$ auch noch zugleich jenes ursprüngliche Strahlsystem $[AA_1]$, und bezeichnet das letztere, um anzudeuten, dass es im Raume beliebig liege, durch R, so findet alsdann zwischen den drei Strahlsystemen R, ε_2, $\mathfrak{D}_2$

die Beziehung statt, dass jedem beliebigen Strahl in einem derselben, irgend ein bestimmter Strahl, sowohl in dem einen, als in dem anderen, der zwei übrigen (Strahlsysteme) entspricht; z. B. irgend einem Strahl a in R, welcher die Geraden A, A_1 in den Puncten $\mathfrak{a}$, $\mathfrak{a}_1$ trifft, und in welchem sich die zwei Ebenen α, α_1 der Ebenenbüschel A, A_1 schneiden, entspricht in ε_2 ein bestimmter Strahl $\mathfrak{a}\mathfrak{a}_1$, und in $\mathfrak{D}_2$ ein bestimmter Strahl $\alpha\alpha_1$ (d. i. die Durchschnittslinie der Ebenen α, α_1). Daher ist leicht zu erachten, dass gewisse Eigenschaften, welche einem der drei Strahlsysteme zukommen, auch in irgend einer entsprechenden Form auf die jedesmaligen beiden übrigen Systeme übergehen müssen, und zwar beruht diese Abhängigkeit vornehmlich auf den projectivischen Eigenschaften der Grundgebilde, d. h. auf den vielfältigen projectivischen Beziehungen der Geraden A, A_1 und der Ebenenbüschel A, A_1. Man denke sich z. B. im ersten Strahlsystem R irgend eine Schaar Strahlen, welche in einem einfachen Hyperboloïd liegen, so werden durch sie einerseits die Geraden A, A_1 und andererseits die Ebenenbüschel A, A_1 projectivisch auf einander bezogen, und daher werden im Allgemeinen die ihnen entsprechenden Strahlen in ε_2 einen Kegelschnitt umhüllen, welcher die Hauptgeraden A, A_1 berührt (§ 38, IV), und die ihnen entsprechenden Strahlen in $\mathfrak{D}_2$ werden in einer Kegelfläche zweiten Grades liegen, welche durch die Axen (der Hauptebenenbüschel) A, A_1 geht (§ 38, II). Werden diejenigen zwei Puncte der Geraden A, A_1 in ε_2, welche in ihrem gegenseitigen Durchschnitte vereinigt sind, durch $\mathfrak{e}$, $\mathfrak{e}_1$, und werden diejenigen zwei Ebenen der Ebenenbüschel A, A_1 in $\mathfrak{D}_2$, welche aufeinander fallen, durch η, η_1 bezeichnet, und wird ferner angenommen, es sei e derjenige Strahl in R, welcher zugleich einerseits die Puncte $\mathfrak{e}$, $\mathfrak{e}_1$ der Geraden A, A_1 verbindet, und andererseits die Durchschnittslinie der Ebenen η, η_1 der Ebenenbüschel A, A_1 ist, so werden also, im Falle dieser Strahl e zu der Schaar Strahlen des genannten Hyperboloïds gehört, einerseits die Hauptgeraden in ε_2, und andererseits die Hauptebenenbüschel in $\mathfrak{D}_2$, allemal perspectivisch sein, so dass folglich in jedem solchen Falle dem Hyperboloïd in R irgend ein Punct $\mathfrak{B}$ (der Projectionspunct der Hauptgeraden A, A_1) in ε_2, und irgend eine Ebene β (der perspectivische Durchschnitt der Hauptebenenbüschel A, A_1) in $\mathfrak{D}_2$ entspricht. Einem Hyperboloïd aber, welches nicht durch den Strahl e geht, wird in ε_2 irgend ein Kegelschnitt, welcher dem Winkel AA_1 eingeschrieben und in $\mathfrak{D}_2$ irgend eine Kegelfläche zweiten Grades, welche dem Winkel AA_1 umschrieben ist, entsprechen. Es ist klar, dass, wenn man umgekehrt die Hauptgeraden A, A_1 in ε_2 von irgend einem Puncte $\mathfrak{B}$ aus perspectivisch, oder mittelst eines sie berührenden Kegelschnittes $[AA_1]$ projectivisch auf einander bezieht, dass dann diesem Punct, oder diesem Kegelschnitt, irgend ein einfaches Hyperboloïd in R entspricht, welches im ersten Falle durch den Strahl e geht; und dass Entsprechendes in Hinsicht der Hauptebenenbüschel A, A_1 in $\mathfrak{D}_2$ stattfindet. Demnach entsprechen den gesammten einfachen Hyperboloïden in R, welche den Strahl e gemein haben, einerseits die gesammten Puncte der Ebene ε_2, und andererseits die gesammten Ebenen des Strahlbüschels $\mathfrak{D}_2$; den gesammten Hyperboloïden in R aber, welche nicht durch den Strahl e gehen, entsprechen in ε_2 die gesammten Kegelschnitte, welche dem Winkel AA_1 eingeschrieben, und in $\mathfrak{D}_2$ die gesammten Kegelflächen zweiten Grades, welche dem Winkel AA_1 umschrieben sind. U. s. w.

Zufolge dieser Betrachtung lassen sich also zwischen den drei Strahlsystemen R, ε_2, $\mathfrak{D}_2$ ähnliche Beziehungstabellen aufstellen, wie oben (II, III u. IV). Die Form dieses Papiers gestattet aber nicht, die entsprechenden Eigenschaften aller drei Systeme neben einander zu stellen, wie es vermöge ihres Zusammenhanges eigentlich sein sollte. Sie sollen daher nur paarweise neben einander gesetzt werden, und zwar nur die zwei Paare R und ε_2, ε_2 und $\mathfrak{D}_2$. Die Fundamentaleigenschaften, auf denen die Beziehung dieser zwei Paare beruht, sind folgende:

α) Den Elementen und Figuren
in ε_2 ... entsprechen ... in R:

in ε_2	in R
1) Irgend einem Strahle a:	1) Irgend ein Strahl a.
(Dem unendlich entfernten Strahle Q:)	(Der unendlich entfernte Strahl Q.)
2) Irgend einem Puncte $\mathfrak{B}$ als Mittelpunct eines Strahlbüschels angesehen:	2) Irgend ein einfaches Hyperboloïd [$\mathfrak{B}$], welches durch A, A_1 und den Strahl e geht.
3) Also den gesammten Puncten:	3) Die gesammten einfachen Hyperboloïde, welche die drei Strahlen A, A_1, e gemein haben.
4) Irgend einer Geraden g, das heisst, der Schaar Puncte, welche in ihr liegen:	4) Eine Schaar einfacher Hyperboloïde [G], welche ausser A, A_1, e, irgend einen vierten Strahl g gemein haben.
(Der unendlich entfernten Geraden Q:)	(Die gesammten hyperbolischen Paraboloïde, welche durch die drei Strahlen A, A_1, e gehen.)
5) Irgend einem Kegelschnitt [AA_1], welcher die Hauptgeraden A, A_1 berührt:	5) Irgend ein einfaches Hyperboloïd [AA_1].
6) Irgend einer Curve C; irgend einem Puncte P in derselben; und der sie in dem-	6) Irgend eine geradlinige Fläche C; irgend ein sie berührendes einfaches Hyper-

selben berührenden Tangente T:	boloïd P; und der Strahl, längs dessen es dieselbe berührt.
U. s. w.	U. s. w.

β) Den Elementen und Figuren
in ε_2 ... entsprechen ... in $\mathfrak{D}_2$:

1) Jedem Strahl (Geraden) a:	1) Irgend ein Strahl a.
2) Jedem Punkt oder Strahlbüschel $\mathfrak{B}$:	2) Eine Ebene oder ein ebener Strahlbüschel β.
3) Jeder Geraden g, als Gebilde, welches eine Schaar Punkte enthält, angesehen:	3) Irgend ein Ebenenbüschel γ.
(Der unendlich entfernten Geraden Q:)	(Ein bestimmter Ebenenbüschel.)
4) Einem Kegelschnitt $[AA_1]$, der die Hauptgeraden A, A_1 berührt:	4) Eine Kegelfläche $[AA_1]$ zweiten Grades, die durch die Hauptstrahlen A, A_1 geht.
5) Irgend einem beliebigen Kegelschnitte C:	5) Irgend eine Kegelfläche zweiten Grades γ.
6) Irgend einer beliebigen Curve C; irgend einem Punkte $\mathfrak{B}$ derselben; und der zugehörigen Tangente T;	6) Irgend eine bestimmte Kegelfläche γ; irgend eine sie berührende Ebene β; und ihr Berührungsstrahl t.
U. s. w.	U. s. w.

Wird der Strahlbüschel $\mathfrak{D}_2$ durch irgend eine Ebene E_2 geschnitten, so beruht die Beziehung der Ebenen ε_2 und E_2 auf folgenden Fundamentaleigenschaften:

γ) Den Elementen und Figuren
in ε_2 ... entsprechen ... in E_2:

1) Jedem Punkt oder Strahlbüschel $\mathfrak{B}$:	1) Ein Strahl oder eine Gerade b.
2) Jedem Strahl oder jeder Geraden g:	2) Ein Punct oder ein Strahlbüschel $\mathfrak{G}$.
(Der unendlich entfernten Geraden Q:)	(Ein bestimmter Punct $\mathfrak{Q}$.)
3) Jedem Punct $\mathfrak{B}$, und irgend einem durch ihn gehenden Strahle a:	3) Eine Gerade b, und irgend ein in ihr liegender Punct $\mathfrak{A}$.
4) Irgend einer Curve C; irgend einem Punct $\mathfrak{P}$ derselben; und der Tangente T in diesem:	4) Irgend eine Curve $\mathfrak{C}$; irgend eine Tangente p derselben; ihr Berührungspunct $\mathfrak{T}$.

Daher:

5) Irgend einer Curve C vom n^{ten} Grade:

U. s. w.

5) Eine Curve 𝔈 vom $n(n-1)^{ten}$ Grade, oder von der n^{ten} Classe.

U. s. w.

Wenn bei den Ebenenbüscheln A, A_1 in $\mathfrak{D}_2$, wie vorhin angenommen worden, die Ebenen η, η_1 aufeinander liegen, dagegen die Geraden A, A_1 in ε_2 so gelegt werden, dass statt der Puncte $\mathfrak{e}$, $\mathfrak{e}_1$ irgend zwei andere Puncte, etwa $\mathfrak{d}$, $\mathfrak{d}_1$, in ihrem Durchschnitte vereinigt sind, und wenn sodann die gegenseitige Beziehung der Strahlsysteme $\mathfrak{D}_2$, ε_2, in Rücksicht auf ihre entsprechenden Elemente, wie diese bei ihrem ursprünglichen Zusammenhange in R bestimmt werden, betrachtet wird, so ist diese Beziehung gleich derjenigen, welche zwischen den obigen Gebilden ε, $\mathfrak{D}_1$ (IV, 2, α) stattfand. Das vorstehende Beziehungssystem (γ) ist daher nur ein besonderer Fall des obigen (IV, 2, β). (Ebenso erhält man, wenn man das Strahlsystem R durch irgend eine Ebene ε_1 schneidet, ein Beziehungssystem zwischen den Ebenen ε_2 und ε_1, welches ein besonderer Fall des obigen (IV, 2, β) ist.)

Das vorstehende Beziehungssystem (γ) enthält übrigens die Fundamentalsätze, auf denen die sogenannte „*Théorie des polaires réciproques*“ beruht, welche Theorie gewöhnlich mittelst eines Hülfskegelschnitts dargestellt wird (§ 44), wobei nothwendigerweise beide Systeme von Figuren in einer und derselben Ebene liegen (d. h. die Ebenen ε_2, $\boldsymbol{E}_2$ liegen aufeinander). Hier stellen sich diese Eigenschaften auf allgemeinere Weise unabhängig vom Kegelschnitt dar, und zwar, wie schon bemerkt worden, nur als besonderer Fall des obigen Beziehungssystems (IV, 2, β). Indessen gebührt das Verdienst, die genannte Theorie zuerst freier, unabhängig vom Kegelschnitt, aufgefasst zu haben, dem gründlichen Forscher *Möbius* (Barycentr. Calcül).

Aus der vorstehenden Betrachtung sieht man, dass dem Strahlsystem R, welches bei den obigen Betrachtungen (II, III u. IV) nur als Mittel diente, selbst alle Eigenschaften auf bestimmte entsprechende Weise zukommen, welche dort von anderen Gebilden entwickelt und angedeutet worden. In der That sind die Figuren in den obigen Ebenen ε, ε_1 (II) als beliebige Schnitte (dieser Ebenen und) des Strahlsystems R anzusehen, so dass also ihre Eigenschaften nur als Folgen der Eigenschaften des letzteren erscheinen; ebenso sind die Strahlbüschel $\mathfrak{D}$, $\mathfrak{D}_1$ (III) nur mittelst der Eigenschaften des Strahlsystems R auf einander bezogen worden, u. s. w. Da hiernach gewisse netzgewebeartige Eigenschaften (fast sämmtliche Resultate des ersten und dritten Kapitels) in jedem der 9 Gebilde ε, ε_1, $\mathfrak{D}$, $\mathfrak{D}_1$, E, E_1, D, D_1 und R auf bestimmte entsprechende Weise stattfinden, so sind also die Eigenschaften des Strahlsystems R keine eigentlich räumlichen, wiewohl dasselbe den ganzen Raum erfüllt, sondern sie sind bloss solche, welche ihrem wahren Wesen nach der Ebene (ε), oder dem Strahlbüschel ($\mathfrak{D}$) angehören. (Von eigentlich räumlichen Eigenschaften der Art wird im dritten und vierten Abschnitte die Rede sein.) Auch ist zufolge der vorstehenden Betrachtung das Strahlsystem R in der That einerseits als eine durch den ganzen Raum ausgebreitete Ebene ε_2, und andererseits als ein aufgelöster, durch den ganzen Raum ausgestreuter Strahlbüschel $\mathfrak{D}_2$ anzusehen. In diesem Sinne lassen sich übrigens auch jene früheren Gebilde ε, ε_1, E, E_1, $\mathfrak{D}$, $\mathfrak{D}_1$, D, D_1 als Umwandlungen der Strahlsysteme ε_2 und $\mathfrak{D}_2$ (oder des Strahlsystems R) ansehen, wodurch der Zusammenhang aller dieser Gebilde von einer neuen Seite sich offenbart, und zwar, wie folgt:

Werden nämlich die zwei Geraden A, A_1, so wie sie hier oben in eine Ebene ε_2 gelegt worden, zum zweiten Mal in dieselbe, oder in irgend eine andere Ebene ε_3 gelegt, jedoch so, dass nicht die nämlichen zwei Punkte $\mathfrak{e}$, $\mathfrak{e}_1$ in ihrem Durchschnitte vereinigt sind, wie das erste Mal, so findet zwischen den Strahlsystemen ε_2, ε_3, bis auf einige Nebenumstände, offenbar dieselbe Beziehung statt, wie oben zwischen den Ebenen ε, ε_1 (IV, 1). Bezeichnet man die zwei ebenen Strahlbüschel, in welchen die oben genannte Ebene E_2 (γ) die Hauptebenenbüschel A, A_1 in $\mathfrak{D}_2$ schneidet, durch $\mathfrak{B}$, $\mathfrak{B}_1$, und denkt man sich dieselben zum zweiten Mal (in derselben, oder) in irgend einer anderen Ebene E_3 so gelegt, dass nicht mehr die nämlichen zwei Strahlen derselben vereinigt sind, wie dort in ε_2, so findet zwischen den Ebenen E_2, E_3 in Ansehung ihrer entsprechenden Elemente ähnliche Beziehung statt, wie oben zwischen den Ebenen ε, ε_1 (II). Entsprechendes findet statt, wenn man die obigen Ebenenbüschel A, A_1 in zwei verschiedenen Lagen, in einem und demselben, oder in zwei verschiedenen Strahlbüscheln $\mathfrak{D}_2$, $\mathfrak{D}_3$ festhält und auf einander bezieht. In dieser Hinsicht hätten also alle vorhergehenden Beziehungssysteme unmittelbar an die obigen Fundamentalsätze (§ 38) angeschlossen werden können. Im fünften Abschnitt wird diese letzte Betrachtungsweise ausführlicher erörtert und mit Erfolg angewandt werden.

Zum Schlusse bemerke ich nochmals, dass alle vorhergehenden Beziehungssysteme auf verschiedene andere, zum Theil einfachere und leichter zu fassende Weisen erzeugt und betrachtet werden können, wobei eines Theils ebenfalls projectivische Eigenschaften (wie hier oben), anderen Theils aber andere Bestimmungen zur Grundlage dienen, was durch die späteren Entwickelungen ausführlich gezeigt werden wird. Es werden alsdann die Beziehungssysteme in solcher Allgemeinheit dargestellt, dass sie auch diejenigen Fälle umfassen, wo einige von den Hauptelementen (Hauptpuncte, Hauptgerade u. s. w., siehe oben II, III und IV), welche bei der gegenwärtigen Betrachtung immer reell waren, imaginär sind. Auch werden dann ähnliche Beziehungssysteme im Raume vorkommen, wo namentlich in gewissen besonderen Fällen zwei Räume so auf einander bezogen werden, dass jeder Ebene in dem einen Raume irgend eine Fläche zweiten Grades im anderen Raume entspricht, wodurch man sodann in Stand gesetzt wird, mit Leichtigkeit alle Flächen zweiten Grades unter gewissen Bedingungen zu erzeugen und ihre Eigenschaften aus den Eigenschaften der ihnen entsprechenden Ebenen abzuleiten*).

Anhang.

Aufgaben und Lehrsätze.

60. Die nachfolgenden Aufgaben und Lehrsätze sind zu dem Zwecke hierher gesetzt, um denjenigen Lesern, welche sich selbstthätig mit der in diesem Werke aufgestellten Methode beschäftigen wollen, Gelegenheit zu geben, sich an zweckmässigen Beispielen zu üben. Sollten sich in der That Liebhaber finden, welche dem einen oder anderen dieser Sätze ihre Aufmerksamkeit mit Erfolg schenkten, oder welche selbst andere dahin gehörige Sätze aufsuchten und bewiesen, und sollte ihnen daran gelegen sein, sie mir mitzutheilen, um sie bekannt zu machen, so würde ich gern bei der nächsten schicklichen Gelegenheit darauf Rücksicht nehmen, oder, im Falle sie nach einer anderen Methode behandelt, aber von allgemeinem Interesse wären, würde ich sie Herrn *Crelle* übergeben und ihn ersuchen, dieselben in sein Journal für Mathematik aufzunehmen. Die Zusendungen müssten jedoch, wie es sich von selbst versteht, portofrei geschehen, und könnten nach Belieben an den Herrn Redacteur des genannten Journals oder an mich adressirt werden.

---

*) In Bezug auf die gegenwärtige Betrachtung mögen hier noch folgende Beispiele von besonderen Beziehungssystemen erwähnt werden. Zufolge jedes der zwei ersten (neben einander stehenden) Sätze in § 46, I hat man nämlich ein Beziehungssystem zwischen zwei auf einander liegend gedachten Ebenen, wo z. B. nach dem Satze rechts, die Beziehung darin besteht, dass jedem beliebigen Puncte $\mathfrak{B}_2$ in der einen Ebene irgend ein bestimmter Kegelschnitt $[\mathfrak{B}\mathfrak{B}_1]$ in der anderen Ebene entspricht, welcher durch drei bestimmte feste Puncte $\mathfrak{B}$, $\mathfrak{B}_1$ (AA_1) geht; u. s. w. Eine andere Art, wodurch solche besondere Beziehungssysteme zu Stande gebracht werden, habe ich bereits im Jahre 1828 in einzelnen Lehrsätzen angedeutet (Journal für Mathematik, Bd. III. S. 211, Lehrs. 22—25). (Cf. S. 178 dieser Ausgabe, Lehrsatz 12—15.) — Wie auf diese Weise andere zusammengesetztere Systeme der Art aufgestellt werden können, ist leicht zu sehen. Nämlich durch jedes Porisma, worin z. B. die Abhängigkeit zweier Puncte von einander so beschaffen ist, dass während der eine sich längs irgend einer Geraden (oder Curve) bewegt, der andere irgend eine bestimmte Curve durchläuft, entsteht ein solches Beziehungssystem; u. s. w.

1) Wenn in einer Geraden A vier harmonische Puncte und in einem ebenen Strahlbüschel 𝔅 vier harmonische Strahlen gegeben sind, so sind die zwei Gebilde A, 𝔅 in Ansehung dieser gegebenen Elemente auf 8 verschiedene Arten projectivisch (§ 8, I, β), und können in Rücksicht auf jede Art in perspectivische Lage gebracht werden (§ 6). Wenn nun in einer Ebene die Lage

der Geraden A als fest angenommen und der Strahlbüschel 𝔅 auf alle Arten mit ihr perspectivisch gelegt wird, welche gegenseitige Beziehung haben dann die 8 (oder 16) Puncte, in welche sein Mittelpunct fällt?

des Strahlbüschels 𝔅 als fest angenommen und die Gerade A auf alle Arten mit ihm perspectivisch gelegt wird, welche gegenseitige Beziehung haben dann die 8 (oder 16) Geraden, in welche sie zu liegen kommt?

2) Die der vorstehenden Aufgabe (1) entsprechende Aufgabe im Strahlbüschel 𝔇, wenn nämlich hier in einem ebenen Strahlbüschel 𝔅 und in einem Ebenenbüschel A vier harmonische Elemente gegeben sind (§ 53, 15).

3) Wenn in einer Ebene zwei beliebige Gerade A, A_1 und in jeder irgend vier harmonische Puncte gegeben sind, so bestimmen die letzteren, paarweise genommen, 16 Strahlen s, diese schneiden sich in 72 Puncten 𝔭, u. s. w.; welche Eigenschaft haben die Strahlen s in Hinsicht ihrer gegenseitigen Lage, und welche die Puncte 𝔭? wie oft liegen von den letzteren 3, und wie oft 6 in einer Geraden? u. s. w. (Giebt es z. B. 8 Kegelschnitte, wovon jeder die gegebenen Geraden A, A_1 und 4 Strahlen s berührt? Liegen unter anderen von den Puncten 𝔭 8 mal 6 in einer Geraden, und schneiden sich von diesen 4 und 4 in einem Punct? u. s. w.)

3) Wenn in einer Ebene zwei beliebige Strahlbüschel 𝔅, $𝔅_1$ und in jedem irgend vier harmonische Strahlen gegeben sind, so schneiden sich die letzteren, paarweise genommen, in 16 Puncten 𝔭, diese bestimmen 72 Strahlen s, u. s. w.; welche Eigenschaft haben die Puncte 𝔭 in Hinsicht ihrer gegenseitigen Lage, und welche die Strahlen s? wie oft gehen von den letzteren 3, und wie oft 6 durch einen Punct? u. s. w. (Giebt es z. B. 8 Kegelschnitte, wovon jeder durch die Mittelpuncte 𝔅, $𝔅_1$ und durch 4 Puncte 𝔭 geht? Gehen unter anderen von den Strahlen s 8mal 6 durch einen Punct, und liegen von diesen 4 und 4 in einer Geraden? u. s. w.)

4) Die den vorstehenden (3) ähnlichen Aufgaben im Raume, wenn nämlich in zwei festen Geraden A, A_1, oder in zwei festen Ebenenbüscheln B, B_1 vier harmonische Elemente gegeben sind.

5) Die den vorstehenden (3) ähnlichen Aufgaben, wenn in einem Kegelschnitt zweimal vier harmonische Puncte, oder zweimal vier harmonische Tangenten gegeben sind (§ 43, II).

6) Hierher die obigen Aufgaben (§ 21, IV).

7) Die den vorstehenden (6) entsprechenden Aufgaben im Strahlbüschel $\mathfrak{D}$, wenn nämlich drei projectivische ebene Strahlbüschel $\mathfrak{B}$, $\mathfrak{B}_1$, $\mathfrak{B}_2$ und drei projectivische Ebenenbüschel A, A_1, A_2 gegeben sind.

8) Wenn drei unter sich projectivische Gerade a, a_1, a_2 im Raume beliebig liegen, so bestimmen je drei entsprechende Puncte derselben eine Ebene; welche krumme Fläche wird von allen diesen Ebenen berührt?

9) Wenn vier unter sich projectivische Gerade im Raume beliebig liegen, wie oft befinden sich dann vier entsprechende Puncte derselben in einer Ebene?

8) Wenn drei unter sich projectivische Ebenenbüschel A, A_1, A_2 im Raume beliebig liegen, so schneiden sich je drei entsprechende Ebenen derselben in einem Punct; in welcher krummen Linie liegen alle diese Puncte?

9) Wenn vier unter sich projectivische Ebenenbüschel im Raume beliebig liegen, wie oft treffen sich dann vier entsprechende Ebenen derselben in einem Punct?

10) Zwei beliebige projectivische Gerade a, a_1 in einer Ebene so zu legen, dass sie einen Kreis erzeugen (§ 40, I).

11) Zwei beliebige projectivische ebene Strahlbüschel $\mathfrak{B}$, $\mathfrak{B}_1$, oder zwei beliebige projectivische Ebenenbüschel A, A_1 im Strahlbüschel $\mathfrak{D}$ so zu legen, dass sie einen geraden Kegel erzeugen.

12) Zwei beliebige projectivische Gerade a, a_1 oder zwei beliebige projectivische Ebenenbüschel A, A_1 im Raume so zu legen, dass sie entweder a) ein rundes einfaches Hyperboloïd (dessen Strahlen den Strahlen eines geraden Kegels parallel sind (§ 51, IV)), oder b) dass sie das in (§ 53, II, 1) beschriebene besondere einfache Hyperboloïd erzeugen.

13) Zwei beliebige projectivische ebene Strahlbüschel $\mathfrak{B}$, $\mathfrak{B}_1$ in einer Ebene so zu legen, dass sie entweder a) die dem Kreise am nächsten kommende Ellipse, oder b) die am meisten von der gleichseitigen abweichende Hyperbel erzeugen (§ 40, II).

14) Einen gegebenen Kegel zweiten Grades oder ein gegebenes einfaches Hyperboloïd (mittelst einer Ebene) in einem Kreise zu schneiden: oder: Wenn zwei projectivische Ebenenbüschel A, A_1 in beliebiger fester Lage gegeben sind, sie mittelst einer Ebene ε so zu schneiden, dass die dadurch entstehenden ebenen Strahlbüschel $\mathfrak{B}$, $\mathfrak{B}_1$ gleich und gleichliegend sind, und mithin einen Kreis erzeugen (§ 40, II); (desgleichen wenn in einem Strahlbüschel $\mathfrak{D}$ irgend zwei projectivische ebene Strahlbüschel β, β_1 gegeben sind).

15) Wenn im Raume vier beliebige feste Ebenen gegeben sind, welchem geometrischen Orte werden dann alle Geraden, die von denselben in einem und demselben gegebenen Doppelverhältniss geschnitten werden, angehören? *

Dieser Aufgabe steht eine andere zur Seite; welche? Was findet insbesondere statt, wenn das gegebene Doppelverhältniss harmonisch ist?

16) Drehen sich zwei beliebige, der Grösse nach unveränderliche Winkel (ab), (a_1b_1) (Fig. 56) in einer Ebene dergestalt um ihre festen Scheitelpuncte 𝔅, $𝔅_1$, die in einem gegebenen Kegelschnitte liegen, dass der Durchschnittspunct 𝔞 zweier ihrer Schenkel a, a_1 diesen Kegelschnitt durchläuft, so beschreibt jeder der drei übrigen Puncte 𝔟, 𝔠, 𝔡, in denen sich ihre Schenkel paarweise schneiden, einen Kegelschnitt, welcher durch die zwei festen Scheitel 𝔅, $𝔅_1$ geht. — Hierzu gehört ein Gegensatz; welcher?

17) Drehen sich zwei der Grösse nach gegebene Flächenwinkel $(\alpha\beta)$, $(\alpha_1\beta_1)$ um ihre festen Kanten A, A_1 dergestalt, dass die Durchschnittslinie $(\alpha\alpha_1)$ zweier Seiten-Ebenen α, α_1 stets eine gegebene feste Gerade A_2 trifft, so beschreibt jede der drei übrigen Durchschnittslinien $(\beta\beta_1)$, $(\alpha\beta_1)$, $(\beta\alpha_1)$, welche die Seiten-Ebenen paarweise bilden, ein einfaches Hyperboloïd, welches durch die festen Kanten A, A_1 geht. — Hierzu der Gegensatz; wie heisst er?

18) Wenn die Grundlinie eines Dreiecks der Grösse und Lage nach gegeben ist, und wenn entweder a) die Summe, oder b) der Unterschied der an derselben liegenden Winkel gegeben ist, so ist der Ort der Spitze des Dreiecks: a) auf zwei gleiche Kreise beschränkt, welche die Grundlinie zur gemeinschaftlichen Sehne haben, oder b) auf zwei gleiche gleichseitige Hyperbeln, welche ebenfalls die Grundlinie zur gemeinschaftlichen Sehne haben.

18) Wenn der Winkel an der Spitze eines Dreiecks der Grösse und Lage nach gegeben ist, und wenn entweder a) die Summe, oder b) der Unterschied der ihn einschliessenden Seiten gegeben ist, so berührt die Grundlinie in allen ihr zukommenden Lagen stets eine von vier Parabeln, welche dem gegebenen Winkel (und dessen Neben- und Scheitelwinkel) eingeschrieben sind, und wovon 2 und 2 (die in den Scheitelwinkeln liegen) gleich sind.

19) Wenn ein Kantenwinkel (ab) eines dreikantigen Körperwinkels (abc) der Grösse und Lage nach gegeben, und wenn entweder a) die Summe, oder b) der Unterschied der beiden daran liegenden Flächenwinkel gegeben ist, so ist

19) Wenn ein Flächenwinkel $(\alpha\beta)$ eines dreiflächigen Körperwinkels $(\alpha\beta\gamma)$ der Grösse und Lage nach gegeben, und wenn entweder a) die Summe oder b) der Unterschied der beiden daran liegenden Kantenwinkel gegeben ist, so berührt die dritte

*Sieh S. 527.

der Ort der dritten Kante c auf vier bestimmte (und besondere) Kegelflächen zweiten Grades beschränkt, welche dem gegebenen Kantenwinkel (ab) umschrieben, und wovon zwei und zwei einander gleich sind.

Seitenfläche γ, in allen ihr zukommenden Lagen stets eine von vier bestimmten Kegelflächen zweiten Grades, welche dem gegebenen Flächenwinkel eingeschrieben, und wovon zwei und zwei gleich sind.

Oder:

Wenn die Grundlinie eines sphärischen Dreiecks der Grösse und Lage nach gegeben, und wenn entweder a) die Summe, oder b) der Unterschied der daran liegenden zwei Winkel gegeben ist, so ist der Ort der Spitze des Dreiecks auf vier bestimmte sphärische Kegelschnitte beschränkt, welche jene Grundlinie zur gemeinschaftlichen Sehne haben, und wovon zwei und zwei einander gleich sind.

Wenn zwei Seiten eines sphärischen Dreiecks in zwei gegebenen Hauptkreisen liegen sollen, und wenn entweder a) ihre Summe, oder b) ihr Unterschied gegeben ist, so berührt die dritte Seite in allen ihr möglicherweise zukommenden Lagen stets einen von vier bestimmten sphärischen Kegelschnitten, welche jene Hauptkreise berühren, und wovon zwei und zwei einander gleich sind.

20) Bewegen sich zwei Ebenen α, α_1, die sich um zwei feste Gerade A, A_1 drehen, dergestalt, dass entweder a) die Summe, oder b) der Unterschied der Winkel, welche sie mit einer festen dritten Ebene ε, die jenen beiden Geraden parallel ist, bilden, constant bleibt, so beschreibt ihre Durchschnittslinie $(\alpha\alpha_1)$ ein einfaches Hyperboloïd, welches durch die festen Geraden A, A_1 geht. — Wie lautet der hierzu gehörige Satz?

21) Bewegen sich zwei Ebenen α, α_1, die sich um zwei feste Gerade A, A_1 drehen, dergestalt, dass sie stets irgend zwei zugeordneten Durchmessern eines gegebenen festen Kegelschnittes parallel sind, so beschreibt ihre Durchschnittslinie $(\alpha\alpha_1)$ ein einfaches Hyperboloid (vergl. § 53, II, 2). Liegen die Geraden A, A_1 in einer Ebene, so tritt an die Stelle des Hyperboloïds eine Kegelfläche zweiten Grades.

22) Wenn ein Kantenwinkel eines dreikantigen Körperwinkels der Grösse und Lage nach, und wenn der ihm gegenüberliegende Flächenwinkel der Grösse nach gegeben ist, in welcher Kegelfläche befindet sich dann die Kante des letzteren bei allen ihren verschiedenen Lagen?

22) Wenn ein Flächenwinkel eines dreiflächigen Körperwinkels der Grösse und Lage nach, und wenn der ihm gegenüber liegende Kantenwinkel der Grösse nach gegeben ist, welche Kegelfläche berührt dann die Ebene des letzteren in allen ihren verschiedenen Lagen?

Diese Aufgaben sind Bedürfniss in der Stereometrie. Wenn auch die genannten Kegelflächen vom vierten Grade sind, so sind sie vielleicht von solcher besonderen Art, dass sie deshalb doch bequem bei verschiedenen Constructionen angewandt werden können. Wie lauten die den vorstehenden entsprechenden sphärischen Aufgaben? (§ 34 und § 48.)

23) Wenn ein der Grösse nach unveränderlicher Winkel (aa_1) sich so um seinen festen Scheitel dreht, dass seine Schenkel a, a_1 stets irgend zwei feste Gerade A, A_1 im Raume schneiden, welche krumme Fläche wird dann von der durch die Durchschnittspuncte gehenden Geraden beschrieben?

23) Wenn ein der Grösse nach unveränderlicher Flächenwinkel($\alpha\alpha_1$) sich dergestalt bewegt, dass seine Seitenflächen α, α_1 stets durch irgend zwei feste Gerade a, a_1 im Raume gehen, welche krumme Fläche wird dann von seiner Kante ($\alpha\alpha_1$) beschrieben?

24) Befinden sich zwei projectivische Gebilde, eine Gerade A und ein ebener Strahlbüschel $\mathfrak{B}$, in beliebiger schiefer Lage in einer Ebene, und man zieht durch jeden Punct der Geraden einen Strahl, welcher entweder a) dem (dem jedesmaligen Punct) entsprechenden Strahl des Strahlbüschels parallel ist, oder b) welcher zu ihm rechtwinklig ist, so berühren alle solche Strahlen eine bestimmte Parabel, welche auch von der gegebenen Geraden A berührt wird.

25) Befinden sich dieselben Gebilde A, $\mathfrak{B}$ (24) in beliebiger schiefer Lage im Raume, und zieht man durch die Puncte in A Strahlen, welche den entsprechenden Strahlen in $\mathfrak{B}$ parallel sind, so liegen dieselben in einem hyperbolischen Paraboloïd (§ 52); und fällt man aus den Puncten in A senkrechte Ebenen auf die ihnen entsprechenden Strahlen in $\mathfrak{B}$, so berühren alle diese Ebenen einen bestimmten parabolischen Cylinder (§ 40, III).

26) Befinden sich zwei projectivische Gebilde, eine Gerade A und ein Ebenenbüschel a, in schiefer Lage, und fällt man aus den Puncten in A Lothe auf die ihnen entsprechenden Ebenen in a, so liegen alle diese Lothe in einem hyperbolischen Paraboloïd. — Was findet statt, wenn man durch die Puncte in A Ebenen legt, die den entsprechenden Ebenen in a parallel sind?

27) Liegen zwei projectivische ebene Strahlbüschel $\mathfrak{B}$, $\mathfrak{B}_1$ beliebig im Raume, und legt man durch irgend einen gegebenen Punct $\mathfrak{D}$ Ebenen, wovon jede irgend zwei entsprechenden Strahlen der Strahlbüschel parallel ist, so umhüllen sie eine Kegelfläche $\mathfrak{D}$ zweiten Grades; oder legt man durch $\mathfrak{D}$ solche Gerade, wovon jede zu irgend zwei entsprechenden Strahlen der Strahlbüschel der Richtung nach rechtwinklig ist, so liegen sie in einer Kegelfläche zweiten Grades.

28) Sind im Raume irgend zwei Gerade A, A_1 und irgend ein Ebenenbüschel a in fester Lage gegeben, und eine andere Gerade g bewegt sich

längs jenen beiden so, dass sie stets zu irgend einer Ebene des Ebenenbüschels senkrecht ist, so beschreibt sie ein gleichseitiges hyperbolisches Paraboloïd (§ 52, II).

29) Ist irgend ein Kegel zweiten Grades und sind irgend zwei Gerade A, A_1, die auf zwei beliebigen Berührungsebenen desselben senkrecht stehen, gegeben, und eine dritte Gerade a bewegt sich so, dass sie stets jene zwei Geraden schneidet und beständig zu irgend einer Berührungsebene des Kegels rechtwinklig ist, so beschreibt sie ein einfaches Hyperboloïd.

30) Alle Ebenen, welche durch irgend einen festen Punct $\mathfrak{D}$ gehen und ein gegebenes einfaches Hyperboloïd in gleichseitigen Hyperbeln schneiden, berühren einen Kegel $\mathfrak{D}$ zweiten Grades*). — Beim hyperbolischen Paraboloïd ist dieser Satz immer möglich (§ 52 und § 53, 4, links).

31) Alle Ebenen die durch irgend einen gegebenen Punct gehen und irgend eine gegebene Fläche zweiten Grades in ähnlichen Curven schneiden, umhüllen was für eine Kegelfläche?

32) „Beim einfachen Hyperboloïd liegen alle Normalen längs irgend eines Strahles desselben in einem gleichseitigen hyperbolischen Paraboloïd.“ — Dieser bekannte Satz lässt sich leicht durch projectivische Eigenschaften beweisen (§ 52 und § 53).

33) Bei jeder Fläche zweiten Grades sind die Normalen längs irgend eines ebenen Schnittes derselben jedesmal den Strahlen irgend eines Kegels zweiten Grades parallel.

34) Wie viele Normalen sind im Allgemeinen von einem beliebigen Puncte aus auf irgend eine gegebene Fläche zweiten Grades möglich, und welche Beziehung haben sie unter sich?

35) Im Allgemeinen steht auf jedem Durchmesser einer Fläche zweiten Grades ein bestimmter, ihm zugeordneter, anderer Durchmesser senkrecht. Alle Durchmesser, welche zu solchen anderen, die in irgend einer Durchmesser-Ebene ε (d. i. eine Ebene, die durch den Mittelpunct der Fläche geht) liegen, zugeordnet und rechtwinklig sind, befinden sich in einer Kegelfläche zweiten Grades, welche durch den jener Ebene ε zugeordneten und durch den auf ihr senkrecht stehenden Durchmesser der Fläche geht.

36) Alle Durchmesser-Ebenen einer Fläche zweiten Grades, die zu solchen Durchmessern zugeordnet sind, welche in irgend einer Kegelfläche zweiten Grades liegen, berühren eine andere Kegelfläche desselben Grades; und auch umgekehrt.

37) In jeder Durchmesser-Ebene einer Fläche zweiten Grades liegen im Allgemeinen zwei zugeordnete, zu einander rechtwinklige Durchmesser;

*) Alle Ebenen, welche durch irgend einen gegebenen Punct $\mathfrak{D}$ gehen und irgend eine gegebene Fläche zweiten Grades in Parabeln schneiden, umhüllen einen Kegel zweiten Grades, welcher dem Asymptoten-Kegel jener Fläche gleich und mit ihm parallel ist.

welches ist der Ort der letzteren bei einem Durchmesser-Ebenenbüschel A (d. h. bei einer Schaar Ebenen, die durch einen Durchmesser A der Fläche gehen)?

* * *

38) Wenn im Raume irgend zwei Gerade A, A_1 und irgend eine ebene Curve n^{ten} Grades C gegeben sind, und es bewegt sich eine dritte Gerade a so, dass sie stets jene drei festen Elemente A, A_1, C schneidet, so beschreibt sie eine Fläche vom $2n^{ten}$ Grade, welche jedoch von unzähligen Ebenen α, β, γ, ... in Curven vom n^{ten} Gerade geschnitten werden kann, und zwar bilden alle solche Ebenen einen bestimmten Ebenenbüschel. — Es giebt einen anderen Satz, welcher diesem zur Seite steht; wie lautet er?

39) Denkt man sich um ein gegebenes Dreieck $\mathfrak{xyz}$ eine Schaar (d. i. alle möglichen) ähnlicher Kegelschnitte von irgend einer bestimmten Gattung beschrieben, so werden dieselben allemal von irgend einer bestimmten Curve vierten Grades C umhüllt (berührt), welche die drei Eckpuncte des Dreiecks $\mathfrak{x}$, $\mathfrak{y}$, $\mathfrak{z}$ zu singulären Puncten hat. Derjenige Punct, in welchem jeder Kegelschnitt von der Curve C berührt wird, und derjenige Punct, in welchem er den dem Dreieck $\mathfrak{xyz}$ umschriebenen Kreis K zum vierten Mal schneidet (ausser den Puncten $\mathfrak{x}$, $\mathfrak{y}$, $\mathfrak{z}$), sind allemal Endpuncte eines und desselben Durchmessers des Kegelschnittes. Der Kreis K wird in jedem Punct von zwei der genannten Kegelschnitte geschnitten, und die zwei Puncte, in welchen diese von der Curve C berührt werden, liegen allemal in einer gleichseitigen Hyperbel, die dem Dreieck $\mathfrak{xyz}$ umschrieben ist; u. s. w. In Hinsicht der Curve C finden folgende wesentliche Grenzfälle statt: a) Geht die Schaar Kegelschnitte in Kreise über, so fallen sie alle in einen einzigen zusammen, in welchen ebenfalls die Curve C übergeht, und welcher der dem Dreieck umschriebene Kreis K ist; b) verwandeln sich die Kegelschnitte in Parabeln, so geht die Curve C in eine unendlich entfernte Gerade über; und c) sind die Kegelschnitte gleichseitige Hyperbeln, so reducirt sich die Curve C auf einen Punct, nämlich auf denjenigen, in welchem sich die drei Höhen des Dreiecks schneiden, d. h. „durch diesen Punct geht jede der genannten Hyperbeln“.

Welches ist der Ort der Mittelpuncte, und welches ist der Ort der Brennpuncte der vorgenannten Schaar Kegelschnitte?

40) Legt man an je zwei von drei Kreisen α, β, γ (Fig. 57), welche irgend einem Dreiseit xyz eingeschrieben sind, eine (vierte) gemeinschaftliche Tangente A, A_1, A_2, so bilden diese ein Dreiseit AA_1A_2, in welches sich unzählige Dreiecke $\mathfrak{a}\mathfrak{a}_1\mathfrak{a}_2$ so beschreiben lassen, dass ihre Seiten jene Kreise berühren; legt man nämlich aus einem beliebigen Punct $\mathfrak{a}$ in A

eine Tangente $\mathfrak{a}\mathfrak{a}_1$ an den Kreis γ, aus dem dadurch bestimmten Puncte $\mathfrak{a}_1$ in A_1 ferner eine Tangente $\mathfrak{a}_1\mathfrak{a}_2$ an den Kreis α, so berührt allemal die Gerade $\mathfrak{a}\mathfrak{a}_2$ den Kreis β. — Man erhält einen ähnlichen Satz, wenn man noch den vierten Kreis δ, welcher dem gegebenen Dreiseit xyz eingeschrieben werden kann, zu Hülfe nimmt. Beide Sätze sind jedoch nur besondere Fälle des folgenden allgemeinen Satzes (rechts).

41) Werden einem gegebenen Dreieck $\mathfrak{x}\mathfrak{y}\mathfrak{z}$ beliebige n Kegelschnitte umschrieben, und berücksichtigt man die n Puncte $\mathfrak{B}$, $\mathfrak{B}_1$, $\mathfrak{B}_2$, ..., in welchen je zwei, nach der Reihe unmittelbar auf einander folgende Kegelschnitte sich schneiden, so lassen sich unzählige n-Ecke so beschreiben, dass ihre Seiten nach der Reihe durch jene Puncte gehen, und dass ihre Ecken nach der Ordnung in jenen Kegelschnitten liegen.

41) Werden einem gegebenem Dreiseit xyz beliebige n Kegelschnitte eingeschrieben und legt man an je zwei, nach der Reihe unmittelbar auf einander folgende Kegelschnitte eine (vierte) gemeinschaftliche Tangente A, A_1, A_2, ..., so lassen sich unzählige n-Ecke so beschreiben, dass ihre Ecken nach der Reihe in jenen Tangenten liegen, und dass ihre Seiten nach der Ordnung jene Kegelschnitte berühren.

Wofern man eine oder zwei Gerade als Kegelschnitt betrachtet, so sind in diesen Sätzen, unter anderen, auch die obigen Sätze (§ 23, II und III) und (§ 42, I) als besondere Fälle enthalten. Ausserdem entstehen auch merkwürdige besondere Fälle, wenn angenommen wird, von den gegebenen Elementen $\mathfrak{x}$, $\mathfrak{y}$, $\mathfrak{z}$ und x, y, z sollen einige imaginär oder unendlich entfernt sein.

42) Wenn in einer Ebene ein beliebiges n-Seit und alle Ecken eines n-Ecks, bis auf zwei, gegeben sind, so sollen diese zwei unter der Bedingung gefunden werden, dass sodann unendlich viele n-Ecke möglich sind, welche zugleich jenem n-Seit eingeschrieben und jenem n-Eck umschrieben sind. (Der Ort der zwei gesuchten Eckpuncte ist auf zwei bestimmte Gerade beschränkt, welche durch dieselben projectivisch getheilt werden, so dass also die sie verbindende Seite, in allen ihren möglich verschiedenen Lagen, stets einen bestimmten Kegelschnitt berührt.) — Wie heisst die dieser Aufgabe entgegenstehende Aufgabe? Beide Aufgaben finden auch statt, wenn das gegebene n-Seit und n-Eck nicht in einer Ebene, sondern im Raume (§ 55) sich befinden, wozu insbesondere die nacherwähnte Aufgabe gehört.

43) Hierher die Aufgabe und der Satz in § 58, Note.

44) Wenn in der Ebene ein beliebiges n-Eck gegeben ist, ein anderes zu beschreiben, welches jenem zugleich um- und eingeschrieben ist. — *Moebius* hat gezeigt, dass diese Aufgabe beim Dreieck und Viereck noch nicht möglich ist (Journ. f. Mathem.). Die in § 25 gegebene Auflösung

muss dies bestätigen, wenn man die beiden Vierecke gleich werden und auf einander fallen lässt; man wird dann finden, dass bei den auf einander liegenden projectivischen Geraden A, A_1 keine entsprechenden Puncte vereinigt sind. Ebenso muss man finden können, ob die vorgelegte Aufgabe für das Fünfeck u. s. w. möglich ist.

45) Wenn im Raume irgend ein n-Flach (§ 55) und irgend ein n-Eck gegeben sind:

Ein n-Eck (im Raume) zu beschreiben, welches dem n-Flach eingeschrieben und jenem n-Eck umschrieben ist.

Ein n-Flach (im Raume) zu beschreiben, welches jenem n-Flach eingeschrieben und dem n-Eck umschrieben ist.

Oder:

Wenn im Raume n beliebige Ebenen und n beliebige Puncte gegeben sind, ein n-Eck im Raume (§ 55) so zu beschreiben, dass seine Ecken nach der Reihe in jenen Ebenen liegen, und seine Seiten nach der Reihe durch jene Puncte gehen. — Diese Aufgabe lässt im Allgemeinen wieviel Auflösungen zu (vergl. § 25 Note)? Giebt es Fälle, wo alle diese Auflösungen zugleich möglich sind, oder verhält es sich damit so, dass, während ein Theil derselben möglich ist, die anderen nicht stattfinden können? Dasselbe kann bei § 25 und § 56, 4 gefragt werden.

46) Zweimal drei zugeordnete harmonische Pole in Bezug auf einen gegebenen Kegelschnitt (§ 44) liegen allemal in irgend einem andern Kegelschnitt.

46) Zweimal drei zugeordnete Harmonische in Bezug auf einen gegebenen Kegelschnitt (§ 44) berühren allemal irgend einen andern Kegelschnitt.

47) Haben irgend drei Kegelschnitte K, K_1, K_2 in einer Ebene zwei gemeinschaftliche (reelle oder imaginäre) Puncte r, $\mathfrak{s}$, so ist der Ort desjenigen Punctes $\mathfrak{P}$, dessen drei Harmonische in Bezug auf dieselben (§ 44) sich in irgend einem Punct $\mathfrak{P}_1$ schneiden, so wie der Ort dieses letzteren Punctes, ein und derselbe bestimmte vierte Kegelschnitt K_3, welcher mit jenen dreien die nämlichen zwei Puncte gemein hat; und ferner: die Gerade $\mathfrak{P}\mathfrak{P}_1$ geht stets durch einen bestimmten festen Punct $\mathfrak{Q}$, welcher der harmonische Pol der Geraden r$\mathfrak{s}$ in Bezug auf den vierten Kegel-

47) Haben irgend drei Kegelschnitte $\mathfrak{K}$, $\mathfrak{K}_1$, $\mathfrak{K}_2$ in einer Ebene zwei gemeinschaftliche (reelle oder imaginäre) Tangenten r, s, so berührt jede Grade g, deren drei harmonische Pole in Bezug auf dieselben (§ 44) in irgend einer andern Geraden g_1 liegen, so wie auch diese letztere Gerade, stets einen und denselben bestimmten vierten Kegelschnitt $\mathfrak{K}_3$, welcher mit jenen dreien die nämlichen zwei Tangenten gemein hat; und ferner: der Punct (gg_1) liegt stets auf einer bestimmten festen Geraden Q, welche die Harmonische des Durchschnittspunctes (rs) in Bezug auf den vier-

schnitt K_3 ist, und in welchem sich die drei Sekanten, welche die drei gegebenen Kegelschnitte, paarweise genommen, gemein haben (ausser der Sekante $\mathfrak{rs}$), schneiden; u. s w.

ten Kegelschnitt $\mathfrak{K}_3$ ist, und in welcher die drei Durchschnittspuncte der drei Paar Tangenten, welche die drei gegebenen Kegelschnitte, paarweise genommen, gemein haben, liegen; u. s. w.

48) Wenn in einer Ebene drei beliebige Kegelschnitte gegeben sind, welches ist dann der Ort desjenigen Punctes $\mathfrak{P}$, dessen drei Harmonische in Bezug auf die Kegelschnitte sich in irgend einem anderen Puncte $\mathfrak{P}_1$ schneiden? und welche Curve wird von der Geraden $\mathfrak{P}\mathfrak{P}_1$ berührt?

48) Wenn in einer Ebene drei beliebige Kegelschnitte gegeben sind, welche Curve wird dann von derjenigen Geraden g, deren drei harmonische Pole in Bezug auf die Kegelschnitte in irgend einer anderen Geraden g_1 liegen, berührt? und welches ist der Ort des Durchschnittspunctes (gg_1)?

49) Wie steht es mit den vorstehenden Sätzen (47) und Aufgaben (48) in den besonderen Fällen, wo statt jedes gegebenen Kegelschnittes zwei Gerade (links) oder zwei Puncte (rechts) angenommen werden?

50) Haben irgend vier gegebene Flächen zweiten Grades einen (reellen oder imaginären) Kegelschnitt K gemein, so ist der Ort desjenigen Punctes $\mathfrak{P}$, dessen vier harmonische Ebenen in Bezug auf dieselben sich in irgend einem anderen Punct $\mathfrak{P}_1$ schneiden, so wie der Ort des letzteren Punctes, eine und dieselbe bestimmte fünfte Fläche desselben Grades, welche mit jenen vieren den nämlichen Kegelschnitt K gemein hat; und ferner: die Gerade $\mathfrak{P}\mathfrak{P}_1$ geht stets durch einen bestimmten festen Punct $\mathfrak{Q}$, welcher der harmonische Pol der Ebene K in Bezug auf die fünfte Fläche ist, und durch welchen die Ebenen der sechs Kegelschnitte gehen, welche die vier gegebenen Flächen, paarweise genommen, gemein haben; u. s. w.

50) Haben irgend vier gegebene Flächen zweiten Grades einen gemeinschaftlichen Berührungskegel $\mathfrak{K}$, so berührt jede solche Ebene ε, deren vier harmonische Pole in Bezug auf jene Flächen in irgend einer anderen Ebene ε_1 liegen, so wie auch diese letztere Ebene, stets eine und dieselbe bestimmte fünfte Fläche desselben Grades, welche mit jenen vieren den nämlichen Berührungskegel $\mathfrak{K}$ gemein hat; und ferner: die Gerade $(\varepsilon\varepsilon_1)$ liegt stets in einer bestimmten festen Ebene $\varkappa$, welche die harmonische Ebene des Punctes $\mathfrak{K}$ in Bezug auf die fünfte Fläche ist, und in welcher die Mittelpuncte der sechs Berührungskegel liegen, welche die vier gegebenen Flächen, paarweise genommen, gemein haben; u. s. w.

51) Wenn vier beliebige Flächen zweiten Grades gegeben sind, welches ist dann der Ort desjenigen Punctes $\mathfrak{P}$, dessen vier harmonische Ebenen in Bezug auf dieselben sich in irgend einem anderen Punct $\mathfrak{P}_1$ schneiden? und welches ist der Ort der Geraden $(\mathfrak{P}\mathfrak{P}_1)$? *)

51) Wenn vier beliebige Flächen zweiten Grades gegeben sind, welche krumme Fläche wird dann von derjenigen Ebene ε berührt, deren vier harmonische Pole in Bezug auf dieselben in irgend einer anderen Ebene ε_1 liegen? und welches ist der Ort der Durchschnittslinie $(\varepsilon\varepsilon_1)$? *)

52) Haben irgend zwei Kegelschnitte vier gemeinschaftliche Puncte, und gehen von den acht Tangenten, von welchen sie in denselben berührt werden, drei durch irgend einen Punct, so geht allemal noch eine vierte Tangente durch denselben Punct, und es gehen alsdann auch die vier übrigen Tangenten durch irgend einen und denselben Punct.

52) Haben irgend zwei Kegelschnitte vier gemeinschaftliche Tangenten, und liegen von den acht Puncten, in welchen sie von denselben berührt werden, drei in irgend einer Geraden, so liegt allemal noch ein vierter Punct in derselben Geraden, und es liegen alsdann auch die vier übrigen Puncte in irgend einer und derselben Geraden.

Solche Beziehung, wie hier die zwei Kegelschnitte, hat bei den obigen Sätzen (47) der vierte Kegelschnitt zu jedem der drei gegebenen.

53) Haben irgend zwei Flächen zweiten Grades zwei gemeinschaftliche Kegelschnitte, und haben von den vier Kegelflächen, von welchen sie in denselben berührt werden, zwei einen und denselben Mittelpunct, so haben auch die zwei übrigen Kegelflächen irgend einen Punct zum gemeinschaftlichen Mittelpunct.

53) Haben irgend zwei Flächen zweiten Grades zwei gemeinschaftliche Berührungskegel, und liegen von den vier Kegelschnitten, in welchen sie von denselben berührt werden, zwei in einer und derselben Ebene, so liegen auch die zwei übrigen Kegelschnitte in irgend einer und derselben Ebene.

Solche Beziehung, wie hier die zwei Flächen zweiten Grades, hat bei den obigen Sätzen (50) die fünfte Fläche zu jeder der vier gegebenen.

54) „Irgend 6 Puncte eines beliebigen Kegelschnittes bestimmen 60 eingeschriebene einfache Sechs-

54) „Irgend 6 Tangenten eines beliebigen Kegelschnittes bestimmen 60 umschriebene einfache Sechsseite

---

*) Welche Eigenthümlichkeiten finden bei diesen Aufgaben, sowie bei den Sätzen (50) statt, wenn für jede angegebene Fläche insbesondere eine Kegelfläche zweiten Grades oder zwei Ebenen angenommen werden?

ecke (§ 19); in jedem der letzteren liegen die drei Puncte, in welchen die gegenüber liegenden Seiten sich schneiden, in einer Geraden G (§ 42, I), so dass also 60 solcher Geraden G stattfinden; von diesen 60 Geraden gehen drei und drei durch irgend einen Punct P, so dass 20 solcher Puncte P entstehen; und von diesen 20 Puncten liegen 15 mal 4 in einer Geraden g, so dass jeder in drei solchen Geraden liegt." (Welche Beziehung haben diese 15 Geraden g weiter zu einander?

(§ 19); in jedem der letzteren gehen die drei Diagonalen, welche die gegenüber stehenden Ecken verbinden, durch einen Punct 𝔓 (§ 42, I), so dass also 60 solcher Puncte 𝔓 stattfinden; von diesen 60 Puncten liegen drei und drei in irgend einer Geraden 𝔊, so dass 20 solcher Geraden 𝔊 entstehen; und von diesen 20 Geraden gehen 15 mal 4 durch einen Punct 𝔭, so dass jede durch drei solche Puncte geht." (Welche Beziehung haben diese 15 Puncte 𝔭 weiter zu einander?)

„Sind bei einem und demselben Kegelschnitt die gegebenen sechs Puncte (links) zugleich die Berührungspuncte der gegebenen sechs Tangenten (rechts), so sind:

die 60 Geraden G die Harmonischen der 60 Puncte 𝔓 (§ 44),

die 20 Puncte P die harmonischen Pole der 20 Geraden 𝔊,

die 15 Geraden g die Harmonischen der 15 Puncte 𝔭 in Bezug auf den Kegelschnitt."*)

55) Wenn bei dem vorhergehenden Satze (54) die 6 Puncte insbesondere so angenommen werden, dass sie, paarweise, in drei Geraden liegen, welche durch irgend einen und denselben Punct gehen: welche besondere Lage haben alsdann die 60 Geraden G, die 20 Puncte P, und die 15 Geraden g?

55) Wenn bei dem vorhergehenden Satze (54) die 6 Tangenten insbesondere so angenommen werden, dass sie sich, paarweise, in drei Puncten schneiden, welche in irgend einer und derselben Geraden liegen: welche besondere Lage haben alsdann die 60 Puncte 𝔓, die 20 Geraden 𝔊, und die 15 Puncte 𝔭?

56) Besteht, in Betracht der Sätze (54), der gegebene Kegelschnitt links aus zwei Geraden und rechts aus zwei Puncten, so hat man ferner insbesondere folgende Sätze (§ 23, III):

„Wenn in jeder von zwei Geraden A, A_1, die in einer Ebene liegen, drei beliebige Puncte ange-

„Wenn in jedem von zwei Strahlbüscheln 𝔅, $𝔅_1$, die in einer Ebene liegen, drei beliebige Strahlen an-

*) Bei der ersten Bekanntmachung dieser Sätze (*Annales de Mathématiques*, t. XVIII, Cf. S. 224 dieser Ausgabe) hatte sich in Betreff der Geraden g und der Puncte 𝔭 eine Unrichtigkeit eingeschlichen. – Hülfsmittel, durch welche die Sätze sich beweisen lassen, sind im gegenwärtigen Theile enthalten (§ 42 und § 46). — Die Sätze (56) habe ich ebendaselbst zuerst bekannt gemacht.

nommen werden, so lassen sich durch diese, paarweise, 9 Gerade G legen, welche sich, paarweise, in 18 Puncten P schneiden, wovon 6 mal 3 in einer Geraden g liegen, und von diesen 6 Geraden g gehen 3 und 3 durch einen Punct."

genommen werden, so schneiden sich diese, paarweise, in 9 Puncten 𝔓, durch welche sich, paarweise, 18 Gerade 𝔊 legen lassen, wovon 6 mal 3 durch einen Punct 𝔭 gehen, und von diesen 6 Puncten 𝔭 liegen 3 und 3 in einer Geraden."

57) Wenn in Ansehung der obigen Sätze (54):

Von den angenommenen sechs Puncten fünf fest bleiben, während der sechste den Kegelschnitt durchläuft: wie bewegen sich dann die 60 Geraden G, wie die 20 Puncte P, und wie die 15 Geraden g?

Von den angenommenen sechs Tangenten fünf fest bleiben, während die sechste sich um den Kegelschnitt herumbewegt: wie bewegen sich dann die 60 Puncte 𝔓, wie die 20 Geraden 𝔊, und wie die 15 Puncte 𝔭?

58) Die Sätze (54) beziehen sich auf sechs gleichartige Elemente eines Kegelschnittes, welche eigenthümlichen Sätze finden bei sechs ungleichnamigen Elementen statt, d. h., wenn 5, 4, 3, 2, 1 Puncte und respective 1, 2, 3, 4, 5 Tangenten eines Kegelschnittes gegeben sind?

59) Denkt man sich im Raume irgend zwei rechtwinklige Coordinatensysteme um einen und denselben Anfangspunct, so findet Folgendes statt:

Die 6 Coordinatenaxen liegen allemal in irgend einer Kegelfläche zweiten Grades.

Die 6 Coordinatenebenen berühren allemal irgend eine Kegelfläche zweiten Grades.

Dieser Satz ist ein besonderer Fall eines umfassenderen Satzes. Auch kann er auf entsprechende Weise, wie der obige (54), weiter ausgedehnt werden (§ 33 und § 48).

60) Wenn irgend 9 Puncte einer Fläche zweiten Grades gegeben sind, beliebige andere Puncte derselben (durch Construction) zu finden; oder: „Welche Relation findet zwischen irgend 10 Puncten einer Fläche zweiten Grades statt?"

Die zweite Frage ist bereits zweimal von der Brüsseler Akademie als Preisaufgabe gegeben worden, aber beidemal, so viel ich weiss, ohne Erfolg.

61) Wenn von der Durchschnittscurve zweier Flächen zweiten Grades irgend acht Puncte gegeben sind, beliebige andere Puncte derselben (durch Construction) zu finden.

62) Durch acht beliebige gegebene Puncte im Raume eine Kegelfläche zweiten Grades zu legen. — Lässt im Allgemeinen vier Auflösungen zu.

63) Welches ist der Ort der Mittelpuncte (Scheitel) aller Kegelflächen zweiten Grades, welche durch irgend 6 oder 7 gegebene Puncte im Raume gehen?

64) Wenn acht beliebige Gerade im Raume gegeben sind, eine Kegelfläche zweiten Grades zu finden, welche dieselben berührt.

65) Welches ist der Ort der Mittelpuncte (Scheitel) aller Kegelflächen zweiten Grades, welche irgend 6 oder 7 gegebene Gerade im Raume berühren?

66) Welches ist der Ort aller Ebenen, welche irgend 6 oder 7 gegebene Gerade im Raume so schneiden, dass das durch die Durchschnittspuncte bestimmte Sechseck oder Siebeneck irgend einem Kegelschnitt umschrieben ist?

67) Der Ort der Mittelpuncte aller Kegelflächen zweiten Grades, welche irgend einem gegebenen Sechseck im Raume (§ 55) eingeschrieben sind (d. h. dessen Seiten berühren), ist ein einfaches Hyperboloïd.

Dieser Satz und die vorhergehenden Aufgaben (60 bis 66) haben ihre zugeordneten; wie lauten sie?

68) Welches ist der Ort des Mittelpunctes der geraden Kegelfläche, a) welche durch irgend 4 oder 5 gegebene Puncte im Raume geht, oder b) welche irgend 4 oder 5 gegebene Gerade im Raume berührt?

69) Welches ist der Ort der Ebene des Kreises, a) welcher irgend 4 oder 5 gegebene Ebenen berührt, oder b) welcher irgend 4 oder 5 gegebene Gerade im Raume schneidet?

70) Welche Eigenschaften hat eine Schaar ähnlicher Sphäroïde, welche durch irgend 4 oder 5 gegebene Puncte im Raume gehen; z. B. von welcher krummen Fläche werden sie umhüllt (vergl. 39), welches ist der Ort ihrer Mittelpuncte oder ihrer Brennpuncte? u. s. w.

71) Welches ist der Ort der Mittelpuncte aller einfachen Hyperboloïde, welche durch die Seiten eines gegebenen Vierseits im Raume (§ 55) gehen?

72) „Eine Kugel zu finden, welche irgend vier gegebene Gerade im Raume berührt.“

73) Eine Fläche zweiten Grades zu finden, welche irgend 9 gegebene Gerade im Raume berührt. (Wie viele Auflösungen sind möglich?)

74) Die Axen (d. i. die drei zu einander rechtwinkligen conjugirten Durchmesser) eines gegebenen schiefen Kegels zweiten Grades zu finden.

* * *

75) Werden zwei beliebige Ebenen ε, ε_1 mittelst irgend eines Strahlbüschels $\mathfrak{D}$ aufeinander projicirt, so dass jedem Punct der einen ein bestimmter Punct in der andern entspricht, und werden sofort die Ebenen in beliebige andere (schiefe) Lage gebracht, so entsteht die Frage, welchem Gesetz sodann die Projectionsstrahlen, d. h. die Geraden, welche die ent-

sprechenden Puncte verbinden, unterworfen seien, oder welche krumme Fläche von ihnen berührt werde? — Diese Aufgabe, nebst der ihr zugeordneten, werden durch die Betrachtungen des zweiten Abschnittes gelöst werden.

76) Wenn man Polyëder nur in Hinsicht der Art oder Gattung ihrer Grenzflächen von einander unterscheidet, d. h., je nachdem diese Dreiecke, Vierecke, Fünfecke, u. s. w. sind, so giebt es bekanntlich nur einen vierflächigen, zwei fünfflächige, und sieben sechsflächige Körper*). „Wie viel verschiedene 7, 8, 9, ... n flächige Körper sind in dieser Hinsicht möglich?" **)

77) Wenn irgend ein convexes Polyëder gegeben ist, lässt sich dann immer (oder in welchen Fällen nur) irgend ein anderes, welches mit ihm in Hinsicht der Art und der Zusammensetzung der Grenzflächen übereinstimmt (oder von gleicher Gattung ist), in oder um eine Kugelfläche, oder in oder um irgend eine andere Fläche zweiten Grades beschreiben (d. h. dass seine Ecken alle in dieser Fläche liegen, oder seine Grenzflächen alle diese Fläche berühren)?

78) „Fällt man aus den Ecken eines beliebigen viereckigen Körpers (dreiseit. Pyramide) Lothe auf die gegenüber liegenden Grenzflächen, so liegen alle vier Lothe im Allgemeinen in einem Hyperboloïd, und zwar gehören sie zu einer und derselben Schaar Strahlen desselben, so dass es also unzählige Gerade giebt, wovon jede alle vier Lothe schneidet (§ 51). Wenn insbesondere zwei der vier Lothe sich schneiden, so schneiden sich auch die zwei übrigen; und wenn insbesondere drei Lothe sich schneiden, so schneiden sich nothwendigerweise alle vier in einem und demselben Punct."

In den besonderen Fällen geht offenbar das Hyperboloïd in einen Grenzfall (in zwei Ebenen, und in einen Kegel) über. Bei der ersten Bekanntmachung dieses Satzes (Journal f. Mathem. Bd. II. S. 97)***) habe ich die besonderen Fälle unrichtig angegeben.

Es findet ein dem vorstehenden zugeordneter Satz statt; wie heisst er?

79) „Haben irgend zwei vierflächige Körper (dreiseitige Pyramiden) solche Lage, dass die vier Lothe, welche aus den Ecken des einen in bestimmter Ordnung auf die Grenzflächen des anderen gefällt werden, in irgend einem Punct zusammentreffen, so gehen allemal auch diejenigen vier Lothe, welche man in entsprechender Ordnung aus den Ecken des zweiten auf die Grenzflächen des ersten fällt, durch irgend einen und denselben Punct." Oder:

---

*) Siehe System der Geometrie von *Schweins*.

**) Diese Aufgabe habe ich schon an einem anderen Orte (*Annales de Mathém.* tom. XIX. p. 36. Cf. S. 227 dieser Ausg.) gegeben, aber es ist noch keine Lösung erfolgt.

***) Cf. S. 128 dieser Ausgabe, Lehrsatz 10.

a) „Fällt man aus einem beliebigen Punct E auf die Grenzflächen ABC, ABD, ACD, BCD irgend eines gegebenen Tetraëders ABCD Lothe Ed, Ec, Eb, Ea, nimmt in diesen Lothen vier beliebige Puncte d, c, b, a als Ecken eines zweiten Tetraëders dcba an, und fällt auf dessen Grenzflächen dcb, dca, dba, cba aus den Ecken A, B, C, D des ersteren Lothe Ae, Be, Ce, De, so treffen diese einander allemal in irgend einem Puncte e.“ Und ferner:

b) „Nimmt man in den vier ersteren Lothen ähnlicherweise vier andere Puncte d_1, c_1, b_1, a_1 als Ecken eines dritten Tetraëders an, so wird diesem in gleicher Beziehung ein Punct e_1 entsprechen; und alsdann liegen die vier Durchschnittslinien α, β, γ, δ der vier einander entsprechenden Grenzflächenpaare des zweiten und dritten Tetraëders (d. i. die Durchschnittslinien der Ebenenpaare dcb und $d_1c_1b_1$, dca und $d_1c_1a_1$, dba und $d_1b_1a_1$, cba und $c_1b_1a_1$), allemal in irgend einer Ebene $(\alpha\beta\gamma\delta)$; und

c) diese Ebene $(\alpha\beta\gamma\delta)$ steht allemal auf derjenigen Geraden ee_1, welche durch jene zwei genannten Puncte e, e_1 geht, senkrecht.“

Diesen Satz, nebst den zwei analogen Sätzen in der Ebene und auf der Kugelfläche, bei welchen nämlich, statt wie hier Tetraëder, ähnlicherweise Dreiecke in Betracht kommen*), habe ich schon an einem anderen Orte zu beweisen vorgelegt (Journal f. Mathem. Bd. II. S. 287)**). Alle drei Sätze sind übrigens besondere Fälle von etwas allgemeineren Sätzen, wie man zu seiner Zeit sehen wird. Auch haben alle drei Sätze ihre zugeordneten Sätze; wie lauten diese?

80) α) „Sind in einer Ebene irgend zwei einander nicht schneidende Kreise M_1, M_2 gegebenen, wovon man sich den einen zunächst innerhalb des anderen liegend denken mag, und man beschreibt in dem zwischen beiden Kreisen liegenden Raume eine Reihe Kreise m_1, m_2, m_3, m_4 ... so, dass jeder jene zwei und den ihm unmittelbar vorangehenden berührt, so findet einer von folgenden zwei Fällen statt: entweder a) die Reihe verlängert sich ins Unendliche und ist incommensurabel, oder b) sie kehrt in sich selbst zurück und ist commensurabel, d. h. nachdem sie in jenem Zwischenraum irgend eine Anzahl u Umläufe zurückgelegt hat, gelangt man zu einem n^{ten} Kreise m_n, welcher den ersten m_1 berührt, diesen also zu seinem Nachfolgenden hat, so dass hier die Reihe sich schliesst.“

β) „Von diesen zwei Fällen findet immer der nämliche und zwar auf einerlei Weise statt, man mag den ersten Kreis m_1 annehmen, wo man will, so dass also das Vorhandensein des einen oder anderen Falles lediglich von der Grösse und Lage der zwei festen Kreise M_1, M_2 abhängt.“

*) Auch findet ein analoger Satz im Strahlbüschel statt.

**) Cf. S. 157 dieser Ausgabe, Lehrsatz 1—3.

γ) „Bezeichnet man die Radien der Kreise M_1, M_2 durch R_1, R_2 und den Abstand ihrer Mittelpuncte von einander durch A, so hat man für den Fall, wo die genannte Kreisreihe auf die angegebene Art commensurabel ist, folgende einfache Bedingungsgleichung:

$$(R_1 \mp R_2)^2 \mp 4 R_1 R_2 \tang^2 \frac{u}{n} \pi = A^2,$$

woraus jede der fünf Grössen R_1, R_2, A, u, n gefunden wird, wenn die vier übrigen gegeben sind. Liegen die Kreise M_1, M_2 in einander, so hat man die oberen, und liegen sie ausser einander die unteren Vorzeichen zu nehmen."

81) „Bei Kreisen auf der Kugelfläche (so wie auch bei geraden Kegeln im Strahlbüschel) finden analoge Umstände statt, wie im vorstehenden Satze bei Kreisen in der Ebene, und zwar hat man die Bedingungsgleichung:

$$\cos(R_1 \mp R_2) \pm 2 \sin R_1 \sin R_2 \tang^2 \frac{u}{n} \pi = \cos A.\text{“}$$

82) „Es seien M_1, M_3 irgend zwei Kugeln, wovon, zum leichteren Verständniss, die eine M_3 innerhalb der anderen gedacht werden soll, und ferner sei M_2 eine beliebige solche Kugel, welche im Zwischenraum zwischen jenen zwei Kugelflächen liegt und sie berührt."

„Wird eine Reihe Kugeln m_1, m_2, m_3, ... so beschrieben, dass jede die drei Kugeln M_1, M_2, M_3 berührt und dass sie einander der Ordnung nach berühren, so ist sie entweder commensurabel, oder nicht, d. h. entweder a) gelangt man, nachdem die Reihe u Umläufe um die Kugel M_2 gemacht hat, zu einer n^{ten} Kugel m_n, welche wiederum die erste m_1 berührt, oder b) dies tritt nie ein, wenn auch die Reihe unendlich fortgesetzt wird."

„Auf diese zwei Umstände hat weder der Ort, wo die Kugel M_2 angenommen, noch die Lage, die der ersten Kugel m_1 der Reihe angewiesen wird, Einfluss, d. h. es findet immer derselbe Fall auf dieselbe Weise statt, es mögen die Kugeln M_2, m_1 unter den vorgenannten Bedingungen angenommen werden, wo man will, so dass also bloss die Grösse und Lage der festen zwei Kugeln M_1, M_3 über das Vorhandensein des einen oder anderen Falles entscheidet."

„Sind R_1, R_3 die Radien der Kugeln M_1, M_3, und ist A der Abstand ihrer Mittelpuncte von einander, so hat man für den commensurabeln Fall (a):

$$(R_1 \pm R_3)^2 \mp 16 R_1 R_3 \sin^2 \frac{u}{n} \pi = A^2.$$

Die unteren Zeichen gelten für den Fall, wo die festen Kugeln M_1, M_3 ausser einander liegen.

83) „Nach Angabe des letzten Satzes (82) berühren die drei Kugeln M_1, M_2, M_3 einander der Reihe nach, und jede von ihnen berührt die Reihe Kugeln m_1, m_2, m_3, ... Es schliessen sich daran folgende weitere Eigenschaften.“

a) „Die drei Kugeln M_1, M_2, M_3 sind Glieder einer zweiten Kugelreihe M_1, M_2, M_3, M_4, ... wovon jede alle Kugeln jener ersten Reihe und zugleich die ihr unmittelbar vorhergehende berührt.“

b) „Die Mittelpuncte jeder Kugelreihe, für sich genommen, liegen in einem Kegelschnitte; die Ebenen der zwei Kegelschnitte sind zu einander senkrecht, und die Hauptscheitel eines jeden sind zugleich die Brennpuncte des anderen, so dass also entweder α) beide Kegelschnitte (gleiche) Parabeln, oder β) der eine Ellipse und der andere Hyperbel ist.“

c) „Beide Kugelreihen hängen so von einander ab, dass sie zugleich commensurabel, und zugleich incommensurabel sind;

d) und zwar findet für den commensurabeln Fall das folgende merkwürdige Gesetz statt, dass allemal

$$\frac{u}{n} + \frac{U}{N} = \frac{1}{2}$$

ist, wobei nämlich U die Zahl der Umläufe und N die Zahl der Glieder der zweiten Kugelreihe bezeichnet (82).“

Die Sätze 80, 81 und 82 habe ich schon in den *Annales de Mathém.* tom. XVIII*) und den Satz 83 im Journal für Mathematik Bd. II, S. 192**) zum Beweisen vorgelegt. Im nämlichen Bande des Journals habe ich (S. 290, Lehrs. 59, 60 und 61)***) einige besondere Fälle des Satzes 82, so wie (S. 96)†) eine Aufgabe, welche den Satz 80 zum Ziele hatte, aufgestellt. In Folge dieser besonderen Fälle und dieser Aufgabe hat *Clausen* im 6. und 7. Bande des Journals die Sätze 80 und 81 analytisch bewiesen, ohne dass er von jenen Sätzen in den Annalen Kenntniss gehabt zu haben scheint; auch sind seine Ausdrücke der Form nach von den meinigen verschieden. Ein Theil des Satzes 80, nämlich (β), ist schon im ersten Bande (S. 256) des genannten Journals††) von mir bewiesen. Bei späteren Entwickelungen wird sich Gelegenheit darbieten, alle vier Sätze so elementar als möglich zu beweisen. — Es entstehen verschiedene interessante Fälle, wenn man statt der einen festen Kugel (in 82 und 83) eine Ebene, oder statt des einen festen Kreises (in 80 oder 81) eine Gerade oder einen Hauptkreis annimmt.

*) Cf. S. 225 dieser Ausgabe.

**) Cf. S. 135 dieser Ausgabe, Lehrsatz 11.

***) Cf. S. 160 dieser Ausgabe, Lehrsatz 6—8.

†) Cf. S. 127 dieser Ausgabe, Lehrsatz 4.

††) Cf. S. 43 dieser Ausgabe.

84) Wenn beim letzten Satze (83) die Kugelreihen commensurabel sind, so findet in jeder für je zwei Kugeln, die als fest angenommen werden, und zwischen denen nach der Reihe nur eine andere Kugel liegt, wie z. B. für M_1, M_3 in der zweiten Reihe, die obige Bedingungsgleichung (82) statt. Es kann gefragt werden: ob auch für Kugeln, zwischen denen zwei, oder irgend eine Anzahl x, Kugeln liegen, in gleichem Sinne eine Bedingungsgleichung stattfinde? und welche es sei?

Anmerkung.

85) Viele von den vorstehenden Aufgaben und Sätzen lassen sich mittelst der obigen Correlations-Systeme (§ 59), so wie auch zufolge der Anmerkungen (§ 33, § 34 und § 48) auf verschiedene Weise umwandeln. Welche sind es? und wie lauten die neuen Aufgaben und Sätze?

Ende des ersten Theiles.

Inhaltsverzeichniss des ersten Theiles.

Erster Abschnitt.

Betrachtung der Geraden, der ebenen Strahlbüschel und der Ebenenbüschel in Hinsicht ihrer projectivischen Beziehungen unter einander.

Erstes Kapitel.

Von projectivischen Geraden und ebenen Strahlbüscheln in der Ebene.

Zweites Kapitel.

Von projectivischen Geraden, ebenen Strahlbüscheln und Ebenenbüscheln im Raume.

Erste Anmerkung.

Zweite Anmerkung.

Drittes Kapitel.

Erzeugung der Linien und der geradlinigen Flächen zweiter Ordnung durch projectivische Gebilde.

Allgemeine Anmerkung.

Anhang.

20

Die

geometrischen

C o n s t r u c t i o n e n,

ausgeführt mittelst

der geraden Linie

und

E i n e s   f e s t e n   K r e i s e s,

als Lehrgegenstand auf höheren Unterrichts - Anstalten
und zur practischen Benutzung.

Hierzu Taf. XXXVIII—XLIV Fig. 1—25.

Dies Werk ist im J. 1833 (zu Berlin bei Ferdinand Dümmler) erschienen.

Einleitende Uebersicht.

§ 1.

Die Geometrie im engeren Sinne bedarf zu ihren Constructionen zweier Instrumente, des Zirkels und des Lineals. Ein italienischer Mathematiker, *Mascheroni*, hat auf eine scharfsinnige Weise gezeigt*), dass alle geometrischen Aufgaben mittelst des Zirkels allein gelöst werden können. Andererseits haben in der neuesten Zeit einige französische Mathematiker auf zahlreiche Aufgaben aufmerksam gemacht, deren Lösung nur die Hülfe des Lineals, oder das Ziehen gerader Linien zwischen gegebenen Puncten, erfordert. Ja es haben Einige sogar schon die Vermuthung ausgesprochen, dass mittelst des Lineals alle Constructionen ausführbar seien, sobald in der Ebene irgend ein fester Hülfskreis gegeben ist. Die vorliegende kleine Schrift hat zum Zweck, diese Vermuthung zu bestätigen. Und zwar wird dieser Zweck leichter erreicht, als ich anfangs glaubte und als es, nach dem Umfange des Gegenstandes, den Anschein hatte. Denn, wirft man einen strengen Blick auf die gesammten Constructionen, wie sie in der gewöhnlichen Geometrie, beim freien Gebrauch des Zirkels und Lineals vorkommen, so sieht man, dass sie, die Fälle ausgenommen, wo das Lineal allein genügt, im Grunde nur auf den folgenden zwei Hauptconstructionen:

a) „die Durchschnitte einer Geraden und eines Kreises“ und

b) „die Durchschnitte zweier Kreise zu finden“,

beruhen, so zusammengesetzt sie übrigens auch sein mögen. Für die gegenwärtigen beschränkteren Hülfsmittel zeigte es sich, dass von diesen zwei Aufgaben die erste allein als Hauptaufgabe sich geltend macht, dass also die Lösungen aller Aufgaben auf der einzigen Hauptaufgabe:

A) „die Durchschnitte einer Geraden und eines Kreises zu finden“,

beruhen, indem auch die vorstehende andere Aufgabe (b) auf diese zurückgeführt werden muss und kann. Der Umstand aber, dass die Durch-

*) *Mascheroni*'s „Gebrauch des Zirkels“ aus dem Italienischen in's Französische übersetzt von *Carette* und in's Deutsche von *Grüson*, Berlin 1825.

schnitte einer Geraden und des gegebenen Hülfskreises unmittelbar gegeben sind, bewirkt, dass man zunächst die folgenden, häufig vorkommenden und ihrem Wesen nach die meisten Elementaraufgaben umfassenden Hülfsaufgaben:

c) „parallele Gerade zu ziehen";

d) „der Grösse nach gegebene Gerade beliebig zu vervielfachen oder in beliebig viele gleiche Theile zu theilen";

e) „zu einander rechtwinklige Gerade zu ziehen";

f) „durch einen gegebenen Punct eine Gerade zu ziehen, die mit einer gegebenen Geraden einen Winkel einschliesst, welcher einem der Grösse und Lage nach gegebenen Winkel gleich ist";

g) „einen gegebenen Winkel zu hälften, oder beliebig oft zu vervielfachen";

h) „an einen gegebenen Punct nach beliebiger Richtung eine Gerade anzulegen, welche einer der Grösse und Lage nach gegebenen Geraden gleich ist",

leicht lösen kann. Die Art und Weise, wie diese Aufgaben gelöst werden, weicht natürlicherweise von der in der Geometrie üblichen ganz und gar ab, und zwar dergestalt, dass hier einige von diesen Aufgaben dazu dienen, die obigen zwei Hauptaufgaben (a), (b), oder vielmehr die einzige Hauptaufgabe (A) unter allen Umständen zu lösen, also auch die Durchschnitte einer Geraden und eines nur der Lage und Grösse nach gegebenen Kreises (d. h. nur der Mittelpunct und der Radius sind gegeben, der Kreis selbst nicht gezeichnet) zu finden, statt dass dort jene mittelst dieser gelöst werden.

Ob es mir gelungen sei, den vorgesteckten Zweck auf die einfachste Weise zu erreichen, vermag ich nicht zu entscheiden, auch bin ich nicht einmal überzeugt, ob selbst bei dem von mir eingeschlagenen Weg überall die bequemsten Constructionen angewendet worden sind oder nicht. Wenn indessen der Gegenstand einiges Interesse erregen sollte, so wird bei dem eifrigen Betriebe der Geometrie in unserer Zeit das Fehlende bald von Anderen ergänzt werden, und ich dürfte dann wohl auf einige Nachsicht rechnen.

Sind die *Mascheroni*'schen Constructionen für die Mechaniker und besonders zur Anfertigung astronomischer Instrumente von grossem Vortheil, wie er behauptet, so dürften dagegen die gegenwärtigen für die Ingenieurs und Feldmesser von nicht geringerem Nutzen sein, worüber ich jedoch von diesen letzteren selbst das sachverständige Urtheil erwarten will.

§ 2.

Die Sätze und Eigenschaften der Figuren, auf welchen die Lösungen der vorgenannten Aufgaben (§ 1) beruhen, sind unter anderen theils im ersten Theil der „Systematischen Entwickelung der Abhängigkeit geometrischer Gestalten von einander“ *) und theils in der Abhandlung „Einige geometrische Betrachtungen“ (Journal für Mathematik, Bd. I, S. 161) **) enthalten, so dass also mit Beziehung auf dieselben die vorgelegten Aufgaben auf einem Raume von wenig Seiten erledigt werden könnten. Allein da das gegenwärtige Werkchen leicht in Vieler Hände kommen kann, welche jene Schriften nicht besitzen, so hielt ich es für zweckmässig, jene Sätze und Eigenschaften hier kurz zu wiederholen, wobei ich mich bemühte, sie so elementar als möglich darzustellen. Diesem gemäss besteht die gegenwärtige Arbeit aus drei Kapiteln, die folgenden Inhalts sind:

Erstes Kapitel. Einige Eigenschaften geradliniger Figuren in Rücksicht auf Transversalen, harmonische Strahlen und Puncte; Constructionen mittelst des Lineals allein unter bestimmten Voraussetzungen, d. h. wenn entweder parallele oder in gegebenem Verhältniss getheilte Gerade gegeben sind, so lassen sich andere der Grösse und Lage nach gegebene Gerade beliebig vervielfachen und theilen, und andere Parallele ziehen (sowie auch rechte Winkel hälften und beliebige gegebene Winkel vervielfachen).

Zweites Kapitel. Vom Kreise. I. Harmonische Eigenschaften des Kreises. II. Von den Aehnlichkeitspuncten (oder Projectionspuncten) zweier und mehrerer Kreise. III. Von der Potenz bei Kreisen; A. Ort der gleichen Potenzen; B. gemeinschaftliche Potenz in Beziehung auf die Aehnlichkeitspuncte.

Drittes Kapitel. Lösung aller geometrischen Aufgaben mittelst des Lineals, wenn irgend ein fester Hülfskreis gegeben ist; enthaltend die obigen acht Aufgaben (§ 1, a bis h). Schlussbemerkung.

Ausserdem werden in einem Anhange noch einige wesentliche Aufgaben über Kegelschnitte aufgestellt, welche als zweckmässige Beispiele der Anwendung der gegenwärtigen Methode dienen sollen.

Erstes Kapitel.

Einige Eigenschaften geradliniger Figuren und darauf gegründete Constructionen mittelst des Lineals allein.

I. Harmonische Strahlen und Puncte, Transversalen.

§ 3.

I. Es sei ABC (Fig. 1) ein beliebiges Dreieck; aus der Spitze B gehe der Strahl b durch die Mitte $\mathfrak{b}$ und der Strahl d parallel der Grund-

*) Cf. S. 229 dieser Ausgabe.

**) Cf. S. 17 dieser Ausgabe.

linie AC. Zieht man durch die Mitte $\mathfrak{b}$ der Grundlinie irgend eine Gerade, oder Transversale $\mathfrak{a}\mathfrak{d}$, so wird diese von den zwei Seiten a, c und von den Strahlen b, d in den vier Puncten $\mathfrak{a}$, $\mathfrak{b}$, $\mathfrak{c}$, $\mathfrak{d}$ so geschnitten, dass

$$A\mathfrak{b} : B\mathfrak{d} = \mathfrak{a}\mathfrak{b} : \mathfrak{a}\mathfrak{d} \quad (\text{weil } \triangle \mathfrak{a}A\mathfrak{b} \backsim \triangle \mathfrak{a}B\mathfrak{d}),$$
$$C\mathfrak{b} : B\mathfrak{d} = \mathfrak{c}\mathfrak{b} : \mathfrak{c}\mathfrak{d} \quad (\text{weil } \triangle \mathfrak{c}C\mathfrak{b} \backsim \triangle \mathfrak{c}B\mathfrak{d}),$$

folglich, weil

$$A\mathfrak{b} = C\mathfrak{b}$$

ist, wird

$$\mathfrak{a}\mathfrak{b} : \mathfrak{a}\mathfrak{d} = \mathfrak{c}\mathfrak{b} : \mathfrak{c}\mathfrak{d},$$

oder

$$\mathfrak{a}\mathfrak{b} : \mathfrak{b}\mathfrak{c} = \mathfrak{a}\mathfrak{d} : \mathfrak{c}\mathfrak{d},$$

das heisst: die Strecke $\mathfrak{a}\mathfrak{d}$ wird so in drei Abschnitte getheilt, dass sich der erste $\mathfrak{a}\mathfrak{b}$ zum zweiten $\mathfrak{b}\mathfrak{c}$, wie die Ganze $\mathfrak{a}\mathfrak{d}$ zum dritten $\mathfrak{c}\mathfrak{d}$ verhält.

Vermöge dieser Eigenschaft werden die vier Puncte $\mathfrak{a}$, $\mathfrak{b}$, $\mathfrak{c}$, $\mathfrak{d}$ „vier harmonische Puncte“ genannt, und zwar heissen $\mathfrak{a}$ und $\mathfrak{c}$, sowie $\mathfrak{b}$ und $\mathfrak{d}$ „zugeordnete harmonische Puncte“. Ebenso werden die vier Strahlen a, b, c, d „vier harmonische Strahlen“ und sowohl a und c, als b und d „zugeordnete harmonische Strahlen“ genannt.

II. Werden die Strahlen a, b, c, d als fest und unbegrenzt angenommen, so theilen sie nicht allein jede Transversale, welche durch den Punct $\mathfrak{b}$ geht, harmonisch, sondern es wird offenbar jede beliebige Transversale von ihnen in vier harmonischen Puncten geschnitten; denn in welchem Puncte eine solche Transversale auch dem Strahle b begegnen mag, so kann man immer durch denselben eine Gerade sich denken, die der AC parallel ist, und sodann den vorstehenden Beweis anwenden. Ist insbesondere die Transversale mit einem der vier harmonischen Strahlen a, b, c, d parallel, wie zum Beispiel AC mit d, so liegt der Punct $\mathfrak{b}$, in welchem sie den dem Parallelstrahl d zugeordneten harmonischen Strahl b schneidet, in der Mitte zwischen den zwei Puncten $\mathfrak{a}$ und $\mathfrak{c}$, in welchen sie von den zwei übrigen Strahlen a und c geschnitten wird; und umgekehrt: findet das Letztere statt, so ist die Transversale mit jenem Strahle parallel.

Werden andererseits die vier harmonischen Puncte $\mathfrak{a}$, $\mathfrak{b}$, $\mathfrak{c}$, $\mathfrak{d}$ als fest angenommen, so folgt ähnlicherweise, dass jede vier Strahlen a, b, c, d, welche von irgend einem beliebigen Puncte B aus durch dieselben gehen, vier harmonische Strahlen sind.

III. Es ist leicht zu sehen, dass, wenn drei Strahlen (die durch einen Punct gehen) gegeben sind, wovon zwei als zugeordnet angenommen werden, alsdann nur ein einziger bestimmter Strahl möglich ist, welcher zu dem dritten Strahle zugeordneter harmonischer Strahl ist. Denn sind z. B. die drei Strahlen a, c, d gegeben, und sollen etwa a und c zugeordnet sein, so denke man sich irgend eine Gerade AC parallel dem dritten

Strahle d, so muss der vierte dem d zugeordnete Strahl b durch die Mitte $\mathfrak{b}$ der Geraden AC gehen, und ist also genau bestimmt. Oder durch irgend einen Punct des dritten Strahls, wie etwa durch den Punct $\mathfrak{b}$ des Strahls b, wenn die drei Strahlen a, b, c als gegeben und a und c als zugeordnet angenommen werden, denke man sich eine Gerade AC zwischen a und c so gezogen, dass sie durch jenen Punkt $\mathfrak{b}$ gehälftet wird, so wird alsdann derjenige Strahl d, welcher der Geraden AC parallel ist, der einzig mögliche, dem b zugeordnete, vierte harmonische Strahl sein. Aehnliches gilt von vier harmonischen Puncten $\mathfrak{a}$, $\mathfrak{b}$, $\mathfrak{c}$, $\mathfrak{d}$.

IV. Wenn insbesondere das Dreieck ABC gleichschenklig ist, nämlich $BA = BC$, so wird der Strahl b, da er durch die Mitte $\mathfrak{b}$ der Grundlinie AC geht, auf dieser, so wie auf dem Strahle d, senkrecht stehen und mit den Strahlen a und c gleiche Winkel einschliessen, so dass Winkel $(ab) = (bc)$; und daher muss auch d mit a und c gleiche Winkel $(ad) = (dc)$ bilden. Das heisst:

„Wenn von vier harmonischen Strahlen a, b, c, d einer, etwa b, mit zwei zugeordneten a und c gleiche Winkel bildet, so findet dasselbe auch bei seinem zugeordneten Strahle d statt, und beide Strahlen b und d stehen auf einander rechtwinklig; und umgekehrt: wenn bei vier harmonischen Strahlen zwei zugeordnete b und d auf einander rechtwinklig sind, so hälften sie die von den zwei übrigen Strahlen a, c eingeschlossenen Winkel.“

§ 4.

Irgend vier Gerade a, c, a_1, c_1 (Fig. 2) in einer Ebene, die einander im Allgemeinen paarweise in sechs Puncten A, C, F, G, H, I schneiden, heissen „vollständiges Vierseit“. Ein solches Vierseit hat, wie man sieht, drei Diagonalen AC, GF, HI, die sich in den drei Puncten B, D, E schneiden. Es lässt sich leicht zeigen, dass diese drei Diagonalen einander harmonisch schneiden, nämlich wie folgt:

Denkt man sich zu den drei Strahlen a, c, d den vierten, dem d zugeordneten, harmonischen Strahl b, und ebenso zu den drei Strahlen a_1, c_1, d_1 den vierten, dem d_1 zugeordneten, harmonischen Strahl b_1, so muss jeder der zwei Strahlen b, b_1 die Diagonale ACD in demjenigen Puncte B schneiden, welcher zu den gegebenen drei Puncten A, C, D der vierte, dem D zugeordnete, harmonische Punct ist (§ 3); ebenso müssen beide Strahlen b, b_1 die Diagonale HIE in demjenigen Puncte B schneiden, welcher zu den drei Puncten H, I, E der vierte, dem E zugeordnete, harmonische Punct ist; da aber b und b_1 nur einen einzigen Punct B gemein haben können, so muss folglich derselbe zugleich der Durchschnittspunct der Diagonalen AC, HI sein, woraus denn hervorgeht, dass diese Diagonalen harmonisch geschnitten werden. Aehnlicherweise kann gezeigt werden, dass die dritte Diagonale GF von den zwei anderen in den Puncten D, E harmonisch getheilt wird. Also:

„Bei jedem vollständigen Vierseit wird jede der drei Diagonalen von den zwei übrigen harmonisch geschnitten, d. h. die Puncte, in welchen eine der drei Diagonalen von den zwei übrigen geschnitten wird, sind zu den Eckpuncten, welche sie verbindet, zugeordnete harmonische Puncte, zum Beispiel A, B, C, D sind harmonisch und B, D sind zugeordnete harmonische Puncte."

§ 5.

Von den zahlreichen Folgerungen und Anwendungen, die sich aus dem letzten Satze (§ 4) ziehen lassen, sollen hier nur einige und zwar zunächst folgende herausgehoben werden:

I. „Zu irgend drei gegebenen Puncten in einer Geraden einen vierten harmonischen Punct mittelst des Lineals allein zu finden."

a) Sind etwa die drei Puncte G, D, F (Fig. 2) gegeben, und es soll der dem D zugeordnete vierte harmonische Punct E gefunden werden, so ziehe man nach einem beliebigen Punct A die Geraden AG, AD, AF, nehme in AD einen beliebigen Punct C, ziehe die Geraden GCI, FCH, wodurch man die zwei Durchschnitte I und H erhält, und ziehe endlich die Gerade HI, so wird diese den verlangten Punct E angeben. Oder:

b) Sind G, F, E gegeben, und es soll der dem E zugeordnete vierte harmonische Punct D gefunden werden, so ziehe man nach einem willkürlichen Punct A die Geraden FA, GA, schneide sie durch eine beliebige, durch E gehende Gerade EIH in den Puncten I, H, ziehe sofort die Geraden GI, FH, die sich in C kreuzen, und ziehe endlich die Gerade AC, so wird diese durch den gesuchten Punct D gehen.

II. „Zu irgend drei gegebenen Strahlen, die durch einen Punct gehen, einen vierten harmonischen Strahl mittelst des Lineals zu finden."

Sind etwa die drei Strahlen a, c, d (Fig. 2) gegeben, und soll der dem d zugeordnete vierte harmonische Strahl b gefunden werden, so ziehe man durch einen beliebigen Punct G des Strahls d irgend zwei Gerade GA, GI, welche die Strahlen a, c in A, I, C, H schneiden, ziehe sodann die Geraden AC, HI, die sich in B kreuzen, so wird FB der gesuchte Strahl sein.

Auf dieselbe Weise wird, wenn die Strahlen a, b, c gegeben sind, der dem b zugeordnete vierte harmonische Strahl d gefunden.

III. „Wenn ein rechter Winkel und ein anderer beliebiger Winkel einerlei Scheitelpunct und einen gemeinschaftlichen

Schenkel haben, so soll der letzte Winkel mittelst des Lineals verdoppelt werden.“

Angenommen, es sei (bd) (Fig. 1) der rechte und (bc) der andere Winkel, so suche man zu den drei Strahlen b, c, d einen vierten, dem c zugeordneten, harmonischen Strahl a (II), so wird alsdann zufolge (§ 3, IV) Winkel $(ab) = (bc)$ und mithin Winkel (ac) der verlangte doppelte Winkel sein.

IV. „Wenn von drei Strahlen, die durch einen Punct gehen, der eine mit den zwei anderen gleiche Winkel bildet, so soll mittelst des Lineals ein vierter Strahl gefunden werden, welcher ebenfalls mit den zwei letzteren gleiche Winkel einschliesst und mithin zu jenem ersten rechtwinklig ist.“

Die Lösung dieser Aufgabe gründet sich ebenfalls auf (II) und (§ 3, IV), wie die vorige.

V. „Werden irgend zwei Gerade a, c (Fig. 2) von beliebigen Geraden a_1, b_1, c_1, ..., die durch irgend einen Punct G gehen, geschnitten, und man verbindet die Durchschnittspuncte von je zwei der letzteren kreuzweise durch ein Paar Gerade, wie etwa AC und HI, AL und HM, so liegen alle Puncte, wie B, K, in welchen sich diese Geradenpaare kreuzen, in einer bestimmten Geraden b, welche durch den Durchschnittspunct F der zwei erstgenannten Geraden a, c geht und welche zu diesen und zu der Geraden FG oder d die vierte, der letzteren zugeordnete, harmonische Gerade ist.“

Die Richtigkeit dieses Satzes folgt, wie man leicht sehen wird, aus (II) oder (§ 4).

VI. „Durch einen gegebenen Punct mittelst des Lineals eine Gerade zu ziehen, welche mit zwei gegebenen Geraden nach einem und demselben Puncte gerichtet ist, wenn nämlich dieser Punct vorhandener Hindernisse wegen unzugänglich ist.“

Es sei etwa B (Fig. 2) der gegebene Punct und AM, HL die gegebenen Geraden, welche aber nicht bis zu dem Puncte F, nach welchem sie gerichtet sind, sollen verlängert werden können. Man ziehe die Geraden AB, HB, welche die gegebenen Geraden in C, I schneiden, und ziehe ferner die Geraden AH, IC, die sich in G kreuzen; durch diesen Punct G lege man eine beliebige Gerade GM (die nicht durch B zu gehen braucht), welche die gegebenen in M, L schneidet, und ziehe sofort AL, HM, die sich in K kreuzen, so wird die Gerade KB der Aufgabe genügen. Das Verfahren bleibt sich gleich, der Punct B mag zu den gegebenen Geraden AM, HL eine Lage haben, welche man will, wie z. B. die Lage von G; ebenso können diese Geraden gegen einander eine Lage haben, welche man will, z. B. parallel sein.

Die Richtigkeit dieser Auflösung beruht, wie man bemerken wird, auf dem vorhergehenden Satze (V). (Vergl. Abhäng. geom. Gestalten. Thl. I. S. 77.)*)

II. Constructionen mittelst des Lineals unter gewissen Voraussetzungen.

A. Wenn Parallele, oder rational getheilte Strecken gegeben sind.

§ 6.

In Ansehung der obigen Aufgabe (§ 5, I) findet ein wichtiger besonderer Fall statt, der näher betrachtet werden muss.

Tritt nämlich der besondere Fall ein, dass bei den drei gegebenen Puncten G, D, F der Punct D gerade in der Mitte zwischen den Puncten G und F liegt, so wird der vierte, ihm zugeordnete, harmonische Punct E sich in's Unendliche entfernen, d. h. so muss die Gerade HI, durch welche er gefunden wird, mit der gegebenen Geraden GDF parallel sein. Und umgekehrt: Schneidet man zwei Seiten AG, AF eines beliebigen Dreiecks GAF durch irgend eine, der Grundlinie GF parallele Gerade HI (Fig. 3), verbindet die Durchschnittspuncte H, I mit den gegenüber liegenden Ecken an der Grundlinie durch Gerade FH, GI, welche sich im Puncte C kreuzen, und zieht durch diesen und durch die Spitze A des Dreiecks die Gerade ACD, so geht diese allemal durch die Mitte D der Grundlinie.

Hierauf gründen sich die Auflösungen folgender Aufgaben:

I. „Wenn in einer Geraden drei Puncte G, D, F (Fig. 3) gegeben sind, wovon der eine, D, in der Mitte zwischen den zwei übrigen liegt, so soll (mittelst des Lineals allein) durch irgend einen beliebigen Punct H mit jener Geraden eine Parallele gezogen werden.“

Man ziehe die Geraden GH, FH, nehme in GH einen willkürlichen Punct A und ziehe AD, AF; durch den Durchschnitt C der Geraden FH und AD ziehe man aus G die Gerade GCI, welche AF in I schneidet, so ist endlich HI die geforderte Parallele.

II. „Wenn irgend zwei parallele Gerade GF, HI (Fig. 3) gegeben sind, so soll irgend eine gegebene Strecke in der einen oder anderen, etwa die Strecke GF, gehälftet werden.“

Man ziehe aus einem willkürlichen Puncte A nach den Endpuncten G, F der gegebenen Strecke Gerade AG, AF, welche die andere Parallele in H, I schneiden (im Falle der Punct A zwischen den Parallelen läge, wie C, oder jenseits GF, müsste man die Geraden AG, AF verlängern,

*) Cf. S. 291 dieser Ausgabe.

bis sie HI schnitten); diese Durchschnittspuncte verbinde man mit jenen Endpuncten durch Gerade HF, IG, die sich in irgend einem Puncte C schneiden; durch diesen und durch jenen angenommenen Punct A lege man endlich die Gerade ACD, so wird diese durch die Mitte D der gegebenen Strecke GF gehen.

III. „Wenn irgend zwei parallele Gerade gegeben sind, so soll durch irgend einen gegebenen Punct eine dritte Parallele gezogen werden."

Man hälfte nach (II) irgend eine beliebige Strecke in einer der zwei gegebenen Geraden, so ist alsdann die Aufgabe auf (I) zurückgeführt.

IV. „Wenn zwei parallele Gerade und in der einen irgend eine begrenzte Strecke gegeben sind, so soll man:

a) in der nämlichen Geraden eine andere Strecke, welche ein beliebiges Vielfaches, etwa das $n$fache von jener Strecke ist, von irgend einem gegebenen Puncte an, abstecken; oder

b) die gegebene Strecke in irgend eine gegebene Anzahl gleicher Theile theilen, oder in zwei Theile theilen, die sich zu einander verhalten, wie zwei gegebene Zahlen; oder endlich

c) eine andere Strecke finden (in der nämlichen Geraden), die zu der gegebenen ein gegebenes rationales Verhältniss hat."

Es seien BF, bf (Fig. 4) die gegebenen Parallelen und etwa BC die gegebene Strecke. Man ziehe durch einen beliebigen Punct A eine dritte Parallele AG (III) und nach den Endpuncten der Strecke die Geraden AB, AC, welche die zweite Parallele in b, c schneiden; sofort ziehe man die Gerade Cb, die der dritten Parallelen in G begegnet und ziehe GcD, so wird, wie leicht zu sehen, $DC = BC$ und folglich BD doppelt so gross, als die gegebene Strecke BC sein. Zieht man nun weiter die Gerade AD und sodann GdE, dann ferner AE und darauf GeF u. s. w., so werden offenbar die Strecken BC, CD, DE, EF, ... gleich gross sein, so dass man auf diese Weise jedes beliebige Vielfache der Strecke BC erhält, wie zum Beispiel BF ihr Vierfaches ist.

(*a*) Soll nun ein solches Vielfaches von irgend einem gegebenen Puncte X an abgeschnitten werden, so ziehe man die Gerade Xb (oder Xf), verlängere sie, wenn es nöthig ist, bis sie die AG in Y schneidet, und ziehe YfZ, so wird XZ die verlangte $n$fache (hier vierfache) Strecke sein.

(*b*) Soll die gegebene Strecke BC in n gleiche Theile getheilt werden, so ziehe man, wenn bf das $n$fache von bc ist, die Geraden Cb, Bf, die sich in I kreuzen, und ziehe sofort $cI\gamma$, $dI\delta$, $eI\varepsilon$, ..., so werden die

Strecken $C\gamma$, $\gamma\delta$, $\delta\varepsilon$, ... einander gleich, und zwar jede der n^{te} Theil von der gegebenen Strecke BC sein.

Soll die gegebene Strecke BC in zwei Abschnitte getheilt werden, die sich verhalten wie zwei gegebene Zahlen p, q, so muss bf das $(p+q)$-fache von bc sein, und alsdann zählt man von b an p Strecken bc, cd, ... ab, zieht vom Endpuncte der letzten, z. B. von d, die Gerade $dI\delta$, so werden sich die Abschnitte $C\delta$, $B\delta$ verhalten wie $p:q$.

(c) Soll endlich eine Strecke gefunden werden, die sich zu der gegebenen verhält wie $q:p$, so ziehe man, wenn etwa fd, db sich ebenfalls wie $q:p$ verhalten, die Geraden Bb, Cd, und aus dem Punct, in welchem diese sich kreuzen, ziehe man eine Gerade durch f, so wird diese der Geraden BC in irgend einem Puncte, der W heissen mag, begegnen, und es ist sodann CW die verlangte Strecke, d. h. es wird sich $BC:CW = p:q$ verhalten.

Anmerkung. Soll von der gegebenen Strecke BC bloss ein bestimmter einfacher Theil abgeschnitten werden, d. h. ein Stück abgeschnitten werden, welches sich zur ganzen verhält, wie $1:n$, wo n eine ganze Zahl ist, so kann man auch wie folgt verfahren:

Aus einem willkürlichen Puncte A (Fig. 5) ziehe man nach den Endpuncten der Strecke die Geraden AB, AC, welche mit der anderen Parallelen die Durchschnitte b, c bilden; sodann ziehe man die Geraden Bc, Cb, die sich in d schneiden, und ziehe weiter AdD, so ist CD die Hälfte der gegebenen Strecke BC.

Wird nun ferner die Gerade cD, die der Geraden Cb in e begegnet, und sofort AeE gezogen, so ist $CE = \frac{1}{3}BC$. Denn vermöge des vollständigen Vierseits $Aced$ (dessen drei Diagonalen Ae, cd, CD sind) sind die vier Puncte B, D, E, C harmonisch (§ 4), so dass man hat

$$CE : ED = CB : DB,$$

woraus folgt, da

$$DB = CD = \tfrac{1}{2}CB,$$

dass

$$CE = \tfrac{1}{3}CB.$$

Auf ähnliche Weise folgt, dass, wenn man weiter die Gerade cE zieht, die Cb in f schneidet, und sodann AfF, dass dann $CF = \frac{1}{4}CB$ sei; und dass durch dasselbe Verfahren man zu $CG = \frac{1}{5}CB$ gelangt, u. s. w. f.

Dieses sinnreiche Verfahren scheint von einem französischen Artillerie-Capitain, *Brianchon*, zuerst angewendet worden zu sein (*Application de la Théorie des Transversales*, *Paris* 1818, p. 37). Derselbe behandelt auch mehrere der vorhergehenden Aufgaben und zeigt besonders, welche vortheilhafte Anwendungen auf dem Felde, im Kriege u. s. w. sich von solchen Aufgaben machen lassen, weshalb ich Militairs und Feldmesser auf seine Arbeit verweise.

§ 7.

„Wenn in einer Geraden zwei neben einander liegende Strecken BD, DC (Fig. 6) gegeben sind, die irgend ein gegebenes rationales Verhältniss zu einander haben, so soll man (mittelst des Lineals allein) durch irgend einen beliebigen Punct mit der gegebenen Geraden eine Parallele ziehen.“

Da diese Aufgabe wohl mehr theoretisches Interesse als praktischen Nutzen haben mag, so will ich hier die Möglichkeit ihrer Lösung nur kurz andeuten und das Auffinden der leichtesten und bequemsten Auflösung Anderen überlassen.

Die Aufgabe ist als gelöst zu betrachten, sobald man in der gegebenen Geraden irgend drei Puncte gefunden hat, wovon der eine gleich weit von den zwei übrigen entfernt ist (§ 6, I).

Das gegebene rationale Verhältniss der gegebenen Strecken BD, DC lässt sich immer, in welcher Form es auch gegeben sein mag, durch zwei ganze Zahlen a, b ausdrücken, welche unter sich Primzahlen sind. Angenommen es sei $a > b$. Man construire zu den drei gegebenen Puncten B, D, C den vierten, dem D zugeordneten, harmonischen Punct E (§ 5, I), so hat man

$$BD : CD = BE : CE,$$

oder, wenn man statt der Linien die ihnen entsprechenden Zahlen setzt und CE durch die Zahl x ausdrückt,

$$a : b = (a + b + x) : x$$

und folglich

$$x = \frac{b(a+b)}{a-b}.$$

Wird $BC = a + b = y$ gesetzt, so hat man

$$x : y = \frac{b(a+b)}{a-b} : a + b$$

oder

$$(1) \qquad x : y = b : (a - b),$$

das heisst: „Aus den gegebenen Strecken BD, CD, die sich verhalten wie die Zahlen a, b, lassen sich zwei neue Strecken BC, CE oder y, x finden, die sich verhalten, wie die Differenz der gegebenen Zahlen $a - b$ zu der kleineren Zahl b.“ Daher wird man durch wiederholte Anwendung dieses Verfahrens endlich zu zwei Strecken gelangen, die einander gleich sind, d. h. man wird drei Puncte haben, wovon der eine in der Mitte zwischen den zwei übrigen liegt, und wodurch sodann die vorgelegte Aufgabe auf die obige (§ 6, I) zurückgebracht ist. Denn ist z. B. die Differenz $a - b$ grösser als b, so wird man durch eine neue Construction zwei Strecken erhalten, die sich verhalten wie $b:(a-2b)$; und so kann man fortfahren, bis man zu zwei Strecken gelangt, die sich verhalten wie $b:(a-nb)$, wo der Rest $a-nb$ kleiner als b und etwa $=c$ ist. Sodann findet man weiter zwei Strecken, die sich verhalten wie $c:b-c$, u. s. w. f., was nothwendigerweise zuletzt, da $a, b, c, \ldots$ ganze Zahlen sind, die der Reihe nach immer kleiner werden, zu zwei Strecken führen muss, die sich verhalten wie $1:1$.

Wird DE oder $b+x=z$ gesetzt, so hat man, wenn statt x der obige Werth gesetzt wird,

$$a:z=a:b+\frac{b(a+b)}{a-b},$$

oder

$$a:z=a-b:2b, \tag{2}$$

das heisst: durch die nämliche Construction gelangt man zu zwei Strecken BD, DE, welche sich verhalten, wie die Differenz der gegebenen Zahlen $a-b$ zu der doppelten kleineren Zahl $2b$, wodurch man in gewissen Fällen sich etwas schneller dem verlangten Verhältniss $1:1$ nähern kann.

Ist zum Beispiel

$$a=2 \quad \text{und} \quad b=1, \tag{α}$$

so ist $x=3$ und mithin C in der Mitte zwischen B und E; und wenn

$$a=3 \quad \text{und} \quad b=1, \tag{β}$$

so ist $x=2$ und mithin D in der Mitte zwischen B und E. Jeder dieser zwei Fälle erfordert also nur eine einzige Hülfsconstruction.

B. Wenn zwei Paar Parallele, oder zwei rational getheilte Strecken, oder Parallele und rational getheilte Strecken zugleich gegeben sind.

§ 8.

I. „Wenn in einer Ebene irgend zwei Paar parallele Gerade, also irgend ein Parallelogramm gegeben ist, so soll man (mittelst des Lineals allein)

a) nach allen Richtungen parallele Gerade ziehen, d. h. mit irgend einer gegebenen Geraden durch irgend einen gegebenen Punct eine Parallele ziehen, und

b) jede beliebige gegebene Strecke nach irgend einem gegebenen Verhältniss vervielfachen oder theilen."

Es seien AB und DC, AD und BC (Fig. 7) die gegebenen Parallelen und mithin $ABCD$ das gegebene Parallelogramm, dessen Diagonalen AC, BD sich in E schneiden. Durch den Punct E lege man mit einem der zwei Paar Parallelen, etwa mit AD, BC, eine dritte Parallele EF, so befindet sich diese offenbar in der Mitte zwischen jenen zweien, d. h. sie ist von beiden gleich weit entfernt, so dass also diese drei Parallelen jede andere Gerade (die nicht mit ihnen parallel ist) in drei solchen Puncten schneiden, wovon der eine in der Mitte zwischen den zwei übrigen liegt.

Ist nun eine Gerade, etwa GK, gegeben, so wird dieselbe von den drei Parallelen in den drei Puncten G, F, H geschnitten, wovon der eine, F, in der Mitte zwischen den zwei übrigen, G und H, liegt, und wodurch also der Forderung (a): „durch jeden willkürlichen Punct mit der Geraden GK eine Parallele zu ziehen“, zufolge § 6, I, genügt werden kann.

Oder, anstatt die dritte Parallele EF zu ziehen, kann man auch, wie folgt, verfahren: Durch die Puncte I, K, in welchen die gegebene Gerade GK die Parallelen AB, DC schneidet, ziehe man die Geraden IE, KE, welche diesen Parallelen in L, M begegnen, so wird die Gerade LM offenbar der IK parallel sein, und sodann kann durch jeden beliebigen Punct, zufolge § 6, III, mit IK eine Parallele gezogen werden.

Die zweite Forderung (b) wird durch Hülfe der ersten und nach Anleitung von § 6, II erledigt.

II. „Wenn in einer Ebene entweder:

a) drei Parallele, welche irgend eine vierte Gerade in gegebenem rationalen Verhältniss schneiden; oder

b) in zwei Parallelen irgend zwei Strecken, welche ein gegebenes rationales Verhältniss zu einander haben; oder

c) irgend zwei Parallele und irgend eine in gegebenem rationalen Verhältniss getheilte Strecke; oder endlich

d) zwei beliebige, nicht parallele Strecken, wovon jede in irgend einem gegebenen rationalen Verhältniss getheilt ist,

gegeben sind, so soll man:

α) nach jeder beliebigen Richtung Parallele ziehen, und

β) jede beliebige gegebene Strecke nach jedem beliebigen rationalen Verhältniss theilen oder vervielfachen.“

Fall *a*. Schneiden etwa die drei Parallelen AB, CD, EF (Fig. 8) eine vierte Gerade AE so, dass sich ihre Abschnitte AC, CE verhalten wie $p:q$, wo p, q relative Primzahlen sind, so vervielfache man in der einen Parallelen, etwa in AB, eine willkürliche Strecke, und nehme AG gleich dem $p$fachen und GB gleich dem $q$fachen dieser Strecke (§ 6, IV, a), ziehe sofort die Geraden GC, BE, so werden diese parallel sein (weil $AC:CE = AG:GB = p:q$), und dadurch ist also die vorgelegte Aufgabe auf die vorige (I) zurückgeführt.

Um ein anderes Paar Parallele zu erhalten, könnte man auch, zufolge § 7, mit der in rationalem Verhältniss getheilten Geraden AE irgend eine Parallele ziehen, was aber weitläuftiger sein würde, als das erste Verfahren.

Fall *b*. Es seien AB, CD (Fig. 8) die gegebenen Parallelen und etwa AB, CH die gegebenen Strecken, welche sich verhalten wie zwei gegebene Zahlen p, q. Man ziehe durch die Endpuncte der Strecken die Geraden AC, BH, die sich in irgend einem Puncte E schneiden (man könnte ebenso die Geraden AH, BC ziehen), so wird man, vermöge der ähnlichen Dreiecke AEB, CEH, z. B. haben

$$AE : CE = AB : CH = p : q;$$

mithin ist auch das Verhältniss der Strecken $AC : CE$ gegeben, nämlich $= (p - q) : q$, so dass also dadurch der gegenwärtige Fall auf den vorigen (a) gebracht ist. (Es ist dabei nicht nöthig, die dritte Parallele EF zu ziehen, was leicht zu sehen ist.)

Fall c. Sind etwa A, B (Fig. 9) die gegebenen Parallelen und CE die gegebene Strecke, welche in D so getheilt ist, dass die Abschnitte CD, DE sich verhalten wie zwei gegebene Zahlen p, q. Man ziehe durch die Puncte C, D, E drei Gerade, welche den Geraden A, B parallel sind (§ 6, III), so hat man alsdann den ersten Fall (a).

Oder, man ziehe durch irgend einen beliebigen Punct eine Parallele mit CE (§ 7), so hat man die Aufgabe auf die obige (I) gebracht.

Fall d. Sind etwa AC, DF (Fig. 10) die gegebenen Strecken, welche durch die Puncte B, E in gegebenem Verhältniss getheilt sind, so dass $AB : BC = p : q$ und $DE : EF = r : s$, wo p, q, r, s gegebene Zahlen sind, so ziehe man durch irgend einen Punct eine Parallele mit AC und durch (denselben oder) irgend einen anderen Punct eine Parallele mit DF (§ 7), so hat man die Aufgabe auf die obige (I) zurückgeführt. Oder man ziehe durch zwei Puncte der einen Geraden, etwa durch F, E, mit der anderen Geraden AC Parallele (§ 7), so hat man die Aufgabe auf den Fall (a) gebracht, und die Construction wird in den meisten Fällen im Ganzen etwas kürzer sein als die vorige.

C. Wenn ein Quadrat gegeben ist.

§ 9.

Ausser den Aufgaben, welche vorhin durch Hülfe eines beliebigen Parallelogramms sich lösen liessen (§ 8, I), können in dem besonderen Falle, wo das Parallelogramm ein Quadrat ist, unter anderen noch folgende Aufgaben gelöst werden.

„Wenn in einer Ebene irgend ein Quadrat gegeben ist, so soll man:

a) auf irgend eine gegebene Gerade, aus irgend einem gegebenen Punct einen Perpendikel fällen;

b) irgend einen gegebenen rechten Winkel hälften;

c) irgend einen gegebenen Winkel beliebig oft vervielfachen.“

Es sei $ABCD$ (Fig. 11) das gegebene Quadrat, und E der Durchschnittspunct seiner Diagonalen AC, BD, also sein Mittelpunct.

Zieht man durch den Mittelpunct eine beliebige Gerade GF, so ist es leicht, diejenige Gerade IK zu finden, welche im Mittelpunct E auf ihr senkrecht steht. Nämlich man zieht aus F die Gerade FH parallel der Seite BC oder AD (§ 6, III), und sodann aus dem Punct H, in welchem sie die Seite AB trifft, die Gerade HI parallel der Diagonale AEC (§ 6, I), so wird die Gerade IEK zu FEG senkrecht sein. Denn zufolge dieser Construction ist, wie leicht zu sehen, $FC = HB = BI$, und ferner ist $BE = CE$ und Winkel $EBI = ECF$, folglich die Dreiecke EBI und ECF einander congruent, daher Winkel $BEI = CEF$, und folglich Winkel $BEC = IEF =$ einem Rechten.

Da aus der Congruenz der Dreiecke BEI und CEF ferner folgt, dass $EI = EF$, mithin das Dreieck IEF ein gleichschenkliges, so dass also die Gerade EL, welche dessen Winkel an der Spitze E hälftet, auf der Grundlinie IF senkrecht steht, so lässt sich dieser Winkel leicht hälften. Denn zu diesem Endzweck ziehe man EN parallel IF und GK, und ziehe nach der eben gezeigten Weise MEL rechtwinklig auf EN, so wird EL den rechten Winkel IEF hälften.

Wird nun verlangt, es soll auf eine beliebige gegebene Gerade gf, aus irgend einem gegebenen Puncte i ein Perpendikel gefällt werden (a), so zieht man durch den Mittelpunct E die Gerade FG parallel fg, errichtet KEI rechtwinklig auf FEG und zieht durch den gegebenen Punct i die Gerade ie parallel IEK (§ 6, I); so hat man offenbar die Forderung erfüllt. Es ist klar, dass das Verfahren sich gleich bleibt, wenn aus dem Puncte e in der gegebenen Geraden fg auf dieser ein Perpendikel errichtet werden soll.

Wird ferner verlangt, man soll irgend einen gegebenen rechten Winkel fei hälften (b), so zieht man EF parallel ef und EI parallel ei, hälftet sofort den Winkel FEI mittelst der Geraden EL und zieht endlich durch den Punct e, mit EL parallel, die Gerade el, so wird diese offenbar der Forderung genügen.

Der Fall (c) endlich lässt sich mittelst des Falles (a) und einer früheren Aufgabe (§ 5, III) leicht erledigen. Denn errichtet man aus dem Scheitel des gegebenen Winkels auf einen seiner Schenkel, welche a, b heissen mögen, etwa auf b, einen Perpendikel (wie soeben gezeigt worden (a)), so kann sofort dieser Winkel, nach Anweisung von § 5, III, verdoppelt werden, d. h. man hat zwei Winkel (ab), (bc), die einander gleich sind und den Schenkel b gemein haben, so dass der Winkel (ac) das Zweifache des gegebenen Winkels (ab) ist. Errichtet man nun weiter auf dieselbe Weise auf den Schenkel c einen Perpendikel und verdoppelt die an diesem Schenkel liegenden beiden Winkel (cb), (ca), so erhält man zwei neue Schenkel d, e, und es ist (ad) das Dreifache und (ae) das Vierfache des gegebenen Winkels (ab). Auf gleiche Weise gelangt man nun mittelst eines Perpendikels auf den letzten Schenkel e zum 5-, 6-, 7- und 8fachen des gegebenen Winkels, und sodann durch einen neuen Perpendikel zum 9- bis 16fachen u. s. w. f., nämlich durch den n^{ten} Perpendikel gelangt man zum (2^n+1)- bis 2^{n+1}fachen.

Zweites Kapitel.

Ueber einige Eigenschaften des Kreises.

I. Von harmonischen Eigenschaften*).

§ 10.

I. Sind $\mathfrak{a}$, $\mathfrak{b}$, $\mathfrak{c}$, $\mathfrak{d}$ (Fig. 12) irgend vier harmonische Puncte, so sind jede vier Strahlen $a, b, c, d,$ welche von irgend einem Puncte B aus durch dieselben gehen, ebenfalls harmonisch (§ 3). Werden die vier Puncte als fest angenommen, und sollen von den Strahlen zwei zugeordnete, etwa a und c, zu einander rechtwinklig sein, mithin die von den zwei übrigen eingeschlossenen Winkel hälften, so dass Winkel $(ab)=(ad)$ und $(cb)=(cd)$ (§ 3, IV), so ist offenbar der Ort des Punctes B ein Kreis M, welcher die Strecke $\mathfrak{ac}$ zum Durchmesser hat.

Die Strahlen b, d begegnen dem genannten Kreise M zum zweiten Male in $\mathfrak{e}$, $\mathfrak{f}$. Da Winkel $(bc)=(dc)$, so ist auch Bogen $\mathfrak{ec}=\mathfrak{fc}$. Daher folgt (wenn man die gleichen Sehnen $\mathfrak{ec}$, $\mathfrak{fc}$ zieht), dass Winkel $\gamma=\delta$ und Winkel $\mathfrak{edc}=\mathfrak{fdc}$; und hieraus folgt weiter, dass der zu den drei Strahlen $\mathfrak{be}$, $\mathfrak{bc}$, $\mathfrak{bf}$ gehörige, dem $\mathfrak{bc}$ zugeordnete, vierte harmonische Strahl $\mathfrak{bq}$ zu $\mathfrak{bc}$ senkrecht ist und mit den beiden übrigen Strahlen $\mathfrak{be}$ (oder $\mathfrak{b}B$), $\mathfrak{bf}$ gleiche Winkel bildet, nämlich Winkel $\alpha=\beta$, und dass ebenso der zu den drei Strahlen $\mathfrak{de}$, $\mathfrak{dc}$, $\mathfrak{df}$ gehörige, dem $\mathfrak{dc}$ zugeordnete, vierte harmonische Strahl $\mathfrak{dx}$ zu dem Strahle $\mathfrak{dc}$ senkrecht ist, und mit den zwei übrigen $\mathfrak{de}$, $\mathfrak{df}$ gleiche Winkel bildet. Vermöge dieser harmonischen Strahlen folgt endlich weiter, dass $\mathfrak{d}$, $\mathfrak{f}$, $\mathfrak{y}$, B und ebenso B, $\mathfrak{b}$, $\mathfrak{e}$, $\mathfrak{x}$ vier harmonische Puncte sind.

---

*) Obschon diese Eigenschaften zu dem Hauptzwecke dieser Schrift (drittes Kapitel) wenig dienlich sind, so werden sie dennoch hier kurz entwickelt, und zwar deshalb, weil sie an und für sich interessant sind, in den Lehrbüchern aber noch fast gänzlich fehlen, und weil sie sich hier aus den vorhergehenden Betrachtungen leicht und elementar ableiten lassen.

Da bei dieser Betrachtung die vier Puncte $\mathfrak{a}$, $\mathfrak{b}$, $\mathfrak{c}$, $\mathfrak{d}$, sowie der Kreis *M*, als fest vorausgesetzt sind, so sind auch die Geraden $\mathfrak{bq}$ und $\mathfrak{dx}$, wovon die erste den Kreis in $\mathfrak{p}$, $\mathfrak{q}$ schneidet, fest, dagegen ändern die Strahlen b, d, $\mathfrak{bf}$, $\mathfrak{de}$ ihre Lage mit dem Puncte B zugleich, nämlich sie drehen sich um die festen Puncte $\mathfrak{b}$, $\mathfrak{d}$, während B den Kreis durchläuft. Da ferner die veränderlichen Winkel α und β stets einander gleich sind, so müssen B und $\mathfrak{f}$ sich gleichzeitig dem festen Puncte $\mathfrak{q}$ nähern, so dass sie sich zuletzt zugleich mit ihm vereinigen, und dass folglich die Gerade $\mathfrak{dq}$, in welche in diesem Falle der Strahl d übergeht, Tangente des Kreises ist. (Das Letztere folgt auch daraus, dass, wenn man sich den Punct B nach dem festen Puncte $\mathfrak{q}$ gelangt vorstellt, und sich sodann die Strahlen $\mathfrak{qa}$, $\mathfrak{qb}$, $\mathfrak{qc}$, $\mathfrak{qd}$ denkt, diese harmonisch sind, und ausserdem $\mathfrak{qa}$ und $\mathfrak{qc}$ zu einander rechtwinklig, mithin Winkel $\mathfrak{cqb} = \mathfrak{cqd} = \mathfrak{cpb}$, und folglich $\mathfrak{dq}$ Tangente ist.) Ebenso folgt, dass $\mathfrak{dp}$ Tangente des Kreises ist.

Aus diesen Betrachtungen folgt unter anderen der nachstehende Satz:

„Zieht man durch irgend einen festen Punct, $\mathfrak{b}$ oder $\mathfrak{d}$, beliebige Gerade, wie etwa $B\mathfrak{bex}$ oder $\mathfrak{dfy}B$, welche einen festen Kreis *M* schneiden, so ist der Ort desjenigen Punctes, $\mathfrak{x}$ oder $\mathfrak{y}$, welcher zu den zwei Durchschnittspuncten, B und $\mathfrak{e}$, oder $\mathfrak{f}$ und B, und zu jenem festen Puncte, $\mathfrak{b}$ oder $\mathfrak{d}$, der vierte, dem letzteren zugeordnete, harmonische Punct ist, eine bestimmte Gerade, $\mathfrak{xd}$ oder $\mathfrak{yb}$, welche auf demjenigen Durchmesser des Kreises senkrecht steht, der durch den festen Punct geht, $\mathfrak{abcd}$, und welche ausserhalb des Kreises liegt ($\mathfrak{xd}$) oder ihn schneidet ($\mathfrak{yb}$), je nachdem der feste Punct innerhalb ($\mathfrak{b}$) oder ausserhalb ($\mathfrak{d}$) desselben sich befindet.“ „Im letzteren Falle, wo der feste Punct $\mathfrak{d}$ ausserhalb des Kreises liegt, schneidet die genannte zugehörige Orts-Gerade $\mathfrak{yb}$ den Kreis in denjenigen Puncten $\mathfrak{p}$, $\mathfrak{q}$, in welchen er von den durch den festen Punct $\mathfrak{d}$ gehenden Tangenten $\mathfrak{dp}$, $\mathfrak{dq}$ berührt wird.“

Vermöge dieser gegenseitigen Beziehung des jedesmaligen festen Punctes, $\mathfrak{b}$ oder $\mathfrak{d}$, und der zugehörigen Orts-Geraden, $\mathfrak{xd}$ oder $\mathfrak{yb}$, heisst jener der „harmonische Pol“ der letzteren, und diese heisst die „Harmonische“ jenes Punctes in Bezug auf den festen Kreis.

II. Zieht man aus dem festen Puncte $\mathfrak{d}$ irgend zwei Secanten durch den Kreis *M*, etwa $\mathfrak{dg}$ und $\mathfrak{di}$, so bestimmen die vier Durchschnittspuncte $\mathfrak{e}$, $\mathfrak{g}$, $\mathfrak{h}$, $\mathfrak{i}$ vier Gerade $\mathfrak{hel}$, $\mathfrak{igl}$, $\mathfrak{eki}$, $\mathfrak{gkh}$, oder ein vollständiges Vierseit, dessen Diagonalen einander harmonisch schneiden (§ 4), so dass also die zwei Diagonalen $\mathfrak{eg}$ und $\mathfrak{hi}$ von der dritten $\mathfrak{kl}$ in denjenigen Puncten $\mathfrak{n}$ und $\mathfrak{m}$ geschnitten werden, welche zu den drei Puncten $\mathfrak{d}$, $\mathfrak{e}$, $\mathfrak{g}$ und $\mathfrak{d}$, $\mathfrak{h}$, $\mathfrak{i}$ die vierten, dem $\mathfrak{d}$ zugeordneten, harmonischen Puncte sind; da aber, zufolge des vorstehenden Satzes (I), die nämlichen Geraden $\mathfrak{deg}$, $\mathfrak{dhi}$ von der Geraden pbq in denselben harmonischen Puncten n, m geschnitten werden, so muss folglich die Diagonale kl mit der Geraden pq zusammenfallen, d. h. die Puncte k, l müssen in der Harmonischen pq des Punctes d liegen. Ebenso folgt, dass, wenn man durch den Punct b irgend zwei Secanten *B*be, abc zieht (wovon die letztere nicht Durchmesser zu sein braucht), ihre vier Durchschnittspuncte *B*, e, a, c mit dem Kreise ein vollständiges Vierseit aes, *B*cs, a*B*r, ecr bestimmen, dessen dritte Diagonale rs die zwei übrigen *B*e, ac in denjenigen Puncten x, d schneiden muss, welche zu den drei Puncten *B*, b, e und a, b, c die vierten, dem b zugeordneten, harmonischen Puncte sind, dass folglich die Diagonale rs mit der Harmonischen xd des Punctes b zusammenfällt. Also:

„Zieht man aus irgend einem festen Puncte, d oder b, zwei beliebige Secanten, dg, di oder *B*e, ac, durch einen festen Kreis *M*, so bestimmen ihre vier Durchschnittspuncte, e, g, h, i oder *B*, e, a, c, ein (einfaches) Viereck, (welches jene Secanten zu Diagonalen hat, und) dessen gegenüber stehende Seitenpaare, he und ig, ei und gh, oder *B*c und ae, a*B* und ec, sich auf der Harmonischen, pq oder xd, des jedesmaligen festen Punctes, d oder b, schneiden, nämlich in den Puncten l, k oder s, r."

III. Zufolge dieses Satzes (II) muss also die Harmonische des Punctes l, da he und ig zwei durch diesen Punct gehende Secanten sind, durch die Puncte d und k gehen; sie geht aber auch, zufolge (I), zugleich durch die Berührungspuncte der aus dem Punct l an den Kreis gelegten Tangenten. Daraus kann geschlossen werden, dass die Harmonische jedes beliebigen Punctes l, der in der Geraden pq, aber jenseits des Kreises, also auf der einen oder anderen Seite in deren Verlängerung liegt, durch den harmonischen Pol d dieser Geraden geht, und dass umgekehrt der harmonische Pol jeder durch den festen Punct d gehenden Secante in der Harmonischen pq dieses Punctes, aber jenseits des Kreises, liegt; so dass also die in den Durchschnittspuncten der Secante, etwa in h, i bei der Secante dhi, an den Kreis gelegten Tangenten sich in der genannten Harmonischen schneiden. Es gehen aber auch die Harmonischen aller Puncte, welche innerhalb des Kreises in der Geraden pq, also in der Strecke pq, liegen, durch den harmonischen Pol d dieser Geraden. Denn denkt man sich z. B. die Harmonische des Punctes m, so muss dieselbe der Geraden imh in demjenigen Puncte begegnen, welcher zu den drei Puncten i, m, h der vierte, dem m zugeordnete, harmonische Punct ist (I), folglich muss sie ihr in d begegnen.

Ebenso folgt, dass die Harmonische jedes Punctes in der festen Geraden xd (welche den Kreis nicht schneidet) durch den harmonischen Pol b der letzteren geht. Denn denkt man sich etwa die Harmonische des Punctes x, so muss sie der Geraden xe*B* in demjenigen Puncte begegnen, welcher zu den drei Puncten $\mathfrak{x}$, $\mathfrak{e}$, B der vierte, dem $\mathfrak{x}$ zugeordnete, harmonische Punct ist (I); da aber, zufolge der obigen Betrachtung, der Punct $\mathfrak{b}$ diese Eigenschaft besitzt, so muss sie folglich durch $\mathfrak{b}$ gehen. Da der Punct $\mathfrak{x}$ ausserhalb des Kreises liegt, so sind aus ihm Tangenten an diesen möglich, durch deren Berührungspuncte seine Harmonische geht (I).

Aus dieser Betrachtung fliessen unter anderen folgende Sätze:

1. „Liegt ein Punct in irgend einer Geraden (wie etwa $\mathfrak{l}$ oder $\mathfrak{m}$ in $\mathfrak{pq}$, oder $\mathfrak{x}$ oder $\mathfrak{r}$ in $\mathfrak{xd}$), so geht seine Harmonische durch ihren harmonischen Pol ($\mathfrak{d}$ oder $\mathfrak{b}$)."

Oder mit anderen Worten ausführlicher:

2. „Die Harmonischen aller Puncte, welche in irgend einer Geraden ($\mathfrak{pq}$ oder $\mathfrak{xd}$) liegen, schneiden einander in einem bestimmten Puncte ($\mathfrak{d}$ oder $\mathfrak{b}$), nämlich im harmonischen Pol jener Geraden;" und umgekehrt: „die harmonischen Pole aller Geraden, welche durch irgend einen festen Punct ($\mathfrak{d}$ oder $\mathfrak{b}$) gehen, liegen in der Harmonischen ($\mathfrak{pq}$ oder $\mathfrak{xr}$) des letzteren."

3. „Lässt man in der Vorstellung zwei Tangenten eines festen Kreises M sich so bewegen, dass ihr gegenseitiger Durchschnittspunct ($\mathfrak{l}$ oder $\mathfrak{x}$) längs irgend einer festen Geraden ($\mathfrak{pq}$ oder $\mathfrak{xr}$) fortgleitet, so dreht sich die Gerade, welche durch ihre Berührungspuncte geht, um irgend einen bestimmten festen Punct ($\mathfrak{d}$ oder $\mathfrak{b}$)." Und umgekehrt: „Dreht sich eine Secante eines festen Kreises um irgend einen festen Punct ($\mathfrak{d}$ oder $\mathfrak{b}$), so bewegt sich der Durchschnittspunct der Tangenten, durch deren Berührungspuncte sie geht, längs irgend einer bestimmten Geraden ($\mathfrak{pq}$ oder $\mathfrak{xr}$)."

IV. Die vorstehenden Betrachtungen geben ein bequemes Mittel an die Hand, um die folgenden Aufgaben durch Hülfe des Lineals allein zu lösen:

1. „Wenn in einer Ebene irgend ein Kreis M gegeben ist, so soll man α) die Harmonische irgend eines gegebenen Punctes, und β) den harmonischen Pol irgend einer gegebenen Geraden finden."

Es sei etwa $\mathfrak{d}$ oder $\mathfrak{b}$ (Fig. 12) der gegebene Punct. Man ziehe durch denselben zwei beliebige Secanten, etwa $\mathfrak{dg}$ und $\mathfrak{di}$ oder $B\mathfrak{e}$ und $\mathfrak{ac}$, verbinde die vier Durchschnittspuncte, $\mathfrak{e}$, $\mathfrak{g}$, $\mathfrak{h}$, $\mathfrak{i}$ oder B, $\mathfrak{e}$, $\mathfrak{a}$, $\mathfrak{c}$, in welchen sie den Kreis M schneiden, paarweise durch zwei Paar Gerade, $\mathfrak{he}$, $\mathfrak{ig}$ und $\mathfrak{hg}$, $\mathfrak{ie}$, oder $B\mathfrak{c}$, $\mathfrak{ae}$ und $\mathfrak{a}B$, $\mathfrak{ec}$, so werden ihre Durchschnittspuncte, $\mathfrak{l}$ und $\mathfrak{k}$ oder $\mathfrak{s}$ und $\mathfrak{r}$, in der verlangten Geraden (α) liegen, wodurch diese sofort gefunden ist.

Ist ferner etwa die Gerade $\mathfrak{pq}$ oder $\mathfrak{xr}$ gegeben (β), so suche man auf die eben gezeigte Weise zu irgend zwei Puncten derselben, etwa zu

$\mathfrak{l}$ und $\mathfrak{m}$ oder $\mathfrak{x}$ und $\mathfrak{s}$, die Harmonischen, so wird ihr Durchschnittspunct, $\mathfrak{d}$ oder $\mathfrak{b}$, der verlangte Pol sein (III).

2. „An einen gegebenen Kreis M Tangenten zu ziehen, welche durch irgend einen gegebenen (ausserhalb des Kreises liegenden) Punct $\mathfrak{d}$ gehen."

Man construire die Harmonische $\mathfrak{p}\mathfrak{q}$ des gegebenen Punctes $\mathfrak{d}$ (1, α) und verbinde die Puncte $\mathfrak{p}$, $\mathfrak{q}$, in welchen sie den Kreis schneidet, mit jenem Puncte durch Gerade $\mathfrak{d}\mathfrak{p}$, $\mathfrak{d}\mathfrak{q}$, so sind diese die gesuchten Tangenten.

Anmerkung. Andere Sätze, welche aus der obigen Betrachtung unmittelbar folgen, und welche zum Theil die dem Kreise eingeschriebenen und umschriebenen Dreiecke, Vierecke u. s. w. betreffen, werden hier als zu weit von dem gegenwärtigen Zwecke abliegend übergangen. Man findet dieselben, nebst den vorstehenden Sätzen und Aufgaben, in der oben genannten Schrift (Systematische Entwickelung etc.) auf umfassende, dem Gegenstande angemessene Weise für alle Kegelschnitte zugleich bewiesen. — Die vorstehenden Sätze sind übrigens die Grundlage der sogenannten „*Théorie des polaires réciproques.*"

II. Vom Aehnlichkeitspunct.

§ 11.

Zieht man in einer Ebene durch irgend einen Punct A (Fig. 13) nach allen Richtungen Strahlen (Gerade) $A\mathfrak{a}$, $A\mathfrak{b}$, $A\mathfrak{c}$, ... und bezieht mittelst dieser Strahlen alle Puncte der Ebene dergestalt auf einander, dass jedem Puncte $\mathfrak{a}$ in einem solchen Strahl $A\mathfrak{a}$ ein anderer Punct $\mathfrak{a}_1$ im nämlichen Strahl entspricht und zwar unter der Bedingung, dass die Abstände je zweier entsprechenden Puncte von dem Puncte A, z. B. $A\mathfrak{a}$ und $A\mathfrak{a}_1$, durchweg ein und dasselbe gegebene Verhältniss haben, etwa $n : n_1$, so wird dadurch ein solches Beziehungssystem bewirkt, in welchem die Ebene doppelt gesetzt ist, oder was man sich auch so vorstellen kann, als lägen zwei Ebenen, die E, E_1 heissen mögen, auf einander, indem nämlich jeder Punct sowohl als der einen, wie der anderen Ebene angehörend angesehen werden kann; z. B. den Punct $\mathfrak{c}(\mathfrak{d}_1)$ kann man als der Ebene E angehörend betrachten, also als $\mathfrak{c}$, und dann entspricht ihm der Punct $\mathfrak{c}_1$, oder man kann ihn als der Ebene E_1 angehörend ansehen, das ist als $\mathfrak{d}_1$, und dann entspricht ihm der Punct $\mathfrak{d}$.

Lässt man in Gedanken den Punct $\mathfrak{a}$ sich so bewegen, dass er dem Puncte A näher rückt, so muss nothwendigerweise auch der ihm entsprechende Punct $\mathfrak{a}_1$ gleichzeitig dem festen Puncte A sich nähern, bis zuletzt beide zugleich sich mit A vereinigen. Demnach kann man sagen, es seien in A zwei entsprechende Puncte vereinigt, und es ist klar, dass diese Eigenschaft nur diesem Puncte allein zukommen kann (ausgenommen bei dem besonderen Beziehungssystem, wo das genannte Verhältniss $n:n_1 = 1$ ist, in welchem Falle jeder Punct mit seinem entsprechenden zusammenfällt).

Aus dem einfachen Gesetz, durch welches die entsprechenden Puncte der zwei Ebenen E, E_1 bestimmt sind, folgt nun auch unmittelbar die gegenseitige Beziehung, welche irgend ein System von Puncten in der einen Ebene zu dem ihm entsprechenden System von Puncten in der anderen Ebene hat; d. h. wenn in der einen Ebene irgend eine Figur gegeben ist, so lässt sich leicht angeben, was für eine Figur ihr in der anderen Ebene entspricht, und welche gegenseitige Beziehung irgend zwei solche entsprechende Figuren zu einander haben. Nämlich die Haupteigenschaften oder Hauptsätze über diese Beziehung gründen sich auf Folgendes:

Es ist zunächst klar, dass die Gerade $\mathfrak{ab}$, welche durch irgend zwei Puncte $\mathfrak{a}$, $\mathfrak{b}$ der einen Ebene E geht, mit derjenigen Geraden $\mathfrak{a}_1\mathfrak{b}_1$, welche durch die entsprechenden zwei Puncte $\mathfrak{a}_1$, $\mathfrak{b}_1$ der anderen Ebene E_1 geht, parallel ist, und dass sich die Strecken $\mathfrak{ab}$, $\mathfrak{a}_1\mathfrak{b}_1$ in diesen Geraden, welche durch die genannten Puncte begrenzt werden, ebenso zu einander verhalten, wie die Abstände irgend zweier entsprechenden Puncte vom Puncte A; d. h. dass sich verhält

$$\mathfrak{ab} : \mathfrak{a}_1\mathfrak{b}_1 = n : n_1.$$

Denn zufolge des Beziehungssystems sind offenbar die Dreiecke $\mathfrak{a}A\mathfrak{b}$ und $\mathfrak{a}_1A\mathfrak{b}_1$ ähnlich, woraus sofort die ausgesprochenen Behauptungen unmittelbar folgen. Aehnlicherweise folgt weiter, dass jede der zwei Geraden $\mathfrak{ab}$, $\mathfrak{a}_1\mathfrak{b}_1$ alle Puncte enthält, welche den sämmtlichen Puncten in der anderen Geraden entsprechen; nämlich irgend einem Puncte in der einen Geraden, z. B. dem Puncte $\mathfrak{e}$ in der Geraden $\mathfrak{ab}$, entspricht derjenige Punct $\mathfrak{e}_1$ in der anderen Geraden $\mathfrak{a}_1\mathfrak{b}_1$, welcher mit ihm in demselben (durch A gehenden) Strahle liegt, so dass also jeder Geraden in der einen Ebene irgend eine bestimmte Gerade in der anderen Ebene entspricht. Daraus fliessen folgende Sätze:

1. „Jeder Geraden in der einen Ebene entspricht eine bestimmte Gerade in der anderen Ebene; d. h. allen Puncten in der ersten Geraden entsprechen die sämmtlichen Puncte in der zweiten Geraden; je zwei solche entsprechende Gerade sind unter sich parallel, und je zwei entsprechende Strecken (in zwei solchen Geraden) verhalten sich ebenso, wie die Abstände irgend zweier entsprechenden Puncte vom Puncte A, also wie $n:n_1$." Und umgekehrt: „Eine Gerade, die durch irgend zwei Puncte in der einen Ebene geht, entspricht derjenigen Geraden, welche durch die entsprechenden Puncte in der anderen Ebene bestimmt wird." Ein wesentlicher besonderer Fall hiervon ist der folgende Satz:

II. „In jeder Geraden, welche durch A geht, also in jedem Strahl sind zwei entsprechende Gerade vereinigt.“

III. „Dem Durchschnittspuncte irgend zweier Geraden in der einen Ebene entspricht der Durchschnittspunct der ihnen entsprechenden Geraden in der anderen Ebene.“

IV. „Zieht man aus irgend zwei entsprechenden Puncten, etwa aus $\mathfrak{a}$ und $\mathfrak{a}_1$, nach beliebiger Richtung zwei parallele Strecken, etwa $\mathfrak{ae}$ und $\mathfrak{a}_1\mathfrak{e}_1$, die sich dem Beziehungssystem gemäss verhalten, also $\mathfrak{ae}:\mathfrak{a}_1\mathfrak{e}_1 = n:n_1$, so sind ihre anderen Endpuncte, $\mathfrak{e}$ und $\mathfrak{e}_1$, ebenfalls entsprechende Puncte und liegen als solche in irgend einem (durch A gehenden) Strahl.“

Aus diesen Fundamentalsätzen folgen nun weiter die nachstehenden Sätze:

V. „Irgend einer geradlinigen Figur in der einen Ebene entspricht eine ähnliche und ähnlichliegende Figur in der anderen Ebene, nämlich die Ecken beider Figuren sind entsprechende Puncte, so dass sie paarweise in Strahlen liegen, (die durch A gehen) und ihre Seiten sind entsprechende Gerade (oder Strecken), also paarweise parallel.“

VI. „Irgend einer krummen Linie C in der einen Ebene E entspricht eine ähnliche und ähnlichliegende Curve C_1 in der anderen Ebene E_1; die Puncte, in welchen die erste Curve C von irgend einer Geraden G geschnitten wird, entsprechen den Puncten, in welchen die dieser entsprechende Gerade G_1 die zweite Curve C_1 schneidet, so dass also C und G sich in ebenso vielen Puncten schneiden, als C_1 und G_1; daher wird jeder Tangente der ersten Curve auch eine bestimmte, jener parallele Tangente der zweiten Curve entsprechen, und zwar müssen auch ihre Berührungspuncte entsprechende Puncte sein; jeder durch A gehende Strahl, welcher die eine Curve berührt, berührt auch die andere Curve, und zwar berührt er sie im entsprechenden Puncte;“ u. s. w.

Insbesondere folgt also hieraus, dass:

VII. „irgend einem Kreise in der einen Ebene ebenfalls ein Kreis in der anderen Ebene entsprechen muss, und dass auch die Mittelpuncte zweier solchen Kreise entsprechende Puncte sind;“ u. s. w.

Zufolge dieser Eigenschaften des Beziehungssystems wird der Punct A „der Aehnlichkeitspunct“ oder in Ansehung der beiden auf einander liegenden Ebenen E und E_1 „der Projectionspunct“ genannt.

Bei einem solchen Beziehungssystem sind jedoch zwei wesentlich verschiedene Fälle von einander zu unterscheiden. Man kann nämlich entweder

α) je zwei entsprechende Puncte, wie $\mathfrak{a}$ und $\mathfrak{a}_1$, auf einerlei Seite vom Aehnlichkeitspunct A annehmen, wie bei der vorstehenden Betrachtung geschehen ist, oder

β) je zwei entsprechende Puncte auf entgegengesetzten Seiten vom Aehnlichkeitspuncte annehmen, in welchem Falle dieser fortan durch I bezeichnet werden wird.

Diese beiden Fälle werden in der Folge dadurch unterschieden, dass man beim ersten Falle sagt, das Beziehungssystem habe einen „äusseren", und beim zweiten Falle, es habe einen „inneren" Aehnlichkeitspunct.

Je zwei ähnliche Figuren, geradlinige oder krummlinige, lassen sich sowohl so legen, dass sie einen äusseren, als auch so, dass sie einen inneren Aehnlichkeitspunct haben. Es giebt auch eine gewisse Klasse von Figuren, die beiden Forderungen zugleich genügen können, d. h. die sich in solche Lage bringen lassen, dass sie zugleich einen äusseren und einen inneren Aehnlichkeitspunct haben. Wird von zwei Figuren in einer Ebene gesagt, sie seien ähnlich und ähnlichliegend, so haben sie allemal einen Aehnlichkeitspunct (V u. VI).

§ 12.

I. Aus den vorstehenden allgemeinen Gesetzen über den Aehnlichkeitspunct folgen für den Kreis insbesondere nachstehende Eigenschaften:

„Sind in einer Ebene irgend zwei Kreise gegeben, gleichviel welche gegenseitige Lage sie haben mögen, so haben sie allemal zugleich einen äusseren und einen inneren Aehnlichkeitspunct."

Es seien M, M_1 (Fig. 14) die Mittelpuncte der Kreise und etwa $\mathfrak{a}\mathfrak{b}$, $\mathfrak{a}_1\mathfrak{b}_1$ irgend zwei parallele Durchmesser derselben, so werden, wenn man durch die Mittelpuncte die Gerade MM_1 zieht, die fortan „Axe" heissen soll, die auf einerlei Seite der Axe liegenden Endpuncte der Durchmesser mit dem äusseren, und die auf entgegengesetzten Seiten derselben liegenden Endpuncte mit dem inneren Aehnlichkeitspunct in Geraden liegen; d. h. die Geraden oder Strahlen $\mathfrak{a}\mathfrak{a}_1$, $\mathfrak{b}\mathfrak{b}_1$ begegnen der Axe in irgend einem und demselben festen Puncte A, und die Strahlen $\mathfrak{a}\mathfrak{b}_1$, $\mathfrak{b}\mathfrak{a}_1$ begegnen ihr in einem festen Puncte I. Denn vermöge der Parallelität der Durchmesser sind offenbar die Dreiecke $AM\mathfrak{a}$ und $AM_1\mathfrak{a}_1$, so wie die Dreiecke $IM\mathfrak{a}$ und $IM_1\mathfrak{b}_1$ ähnlich, woraus folgt, dass:

$$(a) \qquad AM : AM_1 = M\mathfrak{a} : M_1\mathfrak{a}_1$$

und

$$(b) \qquad IM : IM_1 = M\mathfrak{a} : M_1\mathfrak{b}_1,$$

was, wie man sieht, dem Princip des Aehnlichkeitspunctes genügt; da nämlich die Verhältnisse rechts, die aus den Radien der Kreise gebildet sind, constant bleiben, welche parallele Richtung diese Radien immerhin haben mögen, so müssen auch die Verhältnisse links, also $AM:AM_1$ und $IM:IM_1$, denselben beständigen Werth haben, etwa $n:n_1$, und daher müssen (da die Mittelpuncte M, M_1 fest sind): „alle Geraden oder Strahlen, welche durch die auf einerlei Seite der Axe MM_1 liegenden Endpuncte paralleler Durchmesser gehen; der Axe in einem und demselben festen Puncte A, und die Strahlen, welche durch die auf entgegengesetzten Seiten der Axe liegenden Endpuncte gehen, ihr in einem und demselben festen Puncte I begegnen, und diese zwei festen Puncte sind die Aehnlichkeitspuncte der gegebenen Kreise“.

Da $M_1\mathfrak{a}_1 = M_1\mathfrak{b}_1$ ist, als Halbmesser des Kreises M_1, so sind die zwei Verhältnisse rechts (in (a) und (b)) einander gleich, daher ist auch

$$(c) \qquad AM:AM_1 = IM:IM_1;$$

das heisst: „Die zwei Mittelpuncte M, M_1 der Kreise und die zwei Aehnlichkeitspuncte A, I derselben sind allemal zusammen vier harmonische Puncte, und zwar sind sowohl jene zwei, wie diese zwei, zugeordnete harmonische Puncte“.

Auch kann bemerkt werden, dass die Mittelpuncte der Kreise nothwendigerweise immer auf einerlei Seite des äusseren Aehnlichkeitspunctes liegen, dagegen der innere Aehnlichkeitspunct immer zwischen ihnen liegen muss.

Ferner sind über die gegenseitige Lage der Kreise und ihrer Aehnlichkeitspuncte folgende Umstände zu merken:

1) Wenn die Kreise ganz ausser einander liegen, so schneiden sich ihre äusseren gemeinschaftlichen Tangenten im äusseren Aehnlichkeitspuncte A, und ihre inneren gemeinschaftlichen Tangenten schneiden sich im inneren Aehnlichkeitspuncte I, so dass also beide Aehnlichkeitspuncte ausserhalb beider Kreise liegen.

2) Lässt man in der Vorstellung die Kreise einander näher rücken, oder, wenn die Mittelpuncte und Aehnlichkeitspuncte fest bleiben sollen, in gleichem Verhältniss grösser werden, bis sie sich berühren, d. h. äusserlich berühren, so ist ihr Berührungspunct zugleich ihr innerer Aehnlichkeitspunct.

3) Bewegt man auf dieselbe Weise die Kreise weiter, bis sie einander schneiden, so liegt der innere Aehnlichkeitspunct I innerhalb beider Kreise.

4) Dringt der kleinere Kreis so tief in den grösseren, dass er ihn nur noch berührt, d. h. innerlich berührt, so ist ihr Berührungspunct zugleich ihr äusserer Aehnlichkeitspunct.

5) Gelangt der kleinere Kreis ganz innerhalb des grösseren, so liegen beide Aehnlichkeitspuncte innerhalb des kleineren Kreises.

6) Werden endlich die Kreise concentrisch, so fallen beide Aehnlichkeitspuncte mit ihrem gemeinschaftlichen Mittelpuncte zusammen.

7) Sind insbesondere die Kreise einander gleich, gleichviel ob sie einander schneiden oder ausser einander liegen, so liegt der innere Aehnlichkeitspunct I in der Mitte zwischen ihren Mittelpuncten, und der äussere Aehnlichkeitspunct A ist unendlich entfernt.

Von der Richtigkeit dieser Angaben wird man sich durch Hülfe der obigen Betrachtungen sehr leicht überzeugen können.

II. Nach vorstehender Betrachtung liegen die Endpuncte irgend zweier parallelen Radien der zwei Kreise mit dem äusseren oder inneren Aehnlichkeitspunct in einer Geraden, je nachdem sie auf einerlei oder auf verschiedenen Seiten der Axe MM_1 liegen. Daher muss nothwendigerweise auch das Umgekehrte stattfinden, nämlich:

„Zieht man durch einen der beiden Aehnlichkeitspuncte A, I zweier gegebenen Kreise M, M_1 irgend eine Gerade, welche den einen Kreis schneidet, so schneidet sie nothwendigerweise auch den anderen Kreis und zwar in entsprechenden Puncten, so dass die nach diesen Puncten gezogenen Radien beider Kreise paarweise parallel sind, z. B. bei einer durch A gehenden Geraden, welche die Kreise M, M_1 etwa in $\mathfrak{b}$ und $\mathfrak{c}$, $\mathfrak{b}_1$ und $\mathfrak{c}_1$ schneidet, müssen sowohl die Radien $M\mathfrak{b}$ und $M_1\mathfrak{b}_1$, als $M\mathfrak{c}$ und $M_1\mathfrak{c}_1$ parallel sein".

III. Da für beide Aehnlichkeitssysteme das Verhältniss $n : n_1$, durch welches die entsprechenden Puncte bestimmt sind (§ 11), durch die Radien der Kreise gegeben ist (I), mithin für beide den nämlichen Werth hat, und da sowohl $AM : AM_1$ als $IM : IM_1$ diesem Werthe gleich ist (I, a und b), so sind folglich M und M_1 in beiden Systemen zugleich entsprechende Puncte.

Nimmt man irgend einen beliebigen Punct $\mathfrak{q}$ an und betrachtet ihn, in Bezug auf beide Aehnlichkeitssysteme, als mit dem Kreise M derselben Ebene E angehörend (§ 11), so werden ihm in der anderen Ebene E_1, welcher der andere Kreis M_1 angehört, zwei verschiedene Puncte entsprechen, nämlich es entspricht ihm ein bestimmter Punct $\mathfrak{q}_1$ in Bezug auf den Aehnlichkeitspunct A und ein bestimmter Punct $\mathfrak{p}_1$ vermöge des Aehnlichkeitspunctes I, und es müssen diese zwei Puncte $\mathfrak{q}_1$, $\mathfrak{p}_1$ offenbar in einem und demselben Durchmesser des Kreises M_1 liegen und zwar so, dass sie gleich weit von dessen Mittelpunct entfernt sein; d. h., es muss $\mathfrak{q}_1 M_1 \mathfrak{p}_1$ eine Gerade und $\mathfrak{q}_1 M_1 = M_1 \mathfrak{p}_1$ sind. Denn da M und M_1 in Bezug auf beide Aehnlichkeitspuncte entsprechende Puncte sind, und da ferner $\mathfrak{q}$ und $\mathfrak{q}_1$ in Bezug auf den Aehnlichkeitspunct A und $\mathfrak{q}$ und $\mathfrak{p}_1$ in Bezug auf den Aehnlichkeitspunct I entsprechende Puncte sind, so ist demnach sowohl $M_1\mathfrak{q}_1$ als $M_1\mathfrak{p}_1$ parallel $M\mathfrak{q}$ (§ 11, I), also $\mathfrak{q}_1 M_1 \mathfrak{p}_1$ eine Gerade, und es verhält sich

$$AM : AM_1 = M\mathfrak{q} : M_1\mathfrak{q}_1,$$

und

$$IM : IM_1 = M\mathfrak{q} : M_1\mathfrak{p}_1,$$

mithin (I, *c*):

$$M\mathfrak{q} : M_1\mathfrak{q}_1 = M\mathfrak{q} : M_1\mathfrak{p}_1$$

und folglich:

$$M_1\mathfrak{q}_1 = M_1\mathfrak{p}_1.$$

Also: „Irgend einem Puncte, welchen man als zu dem einen Kreise gehörend ansieht, wie etwa dem Puncte $\mathfrak{q}$ als zu dem Kreise M gehörend angesehen, entsprechen vermöge der zwei Aehnlichkeitspuncte A, I in Bezug auf den anderen Kreis M_1 zwei solche Puncte $\mathfrak{q}_1$, $\mathfrak{p}_1$, welche in einem und demselben Durchmesser dieses Kreises liegen und gleich weit von seinem Mittelpuncte (auf entgegengesetzten Seiten) abstehen; und es haben nur die Mittelpuncte M, M_1 der zwei Kreise allein die Eigenschaft, dass sie in Rücksicht auf beide Aehnlichkeitspuncte zugleich entsprechende Puncte sind.“

Hiernach kann man leicht, wenn etwa der eine Kreis M_1 gezeichnet vorliegt aber der andere nicht, und wenn die Aehnlichkeitspuncte A, I gegeben sind, zu irgend einem Puncte $\mathfrak{q}_1$ oder $\mathfrak{p}_1$, welchen man als zu dem ersten Kreise gehörend ansieht, den entsprechenden Punct in Ansehung des zweiten Kreises für das äussere und innere Aehnlichkeitssystem finden. Nämlich man zieht die Gerade $\mathfrak{q}_1M_1\mathfrak{p}_1$, nimmt den Punct $\mathfrak{p}_1$ oder $\mathfrak{q}_1$ so an, dass $\mathfrak{q}_1M_1 = M_1\mathfrak{p}_1$ (was unter der Voraussetzung, dass der Kreis M_1 gegeben sei, leicht geschehen kann) und zieht die Geraden $A\mathfrak{q}_1$, $I\mathfrak{p}_1$, so werden sich diese in dem verlangten Puncte $\mathfrak{q}$ schneiden. Zieht man ferner die Geraden $A\mathfrak{p}_1$, $I\mathfrak{q}_1$, so schneiden sich diese in einem Puncte $\mathfrak{p}$, welcher ebenfalls der Forderung genügt, und es ist $\mathfrak{q}M\mathfrak{p}$ eine Gerade und $\mathfrak{q}M = M\mathfrak{p}$. Am einfachsten sind die Puncte zu finden, welche in dem Umfange des Kreises liegen, weil nämlich für diesen Fall in jedem Durchmesser des gegebenen Kreises unmittelbar zwei gleiche Strecken gegeben sind, wie z. B. im Durchmesser $\mathfrak{a}_1\mathfrak{b}_1$ die Strecken $\mathfrak{a}_1M_1$ und $M_1\mathfrak{b}_1$, wodurch sofort nach der eben angegebenen Weise die Endpuncte $\mathfrak{a}$, $\mathfrak{b}$ des entsprechenden Durchmessers im anderen Kreise gefunden werden. Diese letzte Construction findet bei den unten folgenden Aufgaben (§ 18) häufige Anwendung.

Aus dem vorstehenden Satze folgert man ferner leicht: „Dass jeder Geraden, die man als zu dem einen Kreise gehörend ansieht, wie z. B. irgend einer Geraden G, die man sich als zum Kreise M gehörend vorstellt, in Rücksicht auf die zwei Aehnlichkeitspuncte A, I, zwei verschiedene, zum Kreise M_1 gehörige Gerade

G_1, H_1 entsprechen, welche unter sich parallel sind (weil jede es mit jener G ist) und welche gleich weit vom Mittelpuncte M_1 abstehen.“ „Geht die Gerade G insbesondere durch den Mittelpunct M des zugehörigen Kreises, so fallen die zwei Geraden G_1, H_1 auf einander und gehen ebenfalls durch den Mittelpunct M_1 ihres zugehörigen Kreises;“ „und fällt endlich G mit der Axe MM_1 zusammen, so vereinigen sich G_1, H_1 mit ihr.“ *)

Zum Behufe des Folgenden ist es zweckmässig, den hier betrachteten Elementen bestimmte Benennungen beizulegen. Nämlich irgend zwei ent-

*) Von der grossen Menge von Anwendungen, die aus den Eigenschaften des Aehnlichkeitspunctes sich ableiten lassen, und die ich an einem anderen Orte ausführlich entwickeln werde, will ich hier nur ein Beispiel kurz andeuten, welches den Zusammenhang einiger häufig betrachteten merkwürdigen Puncte des geradlinigen Dreiecks auf eine eigenthümliche Weise aufklärt, nämlich das folgende Beispiel:

I. Zieht man in einem beliebigen Dreiecke $\mathfrak{abc}$ (Fig. 15) aus den Ecken nach den Mitten $\mathfrak{a}_1$, $\mathfrak{b}_1$, $\mathfrak{c}_1$ der gegenüberliegenden Seiten gerade Linien $\mathfrak{aa}_1$, $\mathfrak{bb}_1$, $\mathfrak{cc}_1$, so schneiden sich diese bekanntlich in einem und demselben Puncte I und theilen einander dergestalt, dass sich die Abschnitte einer jeden zu einander verhalten wie $2:1$; d. h. es verhält sich:

$$I\mathfrak{a} : I\mathfrak{a}_1 = I\mathfrak{b} : I\mathfrak{b}_1 = I\mathfrak{c} : I\mathfrak{c}_1 = 2 : 1. \tag{1}$$

Daraus folgt also, dass man den Punct I als Aehnlichkeitspunct (oder Projectionspunct) eines Beziehungssystems ansehen kann, in welchem $\mathfrak{a}$ und $\mathfrak{a}_1$, $\mathfrak{b}$ und $\mathfrak{b}_1$, $\mathfrak{c}$ und $\mathfrak{c}_1$ entsprechende Puncte sind, so dass $\mathfrak{a}$, $\mathfrak{b}$, $\mathfrak{c}$ der einen Ebene E und $\mathfrak{a}_1$, $\mathfrak{b}_1$, $\mathfrak{c}_1$ der anderen Ebene E_1 angehören, oder dass mit einem Wort die Dreiecke $\mathfrak{abc}$ und $\mathfrak{a}_1\mathfrak{b}_1\mathfrak{c}_1$ entsprechende Dreiecke sind, und dass je zwei ähnlichliegende Puncte in Bezug auf diese Dreiecke auch zugleich ähnlichliegende Puncte in Bezug auf den Aehnlichkeitspunct I sind, d. h. mit diesem in einer Geraden liegen und von ihm nach dem beständigen Verhältniss von $2:1$ entfernt sind (§ 11).

Wird nun ferner als bekannt vorausgesetzt, dass die drei Lothe $\mathfrak{a}_1M$, $\mathfrak{b}_1M$, $\mathfrak{c}_1M$, welche aus den Mitten $\mathfrak{a}_1$, $\mathfrak{b}_1$, $\mathfrak{c}_1$ der Seiten des ersten Dreiecks $\mathfrak{abc}$ auf diesen Seiten errichtet werden, einander in einem Puncte M treffen, nämlich im Mittelpuncte des dem Dreieck umschriebenen Kreises, und wird bemerkt, dass dieselben zugleich auch auf den entsprechenden Seiten des zweiten Dreiecks $\mathfrak{a}_1\mathfrak{b}_1\mathfrak{c}_1$ perpendicular sind (weil diese beziehlich mit jenen parallel sind), so folgt, wenn man jene Lothe für einen Augenblick als zu dem Dreieck $\mathfrak{a}_1\mathfrak{b}_1\mathfrak{c}_1$ gehörend ansieht, vermöge des Aehnlichkeitspunctes I unmittelbar, dass auch die ihnen entsprechenden drei Geraden, d. i. die durch die Ecken $\mathfrak{a}$, $\mathfrak{b}$, $\mathfrak{c}$ des ersten Dreiecks mit jenen Lothen parallelen, und mithin zu den Gegenseiten dieses Dreiecks senkrechten Geraden $\mathfrak{a}A$, $\mathfrak{b}A$, $\mathfrak{c}A$ einander in einem bestimmten Puncte A treffen, und zwar in demjenigen Puncte, welcher jenem Puncte M entspricht, so dass folglich die drei Puncte M, I, A in einer Geraden (Projectionsstrahl) liegen, und dass sich verhält:

$$IA : IM = 2 : 1. \tag{2}$$

Zugleich folgt zunächst aus dieser Betrachtung auf doppelte Weise der bekannte Satz: „Dass die aus den Ecken auf die Gegenseiten eines Dreiecks ($\mathfrak{a}_1\mathfrak{b}_1\mathfrak{c}_1$, oder $\mathfrak{abc}$) gefällten Lothe ($\mathfrak{a}_1M$, $\mathfrak{b}_1M$, $\mathfrak{c}_1M$, oder $\mathfrak{a}A$, $\mathfrak{b}A$, $\mathfrak{c}A$) allemal einander in einem und demselben Puncte (M oder A) treffen.“

sprechende Puncte, wie etwa $\mathfrak{q}$ und $\mathfrak{q}_1$, oder $\mathfrak{q}$ und $\mathfrak{p}_1$, sollen in der Folge, in Rücksicht auf die zwei Kreise M, M_1, denen sie zugehören, „ähnlich liegende Puncte“ genannt werden. Ebenso sollen zwei Gerade, welche in Bezug auf eines der zwei Aehnlichkeitssysteme entsprechende Gerade sind, fortan in Rücksicht auf die Kreise „ähnlich liegende Gerade“ heissen. Endlich soll jeder Strahl, welcher durch einen der zwei Aehnlichkeitspuncte A oder I geht, in Rücksicht auf die Kreise „Aehnlichkeitsstrahl“ (oder „Projectionsstrahl“) genannt werden.

Es folgt weiter, wenn man nämlich den Punct M als der ersten Ebene E angehörend ansieht, und zwar als Mittelpunct des dem Dreieck $\mathfrak{abc}$ umschriebenen Kreises, dass ihm dann der Mittelpunct M_1 des dem Dreieck $\mathfrak{a}_1\mathfrak{b}_1\mathfrak{c}_1$ umschriebenen Kreises entspricht, und dass folglich dieser letztere Punct M_1 ebenfalls in dem vorgenannten Projectionsstrahl MIA liegen muss, und zwar so liegen muss, dass sich verhält:

(3) $$IM : IM_1 = 2 : 1.$$

Aus diesem und dem vorigen (2) Verhältniss folgt, wie man in der Figur sieht, dass sich auch verhält:

(4) $$AM : AM_1 = 2 : 1,$$

so dass also der Punct A offenbar der äussere Aehnlichkeitspunct der zwei Kreise M, M_1 ist.

Demnach hat man den folgenden Satz:

„Bei jedem beliebigen Dreieck $\mathfrak{abc}$ liegen die zwei Puncte A und I, wovon der eine A der Durchschnittspunct der drei Höhen und der andere I der Durchschnittspunct der drei aus den Ecken nach den Mitten der Gegenseiten gezogenen Geraden ist, mit den Mittelpuncten M und M_1 der zwei Kreise, wovon der eine dem Dreieck umschrieben ist und der andere durch die Mitten der Seiten desselben geht, allemal in einer und derselben Geraden, und zwar sind die erstgenannten zwei Puncte die Aehnlichkeitspuncte der zwei Kreise, so dass also die vier genannten Puncte harmonisch liegen (§ 12, I), wobei sowohl das erste wie das zweite Punctepaar zugeordnete harmonische Puncte sind; und ferner sind die Abstände der vier Puncte von einander namentlich so beschaffen, dass sich verhält:

(5) $$IM_1 : IM : AM_1 : AM = 1 : 2 : 3 : 6.“$$

II. Vermöge der Kreise M, M_1 und ihrer Aehnlichkeitspuncte A, I folgert man unmittelbar noch mehr Eigenschaften, z. B. nachstehende:

1) Die Strecken $A\mathfrak{a}$, $A\mathfrak{b}$, $A\mathfrak{c}$ in E entsprechen in Ansehung des inneren Aehnlichkeitspunctes I den Strecken $M\mathfrak{a}_1$, $M\mathfrak{b}_1$, $M\mathfrak{c}_1$ in E_1; daher verhält sich:

$$A\mathfrak{a} : M\mathfrak{a}_1 = A\mathfrak{b} : M\mathfrak{b}_1 = A\mathfrak{c} : M\mathfrak{c}_1 = 2 : 1.$$

2) Die Puncte a_1, b_1, c_1, in welchen der Kreis M_1 die Strahlen $A\mathfrak{a}$, $A\mathfrak{b}$, $A\mathfrak{c}$ schneidet, sind, vermöge des äusseren Aehnlichkeitspunctes A, die Mitten dieser Strahlen, so dass sich verhält:

$$A\mathfrak{a} : Aa_1 = A\mathfrak{b} : Ab_1 = A\mathfrak{c} : Ac_1 = 2 : 1.$$

3) Bezeichnet man die Puncte, in welchen die Kreise M und M_1 von den drei durch ihren inneren Aehnlichkeitspunct I gehenden Strahlen $\mathfrak{a}\mathfrak{a}_1$, $\mathfrak{b}\mathfrak{b}_1$, $\mathfrak{c}\mathfrak{c}_1$ geschnitten werden, beziehlich durch $\mathfrak{d}$ und $\mathfrak{d}_1$, $\mathfrak{e}$ und $\mathfrak{e}_1$, $\mathfrak{f}$ und $\mathfrak{f}_1$, so verhält sich:

$$I\mathfrak{d} : I\mathfrak{d}_1 = I\mathfrak{e} : I\mathfrak{e}_1 = I\mathfrak{f} : I\mathfrak{f}_1 = 2 : 1.$$

§ 13.

I. Betrachtet man in einer Ebene irgend drei Kreise, deren Mittelpuncte M_1, M_2, M_3 (Fig. 17) nicht in einer Geraden liegen, so gehören zu je zwei derselben zwei Aehnlichkeitspuncte, ein äusserer und ein innerer (§ 12); es seien A_3 und I_3, A_2 und I_2, A_1 und I_1 beziehlich die Aehnlichkeitspuncte der Kreispaare M_1 und M_2, M_1 und M_3, M_2 und M_3. Von diesen sechs Aehnlichkeitspuncten liegen immer viermal drei in einer Geraden, nämlich die drei äusseren liegen in einer Geraden, und jeder äussere liegt mit den beiden ihm nicht zugehörigen inneren in einer

---

4) Da der Punct M_1 in der Mitte zwischen M und A liegt (I, 4), und da $M\mathfrak{a}_1$ und $A\alpha_1$ zu $\mathfrak{a}_1\alpha_1$ senkrecht sind, so muss folglich der Kreis M_1 auch durch α_1 gehen, weil er durch $\mathfrak{a}_1$ geht; ebenso muss er durch β_1 und γ_1 gehen. Oder dasselbe folgt auch daraus, dass $M_1\mathfrak{a}_1$ parallel $M\mathfrak{a}$, vermöge des Aehnlichkeitspunctes I, und auch $M_1 a_1$ parallel $M\mathfrak{a}$, vermöge des Aehnlichkeitspunctes A, dass mithin $\mathfrak{a}_1 M_1 a_1$ ein Durchmesser des Kreises M_1, und folglich $\mathfrak{a}_1\alpha_1 a_1$ ein rechter Winkel im Halbkreise ist, u. s. w.

5) Werden also die Strahlen $A\alpha_1$, $A\beta_1$, $A\gamma_1$ verlängert, bis sie den ersten Kreis M in α, β, γ schneiden, so verhält sich, vermöge des Aehnlichkeitspunctes A:

$$A\alpha : A\alpha_1 = A\beta : A\beta_1 = A\gamma : A\gamma_1 = 2:1.$$

6) Vermöge des Kreises M_1 folgt nun weiter (4 und § 17), dass:

$$\text{Rechteck } \mathfrak{a}\mathfrak{b}_1 . \mathfrak{a}\beta_1 = \mathfrak{a}\mathfrak{c}_1 . \mathfrak{a}\gamma_1,$$
$$\text{-} \quad \mathfrak{b}\mathfrak{a}_1 . \mathfrak{b}\alpha_1 = \mathfrak{b}\mathfrak{c}_1 . \mathfrak{b}\gamma_1,$$

und

$$\text{-} \quad \mathfrak{c}\mathfrak{a}_1 . \mathfrak{c}\alpha_1 = \mathfrak{c}\mathfrak{b}_1 . \mathfrak{c}\beta_1.$$

7) Vermöge des Aehnlichkeitspunctes A folgt (§ 17), dass:

$$\text{Rechteck } A\mathfrak{a} . A\alpha_1 = A\mathfrak{b} . A\beta_1 = A\mathfrak{c} . A\gamma_1 =$$
$$\text{-} \quad A\alpha . Aa_1 = A\beta . Ab_1 = A\gamma . Ac_1;$$

und vermöge des Aehnlichkeitspunctes I folgt, dass:

$$\text{Rechteck } I\mathfrak{a} . I\mathfrak{d}_1 = I\mathfrak{b} . I\mathfrak{e}_1 = I\mathfrak{c} . I\mathfrak{f}_1 =$$
$$\text{-} \quad I\mathfrak{d} . I\mathfrak{a}_1 = I\mathfrak{e} . I\mathfrak{b}_1 = I\mathfrak{f} . I\mathfrak{c}_1.$$

Diese vorstehenden Sätze (1 bis 7) wird man leicht nach gewöhnlicher Weise in Worten abfassen können, wie z. B. folgenden Satz:

„In jedem Dreieck $\mathfrak{abc}$ liegen die 12 Puncte — nämlich die drei Mittelpuncte $\mathfrak{a}_1$, $\mathfrak{b}_1$, $\mathfrak{c}_1$ der Seiten, die drei Fusspuncte α_1, β_1, γ_1 der Höhen, die drei Mittelpuncte a_1, b_1, c_1 derjenigen Strecken der Höhen, welche zwischen ihrem Durchschnittspuncte A und den Ecken des Dreiecks liegen, und endlich die drei Puncte $\mathfrak{d}_1$, $\mathfrak{e}_1$, $\mathfrak{f}_1$, welche in den aus den Ecken durch die Mitten der Gegenseiten gezogenen Geraden liegen, und von deren gemeinschaftlichem Durchschnittspuncte I halb so weit entfernt sind, als die Puncte $\mathfrak{d}$, $\mathfrak{e}$, $\mathfrak{f}$, in welchen dieselben Geraden den umschriebenen Kreis M schneiden, aber mit den letzteren nicht auf einerlei Seiten jenes Punctes I liegen — allemal zusammen in einem und demselben Kreise M_1.“ U. s. w.

III. In Folge der obigen Bemerkung (I), dass ähnlichliegende Puncte in Bezug auf die Dreiecke $\mathfrak{abc}$, $\mathfrak{a}_1\mathfrak{b}_1\mathfrak{c}_1$ auch zugleich in Betracht des Aehnlichkeitspunctes I ähn-

Geraden; d. h. es ist sowohl $A_3A_2A_1$, als $A_3I_2I_1$, als $A_2I_1I_3$, als $A_1I_2I_3$ eine Gerade. Denn zieht man z. B. die Gerade A_3A_2, so ist sie, vermöge der Puncte A_3, A_2, eine äussere Aehnlichkeitslinie sowohl zu den Kreisen M_1 und M_2, als M_1 und M_3, mithin muss sie auch eine äussere Aehnlichkeitslinie der Kreise M_2 und M_3 sein und als solche durch ihren äusseren Aehnlichkeitspunct A_1 gehen. Oder, um sich hiervon augenscheinlicher zu überzeugen, denke man sich aus den Mittelpuncten M_1, M_2, M_3 der Kreise, nach irgend einer beliebigen Richtung, bis an die Gerade A_3A_2 Parallele M_1N_1, M_2N_2, M_3N_3 gezogen, so verhalten sich diese, vermöge

---

lichliegende Puncte sind, kann noch hinzugefügt werden, dass, wenn man sich die vier Kreise denkt, wovon jeder die drei Seiten (oder deren Verlängerung) des Dreiecks $\mathfrak{abc}$ berührt, und ebenso die vier dem zweiten Dreieck $\mathfrak{a}_1\mathfrak{b}_1\mathfrak{c}_1$ eingeschriebenen Kreise, dass dann die vier letzteren den vier ersteren beziehlich entsprechen; d. h. dass dann diese Kreise paarweise den Punct I zum inneren Aehnlichkeitspunct haben, und dass also ihre Mittelpuncte paarweise in Strahlen liegen, welche durch diesen Punct gehen, und dass ihre Abstände von demselben sich verhalten wie 2 : 1. Aehnliches gilt von den Dreiecken $\mathfrak{abc}$ und $a_1b_1c_1$ in Hinsicht ihres Aehnlichkeitspunctes A. — Die Dreiecke $a_1b_1c_1$ und $\mathfrak{a}_1\mathfrak{b}_1\mathfrak{c}_1$ sind gleich, und M_1 ist ihr (innerer) Aehnlichkeitspunct, weil $\mathfrak{a}_1M_1a_1$ eine Gerade ist, und M_1 in der Mitte zwischen $\mathfrak{a}_1$ und a_1 liegt. — U. s. w.

IV. „Wenn man in der Peripherie eines Kreises M irgend vier Puncte $\mathfrak{a}$, $\mathfrak{b}$, $\mathfrak{c}$, $\mathfrak{g}$ annimmt, so bestimmen diese, zu drei und drei genommen, vier Dreiecke, welchen der Punct M als Mittelpunct des umschriebenen Kreises gemeinschaftlich angehört, wogegen aber zu denselben sowohl vier verschiedene Puncte I, als M_1, als A gehören. Je vier gleichnamige von diesen Puncten, für sich genommen, liegen in einem Kreise; die Radien dieser drei neuen Kreise sind nach der Reihe $\frac{1}{3}$, $\frac{1}{2}$, $\frac{1}{1}$ vom Radius des gegebenen Kreises M, und ihre Mittelpuncte liegen mit dem Mittelpunct des letzteren in einer Geraden, und zwar in solchen Abständen von diesem, die sich nach der Reihe verhalten wie 2 : 3 : 6, so dass also der Punct M der gemeinschaftliche Aehnlichkeitspunct der drei neuen Kreise ist.“ Und ferner: „Verbindet man jeden der vier angenommenen Puncte $\mathfrak{a}$, $\mathfrak{b}$, $\mathfrak{c}$, $\mathfrak{g}$, wie etwa $\mathfrak{g}$, mit dem zu den drei übrigen gehörigen Punct A (d. h. mit dem Durchschnittspunct der Höhen des durch die drei übrigen bestimmten Dreiecks) durch eine Gerade, so schneiden sich die auf diese Weise entstehenden vier Geraden in einem und demselben Punct, und es wird jede durch diesen gehälftet.“ U. s. w.

V. Die wesentlichsten von den vorstehenden Sätzen habe ich schon an einem anderen Orte angedeutet, nämlich bei Gelegenheit der Abhandlung: „*Développement d'une série de théorèmes relatifs aux sections coniques*“, in den *Annales de Mathématiques, rédigé par Gergonne, à Montpellier*, tom. XIX. 1828 (Cf. S. 189 dieser Ausgabe). Ebendaselbst deutete ich auch den Satz an: „dass der Kreis M_1 alle vier Kreise, welche dem Dreieck $\mathfrak{abc}$ eingeschrieben werden können, berührt,“ ohne zu wissen, dass derselbe schon früher von *Feuerbach* bekannt gemacht worden war. Uebrigens hat auch Herr Prof. *Dove* die Relation zwischen den vier Puncten in I, 5, sowie die Eigenschaft II, 4 durch unmittelbare Beziehung beider Dreiecke $\mathfrak{abc}$, $\mathfrak{a}_1\mathfrak{b}_1\mathfrak{c}_1$ auf einander ohne Anwendung des Aehnlichkeitspunctes auf einfache Weise abgeleitet.

der Aehnlichkeitspuncte A_3 und A_2, wie die Radien der Kreise; also, wenn diese Radien durch R_1, R_2, R_3 vorgestellt werden, so verhält sich:

$$M_1N_1 : M_2N_2 = R_1 : R_2 \text{ (vermöge } A_3\text{)}$$
$$M_1N_1 : M_3N_3 = R_1 : R_3 \text{ (vermöge } A_2\text{)},$$

daher verhält sich auch:

$$M_2N_2 : M_3N_3 = R_2 : R_3,$$

woraus denn folgt (§ 11, IV), dass die Gerade N_2N_3 oder A_3A_2 durch den Aehnlichkeitspunct A_1 der Kreise M_2, M_3 geht.

Aehnlicherweise folgen die übrigen drei Fälle. Also:

1) „Von den sechs Aehnlichkeitspuncten, welche zu drei beliebigen in einer Ebene liegenden Kreisen, paarweise genommen, gehören, liegen viermal drei in einer Geraden, nämlich es liegen die drei äusseren und jeder äussere liegt mit den beiden ihm nicht zugehörigen inneren in einer Geraden;" oder mit anderen Worten: „die drei Kreise haben vier gemeinschaftliche Aehnlichkeitsstrahlen, einen äusseren und drei innere".

2) Wenn die drei Kreise insbesondere alle ausser einander liegen, so schneiden sich ihre gemeinschaftlichen Tangenten in ihren sechs Aehnlichkeitspuncten (§ 12, I, 1), so dass also der vorstehende Satz sich auch auf die Durchschnittspuncte der sechs Paar Tangenten, welche die Kreise, paarweise genommen, gemein haben, übertragen lässt.

3) Wenn insbesondere der eine Kreis, etwa M_3, die beiden übrigen berührt, so sind die zwei Berührungspuncte zugleich *a*) entweder (§ 12, I, 2 und 4) die Aehnlichkeitspuncte A_1 und A_2 oder I_1 und I_2, oder *b*) die Aehnlichkeitspuncte A_1 und I_2 oder A_2 und I_1, je nachdem er sie nämlich (*a*) gleichartig, oder (*b*) ungleichartig berührt (d. h. in Rücksicht auf äusserliche oder innerliche Berührung); daher kann man auch sagen (1): „Wenn irgend zwei Kreise M_1, M_2 von einem beliebigen dritten Kreise M_3 berührt werden, so liegen die zwei Berührungspuncte allemal mit dem äusseren (A_3) oder inneren (I_3) Aehnlichkeitspunct derselben in gerader Linie, je nachdem sie gleichartig oder ungleichartig vom dritten Kreise berührt werden."

4) Wenn ferner insbesondere zwei Kreise einander gleich sind, etwa $R_1 = R_3$, so liegt ihr innerer Aehnlichkeitspunct I_2 in der Mitte zwischen ihren Mittelpuncten M_1, M_3, und ihr äusserer Aehnlichkeitspunct A_2 liegt unendlich entfernt (§ 12, I, 7), so dass also nothwendigerweise die Aehnlichkeitsstrahlen $I_1I_3[A_2]$, $A_1A_3[A_2]$ mit der Axe M_1M_3 parallel gehen. Werden alle drei Kreise einander gleich, so entfernt sich der Aehnlichkeitsstrahl $A_1A_3A_2$ in's Unendliche, und die drei inneren Aehnlichkeitsstrahlen I_1I_2, I_2I_3, I_3I_1 werden den Axen M_1M_2, M_2M_3, M_3M_1 parallel.

II. Ueber die drei betrachteten Kreise soll hier nur noch eine Bemerkung in Bezug auf ähnlich liegende Puncte hinzugefügt werden. Sind etwa $\mathfrak{q}_1$ und $\mathfrak{q}_2$ irgend zwei ähnlich liegende Puncte zu den Kreisen M_1 und M_2 in Bezug auf ihren äusseren Aehnlichkeitspunct A_3, so werden sich die Strahlen $A_2\mathfrak{q}_1$ und $A_1\mathfrak{q}_2$ in demjenigen Puncte $\mathfrak{q}_3$ schneiden, welcher jenen zwei Puncten in Bezug auf die Aehnlichkeitspuncte A_2, A_1 entspricht, d. h. es sind $\mathfrak{q}_1$ und $\mathfrak{q}_3$, $\mathfrak{q}_2$ und $\mathfrak{q}_3$ beziehlich ähnlich liegende Puncte zu den Kreisen M_1 und M_3, M_2 und M_3; und ebenso werden sich die Strahlen $I_2\mathfrak{q}_1$ und $I_1\mathfrak{q}_2$ in demjenigen Puncte $\mathfrak{p}_3$ schneiden, welcher den zwei Puncten $\mathfrak{q}_1$, $\mathfrak{q}_2$ in Hinsicht der Aehnlichkeitspuncte I_2, I_1 entspricht; die zwei Puncte $\mathfrak{q}_3$ und $\mathfrak{p}_3$ aber werden allemal in einem Durchmesser des dritten Kreises M_3 liegen und gleich weit von seinem Mittelpuncte abstehen. Von der Richtigkeit dieser Eigenschaften wird man mittelst des Vorhergehenden sich leicht überzeugen.

III. Von der Potenz bei Kreisen.

A. Vom Ort der gleichen Potenzen.

§ 14.

Sind in einer Ebene irgend zwei feste Puncte M, M_1 (Fig. 16) gegeben, und soll der Ort desjenigen Punctes N gefunden werden, für welchen der Unterschied der Quadrate seiner Abstände von den zwei festen Puncten eine gegebene Grösse, etwa $= u^2$, ist, also

$$MN^2 - M_1N^2 = u^2,$$

so ist der in Frage stehende Ort offenbar eine Gerade NQ, welche auf der durch die zwei festen Puncte bestimmten Geraden MM_1 senkrecht steht und sie dergestalt theilt, dass auch der Unterschied der Quadrate ihrer Abschnitte gleich jener gegebenen Grösse ist, d. h. dass auch

$$MQ^2 - M_1Q^2 = u^2$$

ist. Denn erfüllt der Punct N die gegebene Bedingung, so hat man, wenn man aus ihm auf die Gerade MM_1 das Loth NQ fällt, vermöge der rechtwinkligen Dreiecke NQM und NQM_1:

$$NM^2 - QM^2 = NM_1^2 - QM_1^2 = NQ^2,$$

mithin

$$NM^2 - NM_1^2 = QM^2 - QM_1^2 = u^2.$$

Da nun aber die Gerade MM_1 nur in einem einzigen Puncte Q so getheilt werden kann, dass der Unterschied der Quadrate der Abschnitte, das ist $QM^2 - QM_1^2$, eine gegebene Grösse u^2 hat, so trifft also das genannte Loth NQ die Gerade MM_1 allemal in dem nämlichen festen Puncte Q und folglich ist der Ort von N eine feste Gerade NQ.

Ob der Punct Q zwischen den zwei festen Puncten M, M_1 liege, oder jenseits derselben, hängt von dem gegenseitigen Verhältniss der Grösse u und der Strecke MM_1 ab, je nachdem nämlich u kleiner oder grösser als MM_1 ist.

§ 15.

Denkt man sich um die Puncte M, M_1 mit beliebigen Radien R, R_1 Kreise beschrieben, und verlangt den Ort des Punctes N für den besonderen Fall, wo die Differenz der Quadrate seiner Abstände von jenen Puncten gleich ist der Differenz der Quadrate der Radien, also

$$MN^2 - M_1N^2 = R^2 - R_1^2 = u^2,$$

so wird, wenn insbesondere die Kreise einander schneiden, die gesuchte Ortslinie NQ nothwendigerweise ihre gemeinschaftliche Secante sein, d. h. sie wird durch ihre gegenseitigen Durchschnittspuncte gehen. Denn für jeden dieser zwei Puncte, wenn man ihn mit N bezeichnet, hat man:

$$MN = R \quad \text{und} \quad M_1N = R_1,$$

welches offenbar der vorliegenden, für N festgesetzten Bedingung genügt.

Wenn aber die Kreise einander nicht schneiden, so wird auch keiner von ihnen von der Ortslinie NQ getroffen, sondern diese liegt alsdann entweder zwischen oder jenseits der Kreise, je nachdem diese ausser oder in einander liegen.

Im Allgemeinen hat die Ortslinie NQ ferner folgende Beziehung zu den zwei Kreisen:

a) „Die aus irgend einem Puncte derselben an die Kreise gelegten Tangenten sind einander gleich;“ und:

b) „Die durch irgend einen Punct derselben, welcher innerhalb der Kreise liegt (also im Falle, wo diese einander schneiden), in beiden Kreisen gezogenen kleinsten Sehnen sind einander gleich.“ Und umgekehrt:

c) „Jeder Punct, welchem eine von diesen zwei Eigenschaften (*a*) oder (*b*) zukömmt, liegt in der Ortslinie NQ.“

Denn denkt man sich aus irgend einem Puncte N der Ortslinie an jeden Kreis eine Tangente gelegt, bezeichnet die Berührungspuncte durch B, B_1, und denkt sich ferner die Geraden MN, M_1N, so wie die Radien MB, M_1B_1 gezogen, so hat man vermöge der rechtwinkligen Dreiecke MBN und M_1B_1N:

$$NB^2 = MN^2 - MB^2 = MN^2 - R^2$$

und

$$NB_1^2 = M_1N^2 - M_1B_1^2 = M_1N^2 - R_1^2.$$

Zufolge der obigen Gleichung sind aber in diesen zweien die Differenzen rechts einander gleich, daher muss auch

$$NB^2 = NB_1^2,$$

oder

$$NB = NB_1$$

sein, d. h. es müssen die Tangenten einander gleich sein (*a*). Aehnlicherweise wird der zweite Fall (*b*) bewiesen.

Die Ortslinie NQ wird vermöge dieser Eigenschaft „die Linie der gleichen Potenzen“, oder auch, in Ansehung ihrer Puncte, welche ausserhalb der Kreise liegen, „die Linie der gleichen Tangenten“ der zwei Kreise genannt. Ueber die eigentlichen Gründe für die erste Benennung sehe man die oben (§ 2) erwähnte Abhandlung (im *Journ. f. Mathem.*) *), wo dieser Gegenstand etwas ausführlicher behandelt ist.

Wenn insbesondere die Kreise einander berühren, so ist die Linie der gleichen Potenzen zugleich ihre gemeinschaftliche Tangente in ihrem Berührungspuncte.

§ 16.

Betrachtet man in einer Ebene irgend drei Kreise M_1, M_2, M_3, deren Mittelpuncte nicht in einer Geraden liegen, so haben je zwei derselben eine Linie der gleichen Potenzen; es seien N_3Q_3, N_2Q_2, N_1Q_1 beziehlich die Linien der gleichen Potenzen der Kreise M_1 und M_2, M_1 und M_3, M_2 und M_3.

Denkt man sich den Punct $\mathfrak{q}$, in welchem sich zwei der drei Linien der gleichen Potenzen, etwa die Linien N_3Q_3 und N_2Q_2, schneiden, so hat dieser Punct vermöge der Linie N_3Q_3 zu den Kreisen M_1 und M_2, und vermöge der Linie N_2Q_2 zu den Kreisen M_1 und M_3 gleiche Potenzen — d. h., wenn der Punct $\mathfrak{q}$ ausserhalb der Kreise liegt, so sind die durch denselben gehenden Tangenten der Kreise M_1 und M_2, sowie der Kreise M_1 und M_3, einander gleich, also Tangente $\mathfrak{q}B_1 = \mathfrak{q}B_2$ und $\mathfrak{q}B_1 = \mathfrak{q}B_3$, und wenn er innerhalb der Kreise liegt, so sind die durch denselben gehenden kleinsten Sehnen der Kreise M_1 und M_2, sowie der Kreise M_1 und M_3, einander gleich — daher hat er auch zu den Kreisen M_2 und M_3 gleiche Potenzen (d. h. die durch ihn gehenden Tangenten oder kleinsten Sehnen dieser Kreise sind einander gleich, nämlich Tangente $\mathfrak{q}B_2 = \mathfrak{q}B_3$), und folglich liegt er in der zu diesen Kreisen gehörenden dritten Ortslinie N_1Q_1. Der Punct $\mathfrak{q}$ heisst vermöge dieser Eigenschaft „der Punct der gleichen Potenzen der drei Kreise“.

Aus dieser Betrachtung ergeben sich folgende Sätze:

a) „Die drei Linien der gleichen Potenzen N_3Q_3, N_2Q_2, N_1Q_1, welche zu irgend drei Kreisen in einer Ebene, paarweise genommen, gehören, treffen allemal in irgend einem Puncte $\mathfrak{q}$ zusammen, nämlich im Puncte der gleichen Potenzen aller drei Kreise.“ Und insbesondere:

b) „Wenn drei Kreise in einer Ebene einander schneiden, so treffen sich die drei Secanten (oder Sehnen), welche sie, paarweise genommen, gemein haben, allemal in irgend einem Puncte $\mathfrak{q}$ (§ 15).“

---

*) Cf. S. 22 dieser Ausgabe, Note.

c) „Wenn drei Kreise in einer Ebene einander berühren, so treffen sich die in den Berührungspuncten an sie gelegten Tangenten in irgend einem Puncte $\mathfrak{q}$“.

Schneiden die drei Kreise einander in einem Puncte, so ist dieser offenbar zugleich der Punct ihrer gleichen Potenzen $\mathfrak{q}$.

B. Von der gemeinschaftlichen Potenz.

§ 17.

I. Zieht man aus einem der beiden Aehnlichkeitspuncte zweier Kreise M, M_1 (Fig. 18), etwa aus dem äusseren Aehnlichkeitspuncte A, irgend eine die Kreise schneidende Gerade $A\mathfrak{b}_1$, so sind von den vier Schnittpuncten zwei und zwei, nämlich $\mathfrak{a}$ und $\mathfrak{a}_1$, $\mathfrak{b}$ und $\mathfrak{b}_1$, ähnlichliegende Puncte (§ 12, III). Die zwei Schnittpuncte des einen Kreises lassen sich aber mit denen des anderen noch in einer anderen Ordnung paarweise gruppiren, nämlich $\mathfrak{a}$ und $\mathfrak{b}_1$, $\mathfrak{b}$ und $\mathfrak{a}_1$; jedes dieser zwei Paare soll vorläufig ein Paar unähnlichliegender Puncte heissen. Zieht man nun ferner durch denselben Aehnlichkeitspunct A irgend eine zweite die Kreise schneidende Gerade $A\mathfrak{d}_1$, so liegen in ihr ebenfalls zwei Paare unähnlichliegender Puncte, nämlich $\mathfrak{c}$ und $\mathfrak{d}_1$, $\mathfrak{d}$ und $\mathfrak{c}_1$, und es kann leicht gezeigt werden, dass jedes dieser Punctepaare mit jedem Paar unähnlichliegender Puncte der ersten Geraden in irgend einem Kreise liegt, also dass sowohl die vier Puncte $\mathfrak{a}$, $\mathfrak{b}_1$ und $\mathfrak{c}$, $\mathfrak{d}_1$, als $\mathfrak{a}$, $\mathfrak{b}_1$ und $\mathfrak{d}$, $\mathfrak{c}_1$, als $\mathfrak{b}$, $\mathfrak{a}_1$ und $\mathfrak{c}$, $\mathfrak{d}_1$, als $\mathfrak{b}$, $\mathfrak{a}_1$ und $\mathfrak{d}$, $\mathfrak{c}_1$ in irgend einem Kreise liegen; nämlich, wie folgt:

Man ziehe z. B. die Sehnen $\mathfrak{ac}$, $\mathfrak{bd}$, $\mathfrak{a}_1\mathfrak{c}_1$, so sind $\mathfrak{ac}$ und $\mathfrak{a}_1\mathfrak{c}_1$, als entsprechende oder ähnlichliegende Gerade, parallel (§ 11, I und § 12, III), daher müssen die Winkel der zwei Vierecke $\mathfrak{abdc}$ und $\mathfrak{a}_1\mathfrak{bdc}_1$ paarweise gleich sein, und daher muss, da das erstere einem Kreise M eingeschrieben ist, auch das andere einem Kreise eingeschrieben sein, d. h., die vier Puncte $\mathfrak{a}_1$, $\mathfrak{b}$, $\mathfrak{d}$, $\mathfrak{c}_1$ müssen in irgend einem und demselben Kreise liegen. Ebenso folgt, da die Sehnen $\mathfrak{bc}$ und $\mathfrak{b}_1\mathfrak{c}_1$ als ähnlichliegende Gerade parallel sind, dass das Viereck $\mathfrak{adc}_1\mathfrak{b}_1$ einem Kreise eingeschrieben ist; u. s. w.

Da die vier Puncte $\mathfrak{b}$, $\mathfrak{d}$, $\mathfrak{a}_1$, $\mathfrak{c}_1$ in einem Kreise liegen, so ist in Rücksicht auf die Secanten $A\mathfrak{b}$, $A\mathfrak{c}_1$, zufolge eines bekannten Satzes (der Potenz des Punctes A in Bezug auf den Kreis $\mathfrak{ba}_1\mathfrak{dc}_1$, siehe die vorher (§ 15) erwähnte Abhandl. § I, No. 2)*):

$$A\mathfrak{b}\,.\,A\mathfrak{a}_1 = A\mathfrak{d}\,.\,A\mathfrak{c}_1;$$

ebenso folgt, da $\mathfrak{a}$, $\mathfrak{d}$, $\mathfrak{c}_1$, $\mathfrak{b}_1$ in einem Kreise liegen:

$$A\mathfrak{a}\,.\,A\mathfrak{b}_1 = A\mathfrak{d}\,.\,A\mathfrak{c}_1;$$

*) Cf. S. 22 dieser Ausgabe.

und aus ähnlichen Gründen folgt:

$$A\mathfrak{a} \,.\, A\mathfrak{b}_1 = A\mathfrak{c} \,.\, A\mathfrak{d}_1$$

und

$$A\mathfrak{b} \,.\, A\mathfrak{a}_1 = A\mathfrak{c} \,.\, A\mathfrak{d}_1\,;$$

und folglich zusammengefasst:

$$A\mathfrak{a} \,.\, A\mathfrak{b}_1 = A\mathfrak{b} \,.\, A\mathfrak{a}_1 = A\mathfrak{c} \,.\, A\mathfrak{d}_1 = A\mathfrak{d} \,.\, A\mathfrak{c}_1.$$

Da diese Gleichungen immer stattfinden, welche Richtung die schneidenden Geraden $A\mathfrak{b}_1$, $A\mathfrak{d}_1$ haben mögen, also immer stattfinden, während man z. B. den Strahl $A\mathfrak{b}_1$ um den festen Aehnlichkeitspunct A herumbewegt, und da Aehnliches in Bezug auf den inneren Aehnlichkeitspunct I stattfindet, so hat man den folgenden Satz:

„Zieht man aus einem der beiden Aehnlichkeitspuncte irgend zweier Kreise M, M_1 beliebige die Kreise schneidende Strahlen, so liegen je zwei Paar unähnlichliegender Schnittpuncte, welche irgend zwei verschiedenen Strahlen angehören, allemal in irgend einem Kreis;“ und ferner: „das Rechteck unter den Abständen je zweier unähnlichliegenden Puncte vom jedesmaligen Aehnlichkeitspunct ist von beständigem Inhalt, d. h. für alle Strahlen oder für alle Punctepaare hat dieses Rechteck einen und denselben bestimmten Inhalt.“

Dieser constante Inhalt aller Rechtecke wird „die gemeinschaftliche Potenz“ der Kreise M, M_1 in Bezug auf den jedesmaligen Aehnlichkeitspunct genannt, und zwar „äussere“ oder „innere“ gemeinschaftliche Potenz, je nachdem dieser Aehnlichkeitspunct der äussere A oder der innere I ist; und ferner werden je zwei unähnlichliegende Puncte, durch welche ein Rechteck bestimmt wird, wie etwa $\mathfrak{a}$ und $\mathfrak{b}_1$, „potenzhaltende“ Puncte genannt. (Zwei potenzhaltende Puncte brauchen jedoch nicht in den gegebenen Kreisen selbst zu liegen, sondern nur in einem Strahl und zwar so, dass das Rechteck unter ihren Abständen vom Aehnlichkeitspuncte den bestimmten constanten Inhalt hat, und dass sie auf einerlei oder auf entgegengesetzten Seiten des Aehnlichkeitspunctes liegen, je nachdem dieser A oder I ist.)

II. Zum Behufe später folgender Aufgaben ist es wichtig, hierbei noch auf folgende Umstände aufmerksam zu machen.

Da nämlich die vier Puncte $\mathfrak{b}$, $\mathfrak{a}_1$, $\mathfrak{d}$, $\mathfrak{c}_1$ in einem Kreise liegen, so müssen die Sehnen $\mathfrak{b}\mathfrak{d}$ und $\mathfrak{a}_1\mathfrak{c}_1$ als gemeinschaftliche Sehnen dieses Kreises und der gegebenen Kreise M und M_1 einander in irgend einem Puncte $\mathfrak{q}$ der gemeinschaftlichen Sehne $\mathfrak{r}\mathfrak{s}$ der letzteren Kreise schneiden (§ 16, b). Aus ähnlichen Gründen müssen die Sehnen (oder Secanten) $\mathfrak{a}\mathfrak{c}$ und $\mathfrak{b}_1\mathfrak{d}_1$, $\mathfrak{a}\mathfrak{d}$ und $\mathfrak{b}_1\mathfrak{c}_1$, $\mathfrak{b}\mathfrak{c}$ und $\mathfrak{a}_1\mathfrak{d}_1$ einander auf der gemeinschaftlichen Sehne (oder Secante) $\mathfrak{r}\mathfrak{s}$ der gegebenen Kreise M, M_1 schneiden. Entsprechendes findet in Rücksicht auf den inneren Aehnlichkeitspunct I statt. Also:

„Durch je zwei Paar potenzhaltender Puncte, welche in den Kreisen selbst (aber nicht in einem und demselben Strahle) liegen, werden in diesen Kreisen allemal zwei solche Sehnen (oder Secanten) bestimmt, welche einander in irgend einem Puncte ihrer gemeinschaftlichen Secante 𝔯𝔰 schneiden.“

Drittes Kapitel.

Lösung aller geometrischen Aufgaben mittelst des Lineals, wenn ein fester Kreis gegeben ist.

---

§ 18.

I. Durch die in den beiden vorhergehenden Kapiteln enthaltenen Betrachtungen über Eigenschaften der Figuren sind wir nun in Stand gesetzt, dem eigentlichen Zwecke dieser Schrift, nämlich der Forderung: „alle geometrischen Aufgaben nur mittelst des Lineals zu lösen, wenn in der Ebene irgend ein fester Kreis gegeben ist“, zu genügen. Und zwar kommt es hierbei, wie schon Eingangs bemerkt worden (§ 1), hauptsächlich nur auf die Lösung der nachstehenden acht Aufgaben an. Die Beweisgründe, auf welchen die Richtigkeit der zur Lösung dieser Aufgaben angewendeten Constructionen beruht, werde ich, wenn sie in vorhergehenden Sätzen enthalten sind, kurz andeuten, wenn sie aber in leichten, allgemein bekannten Elementarsätzen bestehen, mit Stillschweigen übergehen.

II. Nehmen wir also an, es sei in der Ebene irgend ein gezeichnet vorliegender Kreis, so wie dessen Mittelpunct, welcher fortan durch M bezeichnet werden soll, gegeben, und es sei nur der Gebrauch des Lineals, um zwischen gegebenen Puncten gerade Linien zu ziehen, gestattet; dabei sei man jedoch berechtigt, die gegenseitigen Durchschnittspuncte des Hülfskreises M und beliebiger Gerader als unmittelbar gegeben anzusehen, so lassen sich die in Rede stehenden Aufgaben, wie folgt, lösen.

Erste Aufgabe.

„Mit irgend einer gegebenen Geraden, durch jeden beliebigen Punct eine Parallele zu ziehen.“

a) Wenn die gegebene Gerade durch den Mittelpunct des Hülfskreises geht, wie etwa aMb (Fig. 19). — In diesem Falle hat man in der Geraden unmittelbar drei Puncte, nämlich die zwei Puncte a und b, in welchen sie den Kreis schneidet, und den Mittelpunct M des letzteren, wovon der eine, nämlich M, in der Mitte zwischen den zwei übrigen liegt, so dass durch deren Hülfe sofort nach (§ 6, I) durch jeden beliebigen Punct mit ab eine Parallele gezogen werden kann.

b) Wenn die gegebene Gerade den Hülfskreis schneidet, aber nicht durch seinen Mittelpunct geht, wie etwa cd. — Ziehe aus den Schnittpuncten c, d durch den Mittelpunct M des Kreises die Durchmesser cMc_1, dMd_1, so bestimmen deren andere Endpuncte c_1, d_1 eine Sehne c_1d_1, welche mit der gegebenen cd parallel ist, und durch deren Hülfe also sofort der Aufgabe genügt werden kann (§ 6, III).

c) Wenn die gegebene Gerade beliebige Lage hat, wie etwa die Gerade ef. — 1. Ziehe aus einem willkürlichen Puncte der gegebenen Geraden, etwa aus g, den Durchmesser abg, lege durch einen beliebigen Punct c der Kreislinie die Sehne cde mit ab parallel (a), ziehe sofort die Durchmesser cMc_1, dMd_1 und durch ihre Endpuncte c_1, d_1 die Gerade d_1c_1f, so hat man in der gegebenen Geraden drei Puncte e, g, f, wovon offenbar der eine, g, gleich weit von den zwei übrigen entfernt ist, so dass man sofort durch jeden beliebigen Punct mit dieser Geraden eine Parallele ziehen kann (§ 6, I). — Oder 2. Ziehe aus zwei beliebigen Puncten h, i der gegebenen Geraden die Durchmesser hc_1c, idd_1 und durch deren Endpuncte die parallelen Sehnen cde, d_1c_1f, die der Geraden in den Puncten e, f begegnen; aus diesen Puncten ziehe ferner die Durchmesser eMe_1, fMf_1, welche jene Sehnen in e_1, f_1 schneiden, so wird die Gerade e_1f_1 der gegebenen Geraden ef parallel sein, und man kann sofort durch jeden beliebigen Punct mit der letzteren eine Parallele legen (§ 6, III).

Anmerkung. 1) Der dritte Fall (c) ist allgemein, er umfasst auch die beiden vorhergehenden Fälle, so wie auch den besonderen Fall, wo die gegebene Gerade den Kreis berührt.

2) Sollten mit mehreren gegebenen Geraden durch gegebene Puncte Parallele gezogen werden, so würde man am zweckmässigsten verfahren, wenn man irgend einen Durchmesser ab und sofort zwei gleichweit von ihm abstehende und mit ihm parallele Sehnen cd, c_1d_1 zöge, weil alsdann diese drei Parallelen offenbar in jeder Geraden (mit welcher sie nicht etwa zufällig parallel wären) drei Puncte, wie etwa e, g und f, bestimmten, wovon der eine, g, in der Mitte zwischen den zwei übrigen läge.

Zweite Aufgabe.

„Wenn in einer Geraden irgend eine begrenzte Strecke gegeben ist, so soll man a) eine andere Strecke finden, welche ein gegebenes Vielfaches von jener ist; oder b) die gegebene Strecke in irgend eine gegebene Anzahl gleicher Theile theilen; oder endlich c) eine andere Strecke finden, welche zu der gegebenen irgend ein gegebenes rationales Verhältniss hat.“

Man ziehe mit der gegebenen Geraden irgend eine Parallele (erste Aufgabe), so kann sofort die vorgelegte Aufgabe nach Anleitung von § 6, IV gelöst werden.

Dritte Aufgabe.

„Auf eine gegebene Gerade durch irgend einen gegebenen Punct eine andere Gerade rechtwinklig zu ziehen.“

A. Mittelst Paralleler.

a. Wenn die gegebene Gerade irgend ein Durchmesser des Hülfskreises ist, wie etwa ab (Fig. 19). — Man ziehe irgend eine mit dem gegebenen Durchmesser ab parallele Sehne cd (§ 6, I), ziehe sodann den Durchmesser dMd_1 und ferner die Sehne cd_1, so wird diese zu dem gegebenen Durchmesser ab rechtwinklig sein und von ihm im Puncte k gehälftet werden; man hat daher nur nöthig, durch den gegebenen Punct mit der Sehne ckd_1 eine Parallele zu ziehen (§ 6, I), um sofort der Aufgabe zu genügen.

Um insbesondere denjenigen Durchmesser zu finden, welcher auf dem gegebenen ab senkrecht steht, denke man sich die Geraden ac, bd gezogen (nachdem man zuvor cd mit ab parallel gelegt hat), lege durch ihren Durchschnittspunct und durch den Mittelpunct M eine Gerade, so ist diese der verlangte Durchmesser; ebenso schneiden sich die Geraden ad_1, bc_1 auf dem gesuchten Durchmesser.

b. Wenn die gegebene Gerade den Hülfskreis schneidet, wie etwa cd. — Ziehe die Durchmesser cc_1, dd_1 und sodann die Sehnen cd_1, dc_1, so werden diese letzteren zu der gegebenen Geraden cd rechtwinklig und mithin unter sich parallel sein; daher wird der Aufgabe genügt, wenn man durch den jedesmaligen gegebenen Punct mit jenen Sehnen eine Parallele zieht (§ 6, III).

c. Wenn die gegebene Gerade den Hülfskreis nicht schneidet, wie etwa ef. — Ziehe irgend eine Sehne der gegebenen Geraden ef parallel (1. Aufg.), es sei etwa dc_1 eine solche Sehne, sodann ziehe die Durchmesser dd_1, c_1c und dann weiter die Sehnen cd, d_1c_1, so sind diese zu der Sehne dc_1 und mithin auch zu der gegebenen Geraden ef senkrecht, also unter sich parallel, und daher wird der Aufgabe sofort genügt, wenn man durch den gegebenen Punct mit den Sehnen cd, d_1c_1 eine Parallele zieht (§ 6, III).

Der gegebene Punct kann, wie leicht zu sehen, in allen drei Fällen (a), (b), (c) liegen, wo man will, in der gegebenen Geraden selbst, oder ausserhalb derselben.

B. Mittelst harmonischer Eigenschaften.

a. Wenn die gegebene Gerade Durchmesser des Hülfskreises ist, wie etwa ab (Fig. 20). — α. Der gegebene Punct liege ausserhalb des Hülfskreises, wie etwa p. Ziehe durch den Punct p und durch die Endpuncte des Durchmessers ab die Geraden pa, pb, die den Kreis zum zweiten Mal in c, d schneiden, und ziehe die Geraden ad, cb, die sich in irgend einem Puncte p_1 schneiden, so wird die Gerade pp_1 die verlangte sein. Denn da acb und adb rechte Winkel sind, so sind p_1c und pd, in Hinsicht des Dreiecks pap_1, zwei aus den Ecken auf die Gegenseiten gefällte Lothe, und daher muss ab das aus der dritten Ecke auf die Gegenseite gefällte Loth sein, weil alle drei Lothe sich in einem und demselben Puncte b schneiden müssen. Der Beweis folgt auch aus harmonischen Eigenschaften, zu welchem Ende man nur noch die Gerade csd ziehen muss (§ 10). Liegt insbesondere der gegebene Punct in dem gegebenen Durchmesser, wie etwa r, so ziehe man durch ihn irgend eine den Kreis schneidende Gerade ref, ziehe weiter die Geraden ae und bf, af und be, die sich in den Puncten q, q_1 schneiden, lege durch diese die Gerade qq_1, die den gegebenen Durchmesser ab in s trifft, lege durch diesen Punct s eine beliebige Secante csd, ziehe sofort die Geraden ac und db, ad und cb, die sich in p, p_1 schneiden, und ziehe endlich die Gerade pp_1, so wird diese der Aufgabe genügen. Die Richtigkeit dieser Construction folgt aus § 10, III und IV; nämlich es ist zu bemerken, dass sqq_1 die Harmonische des Punctes r und prp_1 die Harmonische des Punctes s ist u. s. w. — β. Der gegebene Punct liege innerhalb des Hülfskreises, wie etwa q. Man ziehe die Geraden aq, bq, die den Kreis in e, f schneiden, ziehe weiter die Geraden af, be, die sich in q_1 schneiden, so ist qq_1 die verlangte Gerade. Ist s der gegebene Punct, so ziehe man durch ihn eine beliebige Sehne csd und sodann die Geraden ac und db, ad und cb, die sich in p, p_1 schneiden, ziehe ferner die Gerade pp_1, die den Durchmesser ab in r trifft, lege durch diesen Punct eine beliebige Secante ref und ziehe weiter die Geraden ae und bf, af und be, die sich in q, q_1 schneiden, so wird die Gerade qq_1 der Forderung genügen, d. h. sie wird in dem gegebenen Puncte s auf dem gegebenen Durchmesser ab senkrecht stehen. Alles beruht auf ähnlichen Gründen, wie vorhin (α).

b. Wenn die gegebene Gerade beliebige Lage hat, z. B. sie sei pp_1 (oder qq_1). — Man suche ihren harmonischen Pol s (oder r) in Bezug auf den Hülfskreis (§ 10, IV), ziehe den durch denselben gehenden Durchmesser Ms (oder Mr), so steht dieser auf der gegebenen Geraden pp_1 (oder qq_1) im Puncte r (oder s) senkrecht; man suche weiter zu diesem Puncte r die Harmonische xy, ziehe sofort yMz und ferner az, bx, die sich in v schneiden, so wird der Durchmesser vM der gegebenen Geraden pp_1 (oder qq_1) parallel sein, und man hat sofort nur auf ihn aus dem gegebenen Punct ein Loth zu fällen, nach (a), um der Aufgabe zu genügen. Für die Gerade qq_1 ist die Lösung etwas einfacher, wie man leicht bemerken wird.

Vierte Aufgabe.

„Durch einen gegebenen Punct eine Gerade zu ziehen, die mit einer gegebenen Geraden einen Winkel einschliesst, welcher einem gegebenen Winkel gleich ist.“

Es sei AmC (Fig. 21) der gegebene Winkel, EF die gegebene Gerade und etwa p der gegebene Punct. — Man ziehe die Durchmesser ab, cd den Schenkeln des Winkels parallel (1. Aufg.), so dass Winkel $aMc = AmC$, und ferner den Durchmesser ef der gegebenen Geraden EF parallel; sodann ziehe man weiter die Sehne ce und durch a die Sehne ag mit ihr parallel, und ferner den Durchmesser gh, so ist Bogen $ac = ge$, und mithin Winkel $gMe = aMc = AmC$; daher ziehe man endlich durch den gegebenen Punct p mit dem Durchmesser gMh eine Parallele pq (§ 6, I), so wird pqE $(= gMe = AmC)$ der verlangte Winkel sein. Zöge man die Sehne ae, statt ce, und durch c mit ihr eine parallele Sehne u. s. w., so würde man den anderen Winkel erhalten, welcher ebenfalls der Aufgabe genügt, und welcher nach F hin, statt nach E hin, gekehrt wäre.

Ebenso wird die Aufgabe gelöst, wenn insbesondere der gegebene Punct in der gegebenen Geraden EF selbst liegt, wie etwa q, d. h. wenn die gewöhnliche Aufgabe gestellt wird: „An eine gegebene Gerade EF, in einem gegebenen Punct q, einen Winkel anzulegen, welcher einem der Grösse und Lage nach gegebenen Winkel AmC gleich ist.“

Fünfte Aufgabe.

„Einen gegebenen Winkel a) zu hälften, oder b) beliebig oft zu vervielfachen.“

Fall a. Es sei AmC (Fig. 21) der gegebene Winkel. — Ziehe die Durchmesser ab, cd den Schenkeln mA, mC des Winkels parallel, so dass Winkel $aMc = AmC$ ist; ziehe sofort die Sehne ad (oder cb) und durch den Scheitel des gegebenen Winkels die Gerade mn mit ad (oder cb) parallel, so wird mn den Winkel AmC hälften.

Fall b. Dieser Fall kann durch Hülfe der dritten Aufgabe nach Anleitung von § 9 erledigt werden. Hier liesse er sich übrigens noch auf andere Weise bewerkstelligen, dessen ich mich aber enthebe, weil er mir nicht als sehr wesentlich erscheint.

Sechste Aufgabe.

„An einen gegebenen Punct eine Gerade zu legen, welche einer der Grösse und Lage nach gegebenen Geraden gleich ist.“

Es sei M_1a_1 (Fig. 22) die gegebene Gerade und etwa M_2 der gegebene Punct. Sollen viele Gerade zugleich an den Punct M_2 gelegt werden, die der gegebenen Strecke M_1a_1 gleich sind, so scheint das folgende Verfahren am zweckmässigsten zu sein. Zum leichteren Verständniss ist jedoch zuvörderst noch zu bemerken, dass die Endpuncte aller Geraden, welche der Aufgabe genügen, offenbar in einem Kreise M_2 liegen, dessen Halbmesser der gegebenen Strecke M_1a_1 gleich ist. Dieses leitet daher darauf, den Punct M_2 und den einen Endpunct der gegebenen Geraden, etwa M_1, als Mittelpuncte zweier gleichen Kreise anzusehen, deren Radien nämlich der gegebenen Strecke M_1a_1 gleich sind, um sodann durch die gegenseitige Beziehung der drei Kreise M, M_1, M_2, und zwar namentlich durch ihre Aehnlichkeitspuncte, die Mittel zu finden, durch deren Hülfe der vorgelegten Aufgabe genügt werden kann. Zu diesem Endzweck stelle man sich unter A_2 und I_2, A_1 und I_1, A und I beziehlich die Aehnlichkeitspuncte der Kreispaare M und M_1, M und M_2, M_1 und M_2 vor. Da die Kreise M_1, M_2 gleich sind, so liegt ihr innerer Aehnlichkeitspunct I in der Mitte zwischen ihren Mittelpuncten M_1, M_2, und ihr äusserer Aehnlichkeitspunct A ist unendlich entfernt (§ 12, I, 7); es müssen daher die Aehnlichkeitsstrahlen $A_1A_2[A]$, $I_2I_1[A]$ mit der Axe M_1M_2 parallel sein (§ 13, I, 4). Hiernach kann die vorgelegte Aufgabe, wie folgt, gelöst werden:

Man ziehe die Geraden MM_1, MM_2 und M_1M_2; ziehe ferner den Durchmesser ab parallel der gegebenen Geraden M_1a_1 und sodann die Geraden a_1a, a_1b, welche M_1M in A_2, I_2 schneiden; hierauf ziehe man weiter durch den Punct A_2 mit M_2M_1 parallel die Gerade A_2A_1, die M_2M in A_1 begegnet, und ziehe ferner die Gerade A_1I_2, welche M_1M_2 in I trifft, und endlich die Gerade IA_2, welche MM_2 in I_1 schneidet*), so sind alsdann die Puncte A_1, I_1 die Aehnlichkeitspuncte zweier Kreise M, M_2, wovon der letztere die gegebene Strecke M_1a_1 zum Halbmesser hat.

Nach diesen Vorbereitungen ist es nun leicht, an den Punct M_2 so viele Gerade anzutragen, als man will, die der gegebenen Strecke M_1a_1 gleich sind. Denn zieht man im Hülfskreise irgend einen Durchmesser, wie z. B. ab (welcher aber nicht mit M_1a_1 parallel zu sein braucht), verbindet seine Endpuncte a, b mit den Puncten A_1, I_1 durch Gerade A_1a und bI_1, A_1b und aI_1, so schneiden sich diese in zwei Puncten a_2, b_2, wovon jeder um die gegebene Länge M_1a_1 von dem gegebenen Puncte M_2 absteht, und zwar liegen diese drei Puncte a_2, M_2, b_2 in einer Geraden (§ 12, III).

Ist aber die Richtung der anzutragenden Geraden gegeben, ist z. B. eine durch M_2 gehende Gerade gegeben, in welcher sie liegen soll, oder

---

*) Um die Puncte A_1, I_1 zu finden, kann man auch zufolge der obigen Vorbereitung statt durch A_2 die Gerade A_2A_1, durch I_2 die Gerade I_2I_1 mit M_2M_1 parallel ziehen, wo man sofort durch die Gerade A_2I_1 den Punct I und durch die Gerade II_2 den Punct A_1 erhält; oder man kann drittens zuerst die Mitte I der Geraden M_1M_2 suchen (2. Aufg.) und dann mittelst der Geraden II_2, IA_2 die Puncte A_1, I_1 finden.

ist irgend eine Gerade gegeben, welcher sie parallel sein soll, so muss man zuerst den mit dieser Geraden parallelen Durchmesser des Hülfskreises M ziehen (1. Aufg.) und sodann ebenso verfahren wie vorhin.

Siebente Aufgabe.

„Die gegenseitigen Durchschnittspuncte einer gegebenen Geraden und eines der Grösse und Lage nach gegebenen Kreises (welcher aber nicht gezeichnet vorliegt) zu finden.“

Es sei G_1 (Fig. 23) die gegebene Gerade, M_1 der Mittelpunct und etwa M_1a_1 der Radius des gegebenen Kreises.

Die vorgelegte Aufgabe kann dadurch gelöst werden, dass man die Aehnlichkeitspuncte A, I der zwei Kreise M, M_1 construirt und sodann diejenige Gerade G sucht, welche zu dem Hülfskreise M, in Ansehung des einen oder anderen Aehnlichkeitspunctes, ähnliche Lage hat wie die gegebene Gerade G_1 zu dem Kreise M_1; denn alsdann müssen die Durchschnittspuncte g, h der ersteren (G und M) den Durchschnittspuncten g_1, h_1 der letzteren (G_1 und M_1) entsprechen oder mit ihnen ähnlichliegende Puncte sein, so dass diese (g_1, h_1) mittelst jener (g, h) sofort gefunden werden. Dieses alles geschieht aber, wie folgt:

Man ziehe den Durchmesser ab mit dem gegebenen Radius M_1a_1 parallel, ziehe ferner die Axe MM_1 nebst den Geraden a_1a, a_1b, welche die Axe in den Aehnlichkeitspuncten A, I schneiden (§ 12, I). Man verlängere den Radius a_1M_1, bis er die gegebene Gerade G_1 in c_1 trifft, und ziehe sodann den Strahl Ac_1, der dem Durchmesser ab in c begegnet, so sind c und c_1 zwei ähnlichliegende Puncte, in Bezug auf den äusseren Aehnlichkeitspunct A (weil aM, a_1M_1 ähnlichliegende Gerade sind (§ 11)). Nun ziehe man ferner im Hülfskreise einen beliebigen Durchmesser de, lege die Geraden Ae, dI, die sich in e_1 schneiden (oder die Geraden Ad, eI, die sich in d_1 schneiden), ziehe den Durchmesser e_1M_1 (oder d_1M_1), der jenem de entspricht, also mit ihm parallel ist, und der die Gerade G_1 in f_1 schneidet, und ziehe endlich den Strahl Af_1, welcher dem Durchmesser de in f begegnet, so sind f und f_1 ebenfalls ähnlichliegende Puncte in Bezug auf den Aehnlichkeitspunct A. Daher sind die Geraden ef, e_1f_1 oder G, G_1, in Bezug auf den Aehnlichkeitspunct A, ähnlichliegend (§ 11, I), und ebenso die Puncte g und g_1, h und h_1, in welchen sie die zugehörigen Kreise M, M_1 schneiden. Man ziehe demnach weiter die Gerade cf, die den Kreis M in g, h schneidet, und sodann die Strahlen Ag, Ah, so treffen diese die gegebene Gerade G_1 in den in der Aufgabe verlangten Puncten g_1, h_1.

Anmerkung. 1. In Hinsicht der gegenseitigen Lage des Kreises M und der Geraden G sind drei Fälle möglich, nämlich entweder 1) schneiden sie sich in zwei Puncten, oder 2) sie berühren sich in einem Puncte.

oder 3) sie treffen einander gar nicht; in jedem dieser drei Fälle findet dann offenbar in Hinsicht der gegenseitigen Lage des gegebenen Kreises M_1 und der gegebenen Geraden G_1 ein Gleiches statt.

2. Wäre der Radius M_1a_1 zufällig mit der gegebenen Geraden G_1 parallel, so würde der Punct c_1 unendlich entfernt liegen, und alsdann wäre es bequemer, statt seiner irgend einen anderen Punct in der Construction zu gebrauchen, der nämlich auf dieselbe Weise, wie der Punct f_1 hervorgebracht und benutzt würde. Bei Anwendungen auf dem Felde würde zur Bequemlichkeit auch schon in dem Falle ein anderer Punct zu Hülfe genommen werden, wenn nur der Punct c_1 sehr entfernt läge, d. h. schon wenn die Geraden a_1M_1 und G_1 einen sehr spitzen Winkel bildeten.

3. So wie man durch Hülfe des äusseren Aehnlichkeitspunctes A die zur Lösung der Aufgabe nöthige Gerade G, oder Sehne gh, construirt hat, ebenso kann man mittelst des inneren Aehnlichkeitspunctes I eine Gerade H hervorbringen, die in Bezug auf denselben der gegebenen Geraden G_1 entspricht, und wo man alsdann mittelst zweier durch I (und durch die Durchschnittspuncte der Geraden H und des Hülfskreises M, die nämlich die anderen Endpuncte der durch g, h gehenden Durchmesser des Kreises M sind (§ 12, III)) gehenden Strahlen die nämlichen gesuchten Puncte g_1, h_1 findet, wie dort. Kämen daher bei einem practischen Falle, etwa auf dem Felde, Hindernisse vor, wäre z. B. die gegebene Gerade G_1 nicht überall zugänglich, sondern wäre sie nur durch zwei Puncte, etwa durch c_1 und f_1, gegeben, die so lägen, dass man nicht von dem einen bis zu dem anderen hinsehen könnte, so würde man auf die angegebene Weise beide Aehnlichkeitspuncte A und I zugleich benutzen, um jeden der beiden gesuchten Puncte g_1, h_1 als Durchschnittspunct zweier Strahlen, wovon der eine durch A und der andere durch I ginge, zu erhalten. In diesem Falle müsste aber der Gang der Auflösung etwas geändert werden. Nämlich man würde zuerst durch die gegebenen Puncte c_1, f_1 die Durchmesser c_1M_1, f_1M_1 ziehen, ferner mit diesen parallel die Durchmesser ab, de, und dann wäre von da an das Weitere wie zuvor.

4. Wenn der gegebene Radius M_1a_1 insbesondere in der Axe MM_1 läge, z. B. wenn er M_1k_1 wäre, wie müsste dann bei der Lösung verfahren werden? Ein ähnlicher besonderer Fall kann bei der vorhergehenden Aufgabe eintreten, wenn nämlich die daselbst gegebene Strecke M_1a_1 in der Richtung irgend eines Durchmessers des Hülfskreises M liegt, und Aehnliches kann ferner bei der nachfolgenden Aufgabe (8. Aufg.) stattfinden. Die Lösung dieser besonderen Fälle wird den Liebhabern zur Selbstübung überlassen.

Achte Aufgabe.

„Die gegenseitigen Durchschnittspuncte zweier gegebenen Kreise zu finden."

Erster Fall. Wenn der eine Kreis gezeichnet vorliegt, nämlich wenn er der Hülfskreis M selbst ist, und der andere Kreis nur der Grösse und Lage nach gegeben ist. Es sei z. B. M_1 (Fig. 18) der Mittelpunct und $M_1\mathfrak{b}_1$ der gegebene Radius des zweiten Kreises.

Bei der Lösung dieses Falles kommt es offenbar darauf an, die gemeinschaftliche Secante der zwei Kreise zu finden, weil diese sodann auf dem Hülfskreise unmittelbar die gesuchten Puncte $\mathfrak{r}$, $\mathfrak{s}$ giebt. Dieses kann zufolge § 17 unter anderen auf nachstehende Weise geschehen:

Man ziehe im Hülfskreise M den Durchmesser $\mathfrak{b}\mathfrak{c}$ dem gegebenen Radius $M_1\mathfrak{b}_1$ parallel, ziehe ferner die Axe MM_1 nebst den Geraden $\mathfrak{b}_1\mathfrak{b}$, $\mathfrak{b}_1\mathfrak{c}$, die jener in den Aehnlichkeitspuncten A, I begegnen und den Kreis M zum zweiten Mal in $\mathfrak{a}$, $\mathfrak{e}$ schneiden; nun ziehe man weiter den Strahl $A\mathfrak{c}$, der den Kreis M zum zweiten Mal in $\mathfrak{d}$ und den verlängerten Radius $\mathfrak{b}_1M_1$ in $\mathfrak{c}_1$ trifft, welcher letztere Punct zugleich im Kreise M_1 liegt; sodann ziehe man den Durchmesser $\mathfrak{a}\mathfrak{f}$ und sofort die Gerade $\mathfrak{f}I$, die dem Strahle $A\mathfrak{b}_1$ im Puncte $\mathfrak{a}_1$ begegnet, welcher zugleich dem Kreise M_1 angehört (§ 12, III), so sind alsdann sowohl die zwei Puncte $\mathfrak{a}$ und $\mathfrak{b}_1$, als $\mathfrak{b}$ und $\mathfrak{a}_1$, als $\mathfrak{d}$ und $\mathfrak{c}_1$ potenzhaltende Puncte in Bezug auf den Aehnlichkeitspunct A (§ 17, I); zieht man daher weiter die zwei Paar Sehnen $\mathfrak{a}\mathfrak{d}$ und $\mathfrak{b}_1\mathfrak{c}_1$ (diese verlängert), $\mathfrak{b}\mathfrak{d}$ und $\mathfrak{a}_1\mathfrak{c}_1$, welche sich in $\mathfrak{p}$, $\mathfrak{q}$ schneiden, und zieht endlich die Gerade $\mathfrak{p}\mathfrak{q}$, so ist diese die gemeinschaftliche Secante der gegebenen Kreise (§ 17, II) und schneidet den Hülfskreis M in den in der Aufgabe geforderten Puncten $\mathfrak{r}$, $\mathfrak{s}$.

Anmerkung. 1. Würde ausser den vorausgesetzten Beschränkungen der Hülfsmittel noch die Bedingung hinzugefügt, man solle von dem Kreise M_1 ausser dem Puncte $\mathfrak{b}_1$ (und dem Mittelpuncte M_1) keinen anderen Punct benutzen, wäre dies etwa durch irgend obwaltende Hindernisse bedingt, so könnte man der Aufgabe mittelst des anderen Kreises M allein auch, wie folgt, genügen. Nachdem man auf dieselbe Weise wie vorhin mittelst der Geraden $\mathfrak{b}_1\mathfrak{b}$, $\mathfrak{b}_1\mathfrak{c}$ die Aehnlichkeitspuncte A, I, so wie die Schnittpuncte $\mathfrak{a}$, $\mathfrak{e}$ gefunden hätte, fände man mittelst des Strahles $A\mathfrak{c}$ den Punct $\mathfrak{d}$ und mittelst des Strahles $\mathfrak{b}I$ den Punct $\mathfrak{g}$; sodann mittelst der Sehnen $\mathfrak{a}\mathfrak{d}$ und $\mathfrak{e}\mathfrak{g}$ den Punct $\mathfrak{p}$ und mittelst der Sehnen $\mathfrak{a}\mathfrak{g}$ und $\mathfrak{d}\mathfrak{e}$ den Punct $\mathfrak{t}$; alsdann lägen diese Puncte $\mathfrak{p}$, $\mathfrak{t}$ in der gemeinschaftlichen Secante $\mathfrak{r}\mathfrak{s}$ der beiden gegebenen Kreise M, M_1. Die Gründe, auf welchen die Richtigkeit dieses Verfahrens beruht, sind leicht aufzufinden (2. Kapitel).

2. Wenn die gefundene Gerade $\mathfrak{p}\mathfrak{q}$ den Kreis M nur berührt, oder ihn gar nicht trifft, so zeigt dies an, dass auch der Kreis M_1 ihn berührt, oder ihn gar nicht trifft.

Zweiter Fall. Wenn die zwei Kreise bloss der Grösse und Lage nach gegeben sind. Es seien z. B. M_1, M_2 (Fig. 24) die Mittelpuncte und etwa M_1a_1, M_2c_2 die Radien der zwei gegebenen Kreise.

Dieser Fall kann unter anderen dadurch gelöst werden, dass man die gemeinschaftliche Secante der beiden gegebenen Kreise construirt und sodann die gegenseitigen Durchschnittspuncte dieser Secante und eines der beiden Kreise sucht. Dieses kann z. B., wie folgt, geschehen:

Man ziehe im Hülfskreise M die Durchmesser ab, cd den gegebenen Radien M_1a_1, M_2c_2 parallel und suche sofort die Aehnlichkeitspuncte A_2 und I_2, A_1 und I_1 der Kreispaare M und M_1, M und M_2. Hierauf construire man durch Hülfe der Aehnlichkeitspuncte A_2 und I_2 den mit cd und also auch mit c_2M_2 parallelen Durchmesser c_1d_1 des Kreises M_1 (§ 12, III) und bestimme gleicherweise den zweiten Endpunct d_2 des Durchmessers c_2M_2. Sodann ziehe man die Geraden c_2c_1, d_1d_2, welche den Radius a_1M_1 in e_1, f_1 schneiden, und ziehe ferner die Strahlen A_2e_1, A_2f_1, welche dem Durchmesser aMb in e, f begegnen, und wo e und e_1, f und f_1 ähnlichliegende Puncte zu den Kreisen M, M_1 in Bezug auf den Aehnlichkeitspunct A_2 sind. Man ziehe weiter die Geraden ce, df, welche den Hülfskreis M (zum zweiten Mal) in g, h schneiden, und lege sofort die Strahlen A_2g und A_2h, A_1g und A_1h, welche den Geraden c_2c_1, d_1d_2 beziehlich in den Puncten g_1 und h_1, g_2 und h_2 begegnen, so liegen diese Puncte zugleich auf den Kreisen M_1, M_2, und zwar sind sowohl c_1 und g_2, als g_1 und c_2, als d_1 und h_2, als h_1 und g_2 potenzhaltende Puncte derselben in Bezug auf ihren äusseren Aehnlichkeitspunct (A). Denkt man sich also weiter die Sehnen (g_1h_1), (g_2h_2) gezogen (um die Figur nicht zu überfüllen, sind diese und einige folgende Linien nicht wirklich gezogen worden), bezeichnet die Puncte, in welchen sie beziehlich die Durchmesser c_2d_2, c_1d_1 schneiden, durch $\mathfrak{p}$, $\mathfrak{q}$ und zieht endlich die Gerade $(\mathfrak{pq})$, so ist diese die gemeinschaftliche Secante der Kreise M_1, M_2 (§ 17, II), und es ist somit die vorgelegte Aufgabe auf die vorhergehende (7. Aufg.) zurückgebracht, indem man nunmehr nur noch die gegenseitigen Durchschnittspuncte der Geraden $(\mathfrak{pq})$ und eines der beiden Kreise, etwa des Kreises M_1, zu finden nöthig hat. Dieses kann aber mittelst der bereits vorhandenen Hülfslinien sehr leicht geschehen. Nämlich man ziehe die Strahlen $(A_2\mathfrak{p})$, $(A_2\mathfrak{q})$, nenne die Puncte, in welchen sie der Sehne (gh) und dem Durchmesser cd beziehlich begegnen (p), (q); ziehe weiter die Gerade (pq), nenne die Puncte, in welchen sie den Hülfskreis M schneidet (r), (s) und ziehe endlich die Strahlen (A_2r), (A_2s), so werden diese die Gerade $(\mathfrak{pq})$ in den der Aufgabe genügenden Puncten $\mathfrak{r}$, $\mathfrak{s}$ treffen.

Mehrere andere Auflösungsarten der vorliegenden Aufgabe übergehe ich hier, weil keine einfacher ist, als die eben beendigte. Die eine besteht z. B. darin, dass man die Linien der gleichen Potenzen (oder gemeinschaftlichen Secanten) der Kreispaare M und M_1, M und M_2 sucht (1. Fall) und aus ihrem Durchschnittspuncte $(\mathfrak{q})$ auf die Axe M_1M_2 ein

Loth fällt, welches alsdann die gemeinschaftliche Secante der Kreise M_1, M_2 ist, u. s. w.

§ 19..

Schlussbemerkung.

Dass nunmehr alle geometrischen Aufgaben, im engeren Sinne genommen, sich in der That durch Hülfe der vorhergehenden acht Aufgaben (§ 18) behandeln lassen, das heisst, dass ihre Auflösung in einer geringeren oder grösseren Zusammensetzung und Wiederholung der für diese gegebenen Constructionen besteht, wie verwickelt sie auch immerhin scheinen mögen, ist leicht einzusehen, so dass also der Zweck dieser Arbeit jetzt als erreicht zu betrachten ist. Die Möglichkeit dieser Behandlung gründet sich vornehmlich auf die vorstehende siebente und achte Aufgabe, indem nämlich, wie schon im Eingange bemerkt worden, bei der gewöhnlichen Geometrie die meisten und schwierigsten Aufgaben bloss mittelst dieser beiden gelöst werden. Wollte man aber in der That alle geometrischen Aufgaben nach der gegenwärtigen Methode, und zwar auf die möglichst einfachste Art lösen, so dürfte man natürlicherweise bei zusammengesetzten Constructionen nicht Schritt für Schritt dem Verfahren folgen, welches gewöhnlich angewendet wird, wenn der freie Gebrauch beider Instrumente, des Zirkels und des Lineals, gestattet ist, sondern man müsste vielmehr darauf bedacht sein, die Auflösungen so viel wie möglich für die hier erlaubten Hülfsmittel einfach und bequem zu machen. In dieser Hinsicht sind die obigen sechs ersten Aufgaben selbst als wesentliche Beispiele zu betrachten. Ausserdem zeigen die vorstehenden Aufgaben insgesammt, dass es auch hierbei, wie denn in der Geometrie überhaupt, vornehmlich darauf ankommt, die Eigenschaften der Abhängigkeit der Figuren von einander genauer zu erforschen. — Insbesondere will ich hier nur noch bemerken, dass z. B. bei solchen Aufgaben, wo verlangt wird: „einem bloss der Grösse und Lage nach gegebenen Kreise M_1 (oder auch einem bloss durch irgend drei Bedingungen bestimmten Kreise M_1), ein regelmässiges Vieleck ein- oder umzuschreiben", man unter anderen so verfahren kann, dass man dieselbe Aufgabe vorerst für den gegebenen Hülfskreis M löst und sodann das gefundene Vieleck, mittelst der zu den Kreisen gehörenden Aehnlichkeitspuncte A und I auf den Kreis M_1 projicirt u. s. w.; wozu die obigen Constructionen hinreichende Anleitung geben.

Bei dieser Gelegenheit füge ich noch folgende Bemerkung hinzu:

Es scheint, dass man im Allgemeinen bis jetzt noch zu wenig Sorgfalt auf die geometrischen Constructionen verwendet habe. Die hergebrachte von den Alten uns überlieferte Weise, wonach man nämlich Aufgaben als gelöst betrachtet, sobald nachgewiesen worden, durch welche

Mittel sie sich auf andere vorher betrachtete zurückführen lassen, ist der richtigen Beurtheilung dessen, was ihre vollständige Lösung erheischt, sehr hinderlich. So geschieht es denn auch, dass auf diese Weise häufig Constructionen angegeben werden, die, wenn man in die Nothwendigkeit versetzt wäre, alles, was sie einschliessen, wirklich und genau auszuführen, bald aufgegeben würden, indem man dadurch sich gewiss bald überzeugen müsste, dass es eine ganz andere Sache sei, die Constructionen in der That, d. h. mit den Instrumenten in der Hand, oder, um mich des Ausdrucks zu bedienen, bloss mittelst der Zunge auszuführen*). Es lässt sich gar leicht sagen: ich thue das, und dann das, und dann jenes; allein die Schwierigkeit, und man kann in gewissen Fällen sagen, die Unmöglichkeit, Constructionen, welche in einem hohen Grade zusammengesetzt sind, wirklich zu vollenden, verlangt, dass man bei einer vorgelegten Aufgabe genau erwäge, welches von den verschiedenen Verfahren bei der gänzlichen Ausführung das einfachste, oder welches unter besonderen Umständen das zweckmässigste sei, und wie viel von dem, was die Zunge etwas leichtfertig ausführt, zu umgehen sei, wenn es darauf ankommt, alle überflüssige Mühe zu sparen, oder die grösste Genauigkeit zu erreichen, oder den Plan (das Papier), worauf gezeichnet wird, möglichst zu schonen, u. s. w. Es käme also mit einem Worte darauf an: „zu untersuchen, auf welche Weise jede geometrische Aufgabe theoretisch oder practisch am einfachsten, genauesten oder sichersten construirt werden könne, und zwar 1) welches im Allgemeinen, 2) welches bei beschränkten Hülfsmitteln und 3) welches bei obwaltenden Hindernissen das zweckmässigste Verfahren sei.“ Diese Untersuchung würde also auch sowohl die *Mascheroni*'sche als die gegenwärtige Constructions-Methode umfassen, und es würde alsdann eine Vergleichung aller Methoden mit einander eine richtige Kenntniss der Sache gewähren und gewiss nicht ohne Interesse für die Wissenschaft selbst sein. Dass die vorhergehenden Aufgaben etwas lang scheinen mögen, darf deshalb nicht von der gegenwärtigen Methode abschrecken; denn wenn man, wie schon gesagt worden, in der gewöhnlichen Geometrie ebenso alles, was zur Construction einer zusammengesetzten Aufgabe erforderlich ist, wirklich ausführt, so wird man bald sehen, dass auch da Vieles gar nicht so einfach ist, als es scheint, wenn die Geschäfte bloss mit Worten abgemacht werden. Auch habe ich mich bereits überzeugt, dass man auf dem gegenwärtigen Wege, und zwar bei anscheinend schweren Aufgaben, sogar zu solchen einfachen Auflösungen

*) Ich brauche hierbei z. B. nur an die frühere Construction desjenigen Kreises, welcher drei gegebene Kreise berühren soll, zu erinnern. Und dass selbst beim gegewöhnlichen Schulunterrichte bei viel einfacheren Aufgaben ähnliche Beispiele vorkommen, davon wird sich jeder aufmerksame Lehrer leicht überzeugen können.

gelangt, welche mit allen beliebigen Hülfsmitteln weder kürzer noch bequemer gemacht werden können, wie dies namentlich durch die nachfolgenden Beispiele bestätigt werden wird.

Anhang.

Vermischte Aufgaben, nebst Andeutung ihrer Lösung mittelst des Lineals und eines festen Kreises.

---

§ 20.

Um zu zeigen, wie einfach sich manche anscheinend schwierige Aufgaben bloss mittelst des Lineals lösen lassen, wenn in der Ebene irgend ein fester Kreis M gegeben ist, füge ich hier noch einige zweckmässige Beispiele bei. Die Gründe, auf welchen einige der dabei angedeuteten Auflösungen beruhen, findet man im ersten Theil der „Systematischen Entwickelung etc.“ *), und die, auf welchen die übrigen beruhen, werden in den späteren Theilen desselben Werkes entwickelt werden. Ausserdem wird dasselbe Werk noch viele andere Aufgaben dieser Art enthalten, wie namentlich im ersten Theil schon mehrere vorkommen, welche alle hier zu wiederholen mir jedoch unnöthig schien. —

In Betreff der nachfolgenden Auflösungen muss ich noch bevorworten, dass der Leser, falls es ihm darum zu thun sein sollte, die beschriebenen Constructionen auf dem Papiere wirklich zu sehen, sich, nach Anleitung der Auflösung, die jedesmaligen erforderlichen Bilder (Figuren) selber zeichnen möge.

Aufgabe 1.

„Wenn in einer Ebene zwei beliebige Dreiecke gegeben sind, so soll man ein drittes finden, welches zugleich dem ersten um- und dem zweiten eingeschrieben ist.“

Es seien B, B_1, B_2 die Eckpuncte des ersten, und A, A_1, A_2 die Seiten, und zwar die unbegrenzt verlängerten Seiten des zweiten Dreiecks.

Man nehme in A einen willkürlichen Punct $\mathfrak{a}$ an, ziehe den Strahl $\mathfrak{a}B$, der die Gerade A_1 (beide genugsam verlängert) in einem Puncte $\mathfrak{a}_1$ trifft, ziehe sofort den Strahl $\mathfrak{a}_1B_1$, der A_2 in einem Puncte $\mathfrak{a}_2$ schneidet, und ziehe endlich den Strahl $\mathfrak{a}_2B_2$, welcher A in einem Puncte α begegnet. Nun hat die Aufgabe offenbar keinen anderen Zweck, als den ersten Punct $\mathfrak{a}$ so zu bestimmen, dass der zuletzt erhaltene Punct α mit ihm zusammenfällt, indem in diesem Falle das Dreieck $\mathfrak{a}\mathfrak{a}_1\mathfrak{a}_2\alpha$ der Aufgabe genügt. Da aber im Allgemeinen dieses Zusammenfallen nicht stattfindet, sondern $\mathfrak{a}$ und α zwei verschiedene, aber von einander abhängige,

*) Cf. S. 229—460 dieser Ausgabe.

einander entsprechende Puncte sein werden, so suche man ähnlicherweise zu zwei anderen, beliebig angenommenen Puncten $\mathfrak{b}$, $\mathfrak{c}$ in der Geraden A, die ihnen entsprechenden Puncte β, γ in der nämlichen Geraden. Sodann nehme man im Umfange des Hülfskreises M irgend einen Punct P an und ziehe die Strahlen $P\mathfrak{a}$ und $P\alpha$, $P\mathfrak{b}$ und $P\beta$, $P\mathfrak{c}$ und $P\gamma$, die den Kreis (zum zweiten Mal) beziehlich in den Puncten a und α_1, b und β_1, c und γ_1 schneiden; eines dieser Punctepaare, z. B. das erste, verbinde man kreuzweise mit jedem der übrigen, d. h. man ziehe die Geraden $a\beta_1$ und $\alpha_1 b$, die sich in einem Puncte $\mathfrak{p}$, sowie die Geraden $a\gamma_1$ und $\alpha_1 c$, die sich in einem Puncte $\mathfrak{q}$ schneiden, ziehe weiter die Gerade $\mathfrak{p}\mathfrak{q}$, die den Kreis M im Allgemeinen in zwei Puncten r, s schneidet, und ziehe endlich die Strahlen Pr, Ps, so werden diese die Seite (oder Gerade) A in denjenigen Puncten $\mathfrak{r}$, $\mathfrak{s}$ treffen, in welchen allein und in der That die Ecke des zu beschreibenden Dreiecks liegen muss, so dass also dieses somit gefunden ist. Demnach giebt es im Allgemeinen zwei Dreiecke $\mathfrak{r}\mathfrak{r}_1\mathfrak{r}_2\mathfrak{r}$, $\mathfrak{s}\mathfrak{s}_1\mathfrak{s}_2\mathfrak{s}$, wovon jedes der vorgelegten Aufgabe Genüge leistet. Wenn aber insbesondere die Gerade $\mathfrak{p}\mathfrak{q}$ den Kreis nur berührt, so giebt es nur ein, und wenn sie ihn gar nicht trifft, so giebt es gar kein Dreieck, welches die Bedingungen der Aufgabe erfüllt.

Anmerkung. Ganz ebenso wird die Aufgabe gelöst, wenn statt der Dreiecke beliebige Vierecke oder Fünfecke u. s. w. gesetzt werden.

Aufgabe 2.

„Die gegenseitigen Durchschnittspuncte einer gegebenen Geraden und eines bloss durch

a) fünf Puncte, oder

b) fünf Tangenten

gegebenen (also nicht gezeichnet vorliegenden) Kegelschnittes zu finden.“

Fall a. Es heisse die Gerade A, und die fünf Puncte des Kegelschnittes B, B_1, $\mathfrak{A}$, $\mathfrak{B}$, $\mathfrak{C}$. — Aus irgend zweien der fünf Puncte, etwa aus B, B_1, ziehe man Strahlen durch die drei übrigen, also die Strahlen $B\mathfrak{A}$ und $B_1\mathfrak{A}$, $B\mathfrak{B}$ und $B_1\mathfrak{B}$, $B\mathfrak{C}$ und $B_1\mathfrak{C}$, und nenne die Puncte, in welchen sie (genugsam verlängert) der Geraden A begegnen, beziehlich $\mathfrak{a}$ und α, $\mathfrak{b}$ und β, $\mathfrak{c}$ und γ. Mittelst dieser drei Punctepaare suche man sofort, genau auf dieselbe Weise wie bei der vorhergehenden Auflösung (Aufg. 1), also durch Benutzung des Hülfskreises M, in der Geraden A die zwei Puncte $\mathfrak{r}$, $\mathfrak{s}$, so sind diese die verlangten Schnittpuncte. Trifft die Gerade $\mathfrak{p}\mathfrak{q}$, welche man durch die weitere Construction findet, den Hülfskreis M nicht, so schneiden die gegebene Gerade und der Kegelschnitt einander auch nicht; berühren sich jene, so berühren sich auch diese, so dass in diesem Falle die Puncte $\mathfrak{r}$ und $\mathfrak{s}$ zusammenfallen.

Fall b. Dieser Fall lässt sich leicht auf den ersten bringen, indem man nämlich mittelst des Lineals allein die fünf Puncte finden kann, in welchen der Kegelschnitt von den gegebenen fünf Tangenten berührt wird. (Abhängigk. geom. Gestalten, I. Thl. S. 152.)*)

Aufgabe 3.

„Diejenigen Geraden zu finden, welche durch einen gegebenen Punct gehen und einen nur durch

a) fünf Tangenten, oder

b) fünf Puncte

gegebenen Kegelschnitt berühren.“

Fall a. Es heisse der gegebene Punct B und die fünf gegebenen Tangenten des Kegelschnittes A, A_1, $\mathfrak{A}$, $\mathfrak{B}$, $\mathfrak{C}$. Man bezeichne die Puncte, in welchen A und A_1 von $\mathfrak{A}$, $\mathfrak{B}$, $\mathfrak{C}$ geschnitten werden, beziehlich durch $\mathfrak{a}$ und $\mathfrak{a}_1$, $\mathfrak{b}$ und $\mathfrak{b}_1$, $\mathfrak{c}$ und $\mathfrak{c}_1$. Man ziehe die Strahlen $B\mathfrak{a}_1$, $B\mathfrak{b}_1$, $B\mathfrak{c}_1$ und nenne die Puncte, in welchen sie die Gerade A treffen, beziehlich α, β, γ. Hierauf suche man auf gleiche Weise wie bei den beiden vorhergehenden Aufgaben mittelst der drei Punctepaare $\mathfrak{a}$ und α, $\mathfrak{b}$ und β, $\mathfrak{c}$ und γ und des Hülfskreises M in der Geraden A die zwei Puncte $\mathfrak{r}$, $\mathfrak{s}$ und ziehe sofort die Geraden $B\mathfrak{r}$, $B\mathfrak{s}$, so werden diese, und zwar diese allein, der Forderung der Aufgabe genügen. Wenn die Gerade $\mathfrak{p}\mathfrak{q}$, welche durch die weitere Construction gefunden wird (siehe Aufg. 1), den Hülfskreis M nicht schneidet, so zeigt dies an, dass der gegebene Punct B innerhalb des Kegelschnittes liegt, und mithin die Auflösung der Aufgabe unmöglich ist; und wenn jene Gerade den Kreis berührt, so zeigt dies an, dass der Punct im Kegelschnitte selbst liegt, und mithin nur eine einzige Gerade (in der sich zwei vereinigt haben) der Aufgabe genügen kann.

Fall b. Dieser Fall kann auf entsprechende Weise auf den ersten (a) gebracht werden, wie solches bei der vorigen Aufgabe (2) stattfand, worüber ebenfalls an dem daselbst angeführten Orte das Nähere zu finden ist.

Aufgabe 4.

„Wenn von einem Kegelschnitte vier Puncte und eine Tangente gegeben sind, so soll man den Punct finden, in welchem die letztere vom Kegelschnitte berührt wird.“

I. Es heisse die gegebene Gerade A und die vier gegebenen Puncte $\mathfrak{A}$, $\mathfrak{B}$, $\mathfrak{C}$, $\mathfrak{D}$. Man ziehe durch diese Puncte drei Paar Gerade, nämlich $\mathfrak{A}\mathfrak{B}$ und $\mathfrak{C}\mathfrak{D}$, $\mathfrak{A}\mathfrak{C}$ und $\mathfrak{B}\mathfrak{D}$, $\mathfrak{A}\mathfrak{D}$ und $\mathfrak{B}\mathfrak{C}$, nenne die Puncte, in welchen sie der Geraden A begegnen, beziehlich $\mathfrak{a}$ und α, $\mathfrak{b}$ und β, $\mathfrak{c}$ und γ und suche sofort auf dieselbe Weise, wie bei den vorhergehenden Aufgaben, in

*) Cf. S. 341 dieser Ausgabe.

der Geraden A die Puncte $\mathfrak{r}$ und $\mathfrak{s}$, so wird jeder von diesen der vorgelegten Aufgabe genügen, so dass es also im Allgemeinen zwei Kegelschnitte giebt, von denen jeder durch die vier gegebenen Puncte geht und die gegebene Gerade berührt. Die Merkmale, woran man erkennt, ob die Aufgabe in der That zwei, oder nur eine, oder gar keine Auflösung zulässt (d. h. ob 2, oder nur 1, oder kein Kegelschnitt möglich sei), sind die nämlichen, wie bei den vorhergehenden Aufgaben.

II. Um die Construction etwas abzukürzen, kann man bei dieser Aufgabe auch, wie folgt, verfahren: Man ziehe nur zwei Paar Gerade (I), etwa $\mathfrak{AB}$ und $\mathfrak{CD}$, $\mathfrak{AC}$ und $\mathfrak{BD}$, welche der Tangente A in den Puncten $\mathfrak{a}$ und α, $\mathfrak{b}$ und β begegnen, und ziehe sofort aus dem im Hülfskreise M beliebig angenommenen Puncte P (vergl. Aufg. 1) die Strahlen $P\mathfrak{a}$ und $P\alpha$, $P\mathfrak{b}$ und $P\beta$, welche den Kreis in a und α_1, b und β_1 schneiden, und ziehe ferner die Geraden $a\beta_1$ und $b\alpha_1$, die sich in einem Puncte $\mathfrak{p}$, sowie die Geraden ab und $\alpha_1\beta_1$, die sich in einem Puncte $\mathfrak{t}$ schneiden, lege weiter die Gerade $\mathfrak{pt}$, die den Kreis M im Allgemeinen in zwei Puncten r und s schneiden wird, und ziehe endlich die Strahlen Pr und Ps, so werden diese der Geraden A in den gesuchten Puncten $\mathfrak{r}$ und $\mathfrak{s}$ begegnen.

Aufgabe 5.

„Wenn von einem Kegelschnitte vier Tangenten und ein Punct gegeben sind, so soll man die Tangente finden, welche den Kegelschnitt in diesem Puncte berührt."

Es seien A, B, C, D die gegebenen vier Tangenten und $\mathfrak{A}$ der gegebene Punct. Es heissen die Puncte, in welchen A von B, C, D geschnitten wird, beziehlich $\mathfrak{a}$, $\mathfrak{b}$, $\mathfrak{c}$, und die Puncte, in welchen D und C, D und B, C und B einander schneiden, beziehlich $\mathfrak{a}_1$, $\mathfrak{b}_1$, $\mathfrak{c}_1$. Man ziehe die Strahlen $\mathfrak{A}\mathfrak{a}_1$, $\mathfrak{A}\mathfrak{b}_1$, $\mathfrak{A}\mathfrak{c}_1$, und nenne die Puncte, in welchen sie die Tangente A treffen, beziehlich α, β, γ. Sodann suche man auf dieselbe Weise, wie bisher, mittelst der Punctepaare $\mathfrak{a}$ und α, $\mathfrak{b}$ und β, $\mathfrak{c}$ und γ in der Geraden A die Puncte $\mathfrak{r}$ und $\mathfrak{s}$, und ziehe sofort die Strahlen $\mathfrak{A}\mathfrak{r}$ und $\mathfrak{A}\mathfrak{s}$, so wird jeder von diesen der Aufgabe genügen. — Uebrigens lassen sich die zwei Puncte $\mathfrak{r}$, $\mathfrak{s}$ auch hier durch dasselbe abgekürzte Verfahren finden, wie bei der vorigen Aufgabe (Aufg. 4, II), wozu man nämlich nur zwei der drei Punctepaare, etwa $\mathfrak{a}$ und α, $\mathfrak{b}$ und β, nöthig hat.

Aufgabe 6.

„Wenn drei Puncte und zwei Tangenten eines Kegelschnittes gegeben sind, so soll man die Puncte finden, in welchen derselbe die Tangenten berührt."

Man bezeichne die gegebenen Tangenten durch B, C und irgend zwei der drei gegebenen Puncte durch $\mathfrak{a}$, α. Man ziehe die Gerade $\mathfrak{a}\alpha$ und nenne die Puncte, in welchen sie die B und C schneidet, $\mathfrak{b}$ und β, und suche sodann auf die nämliche Weise, wie oben, (Aufg. 4, II) in der Geraden $\mathfrak{a}\alpha$ (dort A) die zwei Puncte $\mathfrak{r}$ und $\mathfrak{s}$. Nun lege man ferner durch den dritten gegebenen Punct und einen der beiden anderen, $\mathfrak{a}$ oder α, eine Gerade, und suche auf ganz gleiche Weise in ihr die zwei Puncte $\mathfrak{r}_1$ und $\mathfrak{s}_1$. Sodann ziehe man die vier Geraden $\mathfrak{r}\mathfrak{r}_1$, $\mathfrak{r}\mathfrak{s}_1$, $\mathfrak{s}\mathfrak{r}_1$ und $\mathfrak{s}\mathfrak{s}_1$, so wird jede von diesen insbesondere die Tangenten B, C in solchen Puncten schneiden, in welchen sie von einem und demselben durch die drei gegebenen Puncte gehenden Kegelschnitte berührt werden. Die vorgelegte Aufgabe lässt demnach im Allgemeinen vier Auflösungen zu, oder es giebt im Allgemeinen vier Kegelschnitte, welche die drei gegebenen Puncte sowie die zwei gegebenen Tangenten gemein haben*). Die Aufgabe wird (oder die Kegelschnitte werden) unmöglich, wenn eines der genannten Punctepaare $\mathfrak{r}$ und $\mathfrak{s}$, $\mathfrak{r}_1$ und $\mathfrak{s}_1$, nicht reell ist. Dieser Fall lässt sich aber, ohne vorherige Construction, unmittelbar aus der gegenseitigen Lage der gegebenen fünf Elemente erkennen, nämlich er tritt ein, wenn die gegebenen Puncte, in Rücksicht auf die durch die Tangenten B, C gebildeten Winkel, in Nebenwinkeln (aber keine zwei derselben mit dem Durchschnitte der Tangenten in einer Geraden) liegen. Besondere oder Grenzfälle entstehen, wenn entweder die drei gegebenen Puncte in einer Geraden, oder zwei derselben mit dem Durchschnitte der Tangenten B, C in einer Geraden liegen; u. s. w.

Aufgabe 7.

„Wenn drei Tangenten und zwei Puncte eines Kegelschnittes gegeben sind, so soll man die Tangenten finden, welche denselben in jenen Puncten berühren.“

Man bezeichne die gegebenen drei Tangenten durch B, C, D und die gegebenen zwei Puncte durch $\mathfrak{a}$, α, und ferner die gegenseitigen Durchschnittspuncte der Tangentenpaare B und C, B und D, C und D beziehlich durch $\mathfrak{D}$, $\mathfrak{C}$, $\mathfrak{B}$. Man ziehe die Gerade $\mathfrak{a}\alpha$ und nenne die Puncte, in welchen sie das eine Tangentenpaar, etwa B und C, schneidet, $\mathfrak{b}$ und β, und suche sodann in der Geraden $\mathfrak{a}\alpha$ zu den zwei Punctepaaren $\mathfrak{a}$ und α, $\mathfrak{b}$ und β das durch dieselben bestimmte Punctepaar $\mathfrak{r}$ und $\mathfrak{s}$ (Aufg. 4, II). Aehnlicherweise suche man zu dem gegebenen Punctepaare $\mathfrak{a}$ und α, und zu dem Punctepaare, in welchem die Gerade $\mathfrak{a}\alpha$ von einem anderen Tangentenpaare, etwa von B und D, geschnitten wird, das durch dieselben bestimmte Punctepaar $\mathfrak{r}_1$ und $\mathfrak{s}_1$. Sodann ziehe man die Strahlen $\mathfrak{D}\mathfrak{r}$

*) Vergl. *Mémoire sur les lignes du second ordre*, par *Brianchon*, Capitaine d'Artillerie, ancien élève de l'École Polytechnique. Paris 1817 p. 47; und Abhäng. geom. Gestalten, S. 285 (Cf. S. 432 dieser Ausgabe).

und $\mathfrak{D}\mathfrak{s}$, $\mathfrak{E}\mathfrak{r}_1$ und $\mathfrak{E}\mathfrak{s}_1$, bezeichne die Durchschnittspuncte von $\mathfrak{D}\mathfrak{r}$ und $\mathfrak{E}\mathfrak{r}_1$, $\mathfrak{D}\mathfrak{r}$ und $\mathfrak{E}\mathfrak{s}_1$, $\mathfrak{D}\mathfrak{s}$ und $\mathfrak{E}\mathfrak{r}_1$, $\mathfrak{D}\mathfrak{s}$ und $\mathfrak{E}\mathfrak{s}_1$ beziehlich durch u, x, y, z und ziehe endlich die Geradenpaare $u\mathfrak{a}$ und $u\alpha$, $x\mathfrak{a}$ und $x\alpha$, $y\mathfrak{a}$ und $y\alpha$, $z\mathfrak{a}$ und $z\alpha$, so wird jedes von diesen, für sich genommen, der vorgelegten Aufgabe genügen, d. h. je zwei solche Gerade berühren in den zugehörigen Puncten $\mathfrak{a}$ und α einen bestimmten Kegelschnitt, welcher ebenfalls von den drei gegebenen Geraden B, C, D berührt wird. Demnach lässt die Aufgabe im Allgemeinen vier Auflösungen zu, oder es finden vier Kegelschnitte statt, welche sowohl die drei gegebenen Tangenten, als die zwei gegebenen Puncte gemein haben, u. s. w.

Mittelst der vorstehenden Aufgaben (2 bis 7) lassen sich nunmehr auch die folgenden Doppelaufgaben, welche, wie man bemerken wird, theils Zusammensetzungen theils besondere Fälle von jenen sind, leicht lösen.

Aufgabe 8.

„Die gegenseitigen Durchschnittspuncte einer gegebenen Geraden und eines Kegelschnittes, von welchem

a) vier Puncte und eine Tangente, oder

b) vier Tangenten und ein Punct

gegeben sind, zu finden.“

Aufgabe 9.

„Diejenigen Geraden, die durch einen gegebenen Punct gehen und einen Kegelschnitt berühren, von welchem

a) vier Tangenten und ein Punct, oder

b) vier Puncte und eine Tangente

gegeben sind, zu finden.“

Aufgabe 10.

„Die gegenseitigen Durchschnittspuncte einer gegebenen Geraden und eines Kegelschnittes, von welchem

a) drei Puncte und zwei Tangenten, oder

b) drei Tangenten und zwei Puncte

gegeben sind, zu finden.“

Aufgabe 11.

„Diejenigen Geraden, die durch einen gegebenen Punct gehen und einen Kegelschnitt berühren, von welchem

a) drei Tangenten und zwei Puncte, oder

b) drei Puncte und zwei Tangenten

gegeben sind, zu finden.“

Aufgabe 12.

„Die gegenseitigen Durchschnittspuncte einer gegebenen Geraden und eines durch

a) vier Puncte und die Tangente in einem derselben, oder
b) vier Tangenten und den Berührungspunct einer derselben

gegebenen Kegelschnittes zu finden.“

Aufgabe 13.

„Diejenigen Geraden, welche durch einen gegebenen Punct gehen und einen durch

a) vier Tangenten und den Berührungspunct einer derselben, oder
b) vier Puncte und die Tangente in einem derselben

gegebenen Kegelschnitt berühren, zu finden.“

Aufgabe 14.

„Die gegenseitigen Durchschnittspuncte einer gegebenen Geraden und eines durch

a) drei Puncte und die Tangenten in zwei derselben, oder
b) drei Tangenten und die Berührungspuncte von zwei derselben

gegebenen Kegelschnittes zu finden.“

Aufgabe 15.

„Diejenigen Geraden, welche durch einen gegebenen Punct gehen und einen durch

a) drei Tangenten und die Berührungspuncte von zwei derselben, oder
b) drei Puncte und die Tangenten in zwei derselben

gegebenen Kegelschnitt berühren, zu finden.“

Wie man sieht, lassen sich z. B. die Aufgaben 8 und 9 mittelst der Aufgaben 4 und 5 auf die Aufgaben 2 und 3 zurückführen, ebenso die Aufgaben 10 und 11 mittelst der Aufgaben 6 und 7 auf die Aufgaben 2 und 3 u. s. w., woraus die Zahl der Auflösungen, welche jeder der gegenwärtigen Aufgaben möglicherweise zukommen können, leicht zu finden ist.

Aufgabe 16.

„Wenn von zwei Kegelschnitten zwei gemeinschaftliche (oder Durchschnitts-) Puncte und ausserdem von jedem insbesondere irgend drei Puncte gegeben sind, so soll man ihre übrigen zwei gemeinschaftlichen Puncte, sowie ihre vier gemeinschaftlichen Tangenten finden.“

Es mögen die Kegelschnitte durch K und K_1, ihre gegebenen zwei gemeinschaftlichen Puncte durch $\mathfrak{R}$, $\mathfrak{S}$, die übrigen gegebenen drei Puncte des Kegelschnittes K durch $\mathfrak{A}$, $\mathfrak{B}$, $\mathfrak{C}$, die des K_1 durch $\mathfrak{A}_1$, $\mathfrak{B}_1$, $\mathfrak{C}_1$ bezeichnet und die gesuchten zwei gemeinschaftlichen Puncte $\mathfrak{r}$, $\mathfrak{s}$ genannt werden; dann kann die Aufgabe unter anderem z. B., wie folgt, gelöst werden:

Man ziehe etwa die Geraden $\mathfrak{A}\mathfrak{R}$ und $\mathfrak{B}\mathfrak{S}$, $\mathfrak{C}\mathfrak{S}$, suche die Puncte $\mathfrak{a}_1$ und $\mathfrak{b}_1$, $\mathfrak{c}_1$, in welchen sie K_1 (ausser in $\mathfrak{R}$ und $\mathfrak{S}$) zum zweiten Mal schneiden — welches bekanntlich mittelst des Lineals allein leicht geschehen kann, da fünf Puncte von K_1 gegeben sind — ziehe sofort die Geradenpaare $\mathfrak{A}\mathfrak{B}$ und $\mathfrak{a}_1\mathfrak{b}_1$, $\mathfrak{A}\mathfrak{C}$ und $\mathfrak{a}_1\mathfrak{c}_1$, nenne die Puncte, in welchen sie sich kreuzen, beziehlich $\mathfrak{p}$, $\mathfrak{q}$, und ziehe die Gerade $\mathfrak{p}\mathfrak{q}$, so ist diese eine (der gegebenen $\mathfrak{R}\mathfrak{S}$ zugeordnete) gemeinschaftliche Secante der zwei Kegelschnitte K, K_1, so dass also nur noch nöthig ist, die Durchschnitte derselben mit einem der letzteren zu finden (Aufg. 2, a), um die in der Aufgabe verlangten Puncte $\mathfrak{r}$, $\mathfrak{s}$ zu haben.

Um andererseits die vier gemeinschaftlichen Tangenten zu finden, nehme man in der gegebenen Secante $\mathfrak{R}\mathfrak{S}$ irgend einen Punct $\mathfrak{P}$ an (welcher aber ausserhalb der Kegelschnitte liegt), ziehe aus demselben an jeden Kegelschnitt zwei Tangenten, suche sofort mittelst des Lineals die Berührungspuncte a und b, a_1 und b_1 derselben und ziehe sodann die Geradenpaare aa_1 und bb_1, ab_1 und ba_1, die sich beziehlich in den Puncten A, I schneiden, welche zugleich die Durchschnittspuncte der zwei gesuchten Paare gemeinschaftlicher Tangenten sind, so dass also diese letzteren sofort nach Aufgabe 3 gefunden werden.

Eine einfachere Auflösung der vorgelegten Aufgabe werde ich an einem anderen Orte mittheilen und beweisen.

Aufgabe 17.

„Wenn von zwei Kegelschnitten K, K_1 zwei gemeinschaftliche Tangenten A, A_1 und ausserdem von jedem insbesondere irgend drei Tangenten, etwa a, b, c und a_1, b_1, c_1, gegeben sind, so soll man ihre übrigen zwei gemeinschaftlichen Tangenten sowie ihre vier gemeinschaftlichen Puncte finden.“

Heissen die Puncte, in welchen A und A_1 von a, b, c geschnitten werden, beziehlich $\mathfrak{a}$, $\mathfrak{b}$, $\mathfrak{c}$ und $\mathfrak{a}_1$, $\mathfrak{b}_1$, $\mathfrak{c}_1$. Aus jedem der letzteren drei Puncte lege man an K_1 eine zweite Tangente (welche nämlich ausser der schon vorhandenen A_1 noch stattfindet), nenne die Puncte, in welchen sie die A schneiden, beziehlich α, β, γ, suche sofort mittelst des Hülfskreises in der Geraden A zu den drei Punctepaaren $\mathfrak{a}$ und α, $\mathfrak{b}$ und β, $\mathfrak{c}$ und γ die zwei Puncte $\mathfrak{r}$ und $\mathfrak{s}$ und lege endlich aus jedem dieser Puncte eine (zweite) Tangente an K (oder K_1), so werden dieselben auch K_1 (oder K)

berühren, und mithin die gesuchten zwei gemeinschaftlichen Tangenten sein. — Die gemeinschaftlichen Puncte der Kegelschnitte werden sofort auf eine entsprechende Weise gefunden, wie bei der vorigen Aufgabe die gemeinschaftlichen Tangenten.

Es lassen sich nun weiter eine Menge Aufgaben aufstellen, welche aus den zwei letzten (16 und 17) und aus den früheren Aufgaben zusammengesetzt sind, wie z. B. die folgenden:

Aufgabe 18.

„Wenn von zwei Kegelschnitten zwei gemeinschaftliche Puncte und nebstdem von jedem insbesondere irgend drei Tangenten gegeben sind, so soll man ihre übrigen gemeinschaftlichen Puncte, sowie ihre gemeinschaftlichen Tangenten finden."

Aufgabe 19.

„Wenn von zwei Kegelschnitten zwei gemeinschaftliche Tangenten und nebstdem von jedem insbesondere irgend drei Puncte gegeben sind, so soll man ihre übrigen gemeinschaftlichen Tangenten, sowie ihre gemeinschaftlichen Puncte finden."

U. s. w.

Die Lösung aller solcher Aufgaben hat, wie die obigen Beispiele zur Genüge zeigen, gar keine Schwierigkeit, so dass ich es nicht für nöthig erachte, mich weiter darauf einzulassen. Denn man wird leicht bemerken, dass z. B. die Aufgabe 18 im Allgemeinen zufolge der Endbemerkung in der Auflösung von 7, 16 Fälle umfasst, wovon jeder insbesondere sich auf die Aufgabe 16 bringen lässt. Aehnlich verhält es sich mit 19.

Von den Aufgaben über Kegelschnitte will ich hier nur noch das folgende Paar hinzufügen:

Aufgabe 20.

„In einen durch irgend fünf Puncte (oder durch irgend fünf Bedingungen) gegebenen Kegelschnitt ein n-Eck zu beschreiben, welches zugleich irgend einem gegebenen n-Eck umschrieben ist (d. h. dessen Seiten zugleich nach bestimmter Ordnung durch n beliebige gegebene Puncte gehen)."

Aufgabe 21.

„Um einen durch irgend fünf Tangenten gegebenen Kegelschnitt ein n-Eck zu beschreiben, welches zugleich irgend einem gegebenen n-Seit eingeschrieben ist (d. h. dessen Ecken zugleich nach der Reihe in n beliebigen Geraden liegen)."

Von diesen zwei Aufgaben hat die erste, oder vielmehr nur ein besonderer Fall derselben, eine seltene Berühmtheit erlangt, indem nämlich die bedeutendsten Mathematiker sich damit beschäftigt haben*). Das Verfahren, durch welches dieselbe mittelst der hier gestatteten Hülfsmittel gelöst werden kann, besteht der Hauptsache nach z. B. in Folgendem:

Der Kegelschnitt heisse M_2 und das gegebene n-Eck N_2. Durch irgend drei der fünf gegebenen Puncte des Kegelschnittes, die etwa durch $\mathfrak{a}_2$, $\mathfrak{b}_2$, $\mathfrak{c}_2$ bezeichnet werden mögen, ist ein Kreis bestimmt; er heisse M_1. Zuvörderst lassen sich nun mittelst des Hülfskreises M die Aehnlichkeitspuncte A und I der Kreise M, M_1 finden (wozu man von M_1 nicht mehr als jene drei Puncte nöthig hat). Mittelst A und I bestimme man irgend zwei neue Puncte des Keises M_1, etwa $\mathfrak{d}_1$, $\mathfrak{e}_1$. Sodann lässt sich für M_1 und M_2, da von jedem fünf Puncte gegeben sind, ein Projectionspunct (der nämlich in den meisten Fällen der Durchschnittspunct zweier gemeinschaftlichen Tangenten derselben ist) finden; er heisse P. Mittelst P und einer gemeinschaftlichen Secante von M_1 und M_2, etwa der Secante $\mathfrak{a}_2\mathfrak{b}_2$, findet man sofort das zu M_1 gehörige n-Eck N_1, welches dem zu M_2 gehörigen gegebenen n-Ecke N_2 entspricht; und sodann findet man ferner mittelst A und I leicht das zu M gehörige n-Eck N, welches dem zu M_1 gehörigen n-Ecke N_1 entspricht. Hierauf beschreibe man mittelst des Lineals allein in den gezeichnet vorliegenden Kreis M ein n-Eck $\mathfrak{N}$, welches zugleich dem gegebenen n-Eck N umschrieben ist**), suche sofort mittelst A und I das ihm in Bezug auf den Aehnlichkeitspunct A (oder I) entsprechende, zum Kreise M_1 gehörige n-Eck $\mathfrak{N}_1$, und sodann (mittelst P und $\mathfrak{a}_2\mathfrak{b}_2$) das diesem entsprechende zum Kegelschnitte M_2 gehörige n-Eck $\mathfrak{N}_2$, so wird dieses letztere der Forderung der Aufgabe genugthun. Auf entsprechende Weise kann auch die andere Aufgabe (21) gelöst werden.

Anmerkung. Die vorstehenden Aufgaben, von der zweiten an, sind, wie man bemerken wird, nach dem sogenannten Gesetze der Dualität einander paarweise zugeordnet, nämlich: 2 und 3, 4 und 5, ..., 20 und 21.

* *
*

Aufgabe 22.

„Wenn irgend ein Punct a_1 (Fig. 25) eines Kreises und dessen Mittelpunct M_1 gegeben sind, wovon der letztere jedoch als unzugänglich vorausgesetzt wird, so soll man beliebig viele an-

*) Man sehe *Klügel*'s Mathematisches Wörterbuch, Th. III. Art. Kreis, § 115, S. 155 und ausserdem die späteren Arbeiten über denselben Gegenstand von den Mathematikern *Gergonne*, *Encontre*, *Servois*, *Rochat*, *Brianchon*, *Poncelet*, *Lhuilier*, etc., in den *Annales de Mathématiques*, t. I. und VIII., im *Journal de l'École Polytechnique*, cahier X., etc.

**) Dieses geschieht z. B. nach dem Verfahren, welches *Poncelet* in den *Annales de Mathématiques*, t. VIII. zuerst bekannt gemacht hat.

dere Puncte des Kreises finden." Wenn z. B. der Punct M_1 durch irgend einen hohen Gegenstand, etwa durch einen Thurm oder Baum etc., der sich auf einer kleinen Insel oder in der Mitte einer Stadt befindet, gegeben ist, so dass man nicht leicht von allen Seiten durch den Raum RS hindurch zu demselben gelangen, wohl aber ihn aus dem Puncte a_1 und aus anderen Puncten $M, A, a, \ldots$ sehen kann, und wenn verlangt wird, man soll um das die Insel umgebende Wasser RS oder um die Stadt einen kreisförmigen Weg, Kanal etc. herumführen, welcher durch den gegebenen Punct a_1 geht, und in dessen Mittelpunct der Gegenstand M_1 steht, so kann ein Mann allein mit wenig Hülfsmitteln, nämlich mittelst Stäben und einer Kette (oder Schnur) von bestimmter Länge beliebig viele Puncte, durch welche der genannte Weg etc. führt, wie folgt, finden:

Man setze in a_1 einen Stab und nehme in der Richtung M_1a_1, nach welcher M_1 sichtbar ist, zwei beliebige gleiche Strecken, etwa $a_1m = mn$, und setze in m, n ebenfalls Stäbe. Auf einem ebenen Platze stecke man eine Gerade ab ab, welche mit a_1mn parallel ist (§ 6, I), setze in dem Puncte M, den man als Mittelpunct des Hülfskreises annimmt, einen Stab, der von einem an dem einen Ende der Kette befindlichen Ringe lose umschlossen wird, und nehme $Ma = Mb =$ der Länge der Kette und setze in a und b Stäbe. Nun setze man ferner in A, wo sich die Geraden a_1a und M_1M kreuzen, sowie in I, wo sich die Geraden a_1b und M_1M durchschneiden, einen Stab, so lassen sich alsdann mit Hülfe dieser Vorbereitungen leicht so viele Puncte des Kreises M_1 finden, als man will. Denn man spanne z. B. die Kette nach einer beliebigen Richtung, etwa nach c hin, aus, setze hier einen Stab und spanne sie sodann nach der gerade entgegengesetzten Richtung bis d aus, und setze hier auch einen Stab, so ist sowohl der Durchschnitt der Geraden Ac und dI, als der Geraden Ad und cI, also sowohl c_1, als d_1 ein Punct des Kreises M_1.

Fänden solche Hindernisse statt, dass man nicht über den Raum R hinwegsehen, also nicht aus A und I nach c_1 sehen könnte, so würde man vorerst nur die erforderliche Menge von Puncten längs des sichtbaren Bogens a_1d_1 bestimmen und sodann den Hülfskreis anderswo annehmen, um einen neuen Bogen zu erhalten oder um den vorigen zu verlängern, und so würde man fortfahren, bis der Kreis M_1 vollständig wäre.

Wären anstatt des Mittelpunctes M_1 des zu construirenden Kreises und des einen Punctes a_1 in dem Umfange desselben irgend drei Puncte des letzteren, etwa a_1, d_1, e_1, gegeben, so liesse sich die Aufgabe z. B. folgendergestalt lösen:

Man stecke irgend ein Dreieck ade ab, dessen Seiten den Seiten des gegebenen Dreiecks $a_1d_1e_1$ beziehlich parallel sind; suche den Mittelpunct M des Kreises ade (d. h. des dem Dreiecke ade umschriebenen Kreises), sowie die Aehnlichkeitspuncte A, I der Kreise ade, $a_1d_1e_1$ und verfahre sodann ebenso, wie oben. Um nämlich z. B. die Gerade ad mit der durch die zwei Puncte a_1 und d_1 gegebenen Geraden a_1d_1 parallel zu ziehen, ist es nöthig, die letztere über einen ihrer Endpuncte hinaus zu verlängern, um in dieser Verlängerung zwei gleiche Strecken annehmen zu können, wie vorhin die Strecken $a_1m = mn$. Dieses Verlängern ist aber bekanntlich auch in demjenigen Falle möglich, wo weder einer der beiden Endpuncte a_1, d_1 aus dem anderen zu sehen, noch die zwischen ihnen befindliche Strecke (von a_1 bis d_1) zugänglich ist, sondern wenn nur dieselben von der Seite her, wie etwa aus B, sichtbar sind*). Gleiches gilt von den übrigen Seitenpaaren ae und a_1e_1, de und d_1e_1. Die einander ähnlichen Dreiecke $a_1d_1e_1$, ade sind alsdann entweder gleichliegend oder ungleichliegend; im ersten Falle, welcher in der gegenwärtigen Figur stattfindet, schneiden sich die Geraden, welche durch die entsprechenden Ecken der Dreiecke gehen, wie etwa die Geraden a_1a und d_1d, im äusseren Aehnlichkeitspuncte A, u. s. w.

---

*) Man sehe „Handbuch des Feldmessens und Nivellirens“ von *Crelle*, Berlin 1826, § 67, S. 116, wo unter anderen auch diese Aufgabe mit Umsicht behandelt wird.

21

Anmerkungen

zu den Abhandlungen des ersten Bandes*).

Einige geometrische Betrachtungen.

1) S. 51, Satz (c). Wenn die beiden Kreise M_1, M_2 einander äusserlich berühren, so kann auch der Fall eintreten, dass einer der beiden Kreise m_1, m_2, z. B. m_2 die drei übrigen einschliessend berührt, und es ist alsdann nicht

$$2+\frac{M_1P_1}{r_1}=\frac{M_2P_2}{r_2},$$

sondern

$$2-\frac{M_1P_1}{r_1}=\frac{M_2P_2}{r_2}.$$

Deshalb ist hier durch den Zusatz, dass die Kreise m_1, m_2 sich äusserlich berühren sollen, die von *Steiner* angegebene Gleichung richtig gestellt worden, des anderen Falles aber in einer S. 50, Z. 4 dem Beweise des Satzes (c) hinzugefügten Bemerkung Erwähnung geschehen, was nöthig war, weil später (S. 62) gerade dieser Fall in Betracht kommt.

---

*) In diesen Anmerkungen sind diejenigen Stellen der im vorliegenden Bande enthaltenen *Steiner*'schen Arbeiten angegeben, an denen bei der Revision Irrthümer, die sich nicht sofort als Schreib- oder Rechenfehler zu erkennen gaben, bemerkt worden sind, oder welche einer Erläuterung zu bedürfen schienen. Dabei ist jedoch Folgendes zu bemerken. Bei der grossen Menge von Sätzen, die *Steiner* ohne Beweis giebt, war es unmöglich, die Richtigkeit aller dieser Sätze festzustellen. Dieselben sind daher durchgehends so, wie *Steiner* sie ausgesprochen, beibehalten worden, selbst wenn sie zu Bedenken Anlass gaben. Grammatikalische Verstösse und stylistische Unebenheiten, die sich an manchen Stellen fanden, sind da, wo es ohne eingreifende Veränderung des Textes geschehen konnte, beseitigt worden. Einige Abweichungen des Textes der neuen Ausgabe von dem ursprünglichen haben aber darin ihren Grund, dass in den im *Crelle*'schen Journal erschienenen Abhandlungen *Steiner*'s von der Hand des Herausgebers, wie aus den erhaltenen Manuscripten hervorgeht, an einigen Stellen stylistische Veränderungen vorgenommen worden sind, welche in den meisten Fällen keine Verbesserungen waren, so dass es angemessen erschien, solche Stellen in der ursprünglichen Fassung abdrucken zu lassen. *W.*

2) S. 62, Z. 4. Im Original finden sich statt der hier angegebenen drei Gleichungen die folgenden:

$$\frac{P_1}{R}+2=\frac{h_1}{R_1},\quad \frac{P_2}{R}+2=\frac{h_2}{R_2},\quad \frac{P_3}{R}+2=\frac{h_3}{R_3},$$

welche nach dem eben Bemerkten nicht richtig sind. Gleichwohl ist die Endformel (2) richtig, was sich dadurch erklärt, dass in der Rechnung zweimal ein Zeichenfehler vorkommt.

3) Es könnte scheinen, als ob *Steiner* die in No. 29 behandelte Aufgabe nicht vollständig gelöst habe. Denn einmal betrachtet er nur den Fall, wo je zwei der gegebenen Kreise M_1, M_2, M_3 einander äusserlich berühren, und zweitens lässt er ausser Acht, dass es nicht immer einen Kreis giebt, der die gegebenen Kreise alle drei einschliessend berührt, dann aber zwei Kreise, welche jeden der gegebenen äusserlich berühren, existiren. Indessen reichen die Schlussgleichungen (8, 9) zur Erledigung der Aufgabe in allen Fällen aus. Wenn nämlich von vier Kreisen, deren Mittelpuncte nicht in einer geraden Linie liegen, jeder die drei anderen berührt, so können nur zwei Fälle eintreten: entweder berühren je zwei einander äusserlich, und dann gilt die Gleichung (8), oder drei berühren einander äusserlich, der vierte aber berührt jeden von ihnen einschliessend, und dann besteht, wenn man unter Q den reciproken Werth des Radius des letzteren Kreises versteht, die Gleichung (9). Setzt man ferner fest, dass in dem zweiten Falle der Radius des Kreises, welcher die übrigen einschliessend berührt, als eine negative Grösse betrachtet werden solle, so gilt die Gleichung (8) ganz allgemein. Aus derselben erhält man dann, wenn die Kreise M_1, M_2, M_3 als gegeben angenommen werden, für q zwei Werthe, die mit q', q'' bezeichnet werden mögen:

$$q' = q_1+q_2+q_3+2\sqrt{q_2q_3+q_3q_1+q_1q_2}$$
$$q'' = q_1+q_2+q_3-2\sqrt{q_2q_3+q_3q_1+q_1q_2}.$$

Daraus folgt

$$q'q'' = q_1^2+q_2^2+q_3^2-2q_2q_3-2q_3q_1-2q_1q_2$$
$$= (\sqrt{q_1}+\sqrt{q_2}+\sqrt{q_3})(\sqrt{q_2}+\sqrt{q_3}-\sqrt{q_1})(\sqrt{q_3}+\sqrt{q_1}-\sqrt{q_2})(\sqrt{q_1}+\sqrt{q_2}-\sqrt{q_3}).$$

Berührt nun von den gegebenen Kreisen jeder die beiden anderen äusserlich, so sind q_1, q_2, q_3 alle drei positiv, von den drei Grössen

$$\sqrt{q_2}+\sqrt{q_3}-\sqrt{q_1},\quad \sqrt{q_3}+\sqrt{q_1}-\sqrt{q_2},\quad \sqrt{q_1}+\sqrt{q_2}-\sqrt{q_3}$$

aber kann eine negativ oder gleich Null sein; es ist also q' stets positiv, q'' aber kann sowohl einen positiven als einen negativen Werth erhalten, und auch gleich Null werden. Der zu q' gehörige Kreis berührt die gegebenen Kreise stets äusserlich, der zu q'' gehörige dagegen berührt dieselben äusserlich oder einschliessend, je nachdem q'' positiv oder negativ ist, und geht in eine gerade Linie über, wenn $q''=0$.

Berührt einer der gegebenen Kreise, z. B. M_1, die beiden anderen einschliessend, so ist in den vorstehenden Gleichungen q_1 negativ zu nehmen, so dass sich $q'q''$ als eine positive Grösse ergiebt. Es ist aber, da q_1 dem absoluten Betrage nach kleiner als jede der Grössen q_2, q_3 ist, auch $q_1+q_2+q_3$, und somit sowohl q' als q'' positiv. Es existiren demnach in diesem Falle zwei Kreise, welche beide die gegebenen äusserlich berühren.

4) S. 75, Z. 27. Die Gleichung

$$q = Qx^2+2x$$

ist in No. 27 nur für den Fall, dass x eine ganze Zahl ist, bewiesen worden, während hier dieser Grösse beliebige Werthe sollen beigelegt werden können.

Ueber die Theilung der Ebenen und des Raumes.

5) S. 82, Z. 17. Es wird hierbei vorausgesetzt, dass wenigstens zwei Systeme von Parallelen vorhanden seien.

Verwandlung und Theilung sphärischer Figuren durch Construction.

6) Die Figuren zu dieser Abhandlung sind unter Anwendung stereometrischer Projection neu gezeichnet worden, so dass sämmtliche Winkel in der Zeichnung den Winkeln, deren Bild sie vorstellen, gleich sind.

7) S. 115, Z. 12. Die letzten Angaben sind nicht richtig; denn wäre HG mit PC parallel, so hätte man

$$\triangle PCH = \triangle PCG$$

oder

$$PIL + ILCK + CKH = PIL + PFI + ILCK + FIKG,$$
$$\triangle CKH = \triangle PFI + FIKG,$$

während

$$\triangle CKH = \triangle FIKG$$

werden soll.

Aufgaben und Lehrsätze.

8) S. 128, Lehrsatz 10. Wie *Steiner* an einer anderen Stelle (S. 454, Lehrsatz 78) selbst bemerkt, ist der besondere Fall hier unrichtig angegeben, denn es treffen sich nicht nothwendig alle vier Lothe in einem Puncte, sobald sich irgend zwei von ihnen schneiden, sondern es folgt dann nur, dass auch die beiden anderen Lothe sich schneiden

9) S. 130, Z. 5. In der Formel für $\frac{R_2}{R_1}$ findet sich im Original ein Irrthum.

Bemerkungen zu einer Aufgabe in *Crelle's* Journal Band III.

10) In den Gleichungen (7, 8) auf S. 166 und in den Gleichungen (III, V) auf S. 168 finden sich im Original Irrthümer.

Théorèmes relatifs aux sections coniques.

11) S. 202, Z. 11 v. u. ist circonscrites statt inscrites,
S. 202, Z. 10 v. u. sommets statt cotés,
S. 203, Z. 4 v. 0 passant par les trois points α, β, γ statt circonscrite au quadrilatère

gesetzt worden.

Cercles touchant trois droites, et sphères touchant quatre plans.

12) S. 214. In der Formel für $\sin\frac{1}{2}T$ findet sich im Original ein Irrthum.

13) S. 218. In den Gleichungen (7) und (8) kann nur das obere Zeichen gelten, da unter den gemachten Voraussetzungen $a-b$, $c-d$, $a-c$, $b-d$ sämmtlich positiv sind.

Théorèmes sur l'Hexagrammum mysticum.

14) S. 224 und 225. Die hier aufgestellten Sätze bedürfen einer Berichtigung, die von *Steiner* selbst in der „Systematischen Entwickelung" (S. 451 dieser Ausgabe, Lehrsatz 54) gegeben worden ist, nachdem bereits *Plücker* (*Crelle's* Journal, B. V. S. 280) an die Stelle der Sätze 3^0 bis 8^0 die folgenden substituirt hatte:

3^0. Ces vingt points appartiennent à quinze droites δ, dont chacune en contient quatre, de sorte que par chacun des vingt points passent trois de ces quinze droites.

3^0. Ces vingt droites concourent en quinze points ϖ, par chacun desquels en passent quatre, de sorte que chacune des vingt droites contient trois de ces quinze points.

4^0. Les soixante points P sont les pôles respectifs des vingt droites D.

5^0. Les vingt points p sont les pôles respectifs des vingt droites d.

6^0. Les quinze points ϖ sont les pôles respectifs des quinze droites δ.

Théorèmes de géométrie.

15) S. 225—227. Die hier aufgestellten Theoreme sind zum Theil schon in vorhergehenden Abhandlungen *Steiner's* erledigt. (Man vergl. S. 17—76 und S. 129, Lehrsatz 12 dieser Ausgabe.)

Systematische Entwickelung der Abhängigkeit geometrischer Gestalten von einander.

16) Von diesem Werke, das laut der Vorrede auf sieben Theile angelegt war, ist nur der erste Theil erschienen. In dieser Ausgabe desselben sind einige Veränderungen in den Bezeichnungen vorgenommen worden, indem das von *Steiner* im Allgemeinen befolgte Princip, Puncte durch deutsche, Gerade durch lateinische und Ebenen durch griechische Buchstaben zu bezeichnen, strenger als im Original durchgeführt ist. Als Regel ist dabei festgehalten, kleine Buchstaben anzuwenden, wenn die zu bezeichnenden Puncte, Geraden und Ebenen als Elemente eines Gebildes auftreten, dagegen den Mittelpunct eines Strahlbüschels und die als Träger einer Punctreihe betrachteten Geraden durch grosse Buchstaben zu bezeichnen. Consequenterweise hätte auch zur Bezeichnung der Axe eines Ebenenbüschels überall ein grosser lateinischer Buchstabe gebraucht werden sollen, doch ist, um zu starke Aenderungen zu vermeiden, hiervon mehrfach, namentlich in dem letzten Abschnitte des Werks und in der „Allgemeinen Anmerkung" abgewichen worden.

17) S. 251 (8). Obwohl *Steiner* in der Anmerkung auf S. 247 darauf hingewiesen hat, dass man, um aus dem Werthe eines Doppelverhältnisses, wenn drei seiner Elemente gegeben sind, das vierte unzweideutig bestimmen zu können, die Verschiedenheit der Lage der Elemente gegen einander durch die Zeichen $+$ und $-$ bemerklich machen müsse, so hat er doch von diesem Hülfsmittel nirgends Gebrauch gemacht, und deswegen auch den Werth eines Doppelverhältnisses aus vier harmonischen Elementen nicht, wie es gegenwärtig allgemein geschieht, gleich -1, sondern schlechthin gleich 1 angegeben.

18) S. 258, Z. 3. Die Figur 1, auf die hier verwiesen wird, ist für den vorliegenden Zweck nicht passend angeordnet, weil hier vorausgesetzt wird, dass die Puncte $\mathfrak{a}$, $\mathfrak{b}$ durch die Puncte $\mathfrak{c}$, $\mathfrak{d}$ harmonisch getrennt werden.

19) S. 294, Z. 32 rechts. Hier ist n-Seit statt n-Eck gesetzt worden.

20) S. 304. In der Anmerkung steht im Original statt der Formel

$$3.4.5\ldots(n-1)$$

irrthümlicherweise

$$3.4.5\ldots n.$$

21) S. 352, Z. 20. *Steiner* bezieht sich hier auf die in seinen späteren Vorlesungen eingeführten Punct- und Strahlensysteme (Involutionen), die aus projectivisch auf einander bezogenen einfachen Gebilden bei involutorischer Lage derselben entspringen, sowie auf das ebene Polarsystem (Involutionsnetz).

22) S. 359, Z. 9 links. Hier ist „Vierseits" statt „Vierecks" gesetzt worden.

23) S. 388, Anm. Unter dem „rechtwinkligen dreiflächigen Körperwinkel" ist hier ein solches Dreiflach zu verstehen, in welchem zwei Ebenen senkrecht zu einander stehen; die dritte Ebene heisst dann die „Hypotenusen-Fläche".

24) S. 396, Z. 1 und 2 v. u. Vgl. die vorhergehende Anm. (20).

25) S. 442. Die Frage (15) musste modificirt werden, da der gesuchte Ort der in Rede stehenden Geraden nicht eine Fläche bildet, sondern das gesammte Secanten-System einer Raumcurve dritter Ordnung.

Geometrische Constructionen.

26) S. 472, Z. 15 v. u. Hier ist

$$CE : ED = CB : DB$$

statt

$$CE : ED = DB : CB$$

gesetzt worden.

27) S. 479, Z. 4 v. u. Hier ist

𝔥𝔦 statt 𝔣𝔦

gesetzt.

Berichtigung.

S. 11, VIII. Hier müsste es heissen:
„besteht aus drei Curven zweiten Grades" statt „ist eine ebene Curve zweiten Grades". Darauf hat schon *Magnus* (Sammlung von Aufgaben und Lehrsätzen aus der analytischen Geometrie des Raumes, S. 332) aufmerksam gemacht.

S. 14, Z. 5. Es ist zu lesen

S. 271 statt 270.

S. 103, Z. 6 ist fälschlich (nach *Legendre*) Nova acta Petropolitana statt Acta Petropol. 1781, I, S. 112 citirt worden, wie bereits *Baltzer* (Elemente der Mathematik, II, fünftes Buch, Sphärik) angemerkt hat.

S. 128, 10. Lehrsatz. Hier hätte auf S. 454 verwiesen werden müssen, wegen der dort von *Steiner* unter (78) angegebenen Correctur des Satzes.

TAFELN

für

BAND I

und

BAND II

Einige geometr. Sätze. Fig. 1-3.

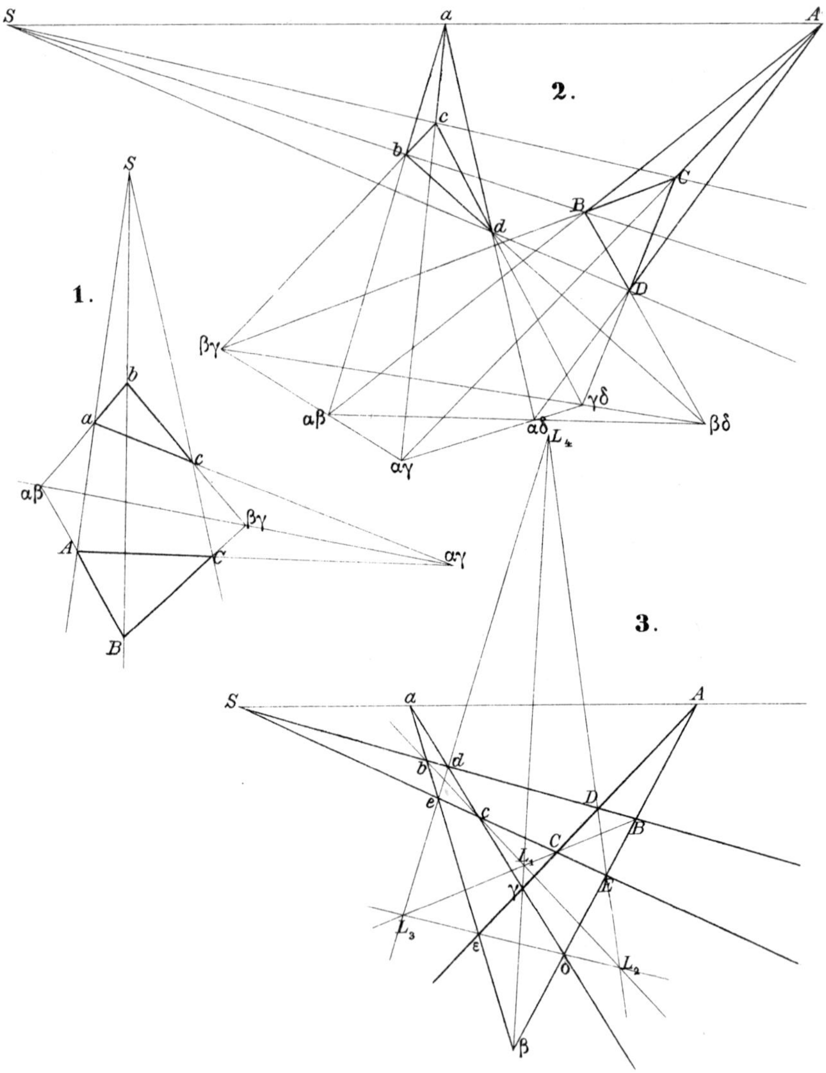

Einige geometr. Sätze. Fig. 4-6.

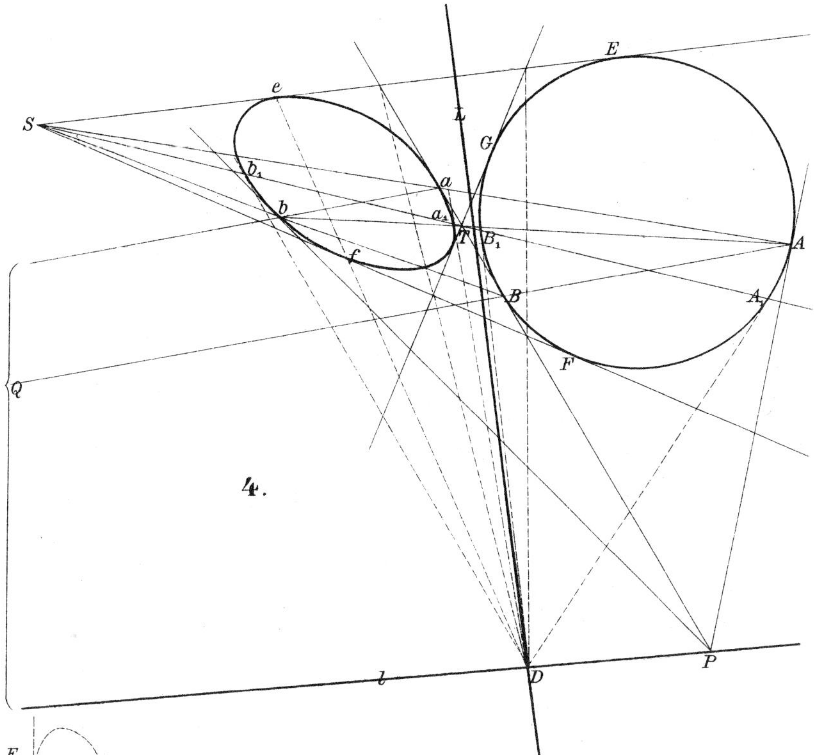

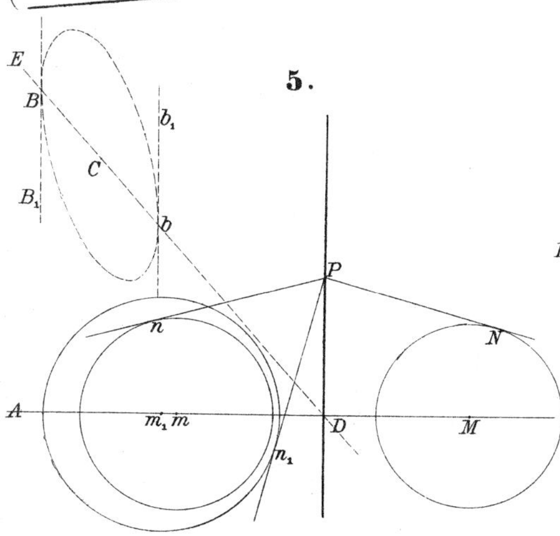

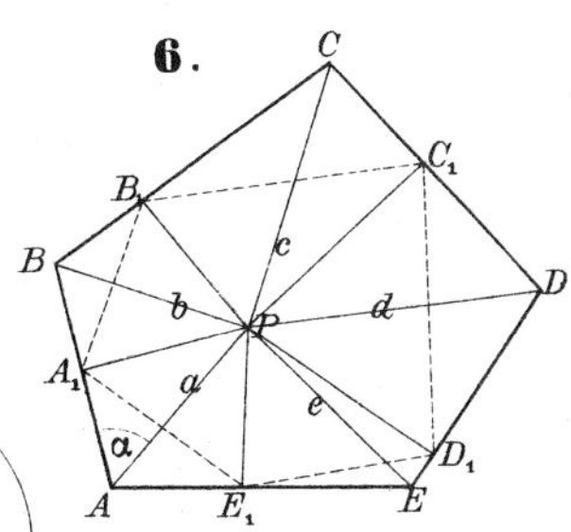

Einige geometr. Betrachtungen. Fig. 1-10.

1.

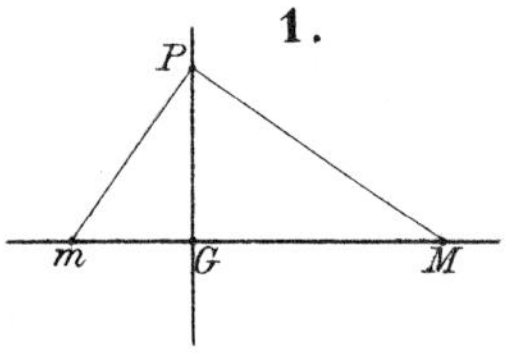

2.

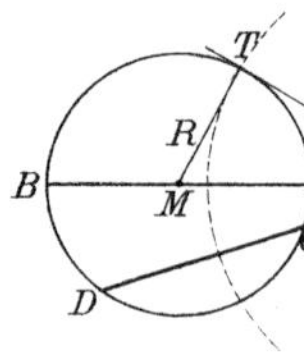

3.

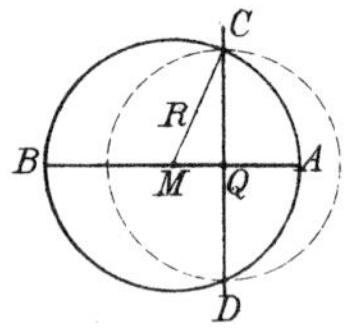

4.

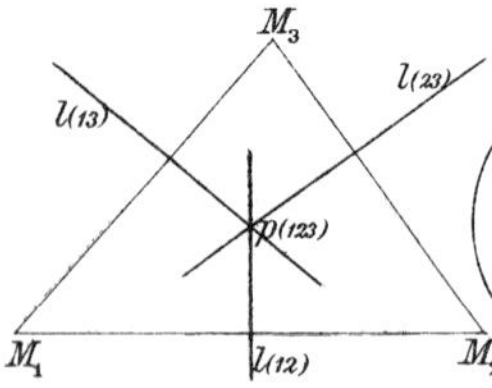

5.

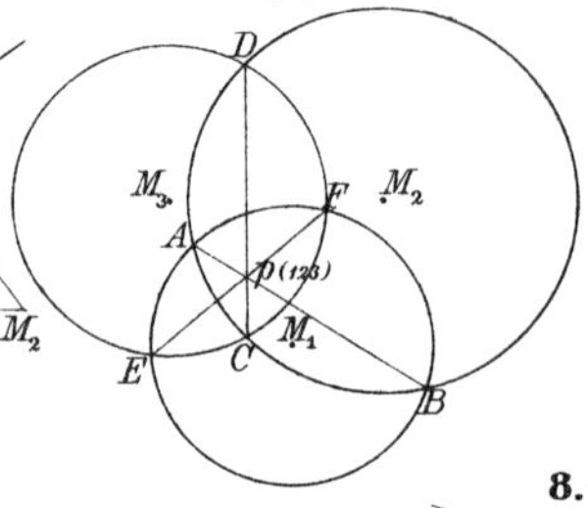

6.

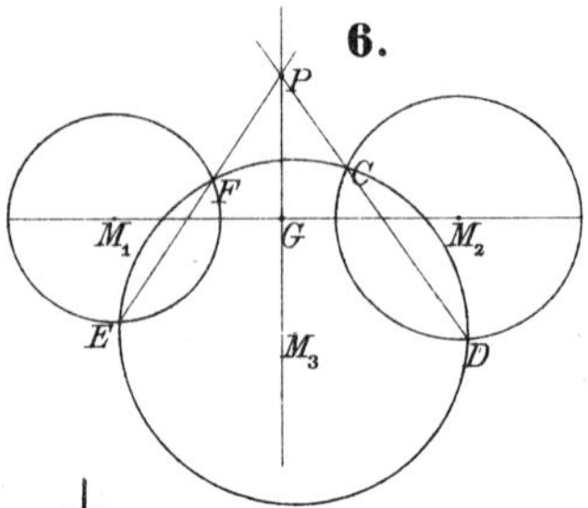

7.

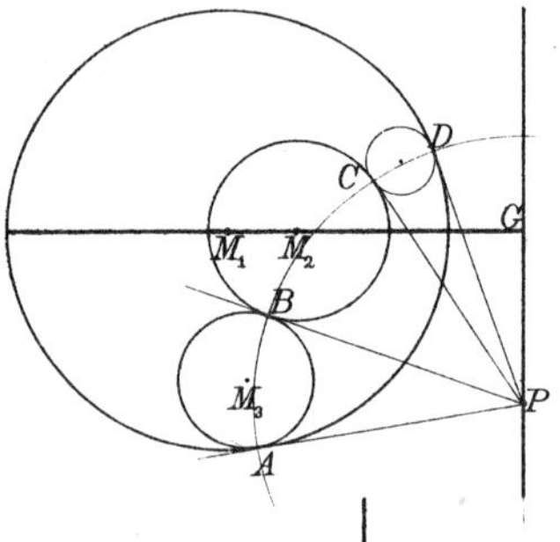

8.

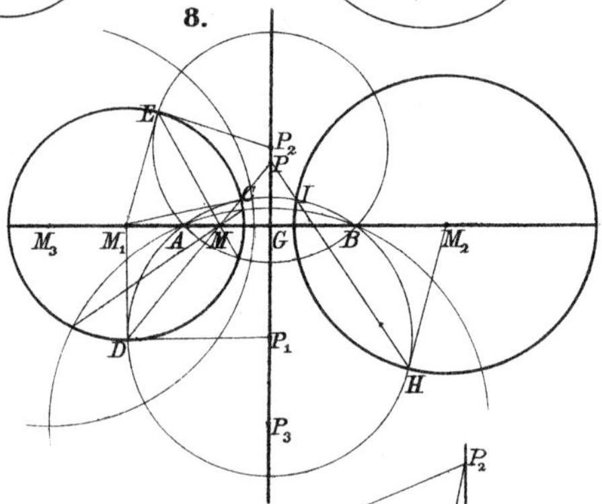

9.

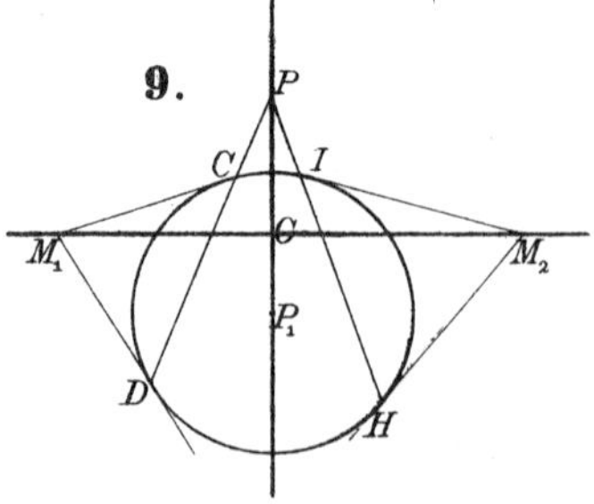

10.

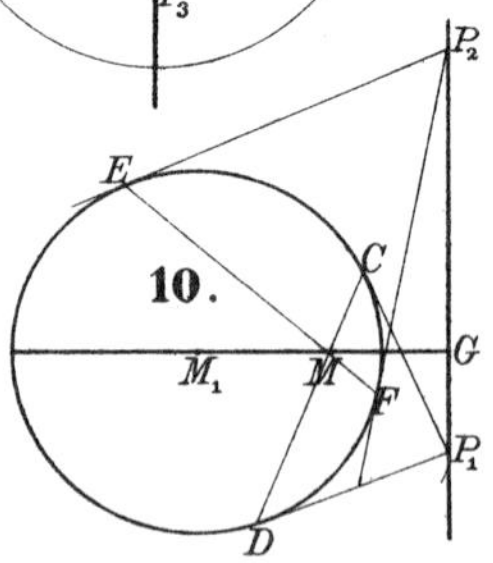

Einige geometr. Betrachtungen. Fig. 11-17.

11.

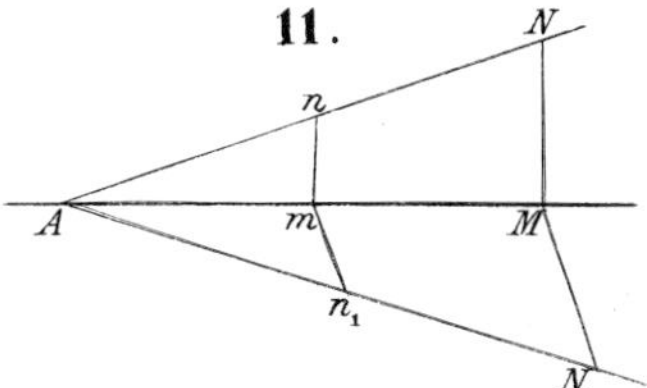

12.

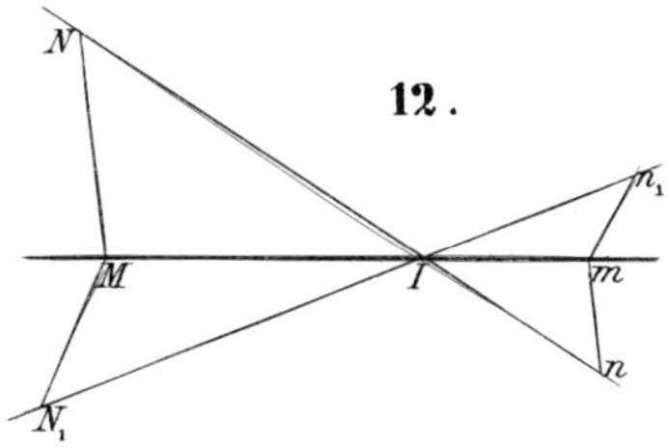

13.

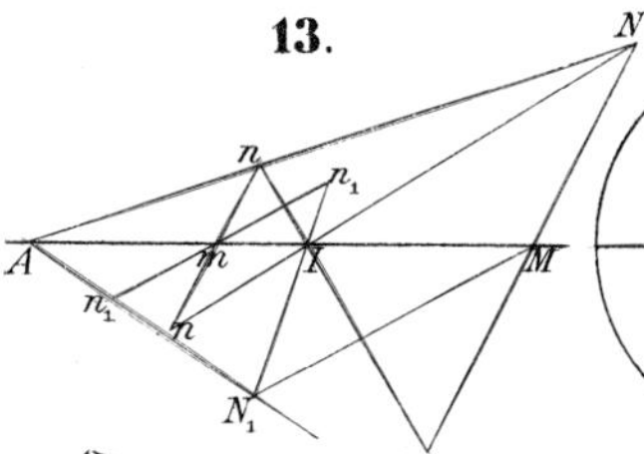

14.

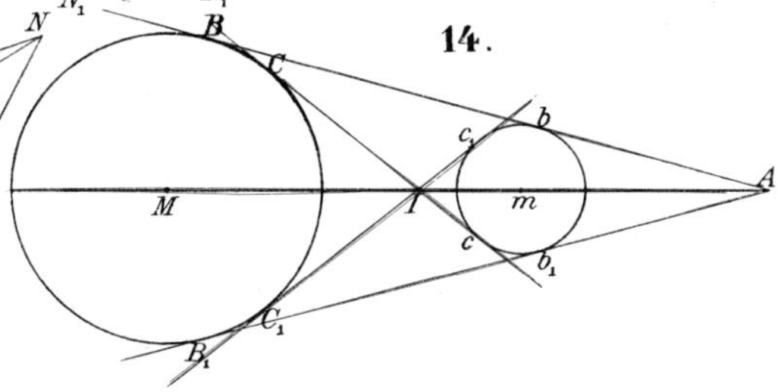

15.

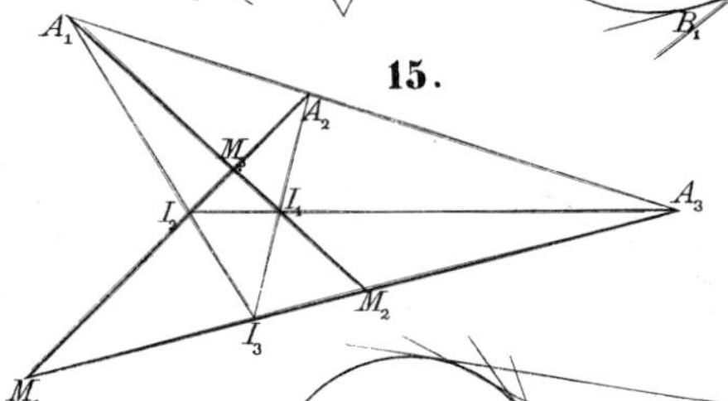

16.

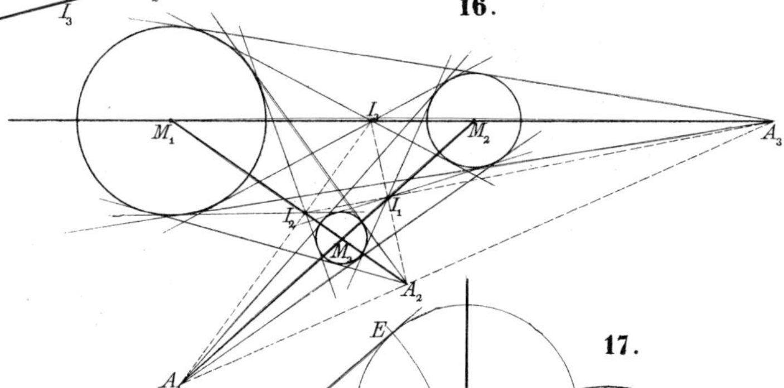

17.

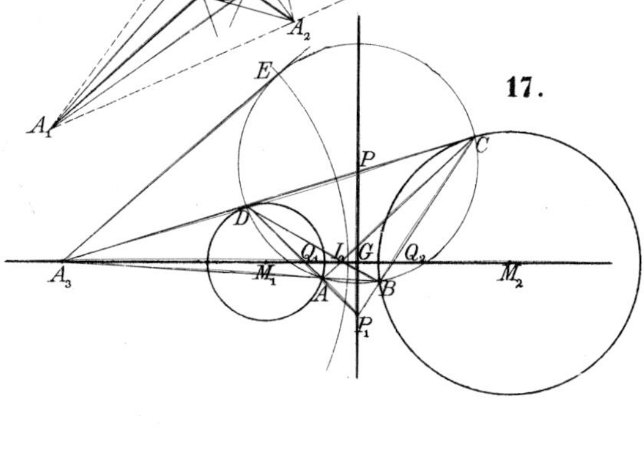

Einige geometr. Betrachtungen. Fig. 18 - 19.

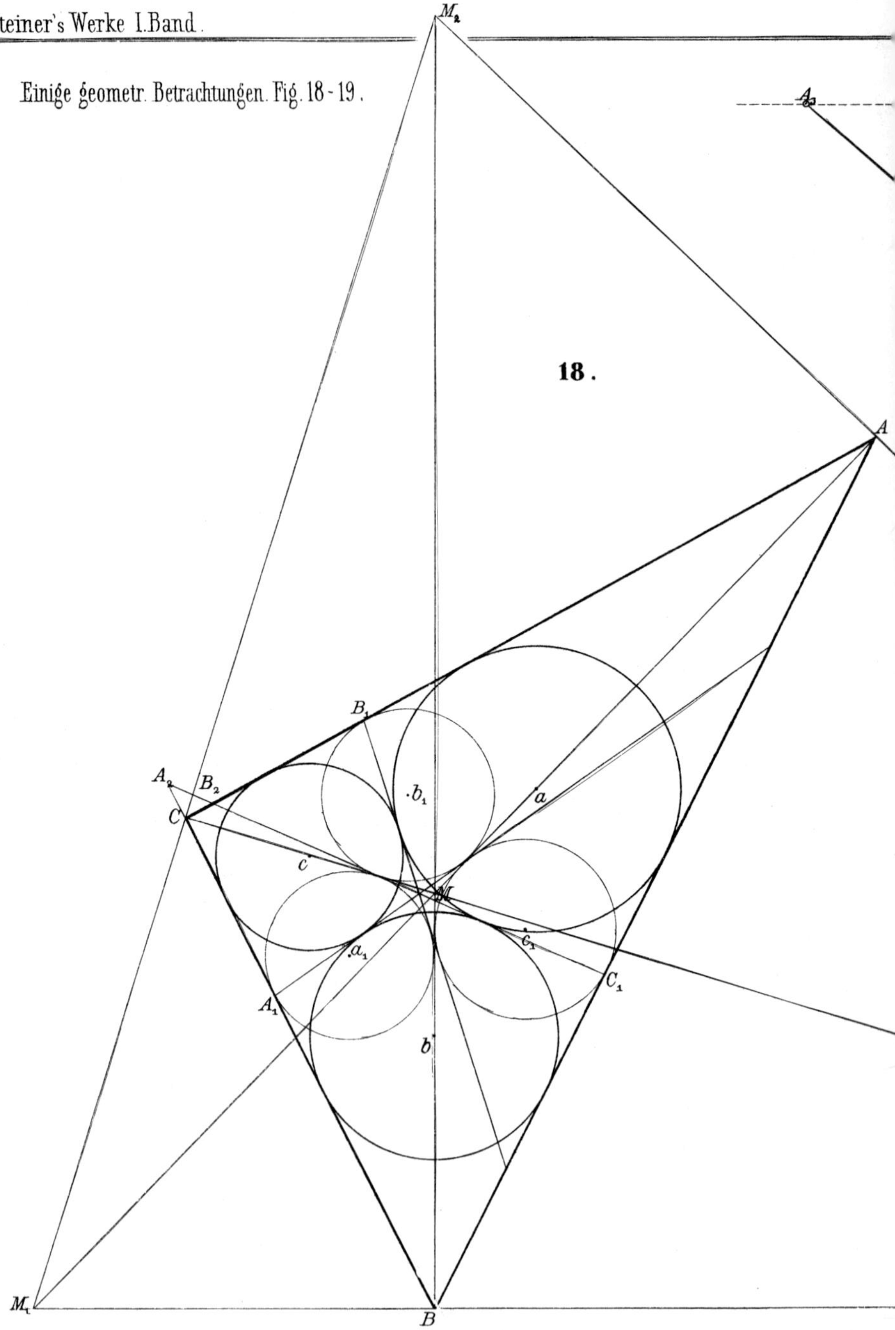

19.

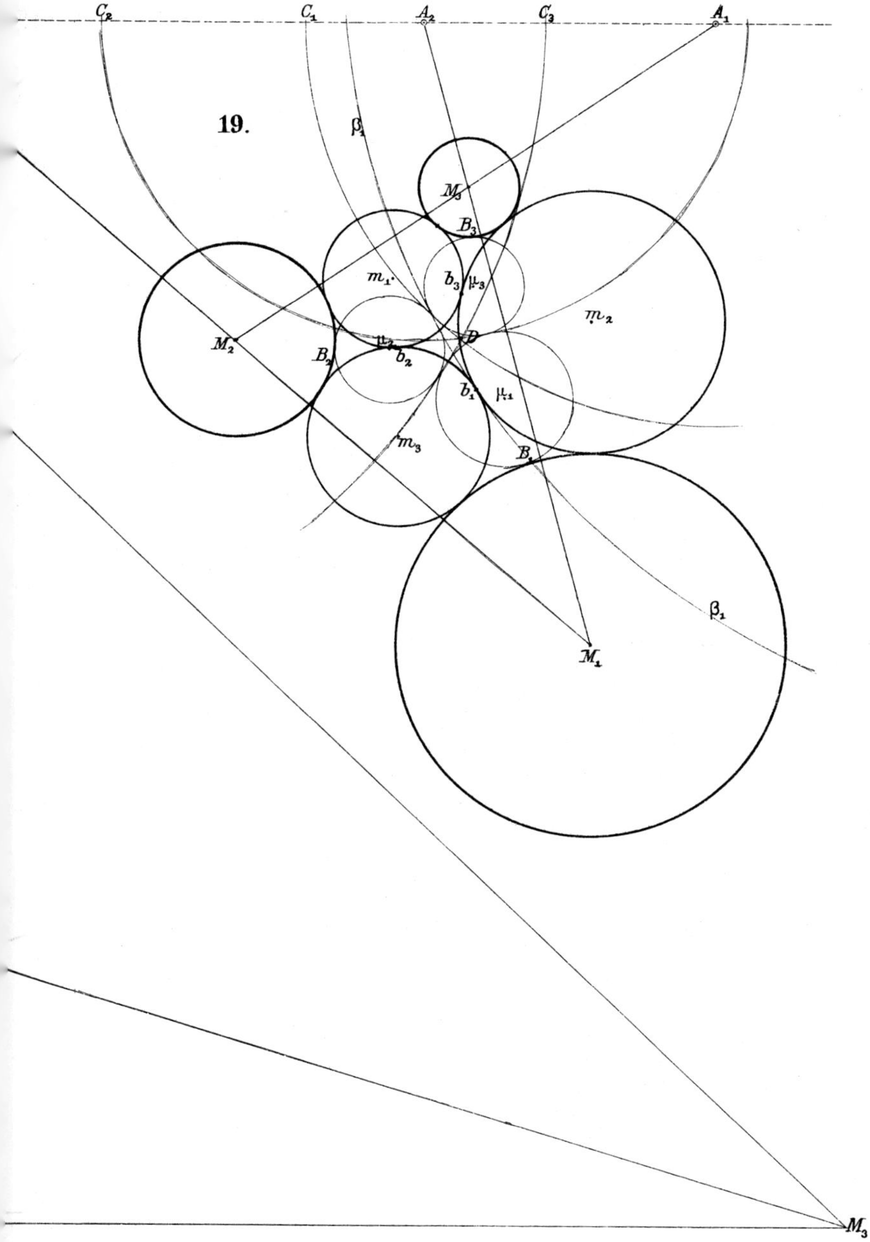

Einige geometr. Betrachtungen. Fig. 20–22.

20.

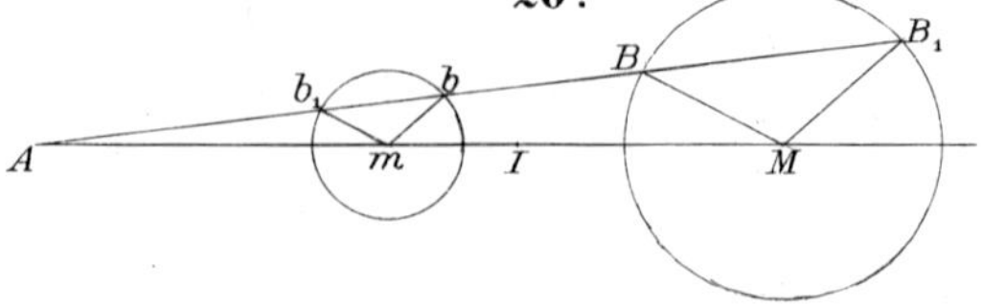

21.

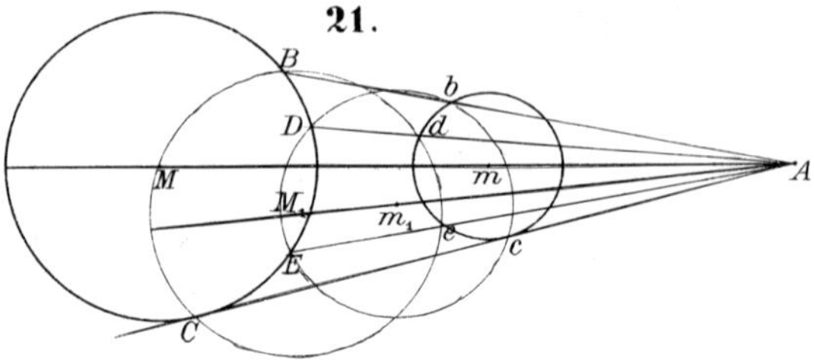

22.

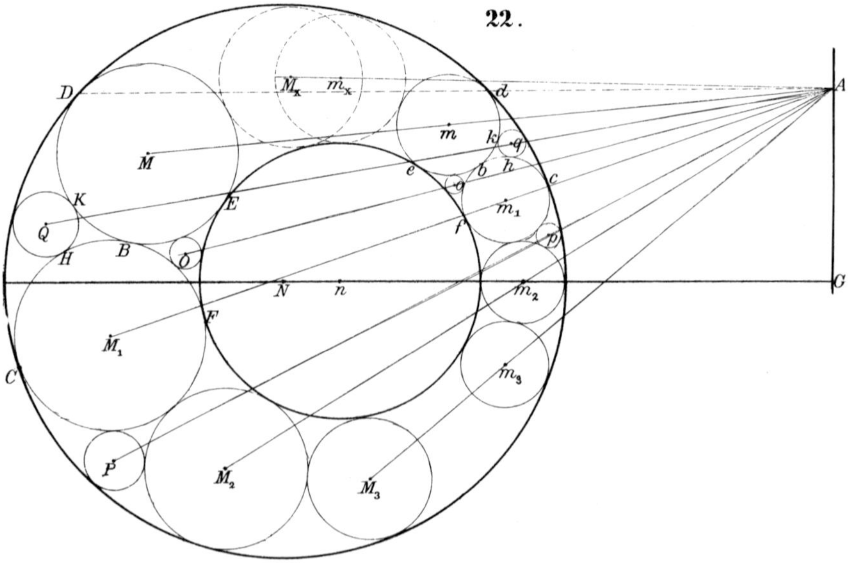

Einige geometr. Betrachtungen. Fig. 23-27.

23.

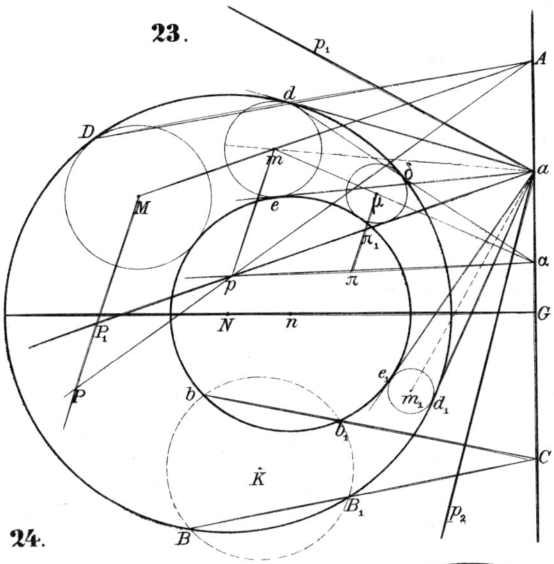

24.

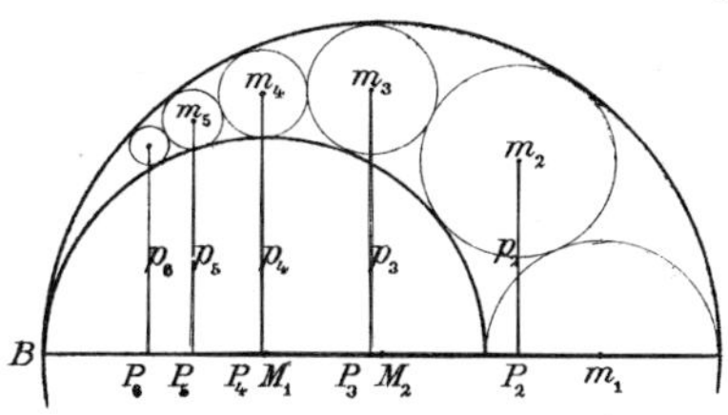

25.

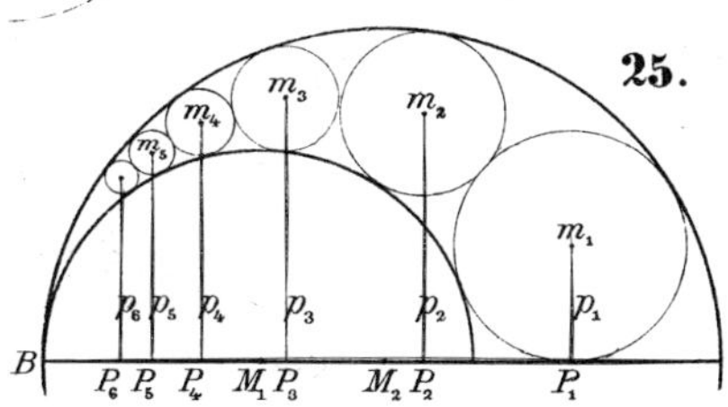

26.

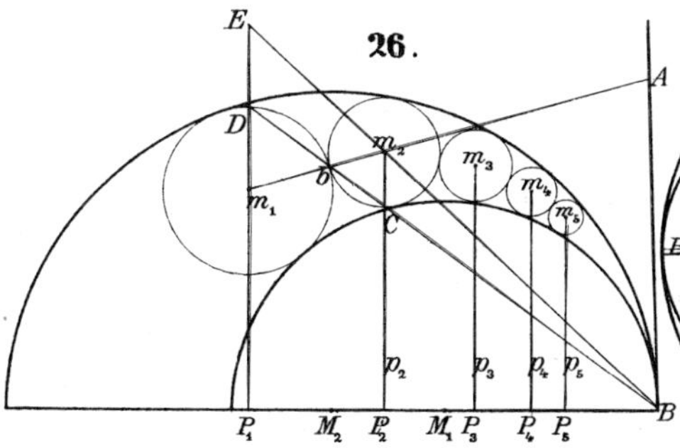

27.

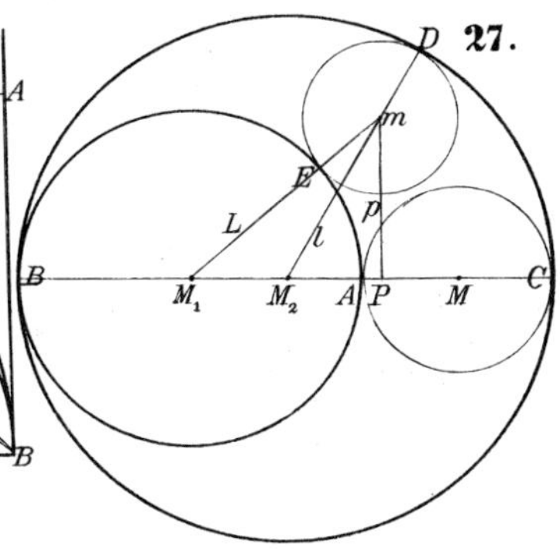

Einige geometr. Betrachtungen. Fig. 28-31.

28.

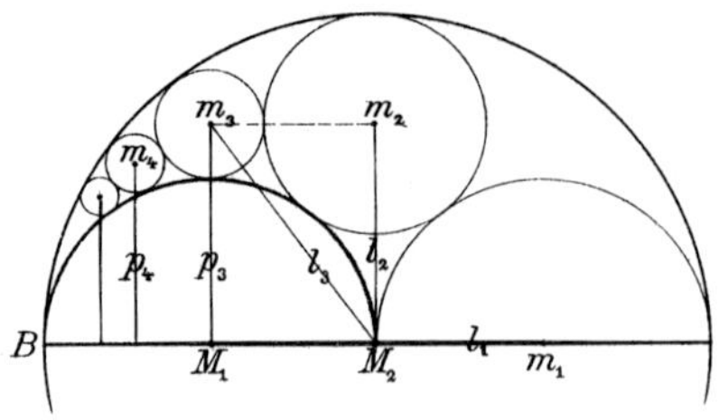

29.

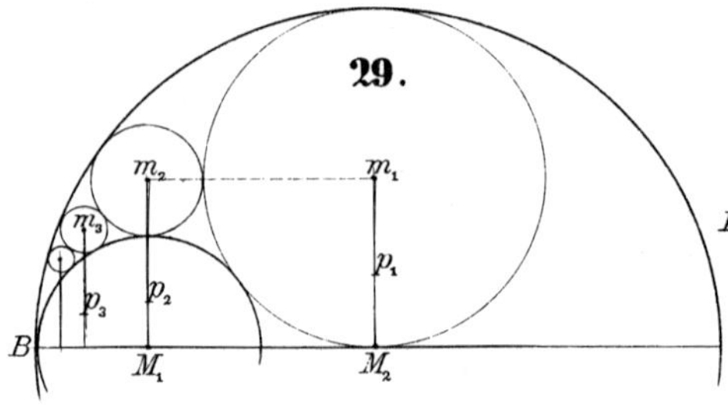

30.

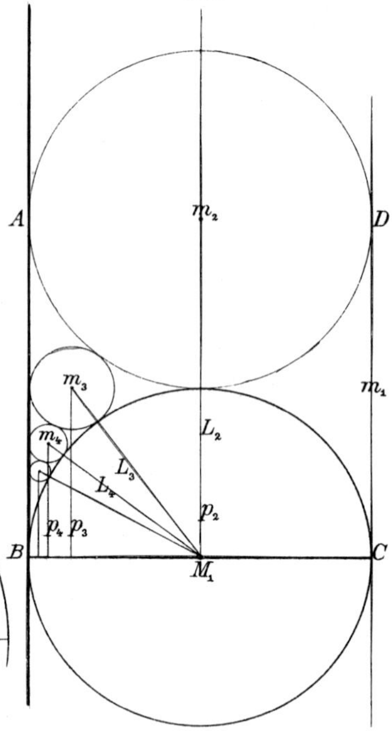

31.

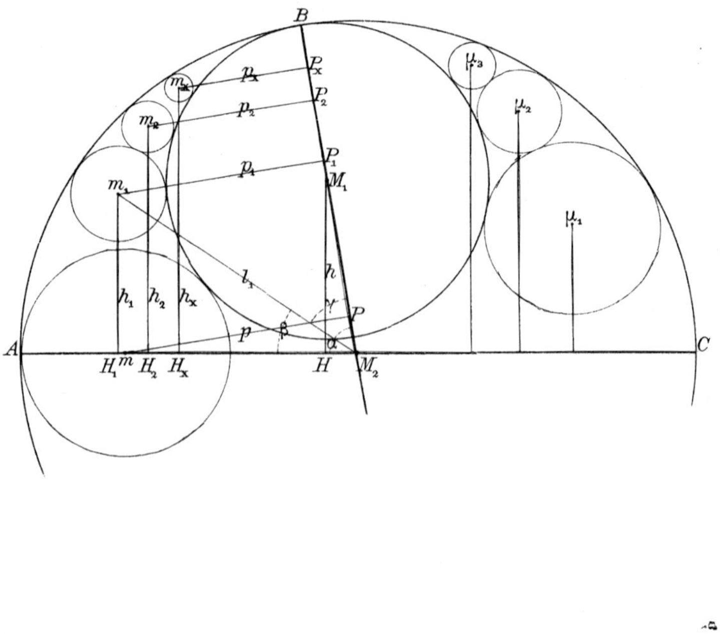

Einige geometr. Betrachtungen. Fig. 32 - 35.

32.

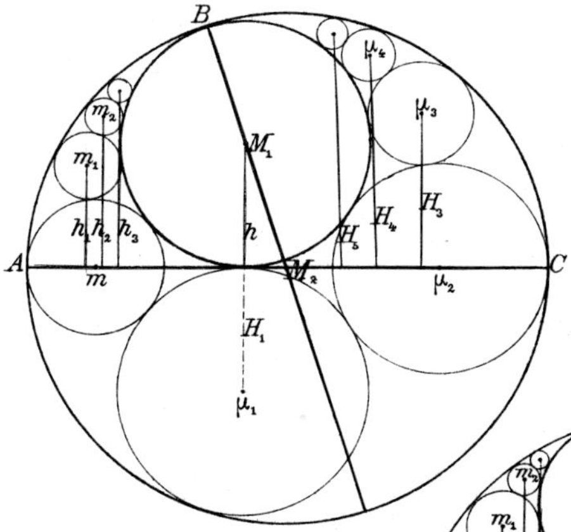

33.

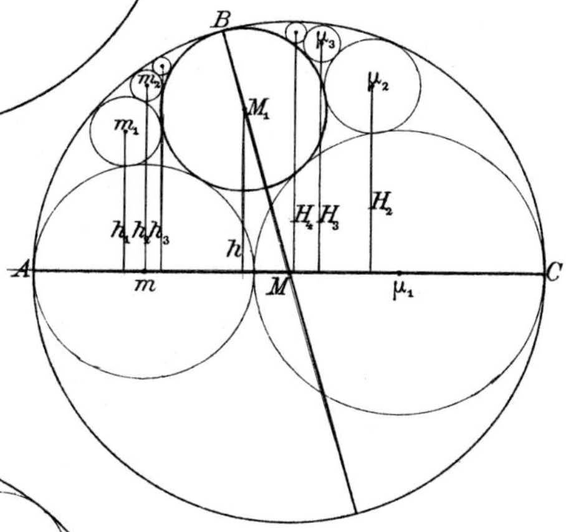

34.

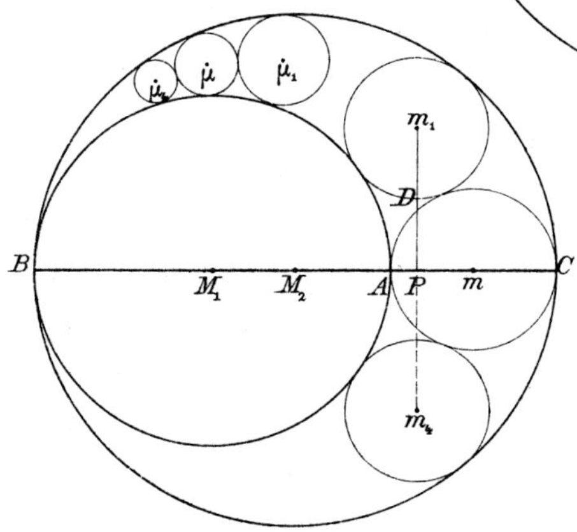

35.

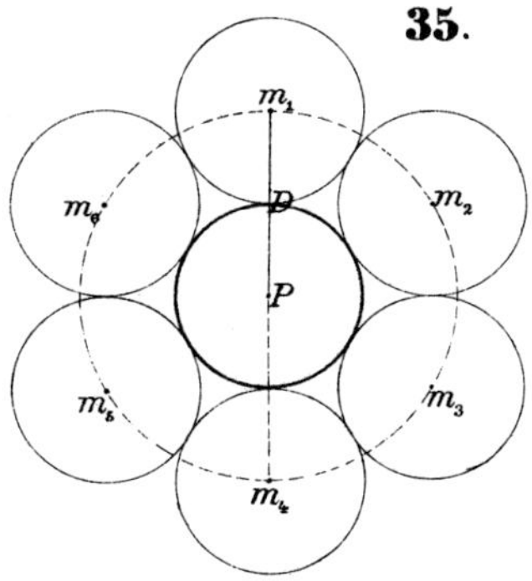

Einige geometr. Betrachtungen. Fig. 36–38.

36.

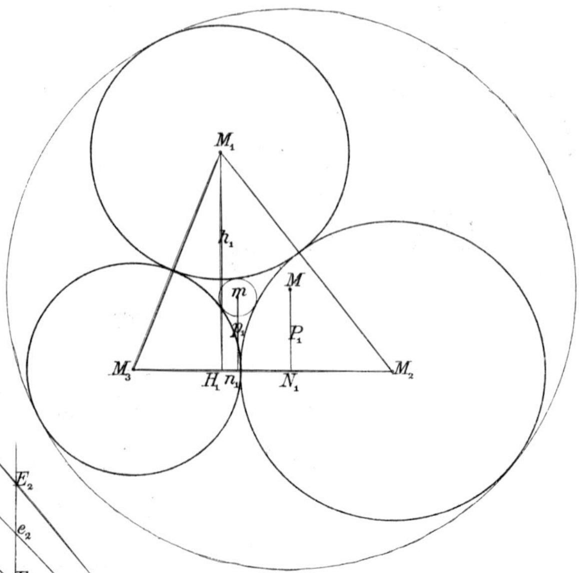

37.

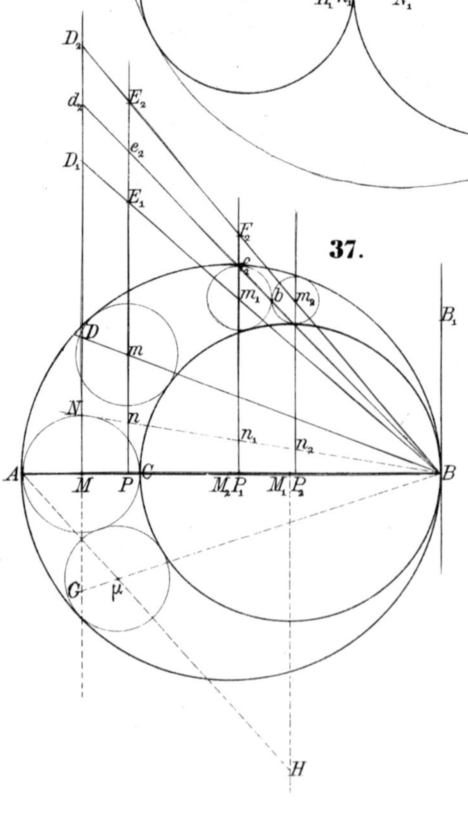

38.

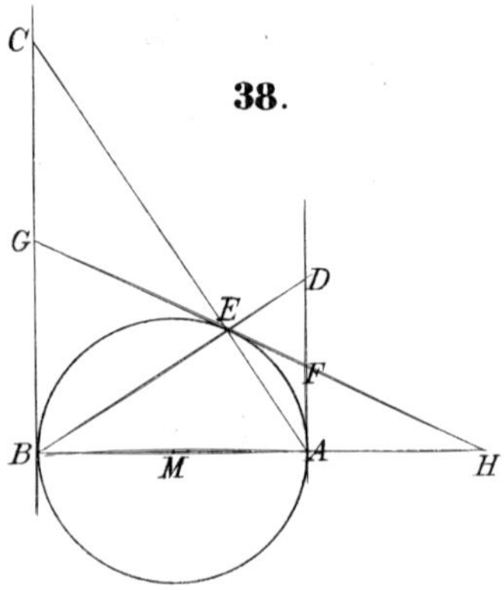

Einige geometr. Betrachtungen. Fig. 39-43.

39.

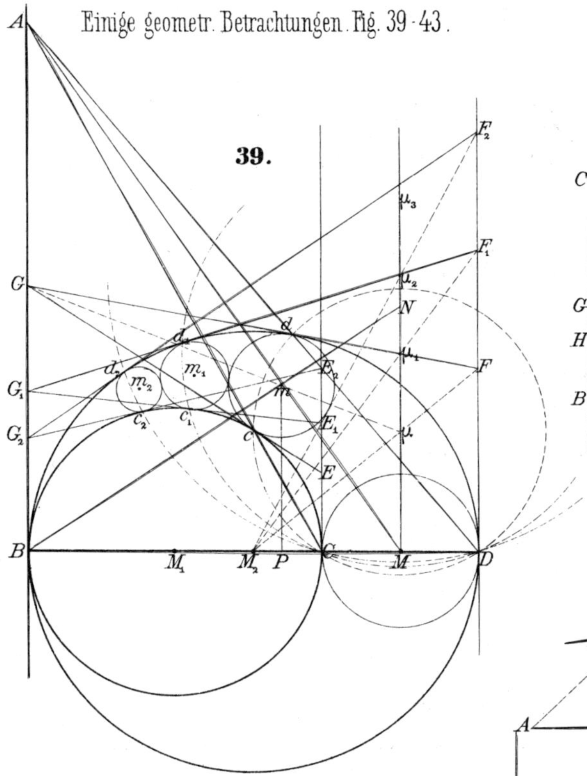

40.

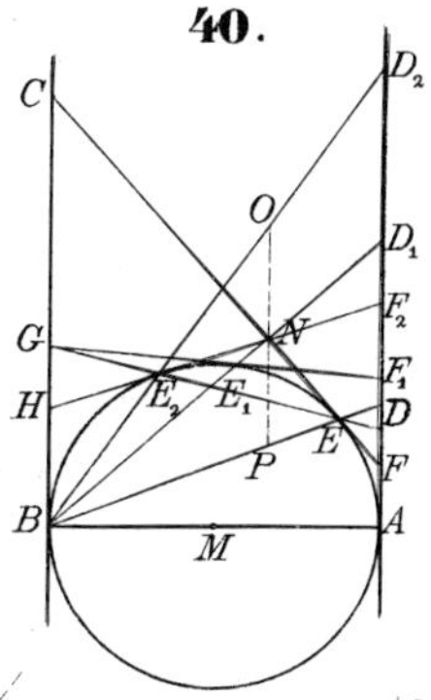

41.

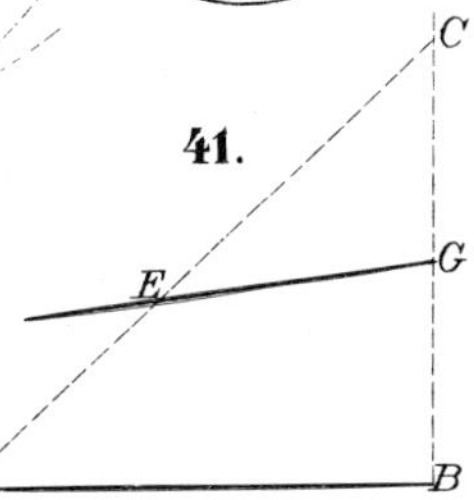

42.

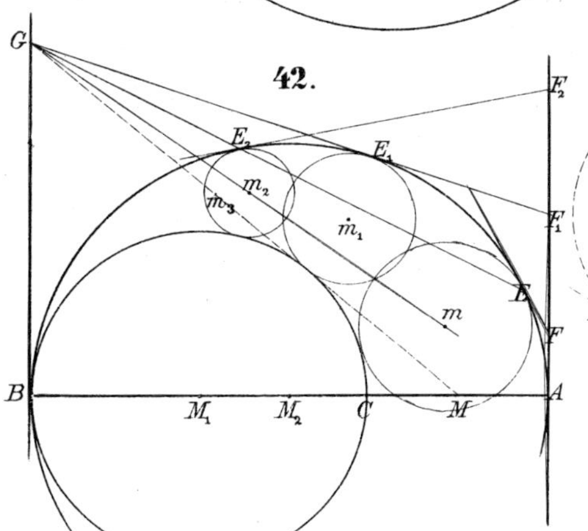

43.

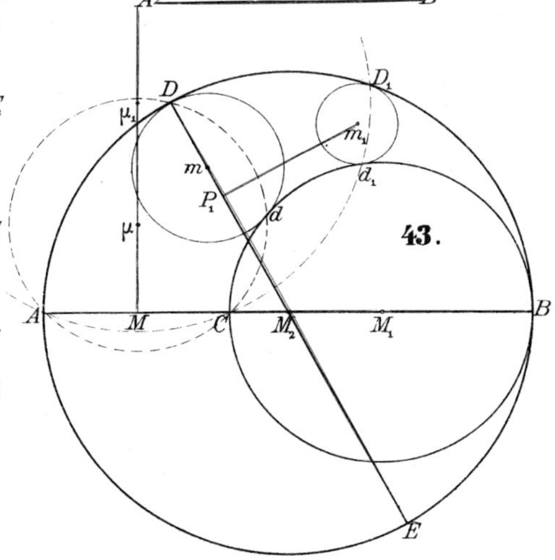

Leichter Beweis eines stereometrischen Satzes von Euler. Fig. 1.

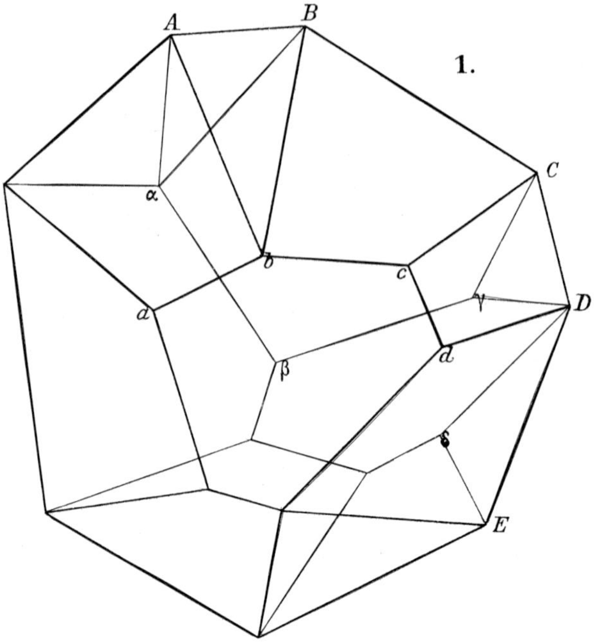

Verwandlung und Theilung sphärischer Figuren. Fig. 1-2.

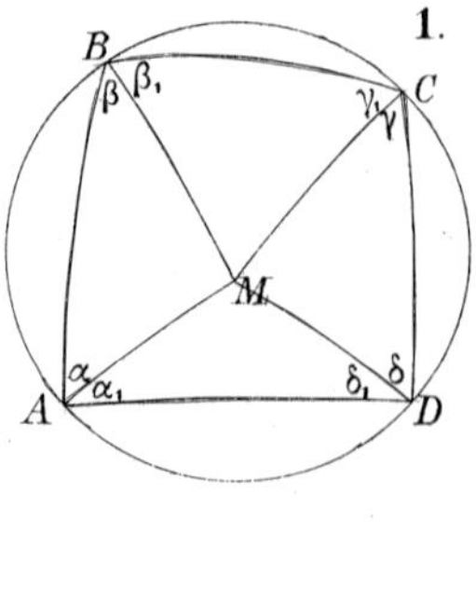

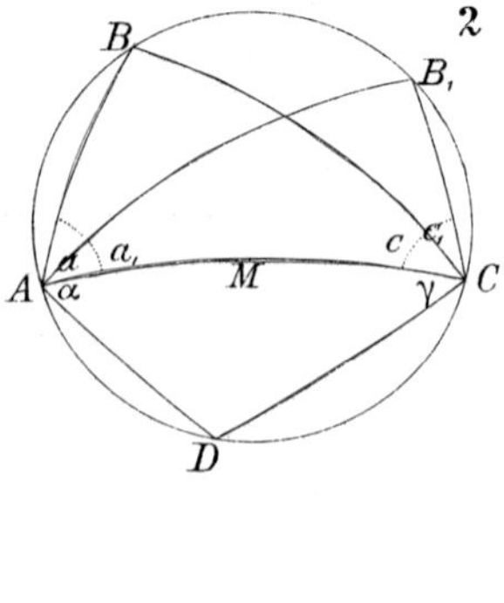

Verwandlung und Theilung sphärischer Figuren. Fig. 3-6.

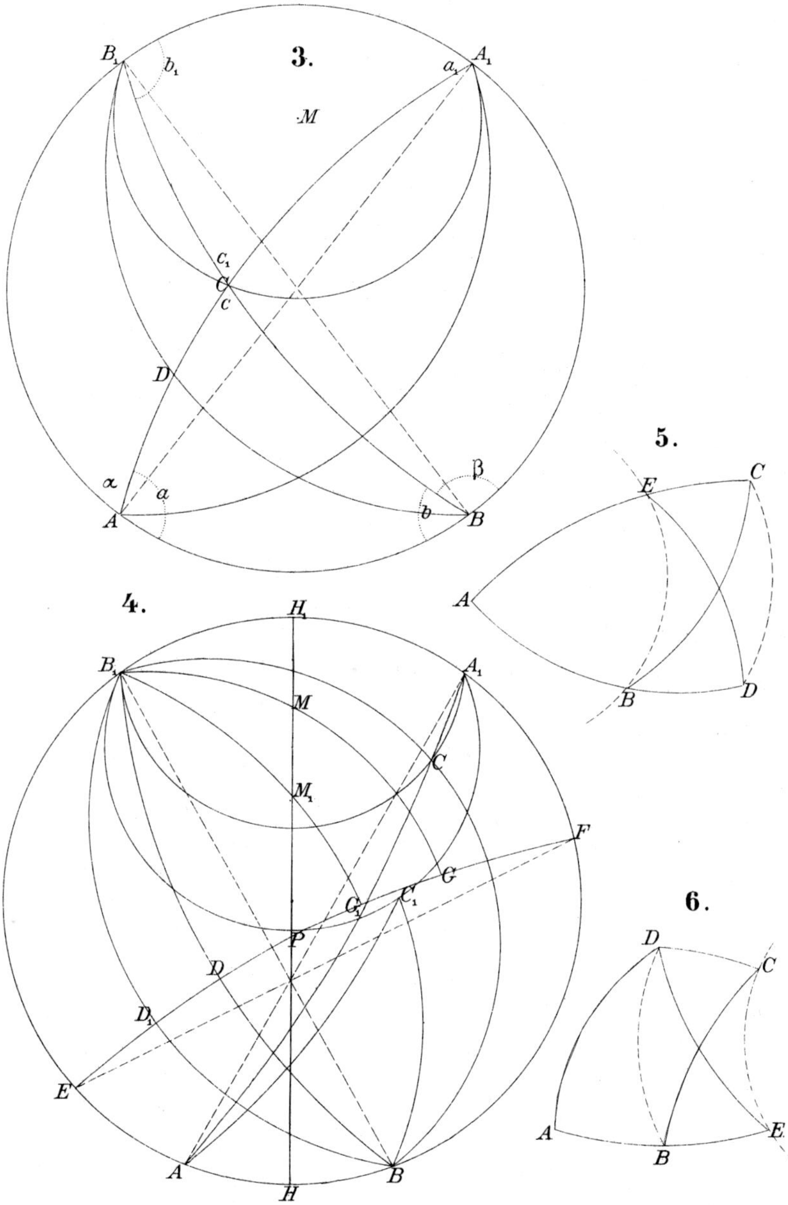

Verwandlung und Theilung sphärischer Figuren. Fig. 7-13.

7.

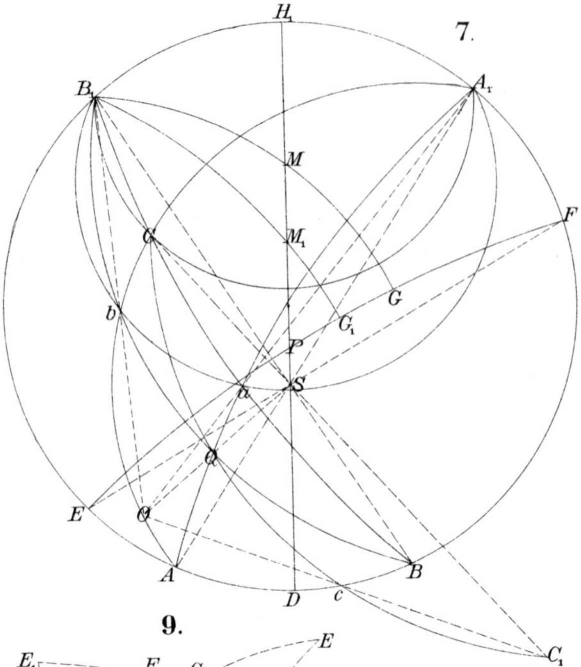

8.

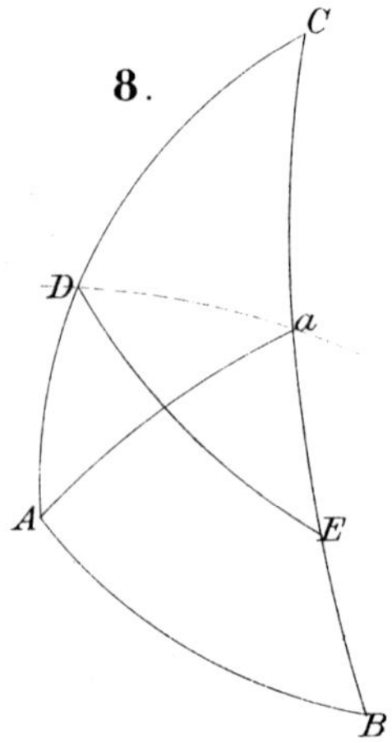

9.

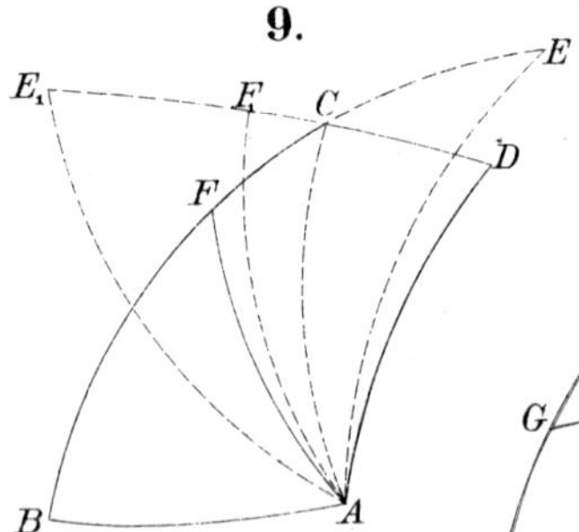

10.

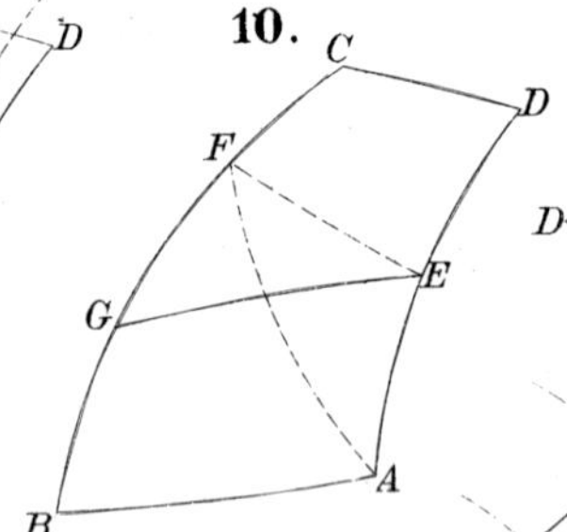

12.

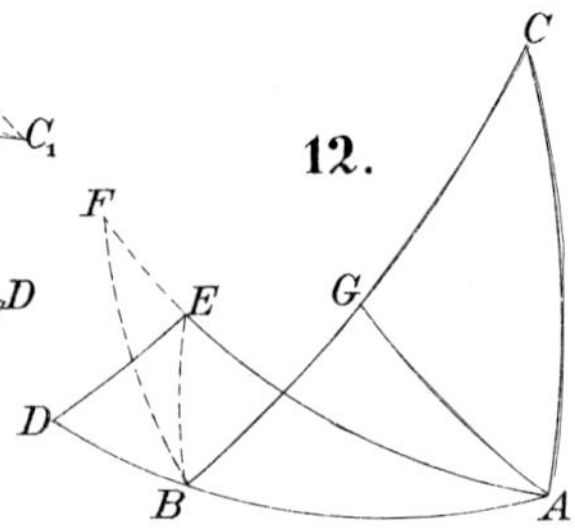

11.

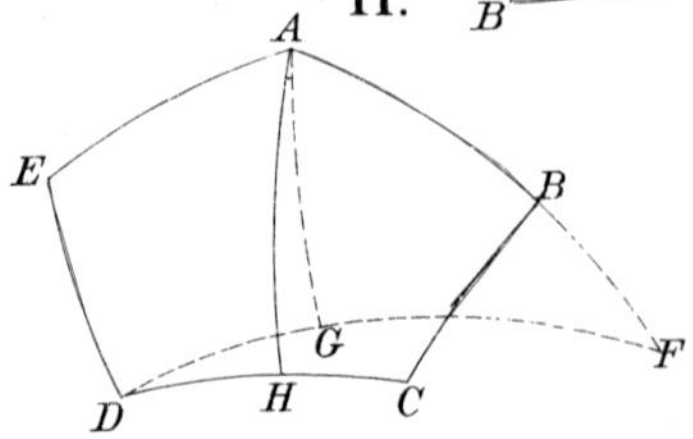

13.

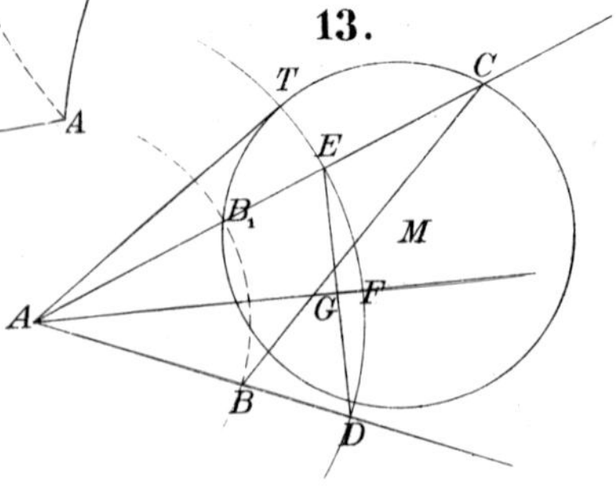

Verwandlung und Theilung sphärischer Figuren. Fig. 14-17.

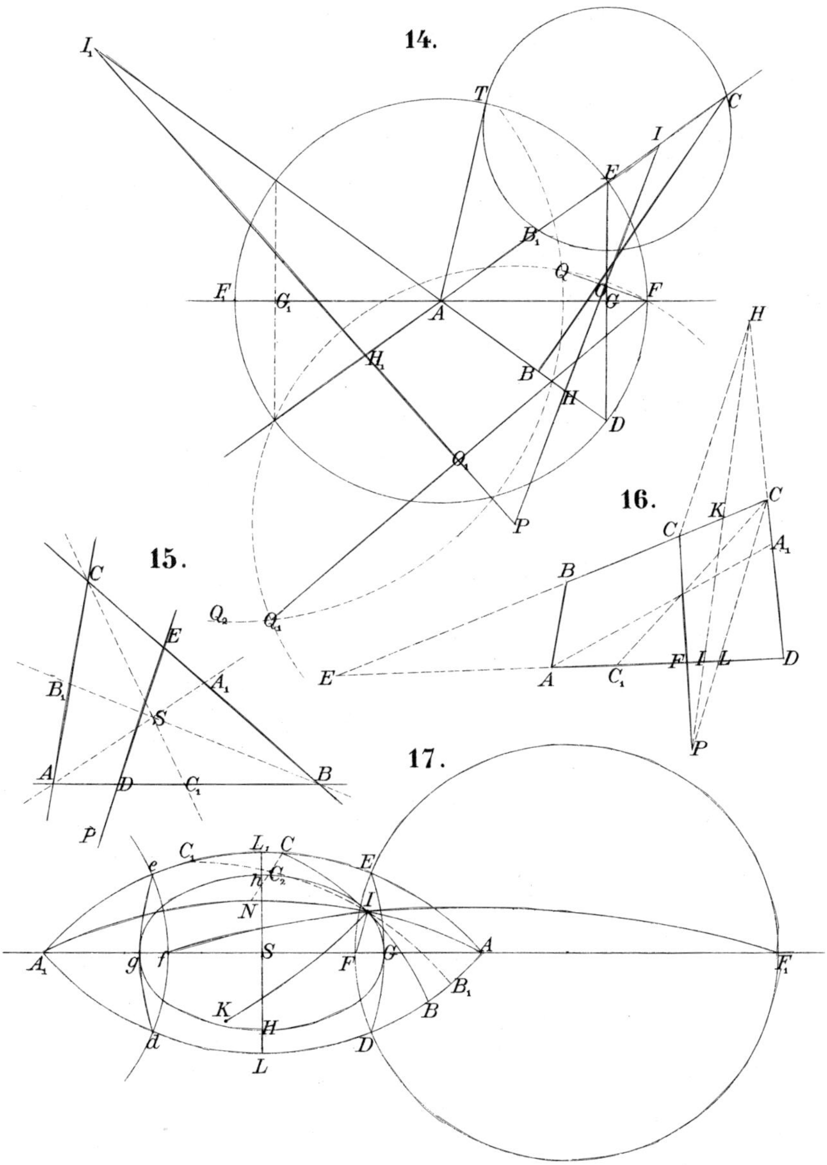

Geometrische Lehrsätze. Fig. 1-6.

1.

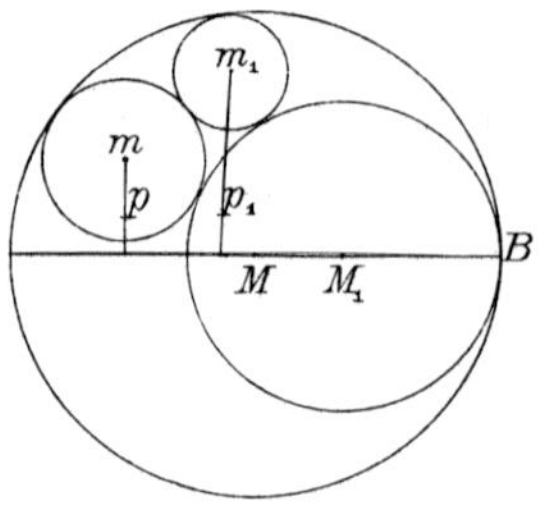

2.

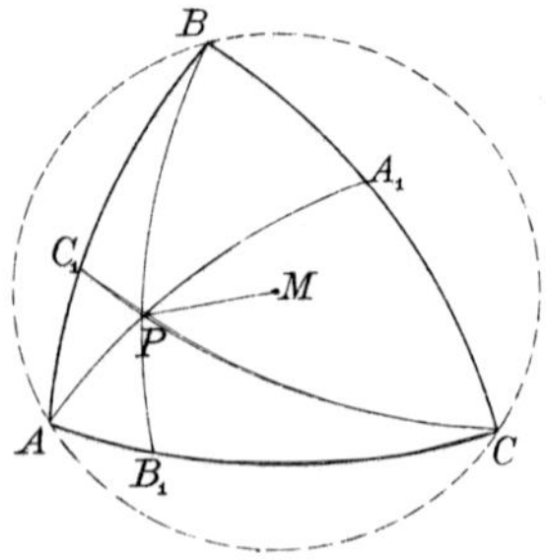

3.

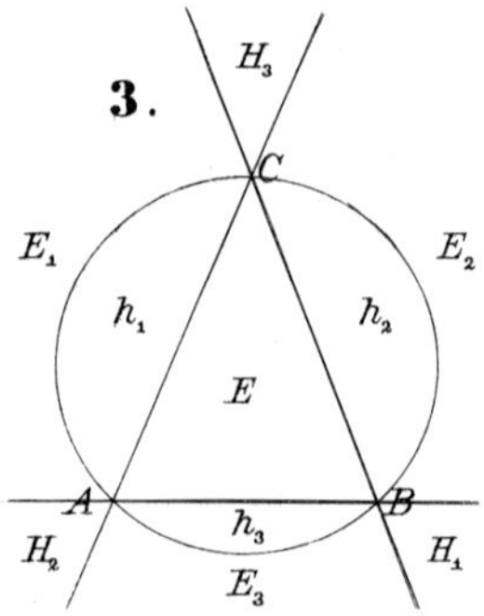

4.

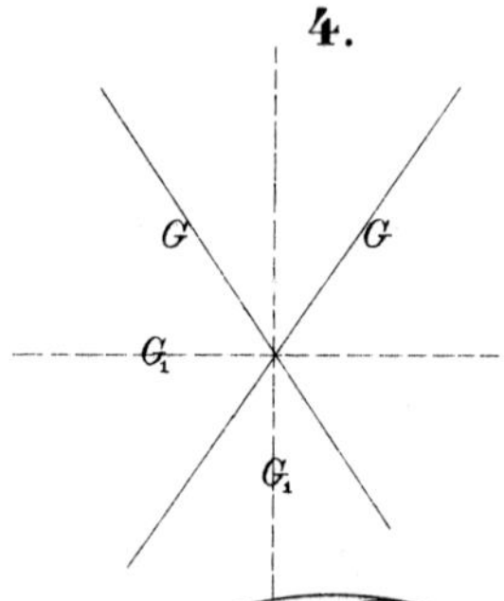

6.

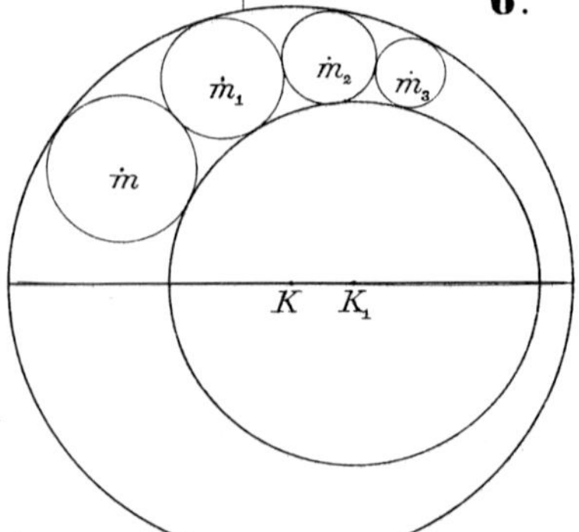

5.

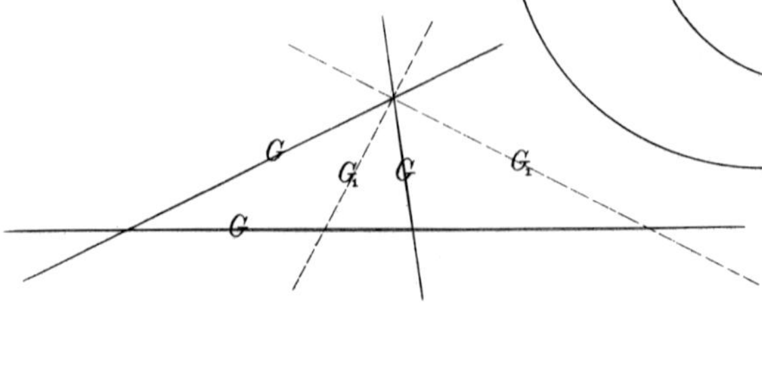

Zwei polygonometrische Sätze.

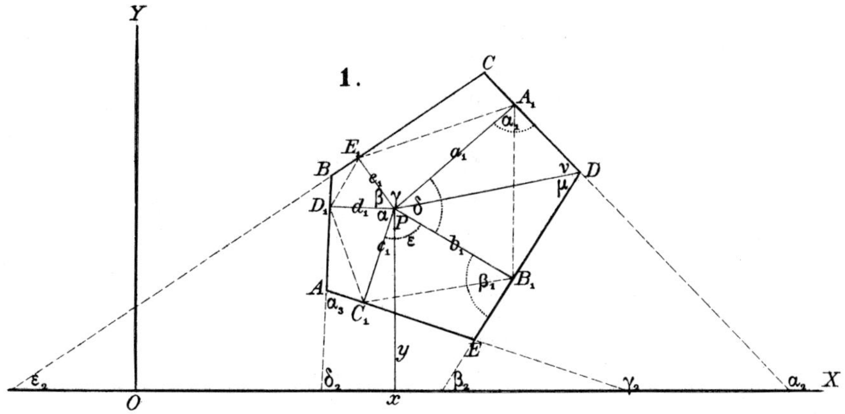

Auflösung einer Aufgabe aus den Annalen des Herrn Gergonne.

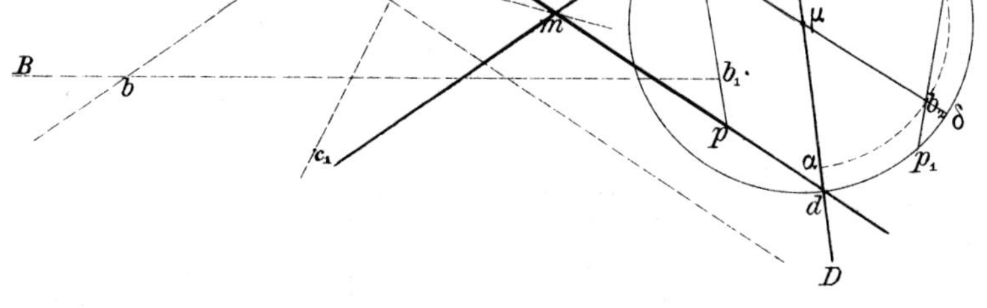

Geometrische Lehrsätze. Fig. 1-2.

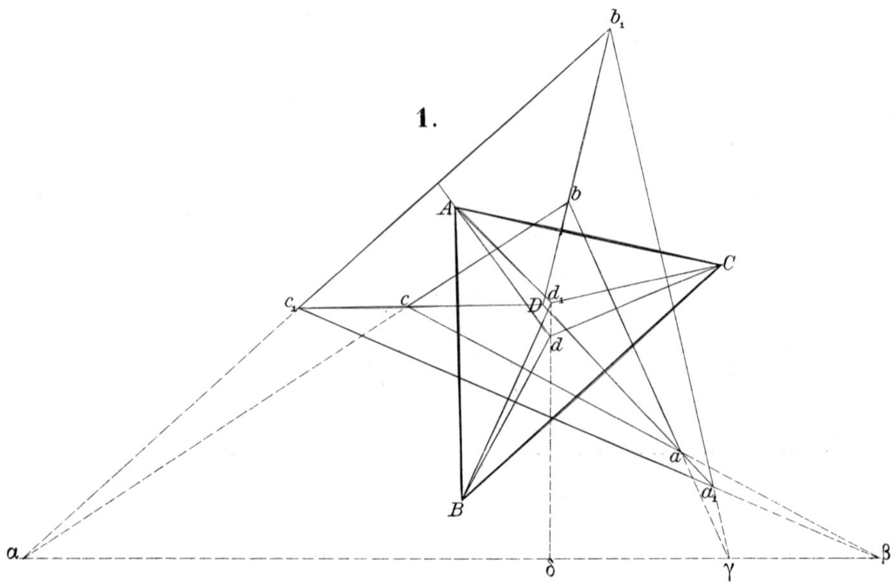

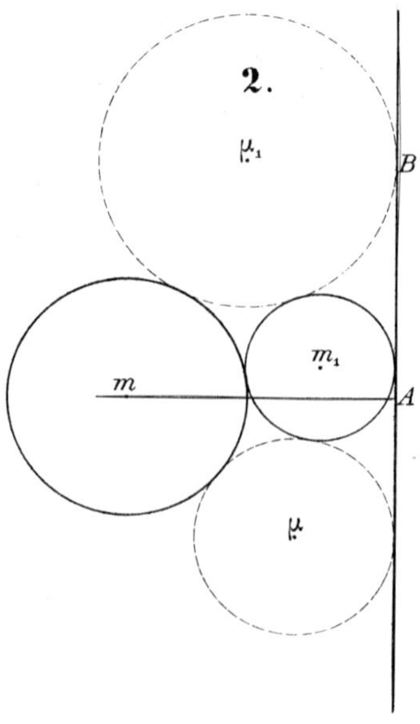

Bemerkungen zu einer Aufgabe in Crelle's Journal Band III. Seite 197-198

1.

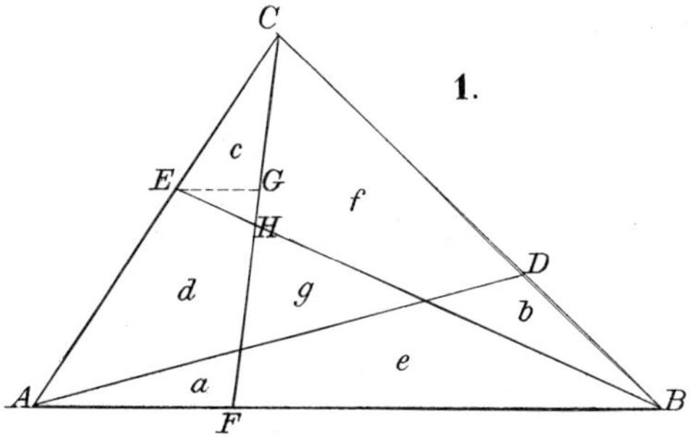

Aufgaben u. Lehrsätze. Fig. 1-3.

1.

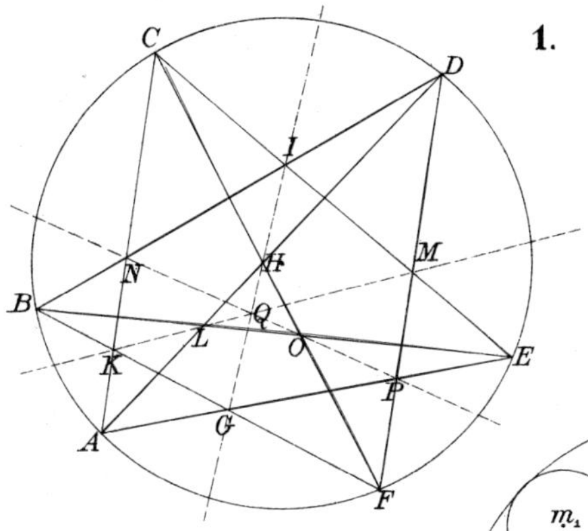

2.

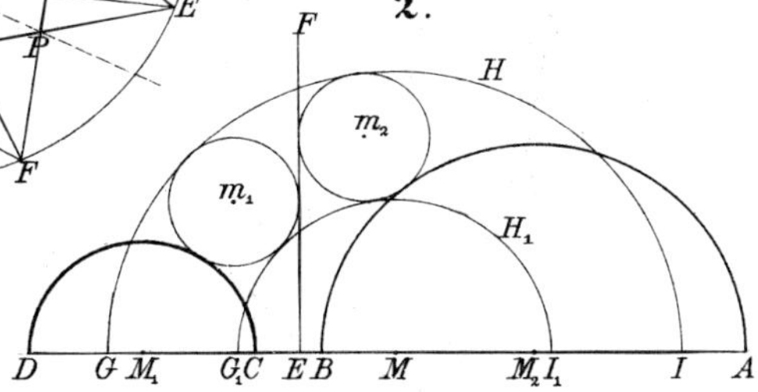

3.

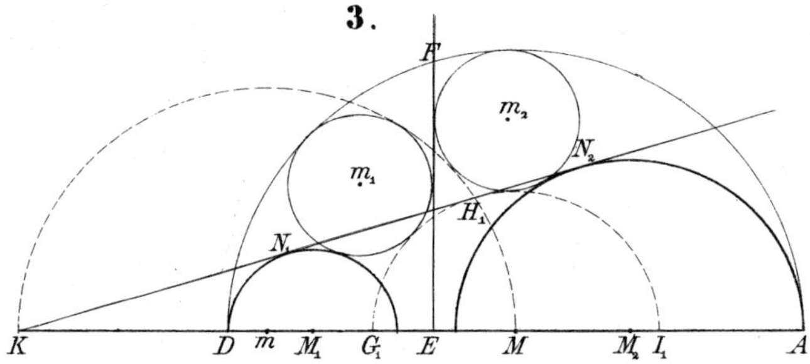

Aufgaben u. Lehrsätze. Fig. 4-7.

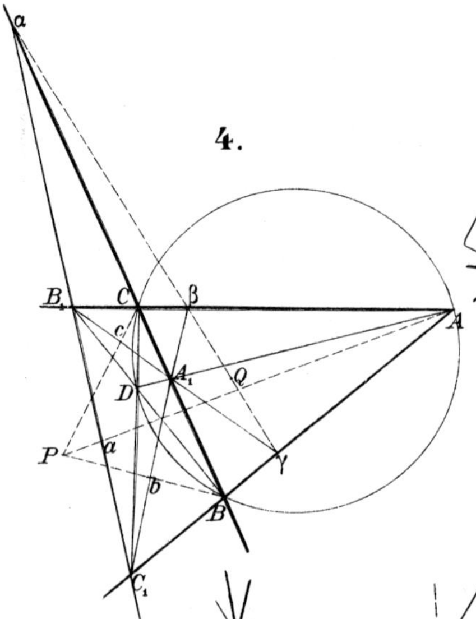

4.

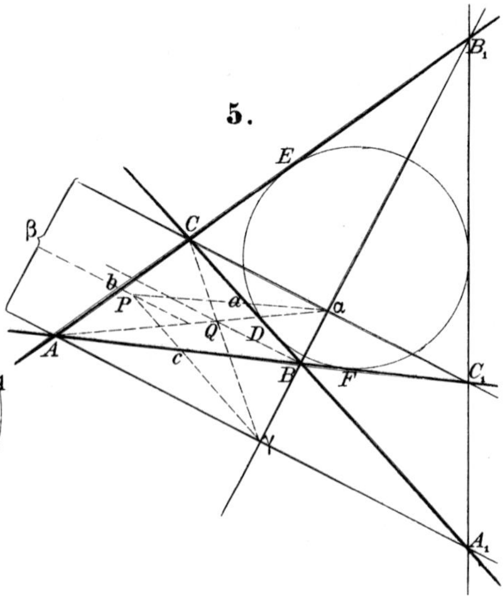

5.

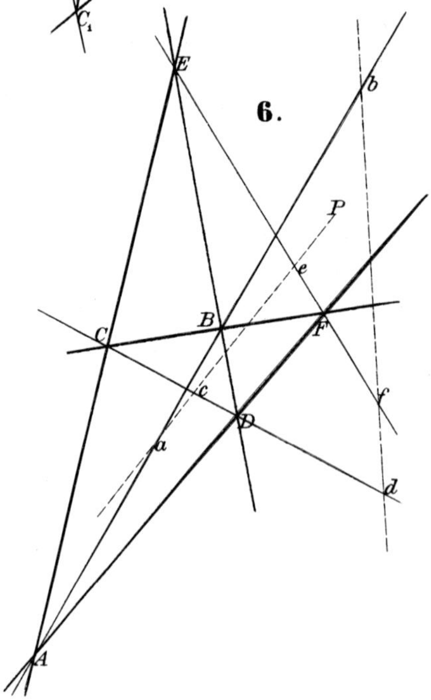

6.

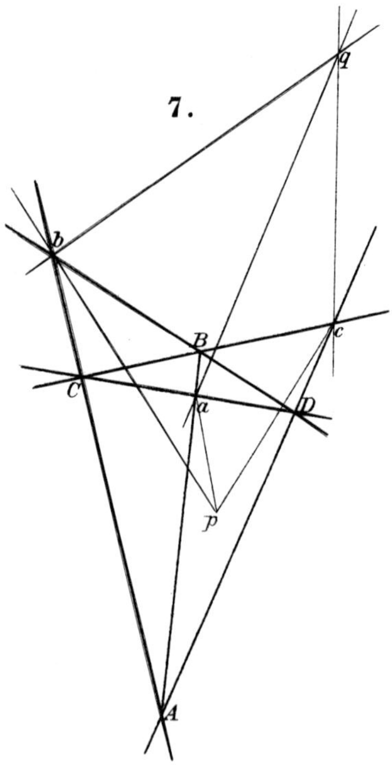

7.

Théorèmes relatifs aux sections coniques Fig. 1-2.

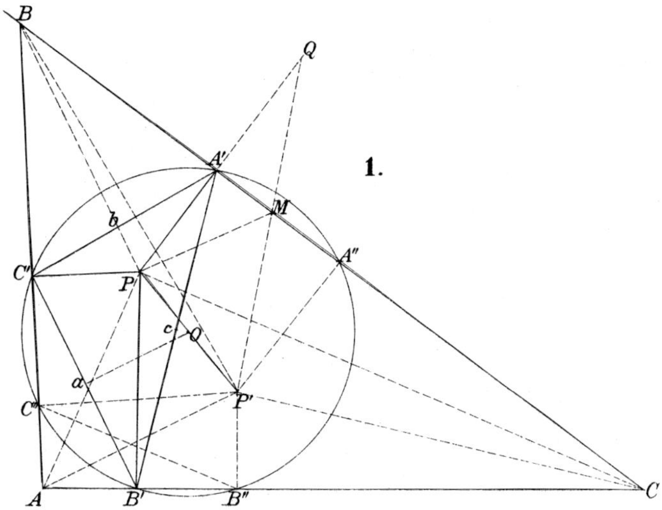

1.

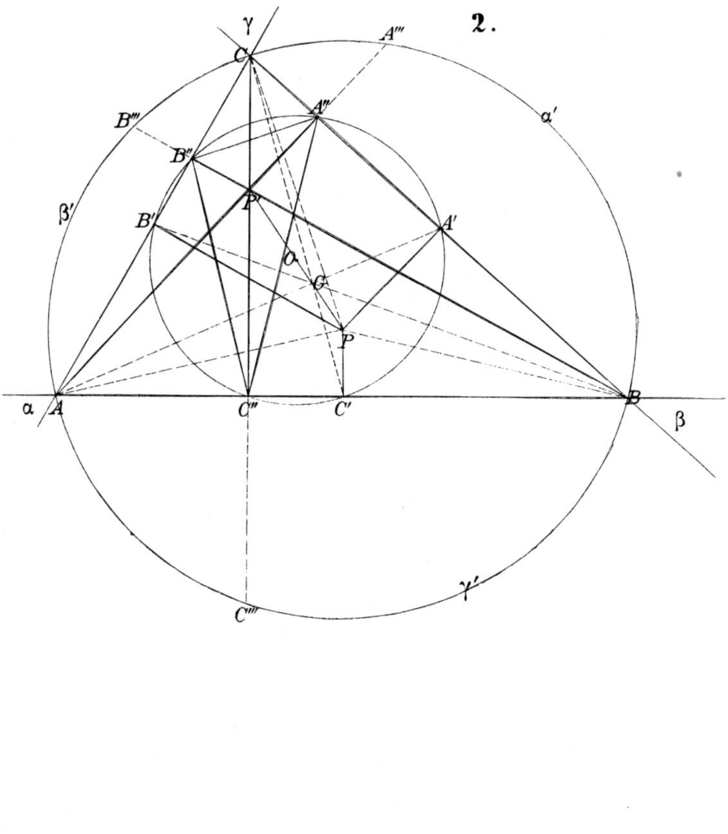

2.

Théorèmes relatifs aux sections coniques Fig. 3-4.

4.

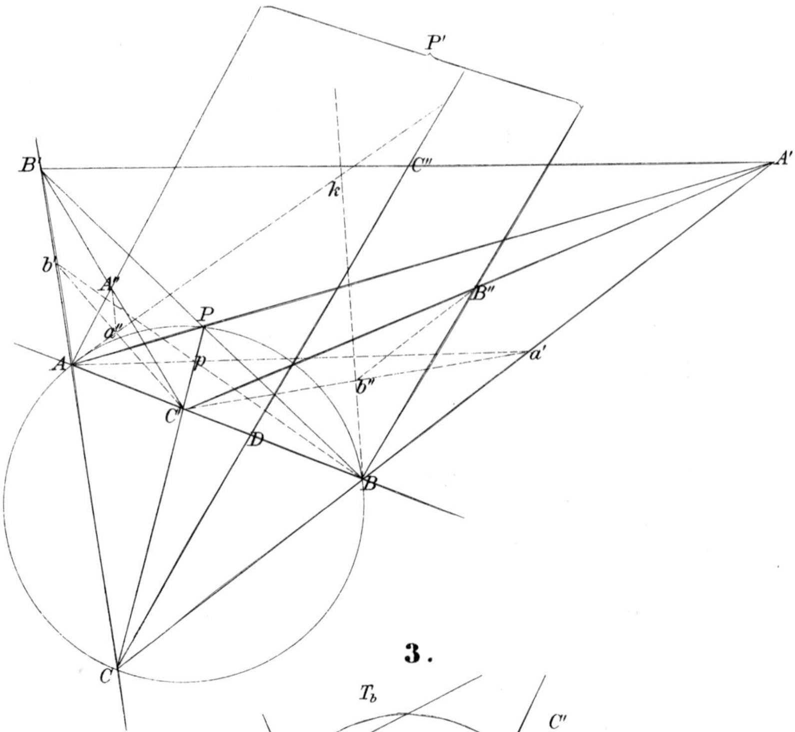

3.

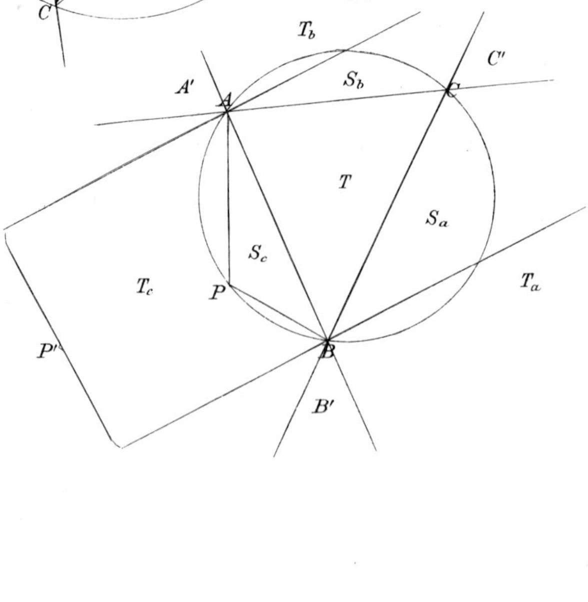

Théorèmes relatifs aux sections coniques Fig. 5.

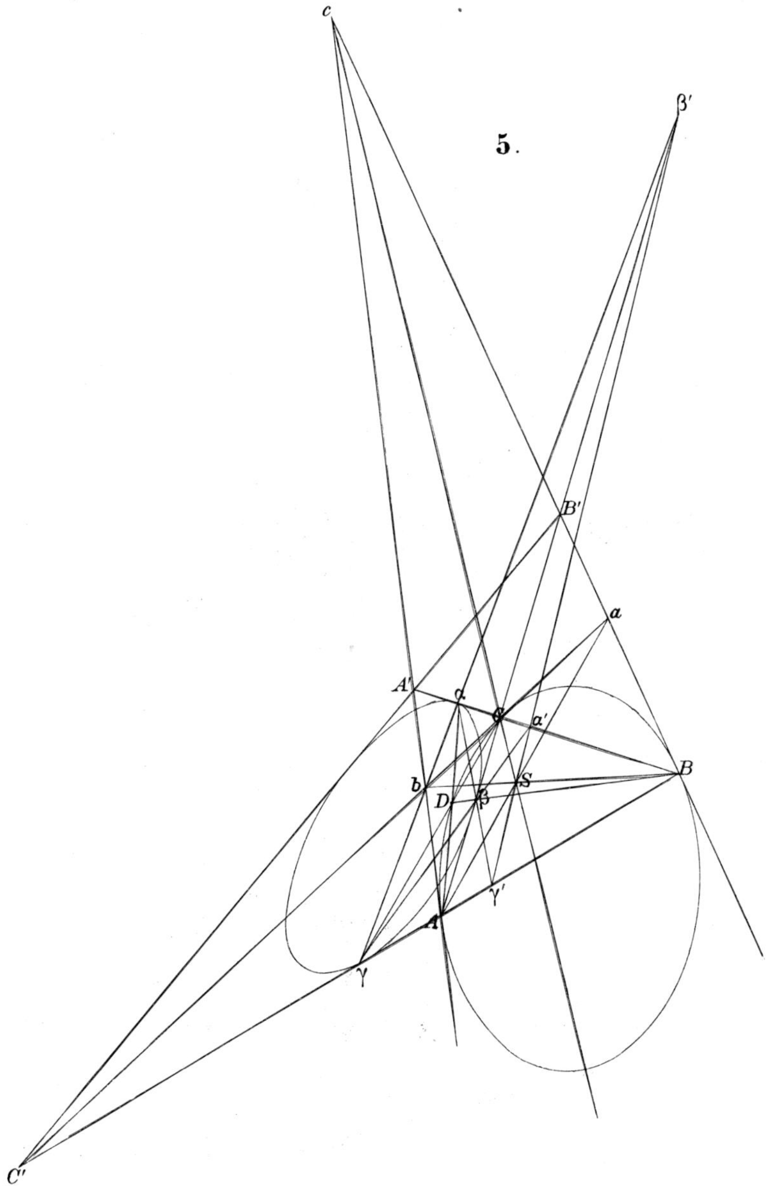

Théorèmes relatifs aux sections coniques Fig. 6-7.

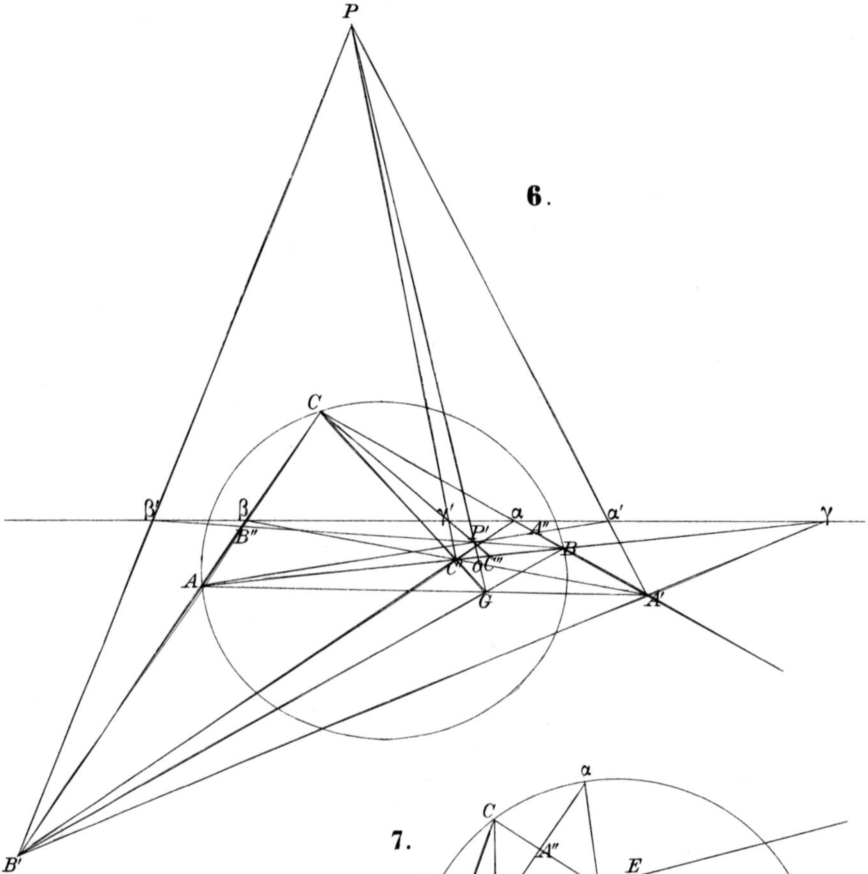

6.

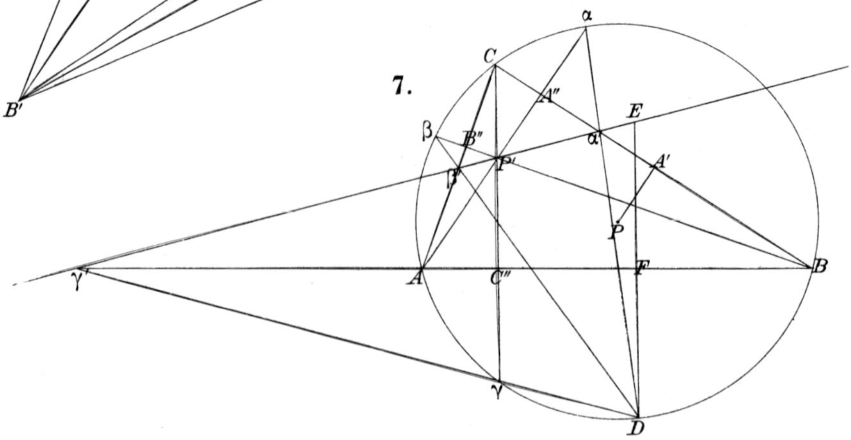

7.

Systematische Entwickelung der Abhängigkeit geometr. Gestalten von einander. Fig. 1 - 7.

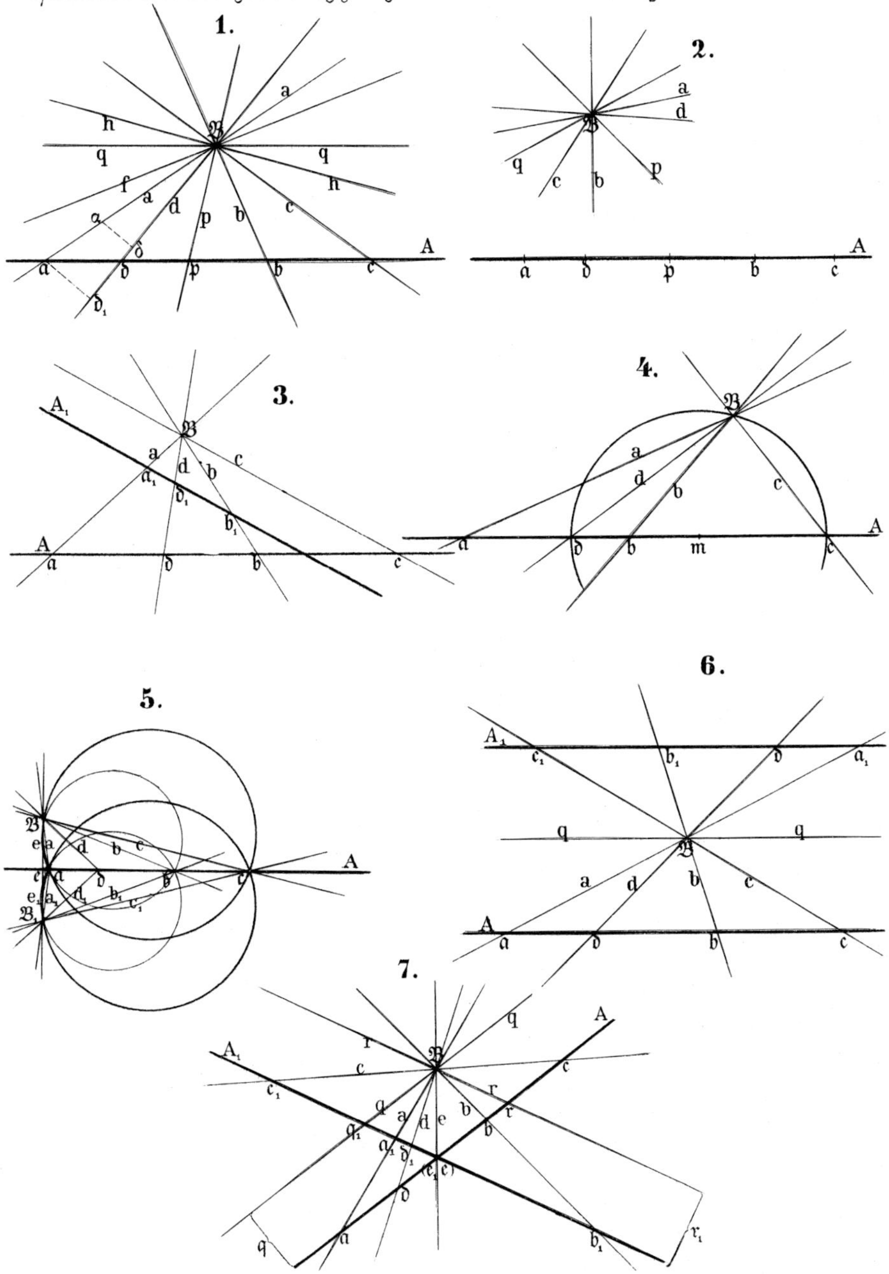

Systematische Entwickelung der Abhängigkeit geometr. Gestalten von einander. Fig. 8-12.

8.

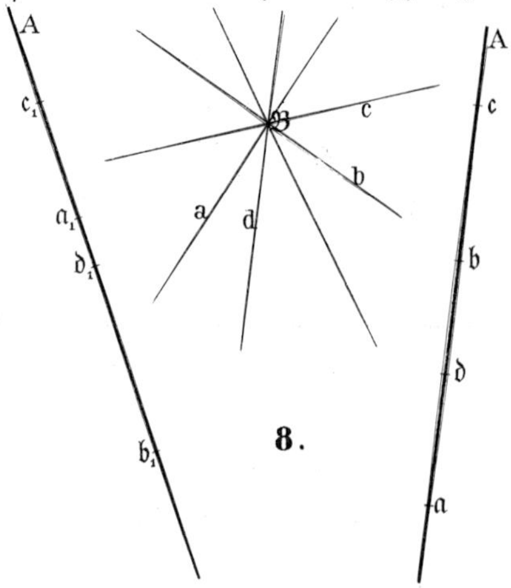

9.

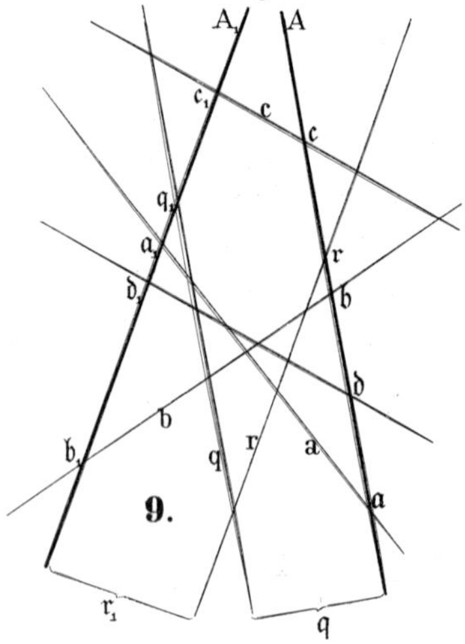

10.

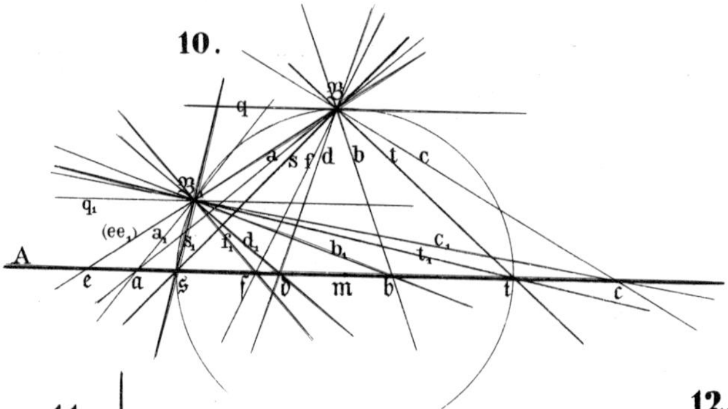

11.

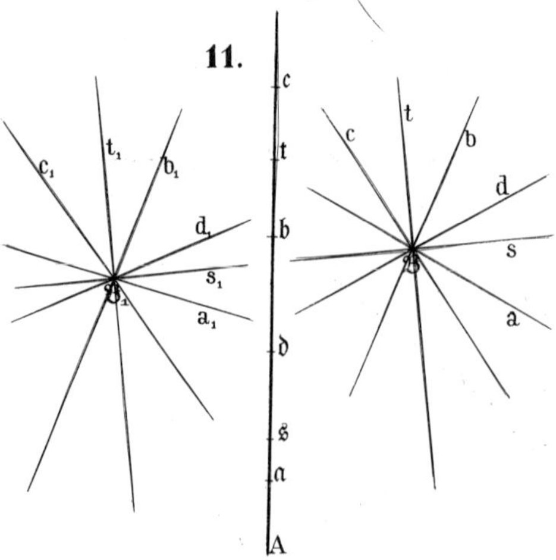

12.

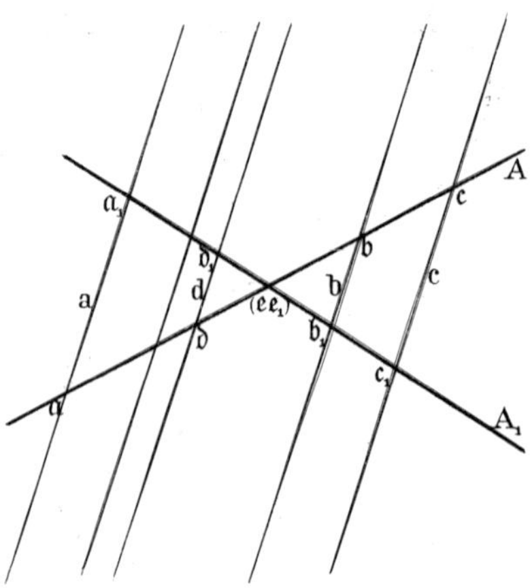

Systematische Entwickelung der Abhängigkeit geometr. Gestalten von einander.

Fig. 13-19.

13.

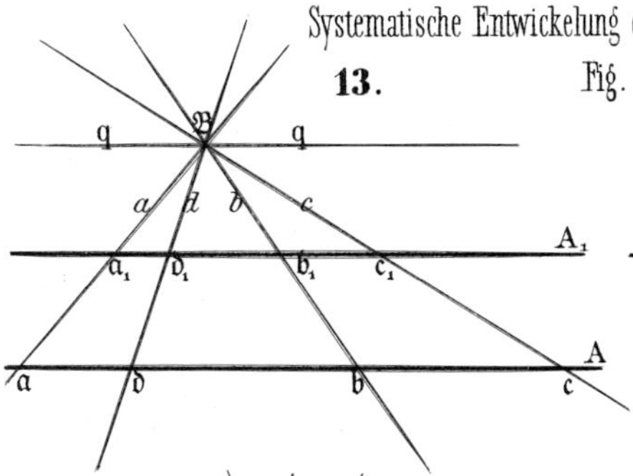

14.

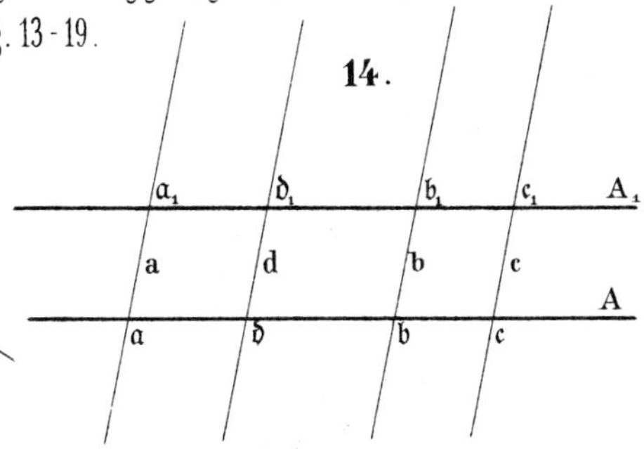

15.

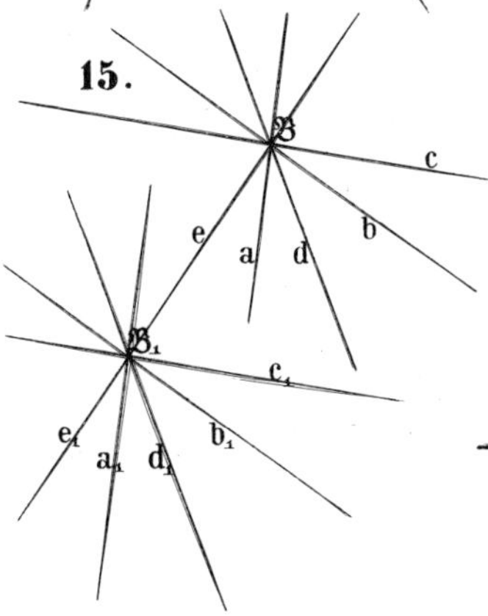

16.

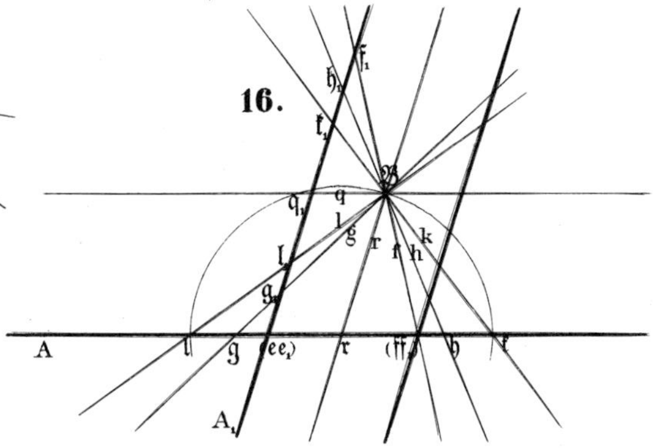

17.

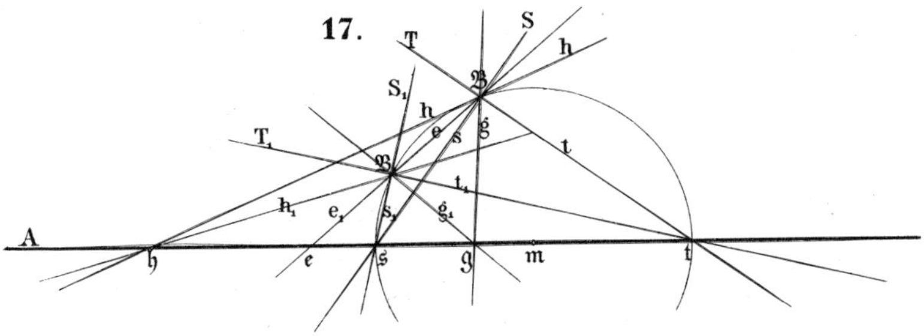

18.

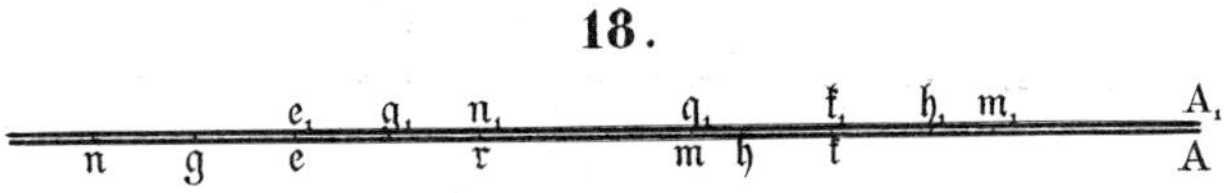

19.

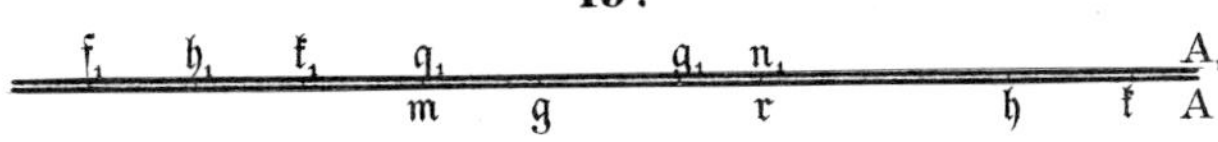

Systematische Entwickelung der Abhängigkeit geometr. Gestalten von einander Fig. 20-25.

20.

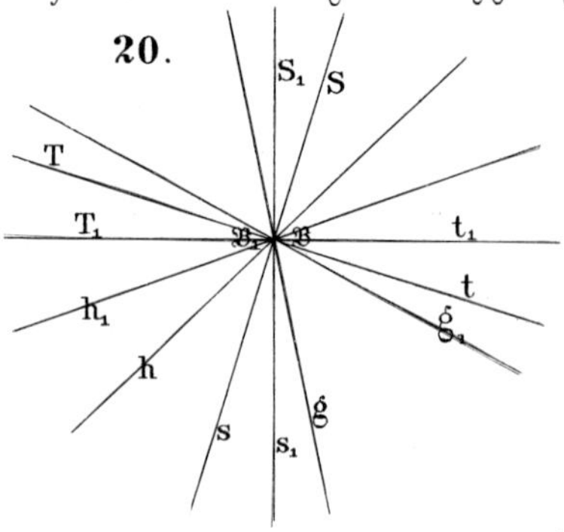

21.

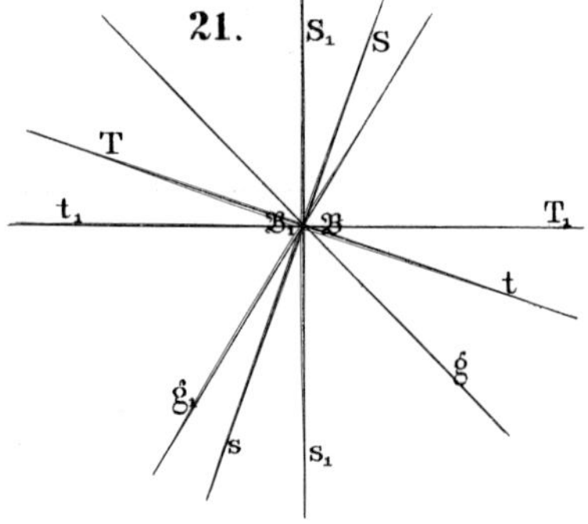

22.

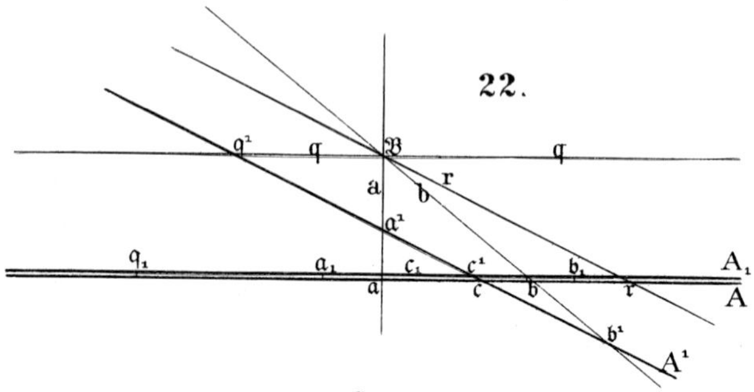

24.

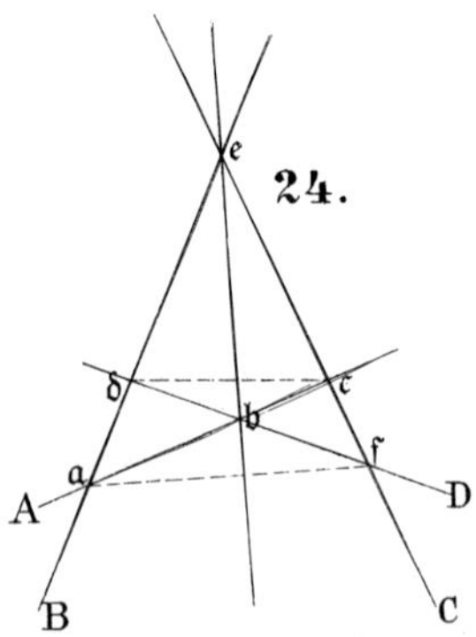

23.

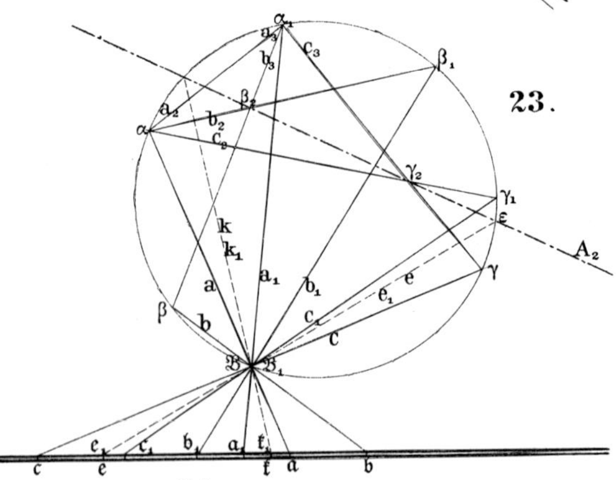

25.

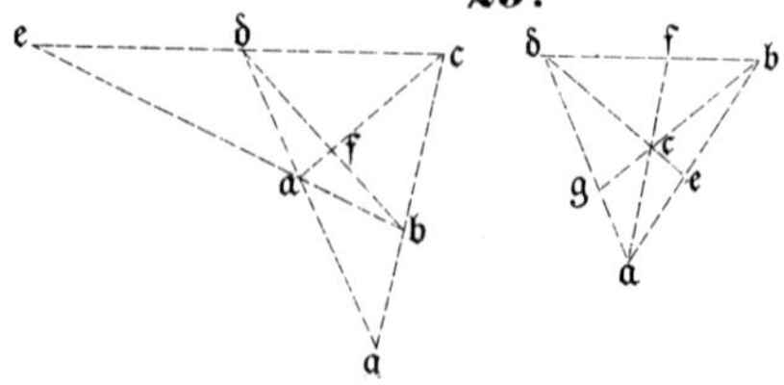

Systematische Entwickelung der Abhängigkeit geometr. Gestalten von einander Fig. 26-30.

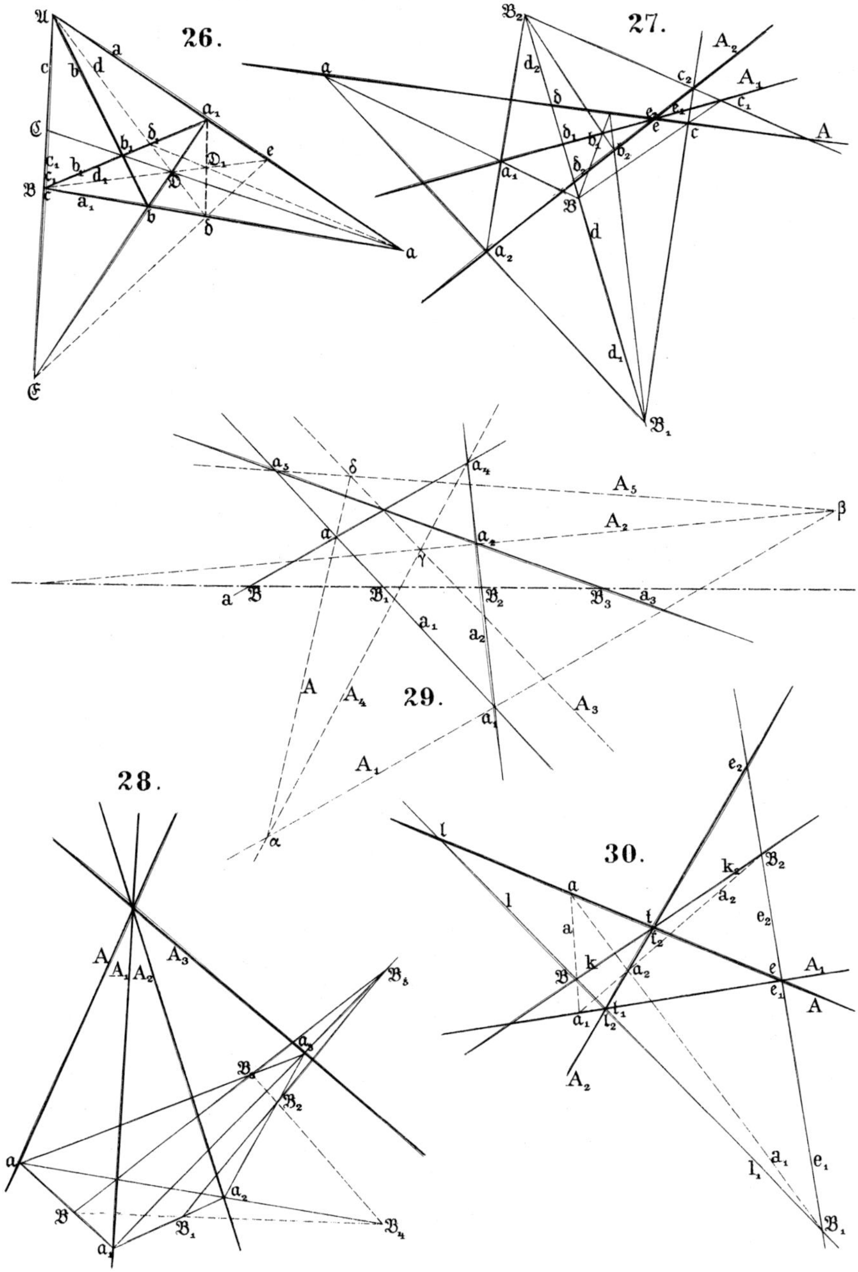

Systematische Entwickelung der Abhängigkeit geometr. Gestalten von einander. Fig. 31–35.

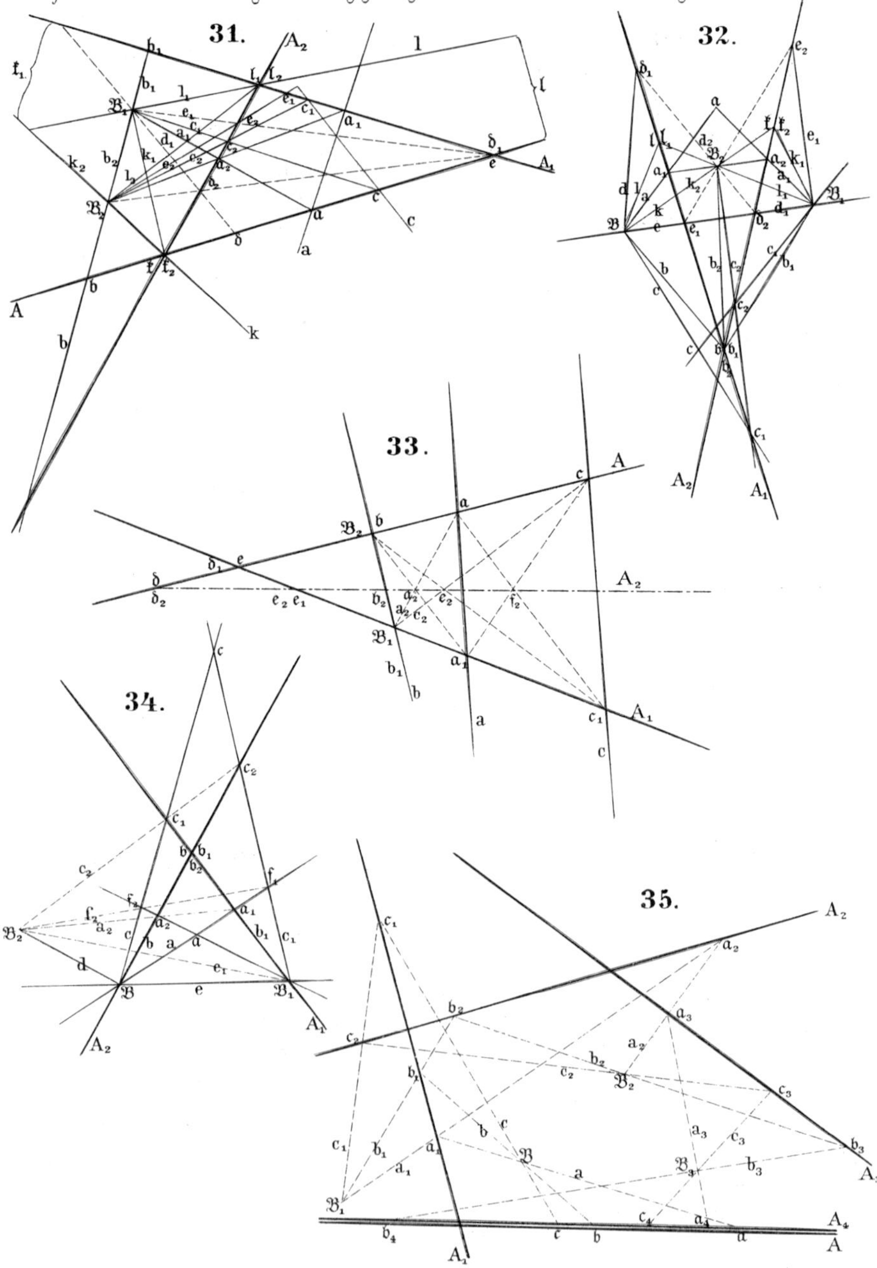

Systematische Entwickelung der Abhängigkeit geometr. Gestalten von einander. Fig. 36–39.

36.

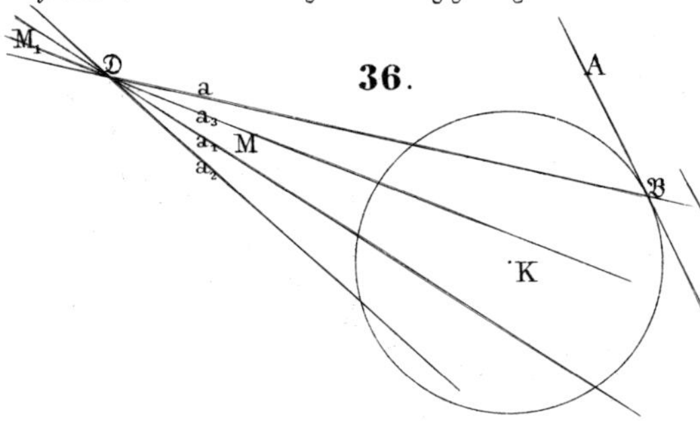

37.

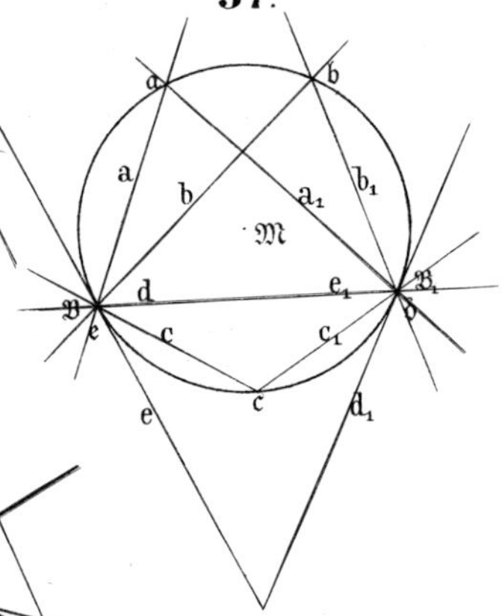

38.

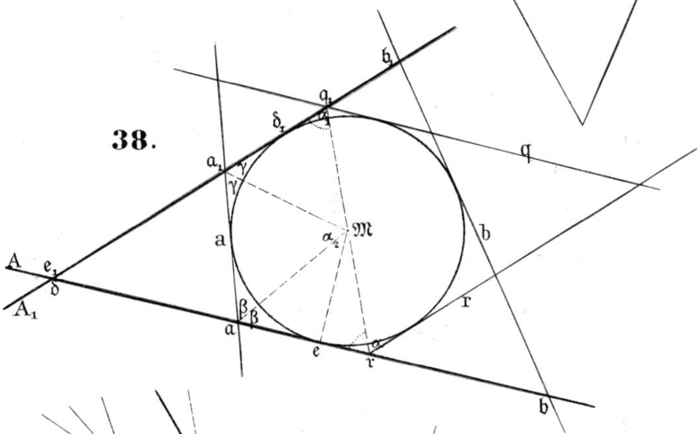

39.

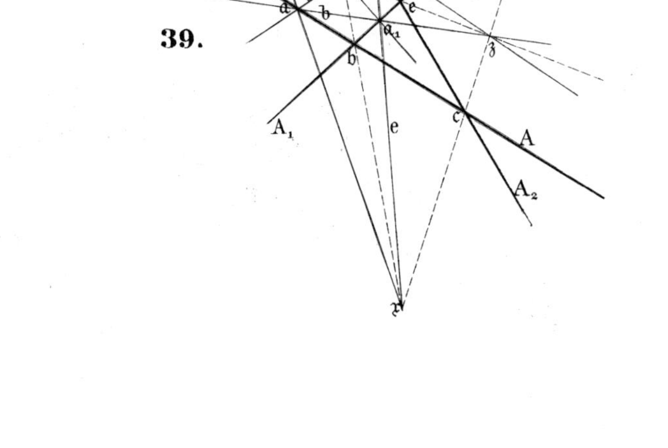

Systematische Entwickelung der Abhängigkeit geometr. Gestalten von einander Fig. 40-42.

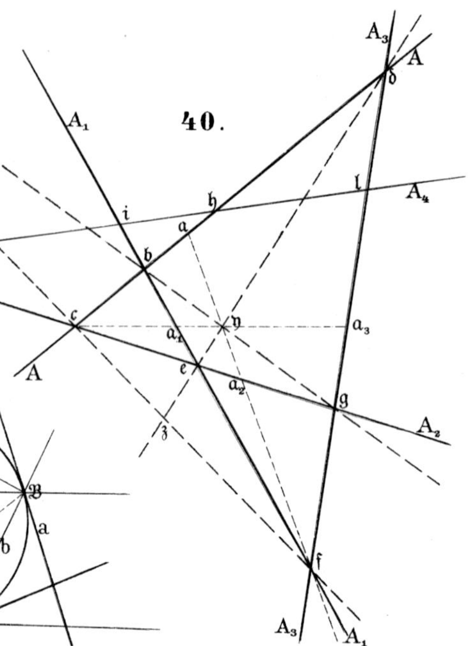

40.

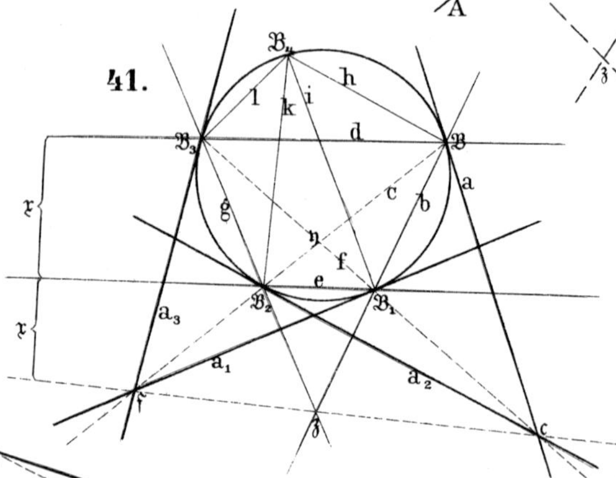

41.

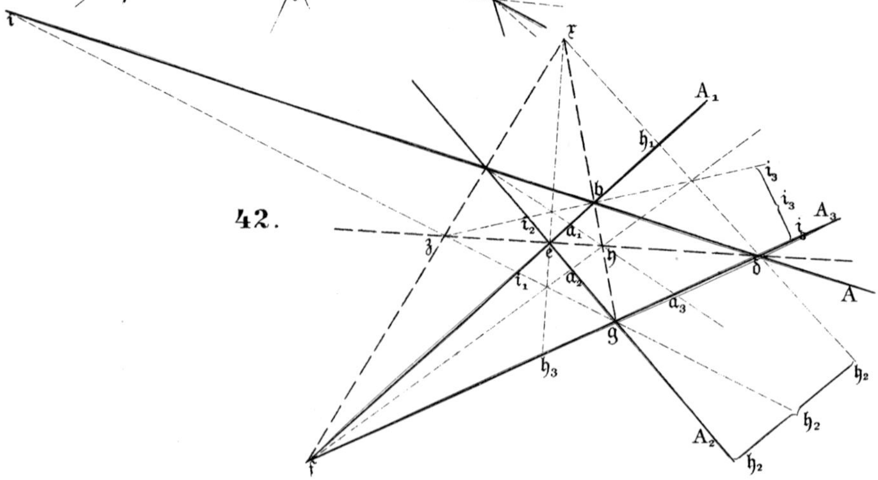

42.

Systematische Entwickelung der Abhängigkeit geometr. Gestalten von einander. Fig. 43-46.

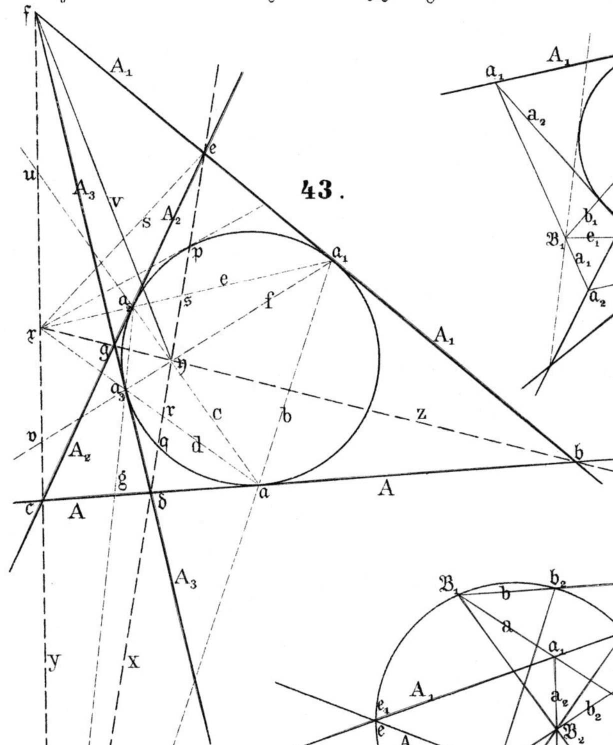

43.

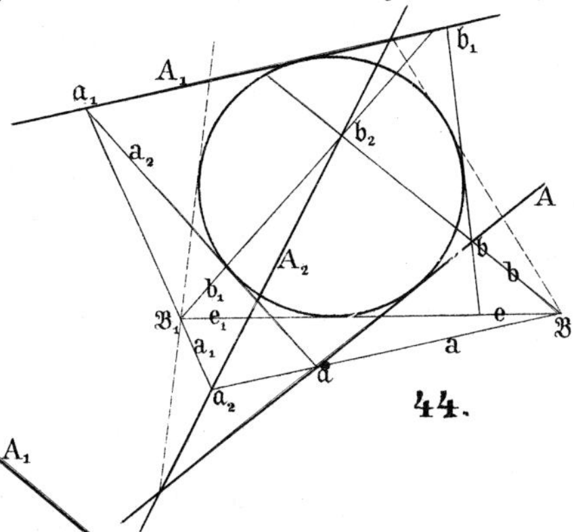

44.

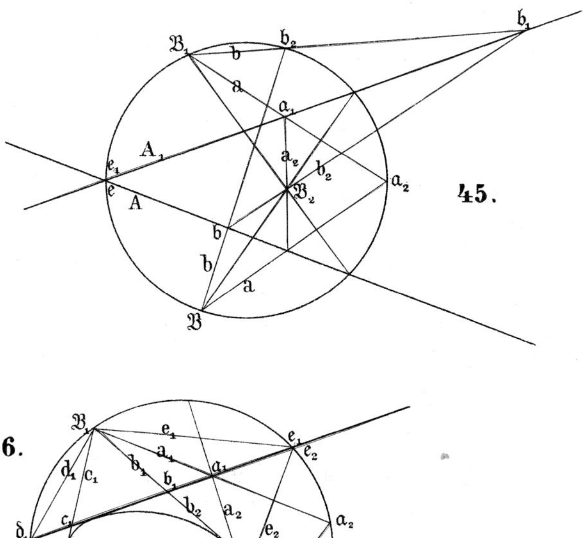

45.

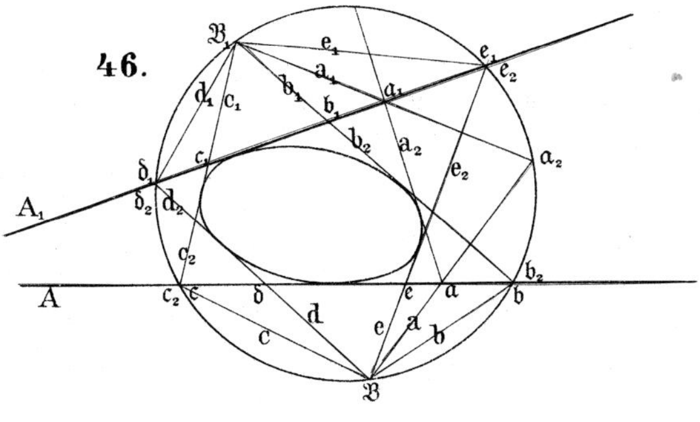

46.

Systematische Entwickelung der Abhängigkeit geometr. Gestalten von einander. Fig. 47-52.

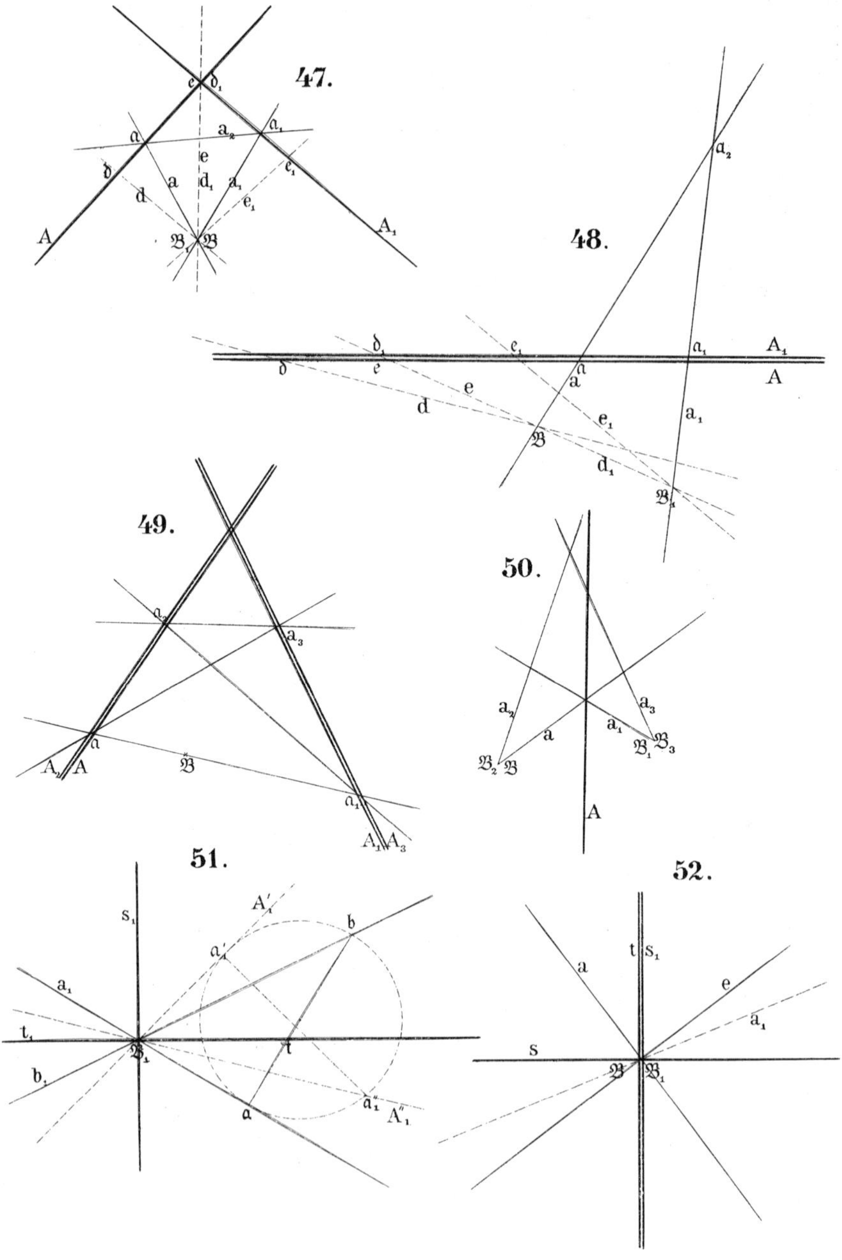

Systematische Entwickelung der Abhängigkeit geometr. Gestalten von einander. Fig. 53-54.

53.

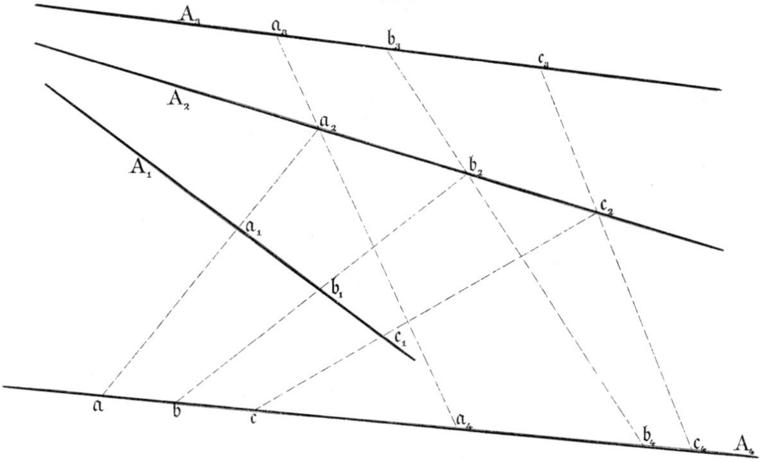

54.

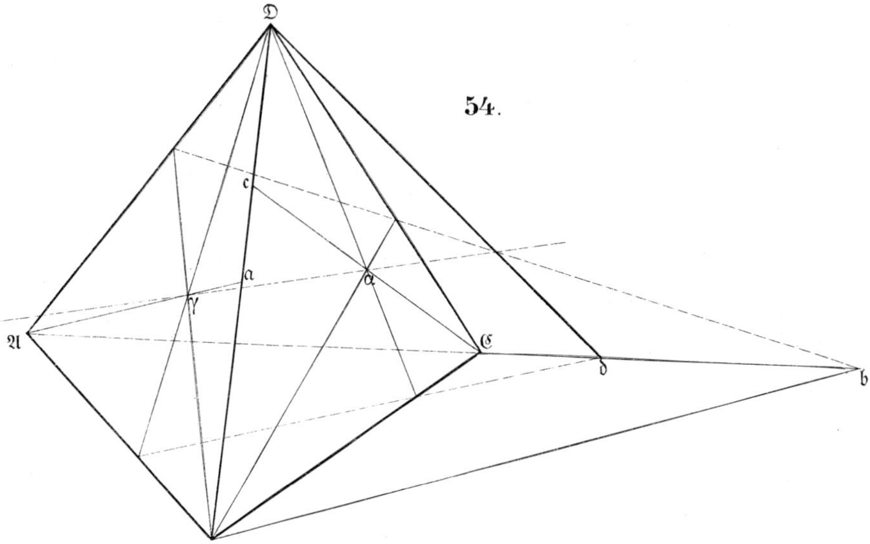

Systematische Entwickelung der Abhängigkeit geometr. Gestalten von einander. Fig. 55-57.

55.

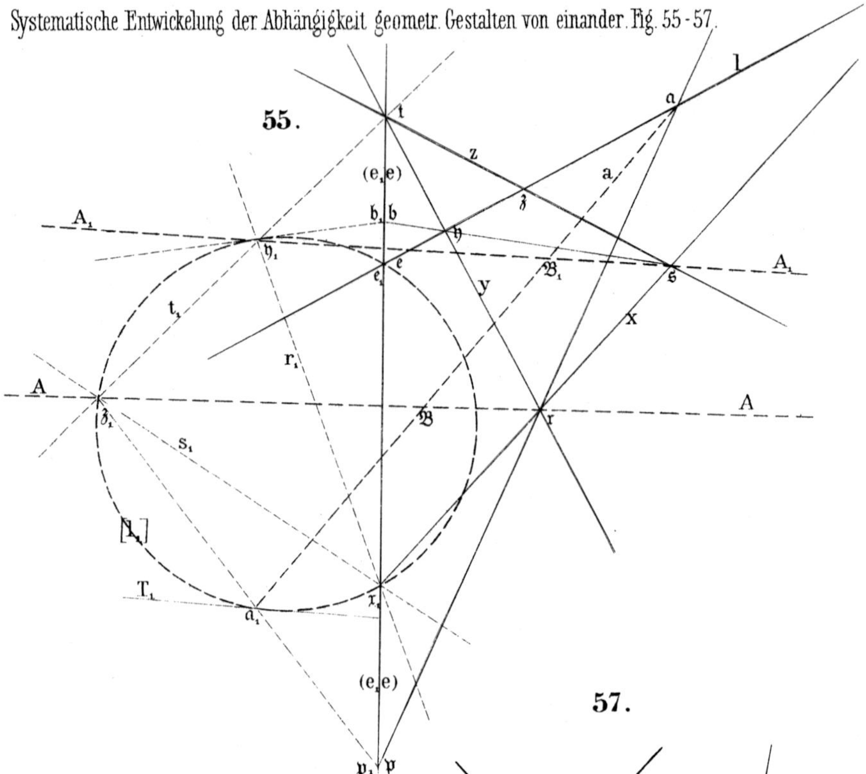

56.

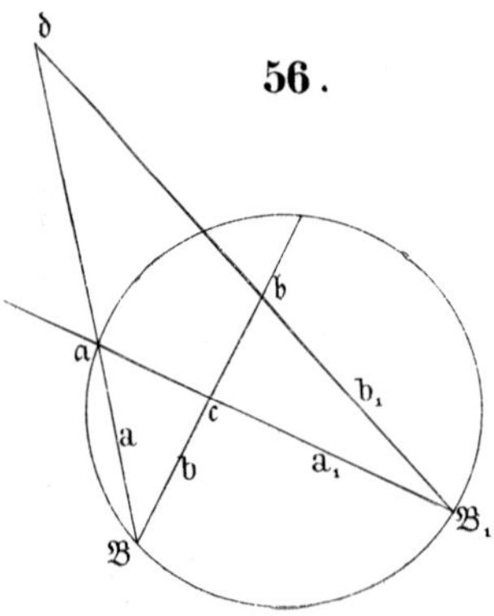

57.

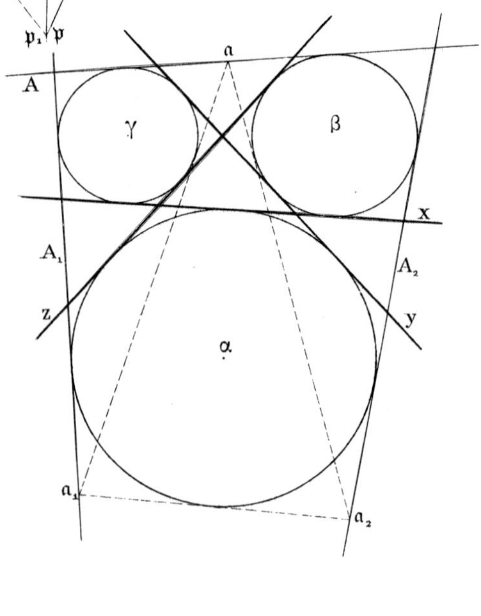

Geometrische Constructionen. Fig. 1-6.

1.

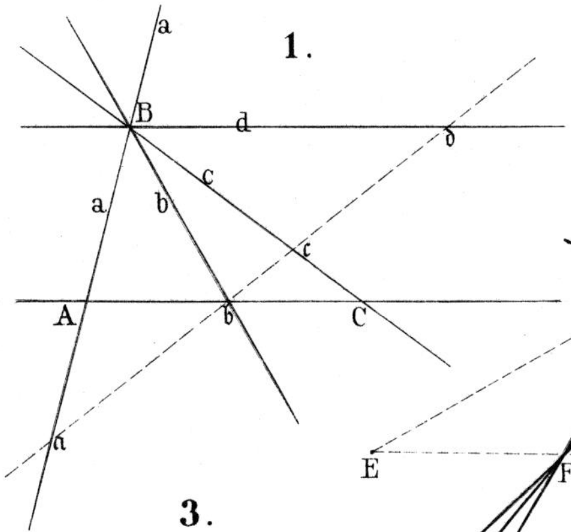

2.

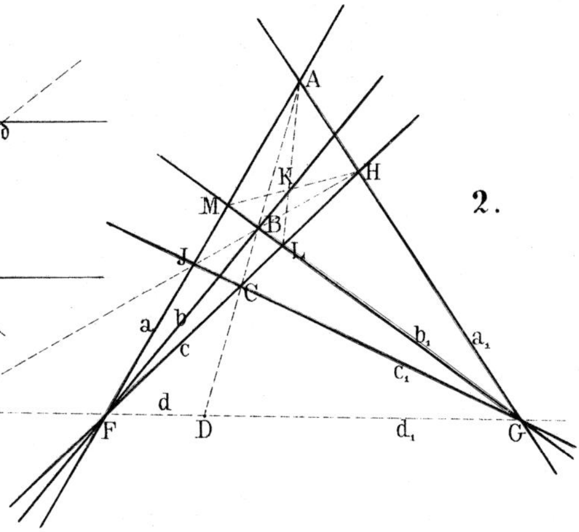

3.

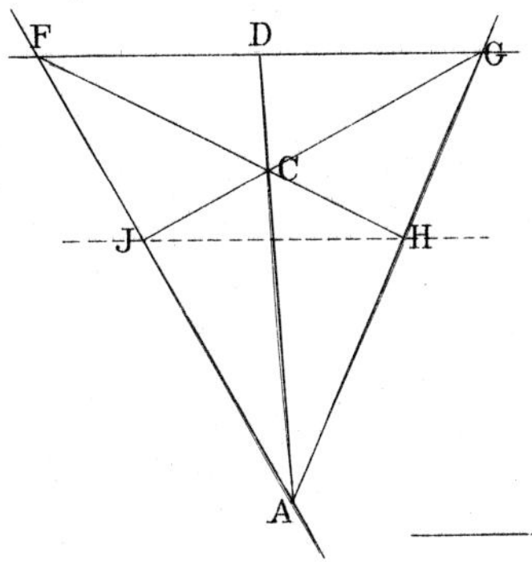

4.

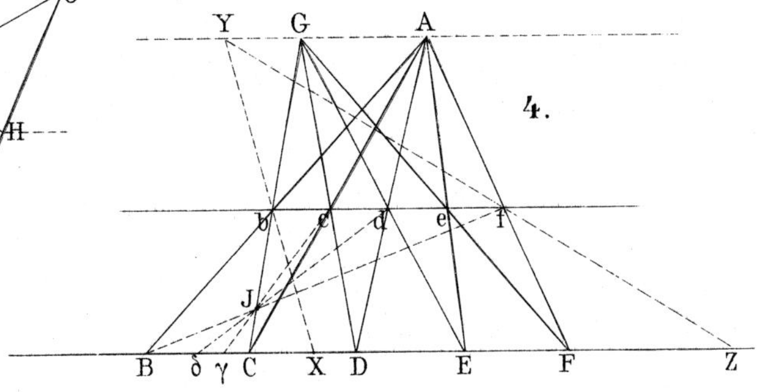

5.

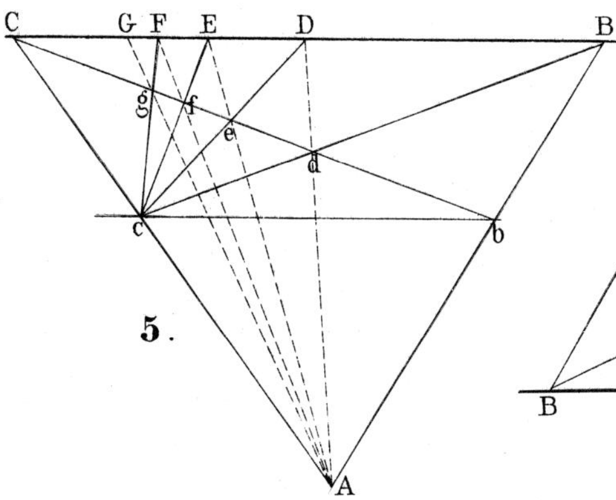

6.

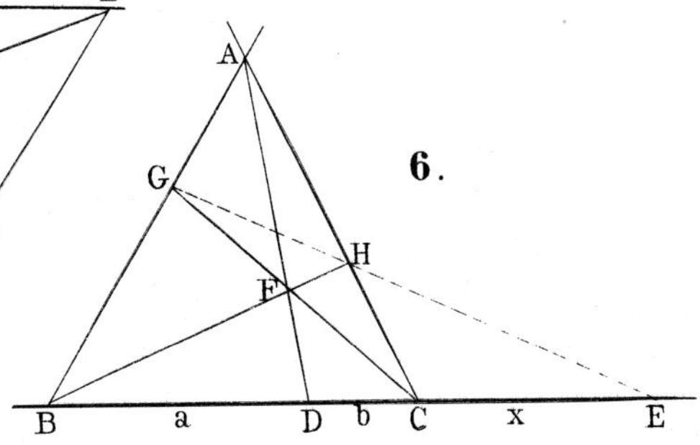

Geometrische Constructionen. Fig. 7-12.

7.

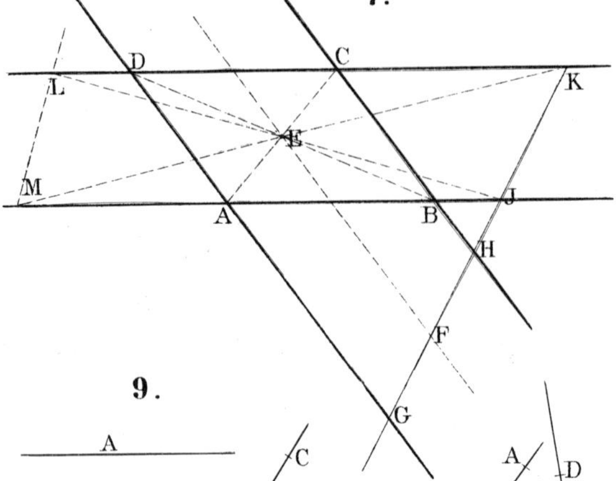

8.

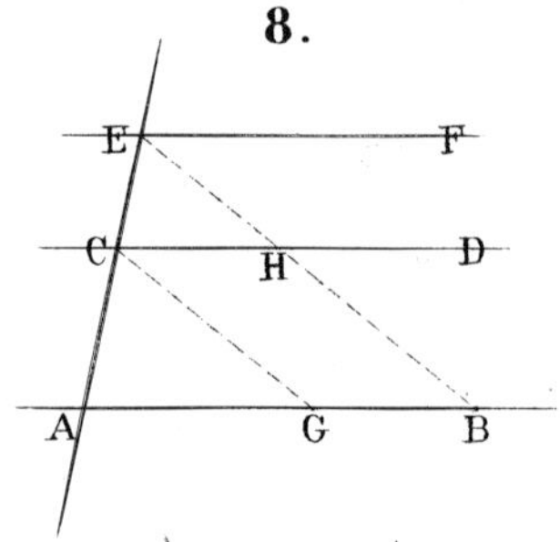

9.

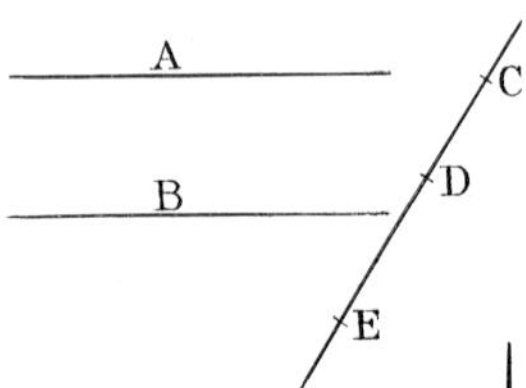

10.

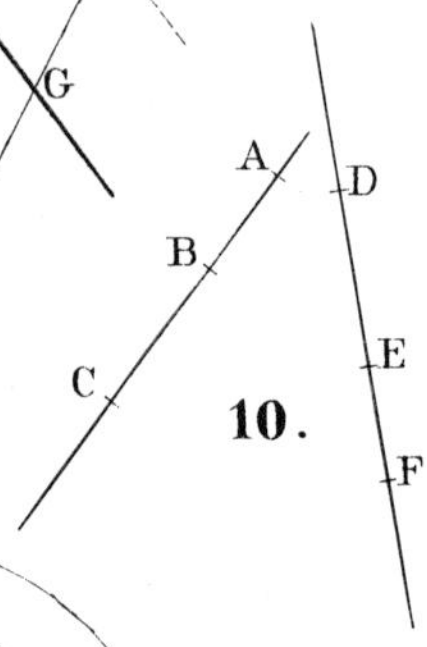

11.

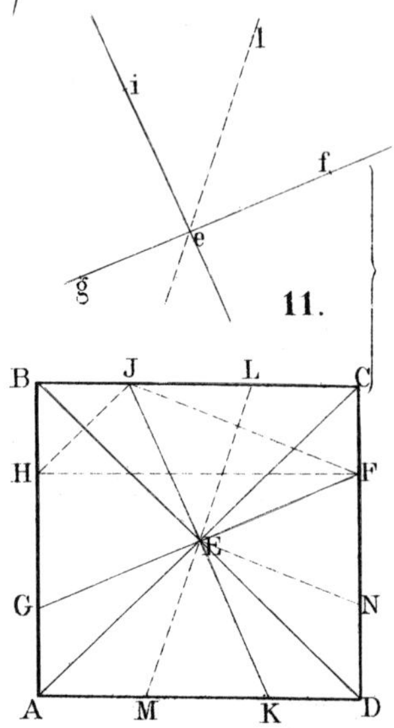

12.

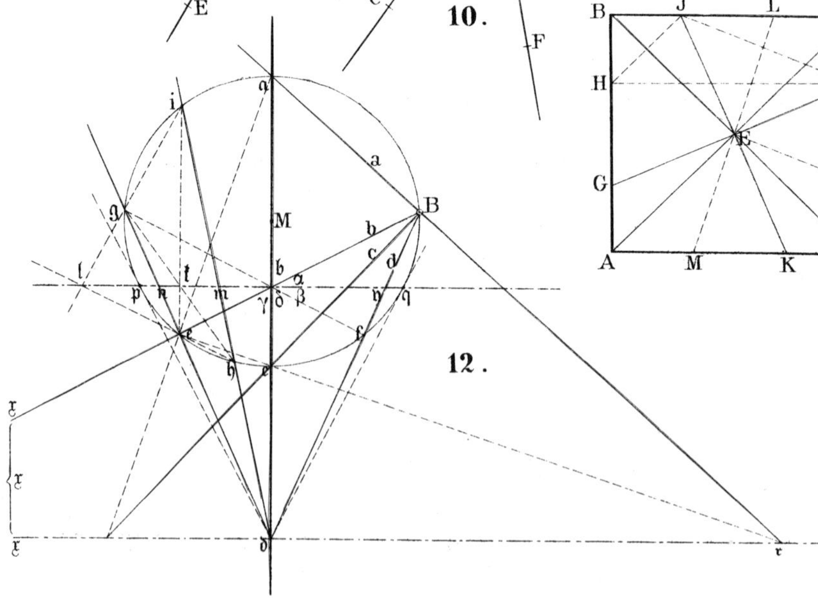

Geometrische Constructionen. Fig. 13-16.

13.

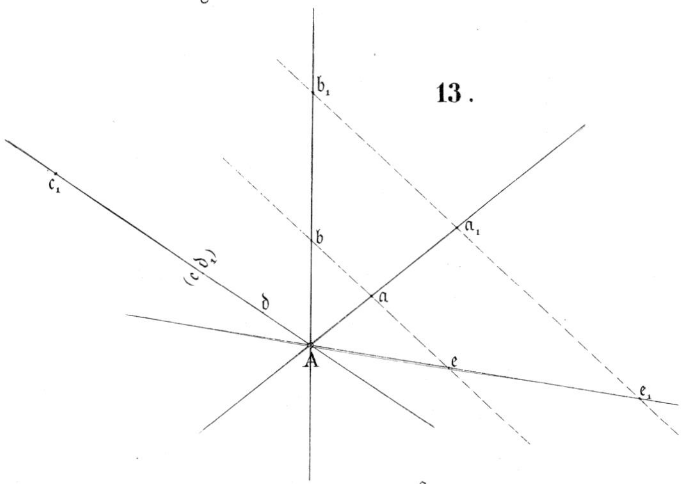

14.

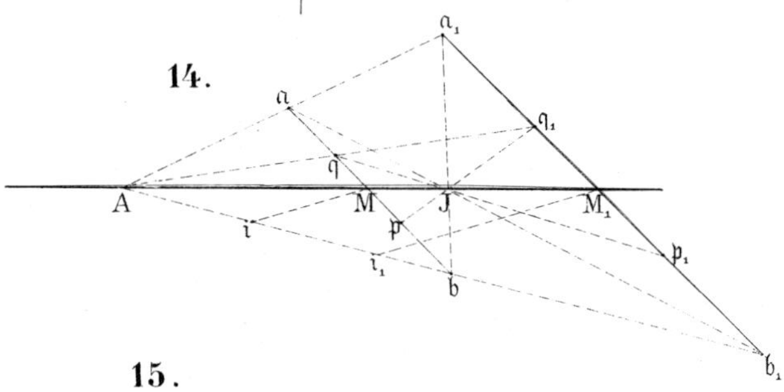

15.

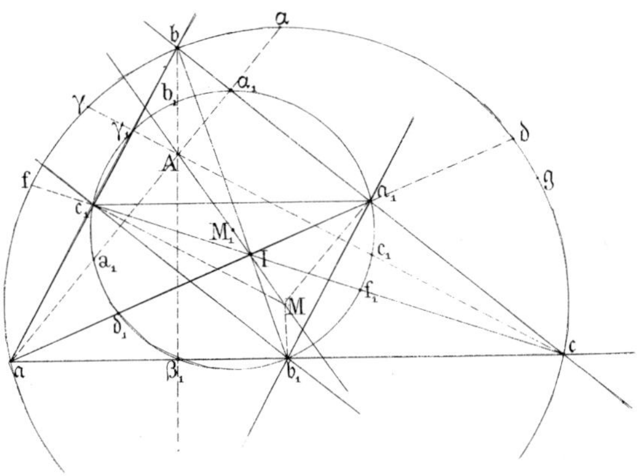

16.

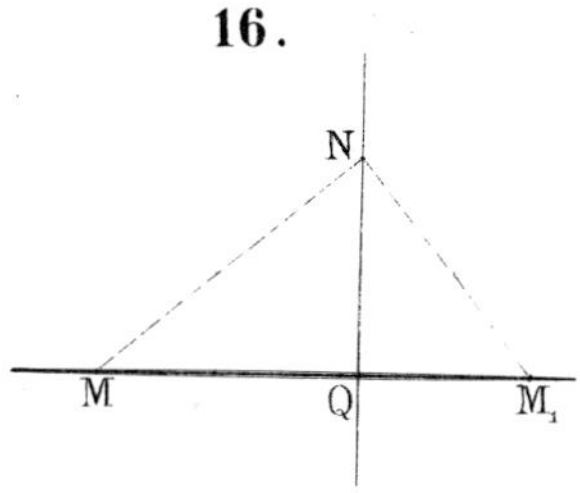

Geometrische Constructionen. Fig. 17-18.

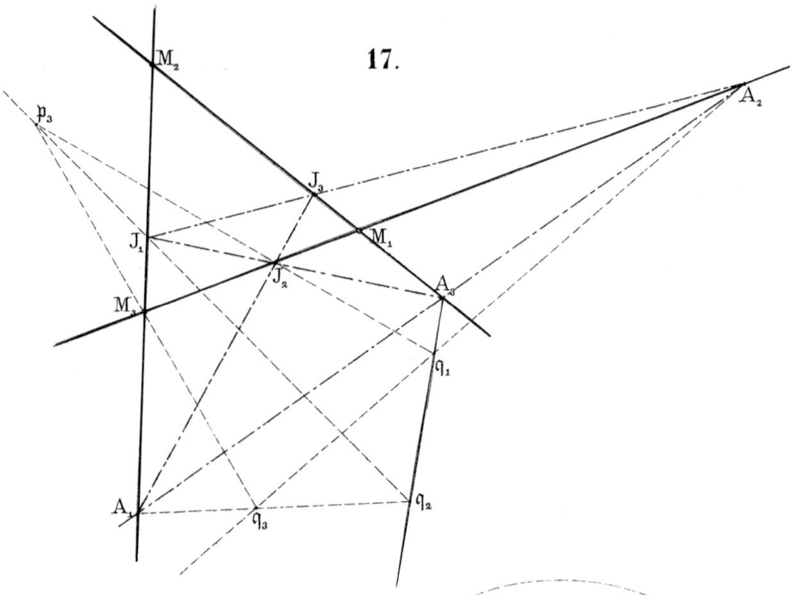

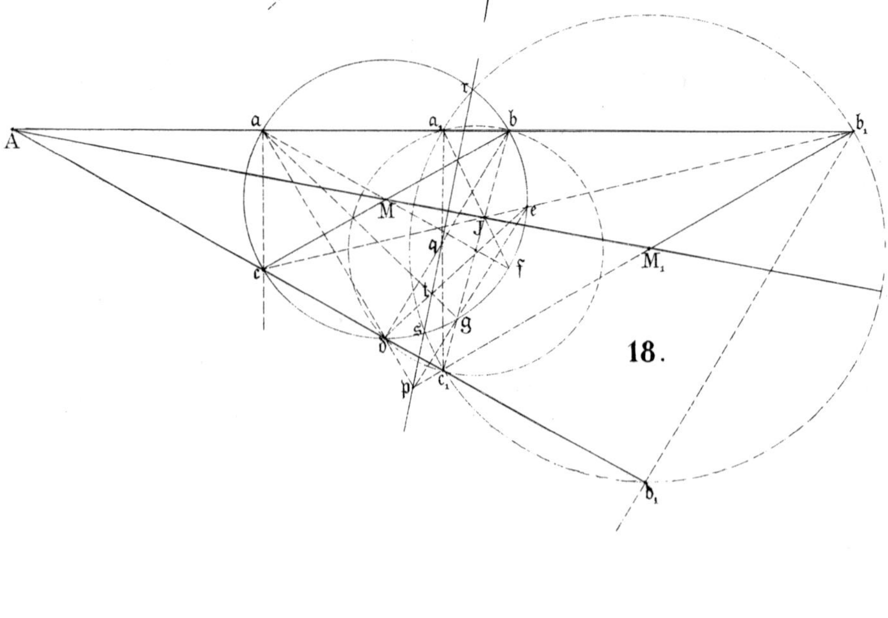

Geometrische Constructionen. Fig. 19-22.

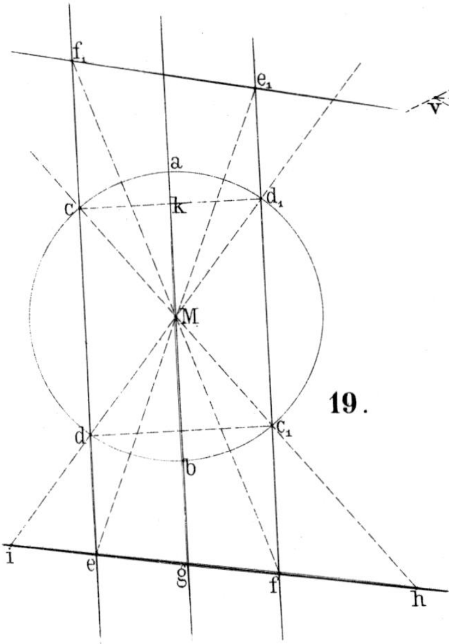

19.

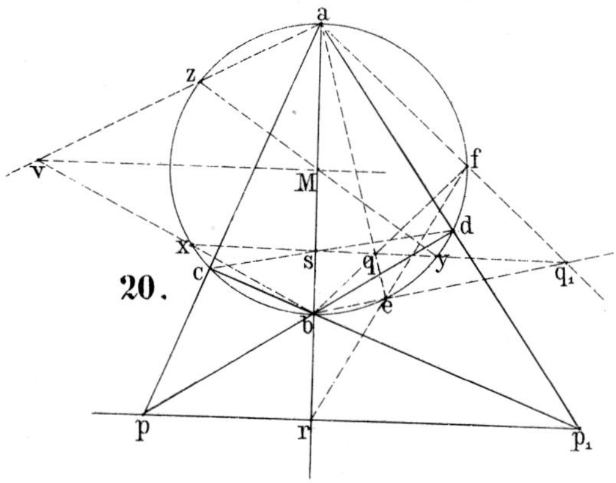

20.

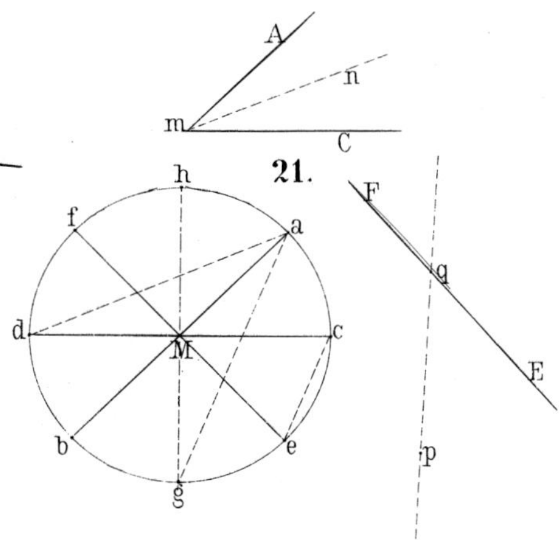

21.

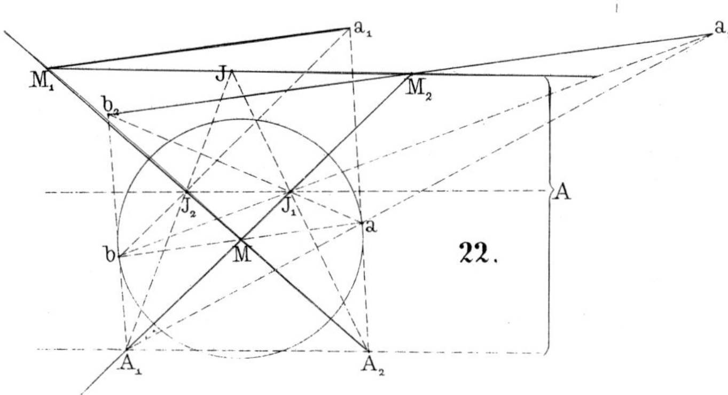

22.

Geometrische Constructionen Fig. 23-24.

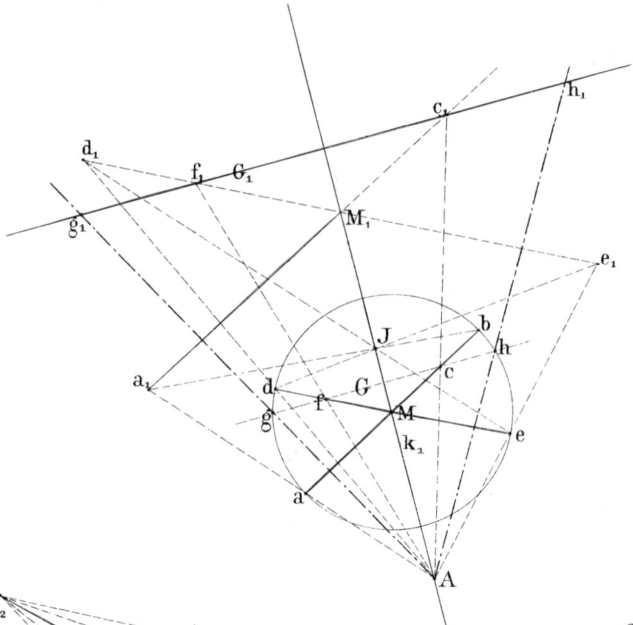

23

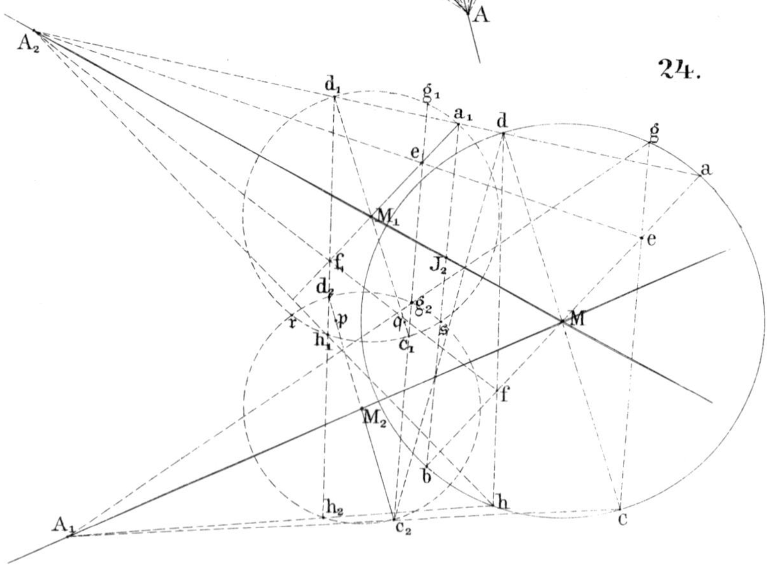

24.

Geometrische Constructionen. Fig. 25.

25.

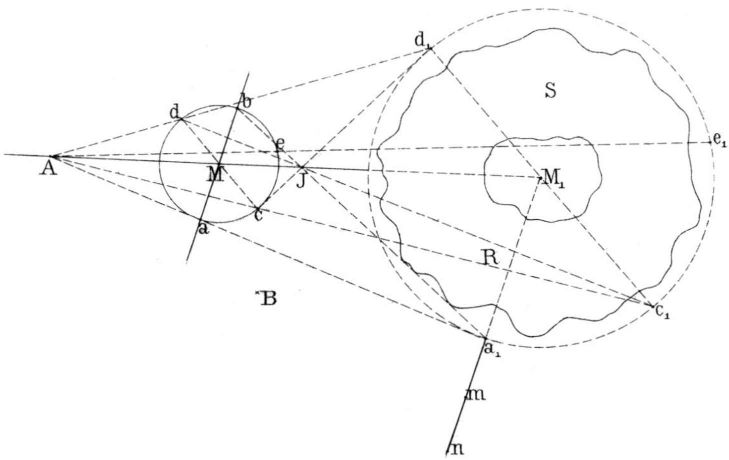

Démonstration géométrique d'un théorème relatif à l'attraction. Fig. 1.

1.

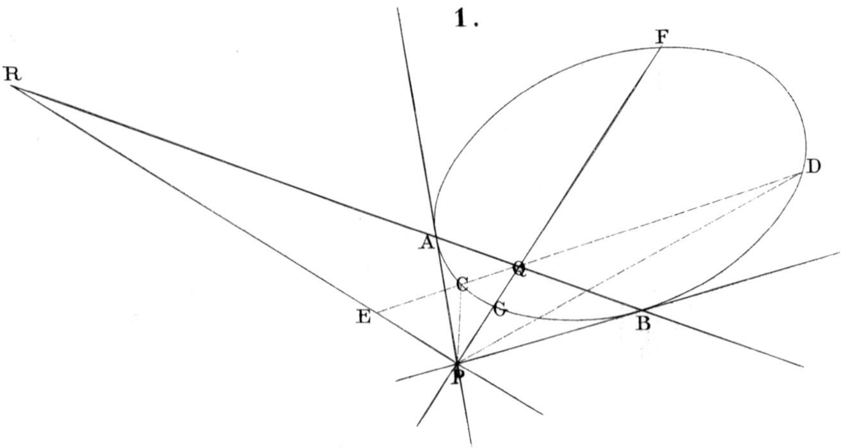

Aufgaben und Lehrsätze. Fig. 2.

2

Einfache Construction der Tangente an die allgemeine Lemniscate. Fig. 1.

1.

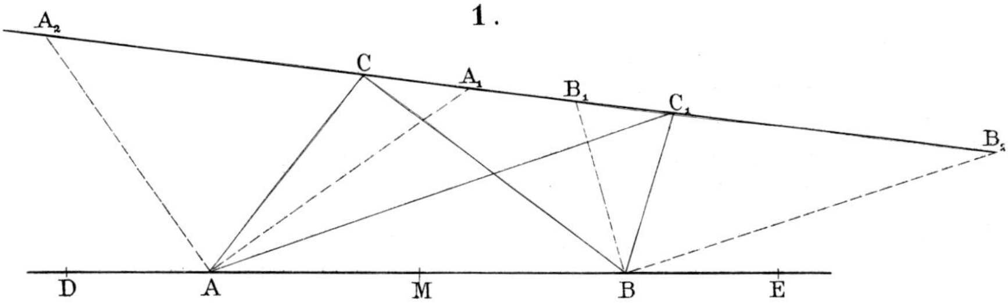

Aufgaben und Lehrsätze. Fig. 2 und 3.

2.

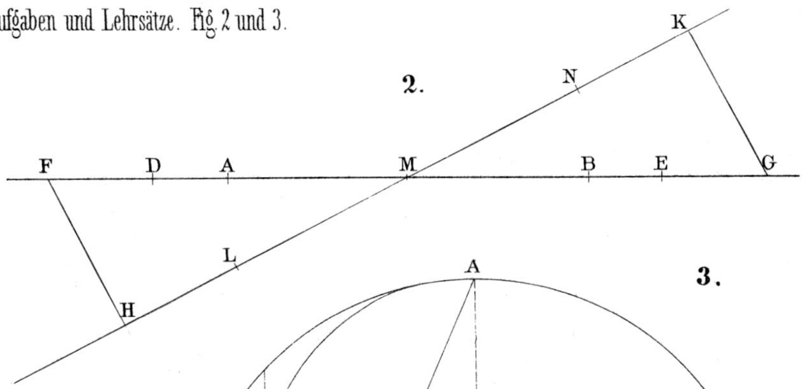

3.

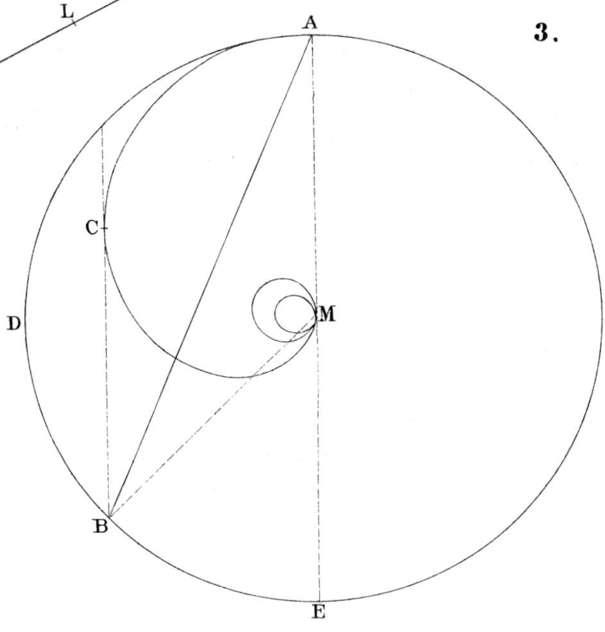

Aufgaben und Lehrsätze Fig. 1 und 2.

1.

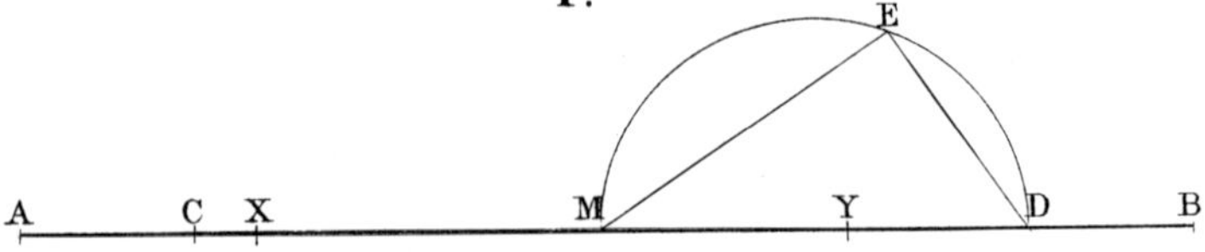

2.

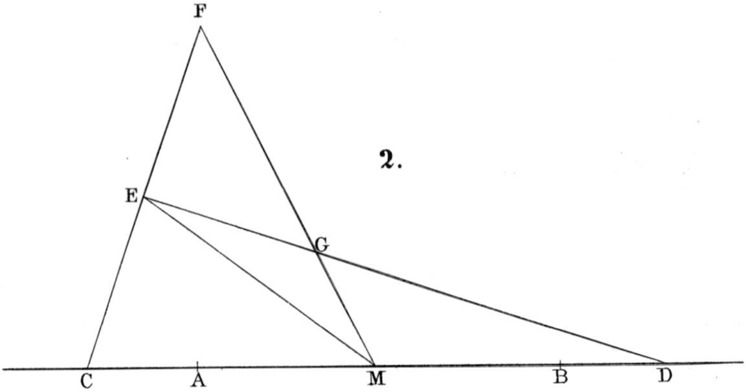

Maximum und Minimum von Curven-Bogen. Fig. 3.

3.

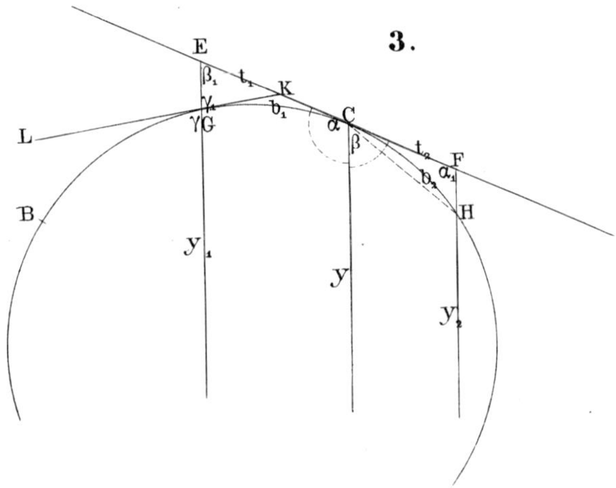

Maximum und Minimum von Curven-Bogen. Fig. 4-6.

4.

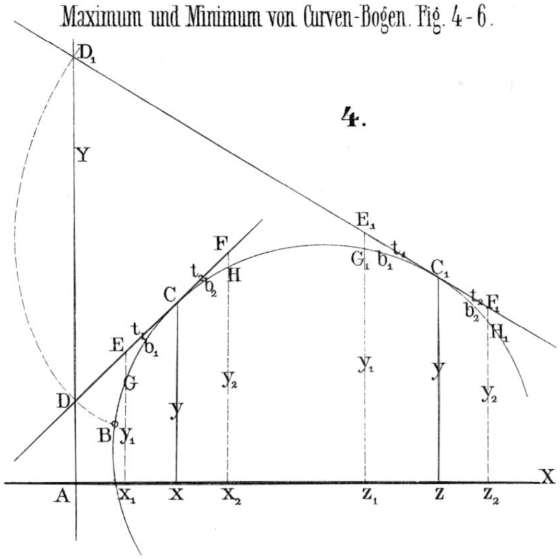

5.

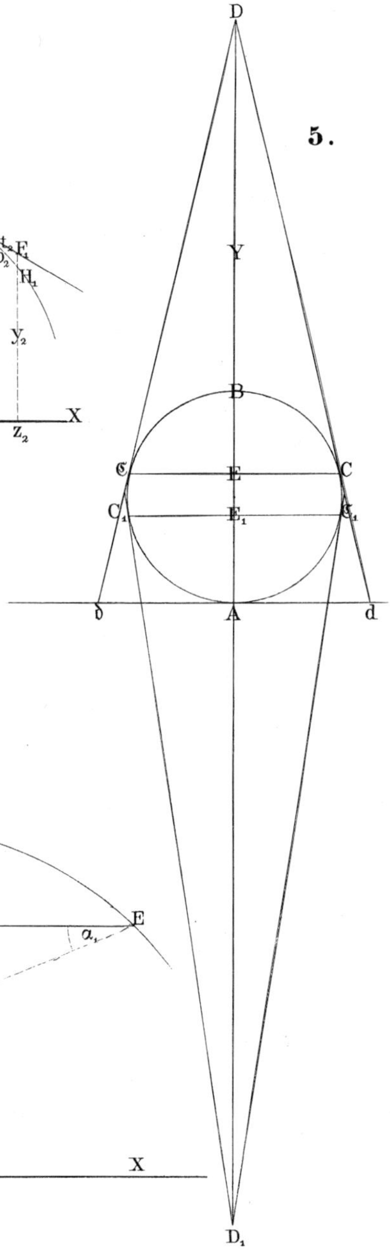

6.

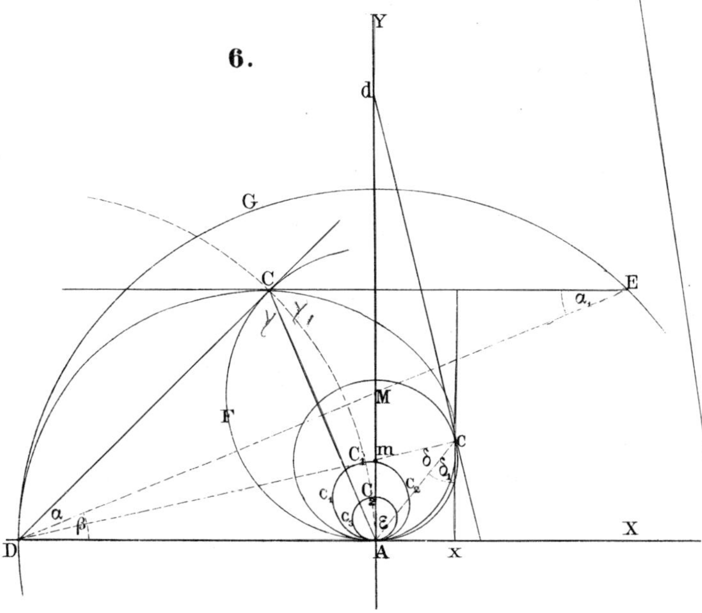

Aufgaben und Lehrsätze. Fig. 1 - 5.

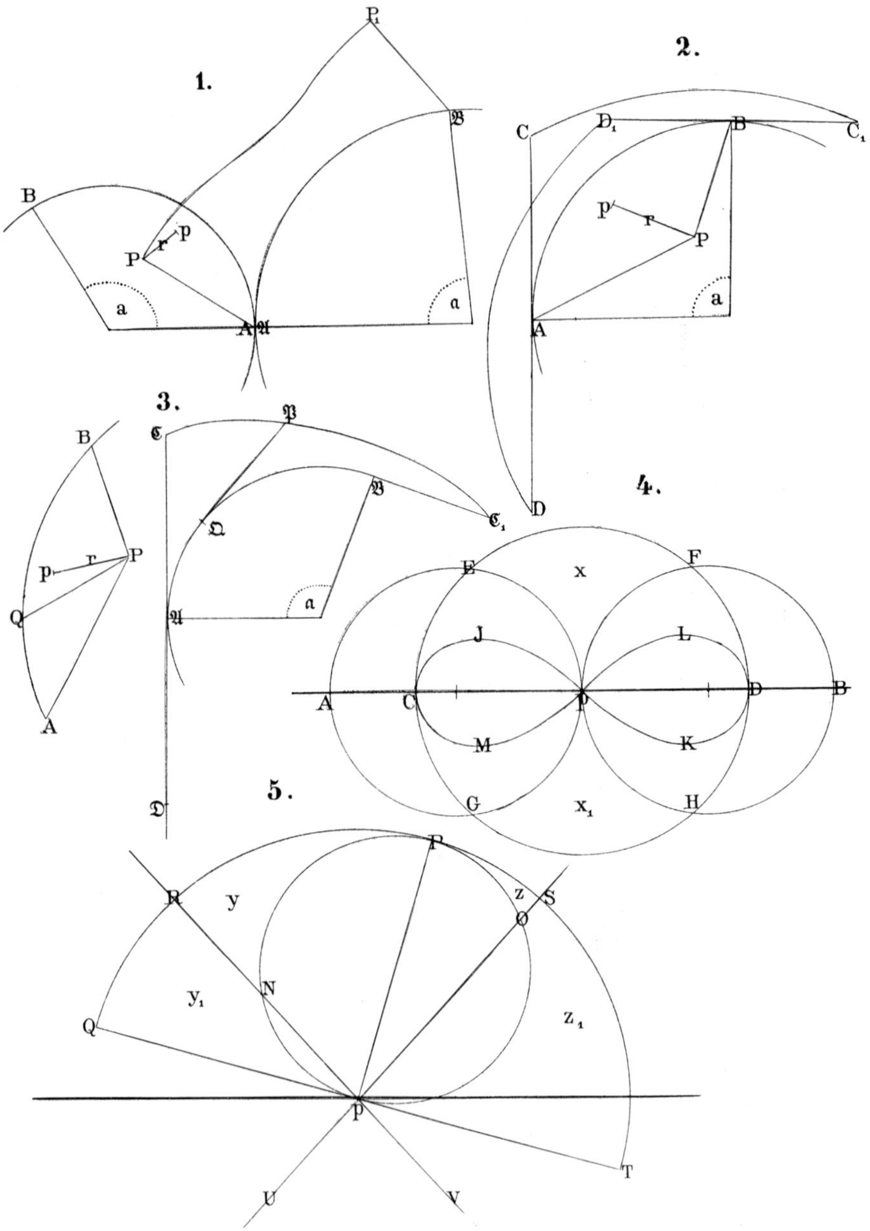

Einfache Beweise der isoperimetrischen Hauptsätze. Fig. 1-5.

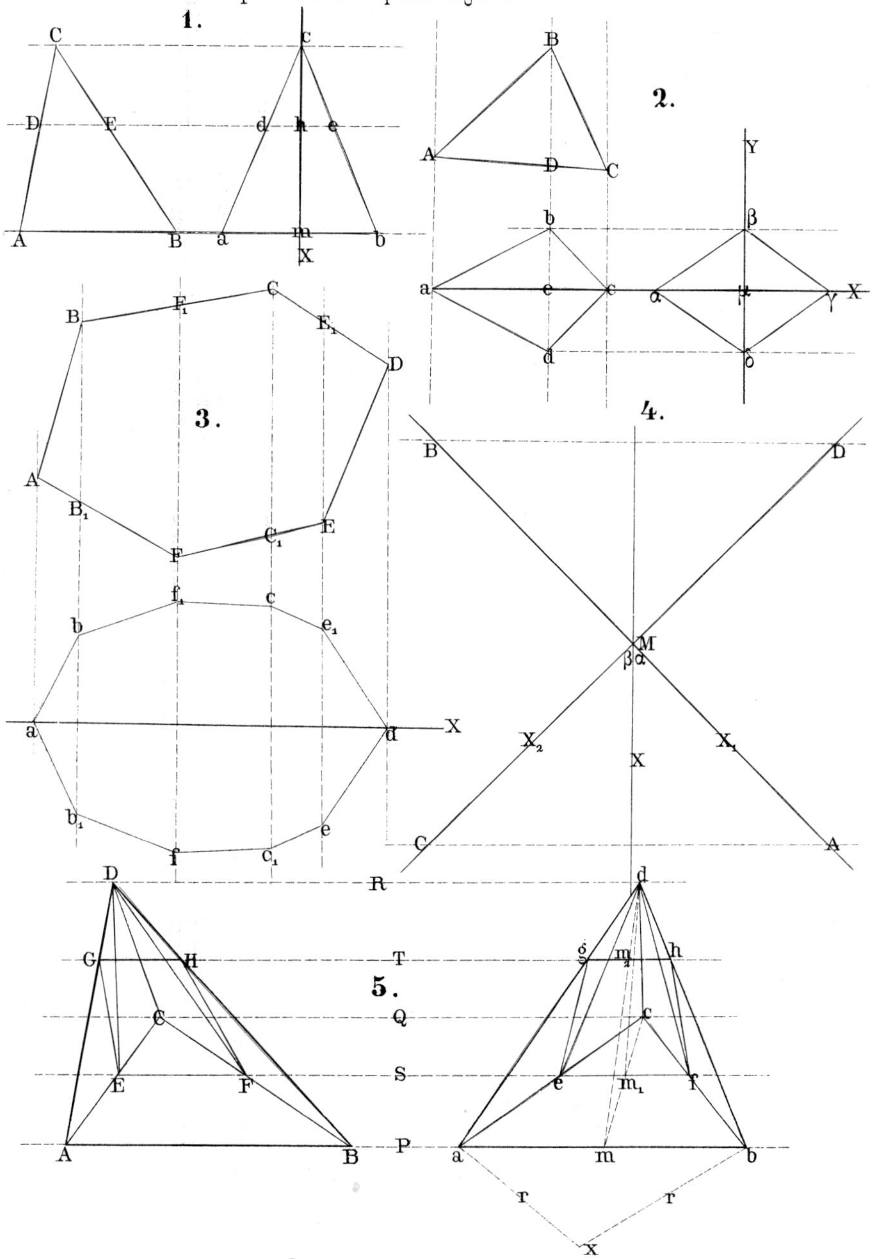

Von dem Krümmungs-Schwerpuncte ebener Curven. Fig. 1-7.

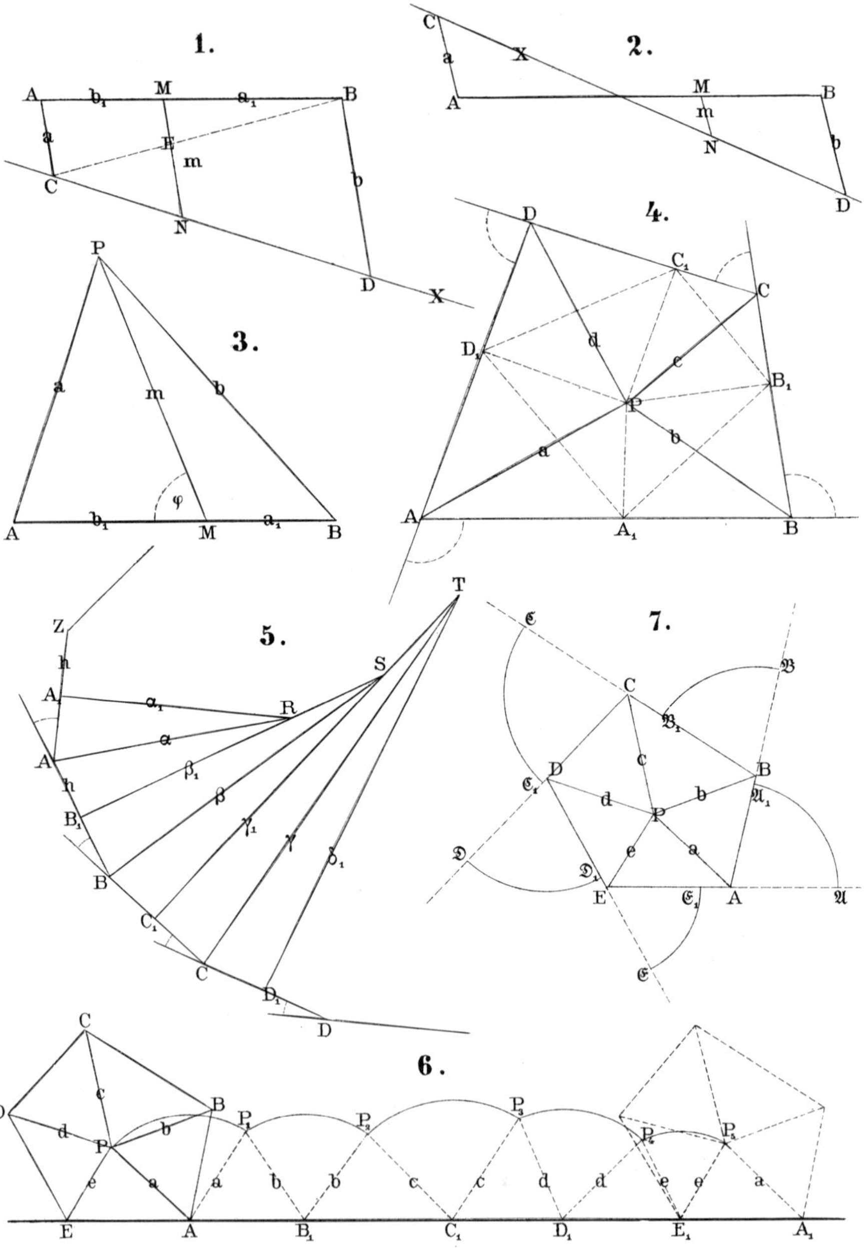

Von dem Krümmungs-Schwerpuncte ebener Curven. Fig. 8-11.

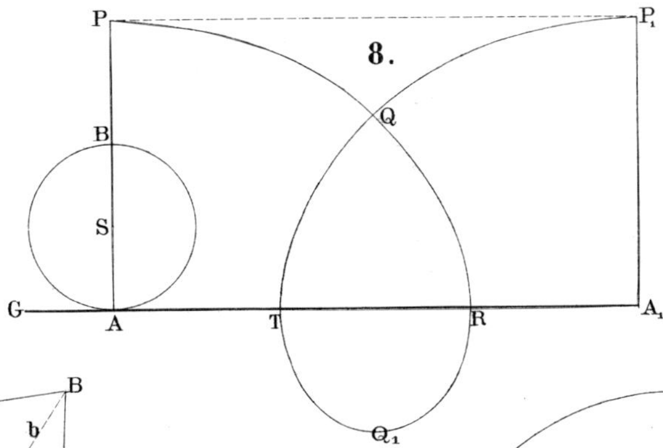

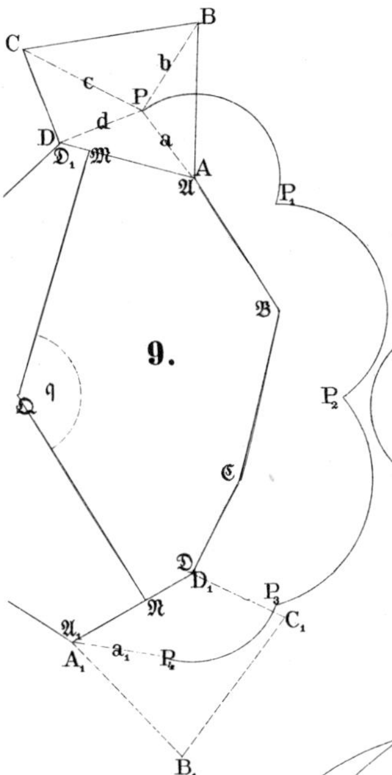

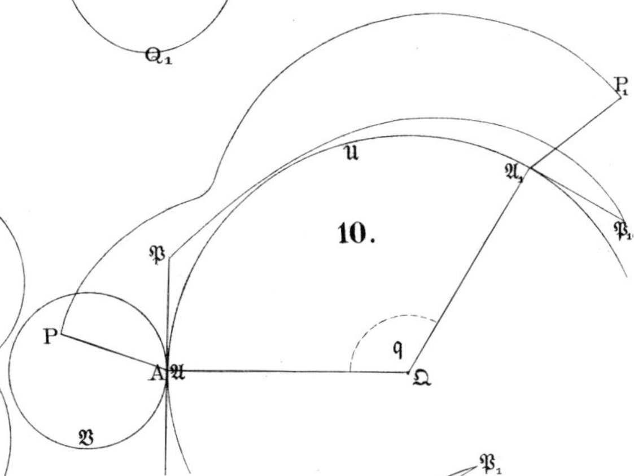

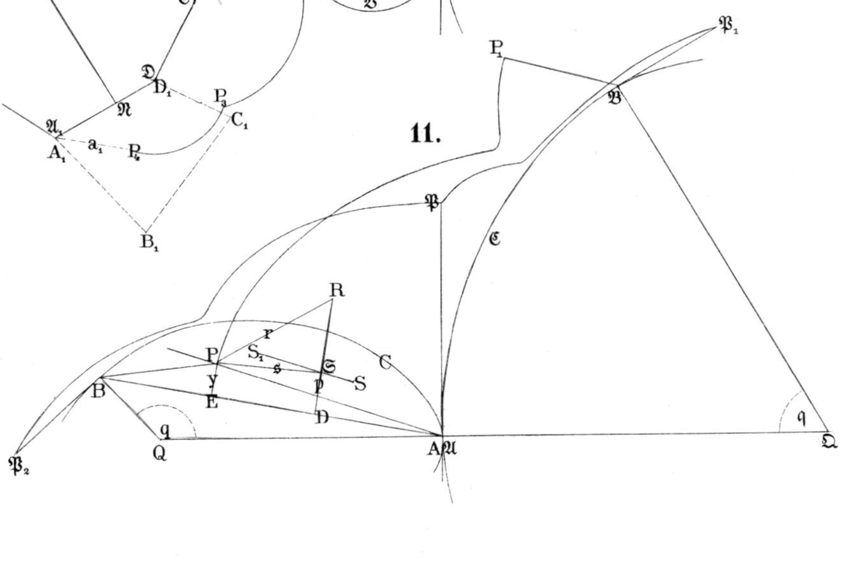

Über Maximum- und Minimum. Erste Abhandlung. Fig. 1-7.

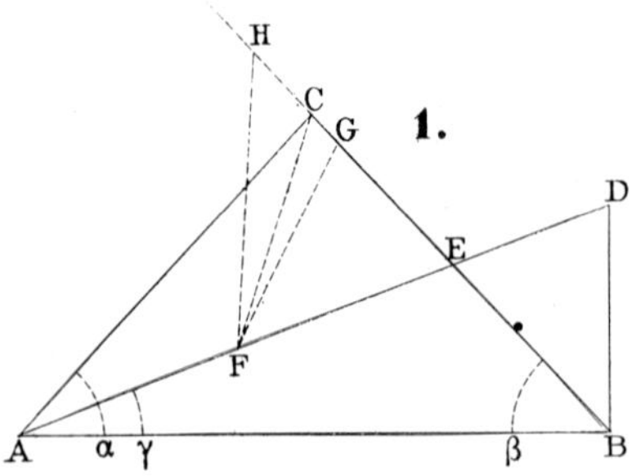

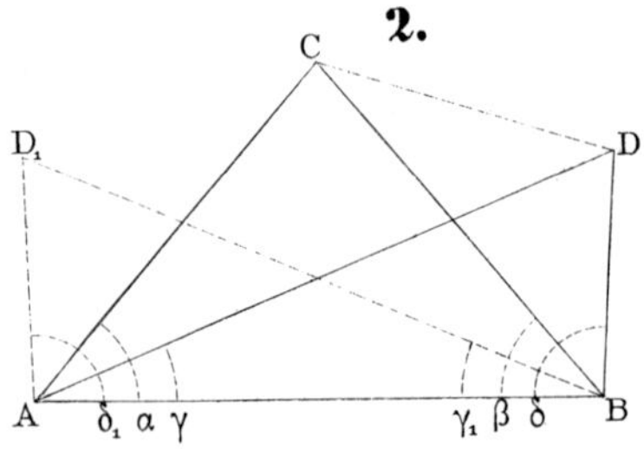

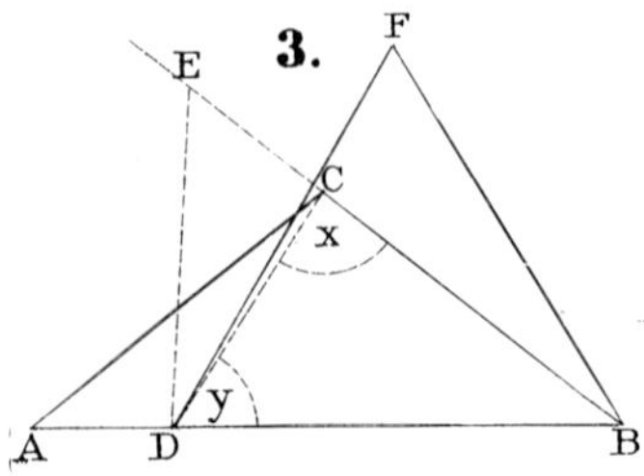

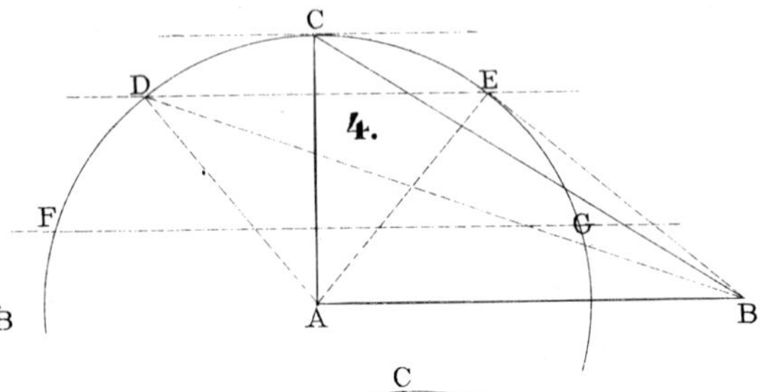

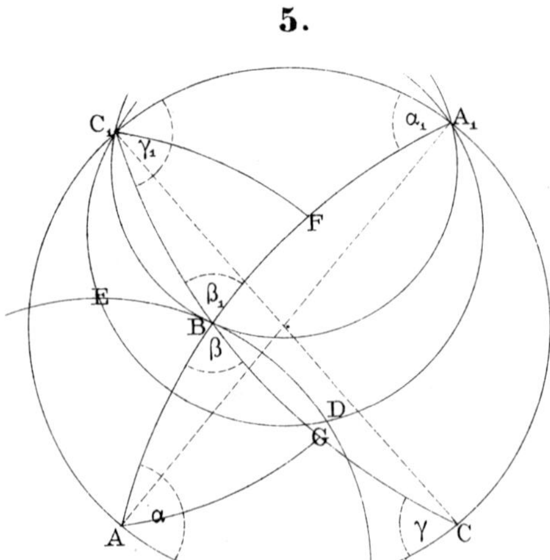

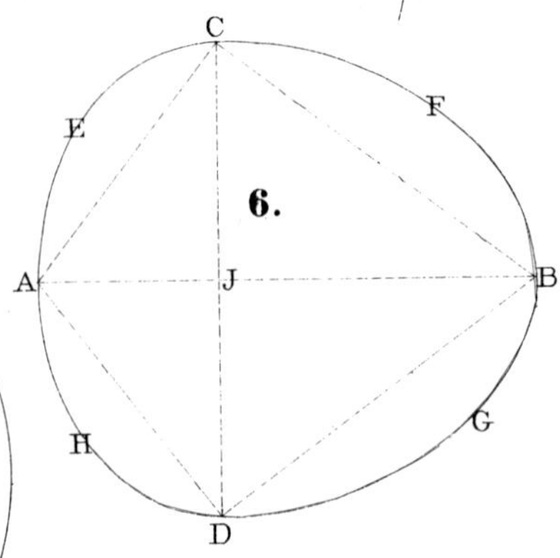

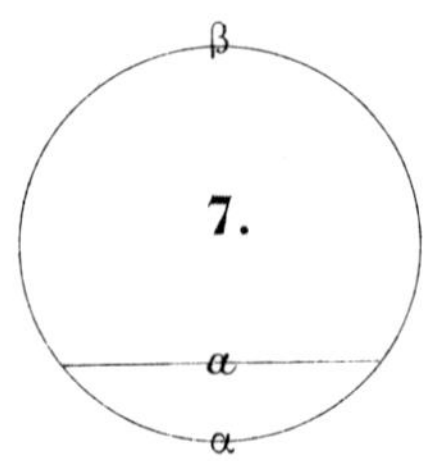

Über Maximum und Minimum. Erste Abhandlung. Fig. 8-12.

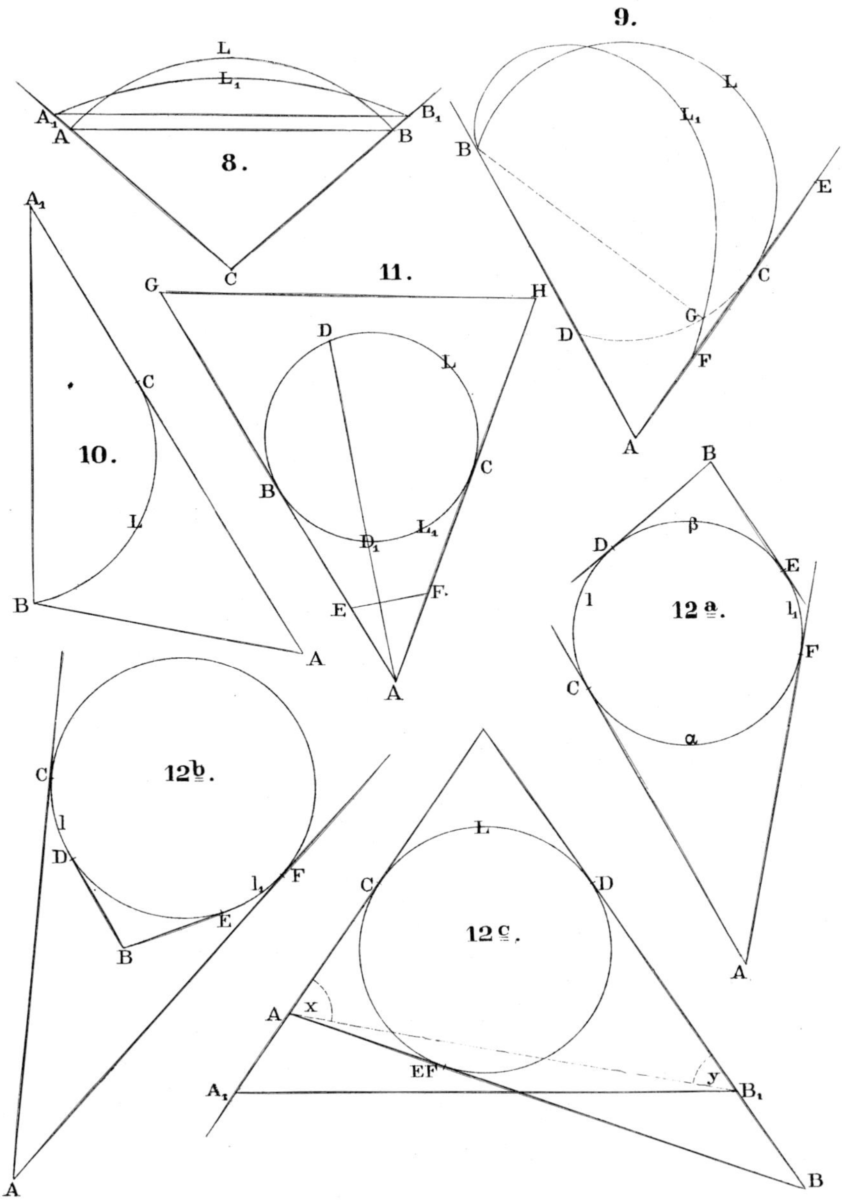

Über Maximum und Minimum. Erste Abhandlung. Fig. 13-19.

13.

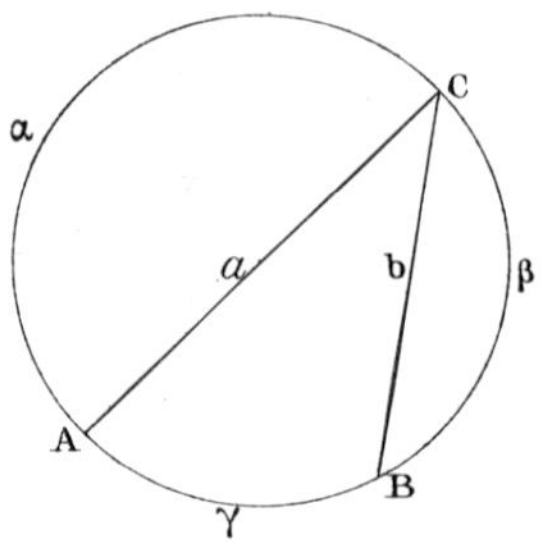

14.

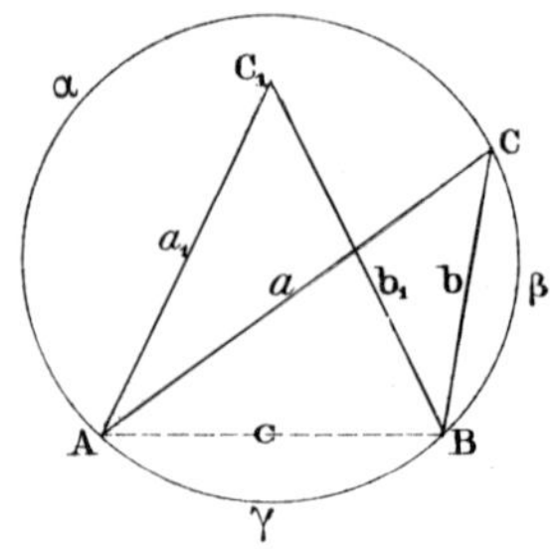

15.

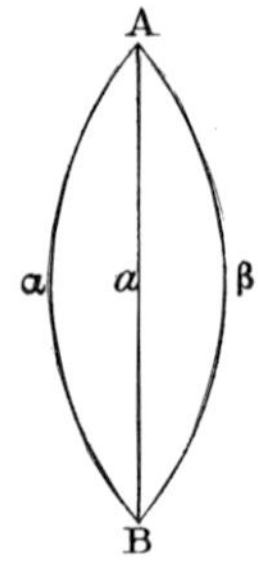

16.

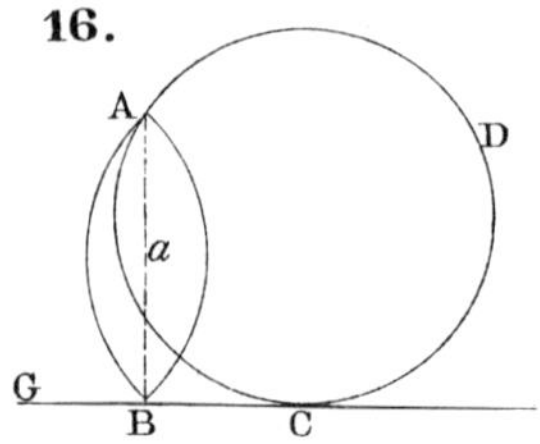

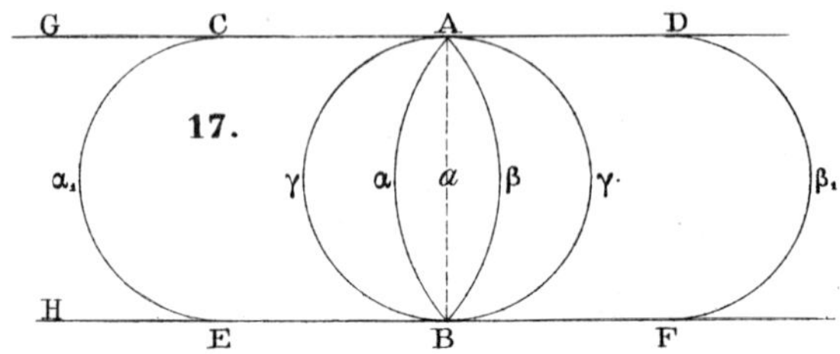

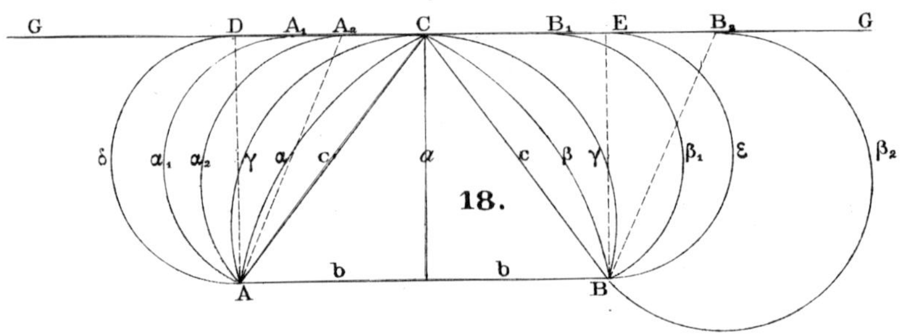

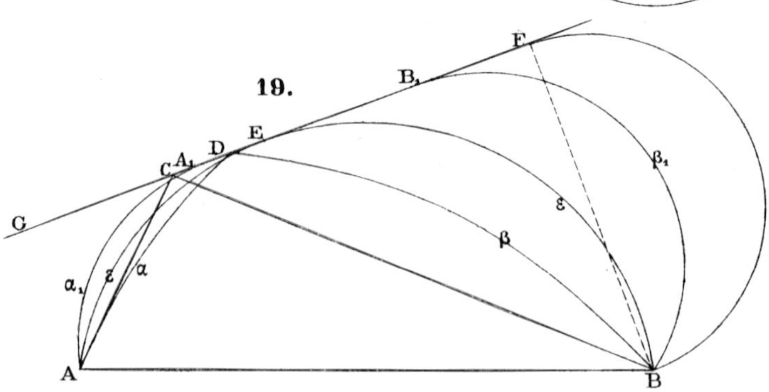

Über Maximum und Minimum. Zweite Abhandlung. Fig. 1-6.

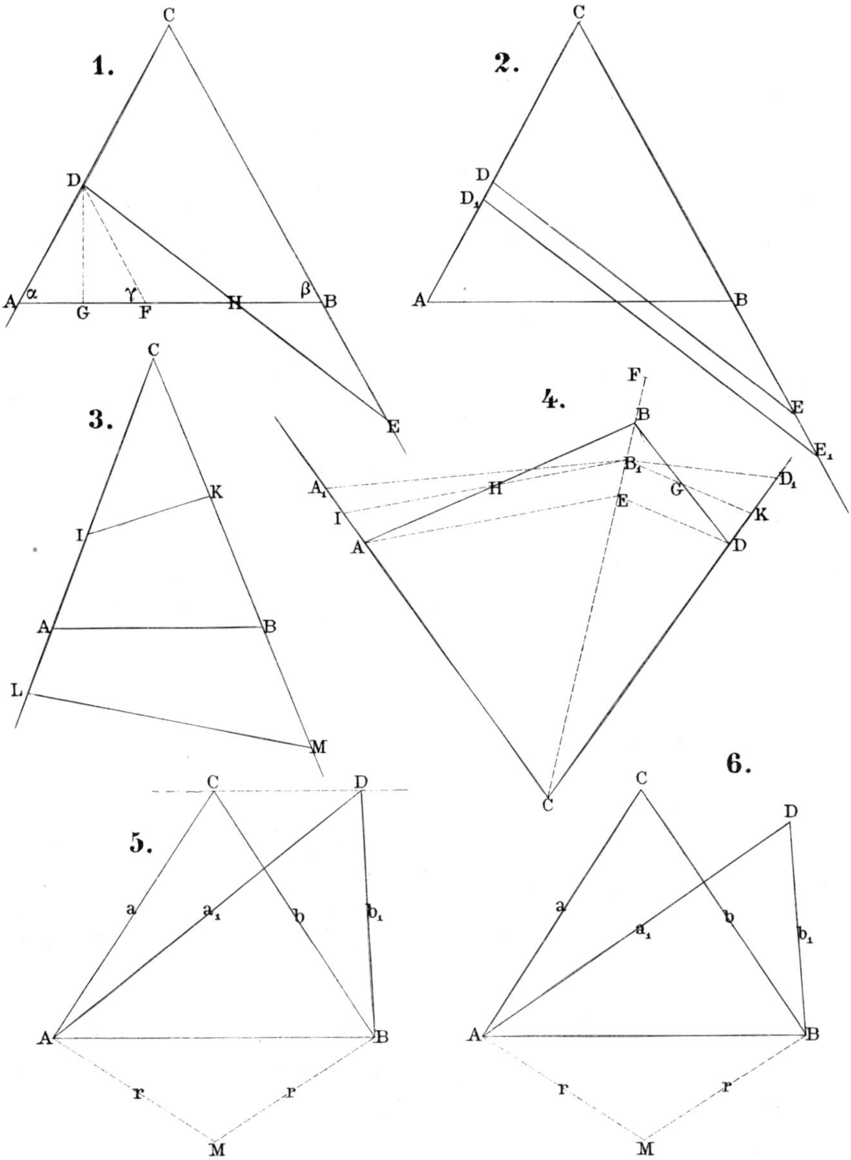

Über Maximum und Minimum. Zweite Abhandlung. Fig. 7-11.

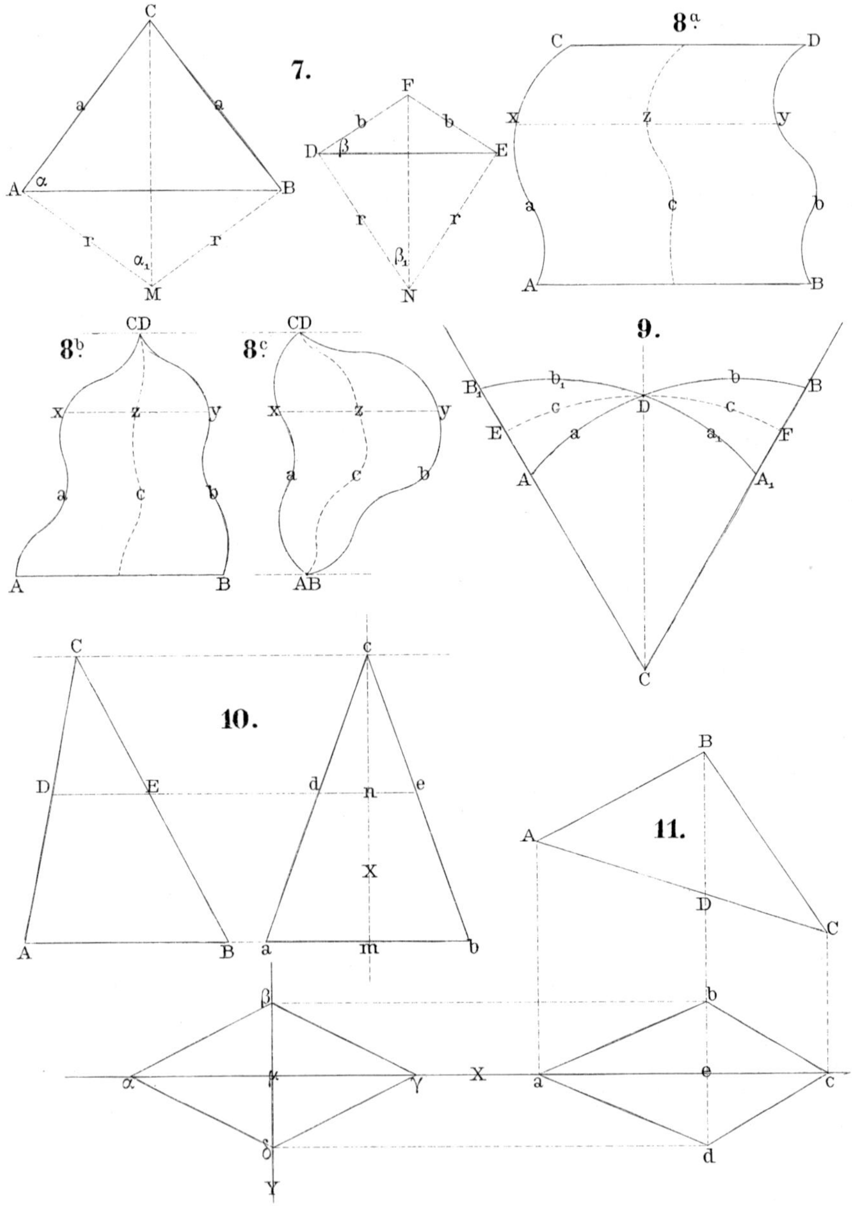

Über Maximum und Minimum Zweite Abhandlung. Fig 12-17.

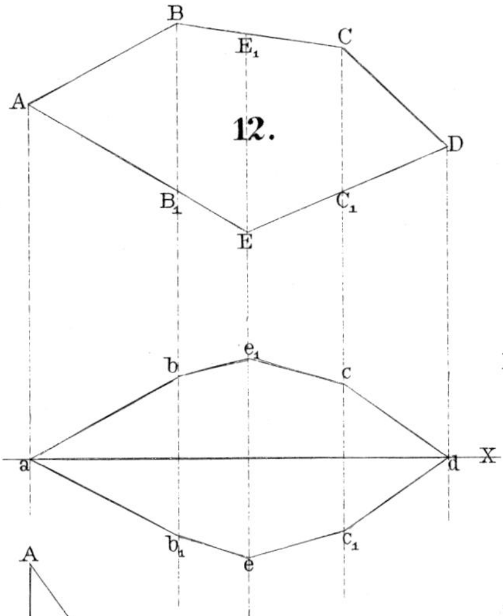

13.

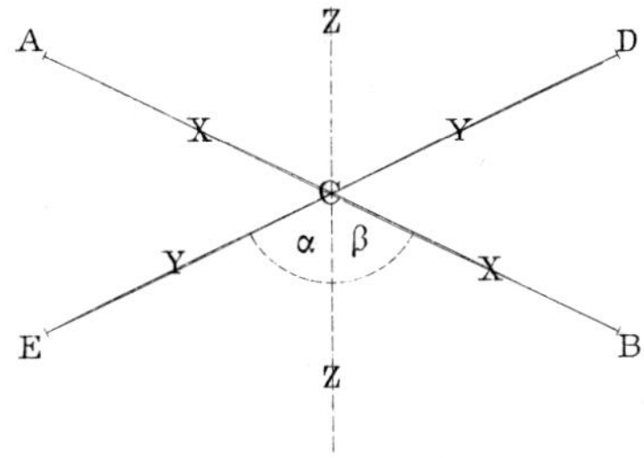

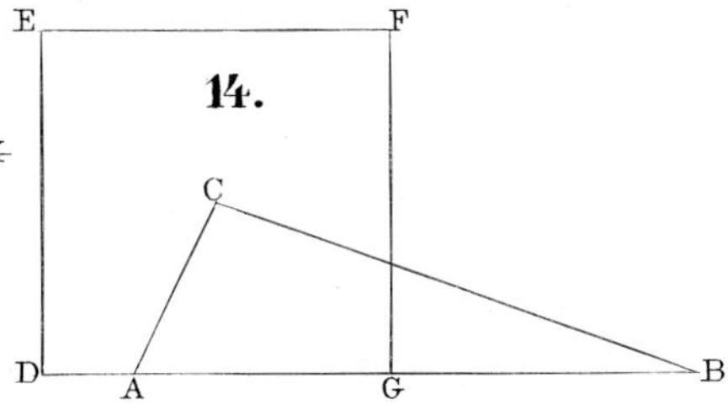

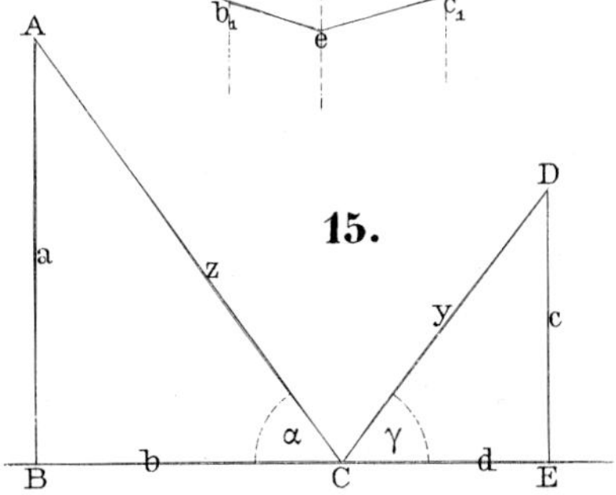

16.

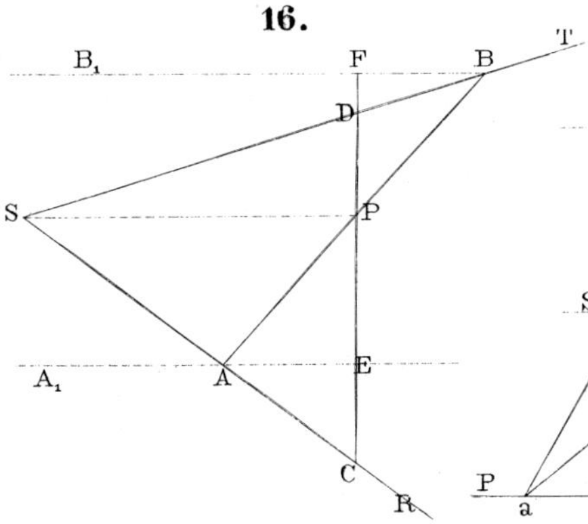

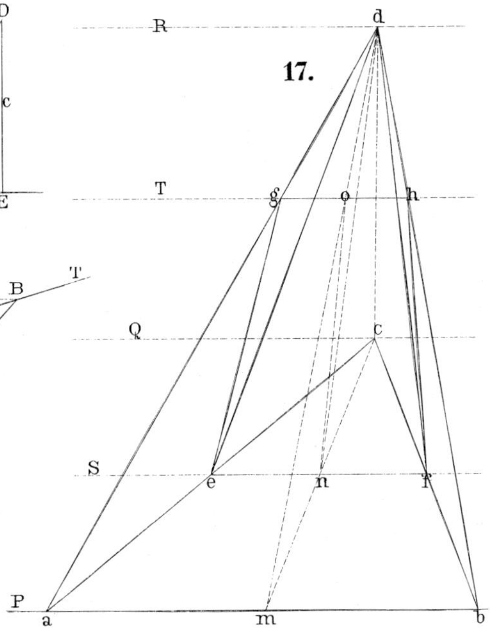

Aufgabe über das ebene und das sphärische Dreieck. Fig. 1-5.

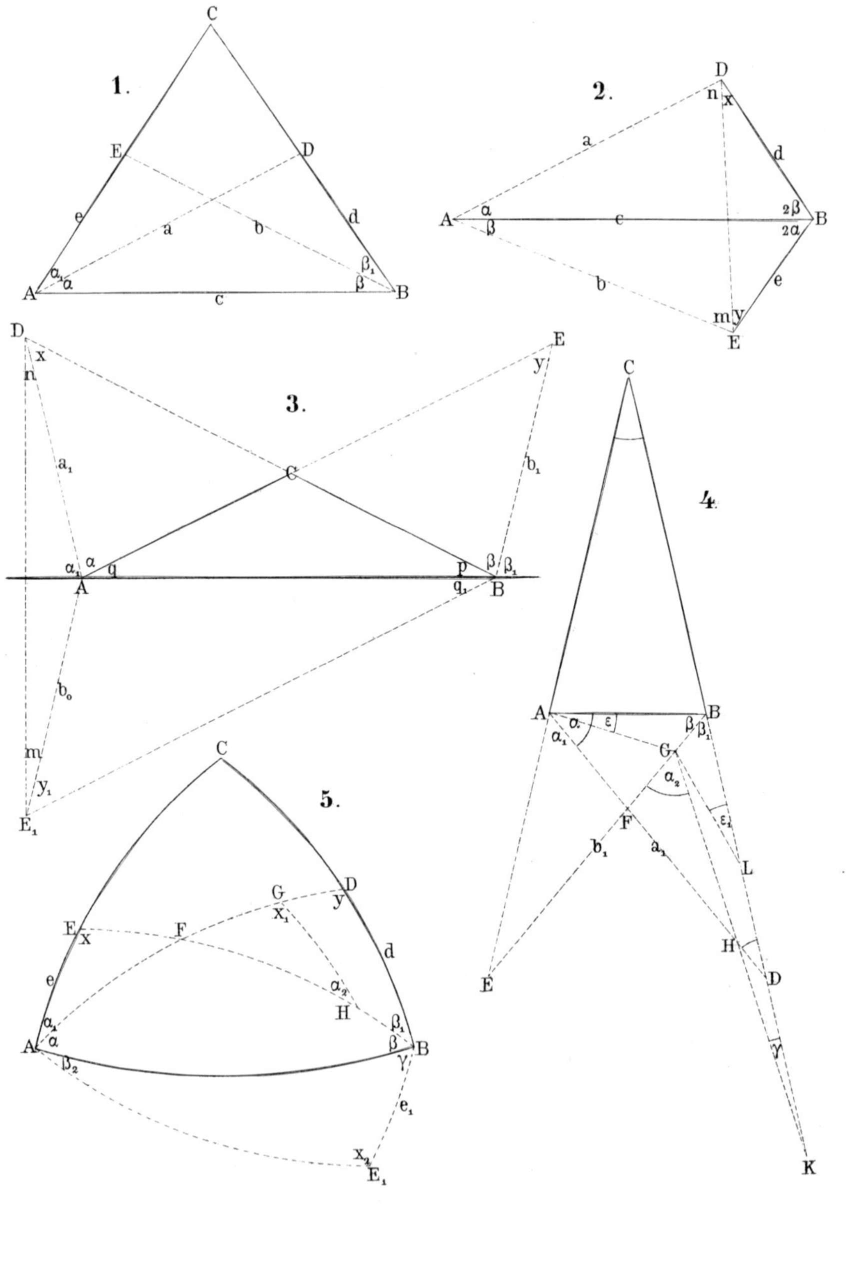

Teoremi relativi alle coniche inscritte e circoscritte. Fig. 1-3.

1.

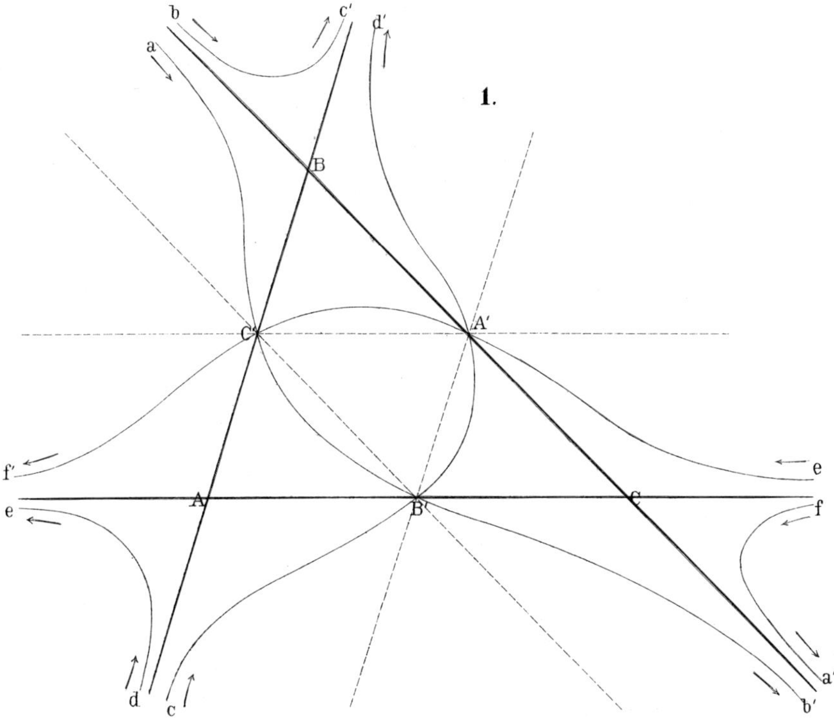

2.

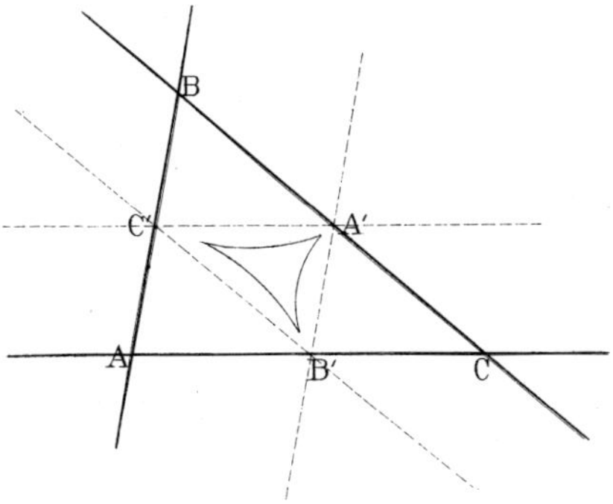

3.

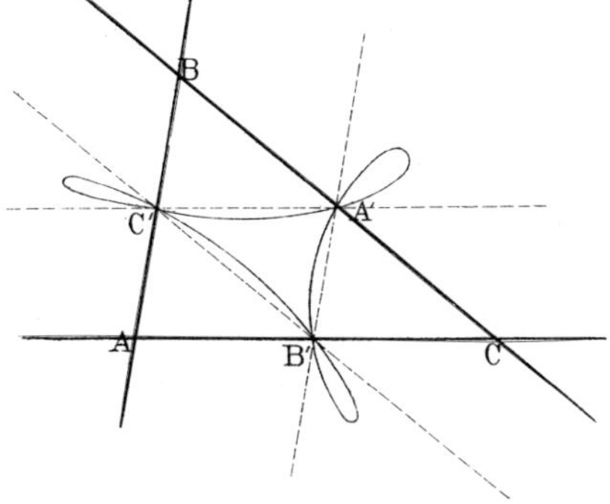

Über das dem Kreise umschriebene Viereck. Fig. 1.

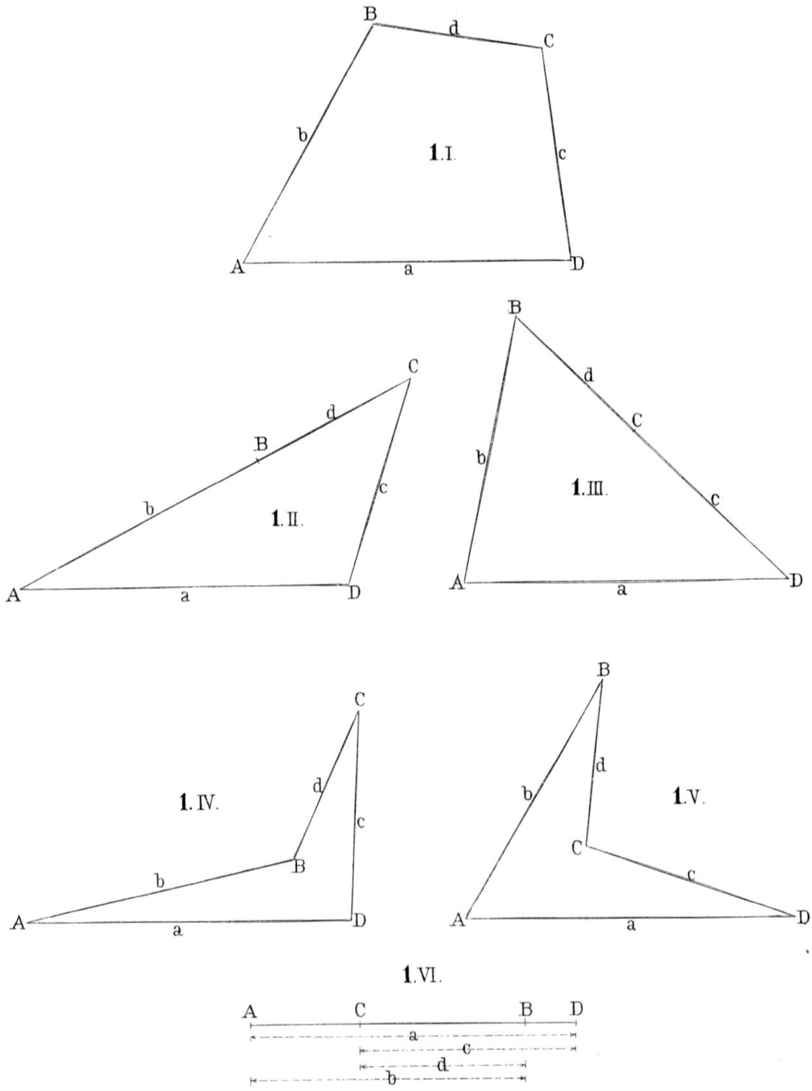

Über das dem Kreise umschriebene Viereck. Fig. 2.

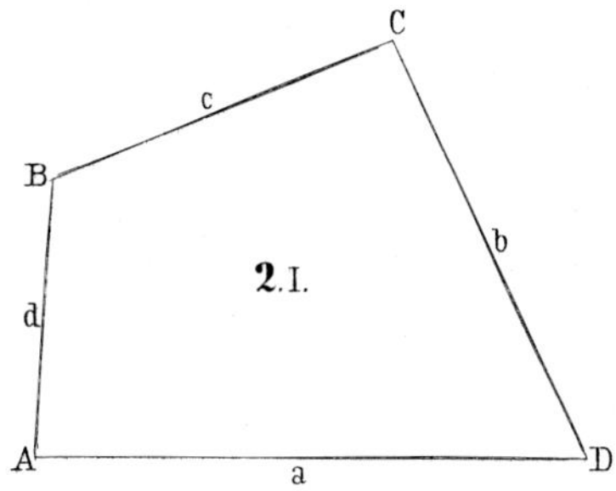

2. I.

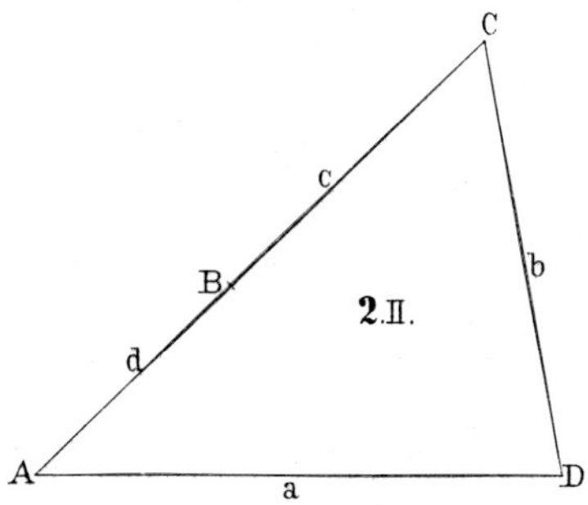

2. II.

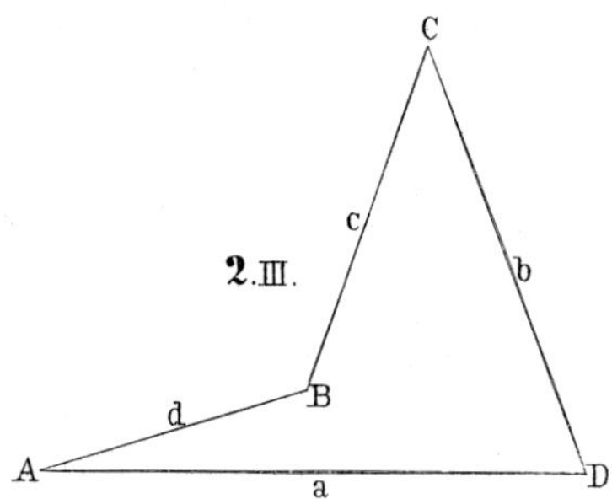

2. III.

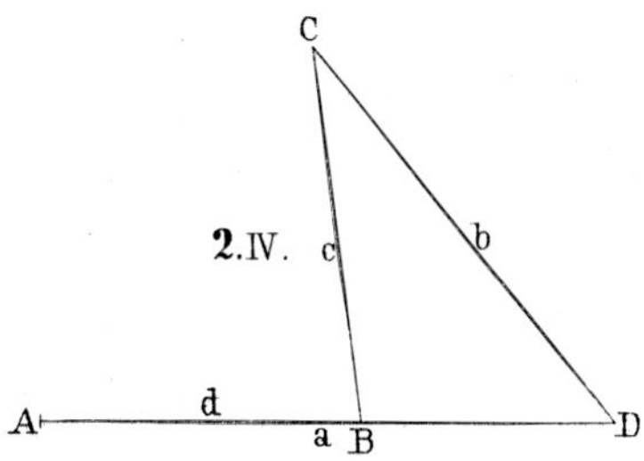

2. IV.

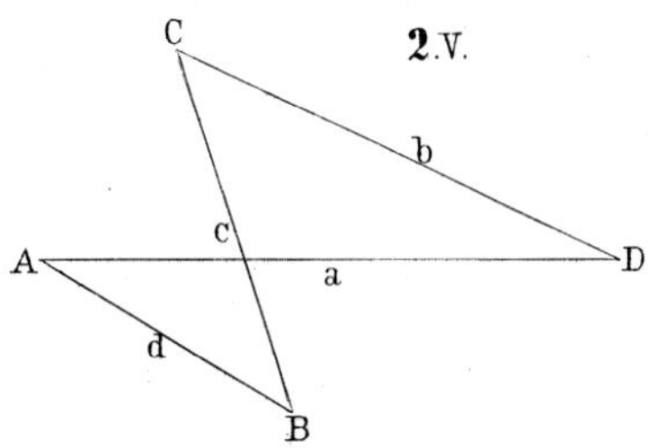

2. V.

2. VI.

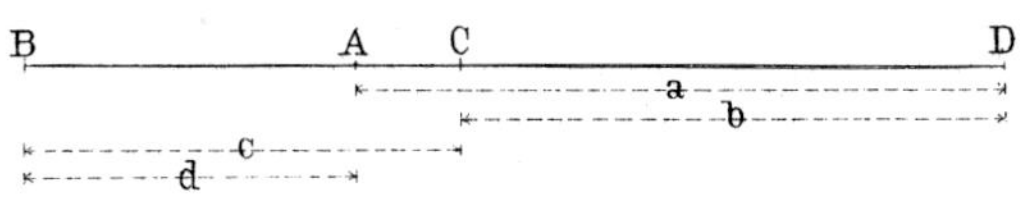

Über das dem Kreise umschriebene Viereck. Fig. 3-4.

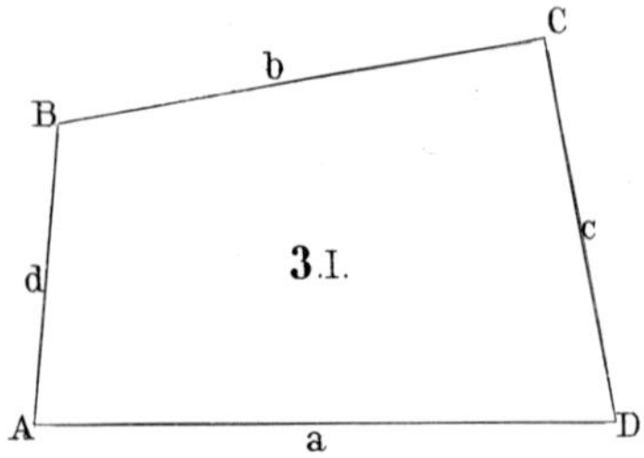

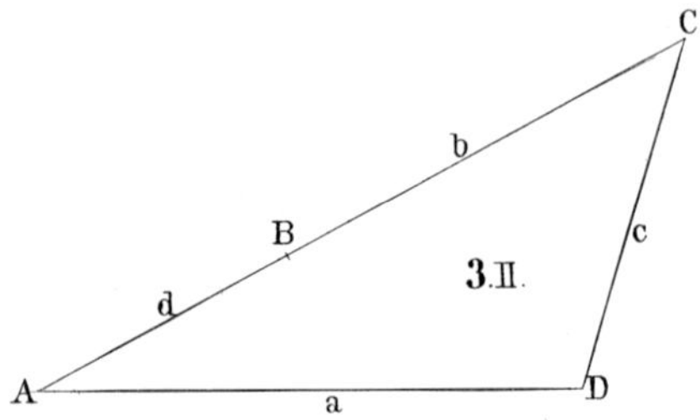

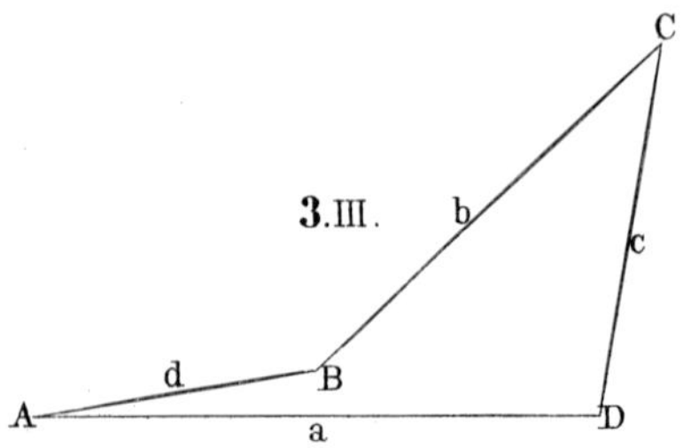

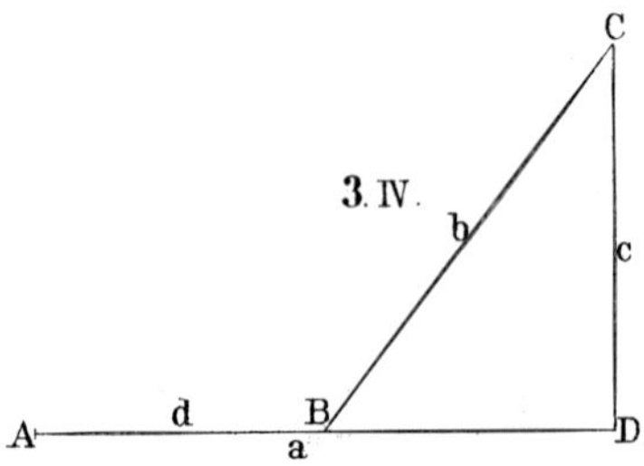

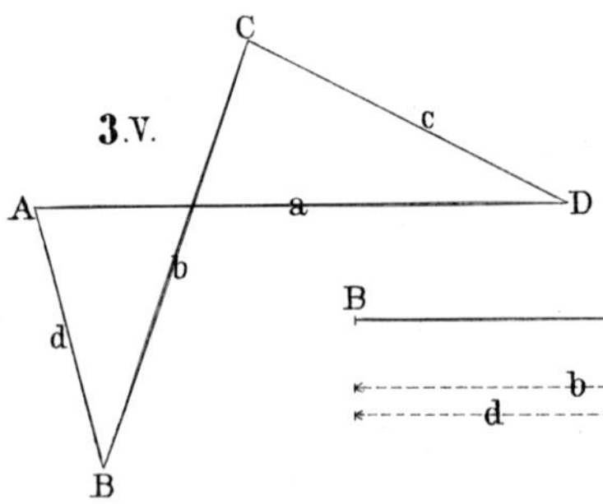

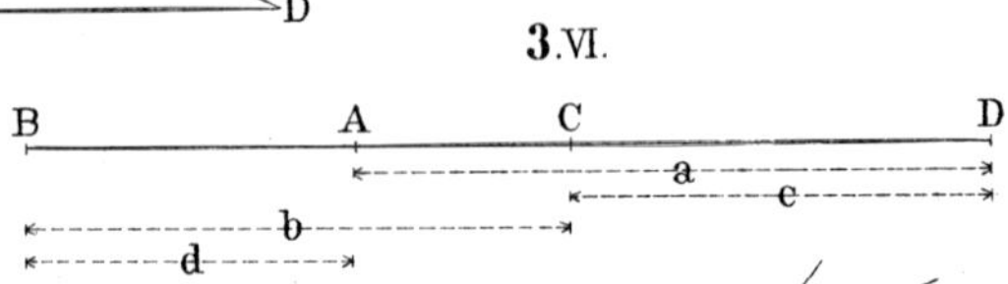

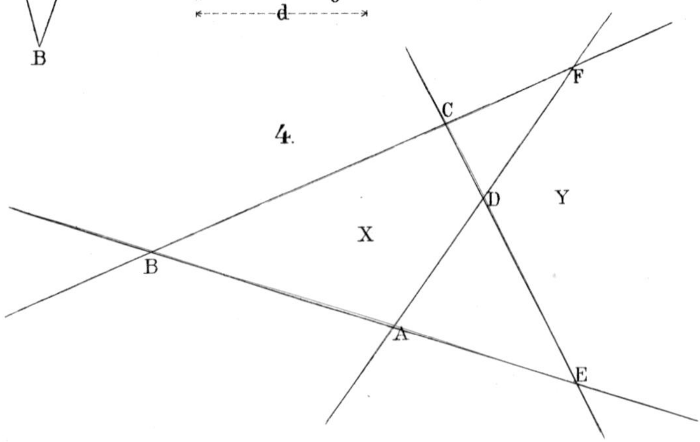

Elementare Lösung einer geometrischen Aufgabe und über einige damit in Beziehung stehende Eigenschaften der Kegelschnitte. Fig. 1-4.

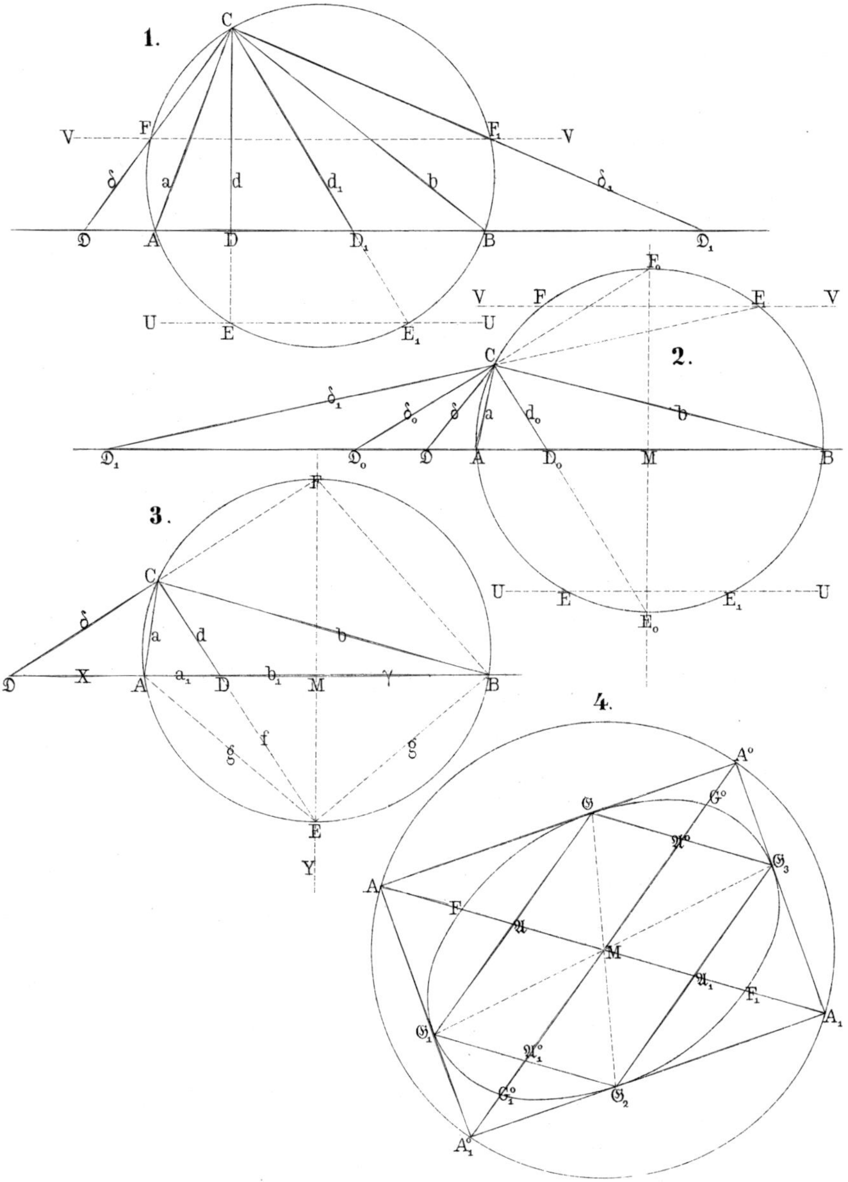

Neue Bestimmungs-Arten der Curven zweiter Ordnung. Fig. 1.

1.

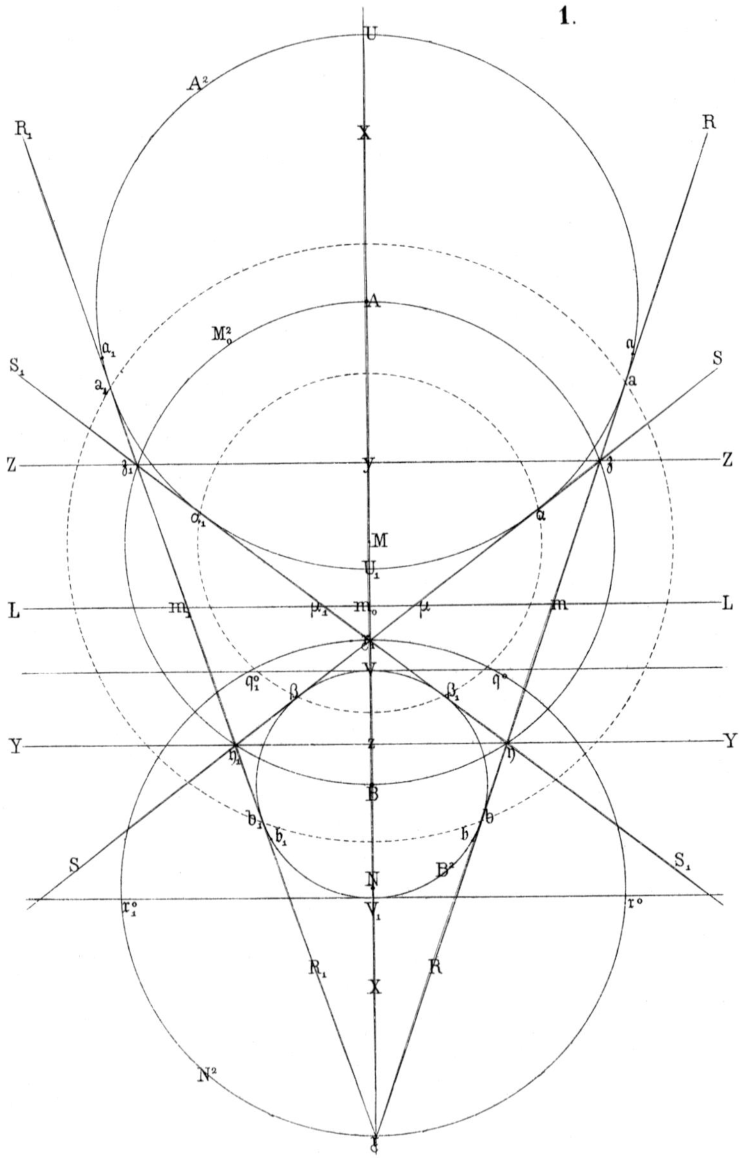

Neue Bestimmungs-Arten der Curven zweiter Ordnung. Fig. 2 und 3.

2.

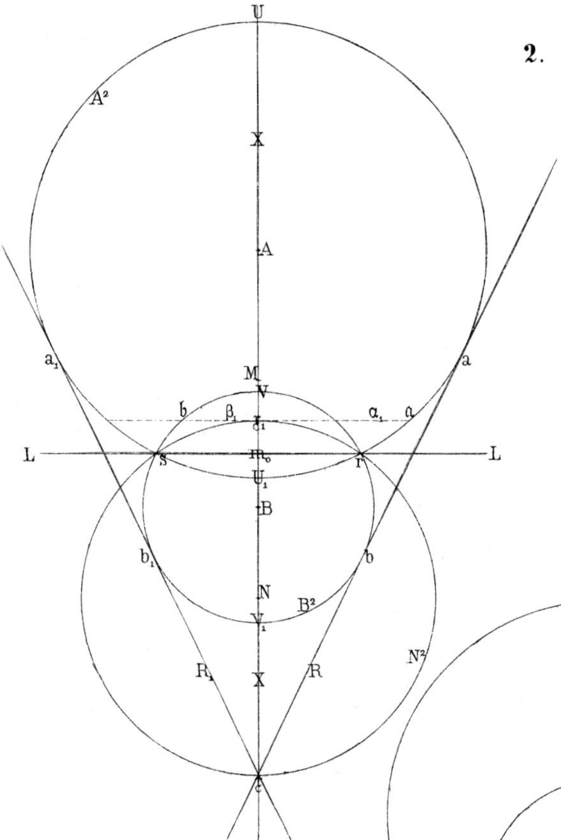

3.

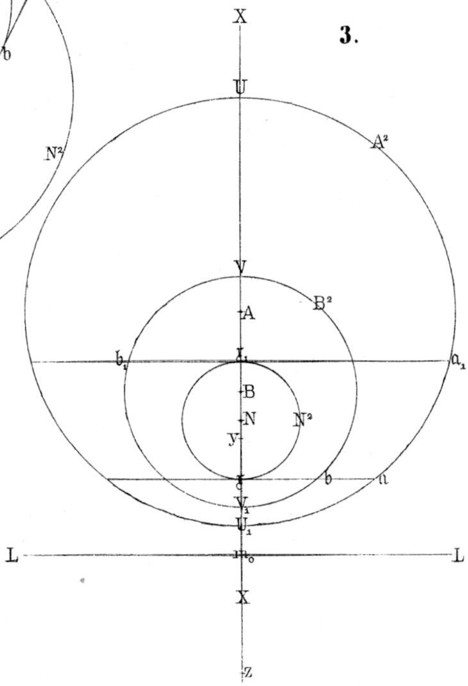

Zusätze und Anmerkungen.

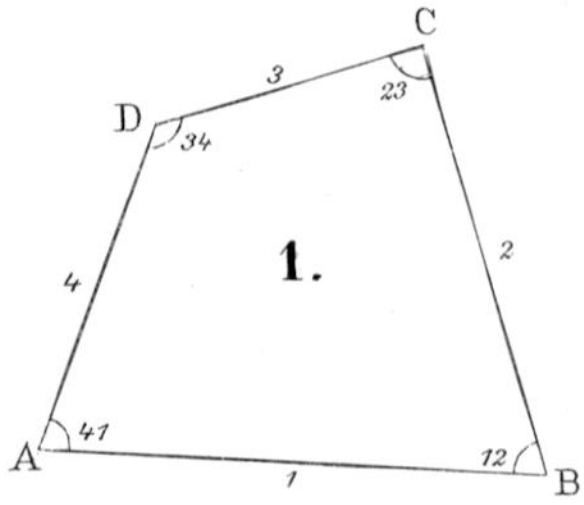

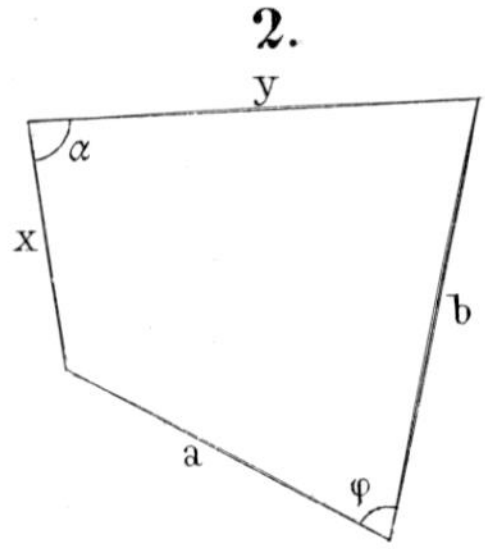

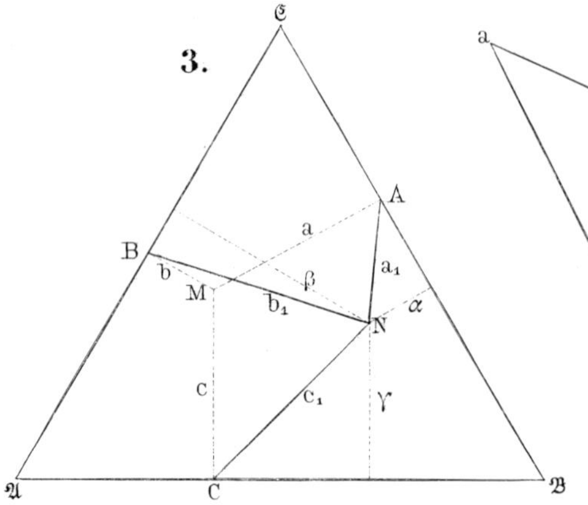

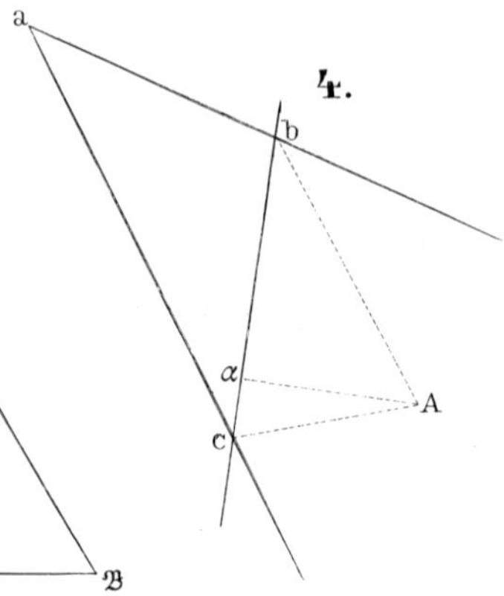

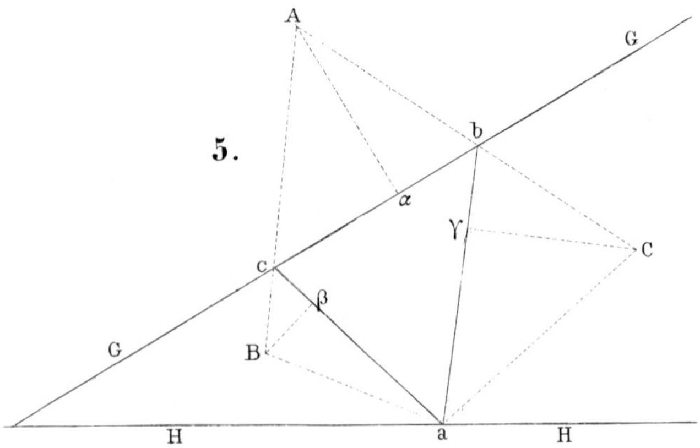